JN278988

目　　次

在華紡と中国社会

この組合に中国通の田邊輝雄（朝鮮紡績の専務取締役），森恪，高木陸郎などを招き，中国紡績業に関する調査をすすめた．このことが，日華紡織の設立に帰結した[19]．それゆえ，同社は当時の「財界世話役」といわれた東京の和田豊治と，大阪の喜多又蔵（日本綿花）との共同で設立された「東西の実業家の合作」と評された．取締役は，喜多又蔵，矢野慶太郎，河崎助太郎，持田巽，伊藤忠兵衛，伊藤竹之助という陣容であったように，和田と喜多という東京と大阪の強い個性の「寄り合い」系企業であった．しかし，設立準備がすすむにつれて，大阪側の大陸進出への消極姿勢が明らかになった．

1918年の春に，取締役の河崎が，上海の鴻源紡織（6万1000錘，500台．アメリカ系—ドイツ系—イギリス系へと転身）をイギリス人経営者から130万両で買い受けて，その経営内容・資本関係を調査した．しかし，この鴻源紡織に対して「関西の事業家は関心をしめさなかった」ために，河崎は東京の富士瓦斯紡績の和田豊治に買収経営を依頼したのであった．ちょうど，和田は，「富士紡の技師」による検査をへて，買収を決定した．

また役員の布陣にあたっても，「東西の役員間に対立」が生じた[20]．本来，常務は二人となるところであったが，田邊輝雄の常務就任決定後，もう一人の常務就任には，大阪の喜多又蔵から強い反対がでたために，常務は一人ということで決着した．このように，在華紡の設立において，1910年代末にはいまだ，関西系の紡績経営者は，慎重な態度で臨んでいたのである．しかし，それだけに操業開始後の和田豊治は，積極政策を採用した．1920年上期に利益258万円をあげるや，固定資産償却60万円を計上するとともに，配当率を年40％とした．関西の紡績企業家が在華紡経営に消極姿勢を示していたことが，和田が積極性を訴えた背景であった．

河崎によって買収された鴻源紡は，日華紡織の「浦東工場」と名称を改められた．規模は，5万2256錘，織機502台であった．それまでの慣行であった買弁制度を廃止したことで[21]，一梱当たりの生産費を9元低下させたという．しかし，浦東は，租界外にあったために，中国人労働者の勤務態度に問題が多く，これが5・30事件における衝突の背景になった．5・30事件によって，浦東工場の粗紡は大破した．そして，事件以降も，年45日間のストライキがなされ，紡機保全は極めて困難であり，5万2256錘のうち3分の2しか操業できないという状況であった．それゆえ後述するように，曹家渡と喜和の両工場が，1930年代に紡機のハイ・ドラフト化を果たし，その余った

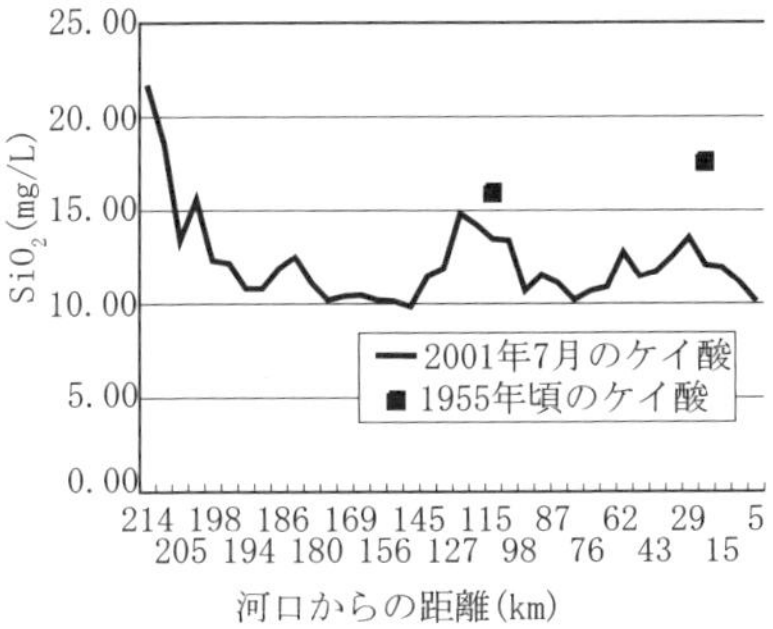

図-2.10　最上川におけるケイ酸の流下変化

表-2.6　ケイ酸の琵琶湖および流入河川における濃度範囲[13)]

サンプル	河川上流部 * (59)	河　口　部 (190)	湖　表　層 (304)	湖　深　層 (16)
Si (mg/L)	18.9 ～ 34.8	3.02 ～ 20.09	0.31 ～ 2.32	0.46 ～ 3.7

*　人為的影響を受けない地点.
1)　値は，各サンプルの(平均値－標準偏差)～(平均値＋標準偏差).
2)　( )内は，サンプル数.

2.2　栄養塩類濃度に対する影響因子

これまでに整理した全国河川の栄養塩類濃度の現況と推移に関係する参考データとして，河川水中の窒素濃度，リン濃度に影響を及ぼすと考えられる降雨水，肥料，畜産，洗剤および物質収支について，日本における動向を整理した．これら因子が日本の河川水にどのような影響を及ぼしたかについては，今後の詳細なデータ収集や解析を要する．

2.2.1　降 雨 水

田淵[14)]は，降雨水の特徴を以下のようにまとめている．

・降雨水の水質は，地点によってその濃度が相当異なる[人為的要因(汚濁発生量の大小)，自然的要因(風向，降水量)，地理的要因(海や都市からの距離)]．

・同一地点においても季節的変動があり，また雨量と濃度は逆比例の傾向を示している(晴天時の継続日数が濃度に影響している)．

よって，降雨水の窒素濃度，リン濃度の消長を明らかにするためには，同一地点における継続的な測定データで評価することが必要である．

表-2.7 に既往の調査データを整理して示す．既往の調査データでは同一地点での継続的な測定データが少なく，また富栄養化を考える時に重要である T-N，T-P，COD，BOD 等のデータは必ずしも多くないのが現状である．

このような状況の中，環境省は 1983(昭和 58) 年度から，酸性雨対策調査を実施しており，これまで第 1 次(1983 ～ 1987 年度)，第 2 次(1988 ～ 1992 年度)，第 3 次(1993 ～ 1997 年度)，第 4 次(1998 ～ 2000 年度) と実施している．この調査では，降水中に含まれるイオン性物質の定量に重点が置かれており，その中で NH_4^+，NO_3^- のデータが蓄積されている．

第 4 次調査では，酸性沈着の状況を把握するため湿性沈着モニタリングおよび乾性沈着モニタリングを，また，酸性雨による生態系への影響を把握するために土壌・植生モニタリングおよび陸水モニタリングをそれぞれ実施している．

湿性沈着モニタリングでは，降水等の捕集および成分分析を継続した方法で行うことにより，その組成等を明らかにするとともに，日本における湿性沈着(この調査では霧は除く)の地域特性および経年変化を把握することを目的に実施している．全調査地点において，降水試料(降雪を含む．以下同じ)の捕集には，降水時開放型の捕集装置(降水時に蓋が開き，降水を捕集する装置)を使用している．

一方，乾性沈着モニタリングは，本来，乾性沈着量を把握するために行われるものであるが，乾性沈着の過程がきわめて複雑であり，沈着量の測定法も標準化されるに至っていない．このため，現在のところ，乾性沈着量の推定に資するよう大気濃度のモニタリングが実施されている状況にある．

湿性沈着モニタリング結果のうち，比較可能なデータによる NH_4^+，NO_3^- の各沈着量について，主な地点の経年変化を**図-2.11** に示す．

全国の 26 地点で実施した本調査の結果について，『第 4 次酸性雨対策調査とりまとめ(平成 14 年 9 月)[15]』より一部引用すると，以下のように示されている．

全般的な傾向として，NH_4^+ 年沈着量については地域的に明確な増減の傾向は見られず，増加傾向は 15 地点，減少傾向は 11 地点であった．NO_3^- は，増加傾向は 26 地点中 17 地点で見られ増加傾向の地点が多かった．また，都市部の地点では横這いの傾向があるのに対し，非都市部の方が増加する傾向があり，都市と非都市を平均値で比較すると近年は非都市の方が大きくなっている．

表-2.7　既往の降雨水調査データ一覧(単位：mg/L)

都道府県	測定地点	調査期間	回数	NH_4-N	NO_2-N	NO_3-N	TIN*1	DN*2	T-N	PO_4-P	DP*3	T-P	文献
東京都	北区西ヶ原	1913～1924	－	0.76		0.14	0.91		－	－		－	14)
秋田県	大曲市	1919～1924	－	0.16		0.05	0.22		－	－		－	14)
大阪府	柏原市	1919～1924	－	0.40		0.25	0.66		－	－		－	14)
熊本県	熊本市	1919～1924	－	0.10		0.02	0.13		－	－		－	14)
静岡県	磐田市 静岡大農学部	1962.10～ 1963.9		0.24	－	0.08	0.32		－	－		0.002	16)
京都府	京都市上賀茂 京都大演習林	1961.6～1963.5		0.12	－	0.08	0.20		－	－		0.014	16)
神奈川県	平塚市	1965～1967		2.18	－	0.52	2.70		－	－		－	16)
滋賀県	大津市上田上桐生町	1968.5～1969.4		0.21	－	0.07	0.28		－	－		0.032	16)
滋賀県	滋賀	1971	－	0.24		0.13	0.37		－	－		－	14)
茨城県	茨城	1972～1975	18	0.40		0.17	0.57		0.88	0.01		0.04	14)
東京都	千代田区	1973～1974	－	－		0.52	－		－	－		－	14)
東京都	大田区	1973～1974	－	－		0.67	－		－	－		－	14)
東京都	板橋区	1973～1974	－	－		0.75	－		－	－		－	14)
東京都	調布市	1973～1974	－	－		0.65	－		－	－		－	14)
東京都	青梅市	1973～1974	－	－		0.70	－		－	－		－	14)
大阪府	岸和田市	1973.3～1974.3		0.881	0.036	0.190	1.107		－	－		－	16)
東京都	北区西ヶ原	1974.4～12		0.80	－	0.44	1.24		－	－		－	16)
愛知県	東郷町	1974.6～10		0.34	－	0.08	0.42		0.78	0.03		0.04	16)
愛知県	愛知	1974～1975	34	0.42		0.08	0.50		0.84	0.1		－	14)
滋賀県	大津市北部	1974.7～1975.3		0.36		0.23	0.59		0.72	0.003		0.02	16)
滋賀県	大津市南部	1974.7～1975.3		0.46		0.39	0.85		1.15	0.04		0.06	16)
滋賀県	新旭町	1974.7～1975.3		0.21		0.49	0.40		0.82	0.001		0.02	16)
茨城県	つくば市阿見町	1974～1976	44	0.48		0.20	0.69		1.02	不		0.02	14)
茨城県	水戸市	1974～1976	98	0.56		0.27	0.83		－	－		－	14)
埼玉県	鴻巣市	1975	11	1.06		0.96	2.02		－	0.03		－	14)
長野県	長野市安茂里	1975.7～1976.6		0.404	0.012	0.269	0.685		－	－		－	16)
滋賀県	草津市	1974～1976	－	0.28		0.27	0.55		0.88	－		0.03	14)
岡山県	瀬戸内海沿岸	1975.10		0.41	0.01	0.31	0.73		1.01	0.02		0.04	16)
佐賀県	三日月	1975	19	－		－	－		0.58	0.08		－	14)
茨城県	つくば市阿見町	1976.4～12		0.43	0.010	0.194	0.684		0.87	－		－	16)
東京都	府中市	1976.6～9		0.438	0.011	0.330	0.768		－	－		－	16)
岡山県	瀬戸内海沿岸	1976.5		0.18	0.003	0.13	0.32		0.55	0.01		0.03	16)
茨城県	谷田部町	1977.6～1978.6		0.540		0.253	0.804		－	－		－	16)
長野県	諏訪市諏訪湖畔	1977.6～7		0.486		0.152	0.641		0.982	0.010		0.038	16)
長野県	原村	1977	27	0.44		0.43	0.87		1.28	0.09		0.12	14)
長野県	茅野市	1977	7	0.57		0.11	0.68		－	0.03		0.05	14)
滋賀県	彦根市	1976～1978	－	0.56		0.31	0.87		0.98	0.02		－	14)
茨城県	玉造	1976～1079	65	0.50		0.77	1.27		1.85	－		－	14)
茨城県	谷田部町	1977～1980	42	0.46		0.38	0.92		1.34	0.05		－	14)
茨城県	土浦市	1978～1979	18	－		－	－		1.25	－		－	14)
岡山県	鏡野	1979	6	0.25		0.17	0.42		0.79	0.01		0.02	14)
秋田県	秋田市秋田高専	1981.4～1982.3		0.191	0.011	0.231	0.433			0.0119		0.029	17)
滋賀県	油日岳	1991		0.198	0.002	0.213		0.559	0.663	0.014	0.023	0.03	18)
滋賀県	妙光寺山	1992		0.509	0.002	0.495		1.095	1.184	0.042	0.08	0.101	18)
滋賀県	朽木	1995		0.232	0.002	0.296		0.662	0.713	0.012	0.027	0.037	18)
新潟県	西蒲原		－	0.54		0.12	0.66		－	0		－	14)
USA	ニューハンプシャー	1963～1974		0.17	－	0.33	0.50		－	0.003		－	16)

*1　TIN：無機態窒素　*2　DN：溶存態窒素　*3　DP：溶存態リン

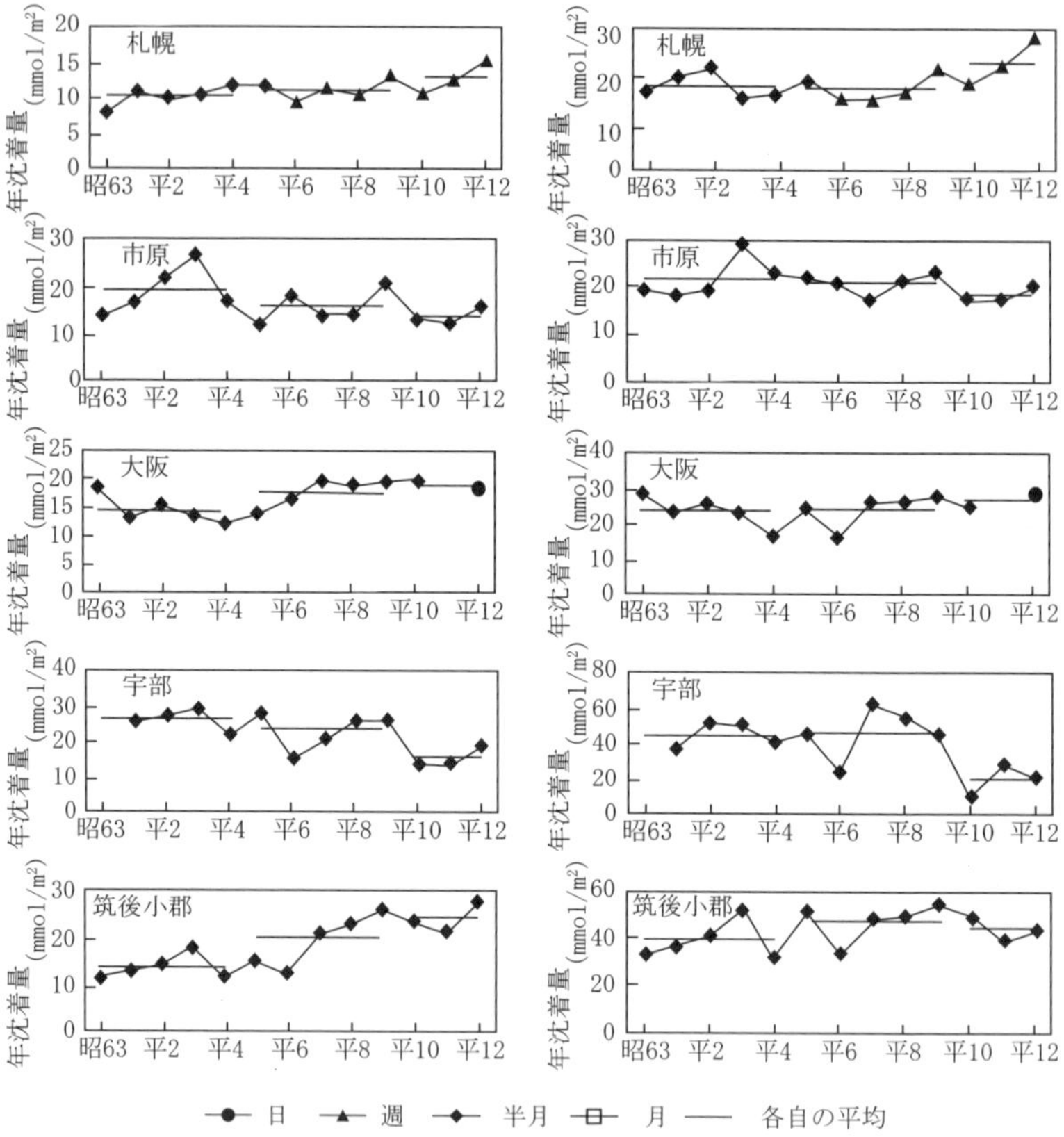

図-2.11 NO_3^- (左), NH_4^+ (右)の年沈着量の経年変化[15]

2.2.2 肥　料

肥料は，水田，畑地に施肥され，地下水や表面流出水を通じて河川に流達する．肥料中にも多量の窒素，リンが含まれていることから，国内生産量や出荷数量に窒素，リンの標準含有成分量を乗じて，日本における肥料中の窒素量，リン量の推移を整理した．

肥料は，化学肥料と有機肥料に大別され，主な肥料名をあげると**表-2.8**のようになる．

『肥料年鑑』[19a]に示されている各肥料の国内生産量に**表-2.9**(化学肥料)，**表-2.10**

表-2.8 肥料の種類

化学肥料	化成肥料(複合肥料)：高度化成，普通化成 窒素質肥料：硫安，石灰窒素，尿素，硝安，塩安 リン酸肥料：過リン酸石灰，重過リン酸，よう成リン肥
有機肥料	魚　肥　類：鱈粕等 骨　　　粉：生骨粉，脱膠骨粉等 油　粕　類：抽出大豆粕，菜種油粕，綿実油粕

(有機肥料)の窒素含有量，リン含有量を乗じて，肥料中の窒素量，リン量をまとめた結果を**図-2.12**(後出)に示す．主な特徴をまとめると，以下のとおりである．

① 肥料中の窒素，リンの国内生産量は，1950年頃より1975年頃にかけて約2倍に増加したが，その後減少傾向が見られ，近年では1950年頃とほぼ同じ生産

表-2.9 化学肥料の窒素含有量，リン含有量[19b,20a)]

窒素質肥料	主要な化学組成	標準含有成分量(%)	
		窒素(N)	
硫　安	$(NH_4)SO_4$(硫酸アンモニウム)	21.0	
石灰窒素	$CaCN_2$(カルシウムシアナミド)，CaO (酸化カルシウム)	20.9	
尿　素	$CO(NH_2)_2$(尿素)	46.0	
硝　安	NH_4NO_3(硝酸アンモニウム)	17.2	
塩　安	NH_4Cl(塩化アンモニウム)	25.0	
リン酸質肥料	**主要な化学組成**	**標準含有成分量(%)**	
		リン酸(P_2O_5)	P換算
過リン酸石灰	$CaH_4(PO_4)_2$(リン酸カルシウム)，$CaSO_4$(硫酸カルシウム)	17.5	7.6
重過リン酸	$CaH_4(PO_4)_2$(リン酸カルシウム)	40.9	17.9
よう成リン肥	$lCaO \cdot mMgO \cdot P_2O_5 \cdot nSiO_2$の固溶体	20.2	8.8

化成肥料(複合肥料)	主要な化学組成	標準含有成分量(%)		
		窒素(N)	リン酸(P_2O_5)	P換算
高度化成	・リン安系，リン硝安，重焼リン安系等があり，成分量は多種多様 ・肥料の3要素の合計成分量が30%以上	12.6	16.7	7.3
普通化成	・減量として特に過リン酸石灰系が使用されることが多く，成分量は多種多様 ・肥料の3要素の合計成分量が30%未満			

注) 標準含有成分量は，1982(昭和57)年の生産実績による平均保証成分値(%).

量となっている.

② 窒素量，リン量は，化学肥料が有機肥料に比べて圧倒的に多い.

③ 化学肥料の内訳を見ると，窒素質肥料，リン酸質肥料は，年々減少傾向にある一方で，化成肥料は，1975 年頃ピークの生産を示し，以降減少傾向にある.

表-2.10 有機質肥料の窒素含有量，リン含有量[20b)]

肥料名＼項目		窒素(N)含有量(%)			リン(P)換算含有量(%)		
		平均	最大	最小	平均	最大	最小
魚肥類		7.95	10.80	2.02	2.68	4.99	0.36
骨　粉		4.93	10.46	1.11	9.30	13.62	3.66
油粕類	菜種油粕	6.72	3.77	5.06	1.48	0.57	1.08
	綿実油粕	7.22	5.00	5.68	1.49	0.69	1.14
	抽出大豆粕	8.00	7.06	7.52	0.82	0.72	0.77
	その他	4.86	8.72	1.14	0.91	1.85	0.21
	油粕類全体	5.12	8.72	1.14	0.90	1.85	0.21

2.2.3 畜　　産

牛，豚から排泄されるし尿の汚濁負荷量は大きく，1 頭当りの発生負荷量は，数十～数百人の人間から排出される汚濁負荷量に相当する.

『畜産統計』[21)]より全国の牛(肉用牛，乳用牛)および豚の飼育頭数を整理し(**図-2.13**)，**表-2.11** に示す窒素，リンの発生負荷量原単位を乗じて発生負荷量を算定し，その推移をまとめた(**図-2.14**).

窒素，リンの発生負荷量とも 1960 年代より徐々に増加し，1990 年頃がピークとなっている. 2000 年にはピーク時の 1 割程度減少する傾向を示しているものの，その量は，肥料中の窒素，リンの推定量にほぼ匹敵している.

表-2.11 発生負荷量原単位[22)]

	牛	豚
T-N(g/頭・日)	290	40
T-P(g/頭・日)	50	25

2.2.4 洗　　剤

洗濯用合成洗剤には，かつて助剤としてリン酸塩が配合されてリンが多く含まれていた. しかし，閉鎖性水域における富栄養化問題が顕在化し，1979(昭和 54)年に滋賀県で『琵琶湖富栄養化防止条例』が制定されたことを契機に，リンを含む合成洗剤の使用，販売が大幅に減少した.

洗剤の生産量の推移を把握するために，日本石鹸洗剤工業会より合成洗剤の生産

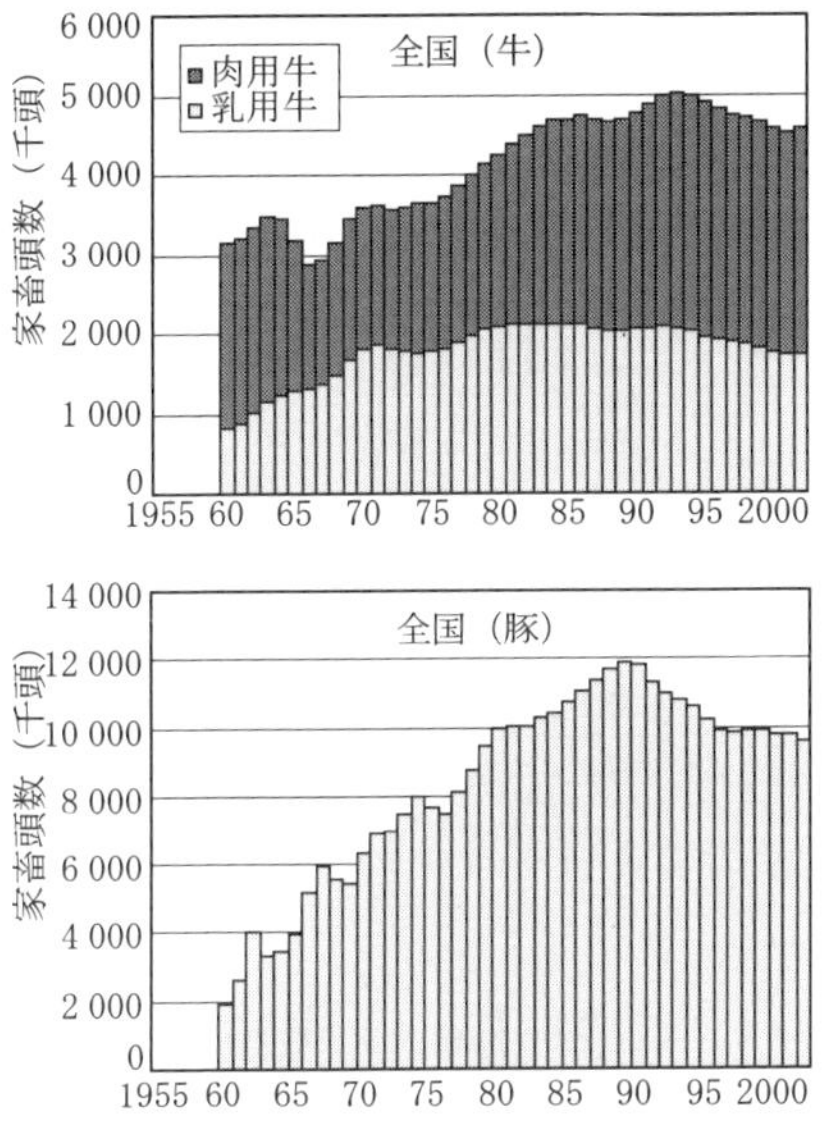

図-2.13　合成洗剤の生産数量の経年変化

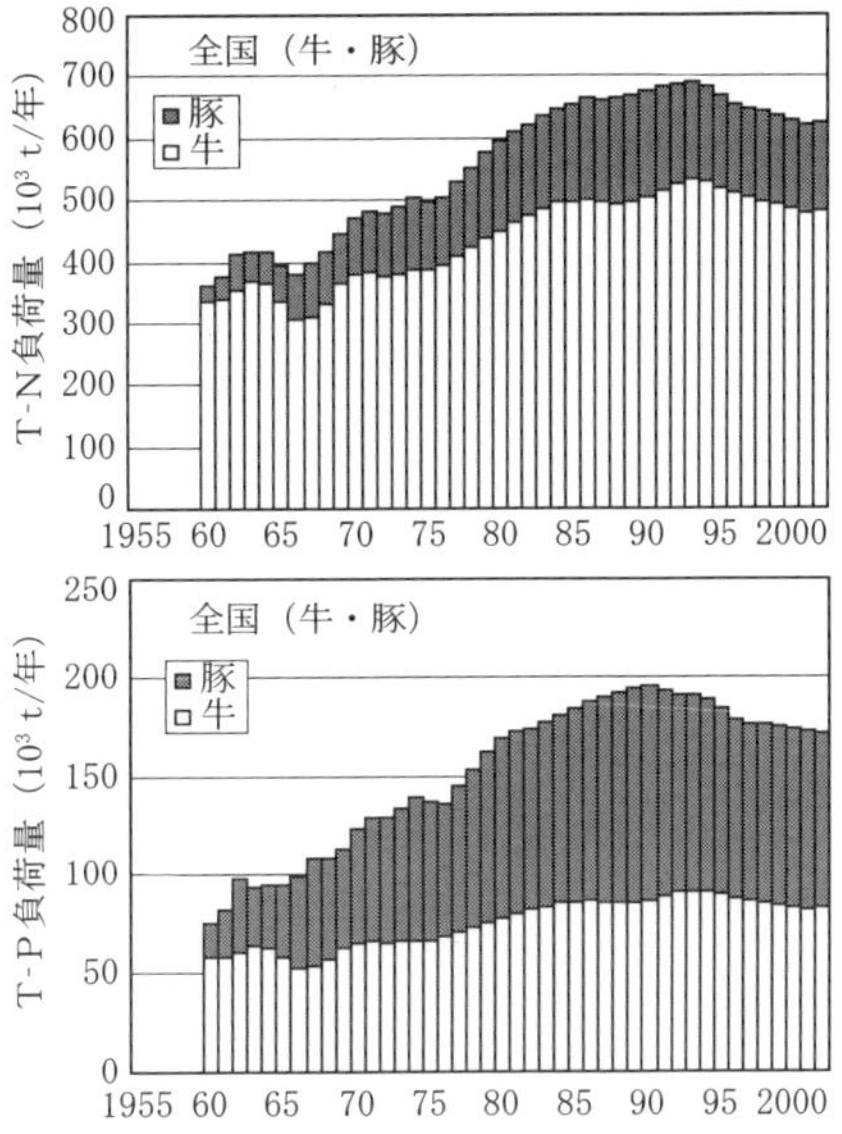

図-2.14　畜産の発生負荷量の経年変化

量の資料を収集した．合成洗剤の生産数量の推移を**図-2.15**に示す．

合成洗剤の生産数量は，1960年代より急激に大きくなり，1994年頃に生産数量のピークとなり，その後少なくなる傾向がある．

合成洗剤のうち，約3分の2が粉末洗剤である．水域，特に閉鎖性水域の水質改善を図るために，1980年より無リン洗剤化が図られており，現在においては粉末洗剤の大半が無リン洗剤である．

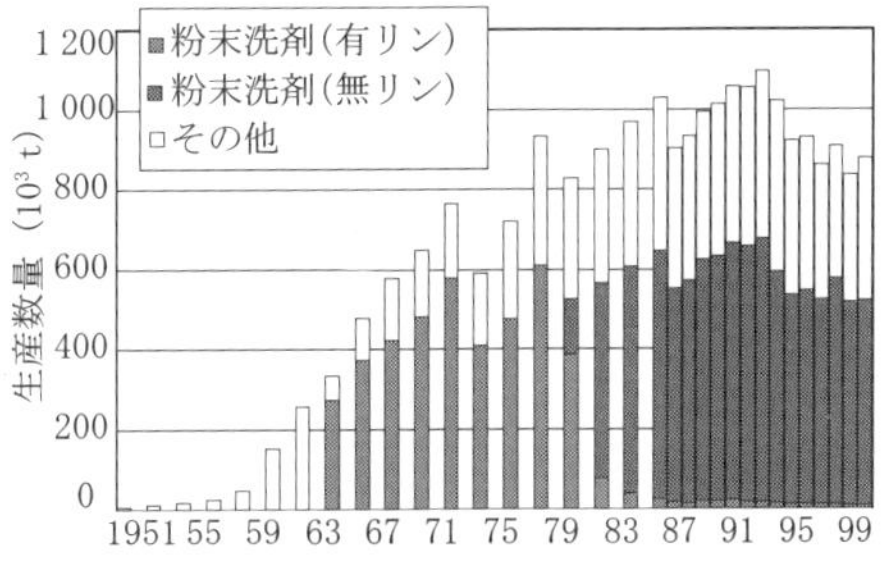

図-2.15　合成洗剤の生産数量の経年変化

また，1980年以前においても粉末有リン洗剤のリン酸塩の自主規制がとられ，洗剤中のリン酸塩の含有量を1975(昭和50)年時点で15%以下，1976年に12%以下，1979年に10%以下と低下させている．粉末有リン洗剤によるリン量の推移を生産数量と自主規制の含有量から推定して，**図-2.16**に示す．粉末洗剤由来のリン

表-2.13 指定湖沼の指定年月日および『湖沼水質保全計画』の策定年月日

湖沼名	指定年月	計画の策定年月
霞ヶ浦	1985(昭和60)年12月	2002(平成14)年3月(第4期)
印旛沼	〃	〃 (〃)
手賀沼	〃	〃 (〃)
琵琶湖	〃	〃 (〃)
児島湖	〃	〃 (〃)
諏訪湖	1985(昭和61)年10月	2003(平成15)年2月 (〃)
釜房ダム貯水池	1986(昭和62)年9月	〃 (〃)
中海	1989(平成元)年1月	2000(平成12)年3月(第3期)
宍道湖	〃	〃 (〃)
野尻湖	1994(平成6)年10月	〃 (第2期)

道やし尿処理施設等の生活排水対策の推進，工場および事業所等の規制対象施設の拡大，豚舎施設等の畜産および農業の負荷も対象にした規制，指導を行っている．

このうち窒素，リンの排水濃度規制については，『水質汚濁防止法』を根拠として条例による上乗せ基準があることを前項の排出基準のところで言及した．例えば，『茨城県霞ヶ浦の富栄養化の防止に関する条例』[31]によって定められた窒素，リンに係る上乗せ基準の実際は，**表-2.14**に示すとおりである．霞ヶ浦流域では，この上乗せ基準に準じて，下水処理場やし尿処理施設等で窒素，リンを除去する高度処理方式が採用されている．

『湖沼法』では，これらの濃度規制によって水質保全が達成できないケースで，工場，事業所からの汚濁負荷量を規制する方式を採用できることにしている．この汚濁負荷量規制の対象となる工場，事業所は，『水質汚濁防止法』における特定施設あるいは『湖沼法』上のみなし特定施設で，排水量が50 m^3/日以上のものである。このように比較的大きな工場，事業場のCOD，T-N，T-Pに関する汚濁負荷量を規制することにより水質保全の効果を効率的にあげようというものである．なお，下水道終末処理場等の地方公共団体が設置するし尿処理施設は，この負荷量規制の対象から除かれている．これは施設の性格上，整備が進むほど負荷量が増えることとなるため，整備促進と矛盾しないようにするためである．

また，『湖沼水質保全計画』では，田畑からの窒素，リンの流出抑制等，すなわち，ノンポイントソース対策も計画に含めている．霞ヶ浦の例[32]では，畑については，溶出抑制肥料，条施肥機の導入促進による化学肥料の使用量の削減，水田については，施肥料の適正化，かけ流しや表面流出水の防止により窒素，リンの環境負荷を

表-2.14　『霞ヶ浦富栄養化防止条例』による窒素，リンの上乗せ排出基準 [31)]

区分		1 日の平均的な排出水の量	許容限度(mg/L)			
			新設		既設	
			窒素	リン	窒素	リン
製造業	食料品製造業	20 m³ 以上 50 m³ 未満	20	2	25	4
		50 m³ 以上 500 m³ 未満	15	1.5	20	3
		500 m³ 以上	10	1	15	2
	金属製品製造業	20 m³ 以上 50 m³ 未満	20	2	20	3
		50 m³ 以上 500 m³ 未満	15	1	20	2
		500 m³ 以上	10	0.5	15	1
	上記以外の製造業	20 m³ 以上 50 m³ 未満	12	1	15	1.5
		50 m³ 以上 500 m³ 未満	10	0.5	12	1.2
		500 m³ 以上	8	0.5	10	1
その他業種等	畜産農業	20 m³ 以上 50 m³ 未満	25	3	50	5
		50 m³ 以上 500 m³ 未満	15	2	40	5
		500 m³ 以上	10	1	30	3
	下水道終末処理施設	20 m³ 以上 10 万 m³ 未満	20	1	20	1
		10 万 m³ 以上	15	0.5	15	0.5
	し尿処理施設(し尿浄化槽を除く)	20 m³ 以上	10	1	20	2
	し尿浄化槽	20 m³ 以上	15	2	20	4
	上記以外の事業場	20 m³ 以上 50 m³ 未満	20	3	30	4
		50 m³ 以上 500 m³ 未満	15	2	25	4
		500 m³ 以上	10	1	20	3

注)　本表の数値は，下水道終末処理施設，し尿処理施設およびし尿浄化槽については，日間平均値を示し，その他は最大値を示す．

低減する技術の普及を図ることなどが示されている．計画には，溶出抑制肥料の使用目標等の数値もともに示されている．また，畜産業からの家畜排泄物の適正処理と生産堆肥の有効利用を促進することにより窒素，リンの資源循環を図り，「環境にやさしい農業」を展開することも謳われている．

2.4　ケーススタディ 1：多摩川

本節では，都市河川の代表的な例として多摩川を取り上げ，その河川水の窒素濃度，リン濃度の経年的変化を示し，流域からの負荷の主要な要因について解析を加えた．

2.4.1 概　　説

多摩川は，山梨県の笠取山に水源を発し，流域面積 1 240 km^2，幹線流路延長 138 km を有する関東地方の代表的な都市河川である．流域は，東京，神奈川，山梨の 1 都 2 県にまたがり，人口，工場の過密地帯である東京都の世田谷，大田の 2 区，さらに川崎市をはじめ，青梅，立川，八王子，府中，三鷹市等 22 市を数え，流域人口約 425 万人(平成 7 年)である[33]．

多摩川の水質は，羽村堰と田園調布堰の 2 つの取水堰により上流部，中流部，下流部と，水質を異にする 3 つの水域が考えられる．上流部はまだまだ清澄であり，昔の多摩川の面影を残している．しかし，清澄な多摩川はこの羽村堰までで，これより下流は汚濁河川の多摩川となり，水質汚濁が顕著になる．

さらに下流の拝島橋では，支川秋川の清流の流入と自浄作用によりいくぶん清浄を取り戻しているが，近年は窒素，リン等の栄養塩類の増加による汚濁が懸念される．

多摩川の 1998(平成 10)年水質現況を，前述した 3 つの水域，つまり上流，中流，下流に分けて見ると，羽村堰より上流域は，調布橋地点で BOD 75% 値が 0.4 mg/L と良好である．

中流域は，羽村堰で東京都の上水道用水として流水のほとんどが取水され，極度に流量が減少するとともに，家庭排水，工場排水，し尿処理排水の流入により，BOD 75% 値が多摩川原橋地点で 4.5 mg/L，二子橋地点で 2.9 mg/L を示している．上水道用水の取水堰として設けられた田園調布堰では，水質汚濁の進行に伴い 1970(昭和 45)年に取水が停止され，その後，工業用水として取水が再開されている．

田園調布堰より下流域は，感潮区域となっており，六郷橋の BOD 75% 値は 2.0 mg/L，大師橋で 1.9 mg/L 程度で，中流部に比較して海水の入退潮による希釈の影響により水質は良好である．

また，多摩川流域にはメッキ工場が多く，かつては含シアン廃液の流出等による水質事故が頻発したが，近年は公害防止意識の向上や対策技術の推進により有害物質による事故件数は減少している．

流域関連市町村の人口および土地利用の推移を**図-2.20，2.21** に示す[34]．1960(昭和 35)年以降，中下流域を中心に宅地化が進み，宅地は流域関連区市町村の土地利用面積の割合で 1960(昭和 35)年の 20% から 1996(平成 7)年の 40% まで上昇し，この間人口も約 200 万人増加している．

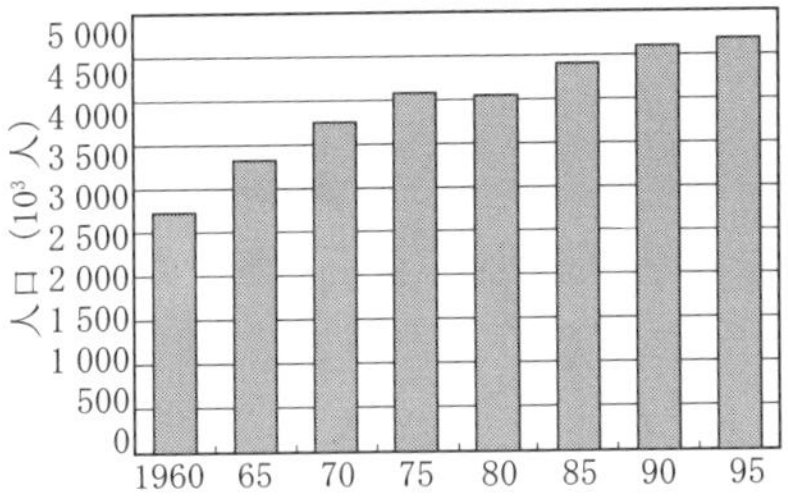

図-2.20　流域関連市町村人口の推移

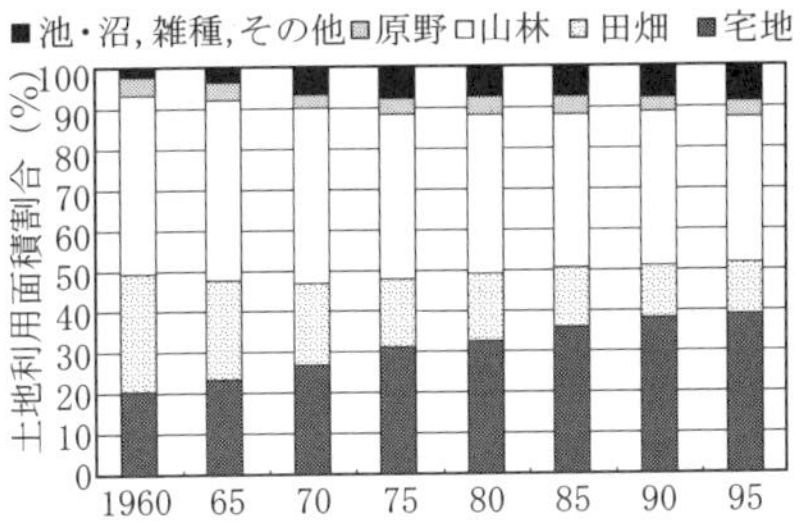

図-2.21　流域関連市町村における土地利用面積の割合の推移

2.4.2　窒素，リン

国土交通省（旧建設省）で実施された水質調査データをもとに，多摩川の窒素，リン等の推移と現況をまとめた．水質調査は，T-N が 1972（昭和 47）年，T-P が 1980（昭和 55）年より測定されているが，溶存態については，NH_4-N，NO_3-N が 1960（昭和 35）年より，PO_4-P が 1973（昭和 48）年より測定開始となっている．

この間の多摩川主要地点における降雨量および流況変化を**図-2.22** に示す．上流

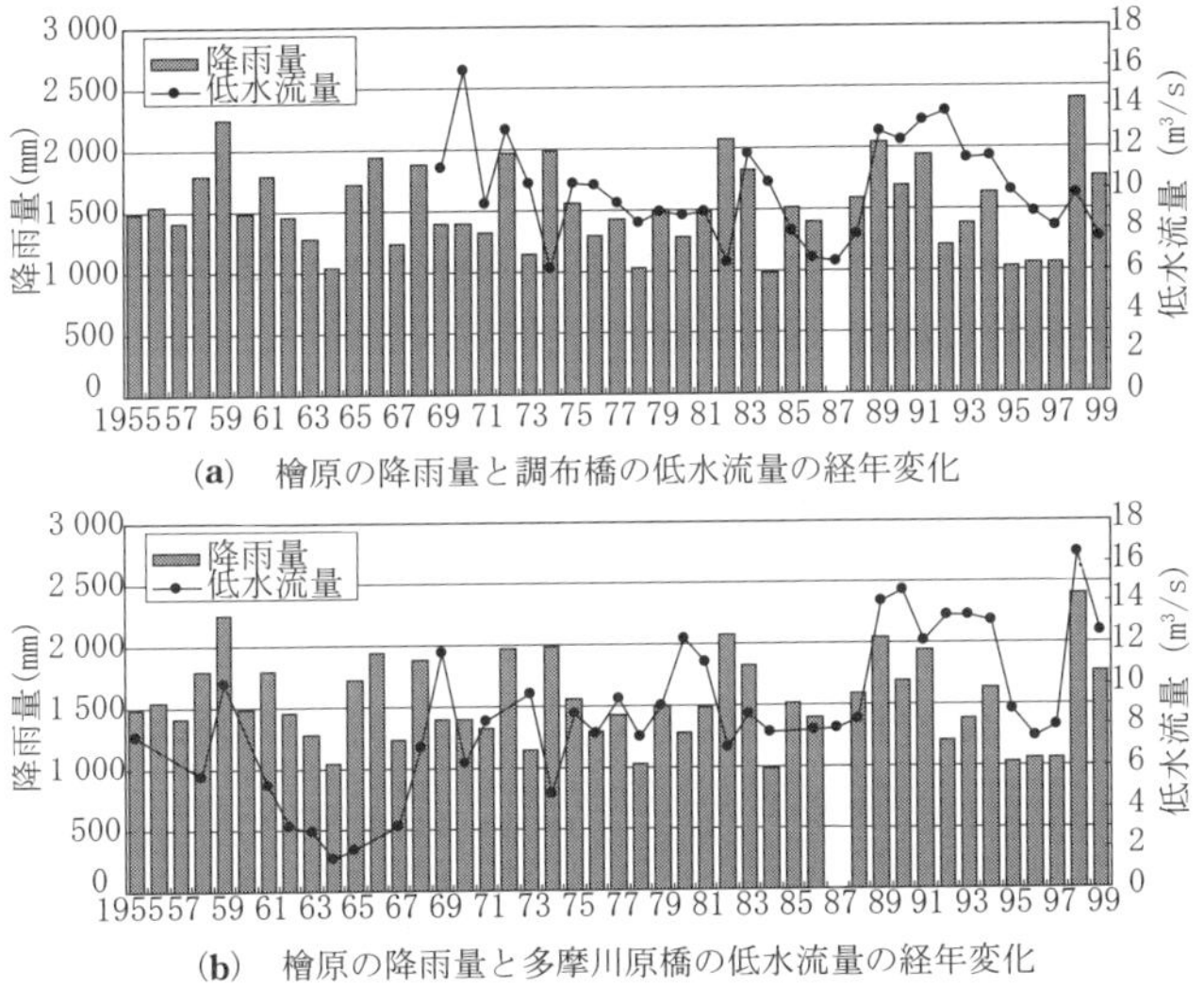

（**a**）　檜原の降雨量と調布橋の低水流量の経年変化

（**b**）　檜原の降雨量と多摩川原橋の低水流量の経年変化

図-2.22　降水量および流況変化

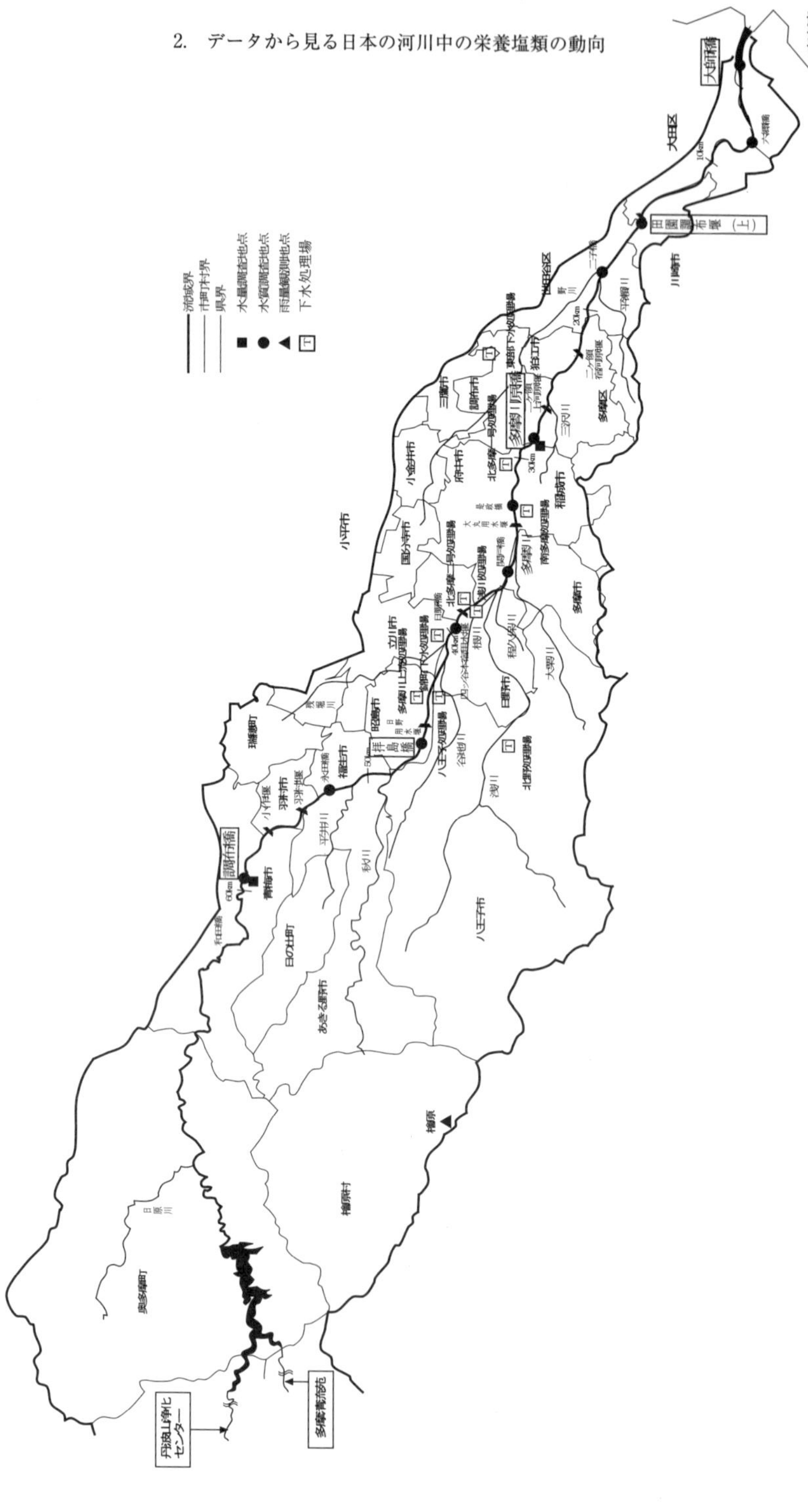
流域界
市町村界
県界
水量調査地点
水質調査地点
雨量観測地点
下水処理場
東京湾
大師橋
田園調布堰（上）
多摩川原橋
拝島橋
調布橋
小河内ダム
丹波山浄化センター
多摩川流域

図-2.23 多摩川流域

の調布橋地点では，降雨，流況それぞれ経年変化に明確な傾向は認められないが，中下流地点である多摩川原橋では，低水流量に増加傾向が認められる．1997（平成 9）年度以降，維持流量として羽村堰より 2 m^3/s が常時下流に流れるようになったこと，さらには水道供給を流域外の水源より受ける一方で，排水を多摩川に放流していることが都市化の影響をより受けている中下流地点の流況に影響を与えたと考えられる．

したがって，以下に示す水質変化についても，降雨量等の自然的要因よりもこうした人工的な要因の影響を強く受けた結果であると類推される．

(1) 窒　素

多摩川における窒素濃度の推移について，**図 -2.24，2.25** に示す．

① T-N［1973 年（昭和 48）より測定］：上流部（調布橋）は，1 mg/L 前後で横這いであるのに対し，その下流に位置する拝島橋は，昭和 50 年代が高く，以降顕著な減少傾向を示す．

② NH_4-N［1959 年（昭和 34）より測定］：T-N よりも顕著な形で，中，下流部地点においても昭和 60 年代より低下傾向を示している．

NH_4-N の変化については，次項で詳しく述べる．

③ NO_3-N：上流部では横這いであるが，中，上流部地点は，増加傾向を示している．

(2) リ　ン

図 -2.26 に多摩川のリン濃度の推移を示す．

① T-P［1980 年（昭和 55）より測定］：上流部は，横這いで推移している．多摩川原橋，田園調布堰では，低下傾向を示している．下流部は，変動は大きいが，横這いである．

② PO_4-P：上流部は，横這いで推移している．中流部は，昭和 50 年代が高く，以降，横這いまたは幾分減少傾向を示している．下流部は，横這いである．

(3) 窒素 /リン比

図 -2.27 に多摩川の窒素 /リン比（N/P 比）の推移を示す．上流部は，N/P 比が高く，リンに比較し窒素濃度が高いことが特徴である．これに対し，中下流部は，昭和60年より現況までほぼ横這いである.

(4) 有機物, DO

図-2.28に多摩川の有機物およびDOの推移を示す.上流部は, BOD減少, COD増加傾向, DOは横這いである.中, 下流部のBOD, CODは, 昭和50年代に高く, 以降, 減少している.特にBODは, 1997(平成9)年より急激に低い値となっている.また, BOD/CODは, 昭和50年代が高く, 1982～1995(昭和57～平成7)年まで横這い, 1997年より低い値となっており, 流域全体において汚水の生物処理が進んでいると推測する(**図-2.29**).

2.4.3 水質特性とその要因

(1) し尿処理施設による汚水処理

1965～1985(昭和40～50年代)年頃, 中流部(日野橋, 多摩川原橋, 田園調布堰)は, NH_4-N濃度が高い値となっている.この背景には, 急激な人口増加に対するし尿処理の対応[37]が大きく関与していたと考えることができる.

1955(昭和30)年頃より, 多摩川流域内で公団住宅, 都営住宅の建設が推進されるようになると, それに併せてその周辺, さらに民間企業による開発等が行われ, 人口が急激に増加した.この増加に伴い, し尿処理が大きな問題となった.この背景には, 戦前から戦後にかけて, 多摩川流域でのし尿は,「農地還元」により処分していたのが, 農地の減少と化学肥料の普及により, 農地での「受入れ可能量」が減少したことがあげられる.関係市町村は, 応急対策として東京湾外への「海中投棄」を実施したが, 東京湾を含む当該海域の汚濁が顕著となり, 自己処理が求められるに至っている.

この対策として, 一部の自治体では, 下水道整備が推進されたが, 建設速度は遅く, 多くのし尿は別途処理をせざるを得ない状況にあり, 当面する汲取りし尿を処理するために**表-2.15**に示すように流域内に「し尿処理施設」が多数建設されている.**図-2.30**にし尿処理形態別人口の推移[37]を示す.1971(昭和46)年で汲取り人口(し尿処理施設人口)は, 流域人口の約6割を占めていた.

これらのし尿処理施設の処理方式について, 1981(昭和56)年度, 1987(昭和62)年度, 1993(平成5)年度, 1998(平成10)年度時点の処理方式を**表-2.16**に示す.

1981年時点では, 処理場ごとに異なるが, 嫌気性消化・活性汚泥法処理方式あ

表-2.18 多摩川衛生組合処理水水質[1975(昭和50)年] 37)

年度＼区分	pH	透視度	SS (ppm)	COD (ppm)	BOD (ppm)	T-N (ppm)
44	6.8	20.9	12.2	14.2	10.3	41.9
45	6.7	18.8	40.5	14.7	12.7	49.1
46	6.3	18.6	46.4	14.0	9.1	37.1
47	6.9	17.4	55.6	17.0	16.9	58.7
48	6.7	16.0	9.3	13.0	8.5	56.0
49	7.5	22.0	21.0	28.5	13.2	79.5
50	7.6	21.0	6.5	21.0	9.2	63.0
平均値	6.9	19.2	27.3	17.4	11.4	55.0

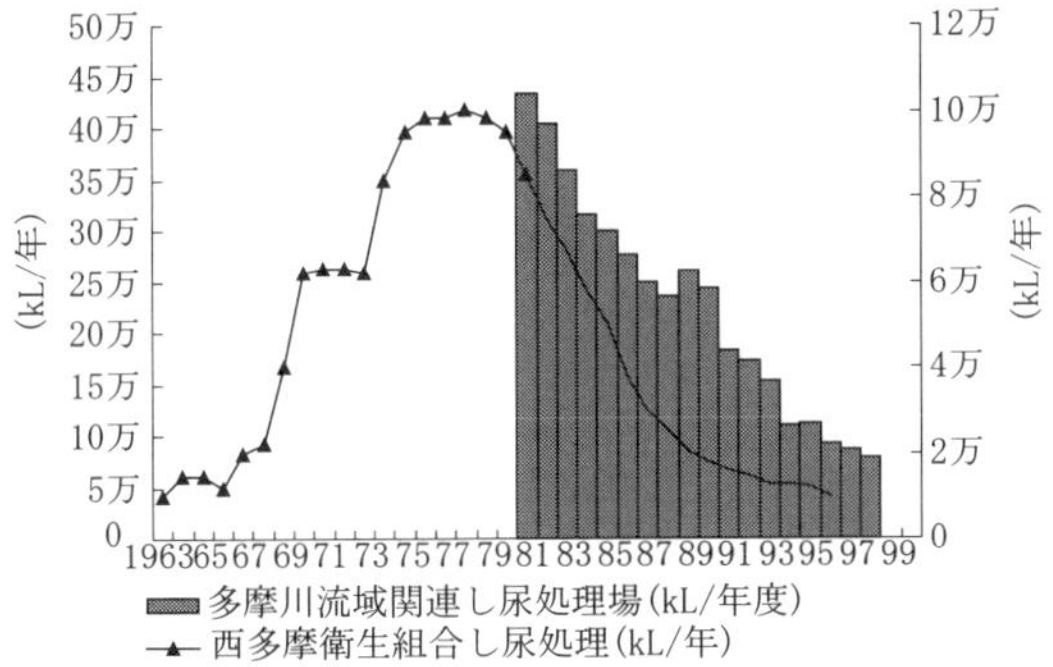

* 多摩川流域関連し尿処理場は，文献[39]よりし尿処理量を示す（浄化槽汚濁処理量は含まない）．
* 西多摩衛生組合し尿処理量は，ヒアリング値．

図-2.31 し尿処理施設のし尿処理量の推移

(2) 下水道処理の普及

多摩川流域では，1961(昭和36)年より下水道建設が積極的に行われており，下水処理面積が急増し，その結果，下水処理水量も急増している．多摩川流域の下水処理量を**図-2.32**に示す[37]．1970(昭和45)年当時は，年間3 624万 m^3(日量9万9 300m^3，1.15 m^3/s)であったが，1997(平成9)年には，3億2 260万 m^3 が放流されている(1970年の約10倍)．これは日量88万 m^3(10.22 m^3/s)に相当する．

1995(平成7)年および2000(平成12)年における多摩川原橋の低水流量と多摩川原橋より上流の下水処理場放流水量を**図-2.33**に示す．流況の低い1995年では

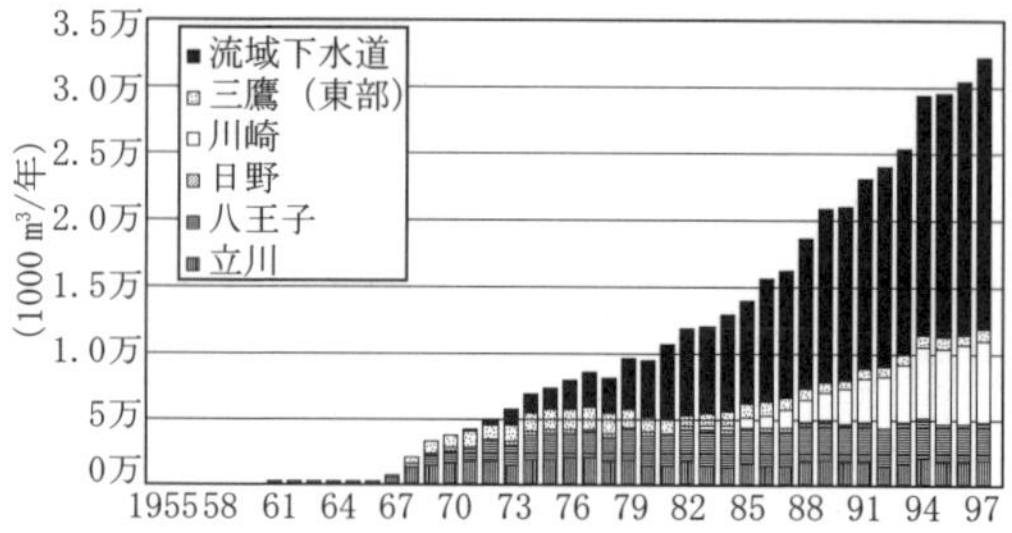

図-2.32　下水処理量の経年変化[37)]

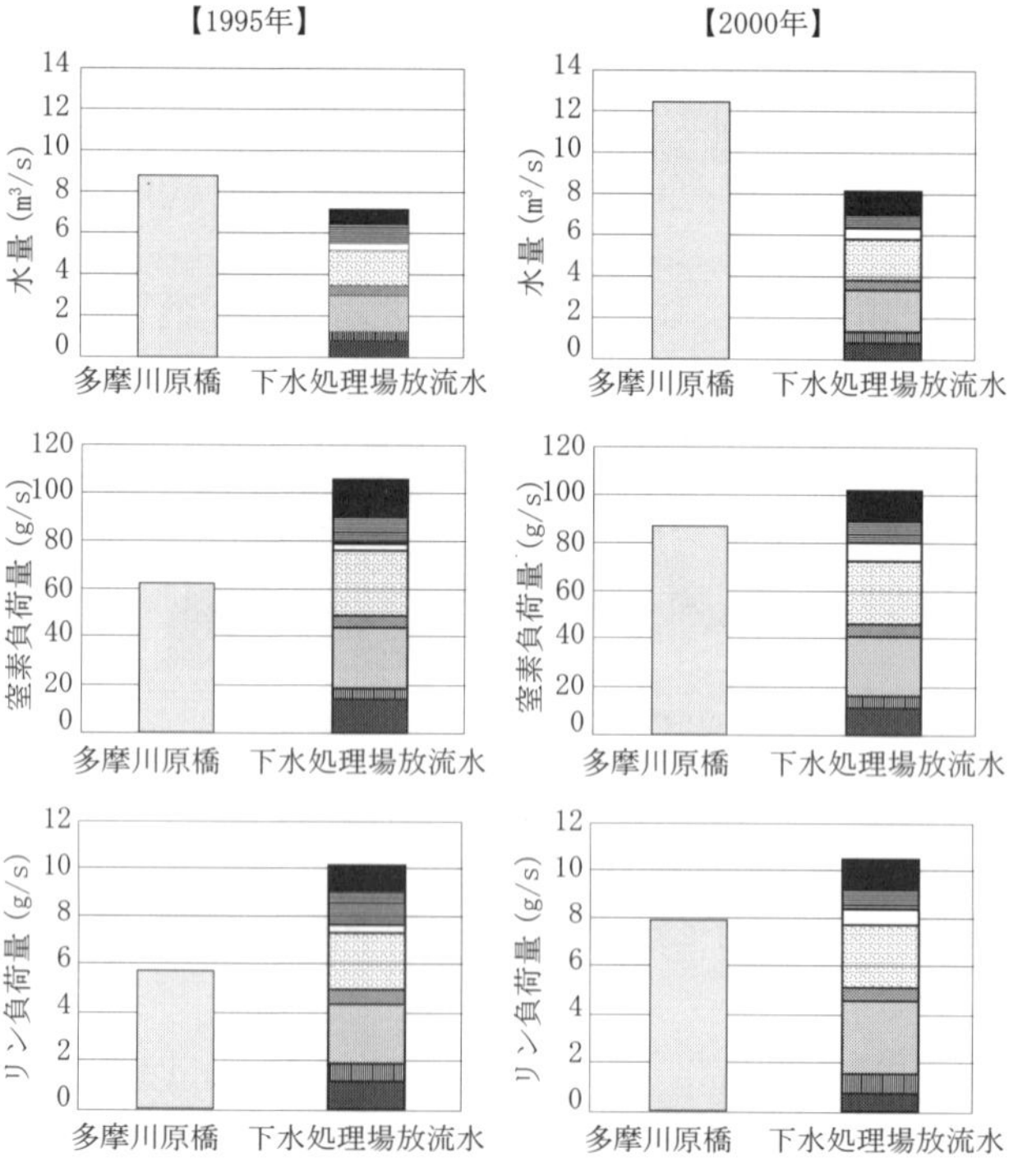

多摩川原橋負荷量(g/s)＝石原地点低水流量(m³/s)×多摩川原橋地点年平均値(mg/L)
（「流量年表」(2000年は1999年の石原流量を使用)，「水質年表」より作成）
下水処理場放流水負荷量(g/s)
＝下水処理場晴天時平均下水量(m³/s)×放流水質(mg/L)
（「下水道統計」より作成）

■北野処理場合計　■錦町下水処理場　□北多摩１号処理場
■北多摩２号処理場　□多摩川上流処理場　□浅川処理場
■八王子処理場　■南多摩処理場

図-2.33　多摩川原橋の低水流量，窒素，リン負荷量と下水処理場放流水量，負荷量

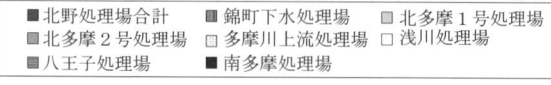

82％が，2000年では65％が下水処理放流水であり，下水処理放流水の割合が大きいことが特徴である．

また，多摩川原橋における窒素負荷量，リン負荷量(低水流量×窒素，リン年平均濃度)と多摩川原橋より上流の下水処理場放流水の合計負荷量を比較すると，下水処理場放流水の方が多い．多摩川の栄養塩類は，下水処理場放流水が大半を占めていることがうかがえる．

このような下水処理の普及が多摩川河川水 NH_4-N の低下の一因として考えられる．汲取りし尿処理方式では，未処理のまま河川に排出された家庭雑排水も下水道に取り込まれ処理され，さらに**図-2.35**に示すように下水処理水の窒素，リンの水質は徐々に低減しているからである．

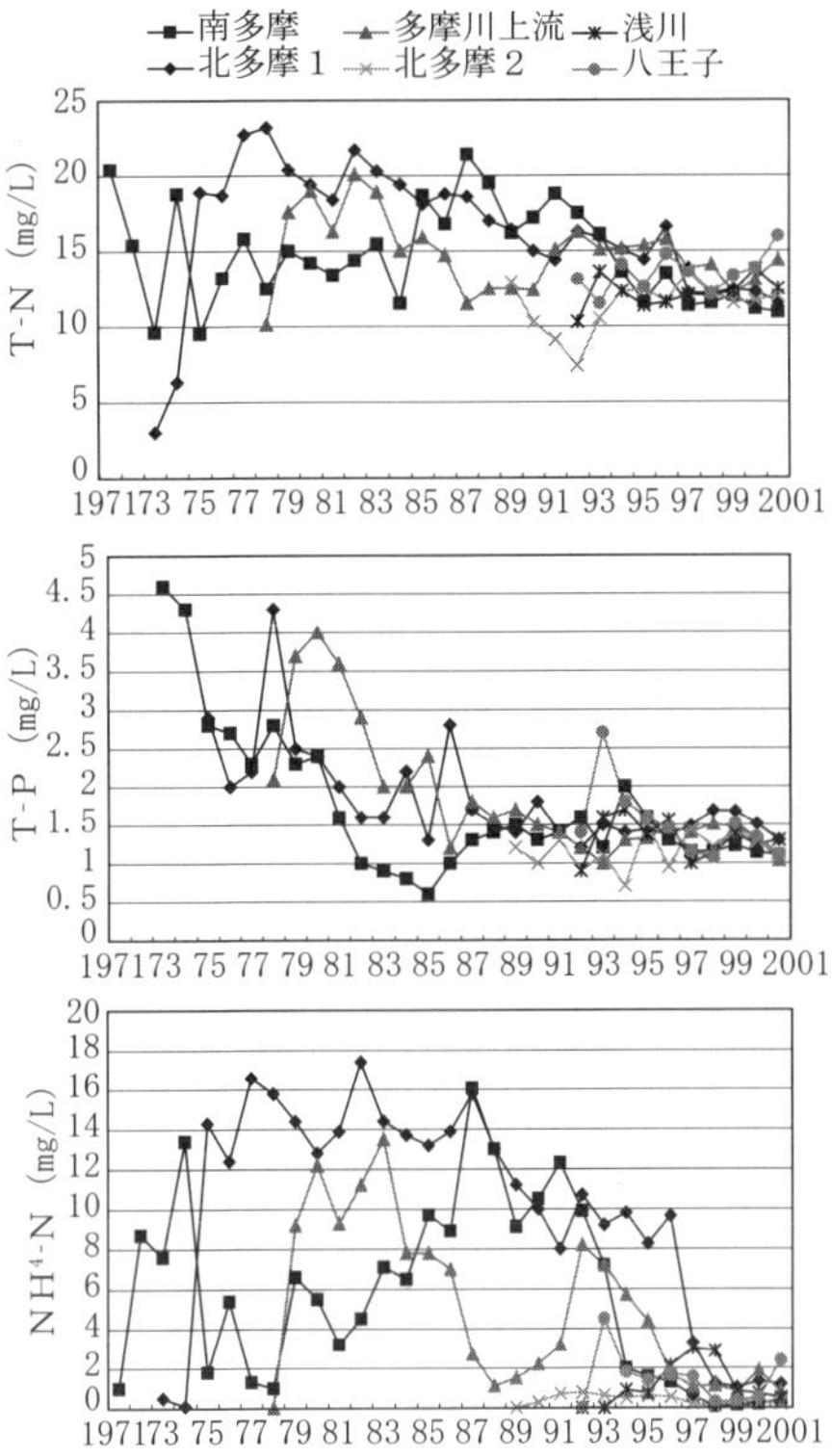

図-2.35　多摩川流域下水処理場　処理水質の推移
(各下水処理場の水質年報より作成)

特に，近年，東京都では，『水環境保全計画』[1998(平成10)年策定]において，水生生物への影響が大きいアンモニアの流入負荷を削減していく方針を立て，多摩川においては最大の負荷源となっていた下水処理水の水質改善対策を実施している．

この対策は，活性汚泥処理において硝化促進の運転方法を採用し，NH_4-N の硝化による濃度低減を実施するものである．1996～1998(平成8～平成10)年度の下水処理場の処理水質を**表-2.19**に示す．北野処理場，北多摩一号処理場，東部処理場では対策前の1996年度に比較して，対策後の1997年度，1998年度の処理水 NH_4-N 濃度は低下している．

この下水処理場の処理水質が良くなったことに呼応して，多摩川の NH_4-N 濃度もさらに低下している．

表-2.19 多摩川流域の下水処理場処理水質[33]

項目 / 年度 / 処理場	処理水BOD(mg/L)			処理水 NH_4-N(mg/L)		
	1996(平成8)	1997(平成9)	1998(平成10)	1996(平成8)	1997(平成9)	1998(平成10)
多摩川上流処理場	(2)	(2)	2	2.0	1.2	0.9
八王子処理場	(2)	(2)	1	2.1	1.6	0.3
錦町下水処理場	3.2 (1.5)	3.6 (1.8)	5.0 (2.1)	2.4	1.5	1.3
北多摩二号処理場	(2)	(2)	2	0.5	0.2	0.1
浅川処理場	(1)	(2)	2	2.1	3.0	2.9
北野処理場 分流	7	3.8	3.5	3.17	1.0	3.71
合流	8	3.9	5.8	10.29	6.3	6.74
南多摩処理場	(2)	1	1	1.3	0.6	0.1
北多摩一号処理場	(2)	(3)	3	9.7	3.3	1.3
東部処理場	6.7	5.6	1.7	24.1	14.5	10.0

注) ( )内は，ATU-BOD.

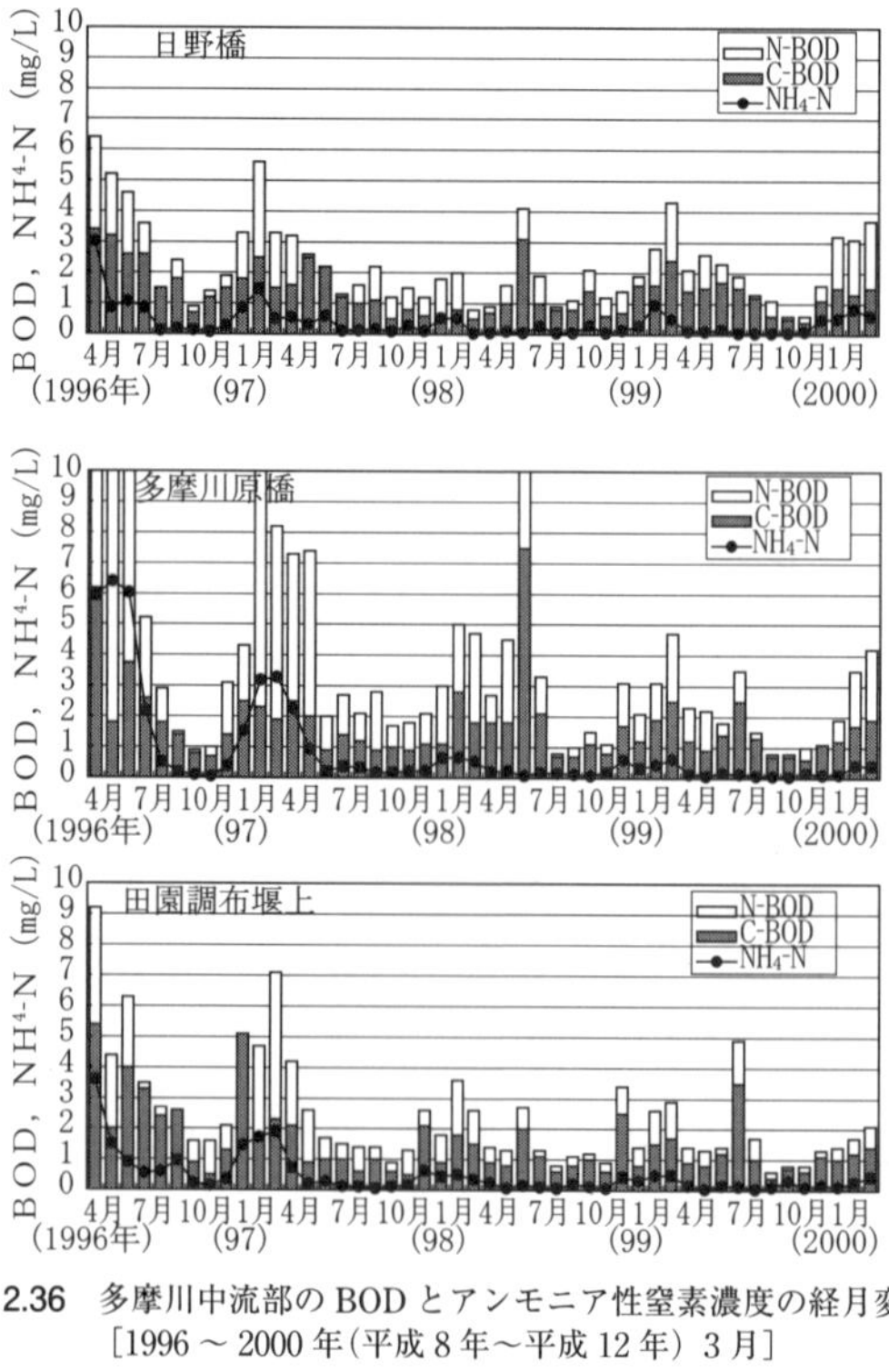

図-2.36 多摩川中流部のBODとアンモニア性窒素濃度の経月変化
[1996～2000年(平成8年～平成12年) 3月]

図-2.36 に1996～1999(平成8～11)年度における日野橋，多摩川原橋，田園調布堰におけるBOD(C-BOD)(N-BOD = BOD − C-BOD)とNH_4-Nの経月変化を示す[41]．1997年頃よりNH_4-N濃度の低下が見られ，それに伴いN-BOD濃度の低下が認められる．

2.5　ケーススタディ2：揖斐川

本節では，上流域に山林，中・下流域に水田農地そして都市域を擁する典型的な日本の河川を代表する例として揖斐川を取り上げ，その河川水の窒素濃度，リン濃度の経年的変化を示し，流域からの負荷との関係について言及する．

2.5.1　概　　説

揖斐川は，木曽三川のうちでは最西端に位置し，その源の岐阜県揖斐郡徳山村冠山(標高1 267 m)に発し，山間峡谷を流下する右支川坂内川を併せて揖斐川町を経て濃尾平野に至る．

これより下流は，右支川粕川，揖斐郡大野町下座倉で最大支川根尾川を加えて南流し，養老郡養老町池辺において右支川牧田川(杭瀬川，水門川を含む)を合流して，さらに南下し津屋川，大江川を加えて千本松原に至り，養老山脈に源を発する多度川，肱江川を加え，長良川と背割堤をもって相へだてて南流し，河口から3.8 km付近で同川を合流した後，三重県桑名市の東を抜け，伊勢湾に注いでいる．

流域面積1 850.3 km^2のうち山地面積1 364 km^2，平地面積423.8 km^2，河川区域面積62 km^2であり，その幹線流路延長は892 kmである．流域内の主要都市は，大垣市および桑名市であり，また流域内人口は47万3 000人，製造品出荷額は1 187億円である(平成8年度『河川現況調査』，中部地方編)．

観測地点中最も水質汚濁が著しいのは，大垣市を集水域に持つ水門川の二水橋である．この地点の1998(平成10)年のBOD 75％値は5.4 mg/Lとなっている．また，牧田川の合流点より下流の福岡大橋では1.0 mg/Lとなっている[33]．

流域関連市町村の人口，土地利用，下水道整備人口の推移を**図-2.37～2.39**に示す[42,43]．1965(昭和40)年から現代までに，中下流域を中心に流域人口が約10万人増加したが，近年の人口の伸びは鈍く，上流域では横這いから減少傾向にある．

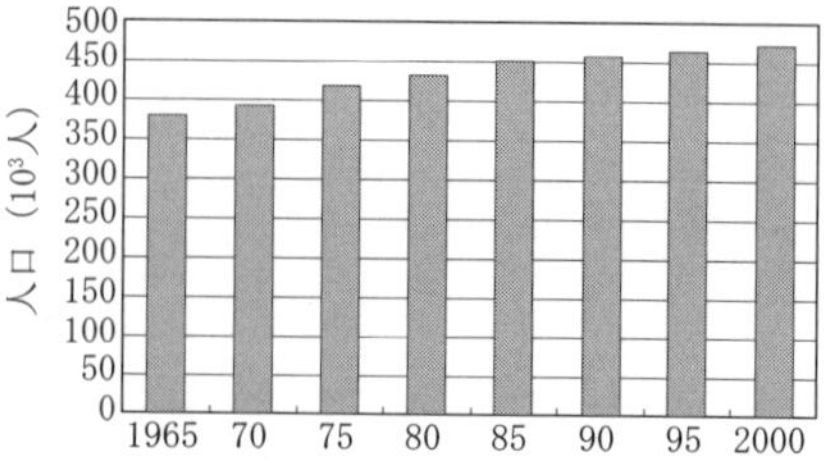

図-2.37　流域関連市町村の人口

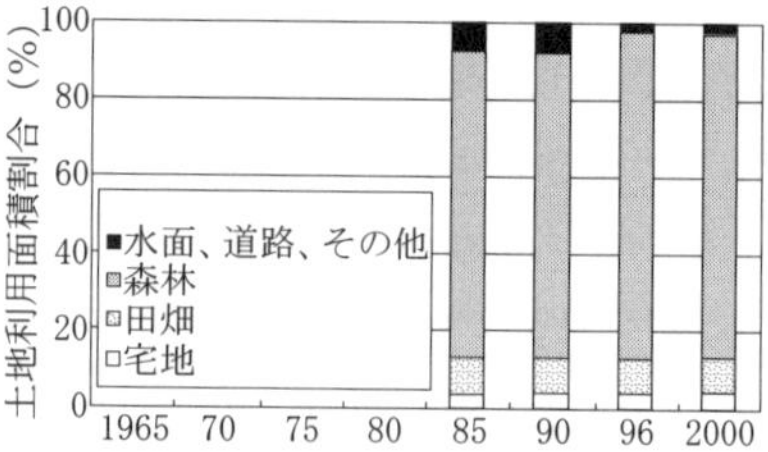

図-2.38　流域関連市町村の土地利用面積の割合の変化

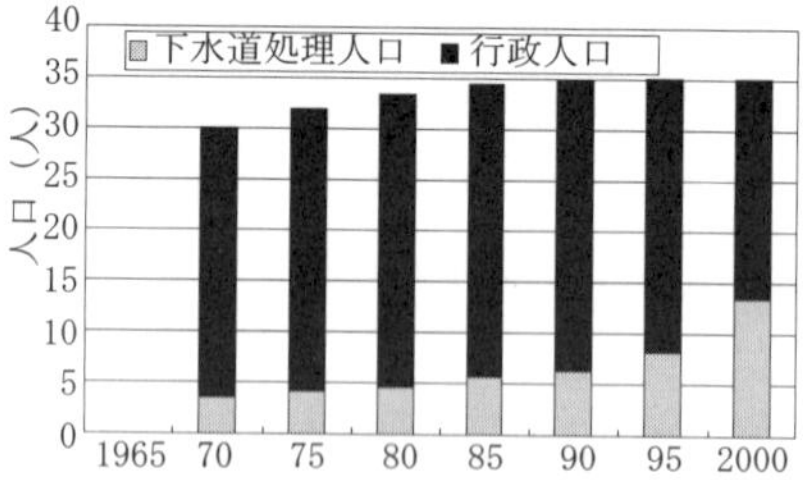

図-2.38　流域関連市町村（岐阜県分）の下水道整備人口の推移

また，土地利用については，1985（昭和60）年のデータ以降，大きな変化は示しておらず，森林が全体の約8割を占めている．さらに下水道整備は2000（平成12）年時点でも流域人口の約3割にとどまっている．

また，揖斐川岡島および万石地点と支川である根尾川の山口地点の1950年代（昭和30年頃）以降の低水流量の推移を近傍の雨量観測結果とともに**図-2.40～2.42**に示す[35,36]．流量および雨量ともに，明確な傾向は認められない．

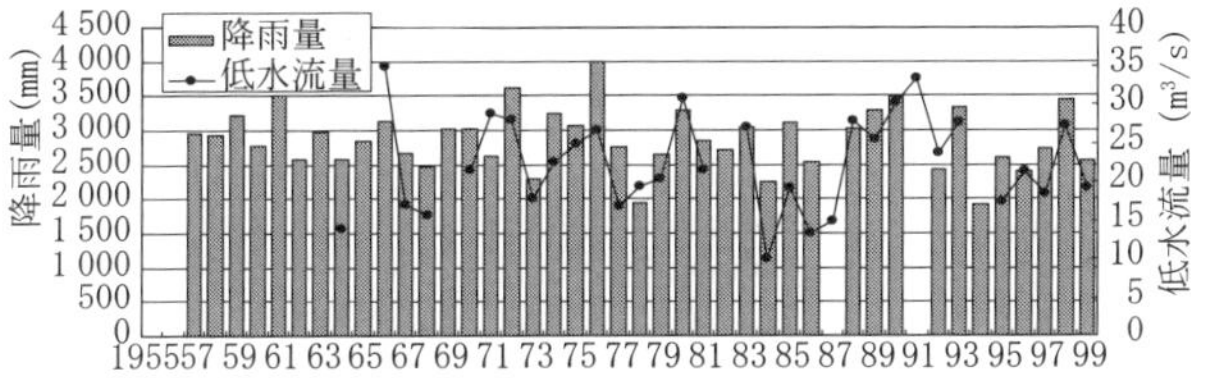

図-2.40　金原降雨量と岡島の低水流量の推移

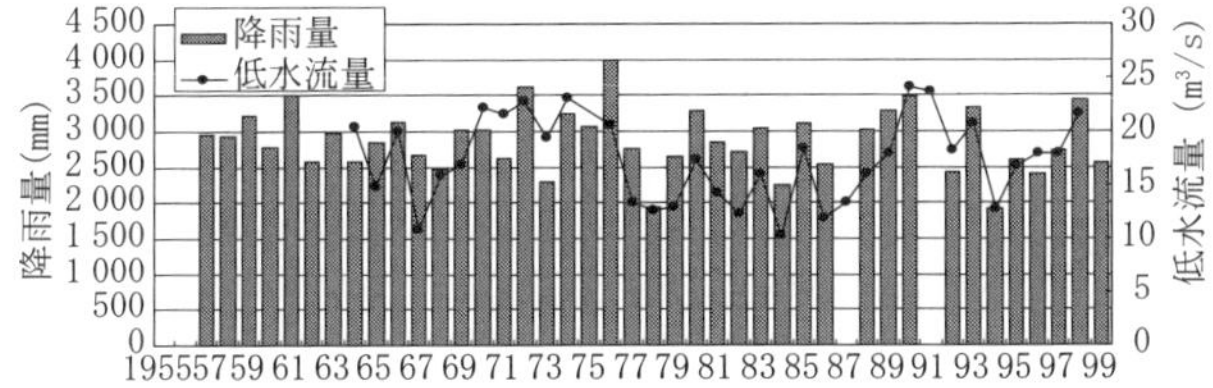

図-2.41　金原降雨量と山口の低水流量の推移

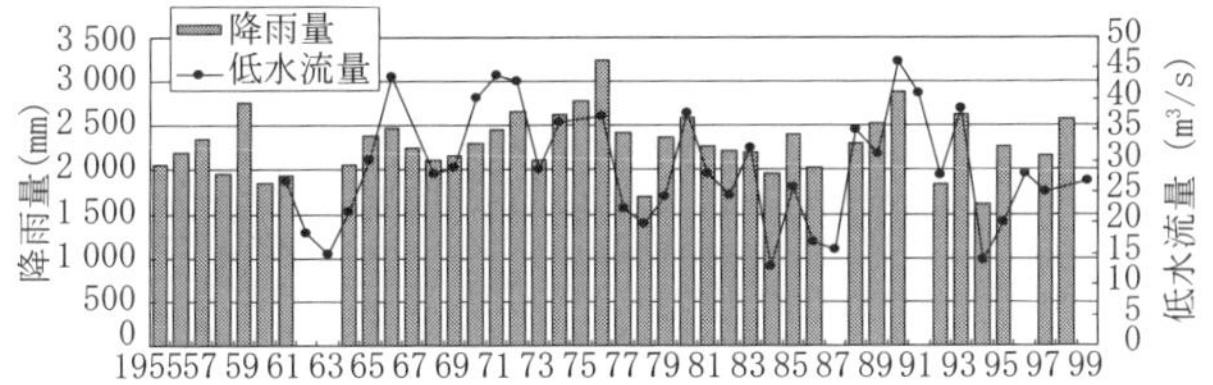

図-2.42　牧田降雨量と万石の低水流量の推移

2.5.2　窒素，リン

(1)　窒　素

図-2.44，2.45(後出)に揖斐川の窒素濃度の推移を示す．

T-N については，上流部(岡島橋，山口)は，1985(昭和 60)年以降に高くなる傾向が認められる．一方，中流部の鷺田橋は，上流 2 地点と比べるとほぼ横這いに推移している．また，中流部の福岡大橋，下流部の伊勢大橋は，1975 年以降(昭和 50 年代)より高くなり，1985 年(昭和 60 年代)以降は横這いに推移している．

NH_4-N の推移では，近年どの地点でも 0.5 mg/L 以下と低い値で推移している．ただし，中流部の鷺田橋，福岡大橋，下流部の伊勢大橋は，1977(昭和 52)年頃をピーについては，特にここ10年程度の間にわずかであるが上昇している．

上流域では，ここ10年程度人口の増加がなく(**図-2.53**)，比較的周辺人口の多く生活系排水の影響を受けると考えられる鷺田橋では，T-N，T-Pとも横這いに推移していることから，さらに上流の岡島橋や山口では生活系汚濁が水質変動の要因として考えにくい状況にある．

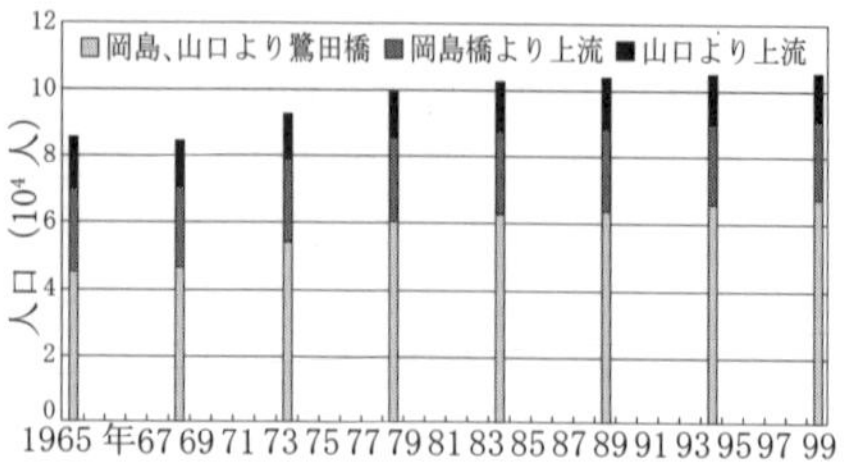

図-2.53 揖斐川上流域の人口の推移

流域のほとんどが山林や畑地である上流域におけるT-Nの上昇要因として，以下の事項が考えられる．

- 化学肥料の普及，投与による土壌中の窒素の飽和．
- 山林の未管理による浄化機能の低下や表土の流亡に伴う負荷量の増加．
- 降雨による窒素降下量の増大．

同様に，日本の河川の上流域において，T-Nに関するこうした濃度傾向が一般的であるかどうかを**2.1.2**で解析した全国データを用いて検討してみた．河口より20 km以上で比較的窒素濃度が低い24地点について1980(昭和55)年頃と最近年の比較を**表-2.21**に示す．1980年頃よりも1995年頃のデータの方が全窒素が上昇する地点が多く見られている．

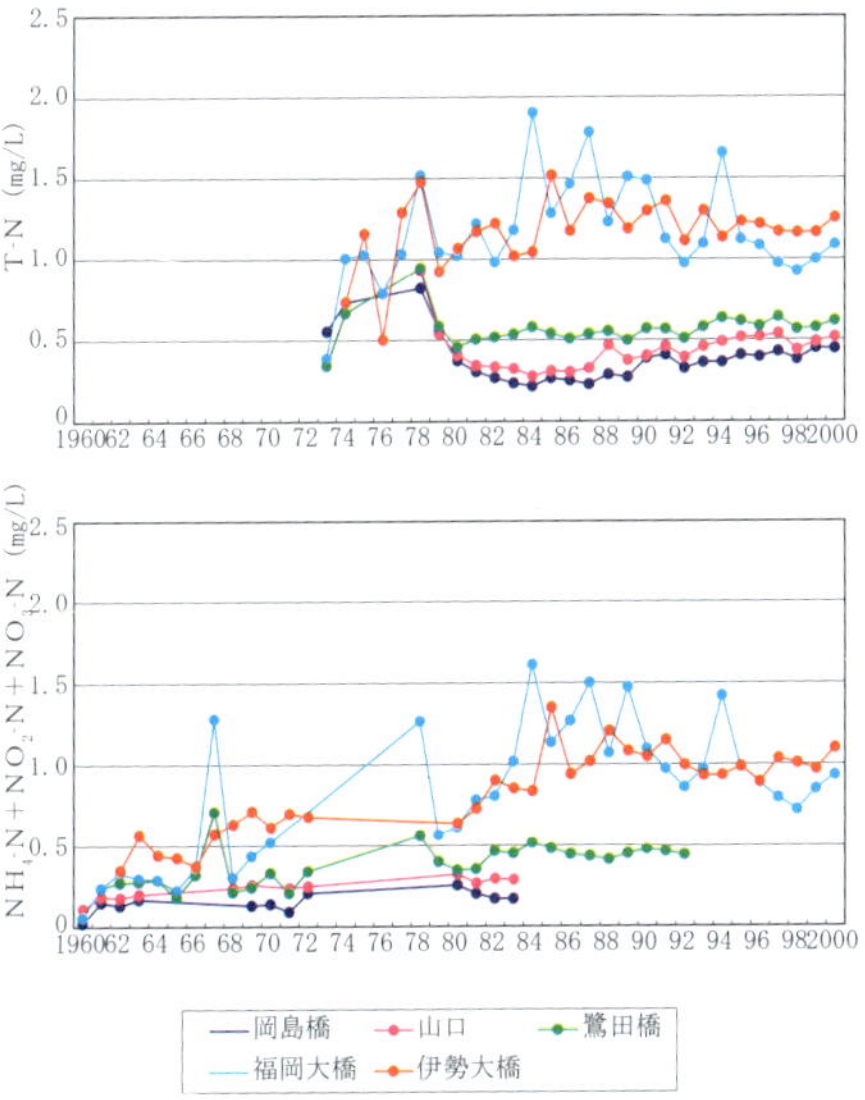

全国河川　449 地点［1995〜97（平成 7〜9）年］
平均値　1.8 mg/L　　中央値　1.10 mg/L

図 -2.44　揖斐川の窒素濃度の推移（経年変化）

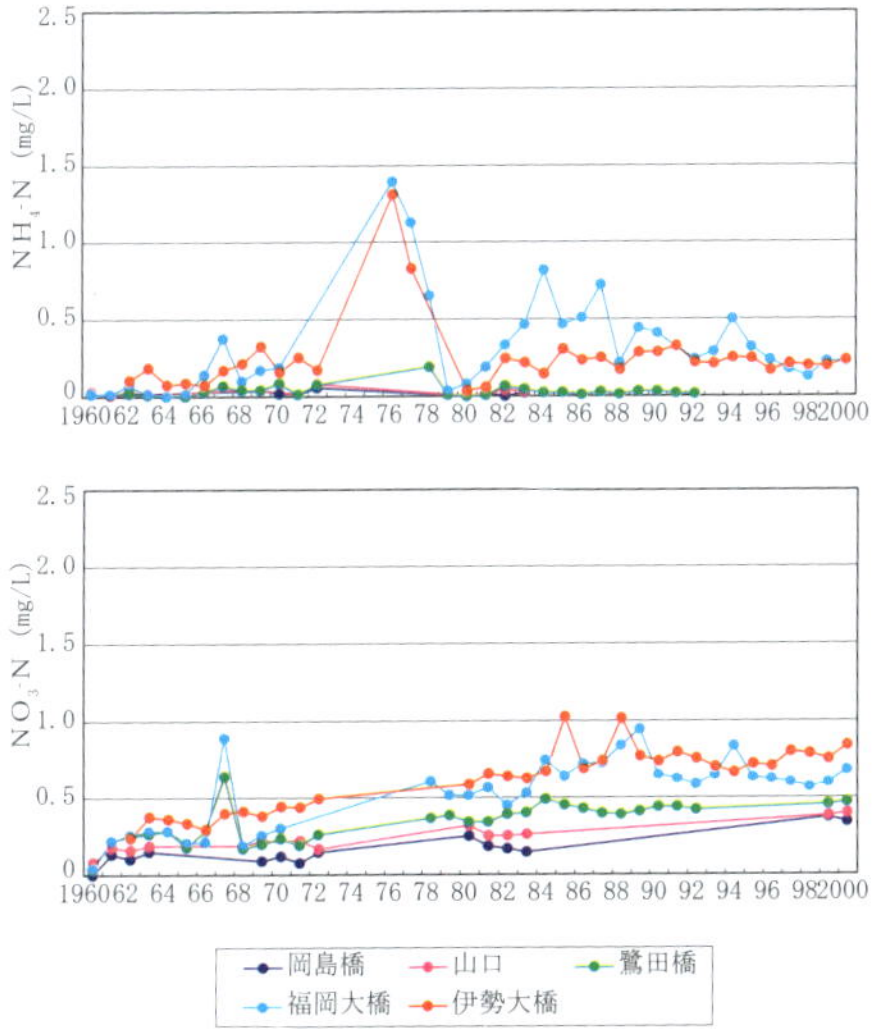

図 -2.45　揖斐川の窒素濃度の推移（経年変化）

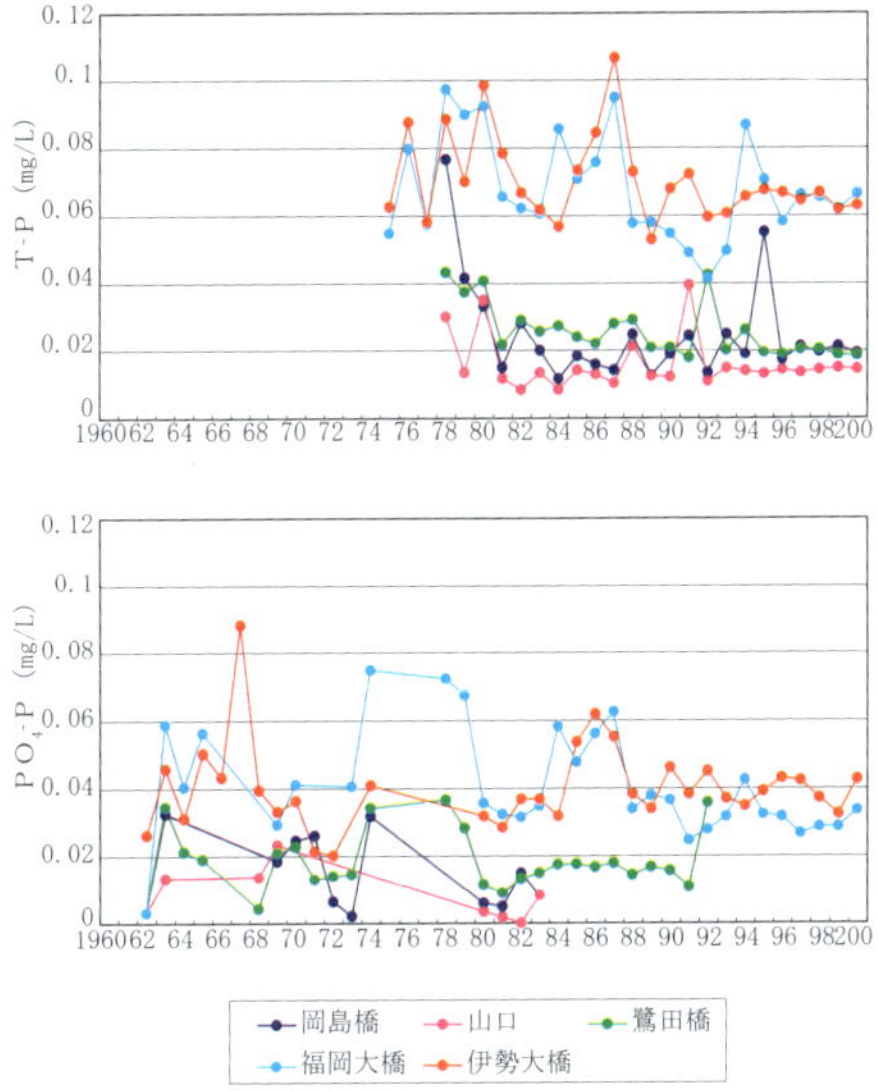

全国河川　449 地点［1995〜97（平成 7〜9）年］
平均値　0.107 mg/L　　中央値　0.052 mg/L

図 -2.46　揖斐川のリン濃度の推移（経年変化）

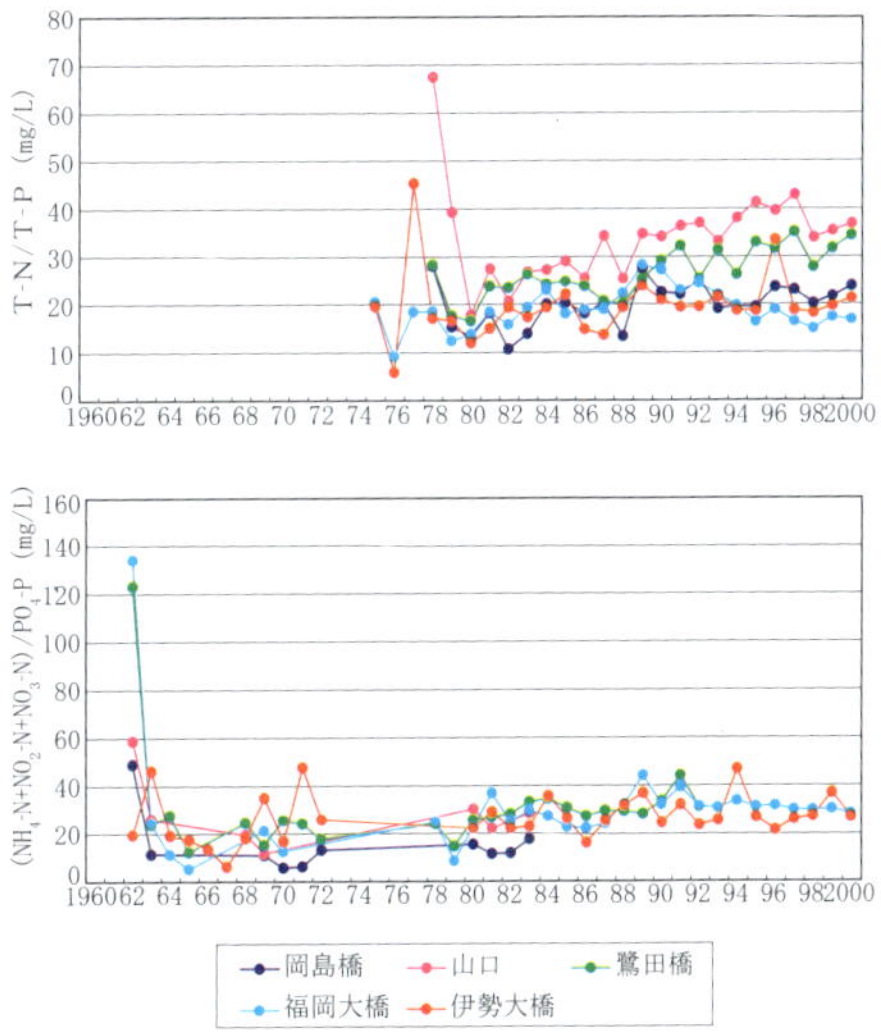

図 -2.47　揖斐川の窒素／リン比の推移

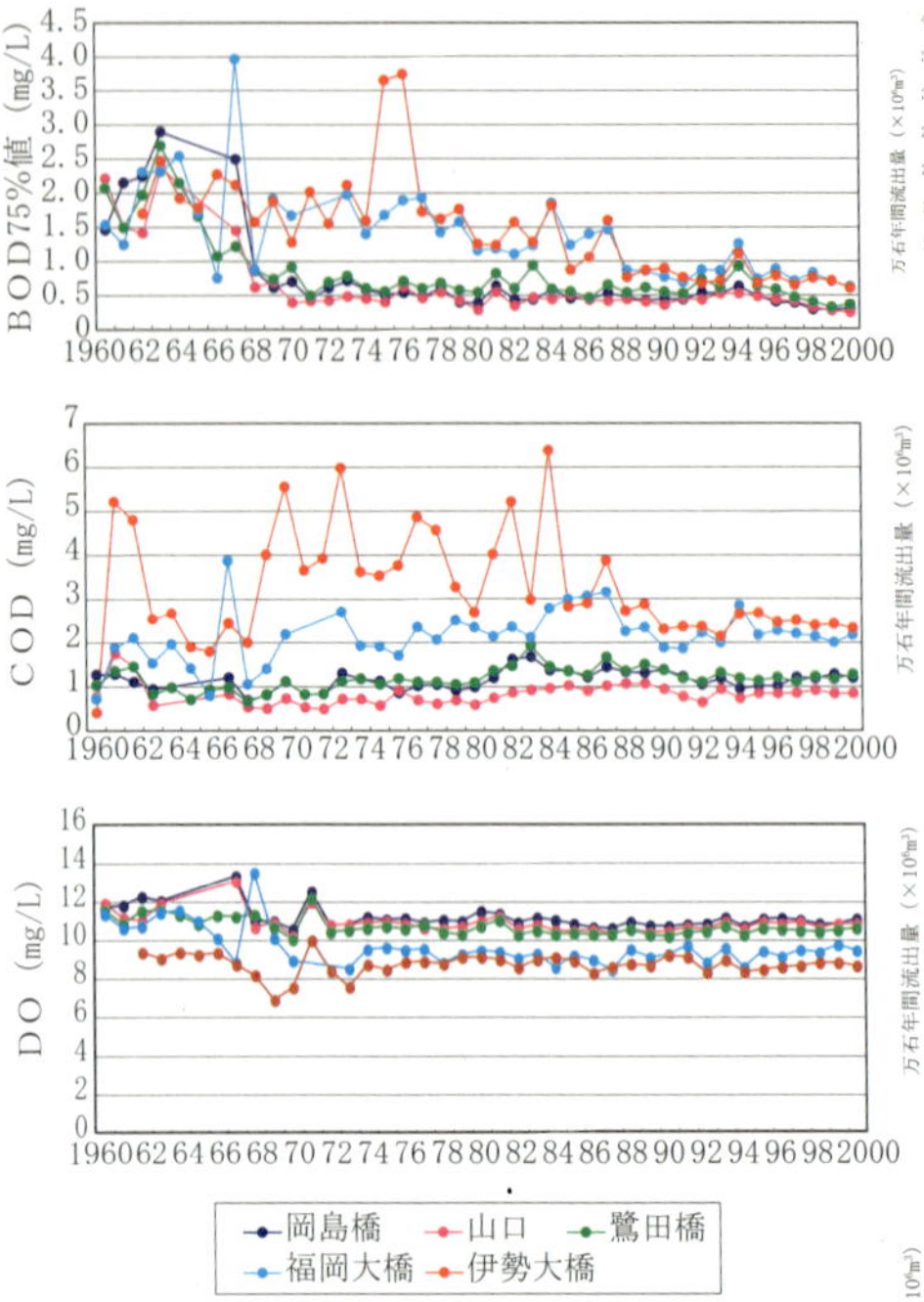

図-2.48 揖斐川の有機物(BOD, COD), DO の推移

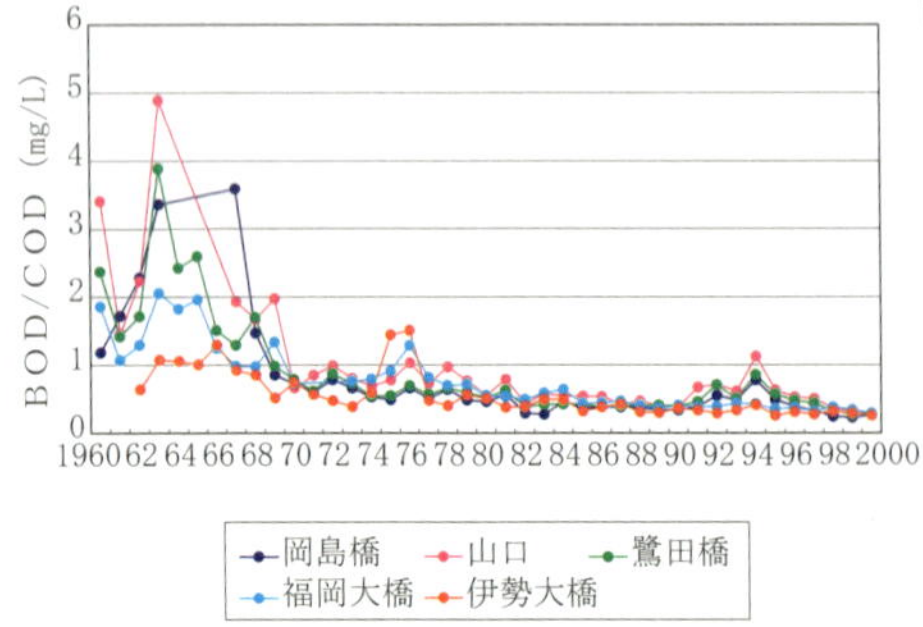

図-2.49 揖斐川の BOD/COD 比の推移

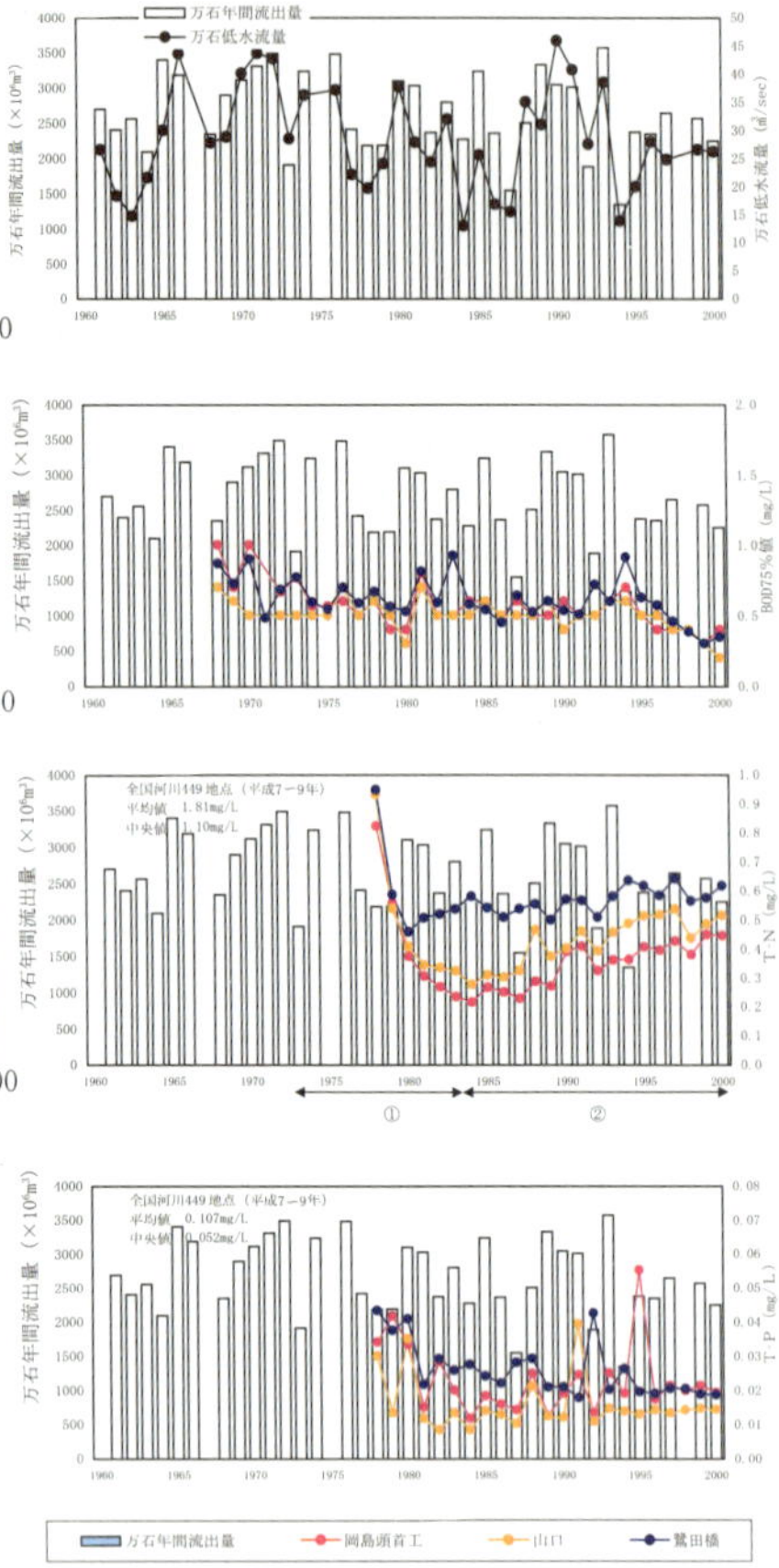

T-N分析方法：①総和法 ②紫外線吸光光度法 銅・ｶﾄﾞﾐｳﾑｶﾗﾑ還元法

図-2.52 上流域(鷺田橋, 山口, 岡島)における BOD, T-N, T-P の推移

参考文献

1) 武田育郎：水と水質環境の基礎知識，オーム社，2001.
2) 建設省河川局編：水質年表，1979 ～ 1981，1995 ～ 1997.
3) 日本河川協会編：日本河川水質年鑑，1995 ～ 1997.
4) 国土交通省河川局編：平成 13 年全国一級河川の水質現況，pp.5，2002.
5) 小林純：水の健康診断，岩波新書 777，1971.
6) 小林純：日本の河川の平均水質とその特徴に関する研究，農学研究，第 48 巻，第 2 号，pp.63-106，1960.
7) 建設省建設技術協議会水質連絡会・河川環境管理財団編：河川水質試験方法(案) 1997 年版，p.826，技報堂出版，1997.
8) 建設省河川局編：流量年表，1979 ～ 1981，1995 ～ 1997.
9) 奥修：吸光光度法ノウハウ－ケイ酸・リン酸・硝酸塩の定量分析，技報堂出版，2002.
10) 高崎みつる：干潟の浄化能を生かす－海を育む河川，河川水質勉強会講演集，河川環境管理財団，2001.
11) 原島省：シリカ欠損に関する地球環境問題－SCOPE，IGBP/LOICZ 共催ワークショップ開かれる－，地球環境研究センターニュース，Vol.10，No.7，1999.
http://www-cger.nies.go.jp/cger-j/c-news/vol10-7/vol10-7-i.html
12) 佐藤五郎：河川の水質形成における下水処理水の影響と対策－最上川上流域において，平成 13 年度河川整備基金助成事業，2001.
13) S. Fujii，I. Somiya，H. Nagare and S. Serizawa：Water quality characteristics of forest rivers around Lake Biwa, Water Science and Technology，Vol43，No5，pp.183-192，2001.
14) 田淵俊雄：降水中の窒素，リン，水質汚濁研究，Vol.8，No.8，pp.486-490，1985.
15) 環境省酸性雨対策検討会：第 4 次酸性雨対策調査取りまとめ，2002.9.
16) 日本下水道協会：富栄養化防止下水道整備基本調査の手引き，p.67，1984.
17) 羽田守夫，松本順一郎：秋田市における降水の水質と負荷量の季節変化について，土木学会論文報告集，第 340 号，pp.117-126，1983.
18) 國松孝男，須戸幹：森林渓流の水質と汚濁負荷流出の特徴，琵琶湖研究所所報，第 14 号，pp.6-15，1997.
19a) 肥料協会新聞部：肥料年鑑(昭和 30 年版～平成 14 年版).
19b) 肥料協会新聞部：平成 11 年肥料年鑑(第 46 版)，統計編，p .81.
20a) 農林水産省肥料機械課監修：ポケット肥料要覧，p.112，1984.
20b) 農林水産省肥料機械課監修：ポケット肥料要覧，p.113，1984.
21) 農林水産省統計情報部編：畜産統計(平成 14 年 2 月 1 日調査).
22) 日本下水道協会：流域別下水道整備総合計画調査 指針と解説，平成 11 年版.
23) 石鹸百科ホームページ.
http://www.live-science.com/bekkan/intro/fueiyou.html
24) 水谷潤太郎：総窒素・総リンの物質循環図，土木学会論文集，No.566/Ⅶ-3，pp.103-108，1997.
25) 佐藤和明：下水の高度処理と国土保全，土木研究所資料，第 3727 号，pp.13-26，2000.
26) 三輪睿太郎，岩元明久：土の健康と物質循環，日本土壌肥料学会編，博友社，pp.117-140，1988.
27) 石丸圀雄，蜷木翠：農業用水の水質(とくに窒素)について，水質汚濁研究，Vol.1，No.1，pp.33-42，日本 水質汚濁研究会，1978.
28) 日本水産資源保護協会：水産用水基準(2000 年版)，2000.12.
29) 菊池幹夫，若林明子：アンモニア汚染の環境リスク評価，東京都環境科学研究所年報 1997，

pp.143-148, 1997.
30) 風間真理, 小倉紀雄：神田川におけるアユ遡上の水質要因に関する研究, 水環境学会誌 Vol.24, No.11, pp.745-749, 2001.
31) 茨城県：茨城県霞ヶ浦の富栄養化の防止に関する条例, 2003.
http://www.pref.ibaraki.jp/bukyoku/seikan/kasumi/reiki/kasumi.htm
32) 茨城県：霞ヶ浦に係る湖沼水質保全計画, 2003.
http://www.pref.ibaraki.jp/bukyoku/seikan/kasumi/keikaku/keikaku4/honbun.htm
33) 日本河川協会編：日本河川水質年鑑, 1998.
34) 新多摩川誌編集委員会：新多摩川誌(別巻 / 統計・資料, CD-ROM 版), 2001.
35) 日本河川協会：雨量年表, 1955 ~ 1999.
36) 建設省河川局編：流量年表, 1955 ~ 1999.
37) 新多摩川誌編集委員会：新多摩川誌(本編), 第9編, 第2章, 第2節下水道とその効果, pp.1447-1472, 2001.
38) し尿処理ガイドブック編集委員会：し尿処理ガイドブック, pp.81, 1978.
39) 厚生省生活衛生局水道環境部環境整備課編：廃棄物処理施設データブック, 1983 ~ 1992. 日本環境衛生センター編：廃棄物処理事業施設年報, H5 年版~ H12 年版.
40) 東京大学大学院工学系研究科都市工学専攻国際環境計画(クボタ)講座：日本のし尿・雑排水処理, 第2編技術, p.6, 1996.
41) 東京都環境局：東京都公共用水域及び地下水の水質測定結果, 平成8年度~ 12 年度.
42) 岐阜県調査課ホームページ
43) 日本下水道協会：下水道統計, 行政編, 昭和 45,50,55, 60, 平成 2, 7,12 年版.

3.　欧州の栄養塩類汚染の動向と欧米の将来対策

3.1 欧州の河川における富栄養化状況

3.1.1 河川の富栄養化の判定基準と評価

全く人間活動がなければ，水の組成は，水文学的および地球化学的因子によってのみ決定される．窒素，リン等の栄養塩類の自然状態での濃度レベルは，ヨーロッパの河川では正確には知られていない．これらの河川での水質測定が実施される以前から，人為的な影響を数世紀にわたって受けてきたためである．したがって，自然状態でのレベルは，準自然状態の地域で観測されたデータから導出するか，あるいは間接的に推論せざるをえない．現在，自然／準自然状態が残された地域は，山地や欧州北部地域に位置しており，必ずしも低地や欧州南部の河川の自然な状態を反映していないため，この間接的な推定法も必要と考えられる．

水質評価の判定基準として２つが考えられている．

① 参考値(reference value)：自然／準自然な状態の値は，人間活動が少ないことを意味すると仮定し，そこでの測定値が当該の水環境を示す「参考値」と考える．この参考値は，適切な河川モニタリングの結果として得られ，逆に人為的な影響を受けた水環境の場合では，モデル解析等を通じて間接的に推定することにより得られる．

② 基準値(standard value)：様々な水利用用途に対して，法律上で必要とされる水質レベルを示すものが基準値である．これらの判定基準に対する閾値となる濃度は，様々な自然環境や利用用途ごとに異なる感度を有するため，実際にはその影響を反映してかなり変動する性格のものとなる．

具体的な窒素の参考値や基準値を**表-3.1**に整理している．自然状態の河川における硝酸性窒素(NO_3-N)および亜硝酸性窒素(NO_2-N)の平均濃度は，それぞれ0.1 mg NO_3-N/L，0.001 ～ 0.015 mg NO_2-N/L(Meybeck, 1982)と報告されている．一方で，汚染のない流域での最大値は1 mg NO_3-N/Lにも達することもあることが知られており，参考値は非常に変動する(Meybeck, 1986)．また，アンモニア性窒素(NH_4-N)は，硝化作用等の影響を受けて大きく変動するため，参考値は多く報告されていない．

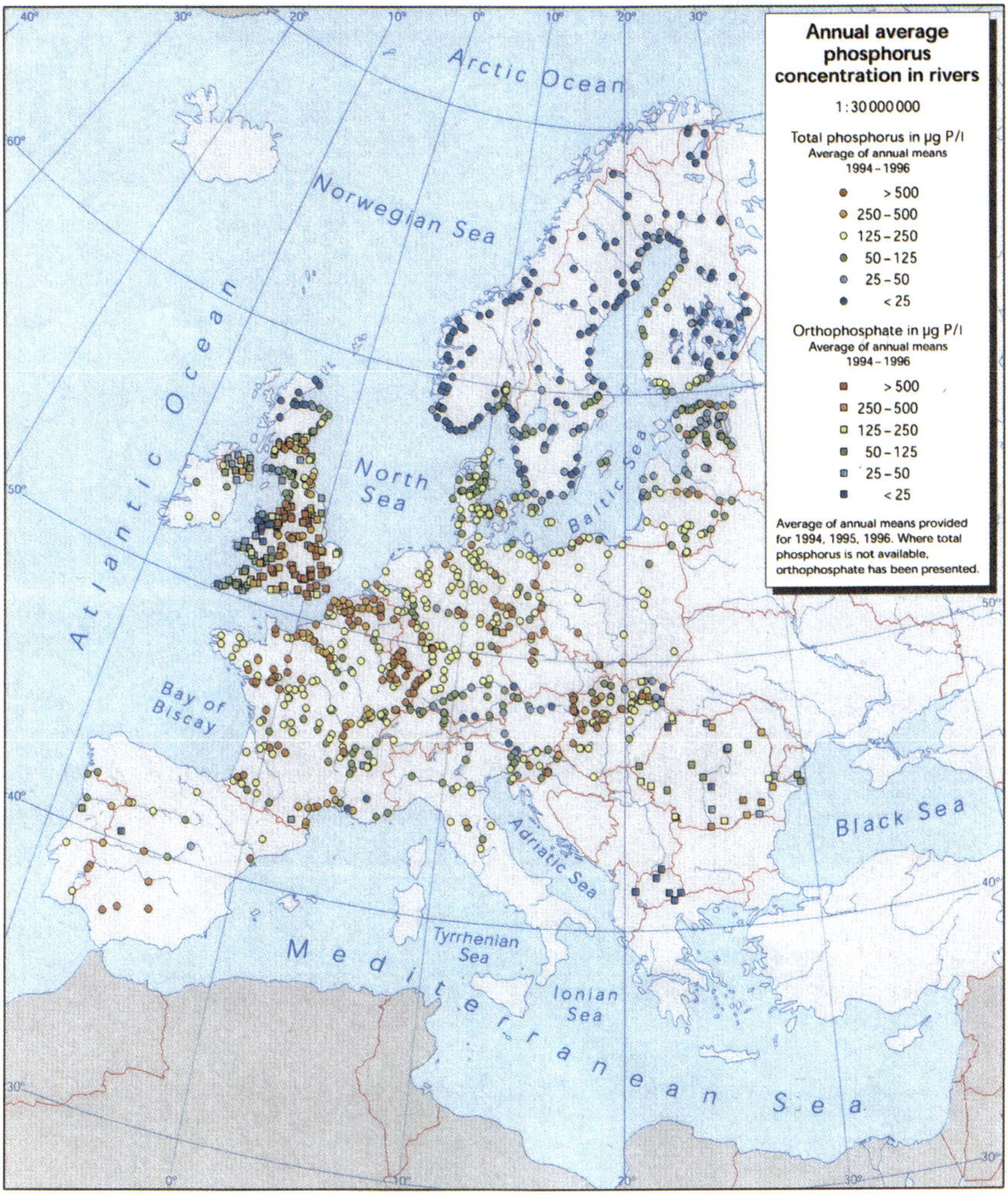

図-3.6　欧州の河川におけるリン濃度（1992 ～ 1996 年）

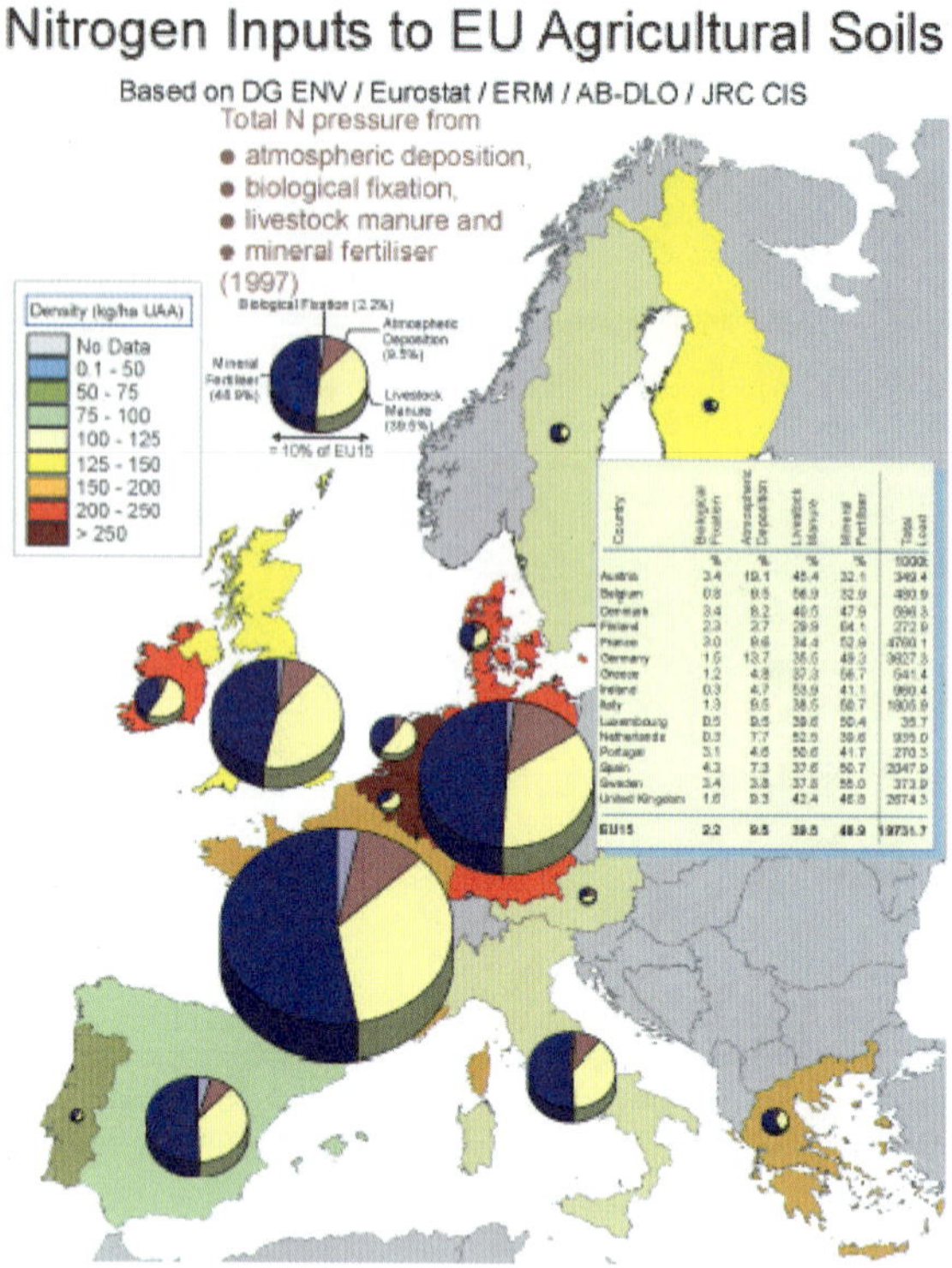

図-3.15 土壌への窒素投入負荷量

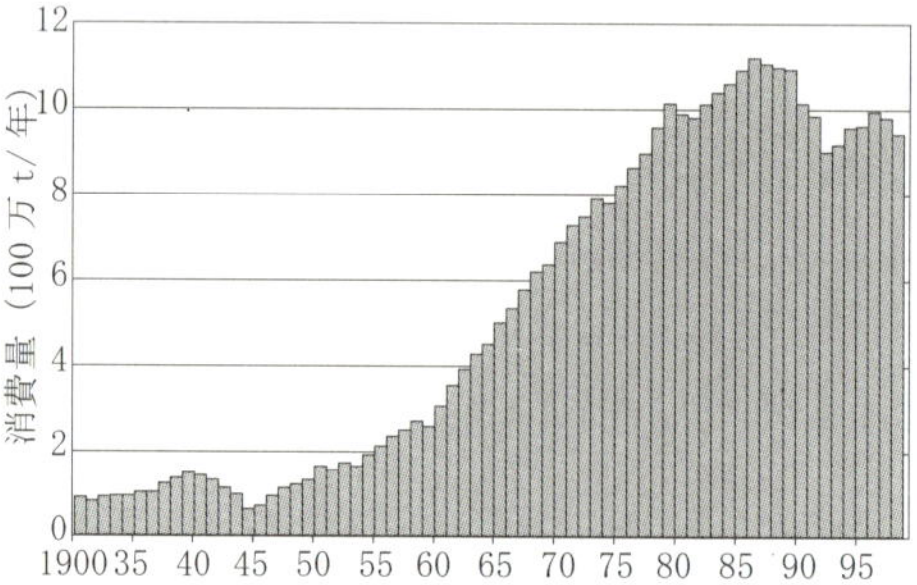

図-3.16 EU15ヶ国における無機窒素を含む化学肥料の消費量の変化

済み)の210地点における河川のNO_3-N濃度の中央値の経年変化と，国別に1990年代の前半，半ば，後半の3期間に分けて中央値の変化を表示している．なお，括弧内の数値は，測定地点数を示している．

中央値の経年的な変化がほぼ横這い状態であることから，河川の窒素汚染の状況は依然として改善されていないことがわかる．また，国別ではスカンジナビア地方のフィンランドは非常に低い値を示している一方で，英国やデンマーク，ドイツ等では硝酸塩濃度が高く，これらの地域で行われている集約的な農業の影響を反映している．また，デンマークとベルギーにおいて，1990年半ばにおいて水質改善が見られているのは，高度処理の導入を含めた下水処理の普及が効果を発揮しているものと考えられる．

1999年のEEAによる欧州における栄養塩類に関する調査報告書作成において，多量の栄養塩類濃度データが河川の水質測定地点ごとに集積され，その代表濃度(年間中央値，年間最大値)の頻度分布が**表-3.3**のように整理されている．この表は，観測地点数の10%，25%・・99%まで，段階的な百分位で当該到達濃度を示している．したがって，50%での濃度値は中央値を意味する．1992年から1996年の間では，観測地点の25%が年間平均値0.72 mg NO_3-N/L以下であり，90%の観測地点が5.89 mg NO_3-N/L以下であることがわかる．比較的きれいな状態である水質観測地点も多くある一方で，平均値や最大値についてそれぞれ上位25%，50%の観測地点で数mg N/L以上であり，汚染がかなり進行した状態であることが指摘できる．

表-3.3　河川における硝酸塩濃度の年間平均値と最大値の百分位濃度

		地点数	硝酸性窒素濃度(NO_3-N)					
			10%	25%	50%	75%	90%	99%
年間平均値	1975～80年	697	0.193	0.70	1.54	3.19	6.05	11.8
	1992～96年	1525	0.193	0.72	1.73	3.53	5.89	9.78
年間最大値	1975～80年	685	0.392	1.23	3.12	5.66	11.40	24.4
	1992～96年	1352	0.341	1.31	2.74	5.37	9.36	18.5

河川水の硝酸塩濃度の年間変動は，降水条件に強く依存する．したがって，年間中央値や平均値だけを見て，水質基準との整合性を単純に判断することは適切ではないが，傾向を知ることは可能である．飲料水に関するEU指令における最大許容濃度(50 mg NO_3/L = 11.3 mg N/L)およびガイドライン値(25 mg NO_3/L = 5.65 mg N/L)を判断基準として，それらを超過している観測地点の割合を，**表-3.4**

に示した．1975～1985年に比べ，1992～1996年では，最大許容濃度地点の割合は低下しているものの，ガイドライン値では，変化なし，あるいは年間最大値では増加する傾向が見られている．

表-3.4 EUの飲料水水質ガイドライン値と最大許容濃度値から見た窒素汚染状況

Drinking Water Directive の基準値	1975～80年		1992～96年	
	平均値	最大値	平均値	最大値
硝酸塩 25 mg/L（= 5.65 mg NO_3-N/L）	11%	25%	11%	30%
硝酸塩 50 mg/L（= 11.3 mg NO_3-N/L）	1.4%	8%	0.6%	6%

注） 日本におけるNO_3-NおよびNO_2-Nの水質環境基準値は，水道水質基準値と同じ10mg/Lである．

飲料水水質基準やガイドライン値を判断基準として，汚染が非常に進行した地点を評価すると，観測地点の全体の1～10%程度となる．この数値を高いと見るか低いと見るかは微妙である．しかしながら，低いと評価することは楽観的であろう．ここで検討対象としたものは比較的大きな河川であり，小河川についてはこの評価では十分取り上げられていないためである．一般に，汚染された河川は小河川であることが多いことに留意が必要である．

このように，河川の窒素汚染の改善傾向は見られておらず，飲料水としての利水に障害が生じる河川が少なからずあることがわかる．最大許容濃度を超える硝酸塩濃度によって飲料水利用に障害が生じている箇所は，全体のわずか数%である．しかし，硝酸塩汚染が無視できる地点の割合は減少しているため，硝酸塩は地下水も含めた水の全般的な汚染を示す良好な水質項目である．したがって，硝酸塩の経年変化は，ヨーロッパの持続可能な水利用における指標になりうる．

硝酸塩汚染は，農業活動等に由来することが知られており，その流出現象は，降水の影響を強く受ける．土壌からの硝酸塩の流出は，降水条件と土壌中での有機窒素の無機化条件にも依存する．したがって，降雨や気温等の気象変動の結果，河川の硝酸塩濃度は季節や年ごとに非常に変動し，ある期間において観測された変化が必ずしも人為的な活動の変化を反映しているわけではない．

限られているものの，1999年のEEAの調査報告書に使用されたデータが示唆することは，20年間の急速な増加の後に，年間最大濃度は定常状態に近づくか，あるいは西欧の河川ではむしろ減少傾向にあるということである．同時に，スカンジナビア地方の河川も含めたすべての地点において，最小濃度は上昇する傾向にある．

この上昇によっては，最も良好な水質分類に属する観測地点の割合は変化していない状況にあるが，留意は必要である．これらの硝酸塩濃度の変化傾向については既に 1995 年の EEA レポート(EEA, 1995)において同様に報告されている．

3.1.4　リンによる汚染状況

図-3.6 に欧州における河川の T-P およびリン酸濃度の年平均値を地図上にプロットしたものを示した．スカンジナビア諸国の河川水質観測点において非常に低いレベルのリン濃度(観測点の 50％が 0.004 mg P/L 以下)が観測されている．残りの国の観測点では，特に英国南部から中央ヨーロッパを横切り，ルーマニア(およびウクライナ)にかけて広がる一帯において，高い T-P 濃度が観測されている．

西欧と東欧を年間平均値で比較した場合，観測点の 50％がそれぞれ 0.07 mg P/L(西欧)と 0.077 mg P/L(東欧)以上であり，最大濃度では 4.30 mg P/L(西欧)と 4.40 mg P/L(東欧)以上の地点が観測点の 1％程度存在することがわかってきている．南欧の諸国でも同様にリンによる汚染があるものの，上記の両地域に比べると低い値を示している．

図-3.7 に示すように，EU 加盟国と準加盟国とも，河川の T-P 濃度の中央値は，1990 年から徐々に低下してきている．また，国別の 1990 年代の前半，半ば，後半

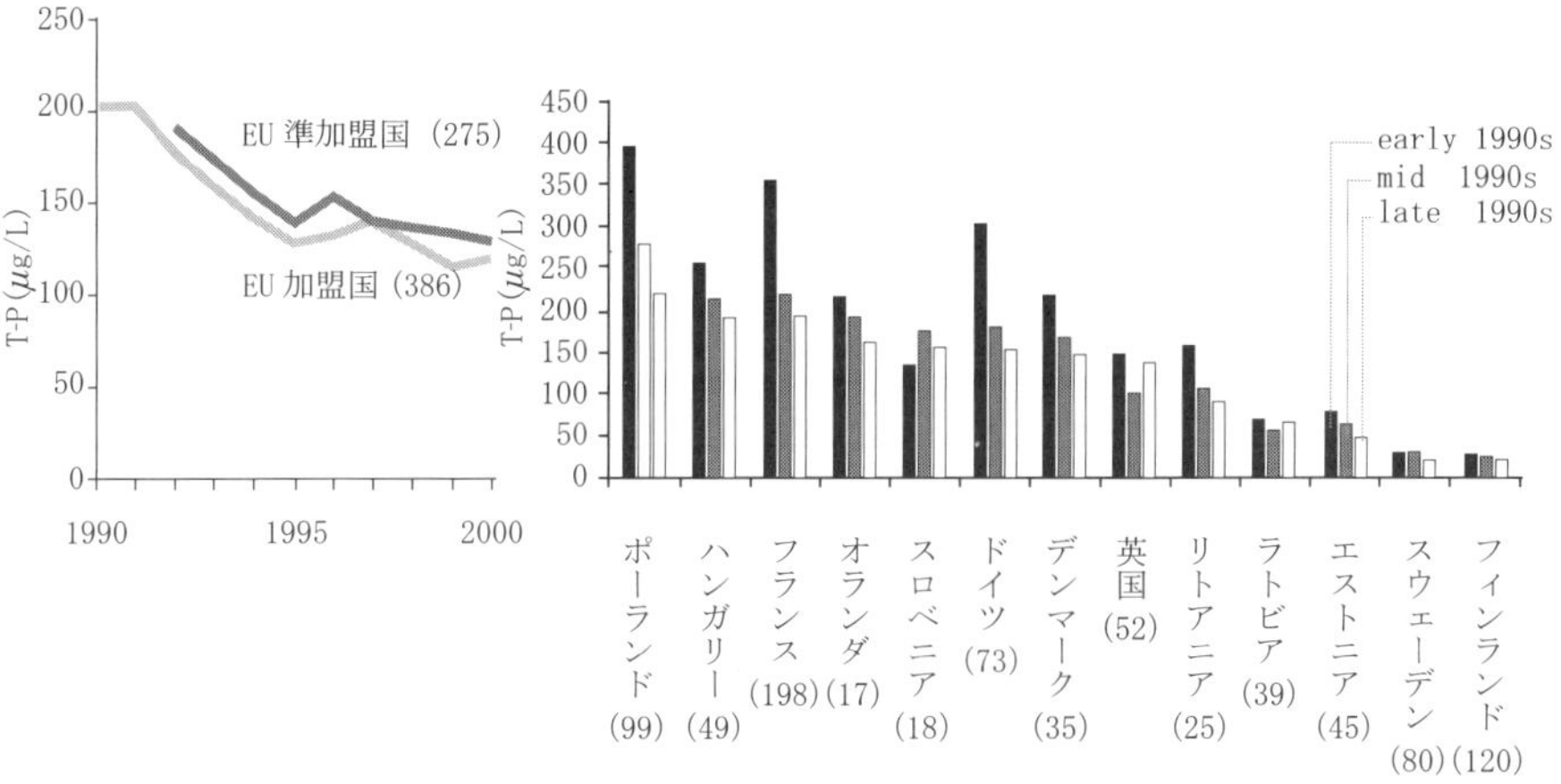

図-3.7　EU 諸国の河川における 1990 年代の T-P 濃度の中央値(括弧内は測定値点数)

の3期間に分けて中央値の変化を見ても，1990年代半ばまでに，ポーランド，フランス，ドイツ等で大幅な濃度低下を達成されてきている．なお，この図の中の括弧内数値は，測定地点数を示している．

この結果は，**表-3.5**に示した欧州の河川におけるT-Pおよび溶存態リンの代表濃度(年間中央値，年間最大値)に関する，測定点数基準の百分位での分布変化にも伺われる．T-P，溶存態リンとも，どの百分位の濃度においても1975～1985年の期間から1992～1996年の期間への移行する間にかなり減少している．この傾向は，1990年代に，上記のように西欧および東欧の数ヶ国で顕著な改善が見られたことと符合している．これは，下排水処理の普及と高度処理の導入，さらには無リン化洗剤の使用等により家庭や工場からのリンの排出量が減少したことによって全体的に改善は進んだものと考えられている．

表-3.5 河川におけるリン濃度の年間平均値の百分位濃度

		地点数	リン濃度(mg/L)					
			10%	25%	50%	75%	90%	99%
1975～80年	T-P	105	0.086	0.150	0.317	0.683	1.020	2.834
	溶存態リン	657	0.007	0.032	0.091	0.276	0.811	2.832
1992～96年	T-P	546	0.050	0.100	0.172	0.290	0.576	2.219
	溶存態リン	1404	0.004	0.027	0.060	0.132	0.383	1.603

平均的には汚染は改善されてきているものの，依然として高い濃度が記録されていること，さらにスカンジナビア地方で濃度の上昇が観測されている箇所があることに留意が必要であるとの指摘もされている．

リン濃度の富栄養化レベルに対する評価の結果を**表-3.6**に示す．自然状態，あるいは準自然状態の値を示す河川観測地点が依然として半数に満たない．言い換え

表-3.6 富栄養化レベルから見たリン濃度分布状況

溶存態リン	1975～80年		1992～96年	
	年間平均値	年間最大値	年間平均値	年間最大値
自然の状態(Pristine)(≦0.010 mg/L)	12.0%	5.4%	16.6%	9.4%
影響の少ない状態(Low)(＞0.010～≦0.050 mg/L)	22.2%	11.3%	28.1%	11.8%
有意な影響がある状態(Significant)(＞0.050～≦0.100 mg/L)	18.5%	12.4%	23.8%	17.7%
富栄養状態(High)(＞0.100～≦0.150 mg/L)	9.6%	9.5%	8.8%	12.2%
過度な富栄養状態(Excessive)(＞0.150～≦0.200 mg/L)	6.7%	8.3%	5.4%	10.4%
非常に過度な富栄養状態(Hyper)(＞0.200 mg/L)	31.0%	53.1%	17.3%	38.5%

れば，恒常的な富栄養化を維持するのに十分なリン濃度(0.060 mg P/L 以上)を示す河川観測地点が全地点の 50 ～ 70%を占めている．この統計結果は，溶存態リンのみを考慮しているが，T-P で評価すると，過剰な藻類増殖や水生植物の繁殖が起きうる観測地点割合は 60 ～ 80%を示し，状況は悪化する．

リンは，T-P および溶存態反応性リン(SRP：Soluble Reactive Phosphorus)として測定される．そして，河川水には多かれ少なかれ浮遊性物質が含まれているので，その浮遊性物質の挙動に T-P 濃度は強く依存される．当然のことながら，懸濁態のリンに比べ，溶存態のリンは容易に藻類や水生植物に取り込まれるため，T-P 濃度が同じでも，SRP の存在割合により富栄養化状態は左右されることになる．

ここで，反応性リンとは，通常のリン酸測定に用いられる発色試薬と反応する物質がわずかにリン酸以外にもあるため，厳密には試薬と反応する物質という意味において使用されている用語である．したがって，日本において，通常の比色法による水質測定値として報告されるリン酸と同義である．

溶存態リン濃度は，河川水の富栄養化状態に強く影響するだけでなく，逆にその状態にも影響される．すなわち，植物プランクトンや付着藻類の成長が顕著な時期には，これら藻類よるリン摂取の結果，リン濃度は非常に低くなる．この現象は，下記の富栄養化が進行したダム湖等ではしばしば観測されている．したがって，年間平均濃度は河川の富栄養化状態の指標としては十分ではない場合があり，サンプリング日時が不明である時には年間最大値の方を評価に用いることが有効となる．ただし，どちらの場合でも，藻類の摂取によるバイアスを少なからず受ける可能性がある．

SRP と T-P の比は，大きく変動する．しかし，一般的に，T-P 濃度が高い西欧や東欧の諸国では，T-P 濃度とともに溶存態リンの割合も増加する傾向にある．SRP/T-P の比は，ヨーロッパ全体の 4 000 のデータ地点に基づいて計算すると，データタイプ(最小値 / 最小値，あるいは平均値 / 平均値)に依存するが，0.44 ～ 0.64 の範囲にあるとされる．

次に，リン汚濁発生源の観点から河川リン濃度を見ると，大半のリンの供給が非点源に由来する流域よりも，供給源の大半が点源(下水，未処理水，処理水)に由来する流域の方が SRP/T-P 比が高くなるという一般的な評価となる．汚染の増加に伴って，人為的活動由来のリンがますます重要になっており，増加分は溶存態であるということが示唆されている．

2004 年末まで：流域の特徴分析と流域内での人為的インパクトの評価.

2006 年末まで：モニタリングプログラムの構築.

2009 年末まで：モニタリング結果の公表.

2012 年末まで：流域管理の進捗状況の報告.

2015 年末まで：流域管理計画の改良，以後 6 年ごとの更新.

各流域のモニタリング結果に基づき，水質の状態と生態学的な河川の状態が**図-3.13**のような分類基準により評価される．この評価をするために必要な監視項目は，生物学的要素，水文および地形学的要素，物理化学的要素に分けられ，具体的な項目がWFDにリストアップされている．なお，水中の栄養塩に関する規定は，物理化学的要素に含まれ，具体的な基準濃度は示されていないが，“生態系の機能を確保し，各生物的要素を維持できる状態”を“Good Status”としている.

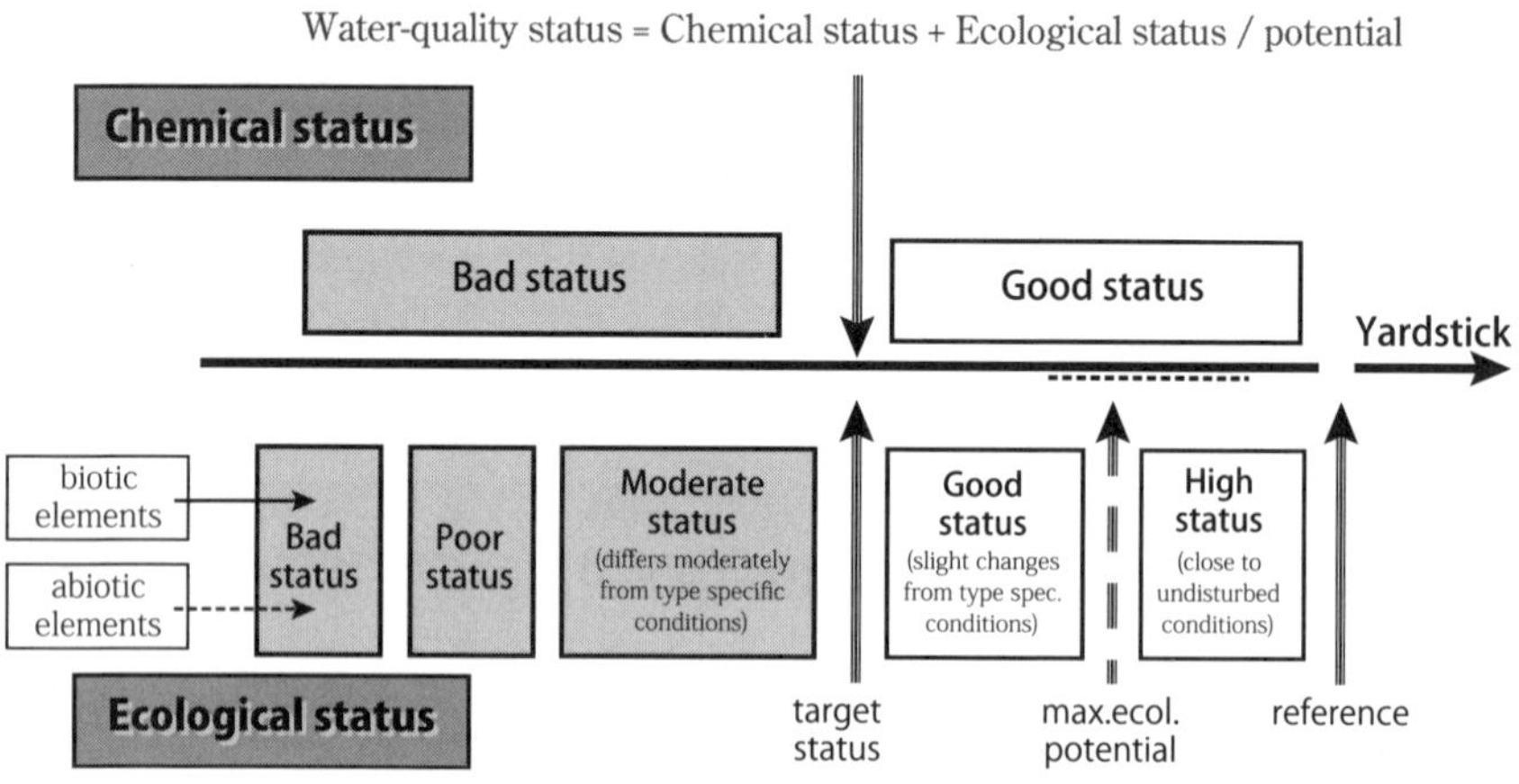

図-3.13 WFD による水域の生態学的評価

河川生態系の評価をする際に着目すべき要素は，以下のように分類され，それぞれの要素について評価基準がWFDに示されている.

① 生物学的要素：植物プランクトン，水生植物，底生無脊椎動物，魚類等.

② 水文および地形学的要素：流量，河川の連続性，河川形態学的状態等.

③ 物理化学的要素：一般水質項目(温度，酸素収支，pH，塩濃度，栄養塩類等)，人為汚染物質，自然由来の汚染物質等.

次に，規定されているモニタリング手法をまとめる．水質監視のためのモニタリング(Surveillance Monitoring)は，流域面積 2 500 km^2 以上の河川下流地点，湖沼等の水量が多い地点，EU加盟国の境界地点等で行うべきであり，管理上重要となるモニタリング(Operational Monitoring)は，汚染源(点源および面源)からの影響が予想される地点，水文および形態学的な影響が見られる地点や予想される地点で行うべきであるとされている．なお，いずれのモニタリングでも各モニタリング項目の季節変動を考慮して，必要最低限の頻度で行うべきであるが，水質監視のモニタリングは**表-3.11**に示された頻度，そして管理のためのモニタリング頻度は加盟国ごとにより決められる．

表-3.11 各水域におけるモニタリングの頻度(間隔)

項　目	河　川	湖　沼	感潮域	沿岸域
生物学的要因				
植物プランクトン	6ヶ月	6ヶ月	6ヶ月	6ヶ月
他の水生植物	3年	3年	3年	3年
大型無脊椎動物	3年	3年	3年	3年
魚類	3年	3年	3年	
水文地形学的要因				
連続性	6年			
降水量・水位	連続	1ヶ月		
地形・形態	6年	6年	6年	6年
物理化学的要因				
水温・熱収支	3ヶ月	3ヶ月	3ヶ月	3ヶ月
DO・酸素収支	3ヶ月	3ヶ月	3ヶ月	3ヶ月
塩分	3ヶ月	3ヶ月	3ヶ月	
栄養塩類の状態	3ヶ月	3ヶ月	3ヶ月	3ヶ月
酸度・アルカリ度	3ヶ月	3ヶ月		
主要汚染物質	1ヶ月	1ヶ月	1ヶ月	1ヶ月
その他汚染物質	3ヶ月	3ヶ月	3ヶ月	3ヶ月

参考としてEUに加盟していないスイスの栄養塩類に関する水質環境基準について説明する．スイスは，西欧および中央ヨーロッパを流れる河川上流域に位置することもあり，自然環境の保全に積極的に取り組んでおり，EUとは異なる独自の水質環境基準(**表-3.12**)をGewässerschutzverordnung(2001)に規定している．この基準は，基本的にすべての河川で常に達成されていなければならないが，有機物や栄養塩類が自然状態(人為的な汚染がない状態)で高濃度に存在する場合は，例外的に高い値を基準値に設定することができる．

栄養塩類としては，NH_4-Nと硝酸塩が基準項目として設定されている．しかし

表-3.12 スイスの河川や地下水の有機物と栄養塩類の水質基準

項　目	河　川　水*	水道水源である地下水
BOD_5	2～4 mg/L	−
DOC	1～4 mg/L	2 mg/L
アンモニウム	0.2 mg N/L(＞10℃) 0.4 mg N/L(＜10℃)	0.08 mg/L(好気条件) 0.4 mg/L(嫌気条件)
硝酸塩	5.6 mg N/L	5.6 mg N/L(＝25 mg NO_3-N/L)

* 都市部では高い値を選択することができる．

ながら，リンについては基準値が設定されていない．

NH_4-N は，魚類への毒性の観点から設定されていると考えられる．特徴的な点としては，水温 10℃を境に 2 つの基準値がある．季節ごとの魚類生態への影響の違い，さらには流出する無機窒素の形態や河川水中での反応を考慮して現実的な基準値設定をしているものと考えられる．その意味では，日本においても科学的な背景を基礎として，河川の富栄養化管理のための目標値設定を季節に応じて行うことも検討されるべきであると考えられる．

硝酸塩については，EU 指令の飲料水水質基準のガイドライン値に相当する値が設定されている．

3.2.3 Urban Waste Water Directive について

本指令は，都市域の生活排水および工業排水による水環境への影響を防止するために制定されたものである．都市域の人口に応じて，段階的に(遅くとも 2005 年までに)下水道と下水処理場を整備すること，そして，受水域の影響の受けやすさを考慮して，適切な処理プロセスを物理的処理(一次処理)，生物学的処理(二次処理)，高度処理(三次処理)の中から選択することが義務付けられている(**表-3.13**)．

受容水域の影響の受けやすい地域(Sensitive Area)を選定するために次の 3 つの基準が設定されている．

① 富栄養化が発生している水域および対策をとらないと富栄養化が起こりうる水域，

② 硝酸塩濃度が 50 mg/L 以上で，さらに水道水源になっている水域，

③ Water Framework Directive や Bathing Water Directive 等の関連法の規定を満たすために対策が必要な水域．

これらの水域における対応期限を**表-3.13** に示した．例えば，人口当量 2 000 人以上～1 万人以下の地域においては，排水の受水域で富栄養化の兆候が見られる場合，二次処理以上の能力を有する下水処理場を 2005 年 12 月 31 日までに設けることが求められている．

排水基準に関しては，通常水域では，BOD 25 mg/L，COD 125 mg/L，浮遊物質(SS) 35 mg/L(人口 1 万人以上の場合)であり，影響を受けやすい地域では，これらの基準に加えて，**表-3.10** に示したように栄養塩に関する排水基準が設けられている．下流域への負荷が考慮され，10 万人以上の人口を有する地域では，それ以

表-3.13 都市下水処理に関する指令の達成期限と要求される処理レベル

水域指定	人口当量 *1				
	0～2 000 人	2 000～1 万人	1 万～1 万 5 000 人	1 万 5 000～15 万人	15 万人以上
汚染しやすい水域	2005年12月31日 下水の収集を行っている場合には，適切な処理・処分 *2 を行う	2005年12月31日 下水の収集と二次処理 *3 を行う．ただし，排水放流先が沿岸域である場合には，適切な処理・処分 *2 とすることができる	2005年12月31日 下水の収集と栄養塩類除去等を含む高度処理を行う	2005年12月31日 下水の収集と栄養塩類除去等を含む高度処理を行う	2005年12月31日 下水の収集と栄養塩類除去等を含む高度処理を行う
通常の水域	2005年12月31日 同上	2005年12月31日 同上	2005年12月31日 下水の収集と二次処理 *3 を行う	2005年12月31日 下水の収集と二次処理 *3 を行う	2005年12月31日 下水の収集と二次処理 *3 を行う
汚染しにくい水域(沿岸域のみ指定)	2005年12月31日 同上	2005年12月31日 下水の収集と適切な処理・処分 *2 を行う	2005年12月31日 下水の収集と一次処理 *4 か二次処理 *3 を行う	2005年12月31日 下水の収集と一次処理 *4 か二次処理 *3 を行う	2005年12月31日 下水の収集と原則として二次処理 *3 を行う

*1 排水の有機汚濁負荷量を 1 人 1 日汚濁負荷量(60 g BOD/人･日)を用いて換算した人数である．
*2 放流後に受水域水質に障害が生じないような処理や処分方法．
*3 活性汚泥法等の生物処理あるいはそれと同等な処理ができるもの．
*4 沈殿法等の物理化学的な処理あるいはそれと同等な処理ができるもの．

下の地域に比べて厳しい基準が設定されており，T-N 10 mg N/L，T-P 1 mg P/L となっている．湖沼および海域で富栄養化を引き起こす T-N 濃度が約 1 mg/L であると考えられているので，受水域において 10 倍以上の希釈効果が期待されている．

排出基準に関しては，基準値の代わりに最低除去率により排出規制を遵守する方法も提示されており，EU 加盟国における従来の規制方法も考慮された基準設定となっている．

3.2.4 Nitrates Directive について

本指令の目的は，集約的な農業生産による窒素汚染を制限し，化学肥料の使用を削減することにより水域の硝酸塩濃度を低レベルに抑制・保持することである．EU 加盟国は，**図-3.14** に示す実施計画に従って対応策をとることが義務付けられている．

その実施計画の手順は，次のようにまとめられる．

① 汚染源と汚染水域の特定,

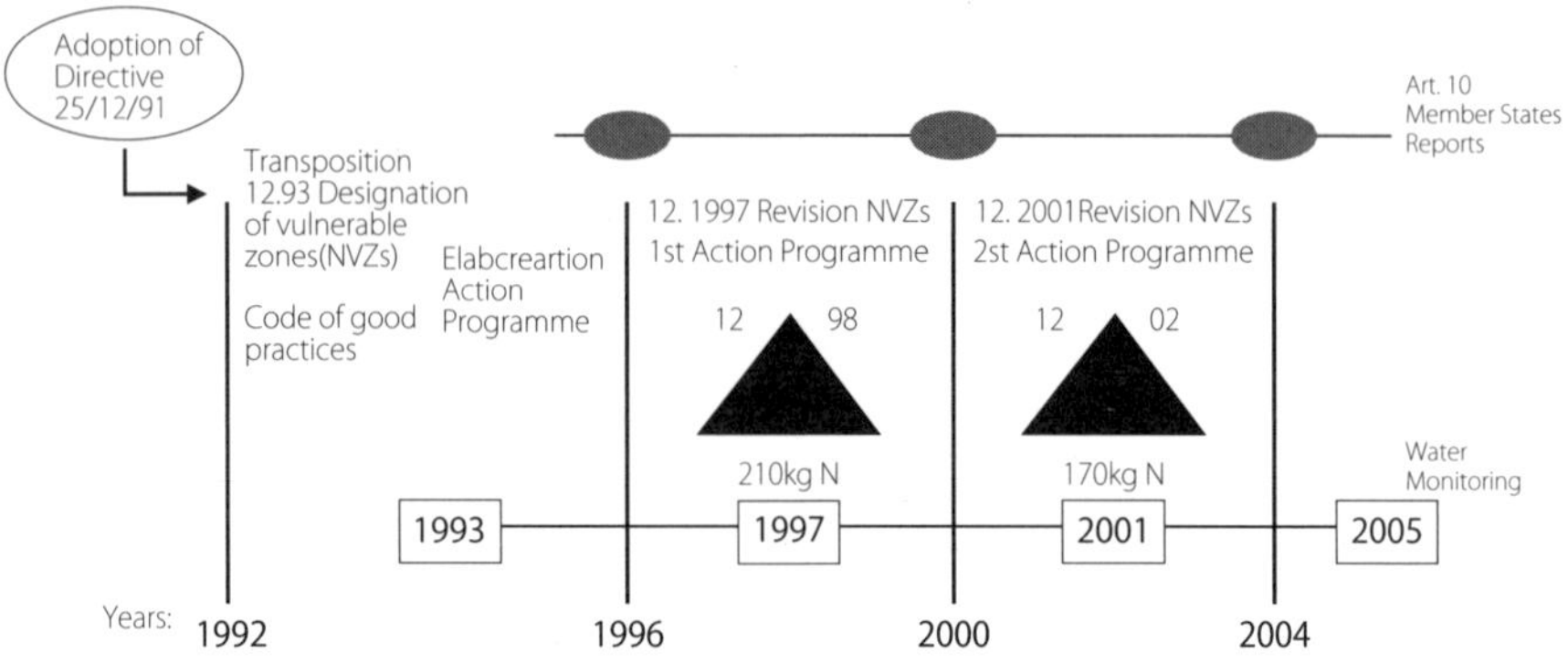

図-3.14 Nitrate Directive の実施計画

② 汚染されやすい地域の特定，

③ 良好な農業管理手法の解説・指針づくり，

④ 連邦・州機関による汚染源対策の実施，

⑤ 4年間のモニタリング継続．

まず，高濃度の硝酸塩により既に影響を受けている，また近い将来に影響を受けると予想される水域，そしてその汚染源となっている地域を特定する．その際，硝酸塩濃度として 50 mg/L 以上(NO_3-N 濃度として 11.3 mg N/L)を含む地下水，もしくは富栄養化が起きている水域等が汚染水域として指定される．また，硝酸塩で汚染されやすい地域(Nitrate Vulnerable Zones：NVZs)も特定することが求められた．

そして，具体的な汚染源対策として，肥料の種類，施肥の時期，施肥可能な土壌や天候の条件，土壌中の硝酸塩濃度，堆肥の保存法等に関して基準を設け，農地から流出する硝酸塩負荷量を減少させる．例えば，施肥基準として，原則的に 170 kg N/ha 以下に設定することが想定されている．対策実施とともに，汚染実態に関するモニタリングを継続的に行うことで，対策の効果を評価することを目指している．

土壌環境中へ窒素投入負荷量は，**図-3.15**(前出)に示すように EU 全体(1997年)で約 90％が農業・畜産業由来である．つまり，無機肥料として投入窒素量は 48.9％であり，堆肥としての投入が 39.5％となっている．他に，降雨による供給量が 9.5％，そして微生物による窒素の固定が 2.2% である．参考として，降雨中の NH_4-N, NO_2-N および NO_3-N の濃度は，東ヨーロッパにおいて，それぞれ 0.60, 0.02,

0.35 mg/L であったことが報告されている(Drumea 2000).

この中でも最大の発生源となっている無機肥料の消費量の変化を**図-3.16**(前出)に示した.この図より,肥料の消費量は,1986 年をピークにやや減少する傾向が見られるが,1996 年に再度ピークを示していることがわかる.したがって,依然として EU 加盟の 15ヶ国の合計で約 1000 万 t の窒素が毎年農地に投入されている.EU 加盟 15ヶ国の中でも窒素の投入総量が多い国(フランス,ドイツ,英国等)の周辺,特に北海では,沿岸域の Chl-*a* 濃度が生態系に悪影響を及ぼす富栄養化のレベルまで上昇している.また,この図には EU 準加盟国のために記載されていないが,ポーランド等の東欧からの窒素排出も多いことが知られてきており,バルト海でも富栄養化状態が見られる.

以上のように,河川の窒素汚染の問題やその結果としてもたらされる最終受水域の富栄養化対策には,下水処理場内の処理プロセスの改善により雑排水や工業排水中の窒素成分を除去するだけでは解決が難しく,無機肥料の使用量を管理することや農地からの硝酸塩の流出を抑制させることが重要となっている.

3.3　米国における栄養塩類の管理

3.3.1　栄養塩類の判断基準の技術指針づくり

1998 年 2 月に大統領の構想として発表された Clean Water Action Plan(CWAP)には,栄養塩類による富栄養化問題への取組みも重要な課題の一つとして取り上げられていた.そして,栄養塩類対策の側面から“National Strategy for the Development of Regional Nutrient Criteria”(USEPA, 1998)という報告書が出された.この報告書の中で,水域の栄養状態評価と地域特性を考慮した栄養塩類のための判断基準(Nutrient Criteria)の設定のための技術指針づくりの枠組みが示された.なお,CWAP については,『「河川における水質環境向上のための総合対策に関する研究」報告書』(財団法人河川環境管理財団),『流域マネジメント』(技報堂出版)を参照されたい.

本節では,栄養塩類のための判断基準の技術指針づくりの枠組みの中で,2000 年 7 月に発表された“Nutrient Criteria Technical Guidance Manual − Rivers and

Streams"を参照しながら，米国における河川の栄養塩類の管理の動向概要を以下に整理する．なお，湖沼・貯水池や感潮域や沿岸域に関する技術指針マニュアルも別途公表されている．

3.3.2 米国の判断基準と水質基準

まず，ここでいう判断基準(Criteria)とは，水質基準とは異なり，「州が設定する水質基準(Standard)の基礎となるものであり，濃度やレベルあるいは解説文として表現され，特定の水用途を満足させるような水質」を示している．

州および部族には，物理的・生物的・化学的に水質の保全するために法的な規制力にある水質基準を設定する責任がある．水質基準は，健康や福祉を守り，水の質を向上させ，Clean Water Act(40 CFR 131.3)の目的を果たすために設定されるものである．そして，その水質基準は，州や合衆国の法規によって定められ，指定された水の用途(水利用)と関連付けた水質に関する判断基準から成り立っている．

したがって，水質基準は，①水利用を指定し，②判断基準を設定し，③水質の保護や悪化防止のための施策展開することを通じて水域の目標を定義している．これらの水質基準の3つの主要な要素は，それぞれ異なる観点に基づいている．第一に，水利用の指定は，下流の受水域の保護を含む経済的，社会的，政治的な観点を踏まえて行われ，第二に，判断基準は，科学的知見に基づき設定され，第三に，施策展開は，指定用途を維持するのに必要な水質のレベルを保持するために実施される(**図-3.17**)．

米国における水域は，既存の水の用途(USEPAによる1次水質基準規制の公布日1975年11月28日以降に水域で実際に実現された用途)や指定用途(実現されたかどうかにかかわらず各水域等の水質基準の中で指定された用途)によって定義されている．より厳格な(保護的な)水質に関する判断基準に変更にならない限り，設定された用途は変更されない．そして，水利用としては，少なくとも水中・水上のレクリエーション，および魚および野生生物の繁殖を含まなければならない(Clean Water Act，101[a]，303 [c])．また，ボート漕ぎ，水産用水，水道用水のような他の用途も採用されうる．

いったん水域の指定用途が確立されると，州や部族は，特定の用途を確保できるような定性的あるいは定量的な判断基準を設定しなければならない．定性的な判断基準とは，水域が悪化しないような水質条件の記述表現である．例として，バーモント州における定性的判断基準を以下に記す．

(9)　モニタリングと判断基準の妥当性の再評価

判断基準の良し悪しを水質管理の成否を通じて相対的に評価したり，基準の見直しをすることも重要となる．水質管理活動や水質改善事業前，実施中，さらには実施後の受水域の富栄養化測定項目の測定結果と判断基準値とを比較することで，適用した水質管理計画の妥当性を客観的に直接評価することができる．

USEPA，州，部族は，水質汚濁における問題認識，問題への対応，改善事業の展開，そしてその評価という水資源を保護するための持続的なプロセスを実施している．そのプロセスの中で定期的に米国内の水域の状態について議会に報告するように義務付けられている．これはClean Water Actの305[b]に明記されている．

したがって，栄養塩類判断基準の設定によって，半年ごとの議会への水質環境に関する報告書において，T-N，T-Pという富栄養化の原因水質指標，そして富栄養化の応答水質指標としてのChl-*a*，濁度の測定結果が加えられることになる．

3.3.5　ま と め

河川における栄養塩類の管理は，湖沼や貯水池と比べると，流水系であるために流入した栄養塩類が流下され，栄養塩類の影響は，その起源とは離れた場所で生じることがある．このことがさらに栄養塩類の制御を複雑化させる可能性がある．したがって，まず栄養塩類の流入と水域での反応との間の因果関係を正しく認識することが富栄養化問題解決の第一歩となる．いったん因果関係が明らかになれば，栄養塩類の管理のための判断基準を適切に設定する基礎ができたものと判断できる．

上記のように，米国では水域の富栄養化の問題に取り組むために，科学的根拠に基づいた技術的な手引きを提供して既にかなりの時間が経過している．したがって，上記の技術指針に沿って，既に州において河川の地域性を踏まえて栄養塩類，藻類，大型植物の判断基準を設定する作業に入ってきているものと思われる．

日本でも，米国と同様に河川に関して富栄養化の視点で水質環境基準や判断基準は設定されていない．しかし，主要な河川では水質環境基準の水質項目に加えて窒素やリンの測定もなされてきている．富栄養化の応答指標であるChl-*a*の測定は，限定的にしか実施されていないものとは推察されるが，河川の富栄養化状態の把握と汚濁問題へ対応するためのデータの蓄積はあるものと思われる．

＜EU 関連の参考文献＞

1) Implementation of the 1991 EU Urban Wastewater Treatment Directive and its Role in Reducing Phosphate Discharge (Summary Report), Scope Newsletter, No. 34, 1999.

2) European Environmental Agency : Nutrients in European ecosystems, Environmental assessment report No.4, EEA, 1999.

3) Communication from the commission to the council: The European Parliament, the economic and social committee and the committee of the regions, on the sixth environment action programme of the European Community, 'Environment 2010 : Our future, Our choice' — The Sixth Environment Action Programme —.

4) European Environmental Agency: Inland Waters - Annual topic update 2000 by European Environment Agency, 2001, Nitrogen and Phosphorus in river stations by river size and catchment type((EEA data).

5) Commission of the European Communities: Guide to the approximation of European Union Environmental Legislation, Commission of the European Communities, pp.1-140, 1997.

6) Commission of the European Communities:Implementation of Council Directive 91/676/EEC concerning the protection of waters against pollution caused by nitrates from agricultural sources, pp.1-35, 2002.

7) Commission of the European Communities: 'Environment 2010: Our future, Our Choice' — The Sixth Environmental Action Programme — , pp.45-46, 2000.

8) DEV, Deutsche Einheitsverfahren zur Wasser-, Abwasser- und Schlammuntersuchung (DEV) Herausgeber: Fachgruppe Wasserchemie in der Gesellschaft Deutscher Chemiker und Normenausschuss Wasserwesen (NAW) (Standard Method), Verlag Chemie, Weinheim, Collection of sheets from 1996 to 2002.

9) D.Drumea: The value of water monitoring data for the development of natural resources management policy, Proceedings of Monitoring Tailor Made III, pp.121-124, 2000.

10) European Environment Agency : Environmental signals 2002, EEA, pp.1-145, 2002.

11) Swiss Federal Statistical Office and Swiss Agency for the Environment, Forests and Landscape : The Environment in Switzerland (on the website at http://www.buwal.ch/), 1997.

＜USEPA 関連の参考文献＞

12) Development and Adoption of Nutrient Criteria into Water Quality Standards, Memorandum, Nov. 14, 2001.

13) USEPA: Nutrient Criteria Technical Guidance manual – Rivers and Streams, EPA-822-B-00-002, July 2000.

14) 河川環境管理財団：河川における水質環境向上のための総合対策に関する研究，2002.

15) 古米弘明：1.3 諸外国の水質環境管理，流域マネジメント－新しい戦略のために(大垣眞一郎，吉川秀夫監修)，pp.31-65，技報堂出版，2002.

4.　栄養塩類に関する現象と課題

4.1 河川の中での窒素，リンに関わる現象と解析

4.1.1 窒素，リンと生態系

河川内を流下する窒素やリンの多くは，自然河川では上流の森林地帯の流域からの流入，また湛水時に湛水する河岸の地域からの流入，そして流域の農地化や都市化が進んだ地域では人工起源のものに依存している．

河道内において，窒素やリンは，植物群落が発達している場合には，植物が光や栄養塩類の量に応じて有機物生産を行う際に植物体内に取り込まれる．一方，これらが枯死すると，死骸からは，数日の間に溶解性の炭水化物が溶出し，その後は細菌，菌類等の生物的作用により，最終的には主として機械的な作用で徐々に分解される．その際に，有機物片も粒径が1 mm以上の粗粒子(CPOM)から，5 μm ～ 1 mmの細粒子(FPOM)や5 μm以下の溶存態の有機物(DOM)へと細粒化し，同時に窒素やリンは水中に回帰される．また，分解に関与する微生物の一部は，原生生物等に捕食される．また，こうした捕食者の死骸も分解されて溶存態の有機物や二酸化炭素として放出される．さらに，流域からも分解過程にある大量の溶存態の有機物が流入するために，河川を流下する有機物の多くは溶存態のものとして存在し，河川水中だけでなく，多くは底質の間を流下する流れによって運ばれる．溶存態の有機物は，バクテリア等には利用されるものの，植物や後生動物には直接は利用されない．こうした微生物が捕食されることで後生生物の生態系へ取り込まれる(図-4.1参照)．

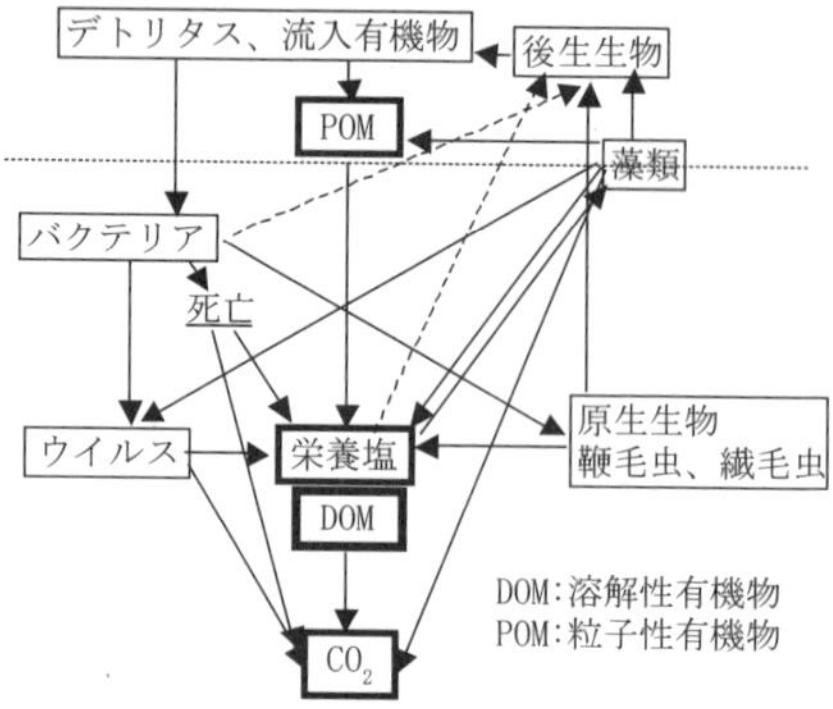

図-4.1 微生物界の栄養塩類の流れと後生生物との関係

植物体中の窒素やリンは，食物連鎖の過程で草食動物により摂食されることで動物体内に取り込まれ，徐々に高次の消費者に受け継がれる．また，各栄養段階にある生物の死骸は，分解者によって分解され，その過程で窒素や

リンも無機塩として水中に回帰される．水中に回帰した窒素やリンの無機塩は，再び藻類や水生植物に利用される．河川内ではこうした過程が流水に載って行われるため，窒素やリンの原子について考えると，水中を浮遊し，流下している期間と河底の付着藻やベントス体内に取り込まれている期間が交互に現れる．この現象は，栄養塩類のスパイラル現象と呼ばれている[1]．

多くの都市河川では，窒素やリンの流入量が河道内で利用される量をはるかに超えている．こうした場合，余剰な窒素やリンは，生物に利用されることなくそのまま海へ運ばれ，海域の汚染を引き起こす．

4.1.2　付着藻類

(1)　河川の汚濁と藻類

河川において，藻類は，光合成により酸素を放出して自浄作用の役割を担うとともに小動物や魚の食物源となるため生態系の基盤として重要な役割を果たす．河川は流れが速く，浮遊性の藻類は，水に流されて定着できないため増殖することができない．したがって，河川における主要な藻類は，川底の石等に付着することが可能な付着藻類である．河川において生息する付着藻類は，藍藻類，珪藻類，緑藻類であるが，珪藻類が最も種類が多いとされている．代表的な珪藻類としては，*Nitzschia*，*Navicula*，*Synedra*，*Achnanthes* 等の属が報告されている．古くから珪藻類の生態に関する研究や珪藻類を生物指標とした水質評価がなされており，水質汚濁，富栄養化，酸性化，重金属汚染の指標となることが報告されている[2]．しかしながら，付着藻類の死滅後，光合成により細胞内に合成した有機物が水界に溶出するため有機物汚染の負荷源ともなる．さらに付着藻類が増加すると，景観が悪化し，ぬめりが生じるため子供の川遊びの場としても適さなくなる．また，剥離した付着藻類が浄水処理障害を引き起こしたり，死滅して溶け出した有機物が水道水の異臭味の原因となることもある．合葉ら[3,4]は，浅い汚濁河川における BOD および DO の収支について数理モデルを作成し，多摩川の中流域の BOD および DO の予測を行っている．それによると，付着藻類が存在しない場合，日の出前の DO の回復が大きく，多摩川のような付着藻類の増殖が著しい河川における夜間の DO 低下を回復させるには，藻類の増殖を抑えることが重要であることを示唆している．また，河床に藻類が存在する場合の中流域の BOD を予測すると，河床に藻類が存在しない場合に比べて著しく増加し，藻類の増殖を抑えることが BOD を低下させるうえで重要であることを示している．下水処理場の普及に伴い，都市河川に対する生活排水由来のBOD負荷は低下していることから，レクリエーションや魚の生息場としての質的向上を図るうえで付着藻類の増殖を抑えることが重要と考えられる．

(2) 藻類の増殖と栄養塩類

藻類の増殖に必要な物質は，二酸化炭素，窒素，リン，カリウム，マグネシウム，鉄等である．この中でも，炭素源としての二酸化炭素，窒素，リンは，体成分に占める割合が高く，主要な栄養源である．これら以外に，珪藻類は，細胞壁に多量のケイ酸を必要としている．自然水には，銅，マンガン，亜鉛，コバルト，モリブデン等が溶け込んでおり，これら重金属も藻類の種類によっては微量が必要とされる．

藻類は，適切な光強度，温度条件下で，炭素源として二酸化炭素を吸収して光合成を行う．また，同時に窒素として硝酸イオンやアンモニウムイオン，リンとしてリン酸イオンを吸収し，タンパク質等の体成分を合成する．藻類の増殖に必要な窒素，リンといった栄養は，生活排水の流入，動物プランクトンの排泄，死骸等の細菌による分解に伴う回帰，降雨等によりまかなわれる．アンモニウムイオンは，死骸に含まれるタンパク質の分解である脱アミノ反応により水中に回帰し，一部は硝化および脱窒の作用を受ける．リン酸イオンも同様に死骸の細菌による分解により生じるが，カルシウムや鉄といった金属イオンと反応し，沈殿しやすい．しかし，底層が嫌気化すると，解離して水中へと溶出し，藻類の栄養源となる．実際の水域においては，二酸化炭素は，空気中から溶け込むので，藻類の増殖を制限することはあまりない．藻類の増殖に不足になりがちな物質は，窒素およびリンである．

藻類の比増殖速度は，光強度，水温，窒素・リン等の栄養塩類濃度の影響を強く受ける．増殖速度と窒素，リンといった栄養塩類濃度との関係は，以下に示すMonodの式によって表される．

$$\mu = \mu_{\max}\left[\frac{S}{K_s + S}\right]$$

ここで，μ：比増殖速度(/日)，S：栄養塩類濃度(mg/L)，$\mu_{\max}$：最大比増殖速度(/日)，K_s：半飽和定数(mg/L)．

Monod式では，栄養塩類濃度が高まるにつれて比増殖速度が高まり，最大比増殖速度に近づいていくことを表しているが，藻類の種類によって$\mu_{\max}$やK_sが異なるため，この関係は，藻類種によって異なってくる．藻類の窒素，リン，ケイ酸といった栄養塩類に関する半飽和定数を求め，実際の水域における濃度と比較することにより藻類にとってどのような栄養状態にあるのか，どの因子が制限になっているのかを判断することができる．窒素の半飽和定数は，藍藻類において 0.18 ～ 0.42 mg/L が報告されている[5]．珪藻類の *Melosira* 属については 0.07 mg/L が報告されており，珪藻類の方がより低濃度の窒素濃度において増殖速度が高まる[5]．珪藻類についてリンの半飽和定数は，1 ～ 3 μg/L と報告されている[5]が，窒素，リンいずれも都市河川における窒素濃度，リン濃度よりもかなり低く，都市河川に生息する珪藻類の増殖にとって窒素，リンは豊富にあると考えられる．

世界の大河川のケイ酸(SiO_2)濃度は，平均で約 13 mg/L である[5]．多摩川のケイ酸濃度は，12 ～ 18 mg/L であることが報告されている[6]．支流の秋川における 2 年間の調査結果によると，9.6 ～ 16.2 mg/L の濃度範囲で変動し，4 ～ 10 月には高く，11 月から 3 月の冬季において低いこと，水温とケイ酸濃度に正の相関があることが報告されている[6]．培養実験から求めたケイ酸の K_s 値は，*Asterionella formosa* で 230 μg/L，*Cyclotella meneghiniana* で 84 μg/L が報告されており[5]，世界河川の平均値 13 mg/L や多摩川よりは低く，河川では，このような珪藻類の増殖にとってケイ酸が豊富に存在するといえる．しかしながら，窒素やリンは，自然界において生物体に吸収されたものが死滅後容易に回帰し，藻類に利用されるが，ケイ酸は，生物体にいったん取り込まれると，回帰に長い時間を要することがわかっており，河川においても水域によっては珪藻類の増殖の制限因子となることが報告されている．珪藻類の体内の Si/P 比(重量比)は，87 であることが報告されている[7]．多摩川の Si/P 比を求めると，28 ～ 42 と低く，リン過剰であると判断される．最近では，海域において，食物連鎖の起点となる珪藻類の栄養であるシリカの減少が見られ，その影響が危惧されている[8]．これは，河川水域における窒素濃度，リン濃度が高まることにより、河川や停滞水域において珪藻類の増殖が促進され，結果として河川水中に存在するケイ酸濃度が低くなる場合が出てくるというものである．河川において増殖した付着性の珪藻類が剥離して海域に流入したとしても，珪藻土として堆積し，堆積岩となるため，河川で吸収されたケイ酸が海域の食物連鎖のサイクルに役立つとは考えにくい．地球全体のシリカの循環を考えた場合，河川といった陸水におけるケイ酸の吸収量をいかに抑えるかということがきわめて重要な位置付けにあり，河川環境における窒素およびリンのコントロールによる付着珪藻の制御が重要であると考えられる．

相互に影響を及ぼし合う関係にある．これらを模式化すると，概略，**図-4.3**のようになる．

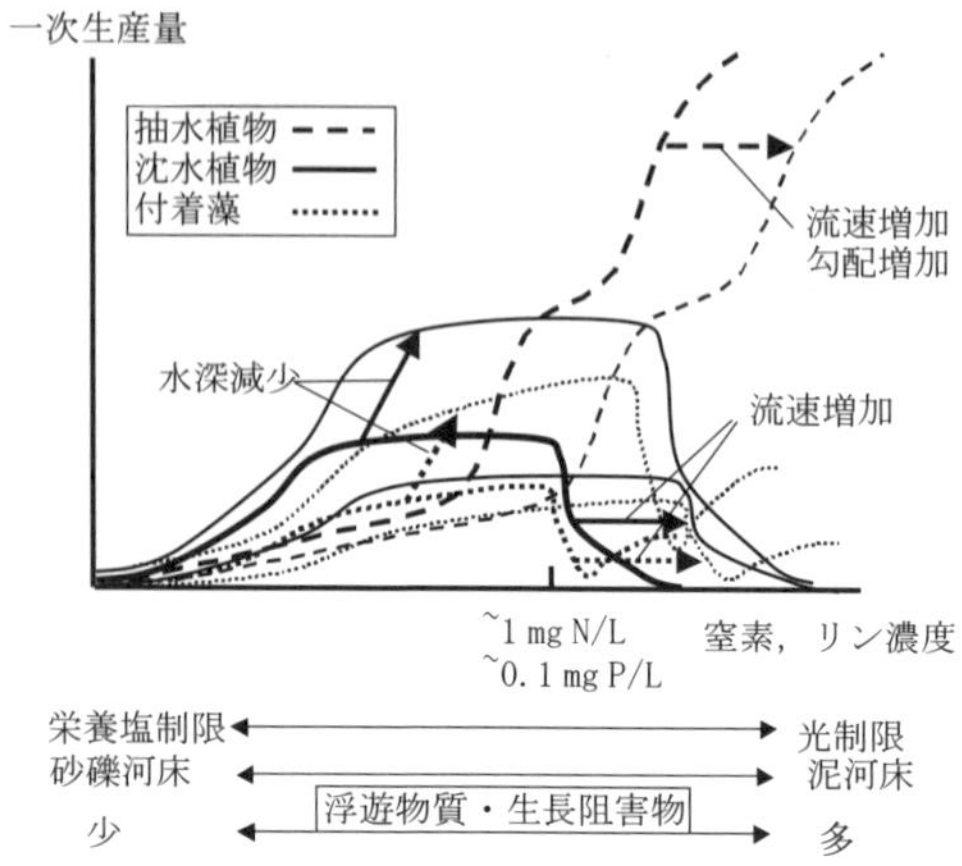

図-4.3 窒素濃度，リン濃度と大型植物による生産量，河川環境・水質に与える影響の関係に関する模式図

まず，河底が砂礫で構成される栄養塩類濃度がきわめて低い河川の河道内には抽水植物群落は形成し難い．しかし，水の透明度が高いことから，沈水植物群落は形成しやすい．沈水植物は，水中もしくは砂礫間に溜まった浅い土壌の窒素やリンを吸収し，枯死後は有機物として下流に流され，窒素やリンの発生源となる．また，抽水植物と比較すると，その場に堆積する有機物の量は少なく，河底も砂礫河床のままで保たれやすい．

栄養塩類濃度が高くなるにつれ植物の生産量は増加する．そのため，流下する浮遊物質の取込みや枯死後の堆積物の量が増加し，砂礫河床内に泥の河床を持った領域をつくりやすくなる．こうした状況が進むと，嫌気化が進み成長を阻害する物質の発生や浮遊物の増加により光環境が悪化，根付き難さなどが相まって，沈水植物群落には不向きな環境となる．さらに栄養塩類濃度が高くなると，植物体の付着藻類の発生も多くなり，沈水植物の生育環境はさらに悪化する．しかし，一方では，こうした場所は，地下茎を発達させやすく嫌気的な泥にも比較的強いことから，抽水植物にとっては生息しやすい環境となる．特に河岸の開けた場所では，水中よりも河岸に大きな群落の形成が可能になる．したがって，こうした場所では，沈水植物群落からより生産力の高い抽水植物群落が発達する．

こうした状況の境界となる窒素やリンの濃度については，十分な検証がなされているわけではなく，絶対的な濃度が存在するわけでもない．特に抽水植物の場合には，土壌の栄養塩類濃度に依存しているために水中の濃度で定まるわけではない．

また，こうした関係は，河川自体の特性にも大きく影響する．例えば，河床勾配が大きく，流速の比較的速い河川では，河床の構成材料の影響が大きく，河道内では，抽水植物群落は形成し難く，沈水植物の状態が続きやすい．また，シルト分の生産の大きい河川では，光の透過度が小さく，沈水植物には不向きである．

4.1.4 高次生態系－高次栄養段階生物の栄養塩類および有機物生産

高次栄養段階にある生物の栄養塩類の生産量は，こうした生物の有機物生産量と関係付けて考えることができる．

一次生産者と比較すると量的には少ないものの，高次栄養段階にある動物も有機物生産においては様々な影響を与える．動物による有機物生産量は，川の状態によって大きく異なる．無脊椎動物による総有機物生産量は，海外の様々なデータに従うと，年間 3 ～ 120 g/m^2・年程度である．一方，魚の生産量は，サケマス科の魚で 1.1 ～ 30 g/m^2・年，コイ科の魚で 0.01 ～ 90 g/m^2・年，カジカの仲間で 0.8 ～ 40 g/m^2・年である．これらを比較すると，多少のばらつきはあるものの，無脊椎動物の生産量の方が魚の生産量に勝っていると考えられる[22]．

有機物生産量そのものと比較すると，現存量に対する年間の生産量に関する生物量の比(P/B)はある範囲に収まっている．この値も，一般に無脊椎動物によるものの方が魚によるものより大きい．無脊椎動物の濾過摂食者ではきわめてばらつきが大きいものの 1 ～ 40 程度，剥取摂食者で 1 ～ 20 程度，砕切摂食者で 1 ～ 10 程度であり，全体として概略 6 ～ 8 程度である[22]．それに対して，魚の場合，寿命が数年にわたるために P/B の値は，小さくなり，0.5 ～ 1 程度である．また，この値は，洪水後等のように撹乱の後の河川では大きく，長期間安定な状態が続いた河川では小さい値となる．

栄養塩類に対する動物の影響については，まず，窒素の排泄形態の多くは，アンモニアであり，一次生産者にとっては吸収しやすい形となっている．また，植物の場合，植物体の大部分が炭水化物で構成されているのに対し，動物の体の場合，80%程度がタンパク質であり，死亡後，窒素の回帰の割合が大きくなる．

また，無脊椎動物による底質の撹乱は，アンモニアの溶出を促進したり，土壌中の酸素濃度を高め，土壌と水との間の栄養塩類の収支を大きく変化させる．

有機物や栄養塩類の循環に関して量的には無脊椎動物ほどではないものの，魚の果たす役割も無視できない．特にコイ科の魚の多くは雑食性であり，ベントス摂餌のために底質を撹乱し，水中に排泄することによって栄養塩類の水中回帰を促進させる．また，草食魚は，多量の水草を摂食し，栄養塩類の循環形態を変化させる．

さらに，餌になる小動物を捕食する際にも大型のものから捕食するため，無脊椎動物間での栄養塩類の循環過程にも変化を及ぼす．

堰等のような停滞水域では，植物プランクトンの濾過摂食効率の高い大型動物プランクトンが魚に選択的に捕食され，植物プランクトンの増殖が促進される場合もある．

以上のように，河川の生態系は，リンや窒素の栄養塩類の循環と大きな関わりを持っており，河川生態系の破壊が問題となっている汚濁した都市河川では，再生等に大きな障害となる。

4.2 河川における下水由来の窒素，リンの影響と解析

河川における窒素，リンの負荷源は，大別すれば自然系と人為系に区分され，水質汚濁の面からは後者の影響が圧倒的に大きいことは論を待たない．人為的負荷には各種の要因があるが，人間の生活そのものも大きな負荷源である．本節では，その排出形態である下水について河川水質への影響を検討する．

まず，**4.2.1** で日本の下水処理の実態を処理システムの区分およびその歴史的推移も含め示した後，**4.2.2** でその河川への負荷について論じる．**4.2.3** で下水負荷の大きい河川での汚濁実態を説明し，最後の **4.2.4** では，下水由来栄養塩類の影響として重要と考えられる N-BOD についてその意義，意味も含め検討する．

4.2.1 日本の下水処理の実態

(1) 下水負荷量

窒素，リンは，生命体を構成する重要な元素であり，人体の新陳代謝やそれを賄う行為により我々の生活の中で排出される．前者の結果として排出されるものがし尿(トイレ排水)であり，後者が生活雑排水(洗濯，炊事，風呂ほか)となる．**表-4.2** にその原単位を示すが，窒素，リンでは，し尿からの負荷がそれぞれ全体の 8 割，7 割と大きいのが特徴となる．

河川に対する窒素，リン負荷源としては，このような生活系負荷のほか，降雨や

表-4.2　生活系排水に関わる原単位と除去率

項　目	種　類	排水量(L/人・日)	水　質			
			BOD	COD	T-N	T-P
原単位[13] (g/人・日)	雑 排 水	201	27	13.0	1.5	0.3
	し　尿	57	13	10.0	7.0	0.7
	合　計	258	40	23.0	8.5	1.0
濃　度 (mg/L)	雑 排 水		134	64.7	7.5	1.5
	し　尿 *1	(57L) (2.27L)	228 5 727	175 4 408	123 3 086	12.3 309
	総 廃 水		155	89.1	32.9	3.88
除 去 率 (%)	単独処理浄化槽[23]		80	65	15	5
	合併処理浄化槽[23]		93	80	18	12
	農村下水道[3]		94		44	39
	下水処理場 *2		97	89	63	72
	し尿処理場 *3			99.8	99.9	99.9

*1　上段は，原単位[23]より計算した合併処理浄化槽での濃度，下段は，収集実績値(2.27L/人・日)[24]と原単位から計算した収集し尿濃度.
*2　平成 12 年度実績(詳細は p.116 に記述).
*3　平成 7 年滋賀県負荷量実績値[26]に基づく除去率.

渓流水のような自然負荷，農業畜産系負荷，産業系負荷がある．琵琶湖流域の場合，家庭由来(生活系)の栄養塩類負荷は，窒素で 25%，リンで 35%あり，そのほか農業系，産業系，自然系も同レベルの影響がある[滋賀県による推定(1990 年時)[27,28]]．県域が琵琶湖流域とほぼ一致する滋賀県は，人口密度(380 人/km^2)が日本の平均レベルにあり，上記数値は平均的日本の状況を示している．なお，この数値は，下水処理過程での除去(約 50%)を考慮した寄与である．河川中の栄養塩類は，人口密度が大きくない地域でも 1/4 ～ 1/3 が，都市域ではそれ以上の割合が下水からの供給による．

(2)　下水の処理方式と排出負荷量の変遷

表-4.2 にその発生源単位を示したが，それら全量が排出されることはなく，何らかの処理あるいは利用された後，環境中に排出される．

化学肥料が普及する以前，し尿は貴重な肥料源であり，農地に還元処理されてきた．しかし，その普及とともに価値を減じ，し尿は“計画収集(汲取り)＋し尿処理での処理”へと形態が変化してきた．計画収集(厚生労働省管轄)は，1970 年代初頭に約 7 割のピークを迎えるが，トイレの水洗化の進行とともに徐々に減少する．水洗化は，建設省(現国土交通省)による下水道を中心に進められるが，下水道は広域かつ人口密集区域を主対象とするため，急速には普及しない．それに代わる手法として浄化槽による水洗化が人口密集地以外で増加する．**図-4.4** には昨今における各処理方式の変遷を示す．計画収集の減少と下水道の普及が特徴である．2001 年度末時点で下水道普及率は 63.5%となっている[31]．自家処理は 1 %以下で，ほとんど無視できる．

浄化槽は，「便所と連結してし尿を又はし尿と併せて雑排水を処理し，下水道法で規定する公共下水道以外に放流するための設備又は施設であって，廃棄物の処理及び清掃に関する法律により定められたし尿処理場以外のもの」(『浄化槽法』第 2 条，法文一部簡略化)であり，下水道以外の下水処理施設をすべて含む．大別すると，仕様や処理性能の面からは下水処理場とほとんど変わらない「コミュニティプラント」(新設の団地等に設置される大型浄化槽)や「農村集落排水処理施設」(いわゆる農村下水道)と，戸別や数軒の小規模の浄化槽に分けられるが，単に「浄化槽」といえば後者を指すことが多い．ここでは，下水道のように集中処理する方式と狭義の浄化槽のような個別処理方式に分けて説明する．

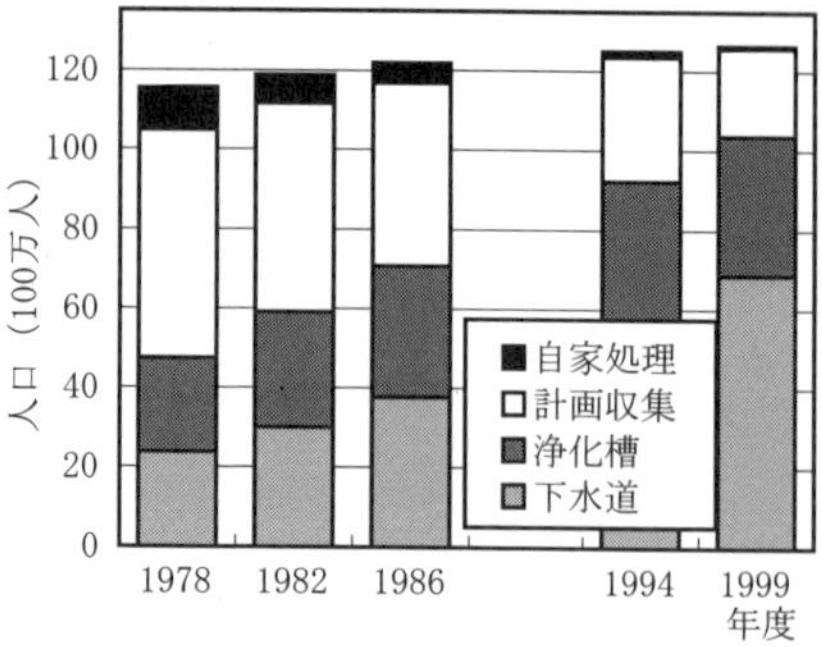

図-4.4 日本の下水処理方式の推移

(3) 集中処理方式

下水道とは，「下水を排除するために設けられる排水管，排水渠その他の排水施設，これに接続して下水を処理するために設けられる処理施設(し尿浄化槽を除く)又はこれら施設を補完するために設けられるポンプ場その他の施設の総体」(『下水道法』第 2 条)と法律で定義され，対象処理区域の特性等により，公共下水道，特定環境保全下水道，特定公共下水道，流域下水道に分類される．いずれも，下水をパイプラインで収集し，処理場にて処理する集中型処理システムであり，パイプラインの長さは短いものの，「コミュニティプラント」や「農村集落排水処理施設」もほぼ類似の機能を有している．

表-4.3 は，日本における下水処理処理場の処理方式の変遷[32]を示したものである．1960年代，下水処理は必ずしも高級処理を意味せず，半数は簡易沈殿か中級処理で賄われていた．1970年代以降は，新設の処理場は高級処理となり，標準活性汚泥法あるいはステップエアレーション法が主体となった．大都市での下水道整備は1980年代でほぼ完了し，新設の処理場は規模が小さくなる．それと同時に，オキシデイションディッチ法や回分活性汚泥法(SBR)が急増する．1990年代では，窒素，リン除去を意図した高次処理も徐々に増加している．なお，コミュニティプラントや農村集落排水処理施設は，データを示していないが，この小型の下水処理場と類似する．

表 4.3　日本の下水処理方式の変遷

		1963年	1969年	1975年	1984年	1991年	1999年
簡易	沈殿池	17	20	22	5	4	2
中級	高速散水ろ床	22	45	30	12	6	5
	高速エアレーション沈殿池	0	18	22	20	9	6
高級	標準活性汚泥法	40	68	152	422	614	669
	ステップエアレーション	0	40	88	75	54	32
	オキシデイションディッチ	0	1	0	9	108	523
	回分式活性汚泥法	0	0	0	1	19	64
	その他活性汚泥法	0	22	18	23	22	34
	回転円板法	0	0	0	16	24	23
高度処理		0	0	0	3	9	82
その他		2	5	7	1	7	54
合計		81	219	339	587	876	1494

注）本表の数値は，各年度の『公共下水道統計』[32]より得たもので，1975年までは処理場概要から集計，その後は概要版より引用．

(4)　個別処理方式

浄化槽には大型のものも含まれるが，大半は各戸設置の小型槽であり，20人以下槽が全体の87%，1基当りの処理人数は5人以下である[1995年(平成7)時][33]．このような小規模浄化槽は，元来，下水道が普及していない地域で各家庭が水洗便所化する目的で普及した．そのため，し尿のみを処理する「単独処理浄化槽」からまず出発した．単独処理浄化槽では，生活雑排水が無処理で放流されるため水質汚濁防止上好ましくないとして，国および多くの自治体は，雑排水も処理する合併処理浄化槽の設置を促進すべく各種の助成金を与え，普及を図っている．単独処理浄化槽における雑排水未処理放流の影響は，BOD，COD 等の有機物で大きく，窒素，リンはし尿での負荷割合が高いため，比較的小さい．

4.2.2 下水処理水からの窒素，リン負荷

(1) 小型浄化槽

小型浄化槽は，処理規模が小さいため適切な維持管理が困難で，浄化槽本来の除去能力すら達成されていないケースも多い．また各種の処理法が採用されているため，その除去率は大きな範囲にわたる．全体的として，単独処理浄化槽は除去率でも合併処理浄化槽より劣っている．

その平均的な除去率として，**表-4.2** に藤村[23]が文献調査からまとめた数値を示した．合併処理浄化槽では BOD が 93%，COD が 80%と比較的良好なものの，窒素，リンはほとんど除去されていない．単独処理浄化槽では，BOD，COD もそれぞれ 80，65%と低いレベルとなっている．これに対し，稲森ら[34]が提案する設定 BOD，全窒素(T-N)，全リン(T-P)の除去率は，合併処理浄化槽で各々 90，27，37%，単独処理浄化槽で各々 65，12，25%であった．放流水 BOD の実態調査では 1988 ～ 1992 年(昭和 63 ～平成 4)に設置の小型合併処理浄化槽で 8 ～ 31 mg/L，1993 年(平成 5)以降，設置の合併処理浄化槽(国庫補助事業で設置された処理人員 10 人規模以下の 1 049 基)で 5 ～ 18 mg/L（非超過確率 25 ～ 75%，中央値は約 10 mg/L)が報告[35]され，年とともに性能の向上が認められる．ただし，後者でも 3%程度は BOD が 50 mg/L を超える劣悪な放流水を出していた．

(2) 下水処理場および農村集落排水処理施設

下水処理場の放流水水質レベルを『下水道統計』[36]をもとに整理し，頻度分布で示した．結果を**図-4.5** に示す(1999 年度実績値)．図は特殊な処理場の影響を除くため，公共下水道統計で放流水質記載の 1 431 処理場のうち，①特定公共下水道(工業廃水処理を主目的とした処理場)，②計画観光人口が 10%を超える(流入水質が異なる，尿の割合が大きい)，③稼働実績が 2 年未満[1998(平成 10)年 5 月以降に稼働，水質変動が大きすぎる]，④晴天時処理量 10 万 m^3/ 年以下(変動要因が大きすぎる)，⑤簡易処理や中級処理(処理効率が低い，現在少数派)を除いた 1 113 処理場を基本にデータを整理した．なお，全処理場を用いた場合，平均値や中央値はほとんど変わらないが，標準偏差は 3 ～ 7 割高くなる(水質指標で異なる)．

DOは，概ね高い濃度を示しているが，測定日による差が大きく，1月22日には1 mg/L以下を記録している．これは感潮域における流況が大きく関係しており，流れが停滞している時に，底質等による酸素消費によって溶存酸素が消費されたためと考えられる．

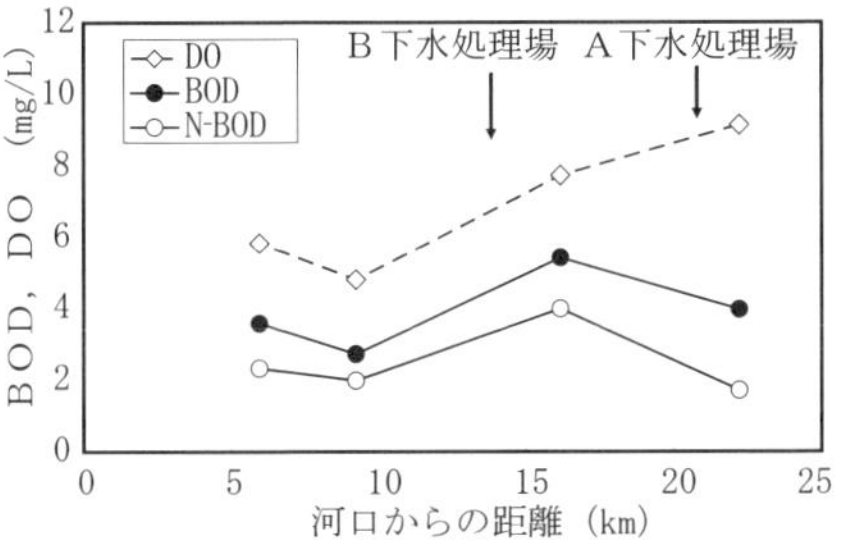

図-4.14 BODおよびDOの流下方向分布
(2003年1月16日)

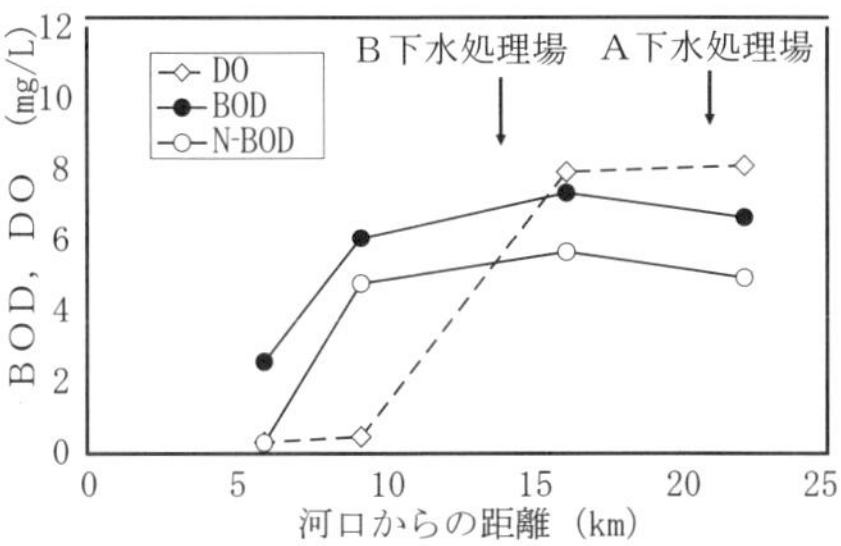

図-4.15 BODおよびDOの流下方向分布
(2003年1月22日)

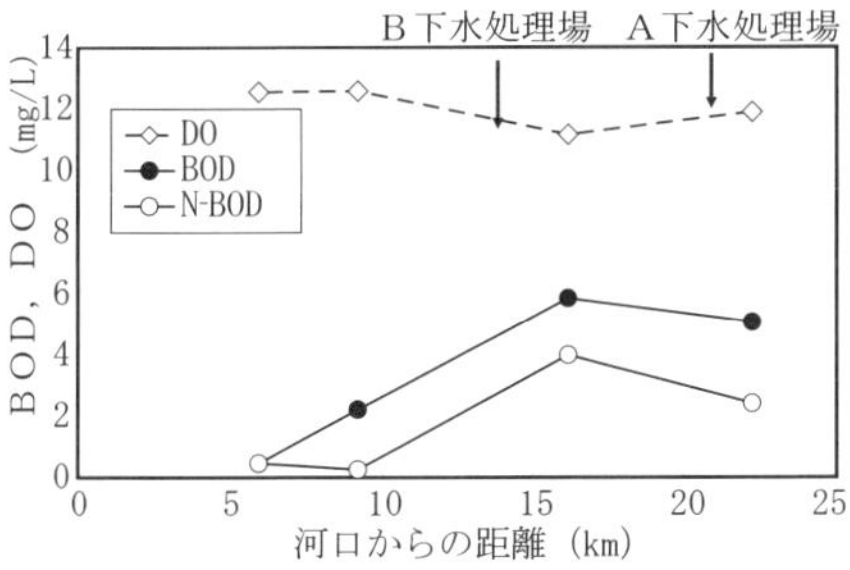

図-4.16 BODおよびDOの流下方向分布
(2003年1月29日)

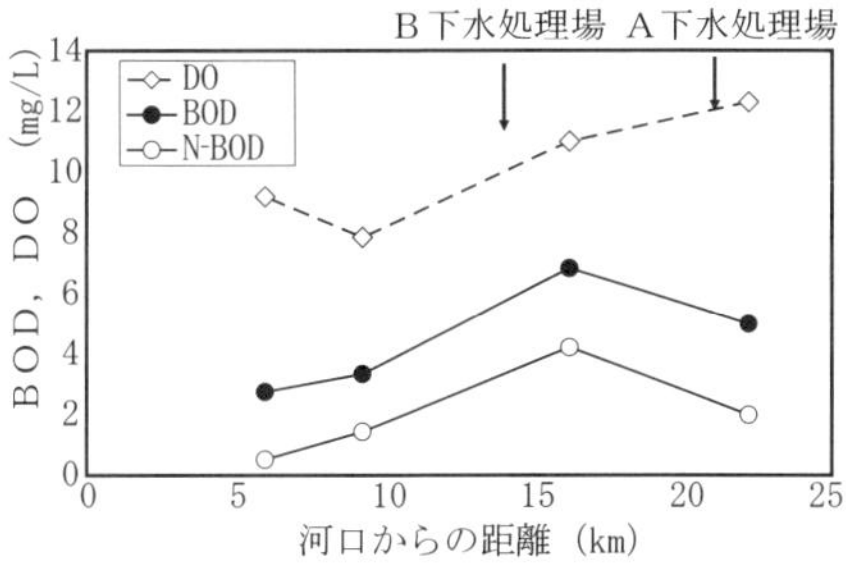

図-4.17 BODおよびDOの流下方向分布
(2003年2月5日)

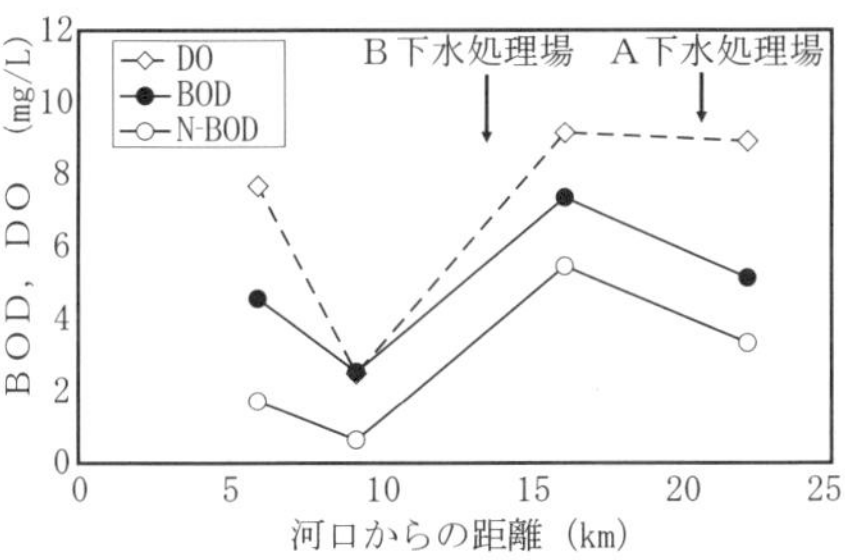

図-4.18 BODおよびDOの流下方向分布
(2003年2月12日)

以上のように，下水処理水の影響を大きく受けている都市河川の一例である鶴見川における測定結果によると，N-BOD は，河川水の酸素要求量である BOD のほとんどを占めており，河川水の潜在的な酸素要求量としての指標の意味は大きいと考えられる．しかしながら，日本の都市河川では一般に再曝気係数が大きく，河川水の DO が BOD によって大きく減少することはそれほどないと考えられる．ただし，感潮域においては，流況が複雑に変化し，水が滞留した際には，DO が大きく減少することがありうるが，その原因が N -BOD であるか C-BOD（特に河川底泥に蓄積したもの）に由来するかは不明であり，さらなる調査が必要である．

(3) 淀　川

a. 概要　淀川は，京都府中部を流域とする桂川，琵琶湖等を水源として含む宇治川，京都府南部，奈良県北部を水源とする木津川が合流して大阪湾に流入する河川であり，関西の水源として重要な役割を持っている．その一方で，上流に京都市等の大都市を有し，都市内河川としての性質を持っている．ここではその代表地点として京都市からの排水の影響を最も強く受ける桂川下流の宮前橋（**図 -4.19** 参照）を対象に，水質変遷の特徴を検討する．使用したデータは，『水質年表』[40]の宮前橋（以前は納所，図参照）のもので，1958 ～ 1999（昭和 33 ～平成 11）年に測定された BOD 等の主要水質指標である．測定回数は，年により 5 ～ 430 回，水質指標により 227

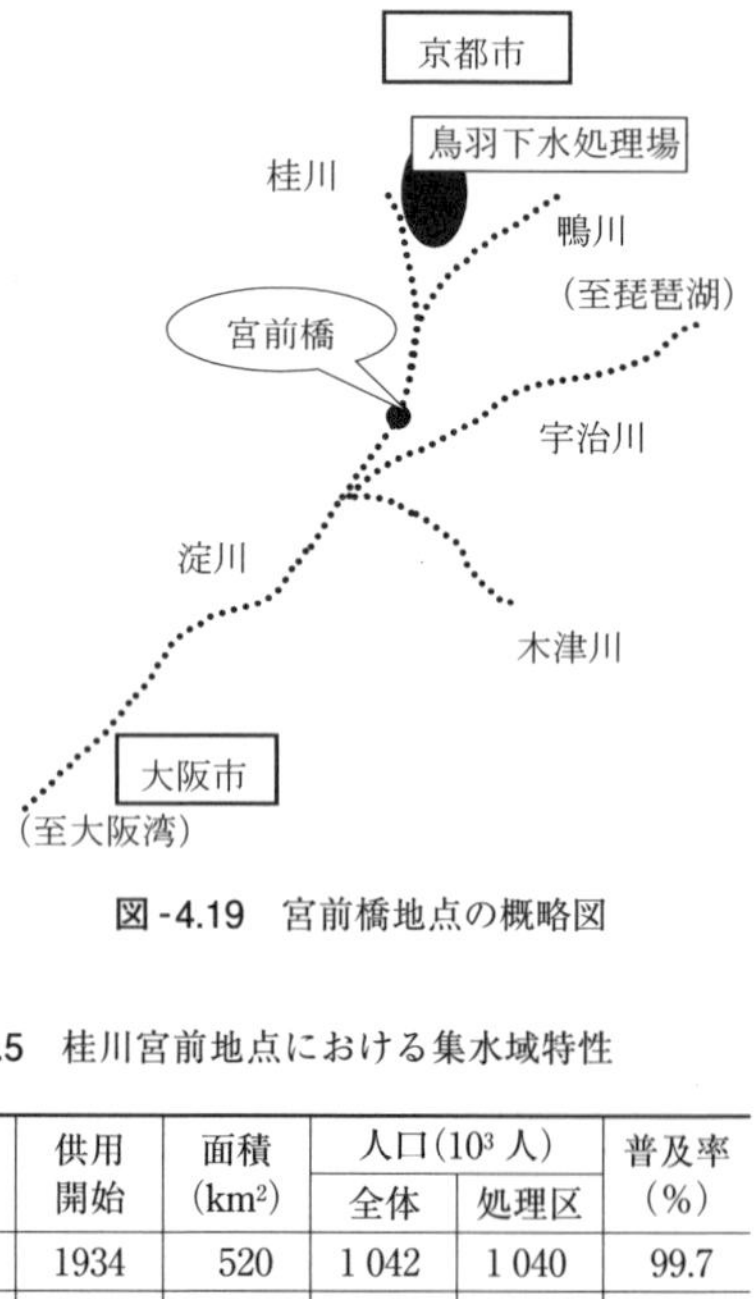

図 -4.19　宮前橋地点の概略図

表 -4.5　桂川宮前地点における集水域特性

市町村	供用開始	面積（km^2）	人口（10^3 人）		普及率（%）
			全体	処理区	
京都市 *1	1934	520	1 042	1 040	99.7
亀岡市	1983	225	95	62	64.8
長岡京市他 *2	1979	33	146	132	90.7
京北町他 *3	1996	494	39	16	42.3
桂川流域合計	–	1 271	1 321	1 249	94.6

*1　伏見区，山科区以外．
*2　向日市，大山崎町も含む．
*3　園部町，八木町，日吉町を含む．

～2 773 回と大きく異なっている．

b. 流域の概況 表-4.5 に桂川宮前橋地点における集水域の面積，人口，下水道普及率[2000(平成 12)年度末]を示す(『統計資料』から作成[36,41])．集水域は，京都市(山科区，伏見区等，一部は宇治川に流入)，長岡京市，亀岡市等からなり，約 130 万人が住んでいる．人口は 1950 年代からほとんど変化していないが，1960(昭和 35)年以降，下水処理対象区域の面積および年間処理水量は増加した(**図-4.20** 参照)．現在，鳥羽下水処理場等の 9 つの下水処理場が稼働し，流域の下水道普及率は 95％，その 93％が高級ないし高度処理されている．しかし，1970 年代までは普及率も半分以下であり，簡易処理の割合も高かった．

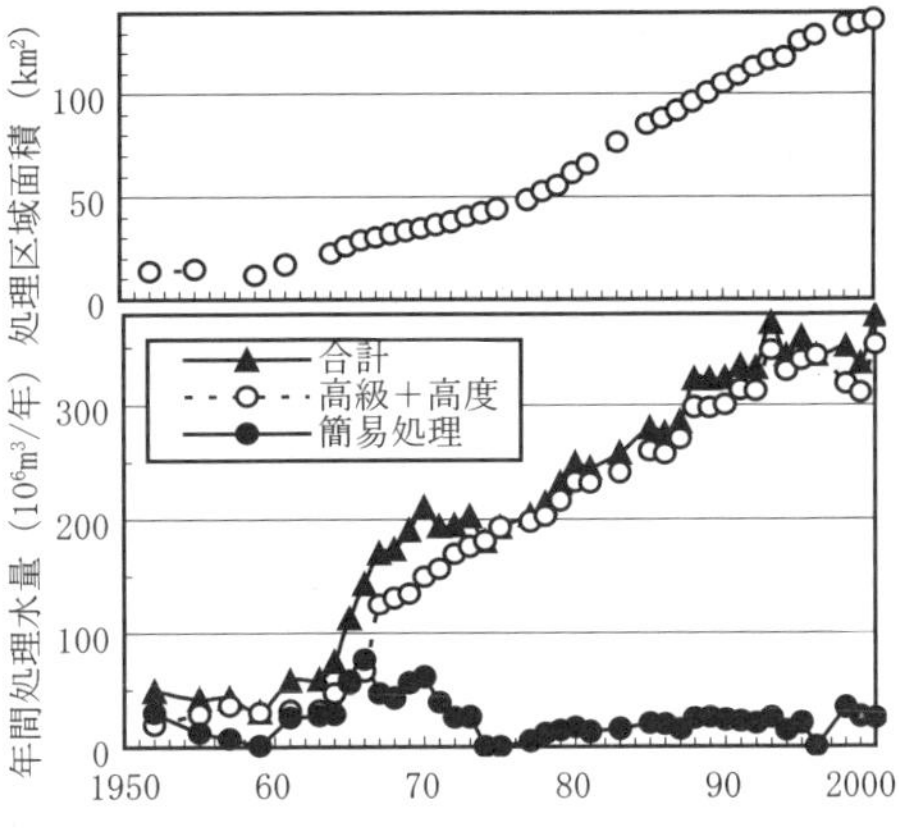

図-4.20 桂川流域の下水道整備の変遷[文献[32]より作成]

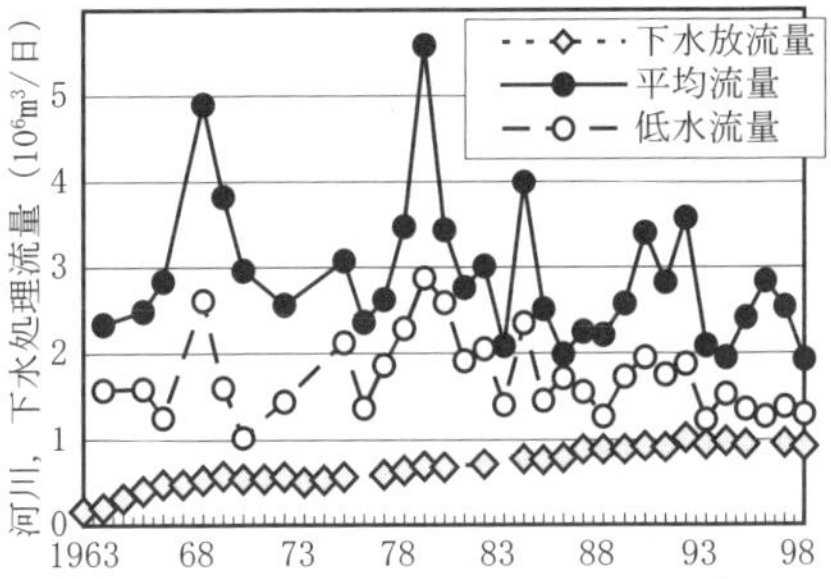

図-4.21 河川流量に及ぼす下水処理場の影響[文献[32,40]より作成]

宮前橋の河川流量変化(月 1 度の調査結果)を**図-4.21** に示す．年平均流量は約 3 × 10^6 m^3/日，低水量(非超過 25％確率値)は 1.7 × 10^6 m^3/日である．したがって現在，同地点の河川水は，平均で半分近く，低水時にはかなりの割合が下水処理水であると計算される．

c. 水質変化の概況 宮前橋における水質について**図-4.22** に，年代別平均値を**表-4.6** に示す．宮前橋における水質は，この 40 年間の間に大きく変化している．1970 年代初頭，BOD は最高 130 mg/L 程度まで達している．大腸菌群，COD，NH_4-N も BOD と同様の時期に最高となり，この当時，当該地点において有機汚濁が極度に進行していたことが窺える．DO は大きな幅を持つが，この時期が最も濃度が低くなり，場合によっては0～1 mg/Lとほぼ嫌気的状態に達していた.

同集水域では，1960年以降，下水道整備地域が順次拡大し，それに伴う下水中有機物の除去により，1970年頃をピークとしてBOD，COD，NH_4-Nは減少に転じ，近年ではそれぞれ2，6，0.2 mg/L程度と大きく改善した.

一方，NO_3-Nは逆に1970年頃より増加し始め，1970年以前は0.1 mg/L程度であった年平均値が1999年には3.2 mg/Lまで上昇した．下水処理過程あるいは放流後のNH_4-N酸化によりNO_3-Nが増加したものと考えられる.

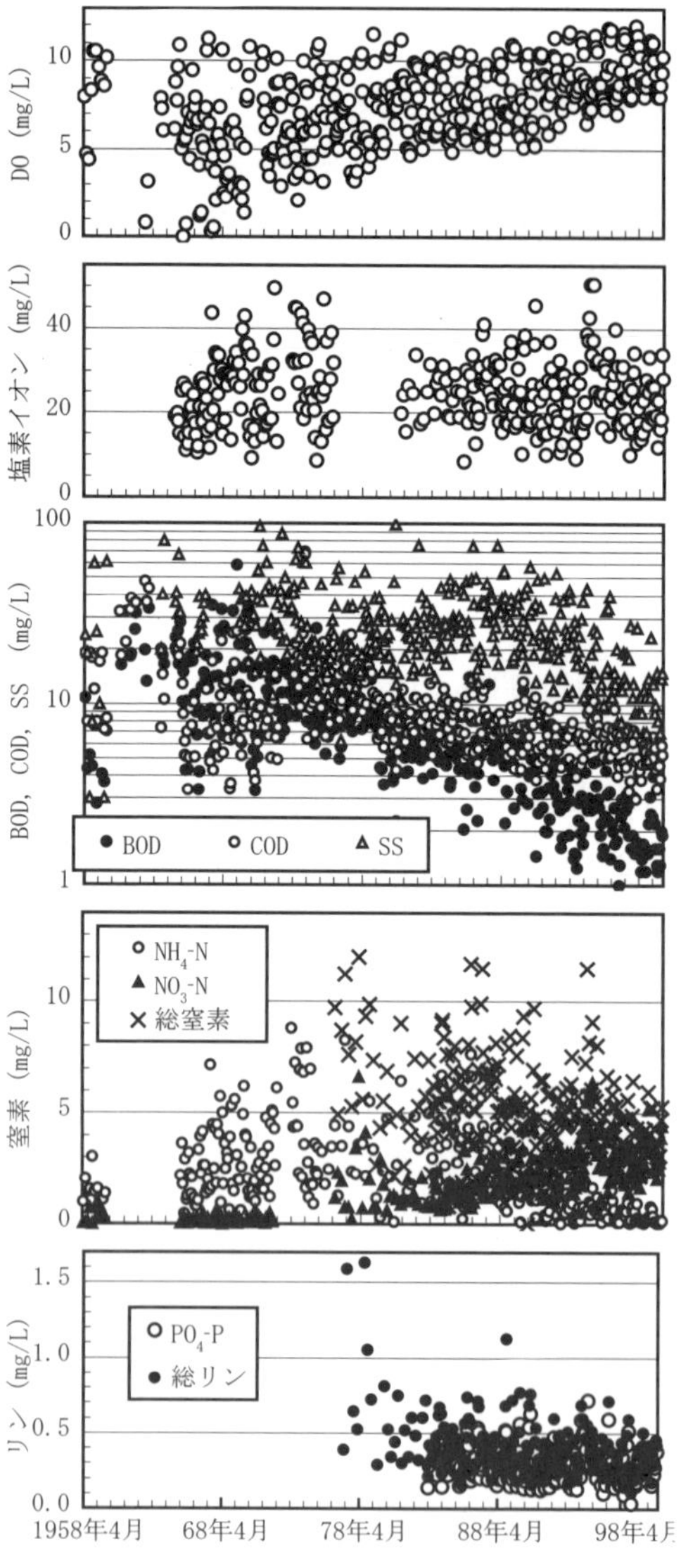

図-4.22 宮前橋水質の経時変化(月平均値)

T-N，T-Pについては情報が少ないが，1970年代から1980代にかけて平均値で各々7.5 mg/Lから5.9 mg/L，0.86 mg/Lから0.43 mg/Lと減少した後，90年代に入って若干の減少傾向をしている．リンの減少が大きいが，これは洗剤の無リン化の影響と思われる．60年代のデータはないが，塩素イオン濃度変化パターン等より，T-N，T-Pともほとんど変化していないと予想される.

表-4.6　桂川宮前橋水質の各年代平均値

年　代	1960	1960	1960	1960
流　量(m^3/s)	39.3	34.8	34.7	30.3
DO(mg/L)	5.3	6.8	7.7	9.1
塩素イオン(mg/L)	24.1	26.3	24.8	24.0
BOD(mg/L)	17.1	11.4	5.9	2.7
COD(mg/L)	14.1	12.7	8.0	6.3
SS(mg/L)	34.7	32.3	29.4	19.5
大腸菌群数(個/mL)	4.1×10^7	1.7×10^7	1.1×10^5	2.9×10^4
T-N(mg/L)	−	7.50		4.51
NH_4-N(mg/L)	2.74	3.37	2.93	0.76
NO_2-N(mg/L)	0.06	0.25	0.21	0.11
NO_3-N(mg/L)	0.14	0.90	1.71	2.85
T-P(mg/L)	−	0.86	0.43	0.35
PO_4-P(mg/L)	−	−	0.29	0.28

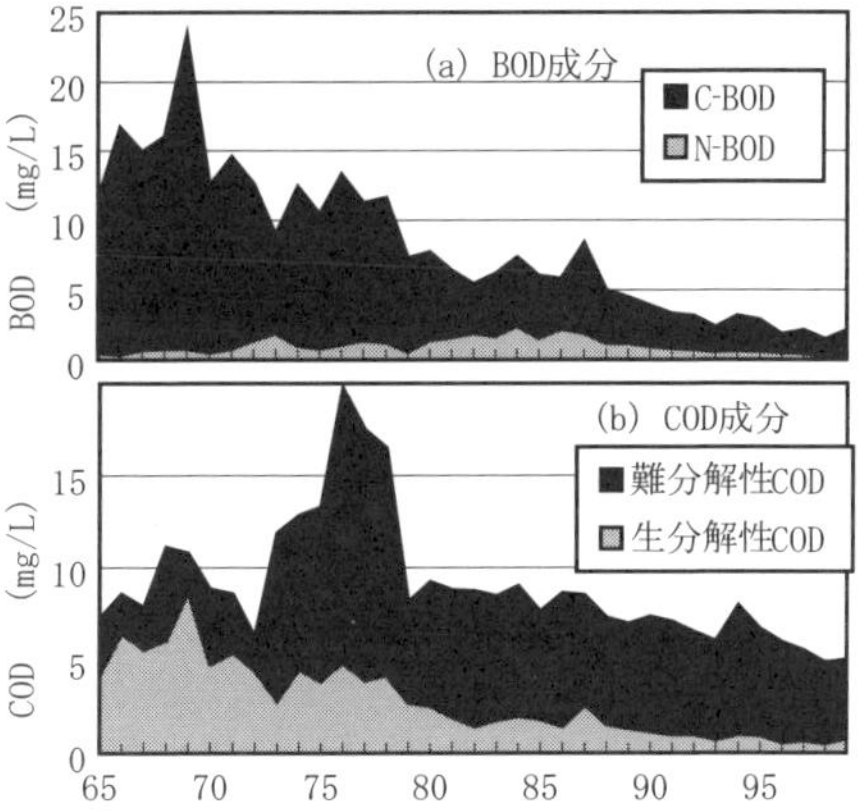

図-4.23　有機物指標の成分内容の経年変化

BOD，CODではその内容が重要となる．BOD，CODとも有機汚濁の指標として扱われるが，前者は炭素系物質（有機物）による酸素消費(C-BOD)と窒素系物質（アンモニア）による酸素消費(N-BOD)が，後者は生物分解可能成分と難分解成分が寄与する．**図-4.23**はこれらを区分して示したものである．区分方法の詳細は文献[58]を参照されたい．図より，C-BODはBODと同様に経年的に減少している．N-BODはNH_4-N濃度に比例せず，1965年以降徐々に増加し，1980年代に2 mg/Lまで増加した後，低下した．BOD中N-BOD割合(N-BOD％)は，1970年代までは2.3～13％（1973年以外），1980年代は18～38％と年平均値でも大きな割合となっている．CODは1975年をピークに減少するが，その減少は易分解性部分に依存し，難分解の部分はほとんど変化していない．

以上まとめると，関西の主要都市河川である桂川下流水質は，京都市の下水処理

の影響を強く受け変遷し，

① 現在は，下水道の普及で1970年代に比べ水質は大きく改善されていること，

② BODではN-BODの影響を受け，1980代にその影響が大きく，約1/3に寄与していること，

③ 近年におけるBOD，CODの減少は易分解性有機物の減少によること，難分解性有機物はCODで5 mg/L程度のままでほとんど変化していないこと，

が示された．

4.2.4 下水処理由来の窒素の形態とその課題

(1) 概　　説

水中の窒素は，有機態と無機態とに大別でき，さらに前者は溶解性と浮遊性に，後者はアンモニア，亜硝酸，硝酸に分類できる．下水処理が正常に機能する場合，アミノ酸や溶解性タンパク質は分解され，その結果生じる微生物(有機態浮遊性窒素)は，最終沈殿池で除去される．結局，無機態部分が下水処理水中の主な成分となる．アンモニアは，それ自身が生物毒性を有するとともに，N-BODとして測定され，最終的にBODに影響する．ここでは，N-BODについてその問題点を指摘する．

(2) BODの定義とN-BODの意味

BODは，1800年代末頃から研究され，1898年にはBritish Royal Commissionが排水，河川水の測定法としてBOD_5(65°F=18.3℃，5日間)を採用した．その後1936年に米国標準試験法として20℃の条件が採用されたものが基本となっている[42]．BODは当初，微生物が有機物を分解することでDOの低減をもたらす「有機物汚濁」の指標として扱われていた．当時の河川では硝化の影響は5日の培養では実質的に生じなかったためである．しかし，近年都市内河川のBOD値中に窒素系BOD（N-BOD)の発現が確認されるになり[43～47]，有機汚濁指標としてのBODの意義低下が懸念されている．

表-4.7は環境分野での主要な試験法[48～52]について，BOD定義と妨害因子の記述をまとめたものである．

各試験法のBOD定義等で検討すべき点は，

① 有機物の生物分解による酸素消費，

② 硝化作用による酸素消費，

表-4.7　各種試験方法におけるBOD定義の比較

JIS K 0102(1993)	水中の好気性微生物によって消費される溶存酸素の量. ・硫化物，亜硫酸塩，鉄(II)等の還元性物質が共存する場合には，15分間の酸素消費量とBODとを区別. ・試料中に銅，クロム，水銀，銀，ヒ素等の重金属元素が溶存すると，正しい測定値が得られないことがある．このような場合には，これら重金属によく馴らした植種液を培養しておく.
上水試験法(1993)	主として水中の有機物質が生物化学的に酸化されるのに必要な酸素の量. ・硫化物，亜硫酸塩，第一鉄塩等の還元性無機物を含有する水については，15分後の酸素要求量と真のBODを区別することが望ましい. ・下水には，工場排水の流入が原因で不活性なものがあり，また精製水は，使用する蒸留器あるいは容器によって銅イオン等の金属イオンに汚染されることがあるので，毒性有無の影響確認が必要.
下水試験法(1997)	溶存酸素存在のもとで，水中の分解可能な物質が生物化学的に安定化するために要求する酸素の量. ・亜硫酸イオン等による化学的な酸素消費によるものは，瞬時の酸素要求量としてBODとは区別. ・試料が酸・アルカリ，残留塩素等の妨害物質を含む場合には，その妨害を除いてから試験に供する. ・毒物の影響を除くことが不可能な場合，その試料を <BOD 測定不能> と判断.
Standard Methods 20th Ed.(1998)	The test measures the molecular oxygen utilized during a specified incubation period for the biochemical degradation of organic material (carbonaceous demand) and the oxygen used to oxidizing inorganic materials such as sulfides and ferrous iron.It also may measure the amount of oxygen used to oxidize reduced forms of nitrogen (nitrogenous demand) unless their oxidation is prevented by an inhibitor. ・Neutralize samples to pH6.5 to 7.5 with a solution of sulfuric acid or sodium hydroxide. ・Such samples often require special study and treatment.
USEPA(2000)	The BOD test is an empirical bioassay procedure which measures the dissolved oxygen consumed by microbial life while assimilating and oxidizing the organic matter present in a sample. ・High or low sample pH may cause low results. ・Residual chlorine and hydrogen sulfide desensitize the dissolved oxygen probe. ・All toxic substances that inhibit the activity of microbial life will decrease BOD values.

注）　網掛け部分が定義．それ以外が妨害物質に関する記述.

③　還元性無機物による酸素消費，

④　試料のアルカリ性，酸性や毒物による微生物への影響，

⑤　試料中微生物量不足による酸素消費の遅れ，

の5点である．これらのうち，①～③はBOD値を上昇させる要因であり，④，⑤は減少させる要因である．各試験方法でBODに①を含ませることと，④を排除することは共通するが，③については意見が異なる．②の記述(N-BOD)は最も曖昧で，BOD定義で明確に含めないものはUSEPAだけで，他の試験はそれをも含みうる曖昧な定義である．ただし，『上水試験法』以外は，培養5日でも硝化反応のBODへの寄与可能性を示唆している．『Standard Methods』では，硝化を抑制したBODをC-BOD$_5$と表記して報告することができると述べている．JISでも，硝化抑

度がやや減少する「安定流出型(非貯留形)」，化学反応等が流出量に関与する「非安定流出型」に分類される[65]．懸濁態窒素，リンは，「洗出し型」に分類され，降雨時に濃度が大幅に上昇する．これらは，土壌が流出し懸濁物質濃度が上昇することに起因しているが，その流出量を一般化できるほど観測例は多くない．ただ，森林の管理が不十分であると流出量が増加するといわれている．NO_3-N，溶存態リンは，「安定流出型(貯留型)」に属し，降雨に伴う流量増加時に濃度が上昇する．土壌中においては微生物によって有機物が無機化，硝化され，NO_3-N や PO_4-P として蓄えられていたものが，降雨に伴って流出するためであると考えられている．

表-4.9 には，今までの森林流出水に関する報告の一例についてまとめた．なお，観測頻度，降雨時観測の有無，平均値の算定方法等は各文献によって異なっている．窒素は，無機イオンの形態では NO_3-N がほとんどであり，溶存態の比率が高い．リンは，T-P の大部分が溶存態リンの観測結果が多いが，降雨時流出を考慮した平川では懸濁態リンの比率が高くなっている．

指定湖沼に適用される『水質汚濁に係る環境基準』では，自然環境の保全が利用目的の類型Ｉで窒素が 0.1 mg/L 以下，リンが 0.005 mg/L 以下，水道水源や水浴

表-4.9 森林域からの栄養塩類の流出濃度(単位：mg/L)

	SS	NH_4^+-N	NO_3^--N	DN	T-N	PO_4^{2-}-P	DP	T-P
谷川[69]	1.6	0.006	0.18		0.27	0.003	0.004	0.007
	0.0～61.0	0.000～0.023	0.05～0.63		0.12～0.82	0.001～0.007	0.001～0.008	0.002～0.012
漁川[70]	2.8	0.004	0.08	0.12	0.13	0.005	0.003	0.007
	0.2～8.9	0.000～0.012	0.00～0.28	0.03～0.30	0.06～0.30	0.001～0.007	0.000～0.005	0.005～0.012
ラルマナイ川[70]	1.5	0.007	0.06	0.12	0.19	0.008	0.007	0.012
	0.2～2.9	0.001～0.013	0.03～0.25	0.06～0.29	0.08～0.38	0.003～0.012	0.005～0.010	0.008～0.028
イチャンコッペ川[70]	1.6	0.003	0.08	0.13	0.18	0.008	0.008	0.012
	0.4～3.7	0.000～0.007	0.04～0.23	0.05～0.24	0.08～0.29	0.004～0.013	0.004～0.013	0.008～0.018
モイチャン川[70]	1.0	0.003	0.09	0.13	0.17	0.014	0.014	0.017
	0.2～2.9	0.000～0.011	0.05～0.26	0.03～0.28	0.09～0.28	0.010～0.017	0.010～0.017	0.012～0.023
朝日岳[71]	1.9	0.020	0.27	0.32	0.35	0.002	0.004	0.007
三上山[71]	6.4	0.023	0.15	0.22	0.23	0.003	0.004	0.009
管山寺[71]	5.1	0.037	0.28	0.40	0.43	0.022	0.025	0.036
朝日の森[71]	2.8	0.019	0.05	0.15	0.21	0.003	0.006	0.011
妙光寺[71]	2.4	0.022	0.19	0.29	0.37	0.004	0.007	0.010
利根川源流部[63]		0.001～0.126	0.022～1.24		0.09～1.90	0.003～0.044		0.000～0.062
平川[72]*			0.51	0.60	0.79		0.011	0.048

注） 上段：平均値　　下段：最小～最大
* 日流出負荷量と日流出水量からの推定値.

に利用可能な類型Ⅱで窒素が 0.2 mg/L 以下，リンが 0.01 mg/L 以下，前処理等の高度の浄水処理を行えば水道水源として利用可能な類型Ⅲで窒素が 0.4 mg/L 以下，リンが 0.03 mg/L 以下になっている．この値と**表-4.9** の平均値と比較してみると，窒素，リンとも類型Ⅰを満たしている河川はなく，類型Ⅱを満たしている河川が窒素で 4 河川，リンで 5 河川であり，類型Ⅲを満たしていない河川も窒素，リンとも 2 河川存在する．このことは，人為汚染のない森林からの流出水であっても濃度が低いとは一概にいえず，森林流出水のみを貯留しただけでも類型Ⅱを満たすことは難しい河川が多数存在することを示している．降水中の窒素，リン濃度と比較すると，いずれも降水中よりは濃度は低くなっており，森林は，窒素，リンの流出を減少させる浄化型の場になっている．

森林からの窒素流出に関しては，nitrogen saturation（窒素飽和）が森林生態学の分野で話題になっている．これは，森林への窒素の流入量が少ないと，生態系の一次生産や有機物の分解で消費されるため窒素の流出量はほとんどないが，流入量が増加すると，森林での消費も増加するものの消費量は頭打ちとなり，一定の流入量以上になると消費できない部分が流出するため，窒素の流出量が増加するとする考えである[66,67]．EU の NITREX（nitrogen saturation experiments）プロジェクトでは，流入量が 10 kg/ha･年であれば窒素の流出は少なく，25 kg/ha･年以上になると流出量が増大するとの報告がある[68]．日本では，酸性雨対策調査の NH_4-N と NO_3-N の合計の観測地点平均値で 9.5 kg/ha･年であり，梅本らや國松らの観測でも生野を除いて全窒素で 10 kg/ha･年を超えており窒素飽和の可能性は高い．

日本の森林からの流出水中の窒素濃度にはかなりのばらつきがあり，1 mg/L 以上の NO_3-N 濃度の地点も数多く見つかっている．一方，隣接する流域でありながら濃度の低い地点が存在することもあり，大気からの流入量と流出水中の硝酸濃度には必ずしも対応していないことから流入量のみでは説明ができない．森林からの流出水の水質には，基盤岩石，土壌，樹種，樹齢，下草の状態，気温等が複雑に影響しており，これらの要因によって流出水の窒素濃度が決まっていると考えられる．しかし，まだ観測例が少ないことからはっきりしていないのが現状である．

4.3.3　農耕地からの窒素，リンの流出機構

農耕地からの流出負荷については，武田[73]や國松[74]によって詳しくまとめられている．ここでは，これらをもとにして流出機構と課題について概説する．

日本の農耕地は，2000年(平成12)の世界農林業センサスの結果では，田226万ha，畑135万ha，樹園地27万haで，総経営耕地面積は388万haになっている．日本の総面積が3 778万haであるので，おおよそ10分の1が農耕地であり，その約6割が水田である．なお，田には過去1年間に稲以外だけを作っている34万ha，作付けしなかった21万haも含んでいるので，これを差し引くと田の比率は低くなる．

稲作では，灌漑期と非灌漑期(非作付け期)で，その流出特性が大きく異なる．灌漑期には水管理によって排水されること，畦や排水口からの漏水があること，水が張られているため降雨時に流出しやすいことなどによって流出量が多くなり，それに伴って栄養塩類の流出負荷も多くなっている．

田では，まず耕起を行い，その後，窒素，リンを含む肥料が施用され，田に水を入れて代かきが行われた後に田植えが行われる．田植え前に，水深を浅くするために落水(水を排出する)が行われることから，濁水とともに窒素，リンの流出負荷も多くなっている．近藤ら[75]によると，排出負荷から流入負荷の差の「差引き排出負荷量」でみると，代かき田植え期の15日間で，灌漑期間の約130日間の窒素で45%，リンは22%が流出する結果になっており，排水中の窒素濃度は5～7 mg/L，リン濃度は0.6～0.8 mg/Lにも達している．代かき時の濁水の流出は，琵琶湖流域でも問題になっており，落水を行わない代かき方法の普及等の対策事業が行われている．

現在，二毛作が行われている田は7万ha程度と少なく，稲刈り後は放置されている．この非灌漑期には畑地と同様に降雨時に表面流出や地下浸透によって栄養塩類は流出する．國松ら[76]によると，非作付け期間の約240日間の流出負荷量は，年間流出負荷量の窒素で51%，リンで68%に達するとしており，非灌漑期にも田からの栄養塩類の流出量は多い．また，降水による流入負荷と比較しても窒素で1.3倍，リンで7.1倍になっている．

田が汚濁型であるか浄化型であるかは，流出負荷量から降水と用水による流入負荷量の差の「差引き排出負荷量」が指標になる．過去の文献では浄化型になる場合も見られているが[64]，代かき時や降雨時の高濃度排出時の調査回数を増やした場合や非作付け期の流出も考慮した場合等は流出負荷が増加することから，田は汚濁型と捉えて差し支えない．

畑は，農耕地面積で見ると，田に匹敵するほどの面積になっているにもかかわらず，畑から栄養塩類の流出に関する研究例は少ない．これは，田が稲の単一栽培に対して畑では栽培作物が多様であり，それによって施肥量も異なること，土壌の種類によって流出特性が異なること，表面流出は降雨時のみに生じることや浸透水の調査が難しいことなどによると考えられる．武田[73]によると，窒素の流出量は，施肥量の増加とともに多くなり，概ね施肥量の30％が流出するとしている．また，多量の窒素肥料が施用される茶畑では，硝酸イオンによる地下水汚染が問題になっており，伊井ら[77]は，茶畑内にあるため池では，NO_3-Nの濃度が4～20 mg/L，T-P濃度が0.1～2 mg/Lになっている例を報告しており，高濃度の水が流出している．

流域の栄養塩類の発生源別発生量は，内湾での総量規制や『湖沼水質保全計画』で算定されている．例えば，琵琶湖流域の農業系の比率は，滋賀県の計算では窒素が22％，リンが12％であるのに対して，國松の試算では窒素が35％，リンが53％になり，工業系や家庭系よりも大きくなり，最大の発生源になるとしている．流域の土地利用形態によってもその影響度合いは異なるが，農耕地からの栄養塩類の流出が河川中流域での栄養塩類濃度の増加の要因であることは間違いないと考えられる．

畜産業で発生する家畜糞尿等の畜産廃棄物は，処理施設において適正処理が行われ，その処理水が公共用水域に放出されれば点源負荷として取り扱われる．しかし，処理方法として，素堀貯留池方式，堆肥・液肥化方法，草地方式のように地域において開放的に管理，あるいは農耕地へ還元される場合には面源負荷となり，実際にそれぞれの処理方法が河川水質に及ぼす影響も少なくない．

志村ら[78]は，全国各地の畜産業の盛んに行われている地域の調査を行い，素堀貯留池を伴う養豚や草地方式を行っている集水域においては，河川の窒素濃度と家畜の飼養頭数密度に比例する関係があり，特に素堀貯留池の多い地域では飼養頭数密度2 000～4 000（頭/km^2）に対してNO_3-N濃度が20～40 mg/Lで検出されたと報告している．これは，およそ素掘貯留池から地下浸透した窒素が湧水して河川に流入しているためである．それに対して，堆肥・液肥化方法で処理されている集水域の窒素濃度は，比較的低いが，これは窒素が肥料として製品化され，集水域外へ持ち出される効果が働いているものと推察している．

畜産排水・廃棄物の適正処理が進められる中で素堀貯留は禁止され，直接的な汚染は抑制されていくと考えられるが，堆肥・液肥化方式においても草地方式においても，そこからの流出がどの程度生じるか詳細が明らかになっているわけではない．

有機肥料の使用によって化学肥料の使用量が減少するなどの社会的要因，降雨量や土壌性状等の自然的要因を併せて地域の窒素フローの解析が必要である．

さらに農耕地からの窒素，リンは，降雨時に多量に流出していることが明らかにされてきており，降雨時の流出負荷をどのように制御するかが重要である．

4.3.4 市街地からの窒素，リンの流出機構

都市域では，生産活動や物流の活発化により都市に蓄積する汚濁物質が増加し続けている．また都市化によって舗装面積の割合が大きくなり，雨水の浸透が妨げられると雨水流出率が高くなる．このため，雨水の流出に伴い，蓄積されていた汚濁物質が洗い流されて河川などの公共用水域に流出する．また，都市における水使用量の増大に伴い，都市には汚水を含め排除しなければならない水量が増加している．このため，都市域では雨水流出による汚濁物質の流出が大きな面源負荷となっている[79,80]．

都市部に雨が降ると，まず道路・屋根・閑地に堆積していた汚濁物質の流出が起こる．屋根に堆積している大気中の降下物や粉塵等は，降雨により洗い流され，合流式下水道が整備された地域では下水道に流入し，分流式下水道地域や下水道未整備地域では雨水排除系に流入し面源負荷となる．

屋根排水の水質は，降水初期に高濃度であり，降水開始から1時間後には初期濃度の1～3割程度に低下するといわれる．屋根排水水質測定結果の一例を**表-4.10**に示す[81]．

表-4.10 雨天時屋根排水の水質[81]（単位：ppm）

排 水 区	降雨量 (mm)	流出率	屋根排水		降雨水	
			T-N	T-P	T-N	T-P
北九州市	39.8	0.45	2.85	0.142	2.60	0.176
朝日ヶ丘	10.0		0.66	<0.010	0.31	<0.010
山 形 市	0.5	0.22	7.05	0.38	2.6	0.10
緑　　町	11.0	0.37	2.05	0.135	1.2	0.13

屋根排水は，敷地に設けた浸透枡で固形物を取り除き，浸透性マンホールや浸透性側溝等で初期の汚濁成分濃度の高い流出分を土壌浸透させて処理する技術が実用化されている．また，大きな建物の屋根排水を地下タンクに集水し，浄化処理をして中水道として再利用する試みも行われている．

道路にも有機物，窒素・リン等の汚濁物質，金属等の有害物質が堆積し，雨天時に流出する．この負荷は，無視し得ないことが明らかになってきた[82]．

一方，降雪量の多い地域では，融雪剤も負荷となっている．融雪剤の主成分は，塩化カルシウム，硫酸カルシウム，塩化ナトリウムである．また，道路に散布される砂と融雪剤の混合物には，リン等が含まれている．なお，魚類の斃死事故の原因として，尿素系融雪剤が河川に流入し，微生物により分解を受け，アンモニアと炭酸の相乗効果に起因する強い毒性が発現した可能性が高いことが明らかになっている[83]．

降雨時には，市街地の未舗装地や裸地等からの流出負荷も大きい．街路樹からの落葉は，舗装地では土壌に還元されず，管理が不十分であれば河川に流入する．落葉の90％は有機物で，リンを0.28％含んでいる．また，市街地の緑地(公園，庭)に与える肥料も降雨時に流出する危険性がある[84]．

降雨時の流出は，土地の利用状況によっても大幅に異なってくる．土地の利用状況は，第１種・第２種住居専用地域，住居地域，商業地域，近隣商業地域，工業専用地域，工業地域，準工業地域に分けられる．一般に汚濁負荷は，工業地域で高く，住居地域で低くなっている．

市街地排水は，合流式下水道の地域では公共下水道管渠に流入し，最終的には下水処理場で処理された後，公共用水域へ放流される．しかし，合流式下水道においては，降雨時の流出量が多い場合にはすべての流出水を処理することができないため，一部は未処理のまま越流して公共水域へ流入する．越流水は，病原微生物，ゴミ等の都市下水を含んでおり，雨天時越流水問題は，緊急に解決を要する課題である。対策としては，遮集方式の改善(汚水管渠分離)，雨水流出量制御(雨水滞水池，地下貯留施設)，雨水地下浸透(浸透升，透水性舗装)，貯流水水の処理(地下浸透，植物浄化，降雨後処理場へ)，負荷源の制御(堆積物の清掃)等があげられる．

一方，分流式下水道では，雨水流出に伴う汚濁負荷は，処理されずに雨水管を通じて直接公共用水域へ放流される．市街地の雨天時流出水の負荷が大きいことに鑑みると，これも対策を要する課題である．対策としては，雨水流出量制御，雨水地下浸透，貯流水水の処理，負荷源の制御等があげられる．

以上のような様々な要因により市街地においても窒素，リンは多量に排出されている．**表-4.11**には市街地からの汚濁負荷量原単位を示した[85]．

表-4.11 市街地からの汚濁負荷量原単位[85)]（単位：kg/ha・年）

	T-N	T-P
湖沼等の水質汚濁に関する非特定汚染源負荷対策ガイドライン	5.0 ～ 39.6	0.58 ～ 6.5
湖沼水質保全対策効果検証基礎調査	5.5 ～ 15.7	0.55 ～ 0.8
霞ヶ浦	8.8	0.66
諏訪湖	11.1	1.09
琵琶湖	14.1	0.73

4.3.5 窒素，リンの輸送（取込み，硝化・脱窒，溶出，剥離）機構

流域において発生し，河川に排出された栄養塩類は，流下過程において様々な作用を受けて増減し，形態を変え，河口に到達する．河川は，その源流から渓流，中流，下流，感潮域とそれぞれが特有の形態を有し，またその途中には滝，早瀬，渕，澱み，堰，ダム等が存在し，場としての多様性も高い．したがって，栄養塩類の輸送過程においても支配的な因子は，各場で異なるが，輸送過程で働くプロセスの概略をまとめると，**図-4.28** のようになる．ここでは各プロセス（取込み，硝化・脱窒，溶出，剥離）に関する機構を以下にまとめる．

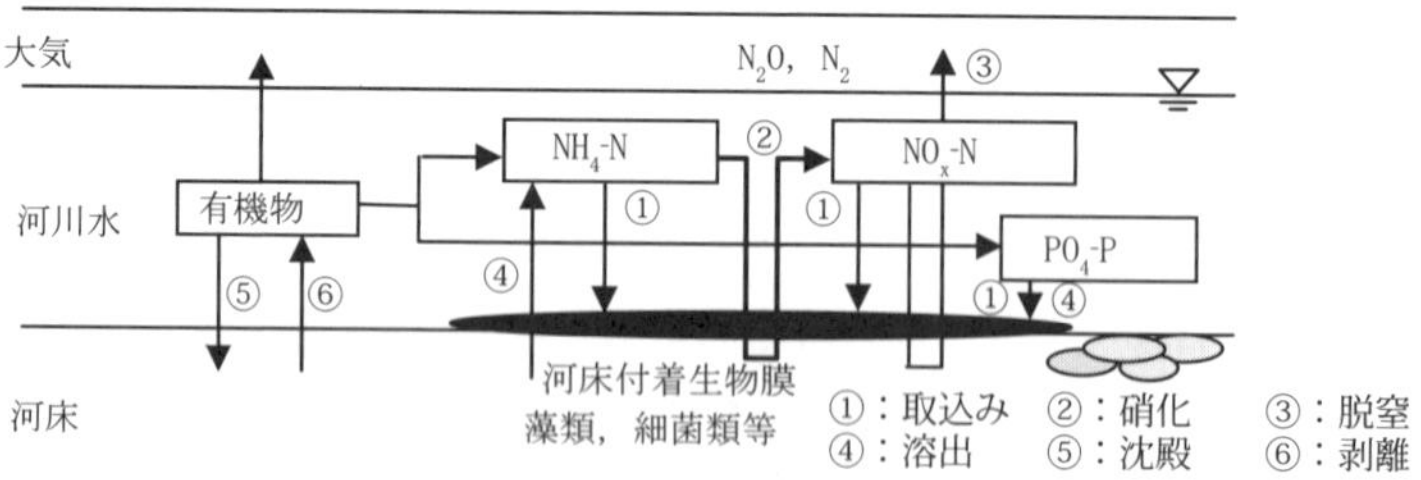

図-4.28 河川における窒素，リン輸送の概略図

(1) 取込み

河床に付着する微生物や藻類が構成する生物膜は，栄養塩類を取り込んで増殖する．この増殖に伴う栄養塩類の除去は，主に付着藻類の増殖により行われる．増殖速度は，栄養塩類濃度，照度，水温，流速等の影響を受けるため，各河川，各場で大きく異なるが，それによる栄養塩類の取込み速度は，窒素では 2.17 ～ 7.39 mg T-N/m^2・h，リンでは 0.16 ～ 0.96 mg T-P/m^2・h という値が報告されている[86)]．

藻類の増殖に関わる因子の中でも河川環境に特徴的な流速は重要であり，流速が

果として利水における障害は別物になると考えられる．あるいは同程度の栄養塩類の汚濁負荷量があったとしても，降水量，すなわち流出水量やその季節変動が異なれば，濃度レベルや季節変化に違いが生じ，同様に水質障害にも違いが生じる．

次に，地形・地質学的な要因では，土壌の種類により窒素やリンの保持能力や溶脱のしやすさは異なると考えられる．小流域単位での植生等から判断される土質や土壌タイプは，河川の栄養塩類管理において基礎的な情報となる．この要因や水文・気象要因にも依存しながら，河川に生息する生物種や生態系の特徴は，地域ごとに異なっており，栄養塩類濃度の影響もその生息生物ごとに異なることは十分に想定される．

最後に，人間・社会活動要因である．この要因は，農業活動や市街化等の土地開発や土地利用状況に依存して変動する栄養塩類流出負荷量に関係する．また，同時にそこに存在する水利用形態も河川分類には考慮すべき点となる．簡単にいえば，河川を自然な河川，農業活動に影響を受けやすい河川，都市河川等に分類することに意味が出てくる．以下にその一例として，雑排水や下水処理水の影響を受けやすい都市河川における栄養塩類の考え方を記述する．

都市河川等の汚濁の進んだ河川のNH_4-N 濃度は，魚類をはじめとして水生生物に影響を与える可能性がある．しかも，富栄養化も同時進行している場合には，増殖藻類による夜間の低 DO や，昼間の高 pH は，その影響を大きくする方向に働く．T-N だけでなく NH_4-N の低減対策が重要である河川区間が存在する．さらには，最終的な流入先である内湾等の富栄養化に影響度の高いことも意識した栄養塩類負荷量での管理が必要なる河川区間もありえる．

また，流量，水位，河床の条件が異なる上流・中流・下流という位置的あるいは流下方向の視点からの類型化が必要であることは容易に理解できると思われる．そこで，下流の停滞水域での富栄養化問題の取扱いについても例にあげて，分類としての重要性を記述する．

比較的大きな河川においては，中・下流部における堰等の設置に伴って停滞水域を有する場合もあり，そこでの富栄養化の問題が顕在化してきている．このような停滞水域の影響区間を考慮した河川区間類型も必要となろう．

例えば，森山ら[99]は，遠賀川河口堰上流 8 km 地点の伊左座の水質データから，上流からの栄養塩類負荷流入や水量管理に影響され，栄養塩類濃度の上昇と流量低下による滞留時間の増大に伴う富栄養化現象を報告している．すなわち，河川下流部における「湖沼化」に伴う富栄養化問題は，既に顕在化しており，この種の調査報告を個別ではなく，全国レベルで統合して整理することが期待される．

流域別下水道整備総合計画調査における汚濁負荷解析は，河川を対象とする場合と湖沼等閉鎖性水域を対象とする場合で調査対象水質は異なる．一般に河川では，BOD が対象となるが，堰等で停滞水域の富栄養化が問題となる河川域では，窒素，リンを調査対象水質とすることを検討することになっている[100]．この点からも，栄養塩類管理において，下水道普及区域も意識した区間類型も必要であるといえる．

4.4.6　栄養塩類管理のための河川水質モニタリング

健全な生態系が保持された状態から進行した富栄養化状態まで，河川における富栄養化の程度を判断するための栄養塩類濃度レベルや判断基準のもととなるモニタリングデータが限られている．栄養塩類濃度データとともに，富栄養化や水質障害状況が体系だてられては存在していないようである．したがって，現状では，河川や河川区間ごとに望ましい栄養塩類濃度レベルを想定することが困難な状況にあるものと判断される．

栄養塩類の観点から河川が正常であるとする参考状態や判断基準を得るためにも，河川水中の栄養塩類だけを測定するのではなく，藻類増殖の指標である Chl-*a* や DO や pH 変化についても観測したり，モニタリングの測定時間や頻度を調整することも意味がある．

流域圏を対象に，水循環や生態系の回復・再生を目指した様々な河川環境の研究が進行中であると思われる．その成果を基礎に流域全体を単位とした水質モニタリングシステムや水質モデルの開発等が進展することが期待される．

また，栄養塩類による汚濁現象では，降雨時ノンポイント汚染由来の負荷が大きいことが知られている．**4.3** では窒素やリンの流出・運搬機構に関する解説があるが，観測や調査が困難であるノンポイント汚染と非定常・イベント的な水質現象に関するモニタリングの充実と，体系だてた調査実施が求められる．

それによって，通常の安定期の水質管理とともに，雨天時汚濁負荷流出の管理を加味した総合的な流域管理が達成できるものと思われる．その際，モニタリングデータの代表性や精度，つまりデータ質の管理を行うことに留意が必要である．

4.4.7　流域管理の中での窒素，リン管理の方向性

米国の Clean Water Action Plan (CWAP)，欧州の Water Framework Directive (WFD) で提言されているように，河川水環境管理を流域単位で統合的に行うことが必要であると認識されてきている[101]．CWAP および WFD とともに，日本の環境基本計画のポイントを表-4.12 に整理した．三者とも似通っており，健全な水循環系の維持や統合的な流域管理を打ち出している．この考え方は，健全な水循環系が保持され管理されている流域において，清浄な水は確保できるという考え方に基づいている．なお，環境基本計画については，2000 年に見直しが既になされ流域単位での管理や水循環計画の必要性等が謳われている[102]．

表-4.12　環境基本計画，CWAP および WFD のポイント

・環境基本計画(1994)
① 環境基準等の目標の達成・維持等
② 健全な水循環機能の維持・回復
③ 地域の実情に即した施策の推進
④ 公平な役割分担
・CWAP(1997)
① 流域ベースでの管理
② 生態系や天然資源保護を意識した対策管理
③ 厳しい水質基準による汚濁源対策
④ 適切な情報提供
・WFD(2000)
① 協調した対策事業を伴う統合的な流域管理
② 表流水，地下水等すべての水域を対象とした質，量，生態系の保護
③ 排出規制と水質基準の両者の連携
④ プライシングの導入
⑤ 住民参加の強化

具体的な管理面において効果の高い栄養塩類汚濁対策を検討するためには，水収支や水とともに移動する栄養塩類の収支を考えることが求められる．したがって，検討する対象領域は，水文学的にも流域単位とならざるを得ない．

このように，流域単位で水質や水環境を検討する仕組みや枠組み中に栄養塩類も具体的に位置付けることが必要となっている．

4.4.8　流域水環境情報のプラットフォームづくり[103]

排水規制等の点源汚染対策だけでなく，面的な栄養塩類の発生源として，降雨を

通じた大気由来，森林や農地由来，市街地由来の負荷量を削減するためにも，流域管理の重要性は高い．それに対応するために流域ごとに水文・地質情報等を統合的に集約管理することや，流量や水質のモニタリングデータのデータベース化等が進められてきている．しかしながら，それらが有機的に連携して流域管理として活用されるに至っていない．**表-4.13** に示したように，国土交通省関連の財団法人河川情報センターの Web をはじめとしていくつか水環境情報が Web 上に存在しており，それらが相互の補完，リンクすることで有効な流域管理につながると考えられる．

表-4.13 水環境情報 URL リスト

・財団法人 河川情報センター(水文水質データベース，河川環境データベース) http://www.mlit.go.jp/river/IDC/index.html
・財団法人 水道技術研究センター(水道データベース，アクアデータ) http://www.mizudb.or.jp/jwrc/index.html
・環境省[水・土壌・地盤環境の保全(公共用水域水質測定結果)] http://www.env.go.jp/water/index.html
・国立環境研究所環境情報センター(環境数値データベース) http://www.nies.go.jp/igreen/index.html

流域単位での河川水質モニタリングや水質モデルの開発の必要性を前述したが，モニタリング(Monitoring)とモデル(Modeling)を土台に，「もう一つの M」である管理(Management)が機能することが期待される．**図-4.30** に示したように，まず

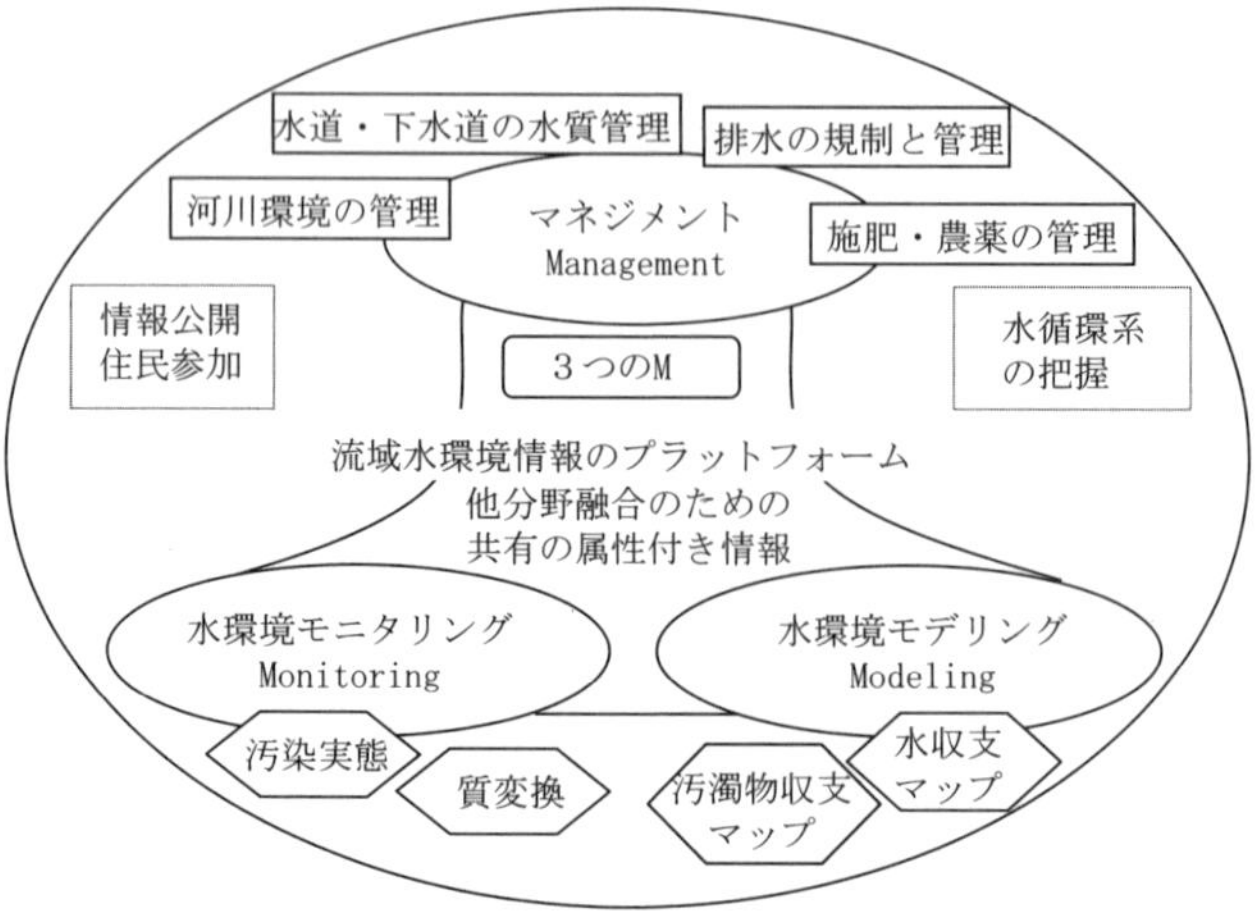

図-4.30 流域水環境情報のプラットフォームと水質管理

モニタリングにより汚染実態や汚濁現象把握を行い，時間スケールや空間スケールの異なる現象ごとにそのメカニズムを理解する．そのうえで，モデリングにより水循環系における水収支と汚濁物収支を定量的に評価する．モニタリングに組み合わせて機能するモデリングを行うことで，質情報を有する水資源量と水利用プロセスの相互関係，流域内の都市における水利用の状況，それに伴う水質の変化，汚濁発生源とその負荷量，などに関しての流域情報が活用しやすいものとなり，そして多分野の組織がその情報を共有することによって管理は有効に機能する．

つまり，河川の栄養塩類管理を効率よく進めるには，河川分野だけでなく，水環境モニタリングや排水規制を担当する水環境分野，用排水を担当する上下水道分野，森林管理や施肥・農業用水を担当する農林分野，などが同じ情報を共有することが前提となる．各分野がそれぞれ貢献できることを正しく認識して情報提供し，異なる分野が融合・連携するための流域水環境情報のプラットフォームを持つことが今後の展開において不可欠であると考えられる．

参考文献

1)　P. S.Giller and B. Malmqvist：The Biology of Streams and Rivers, Oxford University Press, 1998.

2)　桜井善雄，市川新，土屋十圀監修：都市の中に生きた水辺を（身近な水環境研究会編），信山社，1996.

3)　合葉修一，岡田光正，大竹久夫，須藤隆一，森忠洋：浅い汚濁河川における BOD, DO 収支のシミュレーション（第 1 報）－数理モデル－，下水道協会誌，Vol.12，No.131，pp.33-38，1975.

4)　合葉修一，岡田光正，大竹久夫，須藤隆一，森忠洋：浅い汚濁河川における BOD, DO 収支のシミュレーション（第 2 報）－多摩川中流域への適用例－，下水道協会誌，Vol.12, No.132，pp.26-37，1975.

5)　J. ホーン　アレキサンダー，R. ゴールドマン　チャールズ著，手塚泰彦訳：陸水学，京都大学学術出版会，1999.

6)　奥修：吸光光度法ノウハウ　ケイ酸・リン酸・硝酸塩の定量分析、技報堂出版，2002.

7)　R.E. Hecky and P. Kilham：Nutrient Limitation of phytoplankton in freshwater and marine environments；A review of recent evidence on the effects of enrichment, *Limnol. Oceanogr.*, Vol.33, pp.796-822, 1988.

8)　原島省：シリカ欠損に関する地球環境問題，地球環境研究センターニュース，Vol.10，No.7，1999.

9)　J. Chetelat, F.R. Pick, A. Morin and P.B. Hamilton：Periphyton biomass and community composition in rivers of different nutrient status, *Can. J. Fish. Aquat. Sci.*, Vol.56, pp.560-569, 1999.

10)　M.L. Bothwell：Phosphorus-limited growth dynamics of lotic periphytic diatom communities；areal biomass and cellular growth rate responces, *Can. J. Fish. Aquat. Sci.*, Vol.46, pp.1293-1301, 1989.

11)　A.S. Rosemarin：Direct examination of growing filaments to determine phosphate growth kinetics in Cladophora glomerata (L.) Kutz and Stigeoclonium tenue (Agardh) Kutz. In Periphyton of freshwater ecosystems, Edited by R. G. Wetzel, Dr. W. Junk Publishers, The Hague, The Netherlands, pp.111-119, 1983.

12)　S.L. Wong and B. Clark：Field determination of the critical nutrient concentrations for Cladophora in streams, *J. Fish. Res. Board Can.*, Vol.33, pp.85-92, 1976.

13)　福嶋悟：付着藻類の水質指標性，水環境学会誌，Vol.18，No.12，pp.938-942，1995.

14)　T. Asaeda, L.H. Nam, P. Hietz, N. Tanaka and S. Karunaratne：Seasonal variation in live and dead biomass of *Phragmites australis* as described by a growth and decomposition mode；implications of duration of aerobic conditions for litter moneralization and sedimentation, Aquatic Botany, 73-223-239, 2002.

15)　P.A. Chambers and J. Kalff：The influence of sediment and irradiance on the growth and morphology of Myriophyllum spicatum L., *Aqua Bot*, 22, pp.253-263, 1985.

16)　C.L. Gaudal and P.A. Keddy：Competitive performance and species distribution communities；a competitive approach, *Ecology*, Vol.76, pp.280-291, 1995.

17)　T.K. Van, R.S. Wheeler and T.D. Center：Cometition between Hydrilla verticillata and Vallisneria Americana as influenced by soil fertility, *Aqua Bot.*, 62, pp.225-233, 1999.

18)　T. Asaeda, V.K. Trung, J. Manatunge, and T.V. Bon：Modelling macrophyte-nutrient-phytoplankton interactions in shallow eutrophic lakes and the evaluation of environmental impacts, *Ecol. Eng.*, 16, pp.341-357, 2001.

19)　T.V. Madesn, H.O. Enevoldsen and T.B. Jorgensen：Effects of water velocity on photosynthesis and dark respiration in submerged macrophytes, *Plant Cell Env.*, 16, pp.317-322, 1993.

20)　K. Sand-Jensen：Influence of submerged macrophytes on sediment composition and near-bed in lowland streams, *Freshw Biol.*, 39, pp.663-679, 1998.

参考文献

21) J.H.Barko：The growth of Myriophyllum spicatum L. in relation to selected characteristics of sediment and solution, *Aqua Bot*, 15, pp.91-103, 1983.

22) R.G. Wetzel：Limnology, Lake and river ecosystems 3rd ed., Academic press, 2001.

23) 藤村葉子：生活排水の汚濁負荷発生原単位と浄化槽による排出率，平成7年度千葉県水質保全研究所
年報，pp.33-38，1996.

24) 滋賀県：滋賀県統計書(平成9年度)，1999.

25) 大垣眞一郎，吉川秀夫監修：流域マネジメント－新しい戦略のために－，p.85，技報堂出版，2002.

26) 国土庁，環境庁，厚生省，農林水産省，林野庁，建設省：琵琶湖の総合的な保全のための計画調査報告書－本編－，p.110，1999.

27) 大久保卓也：琵琶湖の水質とノンポイント負荷，琵琶湖研究所所報，Vol.14，pp.16-19，1995.

28) 松居弘吉，深田富美男：琵琶湖流域における小規模排水事業諸対策，用水と廃水，Vol.39，No.5，pp.430-435，1997.

29) http://wwwdbtk.mhlw.go.jp/toukei/youran/indexyk_2_3.html

30) 日本下水道協会編：昭和61年度版下水道統計<要覧>，1988.

31) http://www.alpha-web.ne.jp/jswa/japan/hukyu.html

32) 日本下水道協会編：昭和38年度版下水道統計，他,，1965.

33) 大垣眞一郎，吉川秀夫監修：流域マネジメント－新しい戦略のために－，pp.81-84，技報堂出版，2002.

34) 稲森悠平，高井智丈，須藤隆一：窒素・リン対策の最新動向と除去技術，資源環境対策，Vol.29，No.8，pp.728-739，1993.

35) 国安克彦，楊新泌，矢橋毅，久川和彦，大森英昭：小型合併処理浄化槽の処理性能に影響を及ぼす因子，浄化槽研究，Vol.8，No.2，pp.41-55，1996.

36) 日本下水道協会：平成11年度版下水道統計附属CD版，Vol.56，2002.

37) 藤井滋穂，宗宮功：下水処理場における合流・分流別の処理実態の検討，京都大学環境衛生工学研究会講演論文集，Vol.13，pp.196-203，1991.

38) 大垣眞一郎，吉川秀夫監修：流域マネジメント－新しい戦略のために－，p.78，技報堂出版，2002.

39) 京都大学工学部衛生工学教室水質工学研究室：農業集落排水事業の現況に関する考察，1996.

40) 建設(国土交通)省河川局編：水質年表，Vol.1～40，1959～2001.

41) 総務省統計局編：統計で見る市町村のすがた2002(改訂版)，2002.

42) 福永勲：BODに関する問題点と最近の研究動向(その1)，用水と廃水，Vol.22，No.11，pp.1245-1251，1980.

43) 大沼淳一，田中庸央，伊藤正幸:BOD測定における硝化作用の寄与，愛知県公害調査センター所報，13，pp.93-99，1985.

44) 柴田次郎，東義仁：水域におけるBOD構成成分に関する研究Ⅰ－硝化抑制方法の検討，大阪府公害監視センター所報，5，pp.77-85，1982.

45) 飯田才一，芳倉太郎，福永勲：大阪市内河川のN-BODと硝化寄与率，硝化細菌の計測，大阪市立環境科学研究所報告 調査・研究年報，45，pp.1-9，1983.

46) 津久井公昭：都内河川のN-BODについて，用水と廃水，Vol.36，No.2, pp.115-119，1994.

47) 森本康夫，原田義久，岡田邦夫：淀川原水のN-BODについて，大阪市水道局工務部水質試験所調査報告ならびに試験成績，第33集，1981.

48) 日本工業規格 JIS K 0102，1993.

5.2 河川生態系の再生のための栄養塩類濃度管理の必要性

【提言 4】 河川上中流部において清冽な河川生態系環境を保持するためには，きれいな水に生息する付着藻類（珪藻等）や底生動物（カワゲラ等）の生息環境を確保するため，窒素濃度，リン濃度管理が必要である．

・カゲロウやカワゲラといった底生動物は，窒素，リンが低濃度の水に卓越して繁茂する特定の珪藻類を好んで摂食することが報告されている．河川においてこのような底生動物が生息する環境を確保するためには，河川上中流部における窒素濃度，リン濃度の管理が必要となる（**4.1.2** 参照）．

【提言 5】 都市河川において良好な河川環境を創出するためには，河川の流況に応じて生息する水生植物の種ごとに，その最も好ましい栄養塩類濃度範囲を把握することが必要である．

・大型水生植物については，抽水植物と沈水植物とを分けて議論する必要がある．特に都市河川で良好な河川環境を創出するためには，沈水植物が増加できるような環境も期待されている（**4.1.3** 参照）．
・沈水植物の生育量は，光や水温とともに水中の栄養塩類濃度にも大きく依存する．また，川底が柔らかい有機物に富んだ場所には沈水植物が発生しにくいが，平野部を流れる多くの都市河川では，栄養塩類が増加するとともに水生植物による有機物の生産量が大きくなる．このように，植物群落，栄養塩類濃度，河川の物理的性状（勾配や流速など）の 3 者は，相互に影響を及ぼし合う関係にある（**4.1.3** 参照）．

【提言 6】 富栄養化した河川では，藻類等に起因した BOD の上昇と夜間の DO の低下が生じる．この問題を改善するためには，付着藻類や水生植物の影響を定量的に把握したうえで，窒素濃度，リン濃度を管理する必要がある．

・汚濁した浅い河川において，数理モデルにより，河床に付着藻類が存在する場合のBODを予測すると，河床に付着藻類が存在しない場合に比べて著しく高い結果となる．付着藻類の増殖を抑えることがBODを低下させるうえで重要である．また，付着藻類が存在すると，日の出前のDOの低下が大きい．付着藻類の増殖が著しい河川において生じる夜間のDO低下を防ぐためには，藻類の増殖を抑えることが重要である(**4.1.2** 参照)．

【提言 7】　水生生物へのアンモニアの毒性を考慮したアンモニア性窒素低減対策が必要である．

・都市河川など汚濁の進んだ河川のアンモニア性窒素濃度レベルは，魚類をはじめとして水生生物に影響を与えるおそれがある．富栄養化も同時に進行している場合には，藻類による夜間の低DOや，昼間の高pHは，その毒性の影響を大きくする方向に働く．アンモニア性窒素の低減対策が必要な河川水域が存在する(**2.3.2**，**3.1.1**，**3.2.1** 参照)．

5.3　河川水質管理に向けた栄養塩類発生源対策のあり方

【提言 8】　河川水質管理のためには，流域における栄養塩類の発生源の正確な把握と効率的な削減対策が求められる．

・生活排水処理を代表する下水処理においても，高率のBOD除去に対して窒素，リンの除去率は一般に低い．特に，都市河川においては，下水処理水由来の窒素，リン負荷が高いため，積極的に高度処理を導入することにより，効率的な窒素，リン負荷の削減を行える可能性が高い(**4.2.2** 参照)．

・生活雑排水対策として合併処理浄化槽の導入が図られているが，窒素・リン除去機能は低い．したがって，浄化槽処理区域における生活雑排水由来の窒素・リン排出負荷の削減も必要である(**4.2.1** 参照)．

・窒素，リンは農地からの負荷も大きく，特に出水時に流出する負荷が高い．農地からの負荷については，作物，土壌ごとに流出原単位が異なる可能性があり，施肥管理の状況も含めて綿密な調査が必要である(**4.3.3** 参照).

・畜産業からの窒素，リン負荷は，相対的に大きなものと算定されており，畜産業からの負荷対策は非常に重要である(**2.2.5**，**4.3.3** 参照).

・降水および大気からの降下物に起因する窒素，リンの負荷量も河川水中の栄養塩類濃度の変動要因になりうる．また，森林域における窒素，リンの浄化機構の評価が重要な課題となっている(**4.3.1**，**4.3.2** 参照).

【提言 9】 河川下流域ならびに河口，沿岸域の水質改善のためには，面源負荷と河道内負荷も含めた流域全体の栄養塩類負荷量管理が必要である．特に河道内において栄養塩類が河床などに蓄積し，出水時に改めて流出してくることを認識する必要がある.

・大型水生植物が河道内で生育すると，河川下流水質に大きな影響を与える．植物体の生産により，特に沈水植物は，河川水中の窒素，リンを吸収する一方で，枯死，分解により下流の有機汚濁源となる．こうした河川内での自濁作用は，堆積物，付着藻類の流出によっても生じる．また，こうした汚濁負荷の移送流出は，出水時に顕著である(**4.1.3** 参照).

・市街地や農地などからの面源負荷は，特に雨天時流出水として発生してくる．下流域，海域への影響を考えると，出水時も含めた負荷量管理が重要となる(**4.3.5** 参照).

【提言 10】 窒素，リンの濃度に影響されやすい生態系や利水状況に配慮して，流域全体を対象に栄養塩類を管理する制度的仕組みが必要である．また，栄養塩類の負荷量や濃度変動，河道内における動態等を定量的に評価するためのモニタリングシステムや水質モデルが必要である.

・米国の Clean Water Action Plan，欧州の Water Framework Directive に見られるように，河川環境管理を流域単位で統合的に行うことが必要であると世界的に認識されてきている(**3.2.1**，**3.3.1** 参照).

・排水規制などの点源汚染対策でなく，面源汚染として農地などからの栄養塩類負荷量も削減する必要性があることから，流域全体を見通して発生源管理をすることが必要であると認識されてきている(**4.3.1** ～ **4.3.4** 参照).

・健全な生態系が保持されている状態から富栄養化が極度に進行した状態まで，河川における富栄養化の程度を判断するためのモニタリングデータが不十分である．したがって，河川セグメントごとの望ましい栄養塩濃度レベルを設定することが困難である(**4.4** 参照).

・流域ごとに，水文･地理情報などの統合的管理や，流量･水質のモニタリングデータのデータベース化などが進められてきているが，それらが有機的に連携されて流域管理のために活用されるまでには至っていない(**4.4** 参照).

・流域圏を対象に，水循環や生態系の回復・再生を目指した様々な研究プロジェクトが進行中である．それらの成果を，流域全体を把握する水質モニタリングシステムの開発，流域単位の水質モデル開発などへ活かすことが期待されている(**4.4** 参照).

【提言 11】　窒素，リンのマスバランスを日本全体で捉えた場合，食料，飼料，肥料として日本に輸入される量が大きい．窒素・リン資源の適正な循環利用という観点も含め，流域の富栄養化問題に取り組む必要がある．

・日本の窒素・リンに係わる物質収支を整理すると，リン肥料の輸入，食料・飼料の輸入などにより，日本に窒素･リンが蓄積する状況が示されている(**2.2.5** 参照).

・窒素・リンに起因する富栄養化問題の解決にあたっては，流域内に窒素・リンが過剰に持ち込まれないように諸施策を講じることが必要である．流域内で発生する種々の廃棄物中の窒素・リンを循環利用し，肥料の使用量を削減するなどの施策を推進する必要がある(**2.2.5** 参照).

索　引

異文化間のビジネス戦略
—多様性のビジネスマネジメント—

● フォンス・トロンペナールス／ピーター・ウーリアムズ／古屋紀人—【著】
● 古屋紀人—【監訳】
● 木下瑞穂—【翻訳協力】
● IGBネットワーク［グローバル組織人材開発研究所］—【協力】

Business
Across Cultures

東京　白桃書房　神田

BUSINESS ACROSS CULTURES, FIRST EDITION
by Fons Trompenaars and Peter Woolliams
All Rights Reserved. Authorized translation from the English language
edition published by Capstone Publishing Ltd., a Wiley company

Copyright ©2003 by Fons Trompenaars and Peter Woolliams
Japanese translation published by arrangement with Capstone
Publishing Ltd., a Wiley company through The English Agency (Japan) Ltd.

Business Across Cultures（異文化間のビジネス戦略）出版に際して

ビジネスのグローバル化が進展して職務に携わる人が益々多様化する中で，文化の問題が，リーダーやマネージャーたちが真剣に取り組まなければならない最も重要な問題の一つになってきている。

この分野の今までの多くの業績は，文化知識面に焦点を当てる傾向が強かった。

しかしながら，本書，*Business Across Cultures*（異文化間のビジネス戦略）は文化に対する知識へのアプローチ面において，画期的な新しい取り組みをしている。本書の著者であるTrompenaars（トロンペナールス）とWooliams（ウーリアムズ）は，本書の中で，文化のビジネスにおけるその包括する意味合いを取り扱うための今まで異なる新しいフレームワークを提供している。

さらに著者グループはマネージャーやリーダーたちが，異文化の環境下で職務を遂行するための新しいマインドセットを開発するのに役立つ実践的なツールを提供しているのである。本書は，全体を通して従来の伝統的なアングロアメリカの思考性から分離した全く今までと異なった論理を展開するものである。

さらに本書は今後紹介されるThe Culture for Businessシリーズの中でも，まず基本的な原理を伝える内容で構成されている。今後このシリーズで取り扱われる内容の全体像を提供するものである。

本書の主たる目的はビジネスエグゼクティブに対して，企業が顧客，投資家，従業員などのステークホールダーの多様化するニーズを，どのように処理するかの方法論に関する異文化的な見解を示すものである。即ち多文化文脈の中におけるビジネスの中で，主たる考えやそれの全てがどのように適合するかを示すものである。

The Culture for Business シリーズについて

このシリーズは特に異文化の見地から，現在における最も重要な問題点を取り上げている。このシリーズは，Trompenaars Hampden-Turner（THT）グループの異文化プロフィルのデータベースを支える研究結果を強く反映している。

世界中の60カ国以上の60,000人を超えるマネジャーたちが，THTグループの広範囲に及ぶ分析のための質問紙に回答した結果である。このシリーズの書籍は，この価値ある研究結果を企業の戦略立案，戦略シナリオ，企業文化やコミュニケーションのような重要なビジネス課題に対する非常に身近な指針のベースとして引用しているのである。このシリーズは内容的にも非常に興味をそそる内容になっており，多様な見地から現代のビジネスの諸問題に対処しなければならない多忙なエグゼクティブに対して，示唆ある指針を提供するものであると確信している。

2003年

フォンス・トロンペナールス

著者からのメッセージ　―日本語版刊行に当たって

日本語版の読者の方々に対して，私どもの著書 *Business Across Cultures* の日本語版の刊行は，英語版の刊行以来，初めて外国語に翻訳されて出版されるものであり，THT Group にとっても極めて意義のある出来事であることをお伝えしたい。我々はこのようなグローバルなテーマの我々の著書が海外では日本で初めて刊行されることは，日本経済，組織，またそこで働く人々の活性化に結びつく現れであると確信している。この著書は発行以来多くの人々から注目を集めてきており，日本においても同様な反響があることを期待するものである。

日本は経済的にまだ厳しい状態が継続しているとはいえ，THT Groupは今までも日本企業に対して多くの賞賛の言葉を述べてきている。また我々はかつて日本企業のマネジメントスタイルから多くの事を学んできた。同様に日本企業も海外のスキルやノウハウを学習する方法論を習得してきているが，我々にとってもまだ日本企業から学ばなければならない事が多々あることは否定できない。

このThe Culture for Businessシリーズの最初の書籍の中で表現されている思考性や考えは，日本における今後のグローバルビジネスの展開における学習と洞察に対して多くの示唆を与えるものである事は間違いないと確信している。とりわけ人が自らのビジネス体験によるユニークな考え方を他の体験に加えて発展させる時，これら二つの考え方を統合させる最善の方法とは何であろうか。このシリーズの書籍はそのヒントを与えるものである。

さらに本書を出版するに当たり，THT Groupの日本法人であるIGB NETWORKの代表を務める古屋紀人に対して感謝の意を表したい。本書出版に当たり，彼の日本社会とビジネスの特徴を引き出す示唆ある提案は，本書の中に広く取り入れられて，翻訳のみならず各章における内容に反映されている。読者の方も彼の価値ある示唆に富む知見を本書の各所で見出すであろう。

最後に本書が，読者の方々の各種のビジネスの場面やあらゆる環境面でお役に立つ事を期待して止まない。

2005年８月

フォンス・トロンペナールス
ピーター・ウーリアムズ

監訳者のメッセージ

フォンス・トロンペナールス博士との付き合いはもう９年に及ぶ。オランダに別の仕事で出張に出向いた時，ふと以前にロンドンのヒースロー空港の書籍店で手にした *Riding the Waves of Cultures* のことを思い出して，その時宿泊していたホテルの電話帳を頼りに連絡を取ったのが最初のきっかけであった。実際に何の事前の連絡もせず突然電話で連絡をしての訪問であったが，スタッフの方々も気持ちよく受け入れて頂き，まさに未知なる者も許容するグローバルな対応であった。それ以来1年から2年おきに双方から出向いて行き，打ち合わせをする機会を持ちながら異文化マネジメントの重要性をお互いに説いてきたのである。

折りしも日本においては，1980年代のバブル経済の崩壊後経済の停滞期を迎えて，今までにない厳しい時代を迎えてきた。1990年代になって日本国内の内需が飽和状態になり，コスト競争力からも国内の市場だけでは成長に限度がある時代を迎えて，各企業はその市場を海外に求めるようになった。この海外市場への本格的進出機会の増加と国内の規制緩和による外資の日本進出の本格化は，国内外に於いて今まで経験のなかった異なった考え方や思考性を持った人々との接触を否応なしに深めなければならない事態を発生させてきたのである。即ち今までの表層的な付き合い方から，人間の内面にまで至るまでの深い関係が求められてきている。ところがそのような環境の変化にも関わらず，閉鎖的な日本社会の価値観の呪縛を強く受けている日本人と日本社会の組織文化は，なかなかこの変化に対応できていない。

よく日本は明治の開国で自然科学系統と社会科学系統の一部開国が実施されたが，経済を中心とする開国は限定的であり，人間と組織の関わる人文科学系統の開国はまだ行われていないと言われている。生活と仕事のスタイルや思考性，組織構造のあり方などが古い日本文化を色濃く残して温存されてきたために，所詮「井の中の蛙」状態から脱することが出来ず，真の意味で直接的に外部の競争社会にさらされることが極端に少なかったと考えてよいであろう。最近外国人の人口が増加しているとはいえ，一部の不法就労者も含めた現業業務従事者の労働力が中心であって，国内外において日本企業の知的労働者，ホワイトカラー，経営者などの人材における外国人従事者の数は，少ない数に留まっている。将来の人

序 章

ビジネスがグローバル化して職場がこれまで以上に多様化するにつれて，文化の問題はリーダーやマネージャー，そして彼らの組織にとって，ますます重要になってきている。もちろん，これまでも多くの研究者や著作者たちが文化についてまとめてきた。すなわち，初期の人類学的考察から国家・国民文化や組織文化の研究に至るまで，各種のモデルやフレームワークが考案され，説明されてきた。しかしながら，既存の研究の多くは，異文化の知識的側面に焦点を当てる傾向が強かった印象は否めない。

本書とこのシリーズで創刊される書籍は，異文化に関する知識に焦点を当てて，ビジネスにおける文化の意味合いを取り扱う上で，新しい概念上のフレームワークを提供するものである。本書は，マネージャーやリーダーが異文化環境下で仕事をするときに必要とされる新しい考え方を身につけるために役に立ち，実用的な参考書となることを目指している。

読者も本書を読み進むにつれて気づかれるはずだが，本書は，アングロアメリカでの研究や考察に大きな影響を受けた伝統的なマネジメント教材とは，一線を画す内容となっている。

過去出版されてきた著書や刊行物の読者だけではなく，各種の会議でのプレゼンテーションの参加者からも，ビジネスという文脈における文化的差異をただ単に認識するだけではなく，それを超えた体系的な一連の知識を求められてきた。確かに，先行研究の長所は，マネージャーに自らの経験を体系立てて理解させ，世界をありのままではなく自らの立場の視点から見ることを理解させるところにあった。しかしながら，マネージャーたちは，自らの異文化的能力を発達させるのに役立ち，異文化間で効果的にビジネスを実践して，かつマネジメントを可能にするための包括的な問題解決のフレームワークをこれまで以上に求めてくるようになってきている。

本書に示されている新しい考えと知見は，多くの先行研究を集約してシナジー的な成果を生み出すことのできた結果により引き出されたものである。まず，最初に挙げられる知見は，著者グループ自らの徹底した研究成果である。この研究は，著者グループの構成メンバーと多くの博士課程の学生も含めた幅広いネットワークにより実施された基本的,かつ応用的で戦略的な研究を含んでいる。さらに，世界中の多様なビジネス環境下で培われたトロンペナールス，ハムデン・ターナー（Trompenaars Hampden-Turner）グループにおける著者グループ自らの様々な文化に関するコンサルティング経験に基づいた内容も含んでいる。著者グループは，このコンサルティング経験を通じて，多くのリーダーやマネージャーと共に仕事をすることができて，固有な文化に起因する「現実の」ビジネス社会で発生するクリティカル・インシデント（転機的事例）やケースを収集し，分析する機会に恵まれてきた。さらに著者グループは，他の研究者の文化的差異に対する解決手法には限界があると考えてはいるが，自らの業績を多方面から検証するために，少なくとも彼らの研究をモニターして，評価し続けるつもりである。

先行著書で，著者グループは我々を取り巻く多文化世界の複雑性を組織化し，説明するための自らのしっかりしたモデルを持つことの重要性を強調してきた。さらに，まずマネージャーたちに文化的差異とその重要性を認識させ，それらが実際のビジネスでどのように作用するかを理解させることに努力してきた。著者（Trompenaars）の著作の*Riding the Waves of Culture*（異文化の波）では，７つの対極する価値判断基準に基づいた概念モデルが価値観の多様性を表すために用いられた。次の著作 *Seven Cultures of Capitalism*（７つの資本主義）では資本主義の意味を理解させるために，７つの価値判断基準のフレームワークを７つの主要な国家テーマと結びつけてきた。*21 Leaders for the 21st Century*（21世紀の21人のリーダー）ではグローバルな大企業においてリーダーが直面する文化的ジレンマを探求している。

しかしながら，これまで刊行されている他の文化モデルと同様に，これらのツールが対立する文化的側面のどちらかであるかという基軸でその結果を評価することにより，世界中の文化をモデル化しようとしていることを著者自身も認識している。そのような文化のプロフィルを作り出すツールのそれぞれの価値判断基準は，単線基軸の線上にある。この種の類型モデル，あるいは国際的な場面でのその他の類型モデルを適用しようとする場合，それぞれの尺度の両極に限定することにはかなり制約があることを著者グループは認識してきている。そのようなモデルの基本的な限界は，ある文化の側面が対極にある文化の価値判断基準の一方の端にあればあるほど，もう一方の端に行く可能性が少ないことを暗に示していることにある。例えば，もし，１つの文化の中に両極が同時に存在する可能性がある場合は，どのように説明することができるのであろうか。

特にマネージャーやリーダーのこのような文化的差異への対応を手助けするに当たって，従来の方法で文化的差異を分類することに著者グループは次第に限界を感じてきている。このような文化面の両極端な面を強調するモデルでは，しばしば現実の多くの文化的側面を十分に説明できないステレオタイプの表現を生み出すおそれがある。

次のようなコメントがその例である。

> 明らかに日本人には創造性がない。彼らは非常に共同体主義的であり，チームの統率の乱れをおそれるためにあまり目立ちたがらない。

または，

> 私はアメリカ合衆国の文化がこのような弁護士を育んだ理由を今理解できる。アメリカ人は彼らの個人主義的な関係を規定するルールが必要であったために，非常に普遍的にならざるを得なかった。

または，

> それ以上に，彼らの個人主義は，彼らが極めてあちこちに移動する傾向が強いことに起因している。頻繁に移動を繰り返すため，アメリカ人には信頼できる人間関係を構築する時間がない。だから代わりに弁護士や細かい規定の契約書が必要になったのである。

動機づけ意図	組織システム	
	閉鎖的	開放的
合理的	・科学的管理 （厳密には「科学的に管理すること」）	・機能主義 ・初期の組織理論 ・コンティンジェンシー理論
社会的	・社会心理学の人間関係学派	・近代組織理論 ・シンボリック相互行為論 ・カオス理論

との接点に対してより深い洞察を得るために開発されたものである。組織をオープンなシステムとしてとらえ，インプット，アウトプット，フィードバックと時間差のような概念を導入することにより，多くの新しい接点に注意を向ける必要があることがわかった。状態関数，等結果性，最小有効多様性の法則などの組織の専門用語は他の原理原則から導入されたり，コピーされたりした。パーソンズ（Parsons），マートン（Merton）やフォン・ベルタランフィ（Von Bertalanffy）のような学者は，自然科学の学者が分子を見るような方法で組織システムを見てきたために，非難されてきた。そのような組織活動は，ごみを生み出し，天然資源を使い切る成長がもたらす悪循環から，経済社会の終末を予見した「ローマクラブ（成長の限界）[訳注4)]」の会議の場で積極的に議論されてきた。今日この組織のオープンなシステムのアプローチはまだ非常に一般的である。例えば，コンティンジェンシー理論を考えてみよう。この考え方はハーバード大学の教授のポール・ローレンス（Paul Lawrence）やジェイ・ローシュ（Jay Lorsch）といった学者による，批判的で厳密な研究によって実証されているため，それなりの支持者が存在する。本来，コンティンジェンシー理論は科学的管理に暗に述べられている「組織化することの唯一最善の方法」に対して異論を唱えるものであった。デリック・ピュー（Derek Pugh），ポール・ヒクソン（Paul Hickson）などのコンティンジェンシー理論学者（研究者のいわゆるアストングループ）は，最適な組織構造は技術とマーケットの相関関係のように主な環境的特質次第であると述べてきている。

ローレンスとローシュは，異なった環境下で運営されている産業における組織プロセスの特殊化と解釈の度合いとの間には，明らかな相関関係があることを発見した。他の学者は，組織内の職階レベルの数と技術の複雑さとの関係を発見した。さらに研究開発の管理費／回転資本率や一製品の平均ライフサイクルの指標を使うことにより，マーケットの複雑性や技術のような環境要素との因果関係を定量的に調査する試みもなされてきた。変数，共変数，変換（インプット―アウトプット）機能に対する探求もなされた。つまり，組織の構造的特質が職階のレベル数と平均的な職域を計算することで定量化されたのである。また，いくつかのケースでは，職務評価のスコアがコンピュータの人員計画モデルに入力されている。実際に求められる最適な組織構造は，モデル化できるこれらの定量化された環境特質に依存している。

こういった研究の動機と求められた成果は多岐にわたっている。英知を集めることにより最善の組織構造がデザインされ，導入されると，スリムで効率の良い組織が実現し，そのマネジメントは株主の目的を達成することが可能になるという概念を生みだしてきた。そしてその最適な組織構造では，マネジメントがどのようなレバー，すなわち，業績評価制度のようなレバーを導入したり，取り止めたりするかを熟知していたならば，結果をもたらすために，働いている人々を動機づけたり，コントロールすることができるのである。

さらにこの発表済みの研究の多くや，その調査が実施された対象の組織，また研究者たち自身も，アングロサクソンの人々であったこと，あるいは，少なくともそのような考え方に支配されていたことを考慮する必要がある。しかしその後，量の変化が起こった。すなわち1970年代のグローバル化の始まりである。

組織理論家たちは，研究に文化的要素を加え始めた。シェルやIBMのような世界市場で経営される多国籍な役割を担った大企業において研究が行われるようになった。そのようなマーケット環境における直接の利点は，そういった企業が世界中で統一した製品を販売しているために，財務，テクノロジー，マーケット状態が類似している点にある。事実，唯一の際立った違いは企業がオペレーションを実施している場所の文化的環境が異なる点だけにある。当時の初期的な研究結果によると，文化的要素は組織が構築される方法，特に現地化されずに本社や本社の組織構造が導入された場合には，あまり影響がないことが判明している。すなわち，「組織は，（国民）文化特性とは無関係である」と広く考えられていた。実際にこの点に関しては，著者グループのコンサルティングの経験からも，想像以上にこの考え方が強いことが明らかである。

著者（Trompenaars）は次のことを述べている。

> 私がシェルに勤務し始めたばかりの頃，つまり博士号を取得しようと勉強をしていた頃だが，シンガポールにおける石油精製担当のオランダ人のゼネラルマネージャーとの出会いを思い出す。私は彼に石油精製の業務がシンガポールの文化にどのように適応しているかを尋ねたことがある。彼はすぐに私が人事部で仕事をしているのかと尋ねてきた。実際に私は人事で仕事をしていたのだが，彼は私に実際のマネジメントの世界を説明してくれて，現場を見学させてくれた。熱い金属から出るスチームの音の中で，彼は私に「物事をシンガポールの文化に適応させるのは簡単ではないということがわかっていますか」と尋ねてきた。「もし，シンガポール人がシフト勤務で仕事をするのを好まないということで，我々は単純に我々のやり方を彼らにあわせることができるでしょうか。明らかにできないですね」。皮肉にも，組織が構築された方法は，ロッテルダム—パーニスの精製所と極めて似ているのである。事実，組織体制は，職務のほとんどのジョブ・ディスクリプションを含めて，オランダで開発され，シンガポールに「輸出」されたのである。要するに，生産技術が主要なものであり，文化などは重要と考えられてこなかった。

では，今日の財務アナリストやマーケットトレーダーと，彼らのビジネスアプローチはどうだろうか。彼らがM&Aの交渉にかかわるとき，彼らは統合する組織との文化的な不一致が発生する可能性を取り上げたことがあるだろうか。答えはまずノーであろう。なぜならば，財務的要素が強すぎるからである。「我々は長期的に続く“結婚”ではなく，“結婚式”というビジネスの世界にいるのだ」と我々に語ってくれたあるアナリストの言葉がこのことを十分に説明している。

それでは，なぜ本シリーズThe Culture for Businessを我々が刊行しているのか。理論的にも，実践的にも，文化とは，テクノロジー，マーケットや財務的状態と違い，簡単に定量化できず，主な説明変数を示すことができないものである。その一方で，偉大なるマネジメントの思想家や実践家たちは，いつもこの文化の問題を取り上げ続けている。それはどうしてなのか。文化に関する既存の議論の間違いは何であろうか。このような結論が引き出される論理の限界は何であろうか。著者グループは本書でその答えを出そうとしている。

文脈を有する環境としての文化

先行理論は非常に論理的に聞こえるが，それらは非論理システムの中においてのみ論理的なのである。このような現実に対する知覚に基づいた仮説は，自然科学の分野から直接派生している。その探索は存在論的真理ではなく，科学的真理を追究するものである。コンティンジェンシー学派は，科学者が細胞を研究するようなものとして現実を説明している。彼らにとっては観察されるものに何らかの意味を持たせるための他の方法はない。「自然科学者の社会科学者に対する優位は，原子と分子は何も語りかけてこないことである」と語ったのは，現象学者のアルフレッド・シュッツ（Alfred Schutz）である。研究者は観察される個人を，観察者が持つのと同じ動機を持つ，合理的な人格としてとらえる。このことは環境の定義付けばかりではなく，組織構造の解釈にも適用できる。使用中のテクノロジーの複雑性や組織の職階レベルの数に戻ってみよう。前者は生産高に対するR&Dの比率のような指標や割合によって定義づけられた。もし現在の10代の子どもたちに計算機なしで，「144に13をかけて，10で割った数の平方根はいくつか」と聞いたとしたら，彼らはおそらく「難しすぎて問題が解けない」と答えるであろう。一方で，大学３年次の数学専攻の学生は，簡単すぎて笑うかもしれない。それでは何が複雑なことであるのか，あるいは何が物事を複雑にさせているのか。

その答えを解明するために，著者グループはこの現実を認識している人々がどのように受け取っているかを考慮する必要があると考える。シンガポール人の従業員に，彼の上と下にいくつの階層が存在するのかを聞いてみると，彼は上に３階層，下に５階層の序列が存在すると答えてきたのには，驚いた。その理由は，著者（Trompenaars）がシンガポール人の従業員とまったく同じジョブ・ディスクリプションで，はるかに大きなロッテルダムの製油所で働いている1人のオランダ人オペレーターに同じ質問をしたところ，彼の答えは上に2階層，下に3階層というものであったからである。このような答え方の違いは，シンガポール人は，年長の同僚のことを，彼らが正式には自分と同じ職位に属していても，階層的に上であるととらえているためと説明できる。さらに，女性が正式には同じ職位であるという事実は，シンガポールでは質問された本人にとってはあまり意味がないことだった。このように内的および外的環境のいずれもが，これらを観察する人々の心情によって解釈されるのである。事実，組織学者のラッセル・アコフ（Russell Ackoff）が説明したように，コンティンジェンシー論者が単純に繰り返される態度や行為を観察するのに対し，現代組織の理論家は目的を持った行動を説明しようとする。ネズミを観察するとき，ネズミが一切れのチーズを追いかけるのを見て初めて，チーズが彼の目的であることに気がつく。しかし，このネズミがその目的を認知した上で，その行動を設定したのかどうかを確認するのは難しい。それはただ単なる自然に発する動物的反応なのかもしれない。それではコンピュータの場合はどうであろうか。ネズミ（動物）のように，マウスは，目標を求めるが，目標を設定することはしない。そしてそのことは行動ではなくてある行為を説明するものである。それは目標を追求する行為であっても，目標を持った行為や行動ではない。行動とは動機のある行為であり，行動には人間が目的を追求するばかりではなく，目的を設定することも含まれる。

個人の可能な行動範囲を組織の環境面と統合しようとすると，組織論の科学者は調和しなければならない大きなジレンマに取り組むことになる。それゆえに観察者がこの内容を理解できるようにと，1980年代の初めに，非常に多くの様々な方法論が開発されてきた。その基調となる原理の多くは，従業員に最も有効と考えられる方法で行動を起こさせるものであった。しかし，単純に組織として1人の人間を採用する場合でも，一方で人格を持った人間の要素を忘れてはならないのである。

そのようなジレンマは明確なものであり，社会心理学者は個人としての人間と組織行動に対して役に立つ方法論を概念化することは可能である。しかしその場合でも環境要因は除外されることが多いのである。一方，初期のオープンシステムの思想家や機能学者が環境を取り込んだときには，一般行動の観点が主流であった。私たちはこれらの理論家の影響を受けてきている。特にラッセル・アコフ（Russell Ackoff），エリック・トリスト（Eric Trist）のようなその後の組織論者，ミード（Mead）のようなシンボリック相互作用論者，チャールズ・ハンディ（Charles Handy）のような希有なマネジメント論者や初期のカオス理論の影響を受けてきている。

目標追求や目標設定する個々の従業員を，組織行動を裏付ける中心的存在として真剣に考えれば考えるほど，我々はすぐに一連の組織のジレンマに直面するのである。我々が組織内の個々の従業員を，自由意志で選択できる環境に置かれたある目的を持った人間として捉えるとき，規律と管理を必要とするより大きな社会における組織との調和をどのように考えていったらよいのだろうか。

実際の行動は動機づけられた振る舞いである。したがって，ここで動機の基本原則を紹介してみよう。語源的に表現すると「動機」という言葉は，人の心を動かす意味から引用されている。時代をずっと遡るがアリストテレス（Aristotle）は３つの動機を解明している（Causa ut—目標の動機，Causa quod—原因の動機，Causa sui—自己の動機）。Causa ut（目標の動機）は，個人が前以て自分たちで描いた計画に基づく動機であり，非常に詳細な短期的プロジェクトからあいまいな長期的なプロジェクトまでと幅が広い。Causa quod（原因の動機）は，個人にたまたま置かれた状況の要因の力により発生するものを表している。最後に，Causa sui（自己の動機）は，あらゆる行動において行動する者は自分で明確な動機を持って行動することを表している。

これらの３つの動機はお互いに結びついており，支配的なものが１つの場合もあれば，それ以上の場合もある。それではなぜ，このようなことを問題としているのか。それはマネジメントをする側，およびマネジメントされる側の中心的なジレンマにアプローチすることにつながるのである。即ち個々の人々の自由な意志や又組織の統合に直面することにより，思考性や感情の差異に直面することになるのである。過去の前例とビジョン構築により我々の行動を動機づける諸原因はすでに社会的に構成概念化されている。いったんそのことを理解すると，それらを組織化できる人間同士で共有することにより，進化が起こることを理解し始めるのである。

相互作用のもう１つの論理をつけ加えよう。組織構造の定義を復習してみると，基本的な部分は「部門間と，部門と全体との一連の関係」であることがわかる。自然科学者たちは自分たちが求めている関係を類型化し，それらの関係が全体としてどのように影響を受けているかを決める傾向がある。社会科学者たちはこの組織構造を構築している個人を考慮せざるをえない。我々はシンガポールでフラットな組織を見る機会があったが，その組織を構成する従業員がその組織構造に同意していないと述べるとしたら，一体誰が正しいのか。実際には，「現実であると定義づけられているものは，結果として現実なのである」ということを知っている限り，そのことはあまり問題ではない。部門間の関係の本質はコミュニケーションを図る個人であることを忘れてはならない。コミュニケーションは情報の交換である。情報は意味の伝達である。そのために，文化とは本質的には共有された意味のシステムであることを我々が理解すれば，すべての組織は文化的構築物であることが理解され始めるのである。

著者グループは，文化とは，経済活動環境を形成しているテクノロジー，社会，政治，財務やその他の要素のあとから導入できる要素ではないことを明らかにしようとしてきた。文化はむしろ，組織とその組織が活動を行う環境との関係の本質そのものを定義づけている，文脈を有する組織の環境的要素である。

〈訳注〉

1）17－18世紀に主にアメリカ合衆国ペンシルベニア東部に移住した南部ドイツ人の子孫。

2）ハーツバーグの「衛生要因」および「動機付け要因」。

3）ハーバード大学教授メイヨー（Mayo）が，アメリカのウエスタン・エレクトリック社のホーソン工場において実施。継電器組立実験で，作業時間や休憩時間等の作業条件と作業能率との間に直接の因果関係はないということを証明し，従業員の作業意欲が鍵になることを発見した実験。

4）オリッベッティ社の副社長で，石油王としても知られているアウレオ・ベッチェイ（Aurelio Peccel）博士が，資源，人口，軍備拡張，経済，環境破壊などの全世界的な問題処理のために設立した民間のシンクタンクで，世界各国の科学者，経済人，教育者，各著者グループの新しいアプローチは，世界を超えて，さらに企業を超えて変化する行動とは何であるかを明らかにし，定義づけることにある。このアプローチは，マネージャーに対して，あらゆる種類の価値観をも調和して折り合いをつけることのできる「人間的側面」を引き出す方法論を提示している。また，それは文化の差異を統合するロジックを示すものであり，相反する価値システムを持つ人々が効果的に交流することのできる一連の振る舞い方を示すものでもある。それは相互関係を構築することを期待して，他人の立場を理解することができる特質を示すものであり，欧米人にとって最初は受け入れ難い新しい考え方である。

しかし，まず，折り合いをつけることが必要とされるこれらの主要なジレンマとは何だろうか。これまで触れてきたように，我々は周囲の違いを７つの対極にある傾向値に分類するモデルを開発してきた。この７つの価値基準のモデルは，人間と組織の統合に際して，組織が解決しなければならない主要なジレンマを顕在化し，明確に説明し，フレームを作る方法論である。現在のグローバル化の世界においては，自らの国家および組織の中での「当然と考えられる生き方」は，突然にこの異なった別のロジックで挑戦されることになるのである。

ジレンマの意味（定義）

我々はジレンマを「明らかに対立する２つの特質」として定義づけている。言い換えれば，ジレンマとは，人が良好で望ましい２つの選択肢の中からいずれかを選択をしなければならない状況を表している。

例えば，我々には柔軟性が必要である一方，一貫性も必要である。ジレンマは相反する要望のために生じる緊張感を表現するものである。

ジレンマと言えないものは何か。ここにいくつかの例がある。

・現状と理想的な状態の表現：我々は良いコミュニケーションツールを持っている，しかし，それらをもっときちんと使わなければならない。

・二者択一：我々は今，新しい社員を採用しようとするのか，来年まで待とうとするのか。

・不満：我々は素晴らしい戦略計画を立てたが，リーダーシップの欠如のために，その計画をやり遂げることは難しい。

ジレンマを説明するためには，上述の例のようなジレンマとはいえないものは避けなければならない。ジレンマの両側から考えよう（例えば，個人対グループ，客観的対主観的，ロジック対創造性，分析的か本能的か，正式か非公式か，規則か例外か，など）。

ジレンマは，「一方ではこのようであり，他方ではこうである」といった表現を使うことにより説明することができる。

ジレンマの類型化

７つの文化の価値判断基準は，単純に文化の差異を示すだけでなく，その文化的差異の根源である価値観の間に起こる緊張状態から一般的に発生するジレンマとはどのようなものであるかを，私たちに特徴づけて説明している。以下の価値判断基準において，それぞれの局面から発生するジレンマを考えることができる。

1．普遍主義—個別主義：組織の中の人々は，標準化されたルールに従う傾向があるか，ある個別な状況の中で柔軟に対応することを好む傾向があるか
2．個人主義—共同体主義：その文化が個人の業績，創造性を養成するのか，団結とコンセンサスを導き出す大きなグループに焦点を当てるのか
3．感情中立主義—感情表出主義：感情をコントロールするのか，感情を露骨に表すのか
4．関与特定主義—関与融合主義：個人の人間関係への関与度合い（高い＝融合主義，低い＝特定主義）はどうであるか。ある特定のビジネスのプロジェクトがより融合型の人間関係から発生するのか，それともビジネスをする前に，ビジネスのパートナーをきちんと決めておく必要があるのかどうか
5．実績主義—属性主義：立場や権限は実績に基づいているのか，あるいは学校の名前，年齢，性別や家族のようなそれぞれのバックグラウンドで決まるのか
6．順次時系列型—同時並行型：物事を実行する際に，一度に１つのことをする，すなわち時間を時系列で管理するか，あるいは，色々なことを同時に並行してこなすのか
7．内的コントロール志向型—外的コントロール志向型：自らの内面にある意思や制御の意識に動かされるか，あるいは自分自身が制御できない外部の自

然の摂理をすんなり受け入れるか

文化の差異に直面したとき，効果的なアプローチの1つは，7つの単線型価値基準モデルをベースにした2つの文化のプロフィールを比較して，その主要な違いの原因を見つけ出すことにある。実際に，あなたの組織と新しいビジネスパートナーの組織間の文化的差異の主な根源は，大抵は1つ，ないし2つの文化の価値基準に位置するであろう。位置づけの違いから生じるジレンマを調和することにより，組織はそれらの文化的傾向に折り合いをつけ始める。違いを認知するだけでは不十分である。異なった文化が出会う前と出会っている間に，その違いが考慮されることが非常に大切なのである。

文化の多様性は，それ自身，経営上の優先事項となる見解や価値観を表し，また，ジレンマの原因となる事柄を解決するための方法論を提供するものである。これらのジレンマは，支持される提案の1つを選び，別の見解を無視することによっては解決できない。むしろ，我々が違いを自分のものとしてとらえ，なぜ折り合いをつけなければならないか，一方では同時に他人の見解が自分自身の見解にどのように役に立つかを理解することである。我々はリーダーシップをジレンマの折り合いをつけることのできる特質としてとらえている。いったん，あなたが自分自身の心のモデルおよび文化的特質に気づき，また他の文化のモデルや特質が論理的に異なっていると理解し，尊重してみて初めて，これらの違いを調和することが可能になる。著者グループは，継続的に，個人レベル（他人と一緒に仕事をする時に直面するジレンマ）と組織レベルの両方におけるジレンマを取り扱う能力を開発し，発展させる努力を読者に求めている。ジレンマを調和する能力とは，異文化間のリーダーシップ・コンピテンシーを定義づけることであり，21世紀に求められるリーダーシップを直接的に測定する方法でもある。

著者グループが作成した質問紙を使用した調査，体系立てた聞き取り調査，ある特定のグループやいくつかのコンサルティング活動を通じて，この新しいリーダーシップ・コンピテンシーは，あるグループが価値観の多様性を取り扱わなければならない環境下において，組織の有効性との間に高い相関関係があることが蓄積されたデータから実証されてきている。要するに，いくつかのグループが調和して折り合いをつけて，統合されることができれば，異文化が出会うことにより期待されるメリットが得られ，期待を超えることさえあるのだ。

異文化交流に携わる人々が，いったん自らの心のモデルと文化的特質を認知し，また，彼らが，他の文化の人々は自分たちとは違っていて当然なのであると認識すると，その違いを調和することが可能になり，かつ良い結果につながる前向きなビジネス上のメリットをもたらすことができるのである。

便宜上，これまで簡潔に述べてきたように，著者グループはそれぞれの文化によって価値観に差異がある７つの価値判断基準に基づいて，これらの考え方を定義づけている。

普遍主義と個別主義

多くの普遍主義者的な文化では，一般的な普遍化されたルールや義務は道徳上の基準の根源であるととらえられることがよくある。普遍主義者は，友人がすべてのケースを平等かつ公平に取り扱う「最も良い方法」を模索している時でさえ，何事もルール通りに実行しようとしがちだ。彼らは自分の持つ基準は正しいものであり，他人の態度でさえ，それに合わせるように変えさせようとする。

個別主義の社会は，「特定の」状況が，ルールよりもはるかに大切な社会である。特定な関係の絆（家族，友達）はいかなる抽象的なルールよりも強く，その対応も環境とそれにかかわる人々によって変化する。

このような定義を検証するために，著者グループは世界中の約65,000人のマネージャーたちに，次のジレンマのケースにどう対処するかを調査してきた。

ジレンマケース①

あなたは親しい友人が運転する車に同乗しています。ところが彼は，歩行者をはねてしまいました。あなたは，彼が，制限最高速度20マイル（32キロ）の市街地で35マイル（56キロ）のスピードを出して車を運転していたのを知っています。あなた以外に証人はいません。友人の弁護士は，もしあなたが友人は時速20マイル（32キロ）で運転していたと誓約したとすると，友人を深刻な状態から助けることができると言っています。

あなたの友人は，彼を守るためにあなたがどのような対応をすると期待しますか。

1．私の友人は友人としての関係から，実際より低いスピードで証言してくれるように100％期待するのは当然である
2．私の友人は友人としての関係から，実際より低いスピードで証言してくれるように何らかの形で期待する
3．たとえ友人であっても，実際より低いスピードで証言してくれるように期待するなどとんでもない

あなたは社会に対して感ずる義務感から，あなたの友人を助けますか。

このジレンマは，著者（Trompenaars）の書籍『歩行者の命に問題があったか（*Did the Pedestrian Die?*）』や，その他の書籍の中で議論されている。この話はもともとストゥーファー（Stouffer）とトビー（Toby）によって作られたものであるが，著者のワークショップでよく使用される説得力があって，違いがわかりやすく，目を引く事例である。それは普遍主義と個別主義のいずれかの回答を選択するジレンマの形をとっている。

図表2－1はいくつかの選択された国からの回答を表している（これは著者グループが有する65,000人のデータベースで100か国以上の異なった幅広い回答事例より算出したものである）。このデータによれば，北アメリカや北ヨーロッパの人々の問題解決に対するアプローチは明らかに普遍主義的なアプローチである。その比率は，ラテン，アフリカ，アジアの人々になると70％以下に落ちる。彼らは友人を助けるために虚偽の申告をするのである。

普遍主義者にとっては，事故の深刻さが増せば増すほど，すなわち歩行者が致命的なけがをする度合いがひどくなるほど，友人を助ける義務は減少するのである。彼らは，「これは法律違反だし，歩行者の容態は深刻な状態であることから，かえって法律を守る重要性を強調しなければならない」と，自らに自問しているように見受けられる。このことは普遍主義が個別主義の例外を受け入れるスタイルを受け入れないことを示している。むしろそれは，道徳的な理由づけの過程で，第一義的な原理原則を形成するものである。個別主義の結果は，

図表2−1　自動車と歩行者

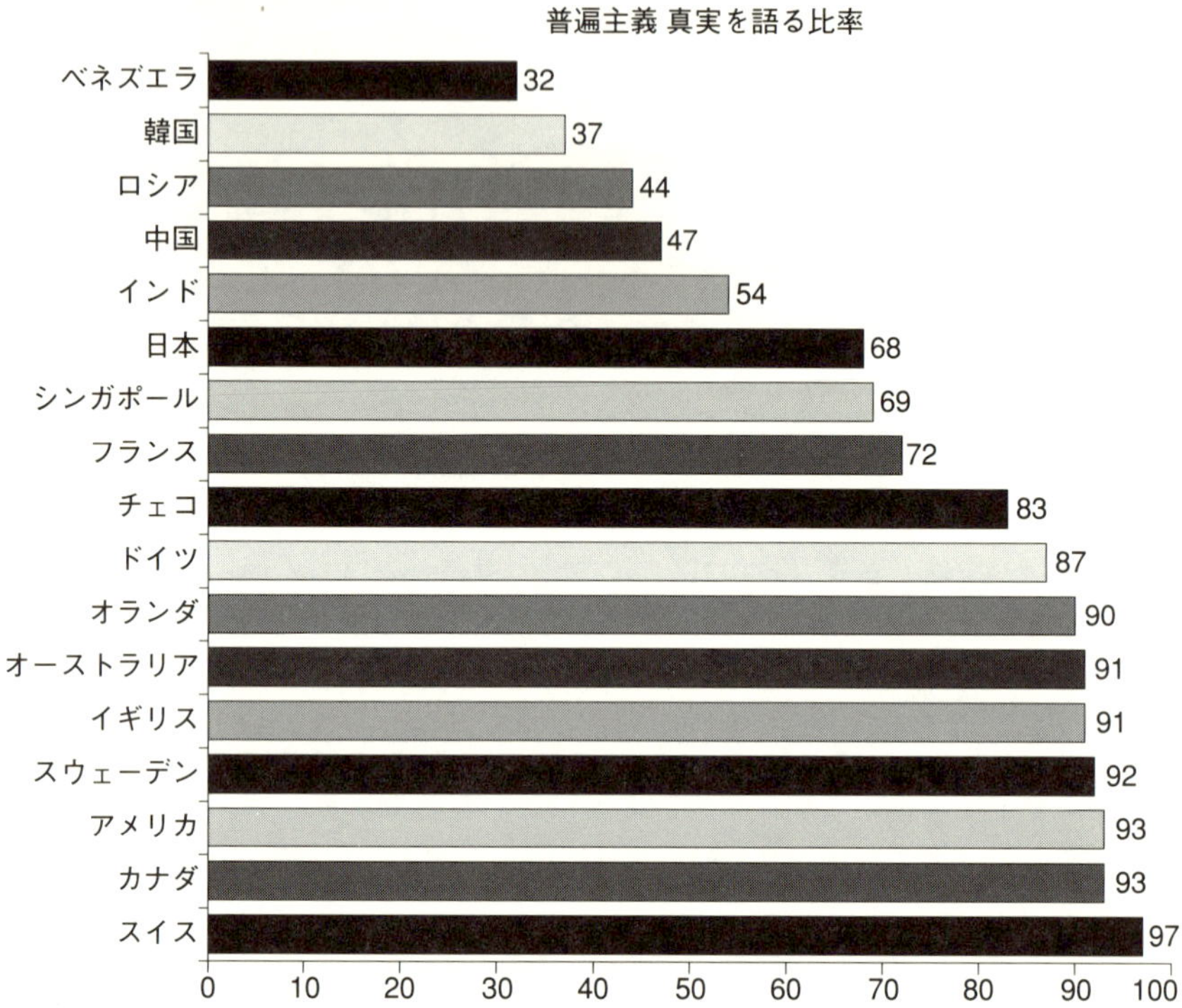

回答者のパーセントは，友人は援助を期待する権利は全く，あるいはほとんどないので，回答者は友人を助けないと答える比率を表している。

普遍的な法律の必要性を我々に示唆している。

ワークショップ参加の回答者に対して他の普遍主義と個別主義とのジレンマについてさらに質問し，その回答と組み合わせることによって，それぞれの国民がどの程度普遍主義傾向か，個別主義傾向かの度合いを測るスケール上に位置づけることができる。これらのスケールは，別の各種の質問を用意して，また質問の文言も変更して何度もテストすることにより開発されたものであり，幅広く調べて，クロンバックαの信頼性係数と一貫性の検定でも，有意であることが証明される。［ウーリアムズ（Woolliams），トロンペナールス（Trompenaars）（1998）］。

他の変数間に見る普遍主義と個別主義

我々はこれまで普遍主義と個別主義を含む各々の価値基準のスケールと性別，年齢，海外勤務の経験，産業，仕事の役割などを含む他の一連の変数との関係を追求してきた。この分析は，従来の統計的検定やデータマイニングの手法によって実施されてきた。我々は順位性あるいは名義データに関してはノンパラメトリック検定を使用してきた。多くの研究者が間違えるパラメトリック検定の実施を正当化する中央極限定理を使用することを避けてきた。このようにして，我々は単純な相関分析ではなく，対応分析や多変量解析などの各種の分析を実施した。データマイニングはそれぞれの変数により判明する相違点を測定するためにID3[訳注1)]のアルゴリズム（エントロピー基準による決定木帰納アルゴリズム）を使用してエントロピー分析に基づくようにしてきた。価値基準のすべてのうち，回答者の国民性が１番の多様性を表している一方で，産業別が２番目の多様性を生む源として２番目にきている（宗教が高いスコアを記録した個人主義の価値基準を除いたすべての価値基準に適用）。

上記の分析手法に基づいて，本章と次章における表は各変数のうち相対的に相違が有意な変数を表したものである。

価値観の違いによる相違

エントロピー（不確定度）	普遍主義と個別主義
低い（重要度の高い変数）	国家
	産業
	宗教
	職種
	年齢
	企業風土・文化
	教育
高い（重要度の低い変数）	性別

善された包括的なプログラムを採用したのである。

ある状況では，マーケティングの強みを普遍的な世界ブランドから引き出すことができる。したがって，コカコーラはどこへ行ってもコカコーラであり，成分表示が缶や瓶に現地語で記されていても，アメリカンドリームの象徴である。同様に英国航空は，その世界各地の乗り入れ地点で，安全で信頼のあつい，生粋の英国らしさを売り物にしている。

その一方で，ベストプラクティスを採用して，それらをグローバル化するという方法も存在する。著者（Trompenaars）が米国カリフォルニア州のサンタクララにあるアプライドマテリアルズ社で講演を依頼されたとき，同社のトップマネジメントの100名が57か国の異なった国籍で成り立っていることを知り，驚いた。アメリカ人のCEOのジム・モーガン（Jim Morgan）はイスラエル人の共同企業設立者とその権限を分散させていた。

まず日本人の人事マネージャーと面談し，その後テクノロジー部門のドイツ人の部門長と会い，フランス人のマーケティング部門のVPと面談した。もしグローバルに提供するものが多文化のチームにより開発されたとしたら，その螺旋モデルもまた時計の逆周りになる。トップマネジメントの多様性のために，現地の状況に敏感なグローバルなアプローチからスタートすることになる。

著者グループは自動車事故に関する質問（26頁，27頁）を含めた初期の質問票の限界を理解している。これは，いずれかの選択肢を選ばなければならないメリットがある反面，回答者がジレンマについて，どのように対応すべきかについて熟慮しなければならない理由となっている。この質問は，個人が対極にあるスケールのどこに位置するかを教えてはくれるが，各個人が相矛盾する選択肢をどのようにして調和したらよいのか，その方法論を何も示唆してはいない。個々の個人的な反応を測定するために，もともとの強制的な選択の問題から，折り合いをつけることを拒否する内容（回答１と３），妥協する内容（回答５），さらに普遍主義から個別主義へ（回答２），あるいは個別主義から普遍主義への折り合いをつけられる（回答４）選択肢を含めるように内容を改訂してきた。

自動車と歩行者の問題

あなたは親しい友人が運転する車に同乗しています。ところが彼は，歩行者をはねてしまいました。あなたは彼が制限速度時速20マイル（32キロ）の市街地で時速35マイル（56キロ）のスピードで運転していたのを知っています。あなた以外に他には証人はいません。彼の弁護士は，もしあなたが，彼が時速20マイルで運転をしていたことを証言する用意があるならば，あなたの友人は深刻な事態からは救われるであろうと述べています。

このような場合にあなたはどのように振る舞いますか。

1．証人として真実を語る一般的な義務が存在する。私は裁判の前に自分の意見を変えることはありえない。いかなる状況でも，真の友人であるならば，私に対して何らかの期待をするべきではない。
2．法廷で真実を語る一般的な義務が存在するし，私はそうするだろう。しかしながら，友人に対して，何らかの説明また可能の範囲での社会的，財政的な支援をするだろう。
3．窮地に立っている友人が何よりも優先される。私はある抽象的な原則に基づいた法廷の見知らぬ人々の前で，決して友人を見捨てることはしないだろう。
4．窮地に立っている友人はどのような証言があろうとも，私の支援を受けるであろう。しかし，私は我々に真実を語らせる強さを，我々の友情の中にも見つけ出せるように，友人に強く求めるであろう。
5．私は，友人が制限速度より少しだけ早く運転していたが，スピードメーターを確認するのは非常に難しかったと証言するだろう。

この方法によって，著者グループは個々の人間がジレンマに対応する方法で（より普遍主義的か，個別主義的か），個人の文化的な傾向側面を評価できるだけではなく，調和のための折り合いをつける個人の特質も評価することができるのである。

ここで強調したいのは，本書では，読者が個人のレベル（他の同僚と仕事をするときに直面するジレンマ）と組織のレベルで発生するジレンマの両方に対処できる能力を発展向上させることを目指していることである。すでに述べてきている通り，ジレンマを解決する能力とは，我々が異文化間のリーダーシップ・コンピテンシーをどのように定義づけられるかということであり，21世紀にふさわしいリーダーシップの可能性を直接測定することである。

回答者を旧来の直線的な測定尺度で位置づけた初期モデルは図表2−5のようなものである。

図表2−5　直線モデル

この初期モデルは，ジレンマに遭遇したときに，普遍的なアプローチをとるのか，個別的なアプローチを取るのかの程度と，彼らがこれらのジレンマの折り合いをつける程度を示す二次元評価法によって置きかえられたのである（図表2−6参照）。

新しいモデル（図表2−6参照）では，あなたがジレンマに対してどのようにアプローチし始めるのかという傾向を認識させる一方で，どのように対応し「終える」のかを加えて考えなければならない。あなたは他の傾向を拒否することで終わるのか（低い能力），２つの相矛盾する傾向を上手に調和して終えるのか（高い能力）。

前述の論理を含めた質問を取り入れることにより，著者グループはそれぞれの価値基準に対して，異文化間のリーダーシップ能力を測定する尺度を開発した。これが我々の新しいILAP（Inter-Cultural Leadership Assessment Profiling Instrument—異文化間リーダーシッププロフィル測定尺度—www.cultureforbusiness.com参照）である。

各々が調和をつける程度は，各々の文化的価値基準によって異なっている。

図表2−6　曲線型

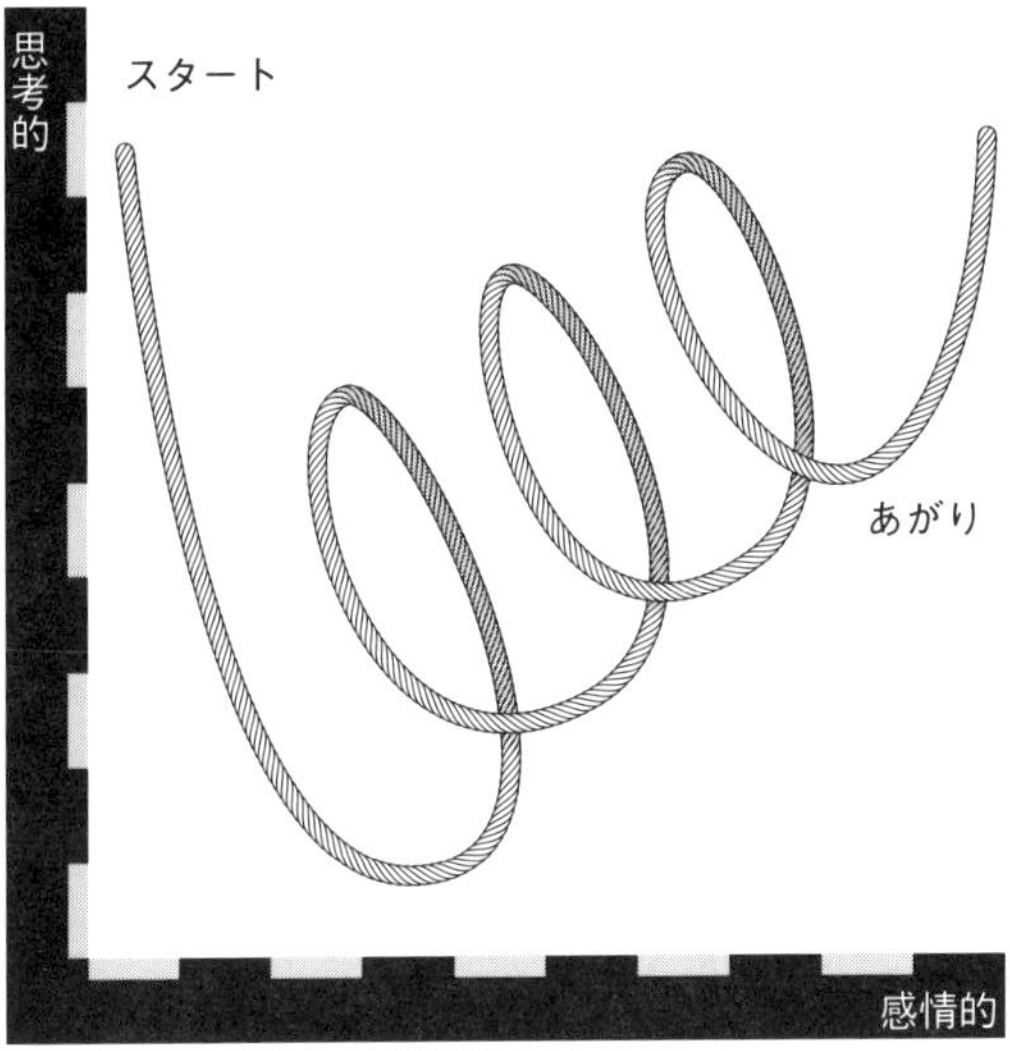

自らの調和する特質が低い価値基準を考えてみよう。このモデルは，まず自らの有効性を高めるために，どの価値基準を最初に考慮すべきなのかについて，戦略的に考えさせるものである。もしこれを成功裏に達成できるならば，新規のビジネスパートナーと十分にお互いの理解を深めて仕事をすることができるようになるし，また自らのリーダーシップ能力を高めることもできる。

新しい調和理論のこれらの測定尺度から得られる研究結果の有意性は以下のとおりである。即ち，各種のジレンマと調和する特質として定義づけられる異文化間対応能力は，最終的な企業業績に対する同僚の360度評価と直接的な正の相関関係を持ち，有能なリーダーの鍵となる特質であることを実証している。個人のレベルでこの能力を持つリーダーを多数有する組織は，企業レベルでもグローバルなマーケット環境の中で成長し，生き残ることのできる有効性を持っているといえよう。

では次に，同じ論理に基づいて，その他の価値基準も検討していこう。

個人主義 対 共同体主義

人々がいかに他人と関係をテーマとする価値基準の第２の指標は，個人として求めるものと所属するグループの利益との葛藤（コンフリクト）に関するものである。我々は，他人との関係の中で個々の人々が個人的に望むものを見つけ出し，それぞれの違いを交渉しようとするのか，それともいくつかの集団で共通する概念を最適なものとして優先するのか。次の質問に答えた65,000人のマネージャーは，回答に際してこのジレンマに直面している。

２人の人が生活の質を改善する方法論について議論していた。

ａの意見：「人ができる限りの自由度を持ち，自らを研鑽する最大限の機会を与えられるならば，そのとき，その人の生活の質は結果として改善するであろう。」

ｂの意見：「人が絶えず自分の仲間の面倒を見ていれば，個人の自由度や個人の成長に多少の支障があっても，すべての人にとっての生活の質は改善するであろう。」

この２つの回答のどちらにあなたは最も同意しますか。

図表2－7は選択肢のａ（個人の自由）を選択した人々の割合を示している。

我々は次のような循環を経験することになる。しかし，両者は異なった地点からスタートして，自らを手段ないし目的としてみなす。個人主義の文化では個人を究極の目的としてとらえて，集団的な約束事の改善を目的達成の手段とみなす。共同体主義の文化では，グループを究極の目的として，個人の能力の改善を目的のための手段とみなす。しかし，もしその関係が本当に循環するものであるならば，１つの要素を目的，その他の要素を手段と名づけることは勝手な考えである。定義上ではこの循環は決して終わらない。すべての目的は，その他の目的にとっては手段なのである。

有能な国際リーダーやマネージャーは，個人主義がグループに対する貢献にその達成感を見い出し，グループの目標が個人へ提示される価値であると認識

図表2−7　個人主義と共同体主義（集団主義）：個人の自由を選んだパーセント

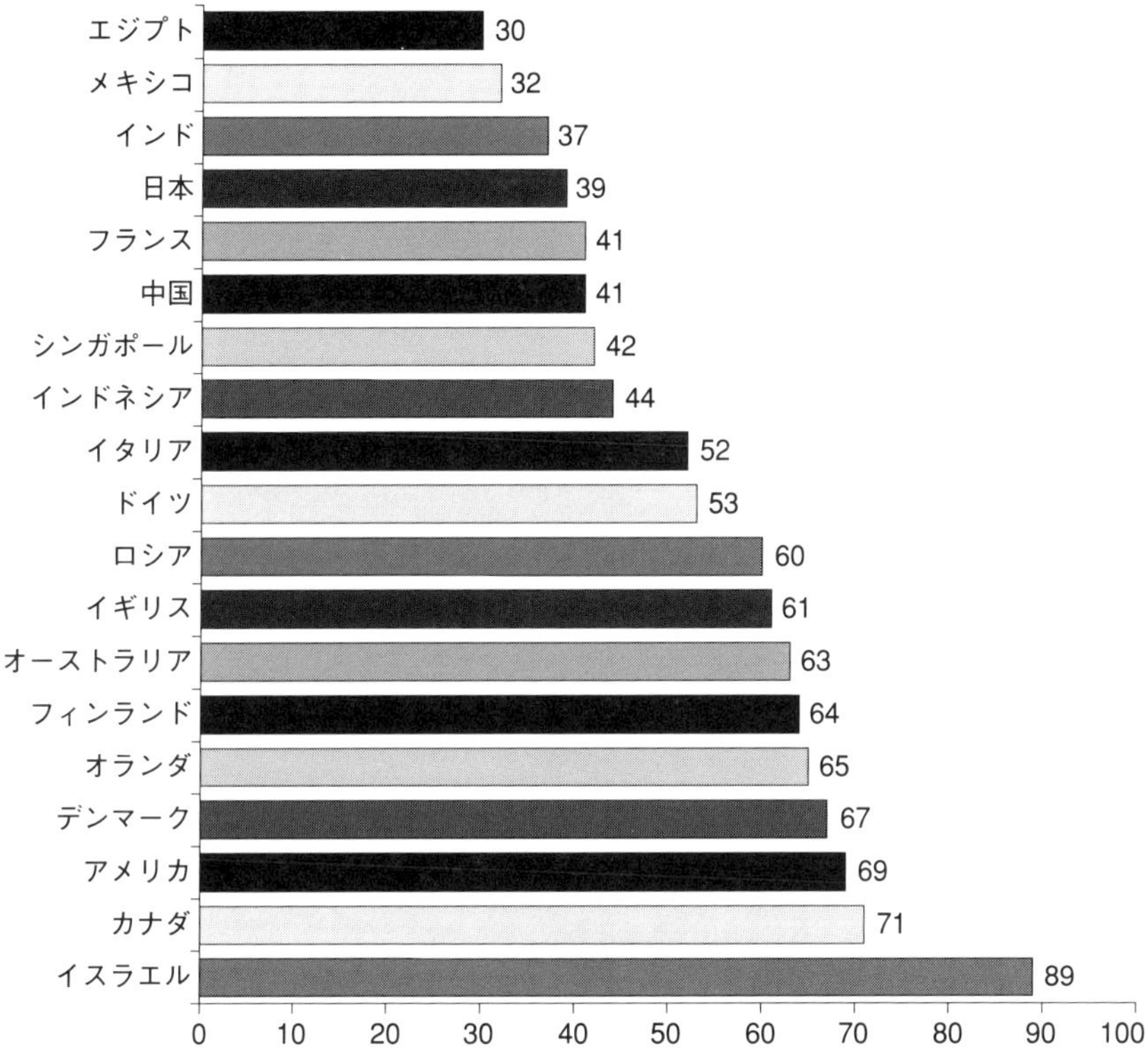

するだろう。ただしその場合でも，それらの個人が相談されるか，その目標を作成する過程で参加している場合のみである。調和で折り合いをつけることは非常に難しいが，できないわけではない。

宗教から見る個人主義と共同体主義

周知の通り，地球上には大きな違いが存在する。このデータマイニングでは，国家は最も顕著な変数であることが示された。また，我々のエントロピー分析を通じて，宗教が個人主義のスコアの分散を説明する２番目に重要な変数であることがわかった。その差異は驚くべきことではないが，ユダヤ教，キリスト教のプロテスタントが最も個人主義的傾向が強く，ヒンズー教，仏教が最も共同体主義が強いことを示している。その人物の国籍は必ずしもその違いを明確に説明できてはいない（図表2－8)。

エントロピー（不確定度）	個人主義ー共同体主義
最も低い（重要度の高い変数）	国家
	宗教
	産業
	教育
	年齢
	性別
	職種
最も高い（重要度の低い変数）	企業風土・文化

オランダで操業しているある巨大な国際石油企業の研究開発に関する業務のパートナーである日本企業とのアライアンスで，どのような報酬制度を導入するのかという興味深い議論が展開された。そのアライアンスには，主にオランダ，イギリス，アメリカ，ドイツ，および日本が絡んでおり，すべて多文化のチーム編成で仕事をする必要があった。

このケースを見てみよう。

アメリカ人やイギリス人に対しては，お互いにより競い合い，かつ刺激し合う個人の業績ボーナス制度の導入の可能性はあるが，共同体主義の日本人やドイツ人には，このタイプの報酬制度では極めてモチベーションを下げてしまうであろう。代わりにチームボーナスの導入を望むであろうし，確かにそれは日本人には歓迎されるが，その制度でアングロサクソンの人々は動機づけられるであろうか。まずありえない。

それではなぜ妥協して，50パーセントはチーム業績で，残り50パーセントは個人業績で測定できる制度を取り入れないのか。しかし，そうするとグループ頼しにくい文化と見なす。この感情表現の違いは扱い方を間違えると，疑心暗鬼や不信を招き，最終的には敵意すらも生み出すことになる。

チャールズ・ハムデン・ターナー（Charles Hampden-Turner）とフォンス・トロンペナールス（Fons Trompenaars）は，ドイツのドレスデンに建設される新しいAMD社の施設で一緒に働く可能性のあるアメリカ人について，ドイツ人にインタビューをしたことがある。ドイツ人たちはアメリカ人がよく行う楽しそうな振る舞いにはとまどいを感じていると述べている。彼らは我々の背中をたたいて，我々の良くできた仕事に対して大いに誉めてくれる。正直言って，我々の仕事がうまくいっていることは自分たちでわかっている。我々はそのことについて，そんなに頻繁に誉めてくれなくても良いと思っている。彼らの振る舞いは時々，自分たちがまるで受け売り専門であると感じさせる。

これが，アメリカ人に対するインタビューでは，ほとんど正反対の内容になるだろう。ドイツ人たちは，彼らが普通に感じることはあまり語らない。もし話したとしても，それは多分否定的な内容になるであろう。彼らは不平不満を述べるのが大好きである。そして，我々が良い仕事をしたとしても，そうすることが当たり前のことのように，ドイツ人たちは何も誉めたりはしない。このことはまったくやる気を削ぐものである。

感情を抑える傾向の日本人とジェット・コースター

約100年間，遊園地では，伝統的な木製のジェット・コースターが一番の乗り物であった。過去数十年，遊園地のプロモーターは「はらはらする乗り物」で，もっとスリルを味わえるものを追い求めてきた。そのような乗り物の技術は，設計技術者に，乗客が一連の加速や回転を味わった後，次の恐怖の直前にほんの一瞬ほっとする時間を取る設計を求めている。欧米の乗客は，この恐怖の経験を心から体験するために，金切り声を上げたり，手を振ったりするのである。

近代的なエレクトロニクスと安全基準に支えられて，現代では，ジェット・コースターの製造は，大きなビジネスになっている。アメリカやヨーロッパの専門製造業者は，今までその技術を輸出しようと努力してきた。カリフォルニア州のある専門製造業者が，日本の遊園地にいくつかのジェット・コースターを設置した。非常に実績のある設計にもかかわらず，日本の乗客に頭のけがが次々と発生した。調査の結果，日本人の乗客はジェット・コースターに乗っている時，まっすぐ座って手を振る代わりに，半分お辞儀をする格好で頭を低くして座っており，その結果，乗客を支えるために作られた支えに彼らが頭をぶつけてしまうことが判明した。この事故を防ぐために，日本の安全基準では，日本人が比較的感情を出さないことを考慮した設計をしなければならない点に注意して，かなりの費用をかけて頭の事故を防ぐための設計変更が実施された。日本人はスリルを味わっていないのではなくて，自分たちの頭を下げることによって，スリルをコントロールしていたのである。

イーストマンコダック社はアメリカ人が好む「思い出」の広告宣伝を実施したが，イギリス人はそれが非常に感傷的であるとコメントしている。マイケル・ポーター（Michael Porter）はドイツ人がマーケティングとは何であるか知らないと言っている。彼のアメリカ的概念によれば，マーケティングとは自社製品の品質を包み隠さず提示することである。ドイツ人は，使用済みの中古車でも販売していない限り，それは自慢話であり，受け入れられないと表現するであろう。ドイツでプラス面を表現するためには，より繊細さが必要である。すなわちポーターとは違う繊細さが必要なのである。

感情的になることは冷静になることである

『21世紀の21人のリーダー』の中で，著者グループは何人かのリーダーは非常に情熱的であり，その他のリーダーは非常に自分自身を抑制している傾向があることを明らかにした。リチャード・ブランソン（Richard Branson）の表情豊かな振る舞いをみると，彼の同僚が，彼が必要に応じてうまく自分の感情を抑える点を賞賛していることに気づく。一方，マイケル・デル（Michael Dell）の同僚たちは，彼が通常自分自身をコントロールしているようにみえる時に，より彼の感情に注意するように警告している。

これは，目立つスタイルと，目立たないスタイルとの調和の問題である。

国際リーダーとして有効に機能するためには，お互いに理解される限り，目

図表2－12　感情的になるために冷静になる

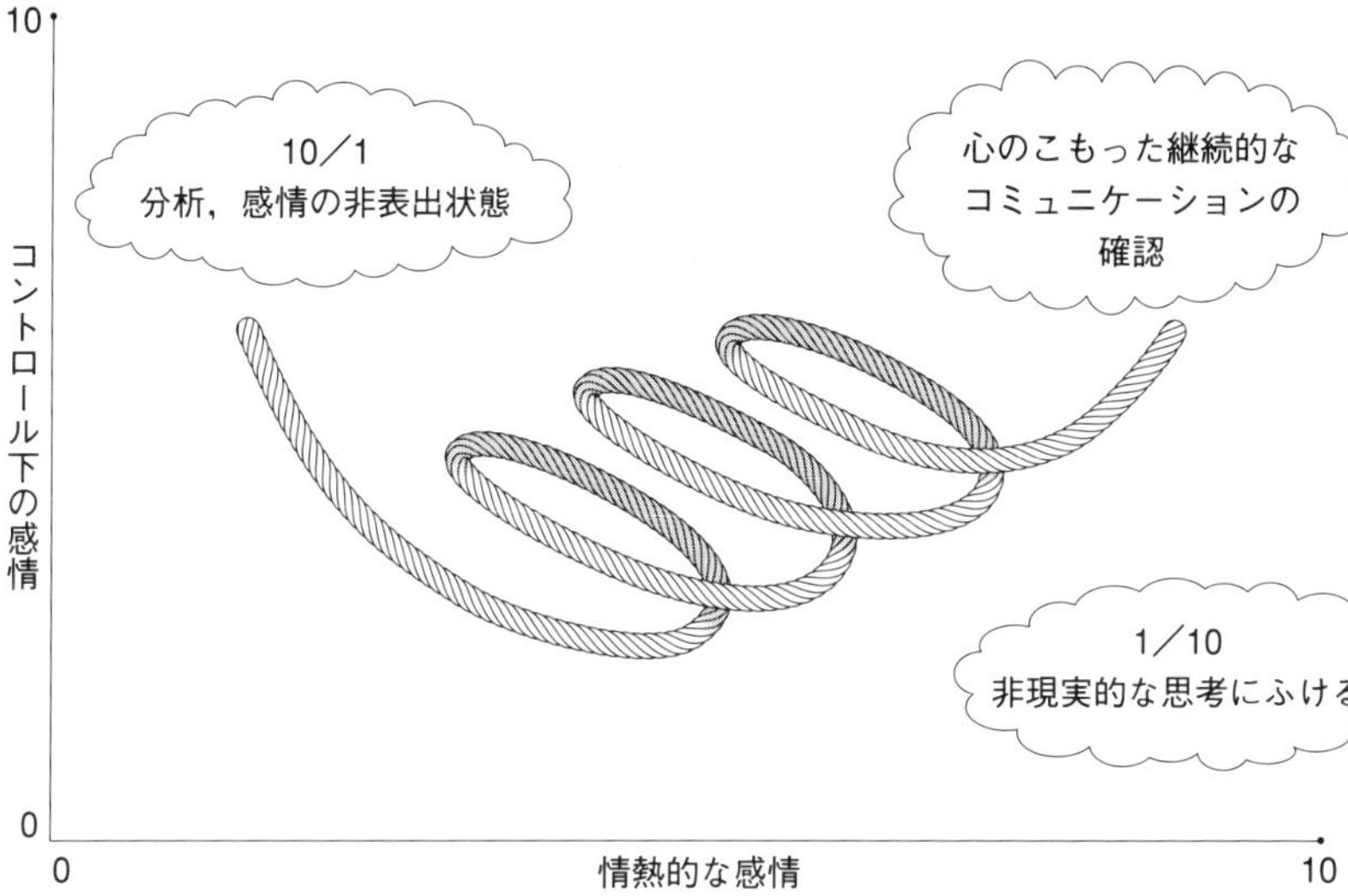

立つ立場か，目立たない立場かは問題ではない（図表2－12）。

〈注〉

1）Charles Hampden-TurnerとFons Trompenaarsの共著『7つの資本主義－The Seven Cultures of Capitalism』Piatkus, 1994より引用。

2）Fons TrompenaarsとCharles Hampden-Turnerの共著『21世紀の21人のリーダーたち』Capstpne, 2001より引用。

〈訳注〉

1）ID3のアルゴリズム－決定木学習は最も広く用いられ実用的な帰納推論方法の1つである。決定木学習は完全に表現された仮説空間内を探索するので，制約された仮説空間に関する困難を回避している。大きなツリーより小さなツリーを優先する。ID3アルゴリズムは分割統治法に基づき，事例を分割するための属性選択を繰り返しながら決定木を集成していく。決定木の枝刈りを行うことでより予測精度の高い木を生成する。

第3章 その他の価値基準

その他の価値基準について見てみよう。

関与特定主義と関与融合主義

この異文化の価値基準は，人間関係への関与の程度を表している。これは生活の一部や個性のレベルにおいて，ある特定な部分の関係を維持するだけなのか，あるいは同時に多くの局面において，融合的な関係を保つのかの程度を表している。

関与特定性の傾向の強い文化では，マネージャーは自分自身が部下と関係するある特定の仕事の関係を他の問題と区別して考える傾向がある。しかし，ある文化では，すべての生活の空間とパーソナリティーの各レベルはその他すべてのものと一緒に考える傾向がある。

次の例がこのことを説明している。もし，あなたが誰かに結婚した理由を聞く場合，彼らは「税法上の最大のメリットを得るために」と答えるかもしれない。彼らは，結婚が税法上のメリットを最大限にする「ある特定の問題」ととらえる関与特定主義の文化を背景に持っているのである。一方で，彼らが「それは愛であり，我々２つの家族が１つになること」と答えるとしたら，彼らは関与融合型（共同体型）文化の出身であろう。そして，彼らが税法上のメリットも活かしているとすれば，それは明らかに両方の文化の折り合いをつけているのであろう。

図表3−1　関与特定型　対　関与融合型（何が公で、何が私なのか）

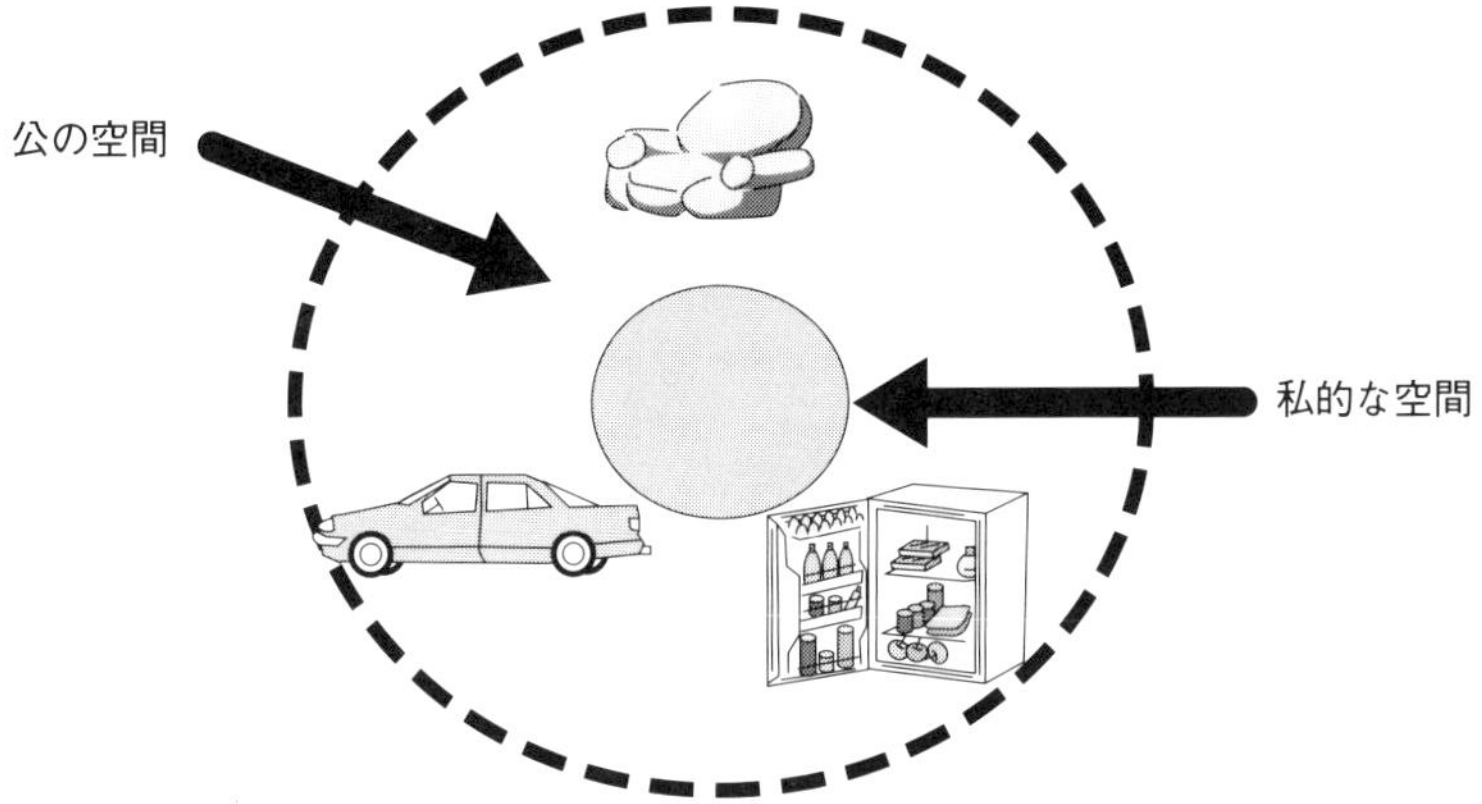

関与特定型文化は，その大多数が株主の価値を信じる文化である。関与融合型文化は，物事を世界観としてとらえて全体的に考える文化である。両者は株主の価値を強調する。「特定」は分析的であるが，一方「融合」は全体的で，人が関与する度合いが強い。

ドイツの著名な心理学者であるクルト・レヴィン（Kurt Lewin）は「アメリカ人たちはよく人を驚かせる。彼らは非常にオープンで，その人をほとんど知らなくても話しかける。どうしてアメリカ人はあんなにオープンなのか」と述べている。その答えとしては，彼らは関与特定的であるが，彼らは自分のプライバシーを自分で守っているから，アメリカ人は極めてオープンなのであるとしている。これはピーチモデルである。噛むのは簡単だが，真ん中で固い種に当たるのだ（すぐに話しかけたりするが，自らのプライベートの部分はきちっと区分する）。

アメリカにおける公とは何か。

著者（Trompennars）は，次のように述べている。

私がアメリカにいたとき，典型的なアメリカ人の友人がいた。彼は私が引

図表3−2　関与特定型はお互いの公的な空間の中で交流する両者の間で発生する

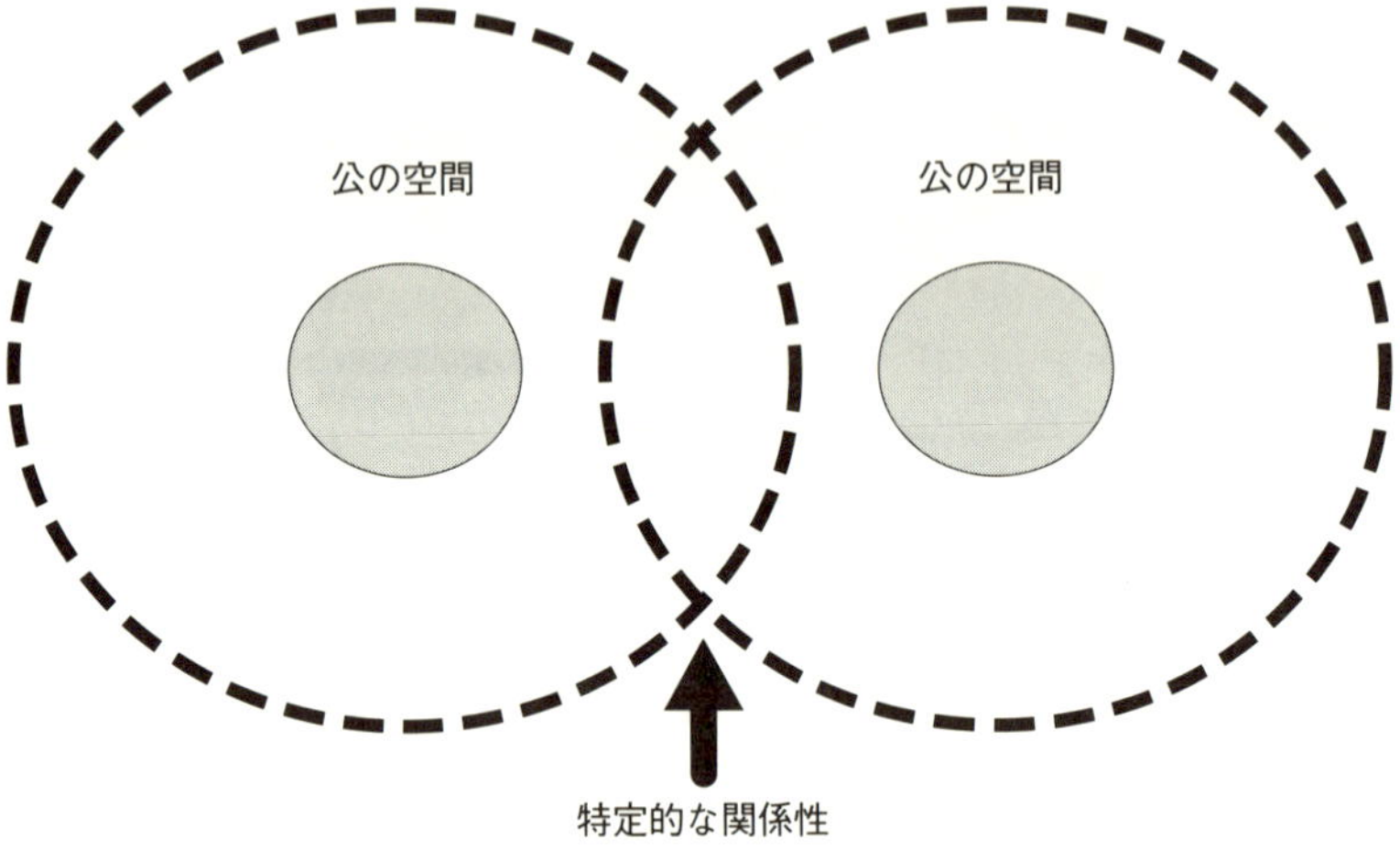

越しをするのを手伝ってくれた。引越しの日の終わりに，２人とも非常に疲れたので，私が「ビル，ビールを飲まないか」と声をかけて，振り返ったときには，彼はすでに冷蔵庫のところに行っていた。アメリカ人にとっては，冷蔵庫は「公」の部分に入り，多くのヨーロッパ人にとっては，それは「私」の部分である。私に言わせれば「勝手に私の冷蔵庫を開けるな！」である。

最初の３か月間，我々には車がなかった。アメリカ人の友人は，アメリカ人らしく，私が車が必要なときにはいつでも車を貸してくれると言ってくれた。こんなことは，ドイツでは決してありえないことである。

アメリカにいる間，アメリカ人が引越しをするとき，しばしば自分たちの家具を残したまま引越しをするのを見てきている。彼らにとって家具は「公」の部分であり，それはある機能的な明確な役割を持っているのである。これはフランスでは考えられない。フランス人は家具を捨てることなどできない。家具は家族に属しており，家具の持つ意味は，家具そのものの意味を超えている。すなわち，家具は家族と家族の歴史についての何らかの意味を現しているのだ。

レヴィン（Lewin）によれば，これはいわゆる特定的な関係性につながるも

図表3−3　関与融合型では両者の交流は公的と私的な空間で発生する（両者は公と私的な空間を共有する）

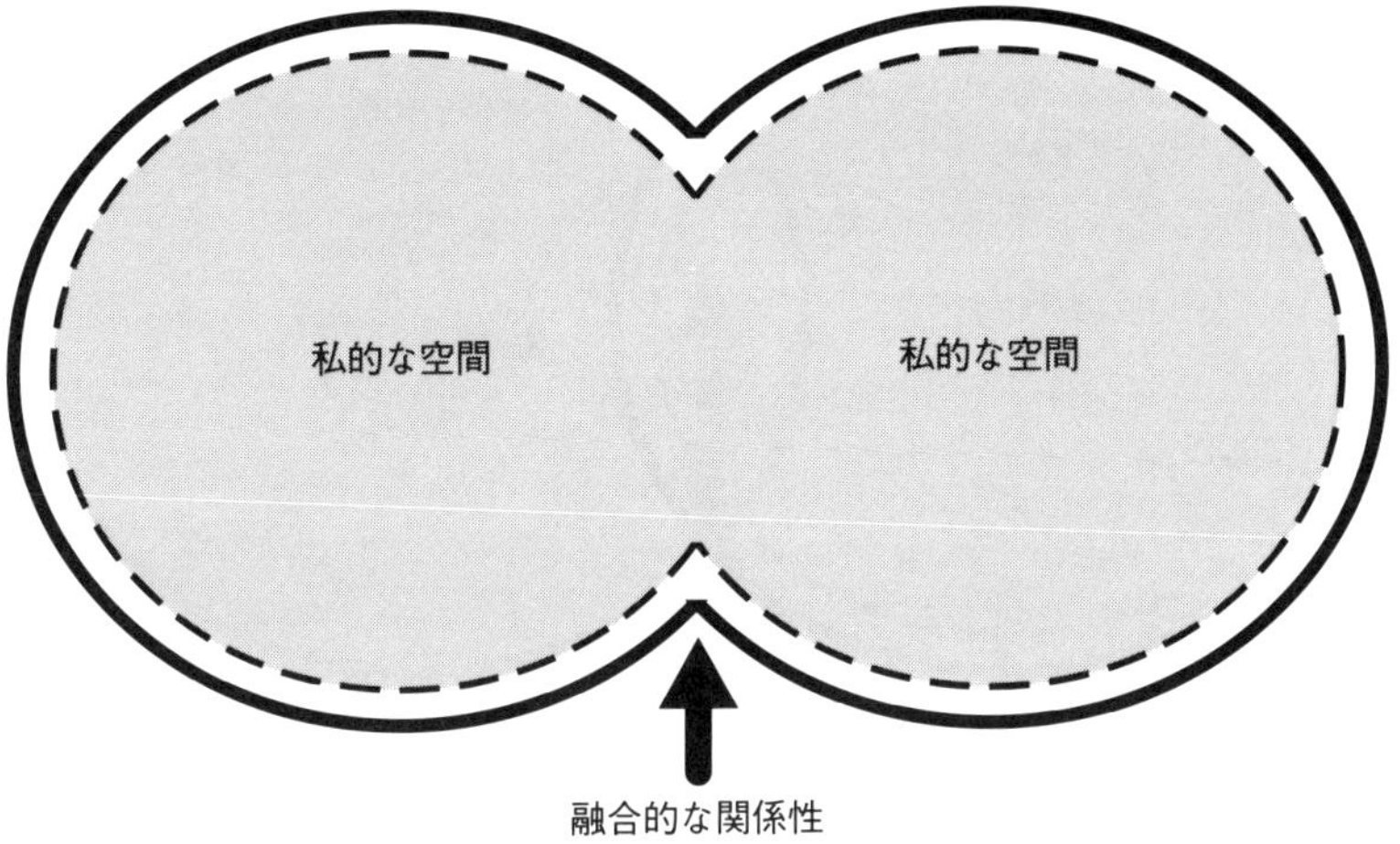

のである。もし私があなたと関係があり，また，あなたが私と関係があるならば，我々はこの関係がどんな関係であるかについて何らかの意味を与えなければならない。あなたは人間個体ではなく，人的資源なのだ。これはレヴィンが「Ｕタイプ」と呼んでいるものである。彼はドイツ人であった。彼は関与融合型を「Ｇタイプ」と名づけた。アメリカでは，アカデミックタイトルである「博士」の称号を授けられても，彼らはそのタイトルを大学でしか使用しない。大学から１歩でも外に出れば，人々は「こんにちは，フォンスさん，やあ，ピーターさん」と呼ぶが，大学の中では「トロンペナールス博士，ウーリアム博士」と呼ぶ。あなたの肩書きでさえ，状況によっては特別な意味を持つのである。一方，ドイツでは，最も良い例はオーストリアでの例だが，どんな場所でも「博士」と呼ばれる。例えば職場で，学会で，そして肉屋でも「博士」と呼ばれる。これはまったく対照的なモデルである。

ヨーロッパやアジアに行くアメリカ人が直面する問題を見てみると，アメリカ人が最初の関係構築に与える意味は，国境を越えたとき通用しなくなってしまう。ヨーロッパやアジアでもプライバシーは大切である。ドイツでは，あなたは“Du”ではなく“Sie”と，フランスでは“Tu”ではなく“Vous”と呼ば得るようなもの，例えばその国民にとって大切であると考えられる高い技術力やプロジェクトなどを表している。そのステータスは一般的に，仕事，ある特別な機能，技術的な性能とは無縁である。

権威や説明責任に与えられる価値については，より多くの意味合いがある。実績主義傾向の文化では，権威ある地位にいる人々は，組織の業績に対してある種の説明責任を取らなければならないと感じている。これは，誰かが上司ならば，その職位や地位は彼ら自身が獲得したものであり，したがって，その職位や地位での責任を取らなければならないという論理的解釈に基づいている。しかし，多くの文化では，権威の位置づけは，あなたの家族が誰であるか，それなりの学校に行ったのか，どんな家系に生まれたのか，性別や年齢がどうなのか，年上であるのかという，持って生まれた経歴を意味している。そのため，誰かが権威ある地位に就いていたとしても，必ずしも彼らがその地位を維持するために，組織の目標を達成しなければならないとか，そのために動機づけられなければならないことは，彼らにとってあまり重要ではない。

本書の読者も，もし自分自身の努力の内容を評価したりまたはトレーニング後のフォローアップをすることが，遠く離れた場所にいるマネージャーたちによって実施されるならば，彼らに実績を示すことがあなた自身の人事計画やキャリア開発において，いかに大切であるか想像できるであろう。属性主義傾向の文化の中では，このようには機能しないものもある。なぜならば，マネージャーは必ずしも業績（我々が西洋文化で定義しているような実績）だけでは自分の地位を確保できず，そしてただ業績の高いマネージャーだからといって，その地位を維持することはできないのである。いかなる新しいマネジメントであっても，属性主義の従業員からはまったくステータスがないとか，組織内の立場がないとか，信頼に値する権威がないとみなされるであろう。

このジレンマは，特にビジネスのパートナーが，組織内の昇格などに関して異なった伝統を持っているようなときに，明らかに大変な課題となる。実績主義の文化では，あなたの地位はあなたが組織に対して何をもたらすかによって，保証されることが多い。最悪の場合でも，前回の実績より良い実績を残さなけ

図表3−6　現状の成り行きまかせの生き方に同意しない比率

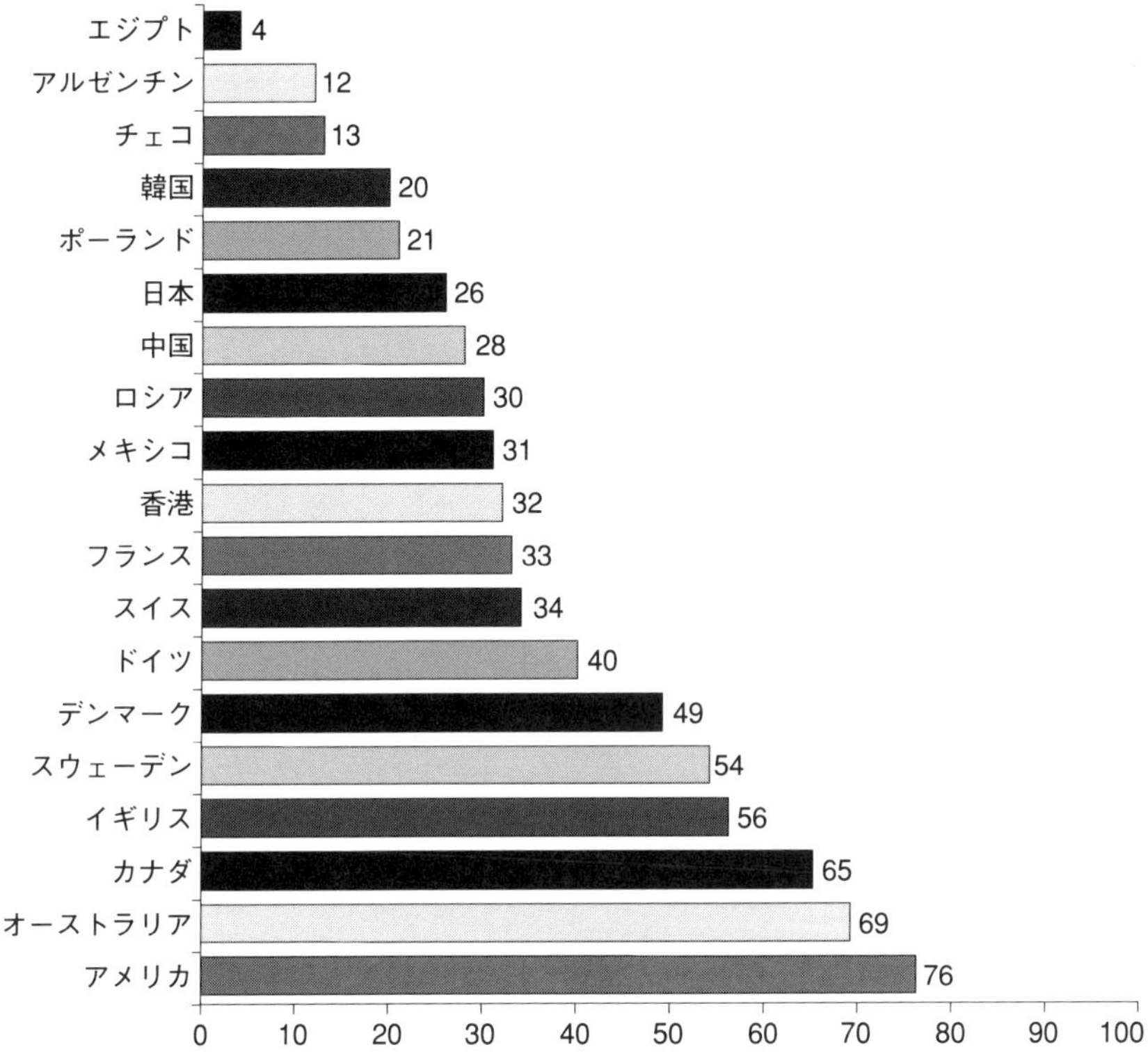

ればならない。属性主義の文化では，年功や長期にわたる献身的な忠誠心がそれ以外のものより大切なのである。

著者グループは，約65,000人の参加者に，次のような内容の質問に回答してもらった。

人生において最も大切なことは，たとえ，自らが実績を残さなくても，現状に最もふさわしい方法で考え，行動することである。

その回答の結果は図表3−6に記載されている。

ここにおける問題は，全体の社会や歴史が属性的なステータスを重要視しな

図表3－7　職制マネジメント階層別「実績主義傾向」の平均値

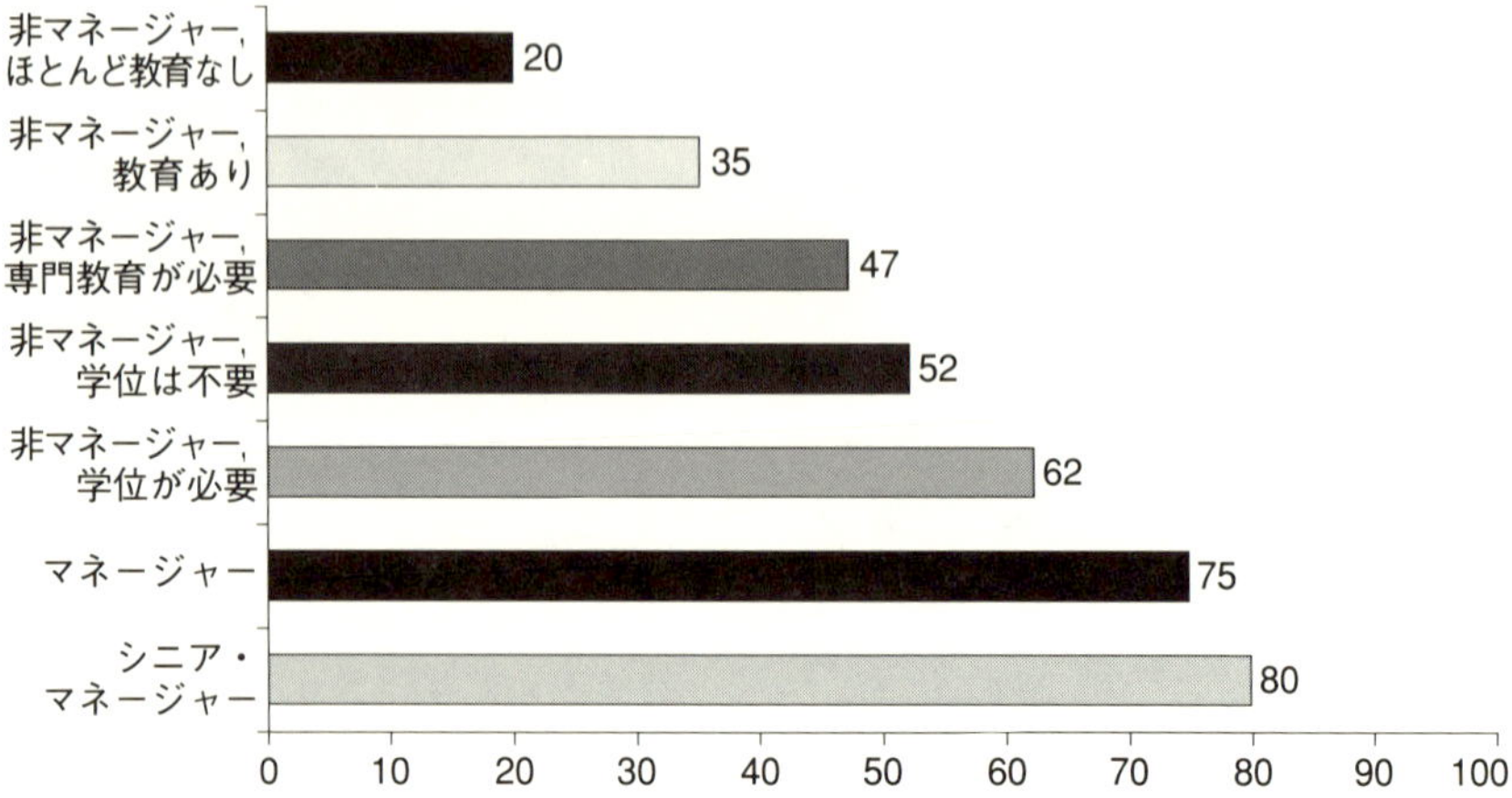

い人々，すなわち実績主義の人々が，どのようにして人間に関連するステータスを尊重することができるようになるのかということである。カナダ，アメリカ，オーストラリア等の新しい国々の大部分は，出身地，血縁，社会的なステータスで判断されることに同意できずに，（自ら進んでそうしたかどうかはともかくとして）ヨーロッパを後にした人たちであることを考える必要がある。

これらの国々において，我々は人々がステータスは勝ち取るものよりはむしろ，与えられるもの（属性的なもの）として彼らの社会の中でどのようなものがあるかを尋ねることがある。すべての文化に共有される分野として両親がある。一般的に子どもたちは，両親たちの業績がどのような状態であっても，両親を簡単に解雇することなどはできない。多くの両親はこのことを知っている。両親たちは決して解雇されるようなことがないにもかかわらずむしろ一生懸命働くであろう。多くの両親たちはさもなければ自分たちの子供たちが月並みの状態に終ってしまうことを知っているのである。そのため，ある文化では，これらの属性ステータスはより多くの責任を負わせる結果になるのである。

階級層に応じた実績主義と属性主義

著者グループが職位に照してデータベースを見てみたところ，実績的な傾向は年功と共に強まることが理解できた。組織階級の中で経験が浅くて年齢の若い下の階層のスタッフは，自分たちの上の者を彼らのステータスで見る傾向がある。これはマネージャーたちが自分たちを管理（マネジメント）するからであり，単に彼らの給与が高いからではない。しかし，部下たちは上司が実際に何をしてどのような実績があるのかについてはあまり知らない。

このことは驚くべきことではないが，この傾向は非常に強い。

エントロピー（不確実性）	実績主義と属性主義
最も低い（重要度の高い変数）	国家
	産業
	宗教
	仕事の役割
	年齢
	教育
	企業風土・文化
最も高い（重要度の低い変数）	性別

実績主義と属性主義傾向の調和と折り合いのつけ方

多くの文化において，属性主義か，実績主義かのいずれかがかなり強調されているが，通常両方の考え方は共に強化されるものである。属性からスタートする人々は，自らのステータスを活用することにより，物事を成就させ，目標を達成する。実績からスタートする人々は，大抵，成功実績のある人物やプロジェクトを重要と考えて，優先的に取り扱うことから始める。このようにしてすべての社会では，まがりなりにも属性傾向と実績傾向が同居している。それはまた，そのサイクルがどこからスタートするかの問題なのである。国際的なマネージャーはこのジレンマの波に乗って調和できるのである。

我々は，BUPA社の営利志向 対 非営利思考というジレンマを，社長のヴァルグッティング女史（Val Gooding）が成功裏に折り合いをつけたケースをこの実績主義と属性主義の特別なジレンマ調和方法の事例として見ることができる。彼女は株式市場での株の売買，あるいは，病人や弱者に奉仕するために十分なリターンを得るために株主に対して25%の利益を確保する必要があった。この場合経営者がサービスを提供する人々の面倒を見ることは，成功への必須条件であり，そのためには経営者は属性的な面を考慮する必要があった。BUPA社の先見の明のあるステータスに対する考え方とは，ビジネスを成長させる必要性と従業員の基本的な健康管理を同時に実施したことにある。強い成功したビジネス基盤を通して従業員の健康診断を実施したのである。そのことにより彼らは自分たちに対して行われたケアを顧客（BUPA社における患者）に対しても反映させる結果につながったのである。

組織内における実績主義と属性主義との古典的な折り合いのつけ方の1つとして，大学院生の採用の際に見られるケースがある。我々は大学院卒業者を「やがてマネージャーになる」であろうとみなし，彼らを育成的ポジションに順繰りに配属させ，（驚くまでもないが）さらに彼らに色々なことを経験，チャレンジさせてみるのである。そうすると彼らの多くが，彼らが目指したステータスに達し，目標とした成功を遂げようとしているのを見ることができる。評論家はこれを自己達成的予言と呼んでいる。人々を成功の可能性とうまく結びつけることにより，彼らがそれを達成するのを手助けして成功させる事例は，教育でも，ビジネスでも，スポーツの分野でも多くみられる。

他の例は，モトローラ社の事例である。10年間モトローラ社に勤務し，社長が書面で通知しなければ，解雇できなかった事例である。モトローラ社で10年もの間そのように成功裏に仕事をしたことはビジネスパーソンとして大変な実績になるものである。そのような「長期在職権」を得た人々はどのような行動を取ったのか。彼らは一生懸命働き，会社に対して高いロイヤリティーを示してきた。モトローラ社は伝統的にファミリー企業であり，家族の人々は実績を残すためには組織のステータスを社員の属性そのものにも求めるということを知っているのである。

折り合いをつけるための調和はロバート・グリーンリーフ（Robert Greenleaf）のベストセラーである『奉仕者型リーダーになるために（*On Becoming a Servant-Leader*）』の中でも，述べられている。すなわち，すべての行動を民主的に協議したがるリーダーは，すべての動きが考慮されなけれ

図表3—8　奉仕者型リーダー

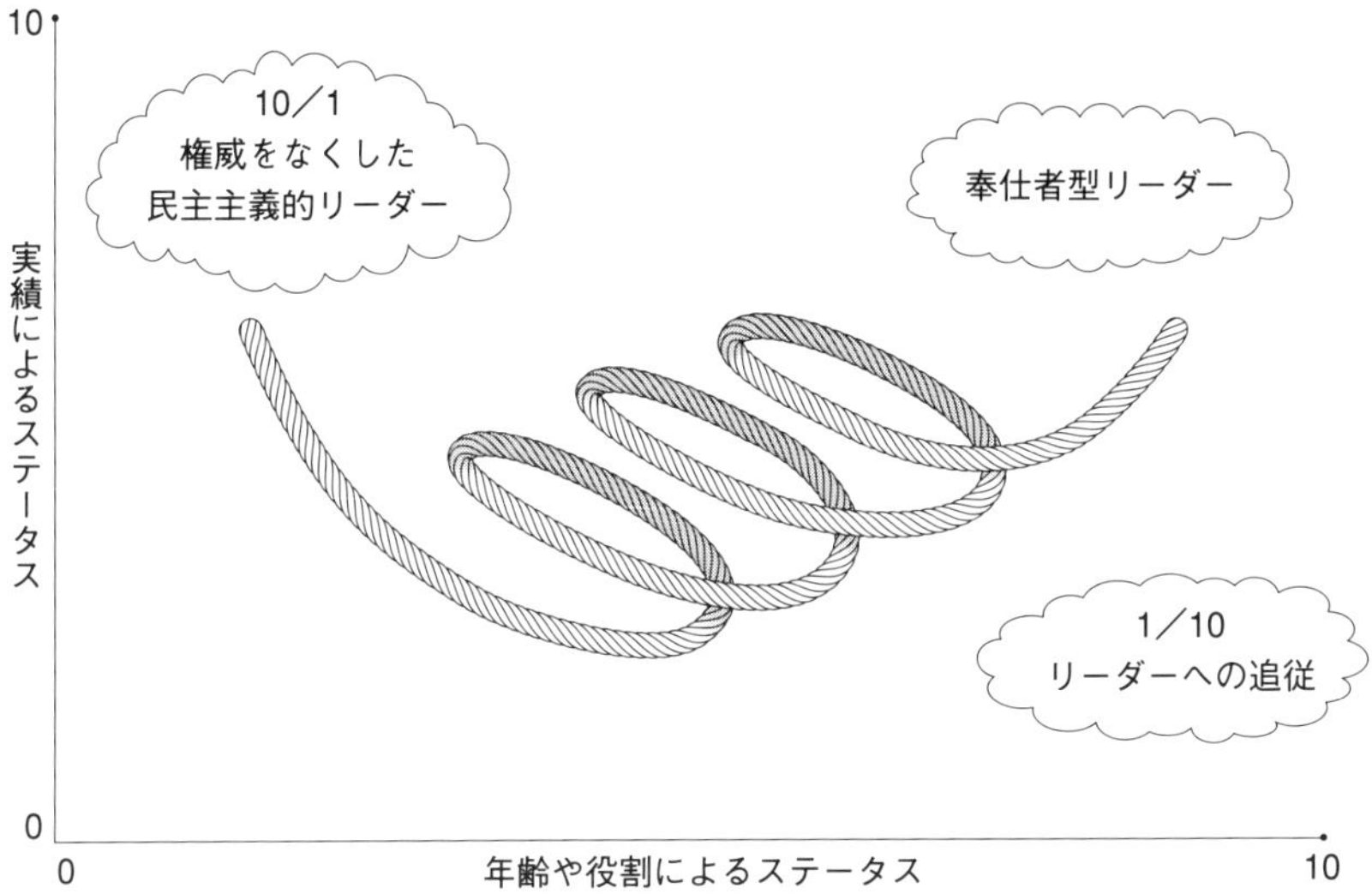

ばならないために，権威を失うリスクを負う可能性があると述べている。これでは，「権威をなくした民主主義的リーダーシップ」になってしまう。一方，いったんリーダーたちが聞く耳を持たなくなり，自分だけの指導に固執すると，一途なフォロワーたちはタビネズミのようになり，みんなで一緒に崖っぷちから落ちていくのである。訳注3)

「奉仕者型リーダー」は，自らの見解と他人から出される意見や情報を上手に選択することにより，絶えず権威を保つことができる。このタイプのリーダーは，自らの偉大な属性的なビジョンとフォロワーたちから出てくる見解を結びつけることにより，指導することができるのである（図表3−8）。

時間傾向：順次時系列型 対 同時並行型時間文化

マネージャーたちが自らのビジネス活動を調整するだけのために居るならば，彼らは時間についてのある種の共通した考え方を持つ必要がある。ちょうど文化が異なれば，人々がお互いの関係について異なった考え方を構築するように，時間に関しても異なった見方をする傾向がある。この価値基準の傾向とは，様々な文化が時間の様々な局面に対して与えるその意味合いや重要性に関連するものである。これらは例えば，過去，現在，未来，あるいは短期的か長期的か等に対して，人々がどのような意味を持つかということである。我々の時間についての考え方の違いが，それ自体様々な結果をもたらすかということである。我々の時間の見方が，順次時系列型，すなわち一連の出来事の経過として見るか，あるいは，同時並行型，すなわち過去，現在，未来がすべて関連していて，将来や過去の記憶の両方が現在の行動に影響を与えていると見るかということが特に重要なのである。あなたは時計に従って運転して，8時30分に事務所に到着する。その理由は，それが1日のおきまりの仕事の始まりだからか，それとも最初の重要な案件や最初の会議の始まる前に十分な時間をとる必要があるからなのか。

人々が属する文化によってなぜ時間に対して異なった見方をするかを調査してみると，非常に幅広く様々な見解があることに気がつく。

時間展望：短期間思考性 対 長期間思考性

ある有名なジョークについて考えてみよう。1人のロシア人と1人のスペイン人が話をしていた。ロシア人がスペイン人に，スペイン人の典型的な特徴について尋ねた。スペイン人が評判の悪い「アスタ・マニアーナ（また，明日）」の考えを説明したところ，ロシア人がその説明に対して熱心に反応してきたので，驚いて「ロシアでもマニアーナのような考えがあるか」と尋ねた。ロシア人は「もちろんありますが，我々の表現のどれ1つを取ってみても，緊急性の感覚を的確に伝える表現は存在しない」と答えた[訳注4)]。

このジョークは時間に対する明らかに異なった考え方について説明している。実際にある文化では，緊急という感覚は，もしあなたが忍耐強ければ，すべてが丸く収まればいいという感覚に置き換えられるように思われる。一方，他の文化では，速やかな行動を取るように求められると信じられている。株主の価値を重要視する場合の時間の感覚を考えてみよう。株主の価値が重要な場合には，時間の感覚は，ますます短くなる傾向がある。なぜなら，業績が四半期ごとに評価されるからである。短期的サイクルにおける鋭い判断により，実際に

いる。
もしイギリスやスイスにいるとすると，列を作って並んでいる現地のイギリス人やスイス人たちは，列に新しく加わる人がどのようにして列に加わるのかを黙ってじっと見ているであろう。しかし，並んでいる列の中に入り込もうとすると，彼らはあなたの並ぶべき場所は列の最後であることを明確に伝えるのである。

そして，我々はどのように約束を守るのか。我々は時間のマネジメントコースからまず重要で急ぎの事から手をつけるべきであると学ぶ。締め切りの意味は同じであるはずだが，締切日とその緊急性は世界中で同じような方法で扱われているのだろうか。

時間の扱い方は，文化の違いに依存していると多くの人々からコメントされている。既述の『歩行者の命に問題があったか』において，著者(Trompenaars)はスイス人をロボットにたとえるフランス人の話を引用している。すなわち，スイス人はすべての行動を時計によって計画している。例えばお腹が空いているからではなく，時刻が午後6時だから食事をするのである。もしあなたがフランス人についていつも遅れてくる人々と特徴を述べると，別の人も「そうですか。あなたもそのような話を聞いたことがありますか」と表現するであろう。そんな人々は，世界の大抵の国々では遅刻はごく当たり前のことと考えることが多いことを忘れてしまっているのだ。時間に柔軟な傾向の人々を，「原始的で非効率」と特徴づけるのは，北ヨーロッパと北米の人たちである。あるフランス人が，遅れることの問題は時間厳守をする人にとっての問題にすぎないと非常に明確に我々に説明してくれたことがあった。いつも時間通りくる人々は，彼らが会おうとしている人が遅れて到着するときに，待ち時間の間どうやって時間をつぶしたらよいのかほとんどわからない。このタイプの人はいつもその時間を無駄にしている。そしてフランス人は決して時間を無駄にしない。彼らはいつも時間をつぶす方法を知っている。そして，彼らは人の到着時間について，決して正確には伝えようとはしない。

約束

ドイツ人たちは時間に関して直線的な考え方をしている。つまり，時間をある一連の感覚の連続としてとらえているのである。１本の直線上に，過去から現在，未来へと伸びる形で表される。これにはきちっと固定した時間の枠にはまった日付，約束などの正確な計画が必要である。スケジュールはそのために重要であると考えられて，しばしば社会的，または個人的な義務よりも優先して考えられる。全体のシステムは，自分の時間スケジュールに正確に従う各々の個人に委ねられる傾向がある。そのため，遅延や遅刻に対する許容度は極めて低い。

一方，もしあなたが中国人と午前10時に約束をした場合，中国人の交渉先はあなたと「午前中に」会議があると考えるであろう。この文脈から，他の人も午前中に会議を開くことを求めていることを認識することが大切である。もし面会のアポをとった人々が中国人であるならば，彼らはおそらく時間を特定しないで，午前中に約束を入れるであろう。そのため，あなたが午前10時に先方を訪問してみると，あなたの交渉先が既に到着していた訪問者と話をしているような場合に出くわす。あなたと交渉先との関係のステータスのレベルに応じて，しばらく待たされたり，見知らぬ人々のグループに紹介され，会話に参加するように招き入れられたりする。同様にあなたが到着したとき，あなたが幸運であれば，交渉先に予定がないことがあるかもしれない。しかし15分もすると別の約束が入り込んでくるかもしれない。そのとき，次に来た人が待つように言われるか，あるいは中に招き入れられたり，あなたと同席をすることを求められるかもしれない。

エドワード・ホール（Edward Hall）は，スイス人の時間の考え方を「単線型」と述べた。一方，フランス人たちの考え方を「複線型」とした。単線的文化は時間を細い１本の線上でとらえ，一度に１つのことしかできないと考える。この文化を持つ人のことは，電話をかけているところを見れば，すぐにわかる。彼らは電話中に邪魔をしないでほしいというしぐさをするのだ。この文化圏の人は集中したやり方で，たった１つのことができるだけなのである。それではイタリアの人々を見てみよう。イタリア人は，コーヒーを飲みながら，うまく組立てて，多くの会話を同時並行にこなしている。複線型文化のイタリア人は，時間を平行した直線から成り立つ幅のある帯のようなものとして取り扱うのに慣れている。そのため，約束のアポイントメントを持っているにもかかわらず30分も遅れても何の弁解もしないのである。先方はいつも同時に別の約束もしているのである。アラブの文化では，何事においても最もふさわしい日を選ぶのが大切である。時間の扱い方の違いを認識する別の方法は，様々な飲食や料理の習慣から学ぶことができる。単線型の文化では食事もきちっと計画されて出されることが好まれるし，複線型の文化では，シチューや豆類などが好まれる（長く煮込めば煮込むほど，良い味が出る）。あるいは即席的にスパゲッティーのようなほとんどインスタント食品のような食事が好まれる。

時間のとらえ方にはこういった差異があり，我々すべてにとって非常に良く知られた事実にもかかわらず，組織は，時間の概念の違いが異文化間のビジネスに深刻な影響を与えることを認識しそこなっていることが多い。次の「サラミのケース」がそのことを良く表している。

「他にサラミをご希望のお客さんはいませんか」

順次時系列型の文化では，顧客はスーパーマーケットのお惣菜のカウンターで番号札を取って，順番が来るまで待たなければならない。この方法は「公平」と考えられており，顧客がただ単に列を作っているだけではなく，待っている間，色々なものを眺めることができるので効率的である。

同時並行型の文化では，店員が彼らの商品リストに載っている最初の品目（例えば，サラミ）を最初の顧客に売ると，その後で，「誰か他にサラミが欲しい人は」と尋ねる。その店員は「現在」の複数の線に沿って，「私は今サラミを売ろうとしている，誰か別の人でサラミが欲しい人はいないだろうか」と考えている。この考え方も，考えようによっては効率的である。そこでサービスを受ける人々がお互いに会話をしていて，非常に社交的である。

グローバルなコンピュータ企業のABC社は，アメリカで非常にうまく成功しているソフトウェアの事務所を持っている。その事務所は，ホテルの顧客のマネジメントシステム（HGMS）の分野で，長時間をかけて開発した定評のある一連のシステムを所有している。これらのシステムは，顧客のワークステーションをサポートするNTサーバーを含めたクライアント・サーバーの構造に基づいている。ユーザーシステムは，それぞれのホテルにあるオラクル社のデータベースの前処理や制御を実施するフロント・エンドのサービスを提供している。現存するシステムは各種のバグのトラブルも少なく，彼らの最も重要な顧客である，主要なホテルチェーンに対して，過去3年間にわたってうまく機能してきた。すべての現存する設備はアメリカ，イギリスをはじめ，北ヨーロッパに設置されていた。

そのホテルチェーンが最近イタリアの主要都市で22の現存のホテルを買収し，彼らの企業基準に合うように一新させた。彼らは現地のABC社のディーラーから，ABC社のコンピュータのハードウェアとHGMSのソフトウェアを，完成品引渡し方式で購入するようにアドバイスを受けた。後述のチェックアウトのモジュールは，オリジナルな規格によって動くのであるが，実際に稼動させてみたところ，まったく不適合であることが判明したのである。

そしてそのことに関連しているお粗末な広報とホテル客からの不満は，ABC社の企業イメージにダメージを与える結果となり得るのである。イタリアにおける小規模システム販売部門の長はイタリア人であったが，そのシステムが現地のニーズに合わないことを認めて，オリベッティー社がこの顧客ばかりでなく，イタリアの将来のホテルビジネスまでも獲得する可能性があることを心配していた。

この問題は，ホテルのスタッフが顧客のニーズに合わせるように，チェックアウトシステムを操作したことが原因で発生しているのである。顧客のA氏がチェックアウトのときに，ホテルの従業員はルームナンバーを聞き，確認して，ルームチャージ以外のその他の料金をまとめ，請求書に記載して，顧客に確認してもらう。顧客のA氏が請求書を確認している間に，ホテルのスタッフは同時に別の顧客のB氏にも同じように対応しようとするのである。すなわち顧客のA氏の記録を開いたままで，他の顧客の記録を検索し，同時に複数の処理をこなすことを目論んだのである。

しかし，このシステムが設計された方法では，このようなやり方を受けつけないように設計されていた。マルチ・アクセス・システムによる画面表示は，特定の顧客1人分のみ対応できるものであった。なぜなら，システム処理が，オラクル・エンジン固有のデータベースの参照整合性を維持するために二相コミットに基づいているからである。顧客の計算書を抽出し，最初の処理を閉じ，次の顧客の計算書を開くことには，時間がかかるし，反応が遅くなってしまう。そのため，実際には，顧客は順番に処理されるしかない。このことで現地の宿泊客（イタリア人等）はいらいらしてしまう。しかし，アメリカ人や北ヨーロッパの宿泊客だけがチェックアウトの列に並んでいる場合のみ，これは受け入れられることになるであろう。

時間軸傾向差異の調和方法

国際マネージャーは，しばしば大企業の将来の長期的な需要と地元住民の過去の経験との間のジレンマに悩まされることがある。欧米企業，特にアメリカ企業に蔓延する目の前のことだけに注意を払う考え方は，年度あるいは四半期ごとの実績と利益に対する株式市場のニーズによって，より強められる。

強い未来志向の場合のリスクは，過去の過ちから学ぼうとしない態度から発生する場合が多い。

日本においては，物事を同時並行に実施することにより，結果をスピードアップさせる技術を体験してきている。すなわち，いわゆる「ジャスト・イン・タイム」と呼ばれている製造技術である。これもまた，相反するものを統合することによって，最善の結果を生み出しているのである。

エントロピー（不確実性）	時間（いろいろの構成要素）
最も低い（重要度の高い変数）	国家
	産業
	宗教
	教育
	仕事の役割
	年齢
	性別
最も高い（重要度の低い変数）	企業風土・文化

あちこちからくる意見の集中砲火を浴びる

次は，同時並行的で，重なり合うイスラエルの議論のスタイルが，時間を時系列的にとらえるビジネスコンサルタントにどのような影響を与えるかを示している例である。

ある国際的な組織に関するコンサルタント会社が，イスラエルの企業からある大きなプロジェクトの仕事を依頼された。その会社は，4人のコンサルタントをイスラエルに派遣した。会社から派遣された4人のチームメンバーは，2人のドイツ人と1人のスウェーデン人，1人の北米人で構成されていた。彼らがイスラエルに到着した後で，4人とは別のもう1人のイスラエル人がチームに加わった。彼らの仕事は，イスラエル企業のマーケティング部門に各種のアドバイスをすることであった。

しかし，そこでそのチームの中心的なメンバーは大変難しい局面に直面することになる。まずコンサルタント会社のチームメンバーは，グループインタビューを通して初期データを収集することを決めた。プロジェクトの初日，このチームの5人のコンサルタントは顧客企業の7人のグループメンバーと会議室で対面した。彼ら5人は自由討議形式の質問をグループのメンバーに対して投げかけ始めた。顧客企業の7人のうち3人が同時に返事をして，2人が彼らの話に割り込んできた。そのうち3人はずっと話し続けた。これで話をしている人間の数は全部で5人になった。5人のコンサルタントはメモを取るのが精一杯であった。それからグループの6番目のメンバーが，ドイツ人のコンサルタントの1人の方に振り向いて質問を浴びせかけてきた。彼女の質問が，他の2人のチームメンバーである2番目，3番目の人を刺激した。この時点でコンサルタントのチームメンバーはお互いに顔を見合わせて，休憩を取ることを決めた。

この休憩時間中，コンサルタントチームのイスラエル人以外は，椅子に崩れるように座って，コーヒーを飲みながら，呆然としているように見えた。ドイツ人の1人が，手を頭に載せて座っていたが，「私はこんな状況には対応できない。頭が痛くて，打ちのめされた感じだ。集中できない。3人が一度に質問を浴びせてきたら，いったい誰に答えろというんだ」。もう1人のドイツ人，スウェーデン人と北米人は，一度に1人の人だけが話をするのでなければ，データを収集して，メモを取ることができない点で意見が一致した。
イスラエル人のコンサルタントは同情的であったが，彼も驚いた様子であった。彼は，「私はこのグループのインタビューの一言一句を楽しんできた。私は彼らのインプットによって，エネルギーを与えられたと感じている。我々はそれほど中身の濃いデータを入手している。もし我々がリラックスして，聞いているだけだったら，前後の関係が理解できなくなる」と述べた。

内的コントロール志向型と外的コントロール志向型

著者のモデルでの最後の価値基準は，人々が自然環境に与える意味合いに関連するものである。その文化は自然をコントロールするのか，支配するのか，あるいは自然に従順なのか。

15世紀のルネッサンス前のヨーロッパにおいては，自然は有機体として考えられていた。

そこには環境が存在していると人々は信じていた。その環境下で人間が何をしたらよいのかを決定していた。ロッター (Rotter) はこれを外的な統制の所在[訳注5)]と表している。環境が我々を支配しているのであり，その逆ではない。ルネッサンスの時代に，自然を有機体としてとらえるこの考え方が，機械的な見方に変わった。もしあなたがレオナルド・ダ・ビンチのように自然を機械として表現するとしたら，ここで押せば，あちらで反応を引き起こすことに認識し始めるであろう。あなたが，ここでもっと押し，あちらで反応を引き起こせば，あなたは自然をますます機械のように見るだろう。このようにして，自然はコントロール可能であるという考えが発達してきた。ここから自然は機械的なものであるととらえる概念，つまり，環境は我々がコントロールできるものととらえる概念が発展してきた。

自然を有機的にとらえる見方が支配的で，人間は自然に順応すべきであると考える文化では，個々の人間の行動は他人に対して配慮する傾向がある。人々は生き残るために「他の者に気を遣う」傾向が強い。彼らは自分自身ではなく，い関係で使われ，“Sie” は丁寧な言い方。同様にフランス語の “tu”，“vous” も “you” に当たるものだが，“tu” は親しい関係のときに使われる。

2) 日本ではペンキ塗りの代わりに引越しを手伝うケースが多く使用される。

3) タビネズミは，数が増えすぎると餌が不足するので，生存数をコントロールするために一定の周期で崖から飛び降りて集団自殺するといわれている。

4) 「アスタ・マニアーナ（また，明日)」の考えとは，急いでいようといまいと「また，明日」と先延ばししてしまうスペインの人々の行動傾向を揶揄していうもの。

5) 「ローカス・オブ・コントロール（locus of control)」は，心理学の用語で「統制の所在」と訳される。例えば，良いことがあったとき，それは自分が努力してきた成果ととらえるか（内的統制者)，たまたま運がよかったととらえるか（外的統制者）というように，何かが起きる原因（統制の所在）を自分の内部に求めるか，外部に求めるかの違いによって考え方，行動に違いが出る。

第4章

企業文化

ビジネスにおいて考慮しなければならない文化的要素は，国家間の違いから生じるものばかりでなく，組織内および組織間の違いから生じる問題も含んでいる。多くのマネージャーにとっては，彼らの組織文化には国民文化をしのぐ意味が存在する。例えば，日本にあるアメリカ企業に勤務する，典型的な日本人的思考や価値観を持ち合わせた日本人の若いマネージャーについて考えてみよう。彼がかなり高いマネジメント・ポジションに昇格するときには，彼はアメリカの本社を訪問するなど，世界中を旅行しなければならない。その際，彼は異なった国籍の同僚とかなりの時間をかけて，一緒に仕事をしたり，交流しなければならない。そのときには，国や国民性の違いが支配するのではない。「この組織で物事が処理される方法によって，彼らが共有できるもの」が大切なのである。彼らが共有する意味のシステムは，出生地から生じるのではなく，一緒に仕事をするために共有する方法から生まれるのである。それには，企業のロゴマークの付いた統一されたフォームを活用して，社内の同僚に対して，パワーポイントによるプレゼンテーションをすることから，いわゆる「社内言語」を活用して，(長期的な日本人思考性ではない) 短期的な予算関連の話から，e-mailでの挨拶，資源計画に至るまでが含まれている。

組織の企業文化は，現在では極めて大切な存在である。「文化のマネジメント」とは，企業文化の問題から生じる各種のジレンマを解決しながら，従業員が企業の目的を達成するために共に働くことができる企業文化を形成することにある。もちろん，このことは国民文化がまったく関係していないという意味ではない。ステータスに重きを置く傾向の強い世界の一部の国における組織は，実績に基づいて形成されるのではなく，属性に重きを置いて形成されるかもしれない。職場に多様な人材を抱えるグローバル企業とは何であろうか。さらに企業文化とビジネスとの関係は何であろうか。

この章では，人が組織文化の役割や評価に対してどのようにアプローチできるかを取り扱う。基本的なフレームは，現状の企業文化と理想的な状態とを比較して，具体的に折り合いをつけなければならないジレンマを明らかにすることである。それゆえに，理想的な企業文化はビジネス上の目標とそれが原因となるジレンマとの関連の中で議論されなければならないであろう。

企業文化を定義づける

組織文化は，1999年にシルベスター(Silvester)，アンダーセン(Andersen)&パターソン（Patterson）によって要約された難しい，とらえにくい概念である。その定義には，ある特定の時期にあるグループに対して機能する，正式に，そして各々の組織に受け入れられてきた組織としての「意味」のあるシステムも含まれている［トリス（Trice）&ベイヤー（Beyer）（1984)］。すなわちグループや組織が環境に適応することを学ぶにつれて発展する「基本的な条件」のパターンとしてとらえるシャイン［(Schein)（1996)］，またもう少し単純に「自分が居る場所で物事を取り扱う方法」として考えるディール（Deal）&ケネディ（Kennedy）などの諸説がある（1984)。近年，様々な組織によって率先されてきた数多くの戦略的，かつ文化的変化を促すプログラムが存在するにもかかわらず，組織文化を特定的に観察し，測定できるツールを開発する努力はほとんど実を結ぶには至っていない。さらに，文化の価値観の伝達に関する研究は，組織心理学でも未研究の分野として取り扱われている。また「グループ風土」といったチームレベルの文化を測定する試みがなされてきているが，職場のグループ内で共有された価値観の深層部分に焦点を当てた研究は不足している［シルベスター（Silvester)，アンダーセン（Andersen）&パターソン（Patterson）（1999)］。この結果として，組織文化，特に文化的変化が研究されることの明快さが薄められた感がある。

ごく最近，ハムデン・ターナー（Hampden-Turener）とフォンス・トロンペナールス（Fons Trompenaars）（2000）は，長年の幅広い研究データをベースに，これらの下層のモデルより優れた新しく法則化されたフレームワークを提示してきた。

企業文化の役割

文化は組織が進化するにつれて，直面する通常の問題を処理する一連のルールや方法であると我々が定義づけていることは，組織文化を理解する基本である。組織は常に現存する価値観と求められる価値観との間の緊張感を処理するジレンマに直面する。例えばM&Aや戦略的アライアンスのパートナー間のジレンマである。

確かに文化圏によって，これらのジレンマにアプローチする方法論は異なっているが，何らかの対応をしなければならない点においては大差はないのである。それぞれの文化は存在するために異なったチャレンジに直面しなければならないが，その運命は共有している。いったん，リーダーたちが問題解決のプロセスに気づけば，彼らはより効果的にジレンマと折り合いをつけることができるし，それゆえに今まで以上の成功をおさめることができるであろう。

組織開発やビジネスプロセスの改善での失敗は，企業文化を軽視してきたことに原因がある。しかしながら，ただ単に文化の要素を加えたとしても，十分ではない。このことが，たぶん，なぜ「文化」がこのようにしばしばおろそかにされるかを説明していると言えよう。価値観は人工的な物のようにただ単に加えられるものではない。文化は人と人との相互関係を通して絶え間なく形成されるものであり，岩のように「ただ単にそこにある」物ではない。このように文化は，組織の構成員が日々の仕事に精を出しているという状況においてのみ，意味があるのである。

M&Aと戦略的アライアンスにおける企業文化

M&Aや戦略的アライアンスを通じたグローバル化は非常に巨額なビジネスとなっている。その額は年間２兆米ドルを超える規模に達している。M&Aやアライアンスのようなビジネススタイルが今まで以上に追求される理由は，ただ単にグローバル戦略を実現するために行うだけでなく，政治的，財務的，制度的な収斂化の結果として実現されることもある。そうであっても，３件のうち２件の案件はその合弁事業を推進してきたことでもたらされると予想された結果に近い形には至っていない［トロンペナールス（Trompenaars）&ウーリアムズ（Woolliams）（2001)］。

M&Aやアライアンスに際して，一般的にはただ単に，現存する企業価値を購入することのみに関心があるために，全面的な統合に対する関心はほとんど持たれていない。しかしながら，最近の傾向としては，アライアンスを行う動機が，一連のその他にも期待されるメリットから生じるようになっている。すなわち，相乗効果を生み出す価値観（双方向販売，サプライチェーンマネジメント，規模の経済性など），より直接的な戦略的価値観（マーケットリーダーになること，既存の顧客層の取り込みなど）等が動機となっている。そのためにM&Aの前後では，機械的なシステムや財務的な試算査定の面から，新しい機会を活用することばかりに焦点があてられすぎている（KPMGコンサルティング，1999)。

こういった利益を生み出す作業は，技術システム，オペレーションシステム，財務的システムとマーケティングアプローチがうまく結びつくことで，可能になることを考えてみる必要がある。

著者グループの研究では，実際の利益を生み出すことができなかった根本的な失敗の原因は，全体的で，組織的で，方法論的なフレームワークの欠落にあると指摘している。経営幹部は，実際に予想される利益を生み出すために，何を統合して，どのようなタイプの決定が重要なのかわかっていないのである。統合の問題は，お互いの利点が生み出されるであろう運営上の問題に根ざすべきであるが，一方で，両方のパートナー間の文化的な差異のマネジメントに，より多くの配慮と資源が注がれるべきである。文化的差異や信頼関係の欠如のような人にかかわる問題が，アライアンスの失敗の70パーセントを占めている。このことは信頼関係を構築すること自体が，文化的なチャレンジであることに気づくと，よりいっそう際立つのである。信頼に足るパートナーとは何であるのかという互いの見解の差異ゆえに，信頼不足がしばしば起こる。さらに，異文化間のアライアンスは，国民文化ばかりでなく企業文化の差異も関係している。問題は，「客観的な」文化の差異に起因するばかりでなく，多かれ少なかれ企業や国民文化を包括したお互いについての理解不足に起因している。

M&Aやアライアンスに際しては，中心となる役割を果たすのは人事部門である。リーダーシップのスタイル，マネジメントのプロフィル，組織構造，仕事の実践や幅広いマーケットに関する理解などに対して，細心の考慮がなされなければならない。要するに文化は広範囲に広がっているのである。戦略家やシニア・マネージャーたちが文化の重要性を認識しているときでさえ，フラストレーションが溜まる。なぜなら，現在に至るまで，彼らは文化とビジネスの因果関係を評価して，数値化する術も持たないし，適切で効果的なアクションをとる術もないからである。

こういったM&Aやアライアンスに関連する顧客企業とこの問題に取り組んだ著者の幅広い経験から，著者グループは「文化の分析手法―Culture Due Diligence」なる新しい方法論を開発した。これは企業文化間の摩擦の結果が明確にされ，確実にその利点を引き出すための経営上のフレームワークを提供している。それはまた，3つの「R」，すなわちRecognition（認知），Respect（尊重），Reconciliation（調和）に根ざすものである。

企業文化に根ざす主要な緊張

我々の帰納的な考えのほとんどは，効果的で，特徴的な分析ツールやモデルのポートフォリオと，これまでに蓄積されてきた莫大なデータベースに基づいている。この考え方を活用することで，我々は組織自身が日々直面する緊張を円滑に取り除くことができるのである。

組織構造とは組織の分析にしばしば使用される概念であり，数多くの定義やアプローチが開発されてきている。従業員が彼らのお互いの関係と全体としての組織との関係に対して，どのような意味合いを持つかということに著者グループは注目している。組織文化が組織に対して持つ意味は，個々の人の文化

図表4−1　4つの企業文化タイプ

（７つの価値基準）が個人に持つ意味と似ている。すなわち，組織文化は目には見えないが組織を一体化させるテーマであり，意味，方向性，動員力などを生み出すばかりではなく，組織が挑戦的に取り組む場面で発揮される組織の全体としての能力に対して，決定的な影響を与えることのできるものである。

ある文化に属する個々人が，多くの共通な部分を持つ一方で，異なった人間性を持っているのと同じように，グループや組織にも同様のことが言えるのである。これが企業全体としての「企業文化」として認知されるものである。企業文化は組織の効率性に深い影響を与えるものである。なぜならば，組織文化は組織の中ではどのように意思決定がなされ，どのように人材が活用され，どのように組織が環境に対応するかなどということに影響を与えるからである。

我々は，より大きな文化に影響されてそれぞれの意味を持っている組織における関係性を３つの側面に分類することができる。

1．組織内の従業員間の一般的な関係
2．従業員とその上司と部下といった垂直方向の階層関係

図表4−2　文化の変容プロセスの流れ

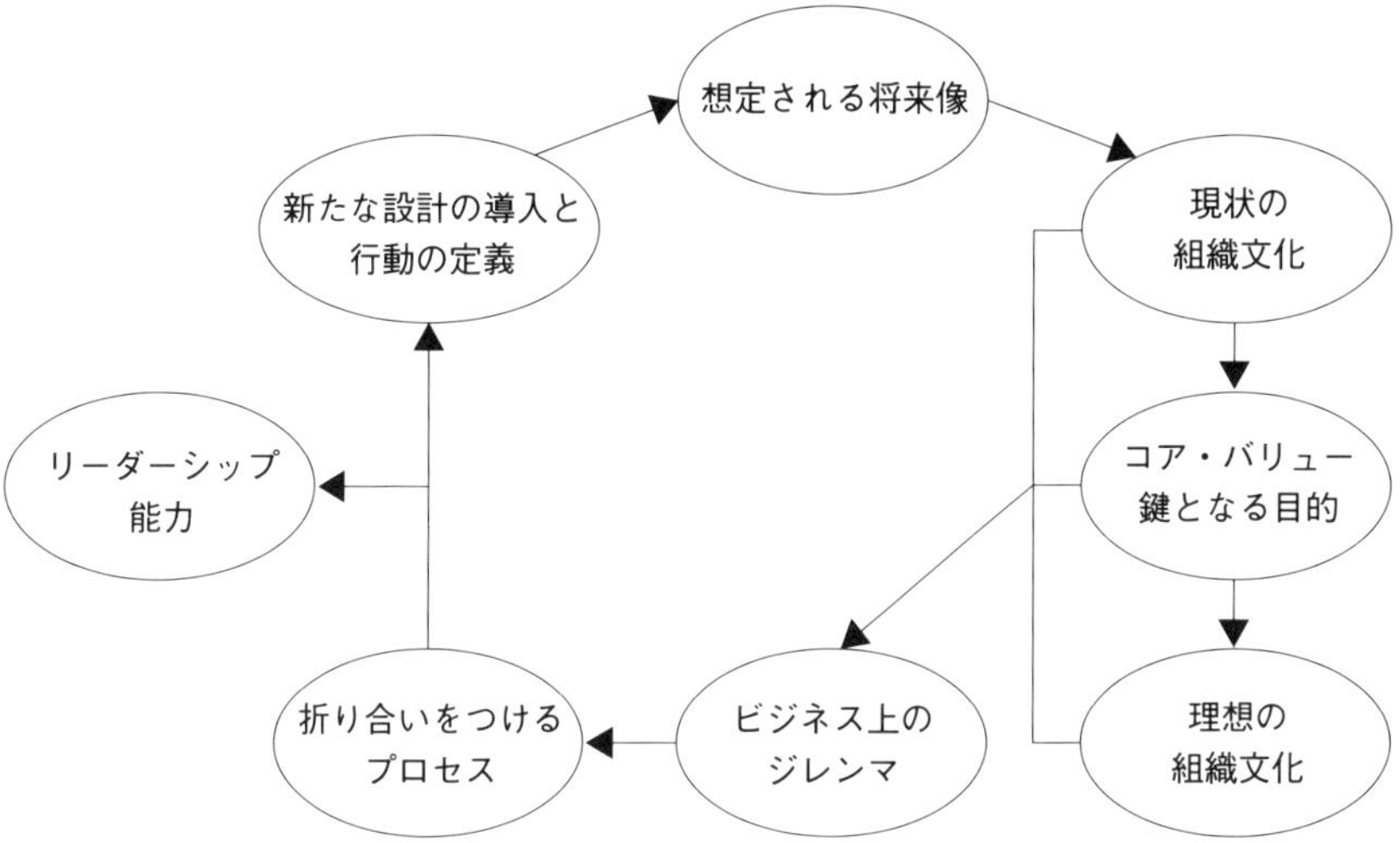

発見してきたことに基づいているから，組織文化のこういった側面を検証することができるのである。各々のシナリオから生じるジレンマは実際の顧客の状況から一般化され，それによって倫理的な問題や守秘義務の問題も避けることができる。図表4−2はそのプロセスを表したものであり，どこから始まるかは，文化によって異なっている。

ビジネスが存続するかどうかは，組織におけるリーダーシップの責任であることは，疑いの余地はない［シャイン（Schein）（1997）］。最高幹部の責任ばかりではなく，自らの行動をある特定の組織活動の存続と結びつけることのできる人々の責任である。すなわち「複合的なリーダーシップ」なのである［ペティグルー（Pettigrew）（1997）］。

ある点において，暗示的な文化の広がりやすい特質が，それを管理することを難しくしている。明示的なレベルでも，伝統的な風習でさえ，簡単には変更したりすることができない「聖なる牛」として，祀りたてられるのである。理想の世界では，それぞれの明示的文化の概念の背後にある暗示的文化の価値が何であるかを深く考えてみることにより，暗示的文化がまだそこの文化的価値観を提供していて，さらに，強化している最善の方法であるかどうかを確認することができるのである。文化が生み出した物が「聖なる牛」になるとき，それらは存続することも，成長することも，変化することも不可能になる。このことはあなたの聖なる牛を新しい文化に持ち込もうとするときに，特に重要である。

組織文化はしばしば「独特なもの」として取り扱われ，高次元なレベルにあるものなので，マネージャーたちはトップダウンの行動なしには，目に見える形で実際の組織文化に影響を与えることはできないと思う可能性がある。

一方で企業文化が我々のビジネスのミッションと一致するように企業文化を変革させなければならない反面，現在の存続する企業文化と一致する新しいビジネスミッションを創り出す必要があることを述べることで，これらの極論を要約できる。

将来のあるべき姿

これは，組織が目標とする成長を成し遂げるためには何を達成し，創造するためには，将来どのような形になることを望んでいるのかを示すものである。大きく，やり甲斐がある，大胆なゴール（BHAG: Big, Hairy, Audacious Goal）をはっきりとみえる形にすることは，成長を実現させるための大胆なミッションなのである。それは明確であり，人を動かすものであり，様々な努力を１つに結合させるものとして機能することが求められる。それがあれば，人々は目標を明確に把握し，活性化され，深く集中することができるようになる。将来を見据えた大胆なゴール（BHAG）は，組織全体に意味を持つ。将来の10年から30年先を見通すために，組織の現有能力と現在の環境を超えた思考性が必要となる。また，エグゼクティブのチームはただ単に戦略的で，策略をめぐらせるだけではなく，ビジョナリー（予見的）でなければならない。そして，それは確実な賭けではないが，組織はとにかくゴールを達成することができると信じなければならない。

著者グループの専門的な実務経験から，ビジョンとして「活き活きとした表現」を発展させることが，人々が頭の中で描けるイメージを創り出すことができ，そのビジョンを活き活きとした魅力のある意味の深い形に落とし込むことができることがわかってきている。いったん，一定のレベルの情熱，感情，確信を手にすることができるようになると，我々は現状と将来の理想との価値を創造することが可能になる。

企業文化とビジネスの将来との関連

例えば，中核となる価値観や主要な目的，現状の企業文化と理想の企業文化の間のような将来を見据えたあらゆる情報は，企業文化の問題から生じる緊張を処理するに当たって，どのように基本的なジレンマを解決しなければならないのかについて，マネジメントサイドを刺激し，考えさせるのに役立つ要素を含むものである。

著者グループは，ワークショップの参加者に彼らが現実のビジネスの世界で感じる緊張を作り出してもらい，それらを現実と理想の文化の間で参加者が体験する緊張感と関連づけるのである。例えば，現実のビジネスの緊張感として，次のようなコメントを聞くことがある。

「我々の組織は次の四半期の結果に焦点を当てすぎており，創造的で次世代の革新が何であるかを見通す十分な時間がない。」

この例は，現在の企業文化は誘導ミサイル型だが，望まれるプロフィルは孵化型であることを説明している。

我々は，現存している組織文化は，その文脈が彼らのリーダーたちがビジネスで直面する主要なジレンマに最も適合したために，発展したことに気がつくのである。例えば，孵化型の文化は，たまたまそのリーダーが起業家の中核となる価値と革新を追及する一方で，異文化間マネジメントの思考とコンサルティングの分野で，最も革新的な組織になるなどの先を読んだ未来を期待することができるのである。誘導ミサイル型文化は，誠実さと透明性を中核として，顧客が財務分野で最も高いROIを獲得するのを手助けしたいと思うリーダーに最も適している。

しかしながら，ビジネスの環境やチャレンジは絶えず変化している。いったん，ある組織文化が形成されると，より高いレベルでそれ自身が新しいジレンマ（または変化する環境の動き）を形成する。例えば，非常に孵化的な企業文化を持つ組織において，多くの革新的な考え方が生まれ，それらを管理して商品化する場合には，よりマーケットを意識して，誘導ミサイル型の組織文化の要素に焦点を当てるかもしれない。一方で，誘導ミサイル型の強い企業文化は，従業員たちが市場価格に大きく影響を受けることから，長期間にわたるビジョンやコミットメントを組織内に形成するために，家族型組織文化が必要になる。

最初は組織の主要メンバー（通常はトップの25－50名ぐらいであるが）に，まず彼らの現在の企業文化からさらに何を望み，何を維持していくか，また将来の理想とされる企業文化から何を望み，何を維持していくかということをリストに挙げてもらう。さらに引続いて，５，６人のグループに分かれて，想像できる将来とその中核となる価値観や主要な目標とを照らし合わせながら，３つの主要な現状と将来の理想とされる価値観を取り上げてみる。各グループの代表には，現在と理想とされる企業プロフィルについて，４つから５つの価値観や行動を選択するに当たり，その選択方法を他のグループに相談してもらう。著者グループは，将来の理想組織と中核となる考え方を見据えた形で，将来の選択が実施されるべきことを強調するのである。このことにより，価値観と行為の選択がビジネスの文脈に沿って実施されていることを確認するのである。

著者はこのステップの結果を次のように説明する。

一方で我々は現状の組織に現存する次に挙げる価値観や行動をより発展させるが，現状維持で行く。	他方で我々は将来予想される姿とそのコア・バリューを支援するために，次に挙げる価値観や行為を発展させる必要がある。
1. 2. 3. 4. 5.	1. 2. 3. 4. 5.

このリストはすべてのグループに提示され，再度５，６人の参加者のグループに分類する。今回は参加者が，将来に予想される，大切な成功に結びつけるために極めて重要な２つの種類の緊張（ジレンマ）を考えて作成するように求めるのである。著者グループはこの相反するジレンマの角を作るときに，いつもビジネスに関連した問題を作成するように確認している。

ここにいくつかの例がある。

・一方では信頼のある技術に焦点を当てる必要があるが（典型的にエッフェル塔型の強い文化），もう一方で我々の主要な顧客からの要望を把握していなければならない（典型的に誘導ミサイル型の強い文化）。
・一方では若い大卒者が学習できるように面倒を見て指導するが（孵化型文化），もう一方では四半期の業績を気にしなければならない（誘導ミサイル型文化）。
・一方では企業に忠実な従業員を育ててお互いの絆を強める必要があるが（家族型文化），実際には彼らのレポートの結果を見て業績評価しなければならない（誘導ミサイル型）。

このように選択されたジレンマがうまく形を整えられて，組織が直面する重要なビジネス上の各種のチャレンジを支援することが，このプロセス上，大切なのである。最後に参加者全員に４，５つの主要なジレンマを選択させて，その中から，次の段階で折り合いをつけたいと考えているものを選択させるのである。

このプロセスは，すべての適任のリーダーやマネージャーが駆り出されて，その責任を傾注することを前提としている一方で，例えば関与すべき人材が世界中の事務所に配置されている場合には，我々はこのプロセスを加速することができる。このような場合には，著者グループのウェブサイト・ベースのインタビュー結果からの生きたジレンマを検証することができる。これにより，著者グループは共通の問題の特徴を見つけることが可能となり，そこに存在する問題点の内容を抽出することができる。そのために，著者グループはクラスター分析や，因子分析のような統計手法を活用して，これらの多くのジレンマを「主要で検証価値のあるジレンマ」のみに限定することができるのである。これらが結果として，シニア・マネジメントチームが共有するジレンマを取り上げることができる。

頻繁に発生するジレンマ

実際問題として，異なった変化に対しては，すべてのシナリオが考えられる。著者グループの研究とコンサルティングの結果に基づいて，異なったビジネス上の組み合わせの中で，しばしば起こりうるジレンマをリストアップしてみよう。できるだけ完全に網羅するために，すべての可能性のある組み合わせを提示してみる。しかしながら，すでに述べたように，あるものは他のものより発生する可能性が高いことも予想される。さらに，それぞれのジレンマがどのように調和して折り合いがつけられるかについての最初の考え方を提示しよう。

エッフェル塔型組織文化からの変容（変容①ー③）

著者グループの組織文化の多くのプロフィルの中で，エッフェル塔型の組織文化から変容したいという共通の望みが存在する。今日高度に発展した組織階層に対する考え方の主流は，より平等主義的方向に変容しており，形式化した一連のルールは，真に権限委譲されるためのガイドラインとなるべきである。この考え方は何も間違っているわけではないが，米国に本社を持つ半導体製造メーカーであるAMD社が，東ドイツの時代にドレスデンに工場を開設したプロセスの初期段階では，この論理はうまく機能しなかった。

情熱，時間のプレッシャーと限られた数の人間で不可能に挑戦するシリコンバレーの精神が，果たして共産主義体制の下で何十年もやってきた地域で日の目をみることが可能であろうか。これはこのビジネスを究極の実験の場において確認する機会でもあった。この基本原則が，この形態の中で機能するのであろうか。異なった文化がどのようにお互いに作用しあうのか。ドイツのエッフェル塔型文化と，アメリカの誘導ミサイル型文化との間にある良く知られたジレンマは，一方は合理的で論理的な見識で，他方は経験主義と実用主義で問題を解決するという相違である。ドイツ人から見れば，アメリカ人たちは，チームの会議で，どちらかが主導権を取ることを議論しすぎる傾向がある。アメリカ人は，すでに質疑の結果，合意した方向性に留まらず，絶えずその方向性を変更し，新しい何かを仕掛けようとし続けた。彼らは問題点を熟考して，合理的な結論に到達するために，１人で時間を費やすことはほとんどなかった。

ここでの問題は，仕事中心のアメリカ人により好まれるハイリスクの実用主義と，役割中心のドイツ人に好まれるローリスクの合理主義との間で発生するものである。ドイツ人の見解では，アメリカ人は注意深く狙いを定めないで，「当てずっぽう」に振舞うが，ドイツ人は専門性の高い文化から，合理的な手段で問題を確実に解決することを好む。極端なケースでは，アメリカ人はドイツ人のエンジニアを「分析しすぎて麻痺状態になる」と非難するかもしれない。問題の定義づけが急速に変化しているとき，問題の解決策を永遠に探し続ける必要はない。

計画が非常に緻密でありすぎたために，現地で対応できずにその場限りの対応が大規模に発生したことで，集権化した計画が笑いぐさになったケースがあった。ドレスデンのAMD社のチームが支持した価値観は体系的な経験主義であった。その体系的な部分はドイツ人の合理性に訴えるようにデザインされていたし，経験主義はアメリカ人の実用主義と即席主義にアピールするようにデザインされていた。実用主義的に機能するものが維持され，失敗するものは見捨てられた。合理性は，何が機能して何が機能しないかを見極める洞察力を提供する上で決め手となる。このことは綿密な系統的な経験主義に対しても当てはまる。それはエッフェル塔型文化を，どのように折り合いをつけて誘導ミサイル型文化に変えていくかの例を示している。これによって，ドレスデンのAMD社は，1ギガヘルツのチップを売り出したときに，歴史上初めてインテル社に打ち勝つことができたのである。

変容 ①	
現状	理想
エッフェル塔型	誘導ミサイル型
典型的なジレンマ	
リーダーシップ	非人間的な職務ベースの職責に対してその役割に帰属する権威
折り合いの調和	専門的能力を確実に応用することを最優先の目標として，そこに自らの目標を置いてきたマネージャーに，最も高い権威を与える
マネジメント	系統だった職務目標傾向　対　役割の専門性と信頼性
折り合いの調和	信頼度の高い専門性と長期的な仕事に対するコミットメントを職務記述書の一部としてみなす
報酬	企業の収益に貢献するに対して信頼度の高い仕事をするための専門性を高める
折り合いの調和	専門家は非常に明確に決められた目標を遂行するために，自らの知識を活用する

変　容　⑩	
現　状	理　想
家族型	孵化型
典型的なジレンマ	
リーダーシップ	創造的な個人の成長に対してある特定のリーダーに個人的に帰属する権限
折り合いの調和	リーダーの支持を得るには，リーダーが学習と創造の重要性に重きをおくことから，学習に熱心なリーダーになること（奉仕型リーダー）
マネジメント	学習の力に対して政治力と誰を知っているかという力
折り合いの調和	過去からのベスト・プラクティスを学び，それらを体系化して，現在の学習環境に応用する
報酬	内面的な自己成長の報酬に対して長期間の忠誠心に基づく報酬
折り合いの調和	構成メンバーは個人的に創造的な個人を動機付けて，学習環境を作り出す責任がある

変　容　⑪	
現　状	理　想
家族型	誘導ミサイル型
典型的なジレンマ	
リーダーシップ	職務別の非人間的な権限に対してある特定のリーダーに個人的に帰属する権限
折り合いの調和	最高の権限は、繊細なプロセスの内在化を自らのゴールの最優先目標とするマネージャーたちに与えられる
マネジメント	職務に関連する一貫したゴールを立てることに対して政治力と誰を知っているかということ
折り合いの調和	政治的な感受性を職務の一部と考える
報酬	職務実践をベースにした外面的な報酬に対して長期間の忠誠心に基づく報酬
折り合いの調和	職務を曖昧に表現された長期目標によって表現する

変　容　⑫	
現　状	理　想
家族型	エッフェル塔型
典型的なジレンマ	
リーダーシップ	職務別の非人間的な権限に対してある特定のリーダーに個人的に帰属する権限
折り合いの調和	最高の権限は，繊細なプロセスの内在化を自らのゴールの最優先目標とするマネージャーたちに与えられる
マネジメント	職務に関連する一貫したゴールを立てることに対して政治力と誰を知っているかということ
折り合いの調和	政治的な感受性を職務の一部と考える
報酬	職務実践をベースにした外面的な報酬に対して長期間の忠誠心に基づく報酬
折り合いの調和	組織の構成員は同僚の専門性を高める利点にその力を集中させる

事例　現状の企業文化：誘導ミサイル型
理想的な企業文化：家族型

これは一般的に企業で求められる変容であり，ここでは2つの事例を取り扱う。まずアメリカベースの会社，「コンフラックス社」。我々は彼らのシニア・マネジメントについて次のプロフィルを集めてみた。

いくつかのジレンマの中で，その組織は特に次のジレンマの折り合いをつけることを明確に必要としている。

- すべてのビジネスグループが，コンフラックス社全体の成功に貢献することと，すべての顧客を手助けすることに向かっているのに対して，すべてのグループはそのリーダーに実績を残し，利益を出すことを強く求めその実績で評価される
- 全体のアイデンティティーを顧客と共有するための持続可能なビジョンの必要性に対して，マーケット・シェアと翌四半期の利益率を増加させる努力すること
- 製品開発を顧客ニーズに合わせることに対して，内部の予算を達成するために製品の社内における検査を実施すること

コンフラックス社は，その企業文化を短期間の四半期ごとの結果に重点をおく誘導ミサイル型ではあるが，内部の競争が非常に熾烈であると理解してきた。同社は顧客に対してさらなる忠誠心を高めて，各グループ間の協力関係の強い家族型企業文化の特徴を持ちたいと考えていた。

最初のジレンマへの折り合いのつけ方は，個人主義と共同体主義との統合と呼ばれるものであるが，同社のプロフィルを表したグラフから，同社のマネジメントチームはこの分野において調和をとる特質の得点が平均より低いと理解することができる。さらにマネジメントチームは，関与特定型と関与融合型傾向の調和のとり方で，平均値より非常に低い得点を記録していることがわかっている。その傾向は，彼らが第2のジレンマの調和をとることにまったく役立たない。

自信を強める内部志向型コントロールと外部順応型コントロールの分野で，

図表4－3　調和をとる特質：7つの価値基準間の変化

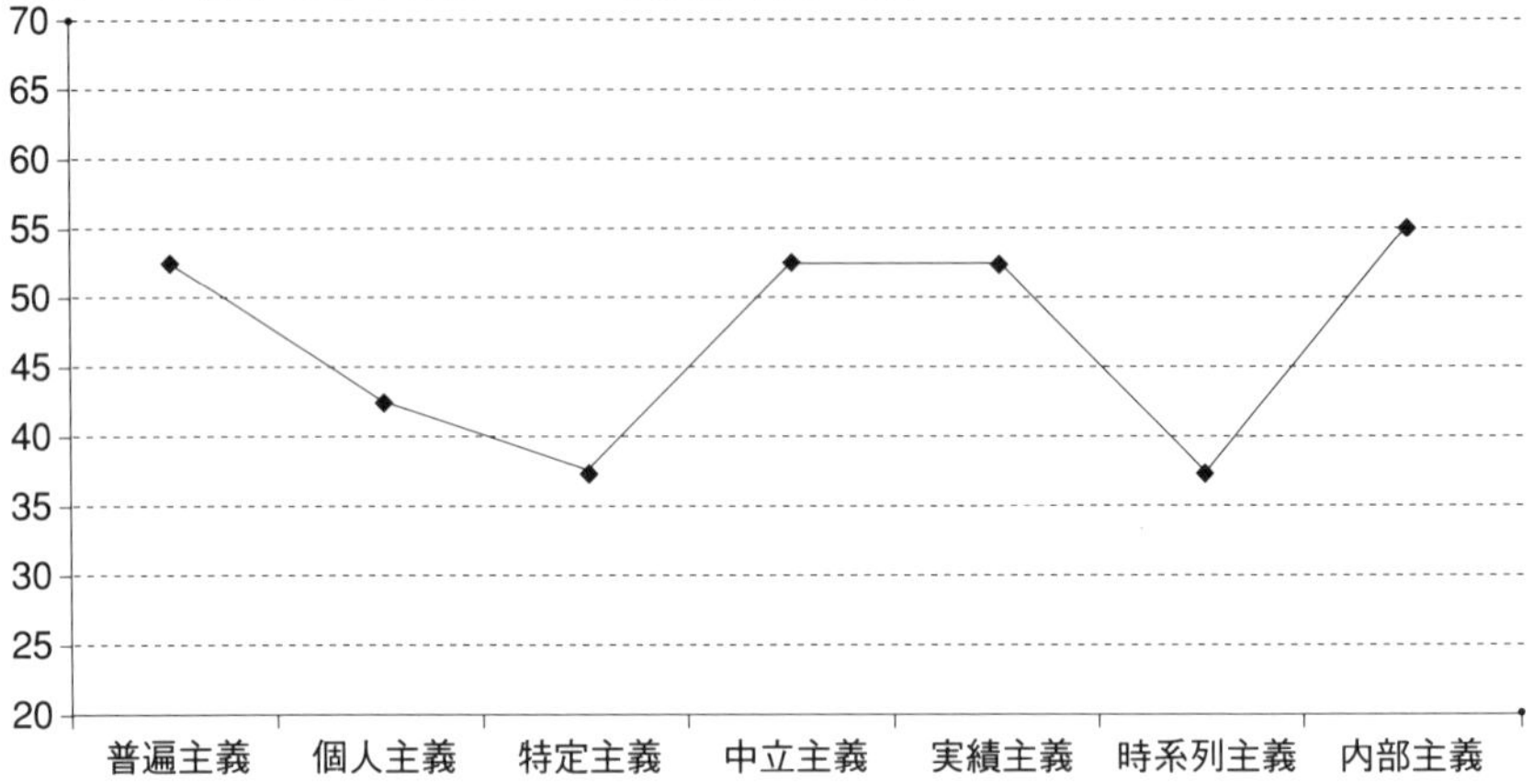

我々は，調和をとる彼らの生まれつき持った高い特質を最大限利用してきた。また，わずかな説明で，彼ら自身が内部コントルールと外部コントロールがその中心的な内容である第３番目のジレンマを調和することができるのである。

個人とグループのコーチングに関しては，その個人やグループに関する分析ツールに極端に依存することなく，ただ単にチャートやデータを提示するだけではない方法で判断する必要がある。一方で，著者グループの研究によると，コーチングのスキルは，特に変化のプロセスが欠かせない分野においては，調和をとる傾向が低かったり，そのスキルを改善させる戦略が不足している根本的な原因が何であるかを明確にする点で，極めて有効な仕組みであることが判明している。著者グループが保有している有効性の高い利用概念のフレームワークは，その問題解決のための方法論にアドバイスを提示するものである。

リーダーや関連するリーダーのグループが，いったん調和をつける必要性のあるジレンマについて合意し，彼らが異なったアプローチで自らの強みや弱みを理解することができるようになると，何をなすべきかが自然と明らかになる傾向がある。とるべき行動の有効性を高めるために，組織内で引かなければならない代表的なレバーが何であるかを明確にすることは，非常に大切なことである。また，このことは現状の組織文化に非常に依存しているのである。

家族型企業文化では，人事がしばしば非常に大切な役割を果たす。一方，誘導ミサイル型企業文化では，マーケティングやファイナンス等が重要な役割を果たす。孵化型企業文化で引かなければならないレバーは，学習のシステムと内面的な報酬にしばしば関連するものである。一方，エッフェル塔型企業文化では，役員会の手順やシステムが極めて重要な役割を果たすのである。

次に示すものは，著者グループが考案した３つのジレンマに対して取られるべき行動提案の，一般的な最初のガイドラインである。

ジレンマ　1

・マーケット（顧客，マーケットへの反応の時間，顧客関連情報の流れなどの分野で自らが何をすることができるかを考える）
・人事（マネジメント開発，スタッフ計画，評価と報酬の分野について考える）
・ビジネスシステム（ITシステム，ナレッジ・マネジメント，製造情報，品質システムの分野で何ができるのか）
・組織構造とデザイン（公式および非公式な組織デザイン，物と情報の基本的な流れの分野でなされるべきことを考える）
・戦略と予見される未来の姿（リーダーのビジョン，ミッションの提示，ゴール，目標，ビジネスプラン等を検証する）
・コア・バリュー（各種の価値を向上させることのできる行動提案，すなわち，それらをどのようにして最適な態度や行動に移せるかを考える）

ジレンマ　2

誰が行動を起こして，責任を取るか（それぞれの可能な行動提案の結果に対して誰が責任を取るのか）

1．
2．
3．
4．

5.

ジレンマ　3

どのように変化のプロセスが監視されるべきか（転換の重要地点，真の変化に対する量的，質的な測定方法について考える）

1.
2.
3.
4.
5.

著者グループは大きくて，やり甲斐がある，大胆なゴール（BHAG）をはっきりとみえる形にするために多くのテクニックを活用する。すでに述べたように，これらには誘導的に参加者の想像力を働かさせて，理想的な組織の状態を最もよく表している自動車や動物の絵を，描かせることも含まれている。コンフラックス社の動物の考え方は，タコ（あらゆる体の多くの部分をつなぎ合わせること）から，狐（すばやさと頭のよさを結びつける）に至るまで幅が広いのである。こういったタイプの訓練は，強制的に人々の頭脳の創造的な部分を活用させるので非常に有効となり得るし，組織の現状において深く刷り込まれたイメージから切り離させるためにも，極めて重要なことでさえある。

著者グループは，これらの相反するリーダーシップ・スタイルの折り合いをつける最善の方法は，利益を生み出す革新や自らの目標において学習することを最優先の基準に位置づけるマネージャーに最も高い権限を与えることであると考える。これは現在のマネージャーの職務に対する努力に，革新性を付加することにより，このことによりマーケットに対して非常に早く対応して，健全な利益が比較的に短期間に生み出される点で有効である。

事例　現状の企業文化：誘導ミサイル型
理想的な企業文化：家族型

誘導ミサイル型から家族型企業文化への第2の変容例について，韓国において運営されるアメリカベースの企業を考察してみよう。

韓国における企業文化

あるアメリカのエレクトロニクス企業は，1990年から韓国で製品を製造してきている。他の東南アジア諸国からの競争が激しくなり，工場の利益率がかなり問題になったために，会社は経験のあるアメリカ人のマネージャーを招聘し，韓国のパートナーが十分な成果をあげない理由を調査することになった。改善計画の一部として，韓国人のマネージャーたちは6か月以内に彼らの行動を再検討するように警告を受けた。すなわち，彼らは一生懸命働いて6か月以内に今までの誤った方法を改めなければならなかった。アメリカ人のマネージャーたちは，その利益率と品質において測定できる基準点を達成できれば，報酬としてかなりの金額のボーナスを提示できることを約束した。6か月後になっても，その結果は非常に失望するものであった。他のアメリカ人マネージャーがアメリカからやって来たが,彼の同様のアプローチも効果的ではなかった。

最後の試みがジョン・ポールソンに課せられた。彼は，もし彼が成功しなかったならば，その工場は閉鎖せざるをえないことを通告されている。

あなたはアメリカと韓国との間の企業文化の解釈の違いを考慮して，どのような行動が最善と考えるか。

ポールソンはいくつかの困難なジレンマに直面することになる。典型的なジレンマの1つは，リーダーシップに関するものであった。家族型企業文化の権限は，個人的に特定のリーダーに帰属していて，彼を父親的な代表者に仕立て上げるのである。一方，誘導ミサイル型の企業文化では権限は非人間的なものであり，職務権限がその実行方法に大きな影響を与える傾向がある。このジレ

ンマに効果的に折り合いをつけるためには，まずリーダーの支持を得る必要がある。そのため，彼らは自らのその職務の重要性を強調する。彼らは職務に対して忠実なリーダーになる（エッフェル塔型企業文化では，彼らは役割に対して忠実なリーダーになることが期待される）。

第２のジレンマは，家族型企業文化の組織に関する歴史の重要性と，誘導ミサイル型企業文化を特徴づける短期的な業績結果を，どのように結びつけるかということである。この折り合いをつけるための１つの方法論は，過去からベストプラクティスを取り出して，それらを未来の結果に対する役割モデルとして適用してみることである。

第３のジレンマは，個人が求める報酬に関するものである。家族型企業文化では人々はステータスを積み重ねていく傾向がある。誘導ミサイル型の企業文化では，人々はその職務をやり遂げることにより報われると感じ，彼らがどのようにその最終結果に貢献するかによりステータスを確保することができるのである。調和のとり方は，家族型企業文化の構成員が自らの権限を職務をやり遂げることにメリットを感じて向けるときに，最も達成されるのである。

ポールソン以前のマネージャーたちは，誘導ミサイル型の典型である実績志向の解決方法を取ろうとしたが，より属性主義的傾向の家族型企業文化の韓国人スタッフは，それを拒否した。純粋に目標を掲げてそれによって十分な報酬を得ることが，韓国人の同僚を動機づけるであろうと考えていたのである。また，韓国人スタッフが社内のしかるべきステータスの人間から与えられる命令に対して，より積極的に応じようとすることも理解できなかったのである。

このケースでは，ポールソンは彼を助けてくれるように韓国人の同僚たちに依頼しながらその手法に支持を求めた。彼はまず組織の過去の実績を賞賛することから始めたが，その中で激しい競争が利益を減少させ，品質を落としている可能性があることを示唆したのである。彼はまずマネジメントはさておき，韓国人たちの忠誠心と能力を誉めた。「我々は一緒にこの目標を達成できる。我々もシカゴの本社の一員であることを示そう」と表現した。このように，彼は韓国の組織に合う属性ステータスを重要視した。そして，韓国人の属性主義傾向と，彼が働いているアメリカの会社の実績主義との調和をさせたのである。

ションしてきた。そして著者グループは，シニアな参加者のチームと一緒に作業し，これらの問題を一連の主要なジレンマとして取り上げることができた。

一方では，我々は自社の現状の組織について次の価値や行動を維持しながら強化していきたい	他方では，我々は将来の見通しやコア・バリューを支持するために，次の価値観や行動を新しく開発する必要がある
一方では 1．我々は誠実さに対する確約が必要である 2．我々はチームで仕事をする必要がある 3．我々は起業家的であることが必要である 4．我々は意見の相違を受け入れることも必要である 5．我々はしっかりした製品とサービスを開発する必要がある	他方では 1．我々は仕事をするすべての組織文化において効果的に仕事を遂行することが求められる 2．我々は他部門のチーム間でも情報を交換する必要性がある 3．我々は規模の経済性を発展させる必要がある 4．我々は自らの組織に忠実である必要がある 5．我々は顧客のニーズによって方向を決める必要がある

両組織のコア・バリューを通して発展してきた問題を見ることにより，著者グループは組織全体として直面している鍵となる戦略的ジレンマを少なくとも5つ取り上げてきた。著者グループの次のステップは，新しい行動指針記述書（ミッション・ステートメント）とコア・バリューを概念化することである。我々のジレンマ調和の方法論により，次の統合された価値観が提示された。

1．他の文化を知り，尊重する誠実さ
2．顧客ニーズに対するプロフェッショナルな対応
3．各種のビジネス部門間の情報を交換することのできるチームワーク
4．組織に忠実であると同時に異なった意見を取り入れる
5．組織の効率と有効性を発展させることのできる起業家精神の醸成

事例　現状の企業文化：家族型
理想的な企業文化：孵化型

家族経営のスペインのデパートにおいて，著者グループは，既存の家族型文化を維持しつつも個人の自由をサポートするということで生じるジレンマに対する調和へのサポートに，著者グループの方法論が非常に効果的であることに気づいた。その結果，伝統的な価値観に対する尊重も，700名のスタッフの忠誠心も失われずにすむことができた。

デパートを復活させる

1972年，ホアン・バルデス（Juan Valdez）は，彼の最初のデパートをバルセロナにオープンした。彼の顧客は，最新の質の高い商品を求めるバルセロナのエリートで構成されていた。彼は，この非常に変化の早い革新的なマーケット部門で新しいアイデアを醸成させるために，年間２回ほどアメリカに出張していた。その後，彼は２回ほどアジアにも出向いていって，そこで彼はスペインで販売しようと考えていた商品を作ることができる比較的安価な製造業者を見つけることができた。彼は時々，自然石でできたものから絹のスカーフに至るまで，ギャラリー・ラファイエット（Galleries Lafayette）のような有力なデパートと合同で，商品作りを行ってきた。この５年のうちに，スペインの主要都市に６つの新しいデパートをオープンした。ホアンの創造的精神のお陰で，各種のバラエティーに富んだ非常に良質な店舗を見つけることができていた。そして規模の経済性によりきちっとした利益を確保していた。1980年代の後半には，バルセロナ，マドリッド，バレンシア，セルビアの主要の店舗は彼の妻と３人の息子によって管理されていた。20の小規模店舗は，４つのデパートの少なくとも５年の経験を持つ最優秀なセールススタッフによって管理されていた。創業以来20年以内にホアンは700名の社員数で香水，男女向けのギフト，洋服を含む各方面における最新のファッション品目を取り扱う６つの大きなデパートを開業するまでになった。15ある小規模店舗は主にオリジナルなギフトマーケットに焦点を当てていた。ホアンと長男のジュニアと妻のマリアはマネジメントチームを形成していた。ホアンは購買を担当し，ジュニアがCEOを勤め，マリアはセールスを担当していた。彼らは，ホアンがアジアへのビジネスの途中に航空機事故で亡くなるまで，バルセロナのジェット族の中で「ゴールデントリオ」として知られていた。新しいマネジメントチームはホアンとマリアの2人の若い息子に引き継がれた。各店舗はそれぞれ利益を出してはいたが，スペインの大規模なデパートからの熾烈な競争に徐々にさらされ，急速にマーケット・シェアを落としてきた。創造的で平等主義のホアンを亡くして，ますます政治的な動きが家族によって強まることになった。彼らは終身雇用制度を原則として，従業員の面倒を非常によくみていたが，結果として多くの社員が職を離れた。離職に際した面接では，多くの従業員たちからは，認知された新しい挑戦や商品がなかったこと，マネジメントチームの家長的な態度などが指摘された。ジュニアはこのフィードバックされた結果に関心を持ち，著者のグループに状況を調査するように依頼してきた。彼は彼自身の個人的な心配について語ってくれた。

「我々の組織は，父の航空機事故死後，組織文化上の危機に直面していると私は思っている。現在のところ，マーケット・シェアを失ってはいるものの，ビジネスの資本の回転と利益率は非常に健全である。人的な部分での離職が一番心配である。なぜなら私たちはその理由を知っているからである。我々の家族の伝統によって，社員の忠誠心と私の父の新鮮なモノの見方と商品が結びついて，商売は非常にうまく機能していた。父は新しいアイデアをもたらし，社員はそれらを自然のことと受け止めてきた。今我々は伝統という波に乗っているだけのように見える。しかし，このビジネスにおいて，我々は再生しなければならない。皆さんにお手伝いをお願いできますか。」

著者グループの分析は，まだ健全ではあるが悪化し始めている財務構造を明らかにした。伝統的に集中的に管理されていた購買部門を除いては，デパートの各マネージャーたちは，すべての活動に責任を持たされて，幅広い活動をしていた。それでも彼らは，嗜好の地域特性の差にもかかわらず，「バルセロナの本社」が集中コントロールしていたため，自立した行動にはかなり制限を加えられていると考えていた。その上にバルデス家の経営者の視界の悪さについて，一貫した不満が述べられていた。彼らの父親と反して，息子たちは人間より，コンピュータの方に目が向いていたのだ。主要な問題としては企業文化の論点から発生していることが皆に理解された。

再び，我々はウェブベース・ツールからジレンマを顕在化させるアプローチをとった。我々は，参加者に現在の組織文化と理想とする組織文化の両者の良い点と悪い点を挙げてもらった。なぜならば，彼らが両方の組織のタイプに対してバランスの良い見識をもっていたのが明らかであったからだ。

著者グループの力を借りて，彼らは以下のようにジレンマを類型化した。

家族型企業文化		孵化型企業文化	
肯定的	否定的	肯定的	否定的
忠誠心	遅い意思決定	早い意思決定	長期的コミットメントの欠如
終身雇用	独裁的	自律	神経過敏
人を知ること	集権化	リスクをとる	不注意
長期的視野	古い人的ネットワーク	目に見えるリーダーシップ	広い知識

一方では	他方では
1．我々はマネジメントを信頼できる組織に属している	1．我々は意思決定を素早くするだけの十分な自立性が与えられていない
2．マネジメントは幅広く教育されている。そしてビジネスの全体像を把握している	2．我々は顧客の特殊で，セグメント化されたニーズに対して素早く対応しなければならないタイプのビジネスに従事している
3．年功は報酬の対象となりうる	3．我々はリスクをとることのできる人材を必要としている
4．我々は商品選択で革新的であるべきである	4．我々は我々のイメージで一貫性のあることが求められる

1つの分野は，リーダーシップ・スタイルと関連している。一方では，リーダーたちは明確なビジョンを持った長期的な思考をすると見なされていたが，各々が独自に勝手に行動していた。他方では，商品の幅広さとこのタイプのビ

ジネスには素早い対応が求められ，参加型のリーダーが求められた。これらのタイプのジレンマは，奉仕型リーダー（サーバントリーダー）モデルの下で，最も機能しやすいのである。

主要なビジネスのジレンマとは，自立性，あらゆる種類のビジネスにかかわる専門性，およびそれらの間のシナジー効果の必要性であった。このようなタイプのデパートは，ギフト，香水，ファッション，靴，その他のファッションアクセサリーに至るまでの非常に幅広い商品範囲の中で，革新的でトレンドを追求することを求められてきた。彼らは，支配的な家族経営の文化は多くの偉大なる特徴的な価値であると感じていた。しかしながら，その特徴は，この種のビジネスにおいて極めて大切である「即断即決」やリスクを取る姿勢をサポートするものではなかった。さらに，得意顧客は，デパートが誇るエリートを表す名前に非常にひかれるのだが，実際には，多くのバルデス傘下のデパートと関連のある小規模な専門店で見た商品を買う傾向があった。

この原因は何であったか。この家族の伝統は，多くの人々を惹きつけるデパートを作ってきた。しかし，徐々に彼らのデパートはショーケース的な展示場として活用されるようになった。そこで人々はデパートの商品に触発されて，ジョルジオ・アルマーニ，クルップス，フェラーリ等の特定なブランド名の商品を販売する小規模な店で買い物をするのである。事実，このことが機会となり，そのグループから家族型企業文化と孵化型企業文化の両者の強みを合体させるアイデアが出てきた。すなわち「店の中に店舗をもつ考え方」であり，デパートはそれぞれのブランドに責任がある多くの小さな店舗に分けられたのであった。

会社は「孵化型の周りに家族型文化を入れる」プロフィット・センターとして再構築された。２年後，バルデス社はスペインでその年の最高のデパートに選ばれた。このことはマネージャーの個人の行為に多くの関心が払われてきたために初めて実現が可能であった。

事例　現状の企業文化：孵化型
　　　理想的な企業文化：誘導ミサイル型

若い革新的な企業が継続的に成長してくると，孵化型企業文化は誘導ミサイル型企業文化へ変化する必要があることをしばしば示唆されるようになる。著者グループはアップルコンピュータ社のように自らの成長を支えてきた企業の中にその実例をみてきた。しかし，起業家精神に溢れた小規模な企業が大企業によって買収されたとき，この種の問題に直面するのである。小規模の創造的なビジネスを買収して，そのオーナーにはそのプロセスにおいて財務的に独立させることにより，彼らの「革新性」を購入しようとする大企業にこういった問題が発生することをしばしば目の当たりにしている。

統合を管理する

バリー・ハスケルは彼が２年前に正しい決断をしたのかどうかを考えていた。彼は10年前に自分自身で設立したコンサルティング会社がかなりの金額を稼ぎ出す一方で，専門家のスタッフを管理することにフラストレーションを感じていた。彼の同僚は給与への不平を述べることも含めて，ほとんどすべてにおいて専門性を主張した。バリーの会社が20名以上に成長したとき，彼は外部からの何らかの支援が必要であると感じた。彼のこのユニークな潜在需要をターゲットにした国際コンサルティングビジネスにおいて，それを実行に移す十分な人数のコンサルタントや，知識ばかりではなく，国際的なネットワークが欠けていることに彼は気づいた。そこで彼は５大コンサルティング（Big Five）の１つに出向き，彼の会社を売却した。彼は独立を猛烈に主張したが，２年後，徐々にこの大手企業に飲み込まれたことを感じた。彼のスキルの高いコンサルタントのうちの２人が辞表を提出してきた。なぜならば，彼らが専門分野を開発することより「書き物などで事務的な仕事をする時間」が重要になってきたと感じたからであった。そのうえ，大企業で働くことは，報酬などが利益率の影響を受けることが多く，彼らには魅力はなかった。バリーは彼の国際化というゴールの達成と，専門家たちのマネジメントによる負荷を軽減することで，多くのジレンマに直面した。

またしても，主要なジレンマはリーダーシップの問題と関連している。孵化型企業文化においては，リーダー以外の人の権限は多かれ少なかれ制限される部分があり，あるいは少なくともそのリーダーたちの創造性に基づいているケースが多い。ここでは学習力と革新力が中心になることが多い。誘導ミサイル型企業文化では，権限は非人格的な要素が強い。職務権限が支配していて，長時間書き物をしているとか財務的な結果に貢献する人々が最も尊重される。これらの相反するリーダーシップ・スタイルにおける最善の折り合いのつけ方は，職務中心のマネージャーの目標の第１の基準に，革新と学習の項目を入れることである。

第２のジレンマは，誘導ミサイル型企業文化にマーケット志向の考え方を導入することである。一方，孵化型企業文化は，マーケットの存在の如何にかかわらず，創造的な個人や考え方の醸成を目標にしている。損益分岐点はそれほど重要な問題ではない。このジレンマを乗り越える１つの方法は，職務記述書の中に学習と革新の項目をきちっと入れておくことである。

第３のジレンマは，個人が求める報酬の問題である。孵化型企業文化においては，人々は創造的な体験やその結果からの学習を通して，自らを高めていこうとする。金銭的な報酬は，月々定額支払われる人を馬鹿にしたようなものとして受け取られる。誘導ミサイル型企業文化では，人々はその職務を実行しようと努力する。マーケットがその価格を決める。マネージャーは，自らが評価される対象になっている明記された革新的な実績を残して，自らの職務実績を発表することにより，初めて社内の調和が保たれるのである。

著者グループの論理と読者にも明確になった方法論で，ジレンマのすべては調和が取れたのである。何よりも重要なジレンマは図表4－5に示されている。

この章に記載されたアプローチの強みは，それが，変革や変化そのものや，現状を放棄することに焦点を当てていないことにある。異なった企業文化を共存させるか，変容させるかのいずれかを選ぶ緊張状態に存在するジレンマを顕在化させ，それからこれらのジレンマを解決しようとする我々の方法論は，ひばしば変化への努力の「真」の目的は最初に意図したものとは異なるかもしれない。この点では「理由」を問うことは有益であると言える。

レヴィン（Lewin）の有名な力場理論によれば，組織は変化しようとする力と変化に抵抗しようとする力の間の絶えず変化する緊張状態にある。確立された変革のマネジメント・プラクティスは，変化への抵抗を減少させて変化へ向かう力を高めることがマネジメントの仕事であるということを説明している。しかし，著者のジレンマ理論のアプローチでは，これはただ単に妥協による解決にすぎない。それは変化への力が，例えば人々の抵抗を強めるかもしれないという事実を無視している。

企業変革の中で静的なビジネスだけの変化を追求することの無益さ

著者はこれらの要素をどれか１つを選択するような質問や「目的」や「理由」だけを問うような質問としてかたづけるのはあまりにも単純すぎると考える。なぜならば，それらは文化の差異間に生じる問題を無視しているからである。

組織の文化的な問題から生じるジレンマを顕在化させる著者グループの方法論は（前章で記載されているが），組織文化をマネジメントする実証されたフレームワークを提供している。しかしながら，変革のマネジメントに対する著者グループの哲学は組織文化をただ単に変えようとしているのではないことを強調したい。これは言葉の上で，矛盾がある。なぜならば，各種の文化は自らを維持しようと振舞うだろうし，自らの現実の存在感を守ろうとするからである。文化とは一種の均衡と安定感を維持している状態である。もしあなたがその均衡を破ろうとすると，それは必ずしっぺ返しとしてあなたに戻ってくる。要するに文化とは，自らの目的と釣り合いの感覚を持つ，生きたシステムのようなものである。あなたは文化に対して異なって行動パターンを期待するかもしれない，しかしながら，それぞれの文化は現在の行動パターンに固執する傾向の自らの心を持っているのである。

ビジネスは多くの適応性のある事象を取り扱う。ビジネスは自らの欲望に合わせて形を形成して，それから顧客に販売するのである。同様に企業文化を１つのより適応力のある事象ととらえる傾向がある。しかしながら，文化は事象でもなければ物体でもなく，適応力があるわけでもない。それは価値観の違いであり，人間とは異なった，生きたシステムなのである。

生きたシステムをまるで適応性のある事象のごとく取り扱うと，いくつかのとんでもない状況になる。最も知られているものは『不思議な国のアリス』に出てくるクロケットの有名なゲームである。アリスは，兵隊たちが身体をかがめて作るゴール，身を丸めたハリネズミのボール，フラミンゴのマレット（木槌）のクロケットのゲームに参加するよう招待された。アリスのイライラが募ったのは，兵隊たちがまっすぐに立ったり，動き回ったりすること，また，ハリネズミが這い回り，フラミンゴが長い首を回しながら，アリスに向かってくることに気がついたからだ。

それは人間が自分のやり方で文化やその他の生きたシステムを処理しようとするときに，よく見られる現象である。それらは我々の前に立ちはだかり，我々を避け，プレーすることはおろか，決して勝つことのないゲームに取り残されることになるのである。その誤った考えは生きたシステムをまるで死んだものと同じように取り扱うから起きるのである。

変化と継続は二律背反である

変化を継続と維持に相反する「もの」であると見るよりもむしろ，著者グループは各種の価値観の連続体における差異現象として見ようとしている。人間は自らの会社，利益率，マーケット・シェア，コア・コンピテンス，自分たちにとって大切と考えられるものは何でも確保しようして，変化を求めてきている。もし，ある側面において，自らを変化させられないとしたら，鍵となる継続性を維持することができなくなり，すべてを失うことになるかもしれない。

いくつかの側面において変化していく理由は，常に他の側面での変化を避けることであるし，顧客にとって創造的で，継続して利益と価値をもたらすことである。このことは，ある企業文化が維持されることを否定してはいけないことにつながる。我々はこのような鍵となる継続性と共存しなければならない。結果として我々は，「この方法で変革することは，変化する環境の中で，あなたにとって最も重要なものの維持を手助けするものである」と表現できる。要するに我々は，進化する自らのアイデンティティーを維持するために，変化と継続を調和させる必要があることを意味している。フランス人たちが「もっと変化しよう」言うように，すべての人々や組織はいつまでも同じでいたいと考える反面，変化を求めるのである。

現実である文化を変化させるために，我々は現実と理想を調和させて折り合いをつけなければならない。しかし，この理想へ向かう唯一の方法は，まずいくつかの共存する現実の問題を引っ張り出してみることから始まる。例えば，「我々の主要製品を拡大販売することにより，やがて主要製品として取って代わる新しい製品を開発することができるのである。」馴染みのあるものを売るからこそ，新しいものを開発する努力を維持できるのである。

ディール（Deal）とケネディ（Kennedy）（1982）が述べているように，もし文化が，「周辺にある物事を処理する方法」であるならば，その「物事を処理する方法」そのものが，我々が求める新しい成果を生み出す源泉である必要がある。すなわち，我々が切望する各種の変化の理想を生み出すために，我々は「今，物事を処理する」現実を必要としているのである。我々は，このことを次の円として考えてみた。

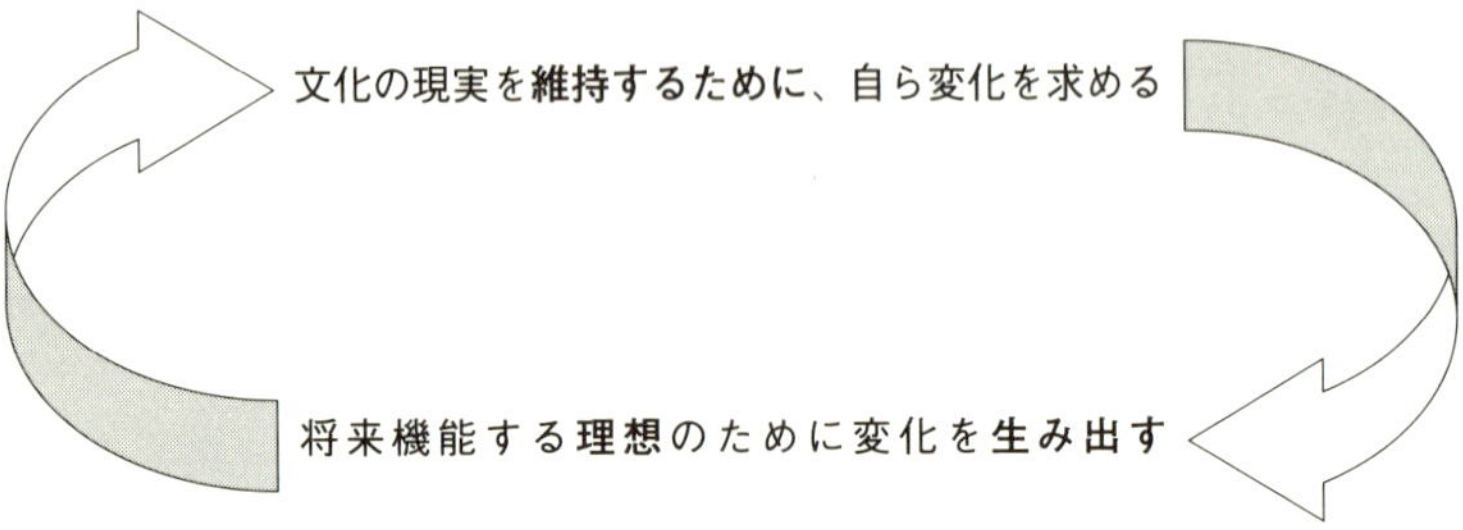
文化の現実を維持するために、自ら変化を求める
将来機能する理想のために変化を生み出す

文化が変化を通して現状を維持しつつ，理想を現実のものにする。これは，次のような円で表されるだろう。

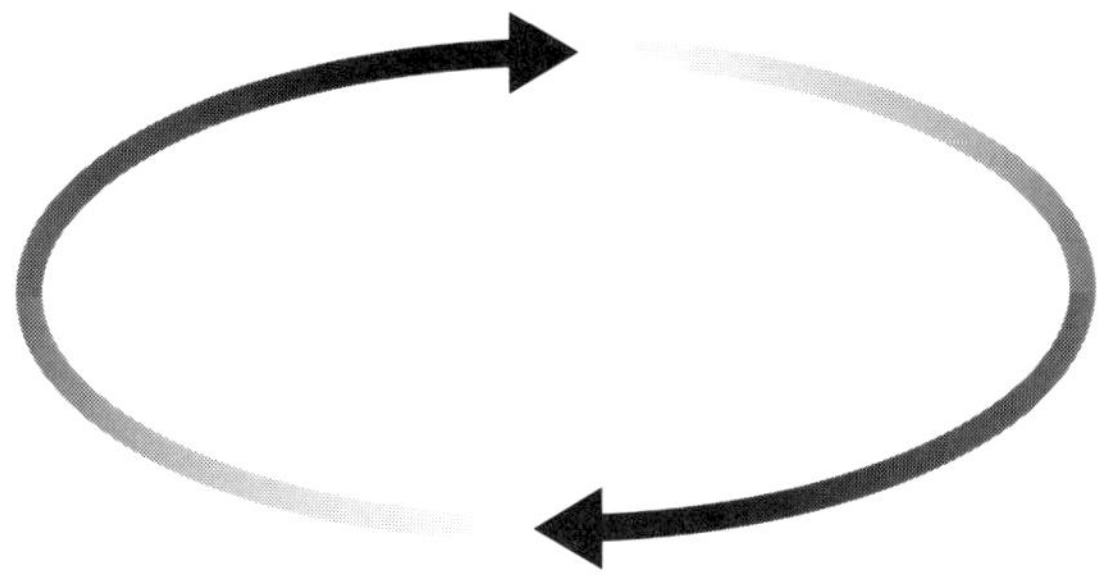

文化の原型間の変化

我々はこれらの問題を差異という用語で考えることができる。これらの差異とは，変化と継続，理想と現実等の相違である。現実に，それらはお互いに影響し合い，お互いにサポートし合う。例えば，職階とは，理想的に言えば，成功する平等の機会を与えられた人々の競争の結果である。そのうち何人かが他をより凌駕する実績をあげたから選ばれたのである。かつては非公式であった活動が，非常に価値があると認められ，取り込まれ，形式化され，繰り返され，公式的なシステムが作り出されたのだ。

企業が自らのプロフィルを変えようとすることには多くの理由が存在する。孵化型企業文化は際立って発明的であるが，それらの発明を有効に利用して，多くの顧客にその利益を享受させることは得意ではない。誘導ミサイル型企業文化は，高給取りの専門家チームのコスト削減と向かい合いながら，専門家チームを使って，新しい製品を販売に耐えるような商品価値ある製品に変えることが可能であろう。商品化できる製品は，標準化，複写，形式化でコストを削減する必要がある。エッフェル塔型企業文化は序列とその格式が明確になっており，それ自身を新しくしたり，新しいアイデアを自由に出したり，それらを正確な「ミサイル（目標）」に変えることはできない。家族型企業文化は非常に快適で，面倒見が良いので，誰もこの暖かい社内から出て，危険を冒そうとはしない。

要するに究極の孵化型，誘導ミサイル型，エッフェル搭型，家族型企業文化では，それらに相反する文化の特性があまりにも不足して，不足そのものに苦しむ傾向があるのだ。もしあなたが，非公式か公式，平等か階級的かのいずれかしか選択できないとしたら，あなたの行動の幅は極めて限られてしまうだろう。優劣の序列に反対している人々は，オーストラリア人が自分を責めるときの習慣である「高いケシ（tall poppies)」を刈り取るだろう[訳注1)]。平等に反対している人々は権威に対して馴れ馴れしく，かつ出る杭は打たれるであろう。この傾向は日本人が認める傾向であるが。

形式化を嫌い，発明を思考する文化は応用科学や特殊な技能を非難する。これは，発明はするが世界的な成功に至らないイギリスの発明の多くを，端的に説明している特徴である。非公式やオタク的なものを反対する文化は，学際的な発明から得るものが少ないであろう。ドイツ人たちがそういった文化が足りないことで，自己を責める場合はよくある。

概していえば，著者グループの企業文化マップの全象限は，他の象限との何らかの関りをもって描かれている。1つの象限から別の象限へ全面的に変容するとしても（BPR[訳注2)]のようなビジネスの変革プロセスのように)，現在置かれた企業文化の象限からの多くの支援が必要なのである。結果として理想が現実によって推進されて，実現するのである。

一般化されたフレームワーク

ここで異なったシナリオをもう一度検証して，ある状態間の「差異」と「恒常的な平衡状態」の両方の観点から，再考しよう。

組織文化変容の8つのシナリオ

著者グループの研究によって明らかになった，企業文化が変革を求める最も一般的な方法を，8つ検討してみよう。これらの方法はあるシナリオを使うことにより説明できる。このシナリオは現状の企業文化とその理想との折り合いをつけることであり，後に企業が求めている理想の文化を実際に実現させることを表している。このプロセスでは，企業は少なくとも2つの象限を橋渡しして，現状の企業組織文化を活用しながら将来の理想とする企業組織文化を作り上げていくのである。8つのシナリオは以下の通りである。

1. 孵化型文化から誘導ミサイル型文化とその逆流

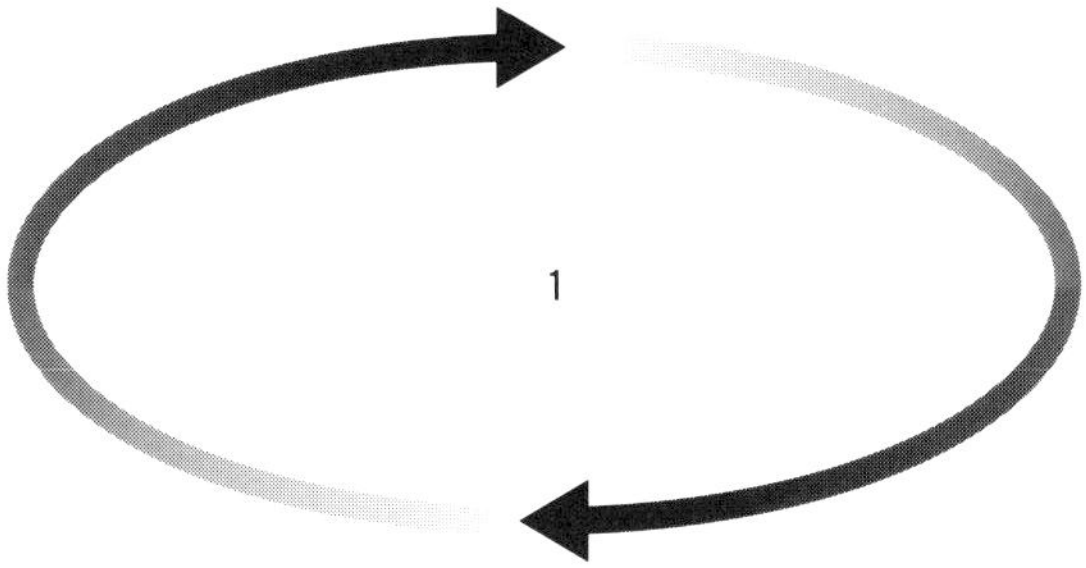

このシナリオでは，創意に富んだ孵化型文化の企業が新しい創造的な発明にもう一度チャレンジするために，過去の発明から収入を得る必要性に直面している。他の競合企業は，自社の発明能力にマッチしたものを開発して，実際の革新レベルを凌駕しようとしている。もし十分な利益を生みたいのであれば，企業は発明したものに対してより多くの顧客を見つける必要がある。また，発明されたものは，より洗練され，マーケットに出す最終製品に対しては一段と要求が厳しくなる。利益率，品質保証，マーケット・シェアについての正式な目標をもった専門家のチームが，すぐにでも必要となる。

円の輪が再度，孵化型に戻る可能性に注目してみよう。顧客が何を好きで何が嫌いか，何が利益を生み出し，何が利益を生み出さないのか等のフィードバックは，研究，開発，孵化期間の方向性を決定すべきものである。発明者のサポートがどこから来るのかを知ることは発明者の害になることはない。むしろ彼らの探求パターンに利点をもたらすものである。逆流も利点をもたらすのである。

2. 誘導ミサイル型文化から孵化型文化とその逆流

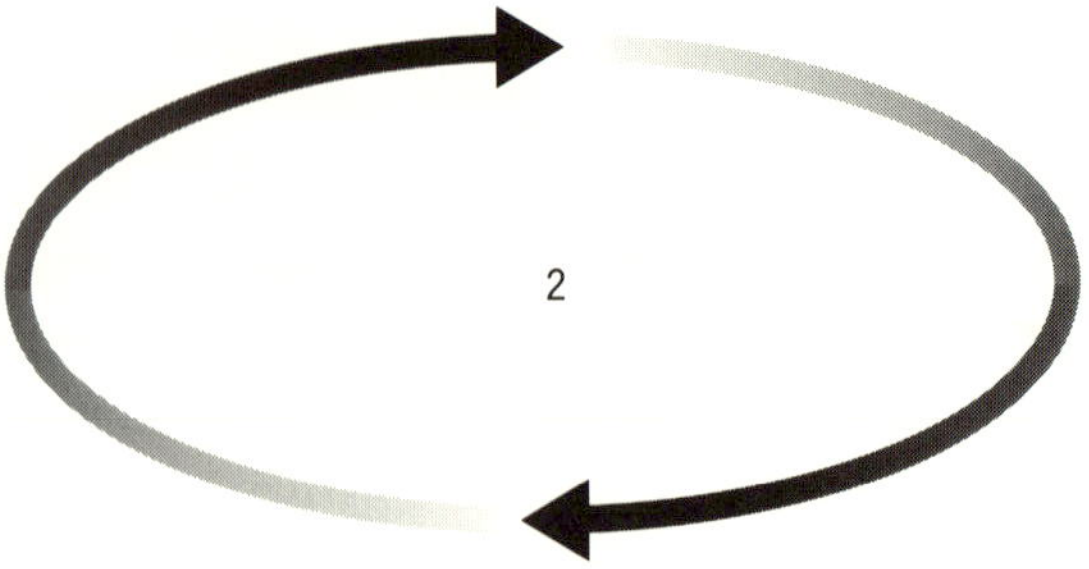

このシナリオにおいては，合理的な目標に「誘導」されて，プロジェクトを遂行するチームを抱えた誘導ミサイル型企業文化は，これらの目標が本当に合理的なものであるかどうかという深刻な疑問に直面する。目標を達成するまったく別の方法があったと考えてみよう。製品そのものが時代遅れになっていないか。企業が評価していない創造的な貢献が存在するのではないか。それを見失っていないか。とりわけ，目標を見直すときが来たのではないか等の疑問である。

それではなぜ，これらのチームを活用して，新しいアイデアの発掘が最も重要である分野を見つけ出そうとしないのか。まだ誰も見つけ出していないために顧客がまだ手に入れてないもので何を欲しているのか。孵化型企業文化とは，チームが見つけてきた顧客のニーズから製品を創造すべきなのである。

新しい孵化型組織が反応して，やるべき事をチームに指示して，チームが革新への新しい機会を見い出した時に，またもう一度その円が循環するのである。

していた。委員会は，社内にどんな分野での専門知識を持つ専門家が不足しているかを確認し，そういった専門家にアプローチする方法を見つけ出すことを任務としていた。一般的にそのような実行委員会を設立して初めて，このような有能な人材がいかに少ないのか気がつくのである。救いは，経営者一族が社内に専門家集団を持つことの推進者であり，自らも好んで助言を受けようとするところにあった。会社は今年に限ってその国のトップの技術系大学からリクルートを開始した。しかし，企業が採用しようとした人材の多くは採用を辞退した。

8. エッフェル塔型文化から孵化型文化とその逆流

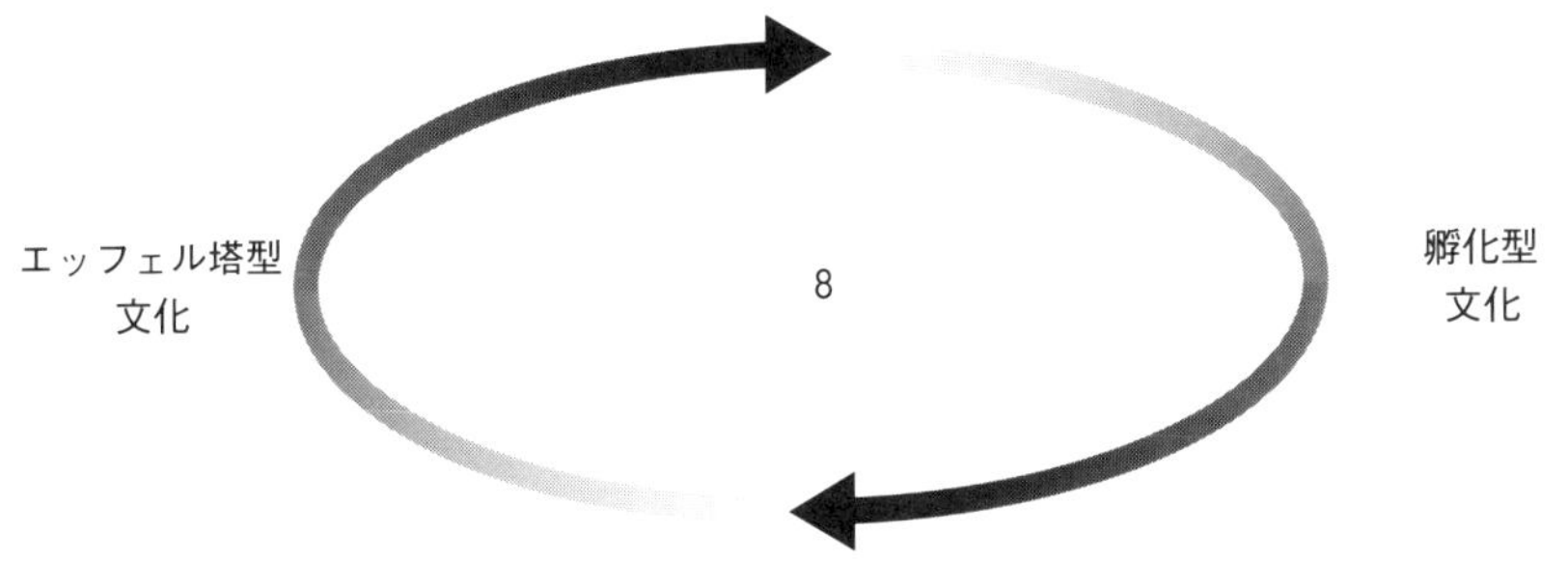

この動きは，リエンジニアリングの概念がよく知られるようになるまでは比較的稀であった。エッフェル塔型企業文化はコンサルタントによって完全に分解，すなわち「リエンジニア（再構築）」され，それから，コストの掛からない形の新しいエッフェル塔型の企業文化の状態に戻される。エッフェル塔型と孵化型があまりにも異なるために，このプロセスはしばしば衝撃的であり，数多くの職務を削減するなどの根本的な外科的手術が必要とされる。

孵化型文化の状態は一時的であるが，エッフェル塔型企業内の人材によって行われることはほとんどない。その代わり，大抵はその企業についてコンサルティングを行っている「変化」の外部の専門コンサルタントによって行われることが多い。

図表5−1　企業文化変革の8つのシナリオ

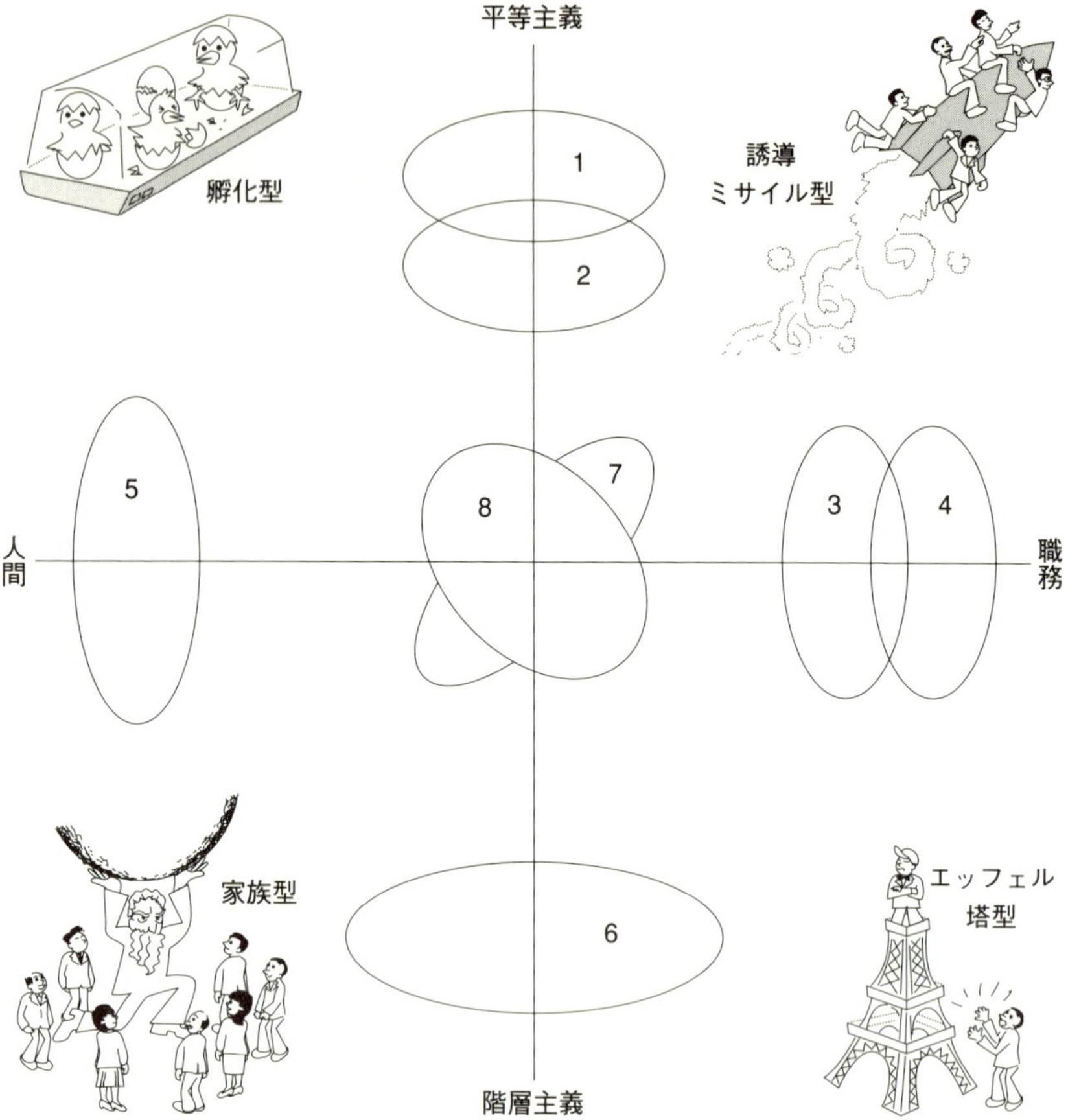

あまり一般的ではないが，建設的な選択肢としてジョセフ・スキャンロン（Joseph Scanlon）によって考案されたスキャンロン計画（Scanlon Plan）がある。日常的な「エッフェル塔型」のオペレーションが毎週１−２時間止められ，職務実施に当たり効率を上げ，コストを下げ，無駄を取り除いて，全体を革新できる可能性のある変革について，雇用者らがブレーンストーミングするのである。各々の仕事単位ごとにインプットとアウトプットの割合を計算して，革新の成果が計算される。一般的なルールによると，社員はこの成果の50%を受け取ることができて，残りの50%は組織と株主へ行くことになる。例えば，

図表5−2　シナリオ１及びシナリオ２

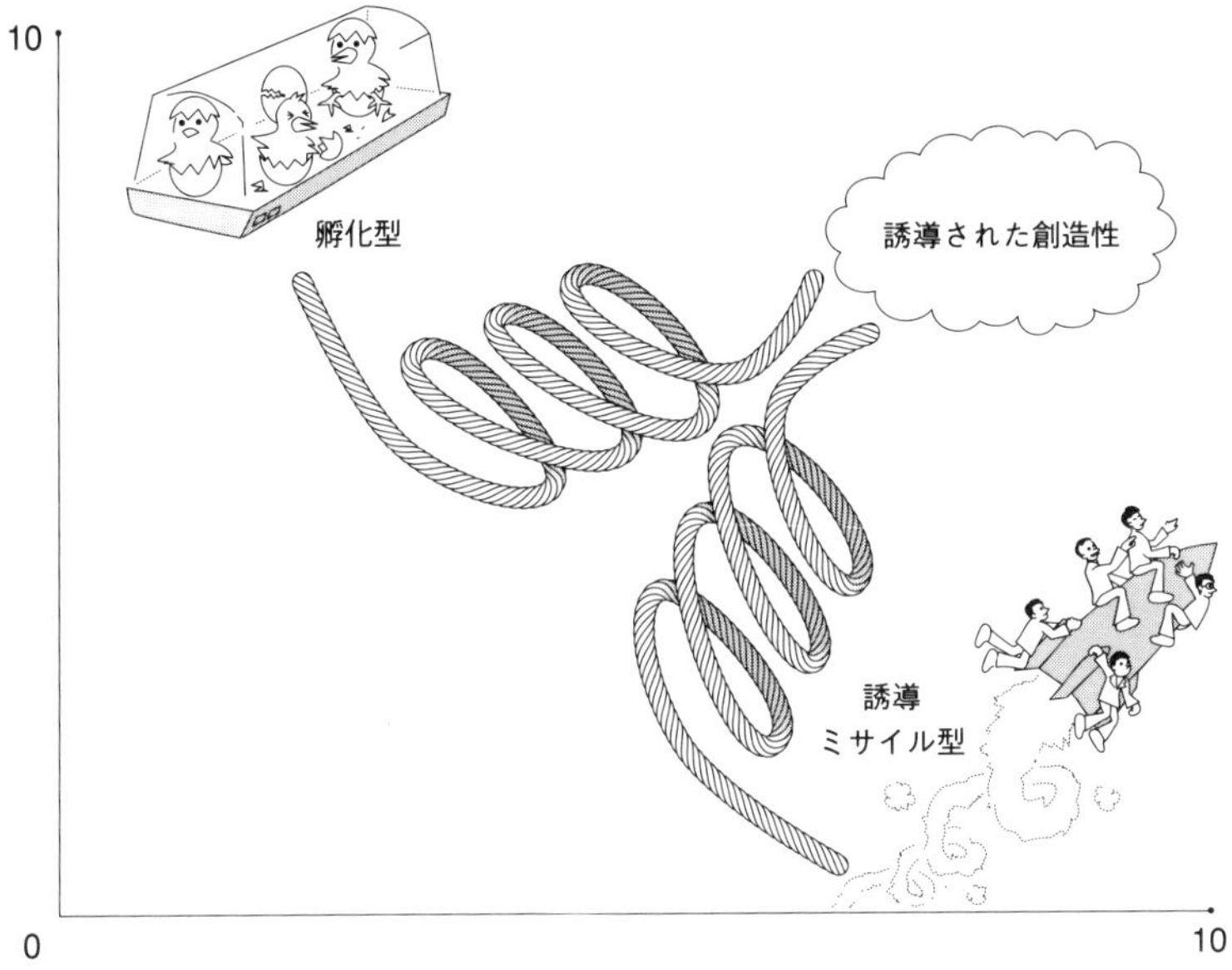

毎週金曜日の午後の90分間，すべての従業員たちは「孵化型モード」になり，彼らの仕事の環境を批判し，改善するのである。

そのような作業はチーム単位で行われて，部分的には誘導ミサイル型のオペレーションであるが，強調されるのは，ただ単純な提案ではなく，新しいアイデアの仕事の独自性をベースにした個人の創造性があるかないかである。スキャンロン計画は1970年代後半にほとんど消滅したが，それから，日本人がその考えを取り上げて，その後アメリカの企業で再現された。

著者グループは，図表5−1に示すように，我々の企業文化変革の８つのシナリオを位置づけることができる。

少なくとも２つの象限にまたがっているすべての円はジレンマが調和されたとみなすことができる。その方法論は人材を介して職務を達成し，職務を介して人材を開発するのである。著者グループはここでさらに，８つのシナリオを６つのジレンマの軸に表すことができる。

図表5−3　シナリオ3及びシナリオ4

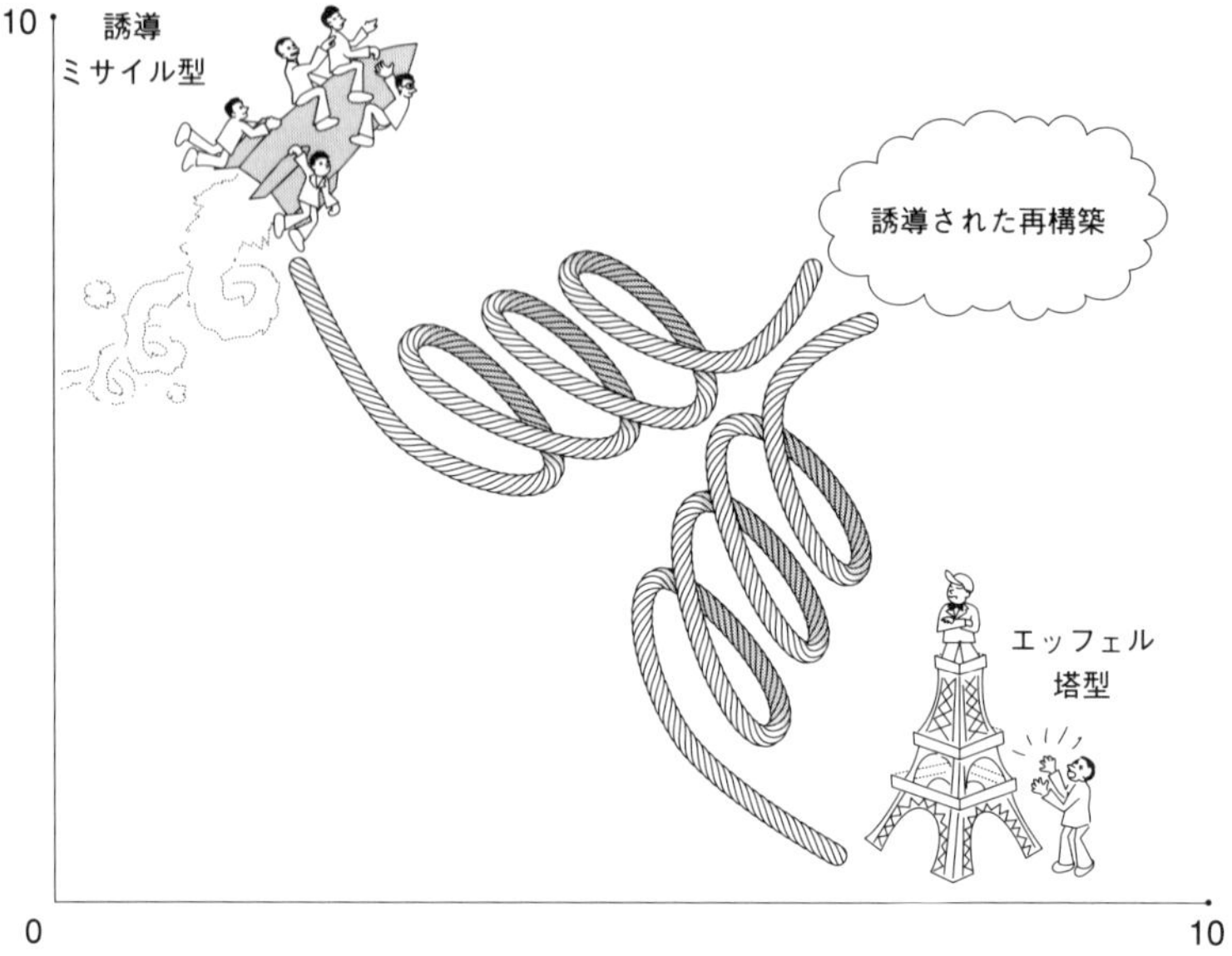

シナリオ1では，孵化型企業文化（上段左）は，製品志向，顧客志向のチームからの方向性や指導の影響を受けて，最終的に誘導ミサイル型の創造性（上段右）を身につけるようになる（図表5−2)。

シナリオ2では，誘導ミサイル型企業文化（下段右）は，チームのオリジナリティーを考慮しながら，革新と創造のミッションを考えるようになり，これも最終的に誘導ミサイル型の創造性（上段右）を身につけるようになる（図表5−2)。

シナリオ3では，エッフェル塔型企業文化（下段右）は，プロジェクト，製品，顧客志向の横断的な職務機能チームを形成することにより，最終的には誘導的再構築型（上段右）に帰結していくのである（図表5−3)。

シナリオ4では，誘導ミサイル型企業文化（上段左）は，日常のオペレーションを標準化，合理化して，よりコスト削減に努める必要がある。最終的には

図表5−4　シナリオ５

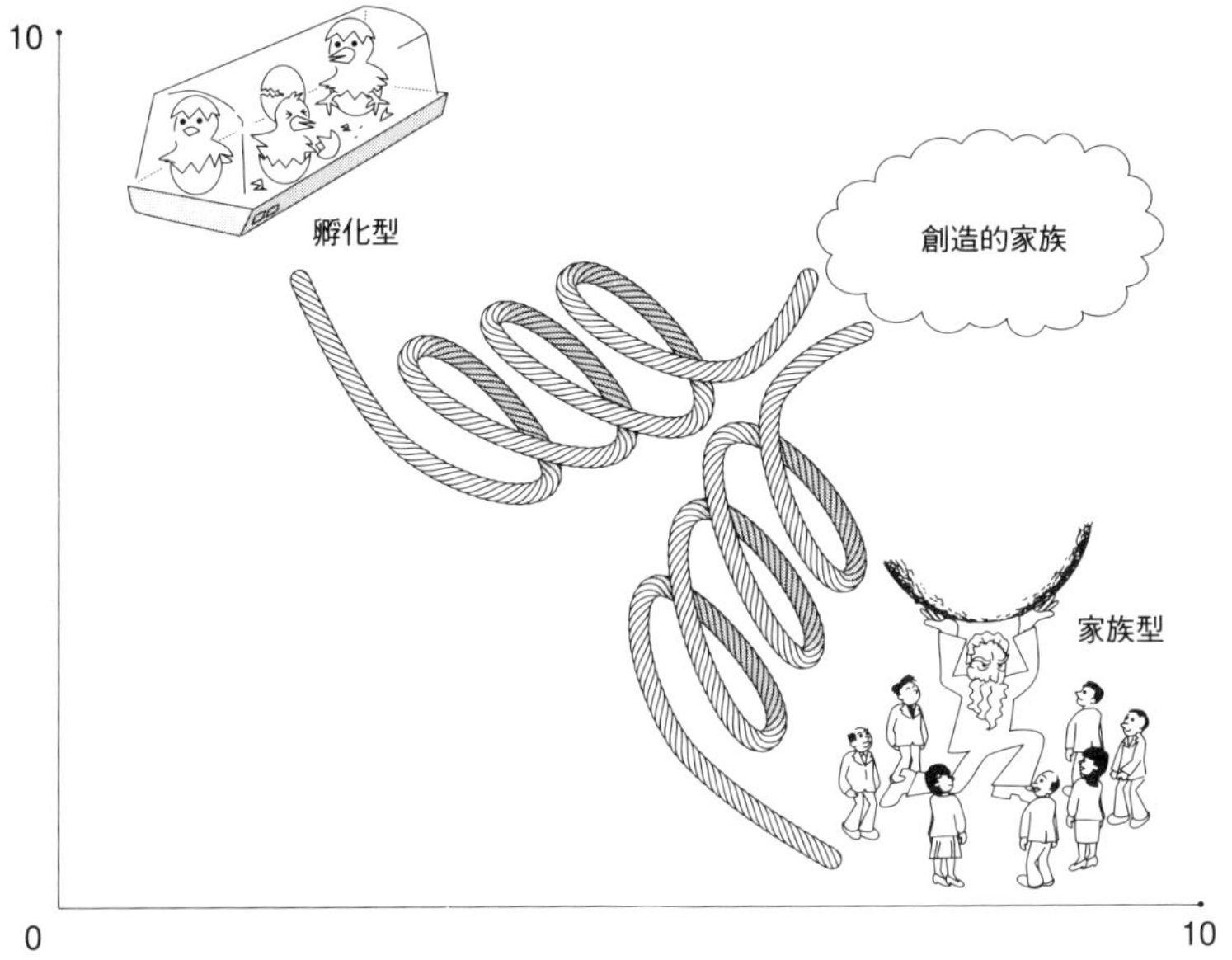

誘導的再構築型（上段右）に帰結する（図表5−3）。

シナリオ５では，家族型企業文化（下段右）は，新しいアイデアを孵化して，創業者の才をリニューアルするために，親密な人間関係や非公式なつながりを利用する。そのことにより，最終的に創造的な家族型企業文化（上段右）へと変化できる（図表5−4）。

シナリオ６では，家族型企業文化（下段右）は，企業規模が大きくなり，創業期の親密な関係では処理できず，統制と方向性を見失わないためには，職務を制度的に割り振らなければならない。これにより，再構築された家族型企業文化（上段右）となるのである（図表5−5）。

シナリオ７では，家族型企業文化（下段右）は，より専門性を高めて，外部の能力のある専門家を招聘しなければならない。このことにより，最適な能力のある専門家を活用して専門誘導的家族型（上段右）へと変化していく（図表

図表5—5　シナリオ6

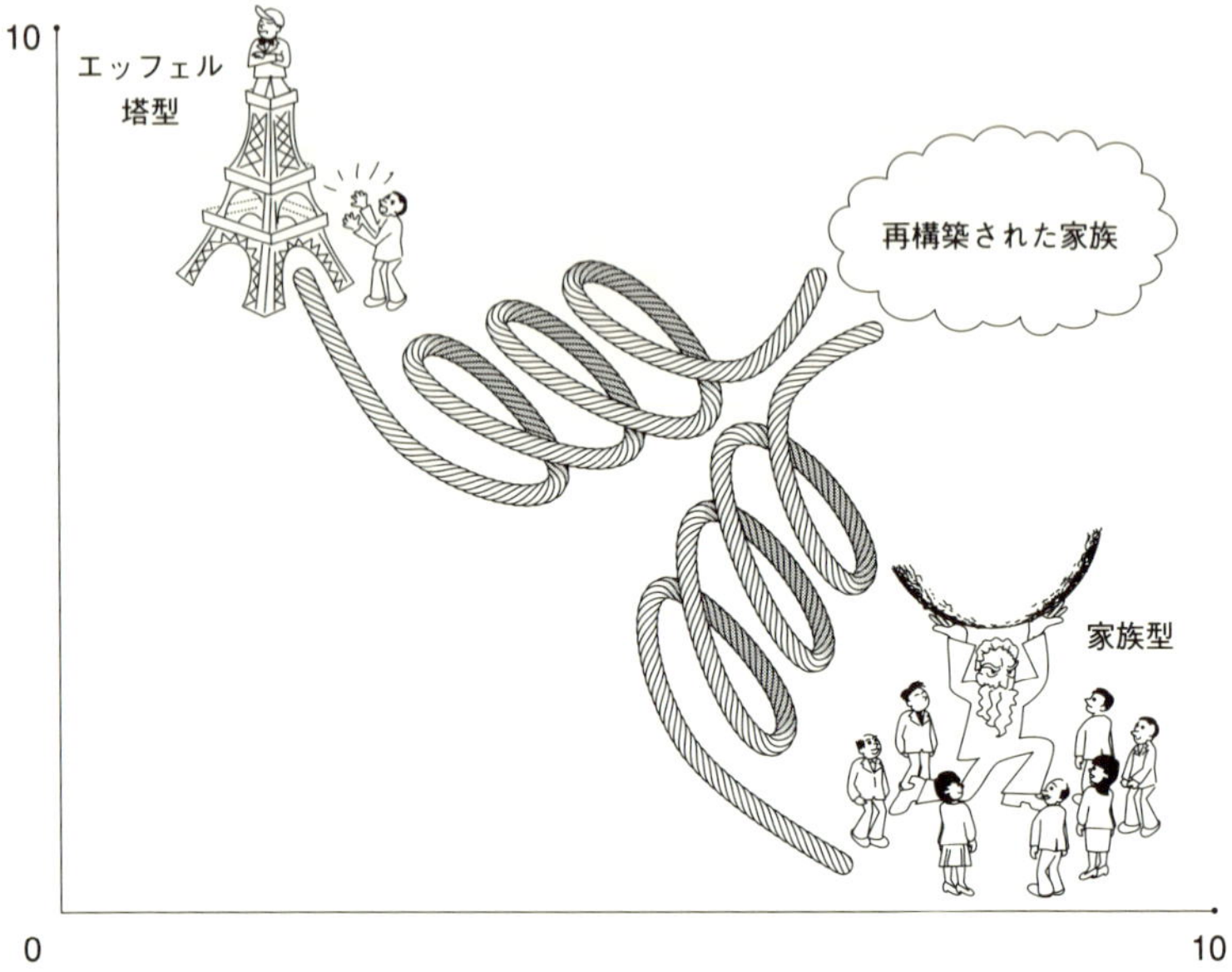

5−6)。

シナリオ８では，エッフェル塔型企業文化（下段右）は，それ自身がより創造的に再構築されなければならないし，より根本的に組織構造やレイアウトを再考する必要がある。これにより，従業員は自由に振舞えるようになり，このプロセスを手助けすることになる。それが結果として，創造的に再構築された職場（上段右）に変化するのである（図表5−7)。

ここに記したシナリオが，組織文化間の変革についての新しい考え方を我々に与えてくれるものである。特にこれらのシナリオが「同時にその逆流」の要素を含んでいることが，ジレンマのダイナミズムであり，それぞれの変革のシナリオはただ単に１つの方向だけではないのである。

古いフランスの科学者，ル・シャトリエ（Le Châtelier）は平衡システムを研究し，平衡状態にあるシステムは，ストレスを減少させる方法で，ストレスに対応すると結論づけた。このことは組織のそれぞれの部品（分子）は，絶え

図表5—6　シナリオ7

図表5—7　シナリオ8

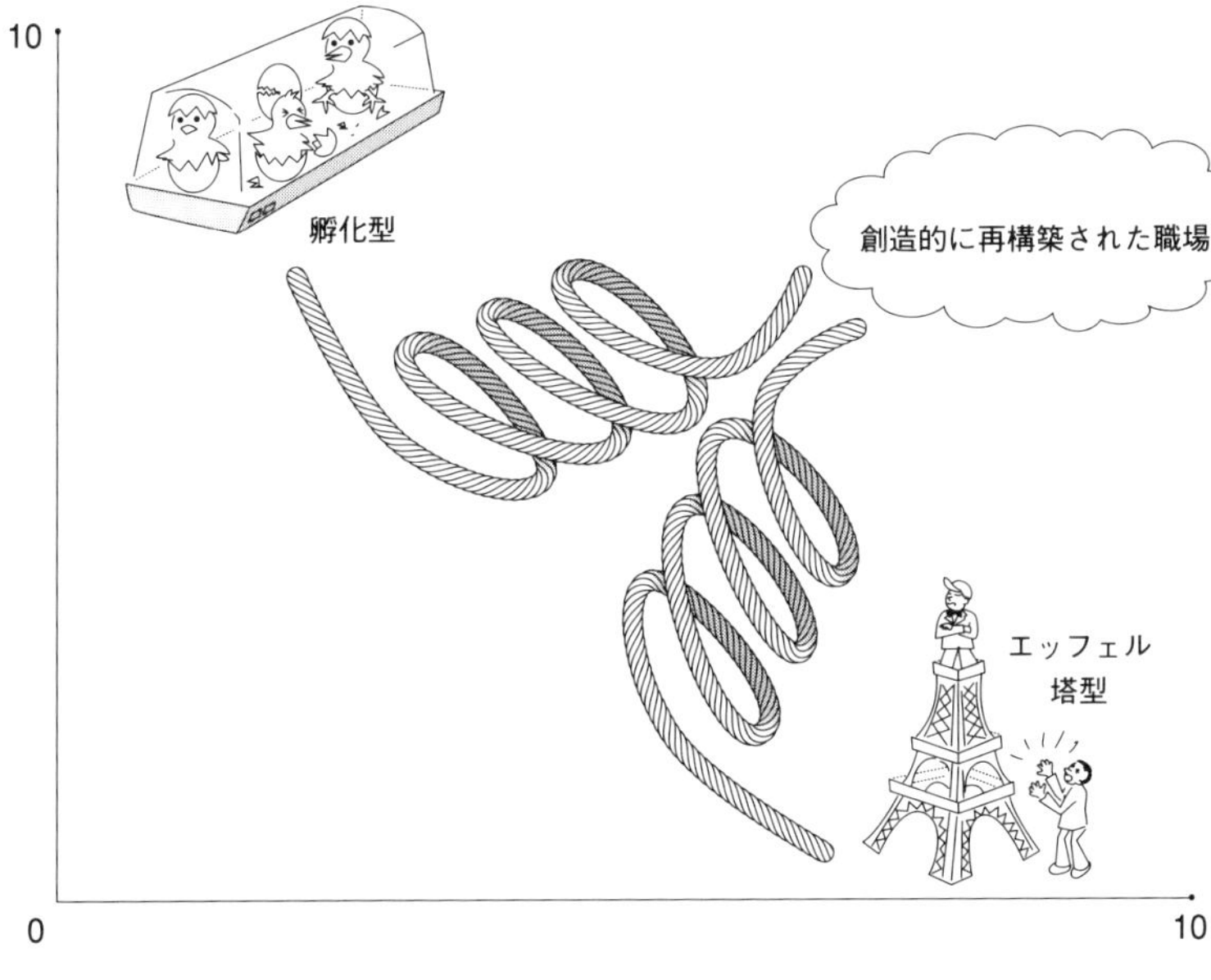

イギリスの平均的なマネージャーは，この点では普遍的であり，特殊な環境のみに適用するものではなくて，企業などで一般的に広く使われているコードや手順に非常に依存している。そのため，多くのマネージャーたちは普遍的ではない特殊なケースを実際に処理する場合には，かなりの時間を費やすかもしれない。しかし，イギリスでは，すべての人々とすべての状況に適応できる共通の規範やルールからスタートする傾向が強い。このことは，すべてのビジネス・プロセスの効率と予測を管理することを目指した組織設計とその改良に一番のプライオリティーをおく傾向が強いことを示している。それゆえに，ビジネスの経済的側面と人的側面の両方において，世界中で普遍的に適用される手法や指標などに重要性をおくのが一般的である。

しかしながら，著者グループの保有するデータベースのマネージャー（イギリスのマネージャーも含むが）の機能的専門性を調べてみると，マーケティングの専門家は，顧客は何を求めているかなどの顧客間関係のある特定の見解からスタートする傾向が強く，それから顧客の個別ニーズを彼らの保有する標準化された商品やサービスと調和させる傾向が強いことが判明している。

アレン・ジスカールは，ある時消費者嗜好性に関する全ヨーロッパにおける傾向についてマーケティング・プレゼンテーションを行っていた。棒グラフを用いて，フランスが他のヨーロッパの国々と比較して，多官能性（複数の方法で感覚や本能的欲望を引き起こす能力）の面で顕著であることを示した。イギリスはその点では遅れているが，この傾向はどこの国においても増加していることを示した。アメリカ企業のクロロックス社のマーケティング・リサーチ部長は，いくつかの難問に直面していた。彼は，「もちろん『多官能的であること』はただの構成概念であり，人々は自分が『多官能的である』とか『今日は多官能的に感じる』などの表現をしないことを私は意味しているのである。それはあなたの会社が作りだした合理性のある概念かもしれない。あなたは消費者がそのことに理解を示すと信じている。しかし，あなたが多官能性の強い人に会ったとして，どうすればそれを認識できるか。消費者は果たしてどのように表現するのか。その概念は経験に基づいたものではないのではないか」と意見を述べた。

アレン・ジスカールはこのコメントに非常に憤慨して，コンピュータから出力された書類の山を手で叩きながら，「ここにあるのがすべてだ。非常に注意深く実証された３年間の研究の成果だ」と叫んだ。質問者は肩をすくめて反論することをあきらめてしまった。

ここでの問題は，フランス人は多官能性のような関与融合型の概念を好むことである。それゆえに経験実証派でない合理主義派は，多官能性を消費者の反応を論理的に推定できる明確な概念だと考える傾向がある。フランス人はアメリカ人のように「事実」からスタートせず，知覚して思考することからスタートするのである。すなわち，多官能性はこれらの方法の１つである。アメリカのマーケット・リサーチ部長からの攻撃は，そのデータの正確性やそれが容易にチェックできるかどうかに関するものでなく，リサーチャーの合理性とメンタルな許容度に対する攻撃と考えられる。フランスのマーケット・リサーチは，アングロサクソンの普遍主義的な共通軸より，斬新な考えがあればそれに合わせていくことに重点を置き，より対顧客間との双方向性が強いのである。

普遍主義的な傾向の強い企業からの宣伝は，しばしば，顧客からの質問に対して彼らの回答が「たった１つ」しかないこと意味している。この１つの実例はワン・ジップ（One Zip）と呼ばれるファスナー付きのビニールの袋である。このビニールの袋は食料を新鮮に保存する唯一の解決策と表現されている。他の例では，デューカル社の家具の宣伝にみられる。彼らはそのカタログをあなたにとって最も必要な家具の案内書として表現している。この表現はそのページの他の部分から目立つ形で，大文字で記載されている。織物の会社は会社自身を，織物選択コレクションと名づけている。彼らの広告は，最良の織物コレクションを宣伝しており，スローガンはいつも本物の織物を提供することである。

個人主義と共同体主義との間のジレンマ

この第２の価値基準にも同様に多くの重要なジレンマが発生している。マーケティングの分野は，顧客個人のニーズや嗜好を満足させることに関心があるのか，それともある特定のグループによって取り入れられる流行やファッションを創造することに関心があるのか。そして，個人が共通の流行を追うことにより，そのグループに加わっていること示すことを目的にしているのか。顧客の観点からの場合，個々の人間が個人的に何を求めているのかを見出すことにより，他人との関係を作り出そうとしているのか。それとも，我々が認知できて，その一端を担っていると感じる共通の概念を先がけて持つことを目的としているのか。

このように，個人主義的な文化に対するマーケティングは個人をその究極の目的としているが，マーケティングは集団の目的を達成するための手段として，集団主義的な関与からメリットを生むケースが多い。一方で，共同体主義的な文化に対するマーケティングは，ある集団を対象とするマーケットとしてみなすが，個人からのフィードバックや提案された改善案を活用することが可能である。

マーケティングの関係は循環的であると考えられるべきである。1つの目的に片寄る決定はあまりにもポリシーのないものになってしまう。

マイクロソフト社のウィンドウズと関連のオフィス製品は，グループ全体のアプローチに恩恵を提供している。各種の書類がグループ内で共有され，取りかわされている。これは彼らが共通のファイル・フォーマットを採用しているから可能なのである。その一方で，各個人はシステム設定を個人の好みに合わせることで満足できるようになっている。例えば，個人の視力に合わせることのできる画面のズームレベルなどにその例がみられる。ジャガーやベンツの所有者たちは，格調高い車の所有者で構成されているクラブのメンバーになることに誇りを感じている。しかしながら，いったんドライバーが自分の車を購入すると，たとえ誰か別の人が既にこのような設定に変えていたとしても，その座席やドライバー用の鏡などは個人好みに合わせるのである。

ブランド全体のレベルでは，リチャード・ブランソンがバージン社のブランドを作り出す際に，小企業から大企業に対等に立ち向かって，ダビデとゴリアテ[訳注1)]の個性を調和させたことで実現できた成功事例としてみることができる。彼は集団的攻撃者（既成勢力）に立ち向かう弱者の個人を擁護して，人々の共感を獲得してきている。

中国文化の共同体的な価値観が，中国における消費財のマーケティングに与える影響は非常に直接的な面がある。多くの商品は，家族や家族的な集団主義の環境下でその役割が位置づけられている。しばしば広告宣伝に使われる家族的な集団は，仕事の同僚であり，スポーツチームのメンバーであったり，学校のクラスメートであったりする。その集団においては，指導的な人たちにある特別な注目や特別の役割が与えられている。

日本人の共同体的傾向は，日本でビジネスに従事する個人主義傾向の人にとっては重要な意味をもつ。日本人と仕事をするときには，同僚や部下たちと一緒に仕事をしたり，交わったりするために時間を費やすことが大切である。尊敬を獲得し，実効的であるためには，チームプレーヤーに徹しなければならないし，グループの一員として振舞わなければならない。見ての通り，オフィススペースはチームワークに適するように十分に見通せる状態になっているし，実際に行動に移す前にお互いに十分に根回しをすることは日本人にとって一般的な習慣になっている。

“Self-Reliance”という言葉は，多くの言語では訳しようがないが，ラルフ・ウォルドー・エマーソン（Ralph Waldo Emerson）のような随筆家であり，詩人であり，哲学者である人物により，アメリカの著作物の中で賛美されてきた言葉である。「Self-Reliance（独立独行）」は非常に幼いうちから，一般的なアメリカ人の中に刷り込まれてきているが，「Dependence（依存）」は否定的にとらえられている。非常に大切な力点が，個人の成長と自己実現に置かれている。

独立心と自己改革は一般的なアメリカ人の中に非常に深く刷り込まれてきているために，宣伝がアメリカ文化のこの側面に焦点を当てるようにデザインされているのは当然のことである。例えば，精神的および肉体的な挑戦に立ち向かい，「あなたにできることがすべて実現できる軍隊に入ろう」と言って終わる男の宣伝がある。また別の有名な宣伝は，荒野の中で１人，馬に乗っているカウボーイを見せるマルボロ社の宣伝である。語り手は視聴者に「マルボロの国に来る」ように招く。その意味するメッセージは，マルボロの国では男は男であり，それ以外の何者でもないということである。より共同体的な文化では，このタイプの宣伝はそれほどアピールしないだろうが，アメリカでは非常に効果的なのである。

関与特定型と関与融合型との間のジレンマ

顧客の関与の度合いとは何であろうか。我々は顧客を，「投機家」，すなわち短期間でお金を稼ぐことができる人々とみなすのか。それとも，彼らを長期間にわたって継続する一連の関係を維持する基盤とみなすのか。我々は彼らが顧客になる以前に，まず彼との人間関係を構築する必要があるのか。それともその関係の如何にかかわらず，たやすくビジネスをすることができるのか。

売る側と買う側のロジックの調和プロセスを経たマーケティングは，どちらの側にとっても妥協以上のものがある。即ち，顧客に対してより多くの個別化したサービスを提供するために，顧客の好む分野を特定化して，双方の人間関係を深めるための巧みな技のようなものである。長距離飛行中の旅客と客室乗務員とのちょっとした交流の時間を，スカンジナビア航空のヤン・カールソン社長は「真実の瞬間」と呼んでいる。これらの数分（瞬間）の経験が，旅行者にまた同じ航空会社に乗るのか乗らないのか，その経験を友人に伝える等の意思決定を左右する印象を与えるのである。そして，その印象は長く継続するのである。

マーケティングチームの役割は，提供されるサービスにおいて顧客との関係を深めるために顧客間の関係において特殊な瞬間とどういった状況でマーケティング面から活用する可能性を見つけ出すことにある。その結果，その評判が顧客に広まっていくのである。

アメリカの高級デパートであるノードストロム社においては，この考え方を本当に理解した形でサービスを提供している。このデパートは，「無条件の」返品ポリシー等を含む優れた顧客サービスで有名である。この会社は，実際にその店で売られたものでない返品まで引き取ることで有名であった。ノードストロム社では，実際のところ，その賞賛に値する行為が伝説として語り継がれるような雰囲気が存在する。店舗は，活気をもたせるためのマーケティング予算さえ持っている。ある有名な話は，ヨーロッパ旅行のためにスーツケースを買った顧客を手助けしたシカゴの店舗からやってきたセールス担当の話である。顧客が帰ってから，彼女は顧客がパスポートとニューヨークからヨーロッパまでの航空券をカウンターの上に置き忘れていることに気づいた。彼女は顧客を探したが見つけることができなかったので，何と彼女は，顧客のパスポートと航空券を持ってシカゴからニューヨークに飛んだのである。彼女は，顧客が出発する大西洋便のカウンターでのチェックインに間に合って，パスポートと航空券を顧客に渡すことができたのである。その顧客は今後ノードストロム社以外からは決して購入しないことを誓ったのである。明らかにこの話は極端なケースである。しかしそれは1つの教訓，すなわちそのような距離をかけてでもサービスを提供する真実の瞬間のタイミングの取り方の大切さを提供してくれるのである。

トロンペナールスが経験した「真実の瞬間」

私はアイルランドへの航空機に乗り遅れそうだった。それは金曜日の夜の6時頃であった。私はアムステルダムのスキポール空港にある旅行代理店のデスクに向かって歩いていた。私のフライト，アイルランド共和国のケリーまでの航空機は，ダブリンを経由していくものであった。私が航空券を頼んだとき，旅行代理店のスタッフは困惑している様子だった。彼らは私の航空券を見つけることができなかったのだ。私は少し心配になってきた。なぜかというと，航空機は6時45分に出発予定で，ゲートはターミナルの端の方にあったからである。彼らはコンピュータをチェックしたが，予約の確認ができなかった。さらに悪いことに，何と私の事務所が5日程前に座席をキャンセルしていたのである。そこで我々はあわててエア・リンガス航空のカウンターに行って遅いフライトの座席を予約しようとした。エア・リンガス航空のスタッフは空席を見つけることができず，代わりに北アイルランドのベルファスト行き7時45分発の次の航空機を予約してよいかどうかを尋ねてきた。そのフライトではケリー行きの最終便には接続できなくなるが，ほかに手立てがあるのか。私は翌朝，土曜日の8時30分にアイルランドのマネジメント研究所（IMI）で，講演をしなければならないのである。そこで私はそのさらに遅いフライトを予約して，ホテルを手配した。さらに翌朝割引き料金で米ドル3,000ドルの費用を掛けて，ダブリンからプライベート・ジェット機をチャーターした。このすべての手配はエア・リンガス航空の支援があったから実現できた。

しかし，私が予約のために自分の名前を名乗ると，カウンターのアイルランド人の女性が『トロンペナールスさんですか？　あなたの航空券はもっと早いフライトで，ここにありますよ』と言ってきた。

私はその時，IMIが私のために航空機を予約したのであって，自分の事務所を通して予約をしたのではないことに気が付いた。しかし，すでに遅すぎた。新しいスケジュールではベルファスト行き７時45分の航空機に乗ることになっていた。

搭乗後，10分以内に離陸したが，それは金曜日の夜のスキポール空港では記録的に短時間である。パイロットは，「スキポール空港の管制官から早く離陸する許可を得ることができた。特に１名の乗客は大変喜んでいるだろう」という旨のメッセージを述べた。私のことを話しているのだと気づいたが，お陰で予定より30分早く到着することができた。そして私は，ケリー行きの最終便に搭乗することができた。実際のところ，エア・リンガス航空のスタッフがゲートで待っていて，私が接続便に乗れるように手配をしてくれていた。その日のケリー行きの航空機の場所までエア・リンガス航空の車で連れて行ってくれたのである。運転手はキャンセルするためにホテルの名前とプライベート・ジェット機の会社名を聞いてきた。何とかかろうじて，その日の夜にケリーのホテルに入ることができたのである。私はどんなことがあっても今後誰に対しても疑いもなくエア・リンガス航空を利用することを勧めることを約束した。このケースを翌日のセミナーで活用したのはいうまでもない。この対応に対する評価は，「真実の瞬間」を理解する組織に対して与えられるものである。

これらのケースから引用できる帰納的考察とはいったい何なのか。ブランドをマーケティングするに当たって，顧客に深くかかわるべきときを理解できた場合に，製造業やサービス業の組織は，重要な強みを増すことができるということである。もし航空会社のエア・リンガス社が私に提供してくれたように，る。将来の競争の動きを予測できないときに，長期的戦略計画が良いものであるといえるのであろうか。もしあなたの資源が長期計画で身動きが取れないならば，あなたはどうやって競合他社に対抗することができるのであろうか。」ライズとトラウトはこのことを明示的に概念化はしていないが，その調和の必要性については十分に認識している。彼らは「トップマネジメントがまずマーケティングのキャンペーンのための戦略を打つべきであり，戦略はその戦略を実施するための戦術を選択する中間管理職に引き継がれなければならない」という伝統的な理論に対して反論を唱えている。彼らは反論し，その反対の論理，すなわちボトムアップ・マーケティングを提案している。この考えが異文化を超えて適用されて，今まで以上の大きな話題になってきている。我々はマーケティングのジレンマは普遍的であると議論している。我々は未知なる航海に対して，長期的な内容と方向性を提示する戦略が必要になる。その一方で，我々の環境に最も合う短期的ニーズのために，我々は異なったユニークなアイデアを創造する必要がある。このジレンマは図表6－3の中でグラフ化されて示されている。

ライズとトラウトが，マーケティングの戦術が自動的に健全な戦略を作り上げると信じているのは特殊な見解である。著者グループはこの見解には反対である。我々の実証の結果は，戦術も戦略も継続的な作業過程でお互いに影響しあうという主張を支持するものである。出発地点が，自らの文化に依存するのである。短期傾向の文化は戦術からスタートさせる。逆に長期傾向の文化は彼らの戦術を概念化する戦略からスタートさせるのである。勝利者は統合（調和）することのできる人材である。どちらかの方向からスタートするのかという議論は不適切である。

結論としては，我々の新しいマーケティングのパラダイムは，前述のすべての価値基準から連続して発生しうるジレンマを調和させることのできる考え方を持ち合わせることである。今日の成功するマーケティングは，各々の価値基準を超えた学習努力を相反する傾向と見解とを結びつけることができるかできないかの結果である。

図表6−3　長期傾向ー短期傾向

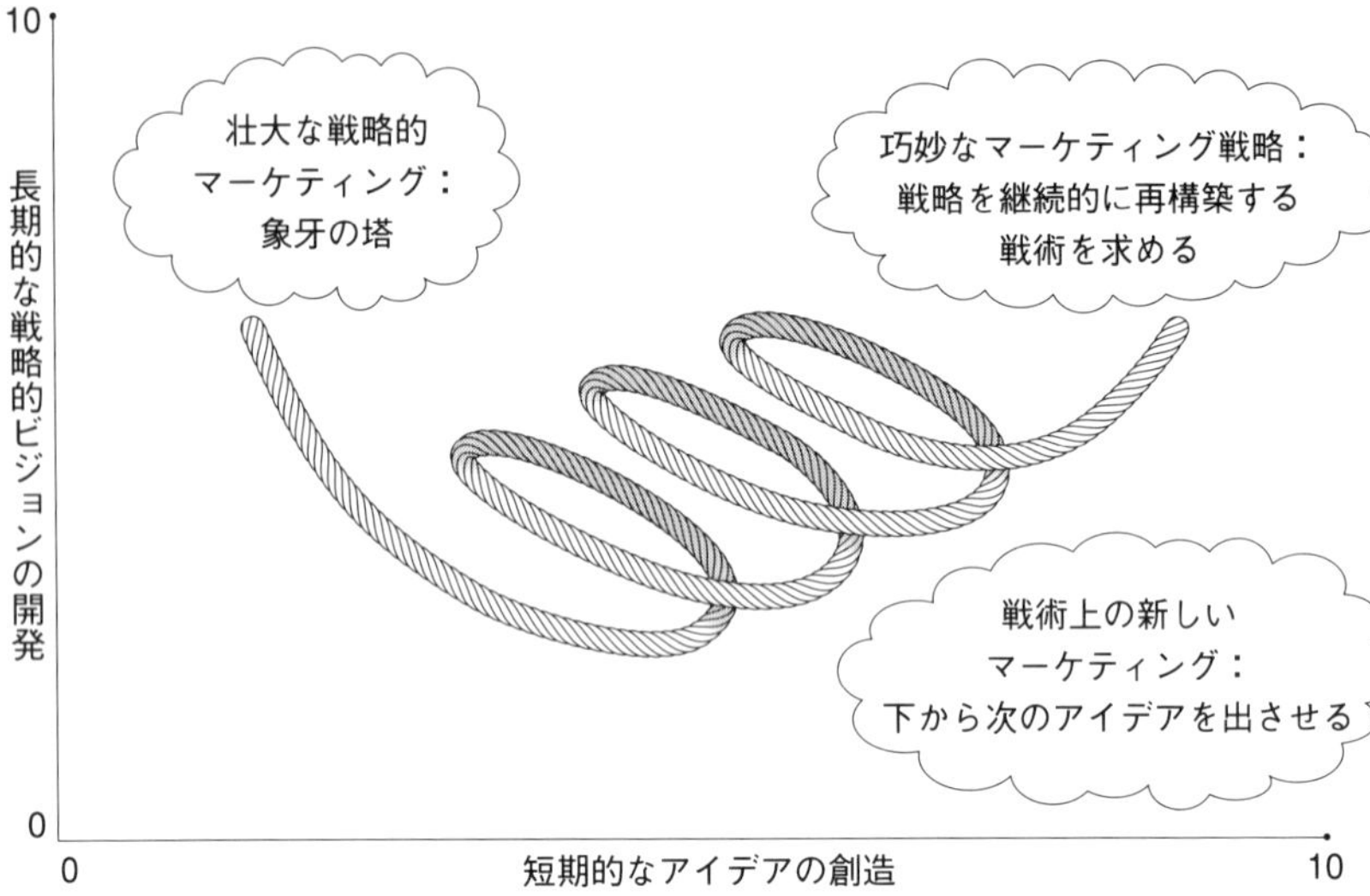

異文化間のブランドの意味づけ

ブランド，製品，サービスはそれぞれ複雑な意味合いをもつ。ブランド，製品，サービスに対するそれぞれ異なった意味づけも多様な文化の価値基準の中ではさらに複雑さを増して，さらに異なった意味を持つようになる。このセクションでは，多様な文化価値基準を組み合わせることにより，極めてユニークな組み合わせを形成して，その原型[訳注6)]を作ることを試みるのである。

原型に関する研究によると，上述のジレンマは，ただ単純に消えてしまうのではなく，その代わりに，より複雑に重なり合った形で現れるのである。マーケティングの国際化はマーケティングのプロにとって新しい挑戦を生み出すのである。

ユニリーバ社の日本でのジレンマ

ある不可解なことが，ユニリーバ社日本のアメリカ人マーケティング・マネージャーを当惑させた。同社のサンシルク・シャンプーの売上とマーケット・シェアの激減に直面したのである。伝統的なマーケット・リサーチの結果では，この事実に対して具体的な理由を提示することができなかった。予想されたことは顧客の反応，すなわち伝統的な日本人のあいまいさであった。売上の激減により，若い女性が自分の髪を洗い，それを後で乾燥させる新しいコマーシャルの導入に踏み切った。スローモーションの動きが，彼女の髪をゆっくりと波打つように揺り動かし，その宣伝の官能的なところを強調するのに効果的であった。その時，突然ドアーのベルが鳴って，ドアーを開ける男性の手がクローズアップされ，シャンプーの入れ物がスクリーンに大写しにされた。

「多文化の世界におけるマーケティングの７つの秘訣」の中で，クロテール・ラパイユ（Clotaire Rapaille）は，視聴者がこの製品の原型をどのように解読して，自らに「刷り込み」を行うことができるかを述べている。シャンプーはただ単に機能的な特質から成り立っているわけではなくて，周りの環境文化の一部を表すものである。そのために，その製品の原型に戻る必要がある。アメリカでは，製品を官能性に結びつけて，原型に戻るのである。

しかしながら，このメッセージが日本ではうまく機能しなかった。日本人の女性にこのコマーシャルフィルムを見せて，彼女たちに男がドアーを開けた後で何をすると思うかと尋ねてみた。多くの女性たちは「その男は刀を持ってきて，女性の髪を切ってしまうであろう」と記述した。そして，ユニリーバ社はなぜ売上が落ちたか，その理由を察知した。

ブランドや製品の原型は世界共通であるが，そのメッセージは，文化によって異なった形で解釈されるのである。

トロンペナールス（Trompenaars）の著書『歩行者の命に問題があったか』の中で，著者はこのケースも含めたいくつかのケースを参照している。ユニリーバの事例は，異文化モデルの玉ねぎの外側部分で，これらのメッセージが目に見える形でどのように異なった形で解釈されているのかを示している。しかしながら，我々は玉ねぎモデルの内側の部分基本的仮定の内面部分に到達してしまい，文化的な誤解を生じてしまっているのである。

何年か前に日本のNTT社がAT&T社のケーブル部門に，多くの技術仕様に基づいたケーブルを製造するように依頼したことがあった。ケーブルは実際に配送されたが，日本人がそれらをすぐに返品してきたのにはアメリカ人たちも非常に驚いた。それらはAT&T社がNTT社から説明された技術基準に正確に基づいて，製造されたものであった。返品された理由を問い合わせると，NTT社は「あまりにも奇妙な形をしているから」と返答した。日本では，外見があまりにも奇妙な形をしている場合，それは品質保証にはならないのである。

AT&T社のアメリカ人社員は，ブランドとはただ単に機能的な特質の集合体ばかりでなくて，その意味とそのより深いところに横たわる価値観のシステムであると理解している。深層にある意味を理解し，活用することは，かつては製品に対する興味ある「おまけ」と考えられたものが，今では長期的に成功するための主な条件になってきているのである。クロテール・ラパイユやマーガレット・マーク(Margaret Mark)，キャロル・ピアソン(Carol Pearson)[訳注7)]などの著者たちは，自らの研究の中で，その製品の原型と製品とサービスに横たわる深層構造を解明するために，多くの興味深い概念やツールを開発している。

普遍的に理解されているモデル（例えば，ユングやマズローのモデル[訳注8)]）を調べてみると，文化的差異にかかわりなく，人間は何組かの基本的なジレンマに遭遇することになる。

最初のジレンマは，個人として自分のやり方を見つけ出したいという，すべての人間の中に見受けられる欲望の分野であり，また，あるグループに帰属したいという欲望である。２番目のジレンマは挑戦や興奮に対するニーズとそれと相反する安全と安定へのニーズと，環境を変化させたい欲望との間のジレンマである。これらのジレンマの縦軸と横軸を交互させることにより形成される象限の中に多くの原型を見ることができるのである（図表6－4）。

『歩行者の命に問題があったか』の中で，著者トロンペナールス(Trompenaars)は，この原型を詳細にわたって検証している。それを要約してみよう。

最初のカテゴリーのタイプは，独立独歩型の人間であり，単純（The Innocent)であり，探索的(The Explorer)で，賢人的(The Sage)な特徴を持つ。

すべての人が自分のスタイルをもっており，帰属するグループから逃れようとする傾向が強い。このカテゴリーの３つのタイプは性格的に個人主義である。

「単純型（Innocent）」の製品は，原型に対して忠実ではあるが，ありきたりなパターンを目指している。典型的な例は，コカコーラ社やマクドナルド社である。このタイプは普遍的であり，内部志向性が強く，属性的で過去への傾斜が強い。このケースはコカコーラ社がペプシと直接競争をするために，甘い味のコーラを導入したとき，コカコーラ社は従来のコーラの原型，本物に回帰しなければならなかったことで，その元の原型から外れたときに何が起きるのかを理解することができる。

「探索型（Explorer）」的な製品は，素朴な楽園の静寂さの中には存在しない。絶えずより良い世界を探索するのである。良い例は，ティンバーランド社，ラルフローレン社，ジープ社とスターバック社などである。「探索型」ブランドは，個別主義，内的志向，実績主義傾向，短期的未来などの特徴を個人的傾向と結びつけるのである。

最後に「賢人型（Sage）」的な製品は，購買者が，理想とする世界では絶えず自由に開かれた心をもって学習と成長を続ければ，理想的な世界が開けてくると信じていることを支援しようとするブランドである。このブランドは普遍的で，内面的傾向で，属性的であり，時間を超越しており，そして明らかに個人主義的である。アメリカでは，テレビ司会者のオプラ・ウィンフリーなどで代表される書籍チェーンのバーンズ&ノーブル社がこの型に属する。

成功する製品や人々には，これらの原型の反対の位置に存在するケースがある。この３組の例は顧客に「帰属している」印象を与えると同時に，いくつかの方法でアプローチが可能である。それらは皆，コミュニケーション傾向の特性を共通してもっている。

ピアソン（Pearson）とマーク（Mark）は，「普通の人型（Regular Guy/Gal）」，「愛人型（Lover）」と「道化師型（Jester）」を，大きな１つのグ

図表6—4　原型（アーキタイプ）を配置する

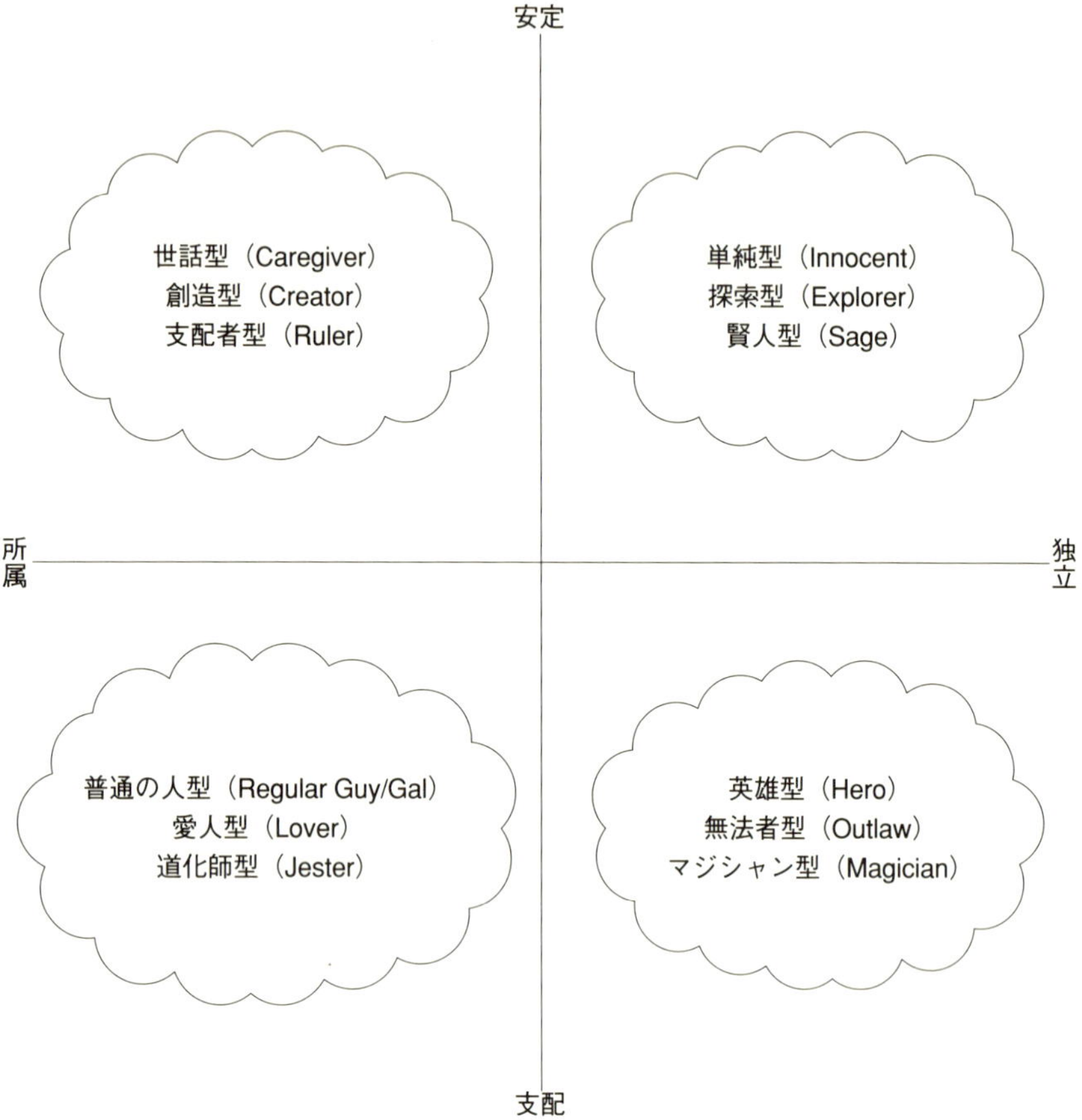

ループに異なった方法で属しているとして区別している。「普通の人型」タイプはすべての人々は平等であり，エリート的な行動は避ける。帰属の意識の次に強い傾向は実績的な傾向である。これらのブランドは，ハーツ型よりエービス型（とにかく一生懸命尽くす）であり，アメックスよりビザであり，BMWよりフォルクスワーゲンである。

「愛人型」ブランドは，しばしば化粧品，ファッション，旅行代理店などの組織に現れる。それらは性的なアピール，美しさ，感情を表にあらわして，感情融合型傾向，外部志向傾向を強く反映させようとしている。シャネル，イブ・

サン・ローラン，グッチ，フェラーリのようなラテンブランドがこの一群を導いている。

最後に個人が刺激し合って，お互いにいることを楽しむ「道化師型」タイプを紹介する。グループ傾向が強く，さらに感情的で外的志向性が強いことを特徴としている。この原型はペプシやバーガー・キングに代表される。そのアイデンティティーはそれらの先輩格のコカコーラ社やマクドナルド社などに挑戦することにより成長してきたのである。

ブランドで国際的に成功を納めるには，高い次元で原型間の矛盾を調和していく必要がある。これを見事に成し遂げた例は，バーンズ&ノーブル社が統合により国際的なブランドに変容していったケースである。レオナルド・リジオ（Leonard Riggio）が，有名ではあるが財務的に不調なバーンズ&ノーブル社を買収した後，すぐに成功に導く価格戦争を開始した。彼はバーンズ&ノーブル社の地味で禁欲的なロゴマークを使い続け，多くの書店やチェーン店を買収することができたのである。彼はそのブランドの力を活用することによって，この極めて独立独歩で個人主義的なイメージを確保した後，心地よい椅子があって，コーヒーが出される簡素な居間の空間のある書店を，次から次へと企画していった。このようにして，独立心の強い「賢人たち」が，彼らの最新の素晴らしいアイデアを，個人主義的な社会における同様な人々と交流することができたところで，バーンズ&ノーブル社は世界最大の書店として成長していったのである。

この同じ論理に従って，シャネル社の国際的な成功を，原型の同様な統合によって説明することができる。「シャネル」は古い「愛人型」ブランドであるが，シャネル自身，極めてセクシーな女性である一方で，非常に独立心の強い女性であったことで有名である。彼女の目から見ると，女性は独立心を強く持つことによってはじめて男性を魅惑することができると考えていた。彼女がヨーロッパ中の最も金持ちの男性との結婚を断った理由を聞かれたとき，彼女は「ウェストミンスター候はたくさんいるけれど，シャネルは１人しかいないから」と答えている。そして，独立心と恋人的要素を結びつけることにより，香水を世界

図表6−6　GE社「支配者型」と「世話型」のジレンマ

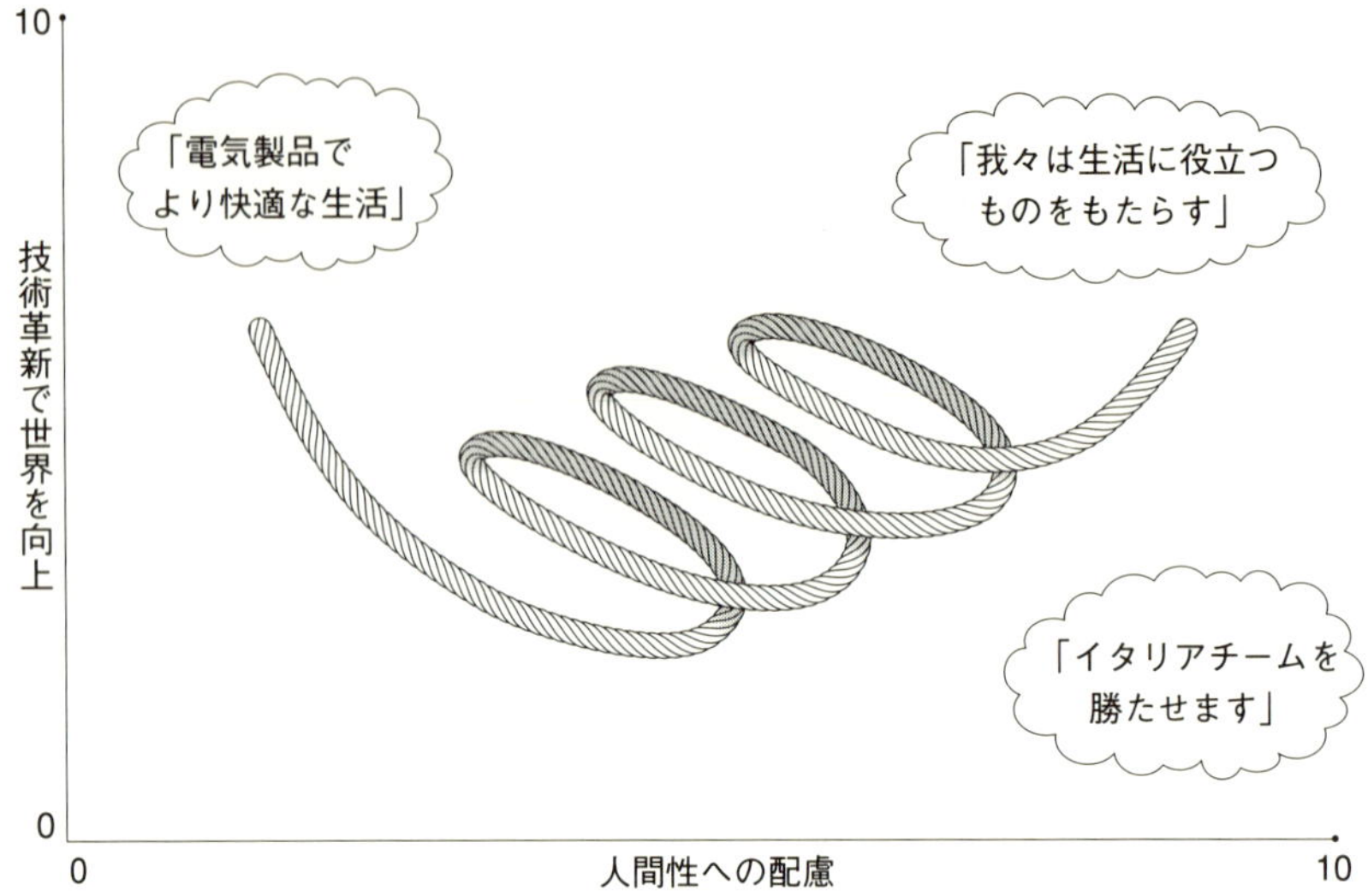

ランチタイムに目に見える形で現れる。空いているテーブルのある良いレストランが近くにたくさんあっても，いわゆる「評判の良いレストラン」は，人が行列を作るレストランなのである。

同じ領域において，文化的差異は，その原型がどのように伝達されて，受け入れられるかについての効果に影響を与えることができる。「支配者型」ブランドはフランスやアメリカのような内的志向性の強い国においては，極めて成功を収める。一方，より外的志向性の強い国であるオランダやデンマークにおいては，競合製品が自社の製品より劣ることを訴えるコマーシャルによる製品比較には，特に注意しなければならない。プロクター&ギャンブル社（P&G社）の洗剤部門がユニリーバ社のOMO[訳注9)]を飲み込む勢いだったときのことを思い出してみよう。P&G社はヨーロッパで極めてタフで特別な宣伝キャンペーンを打ち上げた（それが遠慮のないメディアの注意を引いたことにより，さらに広く知られることになるのであるが)。彼らは，ユニリーバ社のOMOは何回か洗濯をすると生地を傷めてしまうことを露骨に示したのである。数週間で，OMOは非常に大きなマーケット・シェアを失うことになった。マーケット・シェアは

P&G社の主流の製品ラインとうまく配分されていたのだが，P&G社は戦術では勝利を収めたものの，戦略で失敗した。長い期間にわたって，オランダの女性たちはP&G社の洗剤を敬遠したのだ。というのも，P&G社がライバルのユニリーバ社を徹底的に傷めつけたからである。そういった宣伝は，外的志向性の国では行われるべきでなかった。イギリス人が言うように，それはまったくフェアでない。

国際的に成功を収めるための秘訣は，いくつかの原型を高い次元で統合し，誇張したステレオタイプの落とし穴にはまらないようにすることである。ゼネラル・エレクトリック社（GE）はある原型をあまりにも極端に取り入れる危険を体験している。GE社は，世界を技術革新で改善するという英雄型へ転身したのである。1980年代のGE社の有名なスローガンである「電気製品でより快適な生活」が「GE，我々は生活に役に立つものを提供します」というスローガンに変更されたのである。本文とその文脈は取り替えることが可能である。このことは現在のヨーロッパでみられる傾向を説明している。ヨーロッパでは人間性に力点が置かれているのである。最近のテレビコマーシャルでイタリアのサッカー選手がけがをした内容のものがあった。イタリアのサッカーファンは明らかに典型的なラテンのスタイルで，泣きじゃくり，叫ぶ。その選手はすぐに競技場からGEのMRIスキャンの検査を受ける。そしてハイテクな写真技術で，重症でないことが判明する。次に，彼がイタリアのために勝利のゴールを決めた場面を放映している。その結果，GE社の外科部門は，同様の感情的な場面で，感謝のメッセージを受けたのである。そして宣伝は「私はただ自分の仕事をしているだけです」というメッセージで終わっている。

セサミストリートは国際的に成功したブランドの別の例である。原型の文脈の中に，「創造型」原型との非常に繊細な調和を観察できるのは，極めて満足すべきことである。それは世界を教育者として変化させようとしているのである。セサミストリートのそれぞれの地域で放映されている部分では，創造的なチームの芸術家たちが教授法の専門家たちと非常に密接に仕事をしている。創造と学習，分散と集中の矛盾する関係が，ショーが文化の壁を越えて上演される形で，調和されるのである。マーク（Margaret Mark）とピアソン（Carol Pearson）はこのことで，次のように語っている。「自由放任的な創造性とセサミストリートの教育的側面との間に存在する健全なるジレンマが，『創造型』ブランドを成功に導く中心に位置している。その反面，その共同作業は幸福で成功する内容のものである。なぜならば，VPリサーチのトラグリオ（Truglio）は『我々はお互いが持っている技術スキルを尊敬しあっている』と語っていることから理解できる」。

相反する意味のシステム，またはブランドの複数の原型を調和させることにより，異なった文化の解釈に対してより無感覚になることで，かえってうまくいく場合がある。その目的は，環境を征服したり変化させることや，コミュニティーの一部になるか，個人の独立のために真剣に努力することに関して，無理やりトップになろうとしない統合ブランドを作ることにある。その問題はユーモアによって，和らげることができる。支援してくれるパートナーがどのように英雄型的原型になるかを示している頭痛薬アスプロの宣伝にその例をみることができる。

頭痛薬（アスプロ）

若いカップルが午前６時30分に目覚まし時計で目を覚ます。男はベッドから飛び起きて，錠剤をガラスのコップの水の中に入れる。彼はパートナーの女性のところに歩いて行って，そのガラスのコップを彼女の頭につけて，彼女を起こそうとする。彼女が「一体何なの？」と聞くと，彼は「頭痛薬（アスプロ）だ」と答える。当惑した様子で，彼女は「頭痛はしていないわ」と答える。それから，彼はベッドに戻って，シーツに包まれる。この宣伝は「具合が悪いときにはアスプロ」と終わっている。どのような文化でも，「世話型」は「英雄型」になる可能性がある。

文化とマーケティングの発展した局面

この最後のセクションでは，文化によって影響を受ける，宣伝からマーケット・リサーチに至るまでのマーケティングの多くの課題について議論する。ページ数の限界から，ここではマーケティングのすべての局面にふれることは難しいので，宣伝とマーケット・リサーチの部分に限定して考える。しかし，いったん読者が著者グループの調和の論理を理解すれば，その原則を拡大することも可能である。

マーケット・リサーチ

マーケットや顧客についての基本的な問題を問う最初のステップとしては，マーケット・リサーチが必要になってくる。多くの問題に直面するが，その多くは多文化のリサーチを行う際に直面する問題と極めて類似している。

ユスニエ（Usunier）[訳注10)]は，その異文化間マーケティングのための充実した内容のハンドブックの中で，ある章の全頁を使って異文化間のマーケット・リサーチについて言及している。著者グループは，国際マーケティングの研究者たちが直面する可能性のある典型的なジレンマにその論点を限定して，それらがどのように調和できるかについての提案を示す。

国内のマーケット・リサーチを現地の調査設計方法を十分に反映検討せずに海外の環境に持ち込むのは賢いやり方とは言えない。そんなことをすれば，マーケットの情報，情報収集の方法，その情報の有効性や信頼性等において，相違点に直面するであろう。国際マーケティングの研究者たちは，そのフィードバックのチャネルを増やすことにより，自民族の前提条件を越えて思考しなければならない。構成概念と調査ツールが，形式的にも，非形式的にも内容が一致するものでなければならない。一般的なガイドラインでは，製品，ブランド，物流，価格などの意味することを調査する必要がある。自分たちの言語を使って，それに基づいて意思決定がなされるような強力な意味のある一般化を実現させるには，大規模なサンプルを想定した質問紙の内容を深く理解しているフォーカスグループによる信頼度分析の結果と，消費者パネル側の妥当性との間の調和が必要になってくる。

全体的等価性に対する機能的等価性

国際的な研究者たちが直面する最初のジレンマは，製品やサービスの機能的な特質の部分とその製品の全体的な活用成果とが関係する部分との間から発生する。非常に多くの国際的な研究者たちですら，いまだに市場に出される製品の機能的な対価のみを追求している。その結果，多くの問題がこのレベルから発生している。例えば，車に関するデータを求めるとき，自動車の性能部分（すなわち，スピード・馬力，美しさ・デザイン・色，安全性，使いやすさ，ステータス，信頼性）はすべての文化において重要である。これらの機能的な特質が，文化圏別にどのように関連して貢献するのかについて，有意な差異を評価するためにはコンジョイント分析[訳注11)]が活用できる。スウェーデンでは，安全面，燃費，信頼度などにイタリアより高い有意性が存在する。イタリアでは美的感覚，ステータスなどがより重要である。このような情報の収集に関しては，分析と測定が等しいものであるかを注意深く観察する必要がある。

しかしながら，製品の全体的な活用側面を評価しようとした場合，文化によって興味深い違いを観察することができる。前節の著者グループの原型の研究で明らかにしたように，製品のある特定の特質が，ある文化の個人の気持ちや心と独特な形で交じり合っていくのである。そのために，製品の全体的活用側面の切り口の研究を行おうとした場合には，突然，すべての機能的な特質が異なった意味合いを持ってくるのである。例えば，ある文化では，安全性は自動車の色と非常に関連性がある。一方ある文化では，安全性はその自動車の性能とその信頼度と多くの関係がある。欧米諸国では，緑の自動車より赤い自動車を運転しているドライバーの方が，交通事故に巻き込まれることが多い。このことはファミリーカーの代わりにフェラーリを購入する「冒険好きな」ドライバーたちによって説明できる。その赤い色は，色の機能的な側面以上の意味合いをもつのである。

国際市場で成功を収める製品を世に出すためには，製品の機能面と全体の活用側面が調和される必要がある。もし製品がある文化圏においては，ただ純粋に機能的な特質のみの集積したものと考えられており，一方で別の文化圏においては，製品の全体の活用に関する情緒的側面が強い場合には，世界的な統一の宣伝は悪夢となり，収拾がつかなくなる。時計について考えてみよう。アメリカでは，時計は機能的な面が強いが，イタリアではそれを身につける人にステータスやライフスタイルを与えたり，確認したりするものである。読者は

図表6—7　機能と全体コンセプトのジレンマ

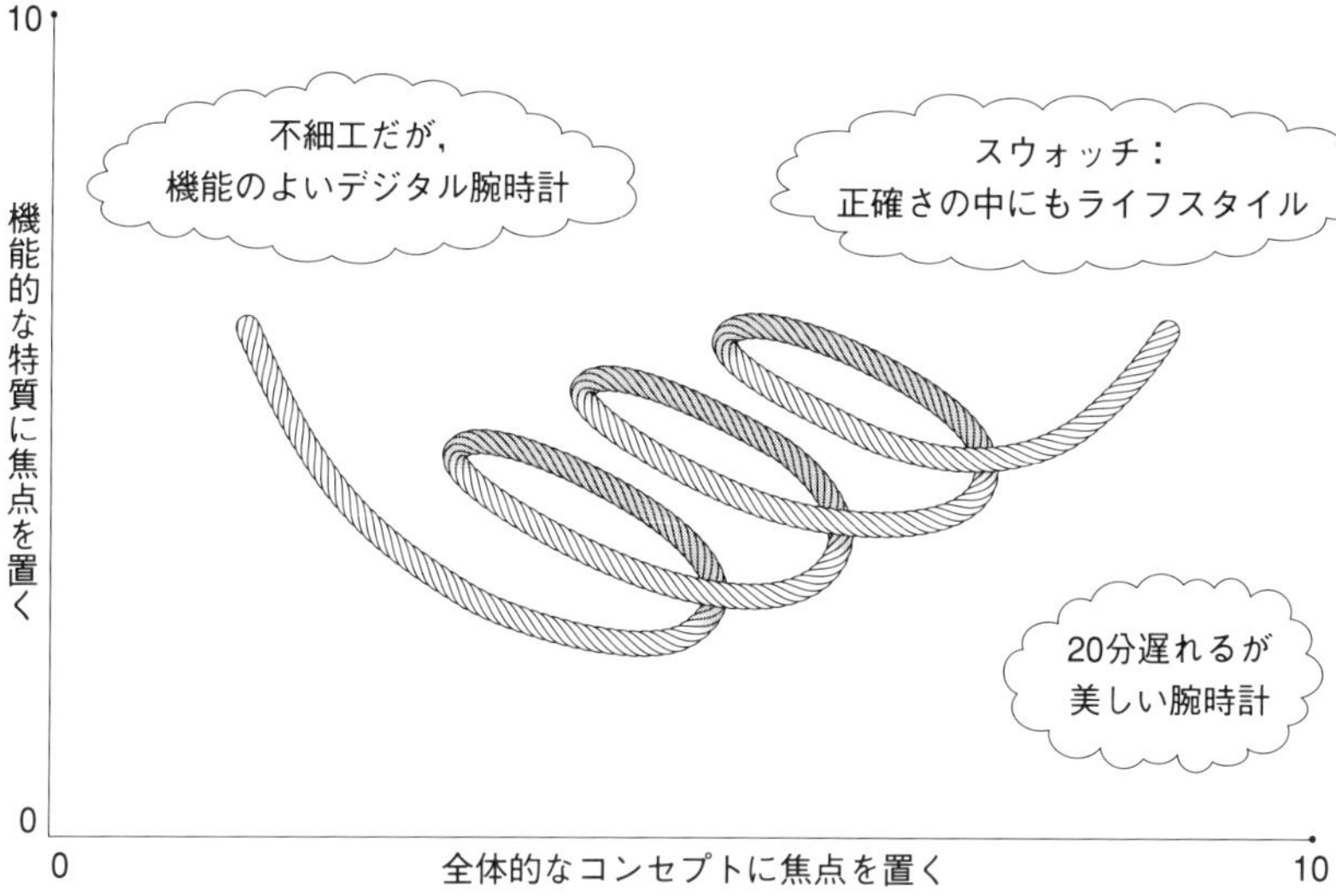

「スウォッチ時計」の素晴らしい成功をよく見る必要がある。これは（クォーツ技術の導入のお陰によるが）時計の機能的側面と全体的な活用側面の両者の折り合いをつけて国際的な成功を収めた例である。ボルボ社がオープンカーの販売を始めたことによる国際的な成功を思い出してみよう。これもそのステータスが安全性からもたらされたことは有名である。図表6－7はこれらがどのように調和されたかを表している。

マーケット・リサーチャーは，折り合いをつける調和が可能である基盤として，この両方の側面が厳しく評価される必要があることを認識しなければならない。マーケット・リサーチの機能的でかつ全体的な側面をより探求するために，著者グループはユスニエ［Usunier (1996)］とモーイ［Mooij (1997)］の書籍を参照している。

エミックとエティック[訳注12)]のジレンマ

このジレンマは1929年にサピア（Sapir）のよって顕在化された。基本的には，それぞれの文化がどの程度ユニークかそうでないのかに言及している。

エミック（EMIC）のアプローチとしては，態度や行為はどの文化においてもユニークであることを想定している。その極端な例として，比較研究は不可能であるとしている。エティック（ETIC）のアプローチは普遍的な類似性を求めるものである。これらの仮定は明らかに研究調査設計に多くの影響を与えてきている。もし，ある特定の文化のユニークな面を仮定する場合，その測定ツールはその地域の環境にあったものにする必要がある。これらのツールは，その文化の中では高い信頼性をもつ利点がある。不利な点は，このツールを他の文化圏では使えないことである。最も顕著なものはどの言語を使用するのかということや，現地のリサーチャー自身の問題である。それらはすべて現地だけでしか使えない。しかしツールのタイプもまた，現地適応となろう。例えば低コンテクストのアメリカのような国で使われる質問紙は，アフリカのブルキナ・ファソのような国では活用できないであろう。なぜならば，ブルキナ・ファソのような高コンテクストの国では，顔を突き合わせた対面のコミュニケーションが最良のコミュニケーション方法であるからだ。「強くそう思う」から「強くそうは思わない」というリッカート尺度の使用ですら，文化によってしばしば解釈の仕方が違うのである。

元に戻って，著者グループの目的は，さらにこの面を詳しく掘り下げることではなく，リサーチャーたちが直面する概念的なジレンマに焦点を当てることである。この論点は，一方で強力な普遍化を求める必要性に対して，一方でデータを回収する時点ではその場所におけるユニークさを求めるジレンマを取り扱う１つの問題として考えられる。こういった問題に折り合いをつけて解決することが，多国籍企業にとっては極めて大切である。多くの現地対応製品を作り出すことは現場での問題を提起するものではない。一般的には，リサーチャーは現地で調査を行い，現地でマーケットに広めていくのである。グローバル製品が問題であるわけでもない。リサーチャーはその製品が開発されたある国における研究成果を，ただ広げていくことが大切なのである。しかしながら，本当のトランスナショナルな製品に対しては，エミック（特異性）とエティック（普遍性）の特質を調和するマーケット・リサーチが必要なのである。

非常に有益なアプローチは，自国で開発されたツールを使用して，海外では別の研究方法で同様の結果を得ることである。例えば，もしアメリカで，オン文化，その創造性に焦点を当てているが，我々はそれをアメリカのやり方で取り扱う。そのことにより，部分的にはオンラインのセールスではあるが，昨年は，マーケット・シェアを大幅に拡大することができた。我々は非常に満足しており，たとえ，イギリスのWebサイトで使用されている言語と異なっていても，アメリカの顧客がアメリカをクリックすれば，瞬時に情報を引き出すことのできるコンピュータのサイトをもっているのに満足している。そして我々は生地の繊維の質についても多くの情報を提供しているのである。」

国際的な議論
（マーケティング部門のオーストラリア人による議論）

「このことは，イギリスやアメリカのような大きなマーケットではすべてうまく当てはまるが，オーストラリアにいる我々は，まったく異なったマーケティングや宣伝戦略を提案したい。我々の国の人口密度が高くないのは明らかである。しかし，マスメディアはオーストラリアのテレビの電波に乗せて，メッセージを隈なく伝えるために多くの経費の支払いを求めてくる。宣伝の製作コストにその経費を加えると，我々は自分たちだけでは宣伝することができなくなるだろう。オーストラリア人たちはガルッチ社のようなイタリア製の製品とその宣伝が間違いなく好きである。我々はミラノ本社がそれに費やした巨額の投資の利点を活かそうとしている。イタリア語のアクセントでさえ素晴らしいと評価される。なぜなら，我々はここでイタリアを売っているという事実があるからだ。我々は，ある地域では同時にイタリア語でサブタイトルをつけている。人々はただ単純にそのようなやり方が好きであり，安く購入できる。航空会社の２ヶ国語の機内雑誌のように，インターネット上で，常に２つのコラムをつくることを提案している。左のコラムではイタリア語，右のコラムでは読者の国の言語で語りかけるようにしている。我々はイタリアのイメージの力を維持して，それを現地の環境においても顧客が手に入れやすい状態にしたい。非常に大切なことは，今まで以上にイタリアのイメージを顧客に繰り返しフィードバックすることが必要である。我々は，すべての人が市場について学ぶことができるように，何点かの製品があるマーケットで失敗する理由を分析しなければならない。つまり，現地対応型のイタリア企業になろうと考えている。」

グローバルな議論（イタリア人のマーケティング担当上級副社長）

「私は今まで皆さんが話そうとしていることを聞いているが，世界における我々の主要なマーケットはX世代から生まれてくるのか，国際的に旅する顧客から生まれてくるのかを我々がすでに知っていることを忘れてはいけない。彼らはホテルに生活し，いつも我々の洋服を着て仕事に出向いていくのである。私はCanal＋（カナル・プリュス）[訳注14)]，CNN，Skyチャネルの担当者と面談をした。困難な世界経済の状態の中で，宣伝価格が大幅に下落したので，我々はグローバルベースの宣伝キャンペーンを検討することが可能になった。そのことはガルッチ社のファッション製品の将来何年かにわたる見込みを描いてくれる。私は国別のコストを計算してみたが，テレビ宣伝がいかに安くなったかということに驚いている。そのことは，我々のトップの製品ラインが，すべての国々に対して，ジーンズ，シャツ，Tシャツのような主要ラインを含む宣伝を製作する良い機会を与えてくれるのである。我々は自社のデモテープを作成した。それはアル・パチーノのイタリア語訛りの英語で製作したものである。世界中のすべての人々がその宣伝を愛して，我々の製品を買ってくれた。しかし，我々はそれをこれ以上，地域的に対応させことはできない。世界は変わってしまったのだ。我々の製品分野における人の好みは類似し，我々の宣伝を標準化することが次の論理的なステップになる。これは我々のWebサイトの場合にも当てはまる。我々はすべての顧客に対して，英語で１つのWebサイトを作成している。それは，「.org」のアドレスを持っているので，我々は国別のWebサイトを製作することを断念した。しかし，SkyやCNNのグローバル宣伝でそのWebサイトのアドレスを表示しているので，多くのアクセスの機会を与えている。」

トランスナショナルな議論（ジュリオ・ガルッチ自身）

「諸君の色々な議論に対して感謝の意を表したい。それらすべては，皆さんの個人の見解として，私にとっても重要な内容である。ご存知のように我々の組織は多くの統合されたビジネス・システムを持っている。例えば，最近立ち上げたITを活用した注文システムやアジアの製造プロセスなどがその例である。また，我々のデザインはイタリアのプロのデザイナーにより，イタリアで集中して行われている。しかし，我々の人事やマーケティング・アプローチは非常にローカルな対応である。明らかにファッションビジネスにはローカルな対応が大切であり，そのために多くの現地スタッフを採用している。我々はこの方針を貫いていくつもりである。私が心配していることは，過去５年間にわたり，お互いから多くを学んでいない点である。すべての現地の宣伝やそれを包括している戦略をみると，ガルッチ社の１人であることに誇りをもつのであるが，お互いの結びつきが弱いところはやや嘆かわしい。そこで私はいくつかの結論を描き始めている。

我々はミラノでは極めてイタリア的であり，海外ではあまりにもイタリア的ではない。そこで私は，我々の多くを結びつけることができる次のような将来の宣伝戦略を提案したい。

第１に，我々の世界ネットワークの主要な拠点から７人のマーケティング部門のVP（副社長）を招きたい。彼らはニューヨークから新しいガルッチ社のマーケティング・グループを管理する。我々はマスメディアを通じて一連のグローバルな宣伝キャンペーンを立ち上げる。その宣伝は５つの異なった地域からの少なくとも５つの国籍のメンバーから構成される国際的な宣伝のためのタスクフォースによって共同制作されるのである。我々が採用した広告代理店はオランダの会社であり，我々の新しい組織を正確に反映している。彼らは世界中に多くの事務所を持っており，制作チームの中には様々な国籍のスタッフを抱えている。予算を公平に配分するために，自らのセールスの決まった割合を売り上げ，貢献しなければならない。私は代理店と話をして，我々のコア・バリューの範囲内で，自由にやってくれるようにお願いをしている。我々は，宣伝において誠実さ，革新，前衛主義，地域フォーカスのメッセージを伝えるための普遍的な方法を見つけ出す必要がある。

我々は，また，すべての現地企業が，グローバルなWebサイトの枠の中ですべての言語に対応できる自国向けのWebサイトをデザインできるように支援してくれるインターネット代理店を雇っている。規模の経済性から，商品の流通は新しいパートナーのエクセル社（Exel）により実施されることは理解できるだろう。エクセル社は彼らの各地域にある倉庫を活用して，世界のすべてに製品を輸送することが可能なのである。

私はある考えを持っている。我々は別々のパソコンを持ったグループである。サーバーはミラノにある。我々は現地のパソコンが得意とする部分，すなわち現地の自由度，電圧を維持しながらも，企業名で象徴されるミラノにあるサーバーに接続する。さらに我々は，例えばミラノ，ニューヨーク，東京から多くのタイプのソフトウェアを活用するのである。そのことにより，我々は１つのロジックに行き詰ることなく，お互いから絶えず学習することができる。私はイタリア人の同僚たちに次の言葉を引用している。そのような我々の宣伝アプローチは多くの色を調合するパレットのようであると。」

上述の引用は，ガルッチ社は国内基盤の企業から国際的な企業に成長した会社であることを示している。すなわち，複数のローカル企業から最終的にはトランスナショナルな組織へ変容して行くのである。宣伝にとって，このことは次のことを意味している。

グローバルな宣伝

本質：規模の経済性を追求した標準化されたアプローチと，機能的で概念的な平等を貫く普遍的な概念

主な特徴：

- １つに統一された広告
- １つの共通化したグローバル製品またはサービス
- マスメディアの活用
- 異文化の差異の減少
- 自民族中心主義と世界主義

本社の主な役割：集権的な予算管理で宣伝戦略を管理する。現地での諸活動は，集権化されたアプローチの延長として厳しい管理下におかれる。本社は主に１つの国籍（本国）によって占められる。これがマーケティング機能にも影響を与えている。

宣伝のサポート：本国で決定された一社のグローバルな広告代理店の活用

例：コカコーラ社，ナイキ社

トランスナショナルな宣伝

本質：現地での学習を通じた標準化されたアプローチ。機能的な非類似性またはその逆を通して集中化された概念的平等の追及

主な特徴：

- 拡散的な学習を通した統一化した宣伝
- １つのトランスナショナルな製品またはサービス
- マスメディアと現地のメディアの併用
- 文化の差異を尊重し，その差異を乗り越える
- 世界主義

本社の主な役割：宣伝戦略を集中化した予算でコーディネートする。ローカルな活動は集中化したアプローチの延長線として，厳しい管理の下に置かれる。本社はお互いの学習効果のある多くの国籍より成り立つ。このことはマーケティング機能にも適用される。

宣伝のサポート：世界中の多くの代理店の活用

例：ABB社

国際的な宣伝

本質：規模の経済性を追及する標準化されたアプローチと現地適応

主な特徴：

・集権化されたテーマに対する現地適応
・１つのグローバルな製品・サービス，ただし，現地適応も認める
・マスメディアと現地のメディアの併用
・「表面上の」文化の差異を尊重する
・自民族中心主義

本社の主な役割：宣伝戦略を集中化した予算で管理する。現地適応は現地のオペレーションに任せる。しかし，集権化されたアプローチの延長線として厳しい管理の下におく。本社はいくつかの例外はあるが，１つ（主に本国）の国籍から成り立つ。このことはマーケティング機能にも適用される。

宣伝のサポート：本国からのインターナショナルな代理店の活用

例：ディズニー社，P&G社

マルチ・ローカルな宣伝

本質：規模の経済性を追及する現地化アプローチ

主な特徴：

・分散化された宣伝
・多くの製品やサービス
・現地のメディアの利用
・多くの文化の違いを尊重する
・多国籍主義

本社の主な役割：分散化された予算に基づいて宣伝戦略を調整しコンサルティングを実施する。ローカルな適応が自由に認められる。本社は，主に１つ（主に本国）の国籍から成り立つが人数は少ない。このことはマーケティング機能にも適用される。

宣伝のサポート：本国からの多くの現地代理店の活用

例：ユニリーバ社，イーゴン社

実施面でのアプローチ：CCRM（Cross Cultural Relationship Marketing）—異文化関係マーケティング

もし前述のようなプロセスを形式化したいのであれば，顧客関係マネジメント（CRM）の考え方を異文化関係マーケティング（CCRM）のフレームワーク［ウーリアムズ（Wooliams）&ディッカーソン（Dickerson）（2001）］に広げることができる。ISO9000が自動車に対して品質管理の基準を提供したのと同じように，CCRMのアプローチは，マーケティング戦略の形成における文化的な評価を負う機能を提供するものである。マネジメント側は，このモデルを活用することで，行動と投資のプライオリティーづけするための意思決定のフレームワークを提供するばかりではなく，マーケティング戦略における異文化のジレンマの影響も明らかにする利点がある。

第1に，そのジレンマを明らかにし，それらが異文化のジレンマのどの価値基準から生じるものかを明らかにしている。それから我々はサプライチェーンマネジメント（SCM）の主要な関係者（供給者，販売業者，顧客）から，各々のジレンマがどのようにビジネスに影響を与えるかについての意見を聞く。その測定尺度には，短期のセールス，中期のセールス，コスト，時間の遅れに与える影響なども包括している。著者グループは，階層クラスター・アルゴリズム，一致分析およびコレスポンデンス分析（対応分析）の手法を活用して，これらのデータを合成させ，文化のビジネス・ポートフォリオマップを作成する。実際，関係者たちはCCRMモデルを活用して，彼らのビジネスパートナーとの協力関係と相互間の尊重関係を維持する中で，自らにとって適切な変数を明らかにするのである。

適切な変数をソフトウェア・モデルに入力した後，顧客との問題の所在を意するようになる。継続した付加価値を追求するために，人事部門は単なるパートナーとしての役割以上のものを求められている。むしろ，あるニーズに合わせて作られた職場を創造することに貢献するプレーヤーとしての位置づけになってきている。株主は１つの価値観ではなく，複数の価値観を考慮しなければいけなくなってきている。

人事システムやプロセスは，ある目的を持って形成された職場やグローバル化のさらなる進展に伴い，形成されるジレンマの世界に適合するよう徐々に変化してきている。この新しいパラダイムでは，多くの価値観が統合されなければならないのである。

一般的な様々な変化に加えて（特に西半球において顕著であるが），世界はまたビジネスの国際化による他の大きな変化に直面するようになってきた。以前にも指摘してきたが，このような状況にもかかわらず，人事のプロフェッショナルによって活用されているツールや方法論の多くは，未だほとんどがアングロサクソンの発想で形成されたものである。これらの典型的なものは，採用や選抜の際に使用されるツールである。MBTI[訳注1)]（Myers-Briggs Type Indicators）やJTI（Jung Type Indicators）などが，ビジネスに適用できるパーソナリティ測定のために最も頻繁に活用されているアメリカで考案されたのツールである。また世界中の8,000社以上の企業が職務評価する目的でヘイ・システム（HAY System）を活用している。もともとは，アメリカの軍隊において職務評価するために，ヘイ大佐によって開発されたツールであるが，後に国際ビジネスにおける最も一般的な評価ツールとして広く活用されるようになった。最近では，頓に知れわたっているカプラン（Kaplan）とノートン（Nortpn）によって開発された著名なバランス・スコアカードなどを挙げることができる。これらは，もともとは，多くの北米の企業が単なる財務的な視点を超えたビジネスの重要な視点をも測定することを手助けするために開発されたのである。

しかしながら，こういったアメリカ的な視点がアメリカではない組織にどのように適用できるのだろうか。昔は，文字どおりグローバル化が目指された時代だった。すなわち「それはアメリカで機能するので，アメリカ以外の他の世界にも導入しよう」という考え方が主なもともとの傾向であった。一般的には，このアプローチは失敗に終わった。事実，それぞれの企業文化（アメリカ企業文化）が現地の国民文化に強く影響を与えている組織においてのみうまく機能した（ヒューレット・パッカード方式やマッケンジー社がこの例である）。それ以外にも，その製品が市場において極めて支配的な地位を確立した企業においても機能した（例えば，コカコーラ社，ディズニー社，マクドナルド社など）。

しかし，アメリカの論理があまりにも強すぎて現地の環境が受け入れられない場所においては，アメリカにホームベースのある企業の多くは，抵抗を受けることになった。ヘイ・システムの３つの視点の１つ（業務知識）が，その他の視点（説明責任のような視点）よりも低く評価されていると研究開発部門文化が考えるときには，我々は非常に有能な研究者を維持するためにその評価ウェイトを変更すべきだろうか。さらに，アメリカでの財務的な視点が日本での顧客への視点より重要であると考えられるとき，そのスコアカードのバランスを取り戻すために，それぞれの文化に対して異なったウェイトづけをすべであろうか。人事業務が分散化されたところでは，相反する動きが観察されてきている。あまりにも多くの現地との（法的な）差異が，１つのグローバルなアプローチを不可能にしてきている。マルチ・ローカルな環境においてはうまく機能したかもしれないが，組織が国際化，トランスナショナル化したときに，マルチ・ローカルアプローチではうまくいかない。

代替として選択すべきものは何か

ここでは，調和の論理に基づいた考え方を提供する。それは21世紀における人事マネージャーの役割が，国境や組織文化間の文化の差異により生じる主要なジレンマをいかに調和させるのかを説明し，議論する。いくつかのそれ以外の事例とその補足的な説明は，著者の１人であるトロンペナールスの著書『歩行者の命に問題があったか (Did the Pedestrian Die?)』の中でも紹介されている。

人事と企業文化の役割

第４章で，著者グループは組織間関係に与えられる異なった意味について説明した。そこでは異なった組織のロジック，または企業文化を説明する４種類のタイプを述べた。すなわちそれらは，家族型，エッフェル搭型，誘導ミサイル型と孵化型である。1980年から今日までの間，著者グループは多くの欧米企業（誘導ミサイル型）が，まったく異なった仮定条件をベースにした組織文化に対しても，欧米型（むしろアングロサクソン型）の人事制度をあえて採用してきたことを観察してきた。その結果は，「企業の雨乞いの踊り[訳注2)]」か，意図した結果に対してまったくの非効率という失敗に終わった。家族型の企業文化に対して，業績リンクの給与を導入する場合，どうなるのか。孵化型の企業文化に形式化した評価システムを取り入れたらどうなるのか。個人主義傾向が強く，実績主義型の企業文化に，チーム型のワークスタイルを取り入れるとどうなるのか。アメリカやアングロサクソンの考えに基づいた人事関連の研究は，他の文化に適用できるのか。

文化の境界線を越えるときに，なぜ組織の有効性が危険にさらされる可能性があるのか。そこから発生するジレンマとは何か。著者グループは，これらのジレンマを調和させるための方法論を提供する。

採用と留保

何年にもわたる人材の採用の結果，多くの企業は古い仕事のやり方や古いパラダイムに馴れ親しんだ人々をスタッフとして採用してきた。グローバルな変化が大きければ大きいほど，新しい血が求められる可能性は高くなる。このことは，ただ単に人の目減りと退職を補うばかりではなく，新しい中核となるスキルを組織内にもたらす目的のためである。あるポストに最適な人を選抜することは，人事部門にとっての重要な意思決定であり，その意思決定のプロセスをサポートするために，各種のツールや人事制度などが今までに開発されてきた。人材の採用に関して適切な意思決定をするために，人事部門にはかなりのプレッシャーがかかっている。一方では，適切な人を採用し，他方では，差別が起こらないようにしなければならない。また，一方では，採用された人は現在の仕事をうまく処理し，他方では，将来その仕事を成長させることも求められる。人事部門は，こういった一連のジレンマ全体に直面している。

同様に，組織は自分の組織にとって最良のスタッフを維持し，あらゆるブレーンの流出，あるいは中核になるスキルと知識が競合企業に流出することを防止しなければならない。組織は社員研修に投資するだけで，その結果高いスキルや知識を身につけた現職のスタッフを労働市場に流失してしまってはいないか。

スタッフを惹きつけ，確保することは人事のプロフェッショナルの最も重要な仕事の１つであるため，コンサルタントやヘッドハンターなどの力を借りて，広い幅のある選抜方法やそれと関連する採用手順などが開発されてきた。驚いたことに，今まで非常に未開拓の研究分野である求職者や潜在的な従業員に対する組織のイメージの調査については，ほとんど注意が払われてこなかった。

「アマデウス社」

ミュンヘンにベースを置くアマデウス社は，あるジレンマに直面している。航空会社の座席予約マネジメント・システム（最初はルフトハンザ航空，後にエールフランスやその他の主要な航空会社が使っている）を運営している組織として，アマデウス社は，VLFADB（very, large and fast access databases—非常に巨大で，かつ迅速なアクセスが可能なデータベース）へのアクセスをサポートするため，特殊で非常に専門的なITソフトウェアの技術を，高いレベルまで教育された非常に重要な中核になるスタッフを抱えていた。すなわち，何千もの同時のオンライン予約，または世界中の旅行代理店やチェックイン・カウンターからの予約の問い合わせに対応しなければならないのである。非常に高いヒット率に対応するために，特別なソフトウェアやコンピュータ言語が必要であった。これらはUnixやWindowsの技術に比べて，一般的ではなかった。一方で，彼らの専門性に関する高い知識のため，これらのITスペシャリストは高く評価されていた。他方では，彼らは（すべてのITスペシャリストのように），IT分野において彼らが他社でも活用できる最新の知識が欠落していたために，転職などに有用な汎用性のある就業能力において遅れを取っていることを認知していた。技術者の多くは，Windowsのソフトウェアの基本的な部分さえ知らなかったのである。一方では，彼らはアマデウス社で働いているときは，仕事が保証されて，高く評価されていたが，他方では特殊なVLFADBのソフトウェアを使用する世界の従業員にすぎなかった。このことから，他の場所に異動する手立てがなかったのである。もし彼らが退職してより一般的なUnixや

Windowsの分野で仕事をしていたとすれば，一般的なITマーケット分野において，より仕事を確保することが可能であった。

アマデウス社は，実際に仕事ではUnixやWindowsの知識やスキルは必要ではなかったが，それらに関するITスペシャリストのトレーニングにより，彼らのジレンマを解決できたのである。最初の段階では，これがきっかけでIT人材がすぐに退職し，トレーニングで得た彼らの一般的な知識を活用する方向に走った。しかし，彼らは実際には会社に留まって，今まで以上にアマデウス社に対して忠誠を示すようになったのである。彼らは，アマデウス社を彼らのスキルや知識を最新な状態にし続けてくれる唯一の雇用主として信じているからである。

著者グループは，大手企業の終身雇用のような古いモデルが，日本でさえ，もはや現実ではなくなってきていることを認識している。著者グループのデータマイニングの結果は，若い世代，20代から30代は，より外的な関心度が高く，より感情的で（自身の感情をいつでも表現できる），将来を比較的短期的に考え，別の人とチームを組んで仕事をすることを希望しているという主張を支持する内容になっている。このことから，1つの会社に終身雇用で働くという古いモデルが，彼らの意識の中でもすでに廃れつつあると理解しても驚かないのである。これらの若いX世代は高度な潜在力のある従業員であり，より若いベビー・ブーマー世代であり，個人の能力に大変な自信をもっているのである。彼らの興味は，職務中心の誘導ミサイル型から人間中心の孵化型へ変化してきた。彼らのキャリア確保に対する合理的基準は，個人の一連の移転可能なコンピテンシーを持っているかどうかをベースにしている。彼らにやる気を起こさせるのは，彼らの「エンプロィヤビリティー（就業能力）」の格付け結果そのものだけである。彼らのキャリア形成は長期的に維持してきた評判や職能組合によって長らく保護されてきた古い考え方によるのではなくて，彼らの同時代に求められるスキル・プロフィルに基づいて行われるのである。

大組織にとって，現在，若くて野心的で才能のある従業員を何によって惹きつけることができるのか。人材を求める側からみると，オールドエコノミーの組織では最近，頓に優秀な人材を惹きつけることが難しくなってきている。これらの企業のイメージと，若くて才能のある人々が頭の中で描く理想との間にギャップが存在する。権力傾向の強い家族型文化と役割中心の階級組織が強いエッフェル塔型文化が，概念的にも現実の世界においてもまだ全体における主流となっている。大企業はこのことを認識して環境変化に対応できるように最善を尽くしている。

グローバルな企業の思考様式は，当たり障りがなく（それはどこでもすべて同一である），静的で，自分自身の人物観を発展させる自由を持ち合わせていないように見える。結果としてこのことは，X世代にとっては魅力的ではないのである。加えて若くて，才能があり，最近大学を卒業したばかりのベビー・ブーマーたちは，地元で仕事をしたがる傾向がある。著者グループのコンサルティングと研究の結果から，これらのジレンマを調和できる組織が，雇用マーケットで現在も未来も成功する組織なのである。

若い大学卒業生たちは，こういった企業の相反するジレンマの調和を実現してきた組織にひかれていくのである。これらの企業は，歴史的にも主に誘導ミサイル型かエッフェル塔型の文化が強い場合が多いが，一方では自由な選択と深い学習の機会との間，経営の合理化と規模の経済性との間，そしてイメージと現実との間にある問題を調和することにより，有能なスタッフを惹きつけているようにみえる。

採用のプロセスと文化

現在仕事をしている人が退職しようとする場合，彼や彼女の後任者に対してどのくらいの頻度で職務記述書（引継書）を書くのであろうか。または人事部の担当者が現在の仕事の従事者をベースにして，どのくらいの頻度で人物記述書を作成するのか。

我々すべてがこのことを認識していないのではないだろうか。我々は意識的に，または無意識に自分と同じ価値観をもった特徴の人を探してはいないか。実際に，リクルートはただ単に自分と同じような人間を見つける組織的な方法にすぎない。これは評価における客観性を提供するプロフェッショナル・ツールの素になるものである。MBTI® (Myers-Briggs Type Indicator, マイヤーズ・ブリッグズ・タイプ指標）のツールは今までに最も広く活用されているパーソナリティ・インベントリーである。人事プロフェッショナルたちは顧客が重要なビジネス，キャリア，個人的意思決定の必要があるときに，そのツールに頼ってきている。昨年だけでも，200万人の人々がMBTI®のツールを活用することにより，自分自身と彼らが毎日接する人々についての貴重な分析結果を入手している。

マイヤー・ブリッグズ（Myers Briggs）の言葉によれば，国が異なればパーソナリティに明らかに差異があるという。例えばイギリスのマネジメントにおける最も主流なタイプはISTJ（Introverting, Sensing, Thinking, Judging—内向的，感受的，思考的，判断傾向）であり，一方アメリカのマネジメントにおいてはESTJ（Extroverting, Sensing, Thinking, Judging—外向的，感受的，思考的，判断傾向）が主流である。韓国のMBTIの研究によれば，アメリカの規範で韓国人の得点を計算する場合には，韓国人は外向的よりはむしろ内向的であると解釈される傾向がある。韓国社会では内向的な人々が比較的多いため，教育機関や企業も含めた多くの組織では，公的な場所ではより外向的になるように奨励されている。また，多くの組織は，外向的な人をより好意的に評価する傾向がある。それゆえに，人事評価では管理者は，内向的な人よりも外向的な人を高く評価する可能性がある。個人の差異に関するより重要な問題は，人間が他の文化の人々とくらべてどのくらい類似性があるかどうかより，時間や状況が変化するときに同一の人間が自らの中でどのくらい類似性を保つことができるかいうことである。またさらに時間軸やコンテクストの変化に対する1人の人間の中での変化量が，個々の人間間の変化量よりも少ないかどうかということである。しかしこのことは，そのようなアセスメント・ツールが極めてエティック ETIC（普遍性）の要素に基づいており，エミック EMIC（特異性）の要素（第6章参照）を反映していないことを前提としている。すなわちそのアセスメント・ツールはどの文化においても普遍的に同じ意味を持つものとして取り扱っているのだ。

もし頻繁にみられるマネージャーがISTJ（内向的，感受的，思考的，判断傾複数の選択質問に基づいて作成され，ジレンマを調和させるいくつかの選択肢を含むものである。そして国際的なリーダーやマネージャーを採用するためのベースとして活用できるのである。

国際的採用活動のジレンマ

多くの組織は組織内の候補者の選抜を実施するためにアセスメントセンターを開設してきた。信頼，正直さ，誠実というコアとなる価値観に相応する一般的な態度が，特に詳しく検証されてきている。それを明らかにできる単純なインタビューや心理テストは存在しない。アセスメントセンターの目標は，客観的な基準と行動の標準化された評価基準によって，ある職務の候補者のその職務における成功を正確に予測することである。それは機能に関連したシミュレーション，インタビュー，心理テストなどを組み合わせたものである。そのような方法で，アセスメントセンターは人事政策上の最も重要なジレンマの１つを調和してきた。このことは，取りも直さず，三角測量あるいは，いくつかの異なった見解を一貫性のある全体像に取りまとめることにより，主観的な行動を客観化することであった。

しかし，各々の解決されたジレンマに関して，新しい分野の問題が形成されてきている。著者グループがコンサルティングを行っている中で，将来，国際的に活躍するマネージャーを選抜するプロセスで，顧客企業が次のような共通の難問に直面していることがわかってきた。

テストによって測定された基準の有効性

前述の通り，あまりにも多くのツールがアングロサクソンとアメリカの思考と研究ベースに作成されている。しかし，著者グループの研究によると，非欧米人たちは，これらのテストを欧米人とは異なった形で回答する傾向があることが判明してきた。なぜならばその意味がそれぞれの文化においては，色々な形で解釈されるからである。例えばアジアの文化では，共感が当然のこととして受け入れられるが，この特質は必ずしもセールススタッフとしては評価されないのである。

このことが，著者グループがITI（統合タイプ指標）を求めて，自らのILAP（異文化間リーダーシッププロフィル測定尺度）を開発してきた理由である。著者グループのデータベースは50を超える国々からの回答を含んでいるために，ツールの測定結果を説明する上で機能とその他の差異ばかりでなく，国別の差異も説明することができるのである。

行動と有効性との間の関係

ケーススタディとシミュレーションの果たす役割は，一般的によく確認されている。しかし，国際的な仕事に応募してくる多くの異文化背景を持った人々に対応しなければならない場合には，また各種の問題が発生するのである。同様な職務に対するある特定な行動が，異文化間では必ずしも効果的であるとは限らない。次の事例を見てみよう。

我々は国際的に大規模に運営されている製薬会社で，国際的人事の仕事に対する人選にかかわっていた。シミュレーションでは，１人の北米人が自らを有力な候補者の１人とみていた。彼はしばしば知性とウィットでグループ・ディスカッションをリードしていた。彼の仕事関連の知識やコミュニケーション・スキルに関しては，何も弱点を見つけることができなかった。夕食までは，彼は間違いなく５人のうちのトップの候補者であった。食事中，突然中国人の候補者が沈黙を破って話しはじめた。その集りはますます白熱した議論を重ねてインフォーマルになり，親しい感じになっていった。その間，中国人の候補者は午後のセッションで聞きかじって身につけた多くの意外な意見と洞察を皆の前で披露した。その結果，最終的にはこの中国人の候補者が選抜されることになった。欧米の評価者たちはこの中国人の行動の唐突な変化には当惑したのではあるが。

この出来事は，次の３つの起こりうる誤解と関係している。

・効果的に物事を運ぶために，異なった文化では，異なった行動が求められる
・同じ行動が文化間で色々な方法で解釈されうる
・シミュレーションと他の行動の試みは，文化間では，しばしば異なって経験

された，多くの方法で遂行される

アセスメントセンターの進行役はこれらの問題を認識しなければならない。

評価者と候補者の関係

テストやシミュレーションで得られる特質と行為の選択と解釈にあたっては，文化的に色をつけられることがある。この問題を最小限にするために，評価者は文化面の可能性のある影響を理解し，その影響について説明できるように教育される必要がある。人間の現実を観察する際には，間主観性だけが客観性に近づくことを可能にする。いわゆる集合的な客観性は，アセスメントセンターを機能しないものにしてしまう可能性がある。

海外駐在員に対するカルチャーショック

最近の研究では，失敗した海外駐在員の最低80%は，その原因が家族の状況によるものであることが証明されている。調和の概念的フレームワークを使うことにより，駐在員自身が現地の文化において直面する問題ばかりではなく，家族と仕事のジレンマから，彼らの経験の満足度や仕事を効果的に推進できるかどうかに至るまで，各種の問題に関する対処方法を手助けすることが可能になる。このことが彼らの生活を充実させ，もはや海外勤務を早く終わらせようと願うことはなくなるのである（ただしこのデータは欧米企業のデータである）。

コーチングにおけるジレンマ

トップ・エグゼクティブが頼りになる仲間を求めることは，当然のことである。まさにこの難しい時期に，人々は頼りになる本当の友は誰であるかを学ぶのである。しかし，トップのポジションは孤独な立場ではあるが，個人的なコーチの支援はしばしば効果的なサポートを提供し，仕事のつらい部分をやわらげることに役立つ。こういったことから，エグゼクティブ・コーチングが重要な成長産業になってきているのは当然である。現在12,000人のコーチがアメリカの会社で採用されている。その数は1960年代には，わずかに2,000人にすぎなかった。最近のハーバード・ビジネス・レビューの記事で，ハーバード・メディカルスクールの診療内科医，スティーブ・バーグラス（Csteven Berglas）はコーチの数は今後５年間で50,000人に増加するであろうと予測している。企業がコーチを活用することの利点をどのくらい評価し，彼らのサービスに対して高いコンサルティング費用を支払おうとしているのは興味深いことである。残念ながら，このような風潮があるために，時流に乗って一儲けしようとするいい加減なコンサルタントたちがこのビジネスに参入している理由となっている。よくあるケースは，多くの失敗に関するレポートが，仕事の立派な部分の貢献を打消して目立ってしまうことである。

まずこのコーチングの行動における本質が何であるかを定義づける必要がある。『異文化間のコーチング（Coaching Across Cultures）』の中で，ロシンスキー（Rosinski）は，コーチングとは「意義のある重要な目標に到達するために，個人やグループから潜在的な可能性を引き出すための方法論である」と表現している。このプロセスで有能なコーチは多くの問題に直面して，彼らは顧客に対してプロのレベルからジレンマの調和の方法論を教えるのである。それに対して，いい加減なコンサルタントは両極端のケース間にある選択肢を提供するだけである。

コーチングの分野における主要なジレンマとは何であろうか。まず，どんな外部のコーチも，いつも外的な側面（行動）と内的な側面（価値観や前提条件）との間の問題に直面するのである。今日コーチは，行動を迅速に変えなければならない人の役割にあまりにも入り込む傾向がある。バーグラス（Berglas）は，エグゼクティブ・コーチングの真髄は安易な回答を求める最近の傾向に原因があると指摘している。一般的にビジネスにかかわる人々，特にアメリカ人は，絶えず比較的迅速にかつ痛みを伴わないで変化を可能にする新しい方法を探している。エグゼクティブ・コーチングはそのギャップを埋めるために割って入り，何らかの即効的な代替案を提供するものである。

コーチングを受けるエグゼクティブは，自己主張の面で問題があるのかもしれないし，あるいは自分自身のチームのうち１チームの有効性について何か手を打つ必要があるのかもしれない。我々は行動心理学から，ただ単にリーダーが機能する方法を変更することだけを考えることはあまりにも単純すぎることを理解している。コーチが「問題のリーダー」と「問題を持ったリーダー」を区別することが大切である。このことはなぜ各種の問題をただリーダーの行動面の問題として取り組むことが，場合によっては逆効果になるであろうという理由を説明している。一方で，心理的問題を持つリーダーたちは，コーチングよりも精神分析を受ける寝台の上に休養している方が効果を期待できる。

この特徴は，異文化間コーチングのプロセスにおいても適応が可能である。今までに何度となく異文化のトレーナーたちは，ただ単に正しい行動が何であるかについてアドバイスすることがあると述べている。例えばイタリアでは感情を表すことが必要であり，日本では，主計官と一緒のときはグレーのスーツを着る必要がある一方で，外交手腕も示す必要がある。これらのちょっとした行動内容は何の害になるものではない。しかし，著者グループの研究結果が示すように，これらのちょっとした行動は表現しようとする内面の深い価値観を認識せずには本当は理解するのは難しい。しばしば引きあいに出されるように，最初のデートで印象づけようとするようなものである。すなわちすぐにその化けの皮がはげてしまうのである。

コーチングの第２のジレンマは，コーチが組織の内部人材か，外部人材かという問題である。もちろん内部のメンターの仕事は，ビジネス経験が豊富で，属性ステータスが高く，若いスタッフに対して理想とする役割モデルを提供できるシニア・スタッフの古くから確立した役割であった。その対極として，まったく外部から委託されたコーチの場合がある。彼らは，社内の政治的な動きに縛られないが，組織の微妙な力学を無視するようなリスクを伴う可能性がある。効果的なコーチとは，対象となる組織の政治的問題を好ましい形で取り扱う新しい解決方法は知っているが，組織とある程度の必要な距離を維持しようとするコーチである。

第３の問題はコーチング対象のエグゼクティブとその費用を支払う企業との間の問題から発生する。これは現実に発生する問題ではあるが，しばしば見過ごされている問題である。もしコーチがその費用を支払う人々の影響下にあるとすれば，コーチは企業の雇用側の立場を代弁する従業員と同じにすぎない。

一方で個人を極端なまでにコーチングすることは現実的ではないし，生産的ではない。リー・ヘクト・ハリソン社はコーチを提供している最も大きな企業の１つであるが，このジレンマを認知してその指導原則を規定している。それによると，コーチングサポートにおいて個人に最大限の焦点が与えられるが，あくまでも組織全体の目標，要請の範囲内にとどまるということである。

グループフォーカスと個人フォーカス間のジレンマは，コーチングの場合にも発生する。個人的なコーチングの問題は，その個人が構成員の一部であるチームの個人的な役割を向上させるのを手助けすることである。一方，チームのコーチングの役割は，アジア地域やチームスポーツにおいて顕著な実践例であるが，チームの中でいかに個人を引き出すかということである。

別のジレンマは「合理的距離感」と「感情的入れ込みアプローチ」との間のものである。もしあなたが，何人かのスポーツ・コーチ，例えばアーセナルの監督，アルセーヌ・ベンゲル（Arsene Wenger）などの行動を観察すると，彼らがしばしば手帳に何か書いていることに気付くだろう。ベンゲルは，実際に彼が分析したゲームの数から，サッカーの生き字引といわれている。ベンゲルは，マンチェスター・ユナイティッドのアレックス・ファーガソン（Alex Ferguson）とは対照的である。ファーガソンは感情を露骨に表すことで有名で，時としてトップ・プレーヤーに対しても靴で顔を蹴ることさえある。しかしながら，多くの成功しているコーチたちは選手との距離感と関与の度合いをうまく統合している。彼らは異なった発想でそれぞれが卓越しているのである。

おそらく，最終的な調和点はプレーすることとコーチすることの間に発生する。プレーヤーでありコーチであることは両者の素晴らしい統合例である。しかしそのようなケースは稀である。

ルート・フリット（Ruud Gullit）は彼がロードをこなす肉体的な能力を失うまで，イギリスで成功を収めた。不幸にも彼は迫力を失った。ヨハン・クライフ（Johan Cruijff）はプレーヤーとしても実績のある重要なコーチであり，彼の成功は非常によく知られている。

ビジネスリーダーとして，読者は同僚や部下に対してコーチングすることに注意を注ぎ，時間をかける必要がある。引退して名誉職につくまでは，単純に待ちの姿勢でいてはいけない。

評価と報酬

バランス・スコアカード[訳注6)]

業績の多くの指標が圧倒的に財務の視点中心である現実を乗り越えるために，ロバート・カプラン（Robert Kaplan）とデービッド・ノートン（David Norton）は評判のバランス・スコアカードを開発した。

これは組織を次の４つの視点からみることを提案し，それぞれの視点に関連する測定方法を開発し，データを集め，それを分析している。

・学習と成長の視点―個人と企業の自己改革に関連する，従業員教育と企業（文化）の対処方法を含む
・内部ビジネス・プロセスの視点―測定基準は，プロセスを最も熟知した人々により注意深く設計されなければならない
・顧客の視点―どのようなビジネスにおいても顧客重視，顧客満足の重要性をより認識することが求められる
・財務の視点―財務面への重みが他の視点に対して「アンバランスな状態」にならない程度に維持される

統合されるスコアカード（提案）

他の測定尺度のプロトタイプの開発と同じ方法で，著者グループはカプランとノートンの考え方を拡張し，統合型スコアカードを作成している。基本的な課題はオリジナルのスコアカードを特徴づける２つの主要な文化的ジレンマを調和させることである。すなわち，過去（財務）と将来への見識（学習と成長）のジレンマ，内的志向性（内部ビジネス・プロセス）と外的志向性（顧客）のジレンマなどである。

本書で強調される論理に従えば，組織のビジョンと戦略に対する最善のサポートは，過去の財務業績が将来の成長とどのようにバランスが取れるかではなくて，それらがどのように調和されて活用されるかにある。その例を挙げると，財務的な余剰を，翌年の学習の視点に使う予算として確保することなどである。

理する３種類の方法論，すなわち，権力，金銭，規範的なコントロールがあると述べているが，そのときにも３つ目の規範的なコントロールだけが動機づけになると書いている。

金銭はいわゆる「衛生要因」である。従業員は感じが良いものに対しては直ぐに慣れ，次の要求に進むのである。

国際化のプロセスは，我々がマネジメントについて思考するときに，多くの既存の理論に無理やり適合させるようとする。しかし，うまく機能しないいくつかの選択肢が存在する。例えば，あなたはチーム・スピリットを刺激するような報酬システムを選択できる。日本の人々はこの点が優れているかもしれないが，それはしばしば総花的で可も不可もない結果に終わる。さらに悪いのは，弱小チームに報いるために妥協することである。個人もチームの参加者もやる気をなくすのである。もともとある解決方法は，競争するために協力することを意味する協争（Co-opetition）である。そのような報酬制度は，創造的な個人主義の個人を集めて，期待以上に業績の良いチームを作り上げることを目指している。

成功するチームの必要な役割

ベルビン［Belbin（1996）］は，有効性の高いチームとは，４つのフェーズ，すなわちフォーミング（結成），ストーミング（応酬），ノーミング（規範化），パフォーミング（実行）を通して共通のゴールを目指す人々のグループであると述べている。しかしながら，現実のチームの力学とは，個人のチームへの役割の貢献度の差から成り立つ機能である。調和されなければいけないのは，そのチームに対して活用できる資源の幅から異なったスキルや思考まで，幅広く存在する問題である。しかしさらに，個人のメンバーによる貢献は，チームとしての当初の役割に限定するものではなく，変化するものであり，チームのメンバーが仕事を行うに当たり，互いに影響を与えたり，作用し合うことができるように，他の役割に合わせたりすることである。４つのフェーズ間の移行期において，その役割の違いはより鮮明になってくる。このような異なった考え同士の間の調和が不可欠となる。

このように，２つの当初の役割の違いにより問題が発生する可能性は高い。これらがジレンマとして明確になり，調和が不可能な場合には，そのチームはストーミングのフェーズで留まってしまう。ジレンマが調和されれば，そのチームはより次元の高い「パフォーミング」の状態に移行することができる。ジレンマは必ず人間の間で発生するものである。そのようなジレンマが調和できるような環境を組織内に作り出すことが，人事のプロの仕事である。人事の全体としての職務は，細かいレベルで，組織の見解と各々の従業員の個人的見解の問題を調和することである。

〈注〉

1）リチャード・ドンキン（Richard Donkin），“More than just a job: a brief history of work” in “Mastering People Management,” *Financial Times*, 2001, 15 Oct, pp.4-5 参照。

〈訳注〉

1）カール・ユングに基づく心理的なタイプの概念。Isabel Briggs Meyersと彼女の母（Katharine Cook Briggs）によりパーソナリティの測定指標として開発された４つの基本的なスケールを用いる。①Extraversion／Introversion，②Sensate／Intuitive，③Thinking／Feeling，④Judging／Perceiving。世界45ヶ国以上で活用されている性格検査である。MBTIは，個人をタイプ別に分類したり，性格を診断したりすることが目的ではなく，回答した個人１人ひとりが，自分の心を理解するための座標軸として用いることを最大の目的にしている。

2）Russell L.Ackoffは，“The Corporate Rain Dance”において，企業が立てる計画のほとんどは，祈る人々の気休め程度で，実際には雨を降らせることなどできない乾季の最後に行われる「雨乞いのダンス」のようなものであると述べており，ここでは，企業がたてる意味のない形式だけの計画のようなものであることを意味している。

3）性格特性を16の因子で分類，それぞれを測定することで個人の人格をとらえようとする質問紙。

4）$I^9e^3N^6s^2T^9f^1P^8j^7$の英文字は，それぞれI（Introvert：内向的），e（Extrovert：外向的），N（Intuition：直観的），s（Sensing：感受的），T（Thinking：思考的），f（Feeling：感情的），P（Perceiving：知覚的），j（Judging：判断的）を意味する。

5）間主観性：２人以上の人間（人間以外の場合もある）において同意が成り立っていることを指す。主観的であるよりも優れており，客観的であるより劣っている。例えば，人が美しいと同意していても，その基準は異なっており客観的かどうかわからないようなことを意味する。

6) バランス・スコアカード：ハーバード・ビジネス・スクールの教授　ロバート・カプラン（Robert S.Kaplan）とコンサルタント　デービット・P・ノートン（David P. Norton）によって1992年１，２月号の「ハーバード・ビジネス・レビュー」誌に掲載された論文で発表された新しい業績評価指標。財務の視点，顧客の視点，社内ビジネス・プロセスの視点と学習と成長の視点の４つの指標で構成されている。

第8章

異文化間のファイナンスと会計

メイ（May），ミューラー（Mueller）とウィリアムズ（Williams）（1976）の過去の業績の中で，彼らは会計を「言語」として定義づけている。そうだとすれば，多分会計が[10章訳注3)]バベルの呪いによって苦しめられることは驚くことではない。多くの国々は自国のルールを持っているばかりではなく，多くの産業や個々の企業もそれぞれのルールを持っているのである。本書の別の章で議論されているように，そのことが様々な異なったジレンマをもたらすのである。周知の通り，多くのジレンマはその原因はルール（普遍主義）に縛られることにより起こるのである。そのルール中心の普遍主義は，ある会社の特定なニーズ（個別主義）と折り合いをつけることが難しい場合もある。そして，こういったジレンマは，特に都合が悪い交渉相手や海外政府機関と相対する時に発生するのである。

会計は，時間軸と企業間の３つの主要な目的を比較するために存在する。第１に，株主に対して，彼らの投資がどこで，どのように活用されているかについての情報を提供することである。第２に，マーケットに対しても同じ情報を提供することである。第３にはマネジメントが機能しているかどうかの情報を提供するものである。これらの目的はそれぞれ異なる一方で，プレゼンテーションの方法は異なっても，その情報源は，本質的にはほとんど同じなのである。

同質化とコンプライアンス

我々は会計原則が組織の活動を巧妙に歪めるために活用される可能性があり，これが問題を残存させていることを知っている。BBCの資金に関する番組では，「利益は数値にすぎない，それはいかなる会計政策が使用されるかに掛かっている」と主張されている。国際会計基準は何種類もの勘定帳票のバラツキを減らすために存在するのである。それ以外の基準も存在するが，それらは協定のようなもので，それらは現地の法的な拘束権を必ずしも持たない。ただ国際会計基準だけが拘束権を持つ。もちろんグローバル企業は本社がある国のルールとその子会社が位置する現地のルールとの違いの調和を取らなければならない。財務会計と違って，管理会計は，レポートや意思決定のための共通の基準を提供するために再フォーマット化することは簡単である。

多くの規則が同一化を難しくしている。国際会計基準の17項は，実質原価主義が簿価主義に優先するルールに則って，リースなどの資本化を勧めている。ドイツの会計原則は，例えば勘定書を税金ベースで準備することを求めており，この国際会計基準方式を禁止している。このようにして，もし多くの種類の勘定書がそれぞれ異なった目的で準備されるのでなければ，統一基準に合わせるのは難しい。基本的なジレンマはコンプライアンスの必要性と，法律上および事実上の調和（同一性）の程度の間に発生する。このジレンマの影響の程度は，公正なプレゼンテーションの原則がコンプライアンスに則っていることを証明することである。EUでは，個々の加盟国が現在遵守しなければならない多くの指令を発動している。新しいルールが適用になるとき［例えば，要求される流動資産の変化を，前年の方式とは異なる新しいソルベンシー・マージン（資金余力）の基準に従って示すことが求められるように］，難しい点がたった一度の問題として発生して，場合によってはその後継続することもありうるのである。

多くの場合，これらの問題の考え方は歴史的な原価会計の考えから来るものである。この考え方は異なった解釈でも受け入れられてきたからである。LIFO（last in, first out―後入先出法[訳注1)]）の株式評価方式は税金上の何の利点もないことから，ヨーロッパでは一般的ではない。インフレの間，LIFO方式を活用すると販売した商品のコストは高くなり，株式価値はFIFO[訳注2)]（first in, first out―先入先出法）の場合より低くなる。対照的にLIFOが導入されると，記録上の差益は短期間減少するにもかかわらず，アメリカでは株価が高騰する。このことはLIFOの効果が企業の価値を減少させることではなく，企業の基本的な商業活動の付加価値を変更することなく，税金の支払いを減少させることにより企業価値を高めるのである。何件かの先行研究の結果から，公表された勘定書の会計原則の背後にある詳細な背景には，市場はあまり注意を払っていないことが判明している。もちろん，そのような詳細な背景を注意深く研究し，株式市場のトレーダーや他の顧客に情報を提供している専門的なアナリストは存在する。

普遍的な会計制度を定義づけることが可能かどうかの質問は，今までも何回も投げかけられてきた。デムスキー（Demski）（1976）は，このことについて長期間にわたって議論を重ね，会計は必ず「個別主義的」であるべきであると結論づけている。それに対して，チェンバース（Chambers）（1976）は，もしデムスキーの原則が正しいならば，会計は統制されるものであるという主張はただちに却下されるべきであると述べた。それに対するデムスキーの返答は，異なっているのは，ユーザーのニーズであり，各々のユーザーは異なった（個別な）形態の勘定取引によって最善のサービスを提供されるのであるというものであった。しかしながら，常に規則が存在しないことにより，情報を開示させるマーケット力が存在する。そして，従業員に契約上の歯止めを強制して，競合企業に有利になるようなマーケットで認知された企業価値に影響を与えるような企業秘密の漏洩を防止するのが当たり前になってきている。漏洩に関する実践的な部分は多くは会計原則により決定されるのである。そしてそれには，財務レポートを読んで活用する人々は，それらのベースになっている基本的条件について認識すべきであるという原則が具体的に記載されているのである。

しかしながら，このアプローチはあまりにも単純である。我々は次の項目から派生する問題を考慮しなければならない。

1．主観的対客観的プレゼンテーション
2．異なった意味（特に異なった文化における）
3．異なった国における政治的意図

主観的 対 客観的プレゼンテーション

会計ポリシーは，企業が自社の財務諸表を準備する方式を決定するために企業が活用するルールである。それらは採択されるポリシーが最も適していると判断されるものであるという前提を基本にしている。しかし，それは誰にとって最も適しているのであろうか。改善のための１つの分野は，会計ポリシーの開示は実質的には何の役にも立たないということである。また，正確にどのような根拠や前提条件が用いられたかを決定することは非常に難しいのである。いつもかなりの情報量はあっても説明はわずかである。多くの状況では，利用できる適切な１つの基準がないばかりか，それにその代替間の簡単な選択肢すらもないのである。自社のビジネスに対して最善の会計ポリシーを選択するのはマネジメント側の責任であることを忘れてはいけない。それゆえに，もしマネージャーが捺印証書を必要とする借り入れを予定しているならば，企業がその証書に合わせた会計ポリシーを選択するのは当然のことである。

しばしば公表される財務諸表は数ページに要約される。それには多くの補足資料が添付されている。それらは大抵理解しにくい難解な書類である。たとえその財務諸表が作成される根拠が明確に表示されていても，我々はその同じデータから異なった結論を引き出す可能性もあるのだ。

そのことを説明する１つの単純な例を挙げてみよう。もしたった１つの選択肢が準備され，手に入るのであるならば，それを読む人はそれに代わる別の説明がなされるとは考えないであろう。

まったく同じデータが使用されて，２つの異なったストーリーができ上がる可能性を明らかにする必要がある。

買収前に，本社は現在の企業収益を２倍にすることを予想している。新しい子会社からの顧客の一部は本社のセールスに組み込まれるからである。本社により獲得された子会社の予想収益は，結果として減少するであろう。予想総収益は現在の業績の半分に低下するであろうと予測されている。すなわち図表8－

ければならない基本的な考え方が存在する。しかし実際には，多くの諸経費は生産や労働コストの一次関数になっているわけではない。製品Ａ（低コストの大量製品）に対して購買部門につけ替えられる諸活動とコストの総額は，製品Ｂ（高粗利益の少量製品）に対してつけ替えられる総額と似たようなものである。このように，コストを負うのは活動の量であって生産量ではない。にもかかわらず，大多数の組織では組織内における付加価値業績尺度に対してこれらの伝統的な全原価計算システムを活用しているのである。その結果として，組織内における意思決定は明らかに合理的な判断で行われるが，それは実際には間違った論理に基づいたものである可能性がある。なぜなら，外部のマーケットでは，その数値は矛盾する結果であるかもしれないからである。もちろん，テクノロジーの浸透により，労働そのものが，「作ること，あるいは行うこと」（旋盤にかけて製品を製造すること）から，「コントロールすること」（数量的にコントロールされた製造を行う機械類をセットし，監視すること）へと変化している。さらにかつてない売り手の寡占化傾向の市場において，間接費は販売とマーケット部門に移行し続けている。

管理会計の新しい手法

このようにして，原価計算は決して科学そのものではなかったが，その慣習的なモデルは今日のビジネスの実践面では，もはや強固なものではなくなってしまっている。そこで著者グループは，新しい方法を模索し，応用するに当たってどのようなジレンマが発生するかを検証してみなければならない。

ここで，会計原則の適用と応用ばかりではなく，会計技法から発生する問題を考慮してみよう。それら新しい方法は，品質管理（TQM），ベンチマーク，ビジネスプロセス最適化（BPR），バランス・スコアカードのような手本となるマネジメント戦略と無関係ではないのである。

ここで，次の新しく開発されたアプローチの会計手法について概要を説明してみる。

・アクティビティーベース原価管理（ABCM－Activity Based Cost Management）

これは製品やサービスをある識別できる状態や位置にもっていくために必要なある特定の企業活動を照合することにより費用を分析する手法である。その目的は，もちろん活動を通して得られる行動の価値と得られる利益とを絶えず改善することである。ABCMはSpecific（関与特定主義）であり，一方BPR（ビジネスプロセス最適化）は全体を包括したDiffuse（関与融合主義）であると考える。

・スループット会計（TA－Throughput Accounting）

この分析は，絶えず関連する問題の周辺でその生産（サービス）プロセスを繰り返して調整し，資源能力，時間，付加価値などに焦点をあてることである。

・戦略管理会計（SMA－Strategic Management Accounting）

これは競合他社と比較して付加価値を高めて，その上で資金運用ができているかどうか投資を長期的に評価することに焦点をあてている。

このようなアプローチは，伝統的な手法がまだ大多数であるにもかかわらず，多くの組織が真剣に採択しようと検討しはじめたことにより，しっかりとした足がかりを得つつある。一般的には，ヨーロッパよりアメリカにおいて，これらの新しい手法の適用例がより多く存在する。日本においては，人件費は直接費とみなされているが，欧米では，労働コストを管理して最小限にすることはマネジメントサイドのインセンティブとして理解されている。個人の従業員の立場からみると，伝統的な予算管理が提供してきた職務の保証が少なくなると共に，組織内における自らの役割を明確にする必要性を求められてきているといえる。

管理会計から発生するジレンマの例

標準的なビジネス・マネジメントのテキストブックのほとんどは，意思決定は意思決定理論に基づいていることを訴えている。すなわち，意思決定は論理的な分析をベースになされるべきである，そして管理会計のデータは多くの選択肢のある行動を評価するために活用されるべきであると述べている。しかしながら，実際のビジネスの決定はそのような客観的な分析プロセスで実施されるわけではない。伝統的な意思決定のアプローチは崩壊しつつある。なぜならば，マネージャーたちがそのデータに対して文化的なバイアスを取り入れているからである。あるグループやチーム内のマネージャーたちは，同じパターンでは動かないし，コンセンサスは繰り返し折り合いをつけることによって達成されるのである。同じシナリオあるいは基本データから，必ずしもいつも同じ意思決定が行われるものではない。マネージャーたちが客観的に思考していると考えている場合でさえ，彼らは情報に対して主観的，最悪の場合には自民族中心的な見方を含めた特別な意味を付加する可能性がある。現実の世界における諸問題はますます複雑になっていることから，会計評価技術から生じる多くの異なった選択肢の行動評価は，結果として，その明確に確立された選択肢が等しく魅力的なものであるか，そうでないかの判断をしなければならないジレンマを生じることになってくるのである。

知識所有者 対 権限のある意思決定者

最新の方法論（ABCM，その他）を導入するためにしばしば発生するジレンマは，既存のシステムとどのような改善がなされたらよいかについて最も実用的な知識を持っている人々と，その決定を実施し，物事を変化させるための権限を有するマネージャーとの間に発生する。コミュニケーション，関与，トレーニング，不安の軽減などがこのジレンマを解決する最も大切な要件である。

独立性 対 統合

ABCMシステムは，金融システムの延長線ではなく，全体のビジネス・システムとしてとらえるべきで，ただ単なる会計上の解決方式としてとらえるべきでないと多くの人々は考えている。独立したアプローチはより管理しやすい強みがあるが，包括的あるいは全体的なシステムアプローチがもつ潜在的な利益をもたらさないのである。

自治の喪失 対 部門間の協働

ABCMの提案者は，伝統的なコストセンターまたは部門費用制度からコストプールの制度に変更するほうがよいことを説いている。後者の場合，同じコストのドライバーは，たとえ部門を超えて仕事を頼まれても，すべての行動にかかわってくるのである。しかしながら，部門としての自立性の喪失は，部門べースの予算責任が喪失することから，部門長によっては，前向きな解雇に等しいと解釈されている。

固定費用の立直し 対 貢献度分析

スループット会計を使用することにより，製品構成要素，または個人のサービスに対するTAR価値（Throughput Accounting Ratios―スループット会計比率）を計算できる。1より低いTARは，純収入が総コストよりも低い製品やサービスを表している。ジレンマは，全体の価格を引き上げるか，コスト削減をするかにより，このポジションを改善する必要性から発生する。しかし，これは全体コストの立直しのために行われる貢献的役割を無視することにつながる。ただ単に各製品やサービスが積極的な貢献をしているという見解だけをベースに承認されるのであれば，すべての貢献の合計だけではビジネスの全固定費用を十分にカバーすることはできないであろう。後者は1980年代のケースメーカー産業における多くのビジネスの失敗の原因であった。すなわち厳しい競争の間，彼らは何らかの貢献をするすべての製品を供給することに同意するのである。

親会社のジレンマ：集権管理か分権管理か

上述のそれぞれの例は，管理会計の中心的な基盤であるコントロールの問題として提示できる。親会社のジレンマは集権管理か分権管理かの問題である。調和はコントロールされうる要素と，コントロールできない（そうすることにより，コスト効率が良くない）ものとして区別すべき要素と明確にすることから出発している。現状このシステムは，きちっと反応して有益な変数を絶えずマネジメント側に知らせるように設計されるべきである。

会計士たちが，「reconciliation（調和）[訳注6)]」の言葉を彼らの専門的な用語の一部として活用していることは興味深い。これは一般的に言って，2種類のデータソースを見ることを意味している。同じ項目のコストを，もう一つは仕入先元帳の明細書から求めるのである。これらは使用目的が相反する（異なっている）ものであり，会計上の間違いを見つけるために働くことが，最終的には結果として同じ価値をもたらすのである。それゆえに，会計士たちにはビジネスのジレンマを調和するための特質がすでに備わっていると考えることができる。彼に問題があるとするならば，彼の仕事は科学であり，リーダーシップそのものではないと信じていることである。なぜならば，彼の考えによれば，差異は公表されるよりはむしろ，ゼロに減少されなければならないと信じているからである。

〈訳注〉

1）棚卸資産の期末有高を算出する方法の1つ。会計期間中，商品を仕入れるごとに価格が違う場合，どの価格で仕入れた商品が会計期末に在庫として残っているかによって棚卸資産残高が変わってくる。このLIFO Methodでは，後に仕入れたものから売れていくという仮定であるため，先に仕入れて残った商品が棚卸残高になる。

2）棚卸資産の期末有高を算出する方法の1つ。会計期間中，商品を仕入れるごとに価格が違う場合，どの価格で仕入れた商品が会計期末に在庫として残っているかによって棚卸資産残高が変わってくる。このFIFO Methodでは，先に仕入れたものから売れていくという仮定であるため，後から仕入れて残った商品が棚卸残高になる。

3）Sark Island：最も新しく設立された英国領タックス・ヘヴン。

4）Tableau de Board：ハーバード大学のカプランとノートン（Kaplan and Norton）の両教授が提案したバランス・スコアカードのコンセプトと同様のコンセプト。車のダッシュボードの意味で，全体を統括できるという意味に使われる。

5）PRWI（Performance Review of Working Capital and Investment）：伝統的な会計方式で，将来のビジネスの成長や安定を構成する要素分析ではなく，監査目的で現金がどこで使用されたかを見る内容になっている。

6）本書では「調和する」，「折り合いをつける」という意味で用いているが，会計の用語として「調整」という意味で使われている。Reconciliation account（調整科目），Reconciliation statement（勘定付き合わせ表）等。

第9章

国際的なリーダーシップの新しいパラダイムへの探索

過去十年間にわたり，リーダーシップの研究テーマが学術書や専門家たちの実践の分野で重要になってきている。素晴らしいリーダーたちのパーソナリティーを分析する試みは，今までも様々な研究者たちに挑戦を突きつけてきた問題である。しかしながら，そういった既存のモデル，解説やフレームワークは，今日では機能していない。CEOのポジションは，特にアメリカにおいては，最近の金銭スキャンダル後，権威の座から滑り落ちたように見える。この理由やその他の理由から，リーダーシップの新しいパラダイムが必要とされていることは明らかである。

著者グループは，自らの研究調査やコンサルティングに立脚したフレームワークを提供しており，これらはすべて「ジレンマの調和理論」をベースにした内容である。この概念的なアプローチは，多くの文化内および文化間において21世紀のリーダーシップを説明する強力なフレームワークとして機能している。しかし，ここではまず，リーダーシップに関する確立した理論を検証し，それらが今日のグローバルなマーケットではもはや役に立たない理由を説明する必要がある。

過去１世紀にわたり，多くの理論が開発された。これらは以下の３つのカテゴリーに分類できる。

第1に,「特性理論」である。これは肉体的, 社会的から心理的特性に至るまでリーダーの個人的特質と彼らが仕事で達成する成功との間に関係があるかどうかを調査している。リーダーの有能さと特質, 例えば論理的思考(アイデアを単純な様式に取りまとめようとすること), 粘り強さ(過ちから学び, 流れに逆らって泳ぐこと), エンパワーメント(他人に権限を与え, やる気を起こさせること), 自制(高いプレッシャーの下で仕事をし, 妨害に対して抵抗すること)等の特質との関係を解明したのはベニスとその他の学者(Bennis et al.)たちである。

この研究に対する批判は, 有能さと個人の特質との間の低い相関関係に特に焦点を当てて問題視している。さらにこのアプローチが, 産業や文化のタイプのような背後関係の要素を考慮していない点もしばしば指摘されている。また成人が身長, 性別, 皮膚の色等のような肉体的な特質を発育させることができるなどということもありえないのである。これらすべてが, リーダーは生まれながらであって, 作られるものではないという学説を主張する人々にとっては非常に好都合であった。さらにその特質の多くの有効性は, 極めて文化面によって影響を受けているのである。例えば, 有能なアメリカ人リーダーの特質が, 日本やフランスでも同じ効力を持つことはまず考えられないのである。

伝統的な思考の第2の流れは,「行動理論」として知られている。このアプローチはリーダーの個人的な特質にはあまり依存していないが, リーダーの行動, 特に従業員の業績や動機づけに影響を与える行動に焦点を当てている。ここでは, 明らかにリーダーシップのスタイルが注目の的になっている。それは部下に対するリーダーの行動とリーダーシップの職務と機能がどのように実行されるかに焦点を当てている。1940年代と50年代に実施されたオハイオ州立大学での古い研究によると, 業績に結びつく行動は, 明確な管理, 結果指向, 役割の明確化によって率先され, リーダーたちが自らの行動を協力し合って仕事の満足度を高められる, より参加型の配慮スタイルなどに見られるように, 率先誘発的なスタイルが存在すると結論づけている。

このモデルは, リーダーシップを民主的な参加型対独裁型, 個人志向スタイフトウェア分析ツールの全領域がこのデータにも適用された。最初に著者グループはより伝統的なKWIC分析（Keywords in Context—コンテクストのキーワード分析）を実施し，その後で，多重層指示なしコホーネン・ニューラル・ネットワーク・モデル（Multi-layered unsupervised Kohonen Neural Network Model）[訳注1)]につながる包括的な言語分析（Linguistic Analysis）手法を活用している。

この分析の結果は，会議，ワークショップとコンサルタントの仕事などから得られるフィードバックと一致している。そして問題の領域は多くのカテゴリーに分類できる。リーダーたちが，一貫して自分自身の問題を両極端な選択の連続としてとらえることは，特に興味深いことである。例えば，ＡとＢが同じ程度に魅力的であったり，同じ程度に魅力的でなかったり，または，お互いに相容れない場合に，ＡとＢのどちらを行うかといった質問である。つまり「提示される技術についてほとんど知らないにもかかわらず，顧客を印象づけるために若い技術の専門家を送るべきか。あるいはもっとも経験のあるスタッフを送るべきか」などといった典型的な質問のことである。これらの極端な選択や行動方式の選択を評価するときに，それらは同様に魅力的であったり，同様に魅力的でなかったり，しかしいつも明らかにお互いに排他的であったりすることに気がつくのである。

我々の研究者の１人は，ジレンマの質と年功／リーダーシップのレベルとの間に相関関係があることを発見した［スミートン‐ウェブ（Smeaton-Webb）(2003)］。下位レベルのマネージャーたちはジレンマを明確に表現できることが少なかった。例えば，研究者は積極的姿勢と消極的姿勢の両方を考える可能性がある（「我々はこれをすべきか，すべきではないか。」これは明らかにジレンマではない）。また，リーダーたちはジレンマを取り扱い，マネージャーたちはより日常の運営の意思決定を取り扱うという解釈は強く支持されている。著者グループの別の学者［ブルーム（Broom）(2003)］は，ジレンマを顕在化する能力と，統合タイプ指標（Integrated Type Indicator）との間に正の相関関係があることを発見している（第７章参照）。

シニアリーダーとのWebCue™のインタビューで手に入れることができる回

答のタイプ事例は以下の通りである。

一方では	他方では
企業は，それぞれの業績で予測される結果に基づいて，一貫性のある予測，計画，展望を作成するために，グローバルな知識を共有することを意図する。	企業は，セールス組織を分権化し，知識を現地に合った最適の状態で維持する自立性を与えてきた。

WebCue™のインタビューの手法は，参加者にとって時間がかかったり負担のかかるものではない。すなわち，匿名であり，短時間で依頼主の問題について非常に詳しい見解が作成される。一覧表と配列記号のソフトウェア技術を駆使して，コンサルタントや担当講師によって，共通項のジレンマが検証される点に関して，WebCue™では事前処理の自動化が簡単に行われるようになっている。

この入力により，いわゆる「生きたジレンマ」を抽出することができる。これらは，文化モデルの「７つの価値判断基準」を座標軸として活用することにより，分類が可能になっている。そのことにより，著者グループは一連の「主要なジレンマ」（典型的には4－8件の事例）を生み出すことができるのである。そして，各々の主要なジレンマを人事，戦略，組織構造などのビジネスの機能に適合するように内容を等式化して変換するのである。このようにして，著者グループは職務の分野によって，適切と考えられるジレンマや価値システムを顧客にフィードバックすることを可能にしている。2001年の初めから，THTグループはこの技術を最大限に駆使して，多様な顧客から5,000以上のジレンマのケースを作成することができた。さらにこの数は非常に急速に増加している。

最近取り扱った典型的な事例は以下の通りである。

ジレンマ	%
現地子会社の関心事 対 グローバル組織の関心事	25
投資 対 コスト	11
組織全体・ビジネスユニット 対 個々の部門・個人	10
長期的視点 対 短期的視点	8
環境などの外的要素への傾斜 対 内的組織傾向	7
オプションの広さ 対 特別な問題への集中	3
その他	13

ジレンマ以外	%
リーダーシップ／マネジメントの欠如（マネジメントに対する不満）	10
誠実さ／尊敬の不足（株主に対する不満）	8
その他	5

ビジネスの機能ごとのジレンマは以下の通りである。

ジレンマ／ビジネスの機能	戦略	リーダーシップ	ナリッジ・マネジメント	人的資源	オペレーション	組織／構造
現地子会社の関心事 対 グローバル組織の関心事	36%	20%	16%	8%	4%	24%
投資 対 コスト	63%	18%	9%	9%		
組織全体・ビジネスユニット 対 個々の部門・個人	10%		10%	30%	30%	20%
長期的視点 対 短期的視点	75%	25%				
環境などの外的要素への傾斜 対 内的組織傾向	28%	29%	14%			29%
オプションの広さ 対 特別な問題への集中	67%					33%

多くの場合，Webベースのデータの収集活用と，ある特別に選ばれたサンプルに対する一対一の対面インタビューを組み合わせ，そういった作業の結果として，今日リーダーたちが日常的に直面する一般的なジレンマを考え出すことができるのである。

典型的なリーダーシップにとって「意義のある」ジレンマ

データベースの中で，頻度の高いジレンマを集約してみると，次のようないわゆる「意義のある」ジレンマを見つけ出すことができる。それらが多くの組織の中で発生していることを多くのリーダーたちも認めている。

1．現地子会社の関心事 対 グローバル組織の関心事 2．投資 対 コスト 3．組織全体・ビジネスユニット 対 個々の部門・個人 4．長期的視点 対 短期的視点 5．環境などの外的要素への傾斜 対 内的組織傾向 6．オプションの広さ 対 特別な問題への集中 7．マネジメント 対 リーダーシップ

1つの事例である2番目のジレンマ，「投資　対　コスト」について考えてみよう。組織のリーダーやマネージャーが，この特別なジレンマを調和させるために我々はどのようなことをすることが可能であろうか。著者グループは，これを達成するためにワークシートのツールとグリッドを活用する一連の方法論的なステップを取っている。どのようなステップを取るのか，一例を挙げてみよう。

論点として，そのジレンマを極端な形で展開するために，著者グループは顧客に対して以下のことを考えてみるように求める。

一方では	他方では
我々は，余剰を排除し，質素倹約な組織を追求し，必要であればコストを削減することによって，組織に貢献する。	我々は，長期的な成功を収めるために，適切な分野に投資することにより，組織に貢献する。

1．あなたにとっては，個人的にはこれらのどちらを優先することが理にかなっているか。

2．優先されたものががどのように評価され，そのことにより誰を昇格させるのかを判断するとしたら，あなたの組織にとって，どちらがより重要か。


図表9－1を参照して，プライオリティーA（経費削減の重要性）を0－10の得点で，プライオリティーZ（投資の重要性）も0－10の得点で配分するとしたら，あなたの現在の組織から判断して，あなたの組織の現状は，どこに位置すると考えるか（グリッドの中にXマークをつける）。実際には，あなた自身はどこに位置づけたいと考えるか（グリッドの中に0マークをつける）。


3．企業は10対10の位置により近づけるために，どのような組織的方策を取ることができるか。

4．あなたはプロとして10対10の位置により近づけるために，個人的にどのようなステップを取ることができるであろうか。

5．個々（企業連合）のグループ構成員が上記の質問に対して，どのような回答をするか比較してみる。

価値観に関連するリーダーシップのジレンマ

ここでは組織のアライアンス，M&A，戦略的アライアンスなどで統合される必要のある価値観を取り上げてみる。では，国境を隔てたアライアンスで発生するジレンマにはどのようなものがあるだろうか。今までに著者グループがM&Aおよび戦略的アライアンスの中で見てきた主要なジレンマには，次のようなものがある。

1．現地の価値観 対 全社のコア・バリュー
2．プロセスの分権化 対 組織の集権化
3．ビジネスの差別化戦略 対 ビジネスの統合化戦略
4．統合プロセスの長期的傾向 対 短期的傾向
5．利害関係者の価値 対 株主価値

図表9―1　優先度によるジレンマグリッド

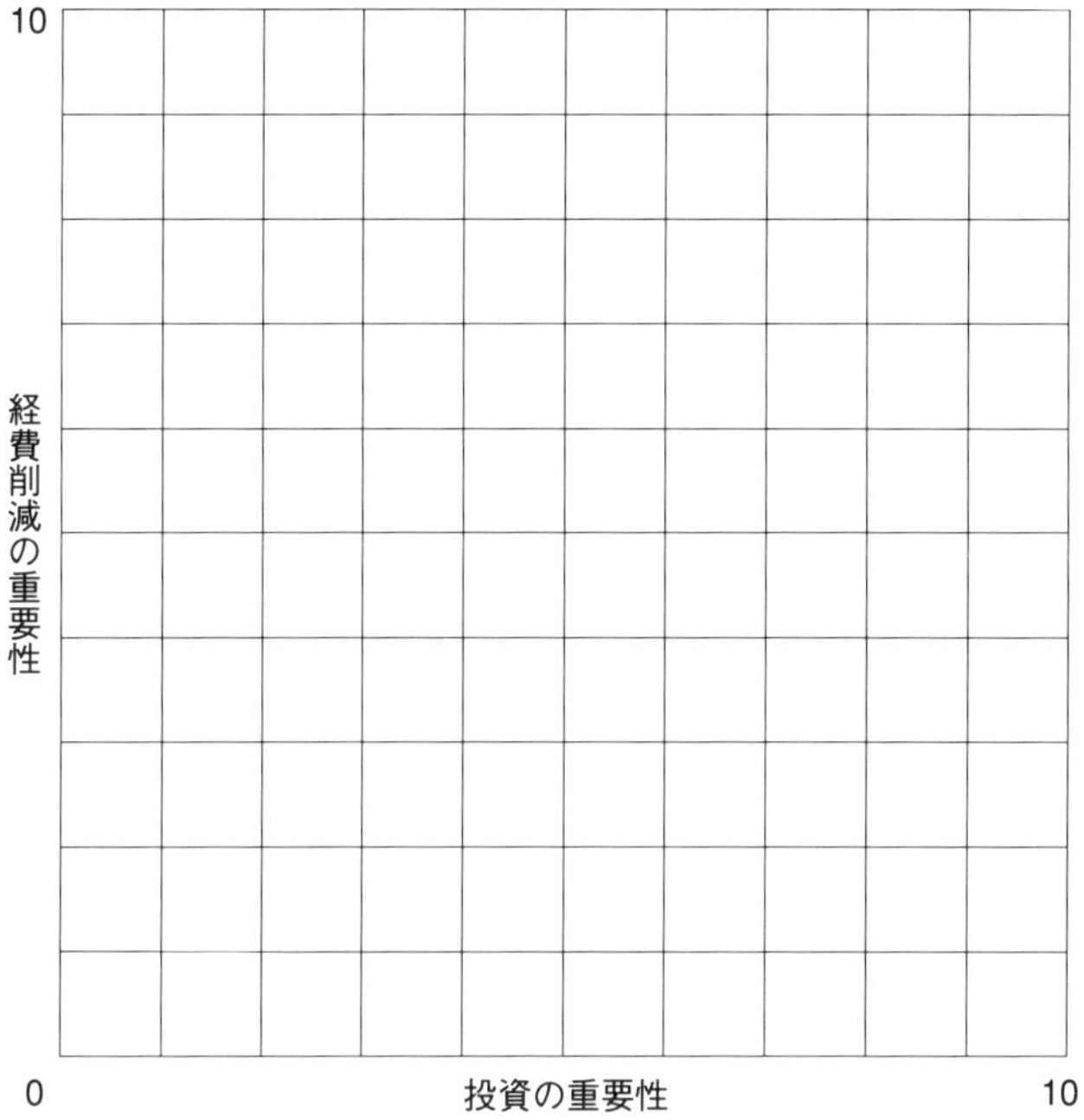

社会における自由な企業法人の主な役割には異なった見解が存在する。そこでジレンマ２をもう一度ここで見てみよう。

一方では	他方では
我々の法人企業の主要なプロセスは，顧客に最大の利益をもたらすために，製品，プロセス，サービスの統合を行うことである。企業は，シナジー効果をもたらすために，いくつかのビジネスの異なったセクターを調和させる機能を求められている。	法人企業の主要な目的は，多くの分散化された行動に従事することである。そのことにより，企業は専門性を高めて，顧客に接することができるのである。企業は顧客に最善のサービスを提供できる専門性を創造するために，ビジネスを進化させる機能を求められている。

1．これらのアプローチのうち，あなたは個人的にどちらを好むか。
2．あなたの組織は次のどこに位置していて，今現在の組織のアプローチはどちらが主流か。
(a)アジア，(b)ヨーロッパ，(c)アメリカ

図表9－2を参照して，見解A（統合化）を0－10の得点で，見解Z（分散化）を0－10の得点で配分するとしたら，あなたの現在の組織から判断して，あなたの組織の現状は，グリッドのどこに位置すると考えるか（グリッドの中にXマークをつける）。実際には，あなた自身どこに持っていきたいか（グリッドの中にOマークをつける）。

3．企業は10対10の位置により近づけるために，どのような組織的方策を取ることができるのか。
4．あなたはプロとして，10対10の位置により近づけるために，個人的などのようなステップを取るのか。
5．個々（企業連合）のグループ構成員が上述の質問に対して，どのような回答をするか比較してみる。

上述の論理は，ここで述べられている価値のあるジレンマだけでなく，すべてのジレンマに適用できる。

職務分野におけるリーダーシップのジレンマ

前章で議論してきたように，ビジネスのますますの国際化により，多くの職務上の試練を経験することになり，職務の本質を再考し，再定義する必要性が発生してきている。例えば人事のプロは，次から次へいろいろなジレンマに直面してきている。人事のプロたちは，北西ヨーロッパとアメリカで発展してきたアングロサクソンのアプローチの限界を一段と認知し始めている。同様にマーケティング部門のマネージャーたちは，グローバル対ローカルの争いの選択が企業存続のためには不可欠であることを認識してきている。最後に，サービス部門とナリッジ・マネジメントにおける文化側面について考察してみる。ここではまた，内的志向と外的志向，暗黙知と形式知との間のジレンマのような

ここでは異論をとなえる個人的な確信の表現 対 チームワークおよびマネジメントの意思決定に対する忠誠心について調べてみる。これまでと同じように，良いリーダーシップを形成するものが何であるかに関して異なった見解が存在する。

一方では	他方では
直接のレポートが，スキルと裁量権を与えられて企業が下した意志決定をサポートとして施行する時，人は行動を起こす。その場合共有化した政策や戦略の背後の脈絡を重要する。	直接のレポートが，個人的な異論を表明し，その異論の影響により共有化されたポリシーを変化させようとするときに，人は行動を起こす。そのときは，後に続く一連の出来事について，判断を正当化してくれるだろうと期待しているからである。

物事の考え方の変革

しかし，もちろんこれですべてをカバーしたわけではない。運営上のレベルの問題が解決済みあるいは解決可能な問題を包括し，シニアマネージャーやリーダーに対するグローバルな課題だけが，特徴的にジレンマとしてとらえられる周知の問題であると想定するのは間違いである。ジレンマを編纂することで得られる重要な教訓は，すべての現実世界におけるリーダーシップの問題を，周知の問題として考え，ジレンマとして表現することにある。将来のリーダーやマネージャーは，それゆえに自分自身のモノの考え方を変化させ，自ら挑戦を周知の問題としてとらえて，それらをジレンマとして表現することから多くの恩恵を得ることができるのである。そして，彼らは明らかに相反する価値観を完全に統合する結果をもたらす調和を求め始めることができるようになる。このことが幅広い範囲の興味を包括する結果につながるのである。さもなければ，ジレンマは後から再び現れるであろう。

著者グループはリーダーシップの既存理論，すなわち，特性理論，行動理論，状況理論等がリーダーが日々直面している主なジレンマを解決してきていないことを示してきた。特性理論はリーダーにとっての「1つの最善の特質」に焦点を当て，リーダーたちが扱わなければいけない文化のことを完全に無視してきている。行動理論はリーダーには，「職務中心」や「フォロワー」のような異なったタイプのリーダーがいることを主張している。このアプローチの弱点は，人のこれらの両方のスタイルの間にある複雑な部分にほとんど介入していないことと，特性理論と同様に文化的な内容が考慮されていないことである。リーダーシップの状況理論は，リーダーシップの有効性において1つの大切な側面として文化的な内容を紹介しているが，1つの重要な課題，すなわち「リーダーは異文化環境下でどのように有効であるか」という問題を解決していない。著者グループの統合理論が既存のリーダーシップ理論の暗部に光明を投げかけるものと信じている。ここでは，著者グループは，リーダーの調和する能力に焦点を当てる必要があることについて概念的，そして実証的な証拠を提示してきた。

〈訳注〉

1）Kohonen Neural Network Model：コホーネン（1985）が人間の頭脳の機能（Neural Network Model）を研究して発表したモデル。人間の脳は，100億から140億個のニューロンが互いにつながり，巨大なシステムを構成している。コホーネンはこのニューロンの構成素子とする神経回路網（ニューラルネットワーク）のメカニズムを研究した。人間の脳は遺伝情報や加齢過程だけでは適応できない環境の変化に適応するために，組織化と呼ばれる「教師なしの学習」によって自らのシステムを変容させることを進化の過程で獲得してきた。

第10章

調和する組織

最後にこの章では，著者グループは，ジレンマの調和理論を組織の中心に据えようとする試みとして，我々の経験とアプローチの概要を伝える。

調和理論は実際に役に立つのか

クルト・レヴィン（1946）は「良い理論ほど実践的なものはない」という有名な言葉を残しているが，著者グループが敢えて追加すると「プロフェッショナルな実践ほど良い理論を発展させるものはない」ということになる。

最も基本的な挑戦は，人がただ単に現存するジレンマを取り上げたり，調和させることだけではなくて，それを超越できる組織を作ることができるかどうかを調べることである。我々は，著者として，コンサルタントとして，THTグループとして，過去10年にわたり5,000件以上のワークショップを運営してきた。著書グループはWebCue™を活用して，ビジネスのキー・プレーヤーにインタビューを実施することにより，各種のジレンマを分類するスキルを獲得してきた。そして前章に記したような結果を生み出してきた。「研修」という名のもとで介入すると，研修の参加者はワークショップに熱心なあまり，全時間通して一貫した方法で著者グループの開発した方法論をあまり活用できない危険性が存在する。具体的で継続するメリットを得るためには，その方法論を組織の中に根付かせる必要がある。組織とそのリーダーたちは，ジレンマの調和をただ副次的なものとしてとらえることを超えて，それを組織の基本的な要素として位置づける方法を追求し，発展させてきたのである。

組織が求めることは，多様性のある労働力との統合化された調和を作り出すことである。すなわちそのことにより，はじめて組織が認知している広がりをさらに大きなものにするのである。組織は調和を組織の究極の目的としてとらえ，色とりどりのマーディ・グラ[訳注1)]の最後のお祭りとして見るべきである。それは確かに興味深く，探索してみたくなる側面を持っている。しかし，それはまた，高価な誤解を生み出す側面があり，その評価は冷静に行わなければならない。災いとなる人々に接するよりは，調和を楽しむ方が遥かに簡単である。その難しい部分が今スタートするのである。

いくつかの注意を促し，潜在的な危険や困難に焦点を当てる一方で，良いニュースも存在する。まず人が危険を冒してでも誠実であろうとする理由や，そのメリットがどのようなものであるか明確にする必要がある。

統合され，調和された多様性は，次の理由により競争優位のもとになる。

1．自社の内部の調和能力を，外部の顧客の調和能力と一致させることができる企業は，いつも多くの人々を満足させて，結果として繁栄する。
2．多くの企業は，できる限り最大限の人々を喜ばせるために，自らのルールをできる限り「普遍的」にしようとしている。しかし，実際には，非常に多くの異なった地域と接触のある企業だけが，彼らの求める解決方法が，実は非常に普遍的であることを発見することができるのである。
3．すべての創造性，革新，または改善でさえ，悪いプラクティスと良いプラクティスとの比較をすることによりもたらされるものである。純粋にグローバルな企業は，多くの「遠隔地の支持者」を形成し，多様性のあるプラクティスを実施して最善を選択しようとしている。それは何回も変化する状況の中で，最大の潜在的な解決策の選択肢を持っているのである。
4．調和から得る現実の成果は，考えや価値観の調和から得られるものである。その国の主流の文化に完全に適合している少数民族の人々は，あなたに何も新しいものを教えてくれない。オリジナルな考えを持ったアングロサクソンで，プロテスタントの白人男性は，あなたに我慢の限界を感じさせるかもしれない。幸運にも，異なって見える人々の多くは，自らが異なっていた方が良いと判断するであろう。この点で数多くの調和が新規性を生み出すことに貢献するのである。

著者グループのアプローチは，調和が企業の隅々の機能まで浸透し，組織が全体の企業哲学を構成するポリシー・ドキュメントを作成するのを支援することにある。もしあなたが調和をただ単に人事部門の責任にして，あるいは宣伝的としてのみ機能させるのであれば，すべてを失うことになる。調和を職務で区切るようなことをすると，その他の機能はそれが他人の仕事であって，自分自身の仕事ではないと思ってしまうであろう。彼らは多様性のある人々を組織の中に入れる必要がないのである。それは他人の仕事としてとらえるであろう。

我々は，調和の考え方を，戦略，企業倫理，顧客とマーケットの関係，採用とキャリア計画，トレーニングと個人のポリシーなどの活動に組み入れなければならない。調和の手法は，企業自身の組織体の中に深く組み入れられなければならない。すべての部門はそれが難しいことと，それをどのように組み込まなければならないのかを熟知する必要がある。これには，多くの原案作りとコンサルティングが必要となる。しかし，その作業そのものも，もし，それをしなければあなたが直面していたと想定される問題を解決するために役立つのである。すなわち，ラインのマネージャーたちは，彼らにとって調和が意味すること，彼らがそれに対して何をすべきかについてほとんど知らない。そうかといって我々は調和についてあまり感激してはいけない。それは我々が全力で飛び越えなければならない溝である。本当に祝福するときは我々が反対側に到達するときである。

著者グループの調和に対する独自のアプローチでは，その課題や必要な反応を意識しなければならないし，その成果が実現できるならば，耐えなければならない苦痛なども認識しなければならない。調和に立ち向かうことは，グローバルな視野に立った企業にとって必要なリスクである。しかし，「百万ドルの誤解」は，長期にわたる難しい問題ではあるが，それらを繰り返さないため，あるいは，他人の過ちから学ぶためにもさらに良い方向に持っていくよう考慮しなければならない。

調和を根付かせるためのアプローチ

著者グループの研究とコンサルティングの実体験から，調和を根付かせるためのプロセスは，組織内の多くの成功体験を持つビジネス・ユニットを正しく特定することによって可能になるのである。すなわち，戦略がトップダウンなのか，ボトムアップなのか，あるいは顧客サポートによるものかを正確に把握することである。我々は，最善なものが何であるかを学習し，形式化している。個人，チーム，ビジネス・ユニットは，彼らのアクティブな仕事の環境以外の部分では，めったに調和の価値から最善の解決法を学ぶことができないのである。

さらに思考と行動の新しい方法論を根付かせることは，ビジネスのオペレーションや行動に結びついたときに最も達成されやすい。人は現在のビジネスのプライオリティーと自発性に基づいて行動するとき，組織化された形で自己発見と熟考を繰り返すことにより，さらに時間を掛けたこれらの要素間の絶え間ない相互作用により，永続する変革をもたらすものを作り出すものである。

我々はしばしば，現在抱えている問題と自発的な活動の内容を確認することから始める。そして，いくつかの比較的単純な付加価値的な提案が，すでに計画され，予定されている活動に含まれる可能性があることを確認するために，参入活動の問題を議論し，問題のプライオリティー付けを行う。これらは既存の計画に対してわずかながらの不安感を作り出すことを意図している。そのことにより，我々は完了するまでには時間はかかるが，必ずや何らかの組織再編や共同開発を必要としているより大がかりなプロジェクトに突き進むことができるのである。

調和する組織を創造するために，次の３段階のプロセスを示すことができる。

・フェーズ１：リーダーシップ戦略と諸問題を調査分析する
・フェーズ２：ワークショップを通じてその体験を仕事に移転し根付きを実施する
・フェーズ３：学習ループの移転と統合

一般的には，これは期間を経てやっと報われるのである。

図表10－1　３段階のプロセス

フェーズ１	フェーズ２	フェーズ3
２ヶ月	１ヶ月	継続中
準備と開始 ➡	ワークショップを通じて移転と根付きを行う ➡	学習ループの移転と統合
・研究と再考 ・経営幹部のインタビュー ・スポンサーとキー・プレーヤーのインタビュー ・プログラム策定 ・資料作成 ・WebCue™インタビュー ・計画とスケジュール	・目標グループに対する問題とジレンマ確認 ・２日間の調和のワークショップ ・方法論移転クラス ・２人で運営する共同のファシリテーターの重要なコーチング	・ThroughWise™ ・中核となる自発的セッション ・収集，フィードバック，評価 ・コンピテンシー測定 ・ファシリテーターによる継続した重要なコーチング ・次期ステップ計画

フェーズ1：リーダーシップ戦略と問題を調査分析する

組織内にジレンマ調和の思考性を根付かせ始めるための最善の方法は，その原因を明らかにするために最上級の階層グループである，CEO，COO，部門長，その他の中核となる戦略家たちを関与させることである。最初は彼らにジレンマの調和方法を実施したり，切り換えさせたりする必要はない。しかしそのことが，彼らのリーダーシップを育成することであり，それに対するその原理を提供するものである。

このリーダーたちは必ずしも明確にされた戦略を持っていなくてもよい。彼らが遭遇する課題や挑戦，解決しなければならない問題，答えなければならない質問などを体験することが極めて大切である。これらは全産業が直面している問題であり，ジレンマでもある。もし関連のある組織が，競合他社よりもより早く解決できるのであれば，その組織は生き残ることができるのである。

まず戦略的な問題を明確にし，その位置づけを行う。問題を調和させるためのプロセスを明確化し，共同のアクションプランを作成する。この最初のフェーズには，２つの固有な原理原則が存在する。第１に，それは介入することの

る。なぜならば参加者はジレンマを通して働かなければならないし，自分自身で解答を探さなければならないからだ。」

いったん，ジレンマアプローチの手法に慣れてしまうと，参加者は直面する実際の問題すぐに適用しようとしてその解を求める。次のフィードバックがこのことを良く表している。

「企業の中では，トレードオフと妥協を信じてスタートする。あなた方は，我々に広い世界では，シナジーが可能であると再三，述べていた。しかしながら，あなた方は我々自身のシナジーを指摘してこなかった。それらはどこにあるのか。どのようにして，見つけたらよいのか。我々には，経験から描ける具体的な事例が必要である。」

それではトレーナーが教えてきたことを実演してみよう！

我々は今ジレンマを描く立場にいる。ここで取り扱うジレンマは，企業内のジレンマではなくて（もちろん企業内に存在するが），我々と顧客間の関係性におけるジレンマである。

一方では	他方では
我々は逆説的な議論（その議論は小さい数に１を加えても小さい数であるという議論として知られている）の分類に使用される名前である「連鎖[訳注2)]」ジレンマを避ける必要がある。それは含まれる述語の適用範囲の外延の不明確さから生じる結果である。	
知識の世界	ビジネスの世界
強靭なフレームワークの探求	顧客は現実的な活用のためにそのフレームワークを効果的に活用できるか
我々はどのようにしてジレンマを顕在化させるためのプロセスと理論を，絶えず改善して精緻なものにできるか	ワークショップで提起される識見の具体的な活用と実行方法は何か

図表10－2　実践　対　理論

ワークショップが終わった後，参加者たちは図表10－2に示されたこのジレンマの最初の基軸に対してひどく傾いた自分自身に気づくのだった。

参加者はこの２つの基軸によって表現される文化空間（Culture Space）で２／８に位置して，実行より講義サイドにかなり傾いている。もちろん多くの研修の場合，どんな主題が与えられても，このような結果になることが多い。しかしながら，ここではこの挑戦を認識し，直面し，それについてあらかじめ準備していた。ある意味ではそこまでどう対応したらよいかを期待されている。あなたは何かについて話をする，そしてあなたの話が独り歩きを始める。しかし，ワークショップの応答者も参加者も次のフェーズにすぐに進んで自らを試してみようとするのであった。それを効果的に活用するために，彼らはトレーナーの助けを必要としていると感じた。１人のインタビューを受けた参加者がこう言っていた。

「重要なことは，障害やフラストレーションについて嘆くのではなくて，業績にプライドをもつために団結することである。この集団的プライドが生まれ

始めている。人々は『我々がそれをやったんだ！これがその方法だ』などといっている。しかし，我々はそこには未だ到達していない。我々に必要なことは，このシステムから抜け出して発展することである。それは自らの最も良い業績の事例を含めて，発展しなければならない。それは我々の社内の人々の仕事を通して，示されなければならない。」

量的要素および理論的根拠を満足させる

多くの組織システムは今日，数値をベースに成り立っている。そして，これらの数値がジレンマの内容に組み込まれない限り，組織システムは首尾一貫して単線的に進化していく。ただ単にそれぞれの側面をさらに引き伸ばしているにすぎないのである。数値は，システムが何であっても，そのシステムに客観性と業績指標を与えるために広く引用されているのである。

ここではある金融機関において，THTグループが相談を受けたケースを挙げてみたい。

「我々は数値に駆り立てられる傾向にある。そのために絶えず，その数値が何を表しているかについての多くの議論や論争が存在する。それはこれらの数値の重要性を軽減する働きがある。多分我々には，バランス・スコアカードのようなものが必要である。」

「数値が関連する分野以外のところに付加価値を与える人々は，彼らが受けるべき評価を受けていない。私は，個人的には，私が求めていない，あるいは期待していない分野においてさえ，評価に値する動きがあれば報いてきた。そのために，私はその数値を少しばかり操作してきた。私は質的な判断を下す権利をもっている。そしてこの権利をその数値のもつ恣意性を補うものとして活用しているのである。」

「その数値はすべて合算されると想定される。その結果として，私自身の業績評価は，私のところへ報告にくる人々の業績数値の合計である。私は説明責任をもっているし，それぞれの業績にもそれを求める。あなたは１つの数値

のもつ怖さに気づかなければならない。」

「私はトレーディング部門にいる。そして，ここでは非常に明確な二者択一の意思決定をしなければいけない状況にある。それらは白か黒である。間違ったボタンを押すと，たちどころに数百万の損失を出す。現在，即座に取り込むのか，取り返しのつかない状態になるのかの速い決断で大きな賭けに出て成功する人々は，問題の両側面をみて，その問題を調和する用意が十分にできていない。彼らは，一般的に，人々を大切にするマネジメント手法へ転換していくときに，多くの問題を抱えている。」

「我々のマネジメントシステムには，ある程度の質的配慮が挿入されているが，まったく数量的な内容になっている。しかし，私はこのことに満足はしていない。我々はある質的なものに対して，定量化が行われることは聞いたことがない。そして，もし質的要素が適切に定義づけられるならば，質的データを定質化する必要はない。あなた方は，数値とジレンマ理論を結びつけることができないのではないか。」

「我々の報酬制度は実際には機能していない。ボーナスの原資は数量的な業績には支払われず，顧客が学び，身につける必要性のある仕事の質的なものに対して支払われるのである。」

人々が著者グループに語ってくれていることを要約してみよう。コンフリクトを解決する数値は別にしても，実際には数値がコンフリクトを引き起こす。そして数値が物語っていること（実際には何も表現しないが）についての多くの議論がある。事前に予測されない方法でうまく機能している人々は，その業績を記録する方法がないことに気がつくのである。数値は極めて横暴であると人は感じていて，質的な判断をするためには，人々は「少しのごまかし」を行わなければならない。別のインタビューに応じた人々は，明確な数値にもかかわらず，人々は「*これらが実際に意味するものとは異なった解釈をして*」会議を後にすると語っている。

図表10－3　多面的な質 対 単面的な量

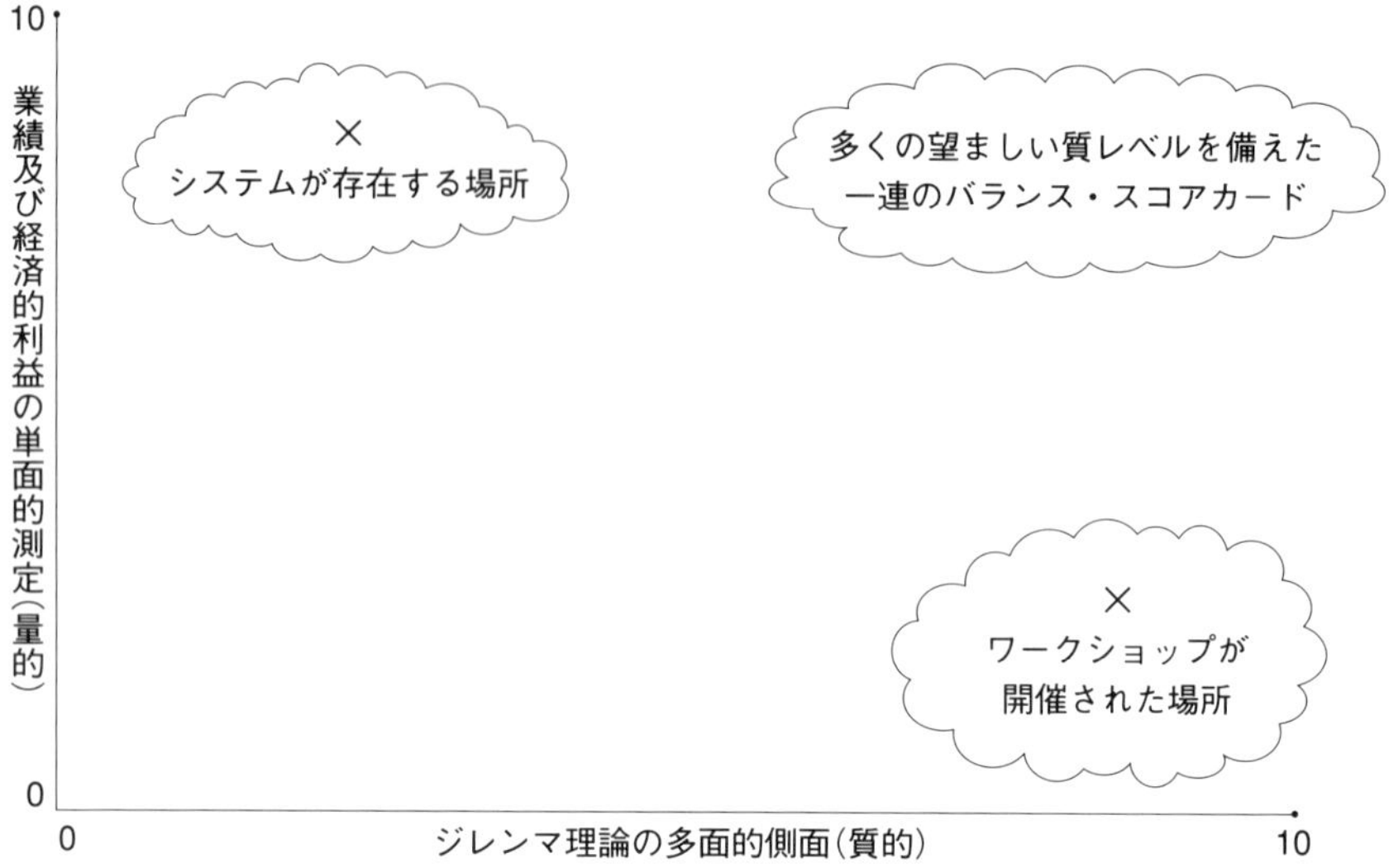

これらの解釈の違いは，共有する信念や協調して計画されたアクションの効力を薄めてしまう。それゆえに，数値は，その明瞭さや事実的な性質にもかかわらず，人々を動かして一体化させ，素早くかつ決意を持った行動には結びつけることはできないのである。これは，数値はいかに精緻であっても，企業の活動の一部分を描いているにすぎないからである。それ以上にジレンマ理論の多面的性格と現在の業績指標の単面的性格との間に，深刻な断絶が存在するのである。

そのジレンマは図表10－3に表示されているように考えることができる。

この顧客（金融機関）は，その企業全体の経済的価値を予測する業績評価システムと方法を採用することができた。その結果，これらは単純な物差しとして反映されるのではなくて，バランスの取れた目標を反映している。その目標間ではシナジー効果が発揮されて，丹念な調和がもたらされている。そのためには，ある特定の問題に目を向けなければならない。その解決策は単線型の評価指標のために妨げられているのである。

著者グループは，この顧客が次のハードル乗り越えるために多くの方法で手助けすることができると信じている。

「正しい判断」の確証と成功を説明する必要性としてのジレンマ理論

ジレンマ理論は「新しいものではない」，または，たとえ新しいとしても，その新規性は，我々が実際に問題について考える方法を説明する力にあることを何人かの人々は指摘している。

> *「失礼を承知で申し上げると，私は，すでにそのことを実行しているという意味で，あなた方が言っていることはまったく新しいこととは思わない。それは素晴らしくまとめられ，説明されている。そして，それは一般的に『良い判断』あるいは『本能』と呼ばれるものの蓋を取ったようなものである。しかし，長時間私が耳を傾ければ傾けるほど，このことを自分では実行してきたとますます感じる。私が今もっている印象は，私自身の意思決定を説明するのに非常に良い方法であるということだ。」*

著者グループは，ジレンマ理論そのものは常識に対する複合名であるという意見で一致している。しかしジレンマ理論はまた，ジレンマを改善する方法の１つでもある。この洞察の意味することは重要である。もし良い判断が実際にジレンマの調和の形態を取っているならば，そのときその顧客が，驚くほど成功を収めている場合にはどこでも，これらの調和を発見することができる。実際にジレンマ理論を活用することができるのは，ジレンマ達成の理由とその方法論を説明することにより，今までに成功した実践部分を組織内に根付かせることができるのである。

ジレンマは図表10－4に示されている。

図表10−4　能力のあるエグゼクティブの判断の遡及的説明

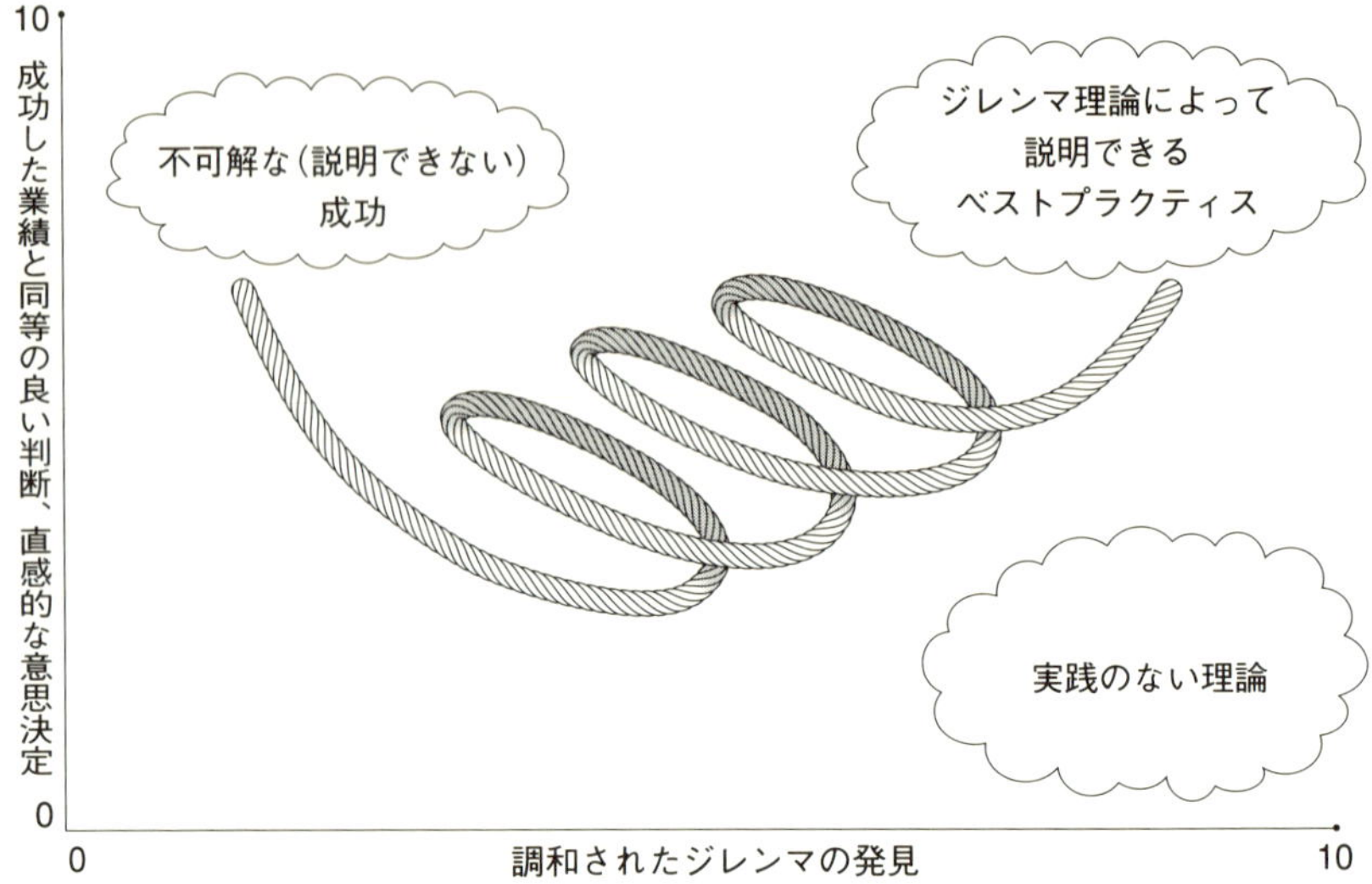

本能と良い判断の難点は，それらは実行されれば，それで消え去ってしまうことである。我々はその人をほめ続けてきたが，何が優れているのか，あるいは何を学び得ることができたのかなどは知らないままであった。これは，我々に「不可解な（説明できない）成功」（左上）を体験させている。調和されたジレンマに関する問題は，これらが実務的なビジネスの問題に関与するか，しないかの問題である。それらがビジネスの問題に関与しないのであれば，実践のない理論にすぎない（右下）。我々に必要なことは，ジレンマ理論によって説明されるベストプラクティスである。そこですべての人がこれから学ぶことができるのである（右上）。

機会から戦略：ベストプラクティスのジレンマ解決法を根付かせる

これまで，実際に実行，実施することがいかに重要であるかを見てきた。ジレンマ理論は，人々がそれを実行するまで組織内に根付かないであろう。多分人々は，絶えずそれを実行しようとしてきた。しかし，自らの意思決定の正確度や自らの好業績の道標を明確にすることができなかった。もしこれが事実だとすると，ベストプラクティスに対する適切な説明は，ジレンマ理論そのもの見事な宣伝や使命感にあふれたキャンペーンでスタートして，そしてあなたが築き上げた評判に依存して生きようとすることは，調和に関する現実の危険性が十分に強調されていないことを示す危険な状況である。

理想的には，リーダーたちによって合意された戦略マップとなるべきである。そのためには，リーダーをこれらの戦略のために教育するように，きちっと設計されたコンピテンシーマップが用意されるべきである。評価マップは監督者と監督される者との間の合意を記録することができる。コーチングマップは自己発見の各種の方法を計画的にたどるものである。リクルートマップは従業員の選考を支援するものであり，そしてバランス・スコアカードは企業を指導するものであり，人材，チーム，部門，それぞれの機能の進捗を測定できるのである。

これらの「マップ」は，印刷されたフォーム，ソフトウェア，オーバーヘッドプロジェクター，パワーポイント上で，繰り返し作成される。追求すべき価値観の選択は，あなたのものであり，あなた自身だけのものである。多様化と統合は，これらのマップ自身の構造の中に存在する（図表10－7を参照）。

統合できない調和が多く発生するとバベルの塔[訳注3)]をもたらす。調和のない見た目の良い統合は，白人の男性クラブのようなものである。我々が新しい統合（右上）を得られるのは，地球の各地からの多様な考えやライフスタイルを統合するときのみである。

チームは調和を発展させる上で非常に重要な役割を果たす。以前は極めて多様性のあった人々を非常に近接したチーム環境におくことは，親密度と調和を結びつけるものである。そのようなチームが問題を見抜くことにより，彼らがお互いに知り合いで，信頼関係が成り立っていることから，交渉の全体の構図をばらばらにすることを避けて，M&Aのプロセスに導くことができる。その結果，誰もはずかしめられないのである。チームのメンバーは彼らの出身の文化を代表して，意見と判断の文化による主要な違いを説明することができる。これは親しいメンバーで構成されるチームの能力で事前にテストされており，す

図表10—7　新しい統合

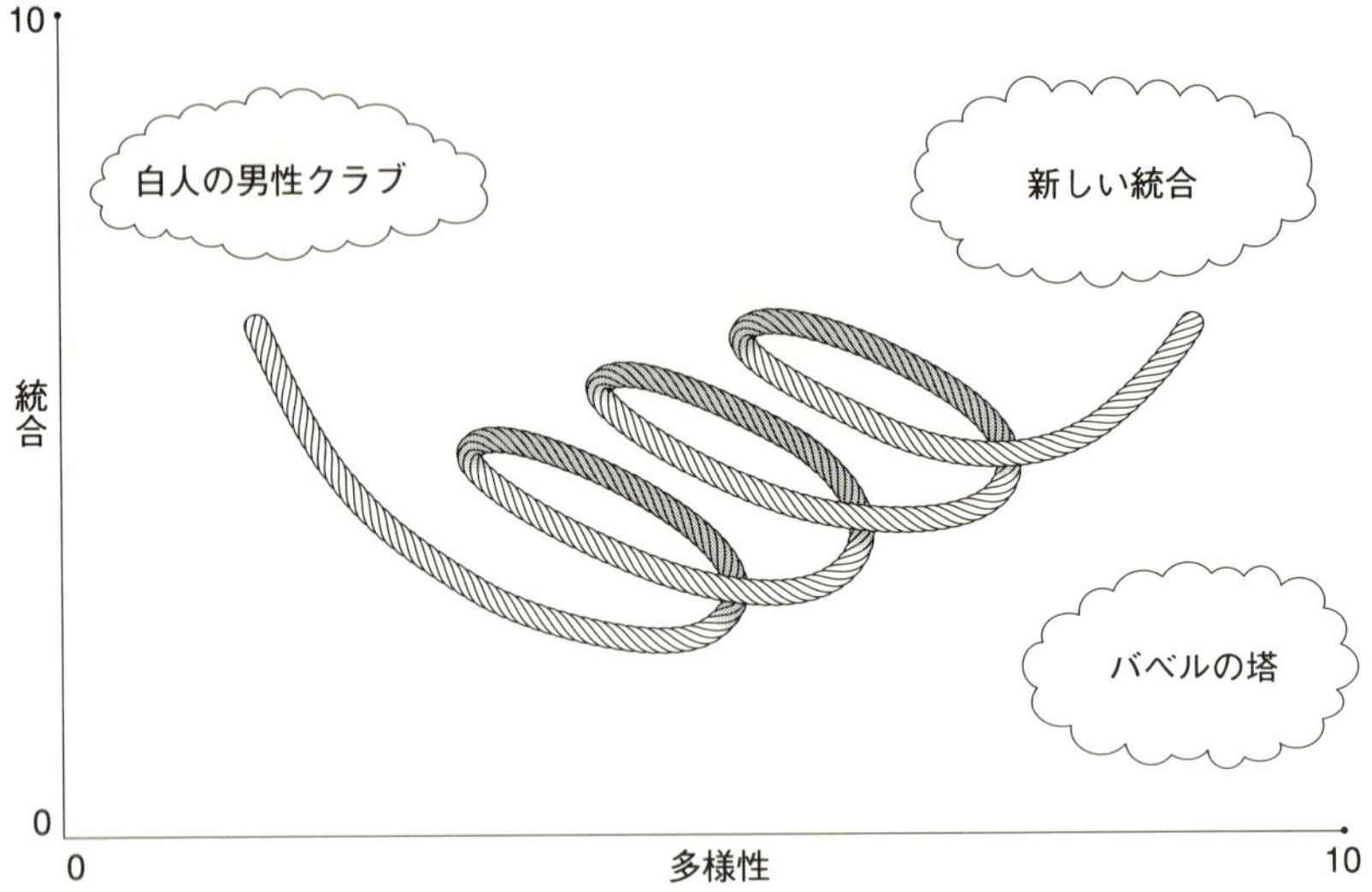

べての人に受け入れられる解決策を提供するものである。

チームは多くの種類の問題を調和することに貢献する。各種の問題の中には，組織周辺からの見解に対して組織の中心からの見解，ボトムアップに対してトップダウン，既存のルールに対して新しいアイデアなどの問題が存在する。もしチーム全体が新しい発展を擁護するならば，そのことは１人の創設者の声よりも多くの弾みや説得力を与える。個々の人は自信を持ち，やり遂げることができるのである。なぜなら，同僚たちが彼らに自信を与えてくれるからである。

チームを支援することはリーダーにとって重要なスキルである。彼らはチームに正式に権限委譲をして重要な問題を調べさせ，報告をさせることができるか。彼らは，金銭を浪費する次の２つの方法とは違ったやり方で対応できるであろうか。その１つは，チームは，リーダーが実行に移したいことや部下と共に育て上げてきたことを実現する場となるところである。２つ目は，チームがあまりに「創造的である」ために，チーム自身の依頼事項を変更して「最高」の計画を作り出すのだが，組織とその内容を共有していないために，全体的に実用的ではなくなってしまう場合である。

チームが実際にその問題とどのような解決策がなされなければならないのかを理解するために，チームにその要点を説明することは，非常に身につけにくい難しいスキルである。チームは真に自立しているが，チームに求められる職務内容に対してはすぐに対応しなければならない。これらの種類のスキルはワークショップにおいて学ぶものでなければならない。

調和する組織の創造における人事の役割

著者グループはジレンマ解決のための発展プロセスを組織の中心に根付かせるいくつかの方法を提示するように求められることが多い。その結果，従業員の評価，リクルート，福利厚生，メンターやコーチング，ナリッジ・マネジメントと業績記録などの内部のシステムが，すべて相互に一貫性を持つようになるのである。

このことに対する理由は良く知られている。企業内におけるすべてのプロセスには，たとえそれが暗黙知や当然と思われていることでさえ，そこにはベースとなる合理性が存在する。既存のルール，組織構造，組織手順を維持している組織の中に新しい思考方法を取り入れると，新しい論理が拒絶される可能性がある。それは大抵それが間違っているからではなくて，それが異なっているからである。そのような拒絶のプロセスは他人からの皮膚組織細胞の移植を拒絶する肉体と類似しているのである。

もしあなたが組織移植を希望するならば，それは既存の組織と適合するものでなければならない。主要な変更点は新しい論理と合致するシステムに合わせて作らなければならない。その結果，これらのシステムは新しい論理を取り扱いやすくて一貫性のあるものとして認知するのである。ある細部の末端の組織に限定することによって，新しい論理を組織内で隔離させて封じ込めることは，終わりの始まりである。新しい論理は，大抵大組織によって理解されないことから消滅していくのである。

人事革新の正当性

従業員自身の能力の限界の結果に対して尊敬が示される，研究開発，IT，財務などの高度な専門分野部門と異なり，人事部門は人間なら誰しも実施しなければならないこと，すなわち他人との関連性をつけることを専門としている。ほとんどの人々は，実際にはそうであっても，自分自身がその分野で専門家であるとは考えないために，人事部門は，我々の多くが常識としてみなしているプロセスに関して，特殊な専門性を発揮しなければならない奇妙なポジションに位置している。

人はすべて生活の中で，良い関係も悪い関係も保持している。しかし，これらの関係性は，一方の関係者が両者の共有するものに対して，特別な専門性を発揮したところで，必ずしも改善されない。１人の人間が別の人間に対してどのようにしたらうまくコミュニケーションができるかを説明することではなく，お互いが調整しあうことで，関係は改善される。その結果，人間の状態に関する重要な新しい見解を人事部門が主張することは，懐疑的に扱われる可能性があり，一方で，新しいソフトウェアを活用した説明はより大きな信頼を勝ち取る可能性がある。

このことのすべては，人事部門が成功裏に革新できない事を意味しているわけではない。しかし，それは注意すべき警告の根拠となり，また，企業の有効性を高めることなどで，実績のあるリーダーやその関係者をサポートする根拠にもなり得るのである。

それでは，我々は人事部門を本当に必要とするのか。著者グループは，必要だと考える。なぜならば企業はあまりにも巨大であるため，すべての人は本能的に行動することができないし，こういった行動は説明されることも，測定されることも，評価されることもないのである。誰もがファーストネームで呼ばれるような立ち上がったばかりの会社であれば自由に振舞うことは可能であろう。しかし，大企業では不可能である。著者グループはジレンマ理論を，確かな基本原則として，人間の判断の代わりとして取り扱うことを勧めない。むしろ，これらの判断の導入を導き，テストし，記録し，理解する方法として，すなわち共有される意思決定のフレームワークとして取り扱うことを勧める。

図表10—8　ワークショップのグループ間と内の交流

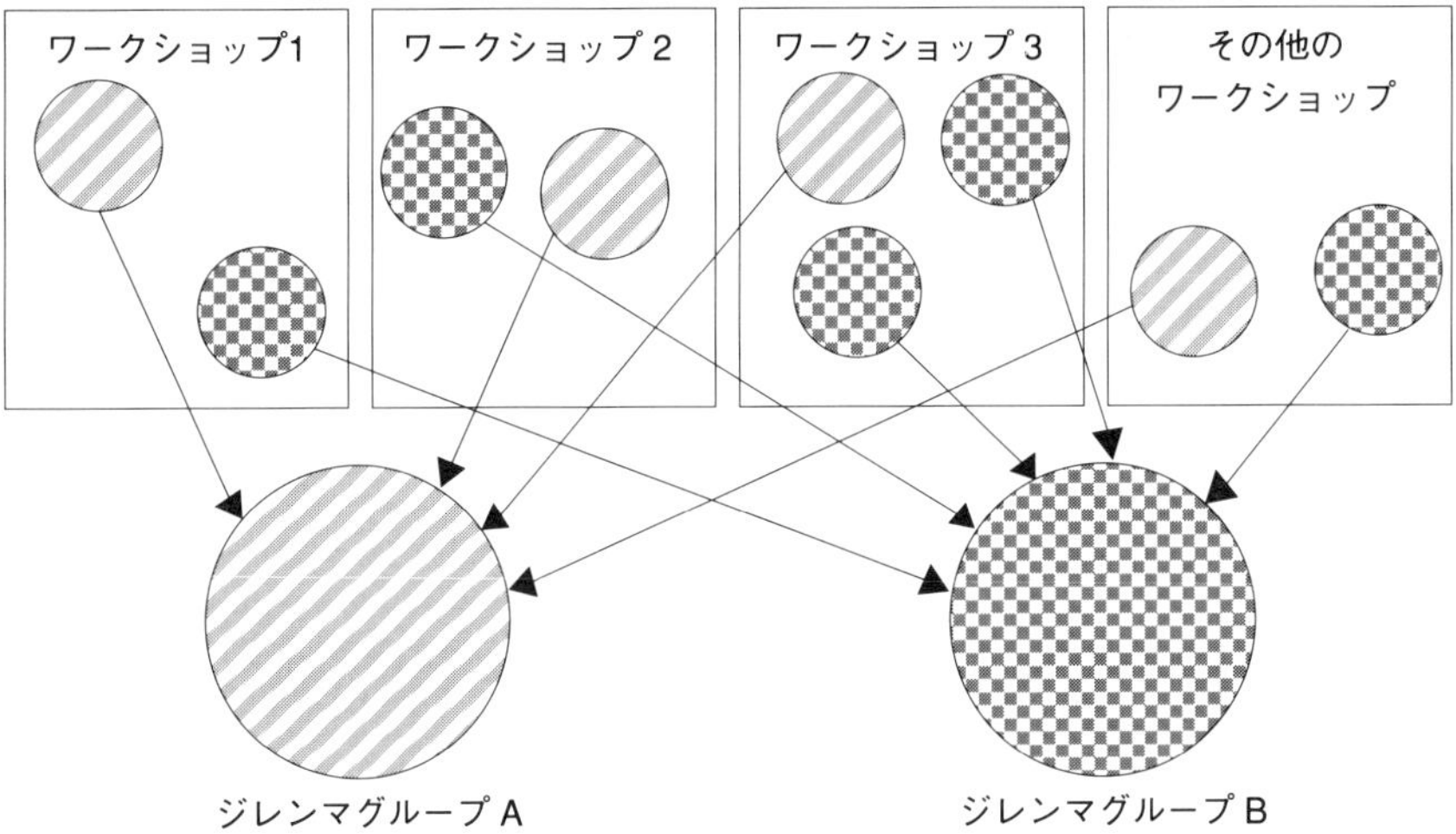

さらに次の段階を実施させるために，以下のようなイラストマップを作成することである。

・戦略を描くマップ
・文化の変化のマップ
・多様性を管理するマップ
・異文化能力を測定するマップ
・リーダーシップ開発のためのマップ

組織が何を必要としているかが明確であればあるほど，組織が求めるマップのリストがより明確になる。そして組織が直面するジレンマを明確にすることができるのである。

ジレンマ調和を自ら実現できる組織を開発する

何らかのコンサルティングが完了して，THTグループが組織を去る際にはお互いに各種のジレンマについての考え方を顧客企業との間に共有化しているのが大切である。しかしながら，正式なコンサルティングが完了した後，THTグループのサポートを活かすために，我々は，WebベースのThroughWise™システムを開発した。これは，一連のワークショップの後で，参加者が親密な対話の部分を継続する方法を提供するために開発されたのだが，それは同じワーク

図表10−9　ワークショップからの学習は継続して応用される

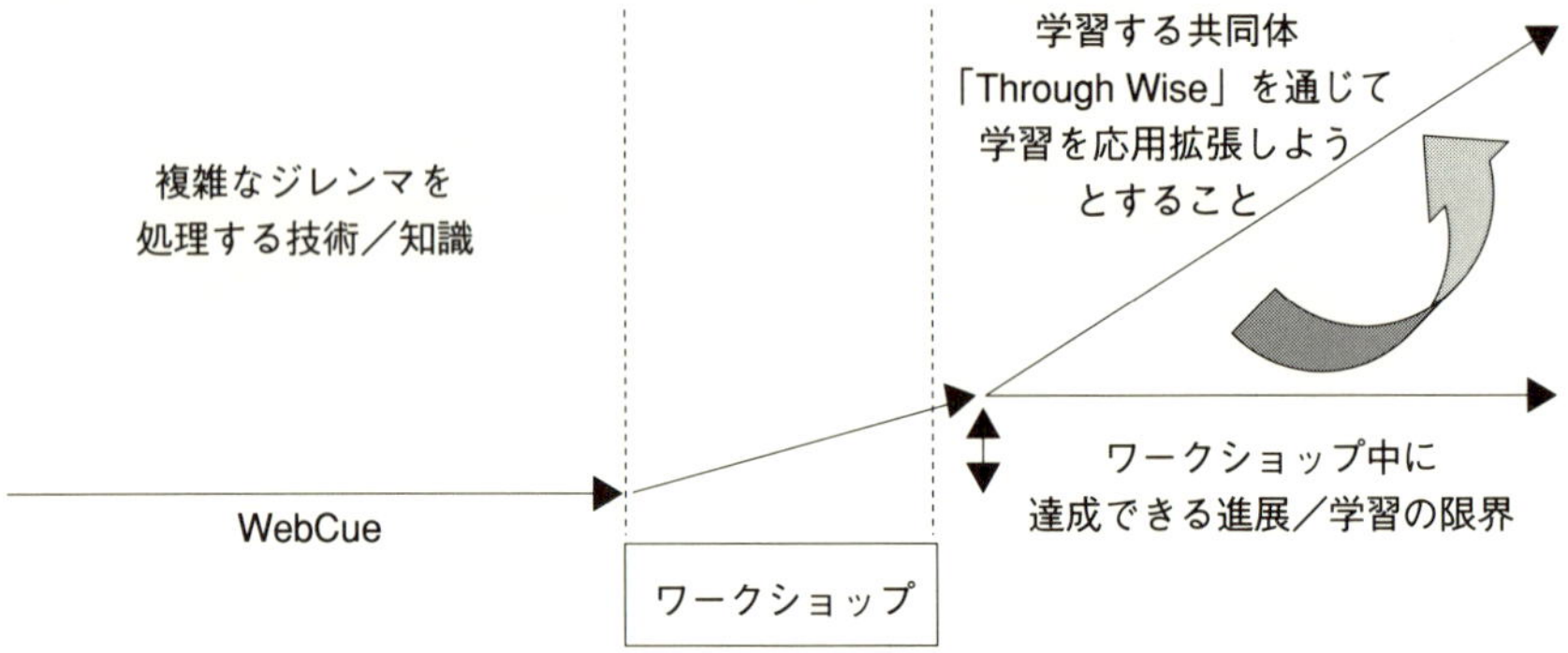

ショップの参加者だけではなく，別のワークショップの他の参加者とも互いに交流する手段として大いに役に立っている（図表10−8参照）。

すでに示してきたように，ビジネスの実践を変革し，向上させるジレンマ調和の方法論を適用する実際のメリットは，参加者がそのワークショップの期間を終えて，彼らのビジネスユニットに戻ったときに現実的に活用されることにある。その学習をさらに有益にするために，ThroughWise™のソフトウェア技術は，共通のジレンマに関心のある参加者間にネットワークを提供している（図表10−9参照）。

ThroughWise™は，ある特定の顧客に対して，ジレンマの明確化，把握，構造化を手助けする多くのツールを提供する非公開のネットワークである。そしてそれにより，ジレンマの要素を分類することが可能となり，顧客の調和に対する行動提案項目を明確にしている。その結果，調和は，グループのメンバー間で，発展し，共有され，交換し合うのである。

このような，アプローチはなるべく早い時点で学習グループをスタートさせることである。まず著者グループは，ジレンマのデータベースを，最近のワークショップで使用されたジレンマ調和の実践に関するアウトプットに組み込む。

まず，ThroughWise™ネットワークにおけるそれぞれのサブ・グループのメンバーを参加させることから開始する。このプロセスはWebCue™に対する方法と同様に機能するが自動化されている。それ以外のサブ・グループもまた，彼らが直面し，興味を持っているジレンマの範囲を発展させることをモニタリングすることもできるのである。

いったんThroughWise™によるWebベースの学習グループの器が用意されると，双方向の議論討議会が組織化され，そこでは，ジレンマの形式化や調和と共に，継続的にコメントを得ることができるようになる。参加者は，ジレンマ調和の実行段階のステップに対して，コメントしたり戦略に関与することができ，そしてその進歩，障害，成功を報告することができるのである。彼らはまた，すべての議論やコメントを，構造化されたツリーと検索機能を通して見ることができる。彼らは自分が希望すれば，フォーラムで投げかけた質問に対して，他の参加者からのe-mailによるコメントを自動的に手にすることもできる。

特に初期段階において，ThroughWise™システムが，熱心なThroughWise™のファシリテーターによってサポートされることが，このタイプの学習グループの成功には不可欠である。トップのリーダーたちに競争的な要求が付加される場合に，Webのコミュニケーション技術を活用することをベースにして，それだけに依存した形で解決策を提示するだけでは不十分なのである。そのために著者グループは，２人のファシリテーターが（１人は顧客側から，１人はコンサルティング側から）この重要な役割を一緒に果たすことを提案している。

ファシリテーターには次のような責任が求められている。

・特に初期の段階では，学習グループを率先して発展させるように指導する。それにより全体のプロジェクトの「推進者」として機能する
・一連の新しいジレンマをとらえて形式化することにより，学習グループの早期の立ち上げが可能なように，種まきをする。特に以前のセッションで明確にされたジレンマを活用して，それらを他の顧客の文書やレポートに結びつけられるようにする
・共通の関心（ジレンマ）をベースにした学習グループにおけるサブ・グループのメンバーを組織化し，そのプロセスそのものに参加させて活動させる

【サ行】

【タ行】

【ナ行】

【監訳者紹介】

古屋　紀人（ふるや　のりひと）

山梨県出身　筑波大学大学院博士後期課程，ビジネス科学研究科企業科学専攻修了（経営学博士）。日本航空(株)において，アメリカ，イギリス，クウェート，バハレーンで，海外駐在員を経験してグローバルビジネスに携わる。　JAL アカデミー(株)取締役副社長に就任後，4か国合弁のグローバル組織人事のシンクタンクIGBネットワーク(株)（グローバル組織人材開発研究所）を設立して，現在，代表取締役社長，また米国ミズーリ大学セントルイスの客員教授，国際アドバイサリーボードメンバー，Kozai Group 日本代表，THT のエグゼクティブ・コンサルティングも兼務している。専門分野は「グローバルダイバーシティマネジメント」「グローバルリーダー開発」「グローバルコンピテンシー開発」などである。著書としては「異文化間のビジネス戦略」（白桃書房），現代会計「日本企業の経営組織人事の課題」（創成社），「入門ビジネスリーダーシップ－12章グローバルコンピテンシー醸成のメカニズム」（日本評論社）などがある。その他研究論文多数。

【翻訳協力者】

木下　瑞穂（きのした　みずほ）

静岡県出身　筑波大学院経営・政策科学研究科修士課程修了（経営学修士）。一橋大学社会学部を卒業後，日本電気(株)に入社，財団法人　日本国際協力センターを経て，現在は，（株）日本国際教育センターに勤務している。専門分野は「人的資源管理」，「リーダーシップ開発」，「異文化間コミュニケーション」，関連著書としては「異文化間のビジネス戦略」（白桃書房）がある。

■ 異文化間《いぶんかかん》のビジネス戦略《せんりゃく》―多様性《たようせい》のビジネスマネジメント―
Business Across Cultures

■ 発行日――2005年10月26日　初 版 発 行　〈検印省略〉
2013年 9 月26日　初版 2 刷発行

■ 監訳者――古屋《ふるや》　紀人《のりひと》

■ 発行者――大矢栄一郎

■ 発行所――株式会社 白桃書房《はくとうしょぼう》
〒 101-0021　東京都千代田区外神田 5-1-15
☎ 03-3836-4781　Ⓕ 03-3836-9370　振替 00100-4-20192
http://www.hakutou.co.jp/

■ 印刷・製本――藤原印刷

©Norihito Huruya 2005 Printed in Japan ISBN978-4-561-23421-0 C3334

JCOPY 〈㈳出版者著作権管理機構 委託出版物〉
本書の無断複写は著作権法上での例外を除き禁じられています。複写される場合は，そのつど事前に，㈳出版者著作権管理機構（電話 03-3513-6969，FAX 03-3513-6979，e-mail: info@jcopy.or.jp）の許諾を得てください。
落丁本・乱丁本はおとりかえいたします。

自然的撹乱・人為的インパクトと河川生態系

小倉紀雄・山本晃一 編著

技報堂出版

はじめに

河川およびその周辺域は，流水および流送土砂により侵食・堆積等の攪乱を受ける場所である．このような攪乱の形態と規模および頻度は，河川およびその周辺域に生息する動物・植物等の生態系の構造と変動を規定しており，河川生態系の特徴となっている．

平成９年に『河川法』が改正され，河川管理の目的に治水・利水に加えて河川環境が加えられ，特異的な場である河川生態系の保全・復元が大きな事業目的となっている．しかし，河川生態系の構造と変動の形態については十分な調査研究が行われておらず，河川生態系に影響を与える諸因子間の相互作用について体系的な知見が得られていない．また，流域の開発や河川構造物の建設・操作による攪乱要因の変化という人為的インパクトが河川生態系へどのような影響を与えていくかについても明確にされていない．

編著者らは平成 12 年度より約２年間にわたり，財団法人河川環境管理財団による河川整備基金事業として実施された「自然的攪乱・人為的インパクトと河川生態系の関係」に関する研究会において，以上の課題に答えるため　河川工学・生態学・地球化学等の様々な視点から研究を行ってきた．そこでは河川が本来持つ自然的攪乱と河川流域における人間活動に基づく人為的インパクトが河川生態系の構造と変動形態に与える影響に関する調査研究のレビューを行い，諸因子間の相互関連性を明らかにするとともに具体的な事例研究を行い　河川生態系に関する知見の増大を図った．さらに今後の河川管理に役立たせることを目的に検討を重ねた．これらの成果は，平成 14 年 11 月に河川整備基金事業報告書として報告されたが，２年という研究期間では成果の取りまとめが十分とはいえず，さらに検討を加え，この成果を広く普及させることが必要と考えた．

本書は，出版のために編集委員会を発足させ，既報告書を基に構成を再検討し，研究会メンバー８名が平易に執筆したものである．

本書は，９章から構成されている．１章では本書の目的と範囲および河川生態系と自然的攪乱・人為的インパクトの概要をまとめてある．２章では地球温暖化や酸性雨等の地球規模の環境変化が河川生態系へ及ぼす影響，３章では河川流量の自然変動や流送物質の動態と人為的インパクトの影響，４章では生態系基盤としての河川地形に及ぼす自然的攪乱・人為的インパクトとその応答について述べている．５章では河川における自然的攪乱・人為的インパクトに対する河原植物の反応，６章では河川水質と基礎生産者の応答，７章では底生生物の応答特性，８章では魚類の生活に影響を与える人為的インパクトと自然的攪乱について述べている．９章では自然的攪乱・人為的インパクトの観点から見た河川生態系の保全・復元の方向と今後の課題について述べている．

本書が河川生態学，河川環境学，応用生態学，河川工学等を学び，また河川の現場で実際に調査研究されている多くの方々に参考になることを期待したい．

本書の出版にあたり，研究会での討議に参加され，有意義なコメントをいただいた財団法人河川環境管理財団研究顧問の吉川秀夫氏および研究会の運営にご尽力された同財団の高橋晃氏に厚く感謝いたします．また，出版に際してお世話していただいた技報堂出版編集部の小巻慎氏にお礼申し上げます．

平成 17 年 4 月

編著者代表　小 倉　紀 雄

名　簿(2005年1月現在，五十音順，太字は執筆箇所)

編　者　小《お》倉《ぐら》　紀《のり》雄《お》［東京農工大学名誉教授］
　　　　　山《やま》本《もと》　晃《こう》一《いち》［財団法人河川環境管理財団］

執筆者　小倉　紀雄［前出　**はじめに，2.**］
　　　　　加《か》賀《が》谷《や》　隆《たかし》［東京大学大学院農学生命科学研究科　**7.**］
　　　　　清《し》水《みず》　義《よし》彦《ひこ》［群馬大学工学部建設工学科　**5.7，5.8**］
　　　　　白《しら》川《かわ》　直《なお》樹《き》［筑波大学機能工学系　**3.1，3.2，3.3.2〜3.3.4**］
　　　　　野《の》崎《ざき》　健《けん》太《た》郎《ろう》［椙山女学園大学人間関係学部　**6.**］
　　　　　星《ほし》野《の》　義《よし》延《のぶ》［東京京農工大学農学部地域生態システム学科　**5.1〜5.6**］
　　　　　森《もり》　誠《せい》一《いち》［岐阜経済大学生物学教室　**8.，9.3.3，9.3.4**］
　　　　　山本　晃一［前出　**1.，3.3.1，4.，9.1，9.2，9.3.1，9.3.2，9.4**］

事務局　高《たか》橋《はし》　晃《あきら》［財団法人河川環境管理財団］

1. 序　論

（山本晃一）

1.1　本書の目的と範囲

河川およびその周辺域は，流水および流送土砂によって侵食堆積等の攪乱を受ける特異な場所である．この攪乱の形態と規模および頻度が河川およびその周辺域に生息する植物・動物等の生態系の構造と変動を規定している．これが河川生態系を特異なものとし，生物多様性の根拠となっている．変動こそが河川の自然状態なのである．

平成9年の『河川法』改正により，河川管理の目的に治水・利水に加えて河川環境が加えられ，この特異な場所である生態系の保全・復元が大きな事業目的となってきている．しかしながら，河川生態系の構造と変動形態については十分な研究調査がなされておらず，また既存の知見も各学問領域の方法と情報編集方式によるため，河川生態系に影響を与える諸要因間の相互作用について体系的な記述がなされているとはいえない．また，流域の開発や河川構造物の建設・操作による攪乱要因の変化という人為的インパクトが河川生態系にどのような影響を与えているかについても明確にされていない．

本書は，河川本来が持つ自然的攪乱と河川流域の人間活動による人為的インパクトが河川生態系の構造と変動形態に与える影響に関する知見の集約を行い，諸要因間の相互関連性をできるだけ明らかにし，河川と人間の関係の再構築（技術的実践）の一助とするものである．

本書で対象とする事象として考える時間スケールは，100年スケールの変動を伴うものを含むが，重点は 20 年スケール以下のものである．人為的インパクトとして検討する事項は，主に戦後 50 年に生起したものである．なお，検討の対象とする河川生態系は，主に日本のものとする．汽水域については取り扱わない．

1. 2　河川生態系における自然的攪乱・人為的インパクト

1. 2. 1　自然的攪乱と人為的インパクト

グライム［Grime（1977）］は，植物の生活史の進化を支配した重要な淘汰圧は，

① 競争（competition）：資源をめぐる競争，

② 物理的ストレス（stress）：植物の光合成・物質生産を抑制するような物理的制限，

③ 攪乱（disturbance）：植物体の一部または全体を破壊するような外力，

の 3 つとした［鷲谷（1996）］．

河川生態系を構成する動物においても同様であるとすると，進化史の現時間断面である現世河川生態系での自然攪乱としては，流水量の増減（洪水，渇水）およびそれに伴う土砂移動という要素があげられる．流水量・土砂量の増減による生態系生育基盤の破壊という攪乱は，攪乱された場のみならず，周辺に対してストレスとなり，河川周辺生物の生活史の進化要因ともなる．進化という長い時間スケールの現象のみならず，生物相を取り巻く短い時間（20 年スケール以下）での環境の変化に対する生物相の時空間的な変化（応答）においても，「競争」，「物理的ストレス」，「攪乱」の概念は有効である．

玉井（2000）は，攪乱を「攪乱とは，生物の生息域の条件を不連続に変えてしまう外的な出来事およびその変化した結果」としている．ここでは生物そのものでなく，生物の生息域（棲息場所）の不連続を生じさせる出来事とその応答結果を攪乱としている．攪乱の概念に時間概念を含む「その結果」を含めるのは，変化というプロセスをも攪乱とするもので生態系の変動特性を研究対象という立場からは，攪乱の定義を出来事にとどめておきたい．本書では，「動物の棲み場所あるいは植物の生育場所を不連続に変えてしまう時間的に短い物理的・化学的作用」とする．そこでは，

生物自身および生物の相互作用が棲み場所・生育場所を改変する事象は含めない．なお，「短い」の定義はかなり漠然としたものであり，「変化したその結果」に応じて設定せざるを得ないが，洪水が河川生態系にとって最も生起頻度の高い攪乱であるので，イメージとして時間から週の時間スケールとなろう．また，検討の対象としている対象および空間の大きさ(スケール)により，認知される「攪乱」の量と質は異なる．例えば，動物・植物種ごとに攪乱として認知される攪乱限界外力は，異なるのである．

本書においては，生物相を変化させる短時間の出来事(外力)のみならず，1月から10年スケールのストレスの蓄積(積分)により生物相が変化する現象も検討対象とする．すなわち，本書ではグライムのいうストレスも含めて記述を行う．本書での自然的攪乱という言葉には，ストレスとディスターバンスを含むものとして記述されるが，区分けして記載する必要がある場合は，適宜ストレスとディスターバンスという言葉を用いることとする．

本書では，自然的攪乱として流量の変動(流水量の変動を媒介とした土砂・水質の変動を含む)のみを取り上げる．自然的としたのは，日本の河川では純粋の自然の攪乱はありえず，何らかの人為的影響を受けているからである．河川は，その性質から流量変動があり，それが河川生態系の特異性と個性を形付けている．

植物生態学では，チュウセン[Tüxen(1956)]によって潜在自然植生という概念が提唱されている．潜在自然植生とは，ある一定の地域に存在していた自然植生が，人為的影響のもとに置き換えられて存続する様々な代償植生によって構成されている状態において，人為的影響を一切停止した場合にそれぞれの植生域が支えられる潜在的な能力を理論的に推定し，それを自然植生で表現したものと定義している[奥田(2000)]．洪水による攪乱現象を含む場で生じると考えられる理念型の植生であり，攪乱というイベントの累積積分を時間平均値化した状態量としてイメージされている．すなわち，河川生態系は攪乱を伴う動的な平衡系(年変動および中規模洪水という自然攪乱による変動を平均化したもの，恒常機構を持つシステム)として捉えられている．

個々の時間断面をとれば，河川生態系は，時間断面ごとに差異があり，2度と同じパターンはないが，河川生態系を技術的対象とするには，ある時間平均化した生態系(自然攪乱現象，生活史・季節的周期変動を含む平衡系)のイメージを必要とし，それをベンチマーク(理念的雛型)とし現実にある河川生態系(攪乱にさらされた系)との差異を撹乱因子が生態系を規定する諸要因間の関係の中で及ぼす影響程度として(人為的インパクトに対する生態系の応答特性として)分析せざるを得ない．このような研究により理念的雛型分類体系の高度化，分析・統合理論の高度化，知見の拡大がなされていく．しかしながら，河川生態系の各構成要素についての自然的撹乱を抱合した理念的雛型の情報編集が十分に進んでいるとはいえず，この編集業務から始めなければならないものがほとんどである．まずは河川生態系の構成要素ごとに図鑑的情報編集による雛型モデルの作成が必要なのである．

ところで，大規模撹乱により河川生態系がカタトロスフィックに変わり，動的平衡系(理念的雛型)が崩壊してしまうこと(回復安定性の破壊)がある．撹乱規模として，動的平衡系を特徴付ける定常撹乱(中規模撹乱)とカタトロスフィックな変化を伴う大規模撹乱を分けて考えていく必要があろう．例えば，火山噴火活動，山地崩壊を伴う大規模洪水[山地崩壊により土砂供給量が急増し，死んだ川(河床表面の材料がアーマ化あるいはベッドロック露出)から生きた川(細粒物質の増加による河床変化の活性化)への変化]等である．本書では，火山活動，地震等の大規模撹乱は取り上げないが，100 年確率洪水規模以上の大洪水が河川生態系にカタトロスフィックな変化を与えるかについては検討の対象とする．なお，より広い空間スケールおよび長時間スケールから見れば，狭い空間および短い時間スケールでのカタトロスフィックの事象は，単なるエピソードにしかすぎず，動的平衡系に組み込まれてしまう．すなわち，検討の対象としている空間と時間のスケールによりカタトロスフィックの意味・内容は変わるものである．

日本の河川において本来の意味での自然撹乱はもう存在しない．自然撹乱とみなされているのは，人間の手垢のついた擬似自然撹乱でしかない．河川生態系へ影響を及ぼす人間の行為とその結果を以下では人為的インパクトと言おう．この場合，**図-1.1** に例示したように，人為的インパクトとしては，自然撹乱に影響を与え擬似自然撹乱としてしまう，河川生態系に対して媒介的な作用を及ぼす要因(例えば，森林の伐採)と河川生態系に直接的に作用する要因(例えば，河床掘削)の 2 つに区分し得る．ただし，直接的に作用する要因も時間の経過により媒介的な作用を及ぼす要因に変わるので，実際にはきれいに二分し得るものではない．

したがって，人為的インパクトを考える場合には，ストレスとディスターバンスを含む概念規定が必要である．社会が求めているのは，河道整正，河川構造物の建設などの人為的インパクトが河川生態系に及ぼす短期的・直接的影響のみならず，時間的経過の中で河道の変化として現れる現象(ストレスとなる)が河川生態系にどのような変化を与えるかであり，また河川流域における土地利用の変化が河川生態系に及ぼす変化や地球環境の変化が河川生態系にどのような変化をもたらすかである．工業化社会以前では，流域改変速度はゆっくりとしたものであり，河川生態系はこの変化に動的に追従しながら変わり，人為的インパクトとして意識(認知)化されなかったが，現代では河川生態系が流域環境，地球環境の変化に追随できず，人為的インパクトとして意識化し，それに対処せざるを得ず，それゆえ学問として研究調査していくことが要請されている．人為的インパクトが長時間のストレスとなり，それが生態系に及ぼす影響を問題とせざるを得ないのである．

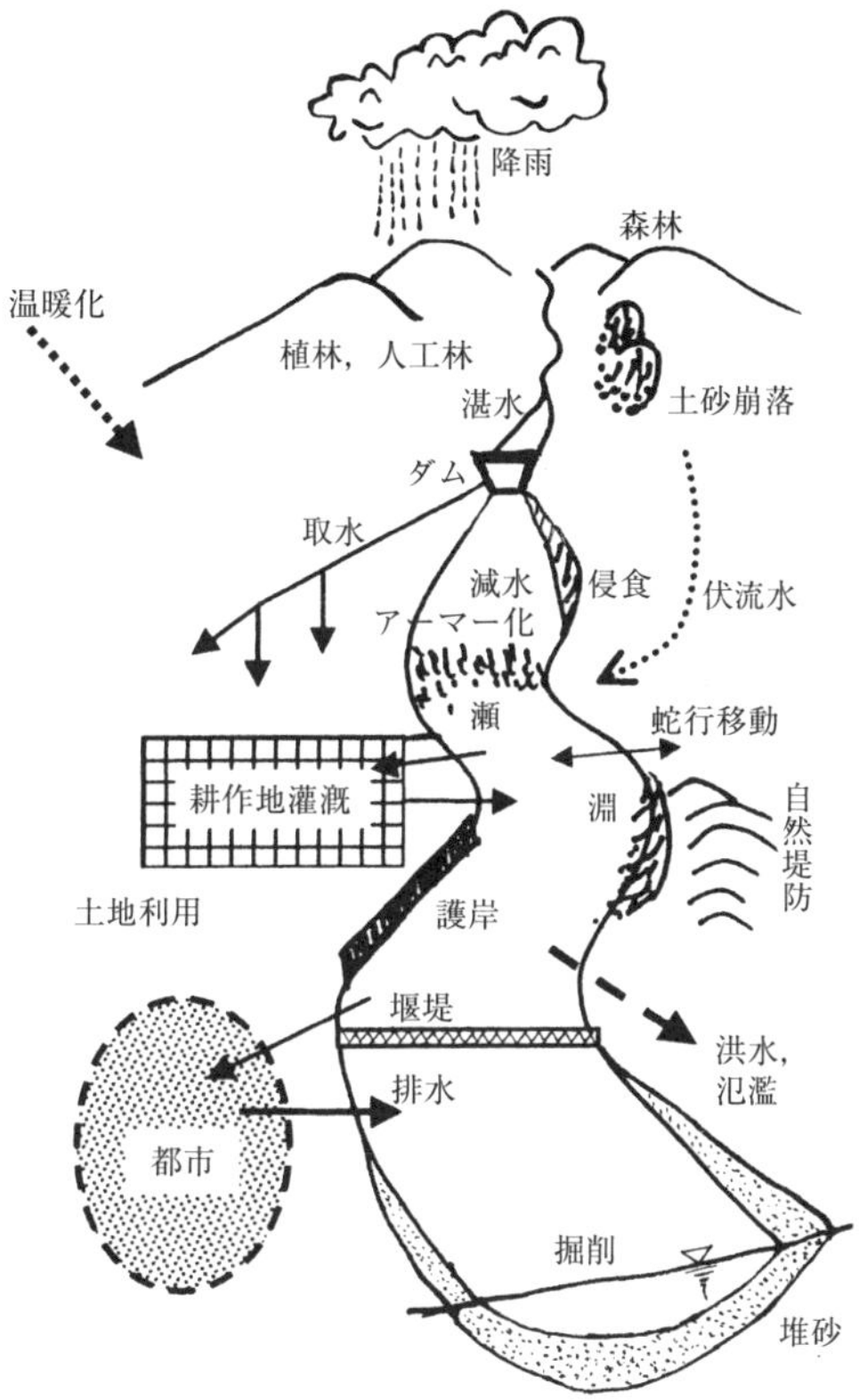

図-1.1 河川域における人為的インパクト

次に，河川生態系にとっての主要自然的攪乱要因と人為的インパクト要因について整理する．

自然的攪乱要因としては，洪水，土砂流，山崩れ，異常渇水，火山噴火，寒冷，山火事等が考えられる．なお，上述した自然とみなされている攪乱要因は，現在においては人為的インパクト要因によって改変されているが，ここでは自然攪乱要因の方が人為的インパクト要因より相対的に大きな負荷を生態系に与えるものとしておく．

人為的インパクト要因としては，貯留，引水，排水，堰，護岸・水制，植生管理，流域開発と土地利用変化，地下水利用，化学物質(肥料，農薬等)の流入，外来種の導入・進入，地球環境変化，等があげられる．これらは最終的に流量(水位)，流砂量，水質(水温，栄養塩，溶解性物質)として現れる．

本書では，自然的攪乱としては，降雨現象に伴う流量変化(位況変化)，土砂流(それに伴う地形変化)および水質(水温，栄養塩等)を取り上げ，それが河川生態系にとって本来的・本質的なものであり，多様性，特異性の源泉であるとの前提のうえで，攪乱と河川生態系構成要素間の相互応答について記述する．

人為的インパクトについては，地球環境変化，流域土地利用変化，河川工事(ダム，堰，護岸・水制，河道整正)に伴う流況・地形・地被状況改変，水質汚染を取り上げ，それが自然攪乱による動的平衡状態に対してどの程度の差異を生み出すかについて，人為的インパクト要因ごとに量的・質的に記述する．

1.2.2　河川生態系の構成要素と空間・時間スケール

現存する河川生態系は，以下に示す物理・化学系，生物系，人間系という３つの系の統合体とみなされる．

① 物理・化学系：境界としての地形，流量(水位)，粒径集団別土砂量，栄養塩量(窒素，リン，炭素，その他)，エネルギー(光，熱等)．

② 生物系：植生，陸生動物，水生生物(魚，昆虫等)，微生物(付着藻類・動物プランクトン・植物プランクトン，細菌等)．

③ 人間系：河川流域における意識的および無意識的生産・消費活動(物理・化学系，生物系への働きかけ)とその生産・消費物．

３つの系は，独立系ではなく相互依存系であるが，生物系は，外的攪乱による影響が大きく，他の２つの系に対する従属的性格が強い．なお，本書では，人間系と他の２つの系の相互作用については，研究対象(流域開発史，河川技術史)とせず，人間系は，物理・化学系および生物系にとってインパクト要因として位置付ける．

自然的攪乱・人為的インパクトという外乱が河川生態系に変化として現れる時間・空間スケールには，種々のものがある．空間スケールが異なれば，その現象の表現様式(認識のための概念枠)と時間単位は異なるものである．空間をスケールの異なる階層構造からなるものとし，その階層ごとに，また同一階層における生物分類ごとに自然的攪乱と人為的インパクトに対する応答特性を記載整理していくと種々の情報の見通しが良くなり，生態系構成要素とそれを変化させる自然的攪乱・人為的インパクト要因との関係がわかりやすくなる．

本書では，河川生態系空間を**図-1.2**の地形スケールに見るように流域スケール，大セグメントスケール(4.2.1参照)，リーチスケール(砂州長，蛇行波長スケール)，水深スケール(砂堆，反砂堆．4.5.1参照)，礫径スケール(巨石，礫)，砂径スケールの6階層程度の空間階層性を持つものとする(地形概念にはなじみにくいが，有機物の分解に関わる細菌類まで河川生態系を認識する枠組みに入れれば，シルトスケールを空間階層に加える必要があろう)．なお，河川生態系を構成する要素ごとに空間スケールのターミノロジーは異なっている．魚類生態学では，セグメント相当の上・中・下流，瀬・淵構造スケールのリーチが，昆虫生態学では，これの加えて礫径スケールが空間階層性として捉えられることが多い．桜井(1995)は，生物の棲み場所の観点から，海や他流域を含む流域を越えたスケール(渡り鳥，回遊魚等を対象)であるビオトープネットワーク，流域スケールである大生息場所(ビオトー

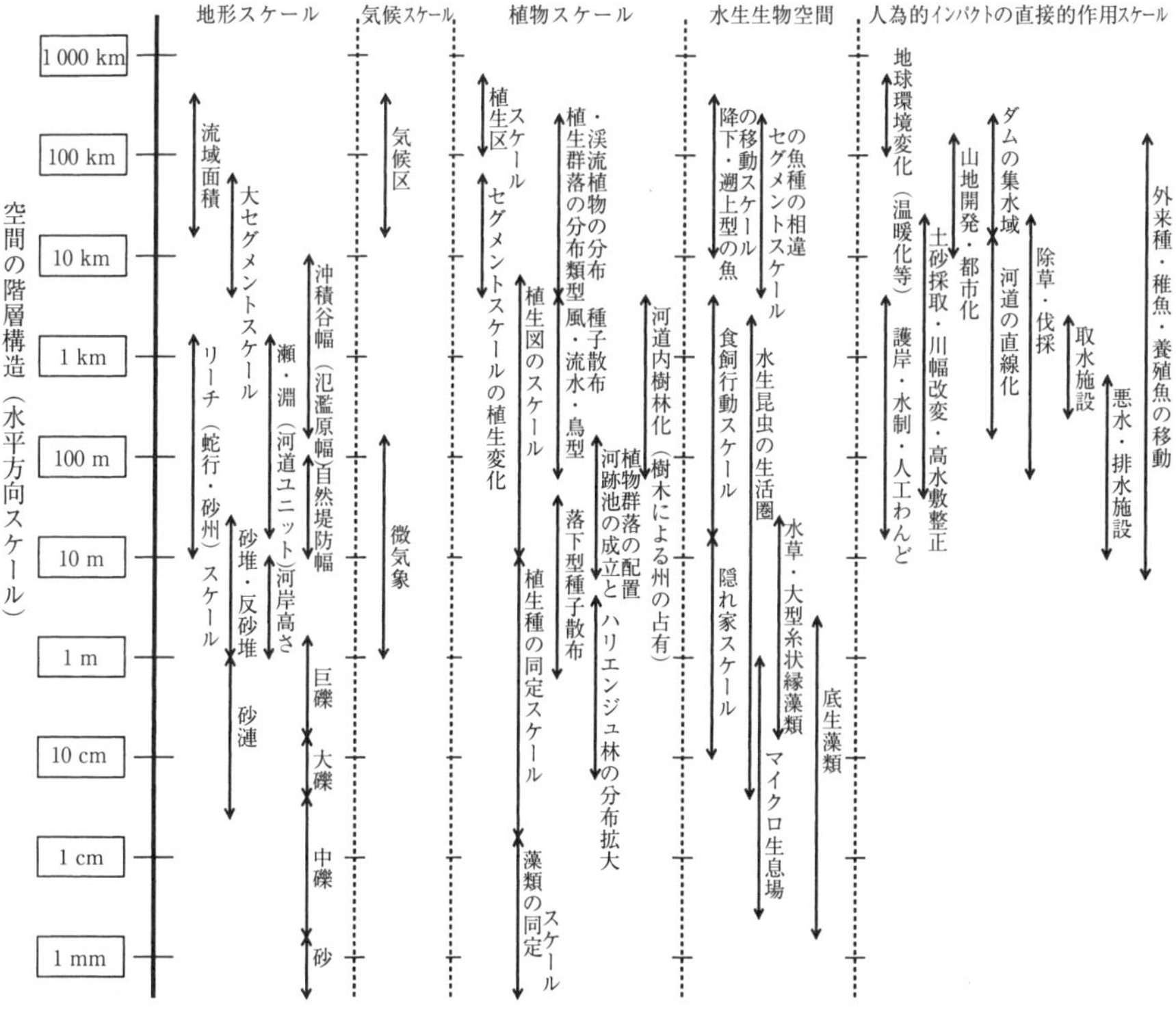

図-1.2 本書における河川生態系構成要素に関わる空間スケール

参考文献

・奥田重俊：河川生態環境評価法，第 2 章河川生態環境を規定する基礎概念，東京大学出版会，pp. 18-27，2000.
・河川行政研究会編：日本の河川，建設広報協議会，pp. 514-517，1995.
・河川生態学術研究会千曲川グループ：千曲川の総合研究，(財)リバーフロント整備センター，2002.
・建設省治水課・土木研究所：河道特性に関する研究その 3，河床変動と河道計画に関する研究，第 45 回建設省技術報告会，pp. 696-737，1991.
・建設省中部地方建設局河川部河川計画課：水系における土砂動態と流出土砂の管理に関する検討，1983.
・桜井善雄：すみ場保全の実際のために，1995.
・自然災害科学総合研究班：土砂の流送・運搬に伴う自然環境変化に関する研究，文部省科学研究費自然災害特別研究成果，No. A-50-9，1975.
・玉井信行：河川生態環境評価法，第 2 章河川生態環境を規定する基礎概念，東京大学出版会，pp. 8-11，2000.
・山本晃一：河道計画の技術史，山海堂，pp. 1-602，1999.
・鷲谷いずみ，矢原徹一：保全生態学入門，文一総合出版，pp. 100-106，1996.

・Grime, J. P. : Evidence for the existence of three primary strategies in plants and its relevance to ecological and evolutionary theory, *American Naturalist* 111, pp. 39-49, 1977.
・Tüxen, R. : Die heutige potentielle natturliche Vegetation als Gegenstand der Vegitation-skartierung, Angewandte Pflanzensoziologie, 13, Stolzenau/Weser, pp. 5-42, 1956.

2.
地球環境変化が河川環境へ及ぼす影響

（小倉紀雄）

2.1 概　　説

21 世紀における最も大きな地球環境問題の一つは地球温暖化であり，これらは水循環や陸水の水質や生態系を攪乱する大きな要因になっている．また，オゾン層の破壊や酸性雨も生態系に影響すると考えられ，これらに関する長期的，総合的な調査研究が行われている［Schindler *et al.*(1990, 1996)；Sommaruga-Wograth *et al.*(1997)；Wright and Schindler(1995)］．このような地球規模の環境変化は，環境へ急激な影響を与えるのではなく，10 年あるいはそれ以上の長い時間スケールで徐々に影響を及ぼすと考えられる．特に，このような影響を受けやすい地域は，人間活動の影響を直接に受けていない遠隔地の河川や湖沼であることが多い．したがって，水質等を常に監視していなければ影響の程度を把握することができないが，遠隔地では常時監視をすることが困難である場合が多い．本章では，地球温暖化，オゾン層の破壊，酸性雨等の地球規模の環境変化が河川等の陸水の水質や生態系へ与える影響について述べる．

2.2 地球環境問題

地球環境変化を引き起こす問題として地球温暖化，オゾン層の破壊，酸性雨について概説する．

2. 2. 1　地球温暖化

地球に入射する太陽放射のうち約30%は雲や大気，地表面で反射され，約70%が大気や地表面に吸収され，加熱される．加熱された地表面から放射されるエネルギーは長波長の赤外線であり，これは大気中に存在する水蒸気や二酸化炭素等に吸収される．また，熱放射により，地表面近くの温度は全地球平均でおよそ15℃に保たれている．これは大気からの放射による温室効果，そして，このような作用を持つ気体は温室効果ガスといわれている．

温室効果ガスの中で最も問題となるのは二酸化炭素であり，それは産業革命以降，石炭や石油の大量使用により大気中に大量に放出され，平均気温が上昇する傾向が認められている．このように，人間活動により排出される温室効果ガスの増大により地表面付近の温度が上昇する現象が地球温暖化といわれている．温室効果ガスには，メタン，一酸化二窒素，対流圏オゾン，クロロフルオロカーボン(フロン)等もあるが，二酸化炭素の温暖化への寄与率が最も高く，産業革命以降の累積で約64%を占める．

IPCC(気候変動に関する政府間パネル)地球温暖化第三次レポート(2001)によると，1861年以降，全球平均地上気温は0.6±0.2℃上昇した．日本では気象庁の観測によると，年平均気温はこの100年間で約1℃上昇し，特に1980年代からの上昇が著しくなっている．また，IPCCによる複数のシナリオに基づく将来予測によると，1990年から2100年までの全球平均地上気温の上昇は1.4～5.8℃であり，特に北半球高緯度では寒い季節の温暖化が急速に進行する．

(1)　二酸化炭素濃度の増加

大気中の二酸化炭素濃度は産業革命以前には280 ppmv(ppmv：体積で100万分の1を示す)であったが，その後徐々に増加し，1960年代には320 ppmvへ，1999年には367 ppmvまで上昇した．過去20年間に排出された二酸化炭素のおよそ3/4は化石燃料の燃焼によると考えられ，また排出された二酸化炭素のおよそ1/2は海洋と陸域で吸収されるので，大気中の濃度は毎年約1.5 ppmv(0.4%)の割合で増加している．もしこのまま何の対策を行わなければ，100年後には700 ppmvに達し，地球環境へ大きな影響が考えられる．

(2)　温暖化による地球環境への影響

IPCC 第三次レポートによれば，温暖化は，環境や野生生物，さらに人の健康等へ次のような様々な影響が予測されている．

・温暖化により海面水位は2100年までの間に9～88 cm上昇する．40 cmの海面上昇により高潮により浸水を受ける人口は，世界で7 500万人から2億人に達する．

・水循環のバランスが崩れ，洪水の増加，水不足，水質の悪化等の水資源への影響がある．

・地球の年平均気温が数度上昇すると，農作物生産に悪影響が生じ，食糧価格が上昇する．

・多くの野生生物の種や個体群が危機に曝され，一部の種は絶滅する．

・気候の変化は気温の上昇による熱中症だけでなく，マラリヤやデング熱等の伝染病を媒介する生物の生息環境を変化させ，人の健康へ影響を与える．

(3)　温暖化防止のための取組み

地球温暖化は，1980年代から深刻な地球環境問題として認識されるようになり，1988年にIPCCが設立され，世界の科学者が本格的にこの問題に取り組むようになった．1992年の地球サミットで『気候変動枠組条約』が採択され，1997年に地球温暖化防止京都会議で二酸化炭素等の6種類の温室効果ガスの削減量に関する国際的な取組みである『京都議定書』が採択され，2005年2月に発効した．

『京都議定書』による削減目標は，先進国全体の温室効果ガスの人為的な排出量を最初の目標期間(2008～12)中に1990年を基準として少なくとも5.2%削減するもので，日本での目標は6%となっている．日本では2010年に向けて緊急に推進すべき対策をまとめた『地球温暖化対策の推進に関する法律』が成立し，1999年には『地球温暖化対策に関する基本方針』が閣議決定された．2002年には新たな『地球温暖化対策推進大綱』が決定された．温暖化対策は，生活様式の見直し等の身近なところでできる省エネルギー・省資源対策も効果的であると考えられ，一人ひとりの取組みが重要な意義を持っている．

2.2.2　オゾン層の破壊

オゾンの大部分は，成層圏に存在し，太陽光に含まれる有害な紫外線(UV-B：

波長 280〜320 nm)を吸収し，地球上の生物を保護する重要な役割を担っている．オゾン層の破壊は，成層圏オゾンがフロン等の化学物質により分解されることにより生じ，この結果，地表に達する有害な紫外線が増加し，皮膚がんや白内障等の健康障害，植物やプランクトンの成育阻害等が懸念されている．

(1) オゾン層破壊の実態と原因

フロンは，冷媒，洗浄剤，発泡剤，スプレー噴射剤等に広く使用され，化学的に安定であるため，大気中に放出されると対流圏ではほとんど分解されずに成層圏に達し，そこで強い紫外線により分解し，塩素原子を放出する．この塩素原子がオゾンを連鎖的に分解し，オゾン層の破壊が起こると考えられている．特に 1980 年代の初め頃から南極上空にオゾン層が極端に少なくなるオゾンホールが観測されるようになり，その規模は次第に拡大し，2000 年に最大規模に達した．しかし 2002 年にはオゾンホールの規模は小さく，11 月初め頃には 1990 年に大規模なオゾンホールが観測され始めてから最も早い時期に消滅した．この原因は，気象と関連があると推測されているが，はっきりと解明されていない．このように地球環境問題にはまだ未解明のことが数多く残されており，さらに科学的な知見を集積することが重要である．

(2) オゾン層の破壊防止のための取組み

フロンによりオゾン層が破壊されるという論文[Molina and Rowland(1974)]に基づき，国連環境計画(UNEP)は専門家会合を設け，科学的な知見の整理や対策の立案を行ってきた．1985 年にオゾン層の保護に関する『ウィーン条約』が採択され，オゾン層やオゾン層を破壊する物質についての研究を進め，各国で対策を行うことを定めた．さらに 1987 年にオゾン層を破壊する物質に関する『モントリオール議定書』が採択され，その後 1999 年まで 5 回の改正が行われ，規制が強化されている．現在，『モントリオール議定書』に基づき，5 種類の特定フロン，3 種類の特定ハロン，四塩化炭素，臭化メチル等が規制物質へ指定され，一層強化された規制が実施されている．日本でも 1988 年に『オゾン層保護法』を制定し，『ウィーン条約』および『モントリオール議定書』を締結している．

日本では特定フロン等の主要なオゾン層破壊物質の生産は 1995 年末までに全廃されているが，過去に生産され冷蔵庫，カーエアコン中に存在するものが残されており，これらからのフロンの回収・再利用・破壊が大きな課題となっている．現在，フロン類の代わりに代替フロンやさらに温暖化作用の少ないフロン（ハイドロフルオロエーテル）が開発されている．

2.2.3　酸性雨

1970年代以降，化石燃料の燃焼に伴い排出される硫黄酸化物・窒素酸化物の増加により，ヨーロッパや北米において酸性雨が観測され，森林や湖沼等の生態系への影響が指摘されている．一方，東アジア地域においても大気汚染物質の排出量が急激に増加しており，越境大気汚染による影響が懸念されている．

(1)　酸性雨の実態

酸性雨は，一般的にpH 5.6以下の雨水と定義され，主として石炭，石油等の化石燃料の燃焼に伴い発生する硫黄酸化物や窒素酸化物が大気中で最終的に硫酸や硝酸に変化し生成される．大気汚染物質は，気流により発生源から500～1 000 kmも離れた地域まで輸送され，酸性降下物（湿性沈着と乾性沈着）として観測されることがあり，地球規模の環境問題となっている．

ヨーロッパや北米等では，酸性降下物は緩衝力の小さい湖沼のpHを低下させ，魚類を死滅させるなど陸水生態系に影響を与えている．また，森林への酸性降下物は，土壌を酸性化させ，樹木の生長を妨げるなど陸域生態系へ影響を与えている．

現在，日本では酸性雨による生態系への明らかな影響は顕在化していないが，現状程度の酸性雨が今後も降り続けば，将来，生態系への影響が生じることも予測されており，影響解明のための調査研究が重要な課題となっている．

(2)　酸性雨防止のための取組み

ヨーロッパや北米において問題となっている酸性雨に対処するために1979年に『長距離越境大気汚染条約』が採択された．この条約に基づき，その後5つの議定書が採択されており，越境大気汚染の監視，評価，硫黄酸化物・窒素酸化物および揮発性有機化合物の排出量の削減等が規定されている．

東アジア地域の国々は世界人口の1/3強を占め，近年の著しい経済発展に伴い，硫黄酸化物・窒素酸化物の排出量が増加し，深刻な大気汚染が生じている．今後，予想される酸性雨等による生態系への被害に対処するために，日本のリーダーシップにより『東アジア酸性雨モニタリングネットワーク』が提唱され，2001年より本格稼働が始まった．

2003年まで12ヵ国が参加し，統一的な方法により湿性沈着，乾性沈着，土壌・植生，陸水についてモニタリングが行われており，東アジアにおける実態解明が進んでいる．

2.3　地球温暖化による水循環および生態系への影響

温暖化による水循環および陸水の水質や生態系等へ及ぼす影響について述べる．

2.3.1　水循環への影響

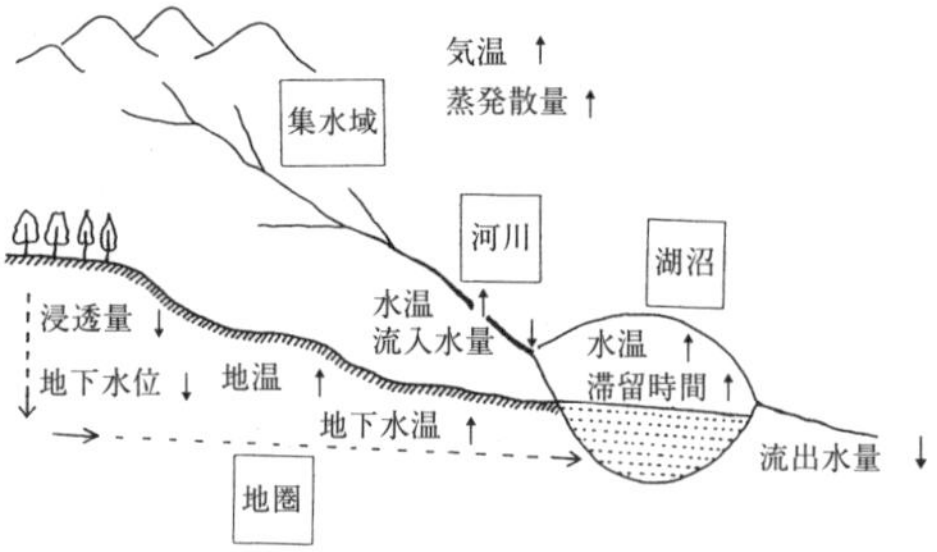

図-2.1　温暖化・乾燥化が集水域の水循環に及ぼす影響［小倉(2000)］

地球温暖化が水循環へ与える影響を**図-2.1**に示す．図中の矢印↑は増加・上昇を，↓は減少・低下をそれぞれ示す．気温の上昇により河川水温が上昇し，蒸発散量の増加により，河川水量が減少する．そのため河川が流入する湖沼の滞留時間が増大する．また温暖化により降雪が少なくなり，氷河や積雪の融解が促進され，水循環のバランスが崩壊する．一方，水の土壌への浸透量が減少し，地下水位が低下し，湧水量の減少や枯渇が起こる．水温の上昇や水循環の変化により，水質や生物活性が変化し，陸水生態系への影響が現れてくる．

建設省関東地方建設局(1993)は，温暖期(1955～64)と寒冷期(1901～10)の気温および降水量のデータを用いて1℃気温上昇時を想定し，地域別の水資源賦存量の変化等を求めた結果，北海道を除く全地域で水資源賦存量は減少し，また多くの河川で洪水ピーク流量は10～40%増加することを示した．

森(2000)は，木曽三川流域における過去102年間の年平均気温，年降水量(1895～1996)と年蒸発量(1890～1991)および年流出量の長期変化について検討した．そ集水域の窒素飽和が問題となっているが，Aber *et al.*(1989)は，「アンモニウムイオンや硝酸イオンの量が植物や微生物の要求量を超えた状態」と定義し，次のような4つのステージに分けている．ステージ-0では，森林生態系において窒素が制限された状態で，系外への窒素流出量は少ない．ステージ-1では，樹木等の植物による窒素の保持能力に余裕があり，系外への窒素流出量は比較的少ない．ステージ-2では，窒素飽和状態であり土壌酸性化やN_2Oの生成が起こり，硝酸イオンの流出が顕著になる．ステージ-3では，窒素飽和の影響がさらに顕著になり，森林衰退が認められる状態になる．これら4つのステージは，森林生態系からの流出水の硝酸イオン濃度の季節変動パターンに反映すると考えられた．ステージ-3で

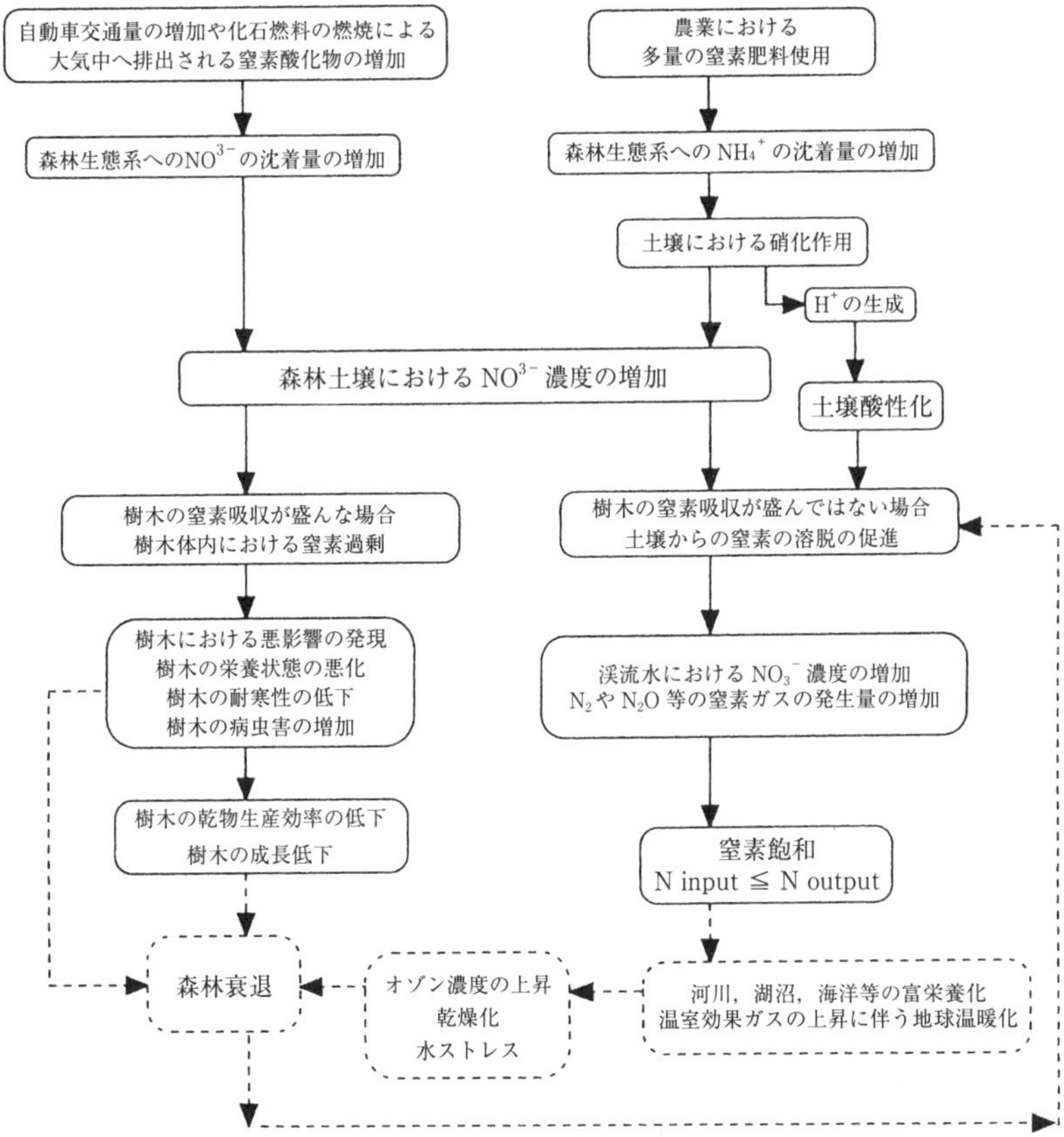

図-2.8　森林生態系における窒素飽和と陸水環境への影響[伊豆田(2001)]

は，流出水の硝酸イオン濃度は，年間を通して高く，季節変化はほとんど認められない．このように，窒素は，植物にとって重要な必須元素であるが，土壌や植物体内に過剰に存在した場合，生態系に悪影響が生ずることが懸念される(**図-2.8**)[伊豆田(2001)]．

2.5　オゾン層の破壊(紫外線の増加)が水質や生態系へ与える影響

波長280～320nm領域の紫外線(UV-B)は，生物に有害であり，それは成層圏のオゾン層の破壊により増加することが知られている．温暖化や陸水酸性化の影響により集水域土壌中の有機物(褐色の腐植物質)の分解が促進され，河川や湖沼中のその濃度が減少し，水中の褐色度が減少する．その結果，紫外線(UV-B)が水深の深い所まで到達するようになり，水中の生物への影響が指摘されている．しかし，北方の湖沼等では成層圏のオゾン層の破壊によりもたらされる紫外線の増加より，地球温暖化や酸性化による生態系への影響の方が大きいとの指摘がある[Schindler *et al.*(1996)：Yan *et al.*(1996)]．

2.6　複合的な要因による生態系への影響

温暖化，酸性化，オゾン層の破壊等の複合的な地球規模の環境インパクトは，相互に関連し，生態系へ複雑な影響を与える[Wright and Schindler(1995)]．酸性雨の原因となる硫酸塩エアロゾルの増加は“もや”を増加させ，日射をさえぎり，気温上昇を防ぐことになる．また，窒素制限の北方森林への窒素沈着量の増加は，森林の生長を促進し，大気中のCO_2濃度の増加を抑制し，気温上昇を防ぐ．温暖化により北方集水域の蒸発散量が増加し，湖沼への流入水量が減少し，湖水の滞留時間が長くなる．その結果，湖水中の硫酸イオン，硝酸イオンが除去されやすくなり，陸水酸性化が抑制される．地球規模の環境変動に対し，生態系のレスポンスは遅く，少なくとも数年遅れで起こるので，長期的な環境モニタリングが重要である．

2.7　長期間の水質・生態系モニタリングによる生態系への影響評価

水環境の変動は地域の人間活動ばかりでなく，温暖化や酸性雨等の地球規模の現象によっても影響される．特に地球規模の現象は，長期的でゆっくりとした変化であることが多く，原因が明らかになるまで時間がかるため，長期間の環境モニタリングが重要である．

米国では生態学者，地球化学者，森林水文学者らが一体となり，長期生態系モニタリング研究(Long Term Ecological Research；LTER)が1980年から開始され，現在では南極の2ヵ所を含む24サイトで水質等の長期モニタリングが実施されている(**図-2.9**)．また，国際的な長期生態系モニタリングネットワークが提案され，現在では21ヵ国が参加しているが，日本ではそれに相当するサイトはいまだ整備されていない．地球規模のインパクトに対し，生態系への影響評価のために長期モニタリングサイトの整備が望まれる．

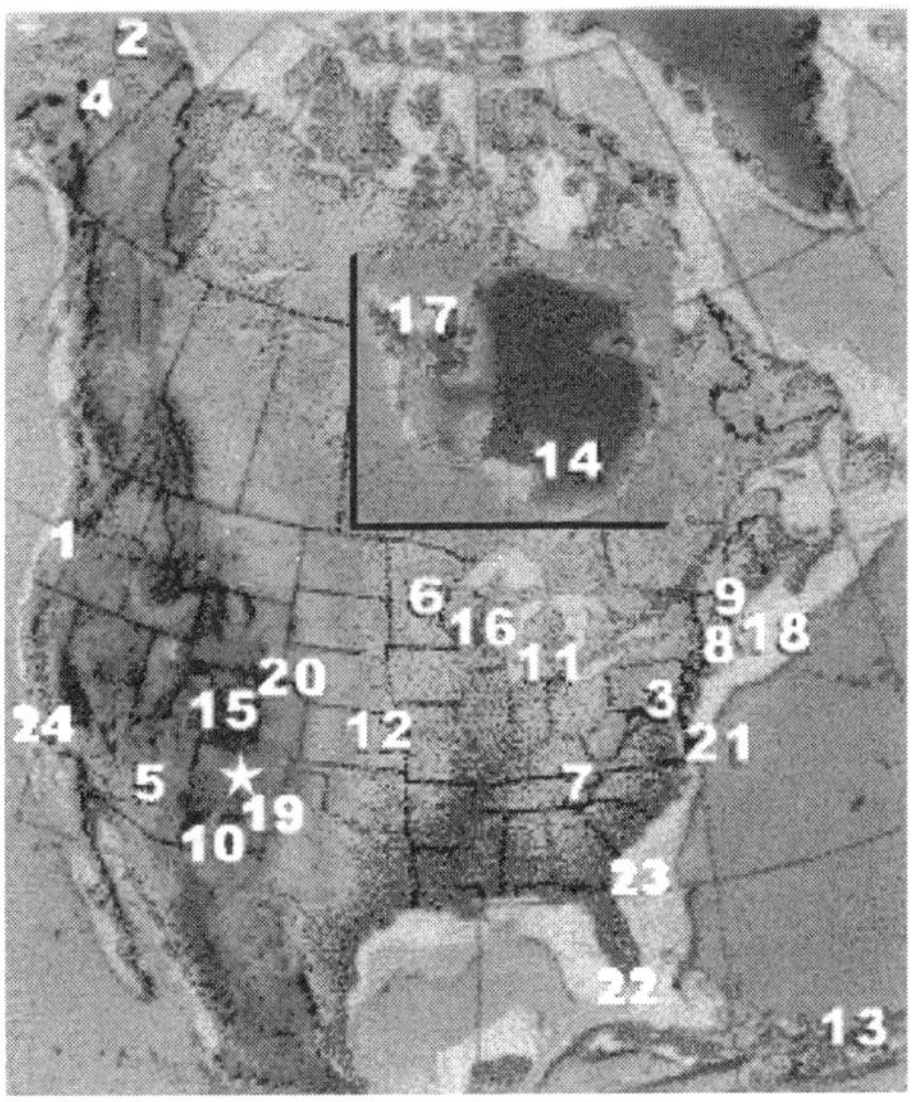

1. H.J.Andrews Experimental Forest
2. Artic Tundra
3. Baltimore Ecosystem Study
4. Bonanza Creek Experimental Forest
5. Central Arizona- Phoenix
6. Cedar Creek Natural History Area
7. Coweeta Hydrologic Lab
8. Harvard Forest
9. Hubbard Brook Experimental Forest
10. Jornada Basin
11. W.K Kellogg Biological Station
12. Konza Prairie Research Natural Area
13. Luquillo Experimental Forest
14. McMurdo Dry Valleys
15. Niwot Ridge/Green Lake Valley
16. North Temperate Lakes
17. Palmer Station
18. Plum Island Ecosystem
19. Sevilleta National Wildlife Refuge
20. Shortgrass Steppe
21. Virginia Coast Reserve
22. Florida Coastal Everglades
23. Georgia Coastal Ecosystems
24. Santa Barbara Coastal LTER

*LTER Network Office

図-2.9　US長期生態系モニタリングサイト(http://lternet.edu/sites/)

LTERの中でも，詳細な調査研究がHubbard Brook実験林で行われており[Likens and Bormann(1995)]，一定の変動傾向が認められている(**図-2.10**)．これらの結果は長期のモニタリングの有用性を示している．

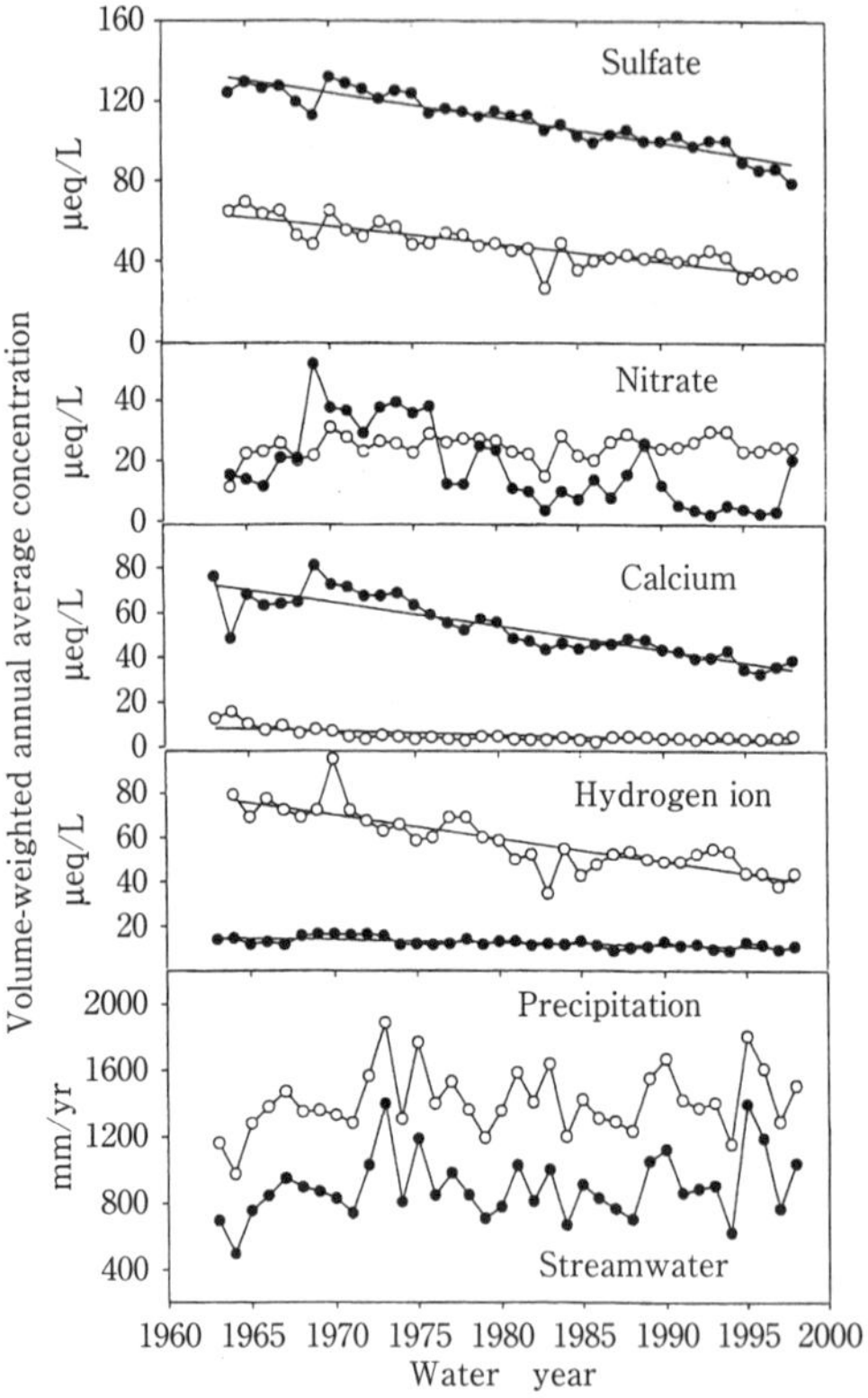

Annual, volume-weighted concentrations of sulfate, nitrate, calcium and hydrogen ion in bulk precipitation (-○-) and streamwater (-●-) for Watershed 6 of the HBEF during 1964-99. Amount of annual precipitation and streamflow is shown in the bottom panel. Linear regression lines indicate a probability of < 0.05 for a larger *F*-ratio.

図-2.10 Hubbard Brook実験林渓流水における水質変動[Likens(2001)]

日本では全国の林業試験場等により森林における水文調査が古くから行われている．土木学会水理委員会(1985)による全国試験流域等の調査票に基いた現状調査の結果によると，回答があったのは115試験流域で，主として雨量，水位(流出水量)，気象等が継続的に観測されていた．しかし，水質が測定されている所はわずか5ヵ所であり，そのうち3箇所は電気伝導度のみで，渓流水等の窒素成分等の一般水質が測定されている試験地は2ヵ所のみであった．このように水質が継続的に測定されている例はきわめて少ないのが現状である．

大学演習林でも森林水文研究が行われており，東京大学愛知演習林では1924年の設立以来現在まで3サイトにおいて降水量，流出水量が継続して観測されている．このサイトにおける60年以上の間，継続されてきた観測結果を解析した結果，森林には渇水期の水量を枯渇させない効果があることが明らかにされた[蔵治(2000)]．

しかし，水質については継続的な調査研究事例は少なく，その調査体制の整備が求められている[柴田(2001)]．京都大学演習林(京都，滋賀)では1961年より降水溶存元素量の30年間の変動と流出水の元素収支等について研究が行われてきた[岩坪ほか(1997)]が，渓流水の水質の継続的な調査は行われていない．また，全国演習林(16大学・22演習林・45ヵ所)では，1998年6月の1箇月間，渓流水や降水の水質調査を一斉に調査した(**図-2.11**)[戸田ほか(2000)]．その結果によると，pHは平均7.1，電気伝導度は平均64μS/cmであり，沖縄，佐渡等の島部で海塩の影響で高かった(**図-2.12**)．関東山地の渓流水では硝酸イオン濃度が高く(**図-2.13**)，硝酸イオンとカルシウムイオン濃度に良い相関が見られたことから森林土壌の表層において硝化作用で生成した水素イオンにより交換性カルシウムイオンの溶出が示唆された．

東京農工大学演習林(群馬県)では，スギ・ヒノキ人工林小流域における植栽後20年間の渓流水質の変化がまとめられているが，明らかな経年変化の傾向は認められていない[戸田，生原(2000)]．

長期間の環境モニタリングは，**表-2.1**[Likens(2001)]に示すように地球環境変動に伴う生態系の変化を的確に把握し，保全・修復対策を講ずるために重要な意義を持っている．地球規模のインパクトを受けやすい陸水は遠隔地の渓流水や湖沼と考えられるが，日本では遠隔地の陸水では継続的な水質のモニタリングはほとんど行われていないのが現状である．水温や電気伝導度等の一部の水質は

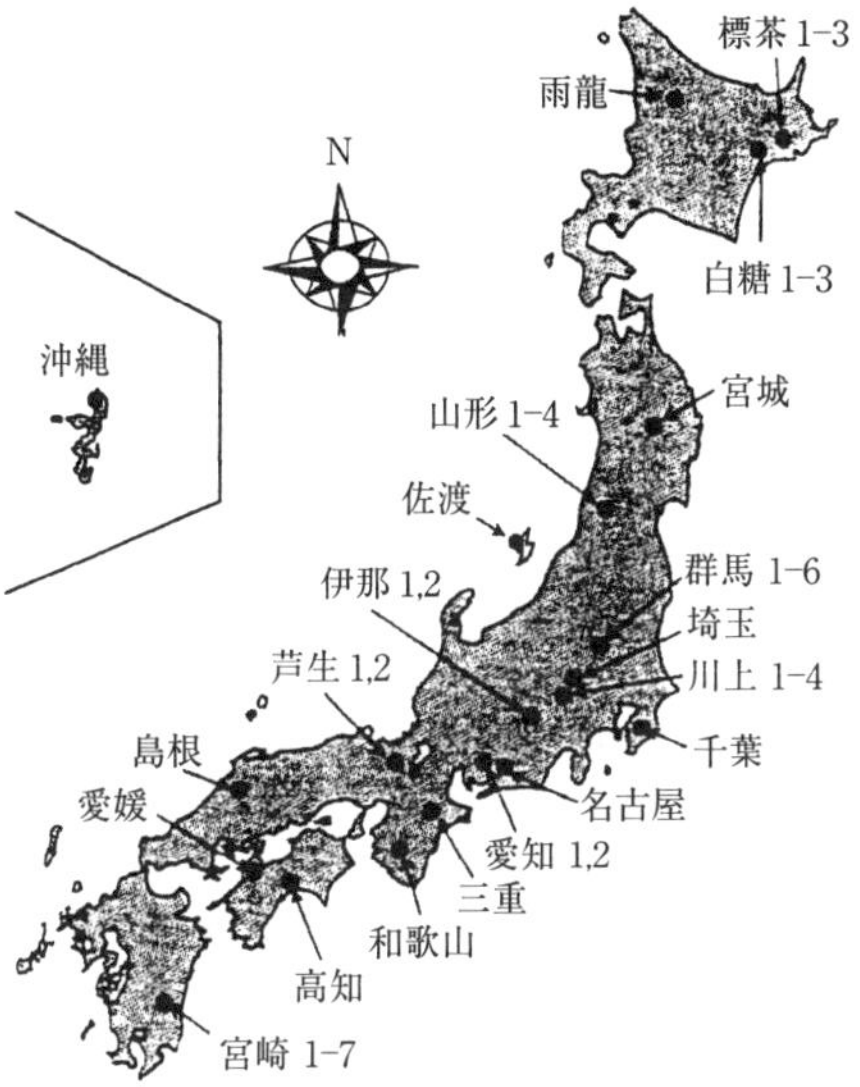

雨龍：北海道大学・雨龍地方演習林，標茶：京都大学・北海道演習林標茶区，白糠：京都大学・北海道演習林白糠区，宮城：東北大学附属農場，山形：山形大学・上名川演習林，佐渡：新潟大学・佐渡演習林，群馬1-3：東京農工大学・草木演習林，群馬4-6：東京農工大学・大谷山演習林，埼玉：東京農工大学・埼玉演習林，千葉：東京大学・千葉演習林，川上：筑波大学・川上演習林，伊那：信州大学・手良沢山演習林，愛知：東京大学・愛知演習林，名古屋：名古屋大学・稲武演習林，三重：三重大学・平倉演習林，和歌山：京都大学・和歌山演習林，芦生：京都大学・芦生演習林，島根：島根大学・三瓶演習林，愛媛：愛媛大学・米野々演習林，高知：高知大学・嶺北演習林，宮崎：宮崎大学・田野演習林，沖縄：琉球大学・与那演習林．

図-2.11 全国大学演習林で調査された渓流の場所
[戸田ほか(2000)]

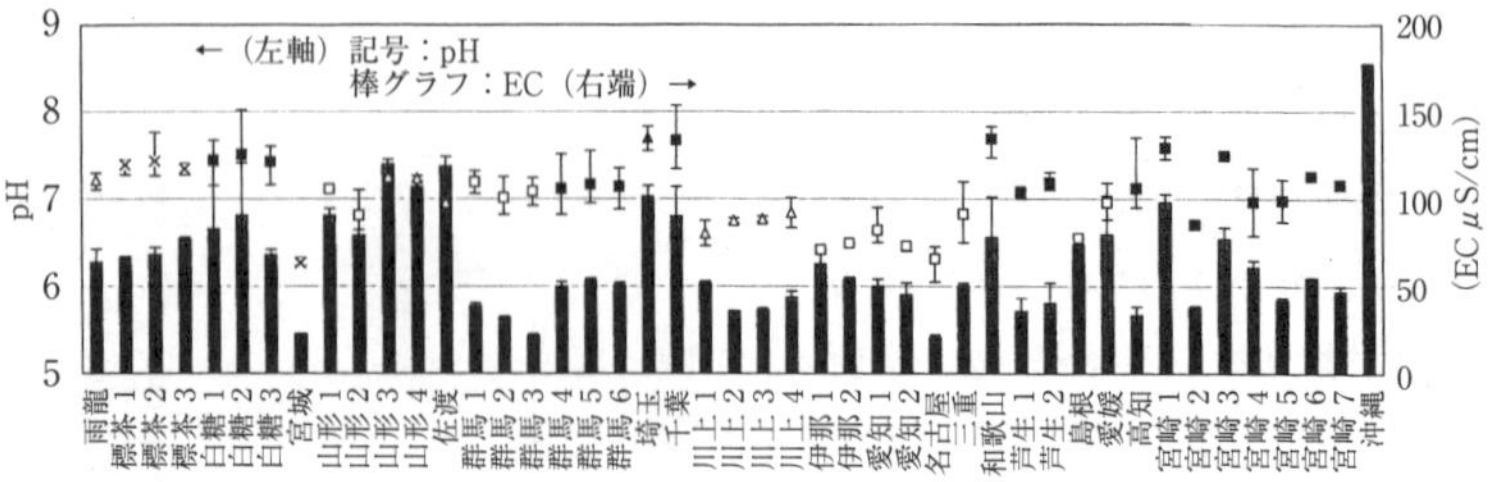

地質の記号：■，砂岩・頁岩等（堆積岩の砕屑岩）：×，火山灰等（堆積岩の火山砕屑岩）：▲，石灰岩（堆積岩の化学沈殿岩）：□，花崗岩等（火成岩の深成岩）：△，安山岩等（火成岩の火山岩）．各渓流の名称は**図-2. 11**を参照．

図-2.12　渓流水の pH および電気伝導度(EC)［戸田ほか(2000)］

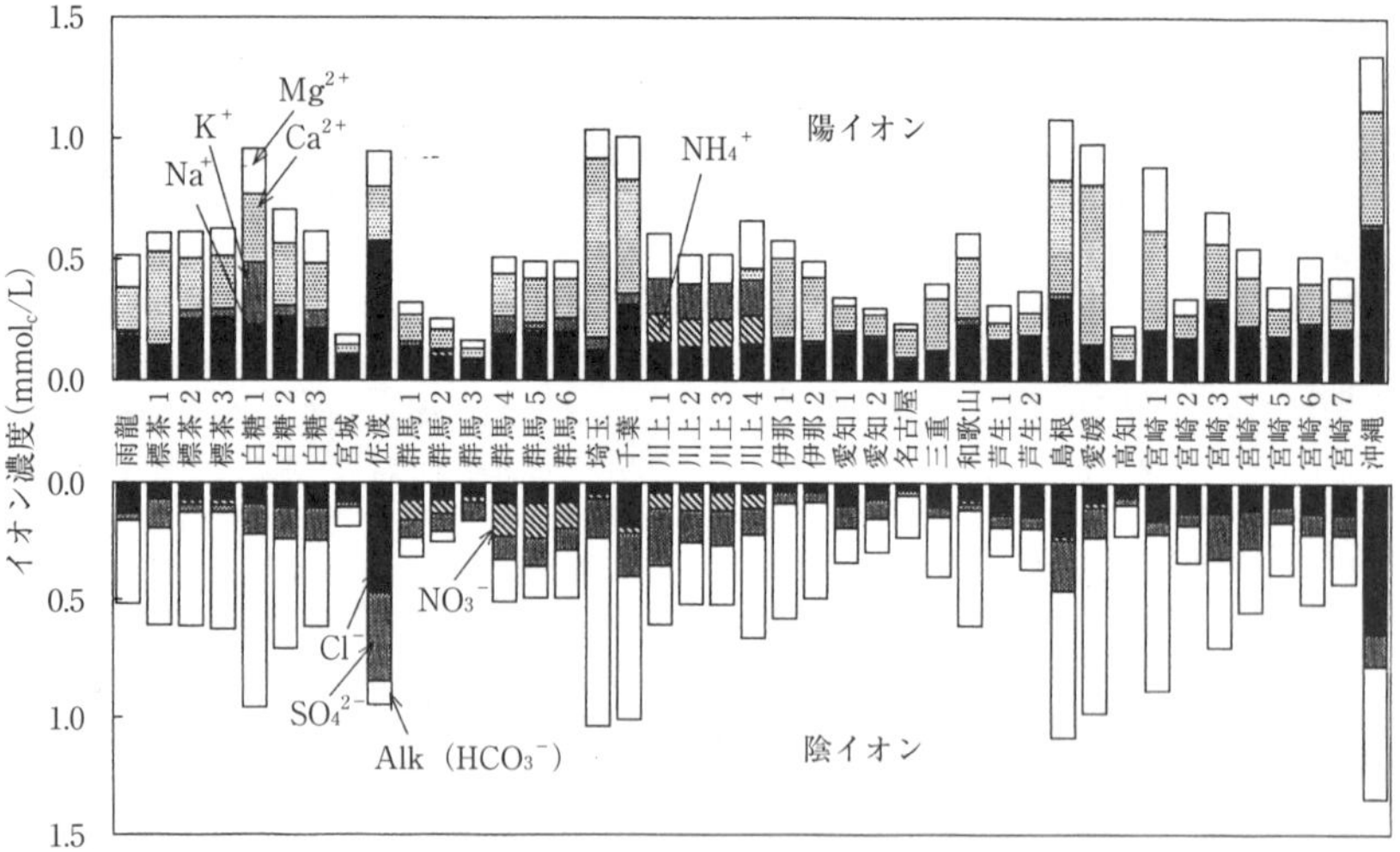

Alk : アルカリ度＝Σ〔陰イオン〕．各渓流の名称は**図-2. 11**を参照．

図-2.13　渓流水の陽イオンおよび陰イオン濃度［戸田ほか(2000)］

自動モニタリングが可能であるので，これらのデータを有効に活用するシステムを構築することが重要であろう．そのためリモートセンシング技術を有効に利用し，長期モニタリング体制を整備し，地球規模の環境変動に対処することが今後の重要な課題である．

表-2.1　長期環境モニタリングの意義と必要条件［Likens (2001)］

(1)　継続したデータセットは，常に更新し，誤りを吟味し，厳密に評価する．
(2)　方法と操作は，できる限り標準化し，他の機関や研究者と相互比較する．分析結果の検定は，標準試料と比較して行う．
(3)　すべてのデータセットは，不慮の事故を防ぐため，少なくとも2ヵ所の異なる場所で保存する．
(4)　長期間のデータセットに対し，分析法や採取法は，新しい操作の影響を十分に検討しなければ変更しない．
(5)　一つの場所や研究で採用された方法や操作は，十分な検討と評価がなければ他の地域や研究に用いない．
(6)　一連の試料の採取頻度は，提出された疑問と結果の分析に基づき決定する．測定の継続は，少なくとも，ある現象が評価されるまで行うか，イベントの調査頻度に応じて定める．
(7)　調査地区と他の調査サイトは，永久に記録し，確認する．地域と方法論の詳細な記述は，一つ以上の場所で整理する．他の研究者が計算や方法などを後日再現することができるように詳細に記述する．
(8)　研究のはじめに適切な管理体制を確立する．
(9)　試料の長期間の保存のための設備を準備する．
(10)　長期間の環境モニタリングの成功に責任ある研究者，研究機関，政府機関の安定性，関心，献身が重要である．
(11)　調査に必要な経費を継続的に確保する．

響の加わらない自然の流量を潜在的自然流況と呼ぶことにする．これは集水域の気象条件と地理条件によって決まる．より具体的には，降水量から蒸発散を差し引いた量がインプットとなり，地質や土地被覆や勾配によって地下に浸透する量と表面流出の比率が定まり，さらに流路網の合流・分流などが作用して観測地点の流量になる．豊水量(年間 95 番目日流量)以上では気象要因が，低水量(同 275)以上では地質要因が流量を主に規定し，平水量(同 185)では両者が同じくらいの規定力(偏相関係数)を持つことが示されている[虫明ほか(1981)]．

気象条件のうち降水量は，日本では 800〜3 200 mm/年(平均 1 800 mm/年)と開きが大きく，北海道東部，瀬戸内，長野盆地等の少雨地帯から紀伊半島南部，四国南部，九州南部，南西諸島といった多雨地帯まで多彩である．主たる降水は降雪，梅雨，台風の 3 つであり，これらの軽重で大まかな分類ができる．梅雨や台風は降雨と同じ時期に河川流量が上昇する(到達時間はせいぜい数日)が，降雪は，融雪期にならないと河川流量の増大に寄与しない(積雪は，いわば天然の流量バッファである)．一方，蒸発散量は，日本国内でそれほど差がなく，浅い水面からの蒸発量は北海道，東北，北陸で年間約 500 mm，関東，西日本で約 700 mm，森林からの蒸発散量は北海道で 500〜700 mm，四国，九州で 800〜900 mm とされている[近藤(1994)]．

地質と流量の関係では，東北日本—西南日本および外帯—内帯という地質構造区分と河川流況とが主として人間の水利用という観点から関連付けられている[小出(1970, 1972)]．かいつまんでいえば，東北日本(信濃川，利根川より東北側)には大規模な地質構造と調和的な大河川が多く，盆地の底を流れることから本流の水を利用しにくい状態にあったため，用水は支流の扇状地が主となり，本流は多目的ダム型の開発が進められた．西南日本ではその逆であり，外帯は平野が小さく，破砕帯，地すべり地帯の保水力が大きい山地が豊富な降水量とあいまって多目的ダムを含んだ発電開発が盛んであった．もう少し小さなスケールで見た解析例として，低水流出指標を水力発電所の常時使用水量から推定したところ第四紀火山岩類からなる流域で最も大きく(2〜5 mm/日)，次が花崗岩(1.5 mm/日)，次いで第三紀火山岩類(1.3 mm/日)，最も小さいのが中・古生層(0.3〜1.0 mm/日)という関係が見出されている[虫明ほか(1981)]．

現在の流量観測点で潜在的自然流況を捉えている場所は皆無に等しいが，中でも比較的人為影響が小さいと思われる例を示したのが**図-3.1** である[建設省『流量年

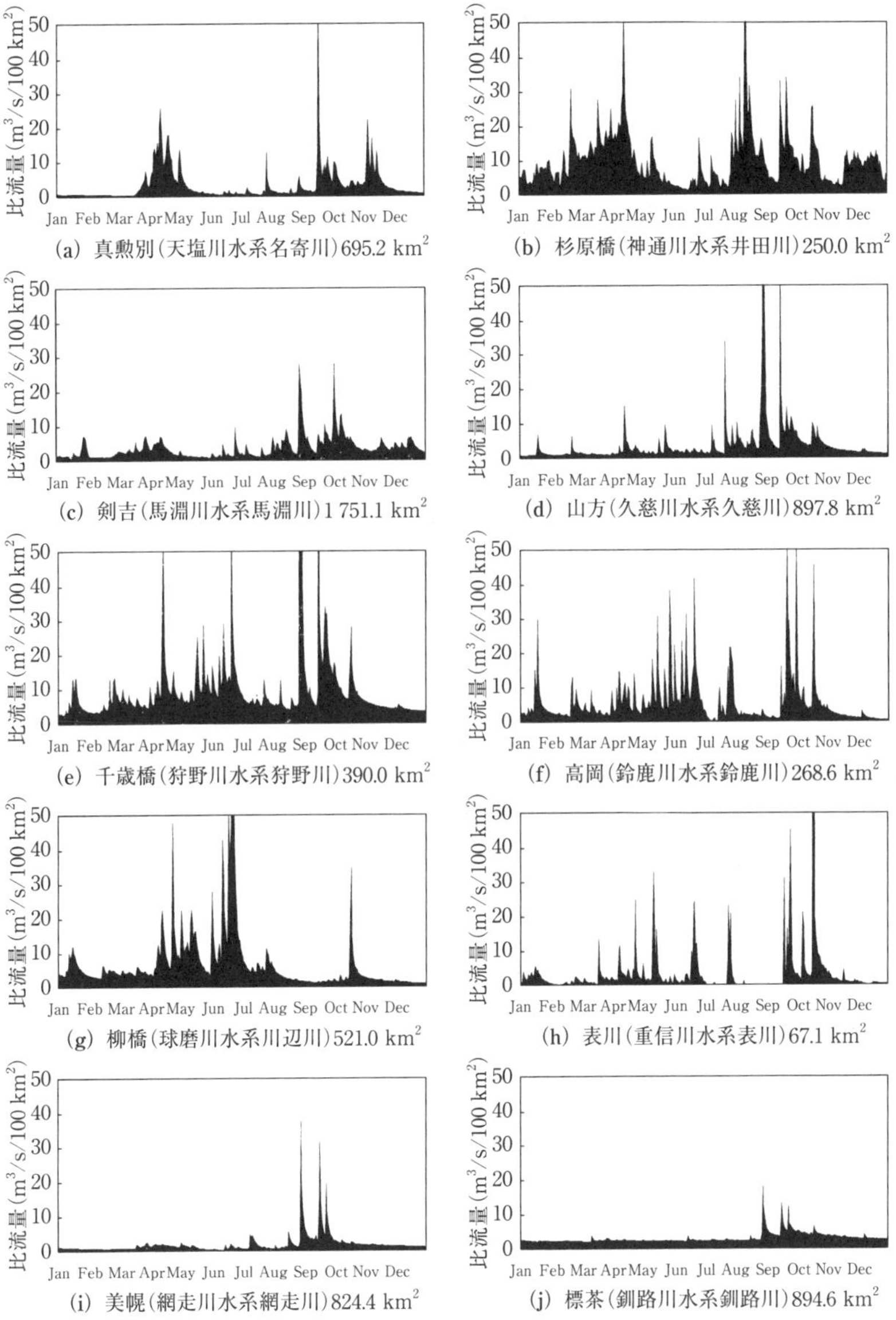
比流量(m³/s/100 km²)
0 10 20 30 40 50
Jan Feb Mar Apr May Jun Jul Aug Sep Oct Nov Dec
(a) 真勲別(天塩川水系名寄川)695.2 km²
(b) 杉原橋(神通川水系井田川)250.0 km²
(c) 剣吉(馬淵川水系馬淵川)1 751.1 km²
(d) 山方(久慈川水系久慈川)897.8 km²
(e) 千歳橋(狩野川水系狩野川)390.0 km²
(f) 高岡(鈴鹿川水系鈴鹿川)268.6 km²
(g) 柳橋(球磨川水系川辺川)521.0 km²
(h) 表川(重信川水系表川)67.1 km²
(i) 美幌(網走川水系網走川)824.4 km²
(j) 標茶(釧路川水系釧路川)894.6 km²

図-3.1 自然流況の例

表』(1998)．地点名の横にある数値は流域面積，縦軸は流量を流域面積で割った比流量]．前述した降雪，梅雨，台風の3要素のうち，降雪は北日本で3～4月の融雪期流量を豊富にする[北海道(a)，北陸(b)，東北太平洋岸(c)等]．梅雨は北日本以外で6～7月の流量増に現れる．降水量の少ない関東(d)，瀬戸内(h)，北海道東部(i)等は，年総量が小さいだけでなく，出水時以外の流量変動に乏しい．地質構造区分で外帯に属する伊豆半島(e)や九州南部(g)は基底流量が大きい．自然湖沼の下流(j)ではが大幅に平滑化される．

流域が広いと多様な地域から水を集めることになるので，流量変動は一般に小さくなる．同じ流量年表から既往最大流量(流域面積100 km^{2}当りの比流量)を抽出し，横軸に流域面積をとってプロットしたものが**図-3.2**で，流域面積が広くなるほど比流量の小さくなる傾向がはっきり見てとれる．しかしこの関係は，東日本(北海道，東北，関東，北陸)と西日本(東海，近畿，中国，四国，九州)で異なる．流域面積と比流量の相関は東日本の方が強く(相関係数－0.49，近似直線の傾き－9.11)，西日本では面積に関わらずほぼ一定値をとる(相関係数－0.32，近似直線の傾き－0.74)．同程度の面積に同程度の降雨量があった場合，東日本では平均流域面積が広いことから降雨が一本の川に集中しやすいが，西日本では何本かの河川流域にまたがる可能性が高い．また，東日本では流域の一部しか覆わない豪雨域でも西日本では流域全体が覆われることにもなる(比流量は大きくなる)．

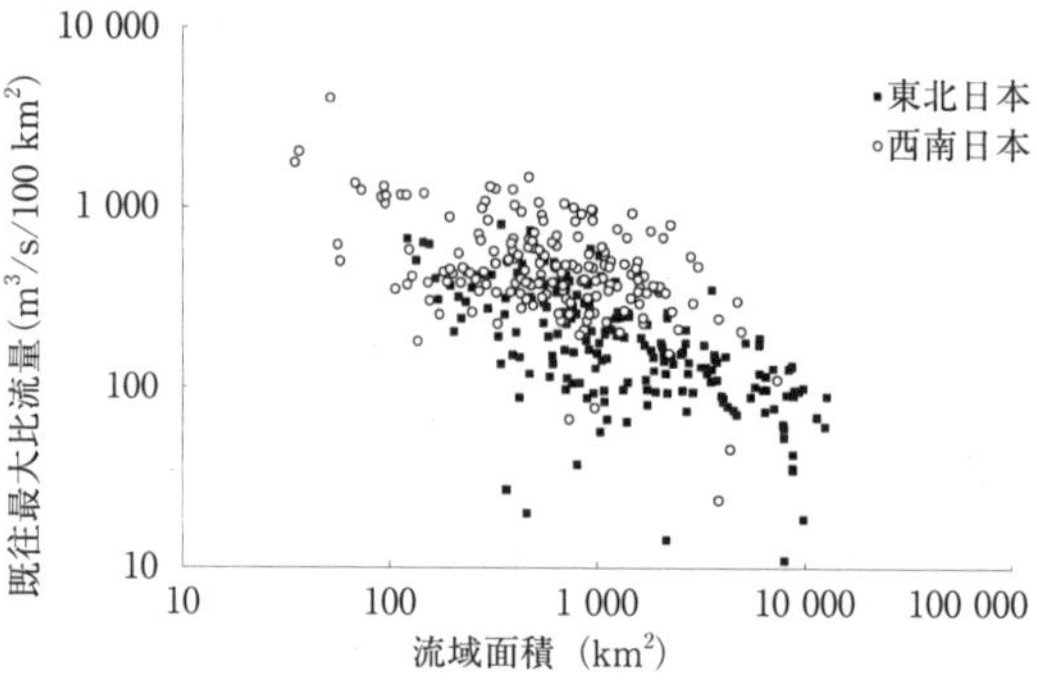

図-3.2 流域面積と既往最大比流量の関係(『流量年表』より)

図-3.2で既往最大比流量が特に小さいのは，大河川の分河道(旧北上川や江戸川)および自然湖沼からの流出河川(釧路川，千歳川，阿賀野川，天竜川，淀川)である．そのほか東日本では最上川上流や北上川本川，そして北海道の各河川(規模の小さいものを除く)が小さく，関東の外帯河川(富士川，鶴見川，荒川，烏川)と東北中央部(鳴瀬川，雄物川等)，北陸では常願寺川等で相対的に大きくなっているが，1 000 m^3/s/100 km^{2}を超える地点はひとつもない．対照的に西日本では自然湖沼下流のほかに小さい川はなく(あえていうなら芦田川)，逆に大きい川は紀伊半島，東海，四国(含瀬戸内側)，九州に目白押しである．ただし，比流量が特に大きいのは中小規模河川であって，流域面積 500 km^2 以上でかつ比流量 1 000 m^3/s/100 km^2 を超えるのは那賀川と北川(五ヶ瀬川)のみである．

3.2.2 人為的インパクトによる流況の変化

潜在的自然流況に加わる人為的インパクトは，ダムや堰の貯水/放流による流量変動の時間的コントロール，取水と排水による直接的な流量の増減，そして流域地形の改変(土地被覆の不浸透化，森林伐採等)による間接的な影響の 3 種類に分けられる．これを模式的に表したのが**図-3.3** である．ダムによる流量コントロールは，長期(1 年ないし複数年)の総流量を保ちつつも洪水や渇水の時期を変化させる．取水/排水は流量自体を増減させ，河川縦断方向の不連続を生み出す．地形改変は，水循環機構を変質させ，流量への影響の出方は単純でない．以下，これら 3 種類の影響を順番に見ていきたい．注目すべき現象は，洪水(年数回程度より大)の規模と生起回数，中小出水(年数回～数十回)の規模と生起回数，低水や渇水流量の大きさ，そして細かな時間変動である．

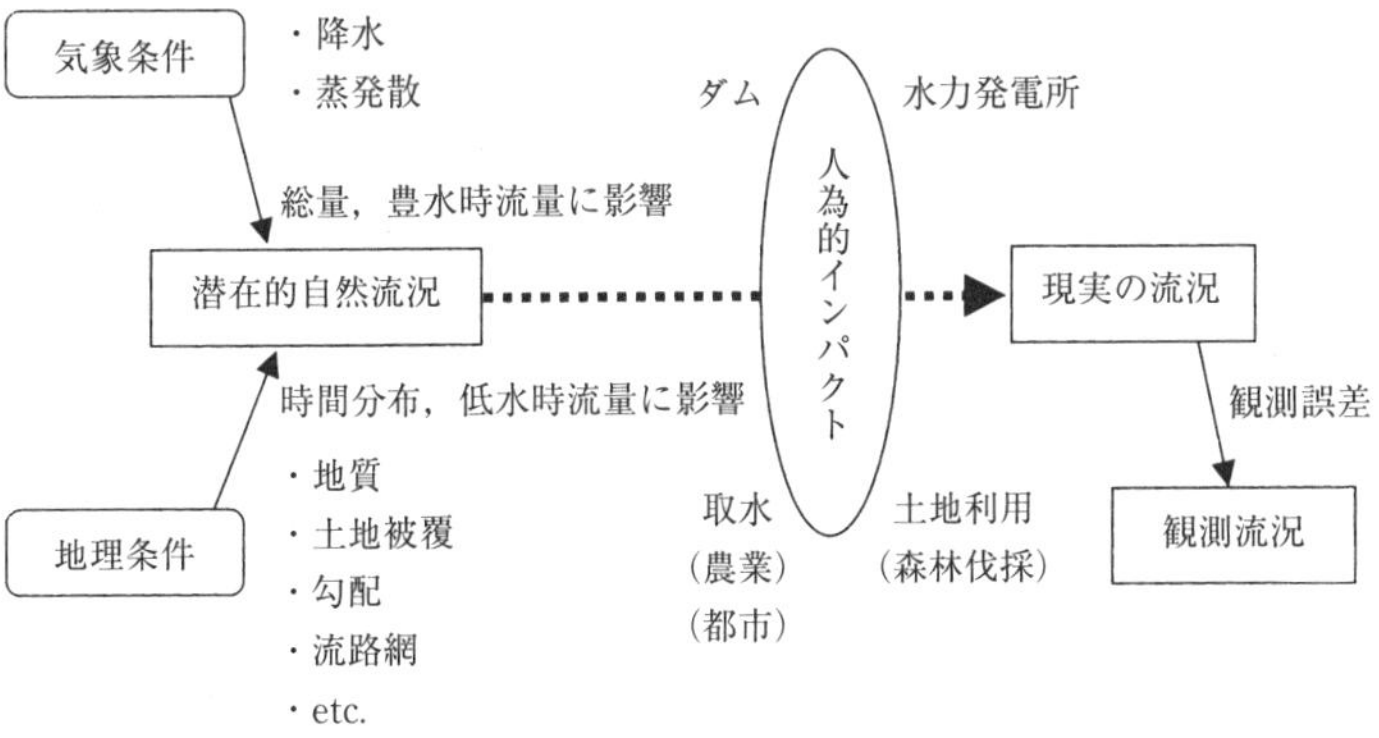

図-3.3 河川流況の形成要因と人為的インパクト

(1) ダム操作方式の基本パターン

ダムという言葉はかなり曖昧に用いられている．日常会話では，水を堰き止めている構造物と堰き止められた水域，それにその周辺の土地を漠然と指してダムと呼ぶことが多い．英語では構造物のみを dam と呼び，水域をひっくるめた全体を reservoir と呼ぶのが通例のようである．reservoir は本来貯水池を意味するから，日本語のダムが本来構造物なのと対照的で面白い．利水施設の象徴として構造物を中心に見る日本と湖水面のレクリエーションに目が行く英語圏の違いなのかもしれないし，上流にそびえ立つダムを人里から仰ぎ見る格好になる日本と中下流に位置する低堤高大面積の貯水池を町から見やる格好になる欧米の違いを反映しているのかもしれない．

公式には，『河川法』(第 44 条)や『河川管理施設等構造令』(第 3 条)等により基礎地盤からの高さ 15 m 未満のものを日本では基本的にダムでなく堰と呼んでいる．国際大ダム会議(ICOLD)では高さ 15 m 以上のもの，および高さ 5～15 m で貯水池容量が 300 万 m^3 以上のものを大ダム(large dam)と呼んでおり，その推定によると，この定義にあてはまる構造物は世界で 4 万 5 000 以上ある．その半数が中国に，約 2 割が中国以外のアジア地域に存在しているらしい[World Commission on Dams(2000)]．ちなみに『ダム年鑑』(2001 年版)に記載されている日本国内のダムは 3 117 個(ただし，建設中，計画中のものを含む)であり，世界第 4 位にランクされる．このことから推察されるように日本(中国を含んだモンスーンアジア諸国)のダムは世界の中でも異質であって，欧米を中心とする地域(気候は乾燥/半乾燥帯，地質は安定帯)との共通点は必ずしも多くない．**図-3.4** に ICOLD のデータベースに登録されている 2 万 5 000 ダムの用途別割合(多目的ダムを含む)を示している

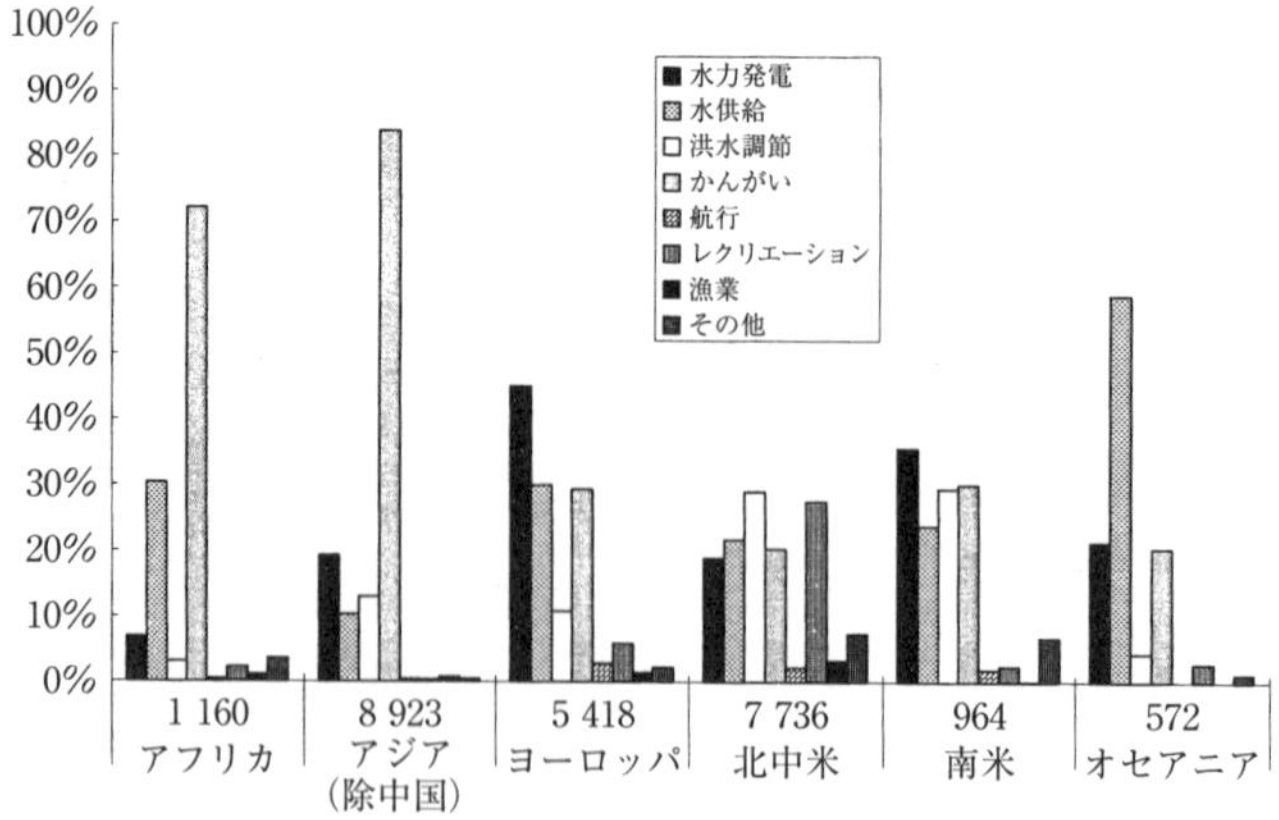

図-3.4 大陸別ダム用途(WCD 国別データより)．大陸名の上の数値はダム数．多目的ダムを含むため，合計は 100%を超える

が，アジアでは全体の8割以上が灌漑目的を持つなど他地域と著しい対照をなしている．ダムは完全な人工物ではなく，地域の自然条件/社会条件にむしろ従属する半自然物とでもいうべき存在で，その評価には地域性が色濃く影を落とす．

ダム(堰も含む)は，①水を止める，②上流側の水位を高める(堰き上げる)，③背後に水を貯める，といった現象を意図して起こす．①は水だけでなく土砂や栄養塩等の物質循環，さらには魚類等移動の阻害にもつながるが，当面の目的は水流の勢いを弱めて利用しやすくするところにある(治水目的を兼務すると「水門」等と呼ばれる．②は取水の便を図ったり落差を高めたりする(配水地域拡大，発電量増)ための工夫，③は流水というフローをストックに変換して利用しやすくするための工夫である．ダムの用途は**図-3.4**にもあるように多岐にわたるが，各用途には競合するものもあれば共存可能なものもある．灌漑や水供給は水量を利用するのに対し，水力発電は水量というよりむしろ落差(エネルギー)の利用であり，航行やレクリエーションは「場」の利用である．洪水調節は大流量(too much water)のピークを空間的および時間的にずらして平滑化する．本節の関心は流況変化であり，揚水式発電ダムや舟運ダム等は流れの阻害や堰上げ等の問題をはらむものの下流の流況に影響を与えないので度外視する．流況の観点からは，流水の貯留機能を持ち(③)流況をコントロールする能力を持つものと，水位を高めて(②)取水するだけのもの(いわゆるrun-of-riverタイプ)を区別して扱うことが必要である．前者が(2)の，後者が(3)の記述の対象となる．なお農業水利では取水堰を井堰や頭首工と呼びならわしているが，機能に差はない．

さて日本では，急峻な地形，平野部の稠密な人口/資産分布等から，ダムのほとんどは上流部の山間《やまあい》につくられている．そのため都市用水や灌漑用水の需要地からは離れており，ダム地点で水がとられることは少ない．つまり，ダムは流量コントロールだけを行い，長期的に見てダム流入量と放流量は等しい(厳密には湖面蒸発量だけ差が生じる)．また集水域面積に比して貯水池の規模は小さく，経年貯留(複数年にわたる貯水)が困難なため，あたかも予算/会計制度のごとく単年度単位で操作が行われる．つまり，1年を単位とするとダム流入量とダム放流量は等しく，流量増減のタイミングだけがずらされる．水資源利用(特に年間を通して需要量の変動が少ない上水道，工業用水の場合)では渇水期に使える水量が問題となり，水利権も渇水流量を基準として定められるため，洪水期の流量を減らして渇水期の流量をその分増やせれば，みかけ上，利水可能流量が増えることになる．これを水資源開発と呼んできた．

水供給を目的とするダム操作では，洪水期直前に貯水池を空にし，洪水期に水を可能な限り貯めて用水にまわすのが最も効率的な操作となる．この操作方法は洪水調節の目的からみても最善である．ところが気象の長期予測は不完全であるから，洪水期に予期した洪水が来ない可能性もある．来なかった時に水不足に陥らないよう，いくらかは貯水池に水を残しておかねばならない．しかし残しすぎるといざ洪水が来た時にそれを貯めきれずに無効放流することになってしまうし，場合によっては洪水調節の能力も発揮できなくなる．巨大な貯水池を用意すればこのジレンマを防げるので，大陸では技術的限界までダムが巨大化した．地形に制約されて巨大化を妨げられる日本の多目的ダムでは夏期制限水位を設けてこれに対処しているが，夏のきまぐれな天気に左右されて渇水もしばしば生じるのを避けられない．

灌漑ダムでは季節によって水の需要量が大きく異なる．大部分を占める水田灌漑では，代かきから田植えにかけての時期(6 月前後)に最も多量の水を必要とする．**図-3.5** には農業用水の供給量を例示した．群馬用水には上水も全体の 3 分の 1 ほど含まれているが，その取水量は通年ほぼ一定値である．農業用の水需要が顕著な季節変化を持つことがわかる．

貯水池を発電目的で操作する場合，満水状態に近ければ近いほど落差を稼げて有利である．しかし，水力発電が電力供給全体に占める割合が低くなると，出力調整に費用と時間がかかる火力や原子力発電がベースロードを担うようになり，水力はピーク対応としての意味合いが強くなる．すなわち，電力需要の増減に応じた運転(ゲートの開け閉め)が求められるようになるのである．電力需要は河川流量と何の

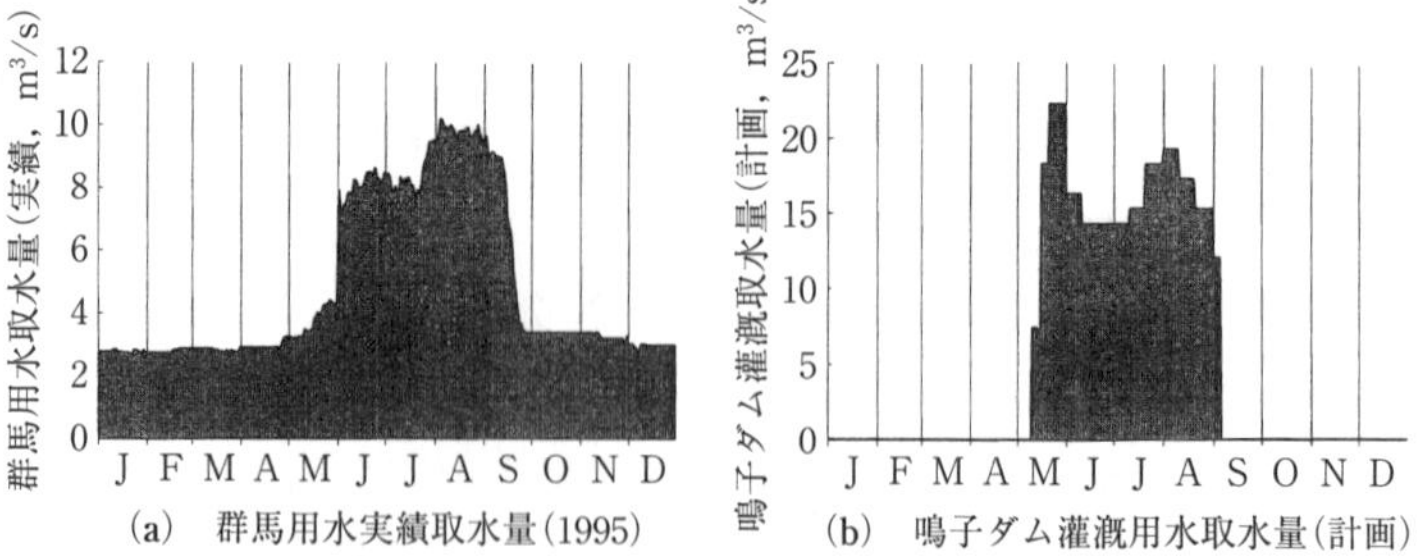

図-3.5 農業用灌漑用水取水量の季節変化(群馬用水は『水資源公団施設管理年報』より，鳴子ダムは『ダム管理所 WWW』より)［群馬用水には，上水(通年ほぼ 1.60 m^3/s で一定)を含む］

いる．

取水による減水の例として，多摩川からの都市用水（東京都）取水を**図-3.10** に示す．これは，東京都環境保全局（1997）が月 1 度測った流量データを 1 年分平均したものである．河口から 52 km 地点にある羽村堰で東京の水を大部分取水し，使用後に徐々に多摩川に戻していくという構図は，江戸時代の玉川上水掘削から始まった．現在では多摩川からの取水量に数倍する量を利根川から賄っているものの，多摩川が受けるインパクトは，羽村堰地点で流量 70％カットに相当する．1992 年以前は平常時（非灌漑期）に 100％カット（全量取水）を行っていたが，近隣自治体からの要望を受け通年 2 m^3/s の放流（水道側から見れば「無効放流」）を行うようになっている．多摩地区では流域下水道の普及が進められており，使用後の都市用水は，処理場から順次多摩川に戻ってくる．その割合は**図-3.10** に見るように下流でおよそ半分に達し，水質にも大きな影響が及んでいることを推測させる．

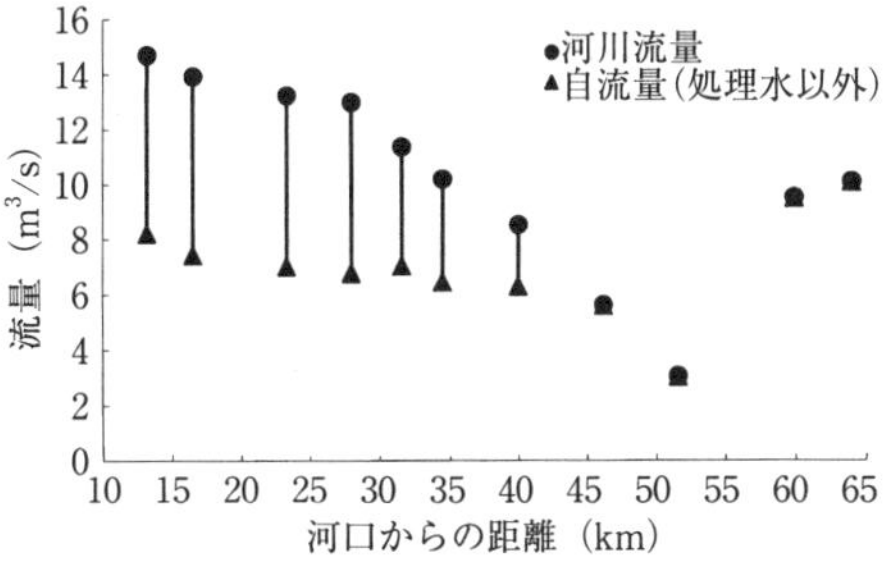

図-3.10　多摩川の縦断方向流量変化［東京都環境保全局（1997）より作図］［河川流量と自流量の差（縦線部分）が下水処理水］

もう一つ，前述のダムとセットになった水資源開発の例として国営十津川紀ノ川土地改良事業をあげておく．水不足に悩む大和平野に対し，紀ノ川に津風呂ダム（1963 年完成，流域面積 160.7 km^2，有効貯水量 24.6 百万 m^3，目的 FA）と大迫ダム（1973 年完成，流域面積 114.8 km^2，有効貯水量 26.7 百万 m^3，目的 AP）を建設し，下流の下渕頭首工（1974 年完成）から最大 10.98 m^3/s を農業用水および都市用水として流域変更導水する事業である．下渕頭首工の下流にある隅田・橋本地点において，1965～71 年と 1984～92 年のうちデータの揃っている 7 年間の各日の平均流量を比較したのが**図-3.11** である．6 月（150

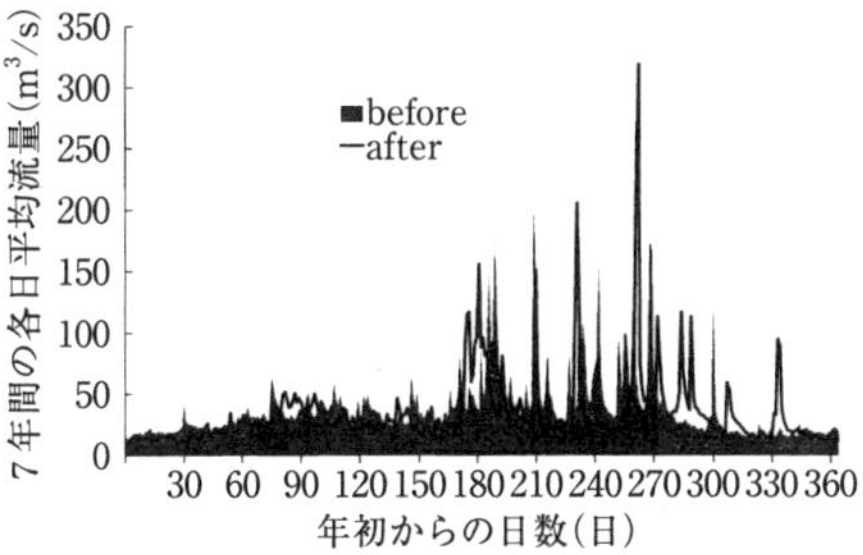

図 3.11　紀ノ川におけるダム建設前後の流況比較［Shirakawa *et al.*（2002）を改変］

日）から9月（270日）にかけて，すなわち農業用水シーズンに流量が減少していることがわかるであろう．

このほか，取水とは異なるが，人工分水路開削により本流の流量が減少することもこの範疇の人為的インパクトに含めてよいだろう．信濃川（大河津分水路以降），北上川，利根川（江戸川分流以降）等がその例であるが，利根川は江戸時代の東遷事業そのものが大きな人為的インパクトでもあった．

(4) 森林と流量変動

森林は，生長過程で水分を消費するため水収支の観点からは河川流出量を減少させる（蒸発散）．また，葉や枝は降雨を遮断し，土壌も水を保持するため水循環プロセスを遅らせる働きを持ち，洪水や渇水時の流出を時間的にずらすことになって流量の安定化に寄与する．

蔵治（2003）は，過去100年近くにわたって世界各地で行われてきた流域試験地の資料を整理し，森林伐採/植林が水流出量，洪水ピーク（および洪水流出量），渇水流量の3要素に及ぼす影響をまとめている．それによると，伐採は常に水流出量の増加を短期的にはもたらすが，たいてい5〜10年でその効果は消え，その後は逆に水流出量が減少する（植林は逆）．短期的な増加量は年流出高にして270 mm（ニュージーランド），350 mm（米国東部），820 mm（マレーシア）にまで及ぶこともあるが，伐採方法や樹種による差は大きい．季節の偏りも大きく，樹木生長期である5月に年増加量の半分が集中していたケース（米国）もある．ただし例外的に超高齢林が伐採された場合には水流出量が短期的にも増加せず，若齢林の生長による水消費が卓越する例も報告されている（オーストラリアのユーカリ林）．英国では，上流域において常緑針葉樹林の面積率が10%増加するごとに水流出量は1.5〜2.0%減少するとされている．洪水ピーク流量は，森林伐採で24%増加（台湾），38%増加（マレーシア）という結果が得られており，ニュージーランドでは草地への植林（マツ）により1/2〜1/50確率洪水流量がいずれも半分ないし3分の1まで減ったという例も見られる．インドでも草地にユーカリ属の植林を行い洪水ピーク流出量が半分になった．ただし，これらの試験流域は面積数十 ha以下，最大でも300 haほどであり，大流域でどうなるか，また大出水での効果は明確ではない．渇水流量は植林によって減少することが観察されており，前出のニュージーランドやインドの事例では，1/4確率だった渇水が1/1確率に高まったり，流出量ゼロを観測する期間が64

日から157日に増加したり，生起確率5%の渇水流量が1/2に(萌芽再生後は1/4に)減少したりといったことが起きている．

このような森林の機能は定性的な普遍性を持つが，樹種や林相や手入れの方法によって流出の変化量は大きく左右される．野村，安藤(1997)は愛知演習林を対象に50年間の水文データを分析し，林相の差によって流出量に差がでることを見出した．林相の良好な流域がそうでない流域に比して年降水量が200 mm多いのに(標高が違うため)，流出量はほぼ等しかったのである．森林の生長に伴い樹冠遮断や蒸発散量が増加したためとみられる．石井(1998)は米代川支川の夏期流量を回帰分析し，森林蓄積量の減少が渇水時流量の増加に寄与していることを確認した(豊水時流量には影響を与えていない)．吉田，端野(1999)は徳島県の森林試験流域で間伐と洪水ピーク流出量の関係を調べ，間伐は樹冠密度を減少させることにより洪水ピーク流出率と年間流出率を増加させると結論付けている．ただし，降水量等の気候特性や土壌層厚等の地質の違いが土壌水分量等を通して浸透・流出過程に差を生じさせるため，樹木密度や森林施業(間伐・枝打ち等)のコントロールがもたらす流況変化を一様に議論することはできないとしている．服部ら(2001a，2001b)は全国の森林水文試験流域のデータを体系的に整理し，皆伐後の流出率は伐採前より増加するが林地表面が変化する場合(トラクター集材や山火事等)には10～20%を超えるような大きな増加傾向を示すこと，ヒノキやスギ等の針葉樹人工林では葉量が多く蒸発散量が大きいため渇水流量を減少させることを示したうえで，適度な間伐や枝打ちによって葉量を制御するとともに下層植生の生長や針広複相林の構成を促すこと，長伐期施業等によって木材生産と水源涵養機能を両立させる方法等を提案している．高瀬(2000)は瀬戸内地方の小流域を対象に山林地と造成畑地を比較し，直接流出成分に関わる造成畑地の浸透強度は山林地の1/2にすぎず，通常年では平水以下において山林地よりも流量が小さくなることを示している．ただし蒸発散量が小さいことから渇水年では逆の現象も見られ，影響は単純でない．

3.3 河川流送物質の動態と人為的インパクト

3.3.1 土　　砂

河川の特徴，すなわち地形，植生，生物は，流水と土砂の量と質によって大きく規定される．流水については，水資源の開発という目的のため詳しい調査がなされ，量・質についてかなりのことが明らかにされている．しかしながら，河川を流下し沖積地形を形成する土砂については，測定が難しいことにより十分ではない．

量については，地形学者による山地解体速度の把握[Yoshikawa(1974)]，ダム管理者や河川管理者のダム堆積量の把握，河川砂利資源量の把握のため，戦後，次々に建設された大ダムにおける土砂の堆積量から，山地部の単位面積(km^2)，単位時間(年)当りの生産量(比生産土砂量という)が明らかにされつつある．比生産土砂量は，山地の起伏度が大きい(斜面角度の大きい)ほど，また裸地が増えるほど大きくなる．**図-3.12** は，芦田，奥村(1974)によって示された日本の代表的な水系におけるダム貯水池から評価した年平均比堆砂量 q_s(ほぼ比生産土砂量と同じ)とダム上流流域面積 A との関係を示したものである．ここで，①群は，日本で最大の流出土砂量を示す黒部川，天竜川，大井川のもの，②～③群は，流出土砂量の多いとされる只見川，庄川，吉野川，木曽川，十津川のもの，④～⑤群は，中国地方のものである．その他の流域は，③～④群に入るものが多いとしている．さらに，それぞれの直線は $q_s \propto A^{-0.7}$ であり，同一の

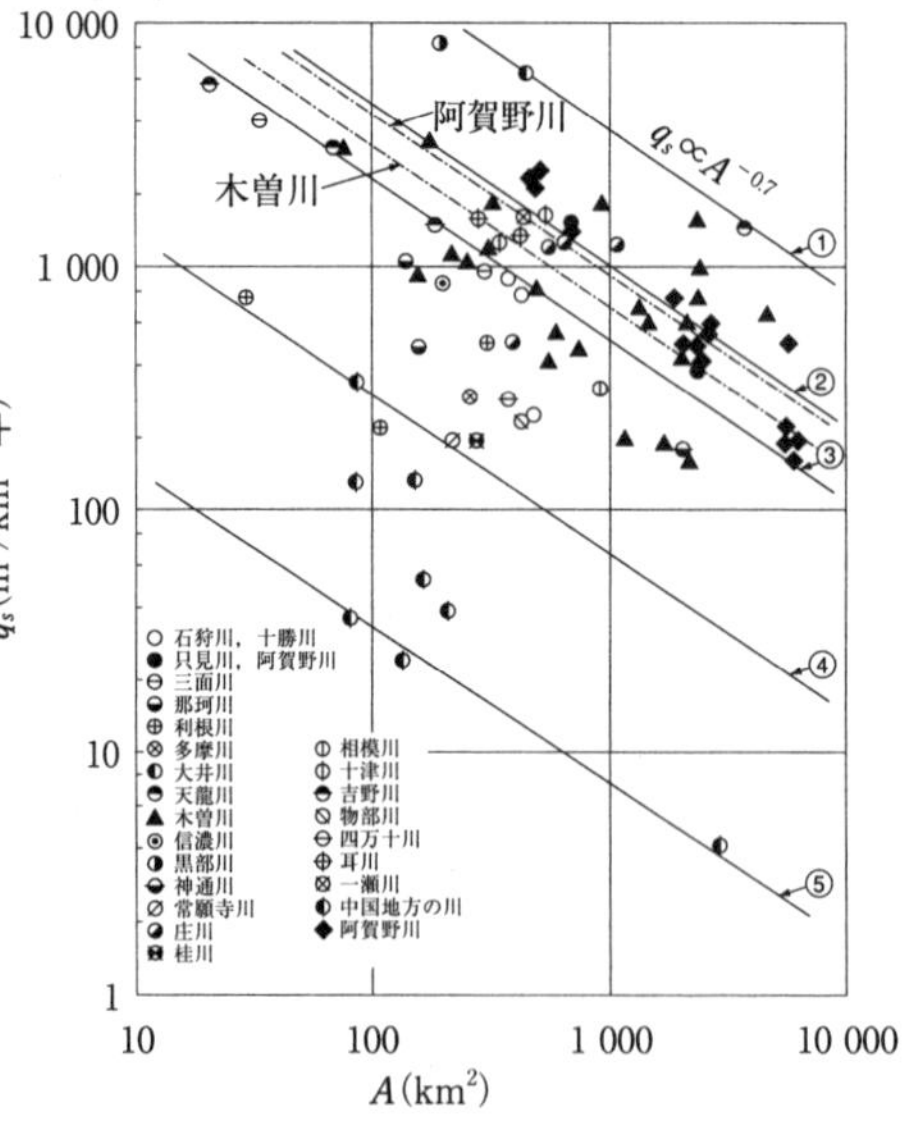

図-3.12　流域面積 A と比堆砂量 q_s［芦田，奥村(1974)を微修正］

水系については，ほぼこの直線状に乗るとしている．比生産土砂量は，完新世を通じて**図-3.12**に示すような比生産土砂量であったとはいえないが，今から約6 000年前以降の気候変動はそれほど大きくなく，平均気温で3℃程度の変動と考えられるので，完新世の山地からの流出土砂量の概略値として参考になろう．

この山地からの沖積地への供給土砂量と質は，岩石の風化速度，すなわち気候，山地地形，地質(岩質)に支配される．風化作用には，物理的風化と化学的風化の2つの作用がある．岩石は岩質により風化される生産物の大きさが異なり，また風化によって生産される土砂は連続的に種々の粒径のものが生産されるのではなく，不連続的に特定の大きさの粒径集団を持っている．例えば，固結度の低い第三紀のシルト岩，砂岩，凝灰岩の山地(丘陵であることが多い)では，礫以上の粒径のものをほとんど生産しない．これを小出(1973)は，風化作用の不連続性としている(そこでは物理的風化作用について述べた概念であるが，本書では，化学的風化作用も含めて不連続性の概念とする)．

一般には，粘土，シルト，細砂，中砂，礫，玉石等の4つ，あるいはそれ以上の特定の粒径にピークを持つ粒径集団が山地部において生産される．概略，シルト・粘土は50～60%，砂分は20～30%，1 cm以上の礫・玉石は10～20%と推定されている[藤田ほか(1998)；建設省開発課ほか(2000)]．なお，流域面積の小さい小河川あるいは大河川の支川で，洪積段丘の侵食地形である谷地田，扇状地の湧水地帯，沼から流下する河川においては，比生産土砂量は少ない．山地から流出する河川と性格が大きく異なる．

自然的・人為的影響が生産土砂量の変化に及ぼす要因とその変化量は，以下のようである．

(1) 自然的要因

山間部で生産される土砂量は，年ごとに異なる．一般に大雨が降ると，土石流の発生や表層侵食が多くなり，生産土砂量が増加する．**図-3.13**

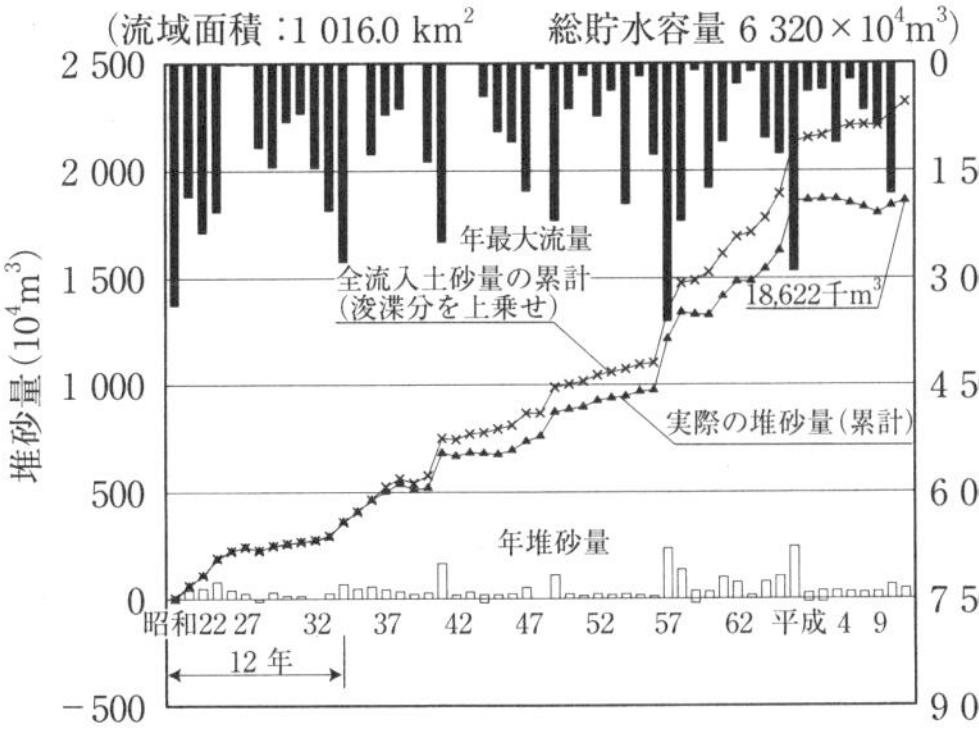

図-3.13　相模川の相模ダムの累積堆砂量，年最大流量，年間堆積量の変化[河川環境管理財団(2002)]

は，相模ダムの累積堆積量と年間堆積量を示したものである[河川環境管理財団(2002)]．生産土砂量の多い年は，豪雨が発生している．

豪雨以外に生産土砂量を増加させる自然的要因としては，大地震による山地の崩壊，火山噴火等がある．

(2) 山地・丘陵の開発と植林

山地の開発，特に森林から裸地への転換は，表層土壌の侵食を急増させる．高度経済成長時代，都市近郊の丘陵地が住宅地に転換された．鶴見川流域(流域面積234.5 km^2，山地面積 179.4 km^2)では，60年代から90年代にかけて多摩丘陵の都市開発がなされ，流域面積の市街化率は，1958年で10%，1966年には20%，1975年には60%，1997年には84%に達している．工事に伴い多摩丘陵を覆うローム層が侵食され，これが鶴見川下流部に堆積した．河積の変化量と浚渫量から，堆積量は1965年から1975年で年22万 m^3，1975年から1984年で年15万 m^{3}と評価された．これより山地の比生産土砂量は，それぞれ約1 700 m^3/km^2/年，1 600 m^3/km^2/年となる[山本ほか(1993)]．この比生産土砂量は，中部地方の山岳地帯の土砂生産量に匹敵している．流域の地形起伏から判断すると，農村的土地利用の時代は，この値より1オーダ少ない生産量であったと推定される．

また，戦後食料増産時代に山地丘陵部や台地の農地開発がなされた．樹林から農地への転換は，河川への流出土砂量，特に細粒分の流出を増大させた．

(3) 鉱山開発

中国地方の斐伊川《ひいがわ》(流域面積2 070 km^2)では，花崗岩の風化物であるマサ土を鉄穴流しという流水洗鉱方式で採取し，多量のマサ土を斐伊川に流出させた．江戸時代平均で1年当り50万 m^{3}と推定されている[建設省中国地方建設局(1995)]．これにより宍道湖は埋め立てられ新田になると同時に斐伊川を天井川化させた．

渡良瀬川では，明治以降，銅の生産量の急増と精錬に伴うSO_2の排出により精錬所周辺の森林が裸地に変わり，流出土砂量を増加させ下流の洪水被害の増加や鉱毒被害の要因となった．

(4) ダム建設

大ダムの建設は，1930年代から始まり，戦後は多くの大ダムが建設された．大ダムは，ダム上流で生産された土砂のほとんどをダム湖に堆積させた．流出してもそのほとんどは粘土，シルトであった．ダムによる土砂捕捉率は，ダム年間流入水量/貯水容量(ダム回転率)の小さいダムほど大きいと考えられている[Brune (1953)；吉良(1978)]．ちなみに回転率10で80～90%，回転率1で95～99%程度と推定されている．

(5)　治山・砂防事業

砂防ダム，流路工，遊砂地等の砂防工事は，戦後の高度経済成長時代以降，投資量が増加し現在に至っている．渓流土砂の流出の抑制・調整，土石流の流下の防止により，山地の解体速度を減少させ土砂災害を軽減させた．

戦後，荒れた山林に植林を進めた．山腹工による土砂侵食の軽減と植林は，荒廃地の減少と同時に河川への土砂供給を軽減させた．

これらの人為的行為が河川への供給土砂量をどの程度変化させたかについては，実証的研究がほとんどなされていない．

3.3.2　水　　温

(1)　年変化，日変化の一般論

水は，比熱が大きいため空気や地表面に比べ温度変化が緩慢である．それゆえ，河川水温の時間変化は日スケールでも年スケールでも気温変化にやや遅れて推移する．海岸や大湖沼沿岸で吹く一日周期の海陸風はこの温度差によって起きる．また気温以外にも日照や流量が水温の形成に大きな影響を持つ．

年スケールでは気温とのずれはそれほど大きく現れず，大局的に見て水温変化はサインカーブで近似できる[Walling and Webb(1992)]．最低水温は1～2月，最高水温は7～8月に現れ水温-気温関係は1本の回帰直線で表現できるが，冬季結氷河川では結氷時にこの関係が崩れ[Walling and Webb(1992)]，積雪域を水源に持つ河川では融雪前，融雪出水期，融雪後の3期間に分けた3本の直線となる[長谷川(1968)]．積雪地域の河川では3～5月に冷たい融雪水が河川流量の大部分を占めるため，流量と正の相関を持って水温が低めになる．山形県の野川では，多雪年は少雪年に比して水温上昇のタイミングが5～10日遅れ，その傾向は7月までも残る現象が観測された[新井ほか(1964)]．融雪期には日照が融雪を促進するため晴れの日には水温が低くなり，雨の日は流量増加と受熱量減でやはり水温が低くなるから，

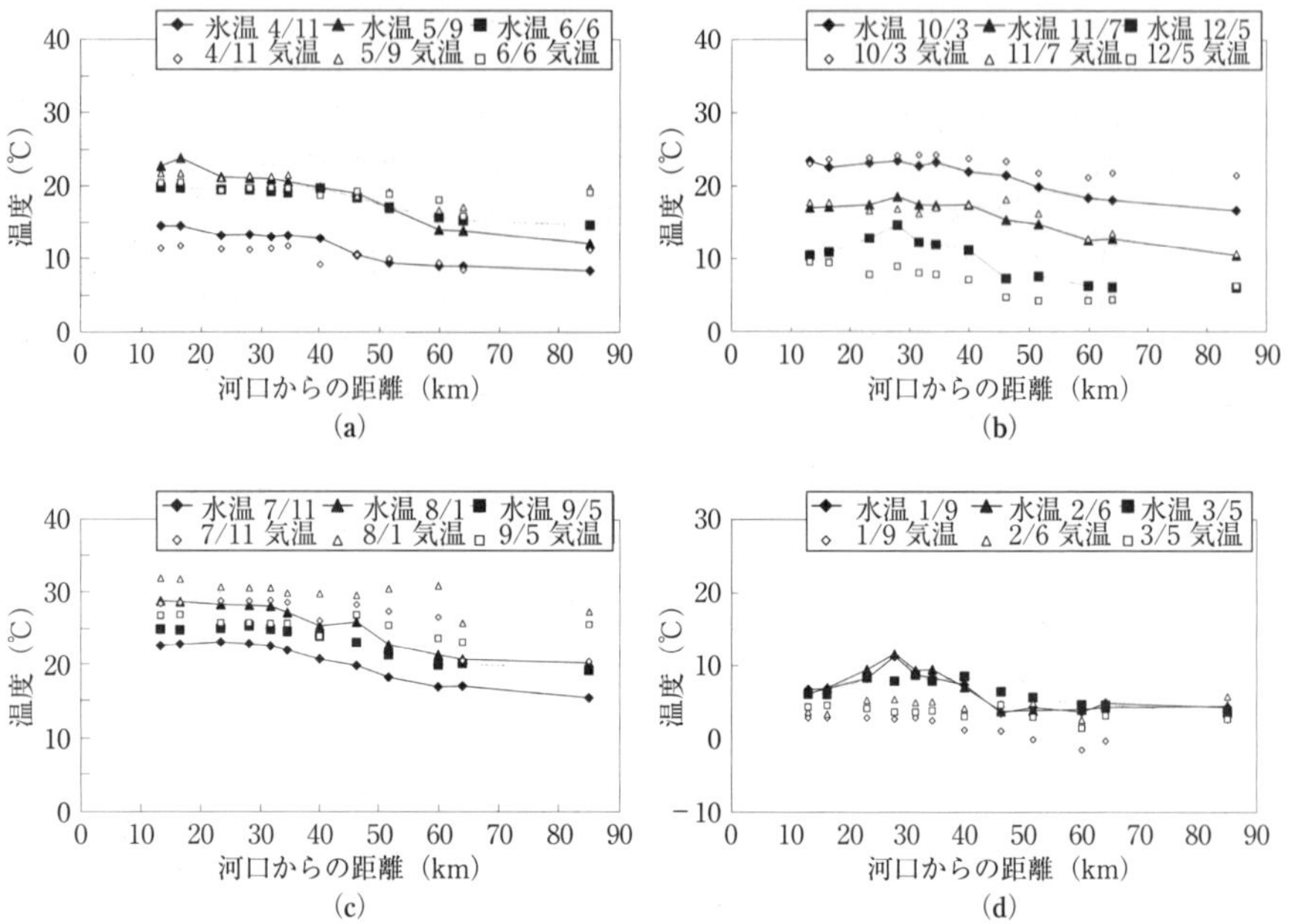

図-3.19 多摩川の水温縦断分布（平成 7 年度『公共用水域及び地下水の水質測定結果』より）

差を利用するためエネルギー供給後の水温は気温に近づく．木内ほか(2000)は，荒川下流で地域冷暖房システム導入の試算をし，夏季において水温が約 0.4℃上昇する可能性を示した．

これらの例からもうかがえるように，悪化しつつある都市熱環境は河川とのつながりを深めようとしている．夏季ヒートアイランド現象に対して河川は緩和効果を発揮している．水温が気温より低いこと，蒸発による潜熱輸送が盛んなこと，海風の通り道をつくることなどがその理由である．逆にいうと，ヒートアイランド現象によって河川水温は上昇する．都市活動が活発になるほど，建物や自動車から出る大気排熱，下水の持つ熱，さらに河川水熱エネルギー利用，植生伐採やコンクリート護岸化等の水温に影響を与える因子は増大する．

(3) ダムと選択取水

人為的な河川水温変化では，ダム放流水が最大の焦点となる．日本では農業や漁業に与える冷水害として耳目を集めてきたが，外国では逆に温水害が問題とされてきたケースもある．

ダム貯水池で温度成層が生じると下層の水温は表層水温より低くなり，この水が放流されると，下流の水温は低下する．工場や住民にはこの変化は好ましい．工業用水の主たる用途は冷却用だから低温水はコストダウンにつながるし，暑い日に水道の蛇口から出る水が冷たければ嬉しいであろう．金沢市ではダム湖の水面に発生した藻のために下層取水口から水道水を供給して住民に好評を博したことがあるという[金崎(1967)]．また低水温に適した特定の有用種にとって水温が高すぎて棲めなかった河川に棲めるようになることは，漁獲高や人間の利用の面にプラスの影響をもたらす(サケ，マス等)．しかし，本来ありえない低水温の水はそれに適応して生きてきた植物や動物には大きな衝撃を与える．この問題は，まず農業や漁業で顕在化した．古くは大正15年に黒部川右岸合口や梓川，昭和4年に庄川の小牧ダム，昭和6年に鬼怒川の中岩ダム，昭和12年に田沢湖疏水等で発電による農業の冷水障害が問題とされている[新沢(1962)]．海外では1594年に完成したTibiダム(スペイン，灌漑用)が既に選択取水設備を持っていたという[Cassidy(1989)]．日本では戦後発電者と農業との軋轢が激しくなり，両者の協力で1956年に河川水温調査会が発足し，以降20年以上にわたって河川水温の研究を精力的に主導した．

ダム貯水池が浅く温度成層を生じない混合型であればどのように取水を行っても下流に水温問題は生じないが，山間地に多い日本のダム湖はほとんどがそうではない．自然湖沼では，北緯36度(世界的には40度)を境にして北側の温帯湖では春と秋の2回循環，南側の亜熱帯湖では水温が4℃以下にならないため秋のみ1回循環とされており，いずれにしても夏季には成層が生じる[岩熊(1994)]．日本各地の多目的ダム貯水池における底層水温の周年変化は3パターンに分類[東京工業大学水工研究室(1970)]され，冬季に水温が4℃を下回る関東北部以北の地域，冬季にも4℃を下回ることなく年中7℃前後を保つ地域，そして洪水時の流入水が底層まで進入して底層水温が10℃以上にまで上昇するダム湖となっている．多摩川の小河内ダムでは，表面水温は冬季に7～8℃，夏季に27～28℃になるのに対して，取水口層の水温は冬季は6～7℃だが夏季にも18℃までしか上がらない(1978年のデータ，多摩川誌)．つまり，ダム直下流の河川水温は，夏季には自然水温より10℃ほども低くなる可能性がある(ただし，流入水温＜表面水温)．浅い湖では風により湖水が混合され鉛直方向の水温勾配がなくなることもあるが，ダム貯水池にはほとんどあてはまらない．

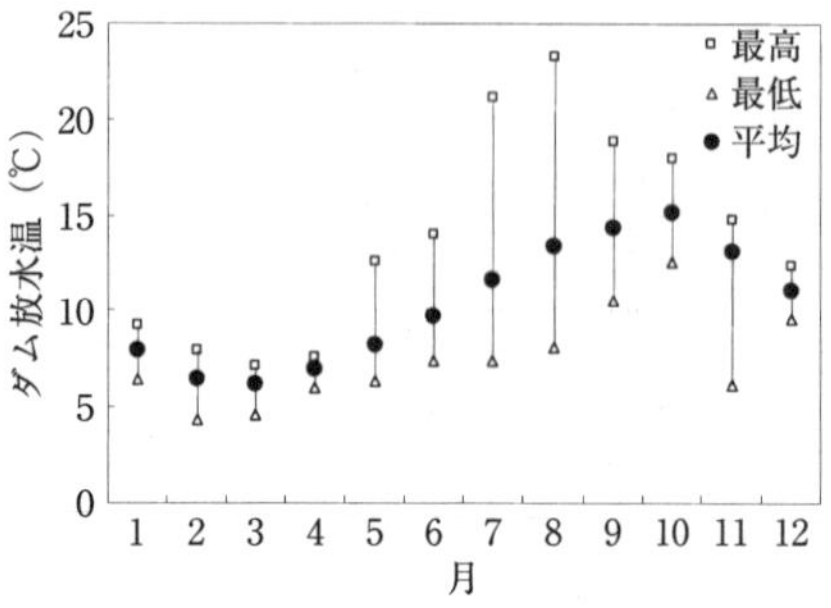

図-3.20 小河内ダム放水温[新井(1970),『多摩川誌』より)

放流水の温度はダム貯水位にも依存する．水位が高いほど放流口は相対的に深い点にあることになるので放流水温は低い．小河内ダムの例では水位 1 m の変化に対して 0.15〜0.21℃の影響が見られ(夏季)，放流水温は大きな幅を持った(**図-3.20**)[新井(1970)；多摩川誌]．8 月は最低水温 8.1℃から最高水温 23.2℃まで実に 14℃もの温度差が生じている．また，冷たい融雪水がしばらく貯水してから放流される，平均水温のピークが 10 月に現れるなど自然の水温変動では出現しえない現象が起きる．

表-3.7 上・中・下流における水温影響要素の軽重[Poole and Berman(2001)]（重要性の高い順に◎，○，△，＋，－とした）

水流次数	河川特性				
	河畔遮蔽	流量	支流	地下水	伏流水
1〜2	◎	－	△	◎	＋
3〜4	△	△	◎	△	○
5〜	－	◎	＋	＋	○

ダム冷水の対策としては，温水池，飛沫水温上昇施設，貯水池の上下混合[河川水温調査会研究部(1969)]等も考案されたが，ダム貯水池に選択取水設備を取り付けるのが現在は主流となっている．温水池とは，冷水を一時滞留させて温度上昇を図るもので，十勝川の糠平ダムで採用された例がある[新沢(1962)]．飛沫水温上昇施設は噴水や滝等を介して大気熱を奪おうとするアイデアで，駒ヶ根市の実験では 60 L/s の流量が 3 m 噴出して落ちる間に夜間 1℃/昼間 3℃の温度上昇，白糸の滝(静岡県)の観測では 2.15 m^3/s の流量が約 20 m 落下する間に昼間 1.5℃/早朝 1.0℃の温度上昇が確かめられている[浅井(1963)]．

米国では 1915 年に完成した開拓局の Arrowrock ダム(Boise 川)で初めて選択取水施設が設置された．1960 年代から 80 年代にかけて主として漁業資源の立場から様々な形式の施設が工夫されており，各州の定めた水温基準(上限および下限)を逸脱しないよう放流操作に気が配られている[Cassidy(1989)].

水力発電等で長距離にわたり管路やトンネルで大量の水が運ばれると，その区間の河道を流下する水に比べて温度に違いが生じる．特にこれが問題とされた春～夏(水田灌漑期)には，河道流下に伴う温度上昇が管路やトンネルでは起きず，取水地点の低い水温が下流(放流点)に突如として登場することとなる．山形県の日向川では，6 800 m 長の発電導水路(使用水量 15.0 m^3/s，放流点の本川流量 5.7～12.5 m^3/s 程度)によって 5 月下旬から 8 月中旬の水温が 1.24～2.26℃(平均 1.47℃)の低下をきたすと推計された[河川水温調査会研究部(1964)]．信濃川水系破間川では**図-3.21** のような位置関係にある地点で計測した水温(1 日 3 回 6，12，18 時の平均値)が**表-3.8** のようになった[河川水温調査会研究部ほか(1965)]．発電放流水は 6～8℃も低温になっているが，この発電所が使用している上流のダムに貯水された水は 6 月初期までの融雪水であり，既に融雪出水の終了した河川水との温度差が大きく生じたということである．

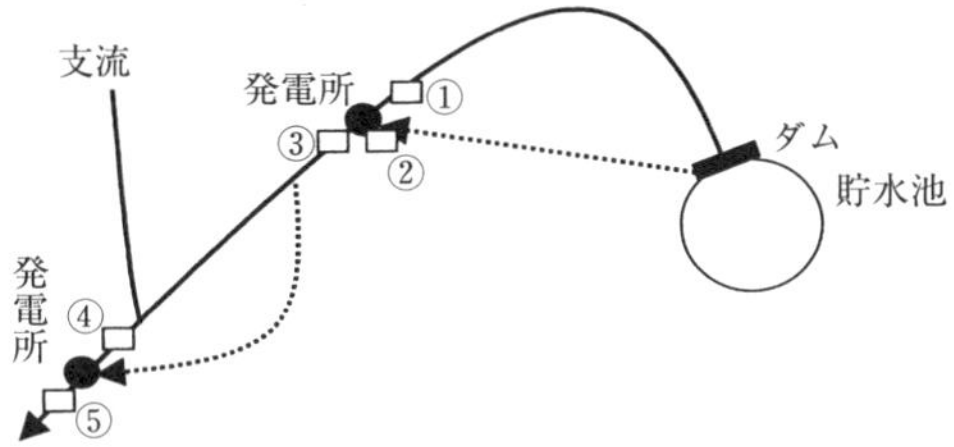

図-3.21　水温計測地点略図(発電バイパスはどちらも約 5 km)

表-3.8　水温(℃)計測結果(6 月は 25～30 日のみ)

	①本流	②導水路	③放水後	④支流合流点	⑤放水後
6 月	18.3	11.6	15.9	19.3	
7 月	22.7	14.3	16.3	19.9	16.8
8 月	24.7	17.4	20.5	25.1	12.9

(4)　河畔林，森林，伏流の影響

河畔植生は日射を遮蔽し日中の水温上昇を抑制する．淵，淀み，わんど等が岩壁や植生に近接していると，周辺水との熱交換も小さく低温域が保たれる．植生がなくなると日射が水面に届き，水温は上昇する．カナダ西部の湖を水源とする小流域(面積 3.1～4.1 km^2)では，森林伐採によって 8 月の平均日最高水温が 0.4℃上昇し，日較差も 1.1℃拡大したが，通常の(湖を水源としない)源流域ではそれぞれ 5.2℃/6.6℃の増加が見られたという[Mellina *et al.*(2002)]．荒川水系越辺川《おっぺがわ》の観測をもとにした数値計算では，河畔植生による遮蔽率を 30%から 15%にしたところ最高水温が 3℃上がるという結果になっている[Huang and Tamai(1998)]．

河道内の表流水は河床や河岸を潜りながら流れている場合がある．地面のように見えながらも地下水と違って河道内の流れと密接な関係を持つこのゾーン(hyporheic zone と呼ばれる)が水や熱の輸送に果たす役割は意外と重要である[Stanford and Ward(1993)；Findlay(1995)，等]．瀬淵の瀬の部分や蛇行の内側等もこれにあたる．**表-3.6** にもあげたようにこの部分の水(伏流水)は，水温に相当な影響を持っている．水深約 36 cm の小河川(水面幅 25 m，流量 0.9 m^3/s)と水深約 1 m の河川(水面幅 300 m 弱，流量 350 m^3/s)において熱収支観測をした結果(前者は 10 月，後者は 6 月)からは，河床の寄与は浅い川で短波放射の 2 割程度，深い川でも 1 割弱となり，蒸発や対流による分に匹敵した[Sinokrot and Stefan(1993)]．前述のカナダの調査では，集水面積 0.8〜13.8 km^2 の 14 の地点のうち 9 地点で，372〜897 m 流下する間に 0.14〜2.51℃の水温低下が見られた(いずれも湖が水源)．8 月に限ると日平均水温が 2.5℃，平均日最高水温が 5.0℃低下したところもある．

3.3.3　有機物，栄養塩

(1)　有 機 物

自然河川の BOD は 0.5 mg/L 未満である．生活系，農業系，工業系の排出負荷が自浄作用を上回ると河川 BOD は悪化する．生活系の負荷発生量は，屎尿が 13 g/人･日，生活雑排水が 27〜36 g/人･日，水量がそれぞれ約 60 L，200 L とされており，大部分が下水処理場や浄化槽等を経て河川に流入する．下水道の排出処理水濃度は 2.5〜7.0 mg/L 程度であり，高度処理を経ると 1.0 mg/L まで改善する．浄化槽は，合併浄化槽で下水道の約 2 倍の濃度であり，単独浄化槽だと生活雑排水が処理されない．農業系は農地(水田，畑)と畜産に分けられ，特に畜産からの排出量が大きい．BOD 負荷発生量は，牛では 1 頭当り 640〜800 g/日，豚では 130〜200 g/日，馬では 22 g/日となっており，処理方法によって排水負荷は，牛が 13〜54 g/頭･日，豚が 2〜19 g/頭･日と変わる．

都市化のあまり進んでいない中上流域では下水道普及率の高さと河川水質(BOD

濃度)がほぼ比例するが，普及が一段落した都市域ではそれ以上の改善はなかなか見込めない．**図-3.22** は多摩川の年間平均 BOD 観測値を示している(右が上流)．縦線は下水処理場の位置であり，**図-3.10**と併せて見ると，下水処理水の流入で水質が左右されていることがわかる．

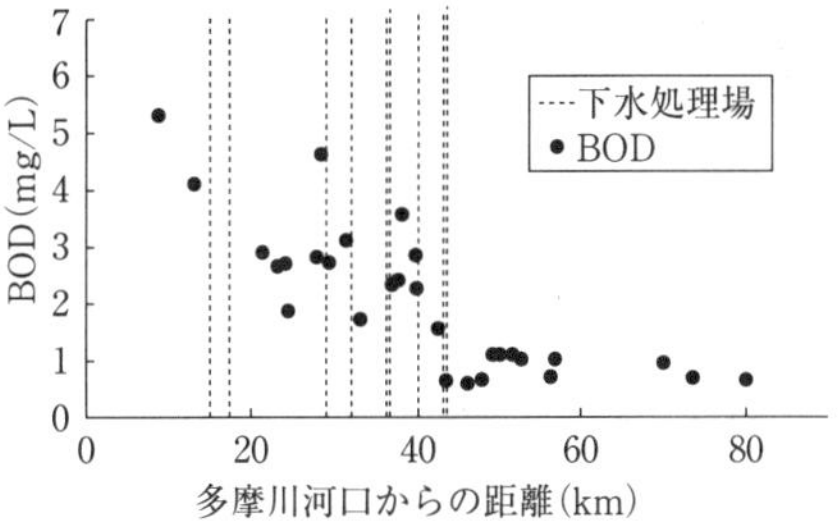

図-3.22　多摩川の縦断方向 BOD 分布(1997 年，東京都計測)．縦線は下水処理場放流口の位置

(2)　栄 養 塩

山地からの窒素，リンの発生原単位は，全国各地の観測値からはそれぞれ 0.03～2.5 g/m^2・年，0.004～0.127 g/m^2・年と大きなばらつきを持っているが，おおよそ 0.4 g/m^2・年および 0.03 g/m^2・年が平均値といえるようである．また降雨の原単位は，窒素で 0.45～3.06 g/m^2・年(1.0～1.4 が多い)，リンで 0.009～0.262 g/m^2・年(0.05 前後が多い)となっている．これに対して生活系では，窒素が屎尿 6.0～9.0 g/人・日と雑排水 1.5～3.3 g/人・日，リンが屎尿 0.5～0.9 g/人・日と雑排水 0.25～0.3 g/人・日の発生量となっており，これを処理した排出量を滋賀県で推算したケースでは窒素が 1.5 g/人・日(自家処理，計画収集)～2.5(下水道)～7.0(浄化槽)，リンが 0.04 g/人・日(下水道)～0.3(自家処理，計画収集)～0.9(浄化槽)と求められている．滋賀県の場合は下水処理場で高度処理まで行っているので，窒素，リンの除去率が高く，浄化槽に比べ排水水質が良い(窒素平均 6.18 mg/L，リン平均 0.09 mg/L)．多摩川の処理場排水では窒素が 11～14 mg/L，リンが 0.7～1.5 mg/L となっており，高度処理水を使って流水を再生している玉川上水では窒素が年平均 11.8 mg/L，リンが年平均 0.82 mg/L となっている(いずれも平成 9 年データ)．全国の統計値では窒素が 8.5～18 mg/L，リンが 0.6～1.6 mg/L の範囲に収まるものが多く，除去率は 50～80%程度であるが，浄化槽は除去率が 10～20%ほどしかない．

農業系では肥料を使うため寄与は大きいが，施肥法や灌漑水質等によって排出水の濃度は違い，逆に水質浄化の働きをすることもある．水田では窒素で 0.51～6.76 g/m^2・年，リンで 0.15～0.87 g/m^2・年といった値が報告されている．畑では窒素が 0.24～23.8 g/m^2・年，リンが 0.01～0.24 g/m^2・年と穀物種による差が大きい．畜産では牛が窒素 285～290 g/頭・日，リン 48～54 g/頭・日，豚が窒素 37～40 g/頭・日，リン 15〜25 g/頭・日の発生量となっていて，馬は牛よりやや小さく，鶏は 2 オーダー以上小さい．排水は牛が窒素 1.6〜41.6 g/L，リン 0.65〜22.3 g/L，豚が窒素 1.9〜8.7 g/L，リン 1.0〜4.1 g/L となっている．湖沼等では養殖からも負荷が発生し，霞ヶ浦では全汚濁負荷の 6.5%(窒素)〜19.4%(リン)を占めている．局地的には釣り人の撒き餌が高濃度の汚濁域をつくり出すこともある．

工業系からの排水は，業種や工程，工場規模等で千差万別であるが，多くの地方で排水規制の条例が定められている．全負荷量に占める割合は，霞ヶ浦流域では窒素 5.2%，リン 8.5%，琵琶湖流域では窒素 13.5%，リン 13.3%等と推定されており，無視できるほど小さいというわけではない．

年流出高を 1 500 mm と仮定すれば，山地から出てくる平均的な水は，窒素濃度が約 0.27 mg/L，リン濃度が 0.02 mg/L ということになる(例えば，奥多摩町の日原川では窒素 0.68 mg/L，リン 0.017 mg/L という値が観測されている)．これと人為的要因になるものを比較すると，浄化槽では約 100 倍，下水処理では高度処理前で 50 倍，高度処理後で 20〜40 倍の負荷となっていて，同様に水田では最大 15 倍，畑では最大 50 倍程度の負荷を与える可能性がある．

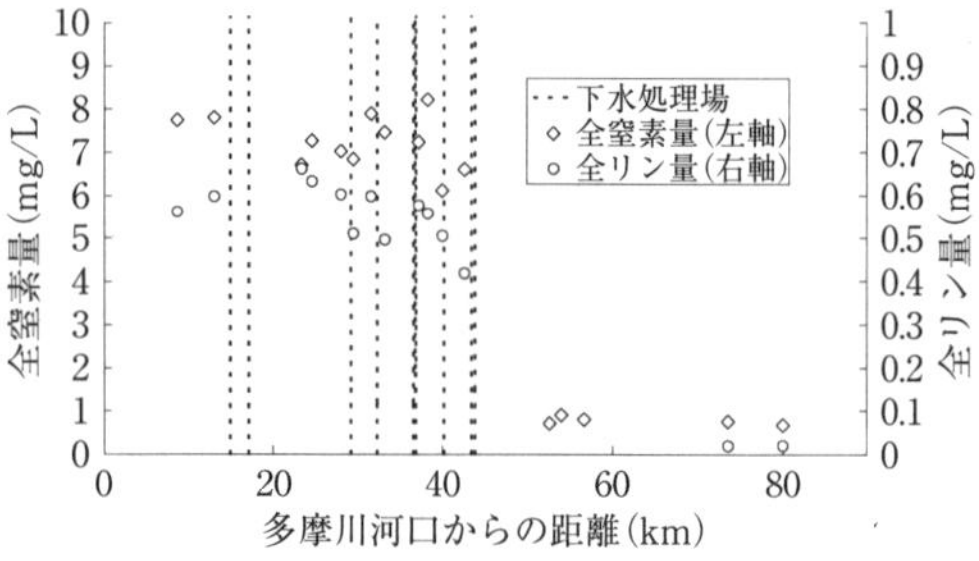

図-3.23 多摩川の縦断方向窒素，リン分布(1997 年，東京都計測)

多摩川の観測例を**図-3.23** に示す．BOD と同様に，最初の下水処理水放流点でぐっと濃度が上昇し，あとは細かい変動はあるものの横這いになっていることがわかる．

3. 3. 4 微量環境物質

人間活動によって河川水中に放出される物質の中には，有機物や窒素，リンほど濃度が高くなくても，人間をはじめとする生物に悪影響を及ぼすものもある．

化学物質の中で残留性(難分解性)，生物濃縮性(脂溶性)，揮発拡散性，毒性を併せ持つものを残留性有機汚染物質(POPs；Persistent Organic Pollutants)と呼び，かつて使われていた DDT 等の殺虫剤をはじめ PCB やダイオキシン類等が指定さ積河川という)での中スケール河川地形である河道平面形状をとれば，流量，勾配，河床材料を支配因子ととるのが適切である[山本(1999)].

ところで，自然的攪乱・人為的インパクトと河川生態系との関係を理解しようとする時，また人為的インパクトに対する河川生態系の再生という技術の視点から河川を見る時，本章で記述する河川地形の3つの階層(大，中，小)間で表出された情報を相互にやり取りする必要が生じる．技術の観点(制御の観点)からの情報の流れは，**図-4.1** のようになろう．当該対象階層を意図的に改変するには，対象階層の境界条件を制御(技術)の対象とせざるを得ないこと，その情報は上位階層から流れてくること，下位階層は当該階層の内部構造とその時空変化の説明因子であり，制御の有効性評価の情報として位置付けられ制御対象ではない．すなわち，下位階層は上位階層に包摂されるのである．

4.1.2　河川生態系における河川地形の位置

河川地形の変化を直接的に支配するのは流水と土砂である．人間を除けば河川を生活の場あるいはその一部とする動物は，河床材料を移動させたり，巣穴を掘ったりするが，その土砂再移動能力は大きなものでなく，通常，水深規模程度以上の河川地形変化現象の支配因子とはならないが，北米の河川に住むビーバーのように樹木を倒し，それを集め小ダムをつくるような場合もあり，無視し得ないこともある．生態学の観点から微小地形(10 cm 程度以下)を検討対象空間スケールとする場合には，水生動物を地形形成の説明因子として取り入れなければならないが，通常，河川地形を制御するという技術的対象の考慮スケールではない．

河川沿いの草本，樹木は，流水に対して粗度となり流速を軽減したり，時には樹木の周辺の流速を速くしたりして，土砂の堆積や再移動に影響を及ぼす．また，草本類は，表層土壌の侵食を防ぎ，樹木の根は，河岸侵食の抑制効果を持つ．河川およびその近傍に生育する植物は，洪水という攪乱を受け，これに耐えられる植物が生き残り，河川植生という独自の植性景観を形づくる．

図-4.2 に，河川地形と植生の相互作用を流れと流砂を媒介としてその関連を示す．なお，河川植生については，説明因子として平常時の水量と水質(河川生態系に関わる生物の作用に大きな影響を受けている)を重要な説明因子として加え，その他に二次的説明因子として気候や周辺地形や周辺植生等を付加する必要がある．

河川地形さらには河床材料，氾濫原土壌，表層土壌水分は，セグメントごとに変

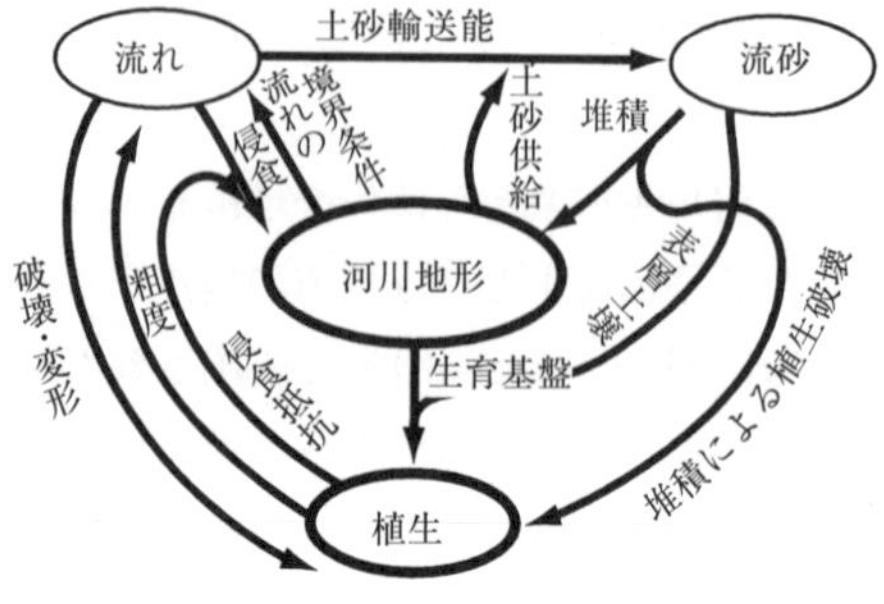

図-4.2　河川地形と植生の相互連関

わるので，河川生態系の一般的特性を河川水質とセグメントにより分類・記述可能である．すなわち，セグメントは，河川生態系の河川縦断方向空間区分として利用しうる．また，攪乱あるいは人為的インパクトに対しても気候帯がほぼ同じ所を流れている河川間では，セグメントごとに河川生態系の応答は似たようなものとなろう．

4. 2　流域(大)スケールの河川地形とその変化

4. 2. 1　河川の縦断形とセグメント

流域の地形は，地形形成営力の現れであり，地質，地殻変動，気候変動の歴史が地形の差異として現れる．流域地形に及ぼす上述の影響を見るには，水系網や地形の起伏度等を量的に測定し，これと地質，地殻変動，気候変化の歴史の関係を調べる必要があるが，本書は100年程度の時間スケール内での河川環境の変化に及ぼす自然的攪乱・人為的インパクトを主題とするので，これには触れず，河川環境をその質から分節化するに必要な河川の縦断形について記す．

河川の縦断形は，流域スケールの地形の現れである．河川の縦断形は，一般に上流から下流に向かって徐々に緩くなるとみなされている．しかしながら，実際の河川の縦断形は，それほどスムーズなものでなく，むしろある地点で急に勾配が変わると考えた方が実態に合っている．

上流山間部は，堆積より侵食が卓越している空間であり，流路が合流し河系次数(河系係数)が変化すると，そこで河川を流れる流量および流送土砂濃度が急変するので勾配が変わり，また河床，河岸の岩質が変化すると，土砂を含んだ流れに対する耐侵食力が変化するので，そこで勾配が変わったり滝になったりする．地殻隆起速度が相対的に遅い空間があると，盆地地形が形成され，河川は沖積地を流下し，盆地出口下流では狭窄《きょうさく》部となり，河床にベッドロックが露出することが多い．狭い沖積谷を流れる区間では，所々に基岩が露出し沖積堆積物層が薄い．

山間部を出ると，河川は主に自身で運んだ沖積層上を流下する．**図-4.3** は，木曽川の河床高の縦断形を示したものである．これを見ると，河川の縦断形は徐々に変化するよりも，ある地点で急に変わっているとみなされる．日本の沖積河川の縦断形を調べると，木曽川の事例が例外というものでなく，むしろ一般的なものである［山本(1994)］．

山間部を含めて河川の縦断形は，ほぼ同一勾配を持ついくつかの区間に分かれて

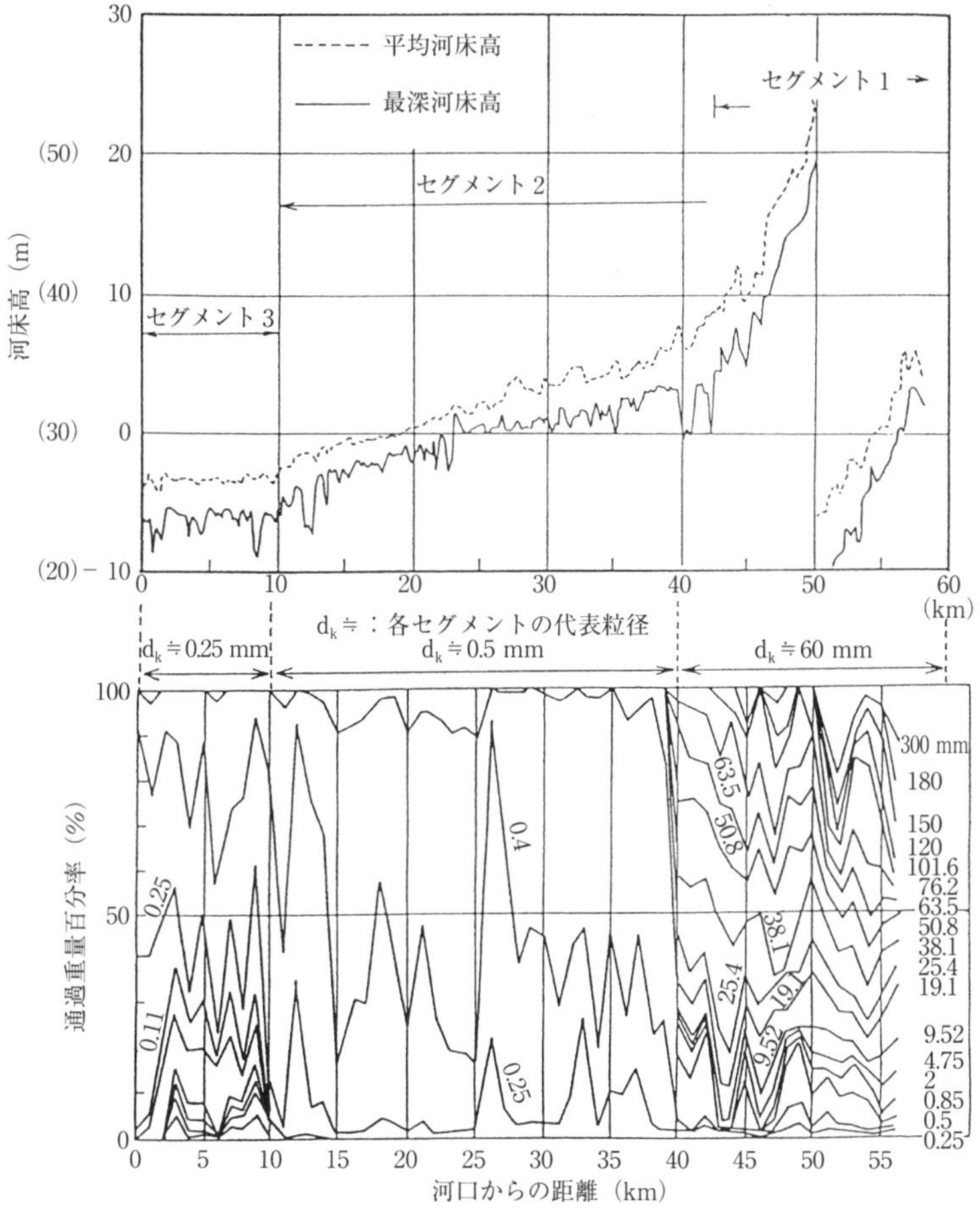

図-4.3　木曽川の河床高縦断形と河床材料の縦断方向変化［山本(1994)］

河系次数：河系次数は，もともと Horton(1945)により概念化されたものであるが，ここでは，これを改良，簡略化した Strahler(1952)の定義を示す．

河川の流路網の各水源から最初の合流点間まで，合流から合流点までというように水路を区分し，最上流の細流区間を 1 次河川，2 本の 1 次河川が合流すると 2 次河川，2 本の 2 次河川が合流すると 3 次河川とし，以下 4 次，5 次の河川区間とする．低次の河川が高次の河川に合流した場合には，高次の河川の次数は変わらないものとする．

いると見ることができる．河床勾配がほぼ同一である区間では，河床材料や河道の種々の特性が似ており，これをセグメントと呼んでいる．河川におけるセグメントの数は，河川によって，また河川をセグメントに区分する目的によって異なる．**図-4.3** に示す木曽川の例では，扇状地を流下する区間にあたるセグメント 1，その下流で粒径 0.5 mm 程度の中砂を河床材料に持つセグメント 2-2，その下流で粒径 0.25 mm 程度の細砂を持つセグメント 3 からなる．上流山地の起伏度が大きくなく単位面積当りの砂利成分の供給量が少ない河川では，扇状地を持たず，直接自然堤防帯に入り，花崗岩の風化されたマサ土地帯を流下する河川でなければ，通常，砂利を河床材料に持つセグメント 2-1 を持つ[山本(1994)]．

セグメント 1，2-1，2-2，3 に加え，沖積河川の上流の山間部および狭窄部をセグメント M と呼び，これらを地形特性と対応した大セグメントと呼んでいる．**表-4.1** に各セグメントの定義と特徴を示した．このように大セグメントごとの河道の特徴が大きく異なることは，それを存在基盤とする河川生態系も大セグメントごとにその特徴が大きく異なるものとなる．大セグメントは，河道の特徴の単位であると同時に，河川生態系空間区分の単位でもある．

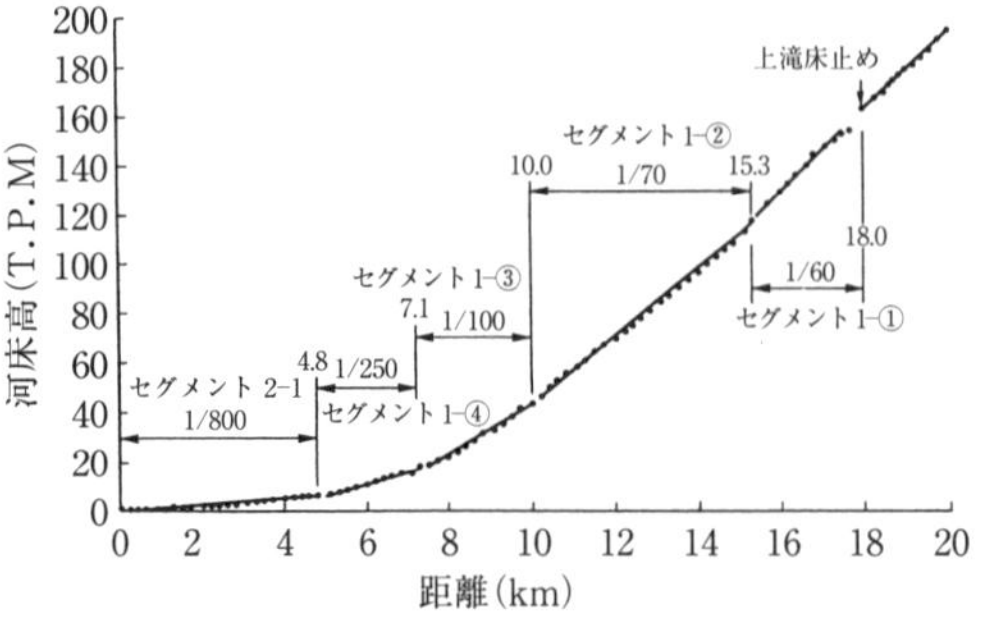

図-4.4　常願寺川の河床高縦断形とセグメント区分[山本(1994)]

実際の沖積河川は詳細に見ると，**図-4.4** のように大セグメントを 2 つ以上の小セグメントに区分し得ることがあり，これらは小セグメントといい，**図-4.4** のように上から①，②と番号を付し区分し

表-4.1　各セグメントとその特徴[山本(1994)]

セグメント	M	I	2		3
			2-1	2-2	
地形区分	←山間地→	←扇状地→	←谷底平野→ ←自然堤防帯→		←デルタ→
河床材料の代表粒径 d_R	様々.	2 cm 以上	3～1 cm	1 cm～0.3 mm	0.3 mm 以下
河岸構成物質	河床河岸に岩が出ていることが多い.	表層に砂，シルトが乗ることがあるが，薄く，河床材料と同一物質が占める.	下層は河床材料と同一．細砂，シルト，粘土の混合物.		シルト，粘土
勾配の目安	様々.	1/60～1/400	1/400 ～1/5 000		1/5 000～水平
蛇行程度	様々.	曲がりが少ない.	蛇行が激しいが，川幅水深比が大きい所では 8 字蛇行または島の発生.		蛇行が大きいものもあるが，小さいものもある.
河岸浸食程度	露岩によって水路が固定されることがある．沖積層の部分は激しい.	非常に激しい.	中，河床材料が大きい方が水路はよく動く.		弱，ほとんど水路の位置は動かない.

ている．粒径 1 cm 以上の供給土砂のうちに平均粒径が 1 オーダー程度の差がある顕著な粒径集団(**4.2.2** 参照)を持ち，かつ各粒径集団の供給土砂量が別々の堆積地形をつくるだけの量があると，勾配のかなり異なる別々の小セグメントを形成する．粒径集団の平均粒径の差が 1 オーダー程度の差がない場合や 1 cm 以上の粒径集団の数が多いと，勾配の差の小さい小セグメントが形成され，かつ小セグメントの繋ぎ目が明瞭でなくなる．大支川の合流点は，そこで土砂濃度が変化するので小セグメントの結節点となる．

セグメント M の区間は，河岸や河床に岩が露出したり，崖からの崩壊礫等の供給により沖積河川と河道特性が異なるが，両岸の大部分が現世河川による堆積物(ここ 1 万年において堆積したもの)である場合は，沖積河川と同様な河道特性を持つ．沖積谷の狭い山間部の河川では，沖積河川と同様な河道特性を持つ区間とそうでない区間を区別し，小セグメント区分するとよい．セグメント区分は，地形区分ではなく河道特性から見た環境区分なのである.

日本の河川は，内湾に流出する河川を除けばセグメント3を持たないことが多く，また外海に流出し，その前面に海盆が迫る場合には，砂以下の小粒径土砂成分が波浪によって他の場所に運ばれてしまうため，セグメント1しか持たないことがある．すべての大セグメントを持つ河川は少ない.

4.2.2 セグメントの形成機構

山間部は，所々に堆積地形を持つが基本的に侵食区間であり，沖積地への土砂の供給区間である．その縦断形は，河床岩質，地殻変動，気候変動等に影響される．日本では岩質分布，地殻変動の量的差異の空間スケールが小さく，また湿潤気候であり河川密度(水系の全水路長を流域面積で除したもの)が大きく[Madduma，B. C. M.(1974)]，短い小セグメントに区分されることが多い．一方，沖積地のほとんどは，山間部で生産された土砂が洪水によって運搬され堆積した地形である(洪水以外の土砂運搬要因としては波浪，潮流，風等がある)．沖積河川が2つ以上のセグメントを持つのは，山間部で生産される土砂のうちに3つ以上の粒径集団(粒径集団と粒径集団区分粒径)があり，それらが分級堆積するためと考えられている[山本(1994)].

土砂がほとんど深海に流出しない内湾に流出する河川では，沖積層の土質別体積をボーリング資料から算出することによって，沖積作用が生じた期間の平均的な河川への供給土砂量を種類別に把握することができる．**図-4.5** は，このようにして

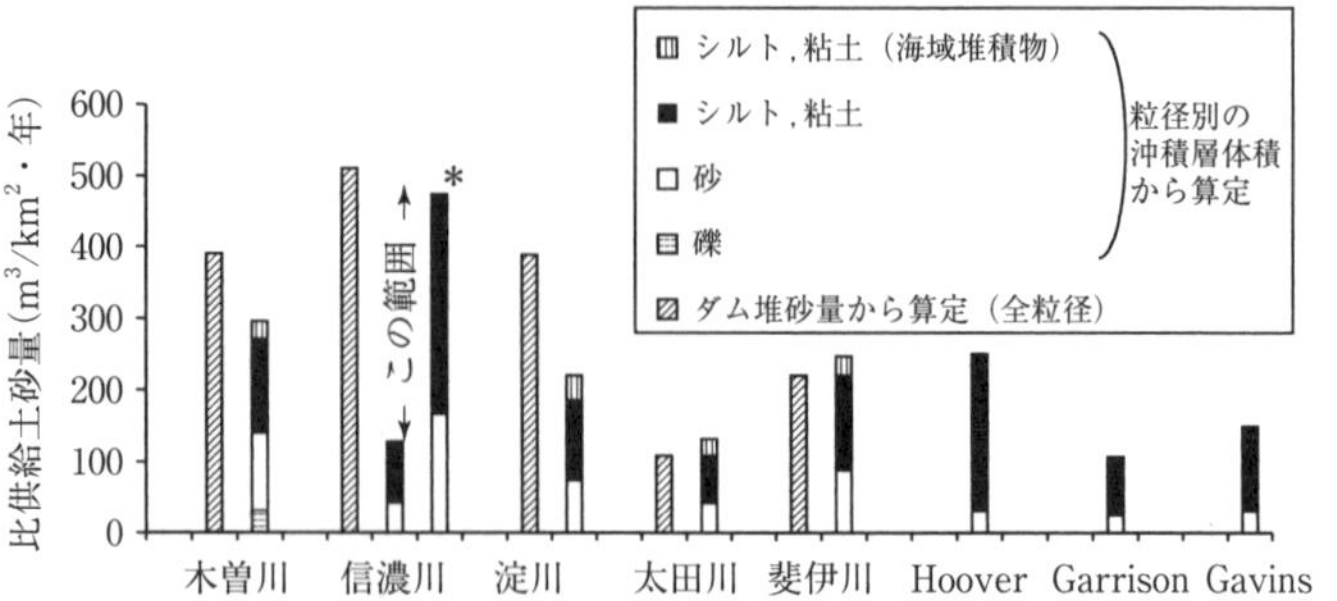

(注) 土砂量は堆積した状態での堆積である．ただし，コロラド川とミズーリ川については，ダム堆砂量とその粒度分布から算定している.

図-4.5 ダム堆砂と沖積層堆積物から求めた比供給土砂量[藤田ほか(1999)]

粒径集団と粒径集団区分粒径：河床材料の ϕ 粒径($\phi=-\log_2 d$ であり，d は粒径で，単位は mm)の粒径分布形は，正規分布形に近いといわれている．実際には，特性の異なる3つ以上の集団を持っているのが普通である．堆積学では**図-4.6** のように，河床材料の主モードである集団をA集団，それよりも細かいものをB集団，A集団より粒径の大きいものをC集団と呼んでいる．粒径集団に区分するのは，粒径集団ごとに土砂の移動形態や河道形成や河川生態系に及ぼす役割や影響程度が異なり，河川で生じる現象やその変化を予測・評価するのに実用的であるからである．

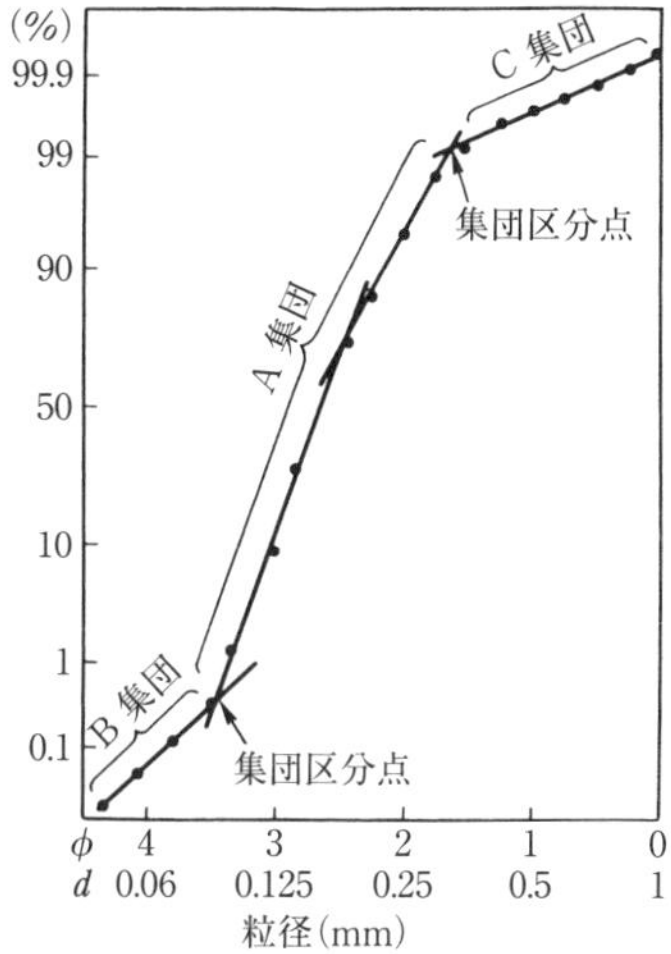

図-4.6　河床材料の粒度分布[山本(1994)]

各粒径集団の区分粒径は，**図-4.7** に示すように粒径加積曲線上での勾配急変点とすればよいが，扇状地河川の場合，粒径の存在範囲が広く，粒径集団区分粒径の決定に困難を覚えることが多い．この場合は次のように区分粒径を設定する[山本(1994)]．

① 小セグメントごとに測定された河床材料の粒度分布曲線を描く．

② 大粒径集団であるチャネルラグデポジット(channel lag deposit：その移動速度が河床材料の主構成材料であるA′集団より遅く，河床に取り残されていくような材料をいう．河床がアーマ化されると，この集団が表面を覆う)であるC集団と河床材料の主構成材料であるA′集団は，通常粒径加積曲線で勾配の急変点が現れるので，そこの粒径を区分粒径とする．

③ 砂成分をB集団とする．この場合，粒径加積曲線上で勾配の急変点が生じていれば，これを区分粒径とす

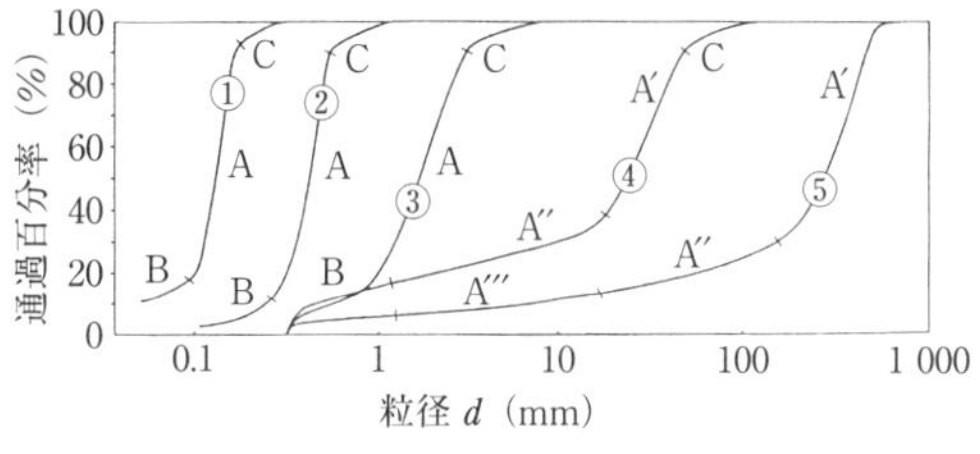

図-4.7　種々の粒度分布形におけるポピュレーションブレーク[山本(1994)]

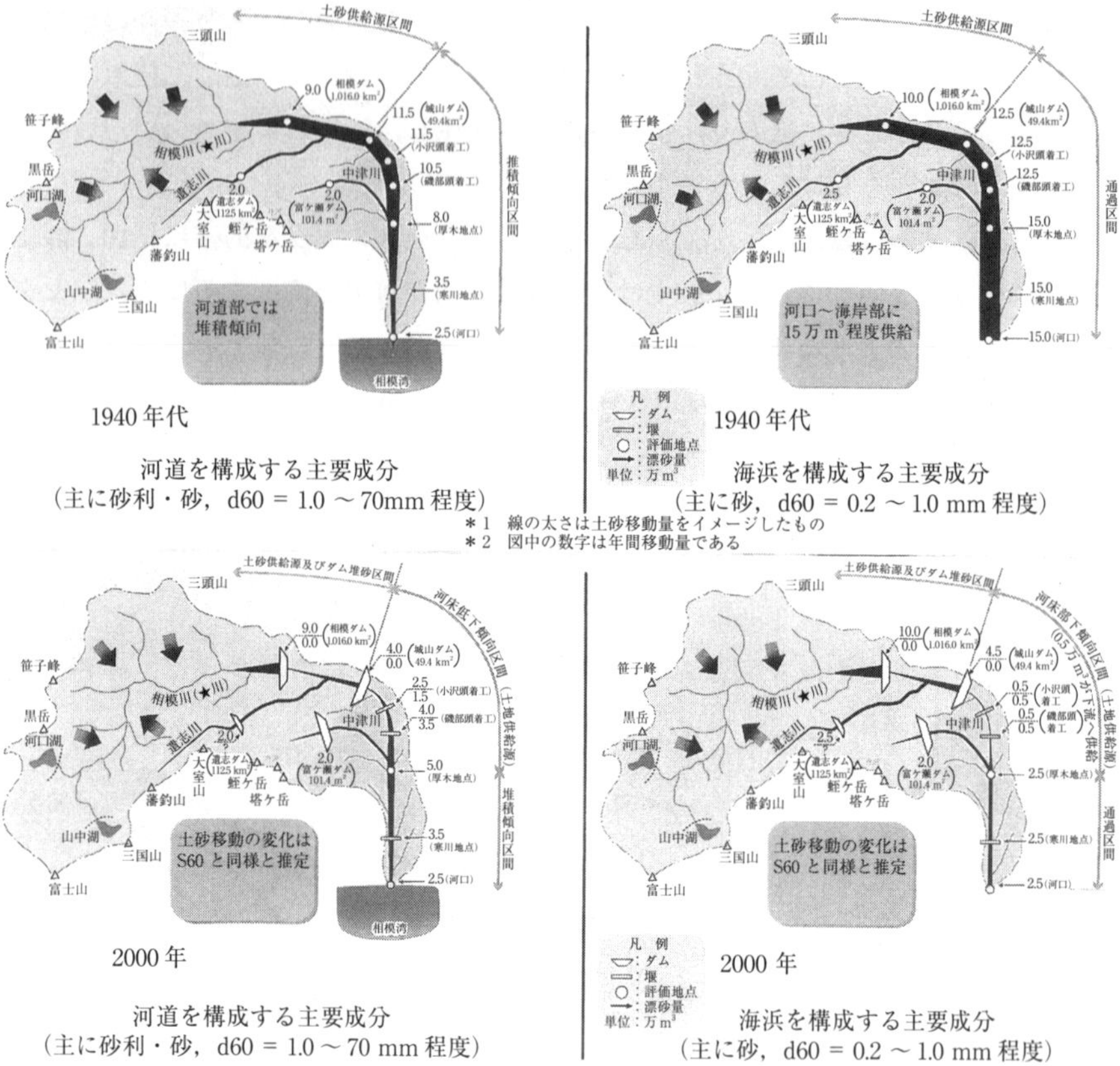

注）ダム築造以前の1940年代と現在（2000年）における河道を構成する主要成分と海浜を構成する主要成分の土砂移動量を表示した.

図-4.14　相模川における年平均土砂移動量に関する土砂動態マップ[河川環境管理財団(2001)]

に繰り込むことにより河床縦断形の将来予測がより適確になる.

4.2.4　セグメントスケールの河道変化と人為的インパクト

以下に，セグメントスケールの河川地形変化に及ぼした人為的インパクトの影響事例を示す[山本(1994)].

(1)　河床掘削に伴うセグメント長の変化と小セグメントの形成

1960年代から1970年代前半の高度経済成長期に，治水対策と同時に建設骨材として河床が掘削された河川は多い．一級河川の指定区間外(国が直接管理している河道区間)では，平均河床高で 2 m 程度低下した河川が多い．

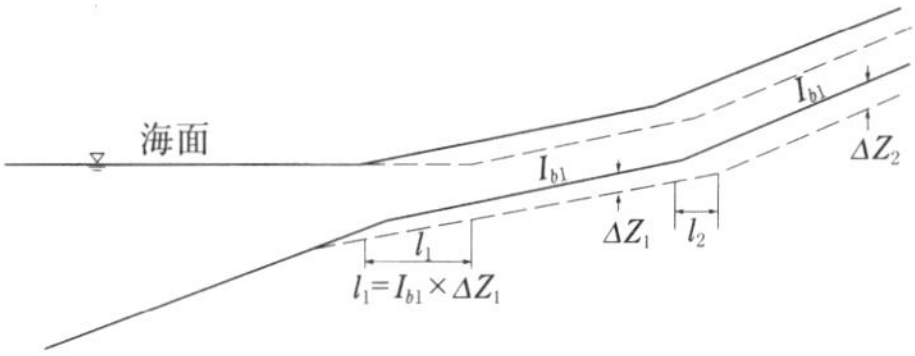

図-4.15　堆積域の発生

河口部の河床掘削は，海水面の変化が生じないので，**図-4.15** に示すように掘削前河床勾配 I_b と掘削量 ΔZ の積の長さ l_1 の区間は従前と異なった堆積環境となる．

河口が外海に面しているセグメント 1 の河川では，掘削しても波浪により河口砂州が生じ，砂州直上流の水位が変わらないので，勾配が緩く河床材料が小さい，ほぼ l_1 の長さの新しい小セグメントが生じた(例：黒部川，手取川)．河床勾配の低下は，河床材料の運搬能力の低下でもあり，河口部海浜の汀線の位置が陸側に後退する主要因となった．

河床掘削は，セグメント 2-2 とセグメント 2-1 の接合部の位置，セグメント 3 とセグメント 2-2 の接合部の位置を上流に移動させる．筑後川のセグメント 3 の区間は骨材として利用し得ない材料からなるため掘削されなかったが，その上流のセグメント 2-2 での掘削により，接合部が 10〜12 km 上流に移動した．セグメント 2-2 とセグメント 2-1 の接合部の上流への移動事例としては，吉野川(1〜2 km 移動)，紀ノ川(2 km 移動)，筑後川(5 km 移動)がある．

IPCC(1995)の第二次報告，中位の排出シナリオによると，2100 年に約 2℃の平均気温上昇，約 50 cm の海面水位の上昇が予想されている．これは河口部に連なるセグメントを 50 cm 掘削したに等しい．この水位上昇は，河口干潟の減少と汽水域の増加をもたらそう．

(2)　供給土砂量の減少

大ダムの建設は，ダム地点より上流からの土砂の大部分を貯水池に堆積させてしまうため，下流への供給土砂量を低減させる．

狭い川谷を流れている天竜川秋葉ダム下流および秋葉ダム下流のダム建設後の河床変動，河床表層材料および表層下の河床材料調査結果によると，ダム下流の河床は，有力な支川の合流点まで河床がほぼ平行に低下し(区間長は秋葉ダムで 6 km，佐久間ダムで 2.5 km)，その低下量は 2〜3 m 程度であり，ダム建設後 4〜5 年で河床低下が止まっている[山本(1976)]．これは河床材料のうち移動しない材料(C 集団)が河床を覆いアーマーコートを形成したためである．

ダム地点と扇状地との間に長い河道区間がある場合には，支川からの土砂供給があること，山間部河道区間からの土砂補給があることにより，河床が低下しアーマ化するまでかなりの長い期間を要す．ダム地点が扇状地に近い(約 3 km)梓川扇状地では，1966 年に 3 つの大ダムが完成し，その後 26 年経過した時点において河道長(セグメント 1，勾配約 1/120)17 km のうち，上流約 8 km の河床でアーマ化が進行している[山本(1993)]．一般にアーマ化されると砂州の移動が見られなくなり，流路部の固定化，流路幅の減少，流路部河床の平瀬化(河床凹凸の減少)が進むが，河床低下量は，それほど大きくなく数 m である．セグメント 1 の下流部は，扇頂および扇央からの A 集団が供給されるため，掘削がなければ引き続き河床は上昇する．

セグメント 2-2 の河道においては，砂利を河床材料に持つセグメント 1 および 2-1 と異なり，大ダムの建設の影響がかなり早く現れる．上流のセグメント 1 あるいは 2-1 では，砂は洪水時浮遊状態で運ばれるため，ダムによる砂分の供給の急減がセグメント 2-2 への供給量減となり河床低下として現れる[建設省河川局治水課ほか(1991)]．

江合川では，1957 年に完成した鳴子ダムによって上流からの供給土砂のほとんど止められた．**図-4.16** に江合川の最深河床高縦断形の変化を示す．この川は 26 km 付近にある右京江堰の前後で河床材料と勾配が変わり，これより上流はセグメント 2-1，下流はセグメント 2-2 となっている．河床掘削による要因もあるが，明

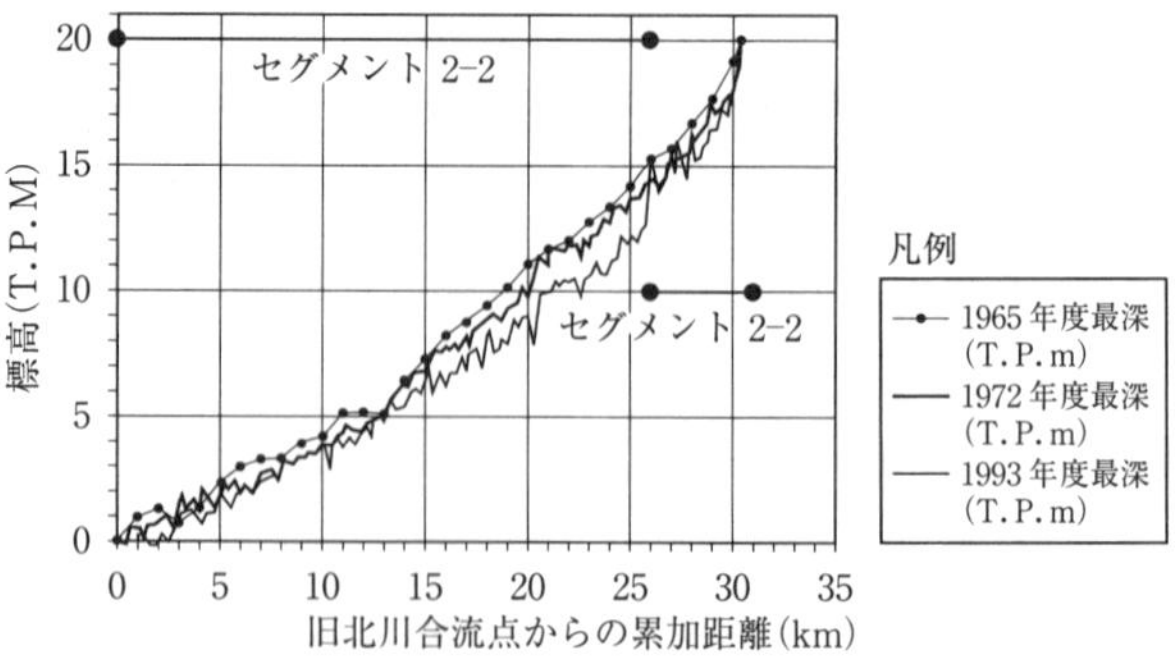

図-4.16 江合川の縦断形変化(最深河床高)[藤田ほか(1999)，微修正]

らかにセグメント2-2の上流から河床低下が進み，砂分の供給土砂量減少の影響を受けていると判断される[藤田ほか(1999)]．矢作川では，1971年に完成した矢作ダムにより粗砂の下流への供給が急減し，粗砂が河床材料のA集団であったセグメント2-2(0〜42 km)の区間のうち，上流の10 kmがC集団である礫床河床(セグメント2-1)に変化しつつある[矢作川の伝統工法を観察する会(2001)]．

ダムの建設の影響ではないが，斐《ひ》伊《い》川《がわ》では，カンナ流し(砂鉄を採取するために花崗岩の風化物であるマサ土を水とともに流し，比重の差により砂鉄を選別する技法)の衰退に伴い斐伊川に流入する小礫材料(1.5〜3 mm)の減少により，河床が**図-4.17**のように変化している．小礫を河床材料に持つ河川では，A集団の流送量は，ほぼQI_b(流量と河床勾配の積)に比例するので[**4.4.2(5)**参照]，1970年以前に比べ現在の小礫の上流からの供給量は6割程度に減少していると推定される．

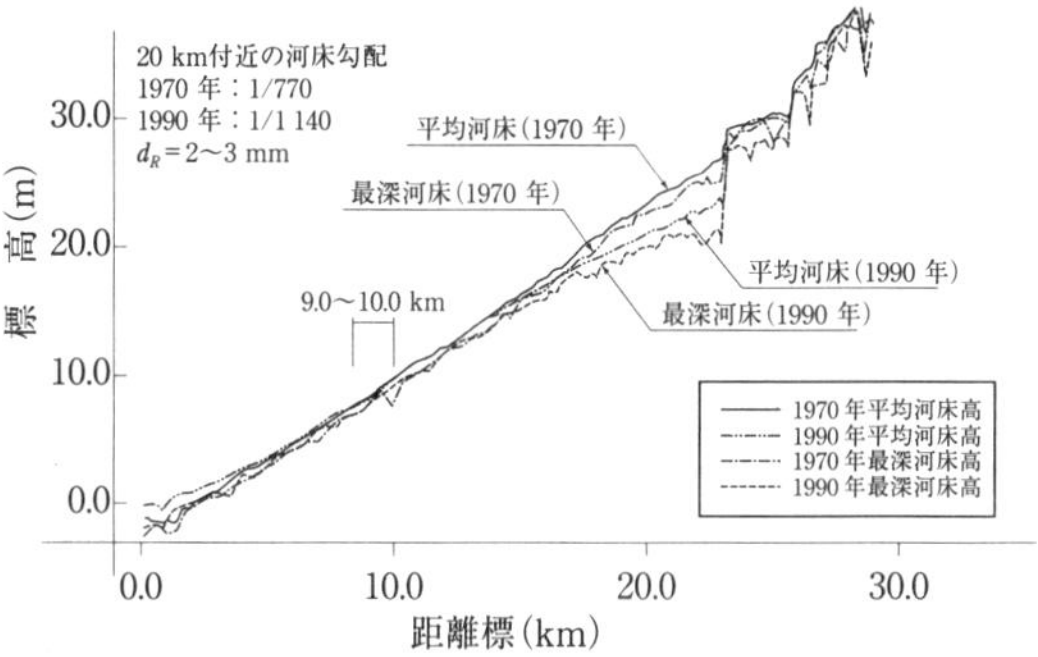

図-4.17 斐伊川の1970年と1990年の河床高

なお，セグメント2-1および2-2では，河床材料のA集団の堆積層厚が薄いことが多々あり，河床低下に伴い，洪積層や沖積粘土層が露出し，これが床固め機能を持ち河床低下現象を規制し，**図-4.17**のような典型的な河床変動パターンとならないことが多い(鬼怒川では，セグメント2-2の区間において洪積層が露出する部分が多くなり，砂州の形成が不明瞭となった．また，砂河川らしさが消えてきた)．

IPCC(1995)の第二次報告，中位の排出シナリオによると，2100年に約2℃の平均気温上昇が予想されている．気温の上昇，CO_2の濃度上昇は，植物の活性度を上昇させ，山地における植生被覆域の増大をもたらし生産土砂量の減少の方向となるが，その量的変化は小さく，技術的対応の検討対象とするほどの量ではあるまい．

(3) 地盤沈下

高度経済成長時代，**図-4.18**に見るように，地下水の汲上げにより沖積平野で地盤沈下を起こした例が多い[国土庁(1999)]．地盤沈下現象は広域的なものであり，

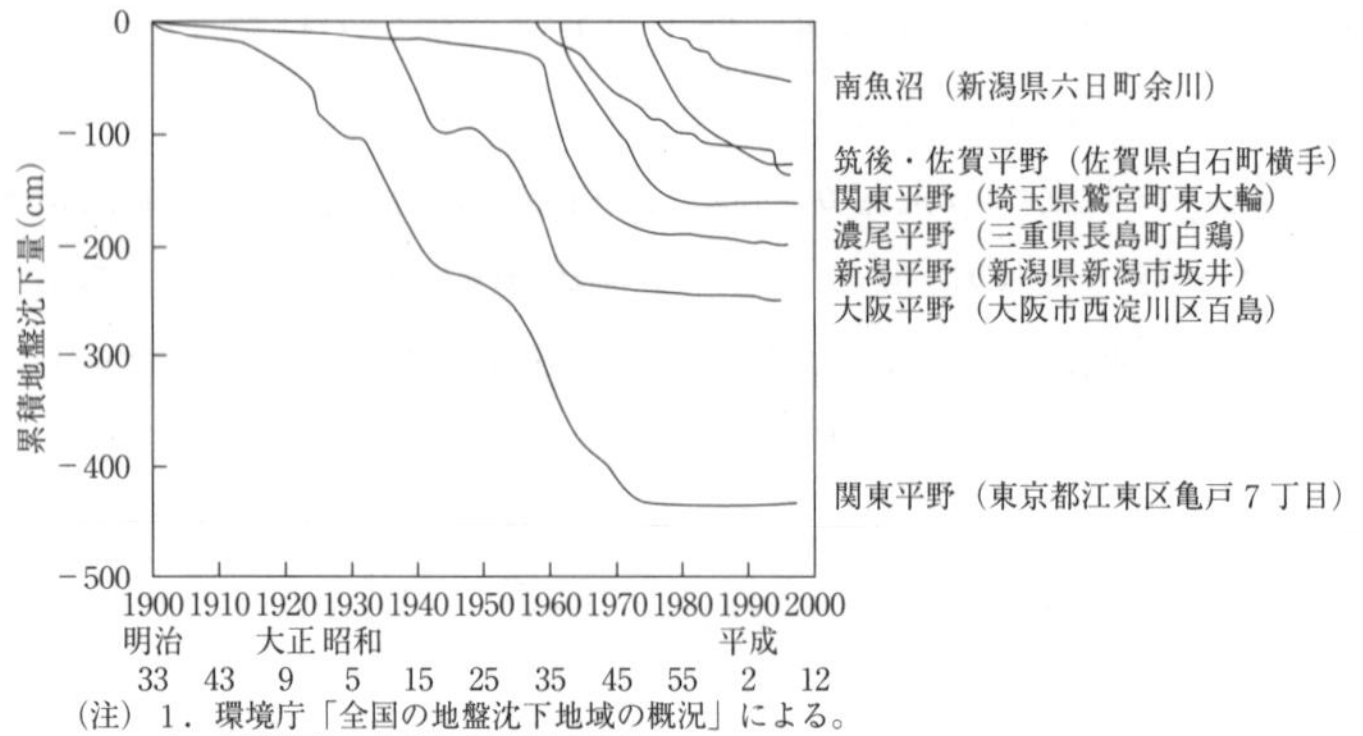

(注) 1．環境庁「全国の地盤沈下地域の概況」による。
2．主要地域の累積沈下量図である。

図-4.18 代表的地域の地盤沈下の経年変化[国土庁(1999)]

これにより河川に新たなセグメントを形成したという明白な事例を見ないが，淀川河口付近では，高水敷が水面下に沈み，江戸川では高水敷に乗る洪水回数が増加し，また河口付近にある行徳堰では，高水敷の低下により海水が高水敷上を流れ，堰の設置目的である潮止め機能に障害が生じた．河口に接するセグメント 2-2 および 3 の河道での年間数 cm を超える地盤沈下(水位上昇)は，河川による高水敷上の土砂堆積速度を上回る．

4.3 中規模スケール(セグメント内)の地形システムとその内的構造

4.3.1 河床に働く洪水時の掃流力と河道の平均スケール

図-4.19 は，日本の一級河川沖積河道区間において平均年最大流量 Q_m 時に低水路河床に働く平均掃流力(流水により河床に作用する摩擦力である．ここでは掃流力 τ を水の密度 ρ_w で除した摩擦速度の 2 乗 $u_*{}^2 = gH_mI_b$ で表してある．g は重力加速度，H_m は平均水深，I_b は河床勾配である．1 cm^2/s^2 は，0.1 N/m^2 に相当する)と代表粒径 d_R (河床材料のうち小粒径成分であるマトリックス材を除いた河床材料の平均粒径)の関係を示したものである[山本(1994)]．この図は洪水という中規模攪

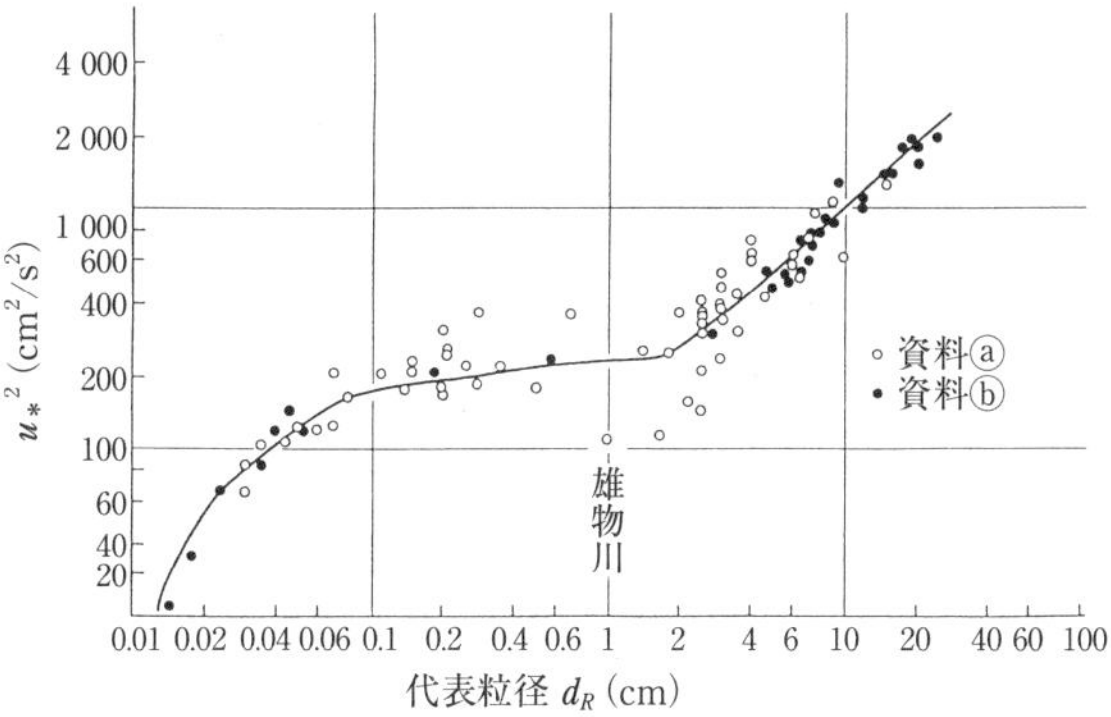

図-4.19 日本の沖積地河川の u_{*2} と d_R の関係[山本(1994)]

乱の累積積分を時間平均値化したものであり，潜在的自然河道(動的平衡河道)といえるものである．

図-4.20 には，u_*^2 の値と粒径 d の平面図上に，u_*/ω が 1，2.5，15 である粒径 d と u_*^2 の関係，粒径 d の材料の無次元掃流力 τ_* が 0.1，0.06 になる条件を一点鎖線で示したものである．ここで，ω は粒径 d の粒子の沈降速度である．u_*/ω の値 1，2.5，15 は，それぞれ粒径 d の材料が流水中においてある程度浮遊現象が生じるのに必要な条件，水面まで浮遊される条件，ワッシュロード的運動形態で輸送される条件を示すものであり[山本(1994)]，τ_* の値 0.06 は，均一粒径の材料の移動限界

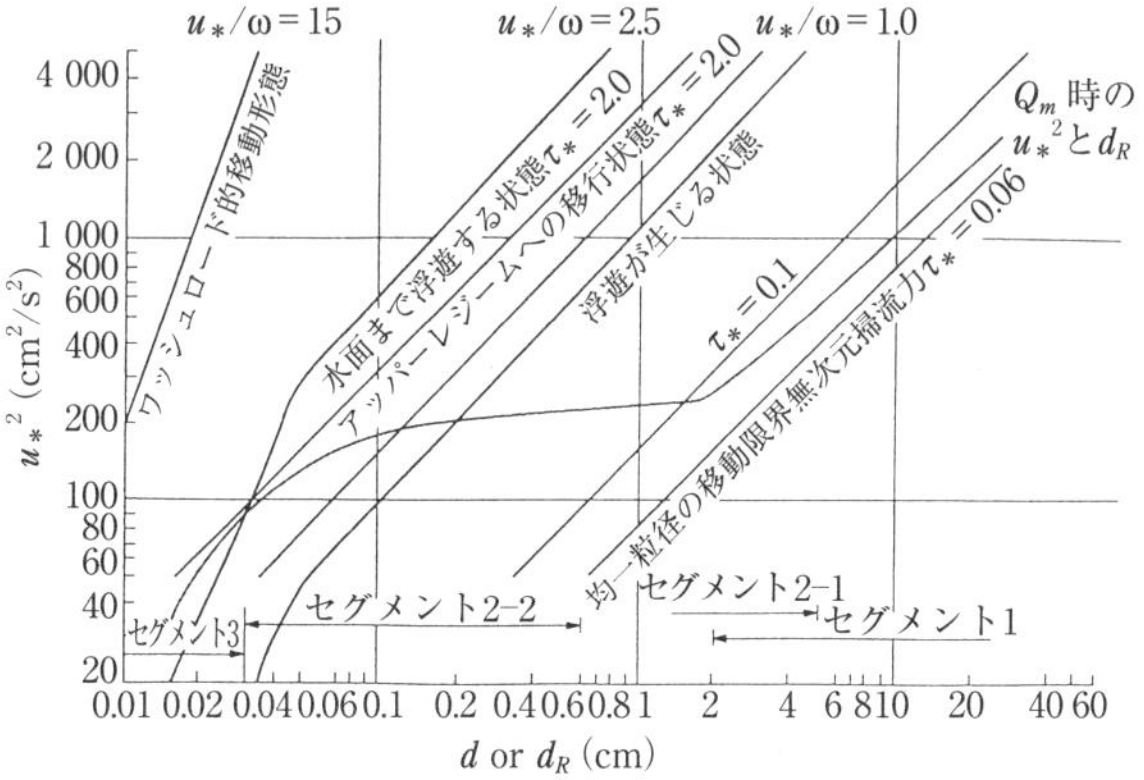

図-4.20 粒径 d と u_*/ω，τ_*の関係(ω は Rubey の式 $S=1.65$，$T=25$℃で評価)[山本(1994)]

無次元掃流力に相当する(土砂の移動限界無次元掃流力). 同図中には, **図-4.19** における平均年最大流量時の u_*^2 と代表粒径 d_R の関係も実線で示してある[山本(1994)].

土砂の移動限界無次元掃流力:粒径 d の均一河床材料は, 河床に働く掃流力 τ がある一定以上となった時に移動を始める. 移動し始める時の掃流力を移動限界掃流力 τ_c といい, これを $(\rho_s-\rho_w)gd$ で除したものを無次元移動限界掃流力 τ_{*c} という. Shields, A.(1936)によれば, 通常の河床材料(水中比重 s が 1.65 程度)であれば, 粒径 d が 0.0125 mm で 0.08, 0.05 mm で 0.03, 0.1 mm で 0.03, 0.2 mm で 0.04, 0.3 mm 以上ではほぼ一定であり 0.06 程度である.

実際の河床材料は, 混合河床材料であり, 個々の粒径 d の無次元移動限界掃流力は粒度分布形の影響を受ける. 小粒径は均一河床材料の場合に比べて動きにくくなり, 大粒径は動きやすくなる(混合度の違いが及ぼす影響についての詳細については山本(1994)を参照されたい.

両図より, d_R が 2 cm 以上の河道では, Q_m 時の u_*^2 は, 河床材料が全面的に動きうるような値となっていることがわかる. セグメント 1 では河岸が河床材料と同様なもので構成されており, 河床材料が全面的に移動しうる掃流力の状態まで川幅が拡がり, それ以上拡がると砂州の移動を伴いつつ, 一方で侵食, 他方で堆積が生じて, ある範囲に落ち着くのだと考えられる. セグメント 2-1 では, 河岸の上・中層が粘着力を持ち流水にある程度耐えられる材料からなるが, 下層は河床材料と同様であり, 洪水時に河床が全面的に移動すると, 湾曲部に深掘れが生じ河岸が崩れてしまい, セグメント 1 と同様な代表粒径と u_*^2 の関係になると考えられる.

d_R が 2 cm 以下, 0.6 mm 以上の河道では u_*^2 がほぼ 150～200 cm^2/s^2 となっている. これは河岸の粘土混じりシルト・細砂の耐侵食力(流速 1.5 m/s 程度までは侵食に耐える)の大きさが河床材料を移動させる力より大きく, 河岸の耐侵食力に応じた河道スケールになるためと考えられている. ただし, これは河岸が侵食されないということではない. 凹岸側が侵食をされると, 凸岸側へ細粒物質の堆積が生じる水理環境となり, ある川幅に落ち着くのである. これより d_R が小さくなると, 急に u_*^2 が小さくなる. 中砂を河床材料として持つセグメント 2-2 の河道では, 上流のセグメントで浮遊砂的に流下していた中砂が掃流砂となるような u_*^2 の値に, また d_R が 0.3 mm 以下の河床材料を持つセグメント 3 の河道では, 上流のセグメプし，島状の地形(氾濫原的層序構造を持つ地形)をつくることがある．ただし，大洪水時には，この細粒砂層は破壊されてしまうことが多く安定的地形とはいえない．

(3)　セグメント 2-1

図-4.25　砂州の形状[山本(1994)]

セグメント 2-1 の河道は，自然河川(河岸侵食による側方変動の制限のない河川)であれば蛇行河川であり，Bb 型の河川となることが多いが，川幅水深比が 70 を超えると，**図-4.25** のような複列的砂州あるいは複列砂州[**図-4.24**(b)参照]となり，単位形態の発生位置が Bb 型とは異なるものとなる．複列的砂州形状となると，その一部は，平水時，ワンド状地形となることがある．大きな洪水がないと，砂州の一部に草本類が生育して細粒物質が堆積し，さらに樹林化が進む．複列的砂州が発生している区間では，緩い蛇行形状であることが多く，一方で砂州の移動速度が遅いので，**写真-4.1** のように砂州淵部が固定的なワンドとして長い期間存置することがある．

写真-4.1　久慈川 20.5 km 河道とワンド

沖積谷の広い所を流れる自由蛇行河川では，蛇行の進行に伴い，淵と瀬の配置形態が交互に発生する Bb 型とは異なり，淵が片方の岸に連続したりする．**図-4.26** に河道平面形と淵の配置関係の典型例を示した．

一般に，平水時に流路となる所の河床表層は B 集団が抜け出すが，勾配の緩い場合には淵に砂が堆積することがある．ポイントバーが形成されている所では，湾曲による 2 次流に伴う土砂の分級，横断方向の流速差により凸湾部河岸に近いほど粒径が小さく砂となる．凹部が侵食されると，凸岸部に浮遊砂が堆積し河岸形成が進む．このような堆積機構の結果として，河岸は下部が河床堆積物である礫，中層が砂質土となり，上層が細砂・シルト層となる．なお，大洪水時には，砂州上に砂堆(**4.5.1** 参照)が発生する．

小河川で河道を人為的に直線状とする(平均年最大流量時の川幅水深比が 20 程度

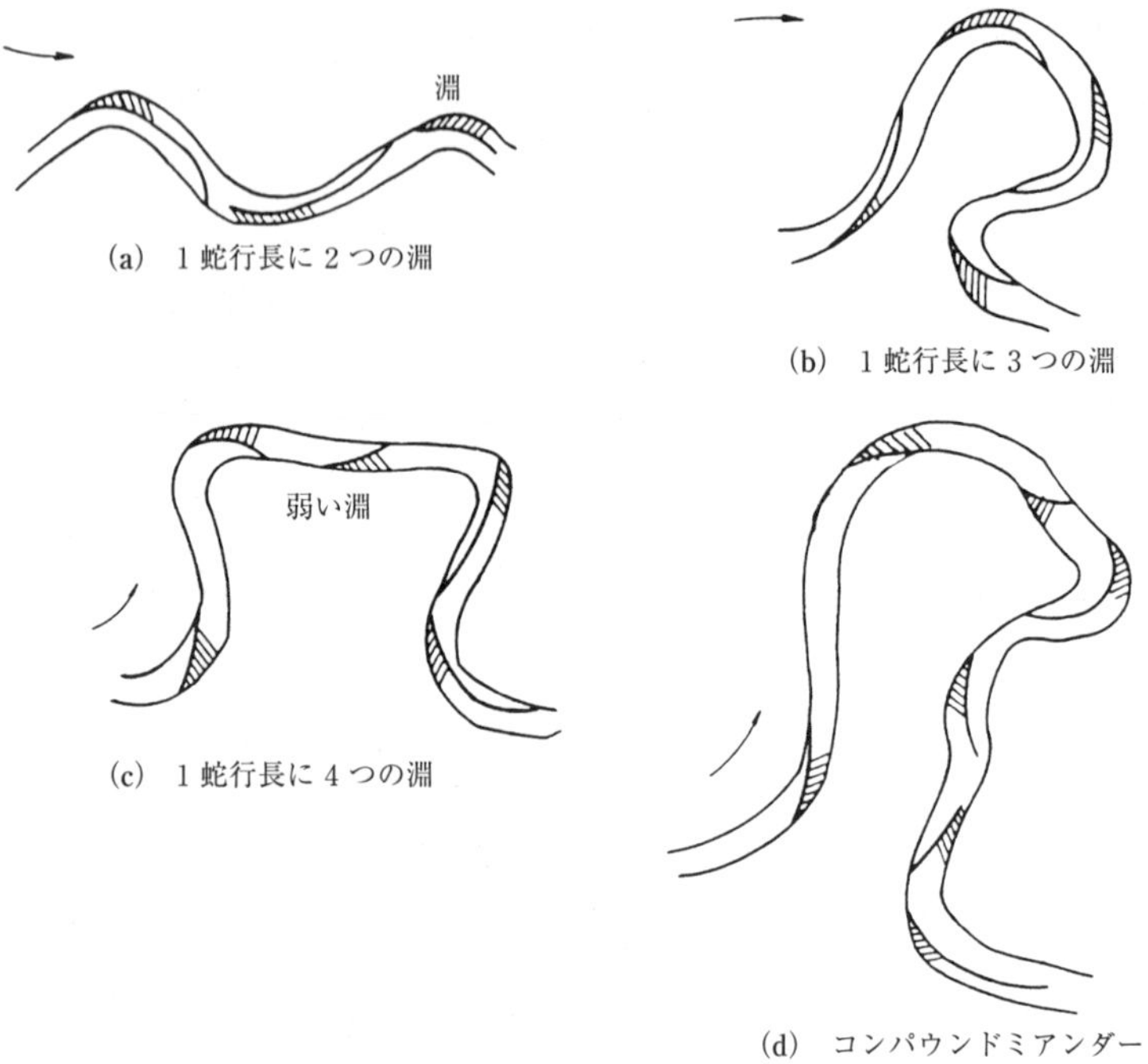

図-4.26 蛇行形状と淵[山本(1994)]

以下)と，砂州が発生しなくなるので，瀬と淵が不明瞭となる．

(4) セグメント2-2

セグメント2-2の河川においては，小流量でも河床材料のA集団が移動しうるので(ただし，河口部は除く)，洪水時に形成された砂州は小流量で変形されてしまう．日本の河川は，洪水の流下する時間が短く，洪水時の水理量に対応する砂州が発達しないうちに流量が小さくなってしまうので，淵の位置や深さが安定しない．特に直線形状の平面形を持つ河川では安定しない．河道平面形が湾曲している場合は，洪水時にポイントバーが湾曲形状に応じて発生するので，直線状河川より淵の位置が安定するが，これも**図-4.27**のように小流量時の水理量に対応した砂州が発生すると，澪の部分が埋められてしまう[山本ほか(1989)]．単位河床形態は，c型である．

セグメント2-2が河口と接続する場合は，海水面の影響により小流量時A集団

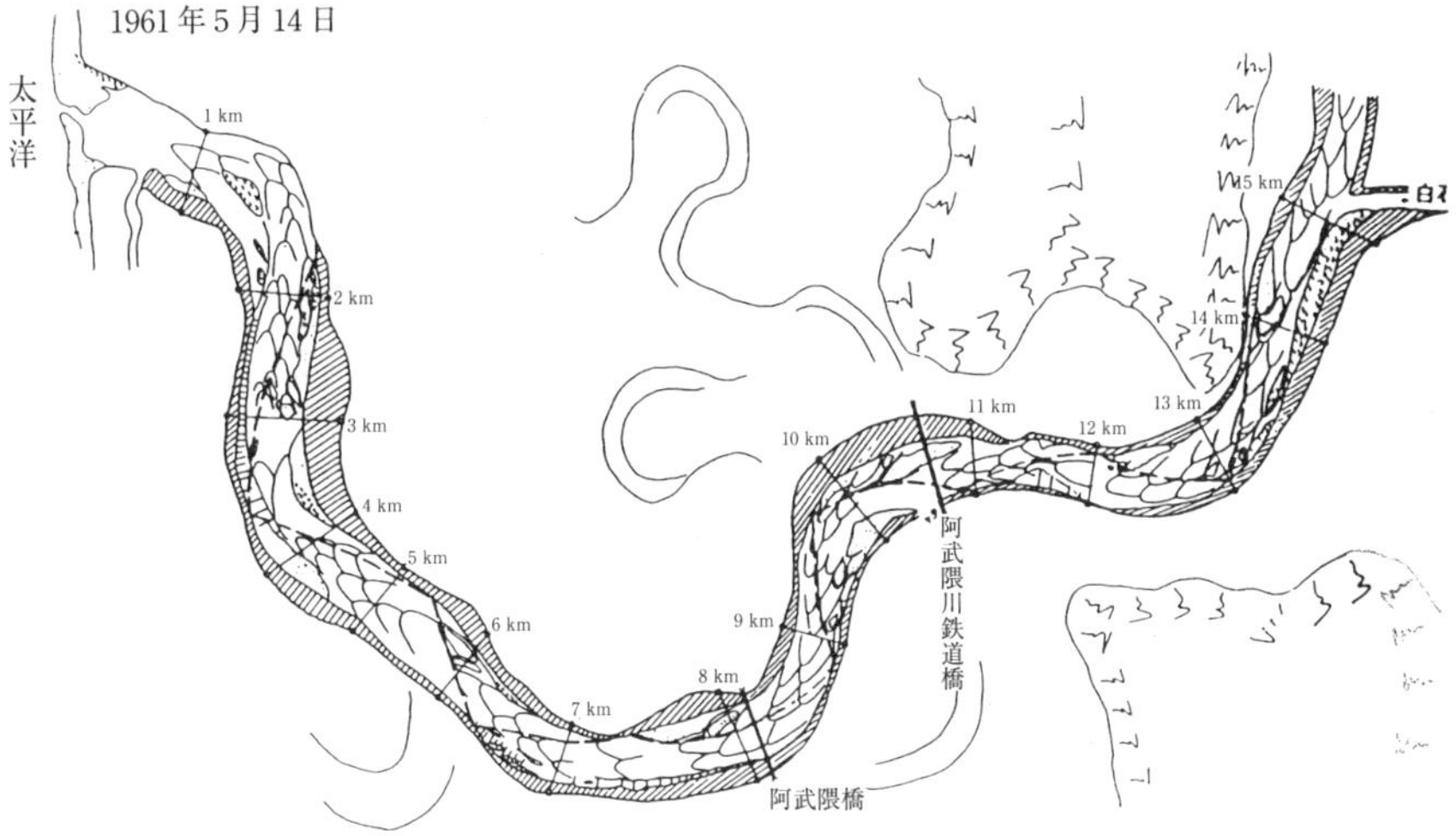

図-4.27　阿武隈川における砂州形態[山本ほか(1989)]

の材料があまり動かず，洪水時の砂州スケールを保持し，淵の位置がその砂州の配置により規定される(例，阿賀野川下流部).

日本ではセグメント 2-2 における砂州上での土砂の分級作用は，洪水時間が短く大きい砂州が形成されないこと，したがって小流量に対応する小規模の砂州が形成されやすく移動すること，などにより顕著に生じない．ただし，砂州の高い所に河床材料の A 集団より 1 つ小さい粒径集団が小流量の時に掃流砂として堆積する．斐伊川(河床勾配 $I_b = 1/800$，A 集団 2～3 mm)では，**写真-4.2** のように砂州の高い所に 0.3～0.4 mm の砂が分級堆積している(こ

写真-4.2　斐伊川 12.4 km 砂州頂部付近の砂の分級堆積(2000)

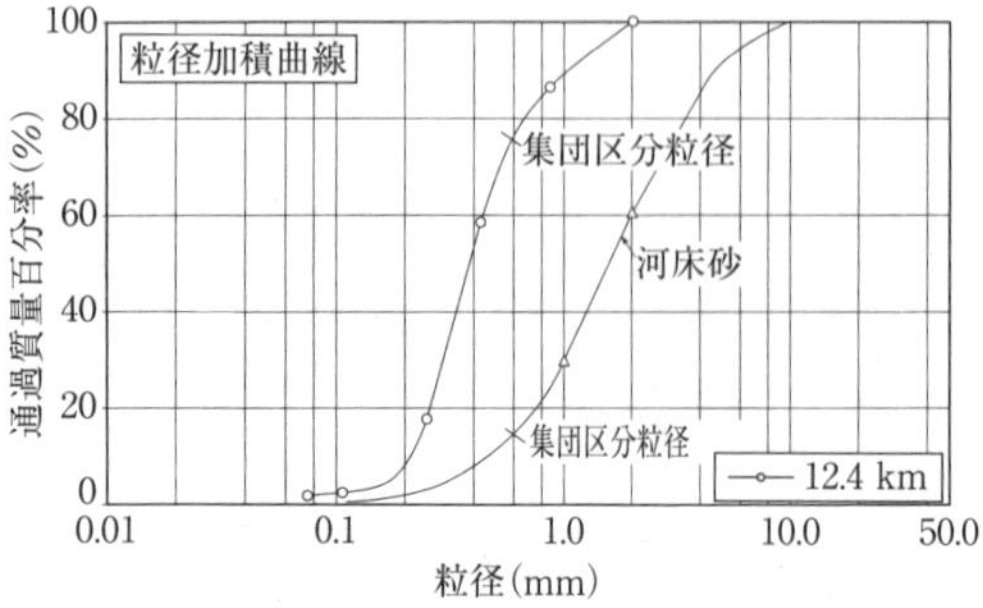

図-4.28 斐伊川 12.4 km の砂州頂部付近表層堆積物と河床材料

のB集団は洪水時河床近くを浮遊砂として移動している．洪水終期にA集団が移動しない水理条件の所で掃流砂として移動集積するのである）．**図-4.28** に砂州頂部付近に堆積した中砂集団と河床の小礫集団（河床材料）の粒度分布を示す．なお，1960年代低水路であり，現在高水敷となった所（17 km 右岸）の堆積物は，検土丈による調査によると，大部分が表層から地中方向に，シルト混じり細砂，0.3 mm の砂（層厚 70〜90 cm），2〜3 mm の小礫となっている．なお，0.3 mm の砂層の下にシルト層が挟むものもあった．蛇行河川では，凸岸部河岸寄りにB集団が堆積する．

(5) セグメント3

セグメント3の直線状河道で細砂（0.1〜0.25 mm）を河床材料に持ち，川幅水深比が100を超える黄河，ブラマプトラ川では，形が複雑な砂州（砂利州のようにきれいな鱗形状ではない）が発生している［黄河水利委員会（1991）；Coleman（1969）］が，日本の河川では顕著な砂州の発生事例はない（川幅水深比が大きくないこと，洪水時間が短く洪水時の水理量に対応した砂州が形成されないことによる）．

A集団が 0.1 mm 以下では砂州の発生が見られない（粘土混じりシルトとなり分級度の悪い堆積物となってしまう．いわゆる泥川）．河道が蛇行していると，水衝部（凹岸）が深く，そこの河道横断形状は逆三角形状である［山本（1991）］．

細砂をA集団として持つ河川で河口に接続する場合は，流れの弱い川岸付近や川幅の広い所に粘土混じりシルトが堆積する．筑後川ではA集団は細砂であるが，河岸付近にはB集団であるシルト質の堆積物となっている．六角川ではA集団はシルト・粘土であるが，主流部（澪筋）にはC集団である細砂が存在する．

細砂を河岸付近に持つ場合で，澪が河岸に寄った所の河岸付近河床横断方向勾配は，1/3程度である．シルト・粘土質である六角川の河岸付近河床横断方向勾配は，1/10〜1/5程度であり，若い河岸（ここ数100年で形成された河岸付近）ほど緩い[山本(1991)].

鶴見川のようにセグメント3の長さが短く，河口に接続している場合は，洪水の大きさによって河床に働く掃流力が大きく変わるので，河床材料のA集団の粒径が洪水によって変化してしまう[山本(1989)].

4.3.3　河岸侵食および氾濫原堆積に伴う土砂の分級と堆積構造

ところで大洪水(100年確率相当)時の低水路の u_*^2 は，氾濫を防ぐ堤防が完成している場合は，平均年最大流量時の2倍程度であり，堤防がなければ氾濫するのでこれほど大きくならない(沖積谷幅が川幅に比較して大きいほど，平均年最大流量時の値に近づく).

以上のことと，**図-4.19，4.20** に示された関係性を踏まえ，セグメントごとに河岸侵食，氾濫に伴う中規模河川地形と氾濫原堆積物の土質材料の特徴を述べる.

(1)　セグメントM

セグメントMの河道では，谷壁や山脚により河道位置が固定されているが，沖積谷幅が川幅より広ければ氾濫原が存在する．その場合，河岸および氾濫原の堆積構造は沖積河川と同様であるが，大洪水時には沖積幅が狭いのでセグメント1的特徴を持つ河道では，氾濫原が氾濫流により侵食されたり，河岸侵食されたりして川幅が拡大する．また，山地崩壊，土石流等により側方から土砂供給が急増すると，谷幅の広い区間に堆積，河床上昇し，谷幅一杯が河道となってしまうことがある．その後に大洪水がないと徐々に土砂が下流に運ばれ，かつ川幅が縮小し，小段丘地形(氾濫原の再生)を形成し，さらに河床の低下と砂州移動による河道平面位置の変動が続くと2段の小段丘面が形成される．河床には大粒径のC集団が増加する．山地の起伏が小さく供給土砂が少ない河川では，河床を大洪水においても移動しないC集団(チャネル，ラグ，デポジット)が覆うこと，あるいはベッドロックが露出することが多い.

セグメントMの河川で両岸に山地が迫っている狭窄部区間では，沖積層の厚さは薄く，河床の一部に基岩が露出したり，アーマ化したC集団が河床を覆う.

河岸が段丘化された洪積世の河成堆積物，火砕流堆積物あるいは固結度の弱い新第三紀の堆積物である場合，流水による側刻作用により崩れ，徐々に侵食され谷幅が増大するが，側刻より下刻速度の方が卓越する場合には，穿入蛇行となる.

(2) セグメント 1

セグメント 1 の河道の側方侵食量は非常に大きい．1 回の洪水で砂州幅の半分に達することもある．侵食幅と侵食長は，砂州の形状とその移動発達と密接に関係している．砂州の頂部の標高は河岸頂の標高より多少低い程度であるので，河岸物質のほとんどは，過去の砂州堆積物である．表層に細砂・中砂の氾濫堆積物が存在するがあまり厚くない．勾配の急な河川ほど薄い．これは勾配が急であると水深が小さくても掃流力が大きく，細粒物質が堆積する環境となりにくいからである．勾配の緩い河川では砂州の標高の高い所の表層に細粒物質が堆積することがあり，そこに草本類が生え，後の洪水で侵食されないまま，礫がその上に堆積することがある．河岸の層序構造の中に砂層が挟まるのは，このような現象の結果である．

扇状地河川の河岸高は小さいので，土砂の堆積しやすい所(小セグメントの結節点，川幅の広がる所)では，河床が周辺より高くなり流路の変更が生じる．新しい流路となる所は，周辺より相対的に低い所である．扇面には放棄された河道跡，すなわち砂州を単位とした地形が残る．人為的に堤防・護岸で流路変更を防止すると，堆積作用が侵食作用より卓越する区間が天井川となる(下流から上流に伝播)．

人為的河床掘削や主流部の河床低下により低い段丘化した所(以前の河床)には，過去の砂州形状が段丘面に残り，地下水面の高い場合には淵の部分が水溜りになったりした．草本類が生育すると浮遊砂がトラップされ細砂や中砂が堆積し，徐々に高水敷の凹凸の程度を低減させる[李ほか(1998)]．一方で，大洪水時には**写真-4.3** のように流水が走るところで氾濫原の表層土が侵食され窪地をつくる．

写真-4.3 高水敷の表層土の侵食(多摩川 17.8 km. 2001)

(3) セグメント 2-1

平均年最大流量時の川幅水深比が 50 以下で，河岸が硬いもので構成されていない自由蛇行河川の河道平面形変動形態をまとめると，以下のようである[山本(1994)]．

① 蛇曲から迂曲へ：1 蛇行長に 2 つの淵のある蛇曲から 3 つ以上ある迂曲への

発達過程の典型例については，**図-4.29** に示す[Kondrat`yev(1968)；木下(1961)]．蛇曲の状態においては，外湾部の最大曲率点の位置を基準点とすると河岸侵食部の長さは下流の方が長いので，蛇行の振幅を増しつつ低水路位置を全体に下流に移動させるが，振幅の増大につれて水路長が長くなると，砂州の分裂あるいは新たな淵が発生し，これが生じると，低水路全体の下流への移動は停止する[木下ほか(1979)]．侵食部の長さは，砂州の前縁線が河岸から離れる地点から対岸に達する地点まで，あるいは澪が河岸に寄った範囲であり，1回の河岸侵食量は，河岸高の数倍程度である．

河岸侵食が生じると，対岸は堆積が進み河岸付近には中砂が堆積し，そこに植生が生えると，細砂・シルトをトラップして土砂の堆積速度が増し高水敷化していく．堆積側には**図-4.30** のような線状の微高地が認知されることがある．線状の微高地の間隔は，河岸高の2～3倍であり，これはちょうど1回の河岸侵食幅に対応している．線状構造は対岸の間欠的な河岸崩壊に起因していることを示唆している．

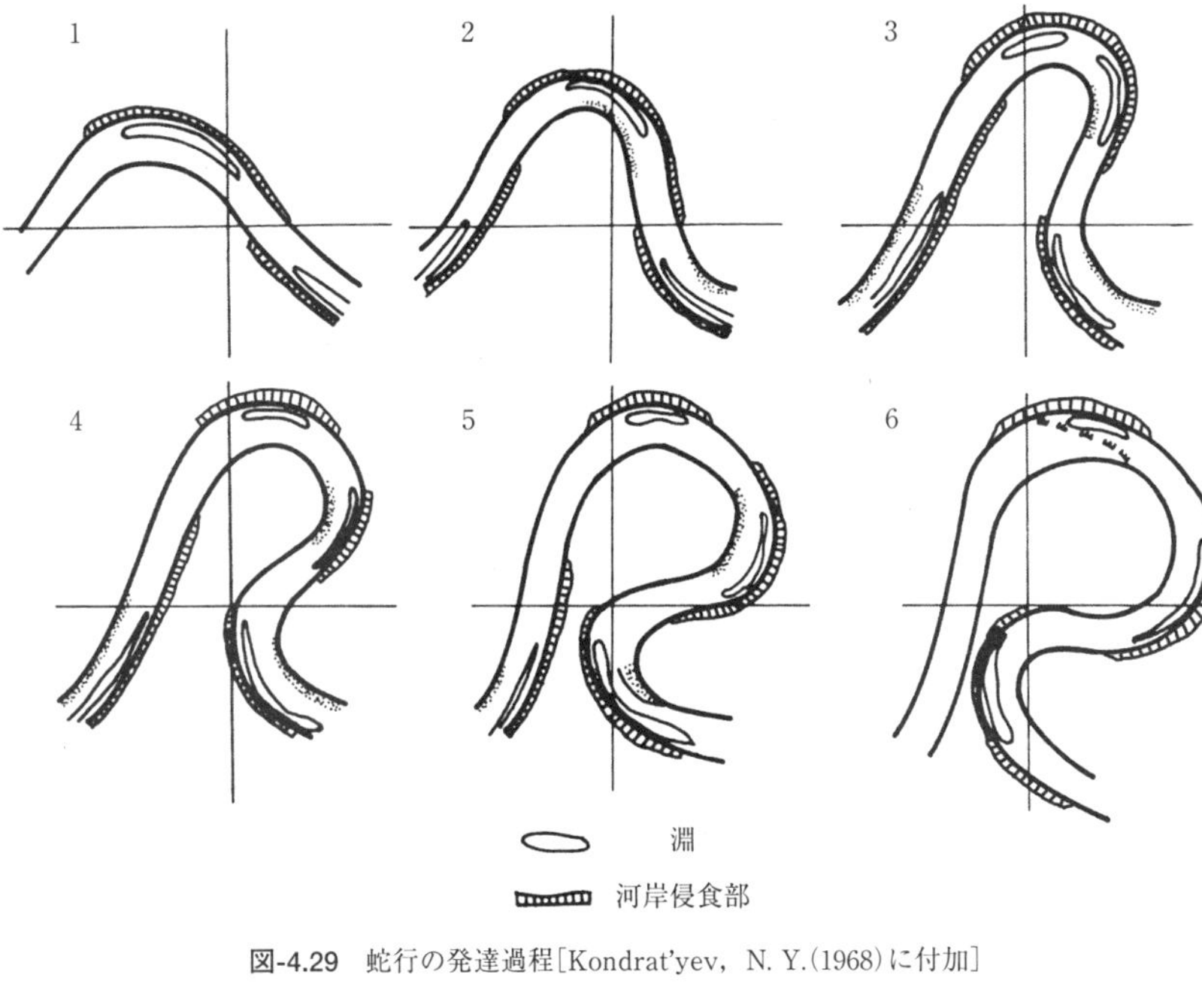

図-4.29　蛇行の発達過程[Kondrat'yev, N. Y.(1968)に付加]

現れ，最後に勾配の変化が現れるようである．なお，上流土砂生産源での生産量の変化による河道の変化は，上流のセグメントから徐々に伝わってくるものでなく，各セグメントの主モード(A 集団)の河床材料の上流からの伝播速度の差(シルト，砂，砂利ではその移動速度が異なる)によって，下流側のセグメントの方が上流のものより先に変化することもある．

日本の河川は，側方方向の河道の移動(河岸侵食となる)を護岸等により防いでしまうため，**表-4.3** および**表-4.4** のような変化方向を示さないことが多い．そこで**表-4.5** には，河道の側方移動が制限されているという条件のもとで，人工的に河道のスケールや勾配を変えた場合の河道の応答を示した[山本(1994)]．

表-4.5　人工的変化に対するセグメントの応答[山本(1994)]

地形 / 人工的変化	扇状地(セグメント1)	中間地(蛇行帯)(セグメント2)
B^{+}	低水路内に Q_m，Q_s に対応した河道幅をつくってしまう．	最終的には扇状地と同様であるが，河岸堆積速度が扇状地ほど速くないので，拡幅に合わせた中規模河床波が発生し，蛇行特性が変わる．特に単列の砂州発生条件であった所が，複列の条件に変わる場合には注意が必要である．
I_b^{-+}	河口部の河床掘削による I_b^{-} は d_R^{-}，B_m^{-}，Z_m^{+} となる． 落差工群による I_b^{-} は d_R^{+-}，B^{-}、Z_m^{+-} となる．	cutt-off の連続は，I_b^{+} となり，B^{+} となる．河道が固定あるいは対侵食性が強い場合には，河床低下が進む．アーマ化による d_R^{+} となることもある．
B^{-}	低水路のアーマ化 d_R^{+}，I_b^{-} の方向となる．	扇状地と同様の傾向，蛇行特性の変化．
A^{+}	河口近くで河床掘削，川幅の増加を行うと，粒径の急変(砂利から砂へ)が現われることがあり，砂利分の河口から流出の減少を生じる．	河口近くで河床掘削，川幅の大幅な増加を行うと，粒径の急変がまず第一に現われることがある(新しい小セグメントの発生)．河床は上昇の傾向．

4.4.2　人為的インパクトに対する中規模河道地形の変化

(1)　河道の直線化

蛇行河川(セグメント 2 の河川)のショートカットは，河床の勾配を変える．このようなショートカットを連続的に行うと，迂曲河道の勾配は 1.5～2 倍増加する．ショートカット部の堆積物が河岸物質と同様なものであれば(セグメント 2-1 においては河道の側方移動により沖積谷幅内の層序構造が似ているが，セグメント 2-2

では粘土層等が露出することがある)，河道は，縦侵食より側方侵食により調節される．式(4. 4)によると河床材料が変化しなければ，川幅は勾配の変化率に応じて拡がる．

事実，**図-4.35** に示す肝属川《きもつきがわ》 4～12 km(勾配が 1/2 000 であったものが 1/1 200 となった．河床材料の d_{60} は 0.85 mm)では，川幅がこの勾配の変化に比例して拡がった．**表-4.6** には河道の直線化による川幅の変化の事例を示す[山本(1994)]．

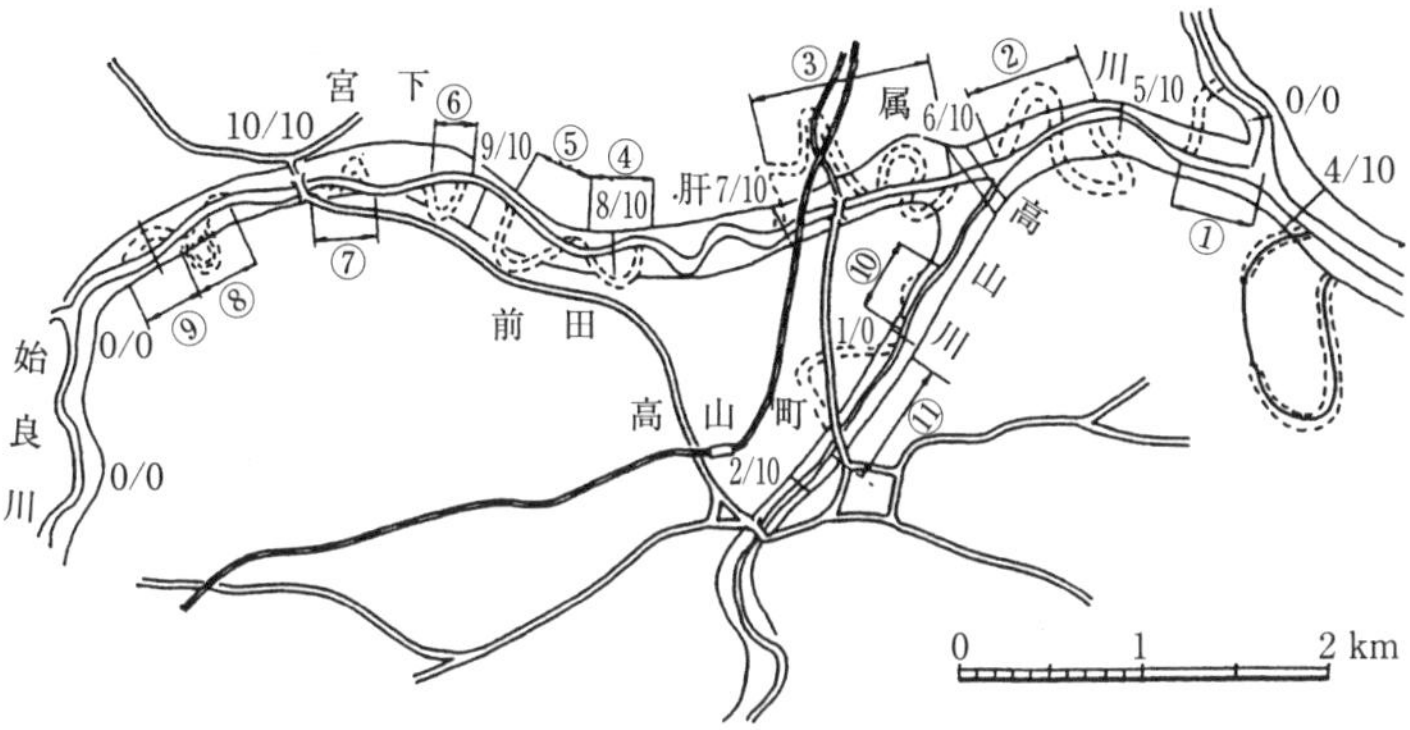

図-4.35　肝属川捷水路概要図

表-4.6　河道の直線化による川幅変化[山本(1994)]

河川区間	粒径d_R (mm)	現河道の川幅 (m)	旧河道の川幅 (m)	現河道の平面形	旧河道の平面形	現河床勾配	旧ループ曲率半径R (m)
釧路川　38～45 km	5 ～10	50～60	30～40	直線状	迂曲	1/1 200	50～70
沙流川　0 ～10 km	10～20	250		直線状	迂曲	1/1 000	200～300
利別川　2 ～10 km	2～3	90～120	50～70	直線状	迂曲	1/1 400	150～200
雄物川　81～88 km	20	250	100～120	直線状	迂曲	1/900	250
阿賀野川　15～30 km	20～25	600～750	200～300	蛇曲	迂曲	1/800	430～660
阿賀野川　4～11 km	0.6～0.8	650	200～250	蛇曲	迂曲	1/4 000	450
加古川　3～8 km	30～60	300		直線状	迂曲	1/970	250
石狩川　92～105 km	10～20	230	195	直線状	迂曲	1/1 300	蛇行度 1.6
石狩川　108～110 km	10～20	180	159	直線状	迂曲	1/1 300	蛇行度 2.1

川幅を前もって護岸により規制し，その幅が式(4. 4)より狭いと，セグメント2-1の河川では河床材料が少し粗くなり，また河床低下し勾配が緩くなる．石狩川捷水路(84～87 km，改変前河床勾配1/1 640，直後河床勾配1/1 300，d_{60} = 10～15 mm)では，このような現象が生じている．

河道の直線化は，河道内の砂州形状すなわち瀬と淵の形状を変え，また固定砂州を移動性砂州に変えてしまう(**4.3.2**参照)．また，淵の部分の水深は浅くなる．セグメント2-1の河川では，平均年最大流量時の川幅水深比が70近くまで増加してしまうと，砂州形態が複列的砂州となる．

小河川の河道の直線化は，川幅水深比が小さいので河道内に砂州が発生する条件にないことが多く，瀬と淵の消滅となる．

(2) 洪水流量の変化

大ダムの建設は，下流の洪水流量を低下させるが，日本のダムは貯留量が大きくないので，平均年最大流量を大幅には変化させず，また沖積河川の河川改修が活発に行われたこともあり，洪水流量の減少により沖積河川の河道地形がどのように変わったか確実に，かつ定量的に判断できる資料は少ない．しかしながら，一級河川の指定区間外の河道区間(大河川の沖積河道区間)の低水路幅は，種々の要因により1960年代以前の河道幅より狭くなっている河川が多い．ここでは，洪水流量の減少によると考えられるものの事例を示す．

セグメント1の河川では，洪水流量が減少すると，砂州の冠水頻度が減少し，草本類が生え，細砂・中砂がトラップされ，比高が高くなり，シルトもトラップされるようになると，冠水しても容易に植生破壊が進まず，砂州の島状化，高水敷化が進行する．手取川(流域面積809 km^2)では，1980年に手取川ダム完成後(河道掘削なし)，平均年最大流量は1 500 m^3/sから900 m^3/s程度に変化した．これにより河道内の樹林化が進み，島状地形が形成されつつある[河川植性の生育特性に関する研究会(1998)；辻本(1998)]．黒部川(流域面積682 km^2)では，黒部ダム完成(1963年竣工，集水面積183.4 km^2)後，改修計画に合わせて左右岸を掘り残した形で河道掘削を行った．掘削後の河道は，その後何回かの出水があったにもかかわらず高水敷として残った(低水路幅が縮小した)．黒部川の年最大流量の変化は，**表-4.7**のようであり，ダム竣工前後で平均年最大流量は2 100 m^3/sから1 200 m^3/sに変わっている[山本ほか(1993)]．

セグメント 2-1 の河道である雄物川 75 km 付近は，捷水路工事により本川区間であった場所が支川単独の区間になり，20 年後で川幅が 110 m から 45 m に縮小した(平均年最大流量は，1 440 m^3/s から 165 m^3/s に変化している)．式(4. 4)によると，川幅は流量に比例するから，20 年ではまだ流量変化率ほど川幅は変化していない[山本(1994)]．なお，本川の河床低下により本区間の勾配が急となっている可能性が高く，川幅が流量変化ほど縮小しない一因と考えられる．

表-4.7

	1951～62 年	1963～81 年
500 m^3/s 以上	5.4 回/年	2.3 回/年
1 200 m^3/s 以上	1.4 回/年	0.6 回/年
平均年最大流量	2 100 m^3/s	1 200 m^3/s

セグメント 2-2 の河道である矢作川(河口より明治頭首工 35 km 間，8～34 km 間の河床勾配 1/1 250，d_R=2 mm)では，1975～76 年の河川区域内(堤防表法肩間)の植生被覆率は 21.8%であったものが，1992 年には 37.9%，2000 年には 44.6%に増大している．**図-4.36** に 20～25 km 区間の植生被覆状況の変化を示す[矢作川の

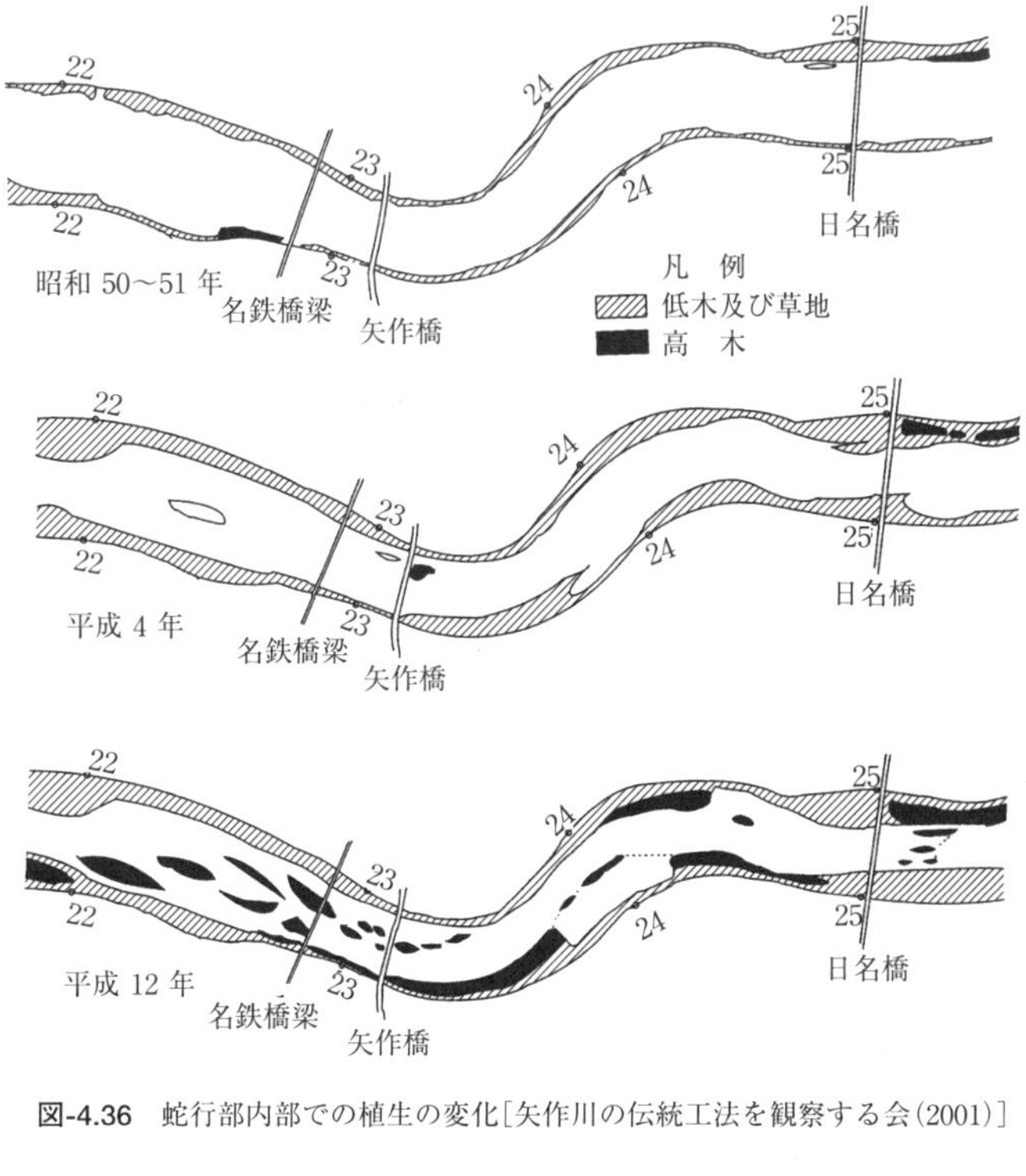

図-4.36　蛇行部内部での植生の変化[矢作川の伝統工法を観察する会(2001)]

伝統工法を観察する会(2001)]．概略低水路幅(正確には砂河床である部分の幅)が1975年に比べて1992年には86%に，2000年には76%に縮小したことになる．なお，2000年の植生被覆率は，9月12日洪水[岩津流量観測所(29.2 km)において既往最大流量である4 300 m^3/s]後におけるものである．

川幅の縮小の関係した人為的インパクトとして大きな要因は，骨材採取と1973年に流水制御が始まった矢作ダムの完成である．矢作川では，1988年まで骨材採取がなされ1965年から1988年において河道河積の増加量は約1 600万 m^3 であり，年平均66万 m^3 の土砂が河道から減少したことになる．骨材採取禁止後は，河床低下が止まり安定化しつつある．この骨材採取により5〜35 km区間の河床勾配が1965年1/1 275，2000年1/1 250と少し緩くなったが，勾配変化の影響は大きなものではない．なお，30 kmより上流は，砂分の供給減により河床から砂分が抜け出し礫床河道(セグメント2-1)に変化しつつある．

川幅(移動床部)の変化に影響を与えたのは，矢作ダムによる洪水制御と水利開発である．岩津地点のダム完成前の1946〜72年，1973〜2000年の流況を平均値で比較すると，平均年最大流量では，1 754 m^3/s が1 240 m^3/s へ(71%)，平水流量が38.9 m^3/s が21.9 m^3/s へ(56%)，低水流量が27.6 m^3/s が12.2 m^3/s(44%)に変化した[矢作川の伝統工法を観察する会(2001)]．低水路川幅は，ほぼ平均年最大流量の減少率に比例して変化している．

セグメント2-1および2-2の自然蛇行河道においては，洪水流量の減少に応じて川幅が縮小すると，川幅水深比が小さくなり蛇行度が増加し，勾配が減少するので，洪水流量減少比以上に川幅が縮小する．17世紀前半，流路の人工的付替えにより流量が大幅に減少した元荒川では，旧流路内に川幅の狭い迂曲流路となった区間があった．**写真-4.7** に久慈川の旧流路後に流入する支川により形成された迂曲河道の事例を示す．

写真-4.7　久慈川13.5 km付近河道(2000)

(3)　河床掘削

海水面の影響を受けない河道において，低水路幅全体を掘削し河床を平行に低下させた場合は，平均年最大流量時の河床に働く掃流力が変わらないので，低水路内の河道特性はあまり変化しないが，高水敷の冠水頻度の減少と高水敷と平水位の差が大きくなる．

セグメント1および2-1では，高水敷への冠水頻度が減少し高水敷の安定化（安定植生帯の形成）が進む．セグメント2-2のでは，乾燥化に伴い高水敷の植生種が変化する．例えば，淀川，渡良瀬川では，ヨシ等の湿地植生から乾燥植生へ変化しつつあり，保全対策がとられようとしている［渡良瀬川(2000)；濱野ほか(2000)］．セグメント3では，海水面の影響により高水敷の乾燥化は生じないが，平均年最大流量時の u_*^2 が低下し，その変化量が大きいと河床材料が細粒化する．

(4)　人為的川幅拡大

低水路河道の流下能力拡大のため低水路川幅を拡大すると，平均年最大流量時の u_*^2 が変化する．これに対する応答はセグメントごとに異なる．

セグメント1においては，川幅を数割広げても河床に働く掃流力が大きいので，浮遊砂が河岸に堆積できない．自然河川であれば，河岸侵食に伴う河道の側方移動による河道平面形変化の中で，人為的川幅拡大の影響は比較的早く解消されるが，護岸により側方移動が制限され，かつ河床を平坦に整正してしまうと，砂州の再成に時間がかかるので，ある程度長い時間，川幅は維持される．川幅の縮小は，砂州の再成，植生の繁茂，浮遊砂の堆積，島の形成あるいは河岸形成というプロセスで進む．

セグメント2-1では，河岸に浮遊砂が堆積する条件となるので，比較的早く川幅は元に戻ってしまう．川内川67～78 km区間は，掘削により旧河道より大きい川幅を持つ捷水路となった．この川はシラスの侵食物質が流送されることもあり，通水後河岸に**図-4.37**のように浮遊砂が堆積して川幅が縮小し（この堆積には草本等の植生の生育が必要），4年で元の平均年最大流量時の u_*^2 の値に戻っている．セグメント2-1での川幅の人工的拡大は，浮遊砂の濃度にもよるがかなり速い時間(10年オーダー）で川幅の縮小を生じせしめる［山本ほか(1993)］．

セグメント2-2では，同様に川幅の縮小が生じるが，平水流量でも河床材料の移動が生じる条件のある所では，砂州の移動により，また砂州頂高が低いので，水

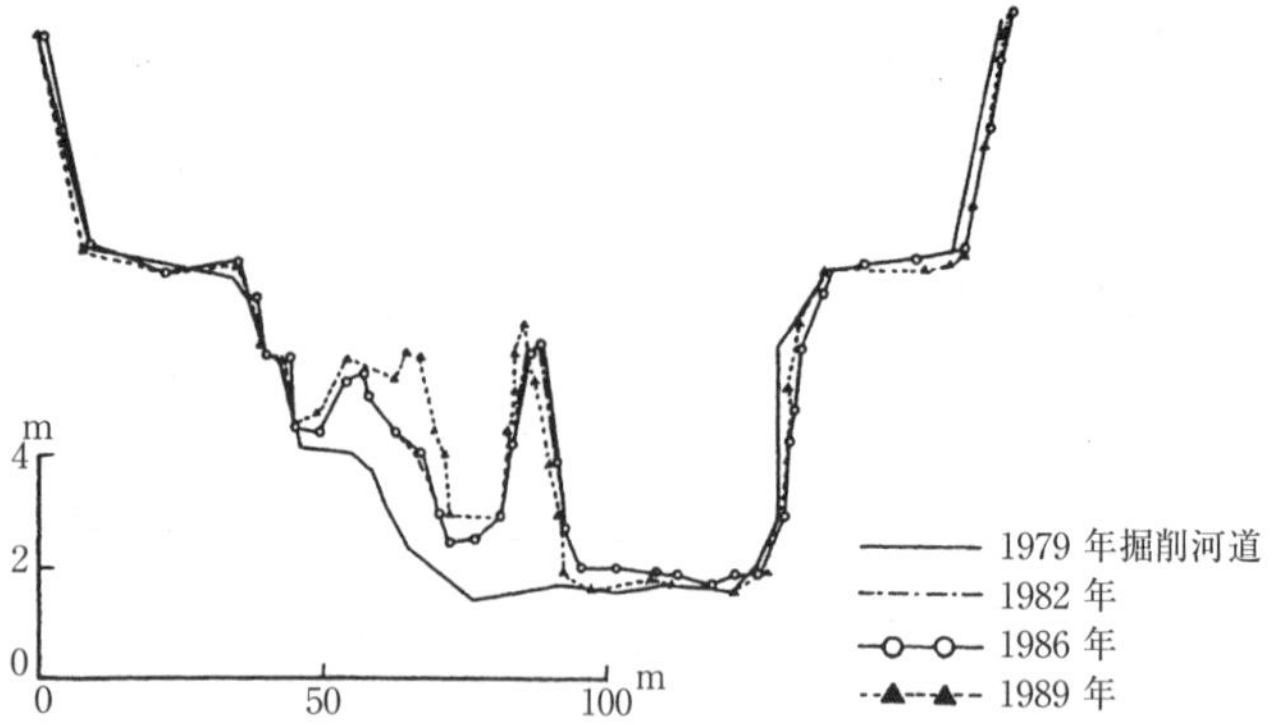

図-4.37 川内川 67.4 km 捷水路掘削後の横断形の変化[山本ほか(1993)]

面に安定的に露出する河床面積が少なく，河床に安定的な植生生長基盤が成立しにくい．浮遊砂のトラップ効率が悪くセグメント 2-1 ほど急速には川幅の縮小は生じないようである．

セグメント 3 に属する利根川 33 km 付近では，**図-4.38** のように 1975 年に川幅を 244 m から 460 m に拡大した．12 年後，河積は減少したが，川幅は維持された．ここでは河口堰により平水時にも比較的高い水位を保ち，低水路河床が空中に露出することがないので，河床に植生が生育できず，浮遊砂を河岸近くに堆積する条件が整わないのである．なお，ここでは河床材料の A 集団が中砂から細砂に変化した．

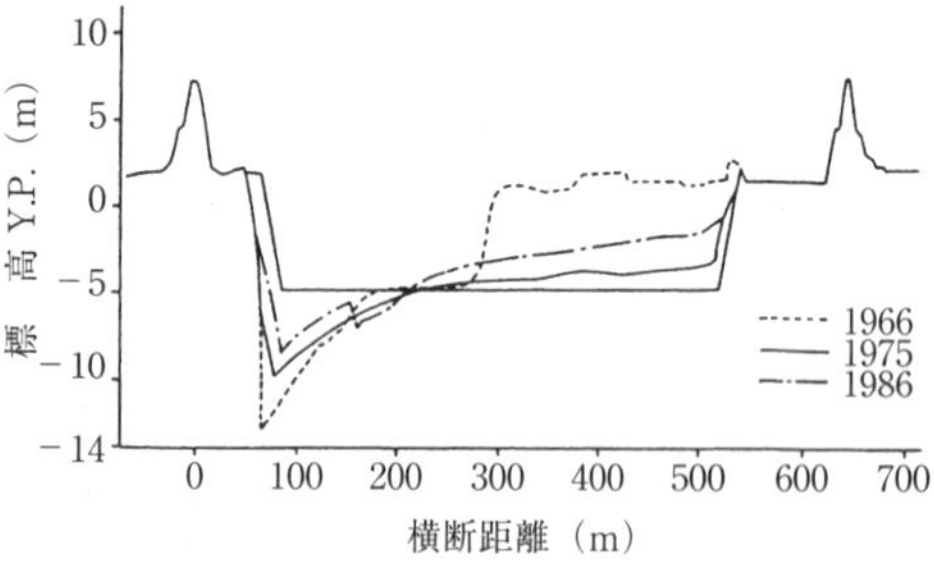

図-4.38 利根川 33.0 km の横断形状の変化[山本(1994)]

(5) 人為的川幅縮小

戦前に施工された水制の高さは，低水位上 50 cm 程度であり，中出水でも水制上を流水が流れるので，水制域の河床高はあまり変化せず．また，航路部の河床高もあまり変化しなかった．戦前水制を設置した利根川，木曽川，淀川のセグメント 2-2 の河道区間において，戦後，水制域外(旧航路部)の河床を掘削により低下させたところ，水制域の河床高が低水位以上になった区間に植生が進入し，浮遊砂が堆あるが，これより大流量では砂堆河床となる．セグメント 2-2 で河床材料が 0.6 mm 以下の場合は，平均年最大流量時は砂堆あるいは遷移河床であり，より大きな流量では平坦河床となる．粒径が 0.8 mm 以上の場合は，平均年最大流量時に砂堆であり，より大きな流量でも砂堆である(ただし，2 mm 以下では 1/100 年確率洪水時には遷移河床あるいは平坦河床となる可能性が高い)．セグメント 3 では平均年最大流量時には，平坦河床である．ただし，粒径が 0.15 mm 以下では砂漣であり，大洪水時には平坦となる．**図-4.21** は，これらの実態を踏まえて作成されたものである[山本(1994)]．

砂堆の波長は水深の 1～6 倍程度，波高は**図-4.41** に示すように最大水深の 3 割程度である．実河川では，長さスケールで数 m から数 10 m，高さスケールで 0.5 m から 4 m 程度の規模となる．これらの小規模河床波が生じると高さスケールの約半分の河床表層材料をかきまわし，底生生物，地中生物に対して攪乱要因となる．

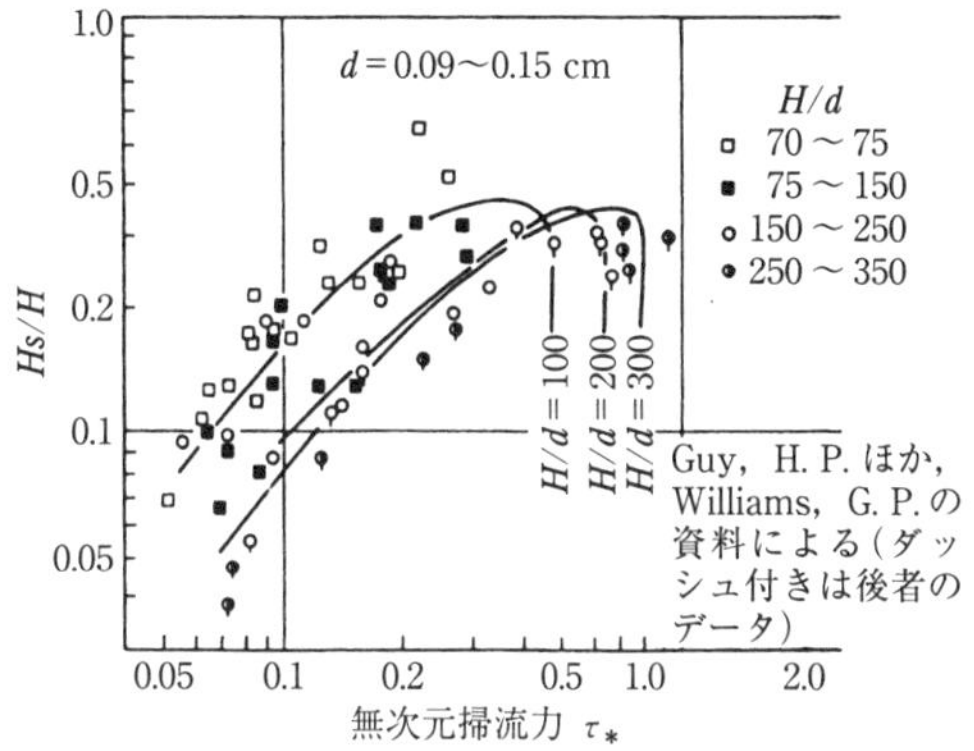

図-4.41　砂堆の相対波高 H_s/H と τ_* の関係($d = 0.09$ ～0.15 cm の場合)[山本(1985)]

4.5.2　流水障害物と淵(プール)，サンドリボン

自然河川(セグメント M，1，2-1)では，河岸あるいは河床に基岩，大転石が露出すると，その側面に淵が生じ，魚類のハビタットとして好ましい場所となっていた．また，河岸侵食に伴い倒木が河道内に倒れこんだりし，そこに一時的に淵が形成され，水棲生物の好ましいハビタットとなっていた．これらのハビタットは，河川改修に伴う護岸設置や河畔林伐採により減少した．

一方で，河岸防御のために設置した水制は，水制先端部の流速を増加させ，先端部付近に人工的淵を生じせしめた．水制周辺の洗掘，堆積により，河床に変化および土砂の分級による河床材料の差異を生じさせた．この水理環境および河床地形の多様性は，生物の多様性を増大させた．

流水中に幅の狭い障害物があると，その背後に河床材料の B 集団が帯状に堆積する．特に砂の場合をサンドリボンという．

4.5.3　河床材料とマトリックス材

河床材料は洪水により移動堆積した後においても，平水，小出水により運ばれた物質が堆積したり，逆に流出したりする．

A 集団が砂分である河床材料(セグメント 2-2 および 3)において，A 集団が移動しない状態では，A 集団粒径間の空隙が小さいので，B 集団であるマトリックス材の流出や潜込みは少ない．海水面の影響を受けていない河道区間では，小流量でも河床材料が移動するので，マトリックス材は，A 集団の移動に伴い流出し，河床材料の均一度は良くなる．B 集団はまとまりを増し，流速の遅い砂州上や湾曲部内湾側河岸寄りに堆積したりする．河口近くや堰上流のように小流量時において A 集団が移動しない条件にある所では，平水時細粒物質(B 集団)が河床を覆うことがある．ただし，洪水時には浮遊し下流に流下する．

A 集団の河床材料が 0.2 mm 以下の細砂である場合は，洪水時でも流速が遅いこと，塩水によるフロキュレイションの促進により，粘土・シルトが流速の遅い河岸付近，浅瀬に堆積する．これらは洪水後のマトリックス材の再移動による堆積ではない．

河川生態系にとって重要なのは，粒径数 cm 以上の礫床河川(セグメント 1 および 2-1)におけるマトリックス材の存在様式である．マトリックス材の粒径やその存在量が水分量の保持と栄養塩の量，酸素還元状態に関係し，植生の生育条件を規定する[渡辺ほか(1998)]．また，魚類や底生動物の産卵・生育条件とも関係する．

礫成分と砂成分は，同一水理量場において運動様式が異なり，分級現象が生じやすい．洪水時に礫成分が移動している時には砂成分は浮遊し，その移動量も大きい．礫の間にトラップされ，あるいは礫や玉石を含む混相流堆積物としてマトリックス材となる．流速が遅くなり礫の移動が止まっても，表層近く砂成分は流水により移動しうる環境にある．移動する砂分は集まり，帯状(サンドリボン)あるいは薄く層として移動し，再度礫間のマトリックス材となるものもある．

セグメント 1 においては，砂州の頂部付近に小礫が時には砂分が堆積することがある．また，洪水終期に移動した砂が**写真-4.10** のように砂州の頭部に近い所の前縁線前面に集団として堆積することもある．急勾配扇状地河川(勾配 1/250 以上)では，砂州の淵部に砂分は堆積しないが，緩勾配扇状地河川では小流量で運ばれた細粒物質が淵部に溜まることがある．流水が流れる砂州前縁線部分は瀬となり，砂分は抜け出し，浮き石状となる．

後期更新世に噴火した火山流域から流下するセグメント1の河床材料のマトリックス材中に含まれるシルト分の割合が多い．火山灰が風化され，シルト，粘土，砂の供給量が多く，洪水時の濃度が高く，これが洪水時トラップされるのであろう．

セグメント2-1においては，淵部は小流量時流速が遅いので細粒物質，有機物等が堆積しやすい．また，湾曲部のポイントバーでは，河岸側の方が河心側に比べて粒径が細かく，河岸付近には砂が溜まることもある．また，ポイントバーの上流側の方が下流側に比べて粒径が大きい．

写真-4.10　多摩川25.4 km右岸側(I_b＝1/480)の砂州前縁線における砂の堆積(2001年9月洪水後)

写真-4.11　多摩川51.0 km付近玉石下のシルト(2002)

礫河床でA集団を移動させるような出水が何年もないと，砂州上では小出水時に運ばれる細砂，シルトが表層河床材料下の流速の遅い所に堆積して，**写真-4.11**のようにシルト分が多いマトリックス材が形成される．また，瀬による平水時の水位上昇に伴う淵部から瀬にかけての流水の河床への潜込みにより，瀬の上流部でマトリックス材に細砂，シルトが多くなる．逆に瀬の所では細粒分が抜け出す．

4.6　大洪水と河道の応答：大洪水はカタトロスフィックか

4.6.1　検討の目的と方法

4.3.3において，河川の中規模スケールの地形は，動的平衡システムにあるという観点で記述説明した．しかしながら，大洪水が中規模スケールの河川地形を大きく変え，平衡系から大きな偏移を生じせしめる可能性がある．この偏移がどの程度であるかは，治水上のみならず河川生態系の変動特性(植生の分布特性，樹齢の分布特性，水生生物の時間変動)を把握するためにも必要な情報である．

しかしながら，大規模な洪水により河川地形がどのように変化したかについての研究は，意識化された形でなされてきたとはいえず，一般化した情報として整理されていない．したがって，治水計画論としても生態系の管理論としても理論として取り込まれていない．

ここでは，近年生じた大洪水による河道変化の調査研究成果を利用し，大洪水に対する河道の応答特性をセグメントごとにとりまとめる．

セグメント 2-1，2-2，3 については，2000(平成 12)年 9 月洪水による庄内川の直轄河道区間(0〜36 km)の河道変化調査，および 1970 年代から 2000 年にかけての利根川，鬼怒川，小貝川，多摩川等での洪水後視察調査(写真撮影のみ)に基づきとりまとめる．セグメント M およびセグメント 1 については，1995(平成 7)年洪水による関川と姫川の変化，1998(平成 10)年 8 月洪水による那珂川支川余笹川，1969(昭和 44)年洪水における常願寺川と黒部川の変化に関する文献情報および洪水後視察調査等をもとにとりまとめる．

なお，ここではセグメントスケールの地形を変えてしまうような大火山爆発，地震等による山地大崩壊等は検討の対象としない．また，流域面積が 50 km^2 以下の山地渓流部，土石流扇状地を流れる河道等も検討の対象としない．

4. 6. 2　2000(平成 12)年 9 月洪水による庄内川河道の変化

河道縦横断形，河床材料から，庄内川下流平野区間(−2〜36 km)をセグメント区分し，セグメントごとの河道の地形，植生の変化を整理する．さらに，地形，植生の洪水に対する応答について分析する．

(1)　河川概要と検討対象区間

庄内川は，水源を岐阜県恵那郡山岡町の夕立山(標高 722 m)に発し，北西に流れて端浦盆地に出て，方向を西北西に転じて和合渓谷，土岐盆地，多治見盆地，玉野渓谷を経て高蔵寺で能部平野に出て，名古屋市を北部から西部を迂回して伊勢湾に注ぐ，流域面積 1 010 km^2(山地 533 km^2，平地 440 km^2，その他 37 km^2)，流路延長 96 km の河川である．

地形的には高蔵寺付近(河口より 36 km)を境に下流部の平野と上流部の山地・盆地に分けられる．

2000 年 9 月洪水による河道変化の調査，分析の対象とした区間は，下流域であり，この区間は地形的には 0～8 km が低位デルタ，8～17.6 km 付近が高位デルタ，それより上流は河床材料が砂利である自然堤防帯である．山地部の地質は，第三紀鮮新統の土岐層群が本川沿いに，その外側に花崗岩類と中新統(瑞浪層群)が存在する[山下ほか編(1988)]．多治見盆地から平野への出口間の狭窄部は，中・古生層を切り刻んで流れている．山地が急峻でないこと，上流部に盆地地形が存在することにより下流沖積平野には扇状地状地形が見られない．

(2) 2000 年 9 月洪水時の気象概要と洪水

9 月 11 日，台風 14 号は東海地方に近づき，尾張地方では時間雨量 100 mm を超えるなど記録的な大雨となり，名古屋の 11 日未明から 12 日正午間での総降雨量は 562 mm に達した．

庄内川では，枇杷島地点(河口より約 15 km)で，12 日 4 時に過去の最高水位 7.54 m を 2 m 近く上回る 9.36 m に達し，計画高水位 9.08 m を 30 cm 超過した．**図-4.42** に名古屋雨量観測所における雨量時間変化，枇杷島水位観測所の水位時間変化を示す．

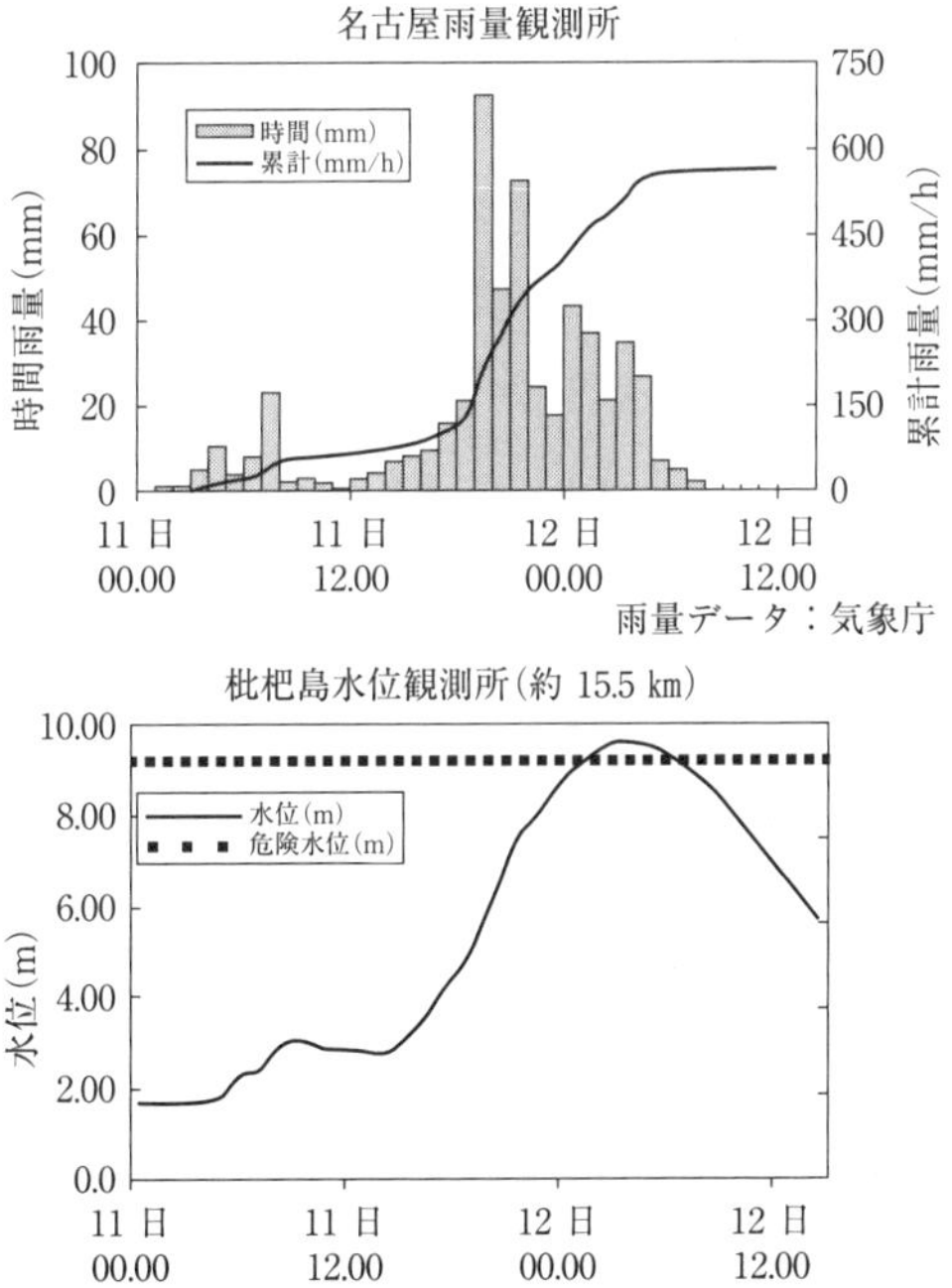

図-4.42 名古屋雨量時間変化図および枇杷島水位時間変化図

(3) 庄内川下流部のセグメント区分と河道特性

調査対象区間 0～36 km 区間の河道特性を，**図-4.43** に示す河床高縦断図，**図-4.44** に示す堤防間

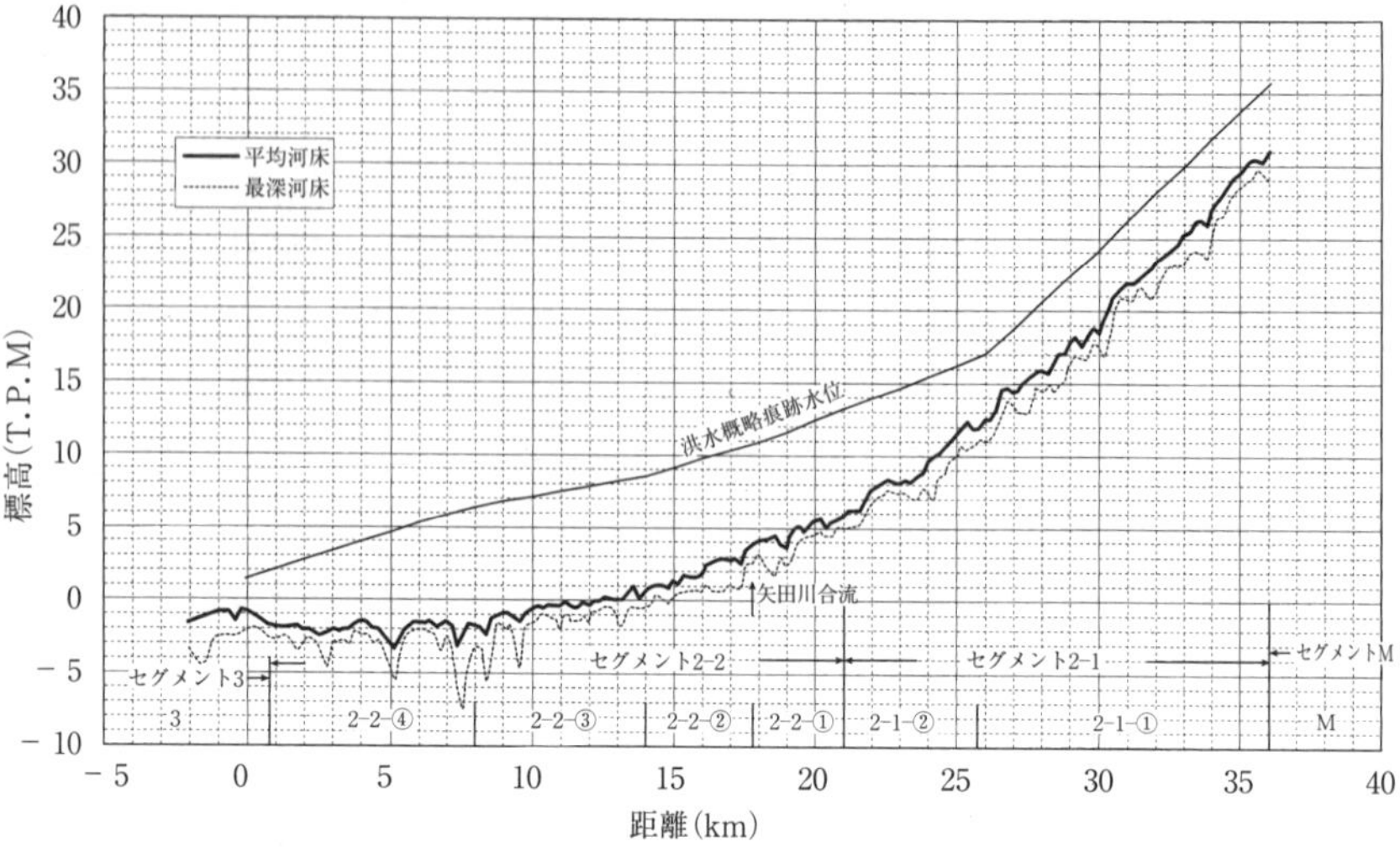

図-4.43　庄内川河床縦断図と2000年9月洪水概略痕跡水位縦断図

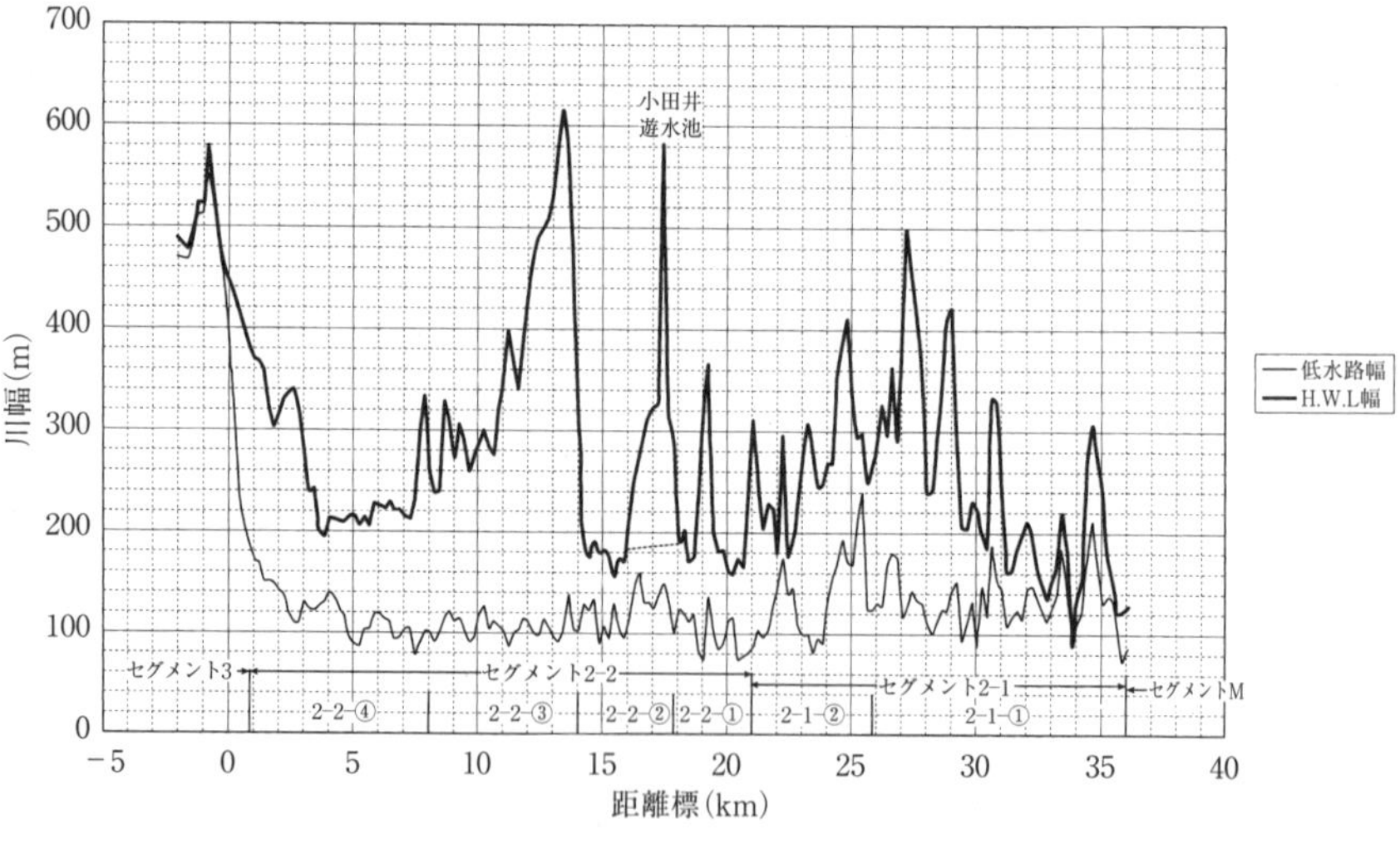

図-4.44　堤防間幅と低水路幅の縦断方向変化図

幅・低水路幅縦断図，および2000年9月洪水痕跡水位縦断図，不等流計算結果に基づく河道特性量縦断図，**図-4.45**に示す2000年調査の代表断面における河床材料粒度分布図より，検討対象区間は，**表-4.9**に示すセグメントに区分し得る．その特徴の概要を同表に示す．

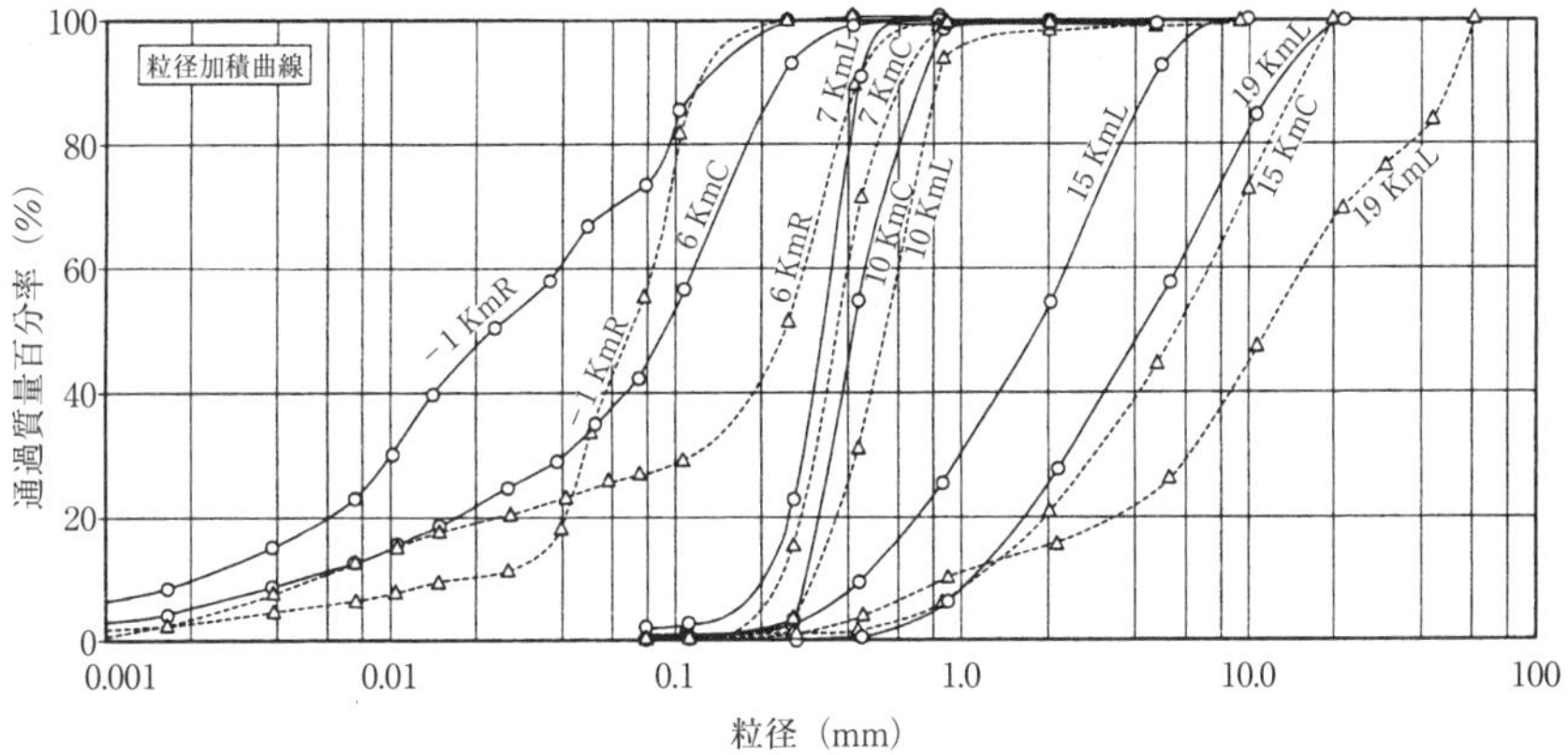

図-4.45　低水路河床材料の粒径加積曲線図

現在の庄内川河道は，橋梁，堰，河道整正，掘削という人為インパクトを受けた河道であり，各セグメントの河道特性に影響を与えている．影響の大きなものは，堰による河床高の固定(侵食基準面の固定)，堤間幅の急変，放水路，遊水地，海岸の埋立て等である．上流から供給される土砂を河床材料の粒度分布形の各セグメントにおける変化より粒径集団に区分すると，13 cm(70～200 mm)，3.5 cm(10～70 mm)，2 mm(1.2～10 mm)，0.8 mm(0.5～1.2 mm)，0.35 mm(0.25～0.5 mm)，0.15 mm(0.08～0.25 mm)，シルト・粘土(0.08 mm 以下)の 7 集団に区分し得る．このうち 13 cm，1.5 cm，2 mm，0.8 mm，0.15 mm 集団は，上流からの供給土砂量が少なく，A 集団として存在する小セグメントを持てず，河床材料中の B あるいは C 集団として，さらには氾濫原堆積物として存在する．また，0.35 mm 集団は，セグメント 2-2-④の A 集団として存在するが，セグメント 2-2-③では，0.35 mm 集団と 0.8 mm 集団が均等に混在した粒度分布形であり，両集団の区分粒径が明確でなく，全体として 0.6 mm 集団(0.25～1.2 mm)となっている．

(4)　洪水規模

2000 年 9 月の洪水は，枇杷島地点(約 15.5 km 地点)で約 3 500 m^3/s とされ，洪水観測以来の最大流量であった．この流量は，枇杷島地点の平均年最大流量 1 014 m^3/s(1977～99 年の平均値)の約 3 倍の流量であった．なお，右岸新川洗堰(約 19.4 km 地点)より約 270 m^3/s が新川に流出した，17.8 km 左岸から流入する矢田川か

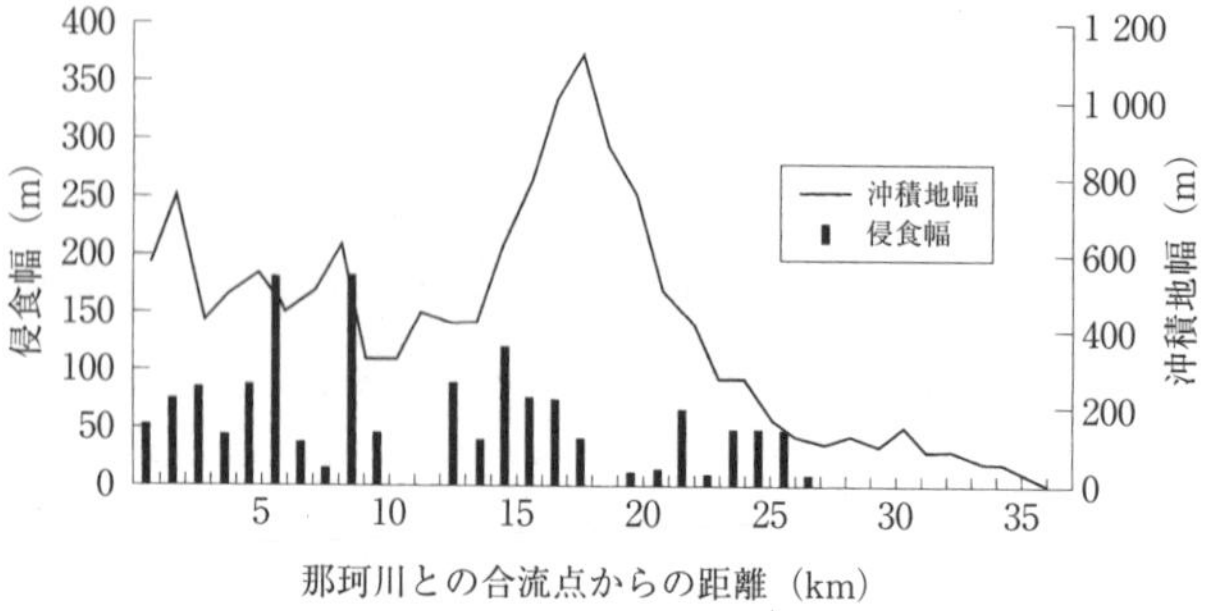

図-4.46　余笹川の沖積幅と侵食幅[須賀ほか(2000)，簡略化]

写真-4.16　関川 25 km 付近の河岸侵食による川幅拡大(新潟県提供)

評価すると 2 600 m^3/s 程度と推定されている．確率 1/100 の計画洪水流量 3 700 m^3/s より小さく下流では大洪水といえないが，本川上流部に降雨が集中し，セグメント M(河床勾配 1/80〜1/30)の区間の洪水流量は生起確率 1/100 を超えていたと推定される]に襲われた．関川のセグメント M(勾配 1/80 以上の河口より 15 km より上流とした)の区間において川幅拡大(河岸侵食によるものと氾濫原の表層侵食によるもの)が生じた(**写真-4.16**)．侵食幅の大きい所は，盛土して開田した所であった[新潟県土木部(2001)；高橋ほか(1996)]．水田化による樹木の伐採は，氾濫原の流水の流速を増加させ，侵食力を増大させたのである．

侵食された土砂および河床に存在した C 集団および A′ 集団の洪水による移動距離は大きくなく，C 集団はその小セグメントにとどまり，A′ 集団についても下流の小セグメント以下には達しない．小礫，砂の一部は氾濫原堆積物となるが，多くは下流に輸送され，その粒径が堆積し得る環境にある小セグメントに堆積し，河床上昇を生じさせた．

関川(流域面積 1 143km^2，幹線流路延長 64 km)の 1995 年洪水では，山地部の崩壊はほとんどなく，土砂の移動は河川および氾濫原の堆積，侵食によるものと河川沿いの崖侵食であった．セグメント M で河岸侵食および氾濫原侵食で生じた侵食土砂量400万m^3のうち，砂を含む礫成分としてセグメントMに約6割堆積し[周辺山地から流出した物を含む．10〜20万m^3は下流のセグメント2-1(9〜15 km，勾配1/350)および2-2(0〜9 km)に堆積]，残りのうち中砂がセグメント2-2の区間に約100万m^3ほど堆積した(周辺山地から流出した物を含む)．残り60〜70万m^3が海へ流出した(周辺山地から流出したものを含まない)[新潟県土木部(2001)；高橋ほか(1996)]．海に流出した細粒物質の量は，一般に山地から生産される細粒物質の割合から推定される量より少ない．これはカウントされた侵食物質が火成堆積物からなる段丘堆積物，河成堆積物である河岸および氾濫原の侵食によるものがほとんどであったことによる．すなわち，流水あるいは空気により運ばれ堆積した物の再移動であるため，細粒物質の割合が少ないのである．侵食された土砂の粒度構成は，マトリックス材として残る割合を20%程度とすると，概略，粗粒物質(2 mm以上)，砂，シルト・粘土は，それぞれ200万m^3（カウントされた侵食物質の44%)，150万m^3(33%)，100万m^3(22%)程度であろう．

関川における洪水ピーク水位は，河床土砂堆積により地区ごとに異なり，洪水被害の大きい箇所ほど発生時刻が遅かった[新潟県土木部河川課(2001)]．渓流部では，山地からあるいは河岸，崖からの崩壊土砂の河道への流出は降雨ピーク後に生じることが多く，一方，洪水流量が減少することにより，河床の上昇が洪水流量ピーク後に急上昇するからである．同様の現象は，同年の姫川災害，1953年台風13号による福井県若狭地方，南川，有田川の狭い沖積谷を持つ渓流河川でも生じている[小合(1996)；小出(1973b)]．

氾濫原の樹木は倒伏，流失する．流水の力で倒伏するというより，樹林の側面および前面の表土流出を伴う移動床化による河床低下により根が洗われ倒伏に至るものが多い．余笹川では，沖積地面積8.56 km^2の30%が樹林であり，そのうち15%が流出した．残存し水防林機能を発揮したものもあった．

流出した樹木は，橋や取水施設に引っかかり上流側水位を上昇させ，大量の土砂を堆積させる事例が多い．

・谷幅に広い所と狭窄部のある場合；狭窄部の上流は，水位が高くなり流速が遅くなるので，谷幅の広い所は土砂が堆積する遊砂地となってしまい，川幅の拡大と河床上昇が生じる．河床上昇量は，土砂供給量に関係するが，10 mのオーダー(支川からの土石流の流入や崖崩壊が絡む)となることもある．堆積域での最高水位は，土砂の堆積により河床が上昇し，洪水ピーク流量発生時より後に生じることが多々ある．橋梁，堰等があり，そこに流木が引っかかると，上流水位が上昇し同様な現象が生じる．洪水後は，川幅の縮小と河床の低下が生じ，数段の低い段丘面が形成されることがある．

写真-4.17　1982 年 8 月洪水における釜無川での河道変化

写真-4.18　サランベ川における出水後の地形(2000)

・更新統の堆積物や風化層が河床近くにある場合；大洪水時，上流からの供給土砂量が少ないと河床低下し，河床に未固結の更新統の火砕流，湖成，河成堆積物が露出すると急激に河床低下が進み，キャニオン状の地形が形成され河道の様子が一変する．1982 年 8 月洪水による釜無川(山梨県白州町国界橋下流，河床勾配 1/55)での河道変化[口野(1983)]では，表層の礫が流出し，その下の風化した花崗岩，白州湖砂礫層が侵食され，**写真-4.17** に示す地形が生じた．サランべ川(北海道，遊楽部川《ゆうらっぷがわ》支川，流域面積 44.3 km^2，流路延長 18.7 km)では，上流に大きな砂防ダムを築造した後の出水により**写真-4.18** のような地形が生じた．

(2)　セグメント 1(ただし，河床勾配 1/80 以下)

堤防がなければ，大洪水時には洪水は流路から溢れ，扇面の低い所を流下する．表層の土層を侵食し，新しい流路となってしまうこともある．扇状地河川の堆積は河床勾配の変わる所で生じるので，セグメントの結節点で新流路が生じることが多い．扇頂より上流がセグメント M で河道幅が狭いと，川幅の広くなる所で土砂が解放され河床上昇し，そこから氾濫しやすい．

堤防を築き流路を固定すると，堆積幅が狭くなるので河床上昇は自然状態より早くなる．扇端付近は，河床上昇が早く天井川を形成する．大洪水時の扇頂部，扇央部の河床上昇量は，セグメントM区間における粗粒物質の調整機能(粗粒物質は，山地部での供給の急増があっても，扇頂直上流のセグメントの流送能力しか扇状地に輸送されない)によりそれほど大きくない．先端部の河床上昇量は，黒部川および常願寺川の1969(昭和44)年洪水(平均年最大流量の約4倍のピーク流量)において，川幅平均で約0.8 m程度であった．なお，常願寺川では，この洪水により扇頂，扇央部は多少侵食し，黒部川では，扇頂部(11〜13 km)が侵食し，その下流の川幅の広い所(7〜11 km)に縦断方向1 km平均値で0.1〜0.25 mほど堆積した．

大洪水時の川幅水深比は，年最大流量時の1/2〜1/3であるので，砂州は統合されスケールの大きな砂州になろうとするが，洪水時間が長くないので，砂州の統合化と拡大は，通常河道が湾曲しているような所を除けば生じないようである．

洪水による河岸侵食量は，砂州の発達と移動によって生じる．今までの観測によると100 m程度の河岸侵食の例がある．大洪水時には高水敷に流水が乗り，その流速が速いので高水敷侵食が生じる．人為的に高水敷を造成し，その河岸高が平均年最大流量程度の水位相当であり，かつ樹林でなければ，大洪水時には侵食破壊され河原状となる．

低水路部分に生育している草本，柳等は倒伏流出する．高水敷化された所に生える樹木は，河岸侵食が生じると，根本が浚われ流出する．また，河岸侵食がなくても高水敷上の流速が速いので，倒伏・流出する可能性がある．倒伏・流出するかは，高水敷の高さ，代表粒径により異なる．高水敷上の流速が3 m/sを超えると，細砂・シルトからなる表層材料は侵食され，樹木回りが洗掘されて倒伏する可能性が高くなる．代表粒径が2〜3 cm程度である場合は，大洪水時の低水路の平均流速が3〜4 m/s程度であるので，高水敷に樹木が群生していれば洪水流に耐えられよう．

(3)　セグメント2-1

大洪水時には，河床に砂堆が発生し，洪水流量の大きさにもかかわらず低水路部分の平均流速は3〜4 m/s程度である．蛇行河川であれば洪水時水衝部の河床高は低下するので河岸が崩壊する．崩壊の幅はそれほど大きくなく，河岸高の2〜5倍程度である．蛇行河川であれば両岸が侵食されることはほとんどない．ただし，平均年最大流量時の川幅水深比が60を超えると，砂州が複列的配置となるため，澪筋が2列となり両岸侵食されることがある．そのような所では川幅が前後より広い．

自然河道であれば侵食部は崖状となり，河岸の樹木は根本をすくわれ倒伏・流出する．人為的に河岸を固定し，河岸崩壊が発生しないようにすれば樹木は倒伏することはあっても何とか流水に耐えられる(であるからこそ水防林で洪水に対処した歴史がある)．ただし，樹林が孤立したような所では，樹林の先頭部周辺の河床が洗掘され樹木が倒伏する．また，竹は群生し，竹林の周辺が折れたり倒伏したりする．草本類は倒伏してしまうが，表層材料が侵食されない限り破壊されない．樹林でないと，高水敷上の流速が3 m/s程度となるので，裸地，畑地等では侵食される可能性がある．低水路部の柳は倒伏し，流出する．

ポイントバーの上流側は侵食され，中央から下流にかけては堆積傾向となる．そこでは上流から下流方向に，また河岸方向に粒径が小さくなる．中砂が堆積することもある．また，流水が乗り上げ，高水敷上を走る(樹林がない場合)と細砂・中砂を広い範囲に薄く堆積させる．

河床高は，ダムがなければセグメント2-1のA集団の供給土砂量が急増するので上昇するのが一般的である．セグメントの長さが短いほどこの急変の影響を受けやすい．常願寺川0〜5 kmでは(河床勾配1/800，河床材料は4〜5 cmの砂利と中砂の混合物であり，中砂の供給が多いと中砂の割合が増加する．平常時には河口近くを除き砂利となる)．1969年洪水(平均年最大流量700 m^3/sの約3倍のピーク流量)において平均0.3〜0.4 m程度上昇した（この洪水では中砂が増加)．

大洪水においても河道が大きく変わるとことはない．ただし，従来の河床(砂州の頂部付近が草地化し高水敷化しつつある所，あるいはポイントバーを人為的に整正し高水敷化した所は，大洪水時にその上流部が侵食され，その中下流部に砂利や中砂の堆積が生じ，砂利州が回復する．

(4) セグメント2-2

河床材料のA集団粒径が2 mm以下では，大洪水時河床が平担となり，水路部分の流速が3〜4 m/sにもなる．しかしながら，河岸斜面に生えた柳，竹等は，群生し，かつ河岸の根部が侵食されなければほとんど倒伏しない．ただし，一本立ちだと倒伏する．河岸近くの草本類は倒伏するが破壊されない．

水衝部では，河床低下により河岸が崩れ侵食されるが，せいぜい河岸高の2〜3倍程度である．高水敷は植生が生育していれば侵食されない．むしろ，流水の高水敷への乗上げ部に細砂・中砂を河畔堆積物(20〜30 cm にも達することあり)として堆積する．その背後には細砂混じりのシルトが堆積(10〜20 cm にも達することあり)する．

平均年最大流量時の川幅水深比が 50 以上の直線状の河川では，低水路川幅水深比が小さく，小出水に対応してできた砂州が統合され大きな砂州となるので，河床の凹凸は大きくなる．ただし，川幅水深比の小さい河川(平均年最大流量時の川幅水深比が 40 程度以下らしい)では，砂州が消滅の方向に向かうので横断方向の凹凸は小さくなる．蛇行河川では大洪水ほど流水が直進し，深掘れ部が少し下流へ移動する．

セグメント 2-2 が直接海に接する場合は，河口部の水面勾配が急になり河口付近の河床は低下する．一般に，破堤しなければ河道が大きく変わるということはない．

(5)　セグメント 3

大洪水時においては，河床材料の A 集団は浮遊砂となるが，河岸近くに薄く堆積する程度であり，氾濫原(高水敷)の植生(ヨシ，マコモ)は河岸近くを除けば倒伏しない．氾濫原には細砂混じりシルトが堆積する．低水路幅の大きな変化は生じない．上流のセグメントでワッシュロードとして運ばれてくる細粒物質は急増するが，一方で細粒物質の流送能力も急増するので，河床が上昇するか低下するかは上流からの供給量と流送能力の差異による．米国のミシシッピ川では，大洪水時河床が低下する[Meade(1990)]．

大洪水においても河道の変化は少ない．

参考文献

・IPCC(1995)：気候変化 IPCC 第1作業部会報告，気象庁訳，1996.
・池田宏，伊勢屋ふじこ：ムポロマポロ川の蛇行変遷，北方科学調査報告 7，1986.
・伊勢屋ふじこ：砂床河川における自然堤防の形成，1980 年日本地理学会春季大会前刷，1995.
・伊藤和典，須賀堯三，茂木信祥，池田裕一：平成 10 年 8 月末の那須出水による余笹川の流路変化特性，水工学論文集，第 44 巻，2000.
・宇多高明ほか：洪水流を受けた時の多自然型河岸防禦工・粘性土・植生の挙動，土木研究所資料，第 3489 号，pp. 294-295，1997.
・可児藤吉：渓流凄昆虫の生態，昆虫(上)，古川晴男(編)，研究社，pp. 117-317，研究社，1944.
・河川環境管理財団：第 3 回相模川水系土砂管理懇談会資料，2002.
・河川植生の生育特性に関する研究会：河道内における樹林化実態調査，リバーフロント整備センター，1998.
・木下良作：石狩川河道変遷調査，科学技術庁資源調査局資料 36 号，1961.
・木下良作：洪水時の沖積作用調査と適正複断面河道に関する実験的検討，文部省科学研究費自然災害特別研究(Ⅰ)「沖積地河川における洪水流の制御と治水安全度の向上に関する研究」報告書，1987.
・木下良作，三輪弌：砂レキ堆の位置が安定化する流路形状，新砂防，Vol. 94, pp. 12-17，1979.
・口野道男：ミニ・グランドキャニオン，山梨日日新聞社，1983.
・建設省河川局治水課，河川局防災課，土木研究所河川研究室，土木研究所海岸研究室：水系一貫土砂管理に向けた河川における土砂観測，土砂動態マップの作成およびモニター体制構築に関する研究，平成 12 年度(第 54 回)建設省技術研究会指定課題，2000.
・建設省河川局治水課，土木研究所河川研究室：河道特性に関する研究(2)，高水敷の機能に関す　る研究，第 43 回建設省技術研究会，(財)土木研究センター，1990.
・建設省河川局治水課，土木研究所河川研究室：河道特性に関する研究(3)，河床変動と河道計画に関する研究，第 45 回建設省技術研究会報告，pp. 696-737，1991.
・小合澤辰雄：平成 7 年姫川の土砂流出，第 28 回砂防学会シンポジウム，1996.
・小出博：日本の国土(上)，pp. 59-64，東京大学出版会，1973a.
・小出博：日本の国土(下)，pp. 518-525，東京大学出版会，1973b.
・黄河水理委員会宣伝出版中心編：黄河系列画冊　黄河花園口，中国環境科学出版社，1991.
・国土技術研究センター編：河道計画検討の手引き，山海堂，2002.
・国土庁長官官房水資源部：日本の水資源，p. 225，1999.
・土木学会水理委員会移動床流れの抵抗と河床形状研究委員会：移動床流れにおける河床形態と粗度，土木学会論文集，第 210 号，pp. 69-91，1973.
・須賀堯三，池田裕一，伊藤和典：余笹川にみる低頻度大洪水による横侵食性河道変化の実態とその考察，河川整備基金助成報告書，2000.
・高橋邦治，服部敦，藤田光一，宇多高明：(1996)大規模洪水による粒径集団別の水系内土砂移動，土木学会第 51 回年次学術講演会，pp. 624-625，1996.
・辻本哲郎：河道変遷特性に関する研究，河川環境管理財団，pp. 77-86，1998.
・新潟県土木部河川課，上越土木事務所：平成 7 年災関川災害復旧助成事業工事記録誌，新潟県，2001.
・花籠秀輔：フィルダムに異常洪水流量設計のための資料，土木技術資料，Vol. 7-22，1973.
・濱野達也，小山弘道，森田和博：乾燥化した高水敷における植生の復元について，河川環境総合研究所報告，第 6 号，pp. 59-67，200.
・藤田光一，山本晃一，赤堀安宏：勾配・河床材料の急変点を持つ沖積河道縦断形の形成機構と縦断変化予測，土木学会論文集，No. 600/Ⅱ-44，pp. 37-50，1998.

って形成される砂礫堆積地の表層堆積物の多様さや，河道特性に応じて形成される小(微)地形の多様さ，河道特性に応じた攪乱頻度等が重要である．また，河川改修等の様々な人為的インパクトは，直接的に河川の植物の成育に影響を与え，特定の植物の繁茂や衰退等を引き起こすとともに，自然的攪乱時に生じる出水や土砂移動，地形形成等を変化させることで，植物の成育するハビタットの質や量を変化させ，間接的に植物に影響を与えている部分も大きいと考えられる．

局所的な個体群の消失と新たな個体群の形成を繰り返すことの多い河川に特有な植物にとって，その侵入と定着のプロセスにおいては，洪水等の攪乱によって一時的に形成されるハビタットの存在が重要な役割を担う場合が多く，その生活史は河川の自然的攪乱に適応していると考えられる．このため，河川に特有な植物の持続的な成育を満たすような要件は，河川本来の持つ特性に支配される攪乱の種類，頻度や強度と深く結び付いている．河川の特性を変化させるようなダムや堰等の河川構造物の建設による人為的インパクトは，このような関係を大きく変化させ，植物の成育や植物群落の成立に重大な影響を与えると考えられる．洪水等の自然的攪乱を一時的な現象として捉えるのではなく，河川という連続性を持ち，きわめて動的な環境下で生じる再来性のある現象として大局的に捉え，植物の成育や植物群落の成立を理解することは，河川の環境を理解するうえできわめて有効なアプローチであると考える．

5.2.1　河川における自然的攪乱と植物の反応

植物の成育にとって攪乱頻度が高く，ストレスも強い環境は不適な環境であり，Grime(1979, 2001)によれば，英国の草本植物を主とした植物にはこのような環境に適応的な戦略は存在しないとされている(**表-5.1**)．河川，特に中流域(セグメント 1)に存在する砂州は洪水等の攪乱を頻繁に受け，その後に形成される礫質の砂州は，貧栄養で乾燥したストレス環境となるため，植物にとって攪乱とストレスが

表-5.1　植物の 3 つの戦略の進化のために提案された論拠[Grime(2001)]

攪乱強度 (Intennsity of disturbance)	ストレス強度(Intensity of stress)	
	低い	高い
低い	競争戦略型(Competitor)	耐ストレス戦略型(Stress-tolerator)
高い	攪乱依存戦略型(Ruderals)	可能な戦略なし

ともに強い環境であるといえる．このため，河川において，植物がどのようなハビタットに，どのような体制をもって成育しているのかを検討することは，河川環境の理解にとどまらず，植物生態学的にも大変興味のある事柄である．

石川(1996)は，河川の洪水や増水等の撹乱が植物に及ぼす作用をまとめると，大きく以下の4つに分けられるとしている．

① 流水やそれによって運搬される掃流物質による植物体の破壊．

② 流水による立地の破壊．

③ 掃流物質あるいは浮流物質による植物体の埋没．

④ 沈水状態による光合成や呼吸等の植物の生理活性への影響．

河川に成育している植物は，少なくともこれらの作用に対して耐性を持つか，それを回避する戦略を備える必要がある．また，逆に河川に成育できない，あるいは一次的には成育できても永続的に個体群を維持することのできない植物は，これらに対して十分な耐性や回避する戦略を持っていないため，河川での成育が制限されていると考えられる．石川が示したこれら4つの作用はいずれも植物に直接作用するものであり，①～③は，物理的な破壊を伴う撹乱，④は作用としてはストレスと捉えることができる．洪水や増水等の撹乱も，現象のスケールを細かくして要因別に検討すると，植物に直接的に与える影響は撹乱的な作用と，ストレス的に働く作用に分けて考えることができる．

一方，洪水によって形成された中流域の礫河原は，そこに蓄積されていた栄養塩類や窒素等の養分を含む土壌層が失われるため，養分に乏しい立地となる．加えて透水性のよい礫あるいは砂から構成される基質の物理的な構造は，植物にとって水分の欠乏を伴う厳しい環境であるといえる．また一方，洪水によって形成される新たな止水域は，土壌が還元状態となるような立地となるため植物の成育は妨げられる．このような立地にはヨシやハンノキ等のように，還元的な土壌環境に適応できる植物のみ成育可能である．これらのことは，洪水や増水等の撹乱によって生じる河川の物理化学的な環境の変化に伴って，植物にストレスを与えるような新たなハビタットが形成されることを意味している．

このように洪水は植物体の直接的な破壊，立地の破壊，埋没等を通して植物に影響を与える撹乱要因として捉えることができると同時に，よりマクロに捉えると，洪水は貧栄養，乾燥あるいは過湿な条件を持つストレスの高い環境を形成するというもうひとつの側面を持っている．このような視点で見ると，河川に固有な植物は，このような攪乱と攪乱後のストレス条件下で成育している特異な植物であるということができる．

加えて重要なのは，攪乱による新たなハビタット形成は，空間スケール，時間スケールともに拡大して眺めると，一定の河道特性を持った河川であれば，空間的にも時間的にも比較的定常であるといえることである．

一般に洪水は，時間スケールを少し長くすると，その間の攪乱の頻度や規模は，地域によってある程度予測可能な事象となる．その結果，洪水の後に形成されうる礫河原や止水域等の河川固有のハビタットも，その形成・消失の間隔や規模もある程度の範囲に収まると考えられる．また，個々のバビタット単位ではなく，空間スケール，すなわちセグメントスケールで河川の一定区間で見ると，同じ河道特性を持つ河川の区間であれば，そこに存在するハビタットの種類や数は，洪水の前後で大きくは変化しないと考えられる．このため，河川の植物や植生は局所的に見ると，発達と崩壊を繰り返しているが，大局的には時空間的にある程度平衡な状態にあるのが河川本来の姿であるということができる．

5.2.2 河川における人為的インパクトと植物の反応

河川に加えられる人為的インパクトのうち，植物に与える直接的な影響として最大のものは，本来の自然河川が自由な移動をしていた時には広い範囲に形成されていた様々なハビタットが，河川への人間の働きかけ，人為的インパクトによって縮小したり，失われたりすることである．

現在の河川域や河川の流域において，植物の成育に直接・間接的に影響を与える人為的インパクトとしては，高水敷利用，河道の直線化・幅縮小，流量コントロール，水質変化，土砂コントロール，外来生物の移入等をあげることができる．これらはそれぞれ直接的に植物の成育や植生の形成，維持，発達に影響を与えている(**図-5.2**)．

一方で，このような人為的インパクトは，出水や土砂移動等の自然的攪乱によって変化する河川の動態にも影響を及ぼし，人為的インパクトの及んでいない時点での出水—土砂移動—自然河川地形の形成—自然河川景観の形成という動的システムを変化させることにより，間接的に植物や植生に影響を及ぼしている．このような間接的な影響は単純なインパクト-反応系ではなく，それぞれの要素が複雑にしかもその強度を違えて影響し合っている．現在ではほとんどの河川で何らかの人為的

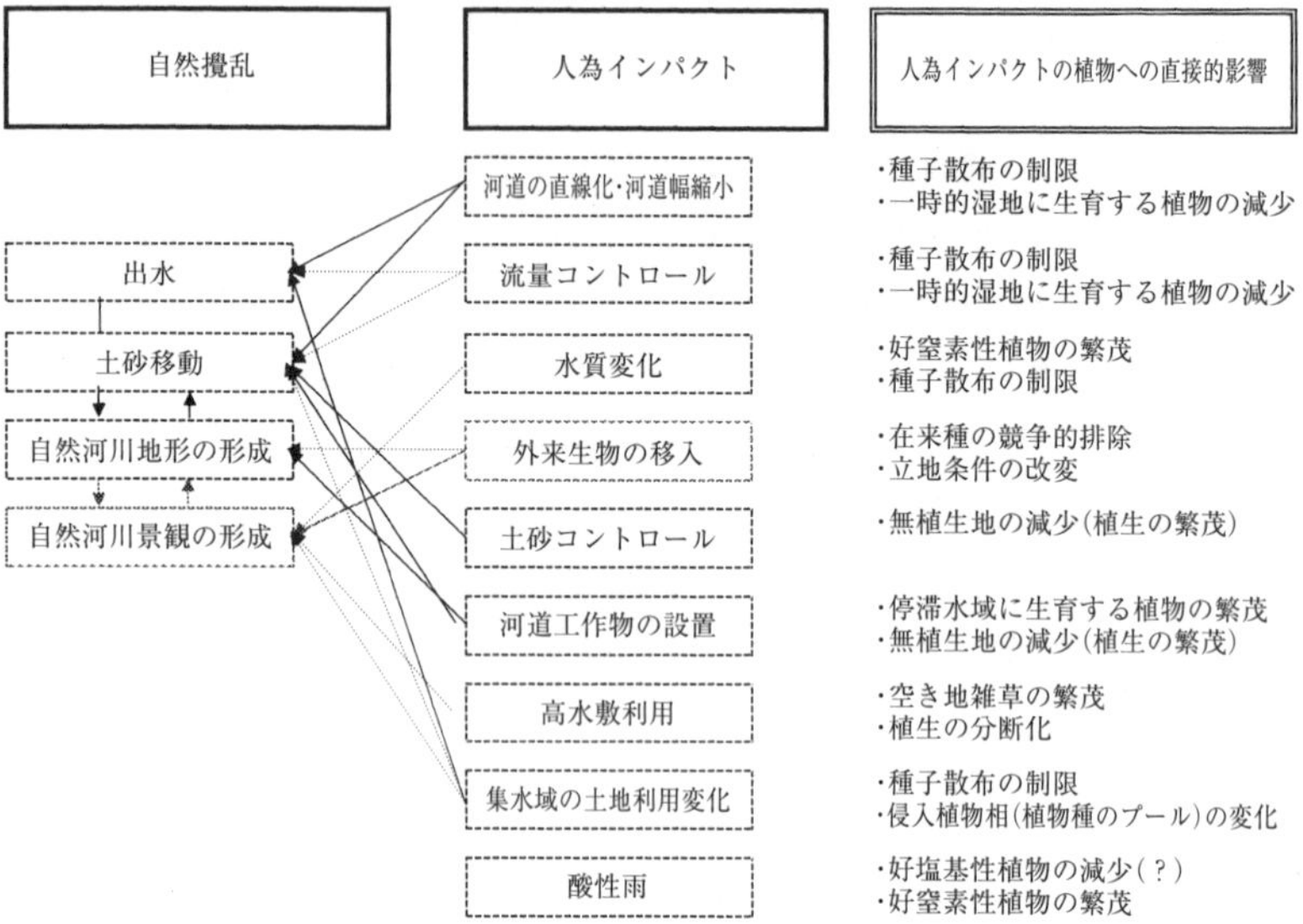

図-5.2 河川における自然的攪乱と人為的インパクトの関連性と植物への影響.
実線矢印は強い影響，破線矢印は弱い影響があることを示す

インパクトが加えられているため，本来の自然攪乱といえるような事象は存在せず，自然の攪乱も河川に加えられた人為的インパクトの間接的影響を受けている(1. 参照).

5.3 河川における植物群落の分布と河道特性

河川の縦断面方向の植生変化については，佐々木(1995a)によって概略的にまとめられている．河川の植物群落の分布は，大きくは河道特性と対応しており，セグメントで表されるような河川の分類とよく一致することが予想される．ここではセグメントスケールでの植物群落の分布と河道特性の関係を，多摩川を例にして検討する．

5.3.1 セグメントスケールから見た植物群落の分布特性

4.では河道特性を区分するスケールとしてセグメントを述べた．「物理基盤(河床・河岸)–植生」の関係から，物理基盤である河道の特性がセグメントで区分され

表-5.2　河道特性と植物群落特性の縦断的変化[宇多，藤田，佐々木ほか(1994)]

	項　目	上流		下流
河道特性	冠水時間	短	⟶	長
	出水時の平均流速	速い	⟶	遅い
	土中水分量	乾燥	⟶	過湿
	土中栄養分量	少	⟶	豊
群落	分布形態	団塊状，紡錘状	⟶	帯状
	分布面積	小	⟶	大
植物の性質	酸素通導性	低	⟶	高
	流水に対する抵抗力	大	⟶	小
	耐乾燥性	高	⟶	低
	地下茎や根の分布	発達する	⟶	浅く横に広がる
	代表的な植物	ツルヨシ，ヤナギ類	⟶	ヨシ，マコモ，オギ

るので，成立する植物群落もまたセグメントで分類できそうである．**表-5.2** は，河川縦断方向にみた植物群落の変化であるか，分布形態とその構成種の生態的性質はセグメント特性と関連している．一方，**図-5.3** は，各セグメントに見る典型的な河川横断面内の植生分布の模式図で，これらの植物群落は，セグメント特性(河床勾配，河床材料等)に応じた縦断変化とともに，冠水頻度，冠水規模，繁茂領域と平水位との比高差等の横断変化も条件として棲み分けをしている．

表-5.3 は，利根川，鬼怒川を例に，セグメントとそこに成立する植物群落の分

表-5.3　セグメントによる植物群落の分類の試み[宇多，藤田，佐々木ほか(1994)]

	セグメント1 鬼怒川 46.0～101.5 km 区間		セグメント2 鬼怒川 0.0 ～46.0 km 区間		セグメント3 利根川 0.0 ～45.0 km 区間	
	96.0 km 地点	55.0 km 地点	32.0 km 地点	16.5 km 地点	27.0 km 地点	20.0 km 地点
河床勾配	1/600～1/190		1/2 130～1/1 320		逆勾配	
平均粒径	河床材料：　約 50 mm 砂州上：　　中～大礫 砂州周縁部：粗砂		河床材料：約 0.5 mm テラス上：細砂		河床材料：約 0.2 mm 高水敷上：粘土～シルト	
低水路幅	250～800 m		100～250 m		350～1 000 m	
出水時の平均流速	平均年最大流量(1 700 m^3/s)時で 2.5～4.5 m/s		平均年最大流量(1 700 m^3/s)時で約 1.5～2.5 m/s		既往洪水(4 500 m^3/s，1972 年 9 月 18 日)時で約 0.9～1.6 m/s	

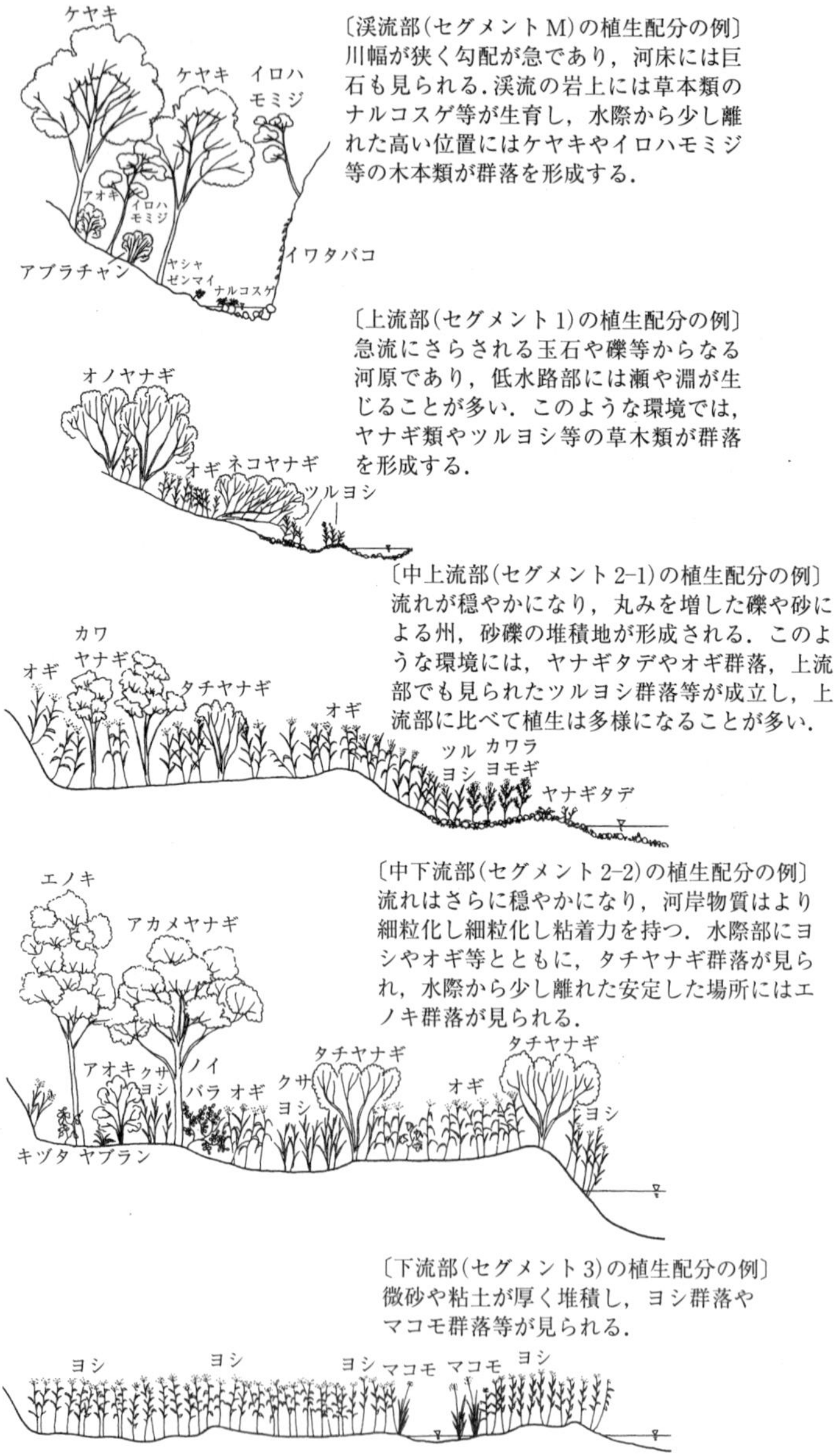

〔渓流部(セグメントM)の植生配分の例〕
川幅が狭く勾配が急であり，河床には巨石も見られる．渓流の岩上には草本類のナルコスゲ等が生育し，水際から少し離れた高い位置にはケヤキやイロハモミジ等の木本類が群落を形成する．

〔上流部(セグメント1)の植生配分の例〕
急流にさらされる玉石や礫等からなる河原であり，低水路部には瀬や淵が生じることが多い．このような環境では，ヤナギ類やツルヨシ等の草木類が群落を形成する．

〔中上流部(セグメント2-1)の植生配分の例〕
流れが穏やかになり，丸みを増した礫や砂による州，砂礫の堆積地が形成される．このような環境には，ヤナギタデやオギ群落，上流部でも見られたツルヨシ群落等が成立し，上流部に比べて植生は多様になることが多い．

〔中下流部(セグメント2-2)の植生配分の例〕
流れはさらに穏やかになり，河岸物質はより細粒化し細粒化し粘着力を持つ．水際部にヨシやオギ等とともに，タチヤナギ群落が見られ，水際から少し離れた安定した場所にはエノキ群落が見られる．
〔下流部(セグメント3)の植生配分の例〕
微砂や粘土が厚く堆積し，ヨシ群落やマコモ群落等が見られる．

図-5.3 セグメントに見る河川植生の違い［河川植生の生育特性に関する研究会(2000)］

類を試みた例である．各セグメントでは，それに応じた微地形(リーチスケール)の情報(砂州，テラス，高水敷の粒度構成等)や植物繁茂域での冠水頻度を入れて，典型的植物群落の区分を示している[宇多，藤田，佐々木ほか(1994)]．河道特性をセグメント，リーチといった階層構造については既に4.で述べたが，植物群落の分類もこうした階層構造に基づく仕分けから分類することが重要である．今後の検討が期待される．

5.3.2　多摩川における植物群落の分布

星野(2001)は，1993年から1995年にかけて多摩川の支流を含めた上流から河口域までの105地点において，各地点に分布する植物群落(群落の類型は優占種に基づいて行った)を調査し，TWINSPAN法を用いて調査区の分類を行った．TWINSPAN法は，Hill(1979)によって植物種を用いて植物群落の類型を行うために開発された解析ソフトであり，その手法は調査スタンドと出現した植物種のデータのマトリックスを使用して，偏りのある分布を示す種を指標種群として抽出し，これを分類基準に用いて2分割を繰り返して分類するものである．詳しいTWINSPAN分類の手続きは小林(1995)に記述されている．ここでは植物群落を用いて，植物群落の分布パターンの特徴を明らかにすることを目的として使用した．調査地の水系図を**図-5.4**に示した．調査地は多摩川上流部の山地から多摩川河口の東京湾までの範囲である．

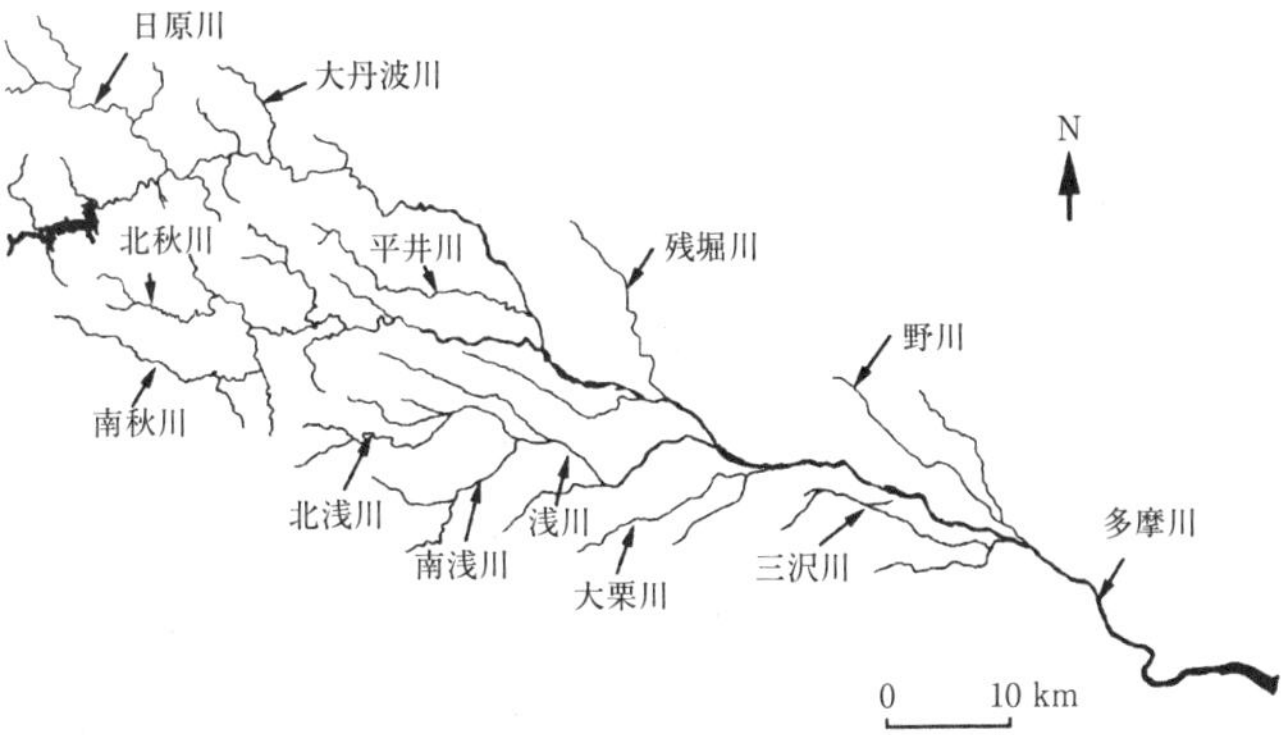

図-5.4　多摩川の水系図．浅川合流点より少し上流側がセグメント1とセグメント2との境界．セグメント3は河口から約7～8 kmより下流側である．

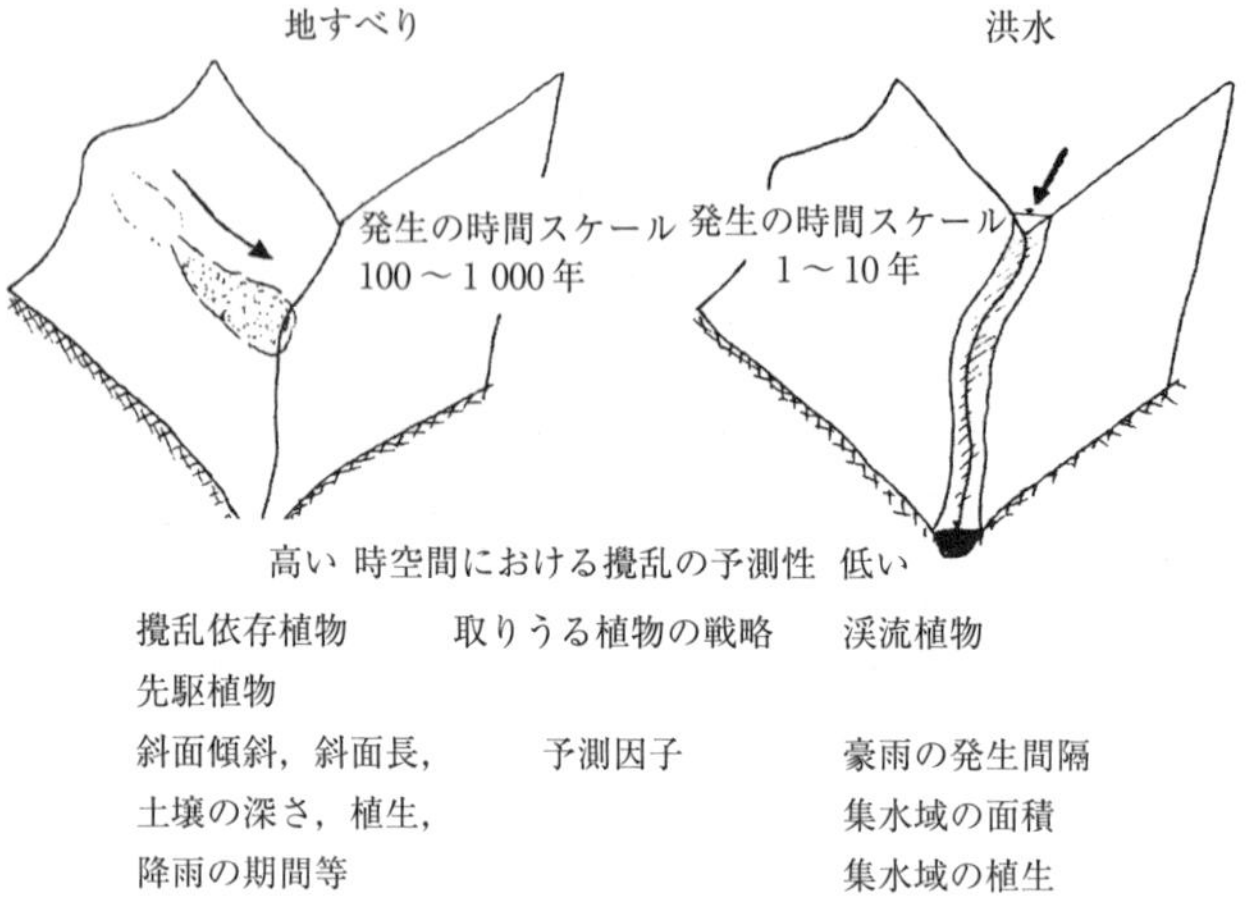

図-5.13 渓流域の攪乱に対する植物の戦略—洪水と地すべりの比較—

10年から数十年のオーダーと仮定すれば，このような攪乱は，植物の一生のうち数回以上は経験することになる(**図-5.13**)．

これに対して，地すべりの発生位置を特定する要因は複雑で，斜面の傾斜や植生タイプ，斜面長，表層土の厚さ等の様々な要因が関係し，その発生の規模や頻度は，これらの要因の組合せによって異なってくる．そして，その発生のスケールは，100年から1000年のオーダーとなり，植物のライフスパンや植生の遷移を考慮すると，植物が一生のうち1回あるかないかのきわめて稀な出来事である．このため，植物にとって攪乱の予測性は，地すべりで低く，洪水では高くなると推定される(土石流はここでは考慮していない)．植物は，この2つの攪乱に対して異なる戦略をとっていると考えられる．すなわち，渓流域の増水に対しては，一時的な増水時に植物体が破壊されないように抵抗の少ない形をとり，平水時には増水によって競合種が排除されているため，競争力の小さい渓流植物でも生育可能となり，予測性の高い攪乱に適応的である．一方，地すべりに対しては風散布種子などで広範囲に種子を散布させたり，長い間地中で休眠する埋土種子をつくり，条件が好転する時期を待ち，ひとたび攪乱が生じた時には，旺盛な初期成長を示す攪乱依存種や先駆性植物のような戦略をとることで，予測性の低い攪乱に適応しているといえそうである．

すなわち，洪水等の河川における攪乱は，その規模と頻度によって植物に及ぼす影響は異なるとともに，植物側，主体側から見た時の予測性の高低によって有利となる戦略が異なるといえそうである．

5.4.2　扇状地河川における自然的攪乱と河川固有植物

(1)　礫河原の植物と砂州の移動

自然の扇状地河川(セグメント1)では複列砂州あるいは網目状砂州が発達し，礫河原が広がる．カワラノギクの成育にはこのような礫河原と定期的な攪乱が必要とされている[倉本(1995)]．セグメント1の区間では流路変動に伴い砂州の移動(攪乱)が生じる．洪水による攪乱は，砂州の移動を通して新しい砂州の形成を促す．一定区間を単位としてみると，新しい砂州は定常的に見られることになる．このような現象は，基本的には渓流域において洪水後に形成される裸地の形成のプロセスと同様であり，予測性の高い現象といえる．カワラノギクにとっては現在の成育場所が洪水によって破壊されても，その近傍に新たな成育ハビタット(礫河原)が確保される点で，洪水による攪乱は空間的にも予測性の高い出来事であると考えられる．このため，扇状地河川における自然的攪乱はストレス耐性を持つ植物にとって予測性の高いハビタットを提供し，河川に固有の生態系の維持に大きな役割を持っているといえる．扇状地河川の砂州にはカワラノギク，カワラニガナ等の河川に固有な植物群が見られるが，これらのうち，カワラニガナは，渓流植物のドロニガナと近縁であり，カワラノギクもこれと近縁なキク科植物のホソバコンギク等が渓流植物となっており，植物の系統や機能型から見ても，類縁性が認められる．以上のことから，扇状地河川に固有な植物群は基本的にはストレス耐性を持つ植物群であり，この点で渓流域に固有な植物群とよく似ているということができる．

(2)　河跡池の成立と植物群落の構成

扇状地河川では，洪水によって河道が移動し，かつての河道が本流から分断された停滞水域が認められる．ここではこのような停滞水域を河跡池と呼ぶことにする．鬼怒川の中流域(利根川合流点から67～105 kmの範囲)において河跡池の成立と植物群落の発達を調べた結果[星野，吉川(2001)]，河跡池の多くは河川の流下方向に長い形状をしていて，形状比(長径/短径)は8～12の範囲にあり，河道の淵部分の形状を保持したまま取り残されたものであると考えられた．空中写真を用いて

表-5.5 鬼怒川の67～105 km区間における河跡池の分布．1994年撮影の空中写真に基づいて作成[星野，吉川(2001)]

区間(km)	河跡池数	1 km当りの河跡池数
62～ 72	11	2.2
72～ 77	8	1.6
77～ 82	13	2.6
82～ 87	11	2.2
87～ 92	6	1.2
92～ 97	2	0.4
97～102	6	1.2
102～105	11	3.7

5 kmごとにカウントした河跡池の数は**表-5.5**に示したとおりであり，1 km当りに換算すると0.4個から3.7個となった．このことは，扇状地河川である鬼怒川では河跡池が河道変遷に伴って一定の数が保持されていることを示し，扇状地河川の生物の生息ハビタットとして砂州とともに河跡池が重要な要素となっていることを示すものである．また，扇状地河川の礫河原と同様に，河跡池は，洪水によって形成，消失を繰り返しており，そのことによって，表層堆積物の種類や池形成後の年数が異なる多様な池が混在し，湿地生の植物の成育や植物群落の成立に大きく関与している．

星野，吉川(2001)による鬼怒川における研究では，河跡池の形成後の年数や，表層堆積物の種類，伏流水起源の湧水の有無等の要因が植物群落の構成に関わっていることが指摘されており，洪水等の自然的攪乱によって形成される多様な立地の存在が植物群落の多様性の維持に大きな役割を担っているとしている．

5.4.3 蛇行域における自然的攪乱と河川固有植物

河川の蛇行域(セグメント2)では自然堤防が形成され，その背後には後背湿地が形成される．洪水による氾濫は自然堤防を侵食し，後背湿地に細粒の河床堆積物を堆積させる(4. 参照)．

日本の河川下流部に見られる蛇行域は，その多くが人間の居住域と重なっており，これまでに河道改修や護岸工事等の強度の人為的インパクトが加わっている．かつては大きな沖積平野を流れる河川の下流域に広大な低湿地が広がっていたことは古地図等の資料から明らかであるとされている[梅原(1996)]．現在，その多くは水田として利用されているため，低湿地は，関東地方では利根川水系の小貝川や渡良瀬遊水地等の数少ない場所に残されているにすぎない．このような低湿地を成育地とするチョウジタデ，エキサイゼリ，トネハナヤスリ等の河川固有あるいは低湿地の植物は，今日ではその多くが絶滅危惧種となっている．また，カンエンガヤツリやトダスゲ等の絶滅危惧種も，本来は自然堤防の背後にある後背湿地等を主な成育地としていたと考えられる．

これら多くの絶滅危惧種を含む低湿地の植物は，ヨシ群落やガマ類，マコモ等の多年草が優占する群落が占めるような河川の下流域にあって，洪水による攪乱によって一時的に形成される水分条件や大きさの異なるオープンな場所等を成育地としている[梅原(1996)].

同じく絶滅危惧種であるトキホコリは，河川の渓流域等に見られるウワバミソウやヤマトキホコリと同属の植物である．トキホコリは，農地の雑草群落の構成種としても見られるが，渡良瀬遊水地等のヨシ群落の構成種にもなっていて，蛇行域に形成される低湿地は本来の成育地のひとつであったと考えられる．この植物は，1年草であり，競争相手となる他種の繁茂には非常に弱いため[星野，星野—今給黎(1995)]，河川の氾濫による後背湿地や低湿地でのシルトの堆積等の攪乱によって生じる小規模は裸地の存在によって維持されてきた植物ではないかと推測される.

5.5　河川の植物や植生に与える人為的インパクトの影響

河川における人為的インパクトは，ダム建設による流量の一定化，河道改修による河道の固定化，堰の建設による土砂移動の減少といった物理的な面と，外来生物の導入と(河川に限ったことではないが，特に植物の場合は河川で大きな問題となっている)という生物的な攪乱，さらには水質汚染のような化学的な攪乱が考えられる．植物あるいは植物群落は，これらすべての人為的なインパクトによって影響を受けていると考えられる.

5.5.1　ダム建設による下流の植生変化

ダム建設による流況の変化は，特にピーク流量の低減や水温の変化をもたらす．このようなダム建設の影響は，ダムの運用目的によってもその影響は異なるとされる．さらに洪水調節はピーク流量を減少させるだけではなく，時には冠水期間を長くし，増水の時期を変化させる．さらに貯水時期には流量は明らかに低下する．また，長期的には上流からの礫や土砂の供給の減少等を通して，河川特性そのものを変化させると考えられる(2. 参照)．このようにダムの下流植生への影響は非常に大きいと考えられるが，日本での研究例はあまり多くない.

中村(1999)は，水辺林の更新動態に与えるダムの影響について整理し，①水位・流量の変動，②流砂量・地形変化，③流量・流砂量変化による撹乱の頻度・強度の変化の3つの物理的立地環境の変化を指摘し，水辺林に与える影響について主に海外での研究事例に基づいて議論している．さらにダム構造物の影響として流下する種子の散布阻害の可能性も指摘している．

先に述べたように渓流域に見られる渓流植物の成育域は，1年から数年に一度の洪水による影響が及ぶ範囲に分布しており，ダム建設によるピーク流量の低下は，渓流植物の生育環境を著しく阻害すると考えられる．

一方，ダム建設直後は試験湛水や初期の湛水のため，一時的に流量が大幅に減少する．その期間はダムの規模によっても異なるが，下流の植生に大きな変化が予測される．このようなダム建設直後の下流の植生の変化について，福島県三春ダムにおいて研究が行われている[浅見ほか(2001)]．この研究によると，試験湛水の行われた約1年9箇月の間の最大流量は20 m^3/sであり，試験湛水開始前と比較すると，長い間大きな出水がなかったことになる．ダム下流側の植生は，この間に大きな変化を示し，ツルヨシ群落やクサヨシ群落等の冠水域に特徴的な植物群落の面積が減少あるいは消失し，これに代ってノイバラ群落やフジ群落等の木本群落が増加する傾向が確認されている(**図-5.14**)．また，裸地面積も減少しており，出水による撹乱によって本来であればダメージを受け，群落の発達が抑えられていた植物群落が試験湛水期間に分布を拡大したことが明らかにされている．さらに，冠水域に

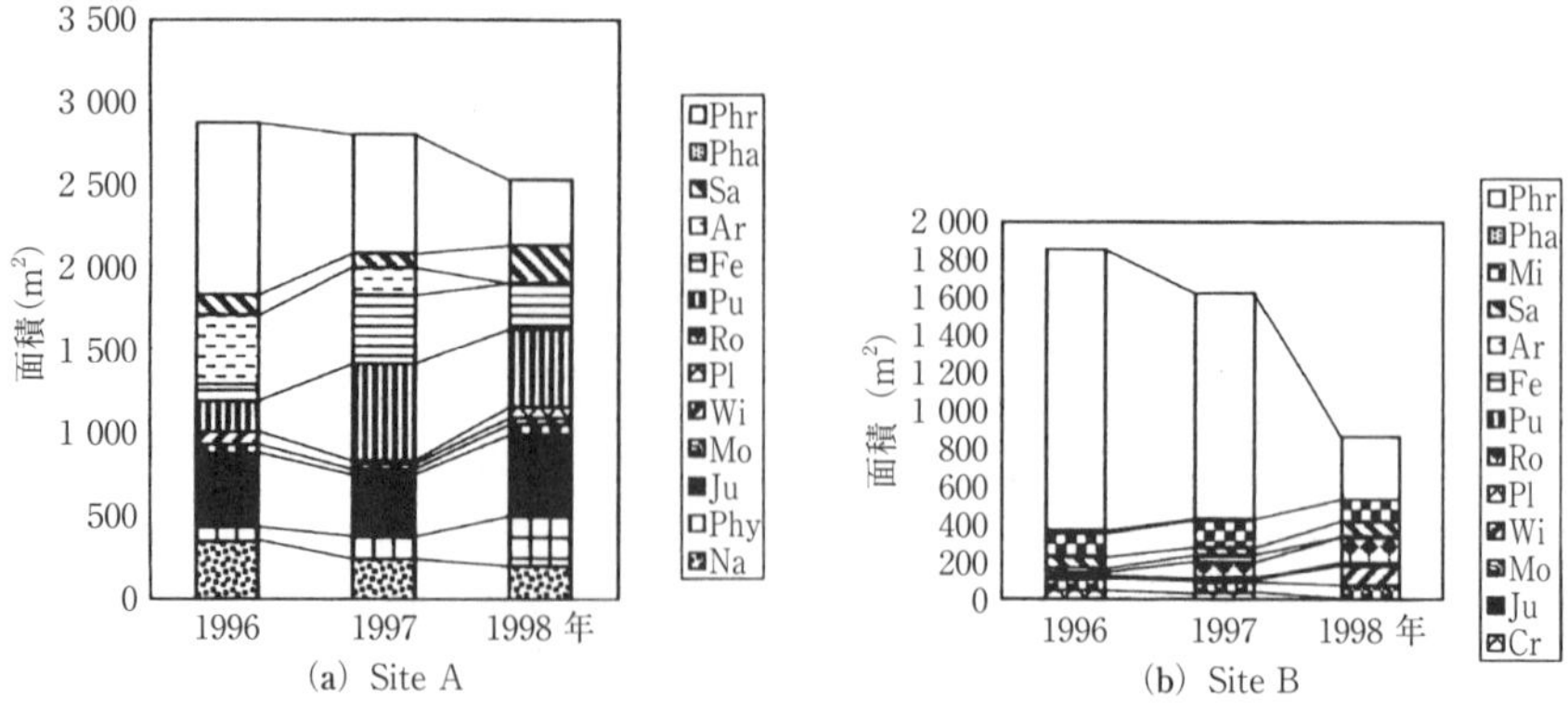

図-5.14 福島県の三春ダムにおける試験湛水前後における下流部の植生変化［浅見ほか(2001)］．site Aは堤体より下流約2 km，site Bは堤体直下に位置する．凡例のPhrはツルヨシ群落，Saはヤナギ群落，Puはクズ群落，Roはノイバラ群落を示す

特徴的な植物群落の減少が最大流量 20 m^3/s 程度の出水でも発生する河岸の洗掘による群落の消失とフジ，ノイバラ等がツルヨシ群落を覆ったことの 2 つの要因によってもたらされたとしている．

5.5.2　水質の変化が植物に与える影響

河川水の汚染によって植物の成育環境は大きく変化する．特に沈水植物のように水中で生活する植物にとってその影響は大きい．窒素，リン等は植物の成育に必要な栄養であり，植物の成育や植物群落の発達に大きな影響を与えている．重金属，除草剤等による水質の汚染やリンや農地からの流出や，生活排水等によって河川水に付加される窒素，栄養塩類による河川の富栄養化は，植物の形態や植物群落の構成に影響することが知られている[Haslam(1987)等]．

都市域を流れる多摩川では河口から 25 km 付近までの区間では既に河川水の80%以上の割合が下水処理水となっており，処理水に含まれる養分の付加により河川水の水質は，全窒素約 6 mg/L，全リン約 0.4 mg/L と流域の人間活動の影響を顕著に受けている．このため，多摩川ではギシギシやナガバギシギシ等の水際に好窒素性の植物からなる植物群落が発達することが報告されている[奥田(1983)]．また，このような場所は，施肥と耕起が繰り返される畑地と似た環境条件となるため，好窒素性で，しかも攪乱に適応したシロザ等の畑地の雑草が旺盛に生育する．時には畑地等からの種子の供給によってカボチャ，トマト，コマツナ等の栽培植物がこうした肥沃化した河川で成育しているのが観察される．

また，下田，橋本(1993)は，フトヒルムシロやヒツジグサ等の水草の成育する溜池では，栄養塩類の濃度と水草の減少が関連していることを報告している．

また，絶滅危惧植物のタコノアシの種子散布(水流散布)が，界面活性剤の影響によって影響を受けていることが報告されている[Ikeda & Itoh(2001)]．これによると，稲荷川の河川水と蒸留水とで比較したところ，タコノアシの種子のうち 44%が河川水では沈み，蒸留水と比較して有意な違いが確認され，このような違いは，河川水に含まれる界面活性剤によるものと推定している．このことは，タコノアシの種子は，界面活性剤を含む下水の流入する河川では通常の種子散布の距離よりも短い距離しか運ばれないことを示すものである．

下水処理の進んでいない河川では，多くの水流散布植物にも同様な影響が生じていることが予測されるが，これについての日本での研究例は非常に少ない．

5.5.3　水位変化による植生変化

1960年代に顕著となる洪水防御のための河床掘削や骨材採取は，同一流量に対する水位を低下させた．すなわち攪乱頻度の減少(河川植生の冠水頻度の減少や川原礫の移動頻度の減少)は，河川植生を変化させた．以下具体事例を示す．

(1)　砂床河川淀川高水敷鵜殿のヨシ群落の衰退

淀川の河口から30.0～32.5 km地点(河床勾配1/3 200，河床材料の平均粒径 d_m = 1～2 mmのセグメント2-2)の鵜殿地区の右岸高水敷は，長さ2.5 km，最大幅400 m，面積75 haあり，かつては湿地生の植物のヨシ原であり，淀川を代表とする景観として和歌に詠まれ，ヨシの加工品は特産品として利用されてきた．また，ヨシ原は，オオヨシキリの生息地であるとともに2万羽を超すツバメの塒であり，ヨシ原特有の生態環境を持つ貴重な空間である．

淀川本川の水位は，河道改修に伴う河床掘削により**図-5.15**のように低下した．1970年以前は年に数回冠水していたが，現在はよほどの出水がないと冠水しなくなった．河川水位の低下に伴い高水敷地下水も低下した．高水敷の乾燥化に伴い，**図-5.16**に示すようにヨシ優占群落は1970年前後を境に急減し，オギ，セイタカ

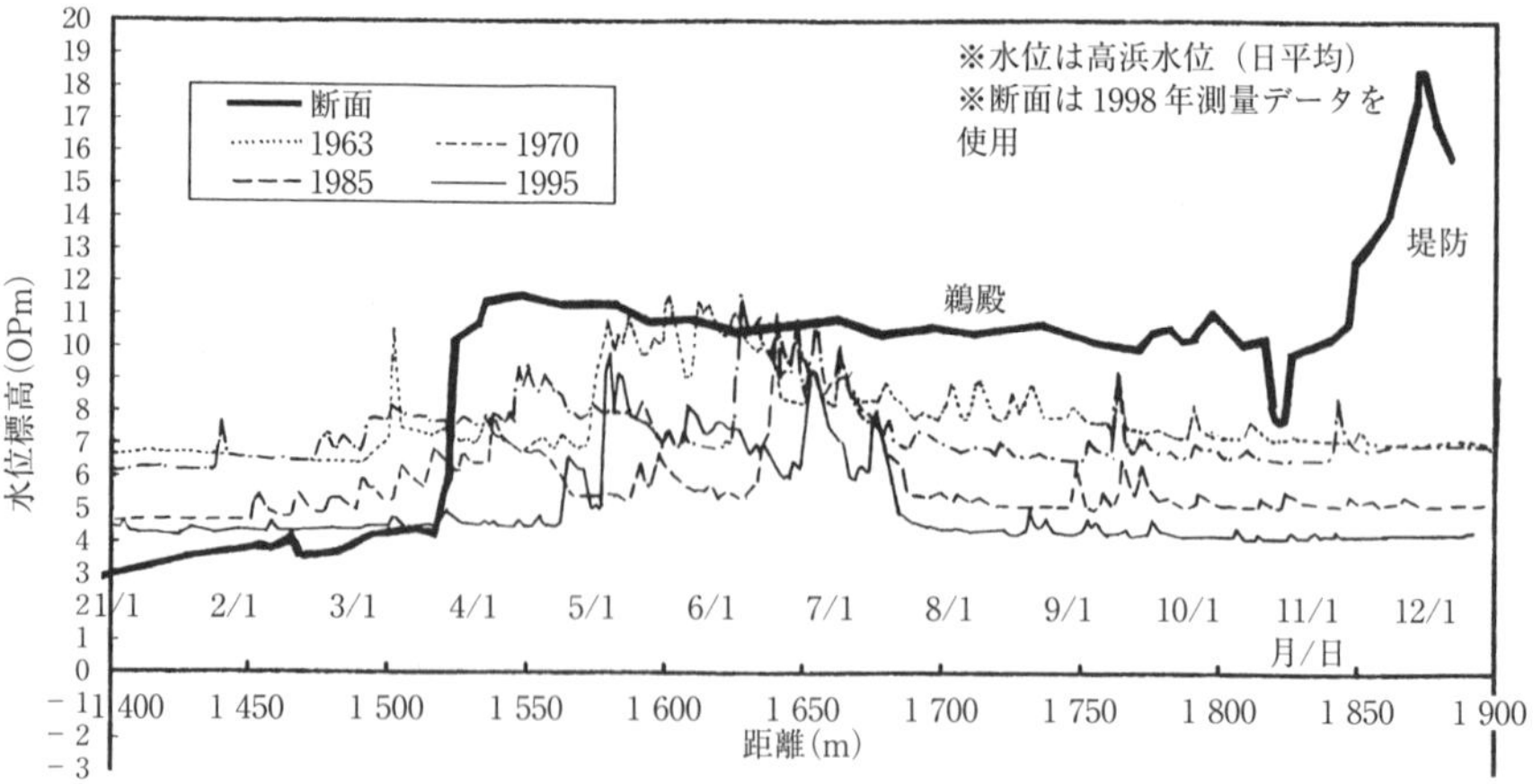

図-5.15　鵜殿(31.6 km)地区の横断面と日平均水位の経年変化[濱野ほか(2000)を簡略化]

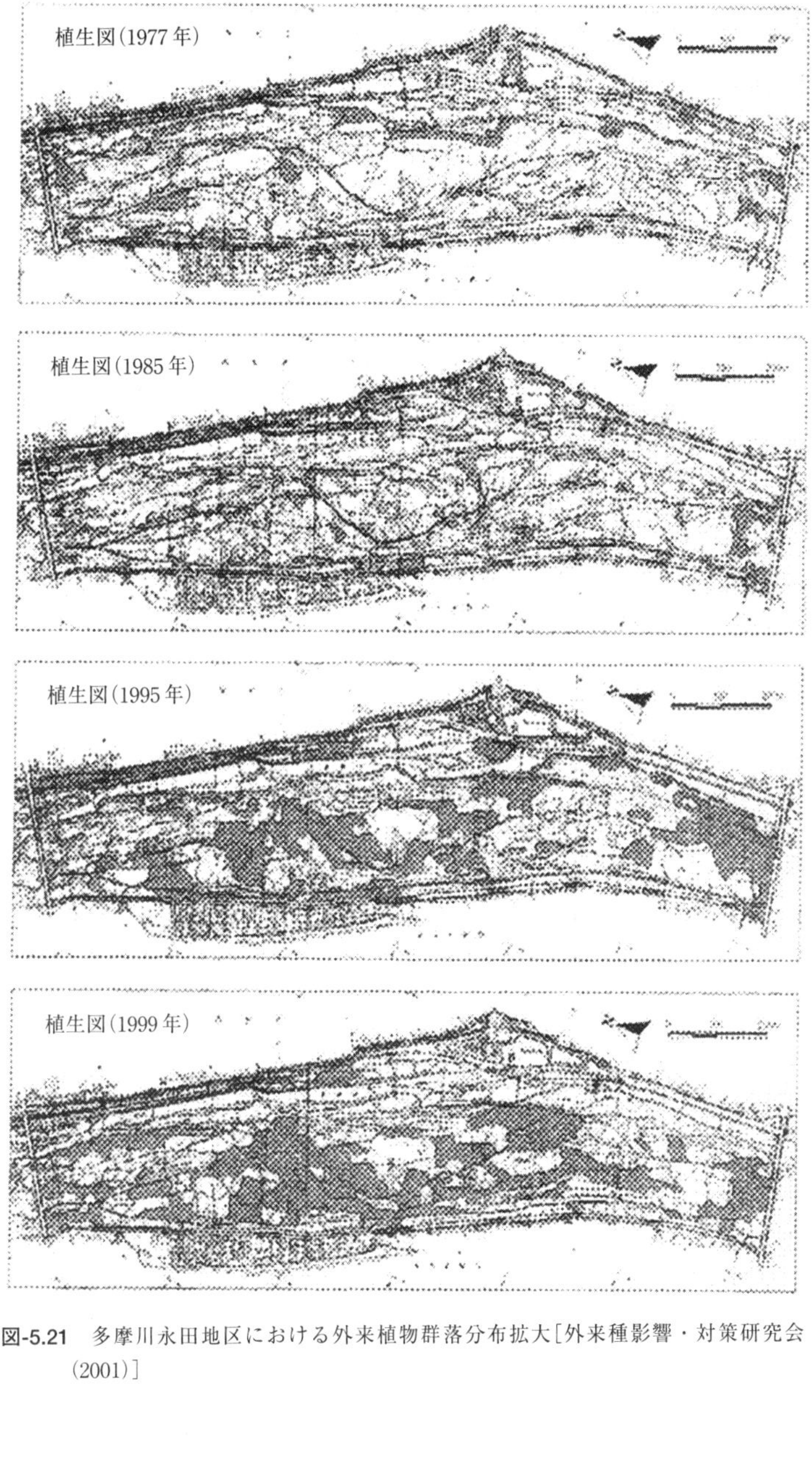

図-5.21　多摩川永田地区における外来植物群落分布拡大[外来種影響・対策研究会(2001)]

は，表層に堆積する砂やシルト等の細粒堆積物の厚さと関係が認められている．すなわち，ハリエンジュは，堆積厚3 cm以上の場所に成育し[山本ほか(2000)]，0〜5 cmの範囲での出現頻度は非常に小さく，その多くが水平に伸びた根から萌芽した幹に由来するものであり，クローンによって栄養繁殖していることがわかっている[星野(2000)]．このようなハリエンジュの分布拡大は，細かな土砂を堆積させる洪水によって促進されてきたと考えられるようになり，低水路が下刻することによって生じたものであることが明らかとなっている[藤田ほか(1995)]．

5.6.4　多摩川永田地区におけるオニウシノケグサの繁茂

オニウシノケグサは，牧草としてヨーロッパから持ち込まれた外来植物であり，その後のり面等の緑化用に用いられて日本各地に広がった．現在では8割以上の河川で分布が確認されるに至っている[外来種影響・対策研究会(2000)]．多摩川永田地区においても多くの植物群落の構成種となっていて，特に絶滅が危惧されるカワラノギクが成育する植物群落であるマルバヤハズソウ–カワラノギク群集には非常に高頻度に出現し，カワラノギクの成育に脅威となっている．オニウシノケグサは，このほかに1年生草本が優占する河原の植物群落であるアキノエノコログサ–コセンダングサ群集や多年生植物群落のアレチマツヨイグサ–ヨモギ群落のメドハギ–ヨモギ群落，低木群落のイヌコリヤナギ群集，高木林のハリエンジュ群落等の様々な植物群落の構成種となっている[奥田，笠原(2000)]．

オニウシノケグサは，冬緑性の多年生植物である．日本には，本来，冬緑性の草本植物は少なく，河川に成育する在来の冬緑植物は，ヤエムグラ等の限られた種類の植物しか存在しない．オニウシノケグサは，日本には少ない生活形を備えていることが河川での繁茂を可能にしたと考えられる．

5.6.5　鬼怒川における外来植物の侵入

鬼怒川中流域の砂礫質の河原において，河原固有植物と外来植物の侵入状況を1996年に調べた村中，鷲谷(2001)の研究によると，中流部の上流側と下流側で際立った違いが見られ，下流側では砂質地にシナダレスズメガヤ，ヒメムカシヨモギ，オオアレチノギクが，礫地にセイタカアワダチソウが侵入し，上流側では砂質地にシナダレスズメガヤが，礫地にヒメムカシヨモギやオオアレチノギクが，両者の中間的な河原にメマツヨイグサが出現する傾向があるとしている．このような違いについて，村中，鷲谷(2000)は，周辺での外来植物の分布の違いが関係している可能性があることを示唆している．

村中，鷲谷(2001)は，その後，同じ調査地を1998年秋の台風による増水後に当たる2000年に再調査し，シナダレスズメガヤやヒメムカシヨモギ等の外来植物が1996年と比較して著しく増加したことを報告している．さらに洪水によって砂質地の面積増加も確認され，洪水による河床材料の変化が同時に進行していることを示している．このような河床材料の変化は，河道の複断面化や繁茂した植生の影響も関連していることが多摩川から報告されており[李，藤田，山本(1999)]，シナダレスズメガヤの侵入による砂の堆積も報告されている[中坪(1997)]ことから，鬼怒川でも多摩川と同様に河道特性に変化や外来植物の繁茂がこうした現象を生んだ要因となっている可能性が考えられる．

攪乱頻度が低下するとカワラノギク等の礫河原に適応した植物は，遷移の進行に伴い成育ができなくなり，これに代って安定した立地に成育する植物群に置き換わる．シナダレスズメガヤ等の外来植物は，カワラノギク等の河原固有の植物の衰退を加速させていることが知られている[村中，鷲谷(2001a, b)]．

5.7　礫床河川の河道内樹林化

河川には，様々な自然的，人為的インパクトが作用し，河床変動や流路変動あるいは河道変遷といった河道動態として現れる．河川植生は河川地形，河床材料と水理条件(流速，冠水位，冠水頻度，地下水・伏流水位等)からなる物理環境の上に成立しているので，植物の生活史もまた河道動態の影響を強く受ける．換言すれば，河川植生の動態は，河道動態そのものを反映しているといってもよい．ただし，河川植生は，その繁茂の仕方によっては地形，水流，流砂の移動床系と相互に関係するため，河川植生動態が逆に河道動態にも影響を与える．両者は相互作用系の枠組みとして捉えることが重要で(**図-4.2.** 河川地形と植生の相互関連)，これが河川植生とそれ以外の河川生物との大きな違い，特徴になっている．本節で話題とする「礫床河川の河道内樹林化」も，自然的，人為的インパクトに対する河道動態の応答として，そして，植物自身に与えられたインパクトの応答として生じていることを樹林化の顕著な多摩川の礫床区間および利根川水系渡良瀬川の礫床区間における調査研究事例をあげて説明する．

5. 7. 1　近年の礫床河川の河道特性と河川植生の繁茂

セグメント1として区分される礫床河川の近年の河道特性の変化として，河道の一部が河床低下することにより生じる複断面化，あるいは，もともと低水路であった河床の一部が相対的に比高の高い河床となる高水敷化があげられる［建設省河川局治水課，土木研究所(1992)；河川環境管理財団(1998)；河川生態学術研究多摩川研究グループ(2000)等］．**図-5.22** は，利根川水系渡良瀬川のセグメント1区間(河床勾配 1/140～1/270，低水路平均河床粒径は約 10 cm)に見る河道横断面の変遷で，低水路の河床低下や中州比高の上昇が経年的に生じ複断面化していることがわかる．こうした傾向は，多摩川の礫床区間においても顕著で，経年的な複断面化の進行が報告されている［李，藤田ほか(1998)．**図-5.31** 参照］．

河床低下や高水敷上の土砂堆積のいずれもが横断面内高低差(比高差)を産み，低

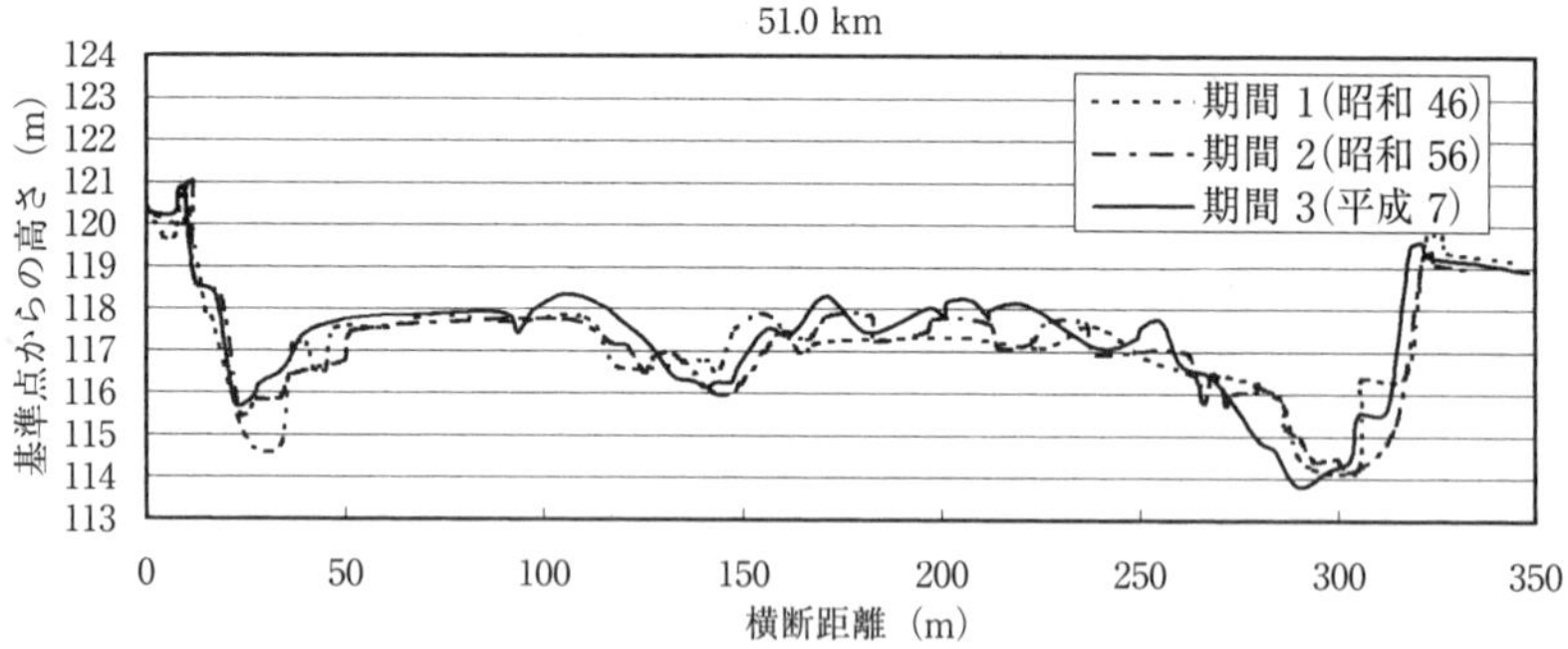

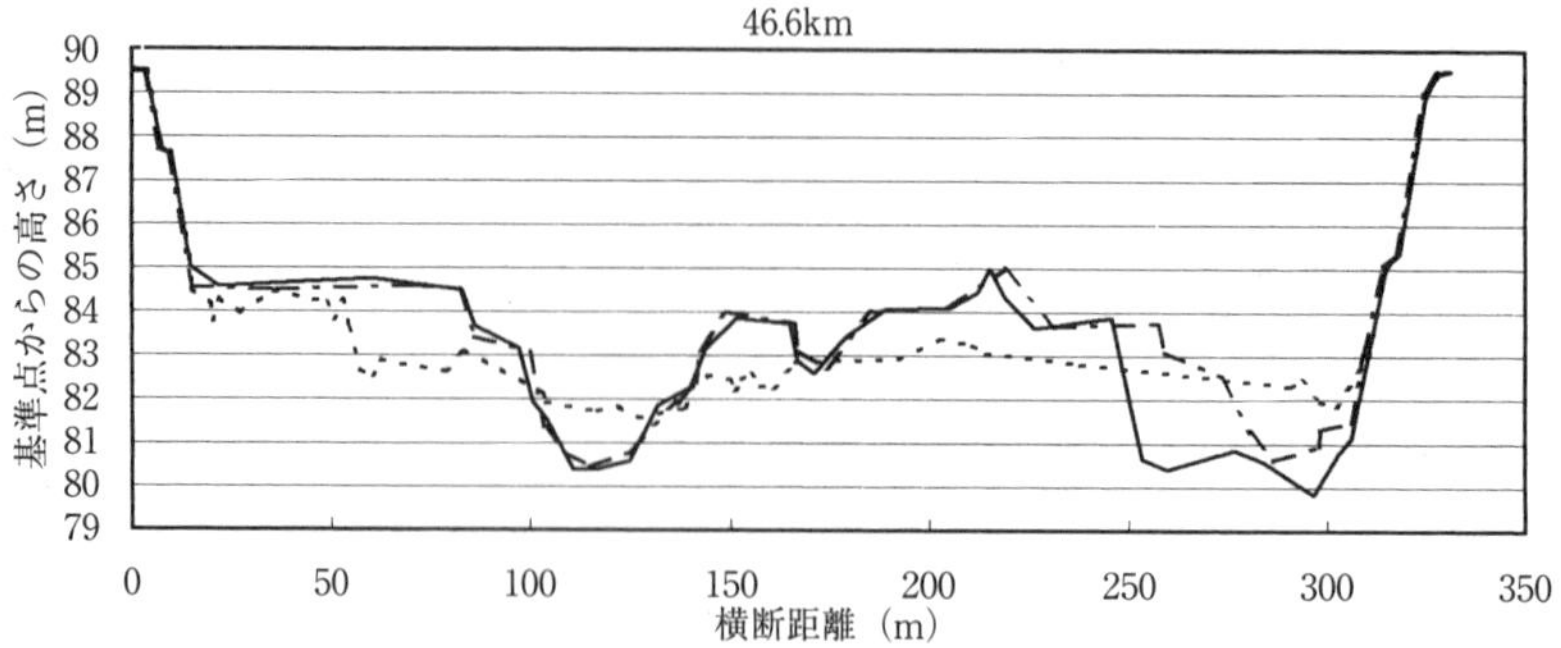

図-5.22　河道横断面の複断面化(利根川水系渡良瀬川のセグメント1区間)

水路の明確化につながる．この河床低下は，砂利採取，ダム貯水池の建設，砂防ダムの建設による供給土砂量の減少，洪水流量の減少等が引き金となってかなり長い河川区間で生じているものと，河川横断構造物の影響や拡幅，河床掘削等の河川工事による土砂不均衡が比較的短い区間で生じているものがある(**4.4.2** 参照)．しかし，土砂移動そのものを捉えることが困難なこともあり，各要因の影響についての定量的な評価は難しい．

複断面化が生じると，低水路が受け持つ流量が増加し，経年的に低水路満杯流量(bank-full discharge)が増加する．**図-5.23** は，こうした状況を渡良瀬川での 1971(昭和 46)年，1996(平成 8)年の河道横断面形から示した例で，1971 年では低水路満杯流量が 400 m^3/s 程度であったものが，複断面化の進行によって 1996 年では 900 m^3/s 程度まで増加している．また，複断面化によって明確になった低水路では低水路満杯流量時の水深も増加する．こうした状況では低水路のみに流水が集中し，一方で，非冠水領域や冠水してもほとんど洪水の撹乱を受けない領域が生まれる．**図-5.24** は，**図-5.23** に示した横断面形の違い(1971 年と 1996 年)による冠水領

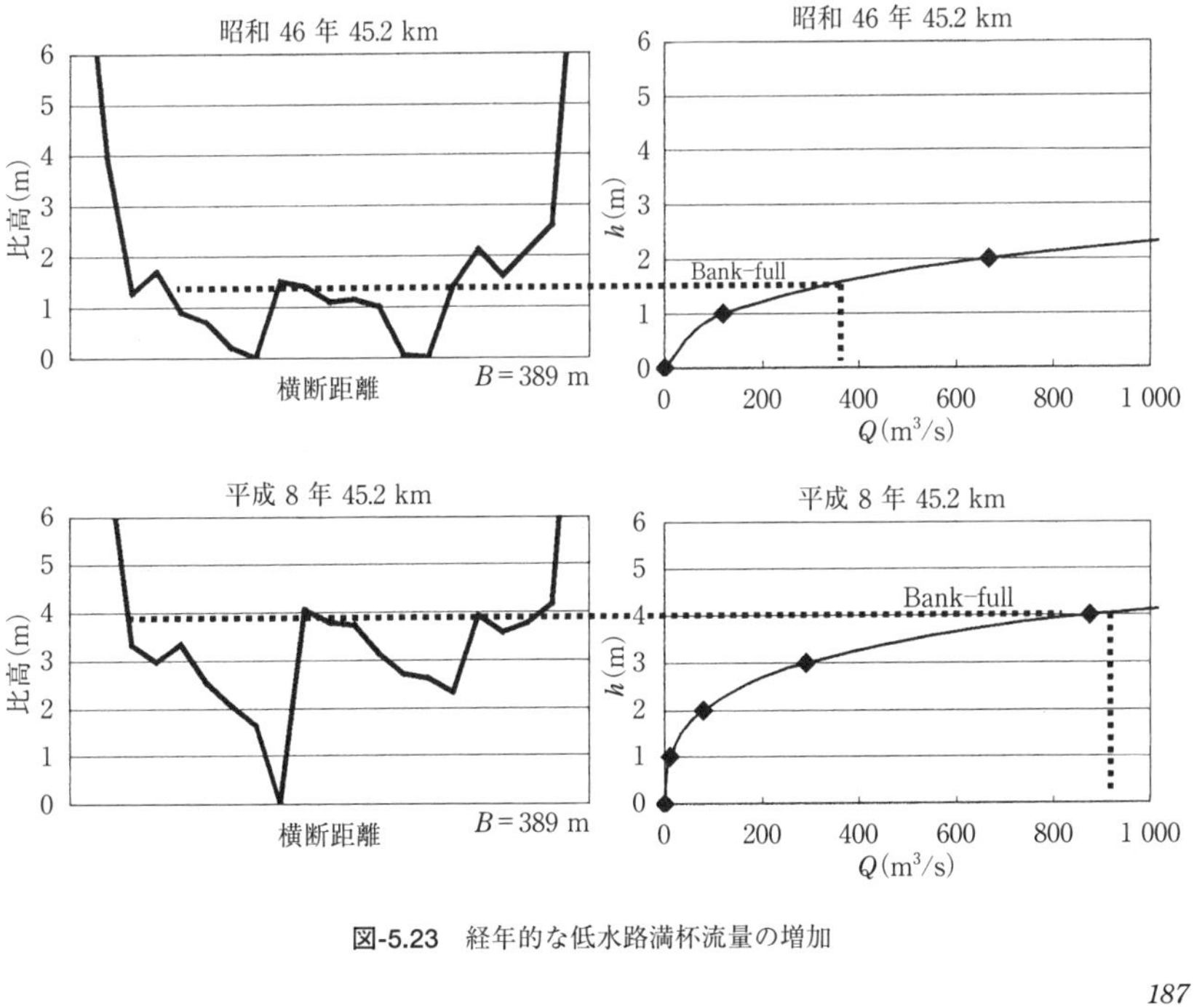

図-5.23　経年的な低水路満杯流量の増加

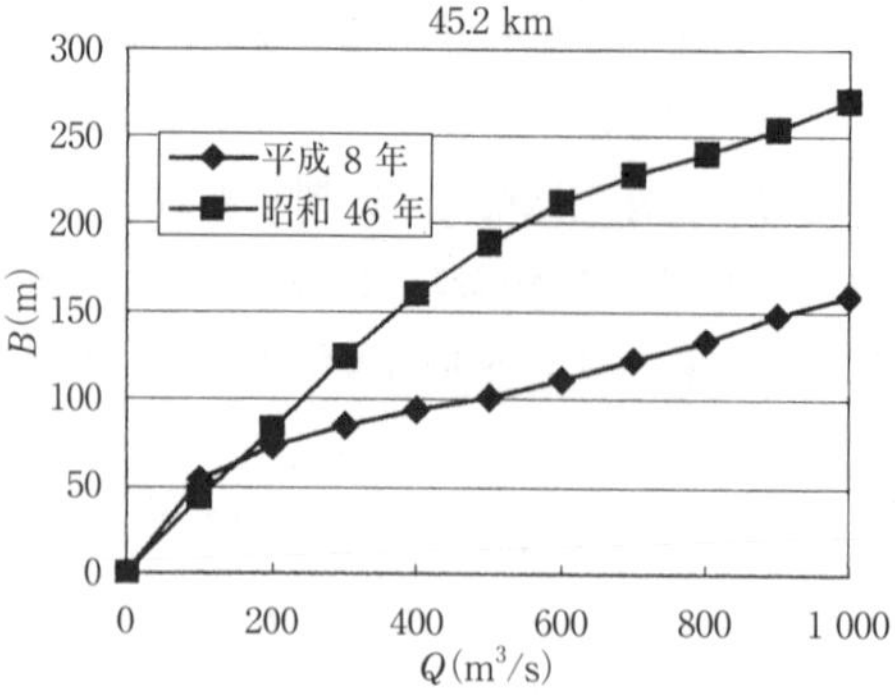

図-5.24 複断面化に伴う冠水域幅の減少

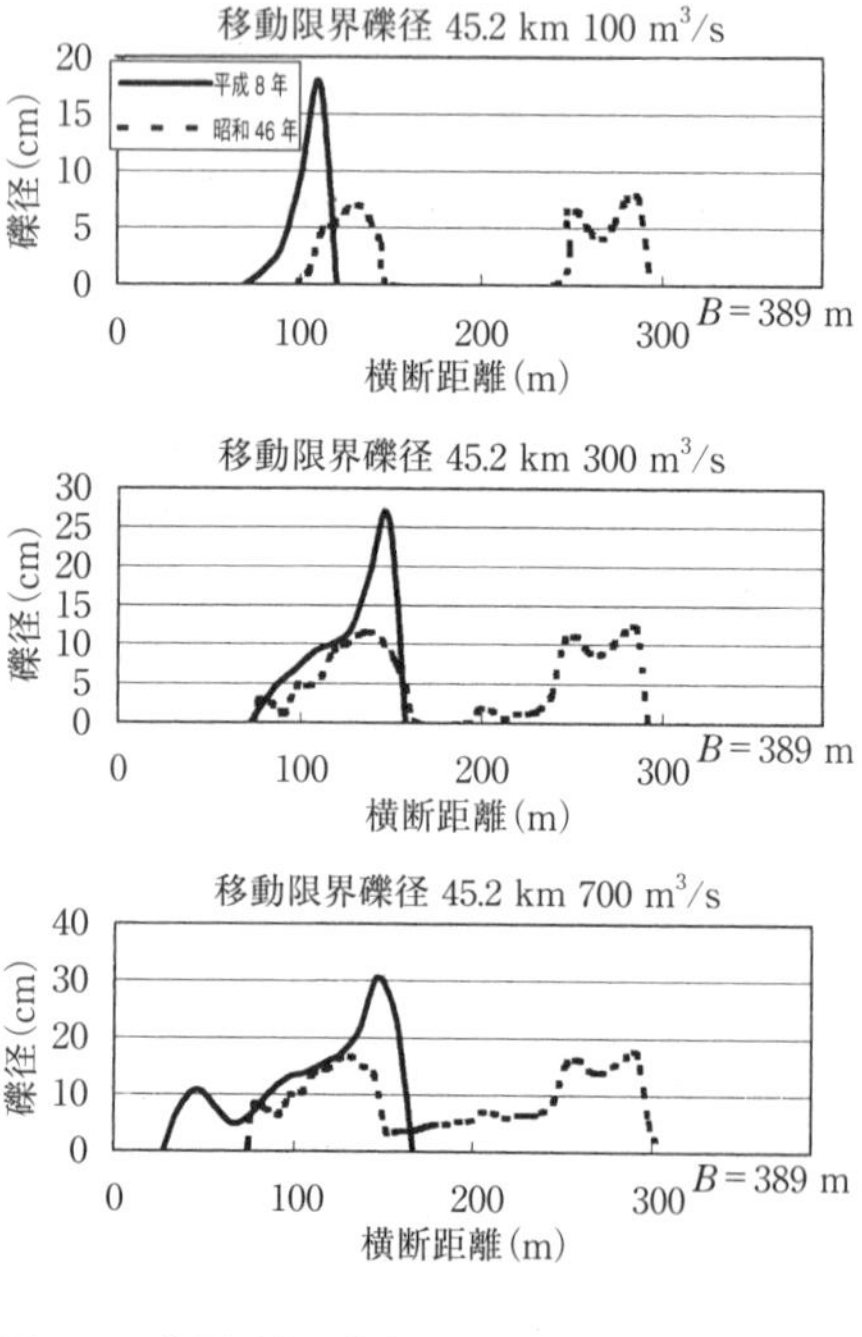

図-5.25 複断面化の伴う移動限界礫径とその領域範囲の変化

域幅(B)の変化を示したもので，同一流量規模においては複断面化に伴い冠水域幅の減少が顕著である．**図-5.25**は，流量規模別(100 m³/s，300 m³/s，700 m³/s)に移動限界礫径(動き得る礫の最大径)を1971年と1996年の横断面で求めたもので，複断面化以前では出水時における礫の移動可能な範囲は広いが，複断面後では狭く低水路に集中し，ここでの移動限界礫径は極端に増加している．

> **移動限界礫径**：与えられた水理条件のもとで動き得る礫の最大直径(d_c)を移動限界礫径と定義する．本章では岩垣の式に基づき，移動限界粒径を均一な礫径に対する無次元掃流力 $\tau_{*C}=0.05$ から評価し，$d_c = u_*^2/80.9$ から求める(ただし，粒径 $d>0.303$ cm の場合で，u_* は摩擦速度，単位は cm-s 系とする)．

以上から，近年の礫床河川では，比高差の拡大によって洪水による攪乱場と非攪乱場の二極化を産むことがわかる．ただし，洪水攪乱の大きい澪筋(低水路)では，河床材料の粗粒化(アーマリング)が進み，低水路護岸の設置や高水敷整備による横侵食の制御も加わって，澪筋の固定化，さらには砂州の固定化が生じている．また，ダムによる洪水管理も攪乱場と非攪乱場の二極化を産む．**図-5.26**は，渡良瀬川扇状地(礫床)区間の直上流地点での年最大流量の時系列で，ダムによるピーク流量カット分を加

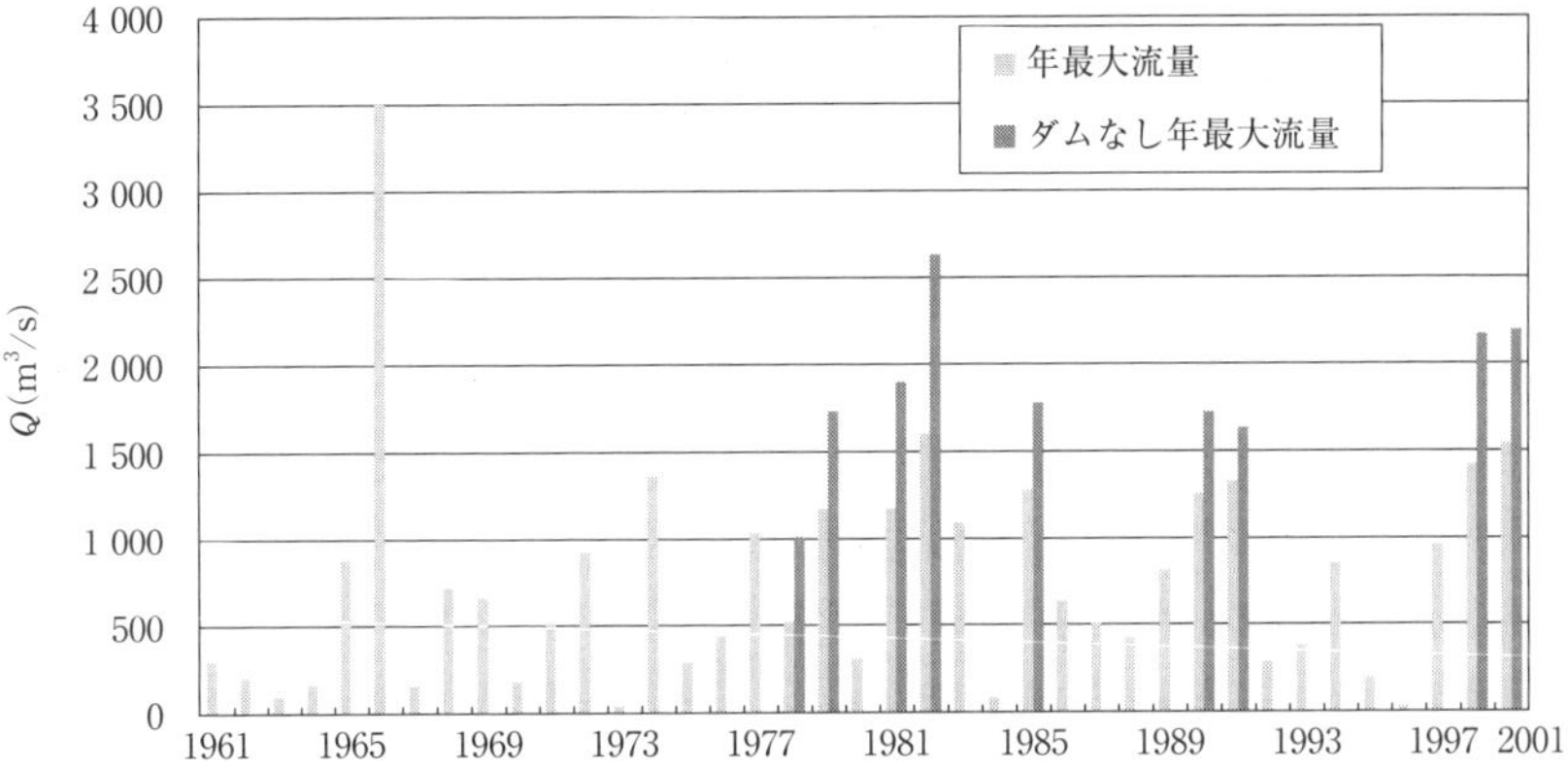

図-5.26　年最大流量の時系列(高津戸地点)

えた流量(ダムなし年最大流量)も併示した．複断面化した礫床区間の低水路満杯流量が1 000～1 200m^3/sであり，流量管理によって経験する洪水規模のほとんどが1 500m^3/s以下となって，低水路満杯流量か，それはやや超える程度の洪水規模に抑えられている．すなわち，複断面化と洪水管理によって河道内に非冠水領域が恒常的に維持され，これが後述する河道内植生繁茂を生む下地になっている．

さて，こうした河道特性が顕在化してきた中，萱場，島谷(1995)は，北上川支川雫石川の調査結果をもとに扇状地河川における裸地(河原)の減少と樹林地の増加を指摘し，また，全国7河川を対象に木本類の増加傾向が示される[河川植生の生育特性に関する研究会(1998)]など,「河道内樹林化」が認識されるようになり，樹林化に関する実態調査も報告されるようになってきた．**図-5.27**は，平成11年度河川水辺の国勢調査[リバーフロントン整備センター(2001)]から渡良瀬川礫床区間における植生別面積を示したもので，自然裸地(河原を含む)に比べ植生占有面積が非常に高く，中でも落葉広葉樹林の占める割合が突出している．また，渡良瀬川礫床区間の落葉広葉樹林の占有面積(種別面積表示)を求めると，**図-5.28**となり，そのほとんどがハリエンジュ(Robinia pseudo-acacia，ニセアカシアとも呼ばれる)である．渡良瀬川礫床区間(セグメント1，2)におけるハリエンジュの総面積は94.5 haであり，そのうちの約79%がセグメント1に集中している．

こうした地被状態の変化は，礫床河川での玉石河原の消失といった生態系を含む河相固有の景観構造の変化をもたらすとともに，礫床河川本来の潜在自然と乖離した現状での自然復元とは何かといった問題を投げかけている．さらに，木本類の増

写真-5.1　出水後に堆積した州上の細砂

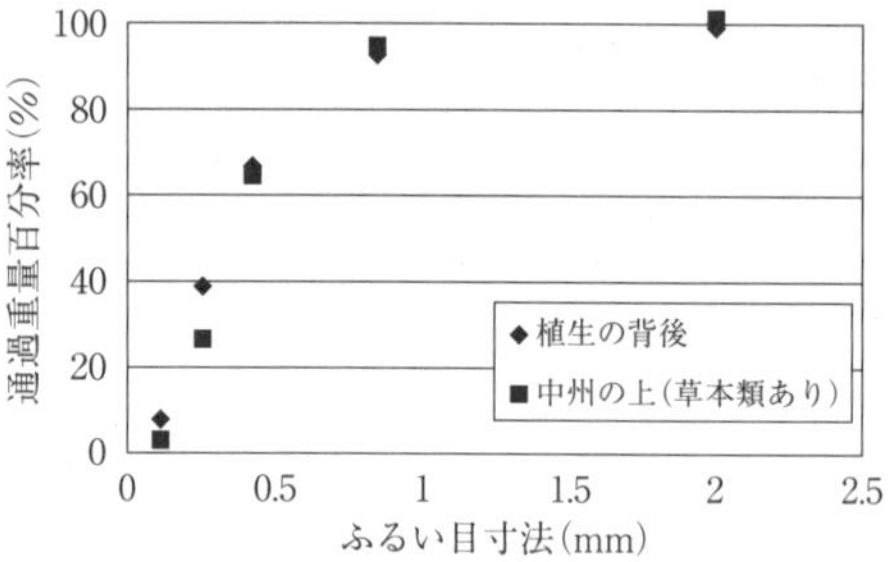

図-5.37　出水後に堆積した州上の細砂粒度構成

冠水規模で，州上の堆積砂は，**図-5.35**に示す細粒砂層の粒度構成とよく対応している．また，洪水後も植生が密に存在し，比高差と草本類によって，州上での掃流力低下から浮遊砂(細砂)堆積が生じたものと考えられ，これは前出の李，藤田ほかの考察を支持している．すなわち，礫河原において表層細粒土層が形成されるには，それ以前に先行した草本類の侵入があり，これが抵抗となって細粒分の捕捉がなされる．李，藤田，山本(1999)は，礫河原に先行侵入した草本類(パイオニア的植生と呼ぶ)から地被の状態(表層細粒土層の形成や裸地河原)に依存して植生の遷移が進み，安定的な植生域拡大につながる興味深いプロセスを検討している(**図-5.38**)．

植生繁茂，樹林化にとって，パイオニア的植生が洪水中に破壊されることなく，その抵抗効果を発揮しなければ表層細粒土層が形成されないが，近年の礫床河川での複断面化，経験洪水規模から考えて州や高水敷上の植生が完全に破壊されることは少なく(**写真-5.1**　出水後に残る草本と土砂のトラップ)，こうした理由も河道内樹林地を促す要因となっている．

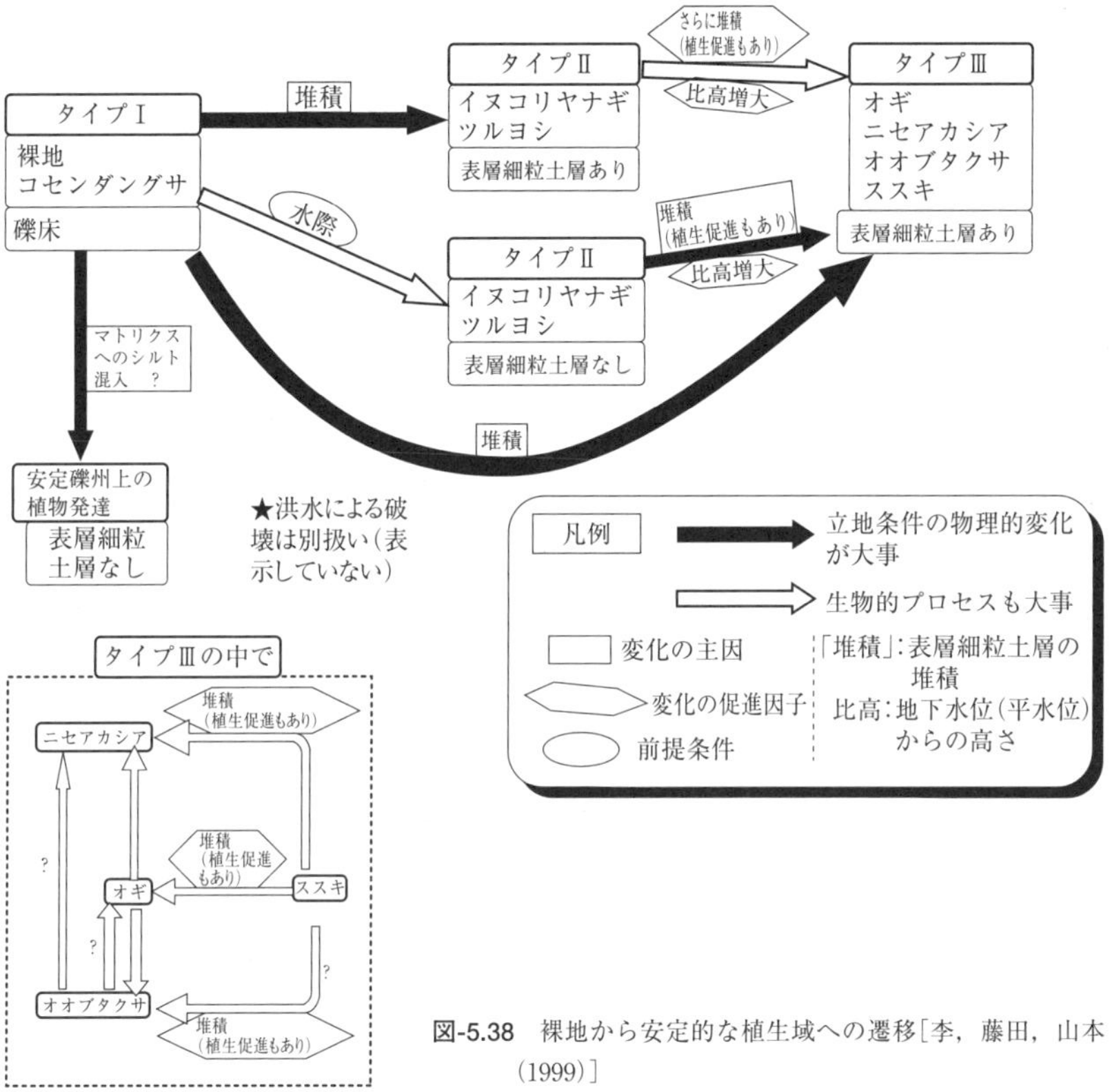

図-5.38　裸地から安定的な植生域への遷移[李，藤田，山本(1999)]

植生が洪水時においても破壊されない条件であれば，植生の流速低減効果から低水路水際で流砂の移動限界以下の領域が生じ，ここに，平水時，植生が侵入，繁茂する．一方，河川横断構造物等により上流からの供給土砂が抑制される場合においては，出水時に移動限界以上の領域で河床低下が起こるとして，出水，平水の繰返しが河床低下区間の植生域の拡大と澪筋の集中化につながると考えた辻本，北村(1996)の研究も植生繁茂が絡む河道動態のシナリオとして興味深い(**図-5.39**)．**図-5.40** は，李，藤田，山本(1999)によるもので，礫州上の植生繁茂による土砂の堆積と低水路河床低下によって比高差が拡大し，安定的な陸地部形成から樹林化が生じるシナリオが示されている．いずれの段階も植生繁茂域の洪水攪乱が小さいことが前提で，初期段階で草本の侵入プロセスと，植生と流砂の相互作用を考慮することがキーポイントとなっている．

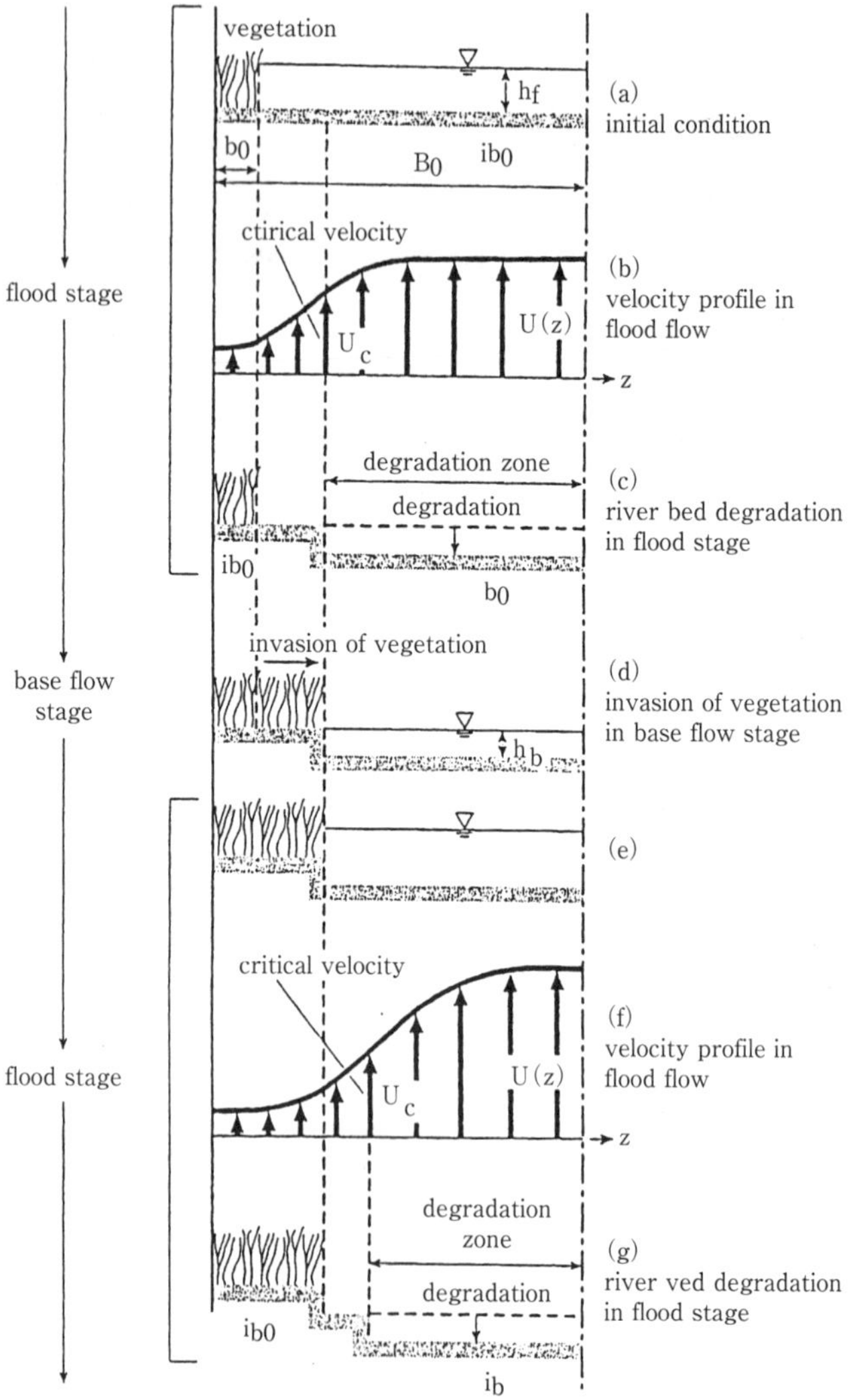

図-5.39　河床低下による植生域の拡大[辻本，北村(1996)]

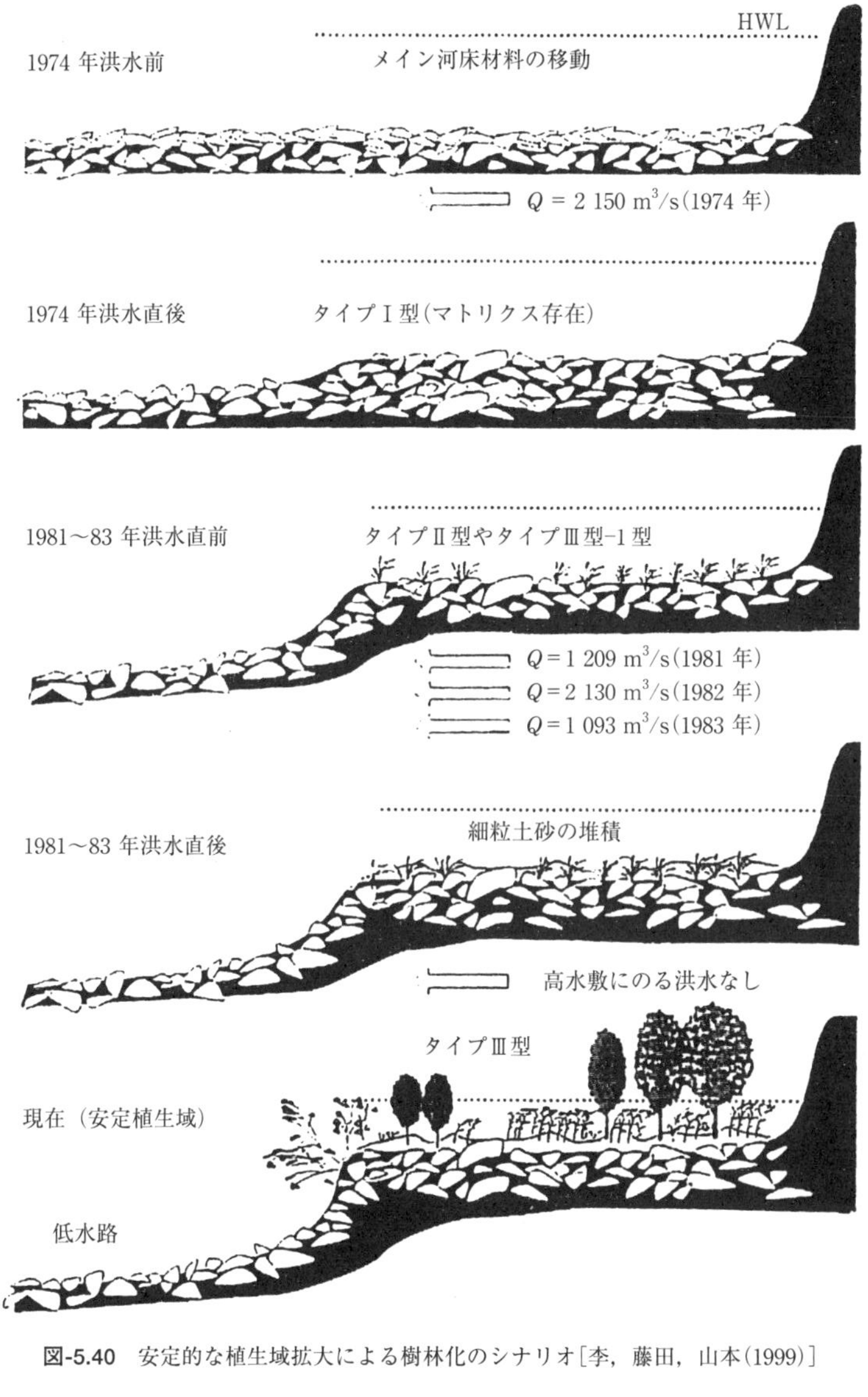

図-5.40　安定的な植生域拡大による樹林化のシナリオ［李，藤田，山本(1999)］

5. 7. 3　洪水の撹乱による河道内樹林化

前述したように，李，藤田ほかの研究から，河道内樹林化の素過程として，

① 地形変化(比高差)の出現

② 洪水によって比高の高い箇所に細粒土砂が堆積(草本類繁茂の物理基盤が整う)

③ パイオニア的植生(草本類)の侵入

④ 比高差と植生の効果で細粒土砂堆積が促進(②の段階よりも効率よく細粒分を捕捉)

⑤ 比高差の拡大と木本類の侵入

⑥ 冠水頻度の低下と安定した樹林地形成

が考えられた．

ところで，渡良瀬川の樹林化をもたらしているハリエンジュについて調べてみると，必ずしも比高の高い安定した陸地部のみで繁茂しているわけではなく，ハリエンジュの存在領域はかなり広い．このことは前述した多摩川の研究成果から得た比高−細粒土砂堆図(**図-5.36**)上で，ハリエンジュの存在範囲が広いことにも対応している．比高の小さい箇所にもハリエンジュが存在することは，現況のハリエンジュの樹林化を上述の安定的な陸域部形成のシナリオのみで説明することが難しく別の理由を考える必要がある．本項では，洪水時に冠水すること，洪水の撹乱を受けることが河道内樹林化を持続，拡大させていることに着眼する[清水，小葉竹，岡田ほか(1999)；清水，小葉竹，岡田(2000)]．

(1)　洪水撹乱と樹林地の世代交代

写真-5.2，**5.3** は，渡良瀬川礫床区間にある河岸州，中州(52.2〜52.4 km)がハリエンジュ樹木に占有されている状況を示している．特に樹高 16 m 以上もあるハリエンジュが低水路内にある中州(**写真-5.2**)を占有しているため，1998 年に樹林地の伐採，伐根が行われた(**写真-5.4**)．伐採したハリエンジュの年輪を調べた結果，中州に占めるハリエンジュの最大年輪が 16 年となることがわかった(**図-5.41**)．この間の過去の工事，樹木伐採記録を調べてもこの中州で樹木管理(伐採)は行われてなく，また，樹木の根元幹にも過去の伐採痕も見当たらない．年輪調査結果は，1982(昭和 57)年洪水(流量 1596 m^3/s)直後にほとんどのハリエンジュが生まれたことを

写真-5.2　年輪調査したハリエンジュ樹林のある中州(伐採前)

写真-5.3　年輪調査したハリエンジュ樹林のある中州(伐採前)．左写真の正面が伐採前の中州とハリエンジュ，右写真が伐採前の中州

写真-5.4　中州のハリエンジュ樹林の伐採

意味している．

ところで，1981(昭和56)年に撮られた航空写真(**写真-5.5**左)によれば，この時点でも同中州にかなりの樹木が既に繁茂していた様子が認められた．したがって，

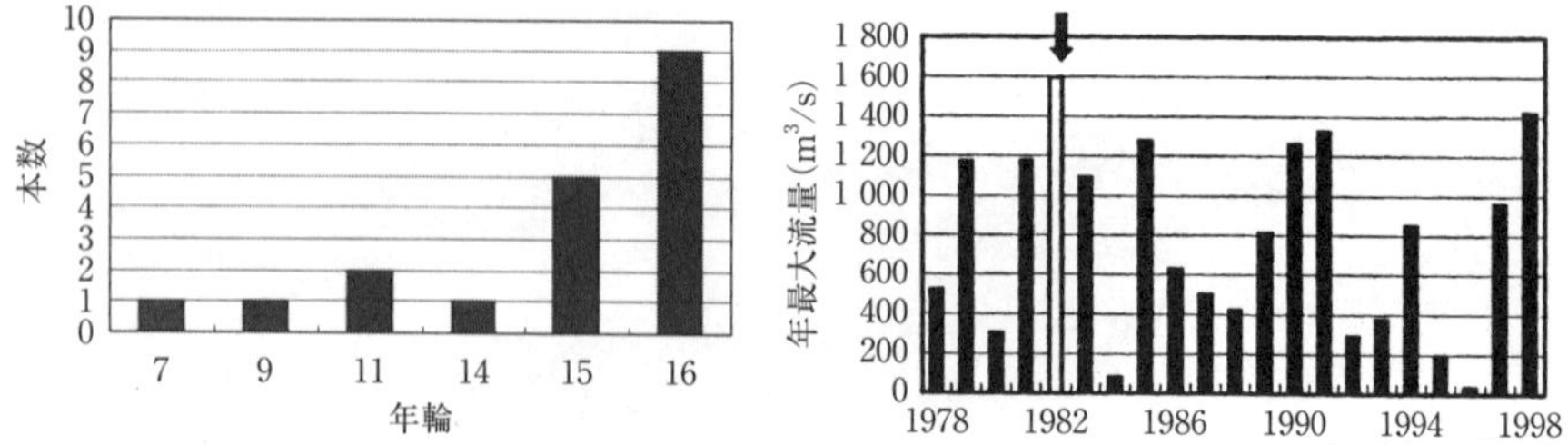

図-5.41 中州の年輪調査と既往洪水との関係

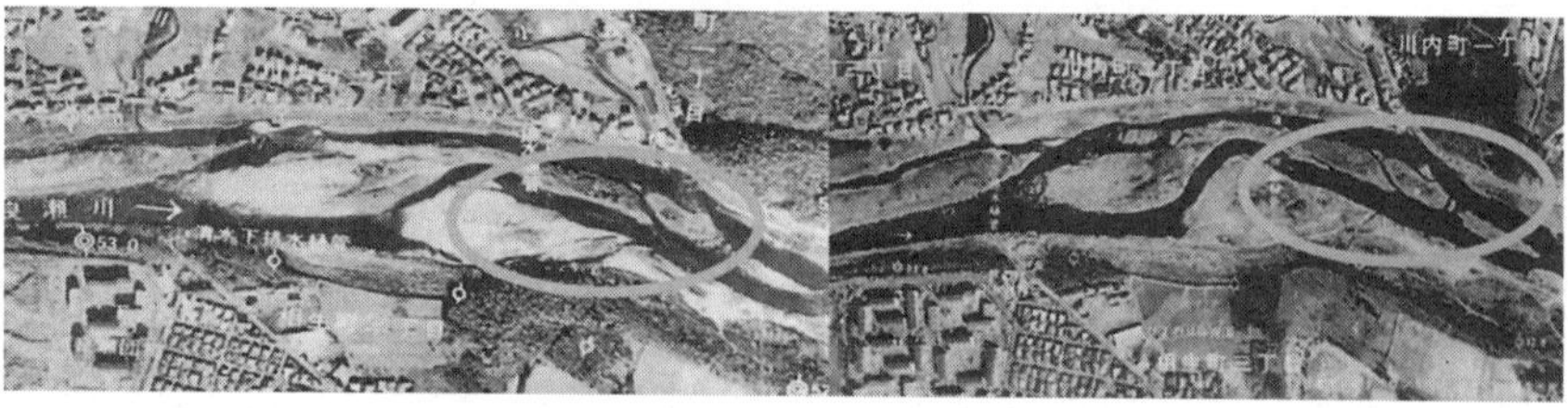

写真-5.5 年輪調査をした中州．左：1981(昭和 51)年，右：1988(昭和 63)年

ハリエンジュは，1982 年洪水での撹乱によって世代交代し，1982 年洪水後からの新たな再生過程を経て現況の樹林地を形成したものであることが推測された．

こうした世代交代はどの程度の洪水規模で生じるのかを調べるには，当時の洪水流況を再現計算すれば推定可能である．そこで，1982 年洪水が調査中州上の樹木に与えた撹乱を 1981 年地形をもとに，1982 年洪水でのピーク流量を与えて数値計算した．**図-5.42** は，一般化座標系平面流計算[清水ほか(2001)]による主流速ベクトル図である．52.2～52.4 km 付近が注目している中州であるが，中州の左岸側に澪筋が形成されているため，最大流速ラインもこれに沿っており，中州といえどもかなり速い流速が作用していることがわかる．主流速の横断分布，水位，横断地形(1981 年地形)を**図-5.43** に示す．注目した中州樹林地は，**図-5.43** に示す 52.2 km 地点で，その横断図から読み取れるように，最低河床から高々 1 m 程度の比高しかなく，出水時にかなりの洪水撹乱を受けるものと推測される．ここでは，流速値約 4 m/s，冠水深約 2.5 m が流量ピーク時に生じている．

州上に繁茂する植生への洪水ストレスは，植物体そのものにかかる流体力もさることながら河床材料の移動による撹乱が大きく影響する．この撹乱は，礫が植物体に衝突することで生じる破壊と，植物体を支える物理基盤としての河床が変化する

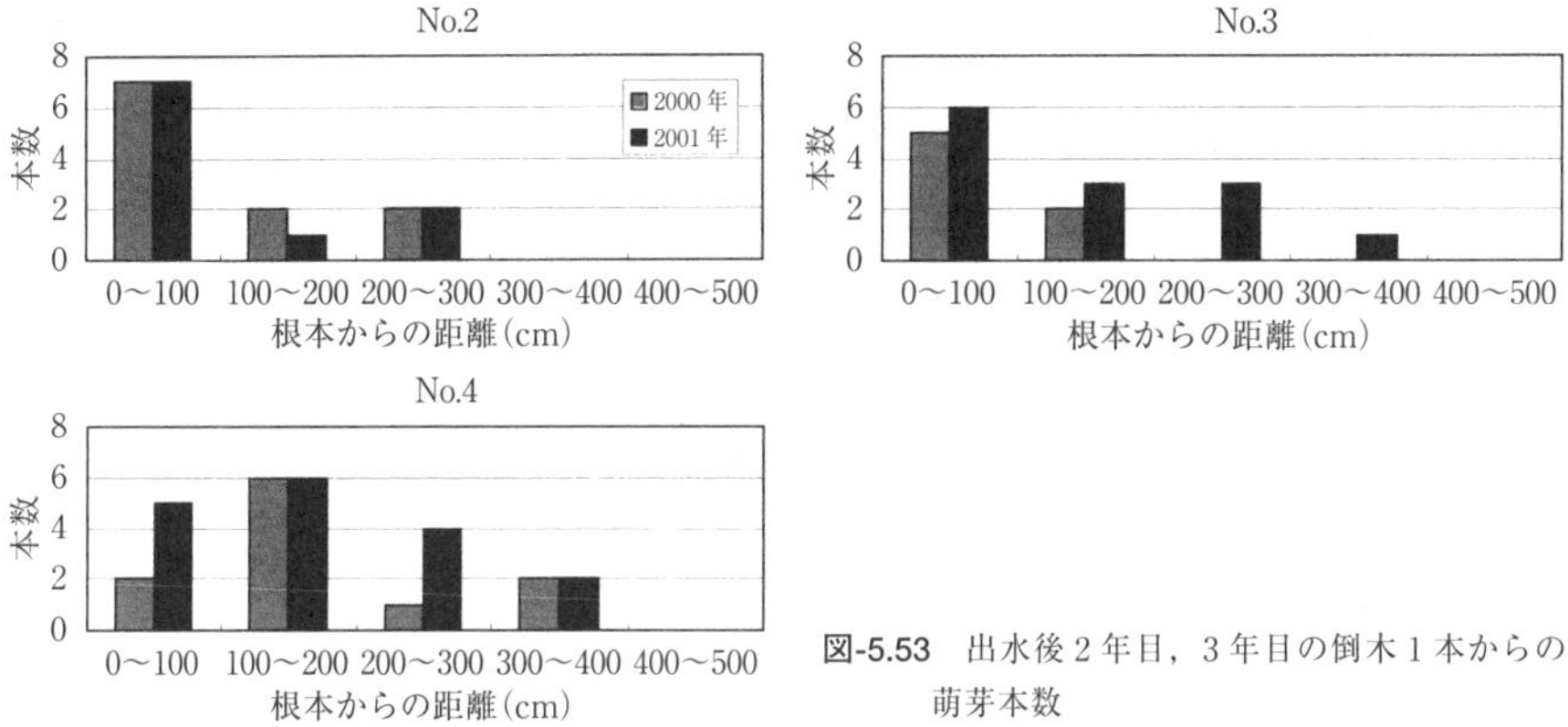

図-5.53　出水後 2 年目，3 年目の倒木 1 本からの萌芽本数

図-5.54，**5.55** は，**写真-5.10** に示す州内に一辺を 5 m とするサンプリング格子を設けて計測されたハリエンジュの樹高と根元幹径の分布であり，これによると，河床の残留根茎から 1 年後に 2.08 本/m^2(密生度は 0.04/m)の高密度な林を産むことがわかった．

また，倒木したハリエンジュがその後の洪水による土砂堆積から埋没

写真-5.10　ハリエンジュの倒木による河畔林の形成

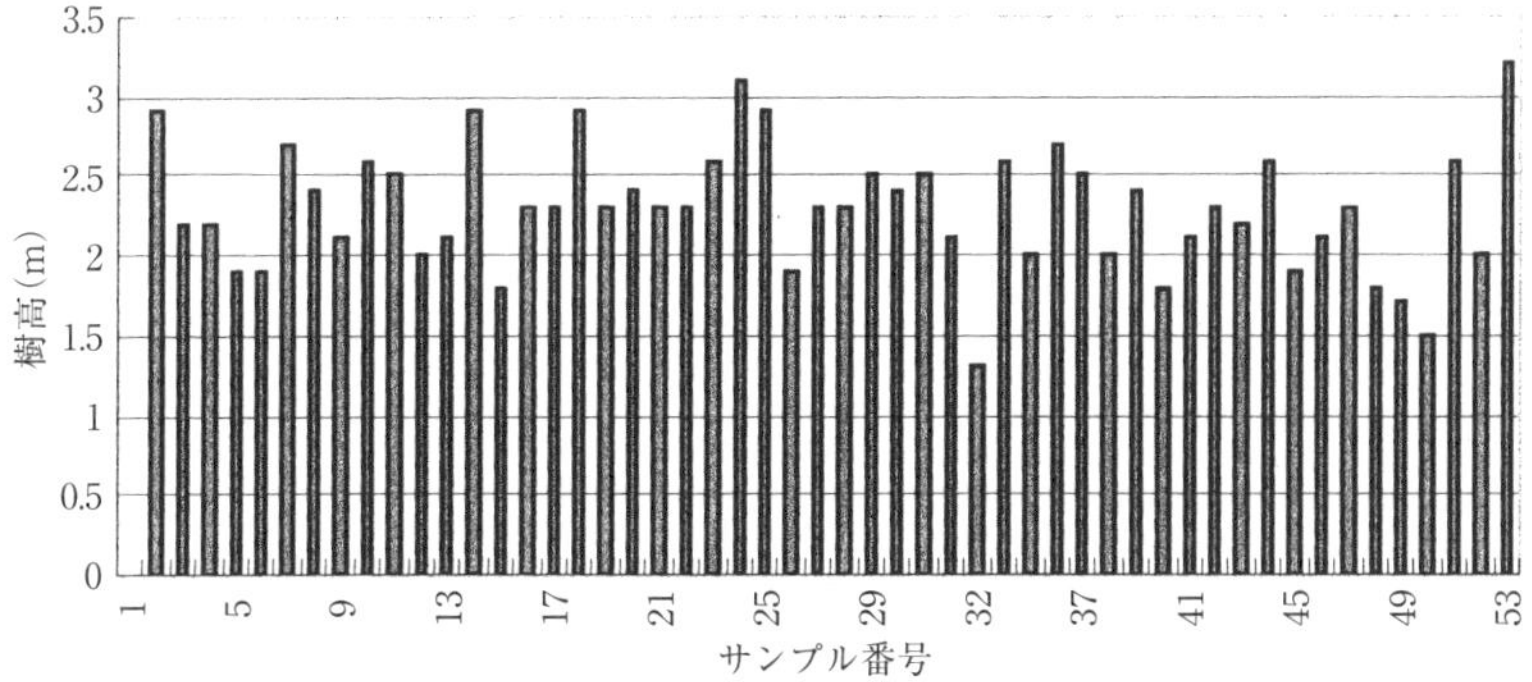

図-5.54　樹高分布．伐根による河床残留根茎からの萌芽(1 年目)

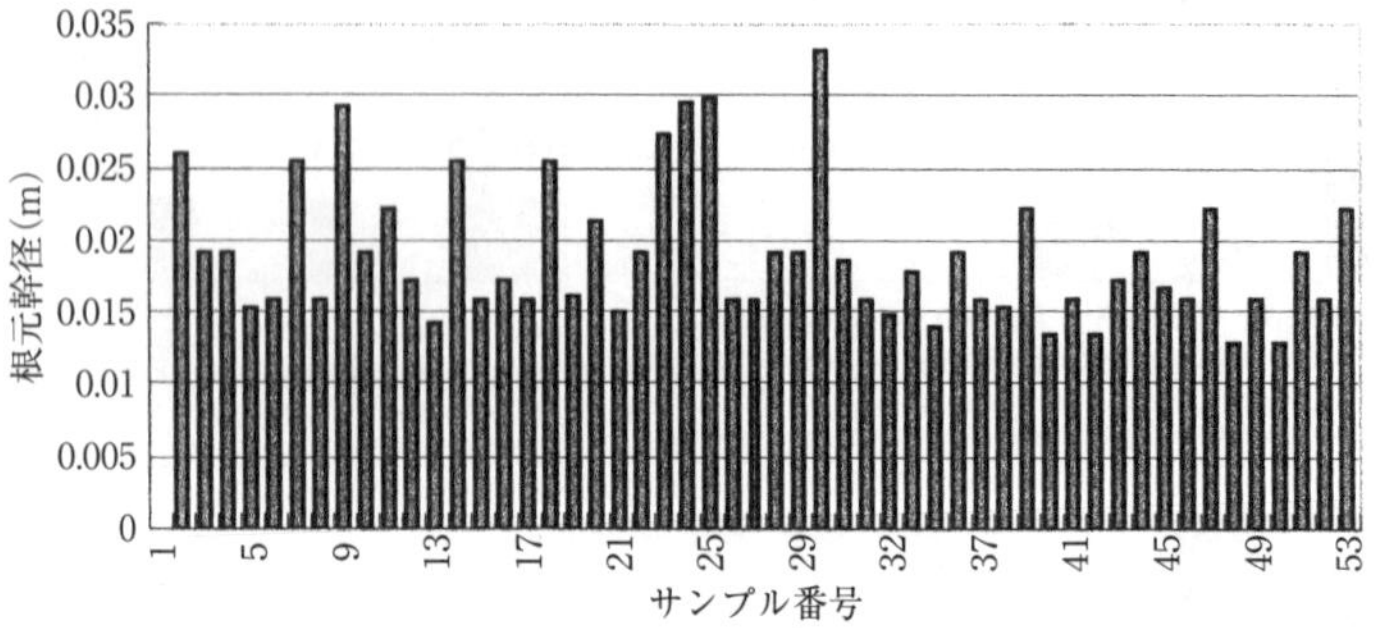

図-5.55　根元幹径分布．伐根による河床残留根茎からの萌芽(1 年目)

写真-5.11　ハリエンジュの倒木による河畔林の形成

すると，幹自身が根茎化して周囲に拡大し新たな地上茎を生む．**写真-5.11** は，洪水による河岸侵食によって露出したハリエンジュ樹林地の根茎群で，過去の洪水によって生じた倒木が埋没し根茎化することによって連結しながら林を形成している状況を示している．

以上の検討から礫床河川の河道内樹林化についての幾つかの疑問に答えることができそうである．すなわち，

・なぜ，礫床河川で樹林化が顕著なのか？

・なぜ，河道内で林が速やかに形成されるのか？

である．

まず，最近の礫床河川の河道特性の「比高差拡大」からみて，樹林地を完全にフラッシュさせるような洪水攪乱はなかなか起こらない．しかも供給土砂量の減少により河床材料のアーマリングが生じた区間では，平均粒径以上の河床材料の大規模な移動を起こすような攪乱は容易に生じなく，木本類に与える攪乱規模は，倒木や傾斜木程度が主となる．これからすると，栄養繁殖するハリエンジュにとって倒木や傾斜木からの萌芽という生長過程を促す攪乱が与えられることになる．また，洪水攪乱の強い箇所でハリエンジュ樹木が流失したとしても，礫に絡みながら存在する

根茎が地中に残存する限り萌芽の可能性が大きい．この意味から礫床と栄養繁殖できる木本類が樹林化を産むキーポイントとなっている．特にハリエンジュ林では礫材料に絡みながら根茎の平面的広がり（連結性）を持つことから，近年の洪水攪乱から受ける植物体へのストレスは根付倒木や傾木が生じる程度である．

洪水攪乱後のハリエンジュが倒木や傾木となる環境ではきわめて近い将来，より著しい繁茂となる樹林地を形成することが認められた．もちろん，比高差の拡大，冠水頻度の低下から生まれる樹林化（静的樹林化）が河道内樹林化の素過程であるが，ここで示した洪水攪乱による樹林化（動的樹林化）では洪水攪乱後の速やかな再生がその特徴である．

(3)　自然的攪乱，人為的インパクトと河道内樹林化

以上，礫床河川の河道内樹林化を引き起こす樹種として，ハリエンジュに注目し，近年の礫床河川の河道特性が樹林化の下地を産むこと，冠水頻度低下と陸地部の形成による樹林化（静的樹林化）と，洪水攪乱後の再生・拡大過程に注目した樹林化のプロセス（動的樹林化）があることを述べた．河道内樹林化が生じている場のスケールを物理系，生物系，人間系ごとに示すと，**図-5.56** のようである．樹林化を引き起こす要因もこの３つの系で考えると，**図-5.57** のようである．本章のまとめとして，**図-5.58** に礫床河川の河道内樹林化に関わる自然的攪乱，人為的インパクトと樹林化の要因との相互の関係をまとめた．

・物理系：セグメント１（礫床河川）
・生物系：樹木の占有空間（砂州スケール）
・人間系：流量制御による洪水攪乱範囲の限定
［低水路を中心とした攪乱場と
非攪乱場の出現（陸地化）］

河道内樹林化

図-5.56　河道内樹林化の場のスケール

洪水（外力），もしくは流量変動

・物理系：河川の地形と河床材料（物理基盤）
・生物系：河川植生・木本類（ハリエンジュ）
・人間系：流量管理、ハリエンジュの導入
（砂防林）

河道内樹林化

図-5.57　河道内樹林化を引き起こす要因

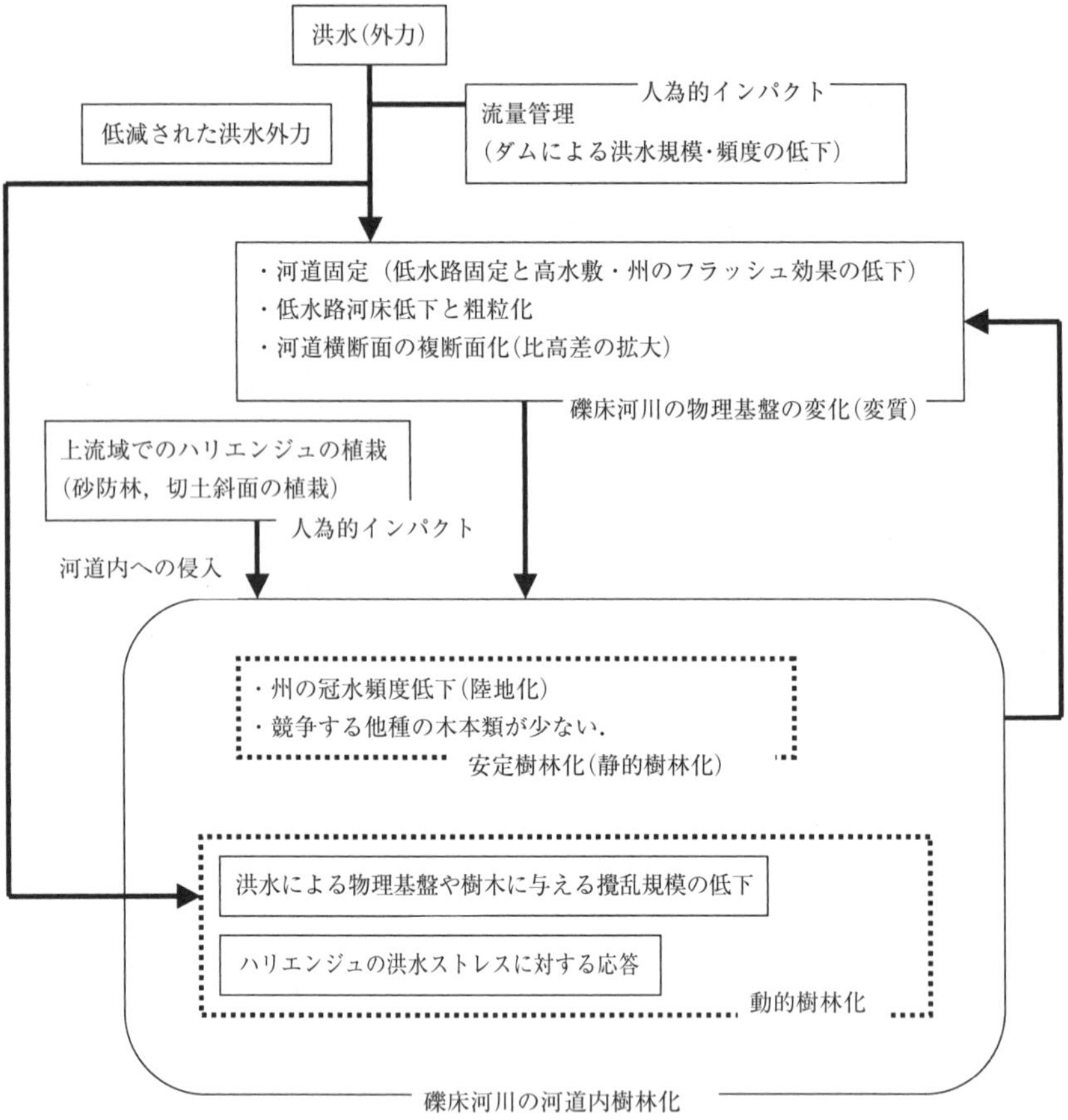

図-5.58 礫床河川の河道内樹林化に関わる自然的攪乱，人為的インパクトと樹林化のプロセスの関係

5. 8　礫床河原植生の攪乱・破壊

礫床河川における植生動態を知るには，平水時における土壌・水分環境や他種との生物競争等に特徴付けられた生長特性を知るとともに，洪水時における植生の攪乱・破壊過程を知ることが不可欠である．ここでは，洪水による植生の攪乱，破壊について，その形態や攪乱規模について概説する．

5.8.1　植生の洪水破壊の形態

洪水が植生に及ぼす攪乱，破壊は，次のように分類される［河川の植生と河道特性に関する研究連絡会(1994，1945)；Hosner(1960)；石川(1991)］．

① 直接的な流水の作用によるもの

・植物が流れによって受ける流体力から，変形，倒伏，さらには根こそぎ剥ぎ取られて流失するといった物理的攪乱

・沈水状態による光合成や呼吸といった植物体の生理的活性度への悪影響から生じる生理的攪乱

② 土砂移動による河床，河岸の変動作用によるもの(物理基盤の攪乱)

・植物群落内へのシルト，砂礫の堆積による植物体の埋没

・植物群落内の河床低下による植物体の倒伏，流失

・河岸植物群落の支持基盤層の侵食破壊

③ 砂礫流送の衝撃作用によるもの

・植物体への砂礫の衝撃による物理的破壊

流水の直接的作用による植物の変形，倒伏の有無(①)，あるいは植物の生育基盤となる河床の侵食の有無(②)等，植物耐力を推定する指標として，摩擦速度，侵食限界流速等が考えられる．4. では，庄内川の洪水痕跡から植物の破壊状況を摩擦速度を指標として評価した(4. 6. 2 参照)．基盤の攪乱による植物の破壊では，河岸・河床構成材料の移動限界，侵食限界が有用な指標となる．基盤が粘性土ならば，粘着力に応じた侵食限界速度［宇多，望月，藤田ら(1997)］，砂礫であれば，掃流砂礫の限界掃流力(限界摩擦速度)が指標となり，本節では移動限界礫径(動き得る礫の最大径)を指標とした．

①〜③について，実際にはこれらが時系列的あるいは同時に進行して攪乱を与える場合が考えられるが，これらの攪乱の素過程に対し植物の耐力と応答を整理しておくことが植生の消長を理解するために必要である．また，植生の消長を決める攪乱規模も重要で，その程度によっては攪乱後の生長をより活発化させることは前節で述べた動的樹林化に見ることができる．

5.8.2　礫州上の草本類の攪乱・破壊

洪水後に残存している草本類の攪乱状況を見ると，草本の柔軟性から横倒しなっ

写真-5.12　礫州での草本類の攪乱(渡良瀬川)

て河床を被覆しているものが目立つ(**写真-5.12**)．流体力あるいは礫の移動によって葉茎の損傷があるものの，横倒しになった草本の遮蔽面積は小さく流失しない．また，草本の上に礫が乗り上げた痕跡(堆積による河床上昇)は見られるが，河床低下は認められず，根茎そのものが流体中に曝されていないことも草本の流失に至らない理由となっている．

瀬崎ほか(2000)は，多摩川の礫州における洪水(1998年8月，9月出水と1999年8月出水)前後の調査から，主としてツルヨシの攪乱状況を詳細に調べ，攪乱，破壊を次の4つの状態に仕分けしている．

状態Ⅰ：根茎ごと跡形無く流失する状態

状態Ⅱ：葉，茎等の植物体地上部がほとんどがなくなった状態で，残存した根茎には鋭利な切断面が見られるもの

状態Ⅲ：下流方向に葉・茎がやや傾きながら残存した状態

状態Ⅳ：全面的に倒伏し枯れたように見える状態

状態Ⅰの状況が生じるには，河岸侵食・河床低下による基盤の消失が必要であるが，瀬崎らはこれに加えてツルヨシの根茎が絡む最大礫径が90%粒径(d_{90})程度であることを現地観測から求め，d_{90}の礫移動が状態Ⅰの発生条件として必要としている．そして，地上植物体構造がある段階では，d_{90}クラスの礫の移動条件が困難で，これから上部の消失(切断)となる状態Ⅱを経て状態Ⅰに移行する破壊シナリオを示した．また，草本密生度の空間的不均一性に伴って流水の集中箇所が生じ，礫移動を伴って状態Ⅱが生まれ，これが拡大すると推定した(洪水後に見る裸地帯の形成)．**図-5.59**は，1998年8月〜9月出水と1999年8月出水によって上記4つの状態が生じている領域と，水位ピーク時における無次元掃流力($\tau_{*b}=H_pI_p/sd_{50}$，H_p：洪水痕跡水位，I_p：水面勾配，s：水中比重，d_{50}：平均粒径)の分布を照らし合わせたものである[瀬崎ほか(2000)；河川生態学術研究会・多摩川研究グループ(2000)]．τ_{*b}は，植物体地上部を失った後の掃流力を意味し，$\tau_{*b}>0.12$でd_{90}の礫までが移動可能で状態Ⅰ，Ⅱの領域がこれより推定できる．

ツルヨシは，比高が低く，州の水際沿いに繁茂しやすく，状態Ⅰを産む基盤の撹乱は，澪筋に特徴付けられた流れと土砂移動，特に河岸侵食の有無によって大きく左右され，より正確には河床変動の見積りが重要である．しかしながら，葉茎の切断による草本地上部の破壊条件を τ_{*b} によって指標化し(90%粒径移動限界)，状態Ⅰ，Ⅱの仕分け[礫移動による磨耗，切断による地上部の破壊と，破壊後(草本の形状抵抗がなくなる)の草本流失の判定]など，興味深い破壊シナリオを提示し，今後の研究にとって有用な知見を与えている．

5.8.3 礫州上の木本類の撹乱・破壊

出水による木本類の撹乱，破壊については，樹木倒伏状態の分類[北川ほか(1998)]や樹木の撹乱状態に対する流下物の影響等が考察されている[北川，島谷ほか(1989)]が，最近では，洪水前後の植生変化や洪水流況再現による出水規模評価(掃流力，樹木にかかる流体力，河床変動計算による物理基盤の有無等)を通じて，樹木の撹乱・破壊形態を考察しようとする研究[服部ほか(2001)；清水ほか(2002)；砂田ほか(2002)]が進められている．木本類の完全な破壊は，撹乱後再生で

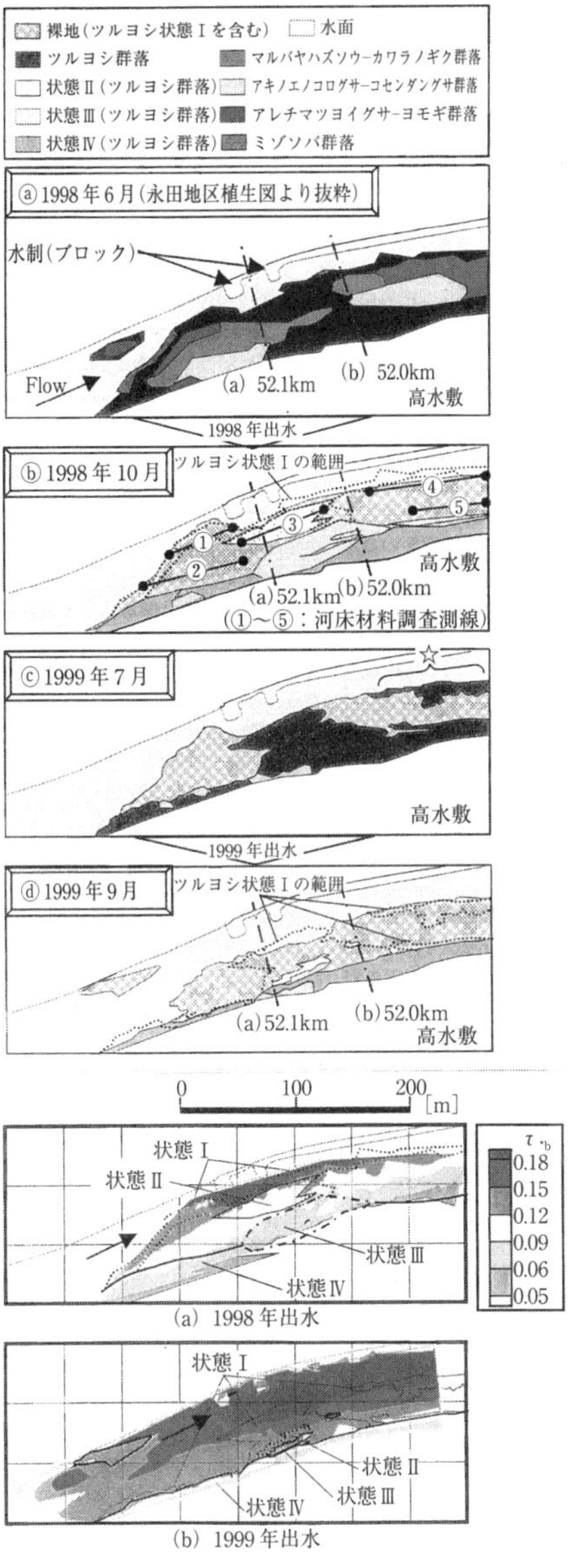

図-5.59 調査砂州におけるツルヨシの破壊状況と無次元掃流力の分布[瀬崎ほか(2000)]．ⓐ，ⓑは1998年8，9月出水前後の状況，ⓒ，ⓓは1999年8月出水前後の状況

写真-5.17　樹林地内の礫堆積(図-5.67C 地点下流側)

5.66 の C と同様である.

以上から，洪水攪乱を受けた州では,

① 河床低下・河岸侵食による基盤の消失(**図-5.66** の B，**図-5.67** の B，**図-5.66** の D，**図-5.66** の A の先端)

② 始めに河床低下を生じ，その後河床上昇(堆積過程)(**図-5.67** の A)

③ 一方的な河床上昇(堆積過程)(**図-5.66** の C，**図-5.67** の C)

の 3 つの基盤(河床)の攪乱が抽出された．そして，樹林地の攪乱・破壊形式としては，次の 3 つが示唆された.

ⓘ 樹木支持基盤(河床)の攪乱によって生じる樹木の攪乱，破壊

ⓘⓘ 低水路自然河岸の侵食とそれに伴う樹木の攪乱，破壊，流失

ⓘⓘⓘ 樹林地上流端および樹林地境界での流下物捕捉による樹木の攪乱，破壊

調査地点 2 について，洪水前の樹木密生度を考慮した平面流計算から，ピーク流量時における流速ベクトルを求めたものが**図-5.68** である．**図-5.69** は，調査地点 2 で攪乱された樹林地を含む横断面での計算水位・流速(水深平均値)の横断分布，**図-5.70** は，その横断面での移動限界礫径分布を示している．これより，樹木の倒

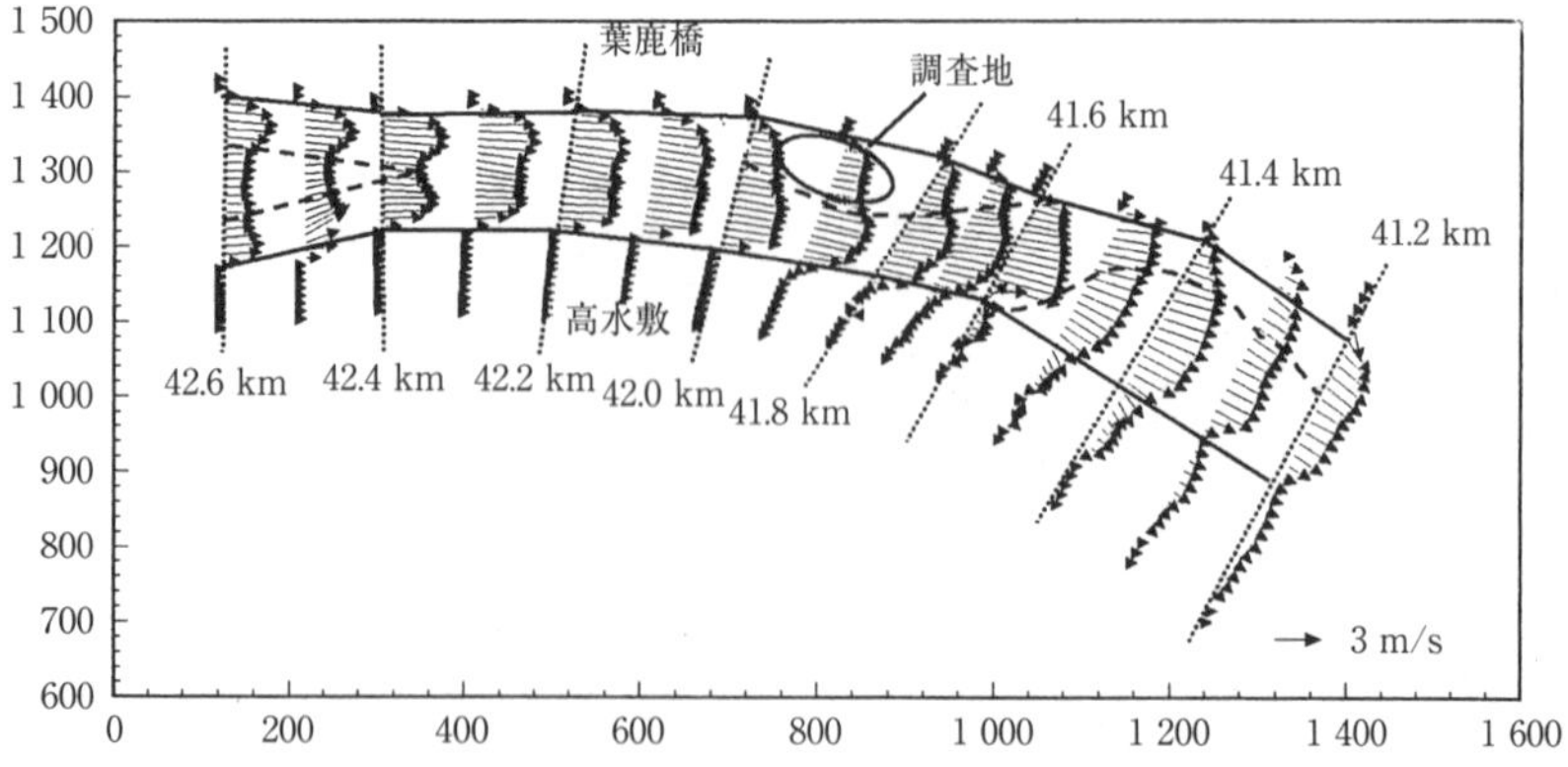

図-5.68　計算流速ベクトル(調査地点 2)

木や流失が顕著であった樹林地水際で 12〜14 cm 程度の礫が移動可能であったことがわかり，河床表層材料の粒度構成(**図-5.71**)と照らし合わせると，そこでは，表層河床材料の 70〜80%のものが移動状態であったことがわかる．こうした状況ではハリエンジュの根茎に対する攪乱も強く生じる可能性が高く，根茎の切断を含む破壊，攪乱を示唆し，実際，洪水後の痕跡調査から水際河岸に露出した根茎の切断が確認されている．さらに，**図-5.72** は，ピーク流量を 3 時間流した後の計算河床と洪水前の河床を比較したものである．樹林地水際(低水路際)では河床低下(河岸侵食)の傾向(**図-5.67** の B)が，一方，樹林地内では微弱ながら堆積傾向が得られた(**図-5.67** の C)．これは，痕跡調査から得られた結果，すなわち，水際の河岸侵食による樹木流失と根茎の切断と対応し，ピーク流量時における移動限界礫径や河床変動傾向の評価が樹木攪乱規模評価にとって有効であることが示された．ピーク流量時に注目した樹木破壊予測の有効性は，服部ほか(2001)の千曲川での研究成果からも支持さ

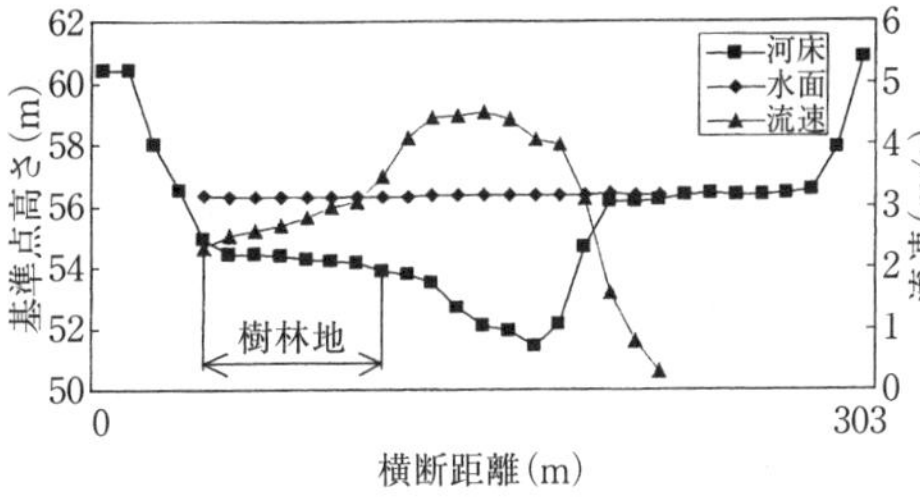

図-5.69　水深・流速横断分布(調査地点 2，41.9 km)

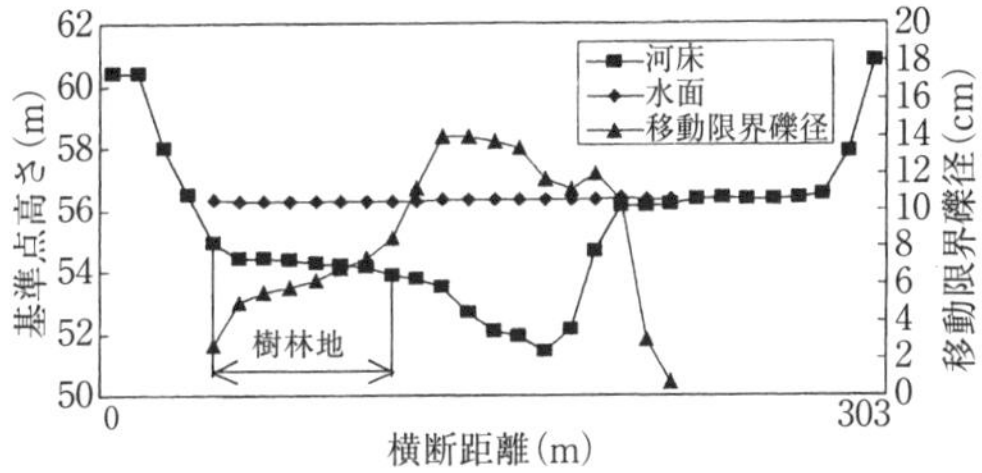

図-5.70　移動限界礫径の横断分布(調査地点 2，41.9 km)

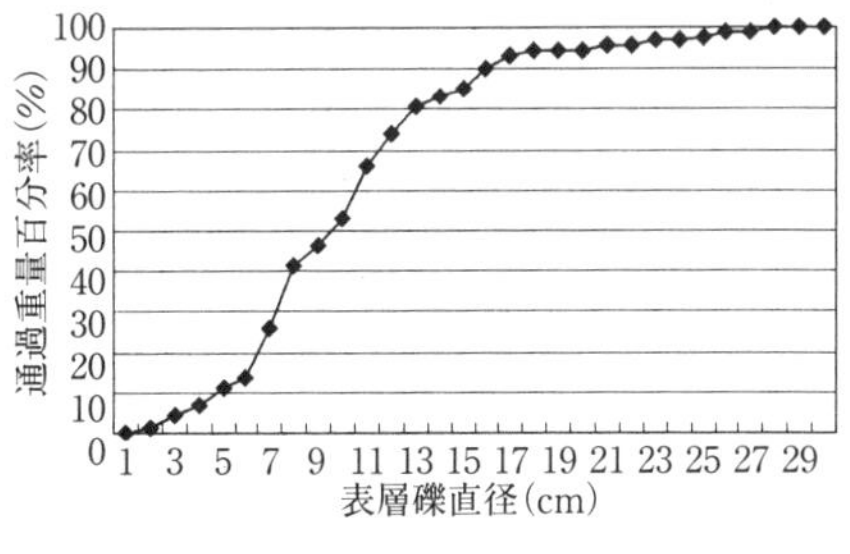

図-5.71　河床表層材料の粒度構成

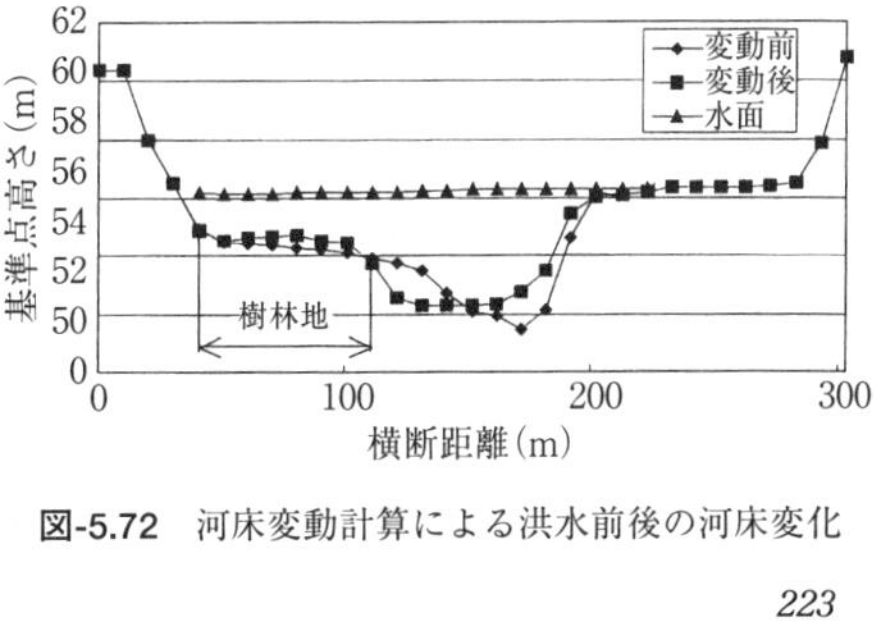

図-5.72　河床変動計算による洪水前後の河床変化

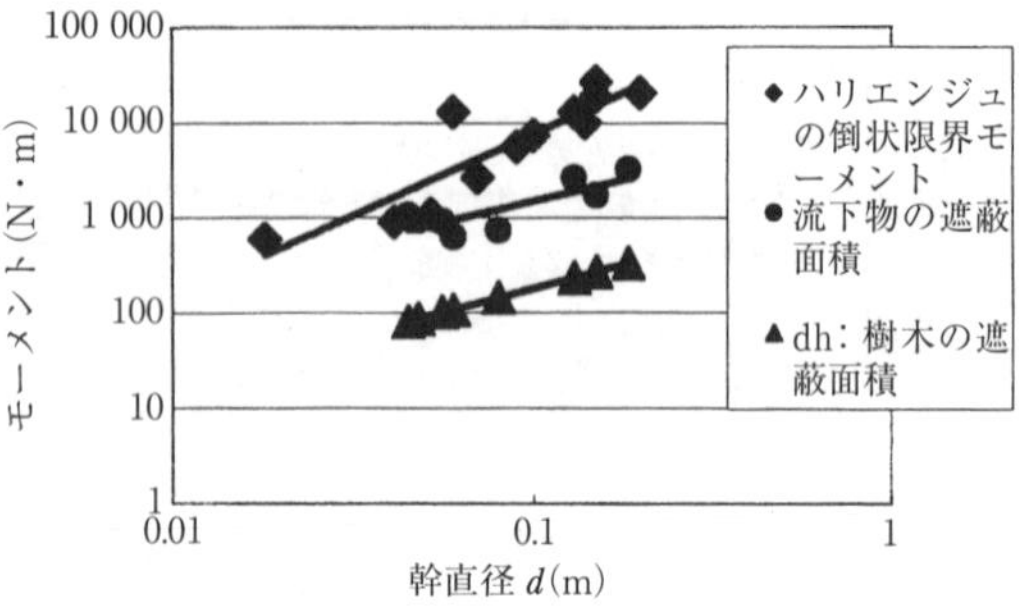

図-5.73　倒伏モーメントと外力モーメントとの比較

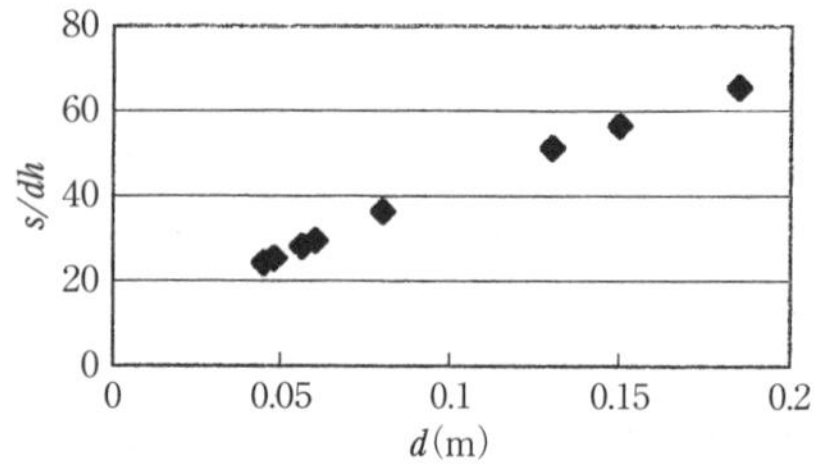

図-5.74　倒伏モーメントに達するための遮蔽面積

れている．

ところで，樹木に引っかかる流下物(遮蔽面積の増加)によってモーメント破壊が生じるかどうかは，洪水再現計算から求められた樹木に作用する流体モーメント(外力モーメント)と倒伏限界モーメント[リバーフロントス整備センター編(1999)；服部ほか(2001)による**図-5.64**]を比較することにより判断できる．倒伏限界モーメント(◆印)と計算された外力モーメントの関係を**図-5.73**に示す．▲印は実際に倒伏した樹木の遮蔽面積(幹径と冠水深の積)から求めた外力モーメント，●印は流下物の集積のある倒伏した樹木で，洪水後に残存した流下物遮蔽面積を用いて外力モーメントを求めたものである．これより，樹木のみの遮蔽面積による外力モーメントでは，全く倒伏限界に達せず，倒伏破壊を起こすためには相当な流下物捕捉が必要であることがわかる．しかし，洪水痕跡後に計測された流下物面積を考慮しても倒伏限界に達するものは見られない．**図-5.74**は，仮に倒伏限界モーメントに達するとした場合の必要遮蔽面積(樹木のみの遮蔽面積で相対表示)を示したもので，10 cm 幹径の樹木では，倒伏には約 40 倍相当の遮蔽面積増加が必要であることがわかる．渡良瀬川における 2001 年 9 月洪水の痕跡調査では，流下物の集積は顕著でなく集積がある場合でも上記判定からその影響は小さくことが認められた．

以上の考察から，清水ほか(2002)は，樹木の攪乱・破壊(流失，倒木，傾斜木)は，河床，すなわち物理基盤の攪乱が主要因との見解を示している．また，基盤攪乱の規模は，ピーク流量に基づく洪水再現計算から推定可能で，その工学的な指標として移動限界礫径が適切としている．**図-5.75**に河床表層の粒度構成に攪乱規模と移動限界礫径を示した．80%礫径の移動限界が生じる基盤の攪乱では，先に述べた根茎の切断による樹木の流失までが生じる可能性がある．ただし，樹木の流失には基盤の消失(河床低下，河岸侵食)が必要であり，一方，洪水後堆積環境となる箇所では，樹木の埋没により新たな萌芽が生まれ動的樹林化となる可能性があるなど，河床変動解析との組合せが樹林地の破壊・再生予測にとって重要である．

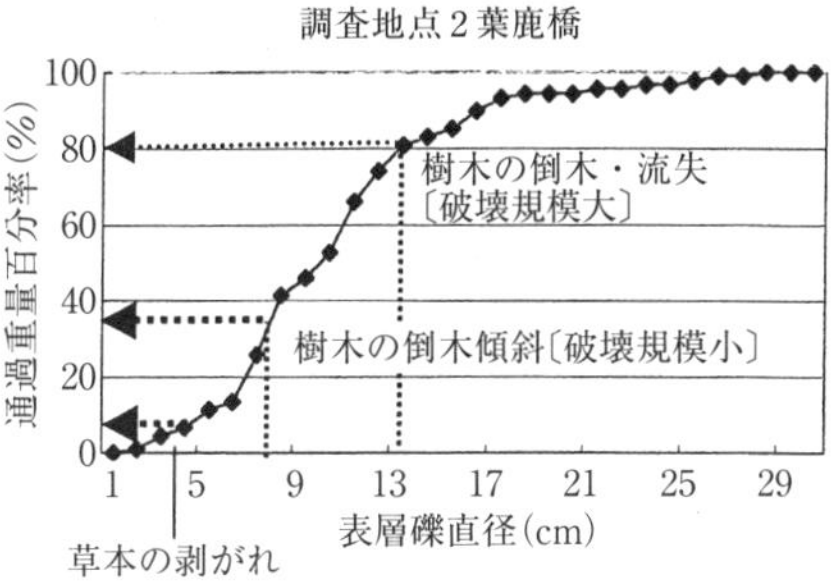

図-5.75　移動礫径と攪乱・破壊規模

参考文献

・浅見和弘，斉藤大，児玉奈美子，渡邊勝：三春ダム下流河川の植生変化，植生学会誌，18，pp. 1-12，2001
・李参煕，藤田光一，塚原隆夫，渡辺敏，山本晃一，望月達也：礫床河川の樹林化に果たす洪水と細粒土砂流送の役割，水工学論文集，42巻，pp. 433-438，1998.
・李参煕，藤田光一，山本晃一：礫床河道における安定植生域拡大のシナリオ—多摩川上流部を対象にした事例分析より—，水工学論文集，42巻，pp. 977-982，1999.
・石川慎吾：河原に生きるたくましい植物たち，日本の植物，5(1)，pp. 14-21，1991.
・石川慎吾：河川植物の特性，河川環境と水辺植物—植生の保全と管理—(奥田重俊，佐々木寧編)，pp. 116-139，1996.
・宇多高明，藤田光一，佐々木克也，服部敦，平舘治：河道特性による植物群落の分類(利根川と鬼怒川を実例として)，土木技術資料，36-9，pp. 56-61，1994.
・梅原徹：河川の植物．河川環境と水辺植物—植生の保全と管理—(奥田重俊，佐々木寧編)，pp. 22-39，1996.
・大塚俊之，大沢雅彦：多摩川中流域河川植生に与える人為的影響，とうきゅう環境浄化財団研究助成報告書，No. 214，pp. 103-124，2001.
・大場達之：維管束植物による相模川流域の環境評価Ⅱ・植生，神奈川県立博物館研究報告(自然科学)，16，pp. 45-82，1985.
・奥田重俊：わが国におけるギシギシ属数種の住み分け的関係，現代生態学の断面(現代生態学の断面編集委員会編)，pp. 85-95，1983.
・奥田重俊，曽根伸典，藤間熙子，富士尭：多摩川河川敷現存植生図，とうきゅう環境浄化財団，1979.
・奥田重俊，小舩聡子，畠瀬頼子：多摩川河川敷現存植生図，建設省京浜工事事務所・河川環境管理財団，1995.
・奥田重俊，笠原恵美：植物群落，多摩川の総合研究—永田地区を中心として—，pp. 437-478，2000.
・外来種影響・対策研究会：河川における外来種対策に向けて(案),リバーフロント整備センター，2001.
・河道変遷研究会：河道変遷特性に関する研究，河川環境管理財団，pp. 124-137，1998.
・河川生態学術研究会，多摩川研究グループ：多摩川の総合研究—永田地区を中心として—，pp. 133-156，2000.
・河川植生の生育特性に関する研究会：河道内における樹林化実態調査，リバーフロント整備センター，1998.
・河川植生の生育特性に関する研究会：河川植生の基礎知識，リバーフロント整備センター，p. 65，2000.
・河川の植生と河道特性に関する研究連絡会：河川の植生と河道特性に関する報告書，河川環境管理財団，pp. 46-52，1994.
・北川明，島谷幸宏，小栗幸雄：洪水による樹木の倒伏，土木技術資料，Vol. 30-7，pp. 349-354，1988.
・北川明，島谷幸宏，小栗幸雄：川辺の樹木に関するフィールドワーク，第33回水理講演会論文集，pp. 625-630，1989.
・猶原共爾：荒川河原植物群落の生態学的研究並に其の治水植栽と高水敷牧場化，資源科学研報，8，pp. 1-155，1945.
・建設省河川局治水課，土木研究所：河道計画に関する研究(その3)，第45回建設省技術研究会，pp. 36-37，1992.
・萱場祐一，島谷幸宏：扇状地河川における地被状態の長期的変化とその要因に関する研究，河道の水理と河川環境シンポジウム論文集，土木学会水理委員会基礎水理部会，pp. 191-196，1995.

参考文献

・倉本宣：多摩川におけるカワラノギクの保全生物学的研究，緑地学研究，15，pp. 1–120，1995.
・倉本宣：カワラノギク個体群，多摩川の総合研究—永田地区を中心として—，pp. 479–496，2000.
・倉本宣：カワラノギク，現代日本生物誌 5，カワラノギクとタンポポ，pp. 57–118，岩波書店，2001.
・小林四郎：生物群集の多変量解析，p. 194，蒼樹書房，1995.
・リバーフロント整備センター：平成 11 年度河川水辺の国勢調査年鑑，山海堂，2001.
・リバーフロント整備センター編：河川における樹木管理の手引き，pp. 154–171，山海堂，1999.
・佐々木寧：河川の植物種の特性，河川の植生と河道特性，pp. 11–18，河川環境管理財団河川環境総合研究所，1995a.
・佐々木寧：河川植生の特性，河川の植生と河道特性，pp. 18–22，河川環境管理財団河川環境総合研究所，1995b.
・清水義彦，小葉竹重機，新船隆行，岡田理志：礫床河川の河道内樹林化に関する一考察，第 43 巻，pp. 971–976，1999.
・清水義彦，小葉竹重機，岡田理志，新船隆行，岩崎工：洪水撹乱によるハリエンジュの破壊・再生と河道内樹林化について，河川技術に関する論文集，第 6 巻，pp. 59–64，2000.
・清水義彦，小葉竹重機，岡田理志：ハリエンジュによる動的河道内樹林化，水工学論文集，第 45 巻，pp. 1099–1104，2001
・清水義彦，小葉竹重機，吉川武志：出水によるハリエンジュ樹林地の破壊とその規模推定に関する考察，水工学論文集，第 46 巻，pp. 953–958，2002.
・清水義彦，辻本哲郎，中川博次：直立性植生層を伴う流れ場の数値計算に関する研究，土木学会論文集，No. 447/II-19，pp. 35–44，1992.
・清水義彦，長田健吾：礫床河川における河道内樹林地の洪水破壊について，河川技術論文集，第 8 巻，pp. 301–306，2002.
・下田路子，橋本卓三：ミズニラ池(仮称)の植生と水質の変化，植物地理・分類研究，41，pp. 103–103，1993.
・砂田憲吾，河野逸朗，田中総介：出水時における河道内樹木の破壊規模の予測に関する基礎的研究，水工学論文集，第 46 巻，pp. 947–952，2002.
・瀬崎智之，服部敦，近藤和仁，藤田光一，吉田昌樹：礫州上草本植生の流失機構に関する現地観測と考察，水工学論文集，44 巻，pp. 825–830，2000.
・曽根伸典：多摩川河川敷現存植生図，とうきゅう浄化環境財団，1984.
・中坪孝之：河川氾濫原におけるイネ科帰化草本の定着とその影響．保全生態学研究，2，pp. 179–187，1997.
・辻本哲郎：梯川河川敷での植生上流れの計測と植生層の耐侵食能の評価，扇状地河川の植物群落調査と植生周辺の流れと流砂に関する研究[平成 5 年度科学研究費(一般 C)研究成果報告書]，1994.
・辻本哲郎，北村忠紀：河床低下に及ぼす植生繁茂の影響，水工学論文集，第 40 巻，pp. 199–204，1996.
・辻本哲郎，村上陽子，安井辰弥：手取川における樹林化と大出水時の植生破壊，河川技術論文集，第 5 巻，pp. 99–103，1999.
・辻本哲郎，村上陽子，安井辰弥：出水による破壊機会の減少による河道内樹林化，水工学論文集，第 45 巻，pp. 1105–1110，2001.
・中村太士：ダム構造物が水辺林の更新動態に与える影響，応用生態工学，2(2)，pp. 125–140，1999.
・中村太士：河川・湿地における自然復元の考え方と調査･計画論，応用生態工学，5(2)，pp. 217–232，2003.
・長田信寿：一般化座標系を用いた平面 2 次元非定常流れの数値解析，水工学における計算機利用の講習

会　講義集，土木学会水理委員会基礎水理部会，pp. 61-76，1999.
・濱野達也，小山弘道，森田和弘：乾燥化した高水敷における植生の復元ついて，河川環境総合研究所報告，第 6 号，2000.
・福嶋司：植生.地球環境と自然保護，pp. 118-127，培風館，1992.
・服部敦，瀬崎智之，吉田昌樹：礫床河道におけるハリエンジュ群落の出水による破壊機構と倒伏発生予測の試み，河川技術論文集，pp. 321-326，2001.
・藤田光一，渡辺敏，李参熙，塚原隆夫：礫床河川の植生繁茂に及ぼす土砂堆積作用の重要度，第 4 回河道の水理と河川環境に関するシンポジウム論文集(新しい河川整備・管理の理念とそれを支援する河川技術に関するシンポジウム)，pp. 117-122，1998.
・藤田光一，塚原隆夫，李参熙，渡辺敏：植生動態モデル，多摩川の総合研究—永田地区を中心として—，pp. 680-747，2000.
・星野義延：帰化植物群落による評価，河川環境と水辺植物—植生の保全と管理—(奥田重俊・佐々木寧編)，pp. 211-212，1996.
・星野義延：植生動態，多摩川の総合研究—永田地区を中心として—，pp. 667-679，2000.
・星野義延，星野—今給黎順子：都市環境下における危急種トキホコリの生態，野生生物保護，1，pp. 13-20，1995.
・星野義延：多摩川河川域の水辺植生とその分布特性，とうきゅう環境浄化財団研究助成報告書，No. 214，pp. 90-102，2001.
・星野義延，吉川正人：鬼怒川における河跡池の成立と植物群落の発達に関する研究. 河川美化・緑化調査研究論文集，第 10 集，pp. 60-148，2001.
・星野義延，吉川正人：多摩川河川敷の河跡池における植物群落の生育立地と多様性，とうきゅう環境浄化財団研究助成 No. 236，p. 68，2003.
・村中孝司，鷲谷いづみ：鬼怒川砂礫質河原の植生と外来植物の侵入，応用生態工学，4，pp. 121-132，2001a.
・村中孝司，鷲谷いづみ：鬼怒川砂礫質河原における外来牧草シナダレスズメガヤの侵入と河原固有植物の急激な減少：緊急対策の必要性，保全生態学研究，6，pp. 111-122，2001b.
・山本晃一，藤田光一，望月達也，塚原隆夫，李参熙，渡辺敏：立地条件と植生繁茂との関係，多摩川の総合研究—永田地区を中心として—，pp. 640-666，2000.
・山中二男：日本の河岸岩上の植物，植物地理・分類研究，41，pp. 21-24，1993.

・Caffrey, J. M. : Spread and management of Heracleum mantegazzianum (Giant Hogweed) along Irish river corridors, Ecology and management of invasive riverside plants, Waal, *et al.* Eds., pp. 67-76, Jhon Wiley & Sons Ltd., 1994.
・Davis, M. A. , Grime, J. P. & Thompson, K. : Fluctuating resources in plant communities : a general theory of invisibility, *Journal of Ecology,* 88, pp. 528-534, 2000.
・Gordon, E. D. T. & Philp B. : Heracleum mantegazzianum (Giant Hogweed) and its control in Scotland, Ecology and management of invasive riverside plants, Waal, *et al.* Eds., pp. 101-109, Jhon Wiley & Sons Ltd., 1994.
・Grime, J. P. : Plant strategies, vegetation processes, and ecosystem properties, Jhon Wiley & Sons Ltd., 2001.
・Haslam, S. M. : River plants of western Europe. 512p. Gambrigde University Press, 1987.
・Hill, M. O. : TWINSPAN, a FORTRAN program for arranging multivariate data in an ordered two-way table by classification of the individuals nad attributes, Cornell University, Ithaca, 1979.

獲得のために森林のような立体構造に変化することを見出した．

底生藻の成長(光合成)は，まず第一に光環境によって大きく制限される(律速要因と呼ばれる)．**図-6.2**は，矢作川中流域で得られた大型糸状緑藻カワシオグサの光強度(光量子数)と単位クロロフィル *a*(chl.*a*)量当りの光合成速度との関係を示している[野崎ほか(2003)]．これらの関係は，光合成−光曲線(Photosynthesis−Irradiance curve；P−I curve)と呼ばれ，下記の式によって直角双曲線に近似される[Tamiya(1951)]．

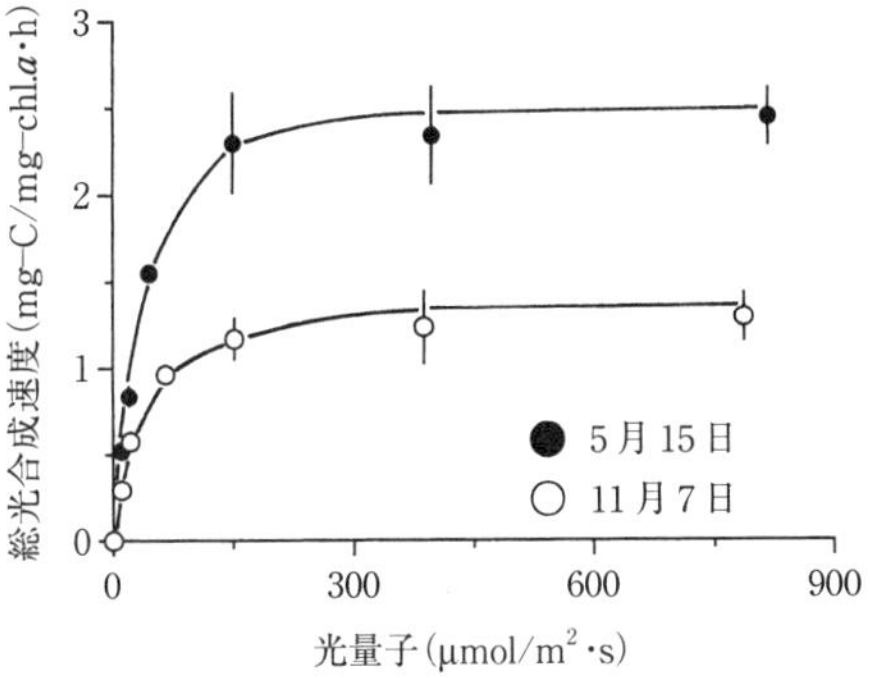

図-6.2　矢作川中流域(愛知県豊田市)における大型糸状緑藻カワシオグサ(*Cladophora glomerata*)の光合成−光曲線[野崎ほか(2003)を改変]

$$P = bI/(1 + aI) \tag{6.1}$$

ここで，P：光合成，I：光強度，a，b：係数である．

光合成−光曲線が光飽和する光合成速度は，最大光合成速度(Maximum photosynthetic rate；P_{max})と呼ばれ，底生藻の潜在的な増殖能の指標として用いられることがある．**図-6.2**のP_{max}は，5月15日では2.5 mg−C/mg−chl. a·h($a = 0.023$，$b = 0.063$)，11月7日では1.3 mg−C/mg−chl. a·h($a = 0.021$，$b = 0.034$)を示している．

また，底生藻群落の発達は，流速が速い方が高まるようである．赤松ほか(2000)は，実験水路で勾配を1/500～1/68の間で4段階設けて流速を変え，底生藻群落の発達を調べた．底生藻群落の現存量は，流速71および51 cm/sの実験区で流速13および9 cm/sの実験区を大きく上回った．これは流速によって運搬される栄養塩等の成長制限物質の供給量が増すためと考えられる．Okada and Watanabe((2002)は，多摩川中流域で発達する糸状緑藻群落が流心に比べ，岸辺近くの流れが緩やかな場所で顕著に衰退することを実験的に明らかにした．そして衰退の原因としては，岸辺では沈積する懸濁粒子が多く，それが糸状緑藻を遮光することや，流れの緩やかな場所では光合成の重要な原料である炭酸が不足しがちであろうことを推測している．

6.1.3 河川生態系の食物網構造

河川生態系では，基礎生産者である底生藻の食物網への寄与は光合成の律速要因である光環境によって大きく異なる．上流部のように河畔林によって遮光された河川では，特に葉が茂る夏季には，河床に到達する光量は著しく減少する．例えば，Kobayashi(1972)は，山地渓流である児野沢(長野県木曽福島町)で魚眼レンズを用いて開空度を測定し，10月～4月の間は，平均30.5%であるのに対して，5月～9月の間では，16.7%となり，およそ半分に減ずることを報告している．このように遮光された環境では，底生藻による有機物生産は低下し，食物網構造は陸域から河川に流入した落葉や落下昆虫のような外来有機物に強く依存するようになる．近年，北海道大学苫小牧演習林で実施された一連の研究では，河川と陸域，特に森林との強い関係が検証された[Nakano *et al.*(1999)；中野(2002)]．つまり，異なる生態系間に有機物の供給を通じて密接なつながりがあることが示された．例えば，河川の周囲が森林と草原である河川で魚類の現存量を比較すると，森林で囲まれ陸生昆虫の供給量が多い河川で高くなる傾向が見出されている[Kawaguchi and Nakano(2001)]．また，魚類と河畔林に生息する鳥類の採餌を通年にわたって追跡すると，河川内に餌となる水生昆虫が少ない夏季には魚は陸生昆虫を主な食物として，逆に陸生昆虫が少なく河川に水生昆虫が増加する秋季には鳥類も水生昆虫を主な食物としていることが判明し，川と森が相互補完するような格好で食物網構造が形成されることがわかった[Nakano and Murakmi(2001)]．これらの研究成果から，河川生態系を水域である河川のみの独立した生態系とみなすのではなく，森林との複合体として捉えて研究すべきとの傾向が強まってきている[吉岡(2000)；三橋(2003)]．

6.2 自然的攪乱・人為的インパクトによる河川水質の変化

6.2.1 降雨による栄養塩類の流出

降雨は河川の増水を導き，河川水とともに流出する物質量に大きな影響を持つ．

すなわち，降雨は，河川水質に対する典型的な自然的撹乱である．國松(1993)は，琵琶湖集水域の小河川(真野川)で河川水中の全リン濃度を1年間以上，毎日測定した．その結果，河川から流出する物質量は，降雨により増水した日にきわめて高くなることを見出した．さらに，その測定値を用いて1年間の流出量に占める降雨時の寄与を解析してみると，1年間のリン流出量の70%近くが1年の10%である流量の大きな36日ほどの期間で流出していることが明らかになった．河川は，湖や海に陸域からの物質を供給する回廊である．陸域からの物質負荷量をより意味のあるものとして算出していくためには降雨時の観測が大きな意味を持つことがわかる．

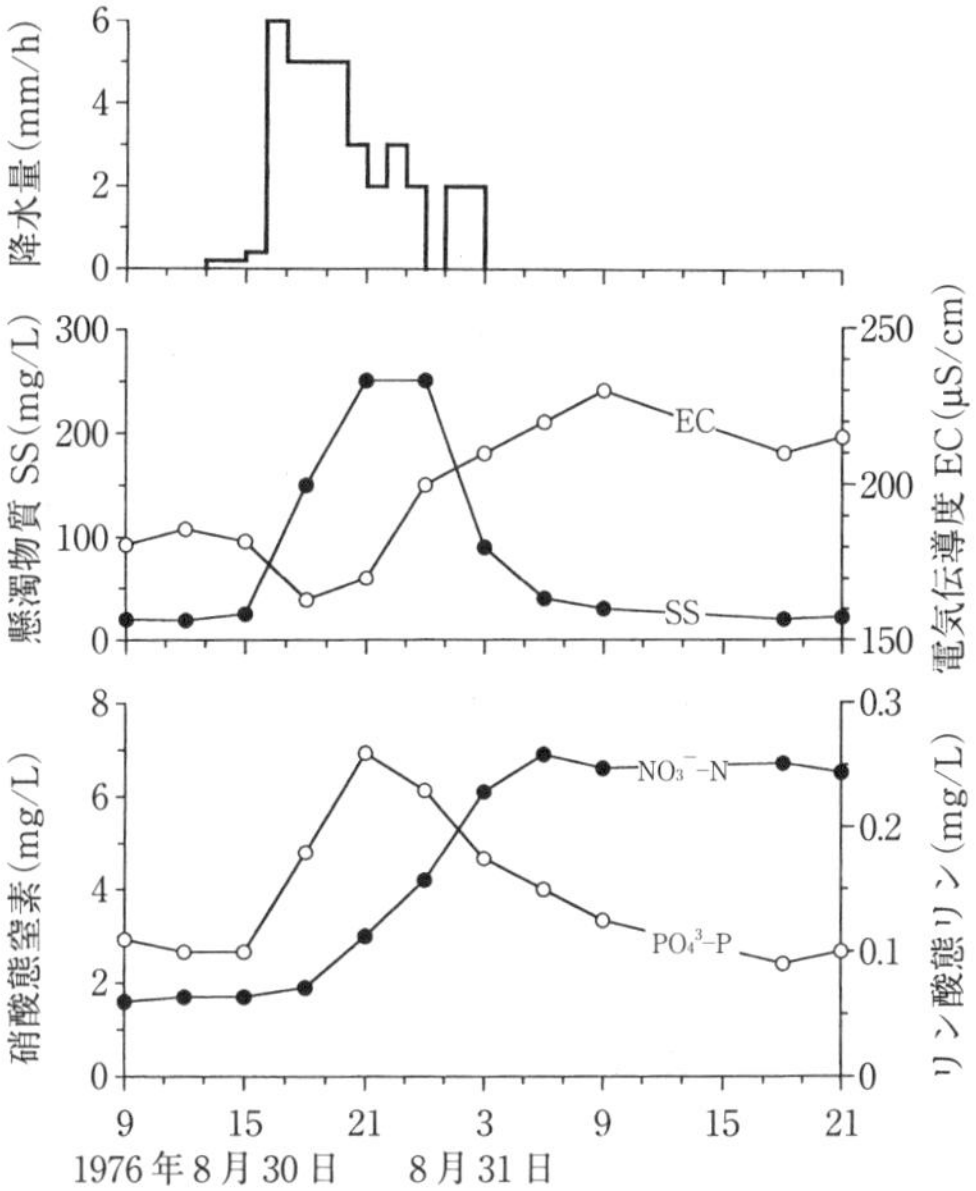

図-6.3 矢出沢川(長野県上田市)における降雨(合計39.3 mm)に伴う河川水質の変化[中本(1980)を改変]

また，降雨時の物質流出の特性は，その種類によって異なる．中本(1980)は，長野県上田市の小河川で，降雨に伴う懸濁物質濃度(SS)，電気伝導度(EC)，硝酸態窒素濃度(NO_3^-−N)およびリン酸態リン濃度(PO_4^{3-}−P)の変化を記録した(**図-6.3**)．その結果，懸濁物質濃度とリン酸態リン濃度は，降雨が始まるとすぐに上昇するが，その高い濃度は継続せず，小降りになると低下する．一方，電気伝導度と硝酸態窒素濃度は，降雨の後半から増加し，それは降雨が止んでも長時間にわたり継続する．このように降雨による物質の流出形態は物質の種類によって異なる．

6.2.2 森林管理と河川水質

人間は森林を資源として用い，しばしば大規模な皆伐を行うことがある．これは，森林生態系にとっては壊滅的な人為的インパクトであるが，その影響は，森林に涵養される河川，特にその水質にも大きく現れる[Likens and Bormann(1995)]．

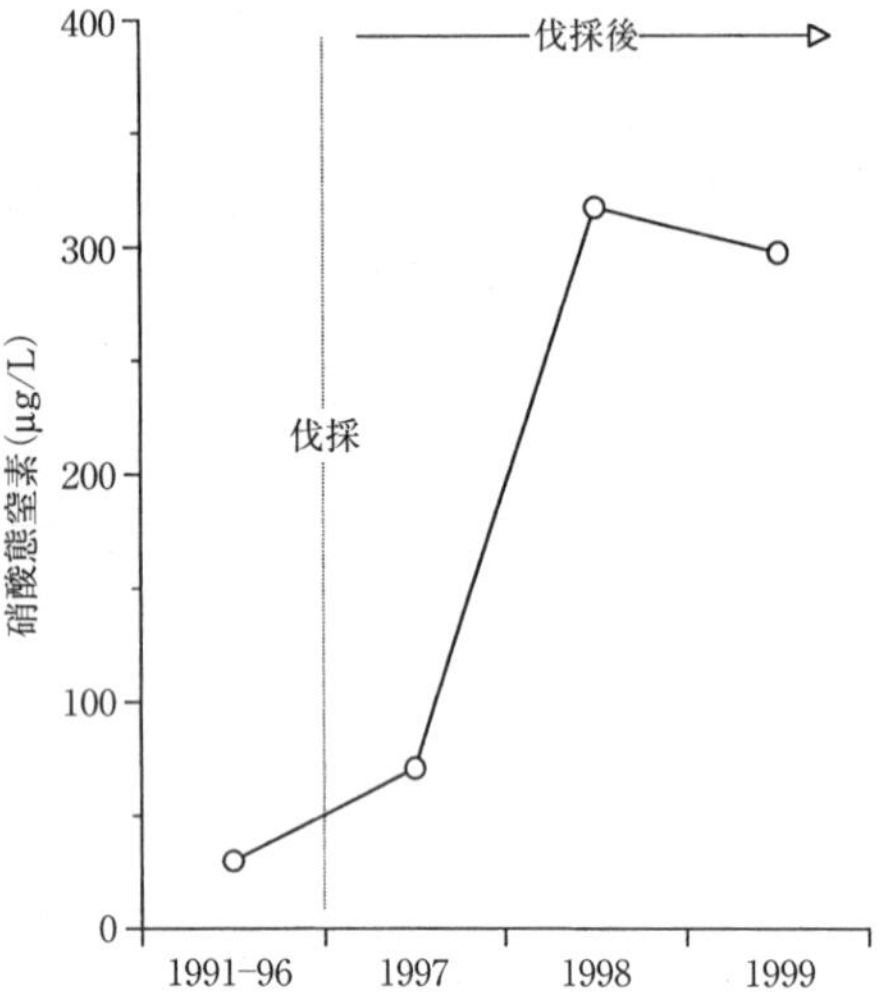

図-6.4 山地小渓流(滋賀県朽木村)における森林伐採後の硝酸態窒素濃度の変化[浜端ほか(2002)より作図]

図-6.4 は，滋賀県朽木村の小渓流において，周囲の森林を皆伐後，水中の硝酸態窒素濃度が急激に上昇し，その状態が継続していることを示している[浜端ほか(2002)]．森林伐採の影響は，森林が回復するにつれて小さくなっていく．Bormann and Likens (1979)は，Hurbbard Brook 実験林における森林の伐採，そしてそれに続く回復過程で，河川水質がどのように変化するかを追跡した10年に及ぶ長期研究の結果を紹介している．伐採された森林を流れる河川では河川水の溶存物質，懸濁物質の流出量が急上昇し，森林の回復を抑制している期間は低下しないが，森林の回復が始まると流出量が低下し，伐採しなかった対象区と同じ程度まで戻っていく．河川を通じた森林生態系からの物質流出を防ぐためには，森林の維持がいかに大切であるかを明確に示した結果である．

6. 2. 3　ダム・堰による停滞域の発生と水質の変化

ダムは連続体である河川に不連続を持ち込む存在であり，水質を大きく変化させる[香川(1999)]．ここでは一例として長野県東部の菅平ダムで観察された事例について紹介する[野崎ほか(1992)]．**図-6.5** は，菅平ダム湖の放流水によって涵養される小河川におけるリン酸態リン濃度と，菅平ダム湖表層中の植物プランクトン珪藻 *Nitzschia* 属細胞密度の変化である．*Nitzschia* が増殖している期間のリン濃度は 10 μg/L 以下であり，細胞数の減少とともにリン濃度が回復することからダム湖で増殖した植物プランクトンが湖内のリンを大きく消費していることが明らかになった．同じ時期に，この河川水を用いた浄水場の緩速ろ過池が著しくろ過閉塞を起こす現象も観察され，その原因はダム湖で増殖した *Nitzschia* の流入による目詰まり，そしてろ過閉塞を緩和する作用を持つ糸状珪藻メロシラ(*Melosira varians*)のリン

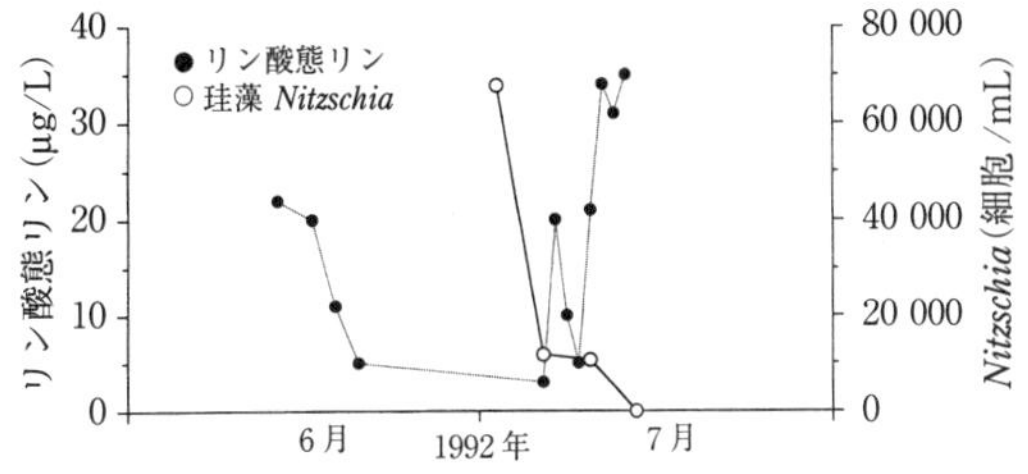

図-6.5 神川(長野県真田町～上田市)におけるリン酸態リン濃度と上流域に位置する菅平ダム湖における植物プランクトン珪藻 *Nitzschia* 属の細胞数の変化[野崎ほか(1992)より作図]

不足による発達不良であった．このようにダム湖は，溶存物質が生物活動によって吸収され，代わりに新しく懸濁物質として河川に流出する物質変換の場として働いている．古屋(1998)は，四国の吉野川で1980年代から顕著になった造網性トビケラ，特にオオシマトビケラ(*Macrostemum radiatum*)の生息域拡大と密度増加を報告した．そしてその要因として，トビケラの胃内容物に植物プランクトンが多く観察されることから，ダム湖より流出する植物プランクトンがろ過摂食者である造網性トビケラの餌資源を増加させているためであると推定した．同様の現象は国外でも報告されており[谷田，竹門(1999)]，ダム湖で増殖した植物プランクトンの流下は，下流域の食物網構造に大きな影響を与えているようである．

溶存酸素濃度(Dissolved Oxygen concentration；DO)は，水中の化学反応，水生生物の分布を決定する最も重要な要因の1つである．化学反応や生物の呼吸で失われた(消費された)溶存酸素は，大気からの溶け込み，水の動き，そして植物の光合成によって供給される．河川生態系は，通常，流れによって常に酸素が供給される系であるが，ダム，堰の建設によって生じた停滞域では，水の動きが弱まり，酸素の供給が低下するために，主に底層域で溶存酸素濃度が1～2 mg/L以下となる貧酸素水塊が生じる[小島(1985)；村上ほか(2000，2001)]．貧酸素水塊は，水生生物の生息を制限するだけではなく，底泥中からアンモニア態窒素，リン酸態リン，鉄，マンガン等の溶出を導く．このようにダム，堰による停滞域では，還元反応が卓越する可能性が高まり，溶出した無機塩類が下流域の物質代謝に変化をもたらしていることが予測される．貧酸素水塊は，水温躍層が形成されるような水深が深い(10 m以上)停滞域で夏季に観測されることが多いが，水深の浅い(数m)停滞域でも光合成による酸素供給がない夜間には観察されることがある[村上ほか(2001)]．したがって，昼間に測定された溶存酸素濃度で貧酸素水塊の発生の有無を判断することは危険である．

さらにダム湖は，集水域から河川に供給された物質の一部を長期間にわたって保持している可能性が高い．例えば，周囲から河川に供給された土砂のうち，粘土成分のように細かいもの(微細砂；fine sediments)は連続するダム湖内で漂い，その一部は濁度成分として下流に供給されると考えられている．ダムあるいは流域の土地利用の変化によって供給される微細砂は，河床に沈積し，底生藻群落への遮光による成長阻害[Yamada and Nakamura(2002)]，魚卵の生残率の低下[山田，中村(2001)]，浮き石の減少や河床内透水性の低下による底生生物の生息場所の減少[村上，山田，中村(2001)]等を引き起こし(Sediment Pollution と総称される)，河川生態系を大きく改変している．

6.2.4　河川水質と人間生活

人間活動の大小は，河川水質に大きく反映する(3. 参照)．例えば，多摩川では，人口密集地域に入ると，河川水は下水処理排水の影響を強く受け，溶存態窒素濃度(アンモニア態，亜硝酸態および硝酸態窒素の各濃度の和)が急激に上昇する．一方，多摩川に比べて流域の人口が少ない長良川では，大きな濃度上昇は見られない(**図-6.6**)．つまり，流域人口と河川水質は密接な関係があり，人口が少ない上流部の水質は窒素・リン濃度が低いというのが常識であった．ところが利根川上流域の鏡川水系では，河川水中の溶存態窒素濃度が 1.6～2.2 mg/L に達することが報告[青井(2003a)]され，この原因は都市部より飛来する大気汚染物質の降下によるものであると推定された[青井(2003b)]．

ダム，堰で取水され人間活動に利用された河川水は，流量維持のために再び河川に戻されるが，有機物等のいわゆる水質汚濁物質が負荷され，河川の水質を低下させる．しかしながら河川では，流入した汚濁物質がある程度流下すると減少し，河川水が清澄になる現象が観察される．これが自浄作用(自然浄化作用)である．自浄作用は，以下の3つの内容に大別される[手塚(1972)]．

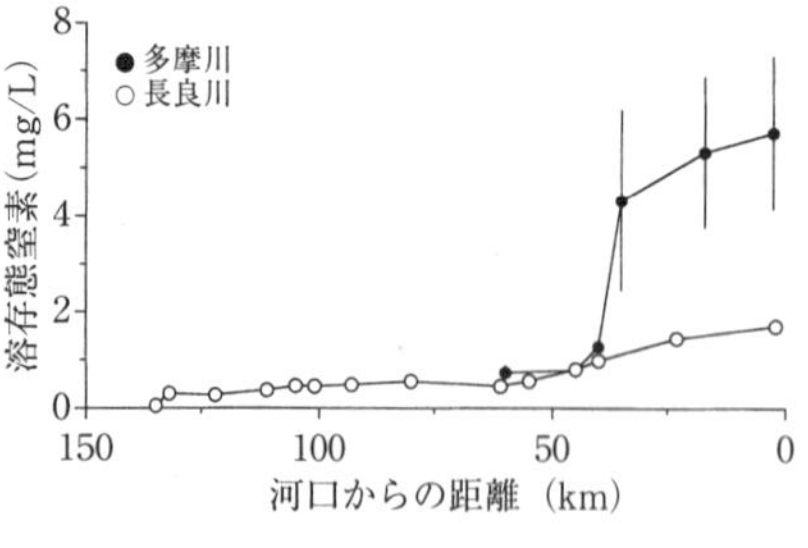

図-6.6　多摩川[国土交通省水質水文データベース]と長良川[村上ほか(2000)]における溶存態窒素濃度(アンモニア態＋亜硝酸態＋硝酸態)の流程変化

① 物理学的浄化：汚濁物質の運搬，希釈，拡散，沈殿．

② 化学的浄化：汚濁物質の酸化，還元，吸着，凝集.

③ 生物学的浄化：生物の代謝活動を通じて起こる汚濁物質の物理・化学的減少.

このうち，最も大きな効果を持つのは，③の生物学的浄化であり，流入した汚濁物質を生物が酸化分解して自己の増殖に用い，余剰分は無機化され排出される作用である．これは下水処理技術の根本でもある．自浄作用の大きさは，次の一次式で進行するとされている.

$$C_t = C_0 10^{-kt} \tag{6.2}$$

ここで，C_0：流入した時点での汚濁物質濃度，C_t：t 時間(普通は日数)流下後の汚濁物質濃度，k：自浄係数(浄化係数)である.

汚濁物質濃度の指標としては，例えば，生物学的酸素要求量(BOD)がよく用いられる．河川の自浄作用は，k の値が大きいほど濃度変化速度が大きいことを意味する．日本の河川では，k の値が 0.1(10 日間流下すると汚れが 10 分の 1 に減少する)よりはかなり大きい値が報告されている[手塚(1972)].

ところで，自浄作用の大きな部分を占める生物学的浄化では，汚濁成分は生物体，特に細菌，さらに無機化された栄養塩類の増加によって藻類の増殖を導く．これらの生物が食物網を通じてより利用されるのであれば自浄作用の効果は大きく期待できるが，動物の増殖速度や生活史から見れば，単純にはそうならないことは明白である．よって，河床が細菌や藻類の群落で覆われ，それらが河床から剥離し，河川水に懸濁すれば，再び汚濁物質が負荷されたことになる(自濁作用)．つまり自浄作用への過度の期待はできないことがわかる.

また，汚濁物質が無機化されても，無機物自体は除去されるわけではない．近年，下水道の普及によって人間活動の排水が直接，河川に流入することは少なくなってきた．そのため，河川水に負荷される汚濁物質(有機物)は大きく減少し，水は清澄になってきた[小倉(2001)]．しかしながら現在の下水処理技術では，別に高い費用(高度処理)を掛けなければ，水に含まれている無機化合物の濃度を下げることはできない．よって見た目の水の色は透明になったが，溶けている物質量は大幅には減少していない．**表-6.1** は，1975 年[Aizaki(1978)]と 2002 年[国土交通省水質水文データベース]における多摩川中流域(関戸橋)の水質(2～5 月の平均値)の比較である．汚濁物質の指標である BOD や，有機物の分解が盛んに起きていることを

20℃近辺であり，この糸状緑藻の増殖は大まかには水温で決定されていると思われる．しかしながら，なぜ10～11月にかけてはわずかな増加で終わってしまったのであろうか．糸状緑藻は，付着藻群落の形成過程において最後に定着する[Peterson and Stevenson(1992)]．したがって，糸状緑藻が大発生するには，河床が長期間安定する必要がある．犬上川においても5～6月にかけて大増殖に至るまでには，1箇月以上の期間がかかっている．河床の石礫は，降雨，雪解けによる増水で転がり，付着している藻類群落が剥ぎ取られる[Aizaki(1978)；Biggs and Close(1989)；井上，海老瀬(1993)；Biggs(1996)]．特にその効果は，群落が長い糸状緑藻に大きく影響する[Power and Stewart(1987)；Uehlinger (1991)]．増水による撹乱に対して，付着基質(主に石礫)の不安定性は，群落の形成にきわめて大きな意味を持つ．例えば，Power(1992)は，*Cladophora glomerata* が中央直径256 mm以上の石礫には3月から群落を形成するのに対し，16～256 mmの石礫には河床が安定する6月以降にならないと群落を形成しないことを報告した．犬上川河口部付近の彦根市では，秋の *Cladophora* 群落の発達に重要な準備期間である，9～10月には，まとまった降雨が見られ，河川が増水し河床が撹乱されている可能性が高い．それに比べて初夏の増殖の準備期間ともいえる3～5月にかけては，犬上川の流入先である琵琶湖が人為的な水位操作のため，水位が上昇し，犬上川河口部は流速が10 cm/s以下のきわめて止水に近い環境になり，河床の撹乱はあり得ない．これが *Cladophora* の増殖の規模が初夏と秋で大きく異なる原因であろう．

愛知県三河地方西部を流れる矢作川中流域(豊田市)では，通常，カワシオグサ(*Cladophora glomerata*)が初夏と秋に増殖するが，2001年は初夏の増殖が観察されなかった(**図-6.12**)．*Cladophora* の潜在的な増殖能力を示す光合成活性は，良く群落が発達した11月に比べて5月の方が高くなったことから(**図-6.12**)，初夏は成長が低下していたわけではなく，この時期に多かった降雨による河床撹乱の影響を受け，増殖できなかったためであると考えられる[野崎ほか(2003)]．近年は多くの河川にダムが建設され，河川の水量が管理されるようになってきた．その結果，ダム建設以前に比べて撹乱の頻度が減り，河床が長期間安定するようになった．これは糸状緑藻の繁殖にとって好都合である[Biggs(1996)]．撹乱の頻度と関係する要因として突発的な異常気象もあげられる．三橋，野崎(1999)は，三重県宮川で突如として観察された *Spirogyra* sp.の大発生の原因として，記録的な渇水による河床撹乱の低下を考え，18年間の水文資料を検討した．その結果，大発生が見られた1996

年は，現場の上流に位置する宮川ダムに流入する水量が18年間で最も少ない年であることが判明し，渇水が有力な要因であることを示唆した．藻類の大発生の要因を解析する場合，多くは，藻類と栄養塩，撹乱，捕食等，それぞれ1：1の関係を考察する．しかしながら，複数の要因が働く場合がある．撹乱と捕食が複合的に働く例を紹介する．米国カリフォルニア州の多くの河川は，冬季に増水による撹乱が起こり，生態系構造が破壊される．Power(1992)は，この地域の撹乱が起こる河川とダムにより管理され撹乱が起きない河川で *Cladophora glomerata* の発生状況を比較した．その結果，撹乱の起きない河川では，冬季に捕食者が一掃されないために，*C. glomerata* の現存量が撹乱の起きる河川に比べて，捕食により低く抑えられていることを明らかにした．

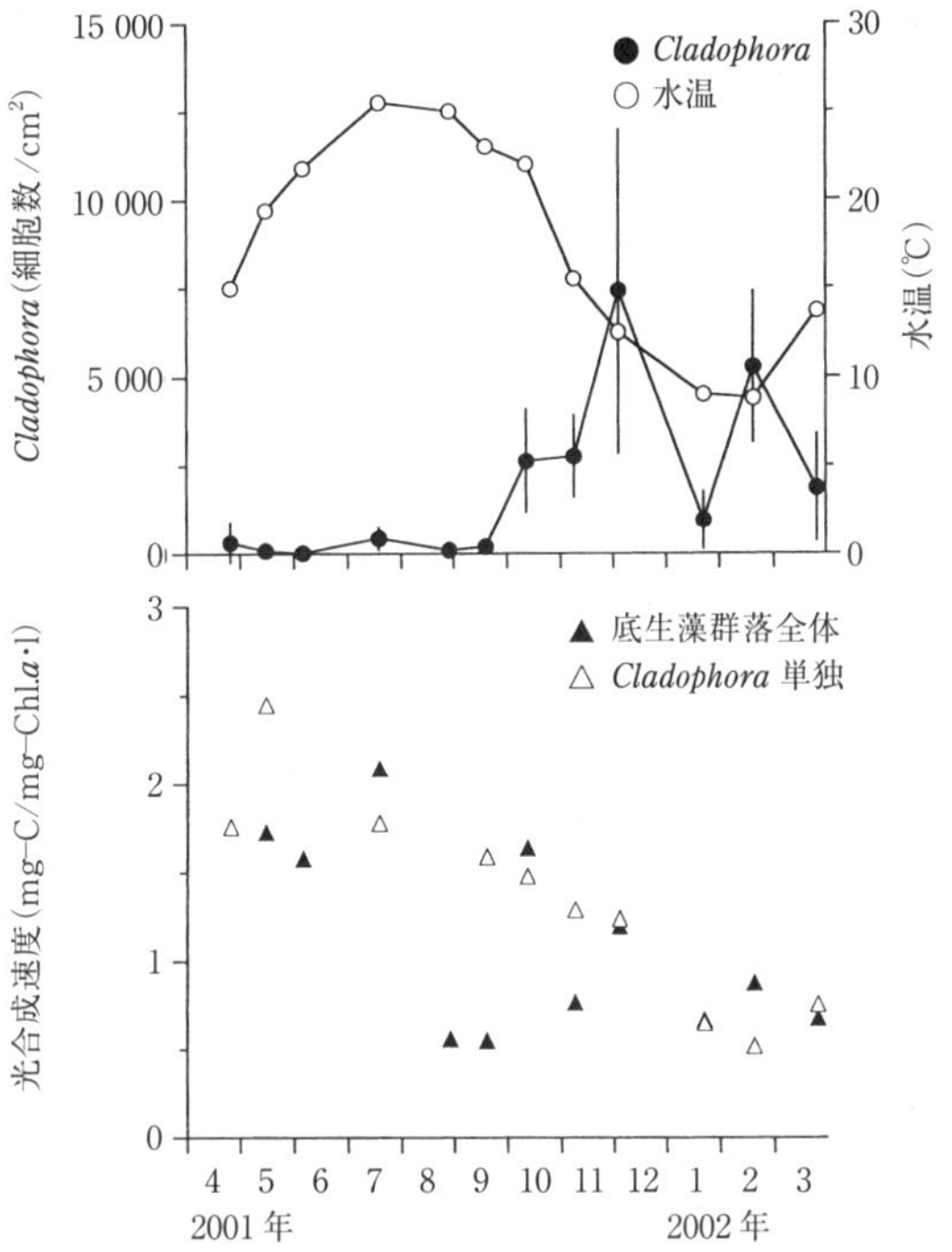

図-6.12　矢作川中流域（愛知県豊田市）における大型糸状緑藻カワシオグサ（*Cladophora glomerata*）の細胞数，水温，光合成速度の季節変化［野崎ほか(2003)より作図］

6.3.2　河川水質の変化と底生藻

(1)　水質指標生物としての底生藻

河川付着藻群落の種組成から富栄養化の進行の度合いがよく検討される［小林(1986)；Biggs(1996)；Lowe & Pan(1996)］が，藻類の環境適応力は非常に広いため，明瞭な結論は得ることは非常に困難である．日本でもWatanabe *et al.*(1988)が，珪藻の種組成の組合せから水質評価を行っている(DAIpo法)が，分類の困難さ等から一般性の獲得には至っていない．Biggs(1996)は，河川の栄養塩濃度が高くなると大型の糸状緑藻カワシオグサ(*Cladophora* 属)，アオミドロ(*Spirogyra* 属)が増える傾向にあることを述べているが，野崎，内田(2000)は，過栄養的な多摩川下流部[Aizaki(1978)]と非常に水がきれいな宮川上流部[三橋，野崎(1999)]でともに大型糸状緑藻群落の発達が観察されていることから，水中の栄養塩濃度からは，大型糸状緑藻の出現環境を必ずしも特定できないことを指摘している．例えば，カワシオグサの発生が恒常的に観察される矢作川中流域の溶存無機態窒素・リン濃度は，全国の河川と比べると決して高くはなく，むしろ低い部類に入る(**図-6.13**)．

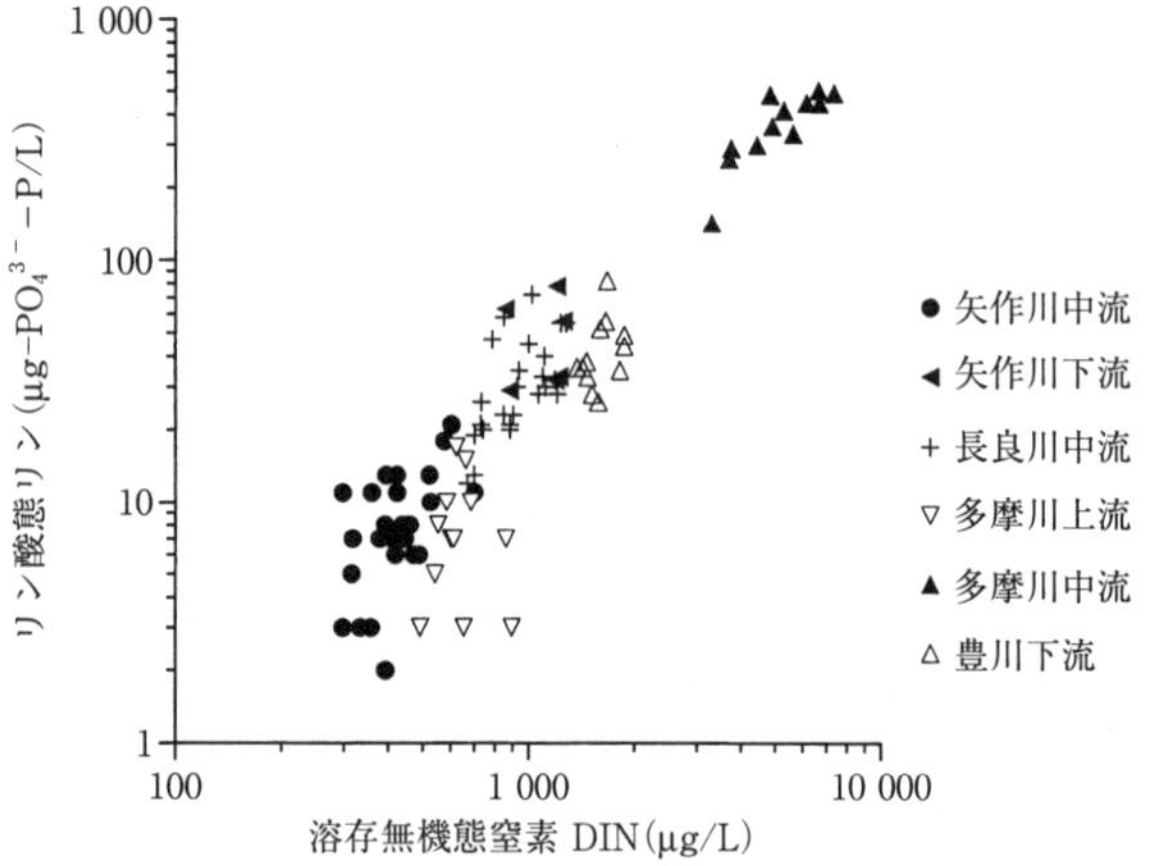

図-6.13 日本のいくつかの河川における水中の溶存態窒素濃度とリン酸態リン濃度との関係．矢作川中流（愛知県豊田市扶桑町），矢作川下流(米津大橋)，長良川中流(長良大橋)，多摩川上流(調布橋)，多摩川中流(関戸橋)，豊川下流(吉田大橋)．値は矢作川中流のみ白金(2002)を用い，他の河川は国土交通省水質水文データベースから2002年1月から12月の測定値を引用

(2) 河川水中の栄養塩類と底生藻の基礎生産

溶存態および懸濁態窒素やリン濃度で表された河川の栄養度と付着藻群落の現存量の間には，大まかには正の関係が見られることが報告されてきた[Aizaki & Sakamoto(1988)；Biggs(1996)；Dodds *et al.*(1997)；Chetelat *et al.*(1999)]．これらの結果を参考にすると，人為的な窒素，リンの負荷は，付着藻現存量の増加，すなわち基礎生産の上昇に直接的に作用すると考えられがちである．確かに栄養塩類の増加は付着藻の成長を早めることは事実である[Borchardt(1996)]．**図-6.14**

に，多摩川上流部の青梅と中〜下流部の丸子橋における底生藻群落の発達速度を示す[Aizaki(1978)]．調査は2月18日に開始され，群落の発達速度は明らかに丸子橋が青梅を上回っていた．実験開始時の水温は青梅で7.5℃，丸子橋で5.5℃であり，青梅の方がやや高かった．一方，栄養塩である溶存無機態窒素は，青梅で0.688 mg/L，丸子橋で7.496 mg/L，リン酸態リン濃度は青梅で0.033 mg/L, 丸子橋で0.640 mg/Lとなり，丸子橋では青梅に比べて著しく高い濃度であった．したがって，丸子橋の高い群落発達速度は，高い栄養塩濃度に起因しているとみなせる．しかしながら，湖沼のような止水環境と異なり，流水環境である河川では洪水に代表される物理的攪乱が頻繁に起き，付着藻群落を剥離させる．したがって，河床が安定しない河川は，窒素・リン濃度が高くても付着藻群落が十分に形成していない可能性がある．そこでBiggs(2000)は，河川の富栄養化と付着藻現存量の関係を解析するために，付着藻群落が十分に形成されるまでにかかる時間を解析に加えた．彼によって提案された河川の栄養度の区分では，付着藻群落が早く形成される河川，具体的には流れが緩い河川あるいは河床の物理的攪乱の頻度が低い河川は，低い窒素・リン濃度でも富栄養的な付着藻群落の増加が見られる．逆に河床勾配が急であったり，頻繁に出水によって河床が物理攪乱を受ける河川は，付着藻群落の形成までに時間がかかるために，かなり高い窒素・リン濃度を示していても，現存量の増加は見られない．**図-6.15**は，矢作川中流，犬上川下流および多摩川中〜下流の河川水中の溶存無機態窒素・リン濃度と底生藻群落のchl.*a*量との関係である．全体的な傾向は，窒素・リン濃度が高い河川で底生藻群落の現存量が高くなることを示しているが，窒素・リン濃度が低い河川でもchl.*a*量の最大値はかなり高くなることが読み取れる．この結果は，河川付着藻群落の発達は，栄養塩濃

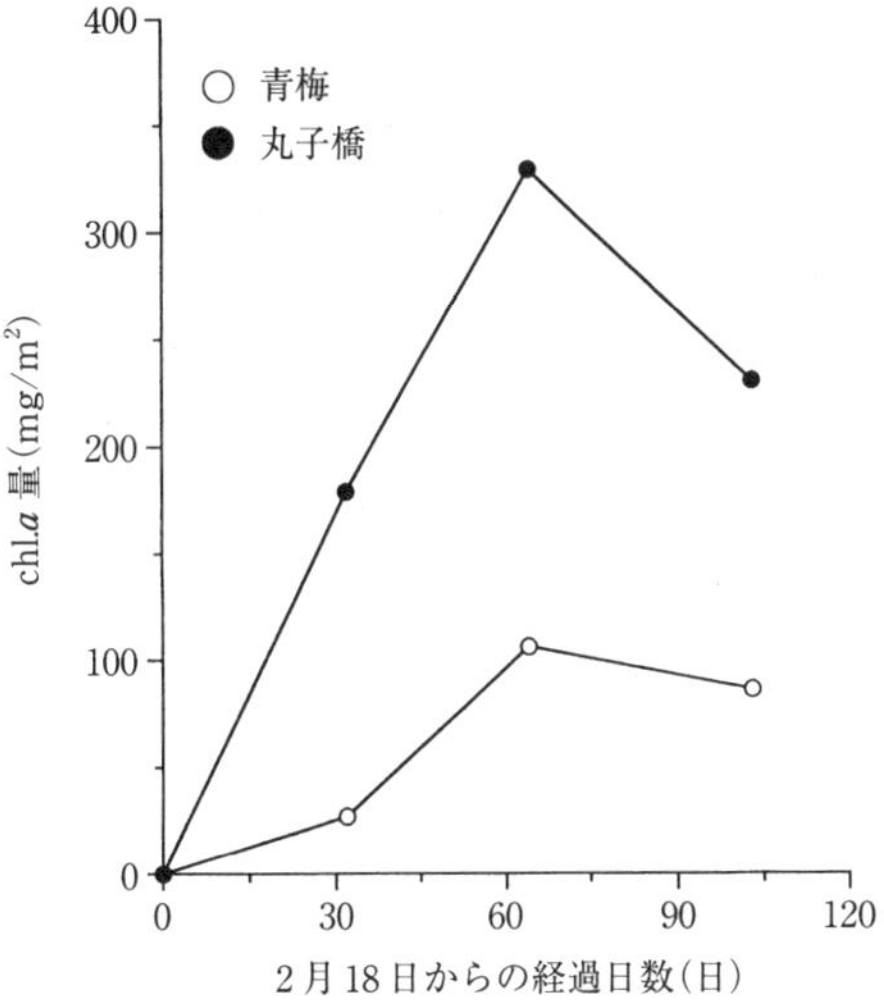

図-6.14 多摩川上流部(青梅)と中流部(丸子橋)における人工基質上の底生藻群落の発達過程[Aizaki(1978)を改変]

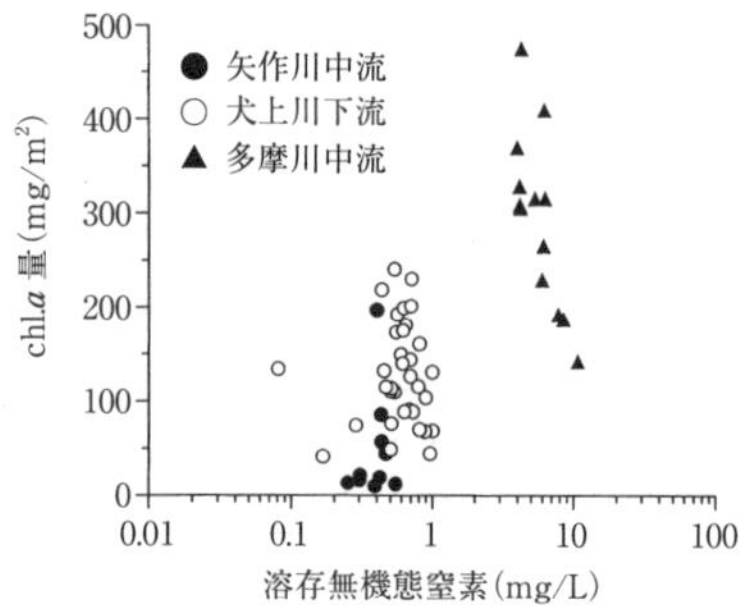

図-6.15 河川水中のリン酸態リン濃度および溶存態窒素濃度と底生藻群落の chl.*a* 量との関係
[Aizaki(1978);相崎(1980);野崎ほか(2003);野崎(未発表)より作図]

度のみでは説明できず，河床の物理的な安定性が非常に重要な意味を持っていることが理解できる.

河川は上流から下流に向かい，常に栄養塩が供給される連続体である．栄養塩が底生藻に及ぼす影響については，瞬間的に測定された濃度だけではなく，供給量という視点，また河床との安定性との関連からも捉えなおす必要がある.

6. 4　自然的攪乱・人為的インパクトと時間軸

Stevenson(1997)は，河川の付着藻群落の生活に影響する環境変化を，攪乱とストレスの２つに分け，以下のように定義した．攪乱は短期間の環境変化であり，群落そのものを破壊するが，その影響も短時間で解消し，現存量や種組成は，時間とともに攪乱前の状態に回復していく．具体的には自然的攪乱の代表である出水(洪水)があげられる．一方，ストレスは長期間にわたる永続的な環境変化であり，その変化に耐えられる種のみが新たな群落を形成する．したがって，群落が回復しても，それを構成する種は入れ替わることになる．この例としては地球規模での気候変動による日射や水温の変化，主として人為的インパクトである富栄養化や毒性物質の流入があげられる．このように，底生藻群落の発達や種組成に影響を与える諸要因は，それらが作用する時間の長さによってその効果は異なるものである．これは，水質の短期的・長期的変動にも当てはまる見方であろう.

自然的攪乱・人為的インパクトは，河川生態系の破壊もしくは変質を引き起こすが，それらが持続する時間の長さによって生態系の応答が異なると考えられる．短期間の攪乱とインパクトは，洪水のようにその破壊力が大きくとも，時間が経てば，破壊前の環境に回復する．つまり，河川生態系の本質を根本から変化させることは少ないといえる．他の例では，鉱山や工場廃水等による毒物流出，河川工事等があげられ，いずれも問題となる事柄を解消すれば，おそらく直ちに解決する．一方，長期間にわたる攪乱とインパクトは，その作用が小さくとも連続的であるために蓄積し，結果として河川生態系の本質的な変化を導くであろう(**図-6.16**)．したがって，その解決はきわめて困難である．例えば，わずかな気候変化は，小倉(2000)が指摘しているように，長期間にわたり少しずつ生物活性を変化させ，河川水質の変化に結び付くことが十分に考えられる(2. 参照)．また，ダムの設置は，攪乱頻度の減少，河床低下・河道固定，濁りの継続を引き起こし，基礎生産者の生息場所を変化させ，その本質である種組成を変化させていると思われる．これからの河川環境修復の研究，そして技術の開発は，長い時間スケールの中で変化してきた簡単には解決策が見つからない課題に取り組まねばならない．

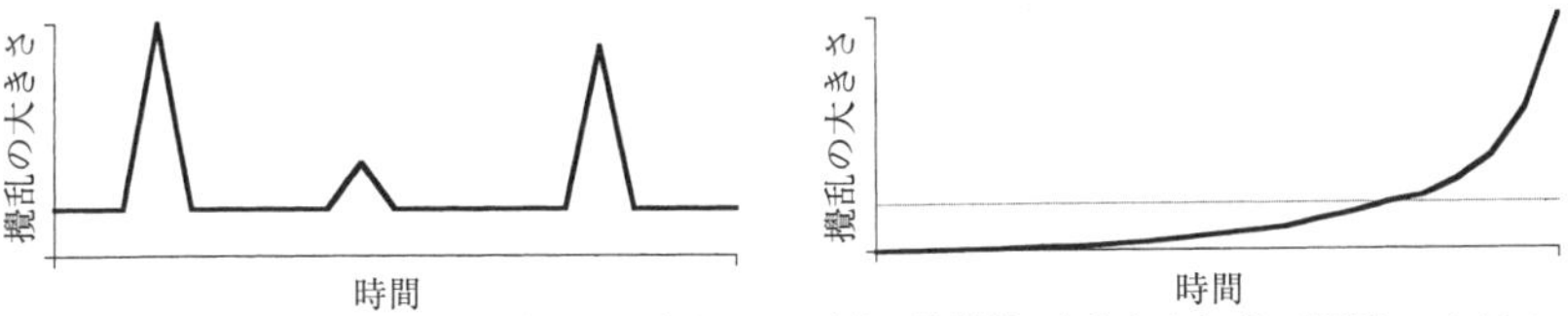

(a)　短期間で終了し河川環境は速やかに定常状態まで回復する

(b)　長期間にわたり少しずつ蓄積し，やがて正常状態を越え河川環境を大きく改変する

図-6.16　河川で同時進行する２つの自然的攪乱・人為的インパクト

参考文献

・相崎守弘：多摩川中流域における一次生産の水温特性，水温の研究，23(4)，pp. 30-36，1980a.
・相崎守弘：富栄養化河川における付着微生物群集の発達にともなう現存量および光合成量の変化，陸水学雑誌，41，pp. 225-234，1980b.
・青井透：利根川上流域の高い窒素濃度と首都圏より飛来する大気汚染物質との関係(1)，月刊「水」，6月号，pp. 26-33，2003a.
・青井透：利根川上流域の高い窒素濃度と首都圏より飛来する大気汚染物質との関係(2)，月刊「水」，7月号，pp. 18-25，2003b.
・赤松良久，戸田祐嗣，池田駿介：河床付着性藻類の増殖と剥離に関する実験的研究，河川技術に関する論文集，6，pp. 113-118，2000.
・有賀祐勝：水界植物群落の物質生産Ⅱ．植物プランクトン，p. 91，共立出版，1973.
・生嶋功：水界植物群落の物質生産Ⅰ，水生植物，p. 98，共立出版，1972.
・井上隆信，海老瀬潜一：河床付着生物膜現存量の周年変化と降雨に伴う剥離量の評価，水環境学会誌，16，pp. 507-515，1993.
・井上隆信，海老瀬潜一：河床付着生物膜の周年変化シミュレーション，水環境学会誌，17，pp. 169-177，1994.
・内田朝子：矢作川中流域の大型糸状緑藻，矢作川研究，6，pp. 113-124，2002.
・大塚泰介：河川の一形態単位内における付着藻類群落，特に珪藻群落の生息場所による違い，陸水学雑誌，59，pp. 311-328，1998.
・小倉紀雄：地球温暖化の陸水水質への影響，陸水学雑誌，61，pp. 59-63，2000.
・小倉紀雄：都市河川はきれいになったか，土木学会誌，86(7)，pp. 16-19，2001.
・香川尚徳：河川連続体で不連続の原因となるダム貯水による水質変化，応用生態工学，2，pp. 141-151，1999.
・川那部浩哉：川と湖の魚たち，p. 196，中公新書 183，1969.
・北村忠紀，加藤万貴，田代喬，辻本哲郎：砂利投入による付着藻類カワシオグサの剥離除去に関する実験的研究，河川技術に関する論文集，6，pp. 125-130，2000.
・北村忠紀，田代喬，辻本哲郎：生息場評価指標としての河床撹乱頻度について，河川技術論文集，7，pp. 297-302，2001.
・國松孝男：河川からの汚濁負荷流出機構と琵琶湖への汚濁負荷量の推定， 琵琶湖研究所 10 周年記念シンポジウム記録集，pp. 49-63，1993.
・国土交通省水文水質データベース：http://www1.river.go.jp
・小島貞男：おいしい水の探求，NHK ブックス 487，1985.
・小林弘：河川底生藻類の生態，藻類の生態(秋山優ほか編)，pp. 309-346，内田老鶴圃，1986.
・桜井善雄：千曲川中流域における periphyton による有機物生産とその河川水質への寄与，環境科学研究報告集「河川における物質循環」，pp. 35-48，1985.
・佐竹研一編：酸性環境の生態学，愛智出版，1999.
・白金晶子：矢作川中流域の水質，矢作川研究，6，pp. 99-111，2002.
・田代喬，渡邉慎多郎，辻本哲郎：掃流砂礫による付着藻類の剥離効果算定に基づいた河床撹乱作用の評価について，水工学論文集，47，pp. 1063-1068，2003.
・谷田一三，竹門康弘：ダムが河川の底生動物へ与える影響，応用生態工学，2，pp. 153-164，1999.
・手塚泰彦：環境汚染と生物Ⅱ-水質汚濁と生態系，p. 71，共立出版，1072.
・中本信忠：ダム湖と河川水質，水温の研究，23，pp. 5062-5067，1980.
・中野繁：川と森の生態学，p. 358，北海道大学図書刊行会，2002.

乱の影響を小さくとどめる要因について，底生動物の特性と，底生動物の待避場となるような河川の構造要素の両面からまとめた．

7.2　河川生態系における底生動物

底生動物とは，河床に生息する肉眼で見ることのできる大型無脊椎動物の総称である．日本の河川の場合，底生動物群集は，水生昆虫類が主体となるが，そのほかにも，カワニナ等の貝類や，エビ類やミズムシ等の甲殻類，ミミズ類，ウズムシ類，ヒル類等が底生動物群集を構成する．水生昆虫類の中でも，河川において種数や生息量が多いのは，カゲロウ類，カワゲラ類，トビケラ類，ハエ類(特にユスリカ類)の 4 グループである．水中で生活しているのは，これらの幼虫や蛹であり，成虫になると，いずれも陸上で生活する．河川の底生動物は，大きさが 1〜2 cm に満たない小さなものが多く，同じ動物でも魚類に比べあまり目立たない存在である．しかし，生息密度は魚類よりもはるかに大きく，重量に基づく現存量では 100 g/m^2 を超える場合すらある．底生動物は，河川生物群集の動物による二次生産を支えるうえで非常に重要な要素であるといえる．

底生動物は，河川食物網の中でどのような位置付けにあるのだろうか．まとめてみると，底生藻を主とする基礎生産者，および落葉リターを主とする外来性の有機物やその分解産物であるデトリタス，という 2 つの基盤エネルギーと，魚類や鳥類等の高次捕食者をつなぐ位置にあるといえるだろう．ただし，底生動物の食物網中での位置付けは，種によって異なり，それはカゲロウ類，トビケラ類といった分類群のおおまかなくくりとは必ずしも対応していない．ここでは，Cummins(1973)が提案した食性や食物獲得法に基づく摂食機能群による区分を紹介しておこう．

① シュレッダー(破砕摂食者)：落葉枝等の大きな有機物(>1 mm)を主に摂食する植物遺体分解者．オナシカワゲラ科，カクツツトビケラ科，ガガンボ科の一部等．

② コレクター(堆積物収集食者)：デトリタスを中心とする河床に堆積した細かい有機物(<1 mm)を摂食する．カゲロウ目の一部，ユスリカ科の一部，イトミミズ科等．

③ フィルタラー(濾過摂食者)：捕獲網や特殊化した体の器官を用いて，水中を

漂う細かい有機物(剥離した藻類，微細デトリタス，小動物等)を摂食する．造網型のトビケラ類，チラカゲロウ科，ブユ科等．中下流域の礫底河川では，現存量の優占的グループとなることが多い．

④ グレイザー(刈取摂食者)：石面付着物(珪藻類，細かい有機物，細菌類等からなる)をこそげとって食べる．ヒラタカゲロウ科，携巣性トビケラ類の一部，ドロムシ科等．

⑤ プレデター(肉食捕食者)：小動物を食べる．カワゲラ科，ヘビトンボ科等．

ただし，この分類は，種によって固定したものではなく，季節や場所，発育段階によって同じ種でも食性や摂食様式は変化する場合が多いことには注意する必要がある．

底生動物の各種は，水温，水質とともに，流速や底質といった物理環境，食物資源の種類や量，河畔の環境等によって分布が規定される．したがって，上流から下流までの流程分布域，すなわちセグメントスケール(1～100 km)での分布範囲は，種によって異なる．流域と河川のつながり，上流域と下流域のつながりを考慮に入れた，河川生態系と河川生物群集の特性を理解する枠組みである河川連続体仮説(River Continuum Concept；RCC)［Vannote *et al.*(1980)］によると，底生動物群集の摂食機能群組成は，次のように変化するものと捉えられている．上流域では，河畔林が発達し河道が樹冠で覆われるため，藻類による一次生産力は小さいが，河畔林から落葉枝等の粗大有機物が大量に供給される．このため上流域では，シュレッダーが多く，グレイザーは少ない．中流域では，川幅が広がり河床の日射量が高まるため，グレイザーが多くなり，シュレッダーは少なくなる．また，上流域で落葉枝が分解されて生じた微細有機物が流送されてくるため，コレクターやフィルタラーも多い．下流域では，水深の増加によって河川水の透明度が低下し，藻類の一次生産は再び低下する．ここでは，上流から流入する微細有機物が主な有機物となるため，コレクターが最も多い．日本の河川では，河川連続体仮説によるこのような予測はきちんと検証されているわけではないが，おおまかにはこの傾向にあてはまるとみてよい．ただし，これはあくまでおおまかな傾向であり，同じ摂食機能群に属する近縁な種の間でも，流程分布範囲が異なる例は多数知られている［e.g. 加賀谷(1996)］．

底生動物の各種は，このような流程分布とともに，同一リーチ(10 m～1 km)内においても，河床構造の微視的構成要素のスケール(1 mm～10 m)で生息場所は異なっている．瀬と淵では生息種は全く異なっているし，同じ早瀬でも，流速や底質のわずかな違いで生息密度は大きく異なる．また，ヨシ等の抽水植物帯や石礫上のコケマット等，特異的な種が生息する生息場もある．出水攪乱に対する底生動物の応答を捉えるには，このような種ごとに異なる平水時の生息場の特性も考慮に入れておかなければならない．

7.3　底生動物に対する出水攪乱：攪乱と応答の定義と特徴付け

一般に，攪乱およびそれに対する生物の応答は，それらの時間的パターンによって，それぞれパルス(pulse)型，プレス(press)型，ランプ(ramp)型の3つのタイプに分類できる(**図-7.1**)[Lake(2000)]．パルス型とは，短期間に生じ，その期間をはっきりと区切ることができる攪乱や応答である．河川では，一時的な汚染物質流入がこのタイプの攪乱に相当する．プレス型は，急激に生じ，その後は一定レベルを維持するような攪乱や応答であり，河川では，土石流，山崩れ，貯水，人為的河道改変，経時的な汚染物質流入がプレス型の攪乱といえるだろう．ランプ型は，攪乱の強度や応答の大きさが経時的に増加または減少するようなパターンを示すものであり，河川におけるランプ型攪乱には，渇水，経時的な土砂堆積，外来種の分布拡大等があげられる．攪乱とそれに対する応答は，同じタイプとなる必然性はなく，例えば汚染物質の流入が一時的なものであっても，強い毒性のためある種の個体群が絶滅してしまうようであれば，パルス型の攪乱に対してプレス型の応答が生じたことになる．

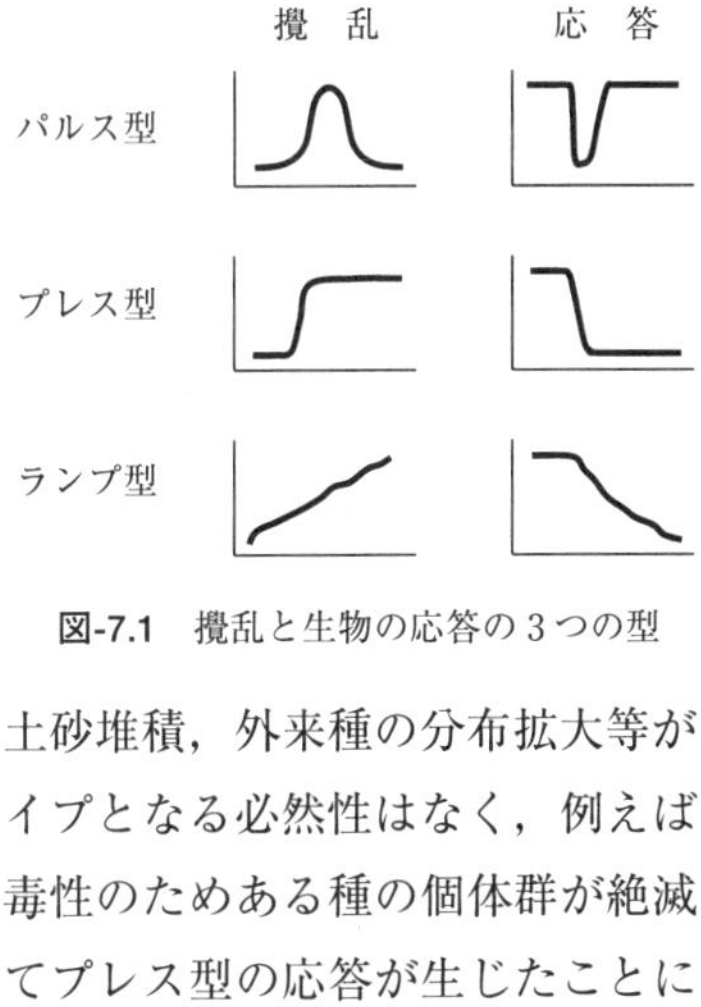

図-7.1　攪乱と生物の応答の3つの型

個々の出水攪乱を特徴付ける変数としては，強度(河床に及ぼす剪断応力)，期間，ハイドログラフの変化率，空間的規模，季節的予測性があげられよう．短期的でピークを持つような出水は，パルス型攪乱であり，底生動物はパルス型応答を示すもの，ダムの放流等による長期的な増水は，プレス型攪乱であり，プレス型もしくはランプ型応答を示すものと考えてしまいがちである．しかし，短期的な出水であっても規模が大きければ，河道構造や河床形状を大きく変えてしまう．そうすると，打撃を受けた底生動物が回復してきたとしても，生息場の構造は元の形では残されていないことになる．つまり，パルス型の出水撹乱であっても，長期的にハビタット構造を改変してしまうことで，底生動物の応答にはプレス型の要素ももたらしうるのである．なお，瀬–淵構造等の底生動物のハビタット構造の重要な要素は，出水によって維持されているものであることを考えると，平水時にはランプ型撹乱および底生動物のランプ型応答が生じていて，出水はそのリセット機構であるという側面もあるだろう．

出水撹乱に対する底生動物の応答は，①インパクトの大きさ，②回復時間，③長期的ハビタット改変の影響，の３つの要素によって特徴付けることができよう(**図-7.2**)．応答として捉える変数は，ある種に着目した場合には，その種の個体群の生息量とすることもできるし，各種の集まりである底生動物群集全体に着目した場合には，群集全体のバイオマスや種数とすることもできる．「インパクトの大きさ」とは，応答変数における，出水直前の値と出水中に生じる最低値との差あるいは比として表される．「回復時間」とは，応答変数が最低値から一定平衡値に達するまでの時間である．「長期的ハビタット改変の影響」は，出水直前の値と回復後に達した平衡値との差あるいは比となる．もちろん，底生動物には季節性があり，出水がなくても応答変数は時間によって変動するので，実際には平衡状態というのは存在せず，ここで想定した平衡値はあくまで概念上のものである．

本章では，長期的ハビタット改変の影響については扱わない．これには，底生動物と生息場の構造との関係を詳細に検討することが必要であり，別の機会に譲りたい．インパクトの大きさと回復時間について，ここで注意しなければいけないのは，この２つの応答要素は，着目する時，空間スケールの大きさによって入れ子状の関係にあることである．わずかな増水で，石がいくつかひっくり返って，底生動物が大きなインパクトを受けたとしよう．しかし，リーチ内の他の石はほとんど増水の影響を受

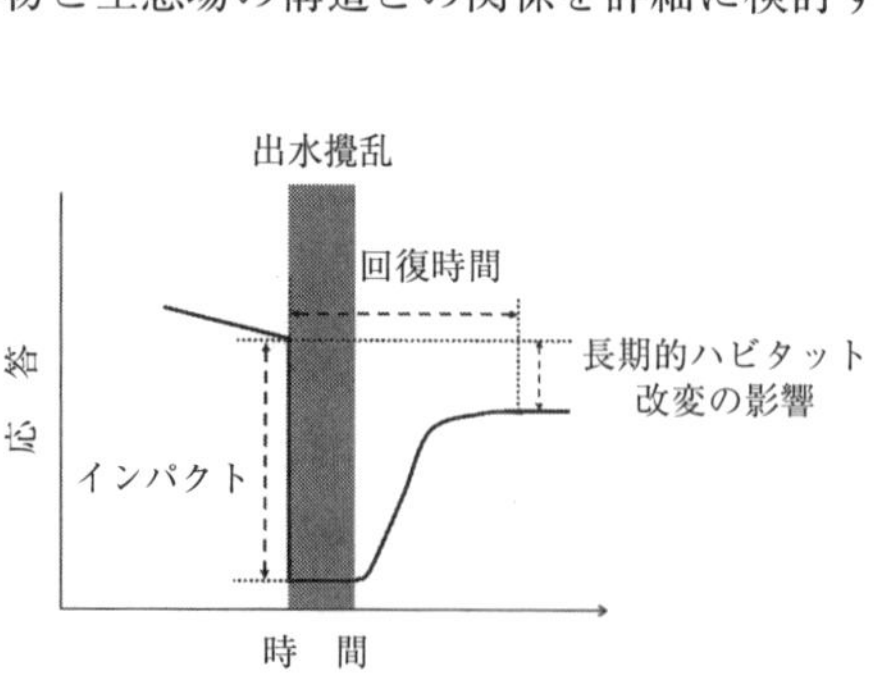

図-7.2　出水撹乱に対する生物の応答の特徴付け

けず，出水前にインパクトを受けた石にいた底生動物の大多数は，出水中に他の石にたどりつき，その後それらの石からの侵入定着により，ひっくり返った石では1週間で元の生息量に回復したとする．この場合，インパクトを受けた石単位の空間スケールで現象を眺めると，インパクトは大きくかつ回復時間は1週間と捉えられるが，リーチ単位の空間スケールで現象を眺めると，インパクト自体がほとんどなかったということになる．あるいは，ある支流では大雨によって出水とともに土石流が生じ，水生昆虫のある種はほぼ全滅してしまったが，その流域のほかの支流では出水のインパクトはほとんどなく，1年後にはこれらの支流から羽化した成虫がインパクトを受けた支流に飛んできて産卵し，その支流の個体群は十分に回復したとする．この場合，インパクトを受けたセグメントの空間スケールでは，インパクトは大きく，回復時間は1年間の長さと捉えられるが，流域スケールでは，やはりインパクトはほとんどなかったものとして捉えられる．次節では，出水攪乱の影響を小さなものとする底生動物の特性について検討するが，応答を着目する空間スケールは常に意識して明示していくことにする．

7.4　抵抗性と回復速度

インパクトの大きさを規定する生物の種あるいは群集の特性は，抵抗性(resistance)と呼ばれる．同じ規模の攪乱でも，抵抗性の大きな種ほど受けるインパクトは小さい．また，抵抗性の大きな種で構成されている生物群集ほど抵抗性は大きいといえよう．回復時間を規定する特性は，回復速度(resilience)と呼ばれ，同規模の攪乱を受けた場合，回復速度の大きな種は回復時間が短くてすむ．抵抗性や回復速度といった特性は，インパクトの大きさと回復時間の関係と同様に，着目する時空間スケールによって入れ子状の関係にある．

まず，リーチスケールにおける応答について着目しよう．リーチにおいて，底生動物に対する出水攪乱のインパクトを小さくするような状況には，どのようなものが考えられるだろうか．Lancaster and Belyea (1997)は，次の4つのパターンを考えた(**図-7.3**)．ここでは，リーチの下位空間スケールとしてミクロハビタットのスケールを考える．ミクロハビタットは，個々の石礫のような1 cm～1 m程度の大きさから，河原や河床間隙域のようにほぼリーチと同程度の大きさのスケールまで

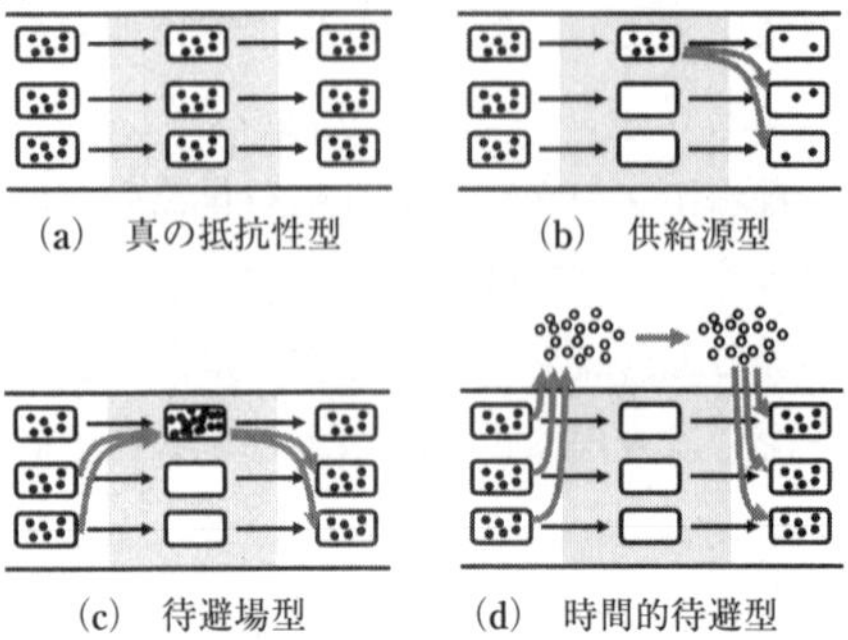

灰色は出水攪乱，点は底生動物個体を示す．
図-7.3　リーチスケールにおいて大きな抵抗性を生じる機構

想定しうる．まず，あらゆるミクロハビタットにおいてインパクトが小さければ，もちろんリーチ全体でもインパクトは小さくなる．このパターンを「真の抵抗性」型［**図-7.3**(a)］と呼ぶことにしよう．次に，インパクトがすべてのミクロハビタットで小さくなくても，インパクトがない(あるいは小さい)ミクロハビタットが一部，リーチ内部に存在し，出水中にそこに生息していた一部の個体が，出水後にインパクトが大きかった他のミクロハビタットに移入できれば，リーチ全体のインパクトは低減しうる．これは「供給源」型［**図-7.3**(b)］といえる．「待避場」型［**図-7.3**(c)］は，出水攪乱のインパクトがない(あるいは小さい)ミクロハビタットがリーチ内部に存在するという点で「供給源」型と同様だが，出水中にそのようなミクロハビタットに，他のミクロハビタットの個体が受動的に運ばれ，あるいは能動的に逃げ込んで，そこを待避場として用い，出水後に元のミクロハビタットに再侵入するパターンである．最後の「時間的待避」型［**図-7.3**(d)］では，発育段階によって異なるミクロハビタットを利用する種において，ある特定の発育段階の時に利用するミクロハビタットは，出水の影響を受けないような場合を考える．このような待避ハビタットは，リーチ内部にあってもリーチ外部にあってもよい．出水が起きる前に，あらかじめ待避ハビタットを利用する発育段階に入ってしまっていれば，出水のインパクトは受けなくてすむ．

以上の4つの状況を達成するような底生動物は，どのような特性を持っているものだろうか．「真の抵抗性」型を達成するには，出水攪乱の強度や期間にもよるが，大きな水理力が生じてもその場にとどまれることが最低でも必要となる．このような性質を備えている種は，おそらく平水時でも流速の大きな早瀬に生息できるものであり，流線型や扁平型の体型であったり，吸着器官を持っているものがこれにあたるであろう．「供給源」型や「待避場」型を達成するには，出水後の移動分散が必要となる．また，「待避場」型では，ハイドログラフが上昇しはじめた時に待避場まで移動することも必要である．リーチ内の移動分散には，能動的に歩行や遊泳によって移動する場合と受動的に水流によって運ばれる場合がある．「供給源」型や「待避場」型の状況では，リーチ内のどこが供給源や待避場になりうるかが重要であり，これについては7.6で詳しく検討することにしよう．

「時間的待避」型を達成するには，出水の影響を受けない，あるいは小さいようなミクロハビタットで過ごす発育段階があることが必要である．ほとんどの水生昆虫類のように，成虫の時に陸上で生活するようなものはこれにあたる．出水があっても，その間河道の外にいれば，出水のインパクトは受けなくてすむ．また，一部のトビケラ類のように卵が陸上に産下されるものも，同様のメリットがある．また，河床間隙域(hyporheic zone)では，**7.6**で後述するように底生動物の出水時の待避場として機能する可能性がある．このような場所に産卵する一部のカゲロウ類やカワゲラ類や，若齢幼虫時を河床間隙域で過ごすものも「時間的待避」型を達成しうる．「時間的待避」型では，出水の影響を受けないハビタットで過ごす時期と，出水のタイミングの関係が重要となる(**図-7.4**)．融雪出水等の季節的予測性の高い出水攪乱のみが生じる河川では，底生動物種において時間的に待避している発育段階の時期が個体の間で揃っており，なおかつそれが出水の起こる時期と同調していると，その種の時間的待避は完全となる．それに対し，出水攪乱の季節的予測性が低く，年によっていつ出水が生じるかがわからない河川だと，発育段階が揃っている種では，一斉に打撃を受けてしまう危険がある．この場合は，むしろ発育段階の同調性の低い種の方が時間的待避を有効なものにしやすい．

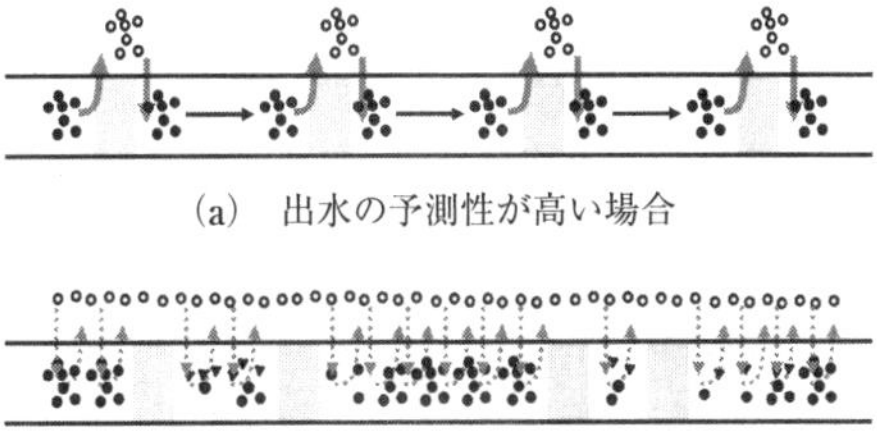

(a)　出水の予測性が高い場合

(b)　出水の予測性が低い場合

灰色は出水攪乱，点は底生動物個体を示す．

図-7.4　時間的待避場の利用と出水攪乱の季節的予測性の関係

以上は，リーチスケールにおける出水攪乱に対する抵抗性に関わる話であった．これに対し，リーチスケールにおける出水攪乱からの回復は，リーチ外部からの移入個体によって達成される(**図-7.5**)．リーチ外部からの移入は，上流あるいは下流のリーチから歩行や匍匐，遊泳によってなされるものもあるだろうが，大部分は上流からの流下によるものと，水生昆

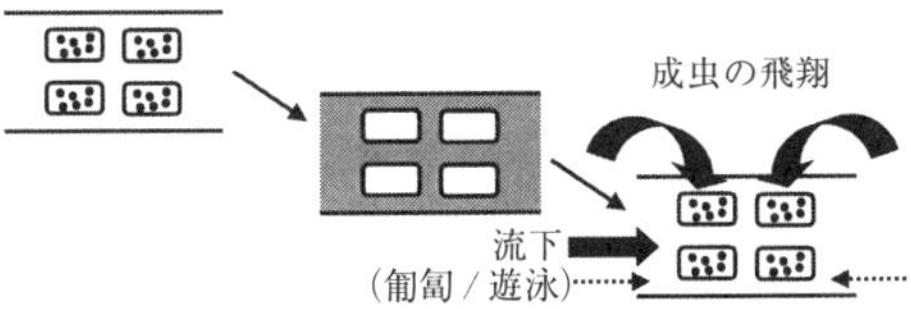

図-7.5　リーチスケールの攪乱からの回復プロセス

数，全底生動物生息密度，主要種(ユスリカ科，カゲロウ類の *Deleatidium* 属，ブユ類の *Austrosimulium* 属，カワゲラ類の *Zealandoperla* 属，ミミズ類)の生息密度は，浮き石とはまり石で同程度であった．出水直後に，出水によって移動していないことが確認できたはまり石と，ランダムに選んだ浮き石の底生動物を比較したところ，生息密度や種数は，すべてはまり石の方が多く(**図-7.12**)，種ごとにみても，出水前に比べて浮き石では減少したが，はまり石では増加していたものが多かった．出水後 19 日経過した時点では，浮き石とはまり石の違いはほとんど消失していた．したがって，はまり石は，真のリーチ内待避場として機能しており，底生動物は能動的に待避場となるはまり石に移動していると考えられる．ただし，出水後 19 日後のユスリカ科，*Deleatidium* 属，ミミズ類の生息密度は，出水前のレベルまでは回復していなかった．底生動物は，はまり石をどのようにして待避場として認知しているのだろうか？　その機構は不明であるが，振動等を規準に判断している可能性がある．

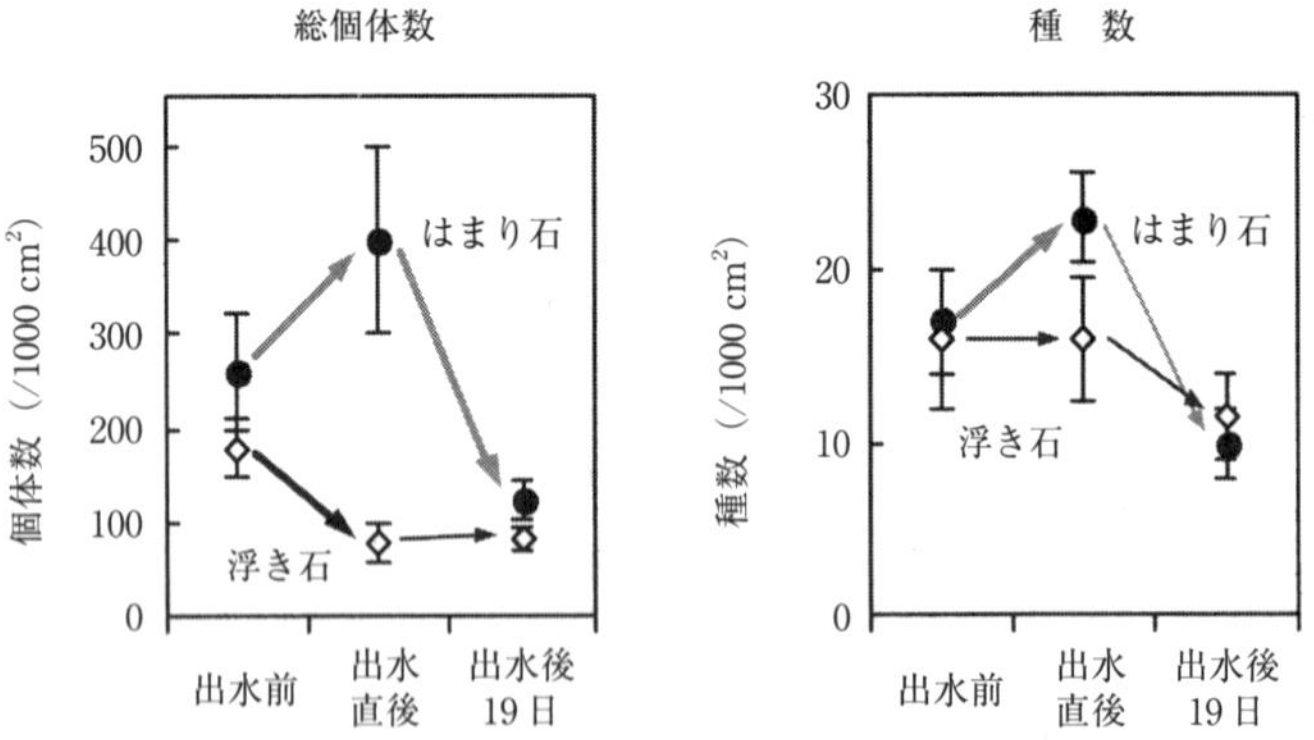

図-7.12　はまり石と浮き石における出水前後の底生動物個体数と種数の変化［Matthaei *et al.*(2000 を改変］

7. 6. 4　MBC(Microform bed cluster)

MBC は，「巨礫等の大きな河床材料(obstacle clat)に規則性をもって重なっている玉石の集団」として定義され，近年の土砂流送研究では，特に安定な河床パッチであると考えられている［Brayshaw *et al.*(1983)；Brayshaw(1984)］．また，MBC は，単一の巨礫や岩盤と異なり，間隙空間や隙間が豊富なため，底生動物の生息場としても適している．さらに，MBC 周囲の流速や乱流の多様性は，底生動物生息種の多様性を維持するうえでも重要であると考えられる．したがって，MBC は，底生動物にとって出水時の待避場として機能する可能性がある．

ニュージーランドの Bowyers Stream では，平水時の MBC の底生動物密度は，小礫・大礫底に比べて 3 倍，種数は 1.3 倍であった［Biggs *et al.*(1997b)］．さらに，出水期間中のユスリカ類の生息密度は，MBC では増加したのに対し，他の底質ではそうではなかった［Biggs *et al.*(1997a)］．また，出水前には小礫・大礫底と MBC でほぼ同じであった付着藻類バイオマスも，出水数日後の減少は，小礫/大礫底では 95％以上であったのに対し，MBC では 50％にすぎなかった［Francoeur *et al.*(1998)］．これらの結果は，MBC が底生動物や付着藻類にとって，出水時の待避場の役割を果たしているという考えを支持している．

ニュージーランド南島の数河川を調査した Biggs *et al.*(1997b)によれば，MBC の密度は 0.067～0.279 m^{-2} の範囲にあり，最大で河床の 4. 4％を占めていた．また，MBC の密度や河床被覆面積割合は，アーマー化が進んだ河川で大きかったが，流量変動とは無関係であった．さらに，MBC を構成する石礫の数は，河床勾配が大きい河川ほど多く，地質やそれに伴う石礫の形状も石礫数に影響を及ぼしていると考えられた．リーチスケールで見た時に待避場として MBC の貢献度が高いかどうかは，その河川の地形条件に左右されるものであるのだろう．

7. 6. 5　河床間隙域

Bishop(1973)は，マレーシアの小河川の細砂から砂利の細かい底質からなる瀬頭において，出水直後に河床表層(深さ 0～10 cm)の底生動物の総生息量が減少したのに対し，深層(深さ 20～40 cm)ではほとんど変化が見られなかったことを報告している．同様に，Poole & Stewart(1976)は，テキサス州の河川の砂利や玉石からなる早瀬において，通常は河床表層(0～10 cm)に 80％以上が分布するコガタシマトビケラ類やトビイロカゲロウ科の *Neocoroterpes* 属が，顕著なシルト流出を伴う出水直後には，それぞれ 65％，98％が深層(20～40 cm)に分布していたことを報告している．また，全底生動物のうち，深層に分布する個体数の割合は，出水直後において最大値を示した．一方，この調査を行った前年に起きた出水の直後には，表層では大きな個体数の減少が認められたにも関わらず，底生動物群集は急速に回復したことが観察されている．上流に底生動物の供給源となるような場所は考えられず，彼らは河床深層が待避場として機能したものと推測している．

これらの研究は，出水前後の生息密度や分布の違いから，間隙域が待避場として利用されていることを推測しているのだが，間隙域が待避場として機能していないことを示唆する研究例も多い．河床間隙の多い2箇所の河川で，人為的に流量増加を起こした場所とそうでない場所(0.20 m^2)で，底生動物の垂直分布を調べた研究では，全底生動物，ユスリカ科，ヨコエビ科，ヒラタカゲロウ科のいずれにおいても，深層(8〜60 cm)の生息密度に違いは認められなかった[Gayraud *et al.*(2000)]．また，河床移動が起きる規模の出水の後で，底生動物の回復期にあたる時期に，底生動物がどのような手段で移入してくるかを調べた研究では，河床内および河床上からの移入は少なく，ほとんどの移入は流下によるものと評価された[Matthaei *et al.*(1997a，b)]．Dole-Olivier *et al.*(1997)は，砂州において，安定した玉石からなる上流側の間隙水浸出域(upwelling zone)と，不安定な砂利からなる下流側の間隙水浸入域(downwelling zone)について，待避場としての役割を調べた．間隙水浸入域では，小〜中出水後には，ヨコエビやカイアシ類の移入が2 mの深さまで見られたが，大出水時には底質が動いてしまうため，待避場としての役割を果たさなかった．間隙水浸出域では，いずれの規模の出水時でも，間隙水浸入域よりも待避場としての役割は小さいか同程度であった．

ヨコエビ類の *Gammarus pulex* は，流量や剪断応力が急激に変化すると，すぐに間隙空間に移動することが示されている[Borchardt and Statzner(1990)]が，微小なマイオベントスを除き，底生動物が出水時に能動的あるいは受動的に間隙域に移動することを確証した例はほとんどない．Palmer(1992)は，砂底河川において，底生動物が出水時に能動的に間隙域へ移動するという仮説を野外調査，野外実験，室内実験によって検証した．野外調査の結果，洗掘が生じた深さ(10〜30 cm)が河床間隙域全体の深さ(50 cm)よりも小さい出水時であっても，底生動物の50〜90%は消失した．また，出水時に河床深くまで移動したことが認められたのは，ワムシ類のみで，それも2回の調査のうちの1回のみであった．室内実験では，流速を増加させると，カイアシ類とユスリカ類は1.5〜3.5 cm下に移動することが確かめられたが，ワムシ類の下方向への移動は認められなかった．野外実験で出水後の回復経路を調べた結果，流下や河床表層を経由する移入よりも間隙域からの移入が重要であった種はなく，ワムシ類とカイアシ類でほぼ同程度の重要性が確認されたのみであった．以上の結果から，マイオベントスの中には，出水時に間隙域へ能動的に移動し，間隙域を待避場として利用している種はいるものの，底生動物群集全体からみると，出水による消失を防ぐ役割は小さいと考えられる．ただし，この河川の優占底質は砂であり，河床間隙域の発達は悪い．河床間隙域の待避場としての重要性は，河床材料の構成によって大きく変化することが予想され，今後の詳細な研究が期待される．

7.6.6　リター堆積パッチ

落葉枝等のリターは，河道内では，瀬の礫の上流側，淵の凹部，淵尻等にパッチ状に堆積し［Kobayashi and Kagaya(2002)］，こういったリーターパッチには底生動物が集中して分布する［Richardson(1991)；Dobson and Hildrew(1992)］．底生動物がリターパッチに生息するのは，主に採食場として利用するためであるが，水理力に対する待避場としての機能も考えられている［Richardson(1992)；Dudgeon and Wu(1999)］．Borchardt(1993)は，砂礫を敷きつめた実験水路内に様々な量の落枝パッチを固定して設置し，流量を変化させてヨコエビ *Gammarus pulex* とマダラカゲロウ *Ephemerella ignita* の流下消失量を測定した．流量増加による剪断応力がそれぞれの閾値を超えると，両種とも流下による消失が生じ始めるが，いずれの種も，落枝パッチが存在すると，また，落枝の量が多いほど流下による消失は少なく，落枝パッチが待避場として機能することが示唆された．

リターパッチは，一般に不安定なハビタットであり，規模の大きい出水時には，パッチ自体が消滅してしまうことが多い．しかし，倒流木堆積の上流側や淵尻のリターパッチは，小規模出水時には比較的安定であると考えられるため，待避場として機能する可能性がある．

7.6.7　倒流木堆積

倒流木堆積は，河川における有機物の滞留に重要な役割を果たしている［Bilby(1981)；Bretschko(1990)；Naiman(1982)］．倒流木堆積には，底生動物が豊富であることが多く［Smock *et al.*(1989)；Wallace and Benke(1984)；Winkler(1991)］，出水時に待避場となる可能性が示唆されている［Borchardt(1993)］．

Palmer *et al.*(1996)は，米国ヴァージニア州の，河床の大部分が砂である4次河川において，倒流木堆積がユスリカ類，カイアシ類の待避場として機能するかどうかを調査した．倒流木堆積の近辺や内部のシルト・泥底，砂礫底，落葉枝堆積，および河道中央部の砂底の4タイプのミクロハビタットにおいて，2回の出水にわたり出水前，出水中(ピーク直後)，出水後に生息数を調べた．河道中央部の砂底は，最も普通に見られるミクロハビタットであるが，ほとんどの場所で生息数は有意に減少し(75～95%)，有意に増加した場所は認められなかった．倒流木堆積近くの砂礫底でも，増加が見られた場所はなかった．それに対し，倒流木堆積近くのシルト・泥底や，内部の落葉枝堆積では，有意な生息数の減少を示さない場所が多く，特にシルト・泥底では，ユスリカ類が増加した場所が約半数を占めた(**図-7.13**)．シルト・泥底における河床近傍の流速と流量フラックスは，ユスリカ類が増加した場所の方が増加がそうでない場所に比べて小さかったが，これらの間で，倒流木堆積の大きさや構造の複雑性に違いは認められなかった．以上のことから，倒流木堆積は，それらすべて，もしくはその全体が待避場として機能するわけではなく，一

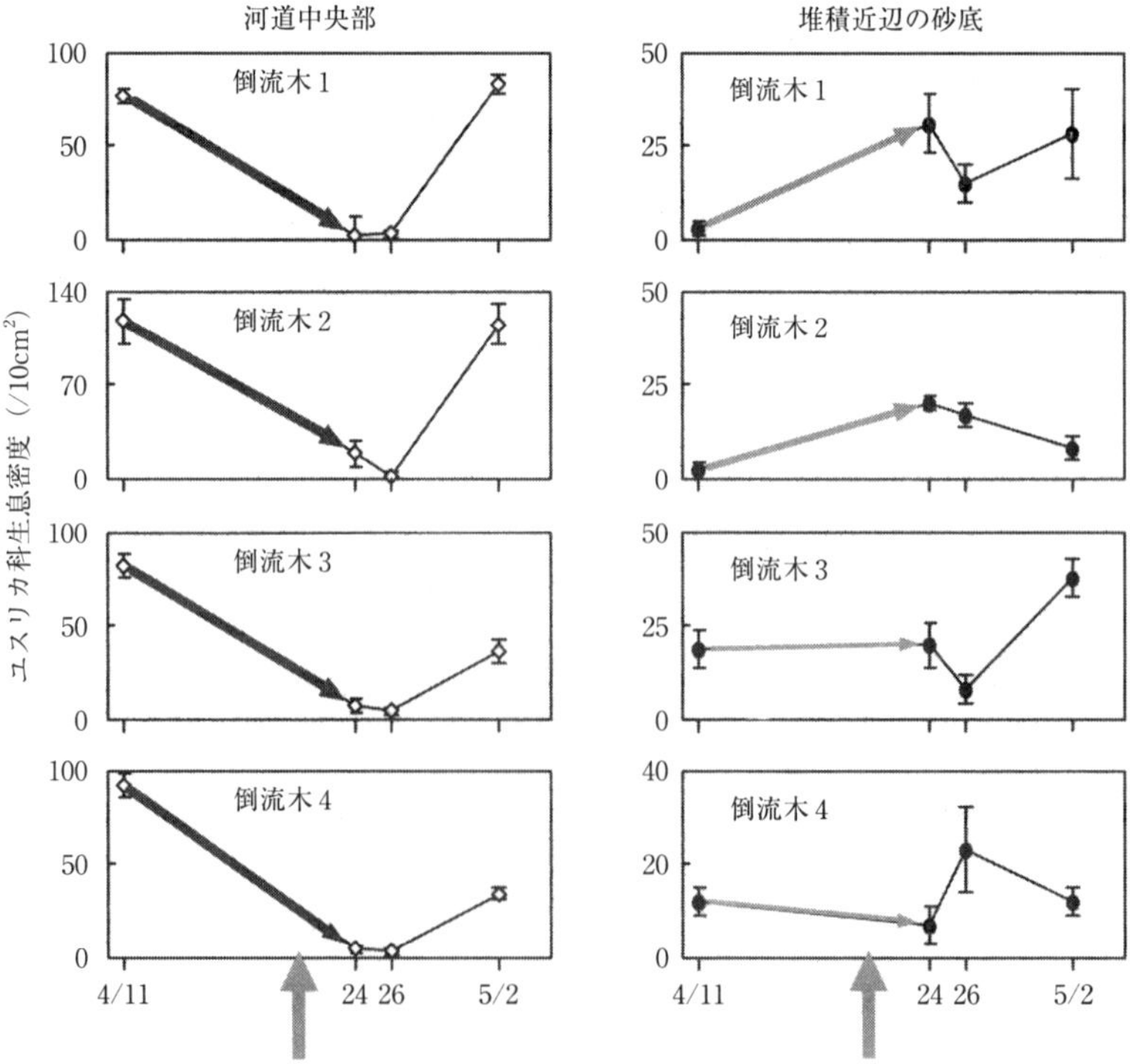

図-7.13　河道中央部の砂底と倒流木堆積近辺の砂底における出水前後の底生動物個体数と種数の変化[Palmer *et al.*(1996)を改変]

部の堆積の近辺に形成される細粒底質の部分に，流下中の動物が受動的に着地し，滞留するものと考えられる．

しかしながら，倒流木堆積を除去した区間とそのままにした区間で，出水後の底生動物の回復を比較したところ，違いは認められなかった．また，リーチ全体の底生動物の生息数を考えると，優占的なパッチである河道中央部の砂底に比べて，細粒底質に生息している個体の割合はずっと少ない．したがって，少なくともこの河川では，リーチスケールで見た場合，待避場として倒流木近辺の細粒底質パッチが貢献する程度は，小さいものと判断される．

7.7　おわりに

本章では，出水攪乱に対する底生動物の応答をインパクトの大きさ，回復時間，長期的ハビタット改変の影響という3つの要素に分解し，抵抗性と回復速度に関わる底生動物の特性を現象の空間スケールを考慮することで整理した．また，特にリーチスケールの抵抗性を高める河川構造の側の要素であるリーチ内待避場について，既存研究を総説した．流況の人為改変が河川生物や河川生態系に及ぼす影響について論じるまでには至らなかったが，そのためにはまだまだ基礎情報が不足していることも事実である．

河川の流量変動と生物や河川生態系との関係を把握し，流況を管理していくためには，なによりも河川管理者，土木技術者，河川地形学，水理学，水文学，生態学のそれぞれの専門家が視点や言語を共有することが重要である．本章の内容がそのための一助となれば幸いである．

参考文献

- 加賀谷隆：多摩川の水生昆虫：トビケラ類の流程分布，海洋と生物，18，pp. 447–452，1996.

- Badri, A., Giudicelli, J. & Prevot, G. : Effects of flood on the benthic macro-invertebrate community in a mediterranean river, the Rdat (Morocco), *Acta œcologica/Œlogica generalis,* 8, pp. 481–500, 1987.
- Biggs, B. J. F., Duncan, M. J., Francoeur, S. N. & Meyer, W. D. : Physical characterisation of micro-form bed cluster refugia in 12 headwater streams, New Zealand, *New Zealand Journal of Marine and Freshwater Research,* 31, pp. 413–422, 1997a.
- Biggs, B. J. F., Scarsbrook, M. R., Francoeur, S. N. & Duncan, M. J. : Bed sediment clusters : are they a key to maintaining bio-diversity in New Zealand streams? *Water and Atmosphere,* 5, pp. 21–23, 1997b.
- Bilby, R. E. : Role of organic debris dams in regulating the export of dissolved and particulate matter from a forested watershed, *Ecology,* 62, pp. 1234–1243, 1981.
- Bishop, J. E. : Observations on the vertical distribution of the benthos in a Malaysian stream, *Freshwater Biology,* 3, pp. 147–156, 1973.
- Borchardt, D. : Effects of flow and refugia on drift loss of benthic macroinvertebrates : implications for habitat restoration in lowland streams, *Freshwater Biology,* 29, pp. 221–227, 1993.
- Borchardt, D. & Davis, J. : Microflow regimes and the distribution of macroinvertebrates around stream boulders, *Freshwater Biology,* 40, pp. 77–86, 1998.
- Borchardt, D. & Statzner, B. :(1990) Ecological impact of urban stormwater runoff studied in experimental flumes : population loss by drift and refugial space, *Aquatic Sciences,* 52, pp.299–314, 1990.
- Brayshaw, A. C. : Characteristics and origin of cluster bed forms in coarse-grained alluvial channels, *Memoirs of the Canadian Society of Petroleum Geologists,* 10, pp. 77–85, 1984.
- Brayshaw, A. C., Frostick, L. E. & Reid, I. : The hydrodynamics of particle clusters and sediment entrainment in coarse alluvial channels, *Sedimentology,* 30, pp. 137–143, 1983.
- Bretschko, S. : The dynamic aspect of coarse particulate organic matter on the sediment surface of a second order stream free of debris dams (RITRODAT-LUNZ study area), *Hydrobiologia,* 203, pp. 15–28, 1990.
- Brooks, S. S. : Impacts of flood disturbance on the macroinvertebrate assemblage of an upland stream, Ph. D Thesis, Department of Biological Sciences, Monash University, Clayton, Australia, 1998.
- Cellot, B. : Influence of side-arms on aquatic macroinvertebrate drift in the main channel of a large river, *Freshwater Biology,* 35, pp.149–164, 1996.
- Cummins, K. W. : Trophic relations of aquatic insects, *Annual Review of Entomology,* 8, pp. 183–206, 1973.
- Dobson, M. & Hildrew, A. G. : A test of resource limitation among shredding detritivores in low order streams in southern England, *Journal of Animal Ecology,* 61, pp. 69–78, 1992.
- Dole-Olivier, M.-J., Marmonier, P. & Beffy, J. L. : Response of invertebrates to lotic disturbance : is the hyporheic zone a patchy refugium? *Freshwater Biology,* 37, pp. 257–276, 1997.
- Dudgeon, D. & Wu, K. K. Y. : Leaf litter in a tropical stream : food or substrate for macroinvertebrates, *Archiv für Hydrobiologie,* 146, pp. 65–82, 1999.
- Francoeur, S. N., Biggs, B. J. F. & Lowe, R. L. : Microform bed clusters as refugia for periphyton in a flood-prone headwater stream, *New Zealand Journal of Marine and Freshwater Research,* 32, pp. 363–374, 1998.

8.3]．その高温による遊泳能力の低下は，摂餌能力の減退や捕食される可能性の増大を通して，生存率や増殖率に影響するだろう．このように筋肉機能への温度効果は，長期的な影響を適応価(fitness)に与えるかもしれない．つまり，魚類の生活の中で重要な遊泳能力は，温度に大きく左右され，それは生存様式に影響を与える．

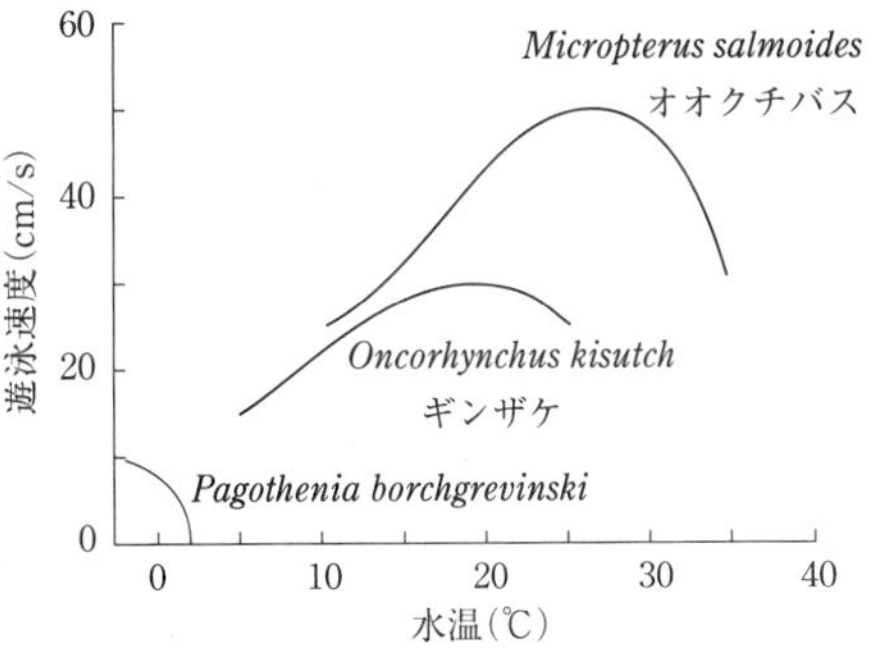

図-8.3　魚類における水温と遊泳速度の関係[Beamish(1978)]．

(2)　酸素消費

代謝コストは，温度により直接的な変化を示し，実験的研究により，酸素消費量は，温度によって著しく変動することがわかっている．概して，冷水域では酸素消費が減り，さらに極限的な場所では冬眠に入る種もいる．例えば，ブラウントラウトやベニザケは5〜15℃の温度上昇によって遊泳速度はほとんど変わらないものの，酸素消費量は2倍にもなる[Brett(1964)]．これは高温時において，嫌気的な突進遊泳(捕食者等の危険から逃れたり，餌を取るために急にダッシュして泳ぐこと)ができる時間を限定し，摂餌や逃避等の行動が制約されることを意味する．また，銅のような重金属の有毒性は，典型的な強い温度依存を示し，高温なほど反応が大きいことが示されている[Kirk & Lewis(1993)]．

(3)　繁　　殖

水温は，魚類の繁殖活動や配偶子形成，また成熟と初期発生の進行に大きな影響を与える．通常，温帯域や熱帯域の魚類の多くは0〜約30℃までの温度範囲の中で最適水温を持ち，その前後数℃内で産卵する．このことは，卵の耐性温度が概して最適水温の約±5℃の範囲であること対応しているかもしれない．

温暖化した冬季の温度は，温帯域の魚類の冬期生残率を高める一方で，正常な生殖腺発達にとって冷水期を必要とする魚の繁殖率を減退させる．生殖腺の成熟過程を分析する内分泌学的研究はよくされているが，種や個体群全体に関わるレベルで温度の生理的反応についての理解は限られている．したがって，温暖化による内分泌への長期にわたる影響を予測する知見は乏しい．

(4) 成　長

概して，成長は，温度とともに増加するが，ある温度を超えると，頭打ちになり減少する．温度は，発生卵と仔魚期の代謝率に大きく作用し，成長率に多大な影響を持つ．未成魚や成魚とは異なり，高水温は，普通，成長を規制することはない[Brett(1970)]．未成魚と成魚においても，たいてい生存可能なある一定の温度範囲のほぼ中間の温度付近に成長にとっての最適水温があり，種ごとに異なっている．イワナ属のブルックトラウトやサッカー類において，成長率は，致死高水温限界の手前付近で減少し始める．一方，コレゴヌスの成長率は，50%致死高水温まで増加し続ける[McCormick *et al.*(1977)．**図-8.4**]．

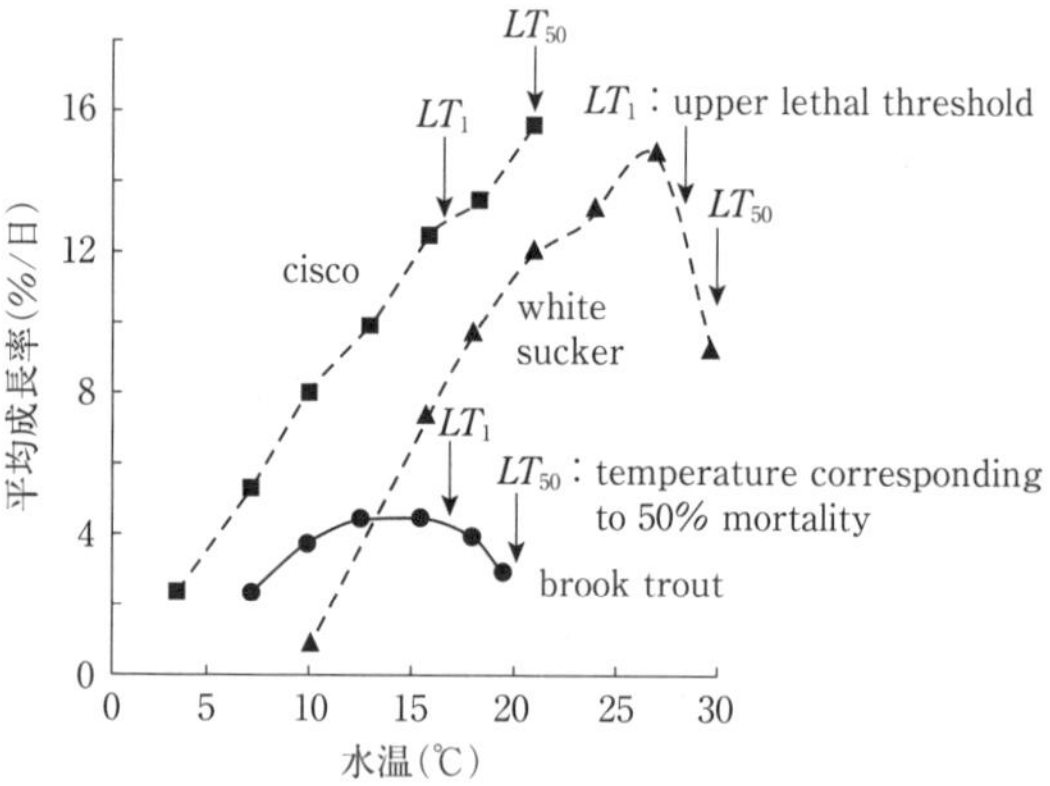

図-8.4　魚類 3 種における水温と成長率の関係．LT_{50} は 50%の致死率を示す[McCormick *et al.*(1977)]

(5) 温度耐性

これまでの温度耐性に関する研究のほとんどは，実験のやりやすさから成魚に集中していた．しかし，自然選択は，生活史の全段階に作用するのであり，地球温暖化と関連する温度上昇への魚類の反応を理解するためのキイは，初期生活史の研究にもあるといえる．卵や仔魚は未成魚や成魚よりも水温変動に敏感であることは，多くの研究で示されている．具体的にいえば，水温は，呼吸代謝に影響を与えるが，特に卵発生期と初期仔魚期において顕著である[Rombough(1988)]．

耐性温度の範囲(最高水温～最低水温)は，温帯域の魚類の多くにとって生活史の後半よりも卵発生期の方がかなり狭い．温帯域の種の仔魚や未成魚の温度耐性の範囲は，20～25℃であるが，発生卵のそれは約 11. 6℃でしかない(**図-8.5**)．特に，卵割や原腸形成といった卵発生の初期が水温変化に最も敏感である．その温度限界に対する耐性能力は，発生が進むにつれて強まる．

多くの温帯域の魚類は，発生段階が進行するにつれ耐性温度の範囲が変化し，その中間の温度は，普通，高い水温に移行する．これは，おそらくほとんどの種の発生時期が水が暖かくなる春であることを反映している．ただ，少数例として，カリフォルニアにいるトウゴロウイワシ目の一種は，耐性範囲の中心が低い温度に向かって移行する．それは，太陽熱にさらされる海辺で産卵し，孵化後より低温の沿岸に移動することと関連しているだろう．

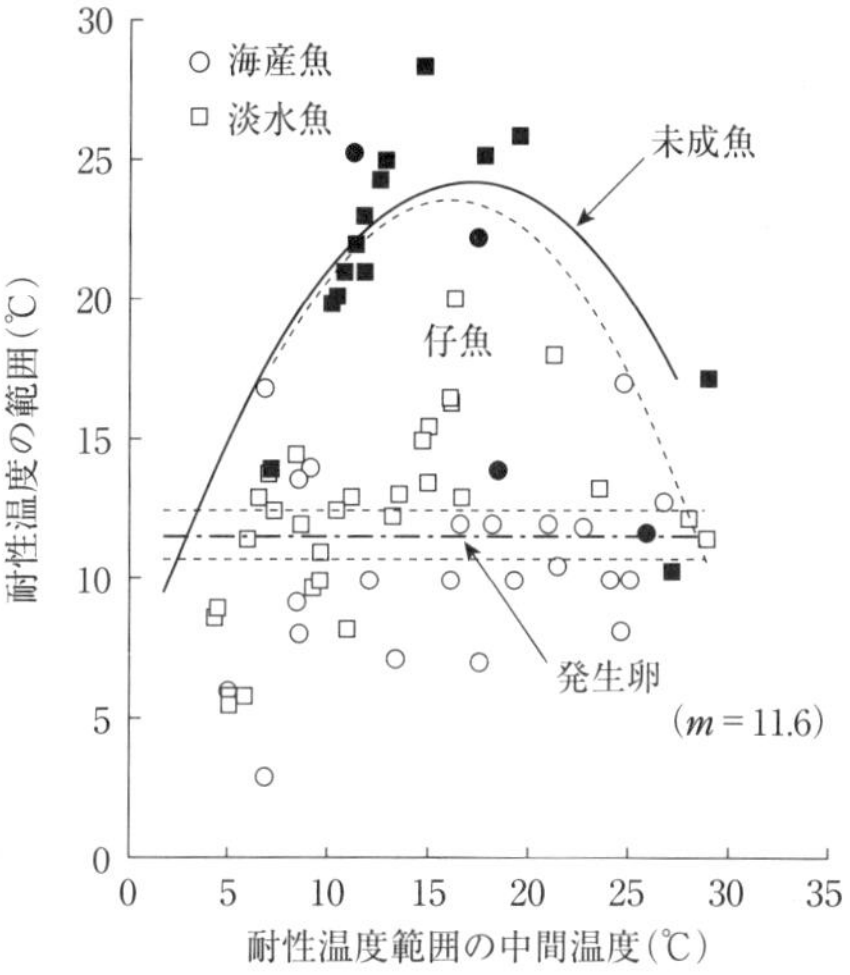

図-8.5　耐性温度範囲の中間温度と耐性温度の範囲との関係

温帯域とは異なり，熱帯域の魚種は発生が進行しても，耐性温度の範囲はほとんど変化がない．例えば，モザンビークテラピアの卵や仔魚，成魚の耐性範囲は，いずれも約 2℃以内にあり，成長段階の間でほとんど差がない．熱帯では水温の季節変動が小さいので，この現象は納得しやすいことである．また，高緯度や深海の温度は比較的安定しているが，残念ながら我々はこれらの環境に生息する種の卵や仔魚の温度耐性についての知見はない．

8. 2. 2　温度選好

これまで述べてきたように，水温変動は生理的効率の増減を左右するが，それはまた一方で，魚類の温度に基づく生息地選好にも影響する．

北アメリカに生息するノーザンパイクは，地球温暖化の最も厳しい影響を受ける一種と予測されている．特に，分布域の南限に生息するパイクは，水温 25℃以上の表層を避けて底層に定位している．しかし，富栄養化が進んでいる水域では，底層がしばしば酸欠になる．これは最低 3 mg/L の酸素量がある冷水域を利用するパイクの生息を制限する．以上のような性質を持つパイクは，温暖化によって広範囲にわたって起きるであろう水温上昇の影響を受け，特に夏の間，生息条件が限られ，体重を減らしてほとんど発育をしないと思われる．

グレートプレーンズ南部と北アメリカ南西部の淡水魚類にとって，この地域の河川の多くは東方に流れるため，冷水域を求める北方への移動は選択できない．この地域に生息するコイ科の小型種のほとんどは，40℃以上が致死温度となる．実際の夏の河川水温は37〜38℃に達し，この水温はストレスを引き起こすため，彼らはこうした水域を避ける．いくぶん低い水温(32〜35℃)は蛇行部にある河畔林で日陰になった淵や，水深が深い水域で認められる．しかし，多くの種がこの狭い水域に集まるので，生存上の不利な点が増える．例えば，混合いによるストレスや寄生虫と病気の増加，利用できる餌の減少等はコイ科魚類にとって生死の問題となる．こうしてMatthews & Zimmerman(1990)は，現在よりも3〜4℃の夏季における上昇は，同地域の個体群にとって絶滅の脅威があることを示唆した．

サケ科の生存にとって，高緯度や高い標高にある冷水域は不可欠であり，種によって水温選好には差がある．年齢や体長は，水温選好に影響し，例えば，ニジマスの選好温度は，体重0.2kgの個体の場合18℃であり，5 kgの個体では13℃に下がる．ニジマスは，サケ科で最も高い温度選好を示し，野外では時折，20℃以上の水域に移動する．また，ワシントン州の湖に生息するニジマスは水温15℃に，カットスロートは18℃を選択的に生息しており，一方，温水域の魚種であるブラウンブルヘッドは浅く暖かい水域(23℃)にも生息していた．特に，これらのサケ科魚類は，ストレスの多い夏の高水温を回避するために湧水域や河畔林の日陰，冷たい支流等を利用している．したがって，水温上昇は，サケ科の分布域の下限を上流方向へ減退させることになるだろう．実際に，Meissner(1990)は，夏の間，下流部における温暖化が進行するに従いブルックトラウトが上流へ移動することを報告している．

このように，淡水魚類は適した水温を求めて選択的に移動するが，淡水域は，海域と比べはるかに閉鎖的であるため，温度上昇等の環境変動によって移動障害を被りやすく，狭い水域に閉じ込められることが多い．その結果，淡水魚においては，小規模な局所的絶滅を繰り返す頻度が増えると予想される．

8. 2. 3　進化時間と温暖化

地球上に淡水域が形成されてから，気候は地球規模で何度か大きく変化してきた．その変化は，淡水域の水温に影響を大きく与え，魚類の進化要因に大きな役割を果たした．過去の低温化・温暖化の変動は，これからの100年の地球温暖化モデルによる予測よりも10倍から100倍は緩やかであった推定されている．その過去の温度変化の期間は，進化的変化が明らかに作用する世代時間であるといえよう．しかしながら今後，わずか100年で数度上昇する水温変動率は，魚類の進化時間にとってあまりにも急速である．すなわち，この短すぎる温度変化に生物の進化速度がどう対応できるかが問題となる．もし温度変化に対応できるとすれば，例えば，中・高緯度地方で十分な時間を伴う温暖化であれば，同地域の生物多様性は，今よりも増すかもしれない．このような温度変化への適応性は，地球温暖化に対する生物の生存上の重要な対応の一つとなる．

8.2.4 種の分布移動

地球温暖化モデルは，水温上昇が極地に向かってより強くなると予測している．これに従えば，絶滅や地域的絶滅は種の分布の低緯度境界で起き，極地への分布移動は種ごとの分布範囲の高緯度付近で起きるだろう．

一般に地球温暖化の影響は，海より淡水の方がその閉鎖性ゆえに大きいとされている．多くの淡水魚は，最適水温の4℃前後の範囲内で生活の3分の2を過ごし，ほとんどすべての生活期間を10℃の範囲内で過ごすとされる．この性質は，魚に多様な水温分布を持つ湖や河川において生存しやすい適温を求め移動することを示している．例えば，夏になると，冷水性の魚類は，より高い標高に移り，湧き水や冷水域に近づき，また，水温層がある湖では，より深い冷水域に潜る．こうした回避ができなければ，その種や個体は絶滅致死することになる［図-8.6(a)］．

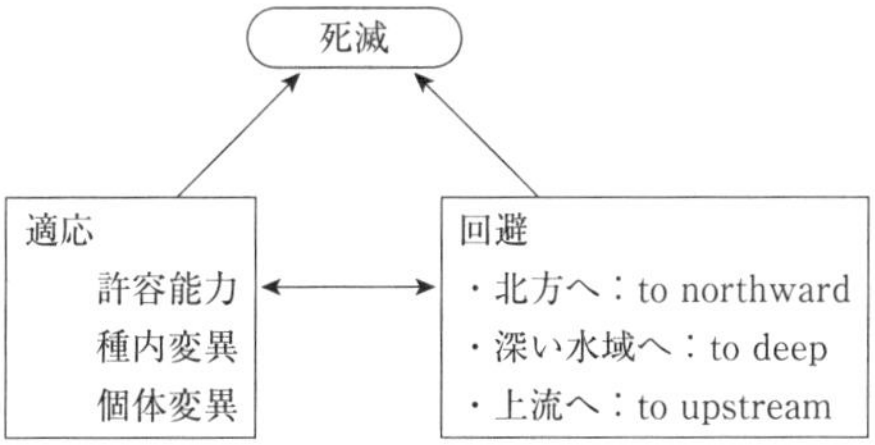

(a) 淡水魚の温暖化への3通りの対応

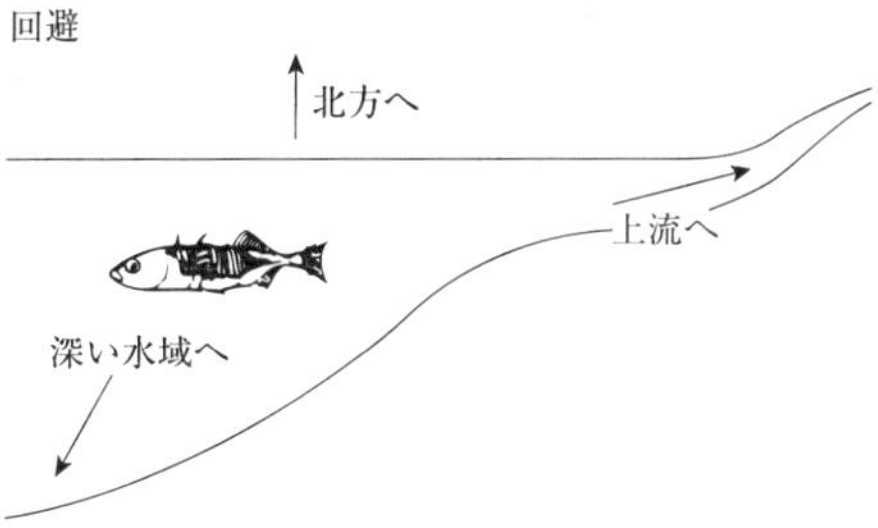

(b) 淡水魚の温暖化への3つの回避方法

図-8.6

高緯度に分布する種は，隣接した水域を通して新生息地に入ることができれば，温暖化に伴いながら極地方面の移動が可能である[**図-8.6**(a)]．具体的に，北アメリカで水温4℃の上昇は，コクチバスとイエローパーチ(スズキ類)の分布域を緯度5度(約500 km)北方へ移動させるという予測がある[Shuter and Post(1990)]．さらに，地球温暖化は，サケ科魚類の適した産卵場所を限定し，例えばヨーロッパにおける大西洋サケやブラウントラウト，ニジマスの分布北限をより北方に移すとされている．北方系のサケ個体群のうち南限に分布する個体群の未成魚は，夏季に予想される水温上昇によるストレスが生じ，摂餌活動が休止する期間が長期化する可能性がある．その結果，この期間中に個体の体重は減少するだろう．実際に，ノルウェー北部の北限に分布するサケ河川個体群の摂餌量や成長量は増加し，一方，逆に，南限に位置するスペイン北部やフランス南西部の個体群は，絶滅の方向に向かうとされている．

8.2.5　湧水域の魚に与える影響

年中一定の水温を持ち，安定した環境である湧水域に分布し適応してきた魚類は，特異な生態を持ち，狭い温度変異にしか対応できない習性となっている．そのため温度変動は，たとえわずかでも，そこに生息する魚類には大きな影響を及ぼすと考えられる．

日本で湧水域を中心に分布しているハリヨは，現在，滋賀県東北部と岐阜県南西部の一部にのみに天然生息するトゲウオ科の淡水魚で，県の天然記念物や環境省の絶滅危急種に選定されている．トゲウオ科は，元来，北方系の魚で，北半球高緯度地方に広く分布するが，日本のハリヨの生息地は，同科の世界の南限(北緯35度)の一つに相当する[森(1997)]．冷水性の魚であるハリヨがこの地域で生息するためには，まず第一条件として，夏季に高水温(20℃以上)にならない湧水域が不可欠である[Mori(1994)]．この地方の河川中流域の本流部の夏の水温は，普通25℃を超え30℃近くにもなるが，そうした水域ではハリヨは生存できない．したがって，この魚にとっては，夏の水温が重要な問題となる．さらに，ハリヨの雄は，繁殖のための巣づくりをするため，その営巣地環境の良し悪しが繁殖成功に大きく関連する[Mori(1993, 1995)]．

一般に，湧水水温は，その地域の年平均気温とほぼ同じであるといわれ，このハリヨ生息地の湧水水温は15℃である．年中，水温一定の湧水地では，繁殖期のピークは4月下旬〜5月上旬であるが，ほぼ周年にわたって繁殖活動が確認される．しかも，10月頃にまた小さいが繁殖ピークが認められる．この水温が一定である湧水の存在は，おそらくハリヨの繁殖期の周年性と大きく関与していると思われる[Mori(1985)]．便宜上，この14〜18℃の4℃の水温範囲を最適営巣水温とし，この範囲で営巣数が80%認められた．

ここで，もし湧水の水温も短期間に5℃上昇したとしたら湧水水温は20℃になり，営巣の最適水温から外れる．その結果，ハリヨの営巣水温は激減する．それは同時に個体数の減少になり，今以上に点的な分布域となるにちがいない．とすれば，湧水域に彼らの生活・繁殖にとって適した水温がなくなり，また周年的な繁殖活動は見られなくなるだろう．これらをもとに計算してみると，年間の営巣数は，およそ4分の1に減少することになった[Mori(2000)]．それは減少の一途を辿っているハリヨの現状をさらに絶滅への可能性を高めていくものになろう．温暖化は，明らかに湧水の魚ハリヨの生活・生存に多大な変化をもたらす．

8.2.6 淡水魚分布における海進の影響

今から数千年ほど前に日本では“縄文海進”といわれる海進があり，当時は現在よりも3〜8 mほど海面が上昇していたとされる．したがって，現在の多くの平野は海の底にあった．例えば，濃尾平野は，木曽三川といわれる木曽川，長良川，揖斐川の大河川によってできた沖積平野である．海抜10 m以下の平地のうち，約3分の1にわたって0 m以下の水郷地帯が広がる(**図-8.7**)．同地域は，温帯域の魚であるコイ科やドジョウ科の種類が豊富であり，サツキマスやアユ，ウナギ等の回遊

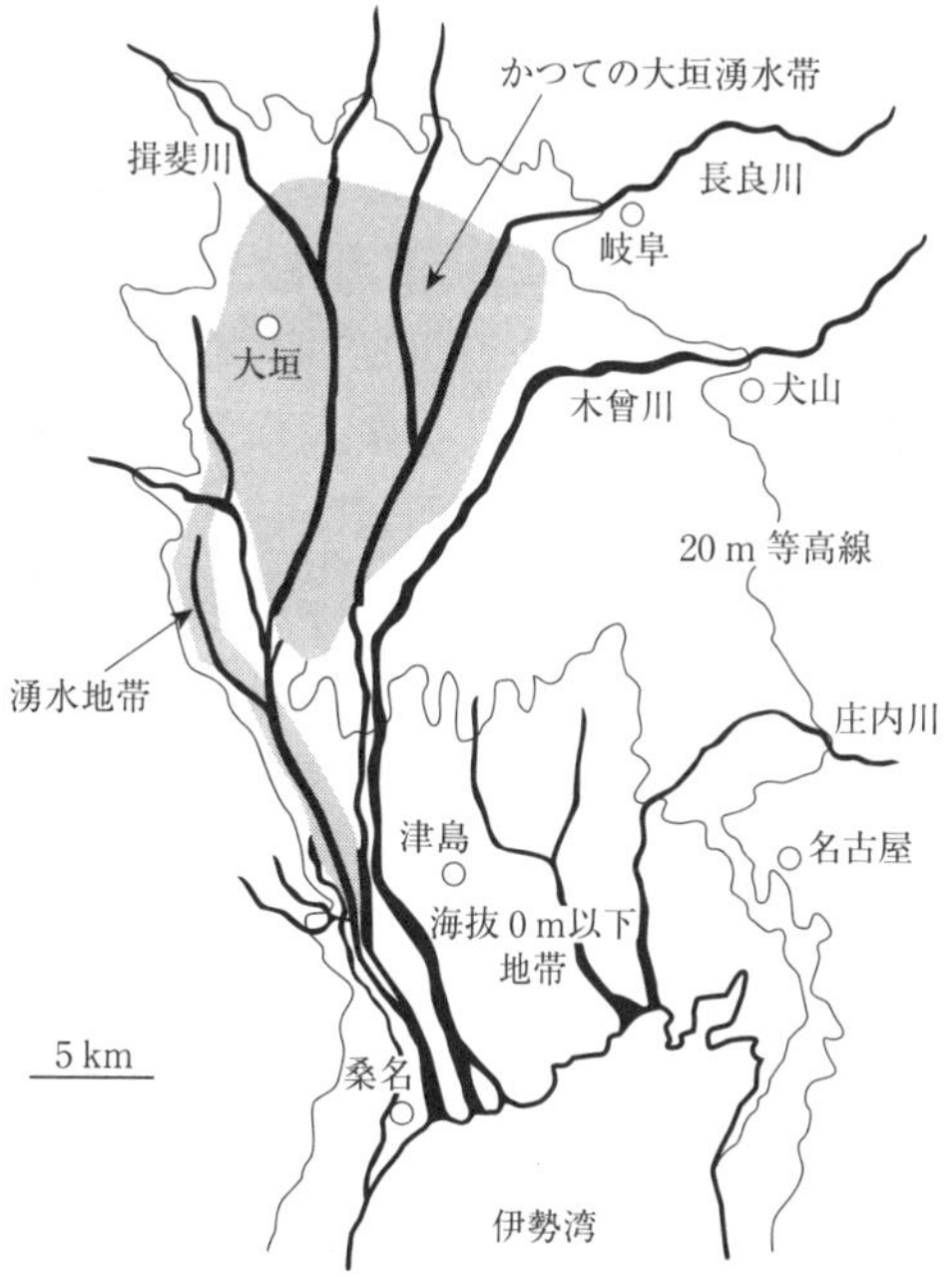

図-8.7 濃尾平野における海抜0 m地帯，木曽三川，湧水地帯

間の交流が減少し，生息地は分断化される．それら分断された河川の規模が小さければ，その種はそれぞれで消滅する可能性が大きくなる．つまり，止水域に適した魚類が増加し，渓流性の魚類は減少することになる．さらに，ダム湖の流入河川に分断孤立した個体群サイズは小さく，遺伝的な多様性も低いことが推定され，結果，遺伝的劣化の速度が早まると考えられる．

ダム建設は，結果として川に湖をつくることである．自然の地形・地殻変動というタイムスケールに比べると，ダム建設による瞬時の変化は，まず流水の止水化や水深の深化という環境変化を急速に招く．それに伴って水温，水質，有機物等の非生物的環境要素と，水生植生やプランクトン相等の生物的環境要素の変化をもたらす［**表-8.1**．Cowx & Welcomme (1998)；三橋，野崎 (1999)］．これらの環境変化によって魚類相や種組成が異なっていく．さらに，ダム湖の環境に適した移入種による優占化に加え，水域間の魚類相特性の均一化を招くのである．

表-8.1　魚類の生活に対するダム湛水化の影響［Cowx & Welcomme (1998) を改変］

1.　ダム構造物
1）上流および下流への移動障害
2）ダム通過における未成魚損失
3）窒素ガス飽和による致死
2.　湛湖の形成
1）産卵場の水位上昇
2）産卵場到達の遅延
3）稚魚降河移動の遅延および停滞
4）深くなった水域層間の移動による未成魚の損失
3.　水量，土砂堆積，水質，餌供給，流路形態，水生植物
1）季節的な流量変動と水質の変化
2）短期的な流量変動
3）水質悪化による有害化
4）産卵場の底質の不安定さ
5）卵発生率の低下
6）餌供給の低下
7）岸線の形状や河畔林等の沿岸域の変化
8）被捕食圧の増大

(2)　上流域の水温変化

水温は，淡水生態系の環境要素として重要である．湛水域における水温分布は，場所によって水平的にも鉛直的にも異なっている．ダム上流に広がる湛水域の水温に関する研究は，英国南部の Haddeo 川の Wimbleball ダムで 10 年にわたって実施されている［Webb & Walling (1993)］．近隣のダムのない河川と比べて，全体的に湖内の平均水温は上昇 (0.1〜3.7℃) し，水温の最大最小 (年較差) の変化が減少している．季節変化で最も著しいのは，秋季の水温低下の遅延であり，9 月から 12 月の水温は，ダムのない河川より 4℃以上も高かった．1 日の最大温度差も，ダムのない河川と比較して半分であった．このようなことは，**3.3.2(3)**で示したように日本でも生じている．

米国北西部のコロンビア川では，水温が1年のある一定期間，サケにとって深刻なレベルにあることが明らかになっている．ダムの多い支流のスネーク川の水温の方が合流部のコロンビア川より数℃以上も高く，この温度差は，スネーク川へのサケ成魚の遡上をさえぎっている．同川のBrownlee Reservoir(流程92 kmにわたる湛水域)の環境条件は夏季に深刻であり，表面温度は27℃に達した．一般に，未成魚の方が成魚よりも水温上昇に対してよりダメージを受けやすい(**図-8.11**)．このような水温の上昇は，冷水性の魚類においては生息を困難にし，また逆に，温水を好む魚類にとっては成長率等において好条件となる[Giller & Malmqvist(1998)]．

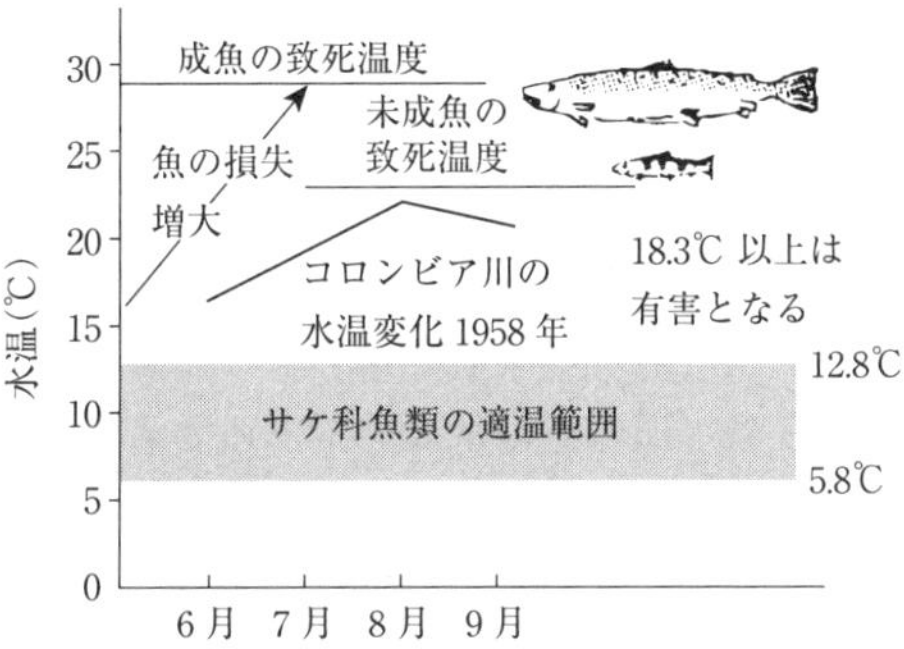

図-8.11 サケ科魚類の生存における水温の影響
[Giller & Malmqvist (1998)]

(3) 上流域における環境変化(堆積物，溶存酸素，生物的環境)

ダムは，土砂を含む流水を塞き止める構造物である以上，ダム湖には土砂が恒常的に溜り続ける．その結果，溜る土砂によって貯水容積が減り，そのダム本来の機能が失われていく．特に，山間部にあるダム湖は土砂が急速に堆積することがよく指摘されている．それは維持管理がない場合において，完成直後から始まる．治水と利水のための貯水効果が減退していくことは，ダムの当然の帰結であり宿命である．こうしたダム貯水域における堆砂の進行は，多くの川においても多かれ少なかれ認められる．

スイス・アルプスにある氷河河川では，堆積物の量は特に著しい[Petts & Bickerton(1994)]．氷河が溶けた流水は，大量の土砂を含んでおり，それは膨大な堆積物をダム湖内にもたらす．また，堆積物の量は，ダム湖上流や周囲から運ばれてくる他生性(allochthonous)堆積物(土砂，火山灰，塵等の無機物や生物体や死骸，泥炭等の有機物)だけでなく，ダム湖内に生息する生物の遺骸や腐食からなる自生性(autochthonous)堆積物によっても変化する．夏季においては水温成層が形成され，湛水化により水中に沈んだ陸生植物が腐食し酸素レベルを低下させ，底層における無酸素状態を招く[Oglesby *et al.*(1972)].

こうした水温，堆積物，溶存酸素量，富栄養化等の環境条件の変化は，魚類相や個体数に影響をもたらすことが容易に想定される．例えば，主に瀬や流水域で繁殖する魚類にとって，湛水化はそれだけ繁殖場所の面積を減少させることになる．また，ダム湖およびその下流域でよく見られる土砂の堆積やシルト状の微細粒を含んだ濁水や水質悪化は，繁殖場所や卵発生および孵化に悪影響を与える．さらに，下流から魚道等を通じて遡った回遊魚は，止水域のダム湖に入ると，泳ぐ方向性を見失い迷走し，エネルギー損失を被る．逆に，海に向かって降下する魚種は流れに従って降りられず，湖内に溜まってしまうことがある．特に，サケ科魚類のように繁殖のため流れに向かって遡上し，未成魚が降海する回遊性魚類にとっては，ダム湖という湛水域の影響が顕著であると考えられる[Moss(1998)；森編(1998)参照].

8.3.3 ダム下流域：減水域

(1) 減水と河川形態：流水量の安定化

3.2.2 で述べたようにダムの下流域では流量が変化する．治水ダムでは洪水流量が減少し，逆に平水流量は増大する．電力専用ダムでは，放流口がダムか離れた所にあることがあり，最近は生態系を配慮し無水区間が解消される例が増えているが，無水区間が存在する．運用の目的(利水，水量調節，発電)に応じて放水流量のパターンは異なるが，米国ではダム湖の貯留量が大きく，洪水流量が激変，小さくなり，河川の流水域は縮小され，湿性植物が前進し，周辺林が岸際まで広がってくる事例が報告されている[Nilsson(1996)]．ある場合には，河川は干上がり，また水溜まり状状態となってしまうほどになり，著しく水域面積が低下する(**図-8.9** 参照)．また，スウェーデン北部の流量制御された河川において，減水によって止水化して瀬と瀬の間の距離が50%増加したことが報告されている[Malmqvist & Englund(1996)]．これらは減水に伴う生息可能面積の縮小や急流域の消滅を意味し，また流量と土砂供給量の減少に基づく「早瀬の平瀬化」によって，平瀬を比較的好む，例えばオイカワが増加し[水野ほか(1958)]，アユやウグイの減少を招く[水野，御勢(1972)]．つまり，水中および河畔の生物相に変化をもたらし，さらには生物の死活問題となることもある．そもそも水域の縮小は，魚類の生活空間を根本的に減少させることになろう[川那部，水野(1970)].

ダム下流の河川流況は，ダム湖の利用状態に概ね依存する．洪水調整，用水，灌漑と発電等の用途目的に応じて下流への流出量が時期的・時間的に異なる［Brooker(1981)］．例えば，発電のために制御され河川流量の季節および日変化は，電力需要のパターンを反映している．その電力を供給するための放水流量は，昼中と週中に多く，夜間と週末に少なくなる［Allan(1995)］．きわめて短期間のうちに下流の流量は変動する．米国メーン州ケネベック川の昼間流量は，170 m^3/s であるが，夜間はわずか 8.5 m^3/s になり，河床面積の 25%が水がなくなるという．すなわち，ダム管理の流量制御によって下流域は，概して長期的には低水期が長く安定し［Paulson & Baker(1981)］，一方で，短期的には変動が著しく激しくなる［Moss(1998)］．このことはダム管理の運用方法によって魚類への影響が異なることを意味する．これは魚類の生息場所を不安定にし，とりわけ繁殖期の急速な渇水状態は壊滅的な打撃を与えるだろう．

下流域の水は，プランクトンと懸濁物を多く含むダム湖の放水によって常時的に濁ることが多い．ダムのない河川では出水増水時に一時的に濁るものの短期間で清流に戻るが，一方，ダムのある河川ではダム湖内で微細粒子やプランクトンが浮遊し，ダム湖とその下流域が長期的に白っぽく濁る［三橋，野崎(1999)］．それらは底質の石の表面等の河床に薄く膜を張るように沈殿し，付着藻類等の生育不良や水生昆虫の生息環境の悪化を引き起こし，魚類の餌環境にも影響を与える．

(2)　下流域の水温変化

夏季にダム湖の表層水を放水すると，下流の水温は，ダムのない河川より高くなり，しばしば高酸素濃度をもたらしプランクトンの活動を高める．前述の英国南部にある Haddeo 川の Wimbleball ダムでは，ダムの下流 5 km にわたって影響があり，年間でかなりの水温変動があった［Webb & Walling(1993)］．

米国北西部のコロンビア川に計画された水力発電施設の工事の前に，予測される高水温の影響に関する調査が始まった．この結果，もしこれらの発電施設が大規模に拡大せられ，その発電所から発生する消費熱による高温水が河川に何の配慮もされないままに放出されるならば，回遊性であるサケ科魚類の生存率はさらに悪化するであろうことが明らかになった［Oglesby *et al.*(1972)］．発電施設の排水口で，魚類は 9～17℃もの突然の水温上昇にさらされる．例えば，最大 32℃まで急速に上昇させた水域では，サケ科未成魚は数秒で死に至ることが示されている．また，高水温は魚類の移動を鈍らせ，あるいは回避水域を増やし，回遊を遅らせることが考えられる．さらに，この水温条件は，細菌類や病原体の繁茂増殖を促すことがあるとされ，同時にサケ科魚類の餌生物量に影響し食物供給の低下をもたらす．一方，競争相手や捕食者となる種類の魚類にとっては，好条件となる．

また逆に，水深が深いダム湖の場合，底層部(hypolimnion)は表層部(epilimnion)よりも水温が低いため，その放水によって，下流の高水温を低下させることができるだろう．つまり，これは高水温になった下流域にとっては，その改善点の選択肢として成り立つ．コロンビア川のような事例は極端な事例であり，日本では少ないと思われる．なお，日本では稲作に対する冷温による収穫減対策として選択取水がなされ，また近年では河川生態系の観点から放流水温制御がなされるようになった．

(3) 流送物質の影響

洪水流量と土砂流送量の減少は，**4.4** で述べたように河川形態を変化させる．これは必然的に下流域の生態系に大きな影響を与える．また，ダム建設は，山地で生産される栄養塩類，微量必須物質の流出を減少させ，海洋生態系の環境特性に変化を与え，沿岸域に生息する魚類の生態にも影響を与える可能性がある．すなわち，ダムによる流量制御は下流域における洪水に伴う氾濫原の形成や，肥沃な土砂の移動・堆積作用を弱め，あるいは停止させる[Paulson & Baker(1981)]．この土砂の流送の減少は，海岸線にさらに深刻で広範囲な影響をもたらす．ナイル川下流の三角州地帯において，アスワンダムの衝撃的な影響が明らかとなっている．かつての下流域への堆積物は，海岸周辺の三角州の侵食を抑え，海洋生物に栄養分を供給していた．アスワンダム建設以後，地中海に注ぐ流量の劇的な減少は，ナイル川の三角州の侵食を急速に招き，次いで，沿岸の生産力を下げて重要な水産物を減少させる結果となった[Hargrave(1991)]．こうした現象は，かつての日本における沖積平野においても当てはまることだろう．

完成されたダム本体からだけでなく，工事中の細砂土砂の流出と堆積も無視できない．本来ならば，増水時に一時的にしか流れることのない細砂土砂が，工事期間中は流出し続ける．よほどの濁水処理をしない限り，工事の間中ずっと流れる細砂土砂によって特に下流域の河床表面は不安定になり，魚類はもとより彼らの餌生物が定着することも困難となる．また，工事の際には，ダムの上・下流域周辺の河床は平坦に均されることが多く，魚類の生息環境として不適当になる．

(4)　魚類の回遊および移動への影響

魚類の生活におけるダムによる最大の影響の一つは，生活史の一環として行われる産卵遡上や海洋生活のための降下等を阻害遮断することである．

コロンビア川流域のダムと湛水域は，当初，チヌークサーモンとベニザケ成魚の回遊率に深刻な影響を及ぼすように思われなかった［Oglesby *et al.*(1972)］．実際にそれらの魚がBonnevilleダムからRock Islandダムに移動するために必要とした時間は，ほとんど全域的に湛水化されていた24年間にわたって同じであったという．現在のベニザケは，Rock Islandダムに着くまでの中間に障害が存在する以前よりも2日だけ多く必要とするだけであった．ただし，その2日間の遅れがサケにとってどのような意味を持つのかはわかっていない．スネーク川ではBrownlee Reservoirに放流されたチヌークサーモン成魚の中には，流程が92 kmにもなる湖状になった湛水域を通り抜け，その上流域で産卵をした個体もいた．しかしながら，これらは遡上サケ全体としてダムの影響がさほどなかったということではなく，そういう個体もいたという定性的な意味である．ダムとダム湖は，サケ・マス成魚の全体的な産卵回遊において深刻な影響を与え，その結果，繁殖場所までの到達率は非常に低かったのである．

湛水域はコロンビア川の流速を減少させたために，サケ・マス未成魚の下流への移動に影響を及ぼした．1968年にJohn Dayダムが完成した後，未成魚のMcNaryダムからJohn Dayダムまでの移動は，ダム完成以前の約3倍近くの日数が必要と算定された．支流のスネーク川でも同様な結果が得られた(**表-8.2**)．スネーク川のBrownlee Reservoirを通過するチヌークサーモン未成魚の個体群サイズは，移動時の湛水域の流量と関連があった．つまり，広範囲にわたる湛水域での移動の遅延は，それだけ長期間，高水温や窒素ガスの高濃度，捕食者，他種との競争圧を魚類に被らせることを意味する．また特に，降海する未成魚は発電施設への取水口に巻き込まれたり，放水に混入して大きなダメージを被る．その結果として近年，上流から河口への未成魚の移動の間の致死率がほぼ90%と高く推定された．

ダムは広く回遊する遡河および降海性の魚類のみならず，河川内に定住的な魚類の移動においても大きな打撃を与える．それは河川として一つであるかもしれないが，ほとんど交流がない，特に下流から上流への交流がない分断された生息地がで

表-8.2 コロンビア川とスネーク川のダム建設前･後においてダム湖地点をチヌークサーモンが通過する時間

Section of river	Distance (km)	Elapsed time (average days)	
		Pre-impoundment	Post-impoundment
Salmon River to Ice Herbor Dam	370	15	25
Ice Herbor Dam to McNary Dam	68	3*	9
McNay Dam to John Day Dam	122	5	13
Peak of migration John Day Dam		May 2	June 3

*Estimate based on rate of migration between McNary Dam and John Day Dam site before river was impounded. (after Oglesby *et al.*, 1972)

きるからである．河川がいくつものダムで遮断された結果，一つひとつの細分化された水域で魚類は必然的に小さな個体群となる．こうした個体群サイズの縮小は，遺伝的な劣化を促進させる可能性があるという[プリマック，小堀(1997)]．

本節の一部は，森(1999)によっている．

8.4 河川の魚類相：移入種と多様性

8.4.1 豊川の特性

豊川は，愛知県の東部を流れ，東三河地方で最大の河川で，流長約 90 km，流路面積は 723.7 km^2 である．その源を愛知県北部の段戸山(標高 1152 m)に発し，ほぼ中央構造線に沿って三河湾(渥美湾)に注いでいる(**図-8.12**)．上流域は，寒狭《かんさ》川とも呼ばれる豊川本流と宇連《うれ》川の 2 河川の水系である．

豊川中流部に牟呂・松原頭首工がつくられて牟呂・松原用水に取水し，水の総合的な利用を図って支流の宇連川に宇連ダムが設置されている．さらに，天竜川支流の大入川と大千瀬川の水を引水する(振草導水路)とともに，天竜川本流に設けられた佐久間ダムからも分水して宇連川支流の亀淵川に導いている(佐久間導水路)．すなわち，豊川水系の生態系や生物相は，全く別の水系である天竜川の影響を受けている状況になっている．これらの水は，宇連川の下流部に設けられた大野頭首工より豊川用水に取水されている．牟呂・松原用水や豊川用水は，かなり広い範囲まで

表-8.4　豊川水系における移入魚の経路と魚種（外来種と在来種を込みにして，意図的かそうでないかだけをもとに分類した）

放流魚：意図的な行為による移入
1. 水産資源としての事業放流：アユ，アマゴ，ワカサギ
2. 水産資源としての試験放流：イワナ類，アユ
3. 希少魚の保護としての試験放流：カジカ類
4. イベント(釣り，掴取り大会)放流：ニジマス，ニシキゴイ，チカダイ
5. ゲリラ放流：オオクチバス(ブラックバス)，ブルーギル，ゲンゴロウブナ
6. 除草，害虫駆除の利用魚として放流：ソウギョ，タウナギ
7. ペット飼育魚の投棄：金魚，熱帯魚(ピラニア)等
8. 魚愛好者による保護放流：オヤニラミ
混入漁：人為的・意図的でない移入
9. 放流魚に伴う混入漁：ビワヒガイ，オイカワ，ヌマチチブ，ギギ
10. 増水による養殖場からの逸脱：マス類，金魚
11. 他水系からの導水路を通じての移入：ウグイ，ナマズ，タウナギ

琵琶湖産が多いと考えられる．

移入種は，外来種か在来種(本邦産)という産地の違いで，まず2分することができる．しかしながら，また様々な移入経路によっても類別される(**表-8.4**)．ここでは11通りに区分したが，大きくはそれが意図的な放流か，そうでない混入かに分かれる．混入魚には単に，アユ等の放流に伴う移入ばかりでなく，増水による養殖場からの逸脱や他水系から導水路を通じての移入もある．

本水系と他の水系にも分布する魚種(アユ，ヌマチチブ，ウグイ，カワヒガイ，モロコ類，タナゴ類)については，在来個体か放流・混入個体かについては，判断がむずかしいものがある．ただ，天然アユといっても，放流されたアユが川で採集された個体を指すことが多い．天然遡上し繁殖するアユの実態調査の必要性がある．また，豊川水系内での移動もあり，例えば，魚取りで家に持ち帰ったが，飼えないために近くの水域に放流するという場合もある．これは最近のアウトドア志向もあり，増加の傾向にあるといえそうである．

移入魚は，オオクチバス等のように直接的に，在来魚を摂餌するというだけでなく，餌生物や棲み場所をめぐる競争をより激化させる移入種が考えられる．例えば，ダム湖等の広い止水域でも生息可能なギギ(ハゲギギ)はアユ放流に伴って豊川に移入された．実際に，アユ放流の際の生簀にギギ等のアユ以外の魚種が入っているのを現認している．このギギの放流，定着，増加は，在来種のネコギギの生息に大いに影響を与えるだろう．ギギは，中・下流域に生息し，止水域に適応した生活史を持ち，琵琶湖以西の河川に生息するが，一方，同じギギ科魚類であるネコギギ(国の天然記念物)は，東海三県の伊勢湾・三河湾流入河川の中流域にのみ分布する[川那部，水野編(1988)；渡辺，森(1998)]．その清流の淵や平瀬を中心に生息するネコギギにとってダム湖は生活史から見て著しい悪条件をもたらす．ネコギギの生活史や生態[Watanabe(1994)]から考慮すると，おそらく，ダム湖環境はその生息に壊滅的な影響を与えることが推察される．また，ギギは，ネコギギに比べ成長が早く体長が大きくなり，攻撃的でもある．競合すれば勝敗は明らかと思われる．これらのことは，東海地方にあるダム湖にギギが放流されると，在来のネコギギの激減がより一層促進されることを意味する．

移入種の増加や分布拡大があると，移入先の同種や近縁種との交雑が増えていく可能性がある．例えば，アマゴやアユ放流に伴って混入するコイ科魚類等は，その水系の歴史とともに元から生息してきた魚との交雑が考えられる．本調査ではキンギョの中に含めたが，中・下流域ではキンギョとフナの交雑と考えられる個体が多く確認できた．定期的に放流されるキンギョは，フナ類との交雑を増やし，純粋なフナ類の生息を減少させる可能性がある．

さらに，他の水系の希少種が放流される場合もあるようだ．例えば，オヤニラミはその典型であるといえよう．これはアユに混入して移植されたのではなく，ある人の好意に基づき意図的に放流されたらしい．

環境庁(現・環境省)のレッドデータブック(1991)で本種は希少種として扱われ，関西以西の分布とされている．1994年に豊川支流の宝川で，初めて本種が確認できた．しかし，その後の増水や河川工事のために，河床形態が変化し確認できなくなったが，一方，豊川本流の中流域で確認されるようになった．1995年に宝川の河川工事が終わると，再び確認できるようになった．この調査をする以前，オヤニラミは確認されていない．本種は飼育されていたものが放流(投棄)された移入であると考えている．今回の調査で成魚および稚魚が捕獲できていることから，豊川水系に定着している．

善意の放流をどう考えるか

アユやアマゴ等の水産業的に価値のあるものは，保全生物学の観点からすれば容易に放流が事業化されている．この水産事業放流量に対して善意で保護放流される量を考えると，それは些細な問題にすぎないともいえる．だからというわけでもなく，これは，その地域の生態系を攪乱する行為である，として直ちに否定はできないと思う．それが希少魚である限り，本来の生息地が危機的な状況にあるからであり，その種を残そうとする意味においては，放流者の善意に基づく行為といえるからである．

したがって，現状で筆者は，その善意を単純に否としないし，本来の生息地で生きた個体の繁殖再生産できる生活環境の整備や配慮を望めないのであれば，緊急上そうした放流行為も止むを得ない一理があると考えている．ただし，その移植はむしろ同種がいない水域であることを大前提にする．もちろん，その種がもともと生息していない場所に放流したところで，うまく生存できるのかという問題も残る．そのためには問題の種の生活史を十分に調べて，何が重要な環境条件かの把握が重要であり，それは移植場所の選定に不可欠である．また，地域個体群間の遺伝的な差異の程度を調べ上げておく必要があろう．そのうえで，生息地間の移植を可能とすることもあってもいいかもしれない．

以上の2点は相反するような内容である．それは種や緊急性に応じて差異があるためである．つまり，新しい生息場所を設けるか，既存の生息地へ放流するかは種によって異なるのが実情なのである．いずれにしても，産業としても善意としても放流はいくつかのハードルを越えて慎重になされるべきである．早急に，希少種に関わるガイドラインを策定し，それぞれの種の現況の把握と具体的措置のルールづくりをしなければならない．ちなみに，日本魚類学会は2005年3月に「生物多様性の保全をめざした魚類の放流ガイドライン」を策定し，ホームページ(http://www.fish-is.jp/info/050406.html)で公開している．ここでは，とりあえず早めに，希少種や地域個体群を系統的にかつ網羅的に，魚体(鰭の一部など)や卵・精子の凍結およびアルコール標本にすることを提案しておきたい．危急性のランク付けから逸脱し，種ごとの実態を整理し，系統立った具体策を実施する必要がある．

森誠一　記

8.4.4　魚類相からみた豊川の今後

(1)　種のリストから

豊川水系において魚類は100種近くが聞き込みを含め認められ，県内の他河川と比較しても魚類相が豊富である．しかし，そのうち移入種(聞き込み含む)が20種を超え，魚類相の顕著な変化があった．それは豊富な魚類相が直ちに多様性に富んだ河川環境を意味することではなかった．つまり，移入種という人工的な措置による種数の多さをもっては，河川の多様性(自然度)は即座に判断できないのである．

ここで述べたように，コイ，フナ等の放流に混入する魚類が移殖され，濃尾平野周縁部に定着したとすれば，保全の意図はない過去の放流という人為的行為(インパクト)が結果的に保全として有効になっているといえる．このことは，保全するとは何かということを我々に自問させ，同時に我々が保全する対象としての自然とは何かを明確に整理しておく必要を提示している．すなわち，我々の生活空間の外にある自然や別途で成立する自然ではなくて，我々の中に存在する自然をいかに保全するかが問題なのである．

これまで，様々なアセスメント調査等で魚類相調査が実施され，河川ごとの種リストが蓄積されている．それらの多くは，単に種のリストをあげるだけに終始している感がある．これらの調査結果をいかに加工するかということこそが，今後の問題であろう．すなわち，リストにあがった種に関して，例えば，在来種か移入種かに類型化して，その河川における魚類相の多様性を考慮することも肝要であると思われる．

(2) 魚類の生息と流量

豊川の魚類は，豊川用水等を通じて他の場所に移動，分散している．豊川用水は，渥美半島に水資源を供給するための用水である．実際に，魚種は特定できないものの，用水に多くの魚類が流されているのが確認した．こうした用水路を介して分布域を広げることは，例えば，タウナギで報告されている．直接的な放流ばかりでなく，こうした人工的につくられた水路による新しい水域体系が水生生物の分布や生息環境と，どのような関係にあるかを調査することは興味深い課題である．

この用水への取水や天竜川からの導水は，豊川の水量に影響を与えているであろう．それが河川流量に対してどの程度のものであるかを把握し，魚類の生息にどのような影響を及ぼしているかを理解することも肝要である．現実の豊川における水不足という恒常的状況は，魚類の生息にもかなり深刻な問題である．河川だけではなく溜池にも渇水の影響があり，二次的影響である酸欠や赤潮より，水域そのものの減少によって魚類の生息が困難となる．今後，魚類の生息環境の保全のためには維持流量をどれほどにするべきか，そしてその維持流量を保つためにはどのようにするべきか，という流域一帯を含む広範囲にまたがる問題に対して，様々なアプローチ［森(1998)］から展開していかなければならないだろう．

ネコギギの生態と保全

ネコギギ *Pseudobagrus ichikawai*［Okada&Kubota(1957)］は，ナマズ目ギギ科に属する日本固有の淡水魚である．本種は，伊勢湾と三河湾に流入する河川にのみ分布し，生物地理学的に貴重であり希少になりつつある種として1977年に国の天然記念物に指定された．さらに，本種は近年の人間活動の影響により，その生息場所が狭められ，現在絶滅の危惧が高いものとして環境庁のレッドデータブックに絶滅危惧種として選定された．ネコギギの保護とその生息環境の保全は，貴重な固有種である本種を守るという意味にとどまらず，本種のすむ東海地方の中流域の清流を保全することと切り放せない重要で緊急な課題となっている［森編(1998)］．

自然下におけるネコギギの永続的で健全な生息・再生産を維持するためには，ネコギギの生態や生息条件について十分知り，生息環境が損なわれないように様々な面で対処しなければならない．具体的な本種の保護・保全のためには，基本的な生物学的知見をもとにして，それぞれの生息地の現状について詳しく把握し，生息地への悪影響をもたらし得る個別の問題に対応できる体制を整える必要がある．本種の基本的な生態や生活史に関しては最近多くの知見が集積されており［東海淡水生物研究会(1993)；森編(1998，1999)；Watanabe(1994)］，現在，それらの成果を応用しつつ，その保全の体制作りをする段階にきている．

(1)　個体数と淵サイズ

ネコギギの分布は，淵もしくは平瀬等の流れの緩やかな水域に大きく依存することがわかっている［東海淡水生物研究会(1993)］．夜行性のネコギギは昼間の生息場所や繁殖する場所として，岩の割れ目，浮き石の下，礫間，植物帯の根や茎の間等の空隙が必要である．ネコギギのいる空隙の広さは，体だけが入る程度から泳ぎ回ることができる程度まであるが，側面からすぐに見ることはできない［東海淡水生物研究会(1993)；渡辺，森(1998)］程度に奥行きがある場合が多い．空隙の広さを定量的に計測したものはないが，奥行きという形で計測された調査結果からすると，空隙のある岸沿いほどネコギギの個体数が多いという傾向は認

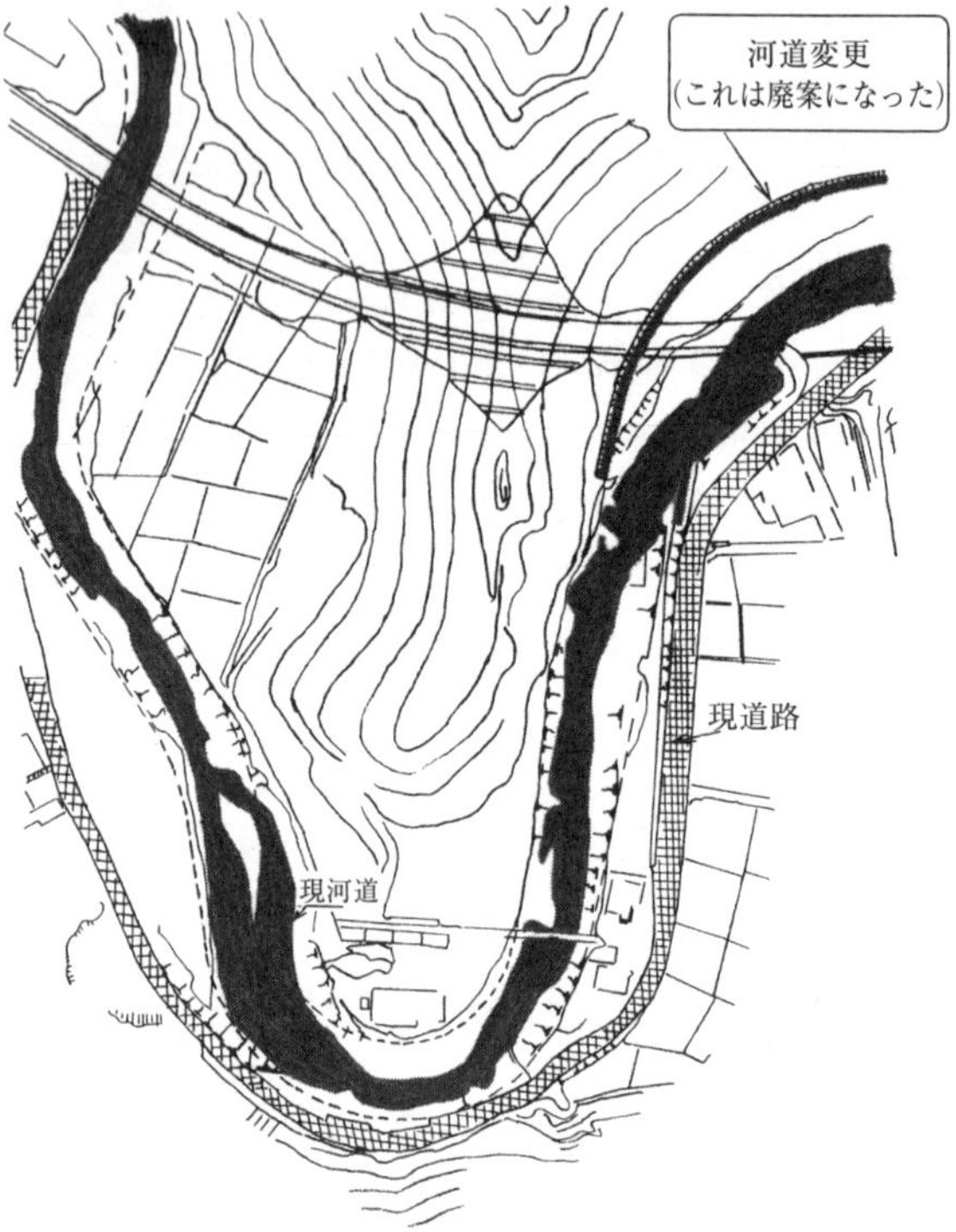

図-8.14　飛騨川水系におけるネコギギ調査地の蛇行箇所

められている［森編(2002)．**図-8.14**］．しかしながら，淵が大きくても空隙が少ない場合，生息はほとんど認められない．このことは，繁殖場所としての空隙の減少が，個体群維持のダメージに関連するだろう．

(2)　河川環境の人為的変化がネコギギに与え得る影響

ネコギギ個体群の多くは，河川環境の人為的改変に際して十分な対策と管理を行わない限り，その存続は急速に激減に至ることが懸念されている．ここでネコギギの生態と河川環境特性から考えて，河川改修工事がネコギギの生息に対して与え得る影響を以下に検討する．

①　河道の変化による水深・流速分布の大幅な変化：直接的な河道の変更，あるいは土砂など堆積物の増大に伴う間接的な河道の変化は，生息域の淵を減少させる可能性がある．

②　堆積物と植生除去による河床の平坦化と水深減少および川岸の単純化：堆

積部が除去され河床が平坦化された場合，上記と同様に，岸部は重要なネコギギの隠れ家を消失させるだけでなく，多くの昆虫類，植物をはじめとする生物の生息空間も失うことを意味する．このことは，河川環境の自然度を低下させることになろう．

③　工事時の取付け道路の建設や重機の河川内乗入れによる生息場所の破壊：最終的な河道の設定や環境保全の目標の善し悪しに関わらず，工事中の取付け道路やその建設過程に重機の河川内乗入れ等が行われることにより，生息場所や環境へ悪影響が生じる可能性がある．そのため，工事手順や工法についても留意すべき点を了解させる必要がある．

④　工事時の土砂の流入・流出による水深・流速分布の変化：工事中の取付け道路やその建設過程の土砂の流入・堆積や流出により，一時的あるいは長期にわたって河道や水深，流速分布等に変化が生じるだろう．その結果，ネコギギの生息にとって影響が生じる可能性が高い．また，さらに工事中，工事後においても，降雨時に土砂水が河川に流れ込む事態は，河床に土砂が堆積し，ネコギギの生活にとって必須の空隙を激減させるであろう．

⑤　工事時の濁水やコンクリート成分の滲出による影響：工事時の濁水や護岸，橋脚等に使われるコンクリートからの有害成分の滲出によって，悪水に弱いネコギギ，また餌となる水生昆虫をはじめとする動植物相に大きな悪影響が出る可能性がある．また，通常工事の行われる水位の少ない冬季には，その影響が大きいと予測されるが，ネコギギの生活史を考慮すると，不活発な非活動期といえる冬季を中心に工事すべきと考える．つまり，冬季に工事をする場合にしろ，工事排水や土砂をネコギギ生息地の，特に淵内にできるだけ流入しないように配慮するべきである．

基本的に，ネコギギの生息場所である淵を含む自然の河川形態を保全すること，ネコギギおよびその餌生物をはじめとする生物群集の存続を損なわないよう，工事中，工事後を通しての環境劣化や水質汚染等の人為的インパクトを防止することに要約できる．いずれにしても，ネコギギの生息にとっての環境条件を把握し，それを守ることが重要であり，まず彼らにとっては礫間や水草等による空隙と，それが維持されることが必要なのである．その場所は多少なりと変動するかもしれないが，自然攪乱によって維持されるのであろう．　**森誠一　記**

方の，特に北西部にある山麓部では扇状地から平地に移行していく周辺で，多くの扇端泉があり湧水帯となっている．その自然環境は洪水となって毎年のごとく，そこに住む人々の生命・財産を危険に曝し，水害を起こしていた．しかしながら一方で，我々の祖先はその河川を中心とした自然環境を，飲料水や農・工業用水等の生命や生活の不可決なものとして利水してきたことも事実である．

要は，この地域に我々は定着して河川を利水しつつ，治水することが望まれる．その治水のため，特に西美濃地方(おおよそ長良川以西)の人々は，集落と水田の周囲を堤防で囲い，80 個余の輪中を形成した．それらは島状になって隣接し合い，愛知，岐阜，三重の 3 県に広がっていた．輪中堤によって水害からは守られるが，輪中内が堪水し常に湿地状態となってしまう．湛水化し水掃けの悪くなった水を“悪水”というが，そのため稲が水損不熟となってしまうのである．

したがって，そのままの低湿地状態では作物には適さず，一部の田面を切取り堀(堀潰れ)とし，その土を横に上げて盛土することによって高くし，これを田(堀上げ田)とした．堀と田は短冊状もしくは櫛歯状になり，木曽 3 川下流域に広がっていた．この“堀田”は，特に江戸時代後期から明治時代初期に新田開発として盛んに造成され，昭和 40 年代初期までは残っており，ここを中心に稲作が行われていた．堀田は肥沃な土を盛るため，稲の生産力を高めることにもなっていたのである．

この堀田は，伝統的農村環境のひとつの系(システム)を特徴的に持つ水環境として，例えば魚類にとって好条件を満たす環境があったと推察される．例えば，この地域においてクリークや池沼となった堀(堀潰れ)と田(堀上げ田)の比率は，区域によっては 4 対 6 にも及び，止水性の淡水域が広がっていた．それはおそらく，浅瀬や湿地を人為的に堀に変えることで，魚類が住める空間を広げたことにもなったと思われる．

輪中地帯は広大な木曽 3 川とその網目状の支川に加え，堀田における水路や池沼という止水性の淡水域があり，淡水漁業には適した場所になっている．当時は，木曽川等の本川ではなく，堀田内や入り江等の静水域で魚類を捕獲することが多かったようである．その淡水魚の豊富さは，明治 29 年大洪水後の改修工事の結果，海津町の一集落は住居移転と水田面積の著しい減少を余儀なくされ，その結果，農家 30 戸のうち 23 戸が専業漁業に変身したという記録からも窺い知ることができる．このように農業から漁業への転身を短期間で可能にするのには，それだけ対象となる淡水魚が豊富であったからであり，かつ様々な漁獲法が確立していたことも一因といえるだろう．また，淡水魚が日常的な食生活としての確固たる位置を占め，近隣に市場があったからにほかならない．

実際に，堀田がまだ多くあった頃は，郷土料理で多くの種類の淡水魚が利用されていた．例えば，鮒の甘露煮や味噌煮，鮒・鯉の刺身，モロコ類の佃煮，モロコの押寿司等である．現在でも輪中地域では，祭りや正月に川魚を料理し食べる風習が残っており，コイやナマズ等の川魚を扱う専門料理店がいくつもある．

しかしながら，1948 年以降に施行された『土地改良法』に基づく総合土地改良事業によって，輪中最大の高須輪中を中心に堀田は圧倒的ともいえる速さで乾田化されることになった．すなわち，動力排水機の設置や用・排水路整備により乾田化されたのである．また，当時進行中であった木曽 3 川の浚渫工事による底土が堀潰れや池の埋立てに用いられていた．この高須輪中における干拓事業は 1969 年に完成し，堀田はほとんど皆無状態となった．この堀田の消滅により水田面積は飛躍的に増え，機械化農業が促進され同時に，例えば，田舟による水上交通から道路交通へ，また，淡水漁業の低迷化に伴う食生活の様式が変化していった．

堀田はいうまでもなく農業形態の一つであり人為的な工作物といえるが，現在の絶対的な水管理による乾田農法よりはるかに自然の利を活かしてきた．したがって同時に，それによって人間生活は自然による制約を大きく受けてきた．堀田環境は人が常時的に維持管理しつつ，利用もしてきた二次的自然といえる．その二次自然こそが，淡水魚の豊富さを養ってきたのである．

この江戸時代以降，新田開発の一形態として行われた堀田という水環境は，高水位時における平板な田面を通しての魚類の移動や，堀潰れ自体の多様な微環境を図らずも導き，むしろ魚類の生活にとり適した環境となったと思われる［森(1998)］．すなわち，堀田環境は魚類にとって複雑な地形という空間性と季節的な水位変動という時間性における多様な環境を持ち，生活する場所として適していたといえるだろう．その多様な堀田環境は，人間の手により維持管理されていた．その豊富な魚類は，輪中における地域住民の食生活に大いに取り入れられ，水産漁業として重要な位置付けを占めるに至ったわけなのである．

したがって，以上のことは，ある地域における淡水生物の豊富さや多様性を維持したり復元したりする作業には，地史的な地学的側面（地殻変動や河川争奪等），生物地理学や群集生態学的な，いわゆる自然科学的な観点からだけでは片手落ちということを意味している．つまり，そこにおいては人文学的要素や土木工学あるいは農政史的な視点をも持って，有史以降の人間生活が絡んだ自然環境の歴史を顧みる作業も重要なのである．　森誠一　記

9.2 河川生態系制御における操作要素と受動要素

河川生態系をある目標を定めて計画的(適応的)対応するという技術行為を行うには，何を操作対象とし，それが技術的行為によりどのように反応するか予測・評価する必要がある．

「河川生態系の保全・復元」という技術目標を掲げた場合，目標レベルを設定し，それに向かって操作対象に働きかけなければならない．なお，意図的な無対応も働きかけとみなす．直接的操作要素(河川内で直接実行しえる操作要素)として重要なものを本書から引き出すと，以下のようになろう．

a. 洪水流量の制御　洪水流量は，河川生態系の動態と変動を規定する最も主要な要素である．洪水流量を直接的に制御する構造物はダム貯水池である．ダムの運用は，利水，治水を目的とするもので，「河川生態系の保全と復元」を直接的な目的とした洪水時の運用はなされていない．

洪水調節容量の大きいダムにおいては，平均年最大流量が減少し，河道風景，河川生態系の変化が生じている．洪水時の放流方式を「河川生態系の保全と復元」の観点から治水，利水と調和をとりながら，攪乱規模をどの程度にし，どう制御すべきか検討する時期にきている．小流量を長時間流すより高水敷に乗るような洪水が攪乱として重要であるが，河川利用との兼合いもある．

計画論としては，ダム放流における無害流量を大きくすればよい．通常，無害流量は，ダム地点から沖積平野に出るまでの山間部における洪水被害発生流量で規定されてしまうことが多く，山間部の治水安全度を上げるという対応措置が必要となる．無害流量が大きくできればれば，ダムの治水容量を有効に利用でき，下流の安全度は増加する．

b. 平水時流量の制御　平常時の流量は，流水の正常な機能を維持するために必要な流量(正常流量)を確保するため，ダム貯水池放流量を制御することにより確保

される．正常流量は，舟運，漁業，景観，塩害の防止，河口閉塞の防止，河川管理施設の保護，地下水位の維持，動植物の保護，流水の清潔の保持等を総合的に考慮し，渇水時において維持すべき流量(維持流量)およびそれが定められた地点より下流における流水の占用のために必要な流量(水利流量)の双方を満足する流量である．

「河川生態系の保全と復元」の観点からは，維持流量の増加が望まれるが，河川生態系の視点からどの程度の流量が必要であるが明確にされていない．もともと理学的に定まるものでなく社会学的用語なのである．たとえ明確化されてもない水は生まれない．環境用水ダムの築造，流域変更，水利用の合理化，流域の保水性の確保なしには生み出せないものである．

c. 土砂制御　山間部においては砂防ダムのスリットダム化や，ダム貯水池の土砂排砂施設の設置，堆積土砂の下流への移動等が試みられ，土砂の制御可能性が増しつつある．

河川域では，適切な河道掘削，取水堰堆積土砂の下流への移動，頭首工の可動堰化等が土砂移動の制御手段となりうる．実際，河川生態系復元のため，取水堰に溜まった土砂を下流に移動させることや，頭首工の改築にあたり，悪化した河川環境の改善を目指した堰の可動堰化と河道掘削の検討が行われている．

d. 河道形状制御　河川管理者は，従来，治水・利水の目的のため，河道形状を河道計画に則り河道縦横断形状の整正，河川管理構造物の建設・維持を行ってきた．これらは河川生態系に対する人為的インパクト要因であり，河川生態系に大きな影響を与えたが，河川生態系の復元手段ともなりうる．

河道計画において河川生態系の保全と復元を治水機能と調整をとりながら適切なものとしていくことが肝要である．幸い『河川法』の改定により河川整備計画の検討がなされているから，この機会に十分な検討を行うべきである．局所的に悪化した河川空間を生態系の保全・復元のため，河道の再蛇行化や人工的ワンド・たまりの形成，多自然型護岸の設置等がなされている．

また，河川構造物の建設にあたっては，河川縦断方向および横断方向における生物の移動，物質の移動を分断化しないような設計や生態系の復元に貢献するような構造物の設置がなされつつある．

e. 水位(地下水位)制御　河床掘削等による水位低下，高水敷への土砂堆積により高水敷(氾濫原)の乾燥化が進み，高水敷植生の遷移が生じている河川では，水位の制御(堰の設置)により乾燥化を防ぐことがなされている．また，高水敷に水路を造成し，地下水位の上昇を図る試み等がなされている．

f. 水質制御　ダム貯水池では放流水の冷水対策，白濁対策として，選択取水がなされている．

河川では排水路，小支川の汚れた河水を浄化施設(礫間接触法，植生浄化等)により直接浄化する，汚濁水を水路で導き下流で放流する，浄化用水を導入する，などがなされている．

g. 植生制御　治水機能の保全・増大のため堤外地の植生，特に樹木は伐採の対象にされてきた．しかしながら，堤防の築造が十分でない河川では水防林に見るように樹木は河岸侵食防止機能，土砂堆積制御機能，氾濫流制御機能として位置付けられてきた．近年では河川生態系の重要な構成要素として，また景観形成要素として河川植生は保全育成されるまでになった[河川環境管理財団編(2001)]．

河川植生は，撹乱という現象を必須の考慮事項とした治水，河川利用(高水敷利用)，生態系との調整を図る価値的および技術的(制御)対象となった．

扇状地河川では，外来種であるハリエンジュの樹林化防止のため，一部伐採等の試みがなされている．また，ヨシ原の保全，復元等が試みられている．

流域住民と協働してアレチウリのような外来種の駆除活動も行われている．

h. 魚類制御　従来，内水面漁業における生産量の増大という観点から稚魚の放流などがなされてきた．外来種の増大により在来種の減少等が生じ，生態系の保全から河川に生息する魚類構成種の制御(外来種を駆除，在来種の生息環境に整備)が技術対象となりつつある．

以上，河川内で実行可能な制御項目をあげたが，「河川生態系の保全・復元」は，河川内で閉じるものでなく，流域規模，広くは地球環境の変化が河川生態系に及ぼす影響に見るように地球規模で実施(制御)すべきものも多い．

「河川生態系の保全・復元」という技術目標を掲げた場合，間接的操作要素(河川外で行う操作要素)としては，河川に影響を与えるすべて(河川に流入する物質の量と質の変化に影響するすべての人為的インパクト)が操作対象となるが，流域を単位とした物質の収支が十分に解明されていないこともあり，何を，どこで，いつ，誰が，いかに制御すればよいかについて，流域管理という視点から整理されていない．現在，洪水防御の観点から土地利用規制，貯留・浸透施設が，水質保全の観点から下水道，水質浄化施設の設置等がなされている．間接的操作要素を意図的に制御するには，『河川法』を超える流域管理という視点と統合組織，さらには地球という空間スケールでの環境管理が，そしてそれを支える科学技術情報が必須であり，さらに公的セクターのみならず，プライベートセクターとの協働がなければ実行できないものなのである．

9.3　河川生態系の保全・復元の方向

9.3.1　流域の土地利用と河川生態系の保全・復元

河川生態系は，流水が流れる河道とその付近で閉じるものではない．河川生態系の保全・復元は，水循環および物質循環の単位である流域との関係を無視しては成り立たない．流域の境界条件を規定する大気の流れとそれに含まれて輸送されるエネルギー(熱，光)，物質(水，炭素，窒素，リン，イオウ等)に及ぼす人為的影響，すなわち地球環境変化は，河川生態系のみならず，流域全体の環境に対するストレスとして認知し，意識的対応を行わざるを得なくしている．地球環境問題に対処する枠組みは，河川管理という範疇を超え，地球的規模の環境管理的(政策的)対応を必要としている．流域という単位で具体的に地球環境変化に対する対応はなされていないが，地球環境変化というストレスに対して構造安定性のある流域システムを意識的に構築することが求められる．河川環境の保全・復元を局所対応で考えるのではなく，少ないエネルギー投入量で環境の質を高くする流域管理的観点を導入することが地球環境変化に対する対応でもある．

自然生態系の生物多様性保持の観点から，人間系における土地利用適正化を図ることが肝要であろう．まずは，河川流域の空間の分節化と生態学観点からの分節化された空間の最適ネットワーク化，物質循環の遅延化(再利用，廃棄物の資源化)，生産システムとそれを囲む生態系，流域における物質循環(収支)，流域管理的空間計画とそれを担う規範，法，組織，などを研究・検討していくべきであろう．

9.3.2　河川計画と河川生態系の保全・復元

(1)　河道計画の方向

河道計画においては，堤防防護ラインと低水路河岸管理ラインという概念が導入されようとしている[国土技術研究センター編(2002)].

堤防防護ラインとは，侵食・洗掘に対する堤防の安全性確保のため，河岸侵食が直接堤防侵食に繋がらないのに必要な高水敷幅を確保するものである(堤防漏水対策として高水敷をブランケットと位置付けている場合，また地震による堤防の損傷対策として位置付けている場合は，これに必要な幅も確保する)．この幅の確保が，治水面からの必要河積の確保，河川環境(生態，景観等)の面から不可能な場合は，護岸，水制等による侵食対策を確実なものとし，さらに堤防の補強により対処する．このようにして求められた高水敷幅を確保したラインを堤防の防護の観点から見た堤防防護ラインという．

この堤防防護ラインは，従来の計画低水路法線のように「計画」として，そのラインに低水路を固定するという積極的な意味を持つものでなく，低水路の移動により，このラインが侵食により侵された場合，あるいは侵食される恐れが生じた場合に，防護のための措置が必要となるという消極的な意味を持つものである．いわば「計画」ではなく「管理」の目安となるものである．すなわち，エコシステムとしての河川を生かす，あるいは回復するために，河川自身が作り出す河川形態とそれと密接な関係性を持つ生態系を，両ラインの中で自由に形成させようという意図のもとにこの概念が導入されたのである．もちろん河川は，人間が働きかけた歴史化された自然であり，種々の制約の中で河道形状をコントロールされてきた．これからも同様，種々の制約条件下にある河道は，人間が考える許容範囲内でしか自由を与えられないが，できるだけ河川のダイナミズムを取り戻そうというのである．

低水路河岸管理ラインとは，河道内において治水，利水，環境等の面から期待される機能を確保するために措置(河岸侵食防止工)を講ずる必要がある区間を示すものであり，高水敷利用や河岸侵食に対する堤防防護の観点から，低水路を安定化させることを目的に設定するものである．低水路形状を制限する必要がないと判断される箇所，区間では，低水路河岸管理ラインは不要である．

低水路河岸管理ラインは，現況河道の低水路平面形状の変動要因あるいは安定要因を分析し，河川整備によって河道の平面形状がどのように変化するかを予測，推

(3)　定量的評価とその継続調査

自明ながら，魚類はダムのある河川生態系に適応してきたわけではない．河川管理の人工的制御に，彼らは本来的についていけない．その影響は，ほとんどの場合，全か無かではなく，全から無の間の中で様々な様相がある．その人工構造物による生物への影響の程度はあまり把握されていない[玉井ほか編(1993)]．どの程度，魚類が人工的な環境変化に対して追従していけるのか，また，いけないのかをまず把握するべきである．しかも，魚類のために設けられた，例えば魚道をいかに魚類が利用しているか，あるいは利用していないかを定量的に把握し，何が良くて何が悪いのかを評価する必要がある．それは，かつ継続的でなければならない．でなければ，その調査結果が果たして，減少傾向にあり悪化状態であるのか，良好で問題がないのかが判定できない．つまり，例えば，一時点の生物量の調査だけでは，それが増加傾向にあるのか減少中であるのか，あるいは変化がないのかが位置付けできないからである．

ダム湖における生態学的調査の方向

生態学的調査と評価は，日本のダム湖における生態系や生物資源への把握現状を見る場合，最も必要とされている内容である．日本のこれまでのダム湖の生物環境の把握の仕方，つまりはアセスメント調査は種名を列挙することが中心であった．それは調査結果として，100種よりも110種の方が直ちに高い評価が与えられることになる．だが，ダムの水生生物への影響評価にはむしろ生態学的な種内・種間関係や，生物と生息環境との関係を定量的に抑えることこそが肝要である．この生態学的調査は，特に単一の種を見る場合は，摂餌と繁殖という2つの生物現象に視点を置いて実施されるべきだろう．すなわち，生物種のリスト作成だけを目的とするだけでは，例えば，生態系は理解されない．種名と種数を調べ上げることは必要な作業ではあるが，それは基礎的な作業であり目的ではないことを認識するべきである．それらの一定範囲の中での“登場人物”における親子，競争，配偶等の種内の個体間関係や，食う食われる関係や寄生関係等の種間関係，生物と非生物的環境との関係を踏まえた形で全体像をいかに合理的(定量性と継続性)に表現するかが問題なのである[森編(1998)]．いうまでもないことだが，すべての種についての関係を調べ上げることは不可能であるが，いくつかの類型化されたグループやその代表的な種をキイとして想定して，生物間にある多様な関係をシステム構築していくのである．

例えば，ダム建設予定地で魚類相の調査をするとしよう．そこではまず，その調査には同定の正しさが要求され，マニュアルや資料文献に即して個々の種としての現在の状況(希少性や生態的地位)が位置付けられる．その魚種が希少でレッドデータブック選定種等であった場合，たいていその種がその地域周辺の特性を示す種とされる．問題はそれからである．その魚類が予定地内をいかにして摂餌や繁殖に利用しているかを，また，彼らの生活にとって何が重要な環境要素であり，その要素が予定地内にどの程度あるのかを定量化することが望まれる．それをもって初めて，ダム事業の影響が検討されるべきであり，また自然への配慮事業が実施されるべきなのである．つまり，その種はその水域をそもそも生活圏としてさほど利用しておらず，偶々見つかったものと判断されることもある．そうした箇所に莫大な費用をかけて，例えば魚道を設置してみても無駄な投資であり，あまり意味がないだろう．しかも，遡上・降下の魚類の側からの評価をしないまま魚道をつくっても，土木学的構造の研究成果を自然に配置するだけで，本来の目的の達成にはつながらない．今後，魚への配慮事業における構造物のつくり放しの状態から，現存する構築物の生物に与える影響の生態学的評価を反映した計画施工が要望される．このことは，いくら強調してもしすぎることはない．

今後，河川の物理的環境(水温，水深，流速，底質，空隙)の詳細な測定と魚類の分布生息状況の調査を，同時に系統的に行うことが肝要である．さらに，構造物が施工された後も，魚類の生活と河川環境を継続的に追跡し，何が良くて何が悪かったかを評価できるような調査をすることが強く望まれる．この評価をもって今後の河川環境事業に応用できるようにするべきである[森(1998，1999)]．ここで重要なのは，事前に生態学的な調査をして，その結果を事業の方向性に反映させることのみならず，行政と研究者との間で情報交換の場や関係が保たれているという事実である．すなわち，「多自然型川づくり」といった「自然への配慮」事業とは必ずしも直ちに土木工事による改修をすることではなくて，生態学的視点を踏まえた事前調査と事業評価を河川環境の保全と復元に効果的に応用することであり，その実現のための体制をつくることである．

森誠一　記

9.4　今後の課題

本書では，「自然的攪乱・人為的インパクトと河川環境」の現状と研究状況を概説してきたが，生態系に関する調査の困難性により既存の研究実績が十分になく，課題の要請に答えたとはいえない．今後，以下のような視点で研究に取り組む必要があろう．

a. 情報の生産と観測体制　河川生態系の空間分布特性が河川水辺の国勢調査を通じて漸く把握できるようになり，河川生態系を構成する各要素間の関連性の分析が漸く始まっているが，時間変動特性の把握，分析，一般化は，これからの調査研究に待たなければならないことが多い．

河川生態系の構造とその変動形態の理解のため，そして河川生態系の復元のためには，河川生態系に関わる多量の実証的資料を必要とする．この資料の収集は手間と資金のかかるものであり，少ない研究者でこれを行うのは不可能である．現在，データの収集は，河川に関わる各行政組織がその行政目的遂行のために実施するもの，河川に関わる研究者がその研究目的のために実施するもの，市民あるいは団体が河川環境の関する学習や理解を深めるために行うもの，など多岐にわたって行われている．しかし，これらの情報が有機的に繋がれておらず，河川生態系の総合的理解の隘路となっている．今後，種々の観測データの公開と情報流通センターの整備が必要となろう．

b. 河川生態系のシステム構造の把握法　湖沼等に比べて河川生態系は，流れ(移流)系であることもあり，その構造システムについても，またその記述法についても，十分な概念化，理論化が進んでいない．1.で述べたような視点で本研究に取り組んだが，成果は十分なものでない．生態系構成要素の研究成果を統合する研究組織と統合理論が必要である．

c. 自然攪乱の持つ価値の位置付けと環境の質の指標化　河川生態系に及ぼす自然攪乱あるいは人為インパクトの関係が理解し得たとしても，それはそのまま価値概念となるものではない．河川流域のあり方や河川生態系の保全・回復という技術行為を行うには，その価値の位置付けが必要となる．しかし，現在，標準的目標水準は設定されておらず，また設定するべきものでもあるまい．行為決定のためのプロセスの中で流域としての位置付けをせざるを得ないものであろう．ただし，意思決定や合意形成プロセスにおいては，生態系の質の指標が必ず必要となる．目的，検討の対象領域の大きさに応じた生態系の質の指標を何にするかの研究が必要である．

d. 河川生態系の保全・復元手法とその実施による影響把握手法　本書では，河川生態系の保全・復元手法については直接論じなかった．今後の研究課題であるが，河川生態系の保全・復元を局在的な処理に終わらせず，河川流域という系の中で保全・復元を考えていくことが肝要であり，そのような視点からの研究が必要である．さらに，治水，利水，環境の総合化の視点，河川の持つ多面的な機能の折合いのつけ方，方向性に関する研究が必要である．

e. 河川環境管理(モニタリング)の方向性　今後，河川管理は，投資された財をある国民的・流域的水準で維持管理するという仕事，さらに流域の環境の質を河川を通して監視し，流域に対して行為のあり方(流域内における行動計画)について発信するということになろう．すなわち河川管理とは，河川を通して流域の治水・利水安全度の水準および環境の質をモニタリングし，データの蓄積を行い，それらを基に求められている流域の安全度と環境の質(管理目標水準)と比較考量することを日常的仕事とせざるを得なくなるであろう．例えば，植生の繁茂は流れに対して阻害要因となり，流域の安全度を低下させる．どこまで植生の繁茂を許容するか絶えず監視し，必要な時期に必要な対応を行わざるを得ないのである．

管理行為に最も必要なものは，河川管理に関わる情報を，いかに，適確に，すばやく収集し，それを意味あるものへ編集し，比較考量(判断行為)し得るシステムとなろう．しかしながら現状の河川管理のための情報は，役所的縦割り行政の中で，縦割りごとの論理，すなわち編集方針に則り分断，整理され，統合化，総合化されおらず，また時間軸での整理もなされていない．河川管理における治水，利水，環境は，本来別個に存在するものでなく，河川という統合体の部分の切り口でしかない．基礎情報は同じものであり，共通に使えるものなのである．河川の情報は，統合体としての河川の姿が浮かび上がるように編集しなければならないのである．

河川生態系に関する研究においても，従来，その生態系構成要素ごとの学的領域での編集方針によりデータは整理され，また分断化されストックされてきた．河川環境，河川生態系という総合体の理解のためには，行政が生産する情報と各学問領域で生産する情報，さらに市民活動で生産するモニタリング情報の統合化とその意味解釈という編集を行う組織が必要である．関東の荒川で活動している『荒川学会』のような情報流通組織は，その萌芽形態といえよう．官，学，民による協働活動とその活動センターが求められているといえるが，その中核は行政が行う河川管理活動で生産される情報とならざるを得ない．行政（河川事務所）で生産される情報の編集方式の様式化と情報ネットワークの構築が始まっている．学的集団は，これとネットワークを組み，河川生態系の構造把握に貢献するべき立場にたたされよう．

参考文献

・河川環境管理財団編：堤防に沿った樹林帯の手引き，山海堂，2001.
・河川環境管理財団編：河川・砂防工事における木材活用工法ガイドブック（案），山海堂，2004.
・国土技術研究センター編：河道計画検討の手引き，山海堂，2002.
・玉井信行，水野信彦，中村俊六編：河川生態環境工学，東京大学出版会，1993.
・森誠一監修編集：(1998)魚から見た水環境，信山社サイテック，1998.
・森誠一：自然への配慮としての復元生態学と地域性，応用生態工学，1，pp. 43-50，1998.
・森誠一：好ましい湧水環境，ビオトープの構造，ハビタットエコロジー入門(杉山恵一編)，朝倉書店，1999.
・山本晃一：河道計画の技術史，pp. 587-602, 2000.
・山本晃一編著：護岸・水制の計画・設計，山海堂，2003.

・Oglesby, R. T., Carlson, C. A. & McCann, J. A.(Eds.)：River ecology and Man, Academic Press, New York, 1972.
・Palmer, T. : Endangered rivers and the conservation movement, University of California Press, Berkley, Cal., 1986.

一般項目索引

【れ】

【ろ】

【わ】

地名関連項目索引

生物関連項目索引

芝池義一　著

行政法総論講義

第4版補訂版

有斐閣

第四版補訂版　はしがき

　本書の初版は一九九二年に刊行されたが、一九九四年には、「行政手続法」の制定にあわせて第二版を上梓し、その後、数年をおいて「行政手続法」に関する学界での研究の蓄積を踏まえて第三版を公刊した（一九九八年）。一九九九年に刊行した本書第三版増補では、とりあえず情報公開法の制定にあわせ、同法の説明に当たる部分を第一八章として追加した。一九九九年には、情報公開法の制定の加え、行政改革のための新たな行政組織関連法の制定と改正および地方分権推進のための地方自治法の大改正が行われたが、これらへの対応は、第三版増補では見送られた。これは、第一七章以前の部分の修正は避けたいという有斐閣側の都合にもよるが、これらへの対応のために修正を要する部分はわずかであるため、修正を施さなくても読者の学習上さほどの支障はないだろうという私自身の判断があったことにもよる。しかし、新地方自治法が施行され（二〇〇〇年四月より）、また、新たな省庁体制が発足した（二〇〇一年一月より）現時点から見ると、たとえわずかではあれ、古い法律に即した説明を残したままにしておくことはやはり好ましいことではないので、主としてこの部分に手を加え、第四版とした。

　二〇〇一年の改訂は、前記の法律の制定・改正への対応を主たる目的とするものであるが、その他の点についても、多少の手を加えた。もっとも大きな修正は、第一七章「行政手続」における情報公開制度についての説明を削除し、必要な叙述は第一八章「情報公開」に回したことである。この他、いくつかの裁判例を追加し、また、引用文献につき、文献の追加、改訂に伴う引用頁の修正などを行った。他方、かねてからの課題であるスリム化については、旧版で言うと、第二章第五節「公法上の制度としての公権」を削除できたにとどまる。

今回の改訂の最大の目的は、「行政手続法」の改正により新しく設けられた行政立法手続（命令等制定手続）についての解説を加えることであった。しかし、これに加え、本書全体にわたり、記述の頁をできるだけ変更しないという方針の範囲内で手を入れ、引用文献を最新の版に変えた。何カ所か抜本的に書き換えたいところがあるが、これは今後の課題にしたい。

なお、今回の改訂に当たって、早稲田大学教授黒川哲志氏には、引用法令の点検などの面倒な作業を助けていただいた。また、有斐閣京都編集室の奥村邦男氏には、これまでと同様、今回の改訂に際しても、多々お世話をいただいた。これらの方々に対し、ここに厚くお礼を申し上げる。

二〇〇六年九月

芝池義一

初版はしがき

本書は、大学での私の行政法総論の講義のためのノートをまとめたものである。

本書の一つの特徴は、例えば行政の概念のような比較的実益に乏しい問題については説明を差し控えるとともに、重要と思われる点については、かなり突っ込んだ説明を行なっていることである。行政法総論上の問題点の中には、従来必ずしも十分の検討が行なわれてこなかったものが少なからず存在している。本書は、そうしたいわば理論上の欠缺を少しでも埋めることを試みている。

また、本書では、行政法上の法制度や法概念の説明にあたり、その客観的な認識に重点をおいている。法の解釈とは、認識ではなく、実践であるといわれることがあるが、法解釈論も、その作業の大半は法制度・法概念の客観的な認識であるというのが私の考えである。

さらに、本書では、行政法上の法制度や法概念の機能の面を重視している。法制度を演繹的ないし制度内在的にみるのみではなく、機能に着目して考察することは、一つの有益な考察方法であろう。

講義ノートを教科書にまとめあげることは私のかねてからの希望であった。校正刷りを読み返してみると、不十分な点が目につくが、本書が読者の行政法の理解に多少なりとも寄与することができれば、幸いである。私としては、本書を足掛かりとして、今後、行政法の諸問題についての考えを深め、また、本書の充実を図っていきたいと考えている。読者の皆さんの忌憚のないご批判・ご教示をお願いしたい。

本書の執筆にあたっては、多くの先学の方々の仕事を参考とさせていただいた。とくに、恩師杉村敏正先生には、日頃の学恩を含め、ここに心からのお礼を申し上げたい。また、校正刷りに目を通し助言をいただいた大阪府立大学講師山下龍一氏、奈良産業大学講師前田雅子さんにも感謝したい。最後に、本書の出版にあたり、多大のお世話になった有斐閣京都編集部の奥村邦男氏にも、厚くお礼申し上げる。

一九九二年八月

芝池義一

Ⅵ　行政活動の手続的統制

凡例

〔1〕文献の引用方法

阿部・法システム下　阿部泰隆　行政の法システム(下)〔新版〕（有斐閣、一九九七年）
今村・入門　今村成和（畠山武道補訂）行政法入門（第8版、有斐閣、二〇〇五年）
宇賀・解説　宇賀克也　行政手続法の解説（第三次改訂版、学陽書房、二〇〇一年）
遠藤・行政法　遠藤博也　実定行政法（有斐閣、一九八九年）
大橋・行政法　大橋洋一　行政法　現代行政過程論（第2版、有斐閣、二〇〇四年）
大浜・総論　大浜啓吉　行政法総論（岩波書店、一九九九年）
兼子・総論　兼子仁　行政法総論（筑摩書房、一九八三年）
兼子・行政法学　兼子仁　行政法学（岩波書店、一九九七年）
小高・総論　小高剛　行政法総論〔第二版〕（ぎょうせい、二〇〇〇年）
小早川・行政法上　小早川光郎　行政法上（弘文堂、一九九九年）
小早川・行政法講義下Ⅰ　小早川光郎　行政法講義下Ⅰ（弘文堂、二〇〇二年）
佐藤・総論　佐藤英善　行政法総論（日本評論社、一九八四年）
塩野・行政法Ⅰ　塩野宏　行政法Ⅰ（第三版）（有斐閣、二〇〇三年）
塩野・行政法Ⅲ　塩野宏　行政法Ⅲ（第三版、有斐閣、二〇〇六年）
塩野・高木・手続法　塩野宏・高木光　条解行政手続法（弘文堂、二〇〇〇年）
芝池・救済法　芝池義一　行政救済法講義（第3版）（有斐閣、二〇〇六年）
杉村・講義上巻　杉村敏正　全訂行政法講義総論上巻（有斐閣、一九六九年）
杉村・手続法　杉村敏正＝兼子仁　行政手続・行政争訟法（筑摩書房、一九七三年）
杉村・続・法の支配　杉村敏正・続・法の支配と行政法（有斐閣、一九九一年）
杉村編・救済法1　杉村敏正編・行政救済法1（有斐閣、一九九〇年）
高田編・行政法　高田敏編著　行政法（改訂版、有斐閣、一九九四年）
高橋・手続法　高橋滋　行政手続法（ぎょうせい、一九九六年）
田中・行政法上巻　田中二郎　新版行政法上巻（全訂第二版、弘文堂、一九七四年）
成田他編・講義下巻　成田頼明＝南博方＝園部逸夫編　行政法講義下巻（青林書院、一九七〇年）
原田・要論　原田尚彦　行政法要論（全訂第六版、学陽書房、二〇〇五年）

広岡・総論　広岡隆　五版行政法総論
（ミネルヴァ書房、二〇〇五年）
藤田・行政法Ⅰ　藤田宙靖　第三版行政法Ⅰ（総論）
（第四版改訂版、青林書院、二〇〇〇年）
藤田・組織法　藤田宙靖　行政組織法　（有斐閣、二〇〇五年）
南・高橋・手続法　南博方・高橋滋編　注釈行政手続法
（第一法規、二〇〇〇年）
室井編・入門（1）　室井力編　新現代行政法入門（1）
（補訂版、法律文化社、二〇〇五年）
室井他編・手続・審査法　室井力・芝池義一・浜川清編著
行政手続法・行政不服審査法（コンメンタール行政法Ⅰ）
（日本評論社、一九九七年）
柳瀬・教科書　柳瀬良幹　行政法教科書
（再訂版、有斐閣、一九六九年）
講　座　行政法講座
（有斐閣、一九六四年〔第二巻〕、一九六五年〔第四巻〕）
大　系　現代行政法大系　（有斐閣、一九八四年〔第2巻〕）

〔2〕法令の引用方法

法令略語には、正式名称の最初の数文字をあてることを原則とする（例、「食品衛生」＝食品衛生法、「都市計画」＝都市計画法、「国民生活安定」＝国民生活安定緊急措置法）。それ以外の法令名略語は次の通りである。

オゾン層保護　特定物質の規制等によるオゾン層の保護に関する法律
幹線道路整備　幹線道路の沿道の整備に関する法律
感　染　症　感染症の予防及び感染症の患者に対する医療に関する法律
感染症予防法　同右
行　審　行政不服審査法
行政オンライン化（法）　行政手続等における情報通信の技術の利用に関する法律
行政保有個人情報保護（法）　行政機関の保有する個人情報の保護に関する法律
行　訴　行政事件訴訟法
行　組　国家行政組織法
行　手　行政手続法
経企庁設置　経済企画庁設置法（廃止）
警　職　警察官職務執行法
景　表　不当景品類及び不当表示防止法
原　子　炉　核原料物質、核燃料物質及び原子炉の規制に関する法律
健　保　健康保険法
憲　法　日本国憲法
小売特措　小売商業調整特別措置法
航空機騒音　公共用飛行場周辺における航空機騒音による障害の防止等に関する法律
国　健　保　国民健康保険法
国　公　国家公務員法
裁　判　裁判所法
資源有効利用　資源の有効な利用の促進に関する法律
自　治　地方自治法
自　治　令　地方自治法施行令
銃刀所持　銃砲刀剣類所持等取締法
住民台帳　住民基本台帳法
情　公　行政機関の保有する情報の公開に関する法律
情報公開法　同右

審査会設置　情報公開・個人情報保護審査会設置法
生　協　消費生活協同組合法
瀬戸内海保全　瀬戸内海環境保全特別措置法
代 執 行　行政代執行法
宅 建 業　宅地建物取引業法
多目的ダム　特定多目的ダム法
地　公　地方公務員法
地 公 災　地方公務員災害補償法
地　税　地方税法
道　交　道路交通法
道路運送　道路運送法
独　禁　私的独占の禁止及び公正取引の確保に関する法律
成田新法　成田国際空港の安全確保に関する緊急措置法
農振地域　農業振興地域の整備に関する法律
廃棄物処理　廃棄物の処理及び清掃に関する法律
補 助 金　補助金等に係る予算の執行の適正化に関する法律
墓地埋葬　墓地、埋葬等に関する法律
民　訴　民事訴訟法
予算会計令　予算決算及び会計令
労　基　労働基準法
労災保険　労働者災害補償保険法
労働保険料　労働保険の保険料の徴収等に関する法律

〔3〕　**裁判例の引用方法**

例：最大判一九七五（昭五〇）・五・一〇＝最高裁判所（大法廷）一九七五年（昭和五〇年）五月一〇日判決

大阪高決一九九一（平三）・四・五＝大阪高等裁判所一九九一年（平成三年）四月五日決定

なお、本文中では、裁判所名、判決・決定の区別および日付のみを記し、当該判決を掲載する判例集の巻号頁は、本書末尾の裁判例索引でまとめて掲記している。

Ⅰ　行政と法

な操作である。行政法＝公法という把握は、用語において公法と私法とが異質のものであるということを前提に、行政法が私法ではない、という自明のことを表現するにとどまるのである。

第三節　行政法の法源

1　法規範と法源

法源とは、法（法規範）の存在形式をいう。法規範とは法の世界における規範であり、究極的には裁判において違法判断の基準としての意味をもつ。

社会の規範は、そのすべてが当然に法規範としての性質をもつわけではない。他方、立法府（国会・地方議会）の定める規範だけが法規範であるわけでもない。ある規範が法規範となるためには、一定の存在形式をとることが必要である。この法規範の存在形式が、法源と呼ばれるものである。

2　成文法源と不文法源

一般に、法源には成文法源と不文法源とがある（書面であるか否かの区別）が、行政法の分野では、成文法源が原則である。その理由としては、次のことが考えられる。

すなわち、第一に、行政活動に対して有効な統制を及ぼすため、立法府（国会・地方議会）の意思を明確化する必要がある。立法府の意思は、成文の法律・条例の形式をとるのが原則である。

第二に、行政の恣意を防止し、平等取扱・予測可能性・法的安定性を確保する必要がある。

3　成文の法源

(1)　憲　法　　憲法の規定の中には、前述のように、行政法の性格をもつものがあり、したがって、憲法は行政法の法源でもある。[1] 憲法の法源としての特質は、最上位の法源であることである。この点は、憲法九八条により憲法の最高法規性として確認されている。

(2)　法　律　　ここにいう法律とは、憲法（特に五六条・五九条）および法律（特に国会法）所定の「法律」の制定手続により、国会により制定される法規範の存在形式である。すなわち、その制定の主体・手続に着眼した形式的意味のものであり、内容は問わない。しかし、他面において、後述のように、国民の権利義務に関する規範（実質的意味の法律または法規と呼ばれる）は、原則としてこの法律の形式をとらなければならない。

法律の効力は憲法に劣る。しかし、役割の点で法律は「もっとも中心的な法源」（原田・要論三一頁）である。これは、次のような事情による。

(1)　まず、憲法よりも規定が具体的である。

(2)　また、実質的意味での法律（法規）は、原則として法律の形式で定められなければならない（これは、法律の法規創造力の原則〔三九頁を参照〕の要請であるが、現行憲法四一条は、国会を唯一の立法機関とすることによって、このことを確認している）。

(3)　さらに、行政活動を授権する規範は、原則として法律の形式によらなければならない。

(4)　そして、法律は、憲法とともに第一次的な法源である。

(3)　命　令　　命令とは、行政機関によって制定される成文の規範である（なお、行政法上、命令の語は多様に用いられているので、注意が必要である）。命令には、政令・内閣府令・省令・規則などがある（ふつう命令は、国の行政機関によって制定されるものを指す。行手法二条八号は、命令の中に「処分の要件を定める告示」を含ませている）。政令は、内閣により制定され（憲法七三条六号、内閣一一条）、その効力は他の命令に優先する。内閣府令は、内閣総理大臣が発する命令である（内閣府設置七条三項・四項）。規則は、行政委員会や人事院、会計検査院のような独立性をもった行政機関により制定される規定の名称である（行組一三条、国公一六条、会計検査院三八条。ちなみに、最高裁判所の規則制定権につき、憲法七七条(2)）。

行政法の分野では、行政の専門的知識が尊重されざるをえないとともに、規範の成文化への要請が強いので、命令の果たす役割は大きい。一つの法律について、政令たる施行令と省令たる施行規則が定められることが多い。命令制定権の範囲と限界については、第八章（一一二頁以下）で述べる。

(4)　地方公共団体の自主法　憲法九四条は、「地方公共団体」に条例制定権を承認している。この条例制定権は、実質的なもので、形式的意味での条例にとどまらず、地方公共団体の自主法一般の制定権（自主立法権）を指すものと解されている。そして、この自主立法権行使の形式として、条例（自治一四条一項）・地方公共団体の長の規則（自治一五条一項）・委員会の規則（自治一三八条の四第二項）がある（ただ、憲法九四条の保障がどこまで及ぶかについては、学説上争いがある）。

このうち条例は、地方議会によって制定されるもので、法律に準じるものと解されている。規定内容の点では、条例は、自治事務および法定受託事務(3)について制定でき、また、国の法令の委任がなくとも、住民の権利義務に関わる事項についても制定できる。しかし、形式的効力の点では、地方自治法上、憲法九四条の文言とは異なり、法律のみならず命令よりも下位におかれている（自治一四条一項）。

長の規則は、独任制の機関である地方公共団体の長によって制定されるもので、条例のような準法律とはいえない。

しかし、長は住民の公選によるものであり、高い民主的正当性を有する。このため、それは、法令に違反することはできないが、条例との関係については法律に明示の規定がない（ただ、理論上は、条例優位説もある）。長の規則は「その〔長の〕権限に属する事務」について制定できる（自治一五条一項）。

委員会規則は、法令の他、条例や長の規則に反することができない。その対象は、「その〔委員会の〕権限に属する事務」であるが（自治一三八条の四第二項）、その制定には、法律の委任が必要である。

(5) 条　約　条約も、公布・施行されると国内法としての効力をもつ。

以上の成文の法源については、いわゆる形式的効力の原則が妥当し、憲法―法律―命令―条例・長の規則―委員会規則という優劣関係がある。憲法と条約の関係については、周知のように争いがある。また、法律と条例の関係については、憲法九四条が「法律の範囲内」において条例制定権を認めているのに対し、地方自治法一四条一項は、条例の制定を「法令に違反しない限り」で認めている。この法令とは、法律および国の機関が定める命令をさしているが、この文言の改変には問題が残るところである。なお、法律と条例の関係については、とくに環境保全の分野で、活発な議論がある。

4 不文の法源

不文の法源には、慣習法と条理（社会通念）がある。成文の法源が原則であるにもかかわらず、不文の法源が認められるのは、成文法の規定が完全ではなく、また、不確定概念を用いることが少なくないことによる。

(1) 慣習法　慣習法とは、慣習のうち法としての効力を認められるものである。法律や条例による承認がある場合にかぎり慣習法を認める説もあるが、このような立法者による承認を待たず慣習法の成立を認める説もある（法例二条参照）。この場合も、慣習法が認められるためには、事実たる慣習の長期的継続にくわえ、その存在についての国民の法的確信が要求される。

次に、慣習法の効力または内容の問題として、成文法を改廃する慣習法が認められるか、および公権力の行使を授権する慣習法は認められるかという問題がある（消極説として、杉村・講義上巻二七頁）。

慣習法の例は多くない。法令公布の方法（官報登載）、閣議決定の方法、地方的・民衆的慣習法（自治二三八条の六第一項）が、その例である。

なお、判例を不文の法源に数える見解もあるが、わが国では、最高裁判所も判例変更が認められ、また、下級裁判所も、判例に拘束されない（裁判一〇条三号・四条）。したがって、判例は法源ではないと解されるが、ただ、長期にわたって繰り返された判例が慣習法として法的効力を認められる余地はあるし（杉村・講義上巻二八頁）、条理とみてその法的効力を認めることもできる。
(2) 条　理　条理とは、「社会通念」ともいわれるものである。明治八年太政官布告一〇三号の裁判事務心得三条は、「民事ノ裁判ニ成文ノ法律ナキモノハ習慣ニヨリ習慣ナキモノハ条理ヲ推考シテ裁判スヘシ」と定めていたので、条理の法源性は、民事裁判の分野では早くから認められてきた。
行政法の分野においても条理の果たすべき役割は大きい。例えば国家公務員法八二条一項は、公務員の懲戒の要件の一つとして「国民全体の奉仕者たるにふさわしくない非行」を挙げ、また、懲戒処分の内容として、免職、停職、減給および戒告を定めるが、いかなる非行がこの要件を充たすかは明確ではない。また、いかなる非行に対してどのような内容の処分が行われなければならないかも明確ではない。さらに、後述する諸問題、例えば法治主義や信頼保護についても、法律には規定がない。これらの諸問題に対処するためには、条理による解決が必要になる。平等原則や比例原則（第五章第五節**1**(3)、八三～八四頁を参照）は、こうした問題解決のために古くから用いられてきた条理の例である。

条理は、裁判例上しばしば社会通念または社会観念といわれるが、それ自体としては抽象的なものであり、また、客観性の保障を欠いている。これを欠いたままでは、条理は恣意を入れる器になり、行政権の不当な行使をも正当化することになりかねない。条理の具体性と客観性を確保する必要がある。

条理の内容を具体化することは、法律の規定が不十分なところで妥当すべき法原則を考えることに他ならず、学説が条理の形成において果たすべき役割は大きい。また、条理の客観性を確保する上においては、条理を憲法原則と結びつけていくことが必要であろう（例、平等原則、比例原則）。

（1） 行政法の法源の一つとして憲法を挙げるのが多数説であるが、これに対し、杉村・講義上巻二四頁は、憲法を行政法の法源としていない。この問題は、憲法における行政に関する規定（憲法六五条以下）を行政法とみるか否かという問題でもある。理論的には、いずれの考え方も成り立つであろう。「行政に固有の法」＝行政法という考え方を貫けば、憲法六五条以下の規定は行政法だということになる。ただ、これらの規定が、憲法という特別の法源の中におかれていることを重視すれば、それらは行政法ではないことになる。ただ、後者の説をとっても、憲法中の行政に関する規定が行政法学の考察の対象に含まれることは否定できない。そして、行政法学の対象は行政法であるとの論理を貫くと、この憲法中の行政に関する規定も行政法だということになり、したがって、憲法は行政法の法源の一つということになる。
（2） 国家行政組織法一三条一項によると、各〔行政〕委員会および各庁の長官は、規則その他特別の命令を発することができる。そこで、各庁の長官も、規則制定権を有するかのようである。ただ、各庁の長官が規則を定めることができるとしても、その規則は、分類上は、行政委員会などの独立性をもった機関が定める規範としての規則とは同一に論じることができないものと見るべきであろう。

（3） 地方自治法一四条一項は、「〔同法〕第二条第二項の事務に関し、条例を制定することができる。」と定め、二条二項は、「普通地方公共団体は、地域における事務及びその他の事務で法律又はこれに基づく政令により処理することとされるものを処理する。」と定める。従って、条例制定権の事項的範囲は、「地域における事務」および「その他の事務で法律又はこれに基づく政令により処理することとされるもの」ということになるが、この総和は自治事務と法定受託事務の総和に等しい。そして、自治事務とは、「地方公共団体が処理する事務のうち、法定受託事務以外のもの」であり（自治二条八項）、法定受託事務とは、「法律又はこれに基づく政令により都道府県、市町村又は特別区が処理することとされる事務のうち、国が本来果たすべき役割に係るものであつて、国においてその適正な処理を特に確保する必要があるものとして法律又はこれに基づく政令に特に定めるもの」（自治二条九項一号。例、戸籍に関する事務、国の選挙に関する事務、一般旅券に関する事務）などである。

この法定受託事務の規定によると、法定受託事務とは、国の事務であって地方公共団体に委託されたものであり、国の強い関与の認められる事務であるということができる。他方、自治事務は、控除的に定義されているが、地方公共団体が自主的に処理することのできる地域的事務であるといえる。参照、芝池「地方公共団体の事務」法学論叢一四八巻五＝六号（二〇〇一）五九頁以下。

▨補論　告　示

告示とは、行政機関の意思決定または事実を不特定多数の者に公式に知らせるための一つの形式である。国家行政組織法一四条一項は、各大臣等に、告示を発する権限を認める。国の場合は、官報に掲載され（例、国籍一〇条一項、文化財二八条一項・二九条二項・三二条の二第三項）、地方公共団体の場合には、原則として公報に掲載される。

告示の内容は、個別的な措置（帰化の許可の告示＝国籍一〇条一項、事業認定の告示＝土地収用二六条一項）や、計画（都の適用法規との関係での公法・私法の区別は、「理論上の区別」ではなく、「制度上の区別」である。この問題についてはこのあと詳細に検討することとしたい。

4　公法上の当事者訴訟と公法・私法区別論

第三に、現行行政事件訴訟法上、「公法上の法律関係に関する訴訟」すなわち公法上の当事者訴訟が予定され（行訴四条）、公法上の法律関係ないし権利義務関係に関する争いはこの訴訟によるものとされているため、この訴訟の適用範囲を決する上で、公法と私法の区別が必要となる（公法上の争いとして、抗告訴訟を含む行政訴訟が存在することが公法と私法の区別の論拠とされることがあるが、抗告訴訟は公権力の行使の観念に結びついたものであって、公法と私法の区別とは関係がない）。しかし、この文脈での公法と私法の区別は、当事者訴訟の適用範囲を画する上でのもの、すなわち、訴訟法上のものであり、ここでの区別の必要性や区別の基準を前記の二つの点に関する議論にもち込むことはできない（本章補論、三三二頁以下を参照）。

第二節　行政上の法関係

先に少しふれたように、公法・私法区別論は、適用法規との関係では、行政上の法関係という枠組みを用いる。そこで、以下では、まず、この観念について簡単に述べておこう。

1　「行政上の法関係」論の歴史的意義

法関係ないし法律関係とは法主体間の関係をいうが、行政法の世界においては、国・公共団体の行政体と国民とが法主体（ここで、国や公共団体の法主体性すなわち法人格性が問題となるが、ここでは説明を省略する）であり、したがって、行政上の法関係としては、行政体と国民の関係および行政体相互の関係がある。この他、例は多くないが、私人相互の関係も議論の対象に含められることもあるし（例えば土地収用の補償に関する起業者と被収用者との関係）、また、近年では、行政の内部関係すなわち行政組織内部での行政機関相互の関係が行政上の法関係に数えられることもある。

法関係ないし法律関係とは、一般に、権利義務の関係として把握される。歴史的には、行政法の世界に法関係の観念がもち込まれたのも、行政活動によって形成される行政体と国民の関係が法的な関係であること、すなわち、それがもはや支配者の意思・恣意によって左右されるものではなく、権利義務の関係であることを宣明するためであったと思われる。

2　今日における「行政上の法関係」論

行政上の法関係の観念は、右のような意義をもつものであったが、今日では、行政上の関係を権利義務の関係として構成できることはおよそ異論のないところであり、この意味では、今日、行政上の関係が法関係であることを強調する必要性は少ない。行政組織の内部関係のような権利義務の関係ではない関係も、行政上の法関係の一つに数えられるようになっているのもこの点に関連している。

他方、法律に基づかない行政指導をめぐる関係のように、権利義務関係とはいえないものもあるし、また、環境行政においては、行政と規制を受ける事業者の関係が権利義務関係であるとしても、行政と住民（規制との関係では第三者）の関係は、権利義務関係の観念にうまくなじむものではないことにも注意すべきである。

今日、この行政上の法関係という観念が行政法の考察の道具概念として用いられることは少ない。おそらく、法関係の観念が先に述べたようなその歴史的な役割を終えたこと、さらに、法関係の観念が行政法現象の分析においてうまく適用できない場合があり、その利用価値が相対的に小さいことがその理由であろう。(1)(2)

(1) 行政法の考察対象としては、これまでに述べたところからも知られるように、法規範のレベルでの行政法と実際の行政活動があるが、これに加え、この行政上の法関係が存在することになる。このうち、行政上の法関係の観念は、本文で述べたように、用いられることは少なく、行政法および行政活動の観念がよく用いられる。

(2) 行政法の世界において、そこでの法関係を行政法関係と呼び、また、行政法は公法であるとの立場に立つと、行政法関係とは公法関係だということになるが、通例、行政上の法律関係という観念が用いられる。そして、そこには、私法上の関係も含まれる。論理的には、行政上の法関係の観念は行政法学上の観念であるから、その対象である行政法の枠内のものであり、行政法関係たる公法関係を指すことになろうが、公法または私法の適用法規を説明するとき、私法関係を視野に含めた方が分かりやすいため、私法上の関係もそこに含められているのであろう。

第三節　公法・私法区別論の論理構造

以下では、適用法規との関係での公法・私法区別論を検討する。

1　絶対的区別説

公法と私法論の原型は、行政上の法関係を公法関係と私法関係とに区別し、また、法規範ないし法原則を公法と私法に区別して、公法関係には公法が、私法関係には私法が適用されるものとする。そして、公法関係への私法の適用を認めない。これは絶対的区別説ということができる。ドイツ行政法学を確立したオットー・マイヤー(一八四六〜一九二四)はこの説に立ち、また、わが国では、穂積八束(一八六〇〜一九一二)は、民法の施行を前に、「余ハ公用物ノ上ニ『此ノ所民法入ルヘカラス』ト云フ標札ヲ掲ゲ新法典ノ実施ヲ迎ヘントス」(穂積「公用物及民法」:穂積八束博士論文集(一九一三)四一二頁以下)と述べたことで有名であるが、これは絶対的区別説の例である。この説は、公法関係を広くとらえこれに適用されるべき公法についてその完結性を予定するものである点で大きな難があり、また、公法の観念が広く把握されることによって、行政権の優位を強く保障するものであった。

2 相対的区別説

右の理由のため、この絶対的区別説はあまり受け容れられず、公法関係にも私法の適用の余地を認める相対的区別説が広く受容された。以下では、戦後の二つの代表的学説を紹介・検討する。

まず、田中二郎（一九〇六〜一九八二）によれば（田中・行政法上巻七八頁以下）、公法関係は、本来的公法関係と伝来的公法関係とに分けられる。本来的公法関係とは、支配関係ないし権力関係、すなわち、国・公共団体が公権力の主体、優越的な意思の主体として国民に対する関係である。伝来的公法関係とは、国・公共団体が公の事業または財産の管理の主体として国民に対する関係であり、私人が事業を営み財産を管理する場合に類し、もともとは私法関係との間に本質的な差異はないが、ただ、公共の福祉と密接な関係があるため、特殊の法的規律に服せしめられ、これによって私法関係とは区別される。この伝来的関係は管理関係と名づけられ、支配関係ないし権力関係と対比される。

そして、本来的公法関係は、その本来の性質において私法的規律に親しまず、明文の規定の有無を問わず公法が妥当するが、ただ、民法の規定であっても、信義則や権利濫用の禁止の規定は法の一般原理として、また、期間の計算方法に関する規定は法技術上の約束として、公法関係にも適用または類推適用を認められる。これに対し、伝来的公法関係である管理関係に対しては、明文の規定（道路法、河川法、郵便法、国有財産法、学校教育法などの規定）がある場合を除き、私法の適用が認められる。適用法規を決するという点では、この管理関係は私法関係と異ならないのであるが、それにもかかわらず公法関係とされているのは、そこにおける公益性が強いためであり、また、そのために、それに関する争いを公法上の当事者訴訟のルートにのせるためである。私法関係においては、私法が適用されるが、田中説で特徴的なことは、国・公共団体の行為の公正を確保する等の見地から特別の制約が加えられている場合も（例、財政法や会計法の規定）、それらは私法特別法と解されていることである。

この田中説を批判した杉村敏正によれば（杉村・講義上巻五四頁以下）、行政上の法関係は、公権的行政に関する法関係と、私経済行政ないし非公権的行政に関する法関係とに分かれ、前者（権力関係）には原則として私法の適用はないが、民法の規定であっても、信義則や権利濫用の禁止の規定は法の一般原理として、また、期間の計算方法に関する規定は法技術上の約束として、適用または類推適用がある。杉村説においては、田中説のように、非権力関係は二分されず、私法関係とされ、私法が適用されるが、ただ、法律上公権力の行使や公益の保護のために特別の規定がおかれている場合は、それは公法法規であり、後者の規定に関する法関係は公法関係として訴訟では公法上の当事者訴訟によることになると構成される。

田中説との最大の違いは、管理関係という構成がとられず、これも私法関係と把握されていることである。杉村説によれば、管理関係論は、「非権力関係における公法法規の規律する領域の量的差異を質的差異に転化するもの」である。杉村説では、公法法規がある場合にのみ、公法上の法関係が存在するものとされる（したがって、例えば道路法に関する争いは、田中説においても杉村説においても、当事者訴訟で争われることになる）。第二に、田中説は、管理関係を当事者訴訟の適用範囲とするが、杉村説では、当事者訴訟の適用の問題は、個々の法関係を規律する法律に照らして判断されることになる。第三に、杉村説では、田中説で私法特別法とされていた法律も、管理関係における特則と同様、公法法規とされる（田中説における管理関係論の意義につき、小早川・行政法上一七〇頁）。

第四節　公法・私法区別論の意義と問題点

1　公法・私法区別論の意義

公法・私法区別論の意義は、公法関係への私法の適用を排除し、公法規定・公法原理の適用を図ろうとする点にあった。この理論は一九世紀ドイツの産物であるが、そこでは、この理論は、一九世紀中頃まで支配的であった国家活動の私法的把握（例えば公権と私権の同一の取扱い）に対抗しようとする意味があった。国や公共団体の活動には、私法によっては適切に解決できないものがあることは確かであるから、公法・私法区別論には積極的な意味があったといえる。また、実定の公法秩序の不完全性を前提にすると、公法・私法区別論は存在する法の適用に関する単なる解釈論にとどまることはできないのであって、この不完全さを理論的に、さらには立法的に克服することを目指したものであったと考えられる。

2　絶対的区別説の限界と相対的区別説の優越

絶対的区別説が受け容れられなかったのは、公物や営造物の設置・管理・利用のような領域まで公法関係とし私法の適用を排除しようとしたためである。また、公法の観念は主として権力説の立場から把握されてきたため、この公法関係に適用されるべき具体的な公法原則も公権力の優位を内容とするものになりがちであった。そこで、わが国では、美濃部達吉（一八七三〜一九四八）・佐々木惣一（一八七八〜一九六五）以来、学説は権力性の緩和を図り、結局は、右のような行政領域については、（本来的）公法関係ではないとして原則として私法の適用を認めることによって、そこでの公益性の確保を明文の特則すなわち立法政策に委ねる方向に発展した。他方、権力関係については、私法の不適用の原則が堅持され、ただ民法中の法の一般原則や技術的約束の規定の適用が認められるにとどまった。

3　公法・私法区別否定論

近年においては、公法・私法の区別を不要とする見解が定着している。(1) これらの見解を参考としつつ、適用法規に関する私見を述べる。

(1)　公法・私法区別論では、公法関係には公法が適用され私法の適用が原則として排除されるが、まず、行政上の法関係（ないしそこでの法的問題）に適用される法規が明示的に定まっている場合は、適用法規の問題は論じる必要はなく、公法・私法の区別の問題が生じる余地がない。また、行政に関する特有の、かつ一般的な法規が存在する場合、その適用範囲は、その規定の趣旨の解釈によって決まる（会計法三〇条につき、最判一九七五（昭五〇）・二・二五）。問題は、適用すべき行政法規がさしあたり見あたらない場合である。この場合、公法・私法区別論では、権力関係には私法の適用はなく公法が適用されることになるが、なにゆえ私法の適用が排除され、（不文の）公法が適用されると考えられるのかの論拠は明らかではない。そもそも、この公法・私法区別論では、こうした場合、公法の自足的な体系（公法理論）が予定されているのであるが、そのようなものは存在せず、また将来の形成の可能性も疑問である。適用すべき行政法規あるいは法原則が存在しない場合には、今日でいえば、憲法原則を手がかりとしつつ、当該法関係の実質的性格、条理ないし社会通念、裁判例、関連法制度などを考慮して判断すべきことになる。こうして形成される法原則を公法と呼ぶか否かはもはやどちらでもよいことであろう。

(2)　公法・私法区別論は、包括的な法関係の観念を前提としているが、包括的な権力関係と非権力関係さらには管理関係の区別は、適用法規の問題に関しては意味がない。例えば道路行政のような全体としては非権力的な関係においても個々的には権力的な行為が存在している。他方、公害行政のような全体としては権力的な行政の分野でも個々これに対し、現行の行政事件訴訟法上、公権力の行使に関する争いについては、抗告訴訟が定められている。しかし、このことを、「公法上の争いは特別の訴訟形式による」というシェーマで、つまり、公権力の行使に関する争いを公法上の争いと解し、これについて特別の訴訟形式である抗告訴訟がおかれていると解する必要はない。抗告訴訟は、公権力の行使そのものの特殊性に着目して定められたものである。すなわち、公権力の行使↓公法関係↓公法上の争い↓抗告訴訟と考える必要はない。公権力の行使↓抗告訴訟、と解すれば足りるのである。

例えば民法三四条に基づく公益法人の設立についての許可・不許可や労働基準法九六条の二第二項、九六条の三第一項・二項に基づく行政官庁の命令は、これらの規定が公法・私法・社会法のいずれであるかを問わず、抗告訴訟により争われるのである。

ただ、行政事件訴訟法四条の「公法上の法律関係に関する争い」すなわち公法上の（実質的）当事者訴訟の存在は、その適用において何が「公法上の法律関係に関する争い」にあたるかを判断する必要があるから、公法・私法の区別の必要性を根拠づけるものといえる。この当事者訴訟は、私法の分野における法律関係に関する争いすなわち民事訴訟に対応するものであり、公務員の身分確認訴訟、公務員の俸給の支払請求訴訟がその例である。

しかし、行政事件訴訟法上、この当事者訴訟に関する特則は多くはない。しかも、その大半は行政処分の効力が争われることを想定しておかれたもので、行政処分の効力とは別に、争われる権利義務の性質を考慮していると考えることができるのは、職権証拠調べに関する二四条くらいである。したがって、当事者訴訟は、訴訟実務上、民事訴訟とあまり異ならず、その存在をもって実体法における公法・私法の区別の必要性を根拠づけることは出来ない。また、ある争いが当事者訴訟によるべきか否かを決定するためには、争われている法律関係ないし権利義務が公法上のものか否かを判断する必要があるが、この判断はあくまで現行の行政事件訴訟法の解釈・運用の見地からのものである。

訴訟法上公法と私法の区別が必要であるからといって、適用法規の決定などの実体法の次元でもこの区別が必要であるということにはならない。また、公益的見地から紛争処理上適切である場合に当事者訴訟を活用しようとする学説があるが（園部逸夫・現代行政と行政訴訟（一九八七）六〇頁以下）、これも訴訟法の次元で当事者訴訟の活用を図ろうとするものである（二〇〇四年の行政事件訴訟法の改正をきっかけとする当事者訴訟たる確認訴訟への着目については、芝池・救済法一六八頁以下を参照）。

Ⅱ　行政活動の一般的規制原理

第三章　法治主義

第一節　明治憲法下における法治主義

1　法治主義原理の形成

行政法における法治主義とは、これを文字通りに解するならば、行政活動がその担当者の恣意によってではなく、客観的な法に従って行われなければならないという一種の規範的要請（法治行政の原理）を意味する。この原理は、君主が行政権とともに立法権をも有する絶対主義体制のもとにおいても考えられるものであるが、権力分立制の採用によって行政権と立法権とを組織的に分離し、行政府から独立の立法議会に法定立活動を委ね、そして、この立法府の定立する法（法律）に行政をも服せしめることを試みた近代立憲国家における法治主義は、絶対主義のもとでのそれとは質的に異なるものである。

一般に、立憲主義のもとでの法治主義は、行政活動の予測可能性や法的安定性の確保を図るというモメントとともに、国民の意思の行政への反映を図るという民主主義的モメントに基礎をおくものであり、また、今日からみると後者のモメントこそが重要なものであるが、それは近代立憲制のもとではじめて制度的な可能性を見出したのである。

もっとも、近代立憲制のもとでも、いかなる行政活動を、いかなる範囲において、また、いかなる形において、法に服せしめるかという問題に対する解答は、国によりまた時代により、異なっている。わが国では、法治主義原理は、明治憲法下において、ドイツにおいて形成された「法律による行政」の原理の影響のもとで、形成された。

2 「法律による行政」の原理

ドイツにおいて形成された「法律による行政」の原理は、次の三つの原則に定式化される。

(1) 「法律の優先」……すべての行政は法律に違反しえないという原則。[1]

(2) 「法律の留保」……国民の自由および所有権を侵害する行政（「侵害行政」）には、法律の授権を必要とするという原則。

(3) 「法律の法規創造力」……新たな「法規」の定立は、議会の制定する法律またはその授権に基づく命令の形式においてのみなされうるとの原則。

「法規」の概念には変遷があったが一九世紀末のドイツにおいて、国民の自由および所有権を侵害する規範と解されたことによって、この原則は、内容的には、「法律の留保」の原則と一致した。ただし、「法律の留保」の原則を個別行為に関わるものと解すれば、「法律の法規創造力」の原則は、行政府による規範定立に関わるものとしての意味をもつことになる。[2]

3 「法律による行政」の原理の意義と限界

右の三つの原則を内容とする「法律による行政」の原理における「法律」とは、形式的意味における法律、すなわち、立法議会によって（明治憲法のもとでは、その協賛のもとで）定立される法律を意味する。したがって、一面で、「法律による行政」の原理は、立憲主義の成立を前提として行政活動を立法議会の定立する法律に前述のような形で服せしめようとするものであり、またその重点を国民にとってとくに重大な意味をもつ「侵害行政」においたかぎりで、人権の保障を一つの目的としていたことは否定できない。しかし、他面において、この原理とくに「法律の留保」および「法律の法規創造力」の原則は、法律の授権さえあれば国民の権利自由の「侵害」を、原理的には無制約に、是認するとともに、他方、「侵害行政」以外の行政活動——すなわち、権力的ではあるが授益的な行政活動、非権力的な行政活動、いわゆる特別権力関係および行政組織の設置・改廃の領域においては、妥当しないものとされるなどの限界を有していた。

特別権力関係とは、公務員の勤務関係や、国公立の学校の在学関係・刑務所の在監関係のような営造物の利用関係などを指し、そこでは、特別の包括的支配権（命令権や懲戒権）の行使が当該関係の目的達成に必要な範囲で認められ、法治主義の原則は妥当しないものとされる。すなわち、この包括的支配権の行使は、法律の授権を必要とせず、また、裁判所の審査にも服さないものとされるのである。

総じていえば、「法律による行政」の原理は、一九世紀ドイツにおいて議会勢力と絶対君主行政府の対立の妥協の産物たる外見的立憲君主制を基盤として形成されたものであり、本来的に法から自由な行政権の存在を前提とするものであった。このため「法律による行政」の原理は、人権保障という目的を大きく後退させることによって、法律と行政との形式的な規律に関わるにとどまり（形式的法治主義）、さらには行政活動に対する立法府による統制という点においても不徹底な領域を残したのである。

4　明治憲法における法治主義

明治前期における立憲主義の運動と天皇制絶対主義との妥協として制定された明治憲法（大日本帝国憲法）は、ドイツとりわけプロイセンの憲法を範とするものであった。ドイツ型「法律による行政」の原理がわが国においても承認ので、法的な統制の必要がある。補助金の交付については、税の減免措置と同様の意味をもつところから、後者について法律の授権がいる以上、前者にも法律の授権が必要である。

次に、権力作用留保説は、権力的行為を特に強い法の統制のもとにおこうとするもので、一見合理的であるようにみえるが、仔細にみれば必ずしもそうとはいえない。なぜなら、この説は、権力的行為であれば授益的行為についても法律の授権を要求する点で、侵害留保説と異なっているが、しかし、授益的行為の多くはもともとは非権力的なものであって（例、補助金や社会保障の給付）、法律により権力的行為（行政行為）の形式をとることを認められてはじめて、権力的な行為としての性格をもつことになる（形式的行政行為〔行政処分〕）。そして、この権力的な授益的行為には権力性付与規定と並んで法律の授権がおかれているのが通例である。また、この権力的な授益的行為は一定の目的すなわち取消訴訟の対象にするという目的のために権力性を与えられているのであるから、権力性の具備がその目的を越え当該行為を行うについて法律の根拠が必要であるという帰結をもたらすことにはならないであろう（権力作用留保説への批判として、阿部・法システム下六九三〜六九五頁、これに対する反論として、藤田・行政法Ⅰ八八頁注4、同説の評価として、小早川・行政法上一一七〜一一八頁をそれぞれ参照）。したがって、この説は、授益的行為に統制をほとんど及ぼしていない点で、侵害留保説の枠内にあり、しかも、侵害的であるが非権力的な行為については法律の授権を要しないとする点で、修正侵害留保説にも及ばないのである。(3)

「侵害行政」以外の行政活動についての権力的行政と非権力的行政の区別は、行政活動の手段または形式に関わるものであり、それが法律の授権の要否を決するについてもつ意味は決定的なものではない。一定の行政機関の行為を権力的な行政行為と非権力的な契約とのいずれに構成するかは立法政策に委ねられうる場合もある（例えば社会保障給付は、契約とも構成できるが、現行法上は行政行為と構成されている）。したがって、権力的手段の行使には法律の授権を必要とするが、逆に非権力的手段の行使に法律の授権を要しないとはいえないものと考えられる。

完全全部留保説は、すべての公行政を強い法の統制のもとにおこうとするもので、理念的には、憲法の精神に最もよく合致するものであろうが、他面、すべての公行政に法律の授権を要求することは、現実の要請に合致しないところがある。このことは、とくに非権力的に行われる公行政についていえることである。通常、非権力的行政手段としては行政契約や行政指導が挙げられるが、それらが適用される場面、それらが有する機能は多様であり、同じく行政指導であっても、法律相談的なものと実質において権力的規制と異ならないものとを同一に考えることはできないであろう。これらについて、一律に法律の授権が必要であるとはいえないのである。例えば市民からの法律相談に対しては、行政は誠実に対応すべきであって、法律の授権を欠くことを理由に対応を拒むことは、妥当ではない。また、国有財産の管理のようなものは、たとえ法律の規定がなくとも、行わざるをえないものであろう。

以上のようにみてくると、原則としてすべての公行政には法律の授権が必要とみるのが適切であろう（完全全部留保説に対する批判として、小早川・行政法上一一四〜一一六頁を参照）。

最後に、従来の諸説では必ずしも明確ではなかったが、行政組織の設置等の組織法レベルの措置をも視野に入れる必要がある。

5　今後の方向

今後の方向としては、次のことに留意すべきである。

(1)　授権と規制の区別　「法律の留保」の原則とは、一定の行政活動に法律の授権を要求する原則であるが、そこで要求される授権とは、通例、個別的授権であり、概括的授権はごく例外的にのみ認められるものと考えられてきた。個別的授権とは、授権される行政措置に関する要件と法効果についての具体的な定めを含む授権である。つまり、

「法律の留保」の原則は、授権の問題とともに、要件や効果に関する法的な規制の問題をも内包しているのである。

そこで、今後の方向としては、まず、法律の授権には、授権に加えてなおも要件と効果の規制が結びつけられるべきである。しかし、もはや両者を不可分の関係にあると考える必要は必ずしもなく、この意味での授権とは別に、行政活動に対する法的規制のあり方を考える必要があろう。

この点でまず注目すべきことは、行政活動の法的規制としては、要件と効果の規定だけではなく、当該行政活動の目的、それを担当する行政組織の構成、その遂行にあたってとるべき手続などの規定も考えられることである。

次に注目されるのは、授権の要素をもたずもっぱら規制を目的とする法律（規制法）が存在することである。その代表的な例は、「行政手続法」である。また、国の補助金について一般法として補助金適正化法（「補助金等に係る予算の執行の適正化に関する法律」）が制定されているが、これも規制法とみることができる。また、授権は法律の形式をとる必要があるが、規制は下位の命令の形式によっても可能である。

(2) 組織法の役割

従来の法律の留保論において法律の授権という場合に、そこで考えられている法律とは作用法であり、したがって、法律の授権とは作用法的授権であった。組織法（行政組織の構成や権限の配分に関する法）が行政機関に権限を配分し、あたかもそれが授権であるようにみえることがあっても、このような組織法的授権（厳密には権限を定める組織法の規定）をもって法律の授権があるとは解されないのである。

たしかに、法律の授権の問題は具体的行政活動の許否の問題に関わるという意味でまさに作用法のレベルのものであるから、作用法上の授権に焦点があてられたことは正当であるし、授権規範が行政活動の要件や法効果に関する定めを含むことによって、行政活動に対して授権を行うとともに、同時に法的規制を加えるものとの前提に立てば、法的規制を伴わない組織法的授権が法律の授権として扱われなかったのは当然である。

もっとも、この点については、非権力行政との関連で、いくつかのことに留意をする必要がある。一つは、立法の次元でのことであるが、組織法の中に、法律の授権にあたると解される規定がおかれることがあることである。例えば環境省設置法五条二項は、環境大臣は「環境の保全に関する基本的な政策の推進のため特に必要があると認めるときは、関係行政機関の長に対し、環境の保全に関する基本的な政策に関する重要事項について勧告」することができる旨を定める。この規定は、組織法の中におかれているが、法律の授権としての質をもつものであり、環境大臣は、作用法による別途の授権をまたず、この勧告を行うことができるであろう。また、児童福祉法一二条一項は、都道府県に児童相談所の設置を義務づけるとともに、同条二項は、児童相談所の業務として、児童に関する問題につき家庭その他からの相談に応ずること、児童及びその家庭につき必要な判定を行うこと、児童及びその保護者につき必要な指導を行うこと、児童の一時保護を行うことなどを挙げている。児童福祉法は全体としては作用法であるが、右の両規定は組織法の性格をもつものである。しかし、児童福祉法一二条二項の規定は、やはり法律の授権としての質をもっており、児童相談所は、この規定を直接の根拠として、そこで掲げられている業務を行うことができるであろう（保健所の業務について定める同法一二条の六第一項についても同じことがあてはまる）。

環境省設置法五条二項や児童福祉法一二条二項の規定は、組織法の中の作用法的授権規定とみることもできるし、組織法上の授権規定とみることもできる。両者は明確に区別できるものでは必ずしもないのである（作用法における環境省設置法五条二項と類似の規定として、国土形成一四条）。

第二に、組織法たる法律で一定の行政機関に一定の権限が配分されているが、しかし、当該権限の行使に関する授権が作用法たる法律で行われていない場合に、当該行政機関が当該権限を行使することを認められるかどうかという問題がある。例えば旧経済企画庁による長期経済計画の策定については組織法たる旧経済企画庁設置法には規定があったが（四条一三号）、作用法の性質をもった法律による授権はなかった。この問題については、この計画の策定は許されないと解する立場もあり得たが、これを適法視する（または違法としない）のが従来の支配的な見解であったであろうし、行政実務もそれに拠っていたのであろう。ここで指摘されなければならないのは、この見解を導く上において設置法の規定が一定の意味をもっており、この規定があったため、旧経済企画庁による長期経済計画の策定も法律に基づく仕事として現に行われ、また、適法視されていたのであろうということである。組織法上の規定は、行政活動の正当化根拠として一定の意味をもっているのである（長期経済計画の策定にはそもそも法律の授権は必要ではないという理論的立場もあり得るが、ここでの議論の企図するところは、非権力行政の分野において、組織法の規定が作用（法）に対してどのような意味を実際にはもっているかを見極めることである。なお、二〇〇一年の省庁再編により、経済企画庁は内閣府に統合された。今後、長期（または中短期）の経済計画の策定の法的根拠は、内閣府の所掌事務の一つとして「短期及び中長期の経済運営に関する事項」を挙げる内閣府設置法四条一号あたりに求められることになるのではないかと考えられる。もしそうだとすると、右の議論はなお今後も意味をもつことになる）。

さらに、理論的にみても、授権と規制の関係を前記のように解すると、規制すなわち要件や効果についての規定を伴わない概括的授権というものを考えることができるが、それは、実質的には、組織法による権限分配と差をもたないことに注意すべきである。

以上のようにみてくると、組織法的授権（組織法による権限分配）と作用法的授権との峻別は必ずしも適切ではなく、法律の規定が、問題となる行政活動との関係で授権規定として足りるものであるかどうかを具体的に判断することが適切であるように思われる。

ただ、以上の指摘（以下、指摘という）については、次の諸点の補足が必要であろう。

一つは、すでに少しふれたことであるが、指摘は非権力的行政活動についてあてはまることである。権力的行政活動については、組織法の規定では足りず、作用法的授権がなければならない。それは、前者をもってしては、要件と法効果についての規定を期待できないからである（前記の児童相談所についても、権力的権限の行使としての性質をもつ児童の一時保護については、児童福祉法上別に規定がある〔三三条〕）。

第二に、指摘が関わる事柄は、侵害留保説や権力作用留保説ではおよそ問題にならない。これらの説では、侵害行政または権力的活動について法律の授権（＝作用法的授権）が必要であるが、非権力的活動については法律の授権はそもそも必要ではないからである。指摘は、これらの説によっては法律の留保外事項とされている領域での法律の授権のあり方に関わるものである。(4)

(3) 法律によらない行政活動の正当化　さらに、法律の留保の問題を議会による行政活動の正当化の問題であるとみるならば、この正当化根拠を法律以外のものにも求めることの問題が出てくるであろう。例えば予算措置や国会（地方公共団体の場合は、地方議会）の議決が考えられる。行政上の計画について、国会の議決の要否が論議されるのは、それに対する現行の法律の授権や規制が不十分であるためである。

ただ、予算措置や国会の議決においては、授権と同時に規制規範が設けられる可能性がなく、これらが法律にとって代わり単独で授権機能を果たすことが認められるのは、既存の規制法が当該行政作用に対し必要な規制を与えることができるという判断が成り立つ場合にかぎられよう。例えば予算が法律の授権に代わるものとして認められるか否かを判断する場合には、予算の法的性格を独立に論じるだけでは不十分である。

6　具体的検討

以下では、法律の授権に関し、具体的活動に即して検討を加えておこう。

まず、国民の権利自由を制限することになる権力的行政活動については、当然、法律の授権が必要である。また、それは個別的授権でなければならない。[5]

法律の授権の要否、その形態などが問題となるのは非権力的行政活動であり、とくに議論があるのは補助金の交付や行政指導である。

補助金の交付については、前述のように、国の補助金に関する規制法として補助金適正化法があるが、授権が法律・条例の形で行われることは少なく、要綱により必要な定めがおかれるのが通例である。しかし、わが国の補助金行政の実態に対しては多々批判があるが、その原因の一端は法律で必要な規定がおかれていないことにあろう。やはり、法律の個別的授権が必要である（杉村・講義上巻四三頁および注5・6、広岡・総論二九〜三〇頁）。ただ、小規模、偶然的な原因による補助金の交付についてまで法律の授権が必要であるとは考えられず、この意味で、原則として法律の授権が必要だというべきである（同旨、阿部・法システム下七〇五頁）。

次に、行政指導にはいくつかの類型があるが、そのうちでは、法律相談に対する応答や不適法な申請に対して是正を求める行政指導については、法律の授権は必要ではない。これに対し、規制的行政指導（またはそのうちの規制的な力の強いもの）については、完全全部留保説に立たずとも、法律の授権が要求される。また、こうした行政指導については、法律も自ら規定をおいていることがある（例、国土利用計画法二七条の八第一項に基づく勧告。もっとも、最高裁判所は、法律の授権を欠く規制的行政指導も、違法とはしていない。最判一九八二（昭五七）・三・九＝石油カルテル事件）。ただ、規制的行政指導のうちでも、地方公共団体が行っている指導要綱に基づく行政指導（開発規制・環境保護・都市建設のための行政指導）については、完全全部留保説をとる者によっても、例外的に、法律の授権は必要ではないものとされている。地方公共団体が条例を制定しようとしてもそれを阻む事情があるので、法律の授権が必要でないとする地からは、取消の制限やその他の救済手段が求められるのである。

信頼保護が信頼保護として論じられるようになったのは、比較的最近のことである。裁判例上、画期をなすのは、次の二つの裁判例である。

一つは、固定資産の非課税通知に関するものである。すなわち、各種学校を設置・経営していた者に対して、税務官庁がその者からの問合わせを受けて固定資産税の非課税の通知を行い、かつ、課税を行っていなかったが、八年後、過去に遡って課税しさらに差押処分を行ったため、相手方がこの差押処分の取消を求めた。この事件で、東京地方裁判所は、次のように判示した。「自己の過去の言動に反する主張をすることにより、その過去の言動を信頼した相手方の利益を害することの許されないことは……法の根底をなす正義の理念より当然生ずる法原則……であって……いわゆる公法の分野においても、この原則の適用を否定すべき理由はない」。「個々の場合に、租税の減免が法律上の根拠に基づいてのみ行なわれるべきであるとする原則を形式的に貫くことよりも、事実上の行政作用を信頼したことにつきなんら責めらるべき点のない誠実、善良な市民の信頼利益を保護することが、公益上、いっそう強く要請される場合のあることは否定できない」。そして、判決は、原告の請求を認容し、差押処分を取消したのである（東京地判一九六五（昭四〇）・五・二六。ただし、控訴審の東京高判一九六六（昭四一）・六・六は、一審とは異なる事実認定に基づき原告の請求を退けた）。

もう一つの判決は、最判一九八一（昭五六）・一・二七である。事案は、Xが計画した沖縄・Y村での製紙工場の建設につき、Y村議会およびY村長Aが協力することを言明していたが、選挙により新しく村長となったBが協力を拒否したため、工場の建設ないし操業が不可能となったので、Xが、Y村に対し信頼関係が破られたことを理由に損害賠償を請求したものである。この事件において、最高裁は、地方公共団体が一定内容の将来にわたって継続すべき施策を決定した場合でもその決定に拘束されるものではないことを指摘しつつ、一定の場合には、施策の変更が当事者間の信頼関係を不当に破壊するものとして地方公共団体の不法行為責任を生ぜしめるものと判示したのである。

信義誠実の原則は、もともと民法上の原則であるが、法の一般原則として、行政法の分野にも適用があることは、学説上、夙に認められているところであった。信頼保護の原則はこれと等置されることもあるが、信頼保護が一定の行政活動に対する信頼の存在を前提とするのに対し、信義誠実の原則は必ずしも特定の行政活動との関連で語られるものではない。この意味で、信頼保護の原則の方が狭い観念であるといえよう。

もっとも、この信頼保護の原則は、確固とした内容（すなわちその適用が認められる要件やその効果）をもっていない。その理由は、それが新しい原則であること、およびこの原則の適用が問題となる状況が多様であることにあろう。

2 信頼保護が問題となる状況

信頼保護が問題となる状況を整理すれば、まず、信頼の対象は、その発端となる行為に着目すると、適法な事実である場合（例えば工場建設に対する協力の約束）と、違法な事実である場合（例えば非課税通知、社会保障給付の決定）とがある（非課税通知に内容上の誤りがあるとき、これを違法と呼ぶのは適切ではないかもしれないが、ここでは違法措置として整理しておく）。また、信頼の対象となる事実を生み出す形式は、一般的措置と個別的措置とに分けることができる。一般的措置としては、法律・条例、行政計画があり、さらに、通達もここに加えることができよう。また、個別的措置としては、行政行為、契約・協定、行政指導、その他何らかの形での言明・言動が考えられる。

第二節　信頼保護の要件

信頼保護が認められるための一応の要件を整理すれば、以下のようになろう（ここでは、信頼保護が認められるための必要条件にとどまらず、信頼保護の承認を根拠づけまたはそれを補強する事情も含めて検討する）。

1　個別的具体的措置

前記の一九八一年最高裁判決は、信頼保護を認めるについて、「〔工場誘致の施策の決定が〕特定の者に対して右施策に適合する特定内容の活動をすることを促す個別的、具体的な勧告ないし勧誘を伴うものであ」ることを指摘している。

たしかに、契約・協定が結ばれており、その内容が明確・具体的であれば、その不履行は、債務不履行として責任を問われることになる。また、行政行為が存在する場合は、その取消・撤回について信頼保護を一つの目的に一定の法理が形成されている。これら契約・協定・行政行為は、個別具体的措置である。また、裁判例上、信頼保護が問題となった事例の多くは、個別的具体的措置に関わるものである（前記の非課税通知事件、熊本地玉名支判一九六九（昭四四）・四・三〇＝荒尾市住宅団地事件、高知地判一九八二（昭五七）・六・一〇＝中村市雉養殖事件）。個別的具体的な措置が行政活動に対する国民の信頼の形成を促すとともに、こうした措置の存在がその信頼の保護の必要性を根拠づけることは確かである。

それでは、個別的具体的な措置が存在しない場合、信頼は保護されないのであろうか。一般的措置をめぐって信頼保護が問題となった事例がないわけではない。

条例の廃止が問題となった事件として、釧路市工場誘致条例廃止事件がある。これは、釧路市では、工場誘致条例に基づき工場の新設・増設に対し、一定の奨励金を交付してきたので、原告会社が工場増設後奨励金の交付を申請したが、その後この条例の改正が行われ、これに基づき市長がこの交付申請を却下した事件である。この事件で、裁判所は、市長が交付申請を審査のうえ助成を適当と認めて奨励金交付の決定をしてはじめて奨励金交付請求権が発生するのであり、奨励金を受けられるであろうとの期待は事実上の期待であるとした（札幌高判一九六九（昭四四）・四・一七）。この事件では、奨励金の交付の申請（およびその受理）と条例の改正との関係、つまり、旧条例の時間的適用範囲が問題となっており、この問題の判断において、申請時には妥当していた旧条例への信頼の保護の問題が問われているのである。この点、この旧条例では、奨励金の交付は「できる」規定になっており、交付について市長に裁量が認められているので、判決のような結論も是認できようが、しかし、奨励金の交付について行政慣行が確立し裁量権の行使が許されない事態を想定すると、工場の増設・新設後、しかも交付申請ののちであっても、条例の改正・廃止によって奨励金請求権を消滅させることができるという考え方は、必ずしも妥当ではない。すなわち、条例の改正・廃止後も、信頼が保護される余地はあるのであり、したがって、個別的具体的な働きかけは、信頼保護のための不可欠の要件とはいえないのである。法律・条例のような一般的抽象的意思決定についても信頼保護の認められる余地があるのではあるまいか（肯定説として、阿部泰隆・国家補償法〔一九八八〕一一四～一一五頁）。

また、通達を信頼して行動した者の信頼保護が問題となる余地も否定できない（前述の非課税措置が通達で定められ、またそれが公表されていた場合を想定されたい）。通達に関する例としては、著名なパチンコ球遊器事件がある。従前は、物品税の課税対象ではなかったパチンコ球遊器が、通達の改正により、物品税法上の「遊戯具」として課税対象とされたことが争われた事件であるが、最高裁判所は、パチンコ球遊器が物品税法上の「遊戯具」に含まれないと解することが困難であるとし、通達の内容が法の正しい解釈に合致している以上課税処分は適法であるとした（最判一九五八（昭三三）・三・二八）。この判決は、しばしば通達の性質との関連で言及されるものであるが、従前の通達に対する信頼の保護の見地から取り上げることもできないものではない(1)。

さらに、行政計画の変更においても信頼保護が問題となる。現行法の例としては、都市計画法が、都市計画の変更またはその実現の遅延により生じた損失の補償についての規定をおいている（五二条の五・五七条の六。もっとも、これらの規定は、要件や効果については、不明確であり、実際の適用は困難に逢着するであろう）。

2 実行活動

前述のように、信頼保護が認められるためには、個別的具体的な措置を必要とするのが裁判例の動向であるが、同時に、そうした措置に基づく行政の実行活動（例えば非課税通知に基づく一定期間の非課税措置の実施、社会保障給付の決定に基づく給付の実施、工場建設の協力の約束に基づく一定の協力措置の実施）の存在が、信頼保護の要否を決定する上で意味をもつであろう。

東京高判一九八三（昭五八）・一〇・二〇は、ある在日韓国人の老齢年金の裁定の請求に対して行われた、国籍要件の欠如を理由とする却下処分を違法として取消したものであるが、ここでは、国民年金被保険者資格取得の届出が受理され、一〇年余にわたり保険料が納付され、保険料の支払がすべて終了していることも、信頼保護が認められる理由として挙げられている。

3 客観的依存性

信頼保護が認められるためには、さらに、保護すべき信頼が客観的な基盤を有するものであること、すなわち、当該私人の活動の、行政の活動ないし約束への客観的な依存性がなければならない。前記の一九八一年最高裁判決は、

「〔相手方〕の活動が相当長期にわたる当該施策の継続を前提としてはじめてこれに投入する資金又は労力に相応する効果を生じうる性質のものである場合」ということを述べている。この事業活動の論理に即した表現を一般化することは困難であるが、これを右の依存性の要件に対応させることができよう。

また、例えば法律相談に対する回答が誤っていた場合、その回答に対する信頼保護が認められるためには、私人の側の、行政による法令解釈に対する依存性がなければならない。この行政機関の回答は法的な拘束力を有するものではなく、したがって、相手方はそれに従わなければならないものではない。とくに、それが違法であることを認識した場合には、従うべきではないであろう。相手方には、少なくとも、行政機関の回答に従わない自由の余地があるのであり、したがって、行政機関の回答と相手方がそれに従ったことにより発生した損害との間には、直接の因果関係はないのである。相手方が行政機関の法律知識に頼らざるをえず、その回答に従わざるをえなかった場合にのみ、この因果関係が認められることになろう。

4　その他の事情

以上の他、前記の一九八三年東京高裁判決は、原告の側に責めるべき事情がないことや原告が生活に困窮していて他の保険制度等を利用することが困難であることを信頼保護の根拠づけにもち出している。政策変更については、それを予期し対応策をとることができなかったか否かが問われよう。違法措置については、その違法性の認識可能性の有無が問題となるが、この点は前記の依存性の要件にも関連している。

（1）もっとも、パチンコ球遊器の非課税に対する納税者の信頼など、一般に非課税に対する信頼は、税務行政の本来の性質に照らすと、保護されるものではない。ただ、通達の形ではあれ一旦確定された納税義務の範囲の変更は、租税法律主義のもとでは、法律の制定・改廃によって行われるべきものか否かが問題となるだけである。したがって、このパチンコ球遊器事件は、この税務行政の特殊性のゆえに、信頼保護のあり方を考えるうえでの格好の素材とはいえない。本文では、通達の変更も信頼保護の問題を惹起することを示すための一つの素材として、この事件に言及したにとどまる。なお、課税処分への信義則の法理の適用には慎重さが要求されることにつき、最判一九八七（昭六二）・一〇・三〇がある。

第三節　信頼保護のための措置

前記の一九八一年最高裁判決は、「施策が変更されることにより、前記の勧告等に動機づけられて前記のような活動に入つた者がその信頼に反して所期の活動を妨げられ、社会観念上看過することのできない程度の積極的損害を被る場合に、地方公共団体において右損害を補償するなどの代償的措置を講ずることなく施策を変更することは、それがやむをえない客観的事情によるのでない限り、……信頼関係を不当に破壊するものとして違法性を帯び、地方公共団体の不法行為責任を生ぜしめる」と述べている。

ここでは、信頼保護のための措置として、まず代償措置が、そして、損害賠償が考えられている。この事件では、工場誘致政策の変更は正当なものと認められ、そのうえで信頼保護のための措置が考えられているため、このようになるのであるが、しかし、信頼保護のための措置はこれにとどまるものではない。前記の非課税通知事件を例にとれば、それに対する信頼が保護されるべきであるとの前提に立つと、①将来にわたっても課税しない、②過年度についてのみ課税せず、将来については課税する、③過年度についても課税し、非課税通知により相手方に損害があったなこのように、裁量が認められる局面による裁量の種別としては、要件裁量、行為裁量の他、事実認定に関する裁量、組織形成に関する裁量、手続に関する裁量、時期に関する裁量があるのである。(1)

2 裁量の趣旨による種別

行政裁量には、それが認められる趣旨により、専門的技術的裁量および政策的裁量がある。また——適当な名称が見当たらないが——臨機応変の措置を許容するための裁量も考えられる。

異常な物価騰貴により郵便貯金が目減りしたことに対して国の責任が問われたいわゆる郵便貯金目減り訴訟において、政府がとるべき政策について「政府の裁量的な政策的判断」が認められているが(最判一九八二(昭五七)・七・一五)、これは政策的裁量の一つの例である。また、原子炉設置の許可が争われた事件において、「原子炉の安全性が肯定された場合における原子炉設置の許否についての政策的裁量」と「安全性を肯定する判断そのものについて」の「専門技術的裁量」が区別されている(高松高判一九八四(昭五九)・一二・一四＝伊方原発訴訟)。別の判決が、原子炉設置許可処分を「広汎かつ高度な原子力行政に関する政策的事項についての総合的判断と原子炉の安全性に関する専門技術的事項についての総合的判断とに基づいてなされるところの裁量処分」(福島地判一九八四(昭五九)・七・二三＝福島第二原発訴訟)と述べるのも、同旨であろう。(2)

臨機応変の措置を許容するための裁量としては、警察官が、道路において交通の危険が生じるおそれがある場合において、歩行者・車両の一時的な通行の禁止・制限の措置をとる場合の裁量を挙げることができる(道交六条四項)。

3 司法審査との関係での種別

裁判所による審査との関係では、羈束裁量(法規裁量)行為と自由裁量(便宜裁量)行為の二分論が戦前以来用いられてきた。これについては、節を改めて説明する。

(1) 裁量を裁判所による司法審査からの自由を意味するものと考え、また、そのような裁量を行為裁量に認め要件認定については認めない学説においては、そもそも要件裁量という表現は適切ではないということになる。ドイツでは、伝統的にこのような考え方が支配的であり、そこでは、要件に関する不確定法概念については完全な司法審査が及ぶものとされ、要件裁量とはあまりいわず、この点について司法審査の制限を認める場合も、判断余地という表現が用いられている。しかし、本文で述べたように、裁量には、要件裁量と行為裁量の他、多様なものがある。これらの裁量については裁量の語を用いることが適切であり、また、その際、裁量の語に当然に司法審査からの自由の意味を与える必要はないであろう。なお、最判一九八八(昭六三)・七・一四=足立区新医師会設立不許可事件は、民法三四条に基づく公益法人の設立の許可につき、「その具体的な許可基準は、法令上何ら定められていない」ところから、「現行法令上は、公益法人の設立を許可するかどうかは、主務官庁の広範な裁量に任されている」とする。ここでは、要件認定について司法審査が制限されるという意味での裁量が認められている。この他、要件裁量を明示的に認めた最近の最高裁判決として、最判一九八九(平元)・一一・二四=誠和住研事件。裁判例の分析として、塩野・行政法Ⅰ一一六頁以下。

(2) 伊方原発訴訟の上告審判決である最判一九九二(平四)・一〇・二九は、専門技術的裁量は認めているが(もっとも裁量の語は用いていない)、政策的裁量にはふれていない。しかし、これを認めない趣旨ではないであろう。なお、福島第二原発訴訟についても、控訴審の仙台高判一九九〇(平二)・三・二〇および上告審の最判一九九二(平四)・一〇・二九が出ているが、これらも二種の裁量にはふれていない。

第四節　羈束裁量と自由裁量

1　司法審査に関する理論の二類型

明治憲法下の学説は、自由裁量不審理原則を前提としつつ、羈束行為(要件裁量も行為裁量もない行為)とは区別される裁量行為をさらに、裁判所の審理が及ぶ羈束裁量行為とそれが及ばない自由裁量行為とに二分した。この点については学説は一致していたが、羈束裁量行為と自由裁量行為の区分の仕方について、類型的には二つの考え方が存在した。

一つの考え方は、自由裁量を要件の認定の中に見出し、かつ、制定法が行政行為の要件を定めずまたは「公益のため必要あるとき」、「必要なる処分」というように規定しているとき、行政庁に自由裁量を認めるが、制定法がいわゆる中間目的（例えば「公衆衛生上必要あるとき」のように不確定概念ではあるが公益概念よりは具体的なもの）を用いて要件を規定する場合には、自由裁量を認めない（この考え方は、佐々木惣一や渡辺宗太郎（一八九三～一九八三）らによって主張されたもので、要件裁量説と呼ばれることがあるが、形式説または文言説と呼ぶほうが適切である）。また、法律がある行為を「できる」と定めている場合も、要件が充足されていれば、必ずその行為を行わなければならないとする学説も存した（柳瀬・教科書一〇二頁）。

他の一つの考え方は、要件認定については条理法が支配するとして自由裁量を認めず、自由裁量を行政行為を行うか否かの判断の段階に見出し、かつ、国民の権利・自由を制限する行為および国民に利益を与える行為で国民がそれに対して請求権を有するもの（警察許可）には自由裁量を認めず、国民に利益を与える行為でそれに対して国民が請求権を有しないものや国民の権利義務を左右しない行為を自由裁量の行為とする（美濃部達吉。この考え方は、効果裁量説と呼ばれることがあるが、その核心は侵害的行為と授益的行為の区別にあり、実質説と呼ぶのが適切である）。

形式説は、立法者の公益判断が行われていない場合に自由裁量を承認し、立法者の何らかの具体的な公益判断が行われている場合には、自由裁量を否認し、裁判所の審理を認めようとするもので、裁量とは何かという問題についての一定の解答を含むものであった。また、立法者による公益判断の具体化がなければ司法審査を認めない点に、裁判所を立法者によって定立された法の適用機関とみる見方がうかがわれる。しかし、行政裁量をすでに述べたように理解すれば、法律が定める要件としての「公益上の必要性」の存否の判断がつねに行政庁の自由裁量に属すると考えることも不合理であろう。他方、法令がいわゆる中間目的を示す概念を用いて要件を定めている場合にも、その解釈適用をめぐり行政庁に自由裁量の余地がないと考えることも無理がある。さらに、法律がある行為を「できる」規定により授権している場合、それが行政庁に裁量的判断権を与えるものではないことがあることは確かであるが、しかし、つねにそうであるわけではなく、行政庁に裁量が認められる場合のあることも認めなければならない。

他方、実質説は、侵害的行為について司法審査の可能性を基礎づけるものとして積極的な意味があった。侵害的行為は、相手方の権利自由を制限するものであり、授益的な処分よりも救済の必要性が大きいことは確かであるからである。また、行政庁が要件があると判断して行った侵害的行為について、その要件の有無についての裁判所の審理を可能とした点でも意味があった（他方、授益的行為は、自由裁量行為とされ司法審査の対象とならないから、要件認定についても裁判所は審理できない）。しかし、侵害的行為について司法審査が認められ、他方、授益的行為について司法審査が認められないことの理論的根拠は明らかではない。実質説は、裁量とは何かという問題に理論的な解答を与えようとするものではなく、救済の必要性の見地から侵害的行為についての司法審査の可能性を開くものである。また、要件認定については条理法が支配するとして裁判所の審査を認める点には、裁判所の法創造機能を積極的に認める思想がみられるが、つねに条理法が存在すると考えることは行き過ぎであろう。

そもそもこれらの説においては、完全な司法審査が認められる羈束裁量行為と司法審査がまったく認められない自由裁量行為の二分論がとられているのであるが、前記のように、羈束裁量行為については完全な司法審査が認められると考えることは難しいところがあるとともに、自由裁量行為についても、はなはだしく杜撰・不合理な処分を想定すれば明らかなように、まったく司法審査に服しないと考えることもできない。

さらに、これらの説は、裁量の類型としては要件裁量と行為裁量を念頭におくものであったが、しかし、前述のように、裁量は要件裁量と行為裁量に尽きるものではないのである。

2 戦後の傾向

戦後においては、自由裁量行為と解される行為に対しても場合によっては裁判所の審理権が及ぼされるようになり、このような裁判例の動向をふまえて、行政事件訴訟法は、裁量処分が裁量権の範囲を逸脱しまたはその濫用があった場合、裁判所がこの裁量処分を取消すことができる旨を定めるにいたった（行訴三〇条）。このことは、羈束裁量行為と自由裁量行為の区別の相対化を意味する。

伝統的自由裁量行為といえども今日では裁判所による審査を免れない。前記の実質説によれば、例えばタクシー事業の免許やバス事業免許は授益的行為として自由裁量行為になるが、司法審査が認められている（最判一九七一（昭四六）・一〇・二八＝個人タクシー事件、最判一九七五（昭五〇）・五・二九＝群馬中央バス事件）。また、土地収用の事業認定や公有水面埋立免許も、自由裁量行為であるが、相手方や第三者たる利害関係人によって争われることがあり、やはり司法審査が認められている（土地収用の事業認定の司法審査の例として、東京高判一九七三（昭四八）・七・一三＝日光太郎杉事件[1]）。さらに、社会保障や補助金の給付決定についても相手方や第三者からの訴訟が許容されている（もっとも、社会保障の給付決定の多くは、羈束行為である。裁量的給付決定としては、さしあたり生活保護の実施の決定がある。それについての司法審査の例として、東京地判一九七二（昭四七）・一二・二五＝藤木訴訟。補助金の交付決定については、不作為の違法確認訴訟に関する大阪高判一九七九（昭五四）・七・三〇[2]、住民訴訟で補助金交付が争われた例として、最判一九七八（昭五三）・八・二九）。

他方、侵害的行為は、実質説では羈束裁量行為であるが、その司法審査が制限される場合がある（参照、公務員の懲戒処分に関する最判一九七七（昭五二）・一二・二〇＝神戸全税関事件、医師に対する医業停止処分につき、最判一九八八（昭六三）・七・一＝菊田医師事件）。

このように、実質説の骨格であった、侵害的行為＝羈束裁量行為、授益的行為＝自由裁量行為の図式はもはや妥当していない。(3)

形式説が基準とした法律の規定の文言についてみれば、終局目的である公益概念についての審査が行われることがある。例えば前記の補助金に関する最判一九七八（昭五三）年八月二九日は、地方自治法二三二条の二が定める「公益上〔の〕必要」という要件適合性を審査している。他面、中間目的を示す概念についても、司法審査が制限されることもある。公務員の懲戒処分の「国民全体の奉仕者たるにふさわしくない非行」（国公八二条一項三号）という要件や原子炉の設置の許可の「災害の防止上支障がないものであること」という要件がその例である。

また、土地収用の事業認定につき、「事業計画が土地の適正且つ合理的な利用に寄与するものであること」（土地収用二〇条三号）という要件は羈束裁量であり、「土地を収用し、又は使用する公益上の必要があるものであること」（同四号）という要件は自由裁量であると解されることが少なくないが、これは形式説に立つものである。しかし、前記の裁判例の動向に照らしても、前者の要件が羈束裁量として裁判所の完全な審査が認められるのに対し、後者の要件が自由裁量として裁判所の審査がまったく及ばないとすることは適切ではない。むしろ、日光太郎杉事件控訴審判決（東京高判一九七三（昭四八）・七・一三）が前者の要件について行政庁の裁量の余地を認めつつ、積極的な審査を試みたことが、注目されるのである（この判決については、八五頁を参照）。

さらに、法律において行政庁がある行為を「できる」と定められている場合も、要件が調えば行政に裁量の余地はないとはいえない。このことは、とくに国民の権利自由を制限する規制的権限について妥当することであり、その不行使に関する国家賠償訴訟においても、前提として認められているところである（例えば大阪地判一九七四（昭四九）・四・一九＝西宮造成地擁壁崩壊事件）。

戦前の学説は、訴訟の中身としては侵害的行為や許可の拒否行為が相手方によって争われる場合を想定するものであった。しかし、今日では、第三者による訴訟や行政機関の権限の不行使を争う訴訟も多くみられる。もはや、従来のような枠組みで問題をとらえることはできないのである。また、行政の行為に関して複数の要件が定められることが少なくないが（前述の土地収用の事業認定の要件がその例である）、裁量統制につき法律の規定も軽視することができないとすれば、当該行為全体が自由裁量行為か否かを問題とするのではなく、ある要件については司法審査が認められるが、ある要件についてはそれが制限されるというように考えるべきであろう。

3　今後の裁量論の基本的方向

羈束裁量と自由裁量の相対化を前提とする学説としては、基本的には、二つのものがある。

一つは、形式説の系譜に立つもので、法律が要件や法効果（とるべき措置の内容）について不確定概念を用いて規定しあるいは「できる」規定をおいている場合は、そこに裁量を認めるが、しかし、その裁量権の行使については、自由裁量行為と解されてきたものについても裁量の踰越（範囲の逸脱）または濫用として違法になることがあることを認め、他面において、「裁判所の法的判断能力」から「司法審査の及ばぬ所」があることを認める（杉村・講義上巻一九五頁以下）。この説によれば、裁量の踰越または濫用の基準を明らかにすることが理論的な課題となる。

もう一つの考え方は、実質説の系譜に立つもので、自由裁量行為については、裁量の踰越または濫用の法理による司法審査を認めつつ、羈束裁量行為すなわち侵害的な行為については、なおも実質説と同様に考えるものである（今ては、一二三一〜一二三三頁を参照)。行政庁が考慮すべき事項について一般的な基準をたてることは困難であるが、国民の既得の利益、国民の危険防止(安全の確保)、公害防止・環境保全は、考慮が強く要請される事項である。また、道路建設などの公共事業の実施における代替案も同様である(なお、最判一九八一(昭五六)・二・二六=ストロングライフ事件は、「毒物及び劇物取締法」に基づく輸入業の登録申請の審査において、行政庁が輸入物品の人体への危害の虞れを考慮することは許されないものとしている)。

3　手続審理

行政機関が、行政活動を行うにあたって一定の事前手続(聴聞、公聴会など)を経ることを法的に要求されている場合、裁判所は、行政庁の判断の実体的結果の適否の審査とは別に、この手続が適法に行われたか否かを審理できる。事前手続法制については第一七章(二七六頁以下)で説明するが、ここでは、この手続の審理が裁量の行使に固有のものではないが、それの審理においてとくに意味をもっていることに留意したい。

第六節　裁量基準の定立と司法審査

1　裁量基準の定立・告知・公表

行政機関の裁量の行使が恣意にわたることを防止するためには、少なくとも大量的にまたは反復して行われるような行為については、行政機関が拠るべき実体的・手続的基準(裁量基準)をあらかじめ定めておくことが合目的的であるが、さらに、その定立が一つの法的要請と解されることがある。また、定立された裁量基準を相手方に告知し、さらに、公表することの要否が問題となる。

個人タクシー事件第一審判決は、「多数の者のうちから少数特定の者を選定するについては、単なる抽せんによる場合は格別、具体的、個別的事実の認定に基づき選定を実施しようとするかぎり、具体的基準の設定なくしては公正な取扱いをすることは不可能であるから、このような場合に、具体的基準を設けることなしになされた処分は、それだけで、不公正な手続によりなされた処分として違法性を帯びるものと解さざるを得ない」とし、さらには、この基準の内容を申請人に告知することを要求している（東京地判一九六三（昭三八）・九・一八。ただし、この基準の公表は公正な手続の不可欠の要件とはされていない）が、同事件上告審判決は、この基準の設定は法的要請としたものの、申請人への告知は法的要請とはしていない（最判一九七一（昭四六）・一〇・二八）。これに対し、「行政手続法」は、申請に対する処分についての審査基準と不利益処分についての処分基準の制度を設け、それらの定立のみならず公表の義務ないし努力義務を定めるにいたっている（行手五条・一二条。審査基準・処分基準については、第一七章第五節、一二九二頁以下を参照。従前に基準の公表を要求した裁判例として、東京地判一九七一（昭四六）・四・一七）。

2 裁量基準と司法審査

次に、定立された裁量基準の法的性格については、マクリーン事件上告審判決は、「行政庁がその裁量に任された事項について裁量権行使の準則を定めることがあつても、このような準則は、本来、行政庁の処分の妥当性を確保するためのものなのであるから、処分が右準則に違背して行われたとしても、原則として当不当の問題を生ずるにとどまり、当然に違法となるものではない」としている（最大判一九七八（昭五三）・一〇・四）。

裁量基準のこのような理解は、その法的拘束性をまったく認めないものである。たしかに、裁量基準はもともとは行政内部的な規範であり、裁判規範ではないという意味で裁判所は裁量基準に拘束されない。しかし、原告が、裁量基準を適用して行われた行為を、裁量基準の違法性を理由に攻撃する場合には、裁判所は、裁量基準の適法・違法を審理することになる（審議会の作成した許可基準内規につき、福岡高判一九九二（平四）・一〇・二六）。また、裁判所が、行政機関の措置の法律適合性を審理することが困難であり、むしろ、裁量基準の適法性を審理することが適切な場合がある（最判一九九二（平四）・一〇・二九＝伊方原発訴訟）。この裁量基準の司法審査の程度については、少なくとも、法律の授権に基づいて定立される政令・省令などの命令の司法審査よりも広いといえるのではないか。他方、行政機関が裁量基準をつくっておきながら特定の者に対してこれを適用しないである行為を行った場合には、そのことについて合理的理由がなければ、その行為は平等原則違反として違法である（大阪地判一九六九（昭四四）・五・二四、要綱に基づく社会福祉サービスに関するものであるが、東京地判一九九六（平八）・七・三一）。

このように、裁量基準は、司法審査との関係においても一定の意味をもっているのであり、これを法的拘束力のまったくない行政内部的な規範と解することは適切ではない。

Ⅲ　行政組織

第六章　行政機関

第一節　行政機関の概念

1　行政機関

行政活動の主体は、行政体すなわち国・地方公共団体その他の公共団体であるが（第一章第一節注1、五頁を参照）、これらの行政体は、その活動のために、それぞれ組織を有している。これを行政組織といい、行政組織を構成する基礎的単位を行政機関という。各省の大臣や地方公共団体の長はそれぞれ一つの行政機関である。行政組織は、多数の行政機関の体系的機構（杉村・講義上巻七六頁、広岡・総論五一頁）である。実際の行政活動は、この行政機関を通じて行われる。そして、この行政機関の活動によって生じる法効果は、抽象的人格としての行政体に帰属するのである。

2　行政機関と公務員

この行政機関という観念は、公務員という観念とは区別される。公務員は、身分上の観念、すなわち自然人の身分を表す観念であり、行政組織における職務ないし機能と必ずしも結びついたものではない。例えば休職中の公務員（たる人）は、公務員の身分を保有しているが、行政組織内での職務を与えられていないことが考えられる。これに対し、行政機関は、職務上ないし機能上の観念である。したがって、多くの場合には一人の公務員が一つの行政機関としてとらえられるが（例、各省の大臣や地方公共団体の長）、複数の公務員が一つの行政機関を構成することもある（例、内閣や行政委員会のような合議制行政機関。合議制行政機関については、本章第三節、九四頁以下を参照）[1]。

（1）本文で述べたような行政機関概念を講学上の行政機関概念と呼ぶとすると、個別の法律では、この講学上の用語法に従い、各省の大臣や地方公共団体の長、さらには、警察官などに権限が与えられている（警察官につき、警職一条以下、道交六条・七条・一五条・七五条の三・八三条・一〇九条を参照）。これに対し、国家行政組織法上の行政機関概念は、この講学上の用語法とは異なっている。すなわち、そこでは、省・委員会および庁が行政機関と呼ばれている（行組三条二項。内閣府は国家行政組織法の適用がないが〔行組一条〕、行政機関の一つと位置づけられているようである〔行組二条一項、内閣府設置五条二項を参照〕。なお、委員会は、いずれの用語法においても、行政機関である）。
　行政活動を省庁単位でとらえても、個々の大臣の単位でとらえても、差はないようにも思われる。しかし、例えば道路交通法は、都道府県公安委員会・警察署長・警察官の間で、権限の性質に応じ、権限を振り分けているが、このような作業は、包括的な行政機関の観念をもってしては難しいであろう（なお、近年の立法である行政保有個人情報保護法二条一号や情報公開法二条一項では、国家行政組織法の行政機関概念が用いられているが、「行政手続法」二条五号イでは、国家行政組織法の意味での行政機関の他、講学上の行政機関のうち行政庁や執行機関（後述）も、行政機関とされている）。

　右の二つの行政機関概念の詳細については、とりわけ塩野・行政法Ⅲ一九頁以下を参照。

第二節　行政機関の種別

行政機関は、その機能により、行政庁、補助機関、執行機関、参与機関、諮問機関、議決機関、監査機関に分類される。

1　行　政　庁

行政庁とは、行政体の意思または判断を決定し、それを対外的に表示する行政機関である。行政行為を行う権限を有する機関を行政庁と呼ぶのが、伝統的な用語法である（行訴三条、行審一条。ただし、代執行二条）。行政庁は最も重要な行政機関であり、各省庁の大臣・長官、地方公共団体の長、行政委員会が行政庁にあたることが多い。しかし、この他、税務署長、税関長、警察署長、消防署長、建築主事などの下級の行政機関に対外的行為権限が与えられることがあり、この場合、これらは行政庁としての性格をもつ。また、権限の委任（後述）により、下級の行政機関が行政庁となることがある（例、福祉事務所長、保健所長）。

2　その他の行政機関

補助機関とは、行政庁その他の行政機関の職務の遂行を補助する機関である。その範囲は広く、国の省庁の政務次官・事務次官、地方公共団体の副知事・助役から、広く職員一般を含む。この行政庁—補助機関が、行政組織の法的考察の基本的枠組みである。

執行機関は、国民に対して実力を行使する権限を有する機関である（例、警察官、消防吏員、徴収職員。警職一条以下、消防二九条、国税徴収四七条以下）。補助機関の一種とみてよいであろう。なお、この意味での執行機関は、地方自治法行組一四条二項、自治一五四条）。

指揮監督権の行使の形態として、監視、認可、訓令・通達、下級機関がとった措置の取消・停止の命令、下級機関の措置の取消・停止、代執行、権限争議の決定がある。

2　訓令・通達

訓令とは、上級機関が下級機関の権限行使について発する命令であり、書面の形式をとるものをとくに通達という（内閣府設置七条六項、行組一四条二項）。訓令・通達（より一般的には指揮監督権の行使）には、下級機関は従わなければならず、下級機関の服従を担保するために、懲戒権が認められている。

違法の訓令に対しては下級機関は必ずしも従うことを要しない。ただ、その基準については、学説は一致していない。第一説は、訓令が形式的要件（形式的適法性）を具備しているか否かのみを審査できるとする。形式的要件とは、訓令を発した機関が上級機関であること、訓令が下級機関の所掌事務に関するものであることなどを指す。第二説は、下級機関が訓令の実質的適法性（実質的要件）についても審査することができ、実質的適法性が欠けている場合には、その訓令に従うことを要しないとする。この説は、さらに、違法性が重大かつ明白である場合に訓令に従うことを要しないとする説と、違法性が明白であれば訓令に従うことを要しないとする説とに分かれる。

この訓令に類似するのは、職務命令である。訓令は、下級機関の権限行使の統制を目的として発せられるもので、行政機関としての意思を拘束する。その構成員が替っても拘束力は消滅しない。これに対して、職務命令は、行政機関を占める公務員に対して発せられるものであり、公務員を個人として拘束する。当該公務員がその地位を退けば、職務命令は効力を失う。職務命令は、職務の遂行に必要なかぎり、公務員の生活行動をも規制できる（例えば残業命令や出張命令）。そして、訓令は必ず職務命令を含むが、職務命令は必ずしも訓令を含まない（非訓令的職務命令）（今村・

入門四二〜四四頁）。

訓令が行政組織法上の観念であるのに対し、職務命令は公務員法上の観念である。つまり、両者のルーツは異なっており、このため、その関係は必ずしも明確ではない。機能的には、訓令は行政機関の間において発せられるものであり、したがって、それが違法である場合も訴訟で争うことはできないが、職務命令は公務員に対して発せられるものので、それが違法であれば訴訟で争うことができるという点に違いがある。したがって、命令が公務員または市民としての権利利益を侵害するものである場合には、それは職務命令であり訴訟が許容されると解するのが、適切である。制服着用の命令も、場合によっては、職務命令に該当することがあろう。

次に、特に訓令のうち書面の形をとる通達は、一種の規範であり、政令・省令などの法規範との異同が問題となる。通達は、指揮監督権の行使として上級機関により下級機関に対して発されるものであるから、行政の内部的な規範である行政規則であり、それを発するについて法律の根拠は不要であり、他面、法規範ではなく、法的拘束力をもたないということになる（第八章第三節、一一八頁以下を参照）。こうした通達の本来の観念に従えば、通達に合致した行政措置も必ずしも適法ではなく、また、通達に反する行政措置が即違法になるわけではない。ただ、機能的には、国民の生活に影響をもつものがあり、直接それが訴訟の対象とされることがある。また、通達に違反する措置が違法なものとして、争いの対象となることもある。通達の本来の観念と現実の機能との間にはずれがあるわけであるが、最高裁判所は、本来的な観念を強調し、通達を直接に争うことはできず、また、行政措置の違法判断においては通達は基準とならないものとしている（最判一九五八（昭三三）・三・二八＝パチンコ球遊器事件、最判一九六八（昭四三）・一二・二四＝墓地埋葬通達事件。なお、第五章第六節、八六頁以下も参照）。

3　その他の指揮監督権の行使の形態

監視とは、上級機関が下級機関の執務を検閲し報告を徴収することをいう。

認可とは、下級機関の権限行使について要求される上級機関の承認をいう。この認可は、内部的な行為としての認可であり、行政行為の性格をもつ認可とは区別される（参照、最判一九七八（昭五三）・一二・八＝成田新幹線訴訟）。

指揮監督権の行使としての下級機関の措置の取消・停止の命令、措置の取消・停止、代執行のうち、とくに後二者については、そもそもこれらの手段が果たして法律の根拠がなくとも認められるものであるかが問題となる。こうした手段を法律の根拠なしに認めることは、権限分配の原則との関係上、疑問があり、また実際問題としては、行政措置の取消の命令などの通常の指揮監督権の行使でたりない場合を想定することは容易ではない。こうした手段が認められるためには法律の根拠が必要である（杉村・講義上巻八七頁、広岡・総論五六頁。これに対し、藤田・組織法七九頁は、違法な行為の取消を「監督権の当然の内容」とする。法律の規定として、自治一五四条の二）。

権限争議の決定とは、行政機関相互間における権限に関する争いを決定することをいう。複数の機関が一つの権限を互いに自己の権限と主張して争う権限争議を積極的権限争議といい、複数の機関が一つの権限をそれぞれ自己の権限ではないと主張して争う権限争議を消極的権限争議という。行政機関相互間での権限争議は、裁判所による審判の対象にはならない。権限争議は、それに関わる行政機関に共通の上級行政機関により、または、それぞれの行政機関の上級機関の協議により裁定される。後者の場合、国においては、結局は主任の大臣の間での権限争議になり、両者の協議が調わなければ、内閣総理大臣が閣議にかけて裁定する（内閣七条）。

第三節　行政機関の権限の代行

1　行政機関の相互の権限の代行

行政機関の相互の関係に関する基本的な原則は、前述のように（九八頁）、指揮監督の原則と権限分配の原則である。権限分配の原則は、法治主義の見地から認められるもので、権限が、法律によってその権限を割り当てられた行政機関によって行使されなければならないという原則である。しかし、実際には、ある行政機関が法律で割り当てられた権限のすべてを行使することが不可能であったり適切でないことがある。このため、権限の代行という現象が存在する（例、大臣が病気や外国出張の場合の代理や、国の地方出先機関での職員の採用の場合の権限の委任）。権限の代行とは、行政機関が、法律により自己に与えられた権限の行使を他の機関に委ねることをいう。

なお、権限の代行において問題となる権限とは、法律によって一定の行政機関に割り当てられている権限である。法律により権限を割り当てられた行政機関がその権限行使のために行政組織の内部において下級機関である個々の補助機関に割り当てる権限については、権限の代行は、特段の法的問題をもたらさない。

権限の代行の基本的な形態は、委任および代理である。さらに、これらに関連して、専決と呼ばれる現象がある。以下では、これらについて説明する。

2　権限の委任

(1)　権限の委任の概念と性質　権限の委任とは、行政機関がその権限の一部を他の行政機関に委譲し、これをその行政機関の権限として行わせることをいう。法律上定められた権限の所在の変更ないし移転を意味する。受任機関は、権限を自己の権限として、自己の名と責任において行使する。

許認可権限が委任された場合、私人による当該許認可の申請は受任機関に対して行われるべきであるが、委任機関に対して申請が行われた場合、委任機関としては、申請を受任機関に送付するなどの措置をとるべきであろう。

権限の委任が行われるのは、法律により権限を与えられた行政機関による権限の行使が困難または不適切な場合である。例えば国家公務員の任免の権限は法律上は内閣や大臣などに与えられているが（国公五五条一項）、しかし、大臣が当該省のすべての職員の任免を行うことは不可能に近く、また、適切でもない。委任は、このように、法律により権限を与えられた行政機関による権限の行使の困難さや不適切さを取り除こうとするものであり、より適切な権限行使を可能にするものである。権限の委任は、法律上の権限の集中を緩和し、分権化を促す契機をもつことがあるのである（国立大学の教職員の人事権の学長への委任はこのことを示す適例であった。なお、委任そのものの性質によることではないが、行政事件訴訟法上、行政処分の取消訴訟は、一つには行政処分をした行政庁の所在地を管轄する裁判所に提起することができるので〔行訴一二条一項。なお一二条では、取消訴訟を提起することのできる裁判所についてのその他の選択肢も定められている〕、行政処分の権限が委任により地域的に分散されていると、国民は距離的に近い裁判所に訴訟を提起できることになる。権限の委任は、当該権限の行使を争う場合に国民の出訴を容易にするという点でも意味がある）。

(2) 権限の委任と指揮監督権　権限の委任の性質に関連して問題となる点の一つは、委任と指揮監督権の関係である。まず、受任機関が委任機関の下級機関である場合（例、国公五五条二項）、委任機関が、委任した権限の行使について、受任機関に対して、指揮監督権を有する。これは、当然のことといってよい。

問題は、もともと上下の関係にはない行政機関相互の間で権限の委任が行われる場合に、当該権限の行使に限ってであるが、委任機関と受任機関の間にあらたに指揮監督関係が認められ、両機関が上級機関と下級機関の関係に入ることになるのか否かである。この点、本来上下の関係にはない行政機関相互間で指揮監督関係が認められるためには、委任に関する法律の根拠とは別の法律の根拠が必要であろう（例、国公二一条）。

権限の委任において、委任機関と受任機関との間で指揮監督関係が存在することが適切であろうが、この要請は、実務上、委任が上下の行政機関その他指揮監督関係が存在する行政機関の間で行われることにより、充たされている。すなわち、法律上、権限の委任が認められているのは、受任機関が下級機関である場合（国公五五条二項＝「部内の上級の職員」、自治一五三条一項＝「補助機関である職員」、生活保護一九条四項＝「その管理に属する行政庁」）や、受任機関が下級機関ではないが法律により指揮監督関係が創設されている場合（「外国為替及び外国貿易法」は、財務大臣の下級機関である税関長に対する経済産業大臣の指揮監督権が存在することを前提に（五四条一項）、経済産業大臣の権限の一部を税関長に委任することを認める（同二項））である。

これらの場合、委任機関と受任機関との間には指揮監督関係が存在し、あたかも委任が指揮監督関係を伴うようにみえる。しかし、この指揮監督関係は、委任に先立ってもともと存在しているのであり、これを委任の本質から説明する必要はないであろう。

(3)　権限の委任の要件と限界　委任の要件ないし限界としては、まず、法律の根拠が必要である。これは、委任が法律で定められた権限の所在の変更であることによる（例、国公五五条二項、自治一五三条、生活保護一九条四項）。また、同じ理由から、個々の権限の委任にあたっては、公示が必要である。もっとも、行政実務上は、例えば国家公務員法五五条二項による委任は訓令で行われているようであり、また、裁判例も、公務員の勤務関係が内部的な関係であることから公示を不要としている（大阪地判一九七五（昭五〇）・一二・二五）。

さらに、権限の委任は、行政機関の権限の一部についてのみ認められ、全部の権限を委任することは認められない。

これは、実質的必要性の原則によるものである。いかに法律で権限の委任が認められているからといって、実質的な必要性が存在しないにもかかわらず法律で与えられた権限を他の機関に委任することは、許されることではない。

この他、裁判において、公務員法上の任命権と懲戒権の分離委任の許否が争われたことがある（大阪地判一九七五（昭五〇）・一二・一五）。

3 権限の代理

(1) 権限の代理の概念と種別　権限の代理とは、行政機関の権限の全部または一部を他の行政機関が代わって行うことをいう。権限の代理は、例えば大臣の病気や外国出張中に一時的に行われるものであり、権限の委任のように、権限の所在の変更ないし移転を伴うものではない。代理機関は、代理者であることを外部に対して表示して権限を行使し、被代理機関の行為としての法効果を生じる。委任のように、代理機関が権限を自己の権限として行使するのではない。権限の代行の仕方の点では、代理は、委任ほどドラスチックなものではなく、被代理機関と代理機関との関係は、委任の際の委任機関と受任機関との関係よりも密接である。

代理には、まず、一定の法定要件の発生により法上当然に代理関係が生じる法定代理がある。これには、代理機関も法定されている狭義の法定代理（例、国公一一条三項、自治一五二条一項）と行政機関により代理機関が指定される指定代理（自治一五二条二項、内閣九条・一〇条）とがある。そして、法定代理と区別されるものとして、行政機関の授権行為により代理関係が生じる授権代理がある。また、代理機関の権限のすべてが代理される場合と（全部代理）、その一部が代理される場合（一部代理）とがある。

(2) 代理機関　機能的には、権限の代理は、権限を行使すべき機関の担当者が病気・外国出張などにより権限を行使することが不可能な場合にやむをえず行われるものであり、権限の委任のように、積極的により適正な権限の行

第八章　行政による規範定立

第一節　行政機関による規範定立の概念と必要性

1　行政機関による規範定立の概念

議会が行政活動に関する規範を定立し、それを行政が執行するというのが、立憲制国家における議会と行政の関係のモデルである。しかし、実際には、議会が行政活動に必要な規範をすべて制定することはせず、政省令の制定など行政機関自らがこれを定立することが少なくない。本章で考察の対象とするのは、この行政機関による規範定立行為である。

なお、従来、行政立法と呼ばれてきたものが、本章でいう「行政機関による規範定立」にあたる。しかし、この行政立法ないし行政機関による規範定立には、行政機関による実質的意味での立法（法規）の定立作用すなわち厳密な意味での立法作用（後述の法規命令の制定作用）の他、法規の性質を有しない規範の制定作用（後述の行政規則の制定作用）を含んでいる。したがって、厳密にいえば、行政立法という用語は正確ではない（同旨、塩野・行政法Ⅰ八四頁）。

2　行政機関による規範の定立の必要性

行政機関による規範の定立が行われる理由としては、まず、議会の立法のための専門的技術的能力の限界、時間的制約、状況の変化への即応性の欠如が考えられる。これらのゆえに、行政機関に規範定立が委ねられることになる。また、政治的中立の立場での規範定立の必要性や、地方的事情の考慮の必要性も考えられる。前者の理由は、例えば人事院規則について妥当するし、また、後者の理由は、委任条例（法律の個別の委任に基づいて制定される条例）について妥当する。さらに、法律で規律すべき事項にあたらないと考えられたため行政機関により規定が設けられてきたものがある。例えば行政手続は省令で定められることがあるが、これは、従来手続の意義についての認識が十分ではなく、それを法律で規律すべきものとは考えられていなかったためであろう。補助金の交付に関する規定がしばしば内部的な要綱で定められているのもこのためである。地方公共団体において条例の制定に代えて規則や要綱が用いられる理由としては、右と同様の理由の他、法律が条例制定を阻害していることもある。さらに、行政組織の自律権の行使と把握することのできる規定もある。

3　「行政機関による規範定立」論の課題

行政機関による規範の定立は、法形式の面からみると、すでに「行政法の法源」の項でみたように（第一章第三節**3**(3)、九～一〇頁）、政令・省令などの形式で行われる。また、こうした正規の命令の形式をとらず要綱のような内部的規範にとどまるものもある。そして、正規の命令の形をとれば、その規範は法規範として法的拘束力をもつことになるが、内部的規範は原則としてこうした効力をもたない。

この規範定立の形式と効力の問題とは別に、規範の内容に関する問題がある。すなわち、法律の法規創造力の原則（第三章第一節**2**、三九頁を参照）によれば、法規すなわち国民の権利義務に関する規範ないし一般的抽象的規範は議会の定立する法律の形式でのみ定めることができるが、前記のような理由から、この法規の定立も行政機関によって行われることがある。ここにおいて、行政機関が、いかなる規範を、いかなる要件のもとで、いかなる形式で定めることができるかという問題が立てられるのである。以下で検討の対象になるのは、この問題である。

第二節　法規命令

1　法規命令の概念

行政機関により定立される規範は、実質的には、前記の法規を内容とするか否かにより、法規命令と行政規則とに二分される。法規命令とは、法規を内容とする命令である。

現行憲法上、国会は唯一の立法機関であり（四一条）、この立法とは実質的意味の法律すなわち法規の定立を意味するから、この憲法の規定に照らすと、法規の定立は国会の定める規範である法律の形式によってのみ可能である（「法律の法規創造力の原則」）。明治憲法のもとで認められていた緊急勅令や独立命令はもはや認められない。しかし、実際上は、行政活動において適用される法規のすべてを法律が提供することは、前述のように、不可能であり、あるいは適切ではない。そこで、法律の委任に基づいて、行政機関が法規を制定することが認められることになるのである。

2　法規命令の合憲性

憲法四一条からは認められない法規命令が憲法上許容されるためには、憲法の規定がなければならないが、それにあたると考えられているのは、内閣の一つの職務として政令の制定を挙げ、また、政令における罰則の制定に特別の法律の委任を要求する憲法七三条六号の規定である。この憲法七三条の規定は内閣の職務を列挙したものであり、その一つを法規命令承認の根拠とすることは必ずしも十分なものではない。しかし、憲法には、法規命令の制定を正面から認める規定はおかれていない。他方、実際上、法規命令の制定は認めざるをえないものである。このため、憲法七三条六号が法規命令の憲法上の根拠とされているのである。

3　法規命令の種別

法規命令は、執行命令と委任命令とに分けられる。執行命令とは、上位の法令の執行を目的とし、上位の法令において定められている国民の権利や義務を詳細に説明する命令であり、委任命令とは、新たに国民の権利や義務を創設する命令である。この区別は、法規命令の憲法上の根拠との関係で一つの意味がある。すなわち、憲法七三条六号本文および同但し書は、それぞれ、政令の形式をとるものに限らず広く執行命令および委任命令の存在を憲法上許容するものと解されている（判例として、最大判一九五八（昭三三）・七・九、最判一九六五（昭四〇）・三・二六）。また、この区別は、次に述べるように、法律の根拠との関係でも意味がある。

4　法規命令と法律の授権

法規命令の制定には、法律の授権（委任）が必要である。この授権のあり方は、執行命令と委任命令とでは異なる。まず、執行命令は、一般的授権に基づいて制定することができる（内閣府設置七条三項、行組一二条一項）。これに対し、委任命令の制定には、法律の個別的な授権がなければならない（憲法七三条六号但し書、内閣一一条、内閣府設置七条四項、行組一二条三項）(1)。

したがって、法規命令の制定には法律の授権が必要であるが、このことが実際上とくに意味をもつのは、委任命令の制定の場合である。

委任命令の制定についての法律の授権は、包括的なものであってはならず、個別的なものでなければならない。この点で、よく包括的委任の例として取り上げられるのは、一般職の国家公務員がしてはならない政治的行為の規定を包括的に人事院規則に委ねる国家公務員法一〇二条一項である。判例はこれを合憲としているが（最判一九五八（昭三三）・五・一、最大判一九七四（昭四九）・一一・六＝猿払事件、最判一九八一（昭五六）・一〇・二二）、批判も強い。

5　法規命令制定の限界

包括的委任の禁止が立法者に課せられた限界であるのに対し、法規命令を制定する行政機関は、法律に違反する命令を制定してはならず、したがって、委任の範囲を逸脱することも許されない。判例は、強制買収農地の旧所有者への売り払いの基準について定めた農地法施行令一六条が農地法八〇条の委任の範囲をこえた無効のものとし（最大判一九七一（昭四六）・一・二〇）、また、「一四歳未満ノ者ニハ在監者ト接見ヲ為スコト許サス」としていた監獄法施行規則一二〇条を「法律によらないで、被勾留者の接見の自由を著しく制限するものであって、法（＝監獄法）五〇条の委任の範囲を超えるもの」としている（最判一九九一（平三）・七・九）が、他方、銃砲刀剣類登録規則が登録（したがって所持）の対象となる刀剣類を日本刀に限定していることについて「法（＝銃砲刀剣類所持等取締法）の委任の趣旨を逸脱する無効のものということはできない」としている（最判一九九〇（平二）・二・一）。

なお、「行政手続法」が二〇〇五年に改正され、新たに「命令等を定める機関……は、命令等を定めるに当たっては、当該命令等がこれを定める根拠となる法令の趣旨に適合するものとなるようにしなければならない。」との規定がおかれた（行手三八条一項。二〇〇五年の法律改正により「行政手続法」に新たに設けられた命令等の制定手続については、第一七章第九節〔三一九頁以下〕において説明する）。

6　法規命令制定の形式と手続

法規命令は、国民の権利義務に関する規範であるから、正規の命令の形式、すなわち、政令、府令、省令などの形式をとる。法規命令の制定を授権する法律の規定においては、とるべき形式が指定されるのが通例である。告示の形式が指定される場合もある。法規命令は、これらの形式をとることにより、法規範として妥当することになる。執行命令は個別的授権を必要とするものではないが、正規の命令の形式をとり法規範としての性格をもつことになる点で、法規命令と位置づけられる意味がある。

政令・省令などの命令の制定にあたっては、「行政手続法」の定める命令等の制定手続によるのが原則であるが、個別法律の定めるところにより公聴会の手続や審議会などへの諮問の手続がとられることがある（前者の手続を定める立法例として、労基一一三条、後者の手続を定める立法例として、食品衛生一一条一項、司法試験六条）。

7　法規命令の内容

委任命令は、個別的委任に基づき、国民の権利義務の創設に関わる。包括的な委任は認められず、権利義務の創設を白紙委任することは許されない。したがって、国民の権利義務の創設においては、まず、法律が基本的事項について定め、その上で、命令に委任することが必要である。この意味で、委任命令において定めることができるのは、法律の規定の補充またはその細目の定めである[2]（大浜・総論八九頁が「法律の『実施命令』（……）だけを委任し得るにすぎない」というのも同趣旨であろう）。

委任命令の内容をこのように解すると、執行命令の内容としては、申請の手続・書式のようなものが考えられる。[3]

（1）第三章第二節注5、五七頁でみたように、教科書検定は学校教育法二一条一項（現行の三四条一項。この規定は小学校についてのものであるが、他の学校にも準用されている）に基づいて行われているが、実際には、教科用図書検定規則（文部科学省令）や義務教育諸学校教科用図書検定基準・高等学校教科用図書検定基準（文部科学省告示）によって行われている。そこでこのような規則と基準の適法性が問題になるが、最高裁判所は、これらが「関係法律〔教育基本法および学校教育法〕から明らかな教科書の要件を審査の内容及び基準として具体化したものにすぎない。」とし、その法的根拠を学校教育法八八条（現行の一四二条。同法施行のための政令・省令の制定についての一般的委任規定）に求めている（最判一九九三（平五）・三・一六＝家永教科書検定第一次訴訟）。しかし、この説明は強弁の嫌いがある（大浜・総論九六頁は「違憲の疑いが濃厚である」という）。

（2）佐藤・総論一七三頁も、法律の特例的規定を委任命令の内容とすることは原則的には否定されるべきものとする。

（3）「行政手続法」には、二〇〇五年の改正により、「命令等制定機関は、命令等を定めた後においても、当該命令等の規定の実施状況、社会経済情勢の変化等を勘案し、必要に応じ、当該命令等の内容について検討を加え、その適正を確保するよう努めなければならない。」（行手三八条二項）との規定も追加されている。

第三節　行政規則

1　行政規則の法的根拠

行政規則とは、法規としての性質をもたない命令、すなわち、国民の権利義務に関わる規定を含まない命令である。行政組織の内部の組織のあり方や事務処理手続を定める規定がこれにあたる。これらの規定の制定は、法律による黙示の認容があるとみるか（杉村敏正・法の支配と行政法（一九七〇）二六〇頁）、行政権の当然の権能とみるか（田中・行である)。なお、行政行為は行政庁の行為と定義されることがあるが、行政庁の概念からいえば、行政庁の行為が行政行為となるのではなく、行政行為の権限を与えられた行政機関が行政庁と呼ばれるのである。

(2) 第二に、行政行為は外部に対して行われる対外的行為である。この指標によって、行政行為は、行政組織内部での機関相互間の行為から区別される。日本鉄道建設公団が新幹線建設のために作成した工事実施計画に対する運輸大臣の認可は、判例上、内部的行為と解されている(最判一九七八(昭五三)・一二・八=成田新幹線訴訟)。

(3) 第三に、行政行為は法行為である。この指標によって、行政行為は事実行為(行政指導、行政上の強制執行、即時強制、公共工事など)から区別される。近年法律上、しばしば行政機関に授権される指示(例、道交六条三項・一五条)は、法行為である行政行為と事実行為である行政指導の中間的なもののようである(第一五章第一節**2**、二五二頁を参照)。また、関税定率法に基づく輸入禁制品にあたる旨の税関長の通知は、単なる事実行為とみることもできるが、判例上、輸入禁止の法効果を伴う行政行為と解されている(最判一九七九(昭五四)・一二・二五=ポルノグラフィー税関長通知事件)。このように、法行為と事実行為との区別は必ずしも明確ではない。

(4) 行政行為は公権力の行使たる行為である。この点で、行政行為は、同じく法行為である契約とは区別される。行政行為の標識としての公権力性の内容としては、さしあたり一方性が考えられる。一方性とは、法効果の最終的決定が相手方の同意に依存していないことをいう(同旨、塩野宏・公法と私法(一九八九)二五三頁)。もっとも、この標識のみでは、行政行為と契約の解除のような行為とは区別されない。私人間においても存在するか否かが公権力性の有無の一つの判断基準となる。

行政行為の一方性は、行政行為の法効果の設定の局面での権力性である。これに対し、行政行為の権力性として、公定力・不可争力・執行力などが挙げられることがある。これは、行政行為の法効果の実現の局面での権力性ということができる。ただ、この権力性は、行政行為の判別のための指標とはいえない。なぜなら、これらの効力は、行政行為にあたる行為について認められるものであって、逆に、ある行為が行政行為にあたるか否かの判断において、これらの効力の有無がその一つの基準になるわけではないからである。

この一方性に関連して行政行為か契約かが争われてきた古典的例としては、公務員の任命行為がある。

(5) 行政行為は具体的な規律を加える行為である。この点において、行政行為は、行政機関による抽象的な法規範の定立である法規命令の制定とは区別される。判例は、用途地域指定の法効果を抽象的なものとみているが（最判一九八二（昭五七）・四・二二）、具体的なものとみることもできないわけではない。行政行為の定義において挙げられることのある「法令に基づき」という指標は、この具体性に関わるものである（行政行為が法律に基づいて行われなければならないということを表現するものではない）。

他方、行政行為が、法規範の一般性の裏返しとして、個別的行為であることは必ずしも必要ではなく、いわゆる一般処分も行政行為にあたることがある（例、道路の供用開始行為）。

以上のような行政行為の概念について補足しておくと、まず、前述のように、それは、争訟法上の行政処分の概念とは同じではない。前者は実体的に構成される概念であるのに対し、後者は争訟すなわち紛争の解決の見地から構成されるものであり、行政行為以外の一定の行為をも含む（後述の本章第二節**4**(6)、一三五頁をも参照）。ただ、最高裁判所は、若干の例外はあるが、おおむね行政行為をもって行政処分としているので、取消訴訟の対象となる行政処分に関する判例は、行政行為の概念を考える素材となる。

第二に、前述のように、行政行為の概念を厳密に確定しておくべき必要があり、その基準の厳密化が図られてきているが、それでもなお、行政行為にあたるか否かが不明確な行為もある。他面、行政行為に関する理論は厳密に行政行為についてのみ妥当するのではなく、他の行為形式にもあてはまるものがあることも予想される。ただ、この点は今後の検討課題である。

第三に、法治主義の原則により、行政行為は法律・条例の授権のある場合にのみ行うことができる。

第二節　行政行為の類型

行政行為の類型は、行政活動の多様性に応じてはなはだ多様であり、したがって、基準いかんにより複数の整理の仕方が可能である。他方、行政行為の中には、以下で述べる類型にうまくあてはまらないものがある。その意味で、以下の類型は、網羅的なものではない。また、この行政行為の類型の整理は、国民の活動への行政の権力的介入の形態の法的認識という目的をもっていることにも注意しておきたい。

1　法効果の内容による行政行為の分類

行政行為は、その法効果の内容に着目すると、次のように分類することができる。この分類は、法律行為的行政行為と準法律行為的行政行為の区別（後述。一三二頁以下）とは視点を異にするものであるから、両者のいずれについてもこの分類が考えられることになる。

(1)　下命・禁止（義務賦課行為）　下命とは、相手方に対する一定の作為・給付または受忍の義務の発生を法効果とする行為であり（例、違法建築物の改善または除却の命令、租税や負担金の賦課、健康診断の受診命令）、禁止とは、相手方に対する一定の不作為の義務の発生を法効果とする行為である（例、営業活動の停止命令、道路通行の禁止処分）。この両者はいずれも義務賦課行為であり、法効果として生じる義務の内容により、下命と禁止に区別されている。下命・禁止は、義務賦課行為ということができるが、そうすると、その延長上に権利剝奪行為を位置づけることができる（例、土地収用における権利取得裁決、国による農地の買収）[1]。

(2) 許可・免除（義務解除行為） 許可とは、法令による相対的禁止（不作為義務）を特定の場合に解除することを法効果とする行為であり（例、自動車運転の免許、風俗営業の許可、医師の免許）、免除とは、法令による作為・給付または受忍の義務を特定の場合に解除することを法効果とする行為である（例、就学義務の免除、納税義務の免除）。両者の違いは、解除される義務の違いにある。

許可は、法令によって禁止されていた行為に関する自由の回復を法効果としてもたらすにとどまり、権利を発生させるものではない。したがって、許可を受けた者が許可から利益を得ることがあっても、この利益を維持するために、第三者に対する許可が行われないことを請求したり、その取消を求める権利を有しない。しかし、許可を受けた者の地位は、それが国民が本来有する自由に属するものであれば、自由権としての保障を受ける。

許可については行政機関に裁量が認められることもあるが、行政裁量に関する実質説（効果裁量説。第五章第四節**1**、七四頁以下を参照）によれば、羈束裁量行為であり、裁判所の審理が及ぶ（このことは、とくに、警察目的すなわち公共の安全と秩序の維持のために、本来国民の自由である活動について採用される許可〔警察許可〕について妥当する）。

許可や免除は、下命・禁止と同様、国民が本来有する自由に関するものであり（命令的行為）、その制限を解除する行為である。しかし、この伝統的理解にうまくなじまない許可も少なくない。各種用途地域において「公益上やむを得ない」場合などに与えられる建築の許可（建築基準四八条）、銃砲・刀剣類の所持の許可（銃刀所持四条）がその例である。さらに、許可・特許のいずれとも解することができるものもある（例えば教科書検定）[2]。

事実行為および法行為のいずれも許可の対象とすることができる。許可を要する法行為が無許可で行われても当然に無効となるわけではなく、その効力は、当該行為を許可制のもとにおいている法令の趣旨などによって決まる。無許可行為は、法令の定めるところにより、処罰や行政上の強制執行の対象となることがある。

(3) 認　可　認可とは、他の法主体の法行為の効力を補充してその効力を完成させる行為である（例、土地区画整理組合の設立の認可、公共的企業の約款や合併の認可、建築協定や緑地協定の認可）。換言すれば、認可とは、他の法主体相互間での法行為の効力の発生を立法政策的に行政の意思に依存させるところにみられる、行政介入の一つの手段である。したがって、この認可の概念に照らせば、無認可行為は無効になる（ただし、無認可行為が有効なものとして取扱われることもある。最判一九七〇（昭四五）・一二・二四）。この意味で認可は許可とは異なるが、法律上、無許（認）可行為が処罰の対象とされるとともに、無効とされることによって、当該許（認）可が許可と認可の性質を併有するといわれることがある（例、農地三条一項・同条四項・九二条、公有水面二七条・二八条・三九条ノ二、国土利用一四条・四六条）。なお、認可は、法行為を補充しその効力を完成させる行為であるが、当該行為に付着している瑕疵まで補正するものではない。

行政行為としての認可は、内部的行為としての認可と区別しなければならない（参照、第七章第二節**3**、一〇一頁、本章第一節**4**(2)、一二五頁）。

(4) 特　許　特許とは、国民に対し、国民が本来有しない権利や権利能力等を設定する行為である。鉱業権の設定、公有水面埋立の免許、河川の流水・河川区域内の土地の占用の「許可」が権利を設定する特許の例であり、市町村の分立・分割や公益法人の設立の「認可」や「許可」が権利能力を設定する特許の例である。また、公企業の免許は包括的法関係を設定する特許と解されることもある。

権利を設定する特許と許可との一つの違いは、前者によって設定される法的地位が第三者との関係で権利としての法的保障を受ける点にある。したがって、特許を得ている者は、第三者への特許によって自己の特許の行使が妨げられる場合には、法的救済を求めることができる。しかし、許可によっては人が本来有する自由が回復され、それが行政体との関係では自由権として強く保障されるべきものであるのに対し、特許によって設定される権利は一種の特権でありこのような強い地位をもたない（後述の行政行為の撤回のうち外在的優越的公益を理由に行われる撤回〔本章第七節B2、一七七～一七八頁〕は、この特許について行われるものである）。

特許と許可とのもう一つの違いは、許可について裁量が認められる場合もそれが羈束裁量行為であるのに対し、特許が自由裁量行為とされる点である。たしかに、特許についてはは裁量の幅が広いが、しかし、この点の許可との違いは相対的なものにすぎず、また、たとえ自由裁量行為であっても、裁量の踰越・濫用の有無については司法審査が及ぶことに注意しなければならない（行訴三〇条。東京地判一九六三（昭三八）・一二・二五＝群馬中央バス事件。公益法人の設立の許可につき、最判一九八八（昭六三）・七・一四＝足立区新医師会設立不許可事件）。

(5)　設権行為　右の特許は設権行為と呼ばれることもあるが、ここでは、特許以外の設権行為を取り上げる。すなわち、行政行為により国民に設定される権利のうちには、特許により設定される権利のように国民が本来有しないものとはいえないものがある。典型的には、社会保障の受給権がそれであり、それは、国民が当然に有するものではないが、しかし、憲法上の保障を受けているものであり、この受給権を設定する行為は一種の設権行為であるが、特許ということはできない。

さらに、土地収用の権利取得裁決や公有水面埋立の竣功認可のように、土地所有権という私権設定の法効果を伴うものがある。これも設権行為であるが、特許ということはできない（権利取得裁決は、一面で所有権の剝奪という法効果をも有するので、廃棄創設処分と呼ばれることもある）。

(6) 代　理　代理とは、本来相手方が行うべき行為を行政機関が代わって行う行為である。特殊法人などに対する国の監督権に基づくもの（例、日本銀行総裁の内閣による任命）、当事者間において当事者に代わって行われるもの（例、土地収用の裁決）などがある。この代理の概念は、それぞれの行為の実質的性格を見誤らせるおそれがあるので、行政行為の類型を示す適切なものとはいえない。

2　法律行為的行政行為と準法律行為的行政行為

行政行為は、その法効果の発生の仕方により、法律行為的行政行為（行政処分）と準法律行為的行政行為（観念表示行為）とに分けることができる。法律行為的行政行為とは、行政庁の効果意思の表示たる行為であり、その法効果は、行政庁の効果意思によって定められる。これに対して、準法律行為的行政行為とは、効果意思以外の行政庁の意思、認識、判断の表示たる行為であり、その法効果は、法令が直接に定めるところである。準法律行為的行政行為の法効果は、法令が直接に定めるところであるから、行政庁は、この行為に対しては、その性質上、その法効果を左右する付款を付することはできない（ただし、この点については、本章第八節**C1**、一八九頁以下を参照）。

行政行為のこの区別は古くから行われてきたものであるが、最近ではこれに対する批判も強くなりつつある。

3　準法律行為的行政行為の分類

行政行為は、法律行為的行政行為であるか準法律行為的行政行為であるかを問わず、法効果の内容により、前述のように分類することができるが、特に準法律行為的行政行為については、その形態により、次のように分類することができる。

(1) 確　認　確認とは、特定の事実や法関係の存否を認定し、これを対外的に表示する行為で、法律上一定の法法九条によると、都道府県知事は、届出に係るばい煙発生施設からのばい煙の量および濃度が排出基準に適合するかどうかを審査する)。それゆえ、届出制においては、実体的要件の審査は行われないという説明は必ずしも正確なものではない(事実の通知である届出についてはこの説明は正当である)。

第二に、「行政手続法」が、届出が提出先である行政機関の事務所に到達したときに届出をすべき手続上の義務が履行されたものとすると定めていることに関連して、届出について行政機関の応答の要否が問題になる。この問題につき、行政機関の応答のないことが許可制との違いであるという所説がある。また、「行政手続法」上、届出についても、許認可の申請の場合と同様(一四三頁を参照)、届出につき、受理の観念をいれる余地がないといわれている(塩野・行政法Ⅰ二八六頁)。ただ、届出の要件充足性つまり適法性について届出人と行政機関との間で疑義があり得ないわけではないから、この適法性についての行政機関の応答ないし受理を認めるべき余地もないではない(高橋・手続法四〇五頁は、応答として、受理・不受理を予定している)。

第三に、効力の発生の時期の問題がある。行政行為については、相手方への告知によって効力が発生するのに対し(一四三〜一四四頁を参照)、届出については、「行政手続法」は、行政機関の事務所への到達によって効力が発生するとみているようである。これは、届出についての一般的な見方に対応したものである。たしかに、届出においては、法定要件の充足性の認定にさほどの困難のない場合が多いから、通例はこの原則が成り立つ。ただ、法定要件充足性の認定にかなりの日時が必要な場合には、その認定があって初めて届出の効力が生じることになろう(5)(なお、公安条例による集団行動の規制としての届出制と許可制の違いの相対性につき、最大判一九六〇(昭三五)・七・二〇、東京高判一九七三(昭四八)・四・四)。

2 登録制

登録制とは、その本来の意味においては、行政機関が、職権または私人の申告により、氏名その他所定の事項を公簿に登録し、登録があると一定の法効果が認められるという制度である。例えば選挙人名簿への登録は、市町村の選挙管理委員会によって行われ、選挙人名簿に登録されていない者は投票をすることができない（公職二二条一項・四二条一項）。この点で、登録は、行政行為の一類型としての公証行為の一種である（田中・行政法上巻一二七頁注3、兼子・総論一六四頁）。

他方、許可制に近い役割をもった登録制も存在する。すなわち、登録のための要件が法定され（例、砂利採取六条、道路運送車両七条以下）、さらに、登録の拒否について行政庁に裁量が認められている場合もある（建築士二三条の四第二項、電気通信一二条一項四号）。ただ、登録制においては、要件が一義的に法定されているなど、行政庁の裁量の余地は狭い（登録制における行政庁の裁量的判断の余地につき、最判一九八一（昭五六）・二・二六＝ストロングライフ事件。八六頁を参照）。このタイプの登録制は、軽易な許可制ということができる（参照、田中・行政法上巻一二七頁注3、原田・要論一七二頁。許可制から登録制への切り替えが行われた事業分野の例として、電気通信事業がある。電気通信九条を参照）。

この種の登録制は、私人の側からの申請を前提とするものであり、「行政手続法」にいう「申請に対する処分」にあたり、それに関する規定（行手五条以下）の適用を受けることになる。

（1） この権利剝奪行為は、従来の用語を使うと、剝権行為ということができる。通常、剝権行為の概念は、後述の特許（設権行為と同一視される）の対概念として、形成的行為（すなわち、国民が本来有しない法的力を設定・変更・消滅させる行為）の一種に位置づけられる。この形成的行為に対し、国民が本来有する自由を制限したり、その制限を解除する行為は命令的行為と呼ばれる。しかし、この形成的行為と命令的行為の区別はあまり意味のあるものとは思われないので、本書では採用していない。本書の用語法に従えば、土地収用の権利取得裁決は、形成的行為、命令的行為のいずれであるかを詮索する必要はなく、文字通り権利を剥奪する行為であるので、剥権行為と呼ぶことができるのである。

（2） いわゆる家永教科書検定第二次訴訟第一審判決は、教科書検定の性質に言及し、それを、図書が教科書として適切であるか否かを客観的基準に照らして審査し、それがその基準に合致しているかどうかを公の権威をもって認定するいわゆる確認行為であるとしつつ、学校教育法二一条が実際上検定を経ない教科書を教科書として発行することを禁止しているところから、実質的には事前の許可たる性格のものと解している（東京地判一九七〇（昭四五）・七・一七）が、同控訴審判決は、教科書検定を特許と解している（東京高判一九七五（昭五〇）・一二・二〇）。同第一次訴訟の控訴審判決および同第三次訴訟の第一審判決（東京高判一九八六（昭六一）・三・一九、東京地判一九八九（平元）・一〇・三）も特許説を採用している。

（3） 最判一九八二（昭五七）・四・二三は、道路法四七条四項、車両制限令一二条所定の特殊車両通行認定が基本的には裁量の余地のない確認的行為の性質を有するとしつつ、他面、行政裁量行使の余地を認めることによって、建築主と付近住民との間での実力による衝突の危険の回避のために行われた右認定の五カ月にわたる留保を適法とした。しかし、確認の観念に照らすと、それに認められないのは、法効果に関する裁量のみであり、一種の裁量権の行使として右のような認定を留保することとは、確認の観念にもともと矛盾するものではない。

（4） 二重効果的行政行為を侵害的行政行為、授益的行政行為とならぶ行政行為の類型とすることには疑問がないではない。その理由は、第一に、二重効果的行政行為とは第三者の利害に対して影響を及ぼす行政行為と解されるが、それでは、第三者に対してどのような影響をもつものが二重効果的行政行為というのかが明らかではない。侵害的行政行為や授益的行政行為の多くも第三者の利害に関係している。単に第三者の利害との関連性だけを指標とすると、行政行為の大部分が二重効果的行政行為に該当することになってしまう。第二に、二重効果的であるか否かは、個々の行政行為が行われる具体的利益状況に依存しているのであって、行政行為の類型の問題でないのではないかと思われる。例えば建築確認はその対象となる建築物の規模や周辺の状況により、「二重効果的」であることもあればないこともある。このように行政行為が二重効果的行政行為にあたるか否かは個々の場合の利益状況によって異なるのであり、具体的利益状況を離れて行政行為を二重効果的行政行為にあたるか否かを論じることは適切ではない。さしあたりは、これら二つの理由から、二重効果的行政行為の概念の有効性については疑問がある。一般に行政活動の法律問題を論じる場合、相手方の利害のみならず、第三者の利害を考慮することが必要であって、侵害的行政行為や授益的行政行為においても、第三者の利害を考慮する必要があることが少なくない。第三者の利害の考慮の問題は、二重効果的行政行為に限られる問題ではないのである。参照、芝池「行政決定と第三者利益の考慮」法学論叢一三二巻一＝二＝三号（一九九二）八七頁以下。

（5） 東京地判一九九一（平三）・五・二八は、日本国籍の離脱の届出の受理と告示が行われても、その後に国籍離脱の実体的要件（外国国籍の保有）の欠如が明らかになった場合、日本国籍離脱の効果は生じないとする。控訴審の東京高判一九九二（平四）・四・一五もこの結論を維持している。

第三節　行政行為の成立と告知による効力の発生

1　行政行為の成立

行政庁が行政行為のための意思を決定しこれを外部に表示し、このことによって行政行為が対外的に認識されうる存在となったときをもって、行政行為は成立する。この行政行為の成立によってはまだその効力は発生しない。行政行為の効力の発生のためには、後述のように、行政行為の告知が必要である。

この行政行為の成立に至る過程において、行政庁は、事実関係などの調査、他の行政機関との協議、内部での意思決定のための審査などを行う。この行政庁内部での審査に関連して、以下では、許認可などの申請の処理の法理について説明する（調査については、第一六章、二六七頁以下で説明する。他の行政機関との協議については、第七章第四節、一〇九頁で簡単に触れた)。

2　許認可等の申請の処理の法理

「行政手続法」は、「申請に対する処分」の章を設け、許認可等の申請の処理についての規定を設けている(行手二章=五条以下)。このうち、行政手続に関するものは、第一七章(二七六頁以下)での説明に譲り(審査基準については、同章第五節、二九二頁以下を、理由提示については、同章第七節、三一〇頁以下を参照)、ここでは、とくに、同法七条において定められている、申請に対する行政庁の審査・応答義務について説明する。

(1)　行政庁の審査・応答義務　「行政手続法」七条によれば、行政庁は、許認可等を求める申請がその事務所に到達したときは遅滞なく当該申請の審査を開始しなければならず、かつ、法令に定められた形式上の要件に適合しない申請については、速やかに、申請者(申請人ともいう)に対し相当の期間を定めて当該申請の補正を求め、または求められた許認可等の申請を拒否しなければならない。

すなわち、行政庁は、第一に、申請がその事務所に到達したときは遅滞なく当該申請の審査を開始しなければならない(審査義務)。この遅滞なく審査を行うべき義務の範囲は、申請の形式的要件だけか実体的要件をも含むかという問題がある。第二に、行政庁は、形式上の要件に適合しない申請については、申請の補正を求めるかまたは申請の拒否処分をしなければならない(応答義務)。そして、第三に、行政庁は、――審査義務が実体的要件の充足いかんにも及ぶということを前提にすることになるが――形式的要件を充たしている申請が法令に定められた実体的要件を充たしている場合には許認可等の処分をしなければならず、これを充たしていない場合は申請を拒否しなければならない(これも応答義務である)。

(2)　申請権の保障　この「行政手続法」七条の目的は、申請者の申請権を保障することにある。申請権とは、許認可等を得ようとする者が行政庁に対し自己の欲する申請を行うことができること、および、この申請をした者（申請者）が行政庁に対しその申請を審査し、正式に応答することを請求することができることを内容とする権利である。

従来は、法定の要件を充足する申請であっても、行政庁がそれを受理せず、申請内容の修正を求めたり、応答を保留したり、申請を返戻することがあった。「行政手続法」七条は、こうした取扱いを禁止し、申請の審査と応答を行政庁に義務づけるものである。

(3)　受理の観念の排除　「行政手続法」七条による審査・応答義務の法定の狙いは、従来行政実務上用いられてきた受理の観念の排除にあるといわれる。すなわち、同条は、「行政手続法」において申請の受理・不受理という段階を制度として設けることを否認するとともに、行政庁が実際上受理・不受理の措置を行うことを禁止しているのである（塩野・行政法Ⅰ二六九頁を参照）[1]。

ここで問題となっているのは、行政庁の応答すなわち申請に基づく許認可またはその拒否の処分の前に行われるいわば手続上の行為としての受理・不受理であるが（届出を適法なものとして受け取り、法効果の発生を伴う行政行為としての受理とは異なる）、法律の定める審査手続が時間と費用を要するものであり、他方、申請が法定の要件を欠き認容されないことが明白であるといったような場合には、不受理の措置も合理的なものとして許されるのではないかと考えられる（兼子・行政法学一一一頁は、「〔申請の〕形式審査を決着させる行政庁の手続行為として〝受理・不受理〟があ」ることを認める。同旨、大浜・総論一二三頁、二〇五～二〇六頁）。

3　告知による行政行為の効力の発生

以上のようにして行政行為が成立してもそれだけではなおその効力は発生しない。意思表示の一般原則に従うと、行政行為の効力は、それが相手方に到達したときに発生することになる（田中・行政法上巻一三二～一三三頁、塩野・行政法Ⅰ一五三頁。民法九七条一項を参照。イレギュラーな事情がある場合においてもこの原則が妥当するとした判決として、最判一九八二（昭五七）・七・一五＝高砂ガソリンスタンド事件）。ただ、昨今の手続法思想の発展に鑑みると、行政行為の効力の発生の手続として行政庁による相手方への正式の告知が要請される（杉村・講義上巻二〇四～二〇五頁）[2]。

告知の形態としては、口頭での告知、交付送達、郵便による送達、公示送達がある（各送達は書面によるものである）。送達については、行政法上一般的規定はなく、民事訴訟法の送達に関する規定（九八条以下）が参考になる。相手方が不特定多数の場合や相手方の所在が不明である場合、公示で足りる（民法九八条一項を参照。所在不明の地方公務員に対する懲戒免職処分につき、県知事自らが公報などへの公示による意思表示を行うことを認める法令の根拠がないことを理由に、効力の発生を否認する判決として、大阪高判一九九六（平八）・一一・二六があるが、これに対し、上告審・最判一九九九（平一一）・七・一五は、懲戒免職処分の効力を認めている）[3]。

（1）原田・要論一五六頁は、以上のような審査・応答義務を中核とする申請処理手続につき、「申請を迅速かつ客観的に審査し、法の予想する拒否事由がないかぎり申請者の自由を尊重して許認可をスムースにあたえることを意図した自由主義的な発想に基づく立法であり、法定外の行政干渉を極力排除しようとする規制緩和を指向した手続」という評価を与えている。正鵠を得た指摘である。

（2）行政行為の効力発生の要件としての告知は、相手方に対するものであり、相手方に対して告知が行われれば行政行為の効力が発生するのであるが、手続法の見地からみると、相手方以外の当該行政行為について利害関係を有する第三者（第三者利害関係人）への告知の要否やそのあり方が問題になる。建築確認や原子炉設置の許可など、相手方以外の第三者の利害にも影響を及ぼす行政行為は少なくなく（この種の行政行為は二重効果的行政行為といわれる。この概念については、一四〇頁注4を参照）、第三者利害関係人の権利保護は行政法理論の重要な課題である。事前手続の整備は当事者訴訟における無効の認定、さらには無効確認訴訟による無効確認が認められている（当然無効については次節で詳論する）。

C　執行力

義務を賦課する行政行為については、相手方がその義務を履行しない場合、法律（行政代執行法、国税徴収法など）の定めるところにより、行政自らがその義務を強制的に実現しうる場合がある。これを行政上の強制執行というが（第一〇章、一九六頁以下を参照。以下では単に強制執行という）、この強制執行は行政自らが行うことができ、あらかじめ裁判判決を得ることを要しない。このような可能性は、契約にはみられないものであり、行政行為の（自力）執行力と呼ばれる。

かつては、この効力は行政行為に本来内在する力と考えられていた。しかし、今日では、強制執行を行うためには、もとの行政行為についての法律の根拠とは別の法律の根拠が必要であると解されている。すなわち、執行力は、行政代執行法などの法律によってはじめて与えられるものであり、行政行為に当然に認められるものではない。ただ、現行法上、取消訴訟の出訴期間内においても、また、取消訴訟が提起され係争中であっても、執行力が認められ、強制執行が許容されることになっている（強制執行を止めるためには、執行停止を申し立てる必要がある。行訴二五条を参照）。したがって、執行力は行政行為の相手方への告知とともに発生するということになるが、これは権利保護の機会を十分に配慮したとはいえず、立法政策上再考を要する点である。

右の点に関連することとして、無効の行政行為は執行力を有しないが、単なる違法の行政行為は公定力を有し一応有効であるので、執行力を有するといわれる。しかし、先に述べたように（一四八頁を参照）、違法の行政行為の強制執行の許否の問題は強制執行制度の問題であり、公定力の問題ではないと思われる。

D　不可争力（形式的確定力）

行政行為に不服がある者は、行政上の不服申立を行い、さらには取消訴訟を提起することができるが、これらの争訟の提起については時間的な制限があり、この争訟提起期間を経過すると、その相手方やその他の利害関係人はもはやその行為を争うことが許されなくなる（行訴一四条、行審一四条・四五条・五三条）。このような争訟を拒む力を不可争力または形式的確定力という。

この不可争力は、行政上の不服申立や取消訴訟の対象となる行政行為について広く認められる効力である。他方、それは争訟提起期間の経過によってはじめて生ずる力であって、行政行為が当初より有している力ではない。また、それは相手方などが争訟により取消を求めることを拒む力であって、行政庁の職権による取消や撤回を禁じるものではない。後者の力は不可変更力（後述）との関連で論じられる。なお、無効の行政行為については、行政上の不服申立や取消訴訟の提起の期間後であっても、他の訴訟形式により無効の確認を求めることができる。この意味で、無効の行政行為には不可争力は生じない。

E　不可変更力

準司法的な手続を経て行われる争訟裁断行為たる行政行為については、紛争の終局的解決の見地から、たとえそれが違法であっても、行政庁はこれを取消しあるいは変更することはできない。これを、不可変更力または実質的確定力という。このような力をどの範囲で認めるかについては定説はなく、合議制行政庁により準司法的手続を経て行われる行政行為についてのみこれを認める説や、より広く、不服申立に対する裁決・決定にもこれを認める説、さらに、確認行為にもこれを認める説がある（本章第六節D、一七三頁をも参照）。

なお、不可変更力の観念は、右の力の他、信頼保護や法的安定の見地から行政庁による取消や撤回を拒む力（狭義の不可変更力および不可撤回力）をも含む意味において用いられることもあるが、これらの力は、利益衡量の結果として職権取消や撤回をいわば外在的に制限する力であるので、行政行為の効力として把握することは必要ではないと思われる。

（1） 取消訴訟の排他的管轄とは、行政行為により形成された法関係ないし権利義務を民事訴訟や当事者訴訟により争うことを拒むものであるが、例えば公有水面の埋立免許に基づく埋立事業についてどの範囲で民事訴訟が排除されるかは、訴訟法の見地からの細かな検討が必要である。なお、行政行為の公定力の根拠やその内容を取消訴訟の排他的管轄ととらえると、もはや、公定力というそれ自体としては意味不明の語を用いる必要性はなくなるであろう。

もっとも、行政事件訴訟法上、取消訴訟については定めがあるが、行政行為に対する取消訴訟の排他的管轄を明示的に定める規定はおかれていない。取消訴訟を、行政行為を民事訴訟よりもより有効適切に争うためにおかれた制度であると解すると、その利用は必ずしも強制されず、取消訴訟を用いず民事訴訟により行政行為を争う可能性も認められることになる。しかし、現行法の解釈上、このような可能性は認められていない。現行の取消訴訟の制度は、そうした民事訴訟にはない権利保護のための機能をもっていることも確かであるが（例えば早期権利保護機能）、しかし、同時に、仮の権利保護制度にみられるように、むしろ公益の保護への傾斜がみられる。行政行為について取消訴訟の利用が強制されるのは、取消訴訟制度にこのような公益保護の要素があるからであろう。したがって、権利保護の見地からは、取消訴訟の制度の改革とともに、行政行為に対する取消訴訟の排他的管轄のイデオロギーの緩和が必要である。取消訴訟の排他的管轄の根拠の詳細な検討として、浜川清「行政訴訟の諸形式とその選択基準」：杉村編・救済法１七四頁以下が有益である。

（2） 行政上の強制執行の認められない行政行為については、司法的強制が可能な場合があるが（一九九頁注1を参照）、この訴訟においては行政行為の適法性の審査が行われると解する余地がある。もし、この審査が行われるとすると、違法の行政行為については司法的強制ができないことになり、公定力による後続行為の正当化について語ることができなくなることに注意すべきである。参照、阿部・法システム下四四一頁、同・行政法の解釈（一九九〇）三三八頁、小高・総論五九頁。なお、塩野・行政法Ⅰ二〇四頁注2は、裁判所の審査は行政行為の有効・無効に限定されるとする。

（3） 過去一年以内に交通事故による免許停止処分の前歴があったので反則行為に対し公訴の提起が行われたがその後交通事故について無罪の判決が確定したため公訴の適法性が争われた事件において、最決一九八八（昭六三）・一〇・二八は、免許停止処分が無効ではなくまた権限ある行政庁または裁判所により取消されてもいないことを理由に、公訴の提起を適法としている。しかし、裁判所により免許停止処分の原因となっていた交通事故による傷害の事実が否認されたのであるから、免許停止処分は無効になったとみる余地がある。

第五節　当然無効の行政行為

A　取消可能な行政行為と当然無効の行政行為

1　取消可能な行政行為——違法の行政行為と不当の行政行為

行政行為は法に違反してはならず、また、裁量が認められる場合においても、その行使は適正なものでなければならない。この原則に対応して、行政行為の瑕疵には違法性と不当性の二つがある。

違法または不当な行政行為はいずれも取消等の是正の対象となる。すなわち、行政機関による是正は違法の行為に限られず、不当の行為にも及ぶが（行審一条一項を参照）、これに対し、裁判所は法の解釈・適用をその任務としているので、裁判所による是正は違法な行政行為についてのみ認められる。もっとも、裁判所が、行政機関の裁量権の行使についてまったく審理できないというわけではなく、そこに裁量の踰越（範囲の逸脱）または濫用がある場合には、裁判所による取消が認められる（行訴三〇条。第五章第五節、八一頁以下を参照）。

以下では、違法の行政行為を念頭において説明する。

2　争訟取消と職権取消

すでにみたように、違法の行政行為は当然に無効になるのではなく、その公定力により一応有効なものとして扱われる。そして、このような行為に対しては、相手方その他一定の利害関係を有する者は、争訟提起期間内に不服申立や取消訴訟を提起し、行政庁や裁判所にその取消を求めることができる（争訟取消）。また、行政機関は職権により違法の行政行為を取消すことができる（職権取消）。この職権による取消はあとで述べるところであり（本章第六節、一六六頁以下を参照）、ここでは行政機関または裁判所による争訟取消が問題となる。

3　取消可能な行政行為と当然無効の行政行為

違法の行政行為に対しては、相手方その他の国民は、現行の行政上の不服申立制度や取消訴訟の制度のもとでは、取消請求権を有し、不服申立や訴えを審理する行政機関や裁判所は、行政行為が違法であればこれを取消さなければならない。この原則に関連して問題となるのは、違法の行政行為には右のような取消可能性があるにもかかわらず、国民が争訟提起期間内に争訟を提起しなければ、それ以後行政行為は事実上存続することになることである。このような事態には、不服申立や取消訴訟の制度に不服申立期間や出訴期間が設けられている以上、やむを得ない面があるが、しかし、他面、違法性のはなはだしい行政行為についてまでこのような原則を貫くことは、国民に酷な結果をもたらすことがある。そこで、違法性が重大であるなど一定の要件を充たす行政行為は、公定力のない当然無効の行為とみなされ、不服申立・取消訴訟のための争訟提起期間の経過後においても、裁判所による救済の道が開かれている。すなわち、行政行為の違法性が無効原因にあたる場合には、相手方や利害関係人は、取消訴訟の出訴期間の経過後においても、行政行為の効力の有無が先決問題となる民事訴訟や公法上の当事者訴訟において当該行政行為の無効を主張し、また、無効確認訴訟を提起して、裁判所に無効の確認を求めることができるのである。

このように、違法の行政行為は、公定力をもち一応有効であって不服申立や取消訴訟で取消の対象となる「取消可能な行政行為（取消しうべき行政行為）」と、公定力をもたない「当然無効の行政行為」とに分けられる。[1]

この区別において最も問題となるのは、いかなる行為が当然無効の行政行為にあたるかである。

B　当然無効の意義

1　当然無効の意義

前述のように、公定力のある行政行為については取消訴訟の排他的管轄が妥当し、他の民事訴訟・当事者訴訟によってはその効力を争うことができない。しかし、行政行為の違法性がはなはだしい場合、その行政行為は公定力をもたず、当然無効と考えられる。すなわち、当然無効の行政行為については、取消訴訟の排他的管轄は妥当せず、法律関係または権利義務を争う民事訴訟・当事者訴訟において、その先決問題として行政行為が無効であることを主張することができる。また、無効確認訴訟により当然無効の確認を求めることもできる。このように、当然無効の観念の主要な意義は、取消訴訟の排他的管轄が妥当し取消判決があってはじめて行政行為が無効になるのではなく、その他の訴訟形式によっても行政行為の無効の認定を求めることができる点にある。

2　当然無効の意義の変遷

当然無効の観念はすでに戦前において用いられていたものであり、戦後も用いられているが、この観念の意義は、戦前と戦後とで異なっている。

戦前においては、行政事件について行政裁判制度が存在したが、行政裁判所の審理権は法律で列挙された事項に限定されていたため（第三章第一節**4(6)**、四二頁を参照）、権利保護上、司法裁判所による民事裁判の先決問題として行政行為の有効・無効に限って審査が行われた。この点に、戦前における当然無効の観念の実益があった。つまり、当然無効の観念は、行政裁判権と民事裁判権の二つの裁判権の相互の関係に関わるものであった。

これに対し、戦後は、行政裁判制度が廃止されて司法権が一元化され、行政行為についても取消訴訟が一般的に許容されている。ただ、この取消訴訟については出訴期間などの制約があるため、取消訴訟の排他的管轄の妥当しない行政行為の当然無効の観念が引き続き用いられているのである。ここでは、当然無効の問題は、戦前のように、裁判制度間での問題ではなく、訴訟形式間での問題となっていることに注意されよう。

訴訟が提起されない場合および訴訟外の場では、当然無効の観念は法的な意味をもたない。例えば行政行為によって課された義務の強制執行は、違法の行為か無効の行為かを問わず行われる（ただし、行政庁が自発的に当然無効の行為について無効であることを認め、法的効力をもたないものとして扱うことは考えられる）。

3　その他の意義

この他、行政行為の無効の観念は、行政行為の違法性の承継の問題（本章第四節**B2**、一四八頁を参照）や、違法の行政行為の職権取消の問題（本章第六節、一六六頁以下を参照）においても、用いられることがある。すなわち、先行行為が単なる違法な行政行為であれば違法性の承継がなく、後行行為は違法にならない場合であっても、先行行為がのがある。すなわち、ある最高裁判決は、所得税賦課処分につき、原審判決が瑕疵の重大性を認めつつ明白性を欠くとして控訴を棄却したのに対し、「一般に、課税処分が課税庁と被課税者との間にのみ存するもので、処分の存在を信頼する第三者の保護を考慮する必要のないこと等を勘案すれば、当該処分における内容上の過誤が課税要件の根幹についてのそれであつて、徴税行政の安定とその円滑な運営の要請を斟酌してもなお、不服申立期間の徒過による不可争的効果の発生を理由として被課税者に右処分による不利益を甘受させることが、著しく不当と認められるような例外的事情のある場合には、前記の過誤による瑕疵は、当該処分を当然無効ならしめるものと解するのが相当である」と判示している（最判一九七三（昭四八）・四・二六。この他、最判一九六五（昭四〇）・八・一七）。

もっとも、この判決は、重大明白説を完全に捨て去ったものとはいえない。そうではなく、処分の性質上第三者の信頼を保護する必要の存しないこと、および瑕疵が処分要件の根幹に関わるものであることを前提に、行政運営上の要請と相手方の権利利益の保護の要請とを比較衡量し、例外的に、明白性の要件がなくとも無効の認められることがあるものとしているのである。

たしかに、重大明白説の性格として述べたところから理解されるように、それは当然無効の認められるための最小限の要件を示すものであり、したがって、当然無効を認めるうえで違法の明白性は不可欠の要件ではない（同旨、今村・入門九六〜九八頁、広岡・総論一四二〜一四三頁）。

他方、この明白性の要件がもはや不要のものということもできない。とくに、行政行為をめぐって相手方と利害関係人との利害が対立する場合、一方が原告となって行政行為の無効を主張するとき、他方の利益ないし信頼の保護の見地から、違法の明白性を無効認定の要件に加えることには合理性があろう（同旨、兼子・総論二〇二頁）。

違法の明白性が要件とならない場合については、違法の重大性が当然無効の認められるための要件となる。そして、この違法の重大性の判断は、無効を認めることによる行政目的達成上の不利益、相手方の利益・不利益（とくに取消訴訟を提起しなかったことの有責性）、第三者の利益・不利益の考慮を含む総合的な判断として行われることになる。

（1）この「当然無効の行政行為」と「取消可能な行政行為」の対比が、しばしば「無効と取消」と表現されるが、そこにいう「取消」とはこの取消可能性を意味しているのであって、行政庁・裁判所による取消という行為を指しているのではないことに注意をする必要がある。

（2）無効原因としての重大明白な違法性が要件認定の面に限定されるかどうかは、疑問のあるところである。例えば懲戒処分において、処分の程度を誤った場合（比例原則違反）においても、その程度がはなはだしければ、重大明白な違法性があり、当該処分は当然無効といえる場合があるのではあるまいか。

（3）一般に、原則に対する例外を許容する基準として、重大性や明白性は、受け容れられ易いものであり、現に法原則に対する例外を認めるうえで、重大性や明白性の基準が用いられることが少なくない。例えば例外的に違憲判断を行う基準として、明白性の基準（違憲の明白性）が用いられるし、また、やはり例外的に義務づけ訴訟や予防訴訟を許容する場合にも、明白性や重大性の基準（行政庁の作為義務の存在の明白性、原告が被る損害の重大性）が用いられている。

（4）取消訴訟の制度が、戦前に比べると、権利保護制度として格段に充実されたことは確かであり、この点では、例外的な救済の余地を認める必要性は減少しているといえる。しかし、取消訴訟にはなお不服申立前置義務や短期の出訴期間の制約があり、また、権利保護の思想が戦前に比して著しく強くなっていることに照らすと、無効認定の余地を維持すべき必要性はなお縮小していないと思われる。

第六節　行政行為の職権取消

A　職権取消の概念と問題性

1　職権取消の概念

行政行為の職権取消とは、違法または不当の瑕疵を有するが一応は有効な行政行為から、行政庁が、職権により、その成立当初に存在した瑕疵を理由として、効力を失わせることをいう（以下でも、違法の行政行為を対象に説明をすることとするが、説明は、概ね不当の行政行為にも妥当する）。

違法の行政行為は、相手方その他の国民の側からの請求により、行政庁（不服審査庁）または裁判所による取消（前述の争訟取消）の対象となるが、さらに、行政庁は、国民の請求がなくとも、職権によりこれを取消すことができるのである。

争訟取消も職権取消も、違法の行政行為の効力を消滅させるものである点で共通性があるが、両者は次のような点で異なっている。

すなわち、争訟取消は、一定の資格（不服申立資格・原告適格）を有する者のみが請求でき、また請求がある場合にはじめて行われるものである反面、その請求は権利として保障され、取消事由（違法性・不当性）が存するかぎり、不服審査庁や裁判所は、行政行為を取消すことを義務づけられる（ただし、事情裁決・事情判決という例外がある。行審四〇条六項、行訴三一条。さらに、手続の違法を理由とする取消は必ずしも認められないなど理論的な操作の余地はある）。この争訟取消においては、取消の許容性いかんという実体的問題についてはほとんど議論の余地がない。ここでは、違法または不当な行政行為についてはほぼ一律に取消義務が妥当する。争訟取消についてはむしろ手続上の問題が重要であり、これは行政争訟法において論じられる。

これに対し、職権取消は、行政庁により職権で行われるもので、国民の取消請求権の行使に基づくものではない。行政庁が取消を行わなければならないと考えられる場合もあるが、とくに授益的行為については、職権取消は相手方や利害関係人に対して不測の損害を与えることがある。そこで、職権取消については、相手方その他の利害関係人の利益ないし信頼の保護の見地から、いかなる場合に取消が許されるかという実体法的問題が主要な論点になる。[1]

なお、職権取消は、行政庁による行政行為の無効（当然無効）の宣言（確認）や行政行為の訂正（瑕疵が単なる誤記・誤植であり、行政庁の真意を容易に確定しうる場合）とは区別される。無効の宣言には、以下に述べる職権取消の制限が妥当しない点で、これを職権取消と区別する実益がある。

2 職権取消の問題性

この職権取消についてまず問題となるのは、法律の根拠との関係である。職権取消は行政庁の一方的判断によって行われるものであるが、特に法律の根拠を要しないとするのが通説である。これに対し、「職権取消が、争訟取消とは異なり、行政的監督・介入の一手段としての性格をあわせもつ」との立場から右の考え方を批判し独自の法的根拠を求めようとする考え方もある（遠藤博也「職権取消の法的根拠について」：公法の基本問題（一九八四）二六七、二六九頁以下など）。しかし、行われた行政行為が違法である場合、この違法状態をとり除くべきことは法治行政原理の一つの筋である。違法の行政行為の職権取消は、法律による行政の原理ないし法治主義の形式的要請によって正当化され、もとの行政行為の根拠とは別個の法律の根拠をあらためて要しないと解される（同旨、塩野・行政法Ⅰ一五六頁、阿部・

法システム下六九八頁)(2)。

このように違法の行政行為の職権取消についてはとくに法的根拠を要しないとしても、行政庁はこれを無条件に行うことができるわけではない。一旦行政行為が行われると、それに基づきまたはそれを前提として、法関係その他のさまざまな諸関係・諸事実が形成される(例えば営業免許があれば、店舗の確保、従業員の採用、物品の購入が行われる)。この場合、この点を考慮せずに職権取消が行われると、これらの諸関係・諸事実のなかで相手方やその他の利害関係人に生じている利益や信頼が損われることがある。そこでこれらの利益ないし信頼の保護の見地から職権取消は制約されることになるのである。

このように、職権取消は、一方において法治主義の形式的要請によって根拠づけられるものであるが、他方において、相手方やその他の利害関係人の利益または信頼の保護、さらには一般住民・公共の利益の保護の見地から制限されるのである。この点は、争訟取消とは異なる職権取消の特質である。

職権取消の許否の判断においては、法治主義の形式的要請と国民の利益・信頼の保護の要請の調整が必要であるが、この調整については、通例、授益的行為と侵害的行為とに分けて議論されている。以下でも、この二分論に立つことにする(この他、二重効果的行政行為を加え、三分類が用いられることもあるが、前述のように、二重効果的行政行為の観念の有効性には疑義がある。本章第二節注4、一四〇頁を参照)。

B　授益的行政行為の職権取消

1　原則的否定説

授益的行政行為を行政庁が職権により取消すと、相手方に対して不測の不利益を与える可能性がある。そこで、侵害的行政行為の場合に比較すると、授益的行為については、行政庁による職権取消の余地を制限すべき必要性が大きい。

このため、従来の学説は、授益的行政行為の職権取消を、当該行為の成立に相手方の不正行為が関わっているような場合を除き、原則として許されないものとし、ただ、相手方の既得の利益を犠牲にしてもなお当該行為を取消すだけの公益上の必要性がある場合に限って職権取消を認めている。

この従来の考え方は、利益保護の要請を強調することによって、取消の可能性よりはむしろその不可能性を原則とするものである。たしかに、授益的行為の取消が相手方に対して与える物質的精神的打撃は、侵害的行為の取消の場合に比較すればより強いものであり、したがって、取消の余地の制限それ自体は正当なものであろう。しかし、いかに相手方に落度がないとしても、例えば違法な社会保障給付を、相手方に対する打撃回避の名目で、いつまでも打ち切ることができないというのでは（この可能性も認められなければならないが）あまりに不合理なことがあろう。従来の学説は、相手方の利益の保護の要請を過度に重視することによって、法治主義の形式的要請を適切に考慮していない嫌いがある。

2 私　見

職権取消の許否の決定にあたっては、次の諸点が考慮・検討されるべきであろう。

(1) 授益的行政行為については、相手方の利益ないし信頼の保護の見地から職権取消が制限されることも確かであるが、しかし、授益的行為が違法であれば、法治主義の形式的要請が働くこともまた認められなければならない。すなわち、授益的行政行為の職権取消においては、一方において、相手方の利益ないし信頼の保護の要請から職権取消の抑制のベクトルが働くが、他方において、法治主義の形式的要請に基づき当該行為の取消を求めるベクトルが働くのである。

(2)　授益的行政行為の職権取消が相手方に対して与える打撃ないし不利益は、その行為の性質により、また、同一の行政行為であっても、状況により異なる。したがって、対象が授益的行政行為であることから、その職権取消を一律に制限することは適切ではない。授益的行政行為によって相手方が受ける利益は行為の性質や状況によって異なるのであるから、その行為の職権取消による打撃ないし不利益も個々の事案に即して判断しなければならない。この個別の事案において相手方が受ける不利益を測る上で、次の二つの点が手がかりとなる。

まず、取消が相手方に与える打撃は、取消が行われる時期によって異なる。もとの行政行為（原行為）の直後に行われる取消とその数年後における取消とでは、相手方等に対する打撃の程度は通例異なる。したがって、職権取消の行われる時期は、その許否を判断する上での一つの手がかりである（公務員の不正な採用行為の職権取消につき、熊本地判一九八五（昭六〇）・三・二八参照）。

もっとも、この時期は、相手方の受ける打撃を測る上での手がかりであるから、行為後長い年月が経過していても、職権取消による相手方の不利益が小さければ、職権取消は許容されることになる（行為から一七年後の職権取消を適法とした裁判例として、大阪地判一九九一（平三）・一一・二七）。

次に、相手方に対する打撃は、取消による打撃の緩和措置（例えば事前の告知）や代償措置（例えば補償）がとられるか否かによっても異なる。したがって、取消の許否を決するには、これらの措置がとられる可能性の有無や行政庁がこれらの措置をとったか否かあるいはとろうとしているかどうかを考慮することが必要であろう。

この打撃緩和措置の一つに位置づけることができるのは、取消の遡及効の制限である。すなわち、行政行為の職権取消は、原理的には遡及効を有するが、授益的行政行為の職権取消についてはこの遡及効がないと考えるのが、近年にも問題は残るとする）、撤回には、撤回されるべき行政行為の授権法規とは別個の授権法規その他の根拠を必要なものとしている。この説の根拠とされているのは、戦後に制定された少なからぬ法律が、授益的行政行為の撤回が相手方に与える打撃を慎重に考慮し、たとえ相手方の義務違反や要件事実の消滅があっても、当然にはこれを撤回事由とはせず、あるものは撤回事由から除外し、あるものについては撤回以外の規制制限を与えているとの認識、および憲法一三条の定める比例原則からのこの認識に対する肯定的評価である（杉村・講義上巻二四九～二五一頁、室井編・入門⑴一七五頁〔晴山〕）。

第三説として、撤回の目的により異なる原則を立てる見解がある。この見解は論者により一様ではないが、①行政行為によって生じた法律状態が、社会的に有害な結果をもたらすおそれを生じたときは、明文の規定の有無にかかわらず、撤回可能であるが、②外在的優越的公益のための撤回は補償を要するが、補償さえすれば明文の規定がなくとも許されるというわけにはいかず、③制裁としての撤回は明文の規定なしには認められないとする説（今村・入門一〇四～一〇五頁）、義務違反による撤回、相手方の同意による撤回などには明文の根拠は必要ではないが、「公益支障による撤回」（外在的優越的公益のための撤回）には明文の根拠を要するとする説（杉村章三郎・山内一夫編・精解行政法上（一九七一）二四五頁〔山内〕）などがある。

2 撤回の機能

授益的行政行為の撤回に法律の根拠が必要であるか否かは、のちにふれることにし、まず次のことを指摘しておこう。

第一に、撤回の機能である。機能的見地からみると、撤回には、①義務違反に対する制裁としての撤回（例、交通違反による自動車の運転免許の「取消」[3]）、②当該行為および相手方にはなんらの非はないが、別のところに存在する公益上の必要のために行われる撤回＝外在的優越的公益のための撤回（例、行政財産の使用許可の撤回）、③要件事実の事後消滅（または欠格事由該当）による撤回（例、重大な副作用があることが判明した薬品の製造承認等の撤回、一定の身体障害の発生に伴う自動車の運転免許の「取消」）がある。このような機能の見地からの撤回の類型化の萌芽は、前記の第三説において見出されるが、この類型により法律の根拠の要否や要件は異なってくると考えられる。したがって、撤回の許容性を一律に論じることは適切ではない。

3　撤回と比例原則

第二に、職権取消は行政行為が違法に行われたことに対する行政庁の事後的な手当であるが、これに対し、撤回は、新たに発生する公益上の必要性なり行政庁の公益判断の変化に対応するために行われる積極的な行政介入の一つの手段である（もっとも、後述のように、行政行為の要件が事後的に消滅し違法状態が発生したことを理由とする撤回は、職権取消に近いところがある）。この場合、撤回は、とることのできる複数の措置の一つとして行政庁により考慮されることになるのであり、行政庁は撤回を当然のこととして選択できるわけではない。

従来の学説においては、「撤回の必要」なるものが前提とされており、そのうえで、撤回を正当化する理由が考えられているようである。そこでは、撤回の許否が二者択一的に問われているのであろう。おそらく、取消との比較類推によって撤回の概念が構成され、かつその法理が論じられてきたという事情がその背景にあるのであろうが、これは正しい見方ではない。

行政庁が事後的に介入しようとする場合、措置の選択においては比例原則が妥当し、行政庁は最善の手段を選択しなければならない。この措置の選択においては、生じた事情、行政庁の介入の目的（例、制裁）、違法性・社会的不利益の除去が目的である場合にはその重大性の程度、相手方の有責性の有無・程度、相手方・第三者が受ける不利益ないし影響、代償措置（例、補償）・打撃緩和措置（例、予告）の可能性の有無などが衡量されなければならない。

したがって、相手方に義務違反がある場合にも、当然に撤回が許されるわけではない。撤回により生じる損失に対する補償は一つの代償措置ではあるが、補償があるからといって、やはり当然に撤回が許されるわけではない。

4　撤回と法律の授権

後発的な事情が発生した場合に行政庁がとるべき措置について比例原則が妥当するとすれば、事情に応じ、撤回よりは例えば営業の一時停止命令や施設の改善命令が発せられるべきことになるが、そのためには法律の授権を要するものと考えられる。そうであるとすれば、これらの命令よりも相手方により大きな打撃を与える撤回に法律の根拠を要しないということは困難であろう（同旨、遠藤「職権取消の法的根拠について」前掲二七八頁、室井編・入門(1)一七五頁〔晴山〕）。比例原則の要請および法治主義の要請に照らすと、原行為の授権をもってその撤回の授権とみる考え方は、少なくとも授益的行政行為については再検討の余地があるように思われる(4)。

5　法律の授権を要しない撤回

ただ、授益的行為の撤回には必ず法律の根拠が要るわけではない。前記の第二説においては、撤回についての相手方の同意や原行為の付款における撤回権の留保がある場合は一応法律の根拠を要しないものとされていた（杉村・講義二五一頁、室井編・入門(1)一七五頁〔晴山〕）(5)。

もう一つ、法律の根拠を必ずしも要しない撤回として考えられるのは、行政行為の要件事実とくに基幹的なそれが事後的に消滅した場合（または欠格事由が発生した場合）の撤回である。例えば製造・販売などの承認や指定を受けた薬品や化学的食品添加物が重大な副作用を有すること、あるいは人の健康をそこなうものであることが判明した場合である。このような場合、承認や指定についての法律上の要件が欠けるに至ったのであるから、行政庁は、撤回について法律の根拠がなくとも、この承認や指定を撤回できると思われる（最判一九九五（平七）・六・二三＝クロロキン薬害訴訟、下級審判決として、スモン訴訟の福岡地判一九七八（昭五三）・一一・一四、新潟地判一九九四（平六）・六・三〇など、東京地判一九七七（昭五二）・六・二七＝チクロ食品添加物指定撤回事件。事後的に違法が生じた場合に撤回を認める学説として、大浜・総論一七七頁）。

そして、学説上は、このような場合、行政行為の存続が第三者の権利・利益を侵害する場合にあたるとみて、撤回を許容する説がある（広岡・総論一四八頁、室井編・入門(1)一七五〜一七六頁〔晴山〕）。ただ、このような構成をとると、撤回の要件が不明確となり、また問題を利益衡量の領域にもち込んでしまうことになる。むしろ、行政行為の要件事実とくに基幹的なそれが事後的に消滅した場合の法治主義の見地からの撤回の問題としてとらえることが適切であろう（法律の規定として、薬事七四条の二第一項、廃棄物処理七条の四第一項一号。なお、道交法一〇三条一項は、主に自動車運転免許の拒否理由を挙げて運転免許の撤回を授権しているが（義務づけはない）、同項八号による撤回は、行政行為の存続が第三者の権利・利益を侵害する場合の撤回として把握するのが適切であろう）[6]。

C　侵害的行政行為の撤回

1　原則的許容説

侵害的行政行為の撤回は少なくとも相手方の利益をそこなうものではないところから、行政庁の撤回に関する権限は、かなり広く認められてきている。すなわち、従来の学説によれば、侵害的行政行為の撤回は、一定の例外はあるが、原則として自由なものとされている。

2　侵害的行為の性質と撤回の許容性

このような説に関しそもそも疑問に思われるのは、そこにおける侵害的行為のとらえ方である。すなわち、そこでは、行政庁の義務に属するものでもなく、また公益上必ずしも必要または不可欠ではない侵害的行政行為を念頭において、その撤回の許容性に関する原則が立てられてきたようである。しかし、侵害的行政行為は、規範論理上は、法律の定める要件が存在する場合に行政庁の義務として行われるか、または、行政庁が当該行為をするかしないかについての裁量が認められている場合には、法律上の要件の存在の認定に加えて、当該行為の公益上の必要性・不可欠性についての行政庁の判断に基づいて行われるべきものであろう。侵害的行政行為の撤回に関する理論は、このような行為を中心として展開されるべきものと思われる。そして、こうした行為については、撤回が相手方に利益になるという理由で撤回の自由性を容認することは適切ではない（もちろん、法律上の義務づけもなく、また公益上の必要性・不可欠性も存在しないにもかかわらず行われた侵害的行政行為が取消されるべきことは当然である）。

侵害的行為の撤回については、後発的事情の内容により問題を分けて考えるべきであろう。

まず、要件事実が消滅した場合には、特別の法律の規定がなくとも、行政庁は当該行為を撤回できるし、また撤回を義務づけられる場合もあろう（広岡・総論一四八頁。このことは、例えば改善命令について妥当する。これに対し、制裁的処分については必ずしもこうはいえない）。

これに対し、要件事実が存続している場合、行政庁の義務に属する行為については、行政庁は原則として撤回の権限を有しないものと考えられる（杉村・講義上巻二四八頁）。

他方、たとえ要件事実が存続していても、行政庁がするかしないかの裁量を認められている行為については、公益上の必要性・不可欠性がなくなった場合には、撤回が許される。また、そうでなくとも、行政庁が事情の変化に対応し公益判断を修正して新たな公益判断に基づいて撤回をなしうる余地が認められる（ほぼ同旨、小早川・行政法上二九九頁）。ただ、この場合には、行政庁は、当該行為の存続に対する要請と当該行為の撤回に対する要請のそれぞれの内容の検討およびそれらの比較衡量を行わなければならない（公務員の懲戒処分の撤回につき、最判一九七五（昭五〇）・五・二三）。

D　撤回の手続

授益的行政行為の撤回を行うについては、「行政手続法」により聴聞手続の履践が定められている（行手一三条一項一号イ。詳しくは、第一七章第六節、とくに三〇一頁以下を参照）。

E　撤回に対する補償

授益的行為の撤回に対しては、損失補償の要否の問題が生じる（参照、東京地判一九七七（昭五二）・六・二七＝チクロ食品添加物指定撤回事件）。法律が補償規定をおいていることもあるが（国有財産法一九条による二四条二項の準用）、この場合にも、補償額の問題がある（参照、最判一九七四（昭四九）・二・五）。

（1）本文のような撤回のとらえ方に対し、用語法の問題としては撤回の対象を適法な行政行為と表現すれば足りるとの指摘がある（塩野・行政法Ⅰ一六二頁注1）。用語法の約束といってしまえばそれまでであるが、教科書の執筆にあたってはできるだけ誤解が生じないような表現方法をとることが望ましく、また、「適法な行政行為」に代えて「有効な行政行為」という表現をとることはごく簡単なことであるから、この用語を用いることをいとう理由もなさそうである。

ただ、違法の行為について撤回の可能性を認めると、その職権取消と撤回の関係の問題が生じる（この点の問題提起として、藤田・行政法Ⅰ二二四頁注2）。この点、いずれか一方の可能性のみが存在する場合にはこの問題は生じない。また、職権取消の義務があると解される場合には、職権取消が優先するであろう。他方、授益的行為について職権取消を行う場合でもこれに遡及効を付与しなければ撤回との差はなくなる。

（2） 原理上撤回には遡及効がないが、法律により遡及効ないし遡及的措置が認められる場合がある（例えば、相手方の義務違反を理由とする補助金の交付決定の撤回が行われた場合の返還請求（補助金一七条・一八条）、青色申告の承認の遡及的撤回（所得税一五〇条一項、法人税一二七条一項））。

（3） 自動車の運転免許の撤回は制裁ではなく、義務違反者の免許制からの排除・義務違反の抑止・秩序維持のためのものと解する見解がある（塩野・行政法Ⅰ一六二頁注2、小早川・行政法上二四五頁）。

（4） 兼子・総論一七七頁は、「許可等の停止や違反是正命令などが法律・条例の授権を要することとマッチしないきらいはある」ことを認めつつ、撤回の根拠法条は当初の許可などのそれで足りるものとしている。しかし、授益的行政行為の撤回に法律の授権を要しないとする説には理論的な説明が要求されよう（同旨、藤田・行政法Ⅰ二二八頁）。すなわち、授益的行政行為の撤回という行政行為が、法律の授権を必要とする一般の不利益処分とは性質を異にするということの実証的な説明がなされなければならない（私も、この点の説明が行われれば、撤回に授権不要とする説を認めるに吝かではない）。この点、塩野・行政法Ⅰ一五九頁以下、一六三頁注4は、撤回を免許制・許可制などの法的仕組の一つの構成要素あるいは免許権の裏と位置づけ義務違反ないし違法状態が生起した場合にこれをなくするために撤回する権限を法律による行政の原理から説明している（塩野説に対する疑問として、藤田・行政法Ⅰ二三〇頁を参照）。塩野説では、義務違反者を免許制度から排除すること（免許の撤回）とその他の義務違反抑止制度とは切断され、後者のみが立法者の判断に委ねられていると説明されているが（行政法Ⅰ一六三頁注4）、私は、免許の撤回という手段を用いるかどうかも他の手段の選択とともに立法者に委ねられていると目下は考えている。こう考えないと、許認可の撤回に関する法律の授権規定は理解できないのではあるまいか。

なお、授益的行為の撤回に法律の根拠を必要とする説に対して、「現行の法制の整備の完全性を前提とするところにあり、この観念を、付款論において用いることは適切とはいえない（ちなみに、美濃部達吉・日本行政法（上）〔一九三六〕二三二頁は、羈束裁量行為についても付款を認めていた）。

なお、しばしば、準法律行為的行政行為には付款を付することができないといわれる。これは説明としては誤りではないが、裁量の有無に基準を求める方がより事物に即した判断ができるものと思われる。

他方、行政庁に裁量が認められる場合には付款を付することができるという命題にも検討を要する点がある。すなわち、裁量を要件裁量と行為裁量に限定しても、いずれが認められる場合に付款を付することが認められるのか、という問題がある（前記の自由裁量行為について付款を認める説は、行為裁量が認められる行政行為について付款を認めるものであろう）。また、さらには、裁量が認められない場合に付款を付する余地がないのか、という点についても、検討が必要である。この問題は、「機能的付款論」の項で取り上げることにする（付款の許否を法律の解釈に関わらしめる説として、塩野・行政法Ⅰ一七〇頁、藤田・行政法Ⅰ二〇四～二〇五頁）。

次に、法律で付款を付しうることが定められている場合（例、都市計画七九条）、付款を付すことが許容される。右に述べたように、当該行政行為を行うについて行政庁に裁量が認められていない場合には、付款を付することはできないはずであるが、このような行政行為についても、法律が付款を付することを認めることがある（例、自動車の運転免許につき、道交九一条、公衆浴場の経営の許可につき、公衆浴場二条四項）。

この他、前述の法効果の一部除外や義務の事後的な変更の留保の付款の許容性の問題がある。また、事後的な付款も問題になる。従来は、これらは、法律で認められていないかぎり、許されないものと考えられてきている（法律が付款の変更を許容する例は多い。例えば道交七七条四項、道路運送八六条一項、銀行五四条一項、電気通信一六三条一項、航空一二五条一項。これに対し、事後的付款を認める規定は少ない。例えば道交七七条四項、航空一三一条の二）。しかし、当該行政行為の撤回が可能な場合、比例原則の見地からは、相手方にとってより打撃の少ない付款の変更や事後的な付款が許されると解する余地がある。

2 付款の限界

次に、付款は行政庁の一種の裁量権の行使であるから、付款を付するについても、裁量行使について定立されている諸限界が妥当する。すなわち、目的拘束の法理、平等原則、比例原則等である（第五章第五節、八一頁以下を参照）。また、相手方が不服申立や訴訟提起をしてはならないことを定める付款は、性質上まったく許されないものである。

D 機能的付款論

従来の付款の説明においては、付款がいかなる意味で行政庁の裁量権の行使であるか、すなわち付款がどのような状況で用いられるものであるのか、という点についての突っ込んだ説明を欠いていた。以下では、この点について、少し検討を加えることにしたい。

付款は、機能の見地からみると、拒否処分の回避のための付款、独立行政行為的付款、予告的付款および計画法的付款に分けることができる。

1 拒否処分の回避のための付款

(1) 行政行為の中には、行政庁に要件裁量や行為裁量が認められ、この裁量権の行使として拒否処分をなし得るものがある。このような行為については、申請の公益適合性が認められなければ拒否処分も可能であるが、これを避け、公益確保のための付款を付して、許認可等を行うことができるものと思われる。これは、従来の理論でも念頭におかれてきたものである。

(2)　要件裁量や行為裁量が認められる裁量行為であっても、法律で具体的に定められた要件が充たされていない場合には、行政庁としては拒否を義務づけられる。この場合、論理的な可能性としては、欠如している要件の充足を確保するための付款を付することによって拒否処分を回避し、許認可等の行政行為を行うことが考えられる。これは、(1)と同様、拒否処分の回避のための付款であるが、法律の明文の規定との抵触の問題を伴うものであるため、当然に許容されるものではない。ただ、欠如している要件が比較的に軽微なものである場合には、この種の付款が認められる余地があるのではないかと思われる（この種の付款の立法例と目される規定として、建築基準九二条の二）。

(3)　裁量の余地のない覊束行為（ないし相手方に請求権が認められる行為）については、法定要件が充足されていると、行政庁は、当該行政行為をしなければならず、付款を付することはできないが、これに対し、法定要件が完全に充足されていない場合、(2)と同様、要件確保のための付款を付して当該行政行為を行うことができるか、という問題がある。(2)の付款の許容性と同様に考えることができるのではないかと思われる。

なお、こうした義務的拒否処分の回避のための付款にあっては、相手方がそれを履行しない場合には、違法状態が発生し、行政行為の効力いかんの問題が生ずる。

2　独立行政行為的付款

独立行政行為的付款とは、許認可の申請が法定要件を充足している場合において、法律の規定の不備を補い、あるいは、よりよき行政目的の達成のために付されるものである。例えば河川敷の占用許可に伴う占用期間に関する付款やタクシー免許に伴う営業時間、営業区域、施設等に関する付款がこれにあたる。この種の付款は、行政庁の裁量権に基づいて認められる。覊束行為にこの種の付款を付することは、法律にこれを認める規定がないかぎり許されないであろう。

3　予告的付款

予告的付款とは、将来における行政庁の措置を予告する付款をいう。撤回権の留保はその典型的なものであるが、付款により課された義務の変更の留保もその一つである。例えば将来の占用料の値上げを留保する付款がこれにあたる。

4　計画法的付款

計画法的付款とは、行政の計画的遂行のために付される付款である。例えば墓地経営のための風致地区での木竹伐採の許可の効力の発生を墓地経営の許可の付与に関わらせる付款である。こうした付款が考えられるのは、木竹伐採の許可の要件が揃っていても、墓地経営の許可の見込みがないのに、木竹の伐採を認めることは合理的ではないからである（計画法の観念については、第一三章第一節**2**、一二二五頁を参照）。

E　違法の付款

付款がその限界をこえて違法と判断される場合、その取扱いについては、本体たる行政行為の取扱いとも関連して、やや複雑な問題がある。すなわち、付款の違法が本体たる行政行為の違法をもたらすか、違法の付款のみの取消訴訟が可能か、付款が違法の場合およびそれが争訟で取消された場合に行政庁が当該行政行為についていかなる措置（職権による取消、撤回など）をとることができるか、といった問題である。

1　違法の付款と本体の行政行為との関係

付款と本体の行政行為との関係は一律ではない。付款が違法なら本体の行政行為も違法であるとか、付款の違法を理由とする取消訴訟によって本体の行政行為も取消されることになるとは必ずしもいえない。しかし、他方、付款の違法は本体の行政行為に影響せず、付款のみを取消訴訟の対象にできるとも必ずしもいえない。

この問題について、ある説は、付款が行政行為を行うにあたっての重要な要素をなし、付款を付さなければ行政行為をしなかったと考えられる場合、付款が違法なら行政行為も違法と述べ（田中・行政法上巻一三〇頁。ただし、田中説では、無効という表現が用いられている）、他の説は、付款と行政行為との間に必然的な内面的関連性が客観的に存在する場合、付款が違法なら行政行為も違法とする（杉村・講義上巻二四三頁）。後説は、前説のある意味で主観的な（つまり行政庁の意思に基準を求める）基準を客観化するものである（便宜上、前説を主観説、後説を客観説と呼ぶ）。

しかし、これらの基準は、必ずしも十分または明確ではない。私見では、付款が違法でも本体の行政行為がこの付款からは切り離され適法であるためには、①付款がなくとも当該行政行為が適法に存続できること（参照、兼子・総論一七二頁）、および、②付款がなくとも行政行為に関連して一定程度以上の公益上の障害が生じないこと、という二つの条件が充たされなければならない。前記の拒否処分の回避のための付款のうちの(2)および(3)の付款は、欠如している法定要件の確保のために付されるものであるから、この付款をとり払うと、本体の行政行為は違法になり、そもそも①の条件を充たさない。次に、拒否処分の回避のための付款のうちの(1)の付款や独立行政行為的付款においては②の条件が問題になる。これらの付款は、行政庁が公益の配慮に基づいて付するものである。もし、これらの付款がなければ一定の程度以上の公益の障害が生ずることになる場合には、これらの付款を付さない行政行為は違法ではないとしても、行政庁としてはその行政行為を付款なしでは行わなかったであろう。この意味で、②の要件を欠けば、本体の行政行為の存続は認められないことになる。

②の条件は、主観説の基準に類似するが、同じではない。例えばデモ行進の許可の申請に対し、行政庁がデモの進路の変更を条件に許可を与えることがあり、これに対して、申請人が進路変更命令を付款（負担）として取消を請求

することがある（この進路変更命令が取消されると、申請通りのコースでのデモの許可が復活すると考えられている）。このケースにおいて、付款と許可本体との分離可能性は、主観説では、申請通りのコースなら行政庁が許可を与えたか否かによって判断されるが、これに対し、②の条件によれば、当初の申請通りのコースのデモを認めた場合に一定程度以上の公益の障害が生じないか否かが判断の基準となるのである。

類型的には、負担については、その性質上本体の行政行為から切り離すことが認められやすく、条件や期限については、この切り離しが認められる余地は少ないと思われる。なお、撤回権の留保の効力は、通例、実際に撤回が行われる段階において、撤回が許されるか否かという形で問題となるのであって、ここでは違法の付款と本体の行政行為の効力の問題は生じないであろう。

2　違法の付款と行政庁の対応

次に、付款が違法でかつ本体の行政行為からの切り離しが認められる場合、付款のみの取消訴訟が可能である。問題は、付款が取消された場合の行政庁の対応方法であり、一応、①本体の行政行為の取消または撤回が可能、②新たに適法な付款を付することができる、③行政庁は何もできない、の三つの対応方法が考えられる。①を認めると、付款の取消訴訟を認める意味がないから、これは認められず、また、③も極端である。②あたりが穏当な方法であろうか。

付款と本体の行政行為の切り離しができない場合、付款のみの取消を求めることはできない。ただ、この場合にも、行政上の不服申立や訴訟により付款部分の変更を請求することはできよう。

第一〇章　行政上の強制執行

第一節　行政上の強制執行の概念と種別

1　行政上の強制執行の概念

行政上の強制執行とは、法律によりまたは行政行為によって課された行政上の義務を、義務者である国民が自ら履行しない場合において、行政機関が、義務者の身体や財産に強制を加えまたは義務者に心理的強制を加えることによって、自ら義務を実現しまたは義務者に強制的に義務を実現させる措置である。違法建築物の是正措置や税金の滞納処分がその例である。

私人間においては、自力執行または自力救済は原則として禁止され、権利を有する者がその強制的な実現を図ろうとすれば、民事訴訟を提起し債務名義を得て、これに基づき裁判所の執行官によって行われる強制執行を求めなければならない（司法的強制）。これに対し、行政の分野では、行政目的の迅速な達成のために、自力執行である行政上の強制執行が認められているのである。しかし、後述のように、行政上の強制執行は法律で認められるかぎりにおいて適用されるものであり、それ以外の場合には、行政機関が義務の強制的実現を図ろうとすれば、司法的強制が考えらなお、右の「法律」には地方公共団体の条例も含まれる。つまり、条例上の義務や条例に基づき地方公共団体の行政庁により課せられた義務も代執行の対象になる。

(2) 代執行は、「他の手段によってその履行を確保することが困難であり、且つその不履行を放置することが著しく公益に反すると認められるとき」に行うことができる（代執行二条）。前段は、比例原則の要請として、代執行よりも相手方に対する打撃の少ない「他の手段」がある場合には、それによるべきことを定めたものである。何が「他の手段」にあたるかは明らかではないが、他の強制執行手段、行政罰、民事上の強制執行のいずれも、これにあたらないと思われる。これに対し、代執行に先立ち、義務者に対して助言・指導を行いあるいは義務者が義務の履行のために必要とする技術的援助や資金の斡旋などを行うことは、この「他の手段」にあたるのではあるまいか（同旨、兼子・総論二〇七頁、礒野弥生「行政上の義務履行確保」：大系2二三九頁）。また、こうしたことは、行政手続の適正化の見地からも要請されることである。もっとも、代執行はすでに課されている義務の強制的実現を図るものであるから、このような対応も一定の限度内で要請されるにとどまる。

後段の「不履行を放置することが著しく公益に反する」という要件が具体的にどの程度の公益違反を指しているのかは明らかではない。代執行が公益上必要がある場合に行われるものであり、したがって、不履行を放置することが公益にそぐわない場合に許されるものであることは当然である。「著しく」の文言の意味は不確定であるが、この文言は代執行の適用の慎重さを行政機関に求めるもののようである。

3 代執行の手続

(1) 代執行の権限を有するのは、義務者に対して行為を命じた「当該行政庁」（代執行二条）である。

(2) 代執行は、原則として次の段階を経て行われる。

(ア) 代執行の第一段階は、戒告である。すなわち、行政庁は、相手方が義務を履行しない場合、「相当の履行期限を定め、その期限までに履行がなされないときは、代執行をなすべき旨を、予め文書で戒告しなければならない」(代執行三条一項)。この戒告は、義務の履行を督促する役割をもつものである。

(イ) 代執行の第二段階は、代執行令書による通知である。すなわち、行政庁は、義務者が戒告において指定された期限までに義務を履行しないときは、代執行令書をもって、代執行の時期、代執行の責任者の氏名および代執行の費用の概算による見積額を通知する(代執行三条二項)。この通知は、行政機関が代執行を行う旨を通知するものである。

(3) ここで代執行に対する訴訟の可能性について触れておくと、裁判例上、戒告を取消訴訟の対象とすることが認められている。この戒告は、新たに義務を課するものではなく、事実行為であるが、代執行に対する有効な権利保護を与えるために、取消訴訟の対象とすることが認められているのである(おそらくはこのためであろうが、戒告は、準法律行為的行政行為の一つである通知(行為)の例として挙げられるのが通例である。田中・行政法上巻一二四頁、杉村・講義上巻一八六頁、今村・入門八四頁、広岡・総論一三〇頁、原田・要論一七二頁。なお、塩野・行政法Ⅰ一一一頁注3をも参照)。

(1) この他、公害関係法律に基づく工場の施設の改善命令に基づく施設の改善義務も、代替的作為義務であるが、この義務について、施設改善の技術的選択肢の多様性を理由に、そのうちの一つの方法を行政機関が選択して強制することになる代執行を疑問視する見解がある。法解釈論としては、代執行を行うことができると解されるが、立法論としては、たしかに、こうした事態にはむしろ執行罰がより適切な方法である。

第四節　その他の問題点

1　違法・無効の行政行為の強制執行

行政行為論の一環として、違法性の承継の理論といわれるものがある（その詳細については、芝池・救済法七一頁以下を参照）。これによると、複数の連続して行われる行政行為の間において、先行する行政行為が違法であっても原則として後続の行政行為は違法ではない。すなわち、違法性の承継は一定の厳格な要件のもとでのみ認められるものとされている。そして、行政行為とそれによって課された義務の強制執行行為との間においても、違法性の承継は認められていない。つまり、行政行為が違法であっても、強制執行行為は違法ではないと考えられている。また、行政行為の公定力の理論によっても、この結論が導かれることがある（第九章第四節**B2**、一四七～一四八頁を参照）。

しかし、違法に課せられた義務の強制執行が適法だと考えることは社会の常識には合わないところがあり、「違法の義務賦課行為の強制執行＝適法」説を無条件にとることはできない。他方、「違法の義務賦課行為の強制執行＝違法」説を貫くと、違法の義務賦課行為について取消訴訟の出訴期間が経過し、相手方またはその他の利害関係人がこの行為を争う可能性がなくなった段階においても、その強制執行は違法であり、行政機関としてはいつまでもこれに着手できないということになる。これも、やはり不合理である。

そこで、一つの解決方法は、一定の要件のもとで、違法の義務賦課行為の強制執行の適法性を認めるという方法である。この適法性承認の要件としてさしあたり考えられるのは、義務を賦課する行政行為の取消訴訟の出訴期間の経過、換言すれば不可争力（第九章第四節**D**、一五二頁を参照）の発生である。

行政行為が違法である場合の強制執行行為の適法性の問題は、行政行為の公定力や違法性の承継の問題として扱うよりは、強制執行制度のあり方として論じることが適切であろうと思われる。

なお、違法性の承継の理論において、違法性の承継が否定される場合においても、先行行為が無効であれば後行為も違法または無効である。また、この結論は、行政行為の公定力の理論によっても異ならない。ただ、現行行政事件訴訟法の執行停止制度においては執行停止の要件が厳格であるため（行訴二五条二項・三項を参照）、無効の行政行為についても執行停止が必ずしも認められず、このため、無効の行為の強制執行を——これも違法または無効であるにもかかわらず——必ずしも停止させることができない、という問題がある。

2 強制執行の義務

税金の強制徴収のように、法律上、行政機関に義務づけられているものもあるが（国税徴収四七条一項）、一般的には、強制執行が国民の身体や財産に強制を加えるものであるところから、強制執行を行うか否かは行政機関の裁量であると解されている。行政代執行法も、「できる」規定により、行政機関に代執行を授権している。

しかし、代執行をしないことが著しく不合理である場合には、代執行権限の不行使は違法である（大阪地判一九七四（昭四九）・四・一九＝西宮造成地擁壁崩壊事件）。

3 行政上の強制執行と民事上の強制執行の選択可能性

行政上の強制執行を行うことが認められる場合に、行政機関がこれを行わず、民事上の強制執行を選択すること、つまり裁判所に強制執行を求めて出訴すること（司法的強制）が許されるであろうか。

この問題に関し、最高裁判所の一九六六（昭四一）年二月二三日の大法廷判決は、農業共済組合連合会が単位共済組合に代位して組合員に対する債権の保全のために強制執行を求めて出訴した事件において、組合には強制徴収の権限が認められており組合が民事上の強制執行に訴えることは許されないこと、そして、連合会は組合が有しない権能を有しないことから、連合会も民事上の強制執行に訴えることはできないものとしている。

他方、下級審では、河川区域内の土砂を無許可で採取した業者に対して、原状回復命令の履行を求める民事訴訟を許容した判決がある（岐阜地判一九六九（昭四四）・一一・二七）。これは代執行の可能なケースであったが、裁判所は、行政代執行法に基づく代執行を「非常の場合の救済手段」と位置づけ、訴えを適法なものとした。

学説上は、この問題については、積極説（後掲）と消極説（塩野・行政法Ⅰ二〇四頁注２）が併存している。

たしかに、租税債権については強制徴収を行なわず司法的強制に訴えることはやはりできないであろう。その理由としては、税の賦課・徴収が税務官庁の義務であること、および徴収が債権保全の見地から迅速に行うことを要求されるものであることが考えられる。

しかし、このような司法的強制の可能性を否定すべき具体的な理由がない場合については、その可能性を一概に否定することは適切ではないと思われる。少なくとも行政上の強制執行が著しく困難であるなどの事情により司法的強制によるべき必要性がある場合には、その可能性が認められるべきであろう（この可能性を認める説として、広岡・総論一七〇～一七一頁、原田・要論二三八～二三九頁、兼子・総論二〇六頁、小早川・行政法上二四三頁、大浜・総論二七六頁）。

第一一章　行政上の即時強制

第一節　行政上の即時強制の概念と種別

1　行政上の即時強制の概念

行政上の即時強制とは、行政機関が、即時にすなわち行政上の義務の賦課行為を介在させず、国民の身体または財産に強制を加える作用である。

即時強制は、国民の身体または財産に強制を加える作用である点において、行政上の強制執行と共通する（したがって、両者はあわせて「行政強制」と呼ばれる）。両者が異なるのは、行政上の強制執行が義務の賦課の段階を前提とし、義務者が自らこの義務を履行しない場合に行われるものであるのに対し、即時強制が即時にすなわち行政上の義務の賦課行為を介在させずに行われる点にある。

即時強制という場合の即時とは、このように、行政上の義務の賦課行為を介在させないということを指しており、必ずしも時間的に即時に行われるという意味ではない（もっとも、即時強制が義務賦課行為を行う時間的余裕のない場合に行われることも少なくない）。

なお、近年、即時強制の語に代えて、即時執行の語が用いられることもある（例えば塩野・行政法Ⅰ二一九頁以下、大浜・総論二六八頁以下）。ただ、この語は、即時強制が身体や財産に対する強制であるということを直截に表現するものではなく、また、行政行為によって課された義務の即時の執行を指すかのようなニュアンスがあり（この用語法として、阿部・法システム下五三五頁）、即時強制よりもすぐれた用語とは必ずしもいいがたい。この理由から、本書では、従来どおり即時強制の語を用いることとする。

2 行政上の即時強制の種別

即時強制は、身体に対する強制と財産に対する強制とに分けることができる。

(1) 身体に対する強制　例えば警察官職務執行法が定める人の保護・避難等の措置・犯罪の制止・武器の使用、感染症予防法に基づく強制的健康診断および強制的入院（感染症一七条二項・一九条二項）がある。

(2) 財産に対する強制　例えば消防対象物等の使用および処分（消防二九条一項・二項）、けい留されていない犬の薬殺（狂犬病一八条の二第一項）、未成年者の酒類・煙草等の没収（未成年者飲酒禁止二条、未成年者喫煙禁止二条）、銃砲等の一時保管（銃刀所持二四条の二第二項）、違法広告物の除却（屋外広告物七条四項）などがある。

なお、家宅に対する強制として立入検査などが挙げられることがあるが、これは、近年は、行政調査として把握されるようになっている。行政調査は、本章でいう即時強制からは除外し、第一六章（二六七頁以下）において扱うことにしたい。

第二節　行政刑罰

1　行政刑罰の法的根拠

行政刑罰は刑罰であるから、これを科するためには、罪刑法定主義の見地からも、法律の根拠が必要である。さらに、地方公共団体の条例においても、行政刑罰を定めることができる（自治一四条三項）(1)。

2　行政刑罰の手続

行政刑罰は、刑罰であるから、刑事訴訟法の定めるところにより裁判所により科せられる。ただ、行政刑罰の対象となる行政犯について、次の特別の取扱いが設けられている。

(ア)　反則金制度　道路交通法一二五条以下においてとられている手続である。この制度においては、一定の刑罰を科せられるべき行為を行った者に対して、行政庁（警視総監・道府県警察本部長）が反則金の納付を通告し、相手方がこの通告に従い、所定の期限内に反則金を納付した場合には、公訴を提起されない(2)。一旦通告に従い反則金を納付した者は、その通告に対して取消訴訟を提起することは認められていない（最判一九八二（昭五七）・七・一五）。現行法の解釈問題としては、やむを得ないことといわざるをえないようである。

しかし、この制度の趣旨は、通告に不服がない者には反則金を納付することによって公訴の提起を免れるという利益を与えるものであるが、自己の無罪について確信をもつ者は、反則金を納付せず刑事訴訟の場で無罪を主張することを強いられる。つまり、無罪の可能性の高い者が手続上より不利益に扱われることになる。したがって、たいていの者は、通告に不服があっても反則金を納付するであろう。とくに、道路交通法上の反則金制度においては、懲役刑の可能性のある行為も反則金制度の対象になっている。相手方の国民にとって、通告に応じて反則金を納付することは、単に刑事訴訟の手続を回避できるのみならず、懲役刑の危険を免れることにもなるのであるから、通告に従って反則金を納付することに対する心理的圧迫はますます強いものになる。

反則金制度は、このように、事実上、反則金の納付を強いる制度であり、権利保護の見地からは、通告の適法性の審査のための制度を設けるべきであろう（参照、阿部・法システム下四六三頁。国税犯則取締法上の犯則の事実の不存在が裁判所によって認められた場合の通告処分の違法性につき、東京高判一九八四（昭五九）・九・一九を参照[3]）。

(イ)　交通事件即決裁判手続　これは、交通事件即決裁判手続法により定められている手続であり、道路交通法の定める罰則の適用について認められている。手続としては、検察官が、公訴の提起に際して、被疑者に異議がないかどうかを確かめたうえで、即決裁判を請求し、この請求があると、裁判所（簡易裁判所）は、即日期日を開いて、即決裁判で刑を科する。五〇万円以下の罰金と科料について認められる。被疑者または検察官は、即決裁判の宣告があったときは、一四日以内に、正式裁判の請求ができる。

反則金制度が一種の行政手続であるのに対し、この制度は一種の刑事訴訟手続である。

3　行政刑罰と刑法総則の適用

刑法八条は「この編の規定は、他の法令の罪についても、適用する。ただし、その法令に特別の規定があるときは、この限りではない。」と定めており、行政刑罰を科する場合にも、原則として刑法総則が適用されるが、行政法令に特別の規定がある場合には、それによることになる。例えば行為者のほか、業務主である法人または人を処罰する旨の規定（両罰規定。行政法律中の罰則においては、この両罰規定がおかれるのが通例である。例、大気汚染三六条、道路運送九九条）や、過失処罰の規定（例、大気汚染三三条の二第二項、道交一一八条二項など、道路運送一〇三条）が、この特別の規定の例である。刑法総則の規定の適用を排除する「特別の規定」は、法律の規定をさし、条理を含まない（杉村・講義上巻二六五〜二六六頁、塩野・行政法Ⅰ二二五頁）。

（1） 地方自治法一四条三項は、条例違反に対する制裁として、条例で刑罰を定めることを認めているが、個々の事件で刑罰を科するか否かを判断するのは検察官と裁判所であり、地方公共団体の権限ではないから、刑罰は、地方公共団体の行政目的達成のための手段としては、必ずしも有効ではない。この点で、一九九九年の地方自治法の改正により、条例で過料を科する旨の規定をおくことができるようになったこと（自治一四条三項）は、条例の実効性を高める上で意味のあることである（過料については、次節で触れる）。

（2） 反則金制度は、刑罰でもなければ後述の秩序罰たる過料でもないが、便宜上本節で説明する。なお、道路交通法上の反則金制度に類似する制度が、国税犯則取締法一四条や関税法一三八条で設けられており、また、国税犯則取締法は地方税法についても準用されている（地税七一条など）。

（3） 関税法に基づく通告処分についても取消訴訟は認められていない（最判一九七二（昭四七）・四・二〇）。また、国税・地方税の犯則事件に関する行政機関の処分については、不服申立は認められていないことが明定されている（行審四条一項七号）。

第三節　秩序罰たる過料

秩序罰としての過料は、法律において届出の懈怠や虚偽の報告などについて規定されている他（例、航空一六〇条以下、原子炉八一条の二以下）、地方公共団体の条例や長の規則においても定めることができる（自治一四条三項・一五条二項）。

過料は、国にあっては、他の法律に別段の定めがないかぎり（例、住民台帳五二条、外国人登録一〇条）、過料に処せられるべき者の住所地の地方裁判所において科せられる（非訟一六一条以下）。また、地方公共団体が科するものは、その長によって科せられ、指定の期限までに納付されない場合には、地方税滞納処分の例により強制徴収される（自治一四九条三号・二五五条の三・二三一条の三）。

過料は、届出義務違反など、刑罰に比べて社会的非難の程度が軽い行為に対して科せられるものである。また、刑罰ではないので、刑事訴訟法の適用はなく、右のような手続が設けられている。さらに、刑法総則の適用もない。

第四節　その他の制裁

以上において述べたものの他、行政上の制裁の手段としては、授益的行政行為の撤回、公表、給付の拒否、課徴金、加算税（加算金）、懲戒罰がある。これらの手段は、行政上の義務の履行の確保の手段として位置づけられることもある。これらの手段が、相手方に義務の履行を促すことは確かであるが、ただ、これらの手段は、必ずしも義務の不履行を前提として適用されるものではない。

これらの手段のうち、ここでは、一般的な手段の性格をもっている（または今後そうなる可能性のある）公表と給付の拒否とを取り上げよう（授益的行為の撤回については、第九章第七節**B**、一七六頁以下を参照。また、懲戒罰については、本章第一節**1**、二一五頁で簡単に触れた）。

1　公　表

行政機関による勧告や指示に従わない者があった場合、その事実を公表することが法律で定められていることがある（法律の規定例については、第一五章第一節**2**、二五二頁を参照）。

行政指導については、制裁の本来的な手段である行政罰を用いることが適切ではないため、その実効性を確保しようとする場合には、やむをえず公表という手段が用いられているのであろう。しかし、公表は、その実効性を国民による批判・非難に期待するという点で、適切な手段とはいい難い。(1)法律上公表が定められている場合も、むしろ国民に対する情報提供の手段として活用することが望まれる。

2　給付の拒否

制裁としての給付の拒否は、違法行為に対する制裁として行われることもあれば、行政指導に対する不服従に対して行われることもある。前者の例としては、①建築基準法や都市計画法違反の建築物に対する上水道の供給の拒否がある。また、後者の例としては、②要綱行政の一環として行われる行政指導に従わない者に対する給付の拒否（第一五章補論３⑵、二六六頁以下も参照）と、③社会保障行政上の行政指導に従わない者に対する給付の打切り（例、生活保護六二条三項）とがある。

このうち、よく議論の対象になるのは、①および②である。

①については、水道法一五条一項が「正当の理由」がある場合に限って水道事業者（水道六条二項）に給水契約の締結の拒否を認めているので、この措置が適法であるか否かは、この「正当の理由」の解釈問題になる。一つの考え方は、「正当の理由」を水道法の目的から解釈するもので、例えば「正当の理由」を「水道事業者がその事業経営上給水区域内からの需要者に対し給水しないことをやむをえないものとされる事由、例えば申込にかかる場所には事業計画上配水管が未設置であるとか、特殊な地形であるため給水が技術的に著しく困難であるなどの事由がある場合などをいう」（大阪高判一九七八（昭五三）・九・二六）と解し、建築基準法や都市計画法違反はこれにあたらず、給水拒否は許されないものとする。他方、公序良俗違反その他の一定の違法状態がある場合には、「正当の理由」があるとして給水拒否を適法なものとみる説もあり、近年有力になりつつある（この説をとる最近の裁判例として、大阪地決一九九〇（平二）・八・二九）。違法状態の存続に結果的に手を貸すことになるような給付を行わなければならないと考えることはいかにも不合理であり、この説が例外的に妥当する余地はあろうと思われる。(2)

②についても給水拒否が問題となることがあり、この場合、やはり水道法一五条の「正当の理由」の解釈が問題となるが、ここでは、要綱が正規の法ではなく法的拘束力をもつものではないため、相手方の不服従を違法とはいえず、したがって、①の場合に比べると、給付の拒否が「正当の理由」にあたるとみうる余地は小さい（参照、東京高判一九八五（昭六〇）・八・三〇。上告審決定として最決一九八九（平元）・一一・八。もっとも、この場合においても、相手方の給水契約の申込みが権利濫用にあたる場合や給水が相手方の公序良俗違反を助長する場合には給水拒否が「正当の理由」に該当するとする裁判例がある。東京地八王子支決一九七五（昭五〇）・一二・八、東京地八王子支判一九九二（平四）・一二・九）。

③は、法律の規定に基づくものであるので、法律上の要件が揃っているかぎり、その適法性には問題がない（もっとも、この措置についても比例原則が妥当するから、要件が揃っていても、できるだけ相手方に対して打撃の少ない措置がとられ

るべきである)。

(1) 広岡・総論一六〇頁も、「〔公表は〕近代的な強制手段とはいえないから、一般化すべきものではなく、多くの国民に多大の迷惑をかけている者についてのみに限定して用いられねばならない」旨を指摘している。塩野・行政法Ⅰ二〇一頁も参照。

(2) 最高裁判所は、ある町が人口増加による水不足を考慮してマンション分譲業者との間での給水契約の締結を拒否した事件において、「市町村は、水道事業を経営するに当たり、当該地域の自然的社会的諸条件に応じて、可能な限り水道水の需要を賄うことができるよう、中長期的視点に立って適正かつ合理的な水の供給に関する計画を立て、これを実施しなければならず、当該供給計画によって対応することができる限り、給水契約の申込みに対して応ずべき義務があり、みだりにこれを拒否することは許されない」としつつ、「給水契約の申込みが右のような適正かつ合理的な供給計画によっては対応することができないものである場合には、法〔=水道法〕一五条一項にいう『正当の理由』があるものとして、これを拒むことが許される」と判示している(最判一九九九(平一一)・一・二一=福岡県志免町給水拒否訴訟)。

第三節　行政計画と法律

1　法律の根拠

現行法上、行政計画の策定については、作用法上の根拠が与えられていることが少なくないが（例、都市計画六条の二以下、景観八条、都市緑地四条。なお、基本法による根拠として、災害対策三四条など、交通安全二二条、環境基本一五条・一七条）、長期経済計画のように、組織法の規定が根拠とされていた場合がある（旧経企庁設置四条一三号。この点については、五〇～五一頁を参照）。他方、たしかな法律の根拠を欠く計画も少なくない（前述（二二六頁）の法定計画と事実上の計画の区別を参照）。

理論上、まず、行政計画の決定または公示に国民に対する権利制限的な法効果を結びつけるためには、すなわち、拘束的計画の策定のためには、法律の根拠が必要である。

第二に、右のような計画以外の計画、すなわち拘束的でない計画については、法律の根拠がなくともその策定が認められる余地は大きい。しかし、そうした計画も無制約に策定することができるとはいえない。行政計画の存在が、正式に公表されなくとも、行政機関、他の行政主体さらには国民に対し、事実上、誘導・説得などの作用力をもつことが少なくないからである。そこで、行政計画が行政の計画的遂行を保障するものであることを考慮すると、法律の授権が欠けている場合には、法律の規定を手がかりとして[1]または当該行政活動の実質的性格に照らして、この行政の計画的遂行の要請が認められる場合にかぎって、行政計画の策定が許容されるものと考えられる。

2 要件的規制

一般に、行政活動に対する法律による統制には、法律の根拠を要求するという方法のほか、行政活動の要件や内容について規制を加えるという方法がある。行政計画（の策定）に対するこのような法律の規制については、これを消極的に解する見解もあるが、現行法上このような規制が行われていることにまず注目しなければならない。

要件的規制についての法律の規定をみると、そのうち最も簡単なものは、行政計画の策定を「必要なもの」に限定するものであるが（例、都市計画一一条一項）、さらに、計画の策定の要件をより詳細に定めているものも少なくない。都市計画法一二条一項・一二条の二第一項・一二条の四第一項にいう「必要なもの」の判断基準は、他の規定（都市再開発三条・三条の二、新住宅市街地二条の二・三条、新都市基盤二条の二・三条、都市計画一二条の五第一項、幹線道路整備九条一項など）において具体化されている。また、政令に要件の定めが委ねられている場合もある（下水道二条の二第一項）。

前述のように、行政計画を策定するか否かの判断が行政の任意に委ねられるものではないとすれば、法律が要件的規制を加える必要性は否定できない。むろん、いかなる要件的規制を加えるかは、計画の内容やそれに結びつけられる法効果にもよるが、国民に対し権利制限的な法効果を伴う行政計画の策定については、具体的な要件的規制が要求される。

もっとも、次のような場合には、要件的規制は必要ではなくなる。

(1) 計画の目的・役割やわが国の現状に照らして、当該計画を策定することが当然に必要または緊急に必要と解される場合（例、災害対策三四条・三六条・四〇条・四二条・四三条など、交通安全二二条・二四〜二六条、瀬戸内海保全三条、森林四条・五条）。

(2)　計画の策定の前段階において地域指定のシステムが採用され、これが一定の要件のもとにおかれることによって、計画の策定についての要件的規制が意味をもたなくなる場合（例、都市計画五条一項・七条、農振地域六条・八条、自然環境一四条・一五条・二二条・二三条、航空機騒音九条の三、水資源三条・四条）。

(3)　計画について認可制が採用されることによって、計画の策定自体についての要件的規制が意味をもたなくなる場合（例、土地区画整理五二条）。

3　計画内容の規制

次に、行政計画の内容についての法律の規制について検討しよう。

行政計画は、その概念上、行政によってその内容を決せられるものであるが、その際、行政に大きな裁量的判断の余地が認められるのが通常である。法律と行政計画の内容の関係について特徴的なことは、法律が計画の内容について具体的な定めをおいていないことである。行政計画の策定について行政に認められる裁量、すなわち計画裁量の主要な部分は、この計画内容の形成・決定の段階において存在するのであり、そして、その広範さのゆえに、行政計画または計画行政が今日の重要な問題として注目され、議論されているのである。

しかし、現行法上、計画内容についても法律の規制が及んでいる。計画内容に対する法律の規制としては、さしあたり次の三つのものがある。

(1)　整合性の原則　　計画間での整合性の確保または調整を要請する原則である。法律におけるこの整合性の原則の規定は、計画の内容に対する法律の直接的な規制ではなく、間接的な規制である。

この原則が法律で定められている場合が少なくない。通例は、国の計画に対する地方の計画の整合性の確保の要請が定められる。すなわち、整合性の原則は、地方に対する国の優位のイデオロギーの計画法の分野での表現である。

ただ、法律がこの原則を定める場合の表現は多様である。すなわち、地方の計画が国の計画に「適合する」ことを要請されている場合（例、都市計画一三条一項）や、これに抵触するものであってはならない（災害対策四〇条一項・四一条・四二条一項・四三条一項・四四条一項、交通安全二五条三項・二六条四項）、基本とするものとする（国土形成九条二項、国土利用七条二項・九条九項。なお同八条二項）、調和が保たれたものでなければならない（農振地域四条三項・一〇条一項）、と定められている場合があり、また、「基づき」あるいは「即して」という表現が用いられていることもある（瀬戸内海保全五条一項、森林五条一項）。

整合性の原則に関するこれらの表現の多様性に鑑みると、この原則を破る計画をただちに違法とみることはできないのであって、そうした計画も適法に存続しうる余地がある。

また、国や地方の計画が、都市計画などの地方の総合的な計画や公害防止計画との適合性を要求されていることがある（法律上の表現は多様である）。例えば空港周辺整備計画は、「公害防止計画、都市計画その他の環境の保全又は地域の振興若しくは整備に関する国又は地方公共団体の計画に適合したものでなければならない」（航空機騒音九条の三第五項）。この他、（他の）都市計画との適合または調和（都市再開発四条二項一号・七条三項一号、流通業務市街地八条一号、新住宅市街地四条二項一号、農振地域四条三項・一〇条一項）、市町村の基本構想に即すること（国土利用八条二項、農振地域一〇条二項）、地域の振興または整備に関する計画との調和（発電用施設四条六項。ほぼ同旨、農振地域四条三項）が要請され、さらに、公害防止計画との適合性が要請されている（都市計画一三条一項）。国の計画であるか地方の計画であるかを問わず、より実質的な考慮に基づいて整合性の原則が定められているのである。

(2) 考慮事項の指示　第二には、法律が、計画の策定において行政機関が勘案または考慮すべき事項（以下、「考慮事項」という）を指示することがある（都市計画一三条一項柱書・一号・二号・七号・一一号・一四号、都市再開発四条二項

三号、新住宅市街地四条二項二号、農振地域一〇条一項、首都圏整備二一条三項、近畿圏整備八条三項、水道五条の二第四項、下水道二条の二第三項、森林四条三項・五条三項・一〇条の五第四項、水資源四条三項）。

こうした考慮事項に関する法律の規定は　通例、考慮事項の完結的な規定とみることはできず、むしろ考慮することがとくに要請される事項の規定または考慮事項の例示である。

行政機関が計画の策定において考慮すべき事項は、考慮事項を定める法律の規定のほか、整合性の原則に関する規定、法律の目的規定、後述の計画目標等の規定、他の行政機関との協議などの手続についての法律の規定からも、導かれる。また、環境の保全や災害等の危険防止は、法律上は考慮を明示的に指示されていなくとも、土地利用計画や道路建設等の事業に関する計画の策定において考慮することが強く要請される事項である。このような、法律の規定がなくとも条理上考慮されるべき事項を普遍的考慮事項という（環境保全や災害防止が普遍的考慮事項であることにつき、環境基本一九条、自然環境五条、災害対策八条一項）。

(3)　計画目標の指示　行政計画の内容に対する法律の規制の第三のものは、計画の目標または方向の指示である。例えば都市計画法一三条一項二号が、区域区分（市街化区域と市街化調整区域との区分）につき、「産業活動の利便と居住環境の保全との調和を図りつつ、国土の合理的利用を確保し、効率的な公共投資を行なうことができるように定める」旨を規定しているのは、その一例である（このほか、都市計画一三条一項七号・一四号、幹線道路整備九条七項、都市再開発四条二項二〜四号、流通業務八条二号、新住宅市街地四条二項二号〜四号）。

この計画目標の指示は、計画の整合性の原則や考慮事項の規定に比べると、計画の内容に対してより直接的な方向づけを与えるものであるが、法律上これについての規定がおかれていることは少ない。

（1） 例えば法律が事業を計画的に遂行（あるいは推進）すべき旨を定めている場合、当該事業について行政計画を策定することが許容されよう。この種の規定を含む法律として、原子炉一条・四条一項一号・二四条一項二号など、公有地一条、社会福祉六条、老人保健二四条の二。

第四節　行政計画の策定手続と事後救済

1　策定手続

前述のように、行政計画の策定においては行政機関に広い裁量の余地が認められる。また、それだけに現実には裁判所による事後審査は困難である。したがって、司法審査の可能性を追究することが必要であるが、行政計画の策定を法的な統制のもとにおく手段としては、事前手続に対する期待が大きい。

事前手続としては、当該計画策定について利害関係を有する住民などの意見をきく手続が最も意味あるものである。その方法としては、意見書の提出や公聴会が考えられる。しかし、現行法上、これらの方式はあまり採用されていない。また、採用されている場合も、意見書提出については住民に権利が認められても（都市計画一七条二項）、より直接的な意見表明の手段である公聴会については、「必要があると認めるときは、公聴会の開催等住民の意見を反映させるための必要な措置を講ずるもの」とされ（都市計画一六条一項）、それを開催するか否かは行政機関の裁量に委ねられている（類似の規定として、国土利用八条四項。比較的新しい立法である土地基本法（一一条三項）では「住民その他の関係者の意見を反映させるものとする」と一層後退している）。

現行法上最もよく活用されているのは、審議会制度である（国土形成四条・六条五項、国土利用五条三項・七条三項・九

条一〇項、都市計画一八条一項、自然環境一二条四項）。

この他、立法例は少ないが、注目される手続として、議会の議決を経るという方式（国土利用七条三項・八条三項、水道五条の二第二項）や国の計画の策定において地方公共団体の意見をきく（都道府県の計画であれば市町村の意見をきく）という方式がある（国土利用五条三項・七条三項・九条一〇項、多目的ダム四条四項）。

2 取消訴訟

行政計画（の策定行為またはその公示行為）に対する訴訟形式としては取消訴訟が考えられる。行政計画と取消訴訟との関係において現在最も大きな問題は、行政計画の取消訴訟適格性すなわちいわゆる処分性の問題である。

行政計画の処分性は、最高裁判所の判例上、否定されてきている。

まず、事業計画または実施計画で権利制限的効果を伴うものについては、土地区画整理事業計画に関する最高裁一九六六（昭四一）年二月二三日大法廷判決は、土地区画整理事業計画が事業の青写真たる性質を有するにすぎず、直接特定個人に向けられた具体的な処分ではないとしている。この計画の公告に伴い生じる権利制限的効果が付随的効果であり（付随的効果論）、かつ訴訟事件としての成熟性を欠くこと（争訟未成熟論）がその理由である。また、用途地域指定（またはその変更決定）についても、最高裁一九八二（昭五七）年四月二二日の判決は、権利制限的効果が不特定多数の者に対する一般的抽象的なものにすぎず、後続の具体的処分の取消訴訟により権利救済の目的を達することができること（争訟未成熟論）を理由に、やはり処分性を否定している。

このように、最高裁判所の判例では、付随的効果論と争訟未成熟論が拘束的計画の処分性の否定の論拠とされている。しかし、土地区画整理事業計画の場合、その公告とともに土地所有者等に対して生じる権利行使の制限の法効果は、本来の行政行為の効果と異ならない。したがって、その処分性をこれら二つの論拠によって否定することは、説河川六五条）などに関する契約がこれである。

（1） 政府契約という用語は、政府が一方の当事者となる契約をすべて含むニュアンスがあり、おそらくは、「政府契約の支払遅延防止等に関する法律」に由来するものである。

（2） 概念上は行政契約にあたるものであっても、行政権限とくに公権力的権限の行使を猶予するような契約の締結は許されないと考えられており（例えば税の延納の承認を契約により行うことは許されない。福岡地判一九五〇（昭二五）・四・一八）、したがって、この種の契約は、行政契約の類型としても、言及されないのが通例である。

第三節　行政契約の法的規律

行政契約は、行政体と相手方（私人または行政体）との合意に基づいて成立するものであり、法的規律に対する要請は、行政行為の場合ほども大きくない。しかし、行政契約の締結が行政の自由に委ねられるならば、相手方が不利益を被りあるいは第三者ないし公共の利益がそこなわれることも考えられる。それゆえ、行政契約についても、法的規律のあり方を検討する必要がある。

1　法律の根拠

公法契約と私法契約の二分論のもとでは、公法契約の締結について法律の根拠が必要であるが、私法上の契約の締結については法律の根拠は必要でないというのが、一つの考え方である（杉村・講義上巻二五二〜二五三頁）。ただ、公行政と私行政ないし私経済行政の区別と公法契約と私法契約との区別とは、対応するものではない。公行政の中には私法上の契約の形をとるものもあると思われる。

たしかに、前述の諸契約のうち、政府契約、公共用地買収のための契約その他の公用負担契約、財産管理のための契約の締結には、私法上の契約として、法律の根拠は必要ではないであろう。しかし、私法上の契約の締結について当然に法律の根拠を要しないとはいえない。

公共施設・公共企業については、個々の利用契約の締結以前の問題として、その設置について法律の根拠の要否が問題となるが、施設の設置は、国家行政組織法上は法律・政令事項であり、地方自治法上は条例事項である（行組八条の二、自治二四四条の二第一項。第三章第二節**7**、五四頁以下を参照。法律の例として、国立国会図書館法。施設が独立行政法人の形態をとる場合、設置法が制定されている。例、独立行政法人国立博物館法、独立行政法人日本学生支援機構法。公立の図書館・博物館の設置に条例が必要なことにつき、図書館一〇条、博物館一八条）。この設置法（および条例）が制定されているかぎり、直接に契約の締結を授権する法律は必要ではないであろう。

私人への事務の委託は、前記のような法律がないかぎり、私法上の契約として行われているのであろうが、こうした契約が無制限に認められると考えることはできない（名古屋地決一九九〇（平二）・五・一〇は、「公権力の行使とは直接かかわりのない現業的部分」についての業務委託契約を適法としている）。

補助金の交付は私法上の贈与契約とも解されるが、前述のように、これには原則として法律の根拠が必要である（第三章第二節**6**、五三頁を参照）。

公害防止協定の法的性質については、契約説の枠内においても、私法契約説、公法契約説、行政契約説があるが、その締結については法律の根拠を要しないと解されている。その根拠づけとしては、①それが住民の生命・身体・健康への被害を防止しようとするものであること、および②それによって制約されるものが事業者の企業活動の自由であり、それも環境に影響を与えるかぎりにおいてであることが、考えられる。また、その締結を事業者や地方公共団体の責務とする条例も多い。ただ、協定方式に安易に依存することは、法治主義の見地からは好ましいことではない。

行政体間での事務の委託の契約は、公法契約と私法契約の区別をとると、公法契約ということができる。この種の契約は、当該行政体に与えられた権限の所在を変更するものであるから、その締結には法律の根拠を要すると思われる（広岡・総論一五二頁、塩野・行政法Ｉ一八二頁）。ただ、この法律の根拠が一般的なものであれば（特に自治二五二条の一四）、一方において、当該行政体の存立の根幹に関わるような事務についての委託はなお許容されないのではないかという疑問があるとともに、他方において、事務によっては、この規定によらず、私法上の契約により委託することも考えられる。

2 実体的規制

行政契約には原則として民商法の適用がある（民法一〇八条の双方代理の禁止原則および同一一六条の無権代理の追認原則の類推適用例として、最判二〇〇四（平一六）・七・一三＝世界デザイン博覧会住民訴訟）。つまり、行政契約は、民商法による実体的規制を受ける。しかし、行政契約は私人間での契約とは同視できないのであって、法律・条例等で特則が設けられている場合があるし、さらに憲法の諸原則による拘束を受ける。このことは、とくに行政サービス提供に関わる契約について妥当する。

具体的にいえば、第一に、平等取扱いは憲法の要請であるが、法律でも差別的取扱いの禁止が定められ（例、自治二四四条三項、郵便六条、電気通信六条）、また、選考基準・方法が法定されている（例、公営住宅二五条、住宅金融一八条）。第二に、業務停止の制限あるいは契約締結義務の形でサービス提供義務が定められている場合がある（例、郵便七条、水道一五条、自治二四四条二項。水道法一五条一項の給水契約締結拒否の「正当の理由」については、第一二章第四節**2**、二二〇頁以下を参照)。

第三に、契約条件の規制として、国の独占事業の価格・料金は法律または国会の議決に基づいて定められることになっている(財政三条)。

この他、公共用地の取得契約については、対価の規制として、法律ではないが、「公共用地の取得に伴う損失補償基準要綱」(一九六二年閣議決定)が定められている。

公害防止協定については、その許容性は認められているが、その内容には限界があり、法律の根拠がないにもかかわらず公権力的権限を創設することを取り決めることはできない。したがって、行政機関の強制的立入権限や操業停止の命令権を定めることはできない。しかし、任意的立入権限や操業停止の要請の権限を定めることはできる。

3 手続的規制

まず第一に、地方公共団体が締結する契約について、議会の議決が要求されている場合がある(自治九六条一項五号以下)。対象となっているのは、おおむね財産管理のための契約である。

第二に、売買、貸借、請負その他の契約については、随意契約によることができる場合を除き、一般競争または指名競争による入札またはせり売りの手続をとらなければならない(会計二九条の三・二九条の五、予算会計令七〇条以下、自治二三四条、自治令一六七条以下)。こうした手続の規制を受けるのは、主として行政の手段調達のための契約である。

地方公共団体が随意契約によることのできる要件の一つは、「[契約]の性質又は目的が競争入札に適しない」ことであるが(自治令一六七条の二第一項二号)、最高裁判所は、「競争入札の方法によること自体が不可能又は著しく困難とはいえな」くとも随意契約の方法をとることが「当該契約の性質に照らし又はその目的を究極的に達成する上でより妥当であり、ひいては当該普通地方公共団体の利益の増進につながると合理的に判断される場合」もこの要件に該当すると判断している（最判一九八七（昭六二）・三・二〇）。

なお、公共工事に関する入札の適正化を一つの目的として、「公共工事の入札及び契約の適正化の促進に関する法律」が制定され、二〇〇一年四月から施行されている（この法律は、その名称からもうかがわれるように、契約内容の適正化をも一つの目的としており、この点では、実体的規制を目的とする法律でもある）。

第三に、公務員の採用についても、法律上、競争試験を原則とすることが定められている（国公三六条・四二条以下、地公一七条三項・同条四項・一八条以下）。

この他、法制化されたものではないが、地方公共団体と事業者との公害防止協定の締結に住民団体が立会いまたは独立の当事者として関与する場合がある。

なお、随意契約によることができる場合を制限した法令の規定に違反する公有財産の売却の契約の効力について、判例は、「当該契約の効力を無効としなければ随意契約の締結の制限を加える前記法及び令〔地方自治法および地方自治法施行令〕の規定の趣旨を没却する結果となる特段の事情が認められる場合に限り、私法上無効になる」としている（最判一九八七（昭六二）・五・一九）。

第四節　契約による行政活動の裁判的統制

行政行為に対しては、取消訴訟を提起できるし、また、原則として取消訴訟以外の訴訟によりその効力を争うことはできない。これに対し、行政契約については、民事訴訟または当事者訴訟が予定された訴訟方法である。ただ、この点については、次の二つのことに注意をする必要がある。

1　相手方による訴訟提起と形式的行政処分

まず、行政契約と解することもできる行為についてその相手方が訴訟を提起しようとする場合、民事訴訟や当事者訴訟ではなく、取消訴訟を提起しなければならないことがある（例、生活保護六九条、国民年金一〇一条の二、厚生年金九一条の三、健保一九二条、国健保一〇三条、労災保険四〇条、地公災五六条。この場合、通例、取消訴訟の提起に先立ち不服申立を前置することが義務づけられている）。このように、本来は契約の性質をもつと解することができるが、不服申立や訴訟につき、法律上、行政処分と同様の手続をとることを定められているものを、（法定）形式的行政処分という。

また、補助金適正化法の適用を受ける国の補助金の交付決定は、同法の解釈として行政処分と解されている（この点で法定の形式的行政処分ともいえるが、不服申立や取消訴訟の規定はおかれていないので、処分と解すべき根拠は典型的な法定の形式的行政処分の場合ほど強いものではない）。地方公共団体の条例や要綱に基づく補助金の交付決定も、裁判実務上、行政処分とされることがある（札幌高判一九六九（昭四四）・四・一七、大阪高判一九七九（昭五四）・七・三〇。これに対し、消極例として、東京地判一九八五（昭六〇）・六・二七）。

本来なら契約として、民事訴訟または当事者訴訟の提起が可能であるにもかかわらず、不服申立の前置と取消訴訟の提起が定められているのは、相手方が多数にわたるため不服申立により訴訟件数の低減を図り（不服申立のフィルター効果）、また法関係の早期の確定を図ること（取消訴訟には短期の出訴期間がある）が企図されているためであろう。ただ、取消訴訟の直接の目的は行政処分の取消であり給付にはないため、取消訴訟は、いわゆる給付行政の領域では、あまり適切な訴訟形態ではないことにも注意する必要がある。

2　第三者による訴訟提起と形式的行政処分

行政契約に対する訴訟について困難な問題を提起するのは、契約（またはその履行行為）に対して第三者が訴訟を提起しようとする場合である。すなわち、契約は両当事者の合意に基づいて成立するものであり、こうした契約の観念に照らすと、契約に関しては第三者が介入すべきものではないということになり、第三者が契約を争うことは認められないことになる。しかしながら、行政体が締結する契約は、たとえそれが私法上の契約であっても、例えば国有・公有の財産処分に関する契約のように、国民・住民の利害に関係しているのであり、第三者である国民がこの契約について訴訟を起こすことには理由がないわけではない。

そこで、契約の第三者が、契約またはその履行行為に対して、これを行政処分とみなして（理論上の形式的行政処分）取消訴訟を提起する例が散見される。地方公共団体と事業者との間での公害防止協定に基づく行政庁の同意について住民が提起した取消訴訟（名古屋地判一九七八（昭五三）・一・一八）や、国有地の民間企業への払下げに対する住民の取消訴訟（東京地判一九八六（昭六一）・一二・一一）がそれである。

こうした試みが行われるのは、取消訴訟であれば、第三者にも原告適格が認められる余地が十分に存在するからである。しかし、右の訴えはいずれも却下されている。訴訟実務において契約が取消訴訟の対象となる行政処分として認められる可能性は、現状では乏しい。

このように、行政契約は、行政処分とは異なり、第三者による訴訟の可能性を欠いている。しかし、前述のように、第三者が行政契約に対して訴訟を提起することには実質上合理性が認められる場合があるから、今後こうした訴訟の形態や許容性が検討される必要がある。

もっとも、地方自治法で定められている住民訴訟は、地方公共団体の公金の支出や財産の処分等の財務会計上の行

2　行政体間および行政機関相互間での行政指導

行政指導には、行政機関が国民に対して行うものの他、他の行政体に対して行うものおよび同一の行政組織内の他の行政機関に対して行うものがある。

前者の例として、各大臣等が地方公共団体に対して行う技術的な助言・勧告がある（自治二四五条の四第一項。この他、地方教育四八条一項、大気汚染五条）。国と地方公共団体との関係は、今日では並立対等の関係であり、国の関与は、第一次的には、非権力的な手段によりすなわち行政指導の形で行われる。

次に、行政機関相互間での行政指導の例として、環境大臣や総務大臣が関係行政機関の長に対して行う勧告（環境省設置五条二項、総務省設置六条一項）や、厚生労働省の女性主管局長が労働基準主管局長などに対して行う勧告がある（労基一〇〇条一項）。これらは、行政組織内部での横の関係を形成する行政指導の例である（第七章第四節、一〇九頁をも参照）。また、行政委員会や審議会に他の行政機関に対する勧告権限が与えられていることがある（地公八条一項四号、国土形成四条一項、電波九九条の一三第一項）。

第三節　行政指導の法的統制

1　法律の根拠

行政指導を行うについての法律の根拠の要否に関しては、一方において、その非権力性に着目し法律の根拠を要しないとする見解がある（原田・要論一九八頁）。他方において、非権力的公行政にも法律の根拠が必要であるとの立場をとれば、行政指導についても法律の根拠が必要であるとの考え方が導かれる（高田敏「行政指導と『法律による行政』

の原理」法学教室（第二期）5、八七頁以下）。しかし、行政指導の機能ははなはだ多様であり、一律に法律の根拠の要否を判断することは適切ではないであろう。

(1) まず、助成的・授益的指導については、法律の根拠は必要ではないであろう。この種の行政指導は、国民の申請または要請に基づいて行われることもある。そうでなくとも、この種の行政指導が行政の義務であることもある（この点で、広報の形ではあるが、児童扶養手当制度を受給資格者に周知徹底することを法的義務とした京都地判一九九一（平三）・二・五は、注目される判決である。しかし、控訴審の大阪高判一九九三（平五）・一〇・五は、この義務を否定している）。

(2) 次に、規制的指導のうちでも、私人の行為の適法性確保のための事前指導も、それが相手方にとっても利益になることを考慮すれば、法律の根拠の要請はさほど強いとはいえない。また、この種の行政指導が義務であるとみうる余地もある。

(3) 私人の違法行為是正のための指導のうち、命令権限の行使に先立って行われる指導は、比例原則の見地から肯定されるものであり、指導そのものについて法律の根拠がなくとも行うことが認められる。ただ、このような行政指導の前置は、相手方の権利利益を配慮したものである反面、とくに公害行政領域では、行政の対処を遅らせるとの批判もある。また、命令権限の行使について一定の事前手続が予定されている場合（例、建築基準九条）、行政機関が指導に頼ると、命令権限が行使されず、その結果として、この手続が回避されることになることに注意する必要がある。

(4) 私人の違法行為是正のための指導のうち、命令権限を背景としないものについては、違法状態の除去が法秩序の一つの要請であることからすると、法律の根拠を要しないようであるが、それが単に違法の指摘にとどまらず、規制的な力をもって何らかの行為を求めるものである場合には、法律の根拠が必要であるようにも思われる（銃砲刀剣類所持等取締法違反を理由に玩具拳銃の製造・販売等の中止を求めた行政指導に関する事件として、東京地判一九七六（昭五一）・

八・一三＝コンドルデリンジャー事件）。

(5) 独自の規制目的達成のための行政指導については、規制的な力の乏しいものはともかくとして、権力的規制手段に近い働きをする場合には、原則として法律の根拠が必要である（同旨、塩野・行政法Ⅰ一九〇頁）。このことは、修正侵害留保説によっても認められるところである（第三章第二節**4**、四六頁を参照）。また、行政指導への不服従に対する制裁を行うためには、当該制裁に関する法律の解釈上または条理上この制裁を適用できる場合は別として（水道法一五条一項に基づく給水拒否の問題につき、第一二章第四節**2**、二二〇頁以下を参照）、法律の根拠が必要である。

もっとも、行政指導は、強い規制的な力をもつものであっても、行政行為とは同列に扱う必要はないから、法律の根拠を要しない場合もある。その一つは、第三者の権利・利益の保護とくに生存権の保護のために行われる行政指導である。この行政指導が相手方に対しては規制的な力を有するとしても、これに侵害留保説の論理をそのまま適用することはできない。このことは、とりわけ第三者の危険防止の見地から行われる行政指導について妥当する。国民に対する危険の防止またはその除去すなわち安全の確保は行政の基本的な責務であると考えられるが、この目的のための法律上の手段を欠いている場合には、行政は行政指導によって対処することを要請されるのである（福岡地判一九七八（昭五三）・一一・一四＝スモン訴訟、東京地判一九九二（平四）・二・七＝水俣病東京訴訟、京都地判一九九三（平五）・一一・二六＝水俣病京都訴訟）。

規制的行政指導であるが法律の根拠を要しないと考えられるもう一つのものは、地方公共団体が街づくり、環境保全、開発規制等の行政分野で行っている行政指導である。この分野の行政指導は法律・条例の根拠を欠いていることが多いが、これを違法視することは適切ではないと思われる。この問題については、補論（二六四頁以下）で取り上げよう。

なお、最高裁は、内閣総理大臣や運輸大臣が民間航空会社に特定機種の選定購入を推奨する職務権限を有するかどうかが一つの論点になった事件において、「行政手続法」の行政指導の定義（二五一頁を参照）に依拠しつつ、「一般に、行政機関は、その任務ないし所掌事務の範囲内において、一定の行政目的を実現するため特定の者に一定の作為又は不作為を求める指導、勧告、助言等をすることができ」ると判示している（最大判一九九五（平七）・二・二二＝ロッキード事件丸紅ルート判決）。

(6) 調整的指導は、それが規制的指導の役割をもつ場合は別として、私人間の紛争に関与すること自体には、法律の根拠は必要ではないであろう。

2 実体的規制

行政指導については、個別法律がこれを授権する場合においても、当該法律においてその要件・内容が定められることは少ない。これは、立法者において、行政指導が非権力的事実行為であり、規制を加える必要はあまりないと考えられているためか、または、画一的な内容をもたず相手方や状況によりその内容を変えることができることに行政指導のメリットがあるためであろう。

個別法律で要件などについて規定がおかれているのは、行政指導のうちでも強力な勧告や指示について、かつ行政指導に対する不服従に対して制裁が定められている場合か（例、国土利用二四条、社会福祉五八条二項、石油需給一〇条二項、宅建業六五条一項・三項、建設業二八条一項・二項）、または命令権の行使に対して行政指導が前置されている場合つまり行政指導に従わなければ命令権が行使される場合である（例、風俗営業二五条・二九条・三四条一項、振動規制一二条、騒音規制一二条、湖沼水質保全二〇条、工場立地九条）[1]。

これに対し、「行政手続法」は、行政指導のあり方について、以下のようないくつかの実体的な一般原則を定めている。

①「行政指導に携わる者は、いやしくも当該行政機関の任務又は所掌事務の範囲を逸脱してはならないこと及び行政指導の内容があくまでも相手方の任意の協力によってのみ実現されるものであることに留意しなければならない。」（行手三二条一項）

②「行政指導に携わる者は、その相手方が行政指導に従わなかったことを理由として、不利益な取扱いをしてはならない。」（行手三二条二項）

③「申請の取下げ又は内容の変更を求める行政指導にあっては、行政指導に携わる者は、申請者が当該行政指導に従う意思がない旨を表明したにもかかわらず当該行政指導を継続すること等により当該申請者の権利の行使を妨げるようなことをしてはならない。」（行手三三条）

④「許認可等をする権限又は許認可等に基づく処分をする権限を有する行政機関が、当該権限を行使することができない場合又は行使する意思がない場合においてする行政指導にあっては、行政指導に携わる者は、当該権限を行使し得る旨を殊更に示すことにより相手方に当該行政指導に従うことを余儀なくさせるようなことをしてはならない。」（行手三四条）

①の規定中の「行政機関の任務又は所掌事務の範囲」という文言は、「行政手続法」における行政指導の定義においても用いられているが（二五一頁を参照）、それは行政機関を設置する組織法において定められている（通例、各省設置法は、「任務」として各省の仕事を一般的に定め、その具体的内容を「所掌事務」として列挙している）。行政指導がこの「行政機関の任務又は所掌事務の範囲」を超えると、それは行政指導としては評価されないことになるという説明もあるが（塩野・行政法Ⅰ一八九頁）、むしろ違法と解すべきである（同旨、高橋・手続法一三三頁）。したがって、この「任務又

は所掌事務の範囲」は「留意」するにとどまらず、遵守しなければならない事柄である。

②の不利益取扱いの禁止の原則は、法令で定められている不利益取扱いには及ばない。他方、要綱などに基づき、行政指導に従った者に対して補助金などの優遇措置を講じている場合、行政指導に従わない者に対してこの優遇措置を行わないことは、積極的に不利益取扱いをするものとはいえないが、不利益取扱いの禁止の原則に反する疑いがある（室井他編・手続・審査法二一四頁〔紙野健二〕、塩野・高木・手続法三二一頁）。

③の規定は、許認可の申請を行いまたは行おうとしている者（申請者）に対する行政指導について限界を定めたものである。その限界とは、「申請者が当該行政指導に従う意思がない旨を表明した」ことであり、「申請者の権利の行使を妨げ」てはならないことである。「申請者の権利」とは、ここでは、申請者が自己の欲する申請を行う権利をいう（申請権については、第九章第三節**2**(2)、一四二〜一四三頁を参照）。

この申請者に対する行政指導の限界の規定は、最高裁判所の一九八五（昭六〇）年七月一六日の判決に倣ったもののようである。すなわち、この判決は、行政指導中の建築確認の留保について、地方自治法および建築基準法の趣旨目的に照らせば、生活環境の維持・向上を図るため、建築主に対して行政指導を行い、建築主が任意にこれに応じているものと認められる場合においては、社会通念上合理的と認められる期間、確認処分を留保することは違法といえない旨判示しつつ、建築主が「行政指導にはもはや協力できないとの意思を真摯かつ明確に表明し、当該〔建築〕確認申請に対し直ちに応答すべきことを求めている」ときには、「当該建築主が受ける不利益と右行政指導の目的とする公益上の必要性とを比較衡量して、右行政指導に対する建築主の不協力が社会通念上正義の観念に反するものといえるような特段の事情が存在しない限り、行政指導が行われているとの理由だけで確認処分を留保することは、違法である」とする。つまり、三三条の規定がこの判決を変更していないとすると（この判決が行政指導の違法になる要件を定式化したものとの理解が前提になるが）、行政指導は、それに対する相手方の不服従の意思表示が真摯かつ明確なものであること、および相手方の不服従が社会通念上正義の観念に反するといえないことという二つの要件が揃っている場合にはじめて違法になる（同旨、宇賀・解説一五四頁、高橋・手続法三七五頁。異なる説として、室井他編・手続・審査法二二一頁〔紙野〕）。

④は、難解な規定であるが、例えば行政庁が許認可を拒否することができないにもかかわらず、行政指導に携わる者が拒否処分をすることなどをほのめかすことによって行政指導に従わせようとすることを禁止する規定である。

3　形式的規制

(1)　「行政手続法」は、行政指導の方式についても規定をおいている。まず、「行政指導に携わる者は、その相手方に対して、当該行政指導の趣旨及び内容並びに責任者を明確に示さなければならない。」（行手三五条一項。これを明確性原則という）。また、「行政指導が口頭でされた場合において、その相手方から前項に規定する事項を記載した書面の交付を求められたときは、当該行政指導に携わる者は、行政上特別の支障がない限り、これを交付しなければならない。」（行手三五条二項）

(2)　さらに、複数の者を対象とする行政指導については、「行政機関は、あらかじめ、事案に応じ、行政指導指針を定め、かつ、行政上特別の支障がない限り、これを公表しなければならない。」（行手三六条。行政指導指針の定義については行手法二条八号ニを参照。この規定により、行政指導指針は「命令等」に含められ、従って、国の機関の行政指導指針の制定は、適用除外が認められている場合を除き、同法所定の命令等制定手続（三一九頁以下を参照）によることになっている）。

(3)　この他、個別法律で、とくに勧告について、聴聞の手続（弁明する機会の付与。社会福祉五六条五項・五八条四項）、審議会への諮問の手続（医療三〇条の七・六四条一項、水産資源一三条二項）、理由の付記（大規模小売店舗立地九条一項）、行政活動は通例要件事実などの一定の事実の認定に基づいて行われるのであり、この意味で、情報の収集は行政活動の不可欠の前提である。しかも、行政の情報収集活動は、それが強制的であるか任意的であるかを問わず、国民の権利利益に大きな影響を及ぼすことがある。そこで、広くこのような活動を適切な法的制約のもとにおくため、行政調査という概念が構成されているのである。[1]

2　情報管理行政の一環としての行政調査

行政調査は、近年その重要性を認識されつつある情報の収集・加工・利用・管理・開示という情報管理行政の第一段階である。情報管理行政のうちで行政調査がまず法的考察の対象とされたのは、それが情報管理行政の第一の段階であること、および、情報管理行政のうち情報の加工・利用・管理が内部的な行政の過程であるのに対し、情報の収集が行政と国民とが接触する行政の外部的な過程であることによる。

3　行政調査の種別

行政調査は次のように分類できる。

(1)　国民に対し個別的に行われる調査（個別的調査）とそれ以外の調査（一般的調査）　前者の例としては、許認可などの事務の必要上行われる調査（前記の報告の徴収、立入検査、質問、試験用サンプルの無償収去、出頭命令、資料提出の請求など）がある。また、国勢調査（統計四条）のように、国民全体を対象とするが、個々の国民に対して行われる調査もここに分類できる。これに対し、後者の例としては、公害の状況の常時監視などがある。この種の調査については、調査を行政機関に義務づける規定が散見される（大気汚染二二条一項、水質汚濁一五条一項、オゾン層保護二二条一項、国土利用一二条一〇項）。

(2)　任意調査、強制調査および間接強制を伴う調査　任意調査とは、相手方の任意の協力を得て行われる調査であり、強制調査とは、相手方に義務を課しまたは相手方の抵抗を排除しても行うことのできる調査であり、間接強制を伴う調査とは、罰則により担保された調査である。強制調査と解される調査の例はあまりなく、法律上、罰則がおかれていなければ、当該調査はたいてい任意調査である。前記の報告の徴収、立入（臨検）検査、質問、試験用サンプルの無償収去、出頭命令、資料提出の請求には、通例は法律で罰則がおかれており、この点で、これらは罰則により担保された調査である。

(3) 義務を賦課する調査と事実行為としての調査　前記の報告の徴収、立入検査、質問、試験用サンプルの無償収去、出頭命令、資料提出の請求のうち、報告の徴収、出頭命令、資料提出の請求は、相手方に作為の義務を課するものであり、義務賦課型の調査あるいは行政行為の形式での調査といえる。これに対し、立入検査、質問、試験用サンプルの無償収去は、相手方に応答の義務を課するものもあるが、同時に行政機関の実行行為を伴っており、事実行為型の調査といえる。国勢調査もこの類型にあたる。

(4) 恒常的に行われる調査、定期的に行われる調査および許認可などの事務の必要上行われる調査　公害の状況の常時監視は恒常的に行われる調査であり、国勢調査は定期的に行われる調査であり、報告の徴収、立入検査、質問などは、許認可などの事務の必要がある場合に行われる調査である。

（1）行政調査論の意義は強制的情報収集のみならず、情報収集一般を視野に取り込んだことである。これによって、「情報」を問題にすることが可能になった。現段階で法的規律がとくに必要と考えられるのは、個人情報および団体情報の収集である。なお、行政調査の観念に含まれるものではないが、届出制、許認可などの申請書に記入すべき事項の指示、聴聞・公聴会、関係行政機関との協議等も情報収集活動の一環としての意味をもっていることにも留意すべきである。

第二節　行政調査の法的規律

1　法律の根拠

強制調査は、相手方の意思に反しても行うことができるものであるから、この種の調査を行うについては、法律の根拠が必要である。また、罰則により担保された調査を行うには、つまり調査を罰則で担保するためには、やはり法律の根拠が必要である。法律の根拠の要否が問題になるのは、任意調査（とくに個人情報や団体情報の取得）である。

行政調査に関する現行の法律の規定をみると、行政決定にあたり行政機関に調査が必要な事情の考慮が要求されている場合であっても、調査については法律で規定がおかれないのが通例である。例えば国土利用計画法上の計画の策定の際には広範囲にわたる情報の収集が必要であるはずであるが、この法律にはそのための調査に関する規定はない（もっとも、都市計画については、調査を授権する規定がある〔都市計画六条一項・二項〕。国土形成計画については、調査の調整に関する規定がある〔国土形成一二条〕）。また生活保護法八条に基づき厚生労働大臣が生活保護基準を定める場合には国民の生活水準の状況などの考慮が必要であるが、これらの調査に関する規定もおかれていない。さらに、行政行為を行うにあたっては要件事実の認定が不可欠であるが、このための事実についての情報の収集については、法律は通例規定をおいていない。

このように、考慮事項や要件事実に関して調査が必要であると考えられる場合にも、現行法上は、通例、規定が設けられていない。この場合、行政機関が必要とする情報は、一般的または個別的な任意調査によって取得することになる。すなわち、現行法上は、一般的な調査であれ、個別的な調査であれ任意調査のためにはとくに法律の根拠を要しないと考えられているようである。

2　実体的規制

行政調査の規制として最もよくおかれている規定は、調査を行う職員の身分証明書等の携帯・提示を定める規定や、調査の権限が犯罪捜査のために認められたものと解してはならない旨の規定である（前記の報告の徴収、立入検査、質問、試験用サンプルの無償収去などの根拠規定には、通例これらの規定もおかれている）。この他、調査の時間的制限（例、日の出から日没まで）、個人の住居への立入の原則的禁止のような制限が定められていることがある（消防四条一項但し書、自然環境三一条三項、自然公園五〇条三項などを参照）。しかし、調査の具体的なあり方を実体的に拘束する法律の規定はあまり多くない。

右のような法律の規定が存在しない場合には、行政機関は行政調査について裁量を認められることになるが、その行使は裁量行使の基準（第五章第五節**1**、八二頁以下を参照）に違反してはならない。ここで比例原則を取り上げると、この原則は、行政調査との関係では、次の三つの点で問題になる。すなわち、①調査権限を行使するかどうか、②どの程度の調査をするか、および③どのような調査手段を選択するか、である。

まず、①の点でも、比例原則が妥当すると一応考えられるが、調査権限を行使して調査をしてみなければ規制権限を行使すべきかどうかを判断できないこともあるから、①の点についての比例原則による拘束は、この原則によって規制権限の行使そのものが受ける拘束よりは弱いことになる。したがって、ここでは、調査を行うについての合理性ないし合理的必要性があればよいということができる（原田・要論二四四〜二四五頁、遠藤博也・阿部泰隆編・講義行政法Ⅰ〔総論〕（一九八四）三二五頁〔竹中勲〕）。

これに対し、②の点では、比例原則が厳格に妥当するといえる。つまり、調査により収集される情報の範囲は、その調査の目的に照らし必要最小限度にとどまらなければならない。

③の点については、次のような形で比例原則が問題になる。すなわち、前述の報告の徴収、立入検査、質問などについて定める法律の規定は、これらの調査手段を一括して授権している。したがって、これらの手段の選択において行政機関は裁量を有することになるが、行政機関がいずれの手段を選択するかにより、相手方の被る負担は大きく異なる。それゆえ、この裁量権の行使として調査手段を選択する場合には、比例原則により、調査目的の有効な達成の見地とともに、相手方の負担の可能な限りの軽減の見地も考慮されなければならないわけである。例えば報告の徴収と立入検査のいずれの手段が相手方に対してより負担とならないかの衡量が要求される。

以上のように比例原則の適用が問題になるのは、行政調査が相手方の権利・自由に関わる場合、換言すると、個人情報や団体情報が対象になる場合である[1]。これに対し、公害の常時監視のような調査については、むしろ調査の量や質が重視されよう。

なお、調査を通じて収集された情報は、それを受けて行われる行政決定によって「消費」されてしまうのではなく、行政によって保有・管理されるのが常態である。ここに、情報とくに個人情報の管理をめぐる問題が生じる（最判一九八八（昭六三）・三・三一によれば、課税庁が犯則調査により収集された資料を課税処分および青色申告承認の取消処分を行うために利用することは許される）。

3　手続的規制

法律上、調査の手続的規制としては、事前の通告、意見書提出の機会の付与（以上につき、自然環境三一条二項、自然公園五〇条二項などを参照）、居住者などの承諾（例、消防四条一項、建築基準一二条六項但し書）、裁判官の令状の事前取得（例、出入国管理三一条一項・二項、関税一二一条一項・二項、国税犯則二条一項・二項）などが定められている。

右の最後のいわゆる令状主義は、当該調査の性格上相手方の聴聞などの手続をとることができない場合の事前の手続の一つのありかたとして重視されてきたものであるが、法律に規定がない場合の裁判官の令状の要否について、最高裁判所は、「当該手続が刑事責任追及を目的とするものでないとの理由のみで、その手続における一切の強制が当然に右規定〔憲法三五条一項〕による保障の枠外にあると判断することは相当ではない」とし、強制的性格の調査について憲法三五条の令状主義の要請の及ぶ余地を認めたが、しかし、旧所得税法上の質問検査についてはこの点を消極的に解している（最大判一九七二（昭四七）・一一・二二＝川崎民商事件）。

また、行政調査にあたっての手続として事前の通知や理由の開示も考えられるが、最高裁判所は、所得税法上の質問検査に関し、実定法上特段の定めのない実施の細目については、税務職員の合理的な選択に委ねられているものとし、「実施の日時場所の事前通知、調査の理由および必要性の個別的、具体的な告知のごときも、質問検査を行ううえの法律上一律の要件とされているものではない」とした（最決一九七三（昭四八）・七・一〇＝荒川民商事件）[2]。

なお、前述の義務賦課型の行政調査（本章第一節**3**(3)、二六九頁参照）は、行政行為の形式で行われるものであり、一種の不利益処分として「行政手続法」を適用することも可能であるが、「行政手続法」は、「情報の収集を直接の目的としてされる処分及び行政指導」を適用除外している（行手三条一項一四号）。

4　違法調査の効果

行政調査のうちの義務賦課型のものは行政行為として行われるものであるから、それを取消訴訟の対象とすることができるものと思われる。これに対し、事実行為として行われるものは、――ここで問題になるのは強制調査および間接強制を伴う調査であるが――訴訟の対象とすることが難しい。というのは、この種の調査は抗告訴訟の対象となる行政処分とは認められがたいし、また、実際上の問題としては、調査の多くは「一過性」のものであって、この点で訴訟が成立する前提を欠いているからである。しかし、国勢調査のように定期的かつ準備期間を含めてかなりの時間をかけて行われるものについては、この前提は存在しており、訴訟の許容性を問うべき余地がある。

違法な調査手続そのものを争うことができなくとも、それに基づいて行われる行政行為の段階で、調査の違法を理由に行政行為を違法として争うことが考えられる。しかし、裁判例上、調査手続の違法が後続の行政行為に承継される余地はかなり限定されており、調査手続になんらかの違法があったとしても、それがまったく調査を欠きあるいは公序良俗に違反する方法で資料を収集したなどの重大なものである場合にのみ、行政行為の取消事由になることが認められているにとどまる（例、大阪地判一九九〇（平二）・四・一一）[3]。

（1） 国民を相手方とする調査において、それを制約するのは、基本的には財産権とプライバシーないし内面的自由である。立入調査についていえば、前者の見地からは私有地・私住居という空間への立入が制限されることになり、後者の見地からは調査事項への制約が大きな意味をもつことになる（むろん、調査事項に対する制約は、私的空間への立入の制限を要請することもあろう）。

（2） 兼子・総論一三六頁は、強制的な立入検査につき、「性質上目的が達せられなくなるおそれのある場合を除いては、事前通知を要すると解すべきであろう」とする。

（3） もっとも、従来この問題は、税務調査手続との関係で論じられており、このような裁判例の傾向を一般化できるかどうかという問題がある。なお、兼子・総論一三七頁は、「行政調査の公正手続にとって実質的意味のある適法要件に反してなされた調査」に基づく行政処分は「手続に関する瑕疵」をもつとする（同旨、大浜・総論二六七頁）。

生の予防の意味がある。違法な行政活動により国民に被害が生じた場合については、損害賠償や取消訴訟などの事後的な救済手段が設けられている。国民の権利保護の制度としては、これらの事後的な救済手段を設けておけば足りる、という考え方もあろう。また、行政活動を行政手続の枠にはめこむことは、行政の柔軟性や能率性を阻害する、とも考えられる。しかし、損害賠償や取消訴訟などの事後的な救済手段にはさまざまな制限（要件）があり、必ずしも認められるものではないし、また、取消訴訟が認められる場合でも、一旦行政決定が下されている場合には、それがもつ既成事実としての重みを否定することはできないのである。

第二節　行政手続の適正化

1　行政手続の適正化の要請

行政手続については、しばしば、「行政手続の適正化」が課題として指摘される（杉村・講義上巻二一七頁以下）。行政活動は、実質的・実体的な面において適法なものでなければならないが、手続的な面においては、適法であるのみならず適正なものであることが要請されているのである。手続の面で、適法性のみならず適正さが要請されてきたのは、次のような事情によるのであろう。つまり、手続については一般的な法律規定は存在せず、また、行政行為などについて定める個別の法律においても、手続については規定が欠けていたり、あるいは、それが存在していても簡単なものにとどまっている場合が少なくないという事情である。そこで、行政手続については、法令適合性という意味での適法性の基準だけでは不十分なのであって、憲法上の要請としてあるいは立法論として、行政手続が適正なものであることが要請されることになるのである。

ただ、この事情は、「行政手続法」の制定・施行により、修正を被ることになる。つまり、「行政手続法」により規制を受けている手続については、第一次的には適法性が問題となり、適正化の要請は前面には出てこないと思われる。しかし、「行政手続法」の規定内容そのものは手続の適正化の見地から問題とすることができるし、「行政手続法」の規制を受けていない手続については、これまでと同様、適正化の議論の対象になる。

2　行政手続適正化の憲法上の根拠

行政手続への関心は、とくに第二次大戦後、英米法の影響のもとで強くなったが、その際、議論の中心は、行政手続の適正化の要請をいかにして憲法上根拠づけるか、ということであった。「行政手続法」の制定・施行により、この憲法上の根拠の問題のもつ意味が小さくなることは確かである。しかし、「行政手続の適正化」の視点と同様、憲法上の根拠論もその意味を完全に失うわけではない。

行政手続の適正化を憲法上の要請と解する見解の一つは、その根拠を、科刑の法定手続を定める憲法三一条に求める（例えば兼子・総論七三頁以下）。他方、この根拠を憲法一三条（国政における個人の権利の最大の尊重を定める）に求める説も存在する（杉村・手続法九六～九七頁、小早川・行政法下Ⅰ五二頁）。三一条説が多数説とみてよいであろう（なお、行政調査の事前手続としてのいわゆる令状主義については、憲法三五条が憲法上の根拠である）。

しかし、憲法三一条はやはり科刑の手続について定めたものであり、したがって、行政活動であっても刑罰類似の制裁を科するものについてはこの規定を適用する余地があるが、この規定を、行政手続の適正化の一般的な根拠とすることには少し無理があるように思われる。

これに対し、一三条説では、人権保障について定める憲法一三条が行政手続の適正化の憲法上の根拠とされることによって、この憲法上の根拠が同時に手続適正化の実質的根拠すなわち人権保障を示すものとなっており、法的構成としては、この説に分(ぶ)があるようである。ただ、一三条説のデメリットは、一三条が包括的抽象的な規定でありかつそこにおいて「手続」という文言があらわれていないことである。このため、一三条は、手続適正化の根拠としてはやや力強さを欠いているのである。

そこで、近年、「手続的法治国」の原理あるいは「法の支配」を根拠にする見解も主張されているし(塩野・行政法I二五一〜二五二頁、大浜・総論一八三頁)、また、憲法一三条、三一条のいずれかを特定せず、両者を憲法上の根拠とみる裁判例もある(東京地判一九六三(昭三八)・九・一八＝個人タクシー事件、東京地判一九六三(昭三八)・一二・二五＝群馬中央バス事件。これに対し、最大判一九九二(平四)・七・一＝成田新法大法廷判決は、憲法三一条の法定手続の保障が行政手続にも及ぶ余地を認めている)[1]。

一三条説は、前述のように、法律構成において行政手続適正化の要請と人権保障を結びつけているところに意味がある。「手続的法治国」原理説や「法の支配」説が、人権保障が手続保障を含まなければならないということを含意するものであれば、一三条説と同じ趣旨のものとみることができる。行政手続に関する最高裁判例は、行政手続適正化の要請を憲法規定から導いていないが、しかし、営業の自由(職業選択の自由)や海外渡航の自由の重要性から聴聞などの行政手続のあり方を論じており、そこには、行政手続適正化の要請と人権保障を結びつける法的構成がうかがわれないでもない(最判一九七一(昭四六)・一〇・二八＝個人タクシー事件、最判一九七五(昭五〇)・五・二九＝群馬中央バス事件、最判一九八五(昭六〇)・一・二二＝旅券発給拒否事件)。

なお、以上の憲法上の議論は権利保護手続に関わるものである。参加手続については、国民主権または民主主義がその憲法上の根拠と考えられる。

（1） 行政手続適正化の根拠づけとして、憲法全体の趣旨や民主主義原理が援用されることもあるが、憲法全体の趣旨はあまりに一般的である。また、民主主義原理は、むしろ後述の参加手続を根拠づけるものであると思われる。

第三節　「行政手続法」の意義・概要・性格

1　「行政手続法」の意義

前述のように、行政手続に関する一般法として、「行政手続法」が制定されている。行政手続の適正化のためには、法律による行政手続の整備が望ましい。この法律による行政手続の整備には、大別すると二つの方法がある。一つは、個別の法律により手続に関する規定を充実させていくという方向である。もう一つ考えられるのは、一般的行政手続法の制定（行政手続法の法典化）である。

わが国では、従前は、前者の方法で行政手続の整備が図られてきたといえる。しかし、個別の法律において手続の規定がおかれても簡単であったり、法律間でのアンバランスもみられた。また、個別の法律において、行政手続の整備が積極的に進められてきたと評価することもできない。むしろ、個別の法律における手続の整備に対する消極的評価を前提に、一般的行政手続法の制定が模索されてきたのである。

一般的行政手続法には、個々の行政活動の独自性を十分に斟酌できないという欠点があることは確かである。また、特別法は一般法を破るという法の一般原則に従うと、一般的行政手続法に対しては、個別の法律の手続規定が優先することになる。しかし、それでも、一般的行政手続法が制定されれば、それは、個別の法律における手続規定を補い、また、立法上、行政手続のスタンダードあるいは最低基準を示すものとしても意味がある。

むろん、「行政手続法」によって行政手続の整備が終わったというわけではなく、立法論としては、「行政手続法」上の制度の改善とともに、個別の法律による各行政活動の特殊性に応じた個別的な行政手続の整備が望まれるところである。

2 「行政手続法」の概要

「行政手続法」は、総則、申請に対する処分、不利益処分、行政指導、届出、意見公募手続等、補則の六章、四六カ条からなっている。

申請に対する処分に関しては、申請についての審査基準、標準処理期間、申請の審査・応答義務、理由提示（理由付記）、公聴会の開催などについての規定がおかれている（行手五～一一条）[1]。また、不利益処分については、処分基準、意見陳述手続（聴聞および弁明の機会の付与の手続）、理由提示（理由付記）、文書閲覧などについての規定がある（行手一二～三一条）。行政指導についてはその限界や方式についての数ヵ条の規定がおかれ、届出については一ヵ条の規定がおかれているが、これらについてはすでに説明した（第一五章第三節**2**・**3**、二五八頁以下および第九章第二節補論**1**、一三五頁以下）。意見公募手続等の章では、意見公募手続の他、命令等を定める場合の一般原則が定められている。

3 「行政手続法」の性格

(1) 「行政手続法」は、前述のように、申請に対する処分、不利益処分および行政指導についての規定を大きな柱にしているが、前二者はいずれも「処分」に属するものである。「処分」とは、「行政庁の処分その他公権力の行使に当たる行為」と定義されており（行手二条二号）、おおむね行政行為と同義である。したがって、「行政手続法」はほぼ行政行為手続（行政処分手続）および行政指導手続に関する法律である。

(2) もっとも、「行政手続法」は純粋の手続法ではない。すなわち、その中には、公聴会、「聴聞」そして意見公募手続に関する規定のように手続法の性格をもつものもあるが、行政指導に関する規定はほとんどがその実体的限界に関する実体法であり、また、政令などの命令等の制定についても、その際に遵守すべき実体的な一般原則がおかれている。さらに、申請の標準処理期間の規定（行手六条）のように行政運営法の性格をもつものもある。

(3) また、手続に関する規定についてみると、制定当初の「行政手続法」は、権利保護手続についてのみ規定し、参加手続については規定していないという限界があった（行政手続のこの二つの類型については、二七八～二七九頁を参照）。同法一条が「行政運営における公正の確保と透明性（……）の向上を図り、もって国民の権利利益の保護に資すること」を目的として規定していること、すなわち、「国民の権利利益の保護」のみがうたわれ民主主義原理への言及がないことは、このことに対応している（この点については、本章第一節1、二三四頁以下をも参照）。もっとも、二〇〇五年の法律改正により行政立法手続（命令等制定手続）たる意見公募手続が導入されたので、参加手続の不備という限界は一部是正されたといえる。

(4) さらに、「行政手続法」には、処分の相手方の権利保護の手続に関する規定はおいているが、処分に利害関係を有する第三者の保護のための手続についての規定はほとんどないという問題がある（この点の例外をなす規定として、行手一〇条がある。なお、この第三者保護手続の欠如の問題については、本章第一節2、二三五頁以下をも参照）。

（1）「申請に対する処分」および不利益処分の概念に示されるように、「行政手続法」は、処分の語を用い、それとほぼ同義の行政行為の語を用いていない。そこで、本書においても、「行政手続法」の仕組みの説明が中心となる本章においては、処分の語を用いることにしたい。なお、「申請に対する処分」とは、申請に基づき申請人に対して何らかの利益を付与する許認可などの行為であり（行手二条三号。ここでは、申請の定義が行われている）、不利益処分とは、「行政庁が、法令に基づき、特定の者を名あて人として、直接に、これに義務を課し、又はその権利を制限する処分」である（行手二条四号）（なお、行政行為の分類と「申請に対する処分」および不利益処分の概念の関係については、第九章第二節**4**(**2**)・(**3**)、一二三～一二四頁を参照）。

「申請に対する処分」に関する仕組みのうち、申請の審査・応答義務についてはすでに説明したので、以下では取り上げない（第九章第三節**2**、一四二頁を参照。この審査・応答義務も、「行政手続法」の一環であるから、本章で説明することが便宜であるが、理論的には行政手続に関するものではないので、別の箇所で説明することにした）。

第四節　「行政手続法」の総則規定

ここでは、「行政手続法」の総則で定められている事項のうち同法のもつ意味または役割に関連するものにふれる。

1　目　的（行手一条）

「行政手続法」一条一項は、この法律の目的として、「行政運営における公正の確保と透明性（……）の向上を図り、もって国民の権利利益の保護に資すること」を挙げている。

(**1**)　「国民の権利利益の保護」　右の目的規定からすると、「行政手続法」の最終的な目的は、「国民の権利利益の保護に資すること」にあるということになるが、この文言の意味は、この法律が権利保護手続についてだけ規定をおき、民主主義的な参加手続については規定をおいていないということを明らかにすることにある（もっとも、二〇〇五年の「行政手続法」の改正により行政立法手続（命令等制定手続）たる意見公募手続が導入されたが、これは参加手続の性格をもつものであるから、「行政手続法」一条一項の目的規定は同法の性格を正確に反映していないことになる）。むしろ、「行政手続

① 行政庁は許認可の決定を行うにあたってこの基準を適用するであろうことである（基準への自己拘束）。基準を遵守する意思がなければ、そもそも基準を設定しないであろう。ただ、この基準は法令ではないから、例外的に適用されないことも考えられる。

② 行政庁が基準を適用して許認可の決定を行うことによって、行政庁の判断から恣意が排除されその合理性が保障されることになる。

③ 基準の設定は、国民に対して、許認可が行われるか否かについての予測可能性を与えることになる。許認可を申請しようとする者にとっては、申請の準備が容易になる。

④ 行政庁の裁量権の行使については司法審査は必ずしも容易ではないが、基準が設定されている場合には、司法審査の手がかりが与えられる（この点については、第五章第六節**2**、八七～八八頁を参照）。

(2) ところで、「行政手続法」では、前述のように、審査基準は「できる限り具体的なもの」でなければならないと定められている（行手五条二項）。この「できる限り具体的なもの」という文言の解釈としては、〈論理的技術的に可能な限り具体的なものでなければならず、裁量的判断の余地を意識的に残すことは許さない〉という解釈と、〈必ずしも完全に具体的なものでなくてもよく、裁量的判断の余地を意識的に残すことも処分の性質によっては許される〉という解釈とが考えられる。「できる限り具体的なもの」という文言の解釈としては、いずれの考え方も成り立つであろう。

前者のような解釈は、基準への行政庁の拘束を強め、許認可を申請しようとする者に対し、許認可を得られるかどうかについて、高度の予測可能性を確保しようとするものである。また、この解釈は、審査基準の厳格な適用を要求することになるから、結局は、法令で認められた行政庁の裁量権を固定化するものであり、この解釈の根底には、許認可の機械的処理の思想ともいうべきものが見出されることになる。

しかし、このような解釈や思想は、あまりに申請者の権利保護に傾きすぎており、許認可にあたって、公益や第三者利益の配慮の余地を排除してしまう可能性がある。審査基準が具体的であればあるほど、申請者にとっては好都合であるが、他面、行政による公益の確保や第三者利益の配慮のためには弾力性が必要なこともある。

「できる限り具体的なもの」についての二つの解釈可能性のうちのいずれか一方だけをとることはおそらくは正しくない。審査基準に対して要求される具体性の程度は、処分の性質によって異なるものと思われる。大量に行われる処分や繰り返し行われる処分については、具体性は一〇〇％またはそれに近いことが望ましい。他方、行政が国民の危険防止、安全確保の責任を負っている行政領域では、基準の画一的適用よりも、その時々の最新の知見に応じた慎重な処理が要請されるであろう。たしかに、この種の行政領域での申請の処理においても、審査の客観性の確保などの理由から審査基準が設けられること自体は認められるところである。しかし、この領域では、行政庁は、あらかじめ設定され公表された基準を適用しているだけでは十分に責任を果たしているとはいえない。むしろ、処分時の最新・最高水準の知見に基づいて審査をすることが要求されよう。ここでは、国民（事業者）の予測可能性の確保の要請は安全性確保の要請の前に後退しなければならない。

また、具体性の高い基準が定められている場合であっても、行政庁は、個別の申請の審査にあたり、当該事案の個別事情の考慮を禁止されるものではない（同旨、高橋・手続法一九〇頁）。一般的にいうと、行政庁は処分の段階でも法律上許される範囲において個別の事情に即して公益や第三者利益を配慮しなければならない。これらの諸利益への配慮が法令の制定の段階や審査基準の制定の段階で終わるわけではない。場合によっては、行政庁が付款（第九章第八節、一八四頁以下を参照）を付して処分を行うことも認められる（個別事情考慮義務につき、小早川・行政法下Ⅰ一二五頁）。

（1）　審査基準および処分基準には、裁量基準の性格をもつものと解釈基準の性格をもつものがあるといわれる（塩野・行政法Ⅰ九九頁注5、二四七頁、二六八頁）。この裁量基準と解釈基準の区別については、芝池「『行政手続法』の検討」公法研究五六号（一九九四）一六五頁注1を参照。

第六節　聴　聞　手　続

1　聴聞の種別

(1)　聴聞とは、最も広義には、行政決定に先立って相手方などの意見を聴くことをいう。聴聞は、行政手続の適正化のための最も基本的な手段である。「行政手続法」は、この意味の聴聞として、「聴聞」（以下では正式聴聞という）および弁明の機会の付与（以下では、弁明手続という）と公聴会を定めている。

(2)　正式聴聞とは、許認可を撤回したり相手方の資格または地位を直接に剥奪するなどのとくに重大な不利益を与える不利益処分（特定不利益処分）について認められるもので、当事者や参加人は口頭により意見を述べ、証拠書類等を提出し、行政庁の職員に質問をすることができる（行手一三条一項一号・二〇条二項参照）。

弁明手続とは、右の特定不利益処分以外の不利益処分についてとられるべき手続であり、行政庁が口頭ですることを認めたときを除き、書面（弁明書）によって行われる（行手一三条一項二号・二九条一項）。弁明手続は、略式の聴聞手続である。

正式聴聞は、弁明手続とは口頭で行われる点で異なるだけではない。さらに、後述の聴聞調書・報告書・文書閲覧などの手続上の制度が保障されている点でも、弁明手続とは区別される。

(3) 「行政手続法」は、処分の相手方に対する聴聞としては、右の二種のものを予定しているが、従来法律上聴聞と呼ばれていた手続が完全にこの二種のものに整理されたわけではない。すなわち、「行政手続法」に吸収されなかった聴聞手続が個別の法律の中に名称を変えられて存続している。最もよく用いられている名称は、おそらく「意見の聴取」であろう(例、道路交通法一〇四条のいわゆる点数制による免許の取消・停止の際の意見の聴取、電波法九九条の一二や放送法五三条の一一により電波監理審議会が総務省令の制定・変更などについて諮問を受けた場合に行う意見の聴取)。

(4) 「行政手続法」上の公聴会とは、申請に対する処分を行う場合に第三者の意見を聴くものである(行手一〇条)。この他、個別の法律では、「住民の意見」や「一般の意見」を聴くため公聴会を予定していることがある(例、都市計画一六条一項、土地収用二三条一項、独禁四二条・七一条・七三条、電気一〇八条、ガス四八条。政省令の制定・改廃の際の公聴会についての規定として、労基一一三条)。

これに対し、書面による意見表明の方法として、意見書提出の制度がある。この方式は、個別の法律により、利害関係人や住民の意見を聴くために認められている(例、都市計画一七条二項、土地収用二五条一項、自然環境二二条五項)。公聴会と意見書提出とは広く意見を聴くという点では同じであり、両者の間に本質的な違いがあるべきものではないが、行政実務上、後者の方が採用しやすい方式である。

(5) ここで、「行政手続法」における聴聞の取扱いに対する評価について述べておくと、まず、「行政手続法」が口頭による正式聴聞を特定不利益処分に限定し、不利益処分一般については書面による弁明手続を認めるにとどまっていることが問題となる。わが国では、法律上も学説上も、聴聞といえば口頭によるものと考える伝統が形成されてきたといえるからである。この伝統からすると、書面による弁明手続をベースにおくことは「伝統違反」ということになる。ただ、口頭方式は行政担当者にとって負担感が大きく、それに固執するかぎり「行政手続法」の成立が難しかったであろうことを考慮すると、口頭聴聞を特定不利益処分に限定したことはやむをえないかもしれない。他面、正式聴聞の手続の内容は、かなり丁寧なものであり（具体的には後述）、裁判手続に準じる事実審型聴聞の理想に近づいているといえる（事実審型聴聞については、本書初版第一七章第三節**2**、二六五〜二六六頁を参照）。

なお、国民にとって書面による意思の表現は必ずしも容易ではないから、弁明手続においても、行政庁が裁量により臨機応変に口頭により意見を述べる機会を与える余地を認めておくことが適切である。そして、「行政手続法」は、この余地を承認している（行手二九条一項）。さらに一歩進めると、口頭による意見陳述についての請求権を与えるという方式が考えられたところである（行審二五条一項を参照）。

2　行政審判

ここで、もっとも丁寧な聴聞手続というべき行政審判（「完全な聴聞」といわれる。今村・入門一一〇頁）についてふれておこう。

行政審判とは、行政委員会その他の職権行使の独立性を有する合議制の行政機関が、一定の決定を行うにあたってとる、裁判手続に準じる手続をいう（行政委員会については、第六章第三節**3**、九五頁を参照）。海難審判庁が水先人などの懲戒に際して行う海難審判（海難審判法）や、公正取引委員会が独占禁止法違反行為の排除措置命令を発した場合の審判手続（独禁五三条以下）がその例である。

行政審判は、右の例からも分かるように、行政処分の直前の手続としてもまた事後の手続としても、行われる。

行政審判については、法律上、次の二つの取扱いが定められている。すなわち、行政審判を経た決定については、東京高等裁判所が第一審裁判所とされていること（独禁八五条一号、海難審判四四条一項）およびこの決定の取消訴訟においては、行政審判において認定された事実はこれを立証する実質的な証拠があるときは裁判所を拘束するとされていることである（実質的証拠法則。独禁八〇条）。

行政審判を経た決定については、法律に明示的な規定がなくとも、実質的証拠法則を認めようとする説もあるが、判例はこれを認めていない（最判一九七二（昭四七）・四・二一）。

前記のものの他、どのような手続が行政審判にあたるかという問題があるが、右のような行政審判に関する特別の取扱いが法律で定められている場合にかぎって認められるものとすると、ある手続が行政審判であるか否かは、実益のある議論ではないことになる。

3 聴聞の必要性

(1) 「行政手続法」の制定・施行前には、聴聞を行うか否かは個別の法律において定められていたが、これらの法律における聴聞の規定は完全なものではないと考えられ、したがって、聴聞の要否を憲法または条理法により判断しようとする見解が支配的であった[(1)]。そして、学説上、とくに制裁的な処分（例、公務員の懲戒処分、国公立学校学生の退学処分、運転免許の停止・撤回処分）について、聴聞の義務があると解されてきた（参照、原田尚彦・行政法要論（全訂第二版、一九八九）一一〇頁、二〇六～二〇七頁、兼子・総論七五頁。公務員の懲戒免職処分に関する裁判例として、東京地判一九八四（昭五九）・三・二九）。さらに、申請を拒否する処分を含め不利益処分一般について聴聞を必要とする見解もある（杉村・手続法一〇三～一〇四頁は、「権利・自由の規制に関する行政処分」について適正手続の保障が及ぶとの見解をとっている。なお、杉村・続・法の支配一九七、二一〇頁も参照）。むろん、前者の説も、少なくとも制裁的処分については法律の規定がなくとも聴聞が必要であることを主張するものと思われ、立法論としては不利益処分について聴聞を義務づけることを不要とするものではないであろう。

(2) 「行政手続法」は、不利益処分一般について弁明手続を義務づけ、特定不利益処分については正式聴聞を義務づけている。また、申請に対する処分については、一定の要件の下で、公聴会の開催その他の適当な方法により第三者の意見を聴くことを努力義務としている。これによって、聴聞の必要性の問題に対して立法的な解決が与えられたのである。

(3) 「行政手続法」上、不利益処分一般について弁明手続が義務づけられているが、不利益処分とは、「行政庁が、法令に基づき、特定の者を名あて人として、直接に、これに義務を課し、又はその権利を制限する処分」である（行手二条四号）。ただ、この不利益処分からは、事実上の行為や許認可の申請の拒否処分などが除かれている（行手二条四号但し書）。また、前述のようにそもそも「行政手続法」の適用を受けない不利益処分や聴聞・弁明手続に関する規定の適用のない不利益処分があることに注意をしておく必要がある。

正式聴聞が認められる特定不利益処分は、「行政手続法」一三条一項一号に列挙されている。「許認可等を取り消す不利益処分」などである。この許認可等を取消す処分には、講学上の撤回が含まれることは疑いがない。これに対し、違法の許認可の職権取消について事前の手続が設けられることはなかったようであるが、「行政手続法」の解釈としては、職権取消も「許認可等を取り消す不利益処分」に含まれるかどうかという問題がある（積極説として、塩野・行政法Ⅰ二五一頁、高橋・手続法二六二頁、大浜・総論一六九～一七〇頁）。

(4) 聴聞の要否に関する「行政手続法」の枠組みについては、立法論としては、次のことを指摘できる。

① 「行政手続法」の適用除外についてはすでに説明したが（本章第四節**2**、二八九頁以下）、この結果、公務員の免職処分のような重大な不利益を伴う処分や社会保障とくに生活保護の停廃止についても聴聞手続が行われないことになる。

② さらに、「行政手続法」は聴聞手続を不利益処分に限定しているが、それ以外の処分についても、聴聞が必要

ることもある（行手三一条による一五条三項の準用）。

② 弁明は、行政庁が口頭ですることを認めた場合を除き、弁明書の提出によって行われる（行手二九条一項）。

③ 弁明をするときは、証拠書類等を提出することができる（行手二九条二項）。

なお、弁明手続においては、文書閲覧・調書・報告書の制度は適用されない。

(3) 「行政手続法」一〇条に基づく公聴会のやり方については、規定がおかれていない。

5　手続参加者の範囲

(1) 正式聴聞の場合、不利益処分の名宛人（不利益処分の名宛人として事前通知を受けた者）は当事者として（行手一五条一項、一六条一項）、文書閲覧、聴聞期日における意見陳述・証拠書類等の提出・行政庁の職員に対する質問、調書・報告書の閲覧の権利を有する（行手一八条・二〇条二項・二四条四項）。

また、「当事者以外の者であって当該不利益処分の根拠となる法令に照らし当該不利益処分につき利害関係を有するものと認められる者」は、行政庁の職権または許可により、参加人として手続に参加することができ（行手一七条一項）、当事者に認められる前記の各権利を有する。ただし、文書閲覧の権利は、「当該不利益処分がされた場合に自己の権利を害されることとなる参加人」にだけ認められる（行手一八条一項）。すなわち、参加人には、当事者と同方向の利害関係を有する者のみならず反対方向の利害関係を有する者も含まれるが、文書閲覧の権利だけは前者の参加人に限定されているわけである。

聴聞の手続参加者の範囲に関しては、手続参加資格と訴訟参加資格（原告適格）との関係をどのように解するかが一つの論点となる。「行政手続法」は参加人の範囲についてかなり慎重な規定をしているが、少なくとも、原告適格が認められる者については、参加人として手続に参加する資格が認められると解するべきであろう（理論的には、手続参加資格は原告適格よりも広く認められるべきであると考えることもできるが、「行政手続法」の解釈としてはとりあえず右のように考えておくことにする）。

なお、参加人に関する一七条の規定に対しては個別法律で特則が設けられ、聴聞への参加を許可することが行政庁に義務づけられていることが少なくない（例、原子炉六九条三項、生協九五条の三第二項、電気通信一七〇条）。

(2) 弁明手続については、弁明書や証拠書類等の提出をすることのできる者の範囲は、「行政手続法」では示されていない（二九条は右の書類の提出の主体を示すことをどうやら回避している）。正式聴聞における参加人に相当する者もこれらの書類を提出することができると解しても差し支えはないであろう。

(3) 「行政手続法」一〇条に基づく公聴会は「〔許認可の〕申請者以外の者の利害を考慮すべきことが当該法令において許認可等の要件とされているもの〔処分〕を行う場合」に開催される。

この公聴会の参加者については、右の一〇条の文言が、取消訴訟の原告適格に関する「法律上保護された利益」説を想起させるものであるため、原告適格を根拠づけるような「法律上の利益」を有する者が公聴会の参加資格を有するという考え方が出てくる。ただ、この「法律上の利益」は、判例上、単に行政決定において考慮されるべき利益であるだけでは足りず、「個々人の個人的利益」として考慮されるべき利益でなければならない（芝池・救済法四二～四三頁を参照）。これに対し、「行政手続法」一〇条では、法令上考慮すべき利益であることは述べられているが、「個々人の個別的利益」として考慮すべきことまでは要求されていない。したがって、一〇条の文言上、申請に対する処分にあたって考慮されるべき利益の主体たる者は公聴会への参加資格を有すると解され、原告適格を根拠づけるような「法律上の利益」は必要ではない（小早川・行政法下Ⅰ一一〇頁も同旨であろう）。

なお、一九九一年の一二月の行革審答申中の「行政手続法要綱案の解説」は、「意見を聴取する相手方には、訴訟において原告適格を認められるようないわゆる法律上の利害関係を有する者から、公共料金の認可申請に際しての一般消費者のような者までを含む趣旨である。」と述べている。

(4) 「行政手続法」一〇条の公聴会は、許認可などの申請に対する処分を行うに際してのものである。すなわち、それは、権利保護手続としての性格をもった公聴会である。これに対し、公聴会は参加手続としても行われることがある。行政立法や行政計画の事前手続としての公聴会がその例である。この参加手続としての公聴会に参加する資格を有する者の範囲は、「法律上の利益」その他類似の基準によって画することはできない。権利保護手続の性格をもたない純粋の参加手続を想定すると、その目的は権利保護ではないから、「法律上の利益」のような実体的な利益は手続参加資格を画する基準にはならないのである。参加手続の参加者の範囲を画する基準を提示することは困難である。現行法上、実体的な利害関係とは関わりなく、「住民の意見」や「一般の意見」を聴くことと定められることがある（本節**1**(4)、二九七頁を参照）。この場合、手続参加者の範囲は、当該行政決定の地域的広がりに応じて決せられることになる（例えば一つの地方公共団体の全体的な街づくり計画の決定においては、当該地方公共団体の住民が手続参加者となる）。[3]

（1） これに対し、行政手続のあり方を立法政策の問題とみる考え方がある（成田頼明・行政法序説（一九八四）一八六頁）。しかし、行政手続の適正化に関する憲法上の要請は立法者のみならず行政機関に対しても及ぶとの理解がわが国の戦後の議論の出発点であったのではないか。

（2） 「行政手続法」はいわゆる職能分離の原則を採用していないので、聴聞主宰者の独立性は、裁判官の独立性に比べるとむろん不十分なものであるが、「行政手続法」がこの聴聞主宰者の制度を設けたことは大きな意義をもっている。今後は、行政庁の指揮監督権と聴聞主宰者の独立性の関係が一つの論点になろう。

（3） 手続参加者が多数に上る場合には、そのすべてに対する個別的な聴聞は困難となるから、この場合には、手続に工夫が必要になる。例えば意見書提出方式、住民団体または住民の代表者の聴聞などが考えられる。

第七節　理由付記（理由提示）

1　行政手続としての理由付記（理由提示）

行政決定に理由を付することが法律で命じられていることがあるが、この仕組みを理由付記ないし理由提示という（以下では理由付記の語を用いる）。理由付記は、もともと裁判判決においてみられるが、これに対応して、行政上の不服申立に対する裁決についても義務づけられている（行審四一条一項）。これは、事後手続における理由付記であるが、この理由付記が行政の第一次的な決定について法律上、条理上要求されるとき、それは行政手続の一つの仕組みとして位置づけることができるのである。

この理由付記の制度は、①行政決定を行う行政庁の判断の慎重さと合理性を担保し、その恣意を抑制することに資するものであり、この点で、行政手続の適正化の装置としての意味をもつ。また、②理由付記は、行政決定の理由を相手方（さらにはその利害関係人）に知らせることによって、行政上の不服申立や訴訟を行う上での便宜を与えるものである。これらのことは、かねてから最高裁判所が指摘してきたことであるが（最判一九六三（昭三八）・五・三一）、さらに、③行政庁の判断の根拠を開示するという役割がある。この意味で、理由付記は、一種の情報の開示であるが、客観的な事実またはそれを記した文書その他の資料の開示ではなく、行われた決定についての行政庁のいわば主観的な理由の開示である点に、一般の情報の開示とは異なる点がある。この開示の機能が、裁判判決や不服申立裁決の理由提示と共通する機能であろう（塩野・行政法Ⅰ二四六頁は決定過程公開機能と呼ぶ）。また、④この開示により、相手方は処分の内容を納得することが可能になる。この意味で、理由提示は国民に対する説得の機能を有する（兼子・総論一八八頁、塩野・行政法Ｉ二四六頁）。たしかに、説得力のある理由があれば、相手方は拒否処分や不利益処分に対して不満をもつことも少なくなるだろう。

理由付記は、従来個別法律で定められてきたが、理由付記を命じる法律の規定は単なる訓示規定ではなく、したがって、法律上理由付記が命じられているにもかかわらず理由付記を欠くことは違法である（最判一九六三（昭三八）・五・三一）。この意味で、理由付記は、国民にとって権利としての制度である。そして、この認識を前提として理由付記の法理が発展してきたが、「行政手続法」の制定によりこの発展は新たな段階を迎えることになった。すなわち、同法は、理由提示の語を採用するとともに、[1]申請に対する処分のうちの申請を拒否する処分および不利益処分（あわせて広義の不利益処分ということができる）について一般的に行政庁に理由提示を義務づけている。理由提示は、「行政手続法」が定める事前手続の第三の仕組みである。

2　理由付記の義務

(1)　「行政手続法」によれば、申請により求められた許認可等を拒否する処分および不利益処分をする場合には、申請者または名宛人に対し、原則として同時に、理由を示さなければならない（行手八条一項本文、一四条一項本文）。すなわち、拒否処分および不利益処分には理由を付記しなければならない。また、処分が書面で行われる場合には、理由も書面で示されなければならない（行手八条二項・一四条三項）。

このように、拒否処分および不利益処分については理由が同時に付記されるのが原則であるが、拒否処分の理由が明らかであるときや不利益処分を行うべき差し迫った必要がある場合には、理由の同時的な付記は義務づけられておらず、事後的な提示が許容されている（行手八条一項但し書・一四条一項但し書・同条二項）。

(2) 理由付記をどのような行政の行為について義務づけるかという問題がかねてから論じられてきたが、「行政手続法」は、許認可等の拒否処分および不利益処分について理由付記を義務づけている。すなわち、「行政手続法」は、広義の不利益処分について理由付記義務を認める立場を採用した。この点は高く評価することができる。

しかし、権利保護の見地からみても、理由の付記が要請されるのは、不利益処分だけではない。積極的な許認可処分であっても原子炉の設置の許可や公共料金の値上げの認可のように第三者である住民の関心が強いものについては、理由付記の必要性は強い。「行政手続法」の理由付記義務がこのような許認可処分にまで及んでいないのは、第三者利害関係人の利害をあまり考慮していないという「行政手続法」の限界の一つの表れである。(2)

(3) 法律が理由付記を命じていない場合における理由付記の要否については、これを要しないとする判例がある(最判一九六八(昭四三)・九・一七)。しかし、制裁的処分その他の相手方の権利・利益を侵害する行政決定については、理由付記義務を認める余地がある。あるいは、聴聞を経た決定については、その実効性を確保するためにも、理由付記が行われなければならないといえる(杉村・手続法一〇九~一一〇頁)。こうした議論の意味は、「行政手続法」が広義の不利益処分について理由付記の義務を認めたことによって、小さくなったといえるであろう。しかし、「行政手続法」の適用が除外されている行政の分野、許認可などの申請を認容する処分、計画決定などについては、なお理論上理由付記の要否を論じるべき必要性が存在している。

3 理由付記の程度

「行政手続法」は付記されるべき理由の程度については規定していないので、この問題については従来の裁判例が引き続き参考になる。判例によると、付記されるべき理由は、「いかなる事実関係に基づきいかなる法規を適用して一般旅券の発給が拒否されたかを、申請者においてその記載自体から了知しうるものでなければならず、単に発給拒否の根拠規定を示すだけでは……十分でない」（最判一九八五（昭六〇）・一・二二＝旅券発給拒否事件）。さらに、東京都公文書公開条例に基づく非開示決定の理由付記につき、最高裁判所は、「公文書の非開示決定通知書に付記すべき理由としては、開示請求者において、本条例九条各号所定の非開示事由のどれに該当するのかをその根拠とともに了知し得るものでなければならず、単に非開示決定の根拠規定を示すだけでは、当該公文書の種類、性質等とあいまって開示請求者がそれらを当然知り得るような場合は別として、本条例七条の要求する理由付記としては十分でない」と判示している（最判一九九二（平四）・一二・一〇）。この事件で非開示決定の理由として挙げられた条例の規定はかなり包括的に非開示事由を定めているものであり、このような場合には、この規定を示すだけでは理由付記としては十分ではないとされているのである。

　これらの判例を考慮すると、理由付記においては、処分の根拠法条および処分の基礎となった事実関係（処分原因事実）が具体的に示されなければならない。また、これらと処分を結びつける理由（狭義の理由）も示されるべきであろう。この狭義の理由とは、行政庁の法令解釈や裁量判断の過程を論理的に整理したものであり、その提示により、国民は行政庁の判断の根拠や過程をうかがうことができることになる。行政庁が処分原因事実や狭義の理由をどこまで詳細に示さなければならないかは、それに要するコストをも勘案して決されるべきものである[3]。

　また、聴聞手続や弁明手続が行われた場合において、行政庁が、その中で当事者等が行った主張・立証にそわない決定をする場合には、行政庁は、少なくとも重要な争点については、その理由を示す必要がある。

（1）従前は理由付記の語が用いられてきたが、「行政手続法」は口頭により理由を示すことを認めているので（行手八条二項・一四条三項を参照）、理由提示の語を用いている。また、理由付記の語には、行政決定を告知するのと同時に理針（行手三六条、第一五章第三節**3**(2)、二六一頁を参照）である。

(2)　「行政手続法」第六章の規定は、地方公共団体の機関の命令等の制定行為には適用されない（行手三条三項。地方公共団体の機関が制定する規則・規程は「命令等」に含まれるが、この適用除外措置により意見公募手続の対象からはずれる。その他の適用除外については、行手三条二項・四条四項を参照）。

(3)　「行政手続法」はまず、命令等制定機関（政令の場合は内閣ではなく、当該政令を立案する各大臣である。三八条一項）が、命令等の制定に当たっては命令等がその根拠法令の趣旨に適合するものとなるようにしなければならないこと、および、命令等の制定後においても社会経済情勢の変化等を勘案して命令等の内容について検討を加え、その適正を確保するよう努めなければならない旨を定めている（三八条）。これは命令等の制定についての一般原則であり、法の一般原則の現れとして意見公募手続の適用のない命令等についても適用ないし準用されると解される。

(4)　意見公募手続の核心は次の点である。

①　命令等制定機関は、命令等を定めようとする場合には、当該命令等の案およびこれに関連する資料をあらかじめ公示し、広く一般の意見（情報を含む）を求めなければならない（行手三九条一項）。意見提出期間は三〇日以上でなければならない（同三項）。

②　命令等制定機関は、意見提出期間内に当該命令等制定機関に対し提出された当該命令等の案についての意見（提出意見）を十分に考慮しなければならない（行手四二条）。

③　命令等制定機関は、意見公募手続を実施して命令等を定めた場合には、当該命令等の公布（審査基準・処分基準など公布をしないものにあっては、公にする行為）と同時期に、提出意見（またはそれを整理要約したもの）、提出意見を考慮した結果およびその理由を公示しなければならない（行手四三条一項・二項）。

意見公募手続は、行政手続の類型としては参加手続（二七八頁以下を参照）である。意見公募手続において提案される意見は多様なものであり得るし、意見を提案する国民の数はそう多くはない。従って、行政機関は意見公募手続において提案された意見に拘束されない。また、意見公募手続は国民の意思の反映のための一つのチャンネルにすぎず、行政機関はこの手続以外の方法で事業者団体などの意見を聞くことは妨げられない（とくに専門家や事業者団体などの意見）。しかし、意見公募手続の成長充実を図るためには、意見公募手続に他の意見収集方法に対して優位性を与える工夫が必要である。

（1）本節は、第五節あたりに入れた方が適切であろうが、本書の増補作業との関係上、この第九節におくことにした。この点についてのご了解をお願いいしたい。

第一〇節　手続の違法の効果

手続に違法性が認められるが行政決定が実体的につまり内容において適法なものである場合、この行政決定は果たして違法なものとしてその存在を否定されることになるのであろうか。手続を重視する立場においては、行政決定は、実体的にいかに適法なものであろうと、手続が違法であれば、取消されることになるが、他方、実体を重視すれば、手続に違法性があろうと、実体的に適法であれば、行政決定は適法なものとしてその存在を認められなければならないことになる。しかし、このいずれの考え方も極論であり、両者の中間的なところに解答が求められるべきものと思われる（行訴三三条三項を参照）。以下では、聴聞と理由付記の違法について述べる。

1 聴聞の違法

まず、聴聞手続に瑕疵があることを理由に、その程度などを考慮せず行政処分を取り消す判決もある（最判一九七一（昭四六）・一〇・二八＝個人タクシー事件）。他方、最判一九七五（昭五〇）・五・二九（＝群馬中央バス事件）は、法の趣旨に反する手続の瑕疵を取消理由としつつ、手続の瑕疵が実体的判断に影響していない場合には法の趣旨に反する重大な違法とはいえない、としている。瑕疵が軽微なもので、また行政決定の内容に影響を及ぼさなかったと考えられる場合には、この瑕疵は行政決定の取消理由にならないわけである。

このように、聴聞の瑕疵の程度の軽重と、その瑕疵の行政決定の内容に対する影響の有無ないし程度を考慮して行政決定の取消し可能性を判断するという思考は他の判例などにおいても見られる（教育委員会の公開違反の瑕疵に関するものであるが、最判一九七四（昭四九）・一二・一〇＝京都・旭丘中学事件。法律の規定例として、土地収用一三一条二項）。

ただ、裁判例の中には、聴聞の瑕疵の重大性を指摘して行政決定を取り消すものがある（例えば、大阪地判一九八九（平元）・九・一二および大阪高判一九九〇（平二）・八・二九は、聴聞の懈怠を重大な違法とみて、道路法に基づく工事中止命令を取消し、大阪地判一九八〇（昭五五）・三・一九＝ニコニコタクシー事件は、処分原因事実の告知の欠如を理由にタクシー事業免許取消し処分を取り消している）。ここでは、実体判断への影響は考慮されていない。確かに、それを考慮すると、その反面として手続独自の価値が軽視されることになる。

なお、手続の瑕疵の効果を決する上では当該手続の趣旨をも考慮するというのが伝統的な理解であるが（田中・行政法上巻一四六頁を参照）、その点では、前記の最判一九七五（昭五〇）・五・二九が扱った手続が運輸審議会による公聴会手続であり、権利保護手続とは性格が異なることに注意をする必要がある（最判一九七四（昭四九）・一二・一〇で問題となったのも教育委員会の会議の公開原則違反である）。

2　理由付記の違法

法律上理由付記の義務があるにもかかわらず、理由付記がまったく行われなかった場合には、当該行政決定は当然無効である。また、理由付記が行われていても、付記された理由が不適切なものであることやその程度が前述のような要請（本章第七節**3**、三一三～三一四頁を参照）を充たさない不十分なものであることは、取消理由になる（最判一九六三（昭三八）・五・三一、最判一九八五（昭六〇）・一・二二＝旅券発給拒否事件）。

理由付記に関してしばしば問題になるのは、理由付記が行われなかった場合や行われたがそれが不十分である場合において事後に理由を追完することや、理由付記が行われているがそれが不適切なものである場合に理由を差替えることの許容性である。

まず、行政決定に理由を付記すべきであるにもかかわらずこれを行わなかった違法は、不服申立の裁決の段階でその行政決定の理由が追完されても、治癒されない（最判一九七二（昭四七）・一二・五）。理由付記は、最高裁判決によると、前述のような二つの役割をもっているが、裁決の段階ではじめて理由を提示したのでは、これらの二つの役割は発揮されないからである（もっとも、最判一九九九（平一一）・一一・一九は、公文書の非公開決定が争われた事案においてであるが、行政庁が当初付記された理由以外の理由を取消訴訟において主張することを許容している。なお、この行政庁の新たな理由の主張は理由の差替であるとみることもできる）。

これに対し、理由の差替は、例えば税法上の更正処分については、相手方に格別の不利益を与えることがないことを理由に許容されることがある（最判一九八一（昭五六）・七・一四）。なお、「行政手続法」は一定の要件の下で理由の事後的な提示を許容している（行手八条一項但し書・一四条一項但し書・同条二項）。

第一一節　行政手続法の立法的課題

本書の初版では、「行政手続法の立法的課題」として、一般的行政手続法の制定すなわち行政手続法の法典化について述べた。そして、この課題は、一九九三年の「行政手続法」の制定により一応の達成をみた。しかし、これによって行政手続法制の整備という課題が完了したわけではない。今後はさらに次のことが立法上の課題になるであろう。

1　公益発見手続の整備

「行政手続法」は、行政手続のうち権利保護手続の整備を図った。この種の手続は「国民の権利義務に直接かかわる分野であり、優先的に手続の整備が図られるべきもの」（一九九一年一二月の行革審答申中の「行政手続法要綱案取りまとめの基本的考え方」）ということができるからである。これに対し、よりよき公益の発見のため民主主義の見地から要請される行政立法手続や行政計画手続などは取り上げられず、ただ、「基本的考え方」において、「これらに関し、どのような一般的な手続を導入するかについては、なお多くの検討すべき問題があり、将来の課題として調査研究が進められることを期待するものである。」と述べられていた。行政立法手続や行政計画手続の規定が見送られたのは、これらの手続については検討を要する点がなお多々残されており、完璧な内容の法律をめざすよりはともかく行政手続法の制定を図ることが必要と考えられたことによる。また、「行政手続法」の制定に対する抵抗を和らげるためには、その内容を限定し、同法を身軽にする必要もあったと思われる。

その後二〇〇五年に至り、「行政手続法」が改正され、行政立法手続（命令等制定手続）として意見公募手続が導入された。公益発見手続の一つが整備されたのである。今後は行政計画手続の整備が大きな課題となる（もっとも、行政計画の内容の多様性を考慮すると、個別法によりその策定手続の整備を進めていくことも考えられる)。

2　第三者保護手続の整備

今述べたように、「行政手続法」は主に権利保護手続について定めているのであるが、しかし、その内容は権利保護手続の制度としても完全なものではないということにも注意をしておく必要がある。とくに、行政処分について利害関係を有する第三者の権利・利益の保護についての配慮が十分ではない。今日、建築確認や公有水面埋立免許における周辺住民、公共料金改訂の際の利用者、消費者行政における消費者などの利害関係を有する第三者の権利・利益の保護の問題は、行政法理論の重要な課題である。

しかし、「行政手続法」では、申請に対する処分に関しては、第三者利害関係人の保護のためには、公聴会の開催等の措置が努力義務として定められているにとどまる(行手一〇条)。また、申請拒否処分や不利益処分については理由付記が義務づけられているが、この義務は申請を認容する処分には及んでいない。しかし、例えば原子炉の設置許可が周辺住民に対してもたらす影響は、単純な申請拒否処分や不利益処分が相手方に及ぼす影響よりもはるかに大きい。したがって、申請認容処分を、授益的行為であることを理由に「行政手続法」の枠外におくことは必ずしも適切ではないのである。

「行政手続法」が第三者利害関係人の保護のための手続を十分に整備しなかったのも、自己の守備範囲を限定し身軽になろうとしたためであろうと思われる。これは、納得できないわけではない。しかし、このことによって、客観的には、現代行政法の重要な課題である第三者利害関係人の権利保護のための手続保障が抜け落ちることになっているのである。

なお、「行政手続法」一〇条は、公聴会の開催等の措置を努力義務として定めるにとどまり、また措置の内容も公聴会に固定されていない点で、不十分なものであるが、第三者利害関係人の保護の視点からは、実務において公聴会方式が積極的に活用されることが期待される。

3　地方公共団体における行政手続法制の整備

「行政手続法」と地方公共団体の関係についてみると、同法は、地方公共団体の条例・規則に基づく処分、行政指導一般、条例・規則に基づく届出および命令等の制定行為一般には適用されないことになっている（行手三条三項）。したがって、地方公共団体の機関が法律に基づいて行う処分や法律に基づく届出については、「行政手続法」が適用されることになる。これは、「行政手続法」を国のみならず地方公共団体の行政活動にも一律に適用すべしという考え方と、地方公共団体の独自性を尊重すべしという考え方の中間的解決策である。

そして、「行政手続法」の適用のない地方公共団体の行政活動については、「この法律の規定の趣旨にのっとり、行政運営における公正の確保と透明性の向上を図るため必要な措置を講ずるよう努めなければならない。」とされている（行手四六条）。今日では、多くの地方公共団体において行政手続条例が制定され、行政手続制度の整備が図られている。

体では通例決裁・供覧ずみ文書）が、それだけでは、行政上その他の不都合が生じるおそれがあるので、情報公開法は、行政文書に含まれる情報を個人情報、団体情報、防衛外交情報、警察情報、審議検討情報（意思形成過程情報）、事務事業執行情報に区分し、一定の要件のもとで、これらの情報を不開示情報としている（情公五条各号を参照）[2]。

国の情報公開法の特徴の一つは、地方公共団体では問題にならない防衛外交文書や地方公共団体では対象外とされていた警察文書が開示対象文書とされるとともに、不開示情報に関する規定で堅いガードがかけられていることである（後述）。

右の各不開示情報に関して留意しておきたいのは、個人情報は原則不開示であるのに対し、他の情報は原則開示であるということである。すなわち、個人情報は、情報公開法五条一号イからハが定める情報に該当する場合だけ開示されるのに対し、その他の不開示情報は、同条二号から六号の定める要件を充たす場合にだけ不開示にされる。

情報公開の実務においては、この不開示情報に関する規定の解釈が争われることが多くなろう。その意味で重要な規定であるが、詳細は情報公開法の注釈書・解説書に譲り、次のことを指摘するにとどめる。

(2)　公開判断における利益保護　情報公開法の不開示情報の規定により保護される利益の主体は、個人、法人その他の団体（以下では単に団体という）、地方公共団体、および国自身に分けることができる。これらの主体について、保護の態様は異なるが、その法益の保護が図られている。

まず、情報公開法五条三号および四号では、防衛外交情報および警察情報について、「行政機関の長が認めることにつき相当の理由がある情報」という文言により、他の情報とは差別化が図られ、特別の保護が与えられている。この規定により、防衛・外交を担当する国、警察行政を担当する地方公共団体および国は保護されることになる。

また、個人および団体（第三者と呼ばれている。情公一三条を参照）については、行政機関の長は、第三者に関する情報が記録されている行政文書についての開示・非開示の決定をしようとするときは当該第三者に対して意見書を提出する機会を与えることができ（但し、生命情報が記録されている行政文書を開示しようとする場合および公益上の理由により裁量的開示をしようとする場合には、この機会を与えなければならない）、また、当該第三者が開示に反対の意思を表示した場合にもかかわらず開示の決定をするときは、開示決定後直ちに当該第三者に開示決定をしたことなどを通知しなければならず、さらに開示決定の日と開示を実施する日との間に少なくとも二週間をおかなければならない（情公一三条）。この二週間をおくことが要求されているのは、その間に当該第三者が法的対抗措置をとることを可能にするためである。この法的対抗措置としては不服申立および取消訴訟がある。

なお、この手続は、各法主体のうち個人および団体について適用があるだけで、その他の法主体（国の行政機関・地方公共団体）については適用がない。

(3)　生命情報の開示　前述のように、個人、団体、地方公共団体および国に関する情報は、一定の範囲で不開示情報として保護されているが、注目を引くのは、個人情報について、「人の生命、健康、生活又は財産を保護するため、公にすることが必要であると認められる情報」が不開示原則の例外として定められていることである（情公五条一号ロ）。また、団体情報についても、この生命情報が不開示情報から外されている（情公五条二号本文但し書。なお、生活および財産という概念の射程ははっきりしない。個人のそれと解釈すべきであろうか）。すなわち、「非公開の利益」と「公開の利益」の衡量が要求されているのである。[3]

（1）　情報公開法は、各省庁などを行政機関と呼びそれが行政文書を保有すると構成するとともに、後述する開示・不開示の決定はこれらの行政機関の長（大臣など）が行うものとしている。

（2） 情報公開法は、開示請求に対象については、行政文書の語を用い、他方で、不開示情報の語を用いている。つまり、開示請求は文書単位で行うが（開示が行われる場合も同様である）、その文書の中に含まれている情報について開示・不開示の判断が行われるという形で用語の整理をしている。従って、開示請求対象文書の中に不開示情報がなければ、当該文書は全面的に開示され、文書の一部に不開示情報があれば当該情報を除いた部分の開示が行われ（部分開示）、文書全体が不開示情報で満たされていれば開示が全面的に拒否されることになる。

（3） 後述の公益上の理由による裁量的開示においても、この二つの利益の比較衡量が行われる。情報公開法は、公開請求の目的つまり「公開の利益」を考慮しないという情報公開制度の基本的建前をかなり修正しているわけである。

第三節　開示の手続

1　開示請求

前述のように、「何人も、……行政機関の長（……）に対し、当該行政機関の保有する行政文書の開示を請求することができる。」（情公三条）が、この請求は、開示請求書を行政機関の長に対して提出してしなければならない（情公四条一項）。この請求書には、請求者の氏名・住所・開示請求対象である行政文書の名称などを記入しなければならないが、開示請求の理由や目的は記入する必要がない。これは、情報公開制度が本来は「公開の利益」を考慮しないものであることによる。

2　開示・不開示の決定

(1)　決定の期限　行政機関の長は、開示・不開示の決定（一部不開示の決定を含む）を、開示請求があった日から三〇日以内にしなければならないが、正当な理由があれば、この期間を三〇日以内に限り延長することができる（情公一〇条一項・二項。なお、一一条も参照)。

(2) 決定の方式　行政機関の長は、開示・不開示の決定をしたときは、その旨を開示請求者に対し書面で通知しなければならない(情公九条一項・二項)。また、開示拒否決定をした場合には、その理由を提示しなければならない(行手八条一項)。次に述べる部分開示決定も一部拒否処分であるから同様である。

(3) 特殊な決定

① 部分開示　行政機関の長は、開示請求の対象である行政文書の一部に不開示情報(前述)が記録されている場合において、不開示情報が記録されている部分を容易に区分して除くことができるときは、開示請求者に対し、当該部分を除いた部分を開示しなければならない。但し、当該部分を除いた部分に有意の情報が記録されていないと認められるときは、この限りでない(情公六条一項)。

② 公益上の理由による裁量的開示　行政機関の長は、開示請求の対象である行政文書に不開示情報(前述)が記録されている場合であっても、公益上特に必要があると認めるときは、開示請求者に対し、当該行政文書を開示することができる(情公七条)。

③ 存否応答の拒否　行政機関の長は、開示請求に対して、その対象である行政文書が存在しているか否かを答えるだけで、不開示情報を開示することとなるときは、当該行政文書の存否を明らかにしないで、当該開示請求を拒否することができる(情公八条)。犯罪の内偵捜査に関する文書がこの例である。

3 開示の実施

行政文書の開示は、閲覧又は写しの交付により行われる(情公一四条一項。なお、電磁的記録については政令で定める方法による)。開示をうける者は、原則として、閲覧、写しの交付のいずれによるかを選択できる(情公一四条二項。この例外については、一四条一項但し書を参照)。

第四節　不服申立・諮問・訴訟

情報公開制度において法的救済が問題になるのは、開示請求者が、開示拒否決定(部分開示決定つまり一部開示拒否決定を含む)に対して救済を求める場合および開示決定(部分開示決定を含む)によって権利利益を侵害される者が救済を求める場合である。

1　開示拒否決定に対する救済

(1)　不　服　申　立

①　自由選択主義　開示拒否決定に対しては、開示請求者は、後述のように、取消訴訟を提起できるが、その前に不服申立をすることもできる。不服申立の前置は義務づけられていない。

地方公共団体における実務では、不服申立の前置は義務づけられていないが、開示拒否決定をうけた請求者は、不服申立を行うのが通例である。これは、不服申立が行われると、審査機関が後述の情報公開・個人情報保護審査会に諮問を行うシステムが作られており、かつ、このシステムが公開を請求する国民にとって有効に機能してきたからである。

②　情報公開・個人情報保護審査会への諮問　不服申立について裁決・決定(以下では単に裁決という)を行うべき行政機関の長は、原則として、情報公開・個人情報保護審査会に諮問しなければならない(情公一八条。会計検査院については別に審査会が設けられる。同条かっこ書)。

この審査会への諮問のシステムは、地方公共団体において編み出されたものである。地方公共団体では、自ら不服申立に対して裁決を行う権限を有する合議制機関すなわち行政委員会の設置は法律事項であり（自治一三八条の四第一項を参照）、情報公開条例で設けることはできないので、次善の策として、不服申立に対して裁決を行う機関は地方公共団体の長などの「実施機関」とした上で、その諮問機関として審査会が設けられている。

国においては、法律（情報公開法）で、前記の裁決権限を有する行政委員会を設けることも可能であったが、この方式はとられず、地方公共団体と同様の諮問機関としての情報公開・個人情報保護審査会が設けられている（審査会設置法）。行政委員会を設けることを嫌ったという事情もあるかもしれないが、この立法政策に説得力を与えているのは、諮問機関方式でも十分に有効な機能を果たすことができるということがすでに地方公共団体において実証されてきていることである。ただ、諮問機関方式が有効に機能するためには、それが高い権威をもつことが必要であるので、情報公開法では、「委員は、優れた識見を有する者のうちから、両議院の同意を得て、内閣総理大臣が任命する。」（審査会設置四条一項）こととされている。

③ 情報公開・個人情報保護審査会での審理　国の情報公開・個人情報保護審査会は委員一五人をもって組織されるが（審査会設置三条一項）、調査審議は委員三人をもって組織される合議体で行われるのが原則である（同六条一項）。この調査審議がどこで行われるのかは一つの問題であるが（取消訴訟についても同様の問題があるが後述する）、機動的な運用が期待される。

情報公開・個人情報保護審査会の審査の最大の特徴は、いわゆるインカメラ審理が認められていることである。すなわち、審査会は、「諮問庁に対し、行政文書等……の提示を求めることができ」、その文書を他人に見せることなく（審査会設置九条一項。一四条も参照）、実際に見分したうえで、当該文書を開示すべきかどうかを判断することができる。このインカメラ審理は地方公共団体において実務上認められてきたものであり、また、この審理方式が行われたからこそ地方公共団体の情報公開審査会が優れた実績を積み上げることができたのである（後述のように、裁判になると、裁判の公開原則があるため、このインカメラ審理は行われない）。情報公開法は、このインカメラ審理を正式に認知した。

また、「審査会は、必要があると認めるときは、諮問庁に対し、開示決定等に係る行政文書等に記録されている情報の内容を審査会の指定する方法により分類又は整理した資料を作成し、審査会に提出するよう求めることができる。」（審査会設置九条三項）このような資料をヴォーン＝インデックスという。これも地方公共団体の実務の中では行われてきた慣行であり、情報公開法はこれを法定した。

情報公開・個人情報保護審査会での審理においては、不服申立人は口頭で意見を述べることができる（審査会設置一〇条一項）。

情報公開・個人情報保護審査会は諮問機関であるから（情公一八条）、諮問を行った行政機関はその答申を必ずしも尊重する義務はない。この点は地方公共団体においても同様である。しかし、国においても地方公共団体においても、実際上は答申が尊重されているようである。

(2)　訴　訟　開示拒否決定があった場合、前記の不服申立を経て、またはそれを経ることなく直接に、当該開示拒否決定に対して取消訴訟を提起することができる。取消訴訟についての詳細な説明は、行政救済法の教科書に譲り、ここでは、この情報公開訴訟についてとくに問題となる点だけを説明する。

①　まず問題となるのは、そもそも開示拒否決定に対して取消訴訟を提起することができるのかどうかということである。行政事件訴訟法の定める取消訴訟については、「法律上の利益」（の侵害）があってはじめてそれを提起する

最判 1991(平３)・12・20民集45巻９号1503頁＝判時1411号36頁 ……………………………108
最大判 1992(平４)・７・１民集46巻５号437頁＝判時1425号45頁……………………………283
最判 1992(平４)・10・６判時1439号116頁……………………………………………………236
最判 1992(平４)・10・29民集46巻７号1174頁＝判時1441号37頁 ……………………………74, 88
最判 1992(平４)・10・29判時1441号50頁 ……………………………………………………74
最判 1992(平４)・11・26民集46巻８号2658頁 ………………………………………………236
最判 1992(平４)・12・10判時1453号116頁……………………………………………………313
最判 1993(平５)・２・18民集47巻２号574頁…………………………………………………266
最判 1993(平５)・３・16民集47巻5号3483頁＝判時1456号62頁……………………………57, 118
最大判 1995(平７)・２・22刑集49巻２号457頁＝判時1527号３頁……………………………258
最判 1995(平７)・６・23民集49巻６号1600頁＝判時1539号32頁 ……………………………180
最判 1996(平８)・３・８民集50巻３号469頁＝判時1564号３頁………………………………85
最判 1996(平８)・７・２判時1578号51頁 ………………………………………………………85
最判 1999(平11)・１・21民集53巻１号13頁＝判時1682号40頁 ………………………………222
最判 1999(平11)・７・15判時1692号140頁……………………………………………………144
最判 1999(平11)・11・19民集53巻８号1862頁＝判時1696号101頁…………………………323
最判 2001(平13)・７・13判例自治223号22頁…………………………………………………341
最判 2001(平13)・12・18民集55巻７号1603頁＝判時1775号23頁 …………………………343
最判 2002(平14)・７・９民集56巻６号1134頁＝判時1798号78頁 …………………………199
最判 2004(平16)・７・13民集58巻５号1368頁＝判時1872号32頁 …………………………244
最判 2005(平17)・７・15民集59巻６号1661頁＝判時1905号49頁 …………………………262

〔高等裁判所〕

大阪高判 1962(昭37)・４・17行集13巻４号787頁……………………………………………188
大阪高決 1965(昭40)・10・５行集16巻10号1756頁＝判時428号53頁………………………202
東京高判 1966(昭41)・６・６行集17巻６号607頁＝判時461号31頁 …………………………60
札幌高判 1969(昭44)・４・17行集20巻４号459頁………………………………………63, 247
東京高判 1973(昭48)・４・４高刑26巻２号113頁＝判時713号37頁 ………………………138
東京高判 1973(昭48)・７・13行集24巻６＝７号533頁＝判時710号23頁 ……………77, 78, 85
東京高判 1975(昭50)・12・20行集26巻12号1446頁＝判時800号19頁………………………140
大阪高判 1978(昭53)・９・26判時915号33頁…………………………………………………221
大阪高判 1979(昭54)・７・30判時948号44頁…………………………………………77, 247
東京高判 1983(昭58)・10・20行集34巻10号1777頁＝判時1092号31頁 ……………64, 65, 67
東京高判 1984(昭59)・９・19判時1129号56頁 ………………………………………………217
高松高判 1984(昭59)・12・14行集35巻12号2078頁＝判時1136号３頁 ………………………73
東京高判 1984(昭59)・12・20行集35巻12号2288頁＝判時1137号26頁 ……………………340
東京高判 1985(昭60)・６・24行集36巻６号816頁＝判時1156号37頁………………………264
東京高判 1985(昭60)・８・30判時1166号41頁 ………………………………………………221
大阪高決 1985(昭60)・11・25判時1189号39頁 ………………………………………………199
東京高判 1986(昭61)・３・19判時1188号１頁 ………………………………………………140
東京高判 1988(昭63)・３・29判時1268号39頁 ………………………………………………266
大阪高判 1989(平元)・５・23判時1343号26頁 ………………………………………………266
東京高判 1989(平元)・10・31判時1333号91頁 ………………………………………………266

最大判 1974(昭49)・11・ 6 刑集28巻 9 号393頁＝判時757号33頁……116
最判 1974(昭49)・12・10民集28巻10号1868頁＝判時762号 3 頁……322
最判 1975(昭50)・ 2 ・25民集29巻 2 号143頁＝判時767号11頁……27, 32
最判 1975(昭50)・ 5 ・23訟月21巻 7 号1430頁……182
最判 1975(昭50)・ 5 ・29民集29巻 5 号662頁＝判時779号21頁……77, 283, 322
最判 1977(昭52)・12・20民集31巻 7 号1101頁＝判時874号 3 頁……78, 84
最判 1978(昭53)・ 5 ・26民集32巻 3 号689頁＝判時889号 9 頁……82
最判 1978(昭53)・ 6 ・16刑集32巻 4 号605頁＝判時893号19頁……82, 150
最判 1978(昭53)・ 8 ・29判時906号31頁……77, 78
最大判 1978(昭53)・10・ 4 民集32巻 7 号1223頁＝判時903号 3 頁……87
最判 1978(昭53)・12・ 8 民集32巻 9 号1617頁＝判時915号39頁……101, 125
最判 1979(昭54)・12・25民集33巻 7 号753頁＝判時951号 3 頁……125, 132
最決 1980(昭55)・ 9 ・22刑集34巻 5 号272頁＝判時977号40頁……57
最判 1981(昭56)・ 1 ・27民集35巻 1 号35頁＝判時994号26頁……60, 62, 64, 66, 67
最判 1981(昭56)・ 2 ・26民集35巻 1 号117頁＝判時996号39頁……86, 139
最判 1981(昭56)・ 7 ・14民集35巻 5 号901頁＝判時1018号66頁……323
最判 1981(昭56)・10・22刑集35巻 7 号696頁＝判時1020号 3 頁……116
最判 1982(昭57)・ 3 ・ 9 民集36巻 3 号265頁＝判時1037号 3 頁……53
最判 1982(昭57)・ 4 ・22民集36巻 4 号705頁＝判時1043号41頁……126, 235
最判 1982(昭57)・ 4 ・23民集36巻 4 号727頁＝判時1054号75頁……140
最判 1982(昭57)・ 7 ・15民集36巻 6 号1146頁＝判時1055号33頁……144
最判 1982(昭57)・ 7 ・15民集36巻 6 号1169頁＝判時1053号82頁……216
最判 1982(昭57)・ 7 ・15判時1053号93頁……73
最判 1984(昭59)・12・13民集38巻12号1411頁＝判時1141号58頁……32
最判 1985(昭60)・ 1 ・22民集39巻 1 号 1 頁＝判時1145号28頁……283, 313, 322
最判 1985(昭60)・ 7 ・16民集39巻 5 号989頁＝判時1168号45頁……260, 265
最判 1985(昭60)・12・17判時1179号56頁……81, 83
最判 1987(昭62)・ 2 ・13判時1238号76頁……33
最判 1987(昭62)・ 3 ・20民集41巻 2 号189頁＝判時1228号72頁……246, 248
最判 1987(昭62)・ 5 ・19民集41巻 4 号687頁＝判時1240号62頁……246, 249
最判 1987(昭62)・10・30判時1262号91頁……66
最判 1988(昭63)・ 3 ・31判時1276号39頁……272
最判 1988(昭63)・ 6 ・17判時1289号39頁……176
最判 1988(昭63)・ 7 ・ 1 判時1342号68頁……78
最判 1988(昭63)・ 7 ・14判時1297号29頁……74, 130
最決 1988(昭63)・10・28刑集42巻 8 号1239頁＝判時1295号150頁……154
最判 1988(昭63)・12・20訟月35巻 6 号979頁……83
最判 1989(平元)・ 6 ・20民集43巻 6 号385頁＝判時1318号 3 頁……58
最決 1989(平元)・11・ 8 判タ710号274頁……221
最判 1989(平元)・11・24民集43巻10号1169頁＝判時1337号48頁……72, 74
最判 1990(平２)・ 2 ・ 1 民集44巻 2 号369頁＝判時1384号38頁……116
最判 1991(平３)・ 3 ・ 8 民集45巻 3 号164頁＝判時1393号83頁……57
最判 1991(平３)・ 7 ・ 9 民集45巻 6 号1049頁＝判時1399号27頁……116

判例索引

民集	最高裁判所民事判例集	訟月	訟務月報
刑集	最高裁判所刑事判例集	判時	判例時報
行集	行政事件裁判例集	判タ	判例タイムズ
高刑	高等裁判所刑事判例集	判例自治	判例地方自治

〔最高裁判所〕

最大判 1953(昭28)・2・18民集7巻2号157頁……29
最判 1954(昭29)・7・30民集8巻7号1463頁……81
最判 1955(昭30)・4・26民集9巻5号569頁……161
最判 1956(昭31)・4・24民集10巻4号417頁＝判時75号3頁……30
最大判 1956(昭31)・7・18民集10巻7号890頁＝判時83号3頁……158
最判 1958(昭33)・3・28民集12巻4号624頁＝判時145号15頁……64, 100
最判 1958(昭33)・5・1刑集12巻7号1272頁……116
最大判 1958(昭33)・7・9刑集12巻11号2407頁……115
最判 1959(昭34)・9・22民集13巻11号1426頁＝判時202号24頁……158
最大判 1960(昭35)・7・20刑集14巻9号1243頁……138
最判 1961(昭36)・3・7民集15巻3号381頁＝判時257号17頁……159
最判 1962(昭37)・7・5民集16巻7号1437頁＝判時309号10頁……159
最判 1963(昭38)・5・31民集17巻4号617頁＝判時337号2頁……280, 310, 311, 314, 323
最判 1964(昭39)・11・19民集18巻9号1891頁＝判時397号8頁……31
最判 1965(昭40)・3・26刑集19巻2号83頁……115
最判 1965(昭40)・8・17民集19巻6号1412頁＝判時425号26頁……164
最大判 1966(昭41)・2・23民集20巻2号271頁＝判時436号14頁……235
最大判 1966(昭41)・2・23民集20巻2号320頁＝判時441号30頁……206
最判 1966(昭41)・12・23民集20巻10号2186頁＝判時471号30頁……31
最判 1967(昭42)・12・12判時511号37頁……241
最判 1968(昭43)・9・17訟月15巻6号714頁……312
最判 1968(昭43)・12・24民集22巻13号3147頁＝判時548号59頁……100
最判 1970(昭45)・12・24民集24巻13号2187頁＝判時616号98頁……129
最大判 1971(昭46)・1・20民集25巻1号1頁＝判時617号21頁……116
最判 1971(昭46)・10・28民集25巻7号1037頁＝判時647号22頁……77, 87, 283, 322
最判 1972(昭47)・4・20民集26巻3号507頁＝判時670号26頁……218
最判 1972(昭47)・4・21民集26巻3号567頁＝判時666号25頁……299
最大判 1972(昭47)・11・22刑集26巻9号554頁＝判時684号17頁……273
最判 1972(昭47)・12・5民集26巻10号1795頁＝判時691号13頁……323
最判 1973(昭48)・4・26民集27巻3号629頁＝判時759号32頁……164
最決 1973(昭48)・7・10刑集27巻7号1205頁＝判時708号18頁……273
最判 1974(昭49)・2・5民集28巻1号1頁＝判時736号41頁……182
最判 1974(昭49)・3・8民集28巻2号186頁＝判時738号62頁……33

ワ　行

マ　行

ヤ　行

ラ　行

ナ　行

ハ　行

タ　行

監修者――五味文彦／佐藤信／高埜利彦／宮地正人／吉田伸之

［カバー表写真］
進貢船の図

［カバー裏写真］
1790年の慶賀使
（石里洞秀画『琉球入朝図絵巻』部分
〈正使　宜野湾王子朝陽〉）

［扉写真］
尚寧王肖像

日本史リブレット 43

琉球と日本・中国

Kamiya Nobuyuki
紙屋敦之

目次

薩摩侵入

一六一〇(慶長十五)年八月十六日、琉球《りゅうきゅう》国王尚寧《しょうねい》▲は、薩摩《さつま》藩主島津家久《しまづいえひさ》▲の案内で、駿府《すんぷ》城▲にのぼり、大御所徳川家康《おおごしょとくがわいえやす》に聘礼《へいれい》を行った。尚寧は前年の薩摩侵入▲で捕虜となり、鹿児島に連行されていた。尚寧の聘礼については、彼に仕えた喜安入道蕃元《きあんにゅうどうばんげん》の「喜安日記」(『那覇市史　資料篇』第一巻二)に、

十六日御城《(駿府城)》において御対面した。御進物は食籠《じきろう》五個・蕉布《しょうふ》五十端《たん》・唐盤二十枚・石硯屏《いしけんびょう》一個・焼酎《しょうちゅう》三壺。大御所《(徳川家康)》に御対面し、各々退出して後、行宮《あんぐう》で喜びあった。めでたいことであった。

と記されているが、これ以上の詳細は不明だった。

一九九六(平成八)年夏、私は史料調査で山口県文書館を訪れ、毛利家文庫の

▼**尚寧**　第二尚氏王統第七代国王(一五六四〜一六二〇年)。一六〇六(慶長十一)年、明から冊封された。

▼**島津家久**　一五七六〜一六三八年。薩摩藩初代藩主。琉球侵入を主導。慶長内検、寛永内検を行い、薩摩藩体制の確立につとめた。

▼**駿府城**　静岡市にある。大御所徳川家康が居住した。

▼**薩摩侵入**　豊臣秀吉の朝鮮侵略後の対明講和政策の一環として、徳川家康の了解のもとに実行された。一六〇九(慶長十四)年、樺山《かばやま》久高《ひさたか》が率いる薩摩軍が琉球に侵攻した。

なかに「公方様《くぼうさま》琉球王《りゅうきゅうおう》御対面之式《ごたいめんのしき》　於駿府《すんぷにおいて》家康公《いえやすこう》御対面歟《ごたいめんか》」と題する史料が存在することを知った。薩摩支配下の琉球に対しては、「附庸《ふよう》」説▲・「嘉吉《かきつ》附庸」説▲の観点から、自主性を喪失した従属国とみなす見方が一般的であるが、この史料はそうした一面的な見方に修正を迫る内容を含んでいる。いささか長文ではあるが、全文を紹介したい（紙屋敦之「徳川家康と琉球王の対面に関する一史料」）。

覚

一りうきう（琉球）王進物

一五十端　はせを布（芭蕉）

一五ツ　食籠《じきろう》

一四十人前　おしき（折敷）

一三ツ　酒壺

一壱ツ　けんひや（硯屏）　但是ハ日本のてぬくいかけ（手拭掛）也

以上

一五巻　緞子《どんす》　ぐしかみ（具志頭）

王の舎弟《しゃてい》

▼「附庸」説　一六〇四（慶長九）年、島津氏が琉球は古くから薩摩の支配下にあったと主張。一五九二（文禄元）年、豊臣秀吉が琉球を島津氏の「与力《よりき》」としたことを根拠とする。

▼「嘉吉附庸」説　一四四一（嘉吉元）年、島津忠国《ただくに》が室町《むろまち》幕府六代将軍足利義教《よしのり》から琉球を賜ったとする説。一六三四（寛永十一）年、琉球を幕藩体制下に組み込む際に唱えた。

●——徳川義直筆の家康像

●王冠

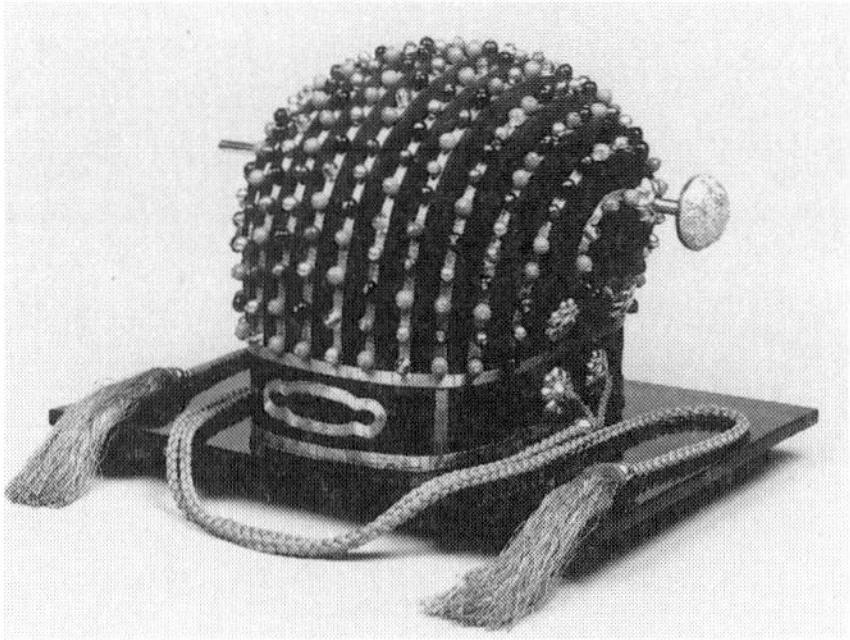

一昨日十六日ニりうきう（琉球）王へ御対面被成《なられ》候《そうろう》、
一上様《うえさま》御装束《ごしょうぞく》正月同前也、
一王の装束あり装束、唐人のことく、かむり（冠）ハ唐王同前、舎弟ぐしかミ（具志頭）かむり（冠）唐人臣下《しんか》同前、其外《そのほか》御残《おのこり》の唐人の装束かむり（冠）平の唐人同前、
一おひろま（御広間）上段にて御対面候、御対座也、
一島津殿なつ（夏）装束にて御覧に御入候つる、
一今日か明日か御ひろま（広間）にて、常陸様《ひたちさま》（徳川頼房）御能《おのう》被成《なられ》候《そうろう》間《あいだ》、島津殿ニ御ミせ（見）被成候、初《はじめて》也《なり》、
一王、日本の王（天皇）のことく、玉のこし（輿）にてげんくハん（玄関）まて重げん（厳）にて御出候つる、
一四品《しひん》のはた（旗）廿四本先へもたせ（持）申候、下々ハ皆つきん（頭巾）かつき（被）申候、
一王の御年五十斗《ばかり》にて、いかにもたくましきよき男にて御座候、
一明十八日ニ江戸へ御下向と申候、
以上

これによると、尚寧は日本の天皇と同じように玉《ぎょく》の輿《こし》に乗り、行列の先頭に

▼四品の旗　琉球王国の国家儀礼の式典などに用いられた、いわゆる五旒《りゅう》の旗の一つ、と推量される(真栄平房昭氏の御教示)。

▼皮弁冠服　琉球国王の冠、礼服。明の皇帝から下賜された。

●――皮弁服

は四品の旗▲二四本をもたせ、頭巾(帕《はちまき》)をかぶった下々の者を従えて駿府城の御殿玄関までおごそかに乗りつけ、御広間上段で家康と対座して対面している。尚寧が乗った玉の輿については、醍醐寺《だいごじ》第八十代座主《ざす》義演《ぎえん》が『義演准后《じゅごう》日記』(『大日本史料』第十二編の七)慶長十五(一六一〇)年七月二十九日条に、「琉球国王は、伏見よりお通りになり、鳳輦《ほうれん》に乗られていた。ただし、それは日本で用意したと思われる」と記している。「鳳輦」は屋形の上に金銅の鳳凰《ほうおう》をかざりつけた輿で天皇の乗り物である。

尚寧は中国風の装束・冠姿であったので、中国皇帝から賜った皮弁冠服《ひべんかんぷく》▲を着用していたことがうかがえる。迎える家康の装束は、烏帽子《えぼし》・直衣《のうし》姿であった。家康が尚寧をきわめて丁重に遇していることがわかり、尚寧が捕虜のイメージからほど遠いことに驚かされる。

八月十八日、尚寧は駿府を発《た》って江戸に向かい、二十五日到着した。この間、弟の尚宏《しょうこう》が駿府でなくなり、駿河国清見寺《するがのくにせいけんじ》▲に埋葬された。九月三日、江戸城で、二代将軍徳川秀忠《ひでただ》は島津家久と尚寧を饗応《きょうおう》し、

琉球は代々中山王《ちゅうざんおう》の国であるから他姓の人を立て国王としてはいけない。

大君外交と海禁

明との講和がむずかしいと判断した幕府は、一六一六(元和二)年六月、すべての外国船に長崎来航を命じた。しかし二カ月後の八月八日、ポルトガル・イギリスなどのヨーロッパ船はキリスト教国の貿易船であるから大名《だいみょう》領内に着岸しても長崎・平戸《ひらど》に向かわせて、領内で貿易を行わないこと、ただし、中国船はどこに着岸しても船主しだいである旨を命じた。この元和二年八月八日令は、このあと一六三〇年代に成立する「海禁▲」への起点であった。

海禁への動きをさらに促進したのが、一六三一(寛永八)年の奉書船《ほうしょせん》制度▲だった。この年六月、幕府は朱印船《しゅいんせん》制度▲を奉書船制度に変更し、今後朱印状をもって海外に渡航することを禁じ、かわりに老中《ろうじゅう》の奉書を携行させることにした。一六二八(寛永五)年五月、マニラを本拠地とするスペイン艦船がシャムで高木作右衛門《さくえもん》の朱印船を襲うという事件が発生し、将軍の異国渡海朱印状が粗末に扱われたからである。奉書船制度について加藤榮一氏は、朱印船が海外で国際紛争に巻き込まれることにより、将軍の権威が毀損されるのを回避する狙いがあったと述べる(「八幡船・朱印船・奉書船――幕藩制国家の形成と対外関係――」)。こ

▼「海禁」　会沢安《あいざわやすし》が『新論』(一八二五年)で慶長・元和年間(一五九六～一六二三年)以来「海禁」が厳しくなったと述べた。ちなみに「鎖国」の語は志筑忠雄《しづきただお》の『鎖国論』(一八〇一年)に基づく。

▼**奉書船制度**　一六三一(寛永八)年、朱印状の海外携行を禁じ、かわりに奉書をもって海外渡航させた。

▼**朱印船制度**　一六〇一(慶長六)年創設。一六〇四～三五(慶長九～寛永十二)年に三五六艘が東南アジア地域に渡航した。一六一五(元和元)年、琉球国王に呂宋《ルソン》渡海朱印状があたえられた。

の奉書船の論理が、一六三三（寛永十）年に奉書船以外の海外渡航禁止を、続いて三五（同十二）年に日本船の海外渡航禁止をもたらしたのである。

　奉書船制度に移行した一六三一年に、これまでポルトガル船を対象としてきた糸割符《いとわっぷ》制度▲が中国船に対しても適用されたが、中国船はそれをきらい、長崎を避けて九州各地の港に向かった。そこで幕府は一六三四（寛永十一）年八月、中国船の大名領への着岸を禁じ、翌年、長崎に来航させた。こうして幕府が日本の出入国を管理する「海禁」体制▲が成立した。このあと幕府は一六三九（寛永十六）年にポルトガル船の来航を禁じ、四一（同十八）年ポルトガル人を追放したあとの長崎・出島《でじま》に平戸のオランダ商館を移転させた。中国・オランダ船との貿易は長崎に限定されることになった。

　一六三五年八月、幕府は将軍の外交称号を「大君《たいくん》▲」と定めた。同年三月、徳川《とくがわ》家光《いえみつ》は対馬《つしま》藩の御家《おいえ》騒動である柳川《やながわ》一件（国書改竄《かいざん》事件）を親裁した。国書改竄事件とは、一六一七、二四（元和三、寛永元）年に朝鮮使節（回答兼刷還使《かいとうけんさつかんし》）が来日した際、対馬藩が朝鮮国王宛の返書に「日本国源《みなもとの》秀忠」「日本国主源家光」とあったのを「日本国王源秀忠」「日本国王源家光」に書きなおした事件である。

▼**糸割符制度**　一六〇四（慶長九）年成立。糸割符仲間がポルトガル船の船載する白糸《しらいと》を一括購入した制度。一六三一（寛永八）年中国船、四一（同十八）年オランダ船に適用された。

▼**「海禁」体制**　幕府が日本の出入国を管理する体制。長崎、対馬、薩摩、松前の四つの口が異国・異域に開かれていた。

▼**大君**　徳川将軍の外交称号。一六三五（寛永十二）年成立、一七一一（正徳元）年日本国王に復号したが、一七（享保二）年ふたたび大君に復した。みずからは「日本国源某」と称した。

柳川一件後、幕府は日朝通交体制の見直しをはかった。第一は、京都五山《ござん》の禅僧《ぜんそう》を交代で対馬府中(現長崎県対馬市厳原町)の以酊庵《いていあん》に派遣して外交文書を起草させた(以酊庵輪番制《りんばんせい》)▲。第二は、朝鮮宛の外交文書に日本年号を使用することにした。朝鮮は明の支配下にあるが、日本は開闢《かいびゃく》以来朝廷、すなわち天皇を戴《いただ》いているというのがその根拠だった。第三は、国書改竄の原因となった将軍の外交称号を「大君」と定めた。『寛永十三(一六三六)丙子年　朝鮮信使記録　巻之二』(東京大学史料編纂所蔵)によると、大君は「王と称さないが、(位が)王より降るものではない」という地位である。要するに、国王の言い換えである。

そうすると、徳川氏は国王だったことになる。大坂夏の陣▲(一六一五〈元和元〉年)後、徳川家康は武家諸法度《ぶけしょはっと》、禁中《きんちゅう》並《ならびに》公家《くげ》諸法度、寺院法度を制定し、公《こう》儀《ぎ》(近世の国家権力)としての支配体制を築いた。そのうち禁中並公家諸法度の第一条に、天子《てんし》の嗜《たしな》むべきことの第一は学問である、また第一四条に、僧正《そうじょう》の任官について定めて、ただし国王・大臣の師範は格別である、と天子、国王の語句がみえる。両者とも天皇と解釈されているが、高埜利彦氏が紹介した橘《たちばな》嘉樹《よしき》(一七三一～一八〇三年)の『慶長公家諸法度註釈　全』(学習院大学図書館蔵、

▼**以酊庵輪番制**　一六三五～一八六五(寛永十二～慶応元)年にかけて、一～三年交代で、八九人が派遣された。

▼**大坂夏の陣**　豊臣家が滅び、徳川氏の全国支配者としての地位が確定した。

高埜利彦「『禁中並公家諸法度』についての一考察」）によると、但し書きの国王は「天子将軍」とあり、国王は天皇・将軍のことであることがわかる。江戸時代の日本では、天皇と将軍の二人が国王だったのである（紙屋敦之「大君外交と近世の国制」）。

第四は、朝鮮使節の名称を過去三回（一六〇七〈慶長十二〉、一七〈元和三〉、二四〈寛永元〉年）の回答兼刷還使から通信使に改めさせた。回答使は日本からの国書に対し回答する、刷還使は豊臣秀吉《とよとみひでよし》の朝鮮侵略のとき日本に連行された被虜《ひりょ》人を朝鮮に連れ戻る、意の使者である。通信とは信《まこと》を通じる意である。一六三六（寛永十三）年、朝鮮は通信使を日本に派遣し、日本国大君宛の国書をもたらした。その後、朝鮮通信使は将軍代替わりを祝って派遣されることになる。

琉球については後述するが、アイヌは一六三三年、蝦夷地《えぞち》と和人地《わじんち》（松前藩）の国境《くにざかい》において幕府巡見使▲に対し「ウイマム」と呼ばれる御目見《おめみえ》を行った。オランダ人は一六三三年、商館長が江戸に参府し将軍に拝謁した。中国人は長崎奉《ぶ》行《ぎょう》に「八朔《はっさく》の礼《れい》」▲を行った。

かつて大君外交は朝鮮外交として理解されてきたが、大君号は一六四五（正

▼**巡見使**　幕府が諸国監察のために派遣した役人。一六三三（寛永十）年に始まり、のちに将軍代替わりごとに派遣された。

▼**八朔の礼**　陰暦八月一日、徳川家康が江戸に入部した日で、徳川幕府にとって重要な祝事。

保二)年以降、琉球とのあいだでも使用されている(豊見山和行「江戸幕府外交と琉球」)。そういうわけで、本書は、徳川幕府の外交を「大君外交」と呼ぶことにする。

島津の領分であるが異国

琉球は大君外交のなかに以下に述べるような形で位置づけられた。

一六三三(寛永十)年六月、明の冊封《さくほう》使《し》▲杜《と》三策《さんさく》が琉球に渡来し、尚豊を琉球国中山王《ちゅうざんおう》に冊封した。翌一六三四(寛永十一)年五月、薩摩藩は幕府にはじめて琉球の石高《こくだか》一二万三四〇〇石を披露し、本領(薩摩・大隅《おおすみ》・日向《ひゅうが》諸県郡)への加増を要求した。これまで将軍が島津氏にあたえた領知判物《はんもつ》▲に琉球の石高は記載されていなかった。

琉球石高を幕府に披露した年の二月、尚豊は佐敷王子朝益《ちょうえき》を薩摩に派遣し、前年明から冊封されたことを報告した。もう一人金武《きん》王子朝貞《ちょうてい》が年頭使《ねんとうし》▲として薩摩に赴いた。島津家久《いえひさ》は徳川家光の上洛《じょうらく》に従って京都に滞在していたが、佐敷と金武の二人を上洛させ、閏七月九日、京都・二条《にじょう》城で徳川家光に拝謁させ

●—島津家久像

▼**冊封使**　中国皇帝が周辺諸国の首長を国王に任命するために派遣した勅使。琉球には一四〇四～一八六六年に二四回(明代一六回、清代八回)派遣された。

▼**領知判物**　将軍が大名に一〇万石以上の知行をあたえるときに用いる文書。将軍の判すなわち花《か》押《おう》が書いてある。

た（琉球使節の嚆矢《こうし》）。そのあと、同十六日、家光は左記の領知判物を島津家久にあたえた（後編五―七五六号）。

薩摩・大隅両国幷びに日向国諸県郡都合六拾万五千石余目録別紙在、此外琉球国拾弐万三千七百石事、全く領知有るべきの状件の如し、

寛永十一年八月四日　家光（花押）

薩摩中納言殿（島津家久）

琉球が薩摩・大隅・日向諸県郡の「此外《このほか》」と位置づけられている。「此外」の文言には二とおりの解釈が考えられる。一つは、領知判物は将軍が大名に知行をあたえ、大名は将軍にその知行高に応じた軍役《ぐんやく》を務めるという関係のなかでの「此外」であるから、琉球の石高は軍役の対象外すなわち「無役」という意味である。事実、薩摩藩は享保改革《きょうほうのかいかく》の上米《あげまい》の制▲（一七一七〈享保二〉年）まで、六〇万五〇〇〇石に関してのみ軍役を務めている。もう一つは、前年琉球が明から冊封されたことを前提にして、琉球を幕藩体制の知行・軍役体系のなかに組み込んだのであるから、琉球は日本であるが日本でない、つまり島津の領分であるが異国という解釈である。領知判物の「此外」という記載形式は幕末まで変わらな

▼**年頭使**　琉球国王が薩摩藩主のもとに遣わした年頭の使者。一六一三（慶長十八）年に始まり、一六二二（元和八）年以降定例化し、一八七六（明治九）年まで続いた。一八七三（明治六）年からは東京に派遣。

●――尚豊肖像画

▼**上米の制**　一七二二～三〇（享保七～十五）年、徳川幕府が、財政窮乏のため大名から一万石につき一〇〇石を上納させた制度。薩摩藩は七二九五石、うち琉球国高の分一二三六石を上納した。

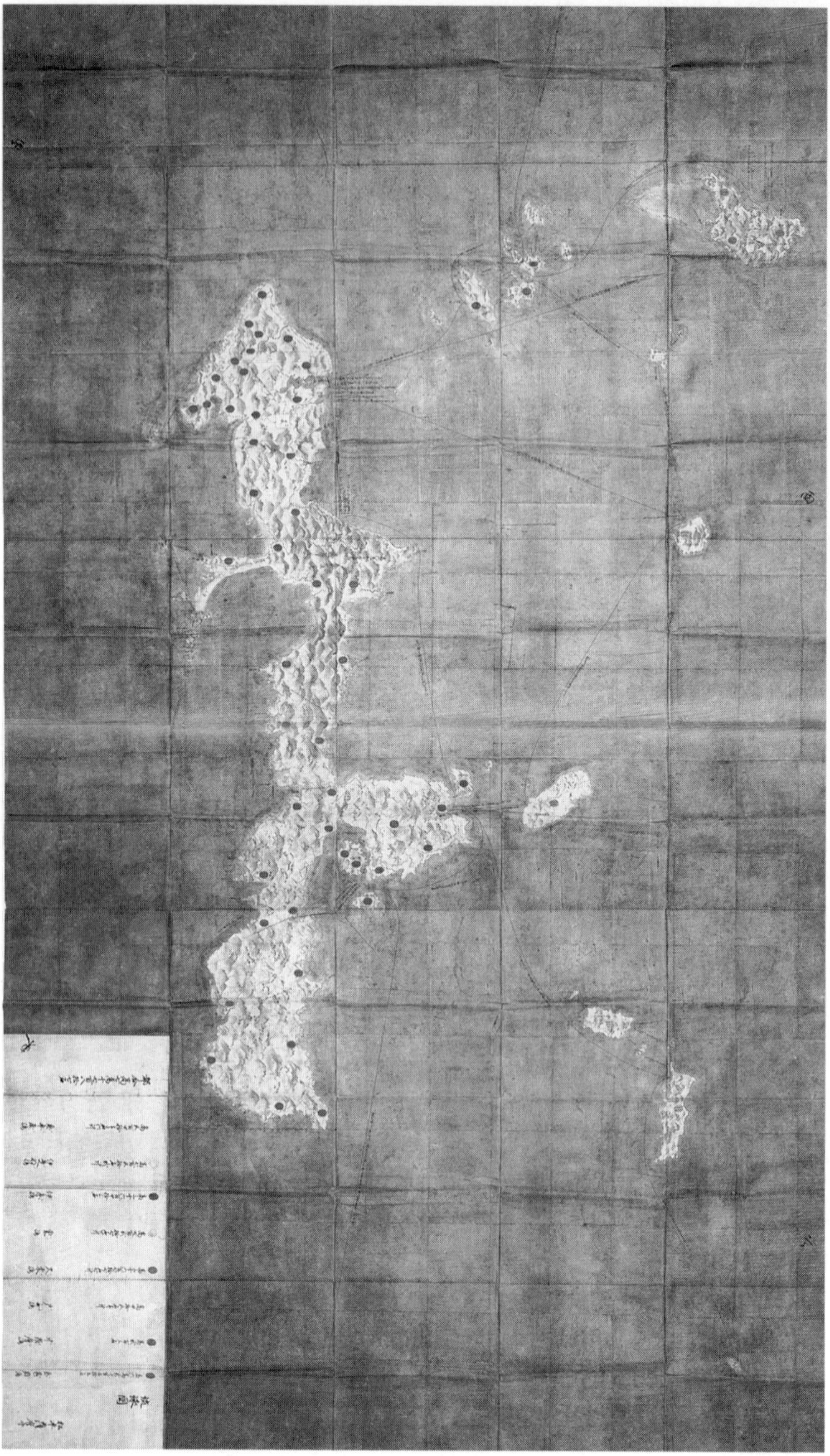

●──「正保国絵図」(琉球国沖縄島)　徳川幕府が1644(正保元)年に国絵図作成を命じ,49年(慶安２)年島津氏より幕府に提出された。

説明した（以心崇伝『異国日記』）。幕府が、後金が占領した遼東に強い関心をもっていたからである。

一六二八（寛永五）年冬、幕府は対馬藩に朝鮮への使節派遣を命じ、朝鮮が望めば援軍を派遣する用意がある旨を表明した。翌年四月、規伯玄方・杉村采女《うねめ》を正・副使とする対馬使節が、漢城にいたった。朝鮮は対馬使節の目的を「平《へい》遼《りょう》通貢《つうこう》」、すなわち遼東から後金を追い払い、朝鮮から明にいたる朝貢路を回復することにあると理解した。しかし、朝鮮は「仮道《かどう》ノ意、辛卯《しんぼう》ノ年ト略《ホ》ボ同ジ」と、一五九一（天正十九）年の秀吉の仮道入明要求すなわち朝鮮侵略を想い起こし、要求には応じなかった（『朝鮮史』第五編第二巻）。

このように、幕府は対明講和（日明国交の成立）との関係で、女真族の国家後金のちの清に強い関心をよせていた。

明清交替

中国では一六二八年に陝西《せんせい》地方で大飢饉に端を発する農民の反乱が起こり、各地に流賊《りゅうぞく》が横行した。そのなかから一六三一年六月、李自成《りじせい》▲が蜂起し、一六

▼**李自成**　一六〇六～四五年。流民を率いて一六四四年西安を都に大順を建て、北京を攻め明を滅ぼした。

四四年一月、陝西省の西安《シーアン》を都に大順《だいじゅん》を建国し、三月北京を攻め落とした。毅《き》宗崇禎帝《そうすうてい》が自害し、二七〇年余続いた明は滅亡した。清侵入に備えて万里《ばんり》の長《ちょう》城《じょう》の山海関《さんかいかん》を守っていた呉三桂《ごさんけい》は、清に援軍を頼み、李自成軍を北京から追い払った。そのあと九月、清が瀋陽《しんよう》から北京に遷都し、中国の征服に乗りだした。

明滅亡後、中国南部に左記の福王《ふくおう》・唐王《とうおう》・魯王《ろおう》・桂王《けいおう》の各政権があいついで樹立された（南明《なんみん》政権）。

福王政権	朱由崧《しゅゆしょう》・弘光帝《こうこう》	南京《ナンキン》	一六四四〜四五年
唐王政権	朱聿鍵《しゅいつけん》・隆武帝《りゅうぶ》	福州《フクシュウ》	一六四五〜四六年
魯王政権	朱以海《しゅいかい》・監国《かんこく》▲	紹興《ショウコウ》	一六四六〜五四年
桂王政権	朱由榔《しゅゆろう》・永暦帝《えいれき》	肇慶《チョウケイ》	一六四七〜六一年

これらの南明政権は一六六一年までに清によって征服された。しかし同年、鄭成功《ていせいこう》（国姓爺《こくせんや》）は台湾からオランダ人を追放し、同地を拠点に清朝打倒の抵抗を続けた。鄭氏は日本・中国・東南アジアをまたにかけた貿易活動をその資金源としていたので、清は一六六一年に遷界令《せんかいれい》▲と呼ばれる海禁政策を実施して鄭氏の貿易活動を阻止した。

●李自成像

▼監国　魯王は帝位に就かず、王となって、名代をしたので監国と称した。

▼遷界令　一六六一年、清が台湾を拠点とした鄭氏の抵抗を封じるため、沿海の人民を三〇里（約二〇キロ）内陸に移し、貿易を禁じた政策。

●鄭成功（国姓爺）肖像

明の遺臣が明復興の救援を要請する日本乞師《きっし》が、一六四五～八六（正保二～貞享三）年にかけて一七回行われた。その第一回目にあたる、一六四五年十二月、唐王政権の周鶴《しゅうかく》（崔《さい》）芝《し》が林高《りんこう》を長崎に派遣し乞師を行ったのに対し、翌年一月十二日、幕府は長崎奉行《ぶぎょう》に、勘合《かんごう》▲が断絶して一〇〇年たっているという理由で乞師を断わらせた。一五四七（天文十六）年の遣明船《けんみんせん》▲を最後に日明関係は断絶していた。

しかし、大名《だいみょう》のあいだには明出兵論があった。幕府が乞師を断わらせたのと同じ日、京都所司代《しょしだい》板倉重宗《いたくらしげむね》が、甥の板倉重矩《しげのり》に明出兵の計画を述べている。だが、これは幕府の計画ではなく重宗の個人的な構想であった（小宮木代良「『明末清初日本乞師』に対する家光政権の対応――正保三年一月十二日付板倉重宗書状の検討を中心として――」）。ほかに柳川藩の立花忠茂《たちばなただしげ》が出兵準備を命じている。薩摩《さつま》藩は幕府が明出兵を決定したら先陣を務めるといっている。

幕府は唐王政権からの乞師は拒否したが、その年六月十一日、明（福州の唐王政権）から琉球に要求のあった生糸《きいと》貿易を許可し、琉球を仲介とする明との間接的な関係を期待していた。

▼勘合　明皇帝が日本国王にあたえた渡航証明書。日明関係断絶後、勘合は単に公貿易の意で用いられた。豊臣秀吉は、一五九三（文禄二）年六月、明に勘合の復活を要求し、「官船商舶往来有るべき事」と述べている。

▼遣明船　室町時代、日本国王（足利将軍）が明に派遣した朝貢船。応仁の乱（一四六七～七七〈応仁元～文明九〉年）後、室町幕府は衰退し、遣明船の派遣をめぐって有力守護大名の大内・細川両氏が争い、大内氏が独占した。

一六四六（正保三）年八月、唐王政権が清軍に滅ぼされた。その報《しら》せが、十月十七日、長崎奉行から江戸に到着すると、幕府は同二十日在江戸の諸大名に、また二十四日に在国諸大名の家来に対し、福州陥落のうえは明へ援軍を派遣しないと明言する一方、異国船の来航を警戒させた。長崎のオランダ人が、「皇帝は目付一人を海岸各地に派遣し、見張りを厳にして外国船の発見を速やかにするよう命じたと通詞が話したが、タルタル《（韃靼）》軍の侵入を恐れるためであろう」と記している（村上直次郎訳『長崎オランダ商館の日記』第二輯）。幕府は韃靼（清）の日本侵攻を恐れていた。

津軽《つがる》藩の史書『津軽一統志《いっとうし》』は、慶安元（一六四八）年条に、「韃靼《（清）》が高麗《（朝鮮）》を攻め取り、その後日本へも押し寄せるつもりで、兵船を数百艘出航させたのを、海上で、高麗人が見聞し、その旨を高麗、日本に注進してきたので、西国《さいごく》大名で在国している者は言うに及ばず、在江戸の面々も帰国し、その他四国、中国の諸大名も軍勢を長崎に派遣した」と記している。清が朝鮮を征服し、さらに日本への侵攻を企てている云々は、蒙古《もうこ》が高麗を征服し、ついで日本を侵攻した鎌倉時代の蒙古襲来を想起している。日本が外からの脅威を語るとき「ムクリ《（蒙古）》

●—冊封使行列図

▼**招諭使**　中国が新政権の樹立を告げ、来朝を要求して派遣した使者。

▼**伊地知季安**　一七八二〜一八六七年。薩摩藩の史家。『薩藩旧記雑録』の編纂に従事。ほかに『南聘紀考』『薩州唐物来由考』を著わす。

（高麗）コクリ」という言葉を使用するが、これはそのことを物語っている。

一六四五年一月、福王政権が花煾《かおん》を琉球《りゅうきゅう》に派遣してきた。尚賢《しょうけん》は金応元《きんおうげん》を派遣して、弘光帝の即位を慶賀した。しかし、福王政権は同年五月滅亡した。続いて同年八月、唐王政権が閩邦基《びんほうき》を琉球に派遣してきた。尚賢は毛泰久《もうたいきゅう》・金正《きんせい》春《しゅん》を派遣して隆武帝の即位を慶賀した。ところが唐王政権は一六四六年八月滅亡し、毛泰久・金正春は清軍に捕われ、翌年北京で清の順治帝《じゅんじ》に謁見した。琉球の使者が旅先でこうした対応が行えたのは、「空道《こうどう》」と呼ばれる、国王印のみが押された料紙を持参していたからである。「空道」の持参は、明末一六二三（寛永十）年に始まったといわれる。中国との冊封・朝貢関係が王権を支えている琉球の知恵であった。

一六四九（慶安二）年九月、清・順治帝の招諭使《しょうゆし》▲謝必振《しゃひつしん》が琉球に渡来した。このとき尚賢は皇帝への上表文に「投誠《まことをとうず》」の二文字を記し、服属を誓った。薩摩藩は清が琉球に弁髪《べんぱつ》および清朝の衣冠《いかん》を強制するのではないかと恐れて、幕府にその場合の対応についてうかがった。それに対し幕府は、

琉球は異国と言っても、大隅守が下知するので、日本同然に思っている。

●—冊封使一覧

冊封年月日	中国皇帝	中山王	正使	副使	備考・冊封使録
1606(慶長11).7.21	明14代・神宗	7代・尚寧	夏子陽	王士禎	使琉球録
33(寛永10).7.22	明17代・毅宗	8代・尚豊	杜三策	楊　掄	杜天使冊封琉球真記奇観
63(寛文3).7.17	清4代・聖祖	10代・尚質	張学礼	王　垓	使琉球記
83(天和3).8.12	清4代・聖祖	11代・尚貞	汪　楫	林麟焻	使琉球雑録
1719(享保4).7.26	清4代・聖祖	13代・尚敬	海　宝	徐葆光	中山伝信録
56(宝暦6).8.21	清6代・高宗	14代・尚穆	全　魁	周　煌	琉球国志略
1800(寛政12).7.25	清7代・仁宗	15代・尚温	趙文楷	李鼎元	使琉球記
08(文化5).8.1	清7代・仁宗	17代・尚灝	斉　鯤	費錫章	続琉球国志略
38(天保9).8.3	清8代・宣宗	18代・尚育	林鴻年	高人鑑	
66(慶応2).8.27	清10代・穆宗	19代・尚泰	趙　新	于光甲	続琉球国志略

『岩波日本史辞典』(岩波書店, 1999年)より作成(一部補正した)。

そこで、琉球国に悪しき事が起これば、日本の瑕になる。

と、これまた不安を露《あらわ》にした（「列朝制度」一二二八号）。琉球は「異国」であるが「日本同然」とは、琉球を島津《しまづ》氏宛の領知判物《りょうちはんもつ》に「此外《このほか》」と記載したことである。「悪しき事」とは清の弁髪・衣冠の強制で、それらを受容して琉球が日本の支配を離れては「日本の瑕」、大君《たいくん》外交の面子《めんつ》が潰れるというのである。

一六五四（承応三）年、清が琉球の冊封を決定し（二年一貢を定例とする旨を伝える）、福州で冠船《かんせん》（冊封使が乗船する船）を建造中であるとの風聞が日本にも伝わってきた。翌年、薩摩藩が重ねて幕府に琉球の清への対応をうかがったところ、幕府は、一転して、清が琉球に弁髪・衣冠を強制してきたら受容するように命じ、琉清関係を容認した。幕府は琉球問題が原因で清と衝突することを避けたのである。幕末薩摩藩の伊地知季安《いじちきあん》▲は、今回の琉清関係の容認について、「蛮夷（琉球）は治めずを以って治むとか申す意味にも相叶うか」（「琉球御掛衆愚按之覚　全」）と評し、後述する琉日関係の隠蔽政策の淵源とみている。

一六六三（寛文三）年六月、冊封使張学礼《ちょうがくれい》が琉球に渡来し、尚質《しょうしつ》を琉球国中山《ちゅうざん》王《おう》に冊封した。

琉薩関係の新段階

明清交替を機に、琉薩関係はあらたな段階に移行した。清が琉球の冊封を決定した一六五四(承応三)年に、薩摩藩は家老のなかに琉球方(一七八三〈天明三〉年琉球掛《がかり》と改称)を設置し、新納久詮《にいろひさあき》を任命した。琉球方は「監琉球之事《りゅうきゅうのことをかんす》」を職掌とした。

それから三年後、薩摩藩は一六五七(明暦三)年九月十一日付の「掟《おきて》」を定め、琉球に派遣する琉球在番奉行が琉球国司《こくし》に対面するのを着津、年頭、帰帆時の三回に制限し、普段の接触を禁じた。そして、琉球在番奉行に対し、「琉球人の官位昇進、争論、地頭《じとう》任命、扶持《ふち》給与などは、三司官《さんしかん》が指図することであるから、たとえ琉球在番奉行に相談があっても応じてはいけない」と、琉球の内政に関与することを禁じた(追録一―七四八号)。これは、前掲した一六二四(寛永元)年の「定」の方針を再確認している。

その一方で、琉球の武器に関しては、「王府の鉄砲・玉薬以下の道具ならびに所の衆(地頭など)が所持する鉄砲は王府の御物として召し上げる、これらの取扱いは今後琉球在番奉行が奉行所で保管して、修理などを申し付ける」ことにその理由は「蝦夷地は韃靼に接している」という地理認識にあった。一六八二(天和二)年三月一日付徳川綱吉朱印状《しゅいんじょう》は、徳川家康黒印状《こくいんじょう》(一六〇四〈慶長九〉年)以来認められていた和人地(松前地)のアイヌの自由往行を「其所」すなわち松前地に限定し、蝦夷地のアイヌと分断した。このアイヌの分断支配は韃靼(女真族)の脅威に対する対応であった(紙屋敦之「幕藩制国家の蝦夷地支配」)。

奥国との通交

幕府がポルトガル船の来航を禁止した翌年、一六四〇(寛永十七)年に東京《トンキン》船・交趾《コウチ》船・東埔寨《カンボジア》船が長崎に来航している。これらの外国船は、『唐通事会所《とうつうじかいしょ》日録《にちろく》』(『大日本近世史料　唐通事会所日録』一)の寛文六(一六六六)年十一月二十六日条に、

一奥出しの船二十一艘、うち七艘は広南《クイナン》船、四艘は東埔寨船、五艘は暹羅《シャム》船、二艘は太泥《パタニ》船、二艘は六崑《リゴール》船、一艘は宋居勝《シンゴラ》船、
右の奥船《おくふね》共十一月十三日より晦日までに出船皆済《かいさい》仕り候、

と記されている「奥船」であった。船名から「奥」は東南アジアであることがわか

▼**オランダ商館長**　商館長はカピタンと呼ばれた。一六三三(寛永十)年以降、毎年江戸参府した。一七九〇(寛政二)年から四年に一回となり、一八五〇(嘉永三)年まで続いた。

る。東南アジアを出航してくる奥船に対し、中国から長崎に直航してくる口船《くちぶね》があった。いずれも中国船である。

備前国妙覚寺《びぜんのくにみょうがくじ》所蔵「世界図屏風」(一六三七〈寛永十四〉年写、四四ページ写真参照)に長崎より異国までの船路と貿易品が記載されている。『唐通事会所日録』によると、幕府は一六六九(寛文九)年に「中国ならびに外国の国々所々および所々よりの土産物・海路」の調査を命じている。日本はポルトガル船の来航を禁止したが、中国・東南アジアとの貿易を断絶したわけではなかった。

口と奥の境はマカオとルソンを結ぶ線が考えられる(マカオ・ルソンライン、八ページ地図)。というのは、マカオはポルトガル、ルソンはスペインの根拠地である。日本はキリシタン禁制をテコに民衆支配を行っていたから、キリシタンの国ポルトガル・スペインが活動する奥国はとくに警戒を要する地域だった。

幕府は一六五九(万治二)年にオランダ商館長▲が江戸参府した際、「オランダは代々日本貿易を許され、毎年長崎に来航している。以前から命じているとおり、奥南蛮《なんばん》とキリシタン宗門《しゅうもん》の行き来をするべきではない。もし入魂であるということがいずれの国からか聞こえてきたら、日本来航は禁止するので、キリシタン宗門より日本への通事(取次)を一切してはならない。もちろん宗門の者を船に乗せて来てはいけない」と申し渡した(『通航一覧』六)。一六七一(寛文十一)年に長崎から帰国する中国船に、「ご法度の呂宋《ルソン》へ渡航しない。そのほかいずれの国でもキリシタンのいる国には渡航しない」と誓約させた(『通航一覧』五)。マカオ・ルソン・イスパニア・イギリスの四国は「日本渡海近代停止」であった(西川如見《じょけん》『増補華夷通商考《かいつうしょうこう》』一六九五〈元禄八〉年、増補版一七〇八〈宝永五〉年)。

三藩の乱を平定し、台湾の鄭《てい》氏が降伏して中国支配を確立した清は、一六八四年に遷界令《せんかいれい》を廃して展海令《てんかいれい》▲を発し、中国船の海外渡航を許可した。清では日本の銀に対する需要が大きかったので、日本に渡航する中国船の増加が予想された。実際、一六八四年に二四艘だった中国船が、八五(貞享二)年八五艘、八六(同三)年一〇二艘、八七(同四)年一三六艘、八八(元禄元)年一九二艘と激増した。当時、金銀の国外流出が貿易上の一大問題になっていたので、幕府は一六八五年八月定高仕法《さだめだかしほう》を制定し、年間の貿易額を中国船銀六〇〇〇貫目、オランダ船金五万両(銀三〇〇〇貫目)に制限した。

一六八七年に暹羅が、オランダの例に準じた貿易を要求してきたのに対し、

▼**展海令**　一六八四年、清は遷界令を廃し中国船の海外渡航を許した。

幕府は暹羅の船だけを分離扱いできないと拒否した。オランダは単独で対日貿易を認められていたが、東南アジアの国々は中国船に許可された枠組みのなかで対日貿易を認められた。幕府は暹羅の要求を拒否し、奥国との貿易は奥船(中国船)を通じて行うというこれまでの原則を再確認したのである。

西川如見は『増補華夷通商考』のなかで、中国と周辺諸国の関係を外国(朝鮮、琉球、大寃《(台湾)》、東京、交趾)、外夷(占城《チャンパ》、柬埔寨、太泥、麻六甲《マラッカ》、暹羅、母羅伽《モラカ》、莫臥爾《モウル》、咬𠺕吧《カラハ》、爪哇《ジャワ》、番旦《バンタン》、阿蘭陀《オランダ》)に大別し、「外国・外夷の諸国は、いずれも中国人が商売に往来する所である。モウル、オランダ二国は中国人は往来しない。その地の船が長崎に入港する」と、華(清)と夷(外国・外夷)の通商について述べている。これはまさに奥船の貿易行動である。

清の展海令後、中国船の長崎来航が激増したことは前述した。幕府は一六八八年に中国船の来航数を年間七〇艘に制限し、そのうち一〇艘を奥船(交趾船三艘、暹羅船・咬𠺕吧船各二艘、東京船・柬埔寨船・太泥船各一艘)に割りあてた。一七一五(正徳五)年に新井白石《あらいはくせき》▲は正徳新例《しょうとくしんれい》を定めて、改めて年間の貿易額を中国船銀六〇〇〇貫目、オランダ船銀三〇〇〇貫目に制限するとともに、年間の

▼**新井白石**　一六五七〜一七二五年。徳川家宣・家継《いえつぐ》のもとで幕政を主導。朝鮮通信使の聘礼改革、長崎貿易の制限(正徳新例)などを実施。『折《おり》たく柴《しば》の記《き》』を著わす。また、一七一九(享保四)年に琉球研究の嚆矢《こうし》といわれる『南島志《なんとうし》』を著わした。

●—「世界図屏風」

●─唐船の来航

年度	口船計	東京船	広南船	占城船	東埔寨船	暹羅船	六崑船	宋居勝船	太泥船	麻六甲船	万丹船	咬𠺕吧船	奥船計
1715	7		1			1						1	3
16	7		1									1	2
17	43		1			1						1	3
18	40		1			1						1	3
19	37		1			1						2	4
20	36		1			1						1	3
21	33		2			1						1	4
22	33		1			1						1	3
23	34		1	1	1	1						1	5
24	13	1											1
25	30	2	1	2		1						1	7
26	42			1	2	2						2	7
27	42	1		1	1							3	6
28	22	1	1		1	1						1	5
29	31	1	1	2	1	2						1	8
30	38		2	1	1	2							6
31	38	2	1	1	2	2						1	9
32	36	1	1	1	2	1						2	8
33	28	1		1		2						1	5

『唐船進港回棹録』より作成。

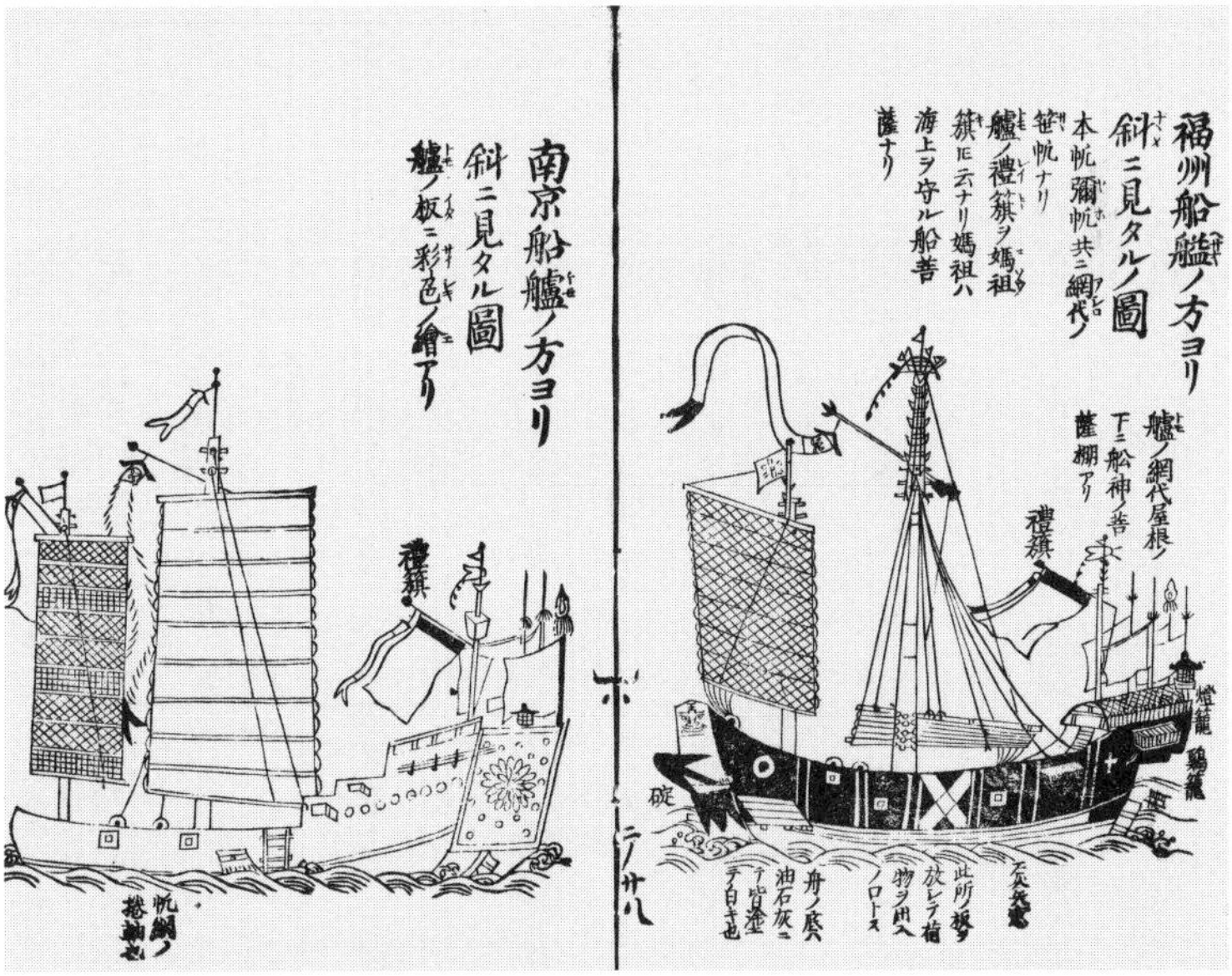

●─唐船（西川如見『増補華夷通商考』より）

●──信牌(一八五七〈安政四〉年八月三十日)

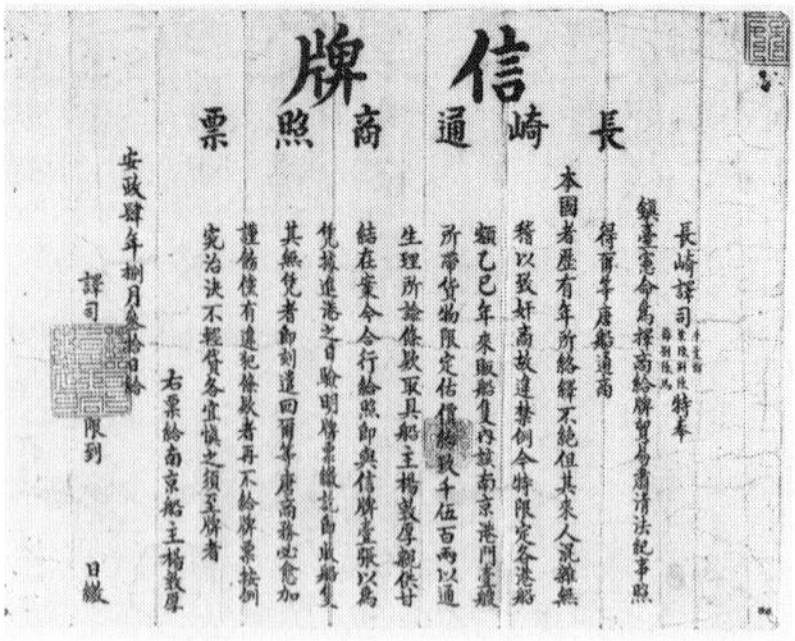

▼通事・通詞　通訳官として通訳・翻訳業務のほかに、長崎会所の貿易業務にもかかわり、商務官としての役割も果たした。

来航船数を中国船三〇艘、オランダ船二艘に制限し、中国船には長崎入港の許可証として「信牌《しんぱい》」を発行した。中国船の内訳は、口船が南京一〇艘、寧波《ニンポー》一一艘、厦門《アモイ》二艘、広東《カントン》二艘、台湾二艘で、奥船が暹羅・広南・咬𠺕吧各一艘であった。

つぎに、幕府は一七二二(享保七)年に口船を減らしてその分奥船をふやした。その理由は、

> 昔は外国を出航してくる中国船が数艘来航していたが、正徳新例以来奥国の船が長崎に来航せず、一切奥国の風説などが聞こえてこなくなったので、今年帰唐する船主に東京・占城などの信牌を与え、奥湊・外国の風説を聞き合わせてき、かつ奥国出産の貨物などを積み来るように命じた。

と、正徳新例以来奥船が長崎に来航しなくなり、奥国の風説が一切聞こえてこなくなったことにあった(『通航一覧』四)。

幕府は東京・占城・柬埔寨からの奥船をふやし、奥国の風説(情報)と貨物(産物)をもたらすよう命じた。奥船は六艘にふえ、その分口船が減って二四艘になった。ここから幕府の奥国重視の姿勢が読み取れる。長崎には唐通事▲・阿蘭

〈正徳元〉年)二〇%、という状況だった。

琉球は一七一二(正徳二)年八月、銀貨の品位が下落し清への進貢の障害になっていると述べ、渡唐銀の品位を元禄銀なみに吹きなおしてほしいと幕府に訴えた。それに対し翌年七月、幕府は、「琉球封王使のために」、つまり琉球と中国の冊封・朝貢関係のために、元禄銀の品位に吹きかえることを許可した。

その二カ月前、薩摩藩は「御蔵より琉球へ渡す銀子《ぎんす》を事情を知らない者は渡唐銀と唱えているが、今後は琉球拝借銀と唱えるべきである。また渡唐銀で買物した品は拝借銀の返済のために納めるものであるから、内々でも唐買物と唱えないで、返上物と唱えるべきである」と、渡唐銀は琉球拝借銀、唐買物は返上物と唱えるよう命じた(「列朝制度」一二五四号)。薩摩藩はこのように呼称を変更して、琉中貿易の主体はあくまで琉球であることを印象づけたのである。

一七一四(正徳四)年五月、幕府は正徳《しょうとく》銀を鋳造し、慶長銀と同じ品位に戻した。翌々年、渡唐銀は銀貨の品位がよくなったので、進貢料銀を二〇〇貫目減らして六〇四貫目に、接貢料銀を一〇〇貫目減らして三〇二貫目に変更した。そして「この銀高のうち半分ずつは琉球方より渡す」と、渡唐銀は薩摩と琉球が半分ずつ分け合うことになった(『薩藩政要録』)。しかし、『琉球一件帳』(一七三二〈享保十七〉年)によると、薩摩藩は「近年、銀二十二、三貫目ほどの御用物を注文する」だけで、琉中貿易から後退していった。

進貢貿易が莫大な利益をもたらすことを比喩的に述べた「唐一倍」という言葉がある。実態はどうであったか。安良城盛昭氏は一七二〇年代の王府財政の記録である『御財制《ございせい》』▲を分析し、進貢貿易は年平均銀二三七貫七七七匁の経費がかかる、白糸《しらいと》の売値銀一五六貫七〇一匁を差し引くと、銀八一貫目余の赤字だった、しかもそれは「一七二〇年代にのみ限られたものではなく一八世紀中葉から一九世紀前半にかけても同様であった」と指摘する(「進貢貿易の特質」)。仲原善忠氏は、『琉球館文書』(一七五一～一八一三〈宝暦元～文化十〉年)を分析して、進貢貿易から薩摩藩の熱意が後退していくことを指摘し、「使節団員又は、この制度の便乗者たる、『諸士』にとっては極めて有利なジョッブであったことは否めない。だからといって国家的な有利な仕事であったかどうかは疑問である」と述べる(「砂糖の来歴」)。進貢貿易は、今日の貿易と違って、冊封を期待する限り、赤字でも継続しなければならなかったのである。

▼**『御財制』**　一七二〇年代の首里王府の財政見通しを述べる。米(行政)と銀(貿易)の収支からなり、米は二六石、貿易は銀三一貫目の黒字を見込む。琉球単独で進貢貿易を経営するのに備えた。

④—江戸・北京への琉球使節

琉球使節の江戸上り

琉球《りゅうきゅう》使節が一六三四(寛永十一)年に始まったことは前述した。この年の琉球使節は京都で将軍に拝謁したが、次回一六四四(正保元)年からは江戸で聘礼《へいれい》を行った(江戸上り)。一六四四年の琉球使節▲を編成する際、薩摩《さつま》藩は使節に同行する家臣《かしん》に対し、海陸の道中殿様に対すると同様に琉球の使者に対しても「つくはい」(蹲踞)するよう命じ、そうしないで琉球の使者に軽々しくしては将軍への御馳走にならない、と述べている。薩摩藩は琉球使節を将軍に対する御馳走、すなわち臣従の証《あかし》と位置づけていたのである。

琉球使節には、将軍《しょうぐん》の代替わりを祝う慶賀使《けいがし》と、琉球国王が就封を感謝する謝恩使《しゃおんし》の二つがあった。『通航一覧』▲は、宝永・正徳期に琉球使節の沿革に変化があったと述べる。それはこうである。一七〇九(宝永六)年一月、五代将軍徳《とく》川綱吉《がわつなよし》がなくなり、五月、徳川家宣《いえのぶ》が六代将軍に襲職した。薩摩藩が先例に則って将軍代替わりを祝う慶賀使の派遣を幕府に申し入れたところ、老中《ろうじゅう》はそれ

▼**一六四四年の琉球使節**　このときは、薩摩藩が、使者の装束(唐式正之支度か琉式正之支度のいずれか)、一行の人数(六、七十人位)、座楽、進物(馬代銀、琉球物)、国王書簡の体裁、などについて指示している。

▼**『通航一覧』**　幕末期に幕府が編纂した外交史料集。一五六六〜一八二五(永禄九〜文政八)年の史料を収録。

▼**間部詮房**　一六六六～一七二〇年。側用人。上野《こうずけ》国高崎藩主。徳川家宣・家継のもとで幕政を運営した。

を「無用」として退けた。それは今回がはじめてではなく、一七〇四(宝永元)年に家宣が綱吉の養嗣子に決まったときにも慶賀使を「無用」とすることが起こっていた。過去六回、琉球使節は派遣されてきたのに、である。

そこで薩摩藩は、一七〇九年二月十八日、家宣の側用人《そばようにん》間部《まなべ》詮房《あきふさ》▲に、

> 琉球は小国であるが、中国の周辺諸国のうちでは朝鮮・琉球という席次であり、二年に一回進貢使を北京《ペキン》に派遣している。

と、琉球が清《しん》の朝貢国のなかで朝鮮につぐ第二の席次であることを指摘し、再考を促した(追録二―二七五六号)。さらに、琉球のおかれた立場について、

> 将軍代替わりを祝賀する外国は朝鮮・琉球だけである。朝鮮は隣国の好《よしみ》で挨拶するのであるが、琉球は島津氏が武力で手に入れた国なのでお礼を申し上げてきている。将軍は陪臣として異国の王を持っているのである。

と述べ、陪臣である琉球に将軍の代替わりを祝賀させるべきである、と説得した(同二七六四号)。

こうした薩摩藩の説得に応じて同二十四日、間部詮房は先例どおり慶賀使の派遣を許す旨を回答し、その理由を、琉球使節を迎えることは「第一日本の御

●—琉球使節一覧

聘礼年月日	使節名	使　命	正　使	副　使	人数	備　考
1634. ⑦. 9	謝恩使	尚豊就封御礼	佐敷王子朝益	金武王子朝貞		京都二条城で拝謁
44. 7. 12	慶賀使	徳川家綱誕生祝賀	金武王子朝貞		70	江戸上り始まる
	謝恩使	尚賢就封御礼	国頭王子正則			日光東照宮参詣
49. 9. 1	謝恩使	尚質就封御礼	具志川王子朝盈		63	日光東照宮参詣
53. 9. 28	慶賀使	徳川家綱襲職祝賀	国頭王子正則	平安座親方朝充	71	日光東照宮参詣
71. 7. 28	謝恩使	尚貞就封御礼	金武王子朝興	越来親方朝誠	74	以後，上野東照宮参詣
82. 4. 11	慶賀使	徳川綱吉襲職祝賀	名護王子朝元	恩納親方安治	94	
1710. 11. 18	慶賀使	徳川家宣襲職祝賀	美里王子朝禎	富盛親方盛富	168	以後，清国風の行装
	謝恩使	尚益就封御礼	豊見城王子朝匡	与座親方安好		
14. 12. 2	慶賀使	徳川家継襲職祝賀	与那城王子朝直	知念親方朝上	170	国王の書簡問題
	謝恩使	尚敬就封御礼	金武王子朝祐	勝連親方盛祐		大君号の使用中止
18. 11. 13	慶賀使	徳川吉宗襲職祝賀	越来王子朝慶	西平親方朝叙	94	
48. 12. 15	慶賀使	徳川家重襲職祝賀	具志川王子朝利	与那原親方良暢	98	
52. 12. 15	謝恩使	尚穆就封御礼	今帰仁王子朝忠	小波津親方安滅	94	
64. 11. 21	慶賀使	徳川家治襲職祝賀	読谷山王子朝恒	湧川親方朝喬	96	
90. 12. 2	慶賀使	徳川家斉襲職祝賀	宜野湾王子朝陽	幸地親方良篤	96	
96. 12. 6	謝恩使	尚温就封御礼	大宜見王子朝規	安村王館良頭	97	
1806. 11. 23	謝恩使	尚灝就封御礼	読谷山王子朝勅	小禄親方良和	97	
32. ⑪. 4	謝恩使	尚育就封御礼	豊見城王子朝典	沢岻親方安度	78	
42. 11. 19	慶賀使	徳川家慶襲職祝賀	浦添王子朝熹	座喜味親方盛晋	99	
50. 11. 19	謝恩使	尚泰就封御礼	玉川王子朝達	野村親方朝宜	99	
56(予定)	慶賀使	徳川家定襲職祝賀	伊江王子朝忠	小禄親方良泰		1858年に延期，同年再延期(中止)
62(予定)	慶賀使	徳川家茂襲職祝賀				延期(中止)

月の○印は閏月，横山学『琉球国使節渡来の研究』(吉川弘文館, 1987年)ほかを参考に作成した。

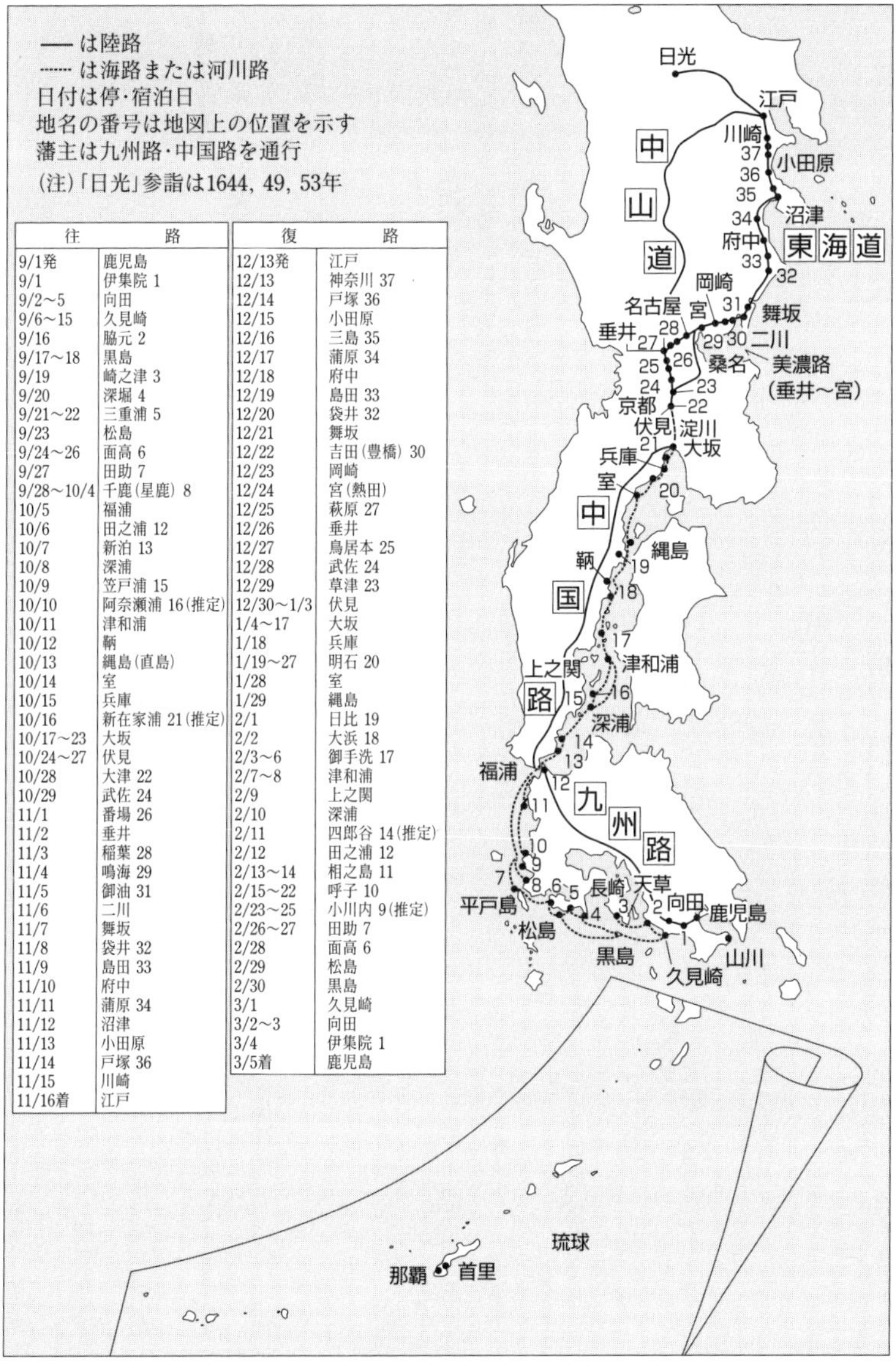

往	路
9/1発	鹿児島
9/1	伊集院 1
9/2～5	向田
9/6～15	久見崎
9/16	脇元 2
9/17～18	黒島
9/19	崎之津 3
9/20	深堀 4
9/21～22	三重浦 5
9/23	松島
9/24～26	面高 6
9/27	田助 7
9/28～10/4	千鹿(星鹿) 8
10/5	福浦
10/6	田之浦 12
10/7	新泊 13
10/8	深浦
10/9	笠戸浦 15
10/10	阿奈瀬浦 16(推定)
10/11	津和浦
10/12	鞆
10/13	縄島(直島)
10/14	室
10/15	兵庫
10/16	新在家浦 21(推定)
10/17～23	大坂
10/24～27	伏見
10/28	大津 22
10/29	武佐 24
11/1	番場 26
11/2	垂井
11/3	稲葉 28
11/4	鳴海 29
11/5	御油 31
11/6	二川
11/7	舞坂
11/8	袋井 32
11/9	島田 33
11/10	府中
11/11	蒲原 34
11/12	沼津
11/13	小田原
11/14	戸塚 36
11/15	川崎
11/16着	江戸

復	路
12/13発	江戸
12/13	神奈川 37
12/14	戸塚 36
12/15	小田原
12/16	三島 35
12/17	蒲原 34
12/18	府中
12/19	島田 33
12/20	袋井 32
12/21	舞坂
12/22	吉田(豊橋) 30
12/23	岡崎
12/24	宮(熱田)
12/25	萩原 27
12/26	垂井
12/27	鳥居本 25
12/28	武佐 24
12/29	草津 23
12/30～1/3	伏見
1/4～17	大坂
1/18	兵庫
1/19～27	明石 20
1/28	室
1/29	縄島
2/1	日比 19
2/2	大浜 18
2/3～6	御手洗 17
2/7～8	津和浦
2/9	上之関
2/10	深浦
2/11	四郎谷 14(推定)
2/12	田之浦 12
2/13～14	相之島 11
2/15～22	呼子 10
2/23～25	小川内 9(推定)
2/26～27	田助 7
2/28	面高 6
2/29	松島
2/30	黒島
3/1	久見崎
3/2～3	向田
3/4	伊集院 1
3/5着	鹿児島

●―1832(天保3)年の江戸上りの行路(紙屋敦之『大君外交と東アジア』吉川弘文館, 1997年による)

威光に罷り成ることである」と述べている（同）。幕府は琉球使節が日本の御威光を高めるのに役立つと考えたのである。ここには徳川家宣に仕えた新井白石《あらいはくせき》があらわれてこないが、間部詮房の回答には白石があずかっていたとみたい。白石はこのあと朝鮮通信使の聘礼改革▲を行っているからである。

慶賀使の派遣を許可された薩摩藩は、九月二十六日、翌年江戸上りする琉球使節について、

一道中宿幕《しゅくまく》の儀、日本向きの幕にては不相応に候、何ぞ替りたる幕地にて仕立ても替え候ようにこれ有りたく候、繻珎《シュチン》（タビー▲）たひい類の物に切り入れなど然るべき哉、
一長刀拵《ちょうとうこしら》えよう、錦《にしき》物付け候儀よくよく吟味有るべく候、
一鑓《やり》も大清の鉾《ほこ》のように拵えようこれ有るべし、
一右の外《ほか》海陸旅立の諸具、異朝の風物に似候ようにこれ有るべし、日本向きに紛わしからざるように相調えるべし、
一雨具右同断、

と道中の宿幕、鑓、海陸旅立の諸具、雨具などを日本風でなく清国風にととの

▼**聘礼改革**　一七一一（正徳元）年、新井白石が朝鮮通信使の待遇を改め、日本国王を朝鮮国王と敵礼（対等）の関係に位置づけた。

▼**タビー**　絹織物の一つ。西川如見『増補華夷通商考』に広東省土産として「二彩《たびい》」があがっている。

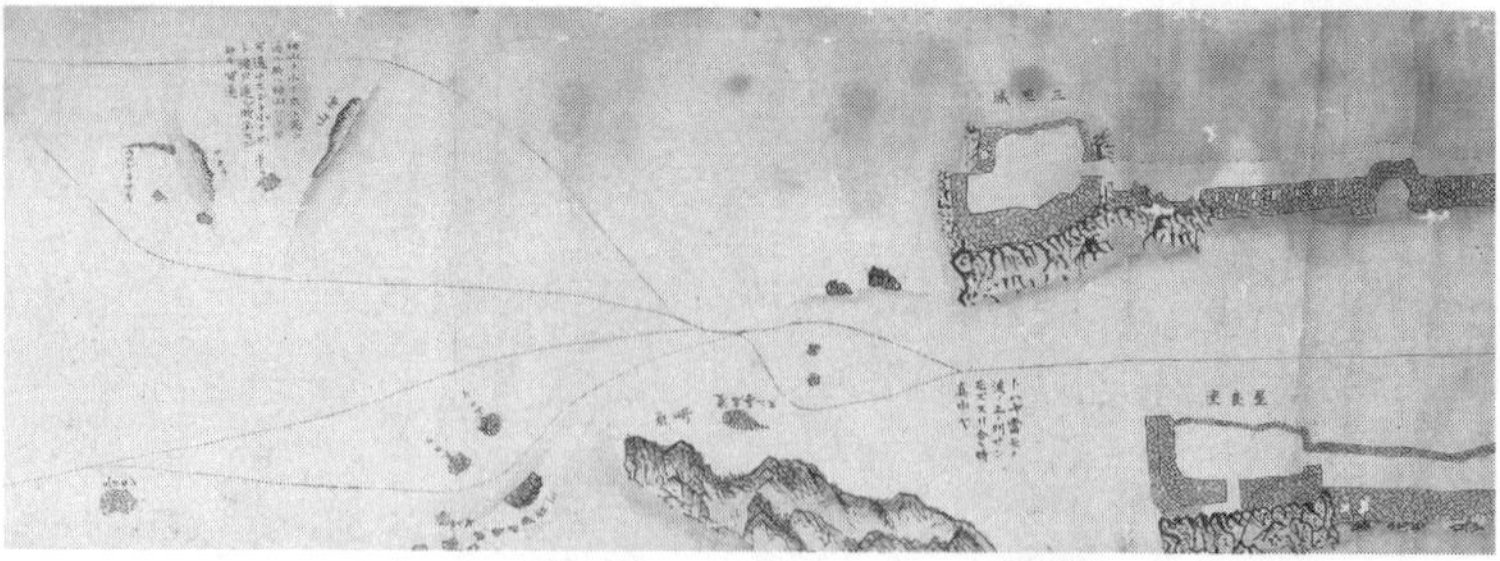

那覇港

福州市街

●──琉球より福州にいたる進貢船海路図巻(上から)

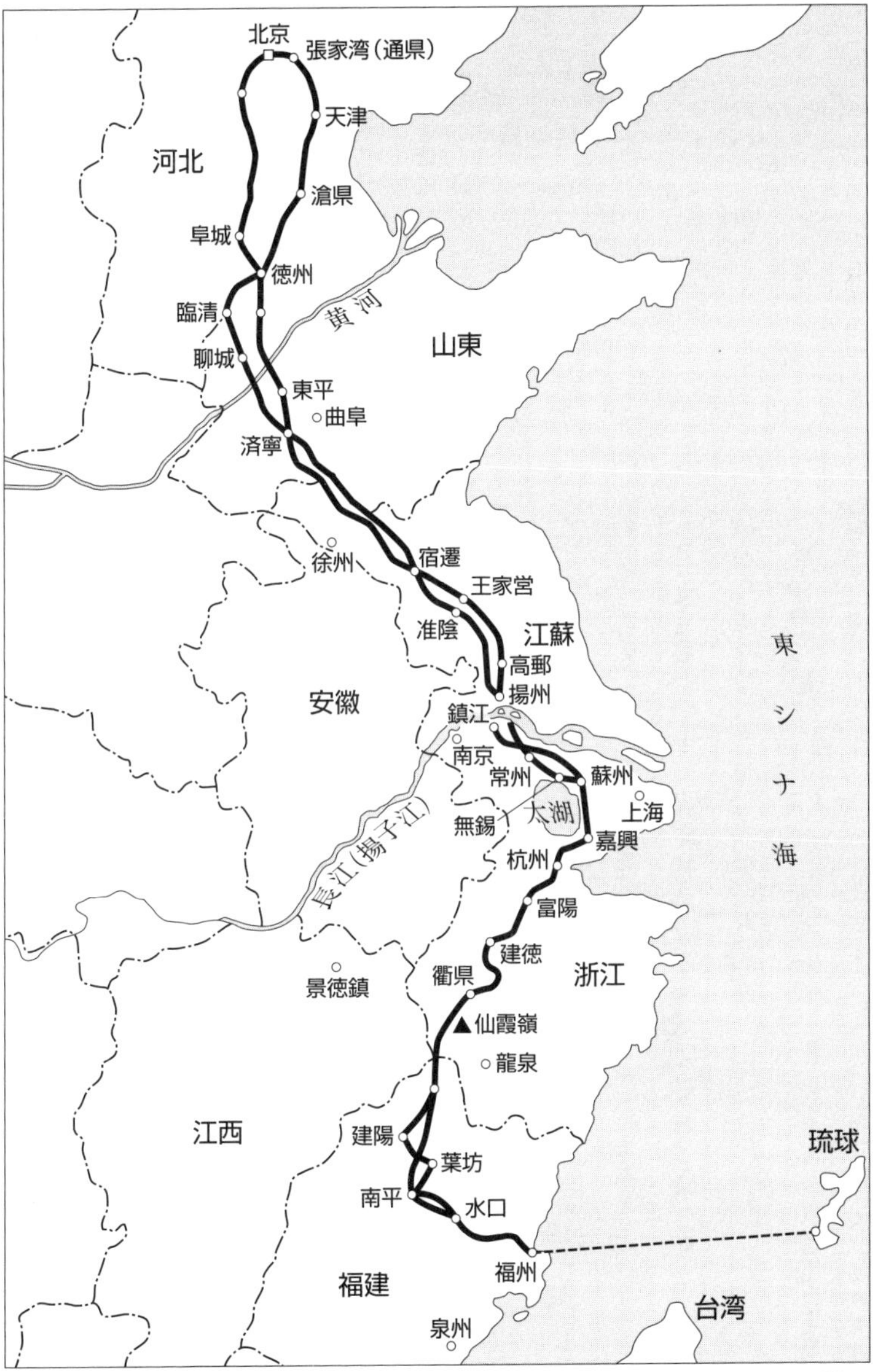

●──琉球使節の進貢ルート（真栄平房昭「琉球使節の異国体験」〈永積洋子編『「鎖国」を見直す』山川出版社, 1999年〉による）

京までは日本の道程にして八八〇里余ある。張家湾で礼部《れいぶ》(外国交通の事務担当)の下官の出迎えを受け、北京城内の会同館《かいどうかん》▲に宿泊する。

北京では、礼部衙門《れいぶがもん》(役所)に参上し、中山王より皇帝宛の表文と方物、および礼部宛の咨文を差しあげる。皇帝への拝礼は、紫禁城《しきんじょう》▲に登城して太和殿《だいわでん》で、正使・副使が三品《さんぴん》▲の席に進み、皇帝に三跪九叩頭《さんききゅうこうとう》▲の拝礼をする。それが終って後日、皇帝より下馬宴《げばえん》という歓迎の饗応が礼部衙門でくだされる。皇帝より中山王への拝領物は、紫禁城の正門である午門《ごもん》前の高台に載せてある品々を、使者が太和殿に向かって三跪九叩頭の拝礼をしたあと、序班官《じょはんかん》より頂戴する。中山王宛の皇帝の勅書と礼部の咨文は、礼部衙門で主客司《しゅかくし》▲の取次ぎで受け取る。そして同日、皇帝より上馬宴《じょうばえん》という送別の饗応が礼部衙門でくだされ、それが終りしだい、使者は北京を離れる(追録三—三九八号)。

こうした形で十八世紀初めごろ琉球は進貢を行ったが、日本との関係でそれはどのような意味をもっていたのか。

幕府の元禄改鋳《げんろくかいちゅう》後、たび重なる貨幣改鋳によって銀貨の品位が著しく低下していった。そのため、琉球が銀貨の品位下落が進貢の障害になっていると述べ、

▼会同館　北京におかれた外国使節の接待をつかさどる公館。一七四八(寛延元)年、外国の文字を翻訳することをつかさどる四訳館《しやくかん》(七四ページ図参照)をあわせる。

▼紫禁城　明・清両王朝の宮城《きゅうじょう》。

▼三品　品は清の官吏の等級。一品から九品に分けられ、さらに正・従の二つに分けられる。琉球国王は、二品に位置づけられていた。郡王ランクであった。

▼三跪九叩頭　三回跪《ひざまず》き、九回頭を地にすりつけること。

▼主客司　礼部に属し、朝貢・接待などのことをつかさどる。

●──琉球国王之印　一六六三年に中国から賜ったといわれる。印の左は満州文字。

●──尚敬肖像画

幕府に渡唐銀の品位を元禄銀なみに吹きなおしてほしいと訴え、幕府が「琉球封王使のために」という理由で許可したことは前述した。幕府は一七一〇（宝永七）年に行った琉球使節のあらたな位置づけに鑑《かんが》み、琉球と清の冊封《さくほう》・朝貢関係が日本にとって不可欠であると判断したのである。渡唐銀の吹替許可には、琉球と清の冊封・朝貢関係の維持を期待する幕府の意向が反映している。琉球はそのことを逆手にとって幕府に渡唐銀の吹きなおしを要求したと思われる。以後、琉球は幕府の渡唐銀吹替えの保証を背景に進貢することになる。渡唐銀の吹替えははじめ京都の銀座《ぎんざ》で行われたが、一七九九（寛政十一）年以降は江戸の銀座で吹きかえられた。

一七二四（享保九）年、尚敬《しょうけい》は慶賀使を派遣し、雍正帝《ようぜいてい》の即位を祝賀した。雍正帝は返礼として御書扁額「輯瑞球陽《しゅうずいきゅうよう》」を尚敬に贈った。そこで尚敬は翌年、黄金製の雌雄一対の鶴の置物を雍正帝に贈った。それに対し、雍正帝は次回の進貢を免除する恩典をあたえたが、尚敬はあくまで貢期どおり進貢したいと訴えた（一貢免除問題《いっこうめんじょもんだい》）。そのやりとりが一七三四（享保十九）年まで繰り返された。琉球が二年一貢にこだわる理由は、尚敬の一七三〇（享保十五）年十一月十一日付の謹奏《きんそう》によると、「臣は代々冊封を受け、世々貢職を供してきた。その貢期を緩くして梯山《ていざん》航海して忠誠を尽くす東南諸国の後《しりへ》に列することはできない」ということであった（宮田俊彦「蔡温の外交」）。つまり、進貢を中断しているあいだに、東南アジア諸国に朝貢国の席次をとってかわられるのではないかというのである。琉球は清に朝貢する国々のなかで朝鮮についで第二の席次に位置づけられていたので、その席次を維持するためだった。幕府に琉球使節を高く評価させるうえで、中国における席次が重要と認識されていたからである。

一貢免除問題はこのあとも一七四〇〜四四（元文五〜延享元）、五六〜五八（宝暦六〜八）、八八（天明八）年に起こったが、八八年にはそれを撤回させることに成功した（豊見山和行「琉球の対清外交について——雍正・乾隆期の一貢免除問題を中心に——」）。その喜びを、琉球は「これは誠に長い年月なかった奇遇で、百世無窮の栄光である」と『中山世譜』に記した。一七九六（寛政八）年に江戸上りした琉球人は、前薩摩藩主島津重豪《しげひで》に対し、「朝鮮・琉球・安南《ベトナム》・緬甸《ビルマ》の四外国は、その席次で清の皇帝に拝謁する」（『琉客譚記』）と、琉球が朝鮮につぐ第二の席次を維持していることを語っている。

▼**西苑の紫光閣**　北京の西苑内の太液池《たいえきいけ》（七四ページ図参照）の西岸、豊澤園《ほうたくえん》の北にあった宮殿。

『中山世譜』の進貢記事は、一七七八（安永七）年までは進貢使が北京に赴き、皇帝に表文・方物を捧呈し、皇帝から回賜物があったことを記すだけだったが、八〇（同九）年には従来の記事に加えて、⑴皇帝から中山王に通常の回賜物以外に特賜を賜ったこと、⑵皇帝が太祖をまつる太廟《たいびょう》に行幸したとき、朝鮮・南掌《ラオス》・暹羅《シャム》などの使臣と一緒に朝廷の百官《ひゃっかん》に従い、天顔をあおぎみたこと、⑶皇帝が西苑《せいえん》の紫光閣《しこうかく》▲に行幸するのを朝鮮の使臣と出迎え、また、西直門《せいちょくもん》の離宮・円明園《えんめいえん》で御宴を賜ったこと、などを記し、なかでも円明園で演技や花火を見物して彩色した緞子《どんす》を賜ったことを「百代無窮の栄光である」と特記するようになる。太祖をまつった太廟は天安門《てんあんもん》の東に、天帝をまつった天壇《てんだん》は外城《とじょう》の南にある。

進貢使の北京での行動で注目したいのは、外国使臣との交流である。一七八〇年以降、『中山世譜』は、進貢使が外国使臣と紫禁城の午門で皇帝の聖駕《せいが》を送迎したり、保和殿《ほわでん》に召されたことなどを克明に記録する。七五ページ右表は、琉球の使臣が外国の使臣と行動をともにした年次とその国名を示した（廓爾喀はネパール、巴勒布は不詳）。そうしたことが一七八〇～一八五四（安永九～安政

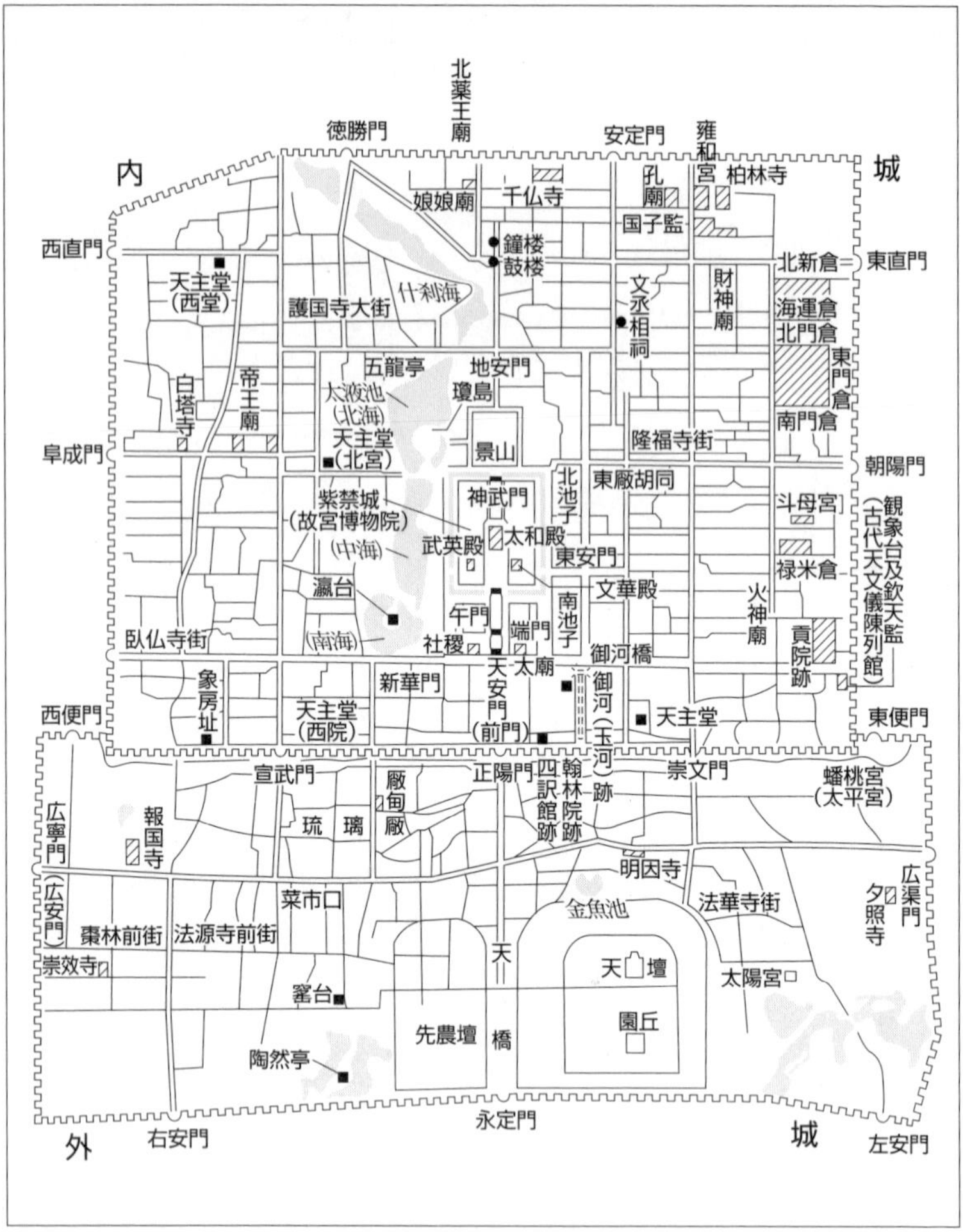

●――清代の北京(朴趾源著・今村与志雄訳『熱河日記』〈平凡社, 1978年〉による)

●――天安門

▼御船奉行　領国中の諸浦ならびに荒田浜（鹿児島）・七島・三島を支配した。

難所である。そのため、七島が日本（薩摩）と琉球の国境であった。一四七一（文明三）年に朝鮮の申叔舟《しんしゅくしゅう》が著わした『海東諸国紀《かいとうしょこくき》』（田中健夫訳注、岩波文庫）の「日本国西海道九州之図」（次ページ参照）をみると、臥蛇島は「日本と琉球に分属する」と記されている。一四五〇（宝徳《ほうとく》二）年に朝鮮人四人が臥蛇島に漂着したが、島はなかばは琉球に属し、なかばは薩摩に属しているゆえに漂流民のうち二人は琉球側が、二人は薩摩側が引きとった。

薩摩側の領主は種子島《たねがしま》氏である。一四三六（永享八）年八月十日、種子島幡時《はたとき》が薩摩守護代島津好久《よしひさ》より七島のうち二島、臥蛇島と平島を給わっている。一五一〇（永正七）年三月、臥蛇島より種子島氏の役所に綿一八把《は》・鰹節五連《れん》・叩《たたき》煎《いりこ》の小桶《こおけ》をおさめている。一六〇九（慶長十四）年の薩摩侵入後、七島は薩摩藩領となった。一六三九（寛永十六）年の「御分国中惣高幷衆中乗馬究張（帳）」によると、石高《こくだか》は四九七石九斗六升余であった。

七島は、薩摩藩の行政上は御船《おふね》奉行▲の支配下にあり、口之島・中之島・宝島に津口番所がおかれ、鹿児島城下より在番が二人ずつ交代で派遣されて勤務した。御船奉行の支配下には七島のほかに黒島・竹島・硫黄《いおう》島の三島があったが、

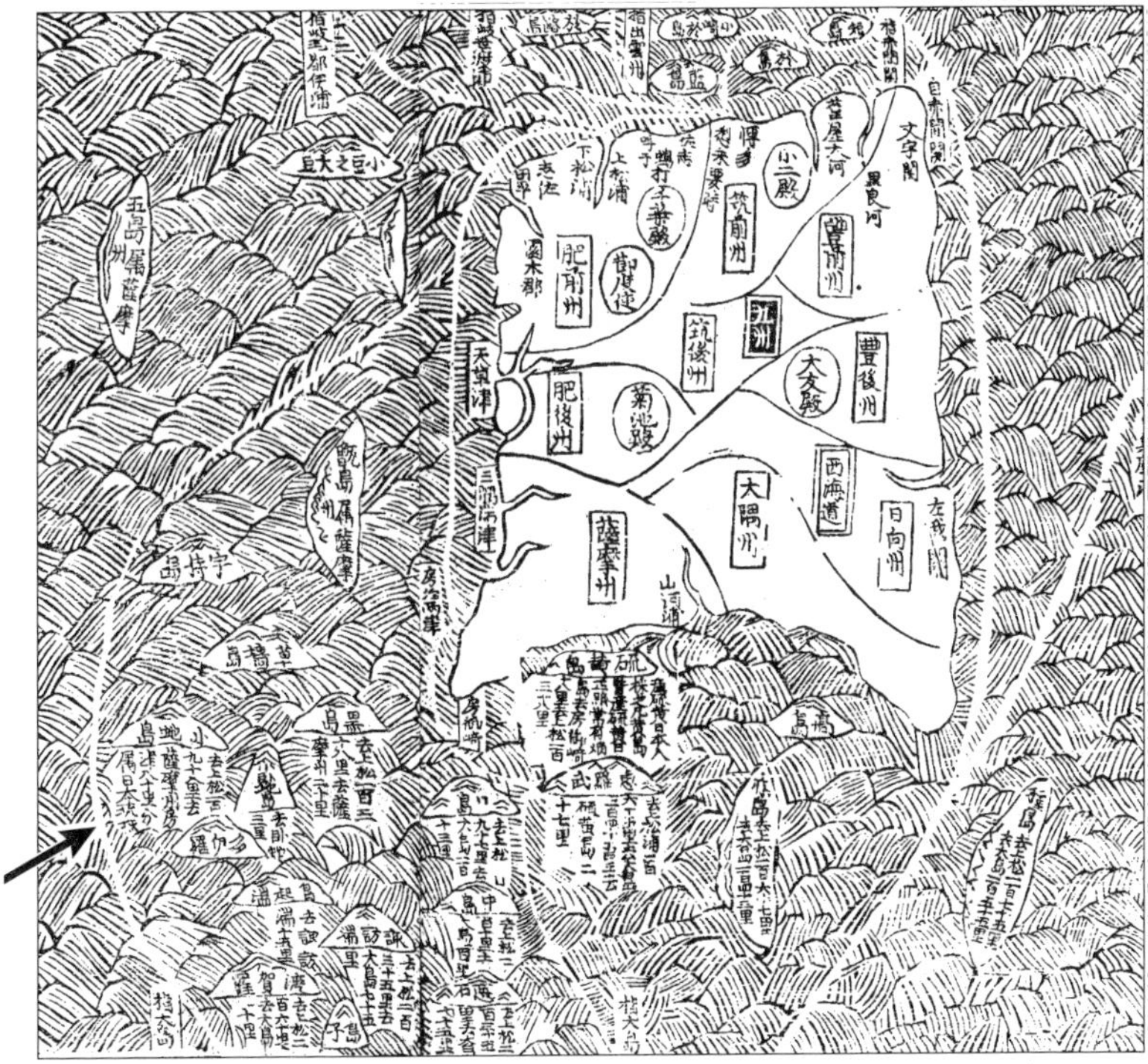

●──「日本国西海道九州之図」（申叔舟『海東諸国紀』〈1471年〉による）　矢印は臥蛇島。

島役人の呼称は異なる。三島の島役人は庄屋《しょうや》、七島は郡司と称した（七島郡司）。七島郡司の初見は、「平家堂板碑文《へいけどういたびぶん》」（元禄四年二月）にみえる宝島郡司である（永吉実季『宝島歴史散歩』第一集）。元禄四年は一六九一年である。郡司家の系図によると、七島郡司は古くから存在していたように書かれているが、薩摩藩の役人・船頭らが宝島人と偽って冊封使と対面した一六八三（天和三）年ごろ設置されたのではないか。薩摩藩は琉球国王を琉球国司（一六三五～一七一二〈寛永十二～正徳二〉年）と名乗らせたが、その琉球の属島七島の島役人だから郡司と称したのである。琉球国司に対応する七島郡司である。郡司は本来百姓身分であるが、役目中は家族までも百姓身分から除かれて武士身分とされ、本人は書下《かきくだし》名字《みょうじ》▲を許され、藩主在国のときは対面所において年頭の御目見《おめみ》えを許された（紙屋敦之「琉球の中国への朝貢と対日関係の隠蔽」）。

七島はつぎのような内部構造をとっている。薩摩藩は一七二二～二六（享保七～十一）年、領内（薩摩・大隅《おおすみ》・日向《ひゅうが》諸県郡）に享保内検▲と呼ばれる検地を実施したが、口之島の「立証名寄帳写《りっしょうなよせちょううつし》」（一七二七〈同十二〉年）によると、口之島は二〇の屋敷から構成されている。屋敷は、薩摩藩の農民支配の制度である門割《かどわり》制度▲

▼**書下名字**　郡司は日高太郎右衛門、肥後仁兵衛のごとく名乗ることが許された。

▼**享保内検**　一七二二～二六（享保七～十一）年、薩摩藩が領内（薩摩・大隅・日向諸県郡）に実施した検地。

▼**門割制度**　薩摩藩の土地制度。土地の割りかえと均分が特徴。門・屋敷があり、名頭・名子の家部からなる。

の門とならぶ農業経営の単位で、名頭《みょうず》と名子《なご》から成り立っている。「立証名寄帳写」の特長は、その屋敷名にある。郡司が名頭を務める殿内《トゥンチ》を除く一九屋敷が、中村屋敷・向村《むかいむら》屋敷・不動村《ふどうむら》屋敷・奥村屋敷・下津峰村《しもつみねむら》屋敷・前向村《まえむかいむら》屋敷・上家村《かみいえむら》屋敷・下村《しもむら》屋敷・津峰村《つみねむら》屋敷・岸園村《きしぞのむら》屋敷・前家村《まえいえむら》屋敷・下之村《しものむら》屋敷・庄司道村《しょうじみちむら》屋敷・加村《かむら》屋敷・阿野村《あのむら》屋敷・岸元村《きしもとむら》屋敷・処園村《しょぞのむら》屋敷・新家村《しんいえむら》屋敷・中阿野村《なかあのむら》屋敷のごとく「〇〇村」と称している（川嵜兼孝「口之島の『立証名寄帳写』について」）。

琉球「国」の属島である七島の各島が「郡」、そして農業経営の単位である屋敷が「村」になぞらえられている。

トカラとの通交

一七二五（享保十）年に蔡温は『中山世譜《ちゅうざんせいふ》』を重修し、薩摩侵入時の国王尚寧《しょうねい》の項に、

琉球は土地が瘠せ産物が少なく国用が不足したので、朝鮮・日本・暹羅《シャム》・瓜哇《ジャワ》等の国とかつて通交の礼を行い、互いに往来し国用に備えた。

> 万暦年間(一五七三〜一六一五年)に王は兵警を受け、琉球を出で薩摩にあった時、王は、吾は中国に仕えてきたが、忠義はまさに終わらんとしていると言った。日本は深くその志をほめ、琉球に帰してくれた。その後、朝鮮・日本・暹羅・瓜哇等の国と互いに往来せず、琉球はまた孤立し、国用もまた不足した。
> 幸い日本の属島度佳喇《トカラ》の商人が、琉球に来航して貿易し、往来が絶えない。琉球はまた度佳喇を頼りにして国用を備え、国もまた安然である。ゆえに琉球の国人は、度佳喇を称して宝島と言っている。

と、薩摩の侵入を受けたが、尚寧が帰国を許されたあと日本などと通交していない、日本の属島度佳喇の商人が来ていると述べ、日本との関係を否定した。「度佳喇との通交」論は、蔡温の父蔡鐸《さいたく》が一七〇一(元禄十四)年に編纂した『中山世譜』には載っていないので、一七一九(享保四)年の琉日関係の隠蔽が契機と考えられる。

『中山世譜』の正巻は中国関係の記事を載せる。鄭秉哲《ていへいてつ》が一七三二(享保十七)年に編纂した附巻には、日本(薩摩)関係の記事が載っている。鄭秉哲らは一七四五(延享二)年に歴史書の『球陽《きゅうよう》』を編纂するが、附巻は尚寧から始まり日本関係だけを載せている。『中山世譜』『球陽』が中国と日本関係を書き分けたのは、琉日関係の隠蔽を踏まえてのことである。

一七五七(宝暦七)年、清はふたたび海禁政策を実施した。その前後、琉球は一七五三(宝暦三)年に「旅行心得之条々」、五九(同九)年に「同追加」を定め(沖縄県立図書館蔵)、唐旅を務める家臣に、中国で日本との関係を問われたときの答え方を指示した。それによると、琉球は三府(北山《ほくざん》・中山・南山《なんざん》)三六島からなる、とまず隠蔽の舞台を設定し、そのうえで、宝島と通交しているのは、進貢・接貢のとき琉球の政務に必要な品物を中国で買いととのえるための銀を手にいれるためである、とくに白糸《しらいと》・反物《たんもの》類を購入するのは、琉球に来航する宝島商船に販売して銀を調達するためである、日本式の書付・帳冊などを見とがめられたら、宝島商人とばかり通商するからそれを用いているのである、と。

進貢・接貢以外にも、琉球船が中国に漂着する場合がある。毎年、琉球から年頭使その他の名目で薩摩へ上国する使者は、われわれは琉球三六島の巡見官である、宝島商船を雇って徳之島《とくのしま》へ渡海する途中だった、薩摩に白糸・反物を

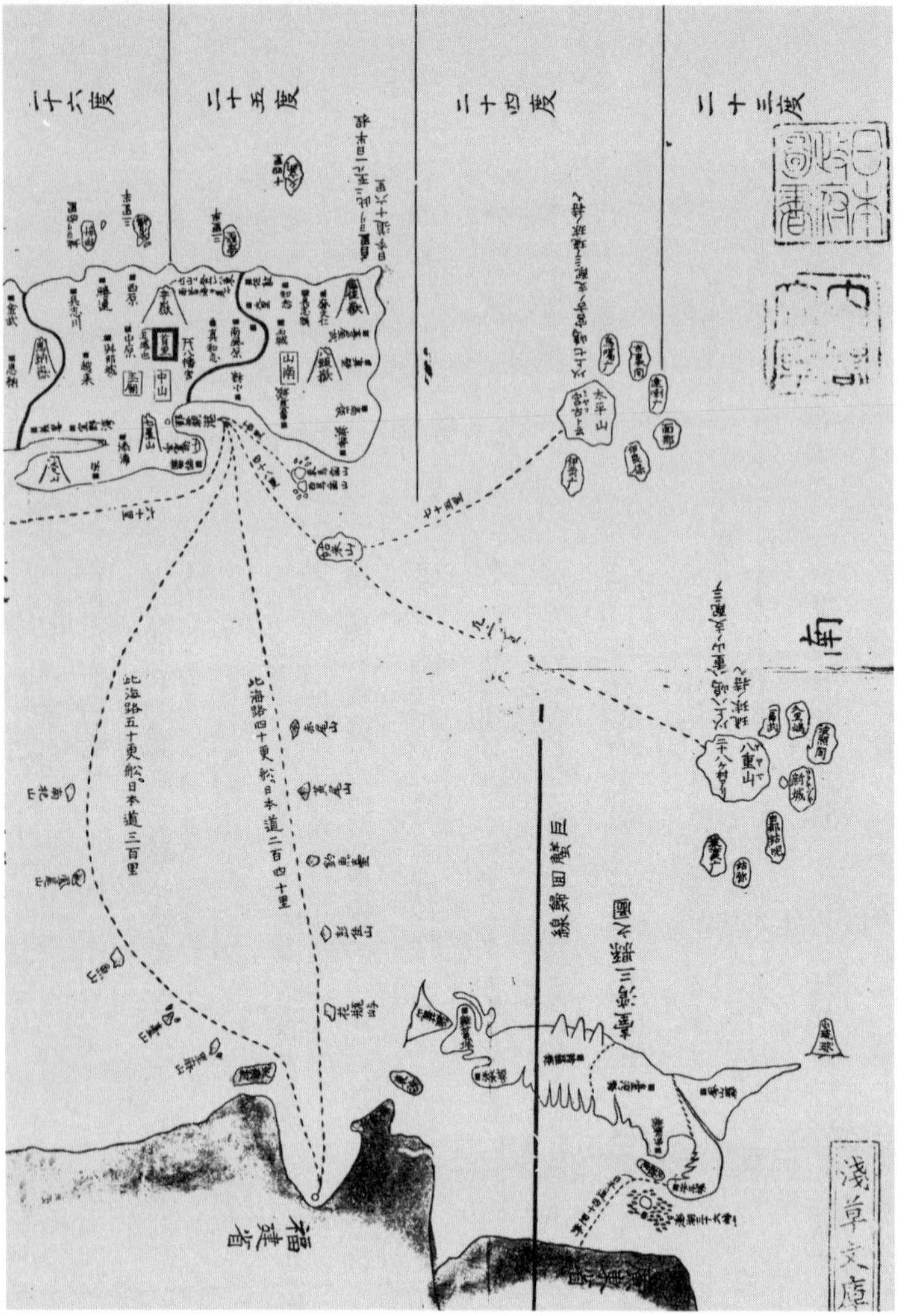
二十六度
二十五度
二十四度
二十三度
中山
山南
太平山
八重山
北海路五十更船日本道三百里
北海路四十更船日本道二百四十里
福建省
浅草文庫

●──参考史料

「喜安日記」(『那覇市史　資料篇』第1巻2，那覇市役所，1970年)
木村高敦『武徳編年集成』下巻，名著出版，1976年
『鹿児島県史料　旧記雑録後編』全6巻，『同追録』全8巻，鹿児島県，1971〜86年
「列朝制度」(藩法研究会編『藩法集8　鹿児島藩　上』創文社，1969年)
辻善之助校訂「異国日記」15(『史苑』第6巻2，1931年)
大庭脩編『唐船進港回棹録・島原本唐人風説書・割符留帳』関西大学東西学術研究所，1974年
「信牌方記録」(大庭脩編『享保時代の日中関係資料』1，関西大学出版部，1986年)
球陽研究会編『球陽　読み下し編』角川書店，1974年
村上直次郎訳『長崎オランダ商館の日記』第2輯，岩波書店，1957年
西川如見『日本水土考・水土解弁・増補華夷通商考』岩波書店，1988年
「使琉球雑録」(『那覇市史　資料篇』第1巻3，冊封使録関係資料(読み下し編，那覇市役所，1977年)
朝鮮史編修会編『朝鮮史』第5編第2巻，東京大学出版会，1986年
伊地知季安「琉球御掛衆愚按之覚　全」(『鹿児島県史料　旧記雑録拾遺　伊地知季安著作史料集2』鹿児島県，1999年)
林鵞峯「国史館日録」(『本朝通鑑』第17，国書刊行会，1919年)
東京大学史料編纂所編『大日本近世史料　唐通事会所日録』1，東京大学出版会，1955年
『通航一覧』全8巻，鳳文書館，1991年
『鹿児島県史料集(1)薩藩政要録』鹿児島県史料刊行会，1960年
『燕行録選集』上，成均館大学校大東文化研究院，1962年
沖縄大百科事典刊行事務局編『沖縄大百科事典』上・中・下巻，沖縄タイムス社，1983年

真栄平房昭「琉球における家臣団編成と貿易構造―『旅役』知行制の分析―」藤野保編『近世九州史研究叢書3　九州と藩政(Ⅱ)』国書刊行会, 1984年
真栄平房昭「近世日本における海外情報と琉球の位置」『思想』第796号, 1990年
山田哲史「上国使者一覧―中山世譜付巻による分類・整理―」『史料編集室紀要』第23号, 1998年

③―薩琉中貿易

安良城盛昭「進貢貿易の特質」『新沖縄史論』沖縄タイムス社, 1980年
崎原貢「渡唐銀と薩琉中貿易」『日本歴史』第323号, 1975年
仲原善忠「砂糖の来歴」『仲原善忠選集』上巻, 沖縄タイムス社, 1969年

④―江戸・北京への琉球使節

紙屋敦之「幕藩制下における琉球の位置―幕・薩・琉三者の権力関係―」北島正元編『幕藩制国家成立過程の研究』吉川弘文館, 1978年
紙屋敦之「琉球使節の最後に関する一考察」『七隈』第25号, 1988年
紙屋敦之「北京の琉球使節」『歴史手帖』第260号, 1995年
豊見山和行「琉球の対清外交について―雍正・乾隆期の一貢免除問題を中心に―」『琉球王国評定所文書』第3巻, 浦添市教育委員会, 1989年
眞境名安興『沖縄一千年史』琉球新報社, 1923年
宮城栄昌『琉球使者の江戸上り』第一書房, 1990年
宮田俊彦「蔡温の外交」『琉球・清国交易史』第一書房, 1984年

⑤―トカラとの通交

紙屋敦之「琉球の中国への朝貢と対日関係の隠蔽」早稲田大学アジア地域文化エンハンシング研究センター編『アジア地域文化学の発展―21世紀ＣＯＥプログラム研究集成―』雄山閣, 2008年
川嵜兼孝「口之島の『立証名寄帳写』について」秀村選三編『西南地域史研究』第5輯, 文献出版, 1983年
喜舎場一隆「近世期琉球の対外隠蔽主義政策」『近世薩琉関係史の研究』国書刊行会, 1993年
崎濱秀明『蔡温全集』本邦書籍, 1984年
永吉実季『宝島歴史散歩』第一集, 私家版, 1985年

●—参考文献

紙屋敦之「徳川家康と琉球王の対面に関する一史料」『日本史攷究』第22号, 1996年

①—幕藩体制下の琉球

伊波普猷「孤島苦の琉球史」『伊波普猷選集』第2巻, 平凡社, 1974年
加藤榮一「八幡船・朱印船・奉書船—幕藩制国家の形成と対外関係—」大石慎三郎編『海外視点・日本の歴史9　朱印船と南への先駆者』ぎょうせい, 1986年
紙屋敦之「大君外交と近世の国制」『早稲田大学大学院文学研究科紀要』第38輯, 1993年
高埜利彦「『禁中並公家諸法度』についての一考察」『学習院大学史料館紀要』第5号, 1989年
豊見山和行「江戸幕府外交と琉球」『沖縄文化』第65号, 1985年
豊見山和行「近世琉球の外交と社会—冊封関係との関連から—」『歴史学研究』第586号, 1988年
豊見山和行「複合支配と地域—従属的二重朝貢国・琉球の場合—」濱下武志・川北稔編『地域の世界史11　支配の地域史』山川出版社, 2000年
深瀬公一郎「近世日琉通交関係における鹿児島琉球館」『早稲田大学大学院文学研究科紀要』第48輯, 2003年

②—明清交替と琉球

安良城盛昭「琉球処分論」『新沖縄文学』第38号, 1978年
江嶋壽雄「明末女直の朝貢について」清水博士追悼記念明代史論叢編纂委員会編『清水博士追悼記念　明代史論叢』大安, 1962年
小野まさ子・里井洋一・豊見山和行・真栄平房昭「『内務省文書』とその紹介」『史料編集室紀要』第12号, 1987年
紙屋敦之「幕藩制国家の蝦夷地支配」『思想』第796号, 1990年
小宮木代良「『明末清初日本乞師』に対する家光政権の対応—正保三年一月十二日付板倉重宗書状の検討を中心として—」『九州史学』第97号, 1990年
中村質「近世における日本・中国・東南アジア間の三角貿易とムスリム」『史淵』第132輯, 1994年

日本史リブレット43
琉球《りゅうきゅう》と日本《にほん》・中国《ちゅうごく》

2003年8月30日　1版1刷　発行
2019年12月20日　1版6刷　発行

著者：紙屋敦之《かみやのぶゆき》

発行者：野澤伸平

発行所：株式会社 山川出版社

〒101－0047　東京都千代田区内神田1－13－13
電話　03(3293)8131(営業)
　　　03(3293)8135(編集)
https://www.yamakawa.co.jp/
振替　00120-9-43993

印刷所：明和印刷株式会社

製本所：株式会社 ブロケード

装幀：菊地信義

© Nobuyuki Kamiya 2003
Printed in Japan ISBN 978-4-634-54430-7
・造本には十分注意しておりますが，万一，乱丁・落丁本などが
ございましたら，小社営業部宛にお送り下さい。
送料小社負担にてお取替えいたします。
・定価はカバーに表示してあります。

日本史リブレット　第Ⅰ期［68巻］・第Ⅱ期［33巻］　全101巻

それからのピノッキオ

吉志海生

てらいんく

ベルナルディノ・ルイニ「バラ生垣の前のマドンナ」

フランチェスコ・グアルディ「魚市場近くの大運河」

それからのピノッキオ

第1章　旅立ち

人間の子どもになったピノッキオは、毎日、規則正しく暮らしていた。家では、お父さん役のジェッペット、お母さん役の仙女様、二人の言うことをよく聞いた。また、学校へ行き、先生の言うことをよく聞き、一生懸命勉強した。こうしてピノッキオは、全く模範少年のような暮らしをするようになった。

　そのうち、ピノッキオは十五歳になり、高校に通う年齢となった。ある日、ピノッキオが言った。

「ねえ、お母さん、ぼく、高校に行こうか、それとも、旅に出ようか、迷っているんです。」

「えっ？　何ですって！」

　仙女様は驚いた。なぜなら、仙女様はピノッキオが当然、高校に進むものと思っていたからである。

「わしのような学問のないものにはようわからんが、どうしてまた、そう迷うのかのう？」

ジェッペットが不思議そうに尋ねた。ジェッペットにしてみれば、ピノッキオがあれほど熱心に勉強し、また、あれほど強く学校を愛していたのにと思うからである。

「ぼく、このごろ、世の中を自分の目で確かめたいと思うようになりました。学校ではいろんなことを教えてくれますが、それはほとんど本に書いてあることです。本を読めばわかることなんです。」

「この世の中で生きていくにはいろんな知識が必要でしょう。あなたはまだまだ知識の量が少ないのではありませんか？」

「それにお前はこれまで、ずいぶんいろんな経験を積んできたのではないのかのう？」

「はい、確かにぼくはこれまでいろんな経験をしてきました。でも、それは操り人形としてのピノッキオが経験してきたことです。そして、ぼくが学校で学んだことはその経験を本で学びかえすことでした。たとえば毎日、籠を五つ作ってそれを一個一ソルドで売るとしたらいったい何日で一リラかせぐことができるかという問題です。ぼくはこの問題を次のように解きました。一リラは百チェンテジモです。また、一ソルドは五チェンテジモです。一日で五ソルド、つまり二十五チェンテジモかせぐわけですから、一リラかせぐには四日かかる

ということになります。これを学校では1ソルド×5（個）＝5ソルド、1リラは20ソルドだから、20ソルド÷5ソルド＝4（日）と、このようにチェンテジモという小銭の単位を使わないで計算してしまいます。ぼくはどうしてもチェンテジモという単位を使わないと、その計算の実感が出てきません。」

「なるほどのう。」

ジェッペットは、いかにもピノッキオの言うことがよく理解できるというふうにうなずいた。

「学校の先生はあなたがまだ読んだこともない、最先端の知識を授けてくれるでしょう。」

仙女様はピノッキオに進学を勧めようとして、こう言った。

「はい、先生がたはたいへんな物知りです。ぼくの学校では若い先生は外国に留学させられます。このかたがたが戻ってくると、校長先生をはじめ先輩の先生がたから例えば『今オーストリアにおいて最も先端的な、あるいは有力的な知識は何であるか』と質問され、解説をさせられるそうです。それをうまくこなさないと外国に行っていて遊んでいたのだと悪口を言われるそうです。ぼくはそういう先生のお一人に教わったことがあります。その先生は授業の中でオーストリアの最先端の知識を紹介され、例えば何とかという人の法律学の考えを示されました。しかし、ぼくは『オーストリアで何とかという学者がこの本の中でこんなことを言っている』と教えられても、少しも感激しませんでした。外国で生まれた学問や知識を学ぶことよりも、いったい、自分の国はどうなっているのかをこの目でしっかりとつかんでみたいと思ったのです。外国の衣服雑誌に出ている衣服をそのままの寸法で作ってみたところで、それは自分には着られません。今この国の人々はいったい何をしているのか、また、何をしてきたのか、そして、これからどうしようとしているのか、それらをまずつかむべきだと考えたのです。」

ピノッキオの話を静かに聞いていた仙女様は最後に、こう言った。

「足元を見るのは大事なことです。よくわかりました。体に気をつけて行ってらっしゃい。」

こうしてピノッキオは、旅に出ることになった。

第2章　古ぼけた木の杭と

イタリアの国の中にも、いろんなところがあった。ピノッキオはここシエナを出発してトリノに行きたいと思った。トリノはイタリア北西の端にある町で、そこからはアルプスの山々がよく見えると学校友達から聞いたからである。ピノッキオは海も大好きだが、山も大好きだった。彼は父や母にトリノに行くと言った。だが、シエナからトリノはあまりにも遠かった。ピノッキオがまず出かけたのは、小高い丘と深い森のあるウンブリア地方であった。てくてくと歩いていくと、やがてトラジメノ湖が見えてきた。湖のそばを流れる河の中に一本の古ぼけた木の杭があった。ピノッキオは一瞬、その杭に気を取られながらも、何食わぬ顔でそこを通り過ぎようとした。すると突然、河の中から大きな声がして彼を呼びとめた。

「おーい、若いの、そんなに急がず、わしの話を聞いていかんか。」

「何でしょう？　何かご用ですか？」

「ああ、ご用だ。わしの話を聞くというご用だ。」

「それじゃ、どうぞ。」

ピノッキオは素直に耳を傾けた。

「わしは自分のことを詩にしたんだ。聞いてくれるかい？」

「ぼくは詩のことはよくわかりません。でも、感想くらいは述べられると思います。」

「それを聞いて安心した。わしはひがみっぽいたちでのう、人からお前の詩はだめだと言われると、もうからっきし自信がなくなるのじゃ。自分でもあまりよい詩とは思わんが、まあ一つ聞いてみてくれ。」

そう言って古ぼけた木の杭は、自分の作った詩を読み始めた。

わしゃあ　濁った流れの中に突っ立って
天の一角をにらんでいる
古ぼけた一本の杭だ

雨の日　風の日　だんだん朽ちていく
己を見つめ
激しい流れに流されぬよう

たとてもはでなものだった。

「よろしく頼みますよ。」

その人はピノッキオの方を向いて、あいそよく笑った。

「ところであなた、どこへ行かれるんですか?」

「どこっと別に目標があるわけじゃないんですが、とりあえず山向こうの町で一枚の絵を見ようと思っています。」

「絵ね。おうらやましい。それを見るといくらか稼げるんですか?」

「えっ、……」

「いや、何、ただ絵を見るだけで旅をするなんて、あっしにゃ、無駄だと思われますからね。」

「そうかもしれません。ぼくにもよくわからないんです。そんなことをしていていいんだろうかとか。でも見たいんです、その絵を、この目で。」

「あなた、絵描きさん? それなら一枚見せてくださいよ。そうしたらあっしが、すばらしい詩を作ってあげるから。」

ピノッキオは「絵描きさん」という言葉を聞いてびっくりした。自分はまだ絵描きになるなんて考えてもみなかった。だが、絵を描くことは好きだ。そして、絵を見るのも好きだ。学校の勉強に飽きたらぬものを感じて、何か新しいことを始めたくなったのも実はこんなところにその根があったのかもしれない、そうピノッキオは考えた。

ピノッキオは先ほど、河の中でこの家の女主人が髪を洗うのをスケッチした。そのことを思い出した。

「こんな絵はどうでしょうか？」

男はしげしげと絵を見つめた。それから、こう言った。

「いいね、実にいい絵だ。人の所作に弾力があるし、周りの情景もよく描けている。」

「ちょっと大ざっぱ過ぎやしませんか？」

「いや、これでいいんです。これ以上詳しく描くと、見る者の感じ方を抑えてしまいますよ。これくらいのスケッチでちょうどいいんです。」

男はそれから、ピノッキオの描いた絵を携えて外へ出た。詩の文句を考えるのだと言う。夜の暗がりの中で、いったい、何を考えるのだろうとピノッキオはいぶかしく思った。一人で部屋の中にいても退屈なので、ベッドに仰向けになって目をつむった。うとうととしているうちに睡魔に襲われ、ついに眠ってしまった。

第3章　月明かりの下、髪洗う女

「朝です。起きてください。」

ピノッキオは、男の声で目を覚ました。男はニコニコして詩の原稿を差し出した。

「もうでき上がったのですか？」

「はい、できました。昨日、あれから河へ行ってみました。月明かりの中で、そのようすがもう一度起こっているような気がしたのです。」

「えっ！　……彼女が現れたんですか？」

「はい、現れました。」

「彼女がもう一度髪を洗ったんですか？」

「その人は野菜を洗いに来たのです。それで、呼び止めてお願いしたんです。河の中へ入って髪を洗う真似事をしてくれませんか、と。」

「彼女は何と言いました？」

「わたしは真似事は嫌いです。やるならちゃんとやります、と。」

「ああ、大変だ。」

ピノッキオはあきれて、しばらくは物が言えなかった。それほどまでに真剣にしなければならなかったのだろうかと合点が行かなかった。

「誠実なんですよ、あのかたは。誠実すぎて生き方が息苦しいんですよ。」

「でも、その誠実のおかげであなたの詩が完成したのではありませんか？」

「その点では感謝しています。しかし、あのかたのやることを見ていると何事に対しても真剣で、はたから見ていると心配でハラハラすることばかりです。」

「ところで、詩のほうを見せてくださいよ。」

「いいですよ。でもここは一つ、朗読しましょう。」

そう言うが早いか、男は自作の詩を朗読し始めた。

女　髪洗う　夕べの河に　夕べの色に
霧に抱かれて咽《むせ》びゆく流れの響き
髪から溶ける人情は
水に浮かび　月の光に圧《お》されつつ
流れゆけば
村も越えよう　野も越えよう
市《まち》もくぐろう
そして　海へと流れよう

群《むら》がりきたる情熱の
堪《こら》えもいられぬ肉の線
うねりうねりの手の動き
さては流れの髪の沢《つや》
解けよわが女
解けよ心の奥底までも
今し　月はすべりを迅《はや》くして
流れの上に和《なご》みつつ

向こうの岸の砂原も
こちらの岸の緑の野辺も
いつしか月の世となりつつ
川を挟んで　呼び応《こた》えする
心の調子

ピノッキオは黙って目をつむった。自分が昨日見たあの光景は、まさに月夜の出来事であったのかもしれない。この男の詩に感心しながら、あの光景と、そのモデルとなった女の人のことを考えた。

「この宿の女主人のことだけど、ほかにどんなことを知っていますか？」

「こりゃずいぶん、直球で来ましたね。この宿の下男、ほら、この間あなたをこの部屋に案内してきた爺さんですよ、彼が言うには、あのかたは出戻りだそうです。」

「結婚されていたんだ。」

「そうですよ。なんでも都会の大きなお店の若奥様だったそうです。ところが、そのご主人が結婚して一年後に入院されました。奥さんは一日おきに病院へ行きました。ご主人の大好きな書物と、滋養をつける栄養品を持って。奥さんは

は、とピノッキオは改めて仙女様の母心に感謝した。

そうして二人は部屋の中で、お互いに十字架とニンニクをかたく握りしめ、時間の過ぎてゆくのを待った。

「あ、そうそう、ドラキュラは太陽の光にも弱いんです。だから、朝が来ればこの宿から逃げ出せますよ。」

笛吹き男はそう、教えてくれた。

だが、まだまだ朝はやってきそうにない。二人は相変わらず緊張して部屋の中で、十字架とニンニクを握りしめていた。そのとき、こつこつとドアをノックするものがいた。二人はいよいよ来たかと思って、ブルッブルッと激しく身震いした。

「出てきやっしゃい、おいしいふかしパンができたぞな。」

「えっ!」

部屋の中の二人は思わず、絶句した。

「ふかしパン?」

「そうじゃ。お嬢様がお前さんたちのためにわざわざ作られたんじゃ。はよう出てこい。冷たくなってはおいしうないぞ。」

二人は互いに顔を見合わせて、部屋の外に出た。それから、お嬢様の待っている台所へ向かった。そこには、おいしいにおいのするふかしパンが山盛りになっていた。あたり一面、干しブドウとヨモギの芳《こう》ばしいにおいが漂っていた。

「うわあ、おいしそう。食べていいんですか？」

ピノッキオは言うが早いか、その一つを手に取ってむしゃむしゃと食べ始めた。

「現金なやつだ。さっきはあれほど、びくびくしていたのに。」

笛吹き男はあきれた顔で笑い出した。

「あのう、一つ聞いてもいいですか？」

ピノッキオは気がかりなことを尋ねてみることにした。

「半殺しって、いったい、何ですか？」

「それはこの土地では、干しブドウ入りのふかしパンのことよ。」

宿の奥さんが答えた。何だ、そうだったのか。とんだ早とちりをやってしまった。ピノッキオは恥ずかしいやら、うれしいやらで、穴があったら入りたい気分だった。

「では、皆殺しってのは？」

「それはヨモギ入りのふかしパンのことじゃ。」

爺さんが答えた。

ピノッキオと笛吹き男はふかしパンを腹いっぱい、食べた。後で爺にこっそりと聞いたところによると、奥さんは財政的にそれほど豊かでないのにもかかわらず、こうして旅の人々に何度もふかしパンをつくって食べさせるそうだ。それは奥さんが子どものときに見たお母さんのしていたことを真似ているのだと爺は言う。奥さんのお母さんは戦争が終わって食べ物が不足していたとき、おなかをすかしたかわいそうな子どもたちにふかしパンをつくって食べさせたのだ。このことを聞いて二人は、今もこの世で食べ物が十分に食べられない人人のいることを思い出して胸が熱くなった。ピノッキオも笛吹き男も以前、空腹をかかえてあちらこちらを旅したことを思い出した。自分たちもまた、できればこの宿の奥さんのように行動したい。それがいつのことになるかわからないけれども。

第5章　伝染病の町で

それから、ピノッキオと笛吹き男は連れ立って旅に出た。山を越えると大きな都会に出た。笛吹き男は町の通りに立って笛を吹き、また、あるときは即席の詩を朗読し、通りがかりの人々からお金をもらった。ピノッキオは帽子を脱いで、それを持って人々の間を回り、お金を集めた。笛吹き男は、また、あるとき、コーヒー店や酒場に呼ばれていき、その中で笛を吹いたり、詩を朗読したりした。いずれも大した稼ぎにはならなかった。

ある日のこと、笛吹き男は酒場で上機嫌の男にもてなされ、ごちそうになり、酒もずいぶん飲まされた。そして、その酒場の近くの家の前でいい気持ちで眠ってしまった。すると、やがてその家と並んだ別の家から、人の死骸が運び出され、眠っている笛吹き男のそばに置かれた。しばらくすると、ベルを鳴らした死体運搬車がやってきた。そして、この二つの「死体」を車に乗せ、教会の墓地へと運んでいった。埋葬人が二つの「死体」を穴に放り込んで、土をかけ始めたとき、笛吹き男はやっと気がついた。

「おーい、何をするんだ!」

死体がいきなり、穴の中で叫んだものだから、埋葬人はびっくりした。死体がしゃべっている! こりゃ大変だ、というわけで埋葬人はスコップを放り出して家へ逃げ帰ったというわけ。

ここイタリアの、ある地方都市では二か月前から、たちの悪い伝染病がはやっていた。家という家はかたく門を閉ざし、人々はできる限り家に閉じこもっていた。死者も二十人ほど出ていた。役所の人や病院は防ごうと努力していたが、この伝染病には特効薬はなかった。町の人々のうわさによれば、この伝染病はドイツの南端、ボーデン湖の近くの町で発生したものだという。その町の住民はネズミの大量発生に苦しんでいた。

そこへひょっこり現れたのは若い学生ふうの男だった。男はギターのような弦楽器を肩につるし、一匹の猿を連れていた。男は住民の話に耳を傾け、約束した報酬を払うならネズミを退治してやろうと言った。男の申し出は喜ばれ、住民の代表である市長は男が要求したとおりの報酬を支払うと約束した。報酬はその町の一年間の予算の半分に当たる大金であったが、市長も住民もこの際やむをえないと心を決めた。契約が成立したので、男はさっそく仕事に取り掛かった。町のあらゆる場所で楽器をかき鳴らし、猿はその後について踊りはねピノッキオは笛吹き男の入っている墓穴に近寄って、その中をのぞきこんだ。深い深い掘り抜き井戸のような墓穴だった。

「笛吹き男さーん、ぼくです、ピノッキオです、わかりますか？」

ピノッキオは墓穴の口から、できる限りの大声を出して叫んだ。

「ああ、なつかしいその声は、ピノッキオ！　まさしく友達の声だ！」

笛吹き男のうれしそうな声が穴の中でこだました。

「今からロープを下ろしますから、それにつかまって上ってきてください。」

「よし、わかった。」

ピノッキオが持っていたロープを下へ下ろすと、笛吹き男は待ってましたと言わんばかりにそれを握り、スルスルと見る見るうちに上ってきた。

「やあ、とんでもない目にあったもんだ！」

笛吹き男はしわくちゃになった衣服を直しながら、こう言った。

それから彼はこれまでの一部始終をピノッキオに語り聞かせた。ピノッキオは良い聞き手になってその話に耳を傾けた。それから二人は連れ立って宿屋へ帰っていった。

宿屋への帰り道で笛吹き男が、何げなく言った。

「よくロープを持っていたね。おかげで助かったよ。」

「はい、ぼくがいつも持ち歩いているリュックの中に、どういうわけか洗濯物をつるすロープが一本、入っていたんです。」

「君って、用意がいいんだね。」

「いや、そんなことありませんよ。ただ、いいかげんに入れておいただけですよ。宿屋で洗濯するのを忘れて、そのまましまっておいたんです。」

「本当かな?」

「本当です。疑うんですか?」

「ああ、君のことだから、てっきり、そのロープで首をつるのかと思ったんだ。」

「変なことを言わないでください。怒りますよ。」

「でもね、こんなご時世だ、首でもつりたくなるよ。さっきまで酒場でお客さんの相手をしていたんだがね、そのお客さん、今にも首をつりそうな気配だったよ。」

「そうですか。いやな世の中ですね。」

「そうそう、いやな世の中。」

「いったい、いつになったら、伝染病は治まるのでしょう?」

「そんなの、わからないよ。いつまで続くのかな?　もしかしたら永遠に!」

「脅かさないでください。」

「脅かすなんてしやしないよ。この世の中、少しは野性的になったほうがいいんだ。」

「どうしてです?」

「どうしてって、……」

笛吹き男は少し考えてから、こう言った。

「この世の中、あまりにも何もかも整えられすぎたんだよ。文明の進歩とかいうのは、そういうものだと思うがね。ある町では子どもを大通りで勝手に走り回らせてはならないという法律までつくってるよ。」

「その法律のねらいは何なんですか?」

「親が子どもを放任するなってことだろうね。子どもをしっかり監督しなさいということで、それをしない親は罰せられるんだよ。」

「子どもたちが学校や教会に通わせられるのも、もしかしたら……」

「文明の進歩なんだね。野生を追い払おうとする文明の……」

「ふうーん、……」

ピノッキオには笛吹き男の言うことがよく理解できなかった。文明の進歩だか何だか知らないが、まあともかく、大切な友人が戻ってきてくれたのでうれしかった。これからもこの友人と、できる限り一緒に旅を続けていこう、ピノッキオはそう、心の中で誓った。

笛吹き男が先に立って歩いていく。彼は突然、次のように歌い出した。

鏡のように　わたしをとらえ
わたしが笑うと　先回りして笑うやつがいる
そのうっとうしさ
いつからこうなったのか　記憶にないが
ひょっとすると　新しい天体が
どこかで生まれ始めたのかもしれない
すべすべと　鵞鳥《がちょう》の卵みたいな
てのひらにのせると
ずっしりと重たい　そんな――
とにかく　夢を見ているのではないのだが

うつつの眠りの中でも
おもむろに翼を広げて
遠く旅立ちの決意を促すものがある
頂点において自己をあらわにするものは
流されながら流される行方を知らない

ゆきついて一日の終わりを　ここに渦巻く
ちぐはぐな五月の雲よ　可憐《かれん》な天の花びらよ

かたみに手と手をつなぎあい
黄昏《たそがれ》のまなざしの内側に
たしかに醒《さ》めて笑っている
もう一人の自分

「何だか難しい詩ですね。ぼくにはよくわかりません。」

ピノッキオは正直に感想を述べた。

「わからなくてけっこう。自分にもわからないのだから。」

笛吹き男は正直に告げた。

「それでいいんですか？　自分にもわからず、他人にもわからない詩を作って
……」

「いいんじゃないの。」

「それじゃ、詩を作るというのは単なる言葉の遊びです。」

「ああ、言葉の遊びだね。遊び以外の何ものでもない。」

「そんなの変です。これを伝えたい、あれを伝えたいというものがちゃんとあ

るはずです。それがあるから詩を作るのではありませんか?」

「そういう場合もある。しかし、それだけではない。」

「というと?」

「自分でもよくわからないものがあって、どうしてもそれを外へ吐き出したいというときがあるんだよ。」

「そんなものがあなたにはあるんですか?」

「大ありだね。ありすぎてありすぎて、頭の中がパンクしそうだよ。君にはないのかい?」

「そんなのぼくにはありません。今のところは……」

「今のところは、だね。これまでの君にはなかったんだ。それはおめでたいことだ。」

「皮肉を言わないでください。ぼくだって、これからはわかりません。」

「そりゃそうだ。君にも複雑な自己というものがあるはずだ。そうだ、いいことを教えてやろう。君の心の中にもう一人の君がいると考えたらどうかな。」

「もう一人のぼく、ですか?」

「そうだ。例えば、何か良いことがあって君が有頂天になっていたとする。すると、もう一人の君が、その有頂天になっている君に『君、君、危ないよ。有頂天になっていると、この次は落ちるからね。』とささやくわけだ。」

間になったことがよかったかどうかわからぬが、ともかく、人間としての命を全うせねばならぬことになったのじゃ。」

「ピノッキオを人間に変えたことが間違っていたでしょうか?」

「いや、そうは思わぬ。あの子はあの子なりに生きていく、新しい喜びをもらったはずだからのう。」

「あなたはそもそも、あの子の原型を作ったのですから、やはり、あの子の親ですわ。」

「そうかのう。ところで、お前さんは?」

「私はあの子を人間に変えたのですから、今のピノッキオの親かもしれません。しかし、母親であるかどうかは自分でもよくわからないのです。」

「あの子はお前さんを母親だと思って慕っておりますぞ。」

「そのことはよくわかっています。確かに母親としての役を担わなければと思うのですが、私はご覧のとおりの気まぐれやですから十分な母親になりきれないのです。」

「お前さんには母親はいるのかな?」

「はい、います。仙女も人間と同じように親があり、人間と同じように老化があり、そして死を迎えます。ただ、人間よりいくらか長生きするだけのことです。」

「ほう、それは知らなかった。仙女は不老不死かと思っていた。そうなんですか！」

「私の母のことをお話ししましょう。そして、ついでに私の生い立ちも。」

それから仙女は、次のような話を語り始めた。

私は父のことをよく知りません。母から、確かに父のことを聞いたことはありますが、私が物心がつくようになったとき、父は私のそばにいませんでした。しかし、父は死んでしまったのではなく、どこかへ旅立ったということでした。父は竪琴《たてごと》を引くのが上手だったそうで、母は踊りを踊るのが得意で、二人は若者たちの祭りの夜にお互いに知り合ったそうです。二人は知り合ってからしばらく交際し、そうして私が生まれました。父は私の母の家で暮らしていました。私の母の家には母の親（つまり、私の祖父と祖母）も住んでいました。みんなで仲良く暮らしていました。しかし、私が三つのとき、父は急に旅に出ると言い出しました。父は遠くの山に住む竪琴の名手に師事して修行をしたいと言い出したのです。また、その竪琴の名手は古い昔の詩をたくさん知っていました。名手はもうずいぶん年をとっていましたので、いつ死んでしまうかもわかりません。そこで父はその名手が生きているうちに古い詩を教えてもらおうと思ったのです。それから父はその竪琴の名手の家に行き、そこで修行し、昔の古い詩をたくさん教えてもらいました。そして、その名手は死んでしまいました。しかし、父は私たちの家には戻りませんでした。名手の遺言に「お前は諸国方々《ほうぼう》を歩いて修行を続けるがよい」とあったからで、父はそれを守ったのです。私たちは父の帰りを期待しましたが、父はついに帰りませんでした。祖父と祖母はたいそう悲しがりましたが、母はしかたがないとあきらめていたようです。

母は私をとてもかわいがってくれました。私は母や祖父、祖母から愛されることの幸せを知りました。しかし、それと同時に自分から何者かを愛することの大切さも知りました。つまり、「愛されること」という受身の姿勢ばかりでなく、自ら何者かを「愛する」という自発の姿勢も知ったのです。私は幼いとき、木に登るのが好きでした。木に登ると視界が急に広がり、今まで自分が見ていたものと違う新しいものを見ることができたからです。あるとき、不意にその高い木の枝からちょうど海の中に飛び込むように飛んでみたのです。すると、どうでしょう、いつまでたっても足が地面に届かないのです。私は不思議でしかたがありませんでした。ちょうど鳥の翼が生えたかのように私はいつの間にか、軽々と空中を飛んでいたのです。それから私は魔法が使えることに気づいたのです。母にそれを伝えると、「あなたもそんな年ごろになったのね」と笑っていました。

ここでジェッペットが口を挟んだ。

「わしゃ、お前さんとすっかり逆だよ。」

「何が、ですか?」

「お前さんは高い木に登って意気揚々としていたんだろうが、わしゃ、木の根元に腰を下ろして友達の冒険ぶりを眺めていた。元気のない子どもだった。」

「あなたの世界では女が主役ではないのですか?」

「主役、脇役は、女か男かでは決まっていない。男の世界でも主役と脇役があるんだよ。わしゃ、いつも脇役だった。」

「私たち妖精の世界ではふつう、女が優越した位置を占めています。それは昔から今まで続いていることなのです。」

「人間の世界と、まるで逆だ。」

「女は広く果てしない世界に飛び立っていきます。それに対して男は狭い世界に閉じこもり単調な仕事を繰り返しています。男は冒険旅行に出かけることはできず、家の仕事ばかりをしています。それが妖精の世界での男の日常です。男は貴重な存在であったので、家や村に閉じ込めておこうとしたのです。」

「それは今でも続いているのですか?」

「はい、たいていは今でもこのとおりです。しかし最近は、もっと男の立場を考えて、男たちが自由に羽ばたくことができるようにとの運動が起きています。」

「自由に羽ばたけるというのは誰しもが望むことではないのかのう。男が脇役、女が主役、または女が脇役、男が主役という問題ではないのじゃなかろうか。ともに自由に羽ばたけることが大事なんじゃろうな。」

「私も、そう思います。」

「とんだ脇道を取らせてしまった。申し訳ない。お前さんの話を続けてください。」

こうして、再び仙女の話が始まった。

第7章　ジェッペットと仙女の対話（その二）

仙女の話は、妖精の世界での男たちの不自由についてだった。妖精の世界では男たちは自由を奪われている。しかし、それにもかかわらず彼らは黙々と義務を果たしている。そのことで男たちは女たちから支持されているというのだ。

「私は母から、かなり厳しくしつけられて育ちました。男たちよりも自由でしたが、自由に羽ばたく前に多くのことを教えられました。それは自分のわがままをいかに自分で抑えるかということです。」

「なるほど。しかし、わがままを通しやすい世の中なのに、なぜかのう？」

ジェッペットがたずねた。

「わがままを通そうとすると、たいてい、男たちに拒否されるからです。」

「ほほう。男たちは従順ではないのですね。」

「彼らは自分の公務については実に素直で従順ですが、相手の個人的な欲望に対してはきっぱりとした態度をとりますから。」

第8章　ミラノの画廊にて

　ピノッキオは今やっとトリノにたどり着いた。トリノの町は想像していたよりも華やかで、にぎやかだった。サヴォイア家のまいた文化の種があちこちで花を開きつつあった。ピノッキオが眺める建物のいくつかは華麗さのにおいをふりまいていた。また、ここはフランスが近いせいか行き交う人々の話す言葉に、どことなくフランス語の響きが感じられた。トリノからアルプスの山々が実によく見えた。ああ、やはり来てよかった、これだけのすばらしい山の姿が見られるんだものとピノッキオはしみじみとした気分になり、しばらくはぼうっとして山の偉容を仰《あお》ぎ見ていた。何か敬虔《けいけん》なものに打たれる、そういった気分だった。

　トリノには古いローマ時代の遺跡がいくつか残っていた。もっと見たいなあと思って町の人に尋ねたら、さらに北の方にアオスタというところがあるからそこへ行ってみるとよいと教えられた。ピノッキオはさっそくアオスタへ向かった。

アオスタは高い山と山の間に挟まれた小さな村だった。谷あいのひっそりとした、静かな村だった。ここアオスタはフランスとスイス、それぞれに行く道の分岐点にあり、昔から戦《いくさ》や商業の上で要《かなめ》の土地とされてきたそうだ。古代ローマの初代皇帝オクタヴィアヌス（＊ローマ元老院から尊号をもらいアウグストゥスとも称す）がここに砦《とりで》の城や見張り台、兵士の宿営所を作らせたりしたそうだ。村全体が城壁に囲まれているが、まずオクタヴィアヌスの凱旋門《がいせんもん》を過ぎ、しばらく行くと大きな石の門にぶつかる。ピノッキオはこの門、名前はプレトリア門というのだが、ちょっと絵に描きたくなった、だが思いとどまった。アーチ型にくりぬかれたその先に真っ青な青空がと言いたいところだが何かの建物が邪魔をしている。風景というものはなかなか描きたいと思う人の思いどおりにはなってくれないものである。

ところで、ピノッキオはこんなことを考えた。古代ローマ人は剛健だった。なぜなら、自然の土地を区画化し人間の思いのままにできるように変えたから。また、遠くや近くにあるほかの国々を一つに束ねるため軍用道路をすばやく造ったから。古代ローマ人は自分たちの手足をどこまでも延長し、自然や国家を次々にわしづかみしようと願ったのではなかろうか。そんなことを考えながら今、目にしてきたオクタヴィアヌスの凱旋門やプレトリア門の方を眺めると、ひっそりとした静かな村のたたずまいの向こうにもう一つの映像が隠れているのに気がついた。それはここが戦場で多くの兵士が往来し、また、多くの村人が行き過ぎる映像である。道路のあちこちに血が流れている。隣の国に攻め入り、住民を殺し、物資を強奪した、そのような兵士たちが凱歌《がいか》をあげながら戻ってくる風景もあれば、また、この国が攻められ、住民が殺され、物資が強奪され、村のあちこちで人々が泣き喚《わめ》いている風景もある。戦とは、このようにむごいものなのか！　彼は思わず絶句する。彼の周りに、いつの間にか、血の気のうせた農民がぼろ布をまとい、幽鬼のように立っていた。しかし、ふと、プレトリア門を見上げた瞬間、その農民の姿は消えた。門は何も語ろうとしない。門は黙ったままである。門はそれらすべてを封印してしまったかのように、非情かつ冷厳な面がまえでそこに立っている。

プレトリア門からしばらく行くと、円形劇場の遺跡があった。ここには何らさえぎるものがないのでピノッキオは画帳を取り出して、思いのままに鉛筆を走らせた。

このようにして古いローマ時代の遺跡を見ていると、幾度か昔の世界にすべりこんだような気持ちにおそわれた。そして、いま自分が歩いているこの道ですれ違う村人たちのようすも、どことなく古代の人々の風貌《ふうぼう》であるように思えてきた。歩き方は落ち着いてのびやか、顔つきやほほえみは優しさの情にあふれている。ピノッキオは、ああ、いいところに来たと思った。

アオスタの大聖堂には宝物庫がある。ピノッキオはその中に入って、キリストの十字架像を見た。オクタヴィアヌスの凱旋門の一角に飾られていたものだという。ピノッキオはトリノの大聖堂にあったサンタ・シンドーネ（聖骸布《せいがいふ》）のことを思い出した。サンタ・シンドーネとはキリストが処刑されたあと、その遺骸《いがい》を包んだ布のことであり、それが礼拝堂に飾ってあった。手足に釘を打ち込まれ、十字架にかけられたその人がキリストその人であるかどうか疑わしい点もあるが、それにしてもキリストがこのようなかっこうで十字架にかけられたことを十分に想像させるに足りるものであった。ピノッキオはこうして目の前にキリストの十字架像を見、それからトリノ大聖堂のサンタ・シンドーネのことなどを思い浮かべていると急にたくさんの絵が見たくなった。たくさんの絵を見るためにはどこへ行ったらいいだろうか、それにはミラノだ、ここからいちばん近くて、絵のたくさん見られるところといえばミラノしかない、そう決断するとアオスタからトリノに戻り、一路ミラノへと急いだ。

ちなみにいえば、ピノッキオは笛吹き男とすでに、ボローニャで別れている。別れるとき笛吹き男は、自分はヴェネツィアへ行く、君とはまたどこかで会おうと言った。ピノッキオは自分もまた、いつかヴェネツィアへ行きたいと思った。

さてピノッキオは、今ちょうどミラノに到着した。

ある画廊（この画廊の作品は後日すべてブレラ美術館に収納された。）に入った。そこにはアンブロジオ・ロレンツエッティの「マドンナと子ども」、フランチェスコ・グアルディの「魚市場近くの大運河」、ベルナルディノ・ルイニの「バラ生垣の前のマドンナ」などのすばらしい絵があった。それらに見とれているると、しきりにある絵の前でため息をついている若い男がいた。

ピノッキオは思わず話しかけた。

「あのう、どうして、ため息をついているんですか？」

「この絵の赤と黒の色がとてもいいんです。私にはとても出せない色だと思って感心していたんです。」

ロレンツエッティの絵「マドンナと子ども」の前だった。

「そうですか。僕には色よりも、むしろ、この絵のマドンナの顔つき、表情がすばらしいと思いますが……。」

「君、絵描きさんですか？」

「いえ、ただの物好きに過ぎません。」

「ただの物好きがどうしてそんな玄人《くろうと》のような口をきくのですか？」

「玄人のような口のきき方に聞こえたのなら失礼いたしました。そんなつもりで言ったのではありませんから。」

「確かに君の言うとおり、この絵のマドンナの表情はすばらしい。昔、模写本で見た東洋の仏や観音の顔に似ています。このような顔を描くことがいつになったらできるのだろうか。私にはまだまだ自信がない。」

「ところで、君はこの館で『魚市場近くの大運河』を見ましたか？」

「はい。先ほど見てきました。海の色と空の色とが実によく出ていました。」

「よく出ていたというのはどういう意味ですか？」

「海の色はまさにイタリアの海の色、空の色はまさにイタリアの空の色そっくりだという意味です。」

「なるほど。」

「また僕はこの舟の、つまりゴンドラの覆いに使っている赤の色がとてもいいと思うんです。」

「そのとおりです。君は色の良さもわかるのですね。」

「絵を見るとき、まずその色にひかれるのは、何か目立つものにひかれるからではありませんか。僕はどちらかといえば、色よりも形です。」

「色よりも形ね。」

そう言って男はじっと考え込んでいた。それから続けて、こう言った。

「君は、この画廊でどの作品に最もひかれましたか？」

「それは『バラ生垣の前のマドンナ』です。」

「ほほう。それはまた、どうして？」

「はい。そう思います。」

「それでは、対象物を忠実に写すことの目的は何ですか？」

「真に近づくためです。」

「なるほど。それでは尋ねますが、美と真はどう違うのでしょうか？」

「よくわかりません。あまり考えたことがないものですから。」

「私は真とは叙述の性質であり、美とは事物の性質であると考えます。例えば青い頭と赤い尾っぽの犬の絵を描いたとします。その絵は対象物を忠実には写していませんが、美しい感じを見る人に与えることがあります。また、一枚の風景画がその風景を忠実に写しているのに、見る人に醜い感じを与えることがあります。『物の美しさ』というのは、その対象物を描いたり見たりした人の中に生じるものであり、その対象物自体が本当に美しいのかどうかはわかりません。しかし、この世の中には物自体が絶対的に美であるというものも存在しているようです。例えば誰もが美しいと感じる花があります。だから、ある人はこう言いました。『美しい花というのは存在するが、花の美しさというものは存在しない。』そして、その美しい花を画家が描いた場合、ある絵では美を発生するが、ある絵では美を発生しないということがあります。その違いは何なのかと考えたとき、私は画家における叙述の性質の違いだと思うのです。」

「叙述の性質の違いは画家の技術の違いでしょうか？」

「技術の違いというよりも、その画家の、真実というものに対する態度・姿勢の違いだと思います。」

「と言いますと、……?」

「例えばある花を描こうとしたとき、まず、画家の頭の中にその花に対する自分の想(イメージ)が湧いてきます。そして、その想に近づこうとして眼前の対象物を忠実に写していきます。想に似ないものができたら、それはウソですから破棄するしかありません。しかし、想に似ないものを『いや、これでいいんだ。』『これで十分なんだ』と自分をごまかして受け入れてしまう。そして、一枚の絵を仕上げていく。こういう叙述の姿勢からは真は発生しません。」

「わかりました。それでは、美と真の関係はどうなるのでしょうか? 画家が美しい物を対象に選んで描いても、でき上がった絵は見る人を感動させないことがありますよね。それは画家が真を追求する態度を十分にとっていないからでしょうか?」

「はい、そうです。美しい物を対象としなくても、その画家が真を追求する態度と方法を十分にとっていれば、でき上がったその絵は見る人に美の感情を喚起することがあります。したがって、画家にとって最も大切なのは真を追求する態度と方法です。次に、やはり、事物の性質として美を備えているものを探すことです。もちろん、事物の性質として美を備えていなくても絵の題材にはなりえますが、題材それ自体がもうすでに美を発生している、そういう状態であれば画家はそれほど苦しまずに美を発生することができます。しかしよく考えてみると、この場合画家は、すでに存在する美以上の美を発生する必要があるわけです。そうでないと、すでに存在する美にもたれかかることになり、絵の芸術的価値としてそれほど高い位置には達せない。ですから、かえって困難な事態なのです。それはともかくとして、以上のことをまとめると画家にとっての第一要件は真ということでしょう。次に美です。真を追求していれば必然的に美はついてくる。そうも考えられますが、私は真と美を共に求めることをしたい。なぜなら対象物を忠実に写しても、その絵が見る人に美を発生しないことがあるからです。絵を描く場合、描く態度や方法に関する『真』と、描く事物に関する『美』との両方を意識しながら描いていきたいと思います。」

男は思わず自分が長談義をしているのに気がついたようだ。

「すみません。ついつい余計なことをしゃべってしまいました。」

「いいえ、大変参考になりました。」

「もし、よろしかったら、私の家へ来ませんか。絵を見てもらいたいから。」

「あなたの描いた絵？」

「そうです。なかなかうまく描けないんで困っているんです。」

「よいアドバイスができるかわかりませんよ。」

「かまいません。」

それから、二人は画廊を出た。男の家は一キロほどのところにあった。やや古びたアパートだった。その三階を指さして男はあれが自分の部屋だと言った。灰色の壁に緑と赤のかわいらしい窓が二つ付いていて、その一つが外に向かって大きく開かれていた。

男の部屋に入ると、まず、ぷーんとテレビン油の臭いがした。それから、あちこちに描き途中のカンバスが立てかけてあった。小さいのから大きいのまで三十枚、いやそれ以上あったかもしれない。

コーヒーを入れに台所に行った男の背に向かって、ピノッキオはこう言った。

「ずいぶんたくさん描いていますね。」

「はい、描くのだけはどうにか。でも、これといったためぼしいものはありませんよ。まだほかに、押入れにたくさんしまってあります。」

「ちょっと見せてもらっていいですか?」

「いいですよ。」

それから、ピノッキオは一枚一枚を手に取って眺めた。写生して描いたと思われる絵はほとんどなかった。不思議だ、なぜなのだろうとピノッキオは思った。例えば部屋にある果物や置物を描いたと思われる絵であっても、それは写生でなく画家が頭の中にあった想に沿って描いたのではと思われるものばかりだった。コーヒーを運んできてテーブルに置いた男に、彼はこの疑問をぶつけた。

するると、男はこう答えた。

「写生が苦手なんです。私は自分の頭に浮かんだ印象が気になってしかたがないんです。」

「写生が苦手？」

ピノッキオはびっくりした。写生が苦手で、どうして画家を志していけるのだろうか。

「写生が難しいのはよくわかりますが、練習してその苦手を克服されるんでしょう？」

「いいえ、練習もあきらめました。克服しようとも思いません。」

ピノッキオには全く理解できない考え方だった。自分は絵画の基本は写生であると信じているし、絵画の第一歩は写生から始まると考えている。ピノッキオはあっけにとられて、もうそれ以上ものが言えなかった。

しばらくして男が語り始めた。

「私が師事していた先生は写生をすすめました。でも、私はどうしても写生が苦痛でした。少しも楽しくないのです。」

「楽しくなくても、我慢してそれをやらないと上達しないのではありませんか？」

「そうでしょうか？　私は我慢して写生をやっても上達はおろか、絵が嫌いになると思います。それは私の経験を通して言うのですが……。」

「あなたはそれでは絵に写生は不必要だと考えるのですか？」

「いいえ、そうは考えません。写生も必要だと思います。しかし、それは写生が必要だと思うときが来てはじめて写生をやるべきであり、なにもはじめから写生をやみくもにやっても意味がないと考えるのです。」

ピノッキオはここまで来て、いくらか男の考えが理解できるようになった。

「絵を目指す人はまず、自分のうちから湧いてくるものを大切にすべきなのではないでしょうか？」

男はこう言った。

「自分のうちから湧いてくるものというのは空想ですか？」

「夢や幻といった空想的なものもありますが、例えば昔見た一本の木の印象や記憶を思い出して描くということもあります。」

「その場合、あなたのうちに湧いてくるものは物の形ですか？」

「形ばかりではありません。色やにおい、それに触感です。」

「ああ、それであなたの絵の見方がわかりました。あなたはロレンツエッティの『マドンナと子ども』の前でしきりに、その絵の色を褒めていましたね。そていた。画廊は、古い頑丈な建物だった。ピノッキオは画廊の中庭を思い浮かべた。この前、そこへ入ったときあたり一面、見事なくらい、雑草が満ち満ちていた。あの女の子も、命さえあれば、それらの雑草のように力いっぱい生きられたのではなかろうか。そんなことを考えた。ベルナルディノ・ルイニの絵「バラ生垣の前のマドンナ」が目の前にちらついた。

それから二人は、また、ミラノの町を散歩した。どこかから子どもたちのかわいらしい元気な声が聞こえてきた。それは幼児院で、ピノッキオは初めて見るものだった。

「見たいなあ。見せてもらえないだろうか？」

「頼んでみましょう。」

そう言って画家の男はずんずん歩いていった。やがてピノッキオの方に向いて大きく手を上げて、来いという合図をした。見学の許しが出たのだ。

この幼児院は全部で二百人くらいの子どもを預かっていて、孤児もいれば、親の仕事の関係で夜遅くまで滞在する子どももいる。中には、その日、親が迎えに来られなくなってお泊まりしてしまう子もいるらしい。

子どもたちはちょうど二列になって食堂に入りかけているところだった。食堂には長いテーブルが三十ほどあって、そこに食べ物を並べて食事をするのである。先生がたは子どもたちを椅子《いす》にかけさせ、それから祈りを始められた。

子どもたちは皆、神妙な顔をして手を組み、祈りの言葉を言った。それから食事が始まった。がやがや、くちゃくちゃ、それはそれはすさまじい音だった。スプーンを二つ持って食べる者、立ち上がってあちこち移動しながら食べる者、スープを何度も何度もかき混ぜて遊んでいる者、パンをあわててのみこみ喉《のど》を詰まらせている者、ハエが飛び回るのをじっと見ている者、バナナをそっと自分のポケットに押し込む者、実にいろんな子どもたちだ。

食事が終わると、子どもたちは遊戯室へ駆けていった。ラケットを持ってバドミントンを始める者、ドッジボールを持って友達を追いかける者、卓球を始める者、縄跳びで遊ぶ者、ここでもいろんな子どもの姿を見ることができた。そのうち、一人の子どもが画家の男のところへ寄ってきて何かをもそもそ話している。男は少し前かがみになって子どもの話をよく聞き取ろうとする。一方、子どもは背伸びをして男を見上げ、口をゆさゆさ動かしている。いったい、何を話しているのだろうか。そのうち、ピノッキオは上着の後ろを引っ張られた。振り向くと、少女が笑いながら、食べかけのみかんをどうぞと差し出す。ありがとうと言ってほほえむと、何も言わずに友達のところへ駆けていった。

そのうち、どこかで激しいどよめきと悲壮な声がした。けんかが始まったのだ。先生がたが急いでやってこられた。そして、二人の男の子を離し、両者の言い分を聞かれる。けんかの始まりは、りんごの奪い合いだった。先ほど、食堂で食事をしたとき、デザートに出たいちばん大きなりんごがけんかの原因だった。「これは俺《おれ》のだ」と言っていちばんの腕白小僧が横取りしようとすると、「最初に見つけたのは僕だ」と主張して後に引かない頑固な子ども。そのうち、どちらかが足のすねを蹴《け》っ飛ばした。すると、片方が相手のおなかをげんこつで突く。こうして二人はとっ組み合いのけんかになった。

ところで、先生が仲裁に入ってけんかを止めさせたとき、腕白小僧が「えいっ、こんなもの！」と言って、その大きなボールのようなりんごを窓の外に投げ飛ばした。すると、しばらくして「痛っ、どうかしてくれ！　眼が開けられないんだ！」という声がした。皆は窓の外を見た。老人が頭をかかえて道路にかがみこんでいた。

ピノッキオは昔の事件、友達エウジェニオのことを思い出した。算数の重い本をいたずらっ子に投げつけられて、それを自分がかわしたところ、不運にもそれが友達のエウジェニオに当たったのである。エウジェニオは青白い顔をして、「お母さん、助けて……ぼく、死んじゃうよう！」と言ってかがみこんだ。

ピノッキオはすぐに、その腕白小僧の手を取ると、現場へ急いだ。

周りの家から大勢の人が出てきていた。その人だかりを見ると、腕白小僧は後ろを向いて逃げ出そうとした。

「逃げちゃいけない。一緒に行くんだ。」

「だって、ぼく、わざとしたたんじゃないんです。」

「わざとしたのでなくとも、これは君があやまらなければならないんです。」

そのうち警官が二人やってきた。警官は老人のようすを見てから、こう言った。

「この年寄りは左眼の上がはれ上がっている。物が急にぶつかったので脳震盪《のうしんとう》を起こしたのだ。ともかく病院へ運ぼう。」

そう言って病院へ運ぶ手はずを整えた。それから、ピノッキオと腕白小僧の方を向いて、尋問を始めた。

「やったのは誰かな?」

ピノッキオが腕白小僧の尻を突いた。だが、彼はもじもじしていてなかなか自分だとは言い出さない。

「やったのは誰かな?」

警官がもう一度尋ねた。

「このりんごです。」

ピノッキオが答えた。

「りんごを投げたのはどっちだ?」

「ぼくです。ぼくが投げました。」

やっと腕白小僧が答えた。

「よろしい。それでは、わたしたちと一緒においで。」

「あのう、どうやってりんごがお年寄りに当たったか、聞かないんですか?」

「それは署で聞くことにする。君はこの子どもの何なんだね?」

「知り合いです。いま少し前に知り合いになったばかりの者です。」

「それでは役に立たんね。この子の親はいないのかね？」

「さあ、知りません。この子の先生なら、いますよ。」

「その先生に会いに行こう。」

それから警官は幼児院へ行き、腕白小僧の担任の先生に会った。

腕白小僧と担任の先生が警察署から幼児院に戻ってきたのは、夜の十時に近かった。院長先生をはじめすべての先生、それに子どもたちも気になって眠れないでいた。

やがて二人が帰ってきて院長室に入って一部始終を報告した。それから、食堂のホールに皆が集まった。

「二人はただいま、帰りました。お年寄りは大きな傷もなく、元気になられたとのことです。ガローネ君（＊腕白小僧の名前）は自分の過ちを認め、あやまりました。皆も彼を許してやってください。」

院長先生は、こうおっしゃった。

「よかったな、ガローネ。ぼくもお前を許すよ。」

りんごを奪い合った頑固な少年のネリィが前に進み出て、そう言った。それから二人は皆の前で握手した
そろそろ僕たちも帰ろうかと画家が言った。帰るとき、子どもたちが三、四

う。俺は若いころイギリスのベドフォードシャーの田舎町に住み、ある貴族の館で書記をやっていた。ここにパメラも勤めていた。パメラは召使女だった。この家の主人は年老いた奥方で、その奥方にパメラはずいぶんかわいがられていた。しかし、その奥方は病にかかり、あっけなく亡くなられた。その後を若主人（奥方の息子）が受け継いだ。この若主人は、美しく頭のよいパメラを好んでいた。パメラは字を書くのが上手で、よく、奥方の代筆をつとめていた。また、本を読むのが大好きで奥方から特に許可を得てお屋敷の図書室から本を借り出していた。奥方が亡くなってから若主人は以前にもましてパメラに近づき、お前は字が上手だ、綴《つづ》りも正確だと彼女が手紙を書いている耳元でお世辞を言ったり、『母上の話ではお前は本を読むのが好きなようだから、これからはこの家のどの部屋の本を読んでもいいよ。』など寛大なことを言ったりした。パメラはそのことで実は胸を痛めていたのだが、若主人はそんなこと気にも留めていなかった。つまり、彼女としてはそうやって若主人から特別扱いされることはうれしい反面、また、同僚の召使女から嫉妬《しっと》される種であったからだ。若主人の態度はますます高じて、ある日パメラを亡き奥方の部屋に連れていった。彼は奥方のタンスを開け、フランダース・レースの飾りのあるフード（頭巾）、銀細工の締金がついている絹靴下、色とりどりの髪飾り、かれんなコルセットなどを取り出して、お前にやるからほしいものを持っていけ、と言った。

お前に使ってもらえればおふくろも本望だろうと若主人は言った。しかし、パメラは若主人と結婚もしないのにもらえないと断った。パメラはこのことを家政婦のジャーヴィスに告げた。ジャーヴィスの言うことには、『ご主人様はあなたをお姉上様の侍女にさせるおつもりなのでしょう。お姉上様の侍女として恥ずかしくない身だしなみをさせるためだと思います。』と、事もなげなようす。ちょうどこのとき、若主人の姉上がこの屋敷に滞在中であった。若主人の姉上はパメラを気に入り自分の侍女として屋敷に連れていきたいと彼に言った。すると彼はパメラを人けのない所へ呼んでこう言った。『姉上がお前を侍女にして連れて帰りたいという希望であるが、お前の考えはどうか、行きたいか、それともこの家にとどまりたいか？』パメラは答える、『奥方様がお亡くなりになってから、もうだいぶ時間もたちました。この家には私がご用をおつとめするかたもいらっしゃいません。また、第一から始めたく思います。もしお許しいただけますならば、あのかたのところへ参りたく存じます。そして、花嫁修業に……』と言ったところで、若主人が憤然としてこう言う。『花嫁修業、そんなものをいったい、どこでするというのだ！　お前はもっと賢い女かと思っていたが、案外だ。俺はお前を立派なレディーにしてみたいと思う。お前がもっと自分を知り、自分の目の前に広がりつつある運命をよく見ることができたなら、……』そう言って若主人はいきなりパメラを抱き寄せ、彼女に接吻《せっぷん》した。」

「お話の途中ですが、親方はどうしたのでしょうか？　パメラさんとかいう女性の話で終わってしまうのですか？」

ピノッキオはじれったくなって、つい言ってしまった。

「おお、そうであったな。すまん、すまん、これから我輩《わがはい》の話に移ることにしよう。」

あれ、今度は自分のことを「我輩」などと言って、親方はすっかり自分の話に酔っているようだ、そうピノッキオは思った。

「そもそも我輩はこのお屋敷に書記として入るようになったのは、ひとえに亡き奥方様のおかげである。我輩は幼少のころ、父に死に別れた。我輩の父は左官屋で、それはもう実に腕の立つ人だった。あちこちのお屋敷に出かけていって壁塗りの仕事に精を出していた。ところが、ある日のこと、ふとした弾みに足を滑らせ、梯子《はしご》から転げ落ちてしまった。地面には硬い石があってそれに脳天をしたたかぶつけてしまった。すぐ医者に運ばれたが、父は意識不明のまま死んでしまった。それから、我輩と母上は苦労して生きていくことになった。母上はお屋敷から裁縫や洗濯の仕事をもらってお金を稼いだ。我輩は近所の農家に頼んで牛や羊の世話をさせてもらい、乳や野菜を分けてもらった。だが、母上は働きすぎたのか、父が死んで三年目の冬、肺炎をこじらせ、あっという間に亡くなってしまった。それで我輩は伯父《おじ》さんに預けられた。伯父さんは母の兄に当たる人で、田舎町で八百屋をやっていた。とても正直な人で、お客から信頼されていた。あんな値段をつけて果たして儲《もう》けはあるのかと、お客が心配するほど商売には向かない人だった。その伯父の家で我輩は大切に育てられた。ほんとに今振り返ってみても、もったいないくらいである。贅沢《ぜいたく》こそさせてもらえなかったが、伯父の子どもたちと分け隔《へだ》てなく、何事も用意してくれた。例えば食事のとき、伯父の子どもたちと一緒にテーブルに並んだとき、肉の数もチーズの数もパンの数もすべて同じにしてくれた。友達に我輩と同じような身の上のやつがいて、やつが言うには、その家では食事のときにはパンの数を減らされたという。伯父の家で我輩が大事にされたのは、伯父上《おじうえ》の親切もあったが、それと劣らぬくらいに親切であった伯母上《おばうえ》のおかげでもあった。だが、その幸せな日々は長く続かなかった。伯父上は近くに新しくできた万屋《よろずや》のため、商売がうまくいかなくなった。何しろ、その万屋というのは大都会にいくつも店を持っている大資本家の経営なのだ。伯父上の店のような細々とした、昔ながらの店はとうてい太刀打ちができない。村のお客は現金なもので、店がいくらか遠くにあっても、品物が豊富で、しかも安いときては放ってはおかないさ。伯父上もずいぶん値を下げ、また、できるだけ多くの品をそろえたのだが、勝ち目はなかった。そのうち、仕入れた品が売れ残り、あの店は売れ残った古いものばかりだという悪いうわさまで伯父の耳に入るようになった。そして、ある年の冬、品物の仕入れに農家をあちこち回ってきて、帰ったその夜、熱を出し寝込んでしまった。医者に見てもらったら、心臓が悪く、また、足もリュウマチだという。そして、もう商売はあきらめたほうがよい、とのこと。それを聞いて伯父上はさらにがっくりした。また、伯母もこれからどうしたらいいのかと不安になった。伯父の子どもは我輩より七つ年下の男の子、それに彼より三つ下の女の子がいた。一人でも口減《くちべ》らしがしたいところだが、なかなか拾ってくれるお人がいない。はてさて困ったことだと伯父夫婦は頭を抱え込んでいた。何よりもいちばん年上である我輩が家を出るべきだと考え、我輩がそれを言った。伯父夫婦はお前はそんなことを心配するなと言ってくれたが、我輩はどうしても何かせねばと、あのお屋敷のおかたにお願いしたのだ。奥方様は私の話をよく聞いてくださって、それではお前は何ができますかと尋ねられた。私は読み書きができますと言うと、それではちょうどよかった、書記の一人が足りないから来てくれとおっしゃった。それから、我輩はお屋敷の書記として住み込むようになったのだ。」

「ははあ、それで親方はパメラ嬢と知り合いになるのですね。」

「そうだ、そのとおりだ。パメラはその後、どうなったかというと、……。パメラの話の続きが知りたいか？」

「とても知りたいです。だって、親方とパメラ嬢がどうなるのかまるっきりわからないのですから。」

「パメラは若主人の姉上の所へ、けっきょくは行かなかった。しかし、若主人は相変わらずパメラのあとばかり追いかけていた。ある日のこと、若主人はパメラが掃除をしようとして書斎の一つに入ったのを見て追いかけ、後ろからパメラを抱きかかえようとした。彼女は力を出してその手を振り払い、部屋の外へ走り出た。次の部屋のドアが少し開いていたのでとりあえずここに駆け込み、しばらくしてから出ていこうと考え、その部屋に突進した。と同時に若主人がパメラのブラウスの袖をつかんだ。彼女は激しく抵抗した。ブラウスの袖が引きちぎれた。彼女はあわてて部屋に飛び込んだ。すると鍵《かぎ》が内側からかかった。パメラの憶《おぼ》えているのはそれだけだった。彼女は恐怖のあまり気を失ったのだ。若主人はその部屋の鍵穴からしばらく中をのぞいていた。そして、『ちえっ！』と舌打ちすると、あきらめてどこかへ行ってしまった。」

「親方は、そのパメラ嬢とどうして親しくなったのですか？」

「そりゃ、パメラと我輩はお互いにこのお屋敷の雇われ人どうしということもあり、口を聞くことはあった。だが、それだけのことだった。我輩は若主人がパメラにぞっこんなのをよく知っていたから、なるべくパメラには近づかないようにしていた。だが、あるとき、パメラのほうから近づいてきたのだ。」

「話して、それは、どういうとき？」

「パメラはその後、お屋敷を出て実家に帰り、それからは母上と一緒にイタリアに行ったらしい。それからどうなったかは俺も知らない。俺もその後、お屋敷を出た。出てからは、ちょっと変わったことがしたくなり、イタリアに行き、操り人形一座の親方になったんだ。」

「もしかしたら、親方はパメラ嬢に会いたくて、そうしたのでは？」

「おいおい、大人をそうからかうものではない。」

そう言った親方のはにかんだようすにピノッキオは、この人の感受性の細やかな部分を見出した。この人は見かけは怖そうで、また、粗野な感じがするけれど、意外に繊細なものを秘めているのだ。人には外形の美しさというものがあるが、そのほかに心の美しさ、感情の美というものがあるのだ。また、人はどんどん学問をしていくと知的になり、理屈中心になるけれど、その反面、愛《あい》憐《れん》の情に敏感に反応する度合いが弱くなるのかもしれない。その点、この親方は愛憐の情に応じる敏感さを持っている。ピノッキオはこのごろ、自分がどうも知に走りすぎ、人の愛憐の情に薄くなりつつあるのを感じていた。親方と話していて、そのことに気づいた。

「小僧、つい長話を聞かせてしまったな。それでは、元気で行きな。」

そう言うが早いか、親方はすうっと焚き火の奥に消えていった。

第11章　ヴェネツィアのマリオの家で

ピノッキオは、それまでヴェネツィアに行ったことがなかった。その町の名は何度も聞いたことはあったが、この眼で見るのは初めてだった。アドリア海を見おろす丘のような町で、その一角には蔦《つた》かずらのからんだ古めかしい大きな館がいくつも並んでいる、そのような風景を思い浮かべていた。しかし、ここは島だった。そして、その島には運河が刻まれ、多くの橋がつながれ、人々は舟に乗り、橋をわたたって移動する。だが、びっしりと軒を連ねた家々を見ていると、これが島だとは見えない。

ピノッキオは画家にさそわれて舟に乗った。ヴェネツィアではどこへ行くにもこの舟が頼りなのだ、と彼は言った。ピノッキオは板一枚の下が水というのが頼りないと思った。それに、別の舟が近づくと、ぐらりと揺れた。おお、怖いと船べりにしがみつくと、画家は「向こうも揺れているんですから、お互いさまですよ。」と澄ましている。

舟を降りてから、幾つか橋を渡り、二人は運河沿いの細い道を歩いた。向こうから歩いてきた男が、チャオ、マリオ、いつ帰ってきたんだい、と声をかけてきた。画家の名はマリオというのだった。マリオはその知り合いに、おふくろのご機嫌伺いにただいま参上ってところかな、と気軽に答えた。お前のおふくろさんはヴェネツィアの妖精《ようせい》さんだからな、町の大きな誇りだよ、と男は言う。いや、俺にとっては大きな重荷だよ、年老いた女王さまだからね、とマリオは返す。たっぷり塩をかけられないうちに、どこかへ姿をくらましたほうが身のためかもしれないな、と男はアドバイスする。ありがとう、そうすると思うよ、とマリオは言った。

やがて二人は、大きな館の前に出た。「これがぼくの家。」とマリオは言った。いかにも由緒《ゆいしょ》ありげな家だった。ピノッキオはその美しい建物を見上げた。それから回れ右をして、眼下に広がる海を眺めた。湿気の多い海の風がピノッキオの頬に当たった。

「遠慮は要《い》らないからね。」そう言うとマリオは先頭に立って、すたすたと歩いていった。

マリオの母は侍女と向かい合って、ふかぶかとした安楽いすに腰を下ろしていた。

「お母様、ただいま帰りました。こちらはぼくの親友ピノッキオ君です。」ピノッキオはうやうやしく婦人の手を取ると、膝を曲げて、最高の敬愛の気持ちをこめてお辞儀した。

マリオの母は九六歳だというのにずいぶん若々しく、六十歳くらいにしか見えなかった。魔法でも使っているのだろう、とピノッキオは思った。先の男が「妖精さん」だと言った、そのわけが少しわかる気がした。

「ねえ、マリオ、わたしこのごろ、つくづく世の中がいやになったわ。」

「何を言うんです、お母様。僕が帰ってきたばかりだというのに。」

「そうですわ、奥様。お坊ちゃまがお久しぶりにお帰りになられたのですから、もっとお喜びになられたらいかがですか。」

「そりゃ、マリオが帰ってきてくれて、こんなにうれしいことはありませんよ。でもね、私はあまりにも長生きをしすぎたのです。もうここらへんで往生《おうじょう》したいのです。」

マリオの母はいすから立ち上がり、部屋の隅にある三面鏡の前に進んだ。憂《うれ》いを含んだ顔が鏡の中に浮かび上がった。侍女はその顔を見つめながら、こう言った。

「まあ、奥様。もしも奥様のお幸せの数ほど、ご不幸がたくさん来ることがございましたら、そういうご気分にもなられるかと、……でも、奥様はこんなにお幸せでいらっしゃるんですもの。」

「アドリアーナ、お前には私の気持ちがわからないのよ。」

「お母様、僕にもわかりません。」

マリオの母の先祖はイギリスから渡ってきた人だという。そんなことをマリオはピノッキオに話してくれた。もしかしたらパメラ嬢かもしれないとピノッキオは想像した。それにしてもマリオの母上はこの後、どうされるのだろうかと気がかりだった。

ピノッキオはマリオの母の館に四、五日滞在した。その間にピノッキオは仙女様とジェッペットにあてた手紙を書き上げた。マリオと母はいろいろと話し合ったらしい。母はこの館を出て養老院に入ることになった。侍女のアドリアーナは通《かよ》いで、マリオの母の世話をすることになった。マリオは館をヴェネツィアの町に寄付することにした。

マリオの母は養老院に入ることが決まると、急に老《ふ》け始めた。いや、アドリアーナによると、母はマリオの顔を見てから老け始めたという。いずれにしろ、これだけの大きな館を侍女と二人で守ってきた、その心の張りが母を老化させなかったのだろうとピノッキオは考えた。

ピノッキオは書き上げた手紙をシエナにいる仙女様とジェッペットにどうやって届けようかと考えていた。アドリアーナに相談した。承知いたしました。私どもの知り合いに飛脚屋（＊手紙運び屋さん。英語の letter carrier に当たる）

がおりますので、お任せください。彼女はそう言ってピノッキオの手紙をうやうやしく預かった。

ある日、マリオとピノッキオは養老院に母を訪ねた。運河に沿った石畳の道を歩いていくと、前方に緑の茂みが広がった。静かな大きな庭だった。その向こうに養老院の建物が建っていた。昔は病院だったという。近くに頑丈な造りの大きな倉庫があった。何をしまっておくのだろうとピノッキオは不思議に思ったが、マリオによれば塩をしまっておくのだという。

アドリアーナに案内されて二人は階段を上がり、廊下をしばらく進むとマリオの母の部屋に着いた。部屋は大きな病室みたいで、ベッドが二列に並んでいた。年寄りたちの青ざめた、やせこけた顔が見えた。じっと眼を閉じている人がいる。大きな眼を見開いて何かを見つめている人。うんうんとうなり声をあげている人。

アドリアーナはその部屋の奥まで行き、マリオの母に二人が来たことを告げた。それからカーテンを開け、二人に近づくよう合図した。

マリオはベッドに横たわっている母の姿を眼にすると、急にぽろぽろと涙を落とした。そして思わず、持っていたお見舞いの花束を手から落とすと、寝ている母の肩のところへ頭を投げかけ、片方の腕で細くなった母の腕をつかんだ。母は目を見開いていたが、動かなかった。

名はジョヴァンニという。彼はもともと法律学を修めたが、文学に関心があり、古典文学を愛読したり滑稽《こっけい》な詩を発表したりしていた。もともと聖職者になる考えなどなかったのだが、どういう風の吹き回しか、ローマ教皇庁の聖職に就くことになった。あるとき、権威ある宗教会議に出席した。そのとき彼は、ある司教を異端者として痛烈にこき下ろした。その司教は実は新教に近づいていたからである。しかし、ジョヴァンニはこの司教から仕返しをされた。よくも俺をこき下ろしたな、だがお前さんも同じだ、いや、それ以上だ、お前は聖職につきながら、聖職そっちのけで、生半可な文学などにうつつを抜かしているではないか、と。この仕返しは今から見ればそれほど大したものではない。しかし、当時の教皇庁は思想統制の厳しさを日々加えつつあったから、ジョヴァンニは同僚から白眼視され、ついに職を退くことになった。こうして彼はローマからシエナに移り、この聖堂に引きこもって、日々、好きなことをして暮らしているのだ。

ジョヴァンニはあいさつをすませると、ピノッキオの顔と物腰をよく見つめてから、こう切り出した。「じつは、近ごろこんなものを書いたんだ。読んでくれるかね？」

「えっ！」と、ピノッキオは驚いた。と同時に、がっかりした。というのは、もっと旅のことや、自分の変わったことや、いろんなことを聞いてくれると期待していたからである。それで、ピノッキオはこの旅での自分の成長ぶりをいちばん早くジョヴァンニに見てもらいたくてここへやってきたからである。そもそも、ピノッキオに旅に出るよう促したのもジョヴァンニだった。今から四年前、ジョヴァンニはピノッキオを前にして、こう言った。

「なに、法律を勉強したいんだって！　そんなのやめておけ。近ごろ、若者はみんな、オランダのライデンに行きたがるが、そこでいったい何を学んでいるかわかったものか。おそらく芝居の一本か二本、書けたらそれで満足せねばなるまいて。そんなことより、我がイタリアの中を旅してみよ。イタリアは広いぞ。君が考えているよりもな。」ピノッキオはこのジョヴァンニの言葉に説き伏せられて、四年間、イタリアのあちらこちらをさまよっていたのだ。それに、ジョヴァンニはピノッキオがいよいよ旅立つというとき、こんなことも言った。

「いいかピノッキオ、君はこれまで、たしなみというものを身につけてこなかった。ジェッペットや仙女と暮らしていても、このたしなみは身につかない。たしなみは多くの見知らぬ人と一緒に暮らす経験をする中で、養われてくるものだ。君が他人に気を遣う、つまり、人に不快感を与えぬように自分の身の振る舞いに注意する、そういう意識をもつことで、たしなみの習慣はでき上がる。旅をすることは、たしなみの心を養うことでもあるのだ。」ものを食べるとき、がつがつと大急ぎで食べたりする。また、ピチャピチャと音を立てて食べる。

そんなことをしても、ジェッペットや仙女様は少しも注意しなかった。しかし、ジョヴァンニはそれはいけない、自分で直すようにしろと言うのだ。なるほどと、ピノッキオは思った。ピノッキオはそれまで自分の身の振る舞いについて他人が注意を払い、ことこまかに観察しているなどとは思ってもみなかった。ジョヴァンニはまた、こんなことも言った。「君は、ぼくが一口ガブリとかんで歯のあとをつけたリンゴを『ちょっと味わってみないか』と言われて、食べる気になれるかい？　また、ぼくが一度口をつけたぶどう酒のグラスを『飲んでみるかい』と言われて、飲める気になれるかい？」しばらく考えてから、ピノッキオは答えた。「いや、食べられません、飲めません。」「なぜかね？」「それは、あなたがいくら親しい人であってもぼくにとって不快なことだからです。」「そうだ、そのとおりだ。しかし、世の中には親しい間柄だと一方的に判断してそれを強要するやつがいる。また、自分のほうが身分・地位が上だとしてそれを当然のことととして召使などにやらせるやつがいる。いずれも、はたから見るとずいぶん気持ちの悪いものだ。しかし、やっている当人は気づいていない。よいたしなみの人なら、こんなことはしない。」四年前、ジョヴァンニとこのような会話を交わしたとき、ピノッキオはそれほど深いことがわかっていたわけではない。これまでの自分は、いつも腹をすかせていたので、食べ物にありつけると、食べるというよりも、急いでがつがつと腹に詰め込んだ。しかし、これからはそんな自分とおさらばしなければならないのかなと思った。

ジェッペットや仙女様と離れて暮らした四年間で、自分がいかに「たしなみの心」を身につけたかどうか、それを見てもらうためにジョヴァンニに会いに来たのに彼はもうそのことを忘れて、自分の話に夢中になりつつある。ピノッキオにはそれが残念でならなかった。ジョヴァンニは四年前、あの小聖堂でピノッキオと会ったとき、「たしなみの心」を失った多くの人に向けて告発の本を書いていた最中だったのかもしれない。それが今、彼も世俗を離れ、この小聖堂で長く暮らしているうちに、少しずつ、「たしなみの心」を失いつつあるのかもしれなかった。

ピノッキオはジョヴァンニの差し出した原稿から、眼を上げてこう言った。

「原稿を読ませていただく前に、旅のお土産を一つ差し上げたいと思うのですが、いかがでしょうか。」ピノッキオがそう言うと、ジョヴァンニは何か自分の落ち度を指摘されたかのような、不思議そうな顔をした。

「四年前、旅に出るときすばらしい贈り物をいただきました。そのほんの小さなお返しのつもりです。」ピノッキオがそう言うと、ジョヴァンニはうれしそうな、おだやかな表情で耳を傾けた。

「古い言い伝えに『飲食は君の好みのままに、服装は他人の好みに従え』というのがありますが、実にそのとおりでした。外に現れるものこそ、大事です。

服装も行動も。人それぞれの値打ちというものは、判断するのに実に難しいものだとわかりました。人それぞれの値打ちは、いったい、誰が決めるのでしょうか。自分で自分の値打ちがわかっているという人も中にはいます。しかし、たいてい、そうした人は傲慢《ごうまん》とみなされ、周りから嫌われ、その人の行為はしばしば、憎しみをかうことになります。何をしてやっても心のそこから喜ぼうとしない、つむじ曲がりの、気むずかしや。ヴェネツィアのある館で経験したことですが、そこの女主人は、みんなが食卓にそろい、さあこれからごちそうを食べようというときになると、きまって召使を呼び、ペンを持ってこい、紙を持ってこい、尿瓶《しびん》を持ってこいなどと言うのです。これではせっかくの食事も台なしになります。友人は『君を招待したのは、喜んでもらうためだったのに、逆に気をめいらせることになって申し訳ない』と言ってくれましたが、……。ごちそうなんか出なくてもかまわないのです。ふだんの行動が、ともに暮らす人々の不愉快なものにならず、お互いがお互いを敬い、愛することです。それだけがあれば十分なのです。」

「そのとおり、ピノッキオ、よく学んだ。傲慢な人間というのは、つまり、他人を尊重しないということなのだ。今、先ほど、君にぼくが悪い見本を示したように。」そう言ってジョヴァンニは顔を赤らめた。

「私たちは人を選ぶ必要がありますが、友達として長く付き合いたいと思う人の前では、私たちは誰も嫌われたいとは思いません。むしろ、好意をもたれたいと思うでしょう。それならば、そういう人の前では、主人のようなえらぶった態度や自慢を示してはならないのです。あなたとは同じです。友達以上でも友達以下でもないのです。本当の友達というのは、そういう関係なのです。ぼくはこのことに初めて気がつきました。これがこの四年間の旅の最大の収穫であり、また、ぼくがあなたに持ち帰ったお土産なのです。」

になった。」

「この童話を南国の風景が嫌いな人が作ったんですね。それにしても、河の水を黄金に変えてやるといった王様は、なぜ、黄金ではなく、新しい河をプレゼントしたんですかね？」

「ぼくにもそれがよくわからないのだよ。しかし、この童話にはなんだか北国の人間が持つ優越感のようなものが漂っていて、好きになれないんだ。」

「ごつごつした岩場に新しい裂け目を設けて、そこからたっぷり水を流すというやり方は、われわれには何かの皮肉のようにも受け取れますね。」

「さよう。南国の人間よ、山や岩に対してもっと愛着を持て、けっして冷淡であるな。そう言いたいんだろう。いかにもアルプス好きの英国人らしい意見だよ。」

「それで、そんな感想文を書いたのですね。」

「そうなんだ。でも、君と話していたら、そんなうっぷんもどこかへ行ってしまったよ。ところで、君、これからジェッペットと仙女のところへ行くのだろう。」

「ああ、そうでした。つい長居をしてしまいました。二人は元気なんでしょうね。」

「元気は元気なんだろうけれど、二人は今、シエナにはいないよ。」

「えっ！　また、どういうわけですか？」

「二週間前にシチリアのほうへ出かけたんだよ。」

「シチリアへ！　どうして、また？」

「詳しいことはよくわからないが、何でもエトナの山を見たいと言ってたね。」

「そんな！　ぼくがわざわざ帰ってきたというのに。」

「そうだね。君が帰ってくるとわかっていたら、おそらく出かけなかっただろうね。」

ピノッキオは、がっかりした。ジョヴァンニは立ち上がって、一通の手紙を持ってきた。

「これはフィレンツェにいる友人からのものだが、それによると最近、シチリアに大きな地震があったそうだ。」

「えっ！　地震ですって！」

「害にあっていないことを祈るのだが、……。」

地震と聞いてピノッキオは身震いした。二人は大丈夫なのだろうか、ピノッキオはいてもたってもいられなくなった。

「ぼく、これからシチリアに行きます。」

そう言うが速いか、ピノッキオはあわてて小聖堂のドアを押して外に出た。

第13章　シチリアで仙女とジェペットを探す

「あのう、タオルミーナへはどう行ったらいいんですか？」

ピノッキオは思い切って、そばを通った女の人にたずねてみた。

「タオルミーナ？　それなら、あそこにいる子どもたちにきいたら教えてくれるよ。」

色のさめたワンピースを着た女の人はそう言って、忙しそうに走り過ぎた。みんな、大人たちは忙しそうだった。シチリア島に着いてピノッキオはまず、エトナ山の近くのタオルミーナか、カターニアを目指すことにした。地震の被害を強く受けた町で、しかもエトナ山の近くというと、この二つの町が考えられたからである。

ピノッキオは、女の人から教えられた子どもたちの大勢いる場所へと歩いていった。右手に広がる海の美しさは、この世のものとは思えないくらいのものだった。この世にもし楽園というものが存在したら、おそらくこのような風景なのだろうと感心して、しばらく眺め続けていた。すると、とつぜん彼の足元の砂浜で寝そべっていたおやじが声をかけてきた。

「おい、お前は幸せ者だよ。何しろ、一か月前はこの美しい海も泥にまみれて地獄の土色をしていたぜ。いったい、どこからやってきたんだ?」

「シエナからです。」

「シエナ? ほう、聞いたことはあるが、俺は行ったこともねえ。ここから遠いんだろ?」

「はい、十日かかりました。」

「そりゃ、ご苦労さんだ。」

「あなたは何をしているんですか?」

「俺はここで生まれて、めったに仕事をしない。毎日この景色を眺めているんだ。」

「どうして仕事をしないのですか?」

「仕事なんかあるものか! 景色を眺めるのが仕事だよ。」

「ところで、タオルミーナに行く道を知っていますか?」

「ああ、知ってはいるが、それはあそこにいる餓鬼《がき》たちの仕事だよ。あいつらの仕事をとるわけにはいかない。すまないが、あいつらに聞いてくれないかい?」

「よくわかりました。そうします。それでは、さようなら、世界でいちばんの幸せ者さん！」

子どもたちは広場の一角に固まって、野菜や卵、それに魚や貝を売っていた。大声をあげてサラミを売っている子どももいた。ピノッキオが近づくと、その子のほうから声をかけてきた。

「おじさん、すごくかっこいいズボン、はいてるね。」

おじさん、と呼ばれてピノッキオはいささか気恥ずかしい気がした。おいおい、ぼくはまだおじさんと呼ばれるほど年を重ねていないよ、と言い返したい気分だった。でも、そうした気分をぐっとおさえて、笑顔で答えた。

「そうかい、ありがとう。」

「これはぼくのうちでつくった、とびきりおいしいサラミだよ。どう、買ってくれない？」

かわいい笑顔で頼まれると、いやとは言えない。ピノッキオは十本、サラミを買ってやった。

「ところで君、タオルミーナに行く道を教えてくれないかな。」

「ああ、いいよ。それはこっちの道をまっすぐ行くんだ。何しろまっすぐ行けばいい。」

「山道のようだが、途中で二股《ふたまた》に分かれるとかないの？」

「大丈夫、そんなところはあるものか。山に入ったっていつも海の方を気にかけていけばタオルミーナに行けるよ。」

「ありがとう。」

「さようなら、かっこいいズボンのおじさん！」

またしても、おじさんって呼ばれてしまったよ、トホホとピノッキオはタオルミーナへ向かって足を向けた。

道ばたの雑草にも、野菜畑の野菜にも、家畜小屋の牛や馬、それにかわいいヤギにも白っぽい灰色の土がかかっている。これも地震のせいなのだろうか。村全体が白っぽく見えるのはなにも南国の光のせいばかりだとは考えられない。灰をかぶった岩石の隙間《すきま》から、かれんなスミレの花が顔を見せている。ピノッキオが歩いているそばを時々、ロバの引く荷車がのろのろと動いていく。はりきっているのは頭の真上できらきらと輝いているお日様だけのような気がする。ピノッキオはわれとわが身を陽気にしなければと思うのだが、これからいいよいよ、ジェッペットと仙女様を探すのだと思うと、自然に目から涙がにじみ出た。

タオルミーナの山の頂上は、とても見晴らしがよかった。ギリシア人の作った劇場の址《あと》があった。そこからはエトナ山がよく見えた。海、海岸線がきれいだった。だが、カターニアのほうを見ると、壊滅した町のようすが痛々しかった。建物はほとんどが崩れ落ち、無事なのは二つ三つと数えられるくらいしかなかった。大聖堂も破壊されていた。人の動く姿もちらほらと見かけたが、何

第14章　冥界での仙女とジェッペット

これから、話は変わってジェッペットと仙女様のこと。

さて、二人はまず、地震でできた割れ目から地中深く下へ下へと降りていった。割れ目からは硫黄色《いおういろ》の焔《ほのお》が立ち昇っていたが、それが途切れると陰気な森があり、その森を過ぎると鍾乳洞《しょうにゅうどう》の洞穴《ほらあな》が長く続いていた。上からは時々冷たい水がぽたりぽたりと落ちてくる。鳥一羽飛ぶこともない。洞穴を出ると、目の前に黒々とした河が広がった。年をとった、汚らしい身なりの渡し守がいて、いろんな旅人を小舟に乗せている。身なりの立派な人もいればみすぼらしい人もいる。学者風の気難しそうな人もいれば、陽気でぺらぺらとしゃべっている気さくな人もいる。軍人もいれば商売人もいる。元気で強そうな人もいれば、今にも折れそうな弱々しい人もいる。男もいれば女もいる。大人もいれば子どももいる。若いのもいれば年よりもいる。そして、みんな向こう岸へ渡りたい。だが、渡し守は自分が選び出したものだけを舟に乗せ、ほかの者を追い返す。

ジェッペットが仙女にたずねる。

「どうして、あんな分け隔てをするんですか?」

「舟に乗せることができるのは、おとむらいをしてもらった人の亡霊だけなのです。おとむらいをしてもらえなかった人は、この河を渡してもらえないのです。でも、百年もこの河岸をぶらぶらしていれば、お情けで向こうへ渡してもらえます。」

ジェッペットはそれを聞いて安心した。

「ところで、わたしたちは……」と言いかけたとき、渡し守がきっと眼を据え、

「おい、お前は生きた身であるのに、どうしてこの河に近づくのか。」と仙女にたずねた。

「私はけっして、いいかげんな気持ちでここへやってきたわけではありません。ただ、母に逢《あ》いたいばかりにここまで来たのです。」

仙女がそう言うと、渡し守は仙女の母をよく知っているらしく、穏やかな表情になった。

「お前はいかなる資格があって、この河に近づいたのか。」

渡し守はジェッペットに厳しく問い詰めた。

「資格は特にもっていませんが、この世界には逢いたい女が一人おります。」

「それは誰か?」

「はい、レウナという女でございます。」

「その女は、どうしてこの世界にいるのじゃ？」

「レウナは昔、私と一緒に暮らしておりました。しかし、ある人の命令で別れてしまいました。私は別れたくなかったのですが、上役の命令でしかたがなかったのです。また、私がそれから一人旅に出たことがレウナにそんなに多くの落胆をさせるとは知りませんでした。レウナは私が去った後もずっと私のことを思っていてくれて、ついに死んでしまったのです。」

「それでは今、そこへレウナを呼び出してやろう。」

渡し守は意地悪そうな眼をしながら、呪文《じゅもん》を唱えた。すると、ほの暗い光の中に誰かの現れる気配がした。ジェッペットはまだ誰だかよくわからなかった。しかし、近寄ってよく見ると、まさしくあのレウナだった。ジェッペットの眼から大粒の涙がぽたぽたとほとばしり出た。ジェッペットは昔のままの言葉つきでこう話しかけた。

「かわいそうなレウナ、お前が亡くなったといううわさは本当だったんだね。ああ、それもすべてわしのせいだったのか。本当にすまなかった。わしはお前と別れたくはなかったんだ。親方の命令でしかたがなかったのだ。それにまた、わしが家出をしたことにそんなにお前が悲しむとは……。どうか許してくれ。足を止めてこちらを向いてくれ。」

ジェッペットは地面にひざまずいて許しを請うたが、レウナは顔をそむけたまま、しばらく地面に立っていた。そして、静かに歩き出した。ジェッペットがいくら言い訳をしても、岩のように押し黙ったままだった。レウナがどうしても振り向いてくれないので、ジェッペットは地面から立ち上がり、渡し守と仙女のところに戻ってきた。

仙女は最後の手段だと思って、黄金の枝を渡し守に示した。それを見ると渡し守はやさしくなって、二人を舟に乗せた。舟は薄い板でできていた。あっという間に向こう岸に着いた。

それから、二人はアスフォデロスの咲き乱れる野原をさまよった。そして、そこでまた、たくさんの亡霊と出逢った。それから、不思議な河（＊名をレテ河という）の水を飲んだ。それを飲むと、もう冥界の人になり、現世のことを忘れるのであった。ジェッペットはレウナのことも、ピノッキオのこともすべて忘れた。そして、仙女のあとについて、エリュシオン（＊極楽のこと）の野原に出た。

エリュシオンでこの後、二人がどんな暮らしをしたか、それはまた別の日にお話しすることにしよう。ところで、二人がレテ河の水を飲む前に、こんな会話を交わしていたことを皆さんに伝えておこう。

「もうお母上、つまりあの魔法を使うおかたとお会いになったのですか？」ジェッペットが仙女にたずねた。

「ええ、あなたがあのかたとお会いになっていたとき、私は母と会っていました。」

「お母上はお元気でしたか？」

「元気というか、相変わらずでした。」

「お母上は何かおっしゃいましたか？」

「ここへ来るには三十年早過ぎると言われました。でも、私は用事があって来たのですと言い、名前のことを聞きました。」

「それで、何と？」

「お前の名前はフィレンツェのある場所に、ちゃんと記してある、母はそう言うのです。」

「教えてくれないのですか？」

「教えてくれません。自分で見にいきなさい、と言われました。」

「でも、あなたは今、冥界にいる。すぐには行けませんね。」

「ええ、そうなんです。」

「でも、あなたは冥界にいても、私のようにすっかり死んでいるというわけではありませんから、現世に戻られたらどうですか？」

「戻りたくありません。」

「どうして？」

「私一人が戻っても、つまらないからです。」

「どうして？　ピノッキオだって、あなたを待っていますよ。」

「そうかもしれません。でも、私は今、あなたと一緒にいたいのです。」

「私はいつ冥界から出られるか、わかりません。いや、ずっとこのままここにいることになるかもしれないのですよ。」

「かまいません。」

「困りましたなあ。」

ジェッペットは絶句した。

しばらくして、仙女が話しかけた。

「あのかたのことは、もうすんだのでしょうか？」

「レウナのことですか、彼女はまだ、ちゃんとしたとむらいをやってもらっていなかったようですから、かわいそうなんです。」

「とむらいをやってもらえば、あのかたの悲しみは消えるでしょうか？」

「完全に消えるかどうかはわかりませんが、今よりもいくらか消えるでしょう。」

「あなたが現世に戻られて、あのかたのおとむらいをしてあげたらどうですか？」

「えっ！」

親たちに捨てられた子どもたちを収容している施設である。石畳の広場に立ってこの長細い建物を見たとき、ピノッキオはなぜかこの中に吸い込まれていくような感じがした。正面のアーケードに向かって歩き、ふと立ち止まってその上を眺めると、子どもの姿を描いた絵が眼に入った。その絵の中の子どもたちは体を包帯でぐるぐると巻いている。変だな、ピノッキオはそう思った。なぜ、自分の体をあんなふうにぐるぐると巻く必要があるんだろう？　いや、待てよ、もしかしたら、彼らは自分で巻いたのではなく、誰かに巻かれてしまったのではないか。落ち着いてそれらの絵をよく見ると、彼らは包帯でぐるぐる巻きにされた姿で、誰かにそれを解いてもらいたいように、こちらに視線を向けているのである。ピノッキオはかわいそうになった。また、それは他人の姿でなく、自分の姿であるのかもしれないと思った。

ピノッキオはそれから、薄暗い部屋に入っていった。鉄格子の窓は太陽の光をさえぎり、多くの影をあちらこちらにつくっていた。多くの子どもたちが収容されている割には、建物の中は存外、静かだった。係の人に会って、いろいろと話を聞いてみようと、部屋のあちこちをのぞき始めたとき、「何かお探しなのでしょう？」と、後ろから声をかけられた。

びくっとして振り返ると、そこにはあの女の人がいた。

「何だ、君か！　おどかすなよ！」

「あら、驚きましたか。それはごめんなさい。」

「何か、用があるのかい？」

「あなたは、やはり、ここに来ました。」

「別に君に言われたから来たんじゃない。ぼく自身のために来たのだ。」

「そうでしょうね。あなたはそういう人です。いや、あなたに限らず、誰でもこのことは知りたいと思っていますからね。」

「君は、ぼくの心の中が読めるのかい？」

「まあ、だいたいは……。」

「それじゃ、今のぼくの心の中を言ってごらんよ。」

「そんなこと、ここで言う必要がありません。それより、あなたはここで仙女様のお名前を見つけてあげるんでしょ？」

「えっ！　そんなこと聞いてないよ。どうして？　誰がそんなことをして差し上げるの？」

「あなたですよ。あなたしかいないのです。仙女様のお名前を探してあげるのは！」

「仙女様は亡くなられたんだ。亡くなられたかたのお名前を今、どうして探さなければならないんだ？」

「あのかたは今、ご自分の前世のことを知りたがっておいでなのです。恩を受けたあなたは、あのかたのお役に立つ仕事をしなければなりません。」

ピノッキオは自分のことが知りたくてここへやってきたのだと、つい言いそうになった。ぼくも本当のお父さんや、本当のお母さんのことが知りたくてここへ来たのだ。ジェッペットはそりゃ本当のお父さんだと思っていたさ、いや、本当のお父さん以上の人だと思っているさ。でも、一人で旅をしてよく考えてみたら、もしかしたらぼくにはジェッペット以外の本当の父親がいたのかもしれない、そして、もちろん、母親もいたのだと思うようになったんだ。つまり、ぼくは捨てられた子どもだったんだ、と。そんなぼくを拾って育ててくれたのがジェッペットだ。それから、仙女様がぼくのお母さんになってくれたんだ。

そんなことをピノッキオが心の中で、ぶつくさ言っていると、また、ベアトリーチェの声がした。

「仙女様も、本当のお父上のことを知らないのです。それから、お母上は幼い仙女様をこの養育院に入れて、どこかへ行かれたのです。仙女様はここを出られてから、ある魔女に育てられました。魔女は仙女様を自分の養女にするため、仙女様の記憶をすっかり消してしまいました。そんなわけで仙女様はご自分のお名前を知らないのです。」

「かわいそうな仙女様！　ぼくが何とかして、名前を見つけてあげよう。」

それから、ピノッキオは養育院の事務室に向かって駆け出した。

事務室の司書に用件を話すと、彼女は書庫に案内してくれた。たくさんの書類が紙包みにされて保存されていた。これではどこから調べていいのか、全く見当がつかない。途方に暮れていると、司書がこう言った。

「そのかたのお母様が女の子に何か形見の品を渡しませんでしたか？」

「形見の品？」

「はい、お母様が子どもと別れるときメダルとか、マリア様の絵とか、首飾りとか、何かよく渡すものなんですよ。」

すると、ベアトリーチェが現れて、ピノッキオの耳元でささやいた。

「Cのイニシャルのついた小さな竹笛。」

ピノッキオはそっくりそれを繰り返して言った。

「ああ、それはいい目印ですね。すぐわかります。ちょっと待っていてください。」

司書はそう言うと、また、書庫に入っていった。

しばらくして、大きな紙袋と一冊の分厚いノートを持って司書は戻ってきた。まず、紙袋を開けて、それ、これ、これですよと彼女は言った。それはもはや茶色になった、古い竹笛だった。緑色の若竹の色がすっかり変色した竹笛だった。それ、ここにCのイニシャルがついている、と司書は誇らしげに言った。確かに、Cの文字が彫ってあった。

それから司書は分厚いノートを開けて調べ始めた。やがて、ノートから眼を上げて、うれしそうな顔でピノッキオを見た。ここにありました、ここを見てください、彼女は指で示しながら、晴れ晴れとした顔でそう言った。

ピノッキオはそこに、端正な次のような文字を見た。

この女の子は十月二日、午前六時に生まれました。この子の名前はカテリーナ・マリア・ペトリーニです。目印にCのイニシャルのついた竹笛を持たせます。

「目印が竹笛というのはたいへん珍しいです。お母様は何か音楽の趣味がおありだったのでしょうかね。」

司書はそんなことを言った。

「ところで、この女の子のことに関して、ほかに何か書類は残っていないのでしょうか?」

「そうですね。ちょっと待ってください。調べてみますから。」

司書は再び、書庫に入っていった。

しばらくして戻ってきた。

「残念ですが、ほかにはありません。」

「ここに来て長いの?」

「二年半よ。」

「あなたも親がいないの?」

「お父さんが亡くなったの。」

「ここでは幸せ?」

「あなたったらいろいろなことを聞きたがるのね。不思議な人! 私は今、本が読みたいの。」

私は見知らぬ人に話しかける厚かましさを、いつか、どこかで身につけていたんですね。それで、このときも、本を読むのに夢中になっていたカテリーナに話しかけて、少しむっとされたんです。しかし、このときのことをよく考えてみると、何か彼女のしていたことが私の心に強い共感を呼んだのだと思います。すなわち、読書なんです。私もまた、本を読むのが好きだった、それで彼女に親しみを感じたのです。

ある日のことです。

「まだ、この前の本を読んでいるの?」

私は彼女の後ろへ行って、そうたずねました。

「ええ、今もうすぐ読み終わるところよ。」

それから五分ほどして彼女は本を閉じました。今日はこの人とゆっくり話ができるわ、そう思いました。

「あなた、遠いところからいらしたの？」

「ヴェネツィアから来たの。」

「いつか帰るんでしょう？」

「帰らないわ。お母さんが再婚するの。」

「お母さん、きっと迎えに来るわよ。」

「そうだったらいいんだけれど。でも先のことなんかわからないわ。」

また、こんなこともありました。ある日、授業を受けていたとき、彼女は先生から注意を受けました。子どもじみた、たわいのないいたずらをしたのです。先生はこう言いました。

「いたずらな子どもを見ることほど悲しいものはありません。あなたは悪い人が死ぬと、どこへ行くのか知っていますか？」

「地獄へ行きます。」

彼女は型どおりの答えをしました。

「それで、地獄ってどんなところ？　私に言えますか？」

先生はまたも、しつこく問い詰めました。

「火のたくさん燃えている大きな穴です。」

「それであなたはその穴に落ちて、毎日体を焼かれていたいですか？」

「いいえ、先生。」

「そうならないためには、あなたはどうしなければならないのでしょうか?」

みんなが先生とカテリーナの顔をじっと見つめました。少し間をおいて彼女はこう言ったのです。

「私は健康を維持し、死なないようにします。」

生徒たちはみんな大笑いしました。しかし、先生は少しも笑いませんでした。先生は授業の後、彼女をおしおきの部屋に呼びました。先生はたいそうご機嫌が悪く、彼女に端をしばった小枝の束を持ってこさせました。彼女はそれを先生に差し出しました。それから、エプロンをはずしました。すると、先生は小枝の束で彼女の首を十二回、激しく打ちました。彼女は平然としていて、涙ひとつ流しませんでした。

「強情な子!」

と、先生はにくらしそうに言いました。私は彼女のために何もしてやれず、自分の無力さに腹が立ちました。

「あの先生、あなたにずいぶんひどく当たるじゃない?」

「ええ、まあね。」

彼女に言いました。

「私だったら、先生を嫌うわ、反抗するわ。先生が鞭《むち》で私を打ったら、その鞭を奪い取って、先生の前でへし折ってやるわ。」

「本当に、あなた、それができる？　ここは慈善を受けている施設なのよ。あなたも私も、それにほかの多くの人もみんな慈善を受けているのよ。」

「だからといって、反抗できないわけじゃないわ。」

私は先生への怒りからついかっとしてしまい、そんな強がりを言ったものですが、カテリーナは冷静で、落ち着いていました。私にはお姉さんのような存在でした。


「ところで、彼女のお母さんについてですが、何か覚えていることがありますか？」

スグレナさんはぱっと目を輝かせると、こう言った。

あっ、そうそう、お母さんが一度訪ねてきましたよ。すらりとして背の高い、おきれいなかたでした。お母さんが帰られた後、彼女からいろいろと聞きました。彼女のお父さんが病気で亡くなった後、お母さんは彼女をサン・ガッロに入れ、ヴェネツィアのオスペダーレでヴァイオリンの教師になったそうです。そして、しばらくしてお母さんはあるかたから求婚されました。お相手は同じオスペダーレで音楽教師をされているかたで、ヴァイオリンを教えたり、作曲をされたり、合奏長をつとめたりされているかたでした。お母さんは再婚するについて娘の考えを聞こうとやってきたのでした。お母さんは、あなたをここから連れ出したいのだと言いました。娘はお母さんの再婚を祝福しましたが、私はここを出たくないと言いました。お母さんはずいぶん説得されたようですが、ついにあきらめて帰っていきました。

「カテリーナさんはその後、どうされたのですか？」

私がカテリーナのことで覚えている最後のことは、私が八歳、彼女が十歳のときのことです。彼女は重い病気にかかりました。なに、はじめは軽いはやり風邪にかかったのですが、それがなかなか治らず、熱は下がらず、セキは続いて、お医者さまもたいへん心配されました。もしかするとこのまま治らずに天国に行ってしまうかもしれない、と言うのです。それが、どういうわけか、大嵐のあとの朝のように、急に良くなったのです。みんな不思議がっていると、その日のお昼過ぎ、見たこともない変な女の人がやってきたのです。その人はいきなり、院長先生にこう言ったのです。ここに重い病気にかかった女の子がいるでしょう。その子を里子にください。この子をここにおいておくと、また、病気が広がります。私が安全な場所に連れていき、大事に育てますから。院長先生はどうしたものかと迷いましたが、中にあの意地悪な先生がいて、あの子はここにおいておくとろくなことはありません、里子に出したほうがよいでしょうと強調したので、院長先生はカテリーナをこの女の人に任せることにしました。

いよいよ明日、あの変な女の人、そうそう、この変な人はおとぎ話に出てくる魔女に似ていましたがね、その人がカテリーナを迎えに来ると決まったその日の夜、私はそっと彼女の寝室に行きました。夜着の上に上着をはおって、靴をはかずにそっと出かけていったのです。もちろん、宿直の先生に見つかれば自分の部屋に戻されます。しかし、私はどうしてもカテリーナに会わねばならないと思ったのです。急ぎ足で宿直室の前を通り過ぎました。そして階段を下りて、階下の建物の一部を横切って、音をたてずに二つの扉を開けたてしました。私の前にもう一つ、階段がありました。これを上がるとちょうど真向かいに彼女の部屋がありました。彼女は病気をしたので、みんなから離され、先生がたの宿舎の空き部屋に、一人で入れられていたのです。ほかの子どもたちに病気がうつらないようにするためと、先生がたがカテリーナの看病にすぐ当たれるようにするためでした。

カテリーナの部屋のかぎ穴とドアの下から、うっすらと光が外にもれていました。深い静けさが漂っていました。部屋に近づくと、幸いなことにドアしいのです。」

「何だって？」

「つまり、仙女様の親ではなく魔女自身の親のことらしいのです。魔女は仙女様の記憶をすっかり消して、その代わりに自分の身の上のことを仙女様の脳に吹き込んだのです。」

「君は前にもそんなことを言っていたね。」

「そうです。仙女様はあるときから魔女に引き取られ、育てられたんです。」

「そのあるときというのが、今日のスグレナさんの話で明らかになったじゃないか。」

「そうなんですよ。だから、わたしはうれしいのです。そして、それはあなたの大手柄《おおてがら》なんです。」

「仙女様は喜んでくださるだろうか？」

「もちろんですよ。大喜びされるでしょう。」

「でも、仙女様はお亡くなりになったのだ。ぼくはお会いすることができないのだ。残念だ。」

「大丈夫ですよ。私がひそかにお伝えしておきますから。」

「君は仙女様にお会いできるのかい？」

「ええ、まあ。」

「それなら、ぼくだって仙女様に会えるだろう。会わせておくれよ。お願いだ。」

「いえ、それは無理です。できません。」

「君も魔法を使うのだろう。それならできるはずだ。ねえ、お願いだから仙女様に会わせてよ。仙女様はどこにいらっしゃるの？」

「あのかたは、あなたが今いらっしゃる世界とは別の世界でお暮らしになっています。それ以上のことは申し上げられません。私はそろそろ、おいとましなければなりません。」

「なんだ、ずるいじゃないか、逃げるなんて。」

「逃げるのではありません。もう時間だからです。私も帰りの時間が決められています。門限に遅れると罰せられます。あなたといつまでもお話を続けていることができないのです。それでは、ごめんください。さようなら。」

ベアトリーチェはそう言うと、ぱっと消えてしまった。

「なんだ、勝手なやつ！」

ピノッキオはもうこれ以上考えることができなくて、深い眠りに落ちていった。

第16章　インノチェンティ養育院で

フィレンツェの宿で目をさましたピノッキオは、今日こそインノチェンティ養育院に行って自分の生い立ちを明らかにしてやるぞと意気込んだ。食事を済ませるとすぐに町に出た。通りを歩いていると、向こうから歩いてくる人にどうも見覚えがあった。もしかしたら……ピノッキオは胸がどきどきした。笛吹き男、あなたはもしかしたら笛吹き男では……と、ピノッキオはその男の前に立って、顔をよく見た。向こうも気がついたらしい。

「やあ、ピノッキオ、元気かい？」その男は快活な笑顔でそう言った。「君、ヴェネツィアに行ったのでは？」

「ああ、行ったよ。君は？」

「ぼくもヴェネツィアに行ったんだ。君より遅れてね。」

「そうか。でも会わずじまいだったな。残念だった。」

「ボローニャで別れたきりだもの。ところで、君はあれからどうしていたの？」

「あれから大忙しさ。ぼくは見かけのとおり、もう昔の笛吹きでなくなった。」

そういえば彼は昔の格好《かっこう》と違っていた。笛も持たず、帽子も昔のようなとんがり帽子でなく、服もピエロの着る、まだら服でなかった。

「君、ずいぶん変わったんだね。」

「そう、ずいぶん変わった。自分でも驚いているくらいだ。マルコ・ポーロの本を読んだのだ。マルコはムスリムが住む土地のずっと向こうにカタイやマンジという地方のあることを教えてくれた。彼は遠くの海を越えてヴェネツィアに帰ってきたのだ。マルコによれば、マンジの東の方にジパングという大きな黄金の島があるそうだ。ぼくはそのジパングに行ってみたい。」

「それで、フィレンツェにはどういう用事で?」

「海を西へ西へと進めばジパングに行けると思うんだが、いったい、どのくらいで行けるのかその距離がわからないんだ。それをご老人の学者に教えてもらうんだ。」

「その人はフィレンツェに住んでいるの?」

「ああ、住んでいる。手紙のやり取りを二、三度やってみたが、どうも要領を得ないので、こうしてやってきたのだ。」

「その用事がすんだら、どうするの?」

「ジェノヴァに戻るよ。ぼくは今、ジェノヴァにいるんだ。エンリケ航海王子のつくった航海学校の卒業生にいろいろと教えてもらっているんだ。」

「エンリケ王子って、ポルトガルの？」

「そうだよ。エンリケ王子はアルガルヴェの知事になったとき、サグレス岬にとてもすばらしい航海学校を作られたんだ。そこにはジェノヴァ人、ヴェネツィア人、ユダヤ人、ムスリムなどの海に関心のある者が集まり、たくさんの航海士が養成されたんだ。ぼくが今お世話になっている人はその一人さ。」

「東にはムスリムの住む土地があるってことは知っていたが、さらにその先があるとは知らなかった。それなら、君はどうして東に進んでジパングに行かないのだい？」

ここで笛吹き男はにやりとほほえんだ。

「よくぞ聞いてくれましたって言いたいところだね。それが、このフィレンツェのじいさん学者のえらいところなんだ。」

「ほほう、それは、いったい、どうして？」

「このじいさんはわれわれの住んでるこの地球というものが丸い一個の球の形をしているというのだ。」

「ほほう、それで？」

「球の形をしているのならば、東に進んでも、西に進んでも、いずれはそこに到達できる。」

「なるほど。東に進んでも、西に進んでもジパングには行けるはずだというわけだね。それなら、なぜ、君は西に進んでジパングに行こうとしたわけ？」

「そこで、じいさんにどちらが近道かを聞きにいったわけだ。」

「じいさんは何と？」

「西回りのほうが近いと。約二か月でジパングに行けるというのだ。それとも一つ、ぼくが西回りを選んだのはムスリムの連中といさかいを起こしたくないからだ。」

「よくわかった。それじゃ、君、これからジェノヴァに戻ったら航海の準備に入るんだね。」

「そうだよ。……」

笛吹き男は言葉をとぎらせて、しばらくしてからこう言った。

「もし、よかったら君もジパングに行ってみないかい？」

ピノッキオはさそわれてしまった。返事を躊躇《ちゅうちょ》していると、笛吹き男がこう続けた。

「返事は今でなくていいよ。どうせ、まだすぐには航海に出ないんだから。もし行く気であれば、ジェノヴァのぼくのところへ連絡してほしい。」

そう言って男は紙切れを取り出し、それに何事かを記し、ピノッキオに渡した。そこには男の住所と名前が記してあった。パオロ・プラトリーニ。これは

「何か意地悪でもしたのだろう？　それとも、やさしかったかい？」

「意地悪というのではありませんが、彼女はお嬢様のことをよく考えて、あなたとお嬢様とのお付き合いをこれ限りにさせようと考えたのです。そこで、あなたがお嬢様の家に仕事に来る最後の日に、彼女はお茶を用意したのです。お疲れさまでしたね、そう言って乳母はあなたにお茶を出しました。ところが、そのお茶には眠り薬が入っていたのです。死んだように眠ってしまったあなたは、乳母の命令を受けた召使の男によって森へ運びこまれました。そこへ木切れを探しにやってきた一人の樵があなたを見つけたのです。」

「第一発見者は樵というわけか、それでその樵はぼくを見つけて何か言った？」

「樵はなんて不思議な木切れなんだろうと言いました。なぜなら、森の中で不思議な歌を聞いたからです。そして、歌はどうもその木切れの中から出てくるのだとつきとめたからです。」

「ちょっと待って！　ぼくは人間だよ。どうして木切れなんかになったんだい？」

「それは未《いま》だによくわかりません。これからも調べ続けますから。ともかく、あなたは眠り薬を飲まされて眠ってしまいました。気がついたら木切れになっていたというわけです。」

「それで、その木切れはいったい、どんな歌をうたっていたの？」

「はい、それはこんな歌です。

いとしいわが子よ。昨日の夜、お前はどこにいましたか？
どこにいましたか？
お母さん、ぼくはあなたと一緒にいても苦しいのです。
あなたと一緒にいても、ぼくは死にそうです。

いとしいわが子よ。あなたは夕食で何を食べましたか？
夕食で何を食べましたか？
焼いたウナギです。お母さん、ぼくは苦しい。
焼いたウナギです。お母さん、ぼくは死にます。

いとしいわが子よ。それを全部食べたのですか？
全部食べたのですか？
半分しか食べていませんが、お母さん、ぼくは苦しい。
半分しか食べていませんが、お母さん、ぼくは死にます。

いとしいわが子よ。もう半分はどうしたのですか？

どうしたのですか？
犬にやりました。お母さん、ぼくは苦しい。
犬にやりました。お母さん、ぼくは死にます。

いとしいわが子よ。犬はどうしたのですか？
どうしたのですか？
道端に倒れました。お母さん、ぼくは苦しい。
道端に倒れました。お母さん、ぼくは死にます。

この歌はある木切れの中から聞こえてきました。樵は気味が悪くなって森から逃げ出そうとしました。しかし、もしかするとこの不思議な木切れは高く売れるかもしれないと思い、引き返すとほかの木切れと一緒に集めて家に持ち帰りました。ところで、家に持ち帰ると樵はどの木切れがその不思議な木切れだか見分けがつかなくなりました。目印をつけておけばよかったのですが、それは後の祭りです。そこで樵はこれらの木切れを自分の家の薪《たきぎ》にしようと思いました。でも、これらの中に歌をうたうあの不思議な木切れがあるかと思うと、うかつには薪にできませんでした。そこへ、大工のアントニオがやってきました。アントニオは仕事に使えそうな木切れを十本くらいほしいと言いました。

樵は自分の家に並べてある木切れを見せました。アントニオは十本選びました。それらの中には不思議な木切れも入っているはずです。樵は手放すのが惜しい気もしましたが、どうせ気味の悪い変な歌をうたう木切れだから売ってもかま

わないと最終的な判断を下しました。しかし、値段は高くつけてやろうと考えました。大工は高すぎると文句を言うかもしれないと思いましたが、意外なことに彼は樵のつけた値段のまま買うと言いました。こうして不思議な木切れは大工のアントニオの仕事場に置かれることになったのです。」

「よくわかったよ。でも、木切れがうたっていた歌は不思議だなあ。昔のぼくに、いったい何が起こったんだろう?」

「それは今の私にはわかりません。ただ、あなたがもしジェノヴァに行かれることがあったら、何かわかるかもしれません。」

「それはなぜ?」

「なぜだかわかりません。私の直感です。ただし、直感ですから、当たらないこともありますよ。」

ピノッキオはジェノヴァと聞いて、内心びっくりした。それは今日、フィレンツェの街中で偶然、笛吹き男のパオロと出会い、ジェノヴァに来ないかとさそわれたからである。ぼくの生い立ちのなぞはジェノヴァに行けば解明できるのかもしれない、そして、ジパングに行く航海のこともジェノヴァに行けばもっとはっきりわかるかもしれない。

よし、ジェノヴァに行ってみよう。ピノッキオはそう自分に言い聞かせると、急に心が安らかになり深い眠りに落ちていった。

第17章　ジェノヴァへ

ピノッキオはジェノヴァに向かった。フィレンツェからエンポリを経由してまずピサに出て、それからは海岸に沿ってジェノヴァに向かった。ピサからジェノヴァに至る道はフランスのアルルから海岸伝いにローマまで続く、昔からの古い街道（アウレリア街道）だった。

ピサには傾いた鐘楼があると聞いていたので、それを見ることにした。途中、大きな川があった。フィレンツェから続いているアルノ川である。土地の人の話では、この川を戦の船が通ることもあるとのことだった。確かに、ピサからフィレンツェにはこの川を上ればすぐ行けるのだ。傾いた鐘楼は、確かに見る価値がある。今にも崩れ落ちるかと思わせるような格好で、しかも、不思議と安定感がある。ブランコ乗りの軽業のようだ。ピサは海岸に近い土地だから、土は柔かい砂岩質なのだそうだ。しかし、それを考えずに土台を作ったものだから重みで傾いたのであるという。いまさら土台を取り替えるわけにもいかな間の体ほどもある大きな犬が何匹もたむろしています。気をつけて行きなさい。

ピノッキオは丘を下り、ジェノヴァの町中を歩き始めた。広場に出て、教会の高い建物を目印にして幾つもの通りを歩いていった。薄暗い通りに、大勢の人が輪を作って集まっていた。子どもたちの声がした。何かののしっているような感じで、時折、大人たちのあざけり笑いがする。近づくと、輪の中に小動物か何かのようにうずくまっている一団の人々がいた。ぼろをまとい、顔や手は汚れ、病人もいる。顔が変形したレプラ患者もいる。彼らはおびえた目で神に祈っている。

大人の一人が、

「お前たちは神に祈っても無駄だ。お前たちは人ではないのだから。」

と言った。そして、石を投げつけた。続いて、ほかの人が棒切れや雑巾を投げつけた。無邪気な子どもも石を投げつけた。

ピノッキオは勇気を出して前に進み出た。

「君たち、弱いものいじめはやめろ!」

言ったとたん、彼はみんなからじろじろ見つめられた。いじめていた十四、五人の大人と子どもはピノッキオに牙をむいた。

「見かけない顔だな。旅のあんちゃん、勇気があるじゃないか! 俺たちに文句をつける気かい?」

中の一人が言った。

「この人たちはぼくたちと同じ人間だ。いたわってやるのならまだしも、石を投げたり、あざ笑ったりするのは、君たち自身の値打ちを下げることになるんだ。」

ピノッキオは力んでこう言った。

「坊さんみたいなことを言うじゃないか。俺たちにはもともと値打ちなんてものはないんだ。下げるも上げるも関係ないんだよ。」

二人のやり取りが続いているとき、うずくまっている一団が立ち上がって動き出した。一団の中に、六十過ぎの老人がいた。その人はレプラで、しかも、よく目が見えないようだった。また手足が不自由で、立ち上がったとき、よろよろとして倒れそうになった。ピノッキオは思わず駆け寄って腰をかがめ、その老人を背負った。

そのとき突然、「ばんざーい！」の声が上がった。マリオだった。

「やあ、マリオ！」

「やあ、ピノッキオ！」

二人は互いに目を輝かせて合図した。十四、五人の人々はマリオの大きな図体を見ると、蜘蛛《くも》の子を散らすように去っていった。

それから、老人を背負ったピノッキオとマリオが先頭に立ち一団の人々は大きな教会の敷地まで行った。広い敷地には大きな椋《むく》の樹があった。樹の下には太陽のよく当たる緑の草がたくさん茂っていた。その上に老人を寝かせた。ふかふかした寝具の上に横になった老人は夢を見ているような顔をした。それはうれしいような、おびえたような、怒っているような、何ともいえない複雑な顔だった。マリオが言った。

「老人は自分を背負ってくれた君の肩のあたたかみを一生忘れないだろうね。」

ピノッキオは心の中でつぶやいた。——ぼくもこの人の顔を一生忘れないだろうなあ。

「ところで、マリオ、君はいつ、ジェノヴァに来たの?」

「ついこの前さ。ピノッキオ、君はいつ来たの?」

「ぼくは今来たところさ。ところで、お母上はお元気?」

「ああ、元気だね。あの調子じゃ、百歳を越すね。」

「それはよかった。ところで、君に聞きたいことがあるんだよ。」

「何?」

「実は君のお母上のお名前だが、パメラというのじゃないかな。」

「いや、違うね。ぼくの母の名はダイアナ。パメラは祖母の名だよ。でも、パメラってよく知ってたね。」

「うん、何となく、そうかなって思ったから。」

「パメラおばあさんはぼくの母の母で、イギリスの生まれなんだ。」

「それがどうして、また、イタリアにやってきたの？」

「よくわからない。若いころ、イギリスからイタリアへ来て年取ったお母さんと二人で暮らしていた。」

「もしかして、そのパメラさんのところへイギリスから男が追いかけてこなかった？」

「そんな話、少しだけ母から聞いたことがある。」

「男の名は？」

「よく知らない。男は結婚させてくれと言った。だが、彼女の母は断った。男があまりにもしつこいので彼女の母は非常に困ったらしい。」

「それで、どうなったの？　パメラさんはその男と結婚したの？」

「いや、しなかった。彼女はいやでなかったが、お母さんが最後まで反対したらしい。」

「かわいそうに！　それで、その男はどうしたのかな、イタリアにとどまったの？　それともイギリスに帰ったの？」

「詳しいことは知らない。母に聞けばわかるかもしれないがね。」

「ぜひ頼むよ。」

「わかった。この次ヴェネツィアに帰ったら母に聞いてみるよ。」

マリオはピノッキオがなぜこんなに祖母のことを知りたがるのか不思議だった。いっぽう、ピノッキオは火食い親方から聞いたパメラ嬢のことが少しずつわかってきたのでうれしかった。

その後二人はジェノヴァでのお互いの住所を教え合い、別れた。

マリオと別れてから、ピノッキオはパオロ・プラトリーニの住所を探した。幾つも通りを過ぎ、また、幾つも広場を過ぎ、やっとたどり着いたのは一軒の小さな本屋だった。「こんにちは。」とあいさつをして中に入ると、奥からひげ面のがっちりした男が顔を出した。

「どなた？」

ピノッキオは自己紹介し、パオロの友人であることを告げた。

「初めまして。パオロの弟のバルトロメといいます。」

バルトロメさんは船乗りで、船に乗らないときは本屋を開いているのだという。店の中の本はたいてい、旅行か海に関するもので、地図も多く置いていた。自分も兄も地図を描くんです、彼はそう言った。それから部屋を案内され、ピノッキオはしばらくここでお世話になることになった。

その夜、机に向かって日記をつけていると、ベアトリーチェが現れた。

「ごぶさたしています。お元気のようですね。」

「ああ、元気だよ。ただ、今日は疲れた。いろんなことがあってね。」

「良いことをされましたね。ご老人をお助けして。」

「ああ、あれは自分でも不思議なくらいだ。どうしてあんな勇気が出たのだろう？」

「それは、あなたの中に深く眠っていたものが目をさましたのですよ。」

「そうかな。それにしても不思議だった。もしあのとき、マリオが声をかけてくれなかったら、ぼくは老人を背負ったまま動くことができなかっただろうな。」

「まあ、そんなにご謙遜《けんそん》されなくても。ところで、あなたの予感が当たりましたね。」

「ああ、パメラ嬢のことだね。あれには正直驚いた。火食い親方の話をもっと知りたいなあ。」

こうしてピノッキオは初めて船に乗ることになった。その夜は胸がどきどきしてなかなか眠れなかった。夜が明けると、激しい雨と風だった。ピノッキオは本屋の隅に腰を下ろし、港から呼びに来るのを待っていた。

「だめだな、この雨風では。」

そう言って船乗りたちが入ってきて腰を下ろす。スペインのどこの船がどうしたとか、ポルトガルのあの船は運がよいとか、ヴェネツィアのあの船は何年になるが一度も沈没しないとか、そういった話が次々と出てくる。百キロ、二百キロ先にいる船のことを隣人のようにうわさするのは、海の暮らしがそうさせているのだろうとピノッキオは思った。

「時に若いのはどこだね?」と一人の船乗りに聞かれたので一通りの事情を話すと、「キオスへ行く船といえば何とかいったね?」と聞く。

「ペーレウス号とかいいました。」と答えると、「ほう、それはよい船をつかんだ。あの船の船長は太っ腹でよい男だ。あの船はまた、運が良くてね、よく儲けもするし、航海も早い。ありゃジェノヴァの船だぜ。長さ二十四メートルの大型船だ。」と教えてくれた。

ピノッキオは夕方まで、その人たちと海の過ごし方について話し合った。やがて彼らは別れに一杯飲もうやと言って、町の方へ出かけることになった。雨も風もやんでいた。ピノッキオは酒が飲めないので、コーヒーを飲んだ。そして、また、書店の二階の部屋に戻って寝た。

次の日は晴れて、穏やかな日だった。船宿から迎えが来て港に行った。港には海からの風がかすかに吹いていた。そして、ビンロウ樹の葉は空いっぱいに潮の香りをふりまいていた。海には帆船が多く浮かんでいて、いったいどれが自分の乗る船かわからなかった。船宿というのは、別に夜、宿泊する人を泊めるというだけでなく、旅人や見物人の世話をするもので、手紙などを預かって入船時に渡したり、船の人と陸の人とをつなぐいろんな仕事をしているのであった。

「あなたが乗るのは、あの船です。」

と教えてくれた。

船長にバルトロメからの紹介状を見せると、一通り読んで、

「あなたは航海が初めてのようですが、なかなか大変ですよ。さんざんな目にあうことを覚悟しておいてください。」

と言う。

「覚悟の上です。よろしくお願いします。」

と言って乗った。こうしてピノッキオは船の人になった。

乗り込むと、まもなく船は出帆の用意をした。錨《いかり》を上げ、帆を巻いた。ピノッキオは船員の中に入って帆綱を繰った。帆が風をはらんで、船はゆっくりと

海にすべり出した。帆柱の上に月がかかっている。メッシーナ海峡に近づくころ、夜が明けた。顔が見えるようになったので、ピノッキオは一人一人にあいさつをした。船長はジャンニーニさんといった。船員は五人。ジャンニーニさんの奥さんの叔父にあたるというマリネッリさん、この人がいちばん年上で六十代の半ばくらい。ほかに、ステファーノさん、フリツィさん、ベンベヌートさん、ランポーニさん、この人たちは皆同じくらいの年で二十代の後半。ピノッキオがいちばん若い。

マリネッリさんはヴェネツィアの人。長い間船長をしていて十年ほど前に引退し、もうほとんど船には乗らない。ただ今回は人手が足りないので臨時に乗ったのだそうだ。

ステファーノさんは全くの放浪者で、故郷なんてないと言う。ただ一人の娘さんがいるそうだが、その娘さんをお姉さんに預けて仕送りもせず、海の上をさまよっているのだそうだ。

フリツィさんはジェノヴァの生まれ。

ベンベヌートさんは自分の生まれた所を知らず、気づいたときにはもう船に乗っていたそうだ。

ランポーニさんはリスボンの生まれ。二人の兄は小学校と中学校の先生をしているが、自分は生来の怠け者で小学校も卒業していないと自分で言う。

ぼくも勉強が嫌いで学校にはろくすっぽ行っていませんとピノッキオは自己告白した。みんなはそうだろう、そうだろうと言って大笑いした。

ステファーノさんがピノッキオを呼ぶのに困って、

「ピノッキオさんというのも妙だし、といってピノッキオと呼び捨てにするのは失礼だし、何と呼びましょうか?」

と言う。

「若いの、でいいでしょう。」

と答えると、つるりと禿《は》げた頭を「いやあ」とかいて困ったふうをする。

「ピーノ、でどうでしょう?」

と言うと、にやりと笑って、

「それがいい、それでいこう」。

こうしてピノッキオの呼び名が決まった。

「それでは部屋入りをしてもらうか。」

と船長のジャンニーニさんが、トレー(お盆)、食器(お椀、お皿)、スプーン、フォーク、コップ、ふきんなどをくれた。七時になって朝食である。ピノッキオは食堂の隅に座り、ランポーニさんに教えてもらった部屋入りのあいさつをした。トレーを自分の前において、「今日からよろしくお願いします。」と言うと、皆さんが「御同様に」と返してくれた。

ランポーニさんは皆から「カシキ（＊炊事係）」と呼ばれ、マリネッリさんは「親方」と呼ばれていた。

朝食が終わると、風がぱったり止んだ。どうするのだろうと見ていると、別に何もしない。部屋の中で寝転んでいる。鼻歌をうたっている人もいる。うた た寝を始める人もいる。こうして風の出るのを待っているのだ。ピノッキオも同じ部屋でうたた寝を始めた。一時間ほどたってから目が覚めた。船は依然として同じ所にいる。フリッツィさんが何か話をしてやろうかと言う。ピノッキオはノートを取り出す。すると、「書くようなことはないぜ。船乗りの話はみんな助べえ話だからな。」と言った。

十四の歳に家を出てカシキになった。十七でヴェネツィアに行き、初めて女をこしらえた。年上だったが親切な女で、二十一になるまで仲むつまじく連れ添った。その間、女は何としても男を海に出さなかった。海に出た男はきっと女を捨てると知っていたからだ。男は女の強い情がこわくなり、ある日逃げ出した。

ピノッキオは顔を赤くして聞いていた。ステファーノさんが、「うぶだのう。どこかの港に入ったら、ピーノに女をおごろうぜ。」と提案する。みんなは笑って賛成した。

ただ一人、マリネッリさんだけは、「女の味は覚えさせせぬがよい。」と言った。

マリネッリさんは後で、そばに誰もいないとき、ピノッキオにこう言った。

「この船の船長もいい男でね。ほかに欠点はないが、学校を卒業した年からわしの船のカシキに使ったのがいけなかった、女の味を覚えてしまって。身を固めさせようとして姪を嫁にやったが、やっぱりだめ。見張りのため、こうして時々は船に乗ってみるが、大きくなった男には叱ることもできん。あんたも海で女を知ったら、もう陸へは上がらなくなるだろう。」

老人はしみじみとそう言った。

ピノッキオが部屋の片隅でノートに何か書いていると、そっとそばに寄ってくる人がいた。ベンベヌートさんだ。

「ピーノ、お前、身寄りがあるのかい？」

「いいえ、ありません。」

「それは哀れだな。死んだのかい？」

「はい、ぼくを育ててくれた父と母は死にました。でも、それはぼくを育ててくれた親で、ぼくの実の親はわからないのです。」

「そりゃ気の毒だな。実の親に会いたいかい？」

「もちろんです。どこかにいるとわかったら今すぐ、とんで会いに行きます。」

「そうだろうな。言っちゃ何だけども俺も一人ぼっちだ。育ての親はいたようないないような感じだし、実の親なんてさらさら知らねえや。でもなあ、ピーポンプで吸い上げる仕事に専念した。

するとと、「おーい、おーい、助けてくれ！」という声がした。先の沈んだ二人である。誰かが甲板からロープを投げてやった。二人はそれに取りついて上がってきた。二人はみなにあやまった。

船の中の海水は減るどころか、どんどん増え続けた。ピノッキオは荒れ狂う海を見ていたが、何も考えることができなかった。海がいくらか静かになってきた。しかし、船は確実に沈み続けていた。

「ボートを下ろせ！」

と船長が叫んだ。

ボートが海に下ろされた。ボートはこれ一つしか残っていなかった。乗れるのは五人が限度である。誰が残るかそれが問題だ。先の二人は遠慮がちに黙っていた。

「俺と親方が残ろう。」

船長が言った。親方もうなずいた。

二人は船に残った。

「船長、親方、一緒に乗ってください。」

ステファーノさんが叫んだ。

「いや、その船はいっぱいだ。これ以上乗ると沈んでしまう。」

「ほかの船に助けられるかもしれません。乗ってください。さあ、早く！」

ベンベヌートさんが叫んだ。

「俺たちは残るんだ。」

船長は繰り返した。

やがて船は沈んだ。沈むとき、ごおっというものすごい音がして海中に渦が巻き起こった。ボートはかろうじて、渦巻きを避けることができた。ピノッキオはあまりにも激しい出来事に出会ったので、しばらくはぼうっとしていた。だが、船長と親方のほうを見て急に、雨のように涙をほとばしらせた。

「さようなら、ジャンニーニさん！　さようなら、マリネッリさん！」ピノッキオは激しく泣きながら、両手を彼らのほうに広げて叫んだ。「さようなら！　さようなら！」

彼らは手を高く上げて、「さようなら、ピーノ！」と答えた。

親方がふるえる手で空を指さした。

「あそこで会おう！」

ボートは荒立つ波を横切って、暗い空の下を急行した。船長と親方の乗った船はピノッキオの視界から消えていった。空をさした親方の手も。

第19章　無人島で

ピノッキオは気がつくと、海の波打ちぎわで少し海に沈んだ状態で寝そべっていた。ゆっくりと波が寄せては返す、そのリズムの気持ちよさにいつまでもこのまま身を任せていたかった。体が波に揺られて右にいったり左にいったりする、ああなんて気持ちがいいんだろう。ピノッキオは目をつむったままで、しばらく波に身を任せていた。目をつむっていたが、かすかに自分が今どういう状態にあるのかそれとなくわかるような気がした。しかし、体のあちこちが痛むし、それに疲れてもいたので意識がもうろうとしていた。背中が砂にこすれてざらざらした。かと思うと、また、海の方に連れ戻され、体がぷかりと浮かんだ。嵐にあった魚がその翌朝、波打ちぎわで尾ひれをバタバタさせていることがよくあるが、ピノッキオの今の状態はまさにそれだった。いや、波打ちぎわでごろりごろりと右に左に転がるようすは丸太棒が転がる姿に似ていた。

やがて、太陽のまぶしい光を感じてピノッキオは重い瞼《まぶた》を開いた。それから、ゆっくりと立ち上がり、目の前に広がる風景を見た。遠くに小高い丘があり、そこまでは白い砂浜だった。これまでに見たこともない背の高い木々がたくさん生い茂っていた。その木々には黄色い実が房になって付いている。もしかしたら食べられるかもしれない、そう思うとピノッキオは駆け出した。

細長く曲がった、その黄色い実は、厚い皮に包まれていた。皮をむくと、白い実が現れた。黄色は皮の色で、実は白いのだと知った。食べるとほくほくとして歯ざわりがよく、また、ほのかな甘みがあった。ピノッキオは夢中で六本、たいらげた。すると、今度は水が飲みたくなった。丘の向こうに何かあるかもしれない、そう思ってピノッキオは五百メートルくらい離れた丘に向かって走っていった。

丘の頂上に立って眺めると、また砂浜が広がり、その中に小さな屋根のある掘り抜き井戸があった。さっそくそこまで駆けていった。屋根にはツタなどのつる草がからまり、ちょうどいい陰をつくっていた。ああ、これは涼しいとピノッキオは喜んだ。ところで、こんな井戸があるということは誰か人が住んでいるのかもしれない、彼はそう考えた。しかし、見回したところ家が一軒もない。不思議だなと思った。いや、家がなくてもぼくのような、どこかからやってくる旅人がいる、その人たちのために誰かが作ってくれたんだろう、ありがたい、ありがたいとピノッキオは感謝の手を合わした。

井戸をのぞきこんだが、水があるのかないのかわからなかった。釣瓶《つるべ》がありそうなものだがと探したが、滑車もなかった。どういうわけだろう、これでは水が飲めない、困ったな。それにしてもこの井戸には水があるんだろうか。もしかすると、井戸はつくったが水が出ないので、いや、水ははじめは出たのだが途中から出なくなったので井戸をつくった人は腹を立て釣瓶をもぎ取ってどこかへ行ってしまったのだろうか。

ピノッキオは井戸の中に降りていった。井戸は石を組み合わせてつくってあるので石と石との間に足をかけて、どんどん降りていった。小さな蝙蝠《こうもり》がパタパタと音をたて目の前を飛び去った。かなり深く降りていったが、水のある気配がしなかった。空気はひんやりとして寒いくらいだ。だいぶ降りたところで底に着いた。湧き水がちょろちょろと流れていた。ピノッキオは思わず手を広げ、それをすくって飲んだ。ああ、うまい！ 生き延びるような感じがした。おなかがいっぱいになるまで何度も飲んだ。井戸の底にいるのにもかかわらず、あたりがうっすらと明るいのに気がついた。なぜだろう？ よく見ると、横に洞窟《どうくつ》があり、道がずっと続いていた。明かりはその奥からさしてくるのだった。

不思議だな、こんなところに道があるなんて！ ピノッキオは用心しながら道の奥をのぞきこんだ。ともかく行ってみよう、彼は決心して明かりのさしてくる方に向かって歩き出した。

何度も何度も行ってみるのだが、どういうわけか元へ戻ってくる。なぜなのだろう？　もしかするとこの道は抜けられないのではないだろうか。ピノッキオは昔、シエナの聖堂に住むジョヴァンニから聞いた話を思い出した。ギリシアのミノス王が建築家ダイダロスにつくらせたラビリントス（迷宮）の話だ。このラビリントスに入った者は、うねり曲がった道をはてしなくたどるばかりで、二度と出られない。そして、このラビリントスには恐ろしい怪物がすんでいる。それは上半身は人間で下半身は牡牛《おうし》というミノタウロスだ。ミノタウロスは人を平気で食べてしまう恐ろしい怪物だ。もしかすると、この道の奥にはミノタウロスのような怪物がすんでいるのかもしれない、そう思ってピノッキオはぞっと身震いした。

困ったな、どうしようと思案していると、

「どうしましたか？」と背後から声がした。振り向くと、あの女、ベアトリーチェが薄暗がりの中に立っていた。

「洞窟の道を行ったほうがよいのか、それとも引き返して外に出たほうがよいのか迷っているんだ。」

「それはあなたご自身が決めることです。」

「そんなこと、言われなくてもわかっているよ。」

「あなたは今、不安と恐怖を感じています。私にできるのはあなたの不安と恐

「早く話してください。」

それから魔女はピノッキオをテーブルのそばのいすに座らせると、次のように語りだした。

「私はあの子をサン・ガッロ養育院から救い出してやった。あの子が衰弱していたのは体より心のほうだった。私はあの子の心を救ってやったのだよ。あの子は実に寂しい子だった。」

「仙女様のお母さんはヴェネツィアのオスペダーレでヴァイオリンの先生をしていたのでしょう？」

「そうだが、その人はあの子を産んだ母親ではない。」

「えっ！　どうしてですか？」

「その人はあの子を育てた人で、あの子を産んだのはマンジの女なんだよ。」

「えっ！　そりゃ、どういうわけですか？」

「東方にマンジやカタイやジパングという国があるのを知っているだろう。あるイタリアの商人が何人かの連れと一緒にマンジに行ったのだ。商売もすんでマンジの国から出ようとしたとき、道端で一人の女が息絶えるのを見た。女は生まれて半年ほどの赤ん坊を抱いていた。女は息を引き取るとき、自分はキンサイ（＊今の中国杭州）の近くの湖のほとりの宜興《ぎこう》村に生まれ名は徐悲舟《じょひしゅう》といい、この子は徐則林《じょそくりん》というのだと告げた。商人はそのことをしっかりと写しとった。女は男のように髪を短くしていたから、商人はこの女を政治運動の闘士だと判断した。商人はイタリアに帰ってから、年が三十も違う若い派手な女と結婚した。それがヴェネツィアのオスペダーレで音楽教師をしている女だった。彼女は子育てを召使に任せて、自分は少しもこの子の面倒を見なかった。やがて夫が死ぬと、彼女は娘をフィレンツェのサン・ガッロ養育院に入れた。こういうわけなのだよ。」

「ところで、あなたはどうして仙女様の過去の記憶を消したのですか？」

「それはあのとき、そのほうがあの子にとってよいと判断したから。」

「どうしてよいと言えるんですか？　仙女様は自分の過去のことを知りたがっていたのではないんでしょうか？」

「知りたがっていたかもしれん。だが、知ってどうなるということだってある。知ってかえって苦しくなったり迷ったり自信を失ったりすることがある。こんなことなら知らなくてよかったと後で悔いる場合もある。あの子の場合、あのときこのことを知ったら、いっそう寂しくなり命を絶ってしまうだろうと思った。だから、記憶を消したのだ。」

「では、今ならいいんですか？　今なら、仙女様にこのことを伝えてもいいんですか？」

「今なら、いいかもしれぬ。だが、あの子は今、この世にはいないのだよ。」

ピノッキオは忘れかけていた悲しいことを再び思い出した。仙女様はジェッペットと共にシチリア地方の地震で死んでしまったのだ。

「ぼくはいったい、どうしたらいいんでしょうか？」

「あの子の生まれたマンジに行って墓を建ててくれ。それをお前に頼みたい。お前を呼んだのはそのためなんだよ。」

そういう魔女の横顔は聖母のような優しさにあふれていた。

「ところで、ベアトリーチェさんはこういう大事なことをどうしてぼくに言ってくれなかったんですかね？」

「恥ずかしかったんだろうね。自分の早とちりを今さら間違いでしたなど、言えなかったんだろう。魔法使いの恥だからね。」

「魔法使いでも間違えることがあるんですか？」

「そりゃ、あるさ。魔法使いだって万全じゃないんだよ。私だって間違えることはある。しかし今、お前に話したことは間違いじゃない。本当のことなんだ。」

「ところで、ぼくのことを聞きたいんですが……」

「ああ、そうだったね。実はお前のことも、ベアトリーチェは早とちりしたんだよ。」

「といいますと？　樵の息子ではないんですか？」

「お前の母親もマンジの人だ。」

「えっ！　ロンバルディーアの樵の息子ではないんですか？」

「樵には拾われたんだよ。お前の母親はマンジからイタリアへ絵の勉強に来ていた絵描きさんだ。母親のお父さん、つまり、お前のおじいさんも絵描きだった。代々、絵描きの家に生まれたお前の母親は皇帝の命令でまず、ポルトガルへ来た。それから、イタリアへやってきた。イタリアで絵の勉強を続けるうちに、フィレンツェである学者と知り合った。二人は愛し合うようになり、やがてお前の母親は身ごもった。そして、お前が生まれた。そのうち、この学者は行く先も告げずにどこかへ行ってしまった。途方に暮れたお前の母親は、一人で暮らしを立てるため、踊り子をしたり、街頭に立って似顔絵を描いたりした。そのうち、マンジの皇帝から留学期間満了につき帰国せよとの命令が来た。皇帝は厳しい人だったから子どもを連れて帰るわけにいかない。もし連れて帰ればば自分も子も殺される。そう思った彼女は子を、いくらか人通りの多い、あの森の入り口に捨てた。そして、一人でポルトガルに行き、それからマンジに帰った。マンジに帰ってからは病気にかかり一年ほどで死んでしまった。」

「えっ！　死んでしまった？　ぼくのお母さんは死んだのですか？」

ピノッキオの目から大粒の涙がこぼれ落ちた。母が今も生きているとはあまり考えられなかったが、それでも心のどこかで生きているかもしれないとの望みをいだいていたからだ。しかし今やその望みがすっかり絶たれてしまった。

覚悟はしていたものの、やはり寂しかった。この世で自分を最もよく理解してくれる人がいなくなったからだ。ピノッキオは全身から力がぬけていくのを感じた。だが、気力をふるい起こして言葉を続けた。

「それで、ぼくはどうなったんですか？　お母さんから森の入り口に捨てられたぼくは……。」

「あの樵がお前を見つけたんだよ。それから、樵の夫婦はお前を自分たちの子のようにして育てたのだ。」

「ありがとうございます。よくわかりました。ところで、ぼくのお父さんは誰なんですか？　ぼくのお母さんが好きになった人というのは……。」

「ジョヴァンニという男だよ。」

「えっ！　あのジョヴァンニですか？」

「そうだよ。今、シエナの聖堂に住んでいる変わり者だ。」

そう言って魔女は顔に少し笑みを浮かべた。ピノッキオは心の中で自分とジョヴァンニとを比べてみた。似ているところもあるが、似ていないところもあった。

「本当ですか？　ぼくをからかっているんじゃありませんか？」

「なぜ、そう思うのか？」

「だって、ぼくとジョヴァンニは似ているところがあまりないんです。」

「親子というものはそういうものだ。お前は父親が変わり者だと言われたので恥ずかしいのだろう？」

「いえ、そんなことはありません。」

「ジョヴァンニは変わり者だが、いいやつだよ。」

「ところで、ジョヴァンニはぼくがわが子だって知っているのでしょうか？」

「それは少しは気づいているだろう。」

「ぼくのほうから名乗ったほうがいいでしょうか？」

「そうしたほうがいいね。ジョヴァンニもきっと喜ぶだろうよ。」

「ぼくはいつか、マンジに行くつもりです。お母さんの生まれた場所と、お母さんの名前を教えてくれませんか？」

「ああ、教えてやろう。お前の母親の名は林静文《りんせいぶん》。生まれたのはキンサイだ。」

「それは仙女様のお母さんの生まれた場所と近いのですか？」

「ああ、近いよ。目と鼻のように近い。」

「ところで、もう一つ、ぜひ教えてほしいことがあります。」

「何だね？」

「火食い親方、つまり、カルロ・アンティノリさんのことですが、カルロさんはイギリスからイタリアへやってきたんですよね。それから、どうなったのでしょうか？」

しているのです。」

「それじゃ、この旅で、その石猿さんと会えるとでも……。」

「まさか、そこまでは……。」

「そうだろう。ワッハッハッハッハッハ……。それにしても君は愉快なお人だ。」

パオロは大笑いした。ピノッキオもつられて大笑いした。

乗組員の中にはパオロ・プラトリーニ、それに、ランポーニ、フリツィ、ステファーノ、ベンベヌートなどがいた。パオロを除いた四人はキオス島へ乳香の買い付けに行った仲間たちである。それにしても、大変な目にあったものだ。キオス島に着く前に嵐にあい、船は沈没した。船長のジャンニーニさんと彼の奥さんの叔父に当たるマリネッリさんは船と共に海の中に消えてしまった。ピノッキオは偶然に命拾いをしたのである。名も知らぬ島に流れ着いて息を吹き返し、それからいろんなことがあった。そして、たまたま、島の近くを通りかかった船に合図を送り、その船に乗ってジェノヴァへ帰った。ジェノヴァでパオロの家に行った。パオロはピノッキオは死んだものだと思っていたから、急に現れたピノッキオを見て腰を抜かしてしまった。腰の具合が治るとパオロは久しぶりにピエロの服を着て笛を吹き、ピノッキオの生還を祝福してくれた。また、パオロの弟のバルトロメは太鼓をたたいて歓迎してくれた。それからピノッキオはペーレウス号（それがキオス島へ向かった船の名前だった）の乗組員の消息を聞いた。パオロとバルトロメの情報によれば、四人の生存が確認できた。それから四方八方手を尽くし、ようやく四人を見つけることができた。四人はみな、また船に乗りたいと言った。ピノッキオとて同じであった。そして機会をうかがっていたところ、パオロから東方行きの商船隊の話を聞いたのである。その商船隊はジェノヴァからでなくポルトガルのリスボンから出るという。

バルトロメの作った地図を見ると、東方にはカタイやマンジ、それにジパングがある。ピノッキオはさっそく四人にその話をした。

ランポーニさんは「カタイやマンジの王宮を見てみたいなあ」と言った。

フリツィさんは「ジパングにジェノヴァのような港があるのかな」と言った。

ステファーノさんは「ジパングで金を探してやろうぜ」と言った。

ベンベヌートさんは「カタイやマンジにはうまい食べ物がいっぱいあるんだろう」と言った。

みなそれぞれ、旅への夢があるのだった。

ピノッキオは船室から甲板に出た。船尾の甲板に立って、真っ赤な夕陽が水平線に沈むのを眺めた。水平線のかなたから今にも仙女様とジェッペットが現れてくるような気がした。また、ジャンニーニさんとマリネッリさんが一艘《そう》の船に乗ってこちらにやってくるような気配を感じた。彼らはみんな生きている。おーいと手を上げて元気にやってくる。そう思ってずっと水平線の方を見ていたが、奇跡はついに起こらなかった。

ところで、自分はなぜ東方に出かけたいのかピノッキオは自ら問うてみた。そんなことわかっているではないかと自分で自分が馬鹿らしく思えた。名も知らぬ島の井戸の洞窟で、仙女様を育てたという魔女に会った。そのときから自分はカタイやマンジのある東方へ行ってみたいと思うようになったのだ。ずいぶん昔のことになるが、フィレンツェの町中で偶然、パオロに会った。そのとき、彼からジパングに行ってみないかとさそわれた。そのときは、ジパングにも、カタイやマンジにもあまり興味がなかった。しかし、今は違う。自分を産んでくれた母のふるさとをこの目でぜひ見てみたい。そういう強い思いがある。また、仙女様の本当のお母さんのふるさとも見てみたい。亡くなった仙女様の代わりに行くのだ。魔女は仙女様のお母さんのふるさとはマンジだと言っていた。ぼくの母のふるさともマンジだ。マンジというのは、いったいどのくらいの広さなのだろうか？　イタリアくらいか？　それとも、イタリアとポルトガルを合わせたくらいか？　いや、それよりももっともっと広いのだろうか？

ああ、早く行きたいなあ。

そんなピノッキオの思いを知らぬかのように船は静かに、ゆっくりと進んでいく。船首の方の甲板から陽気なガドルカ（＊東ヨーロッパ地方の民族楽器）の音と歌声が流れてきた。酒盛りを始めたようだ。みな、いい人たちだ。ピノッキオは部屋に戻ると、ごろりと床に横たわり目をつぶった。まず船が無事に東方に着くことを祈った。次にキンサイの港はどのような風景なのだろうかと想像した。頭の中に、未だ見たこともない港のようすや人々の立ち話しているようすが浮かんできた。しかし、それはわずかの間しか続かなかった。ピノッキオはやがて、深い眠りに落ちていった。

　ピノッキオは夢の中でマンジに到着し、自分の母と仙女様のお母さんの二人のふるさとを見てしまったかもしれない。しかし、いくら何でもそれは早すぎる。ピノッキオがマンジで、どのようなものを見、どのようなことを体験したか、それはまた、別の日、ゆっくりと語ることにしよう。

完

解説　『それからのピノッキオ』に寄せて

前之園幸一郎

多くの困難を克服して本物の人間の子どもになることができたピノッキオは、果たして幸せであったのか。なまじ人間になるより木偶の坊のままのほうが平穏な人生を過ごせたのではないか。その後のピノッキオはいったいどうなったのであろうか。『ピノッキオの冒険』の読者の多くが抱くこの疑問が、『それからのピノッキオ』のテーマとされている。作者は、『ピノッキオの冒険』にかなり傾倒しており、またそれを自在に読みこなす細かな目配りから見てイタリア文化に相当に造詣の深い人物らしい。

十五歳に達したピノッキオは、ジェッペットならびに仙女様と一緒に生活していたシエナの町から世の中を自分の目で確かめるために旅に出る。物語は、四年間にわたるピノッキオの旅の話をたて糸にして仙女様とピノッキオの出生をめぐる秘密とルーツ探しを横糸に展開される。この物語の時代的背景は現代からルネサンス期に及び、舞台背景はイタリア国内のミラノ、ヴェネツィア、フィレンツェ、ジェノヴァ、カターニア、シエナのみならず英国、中国の杭州にいたる国境を超えた広域な広がりをもっている。

旅の始まりはウンブリア地方である。ピノッキオはペルージャの近くのトラジメーノ湖湖畔の民宿で笛吹き男と運命の出会いをする。この笛吹き男にジパングへの旅行の夢を聞かされて、ピノッキオはジェノヴァへ赴き、最終章ではこの笛吹き男の世話で東方行きの商船隊の乗組員となり、中国の杭州を目指してポルトガルのリスボンから航海に出発する。ミラノのある画廊（＊そこでピノッキオが見た作品は後日、ブレラ美術館の所蔵となる）においては、ピノッキオは写生の必要を認めない画家に出会う。彼は、『物の美しさ』について美と真の関係についてピノッキオに講釈する。この画家の故郷はヴェネツィアであった。彼に伴いヴェネツィアの彼の邸宅に滞在する。その旅の途中で人形劇団の団長であった火食い親方に遭遇する。

ピノッキオは、ヴェネツィアからジェッペットに出した手紙の返事を受け取り、里心がついて急に思い立ってシエナに帰る。シエナでは、まず尊敬する老いた聖職者ジョヴァンニにあいさつに立ち寄る。その聖職者は、人間にとって「たしなみ」がいかに大事であるかをピノッキオに説き聞かせていた人物であった。ジョヴァンニは、ジェッペットと仙女様が二週間前にシチリアに旅立ったことをピノッキオに告げる。

ピノッキオは大急ぎでシチリアに向かう。カターニアの町は地震で大混乱であった。探しあぐねていたジェッペットと仙女様は、遺骸となってカターニアの平原の水溜りの中に横たわっていた。ピノッキオが埋葬のために遺体を浄め運搬の荷車を探しているうちに、役所の荷車が二人の遺骸を運び去り、その行方は分からなくなってしまう。他方、ジェッペットと仙女様は、死者の国に咲き乱れるアスフォデロスの花の野原を

12　藤澤房俊『『クオーレ』の時代――近代イタリアの子供と国家――』（筑摩書房　一九九三年九月）
13　佐藤彰一・池上俊一『世界の歴史10　西ヨーロッパ世界の形成』（中央公論社　一九九七年五月）
14　前之園幸一郎『イタリアの記憶――文化と歴史そして人々――』（大空社　一九九八年八月）
15　田之倉稔・解説と翻訳『アルレッキーノ――二人の主人を一度に持つと』（日本文化財団　一九九九年七月）＊ミラノ・ピッコロ座上演台本と解説
16　和田忠彦『ヴェネツィア　水の夢』（筑摩書房　二〇〇〇年七月）
17　高橋友子『路地裏のルネサンス』（中央公論社＊新書　二〇〇四年一月）
18　藤沢道郎『物語　イタリアの歴史Ⅱ』（中央公論社＊新書　二〇〇四年十一月）

それからのピノッキオ

発行日　二〇〇六年七月二十日　初版第一刷発行

著　者　吉志海生
装挿画　サカイ・ノビー
発行者　佐相美佐枝
発行所　株式会社てらいんく
〒二一五-〇〇〇七　川崎市麻生区向原三-一四-七
TEL　〇四四-九五三-一八二八
FAX　〇四四-九五九-一八〇三
振替　〇〇二五〇-〇-八五四七二
印刷所　株式会社シナノ

2006 Printed in Japan
© Kaisei Kisshi ISBN4-925108-66-2 C0093

落丁・乱丁のお取り替えは送料小社負担でいたします。
直接小社制作部までお送りください。

在華紡と中国社会

森　時彦［編］

京都大学学術出版会

上

まえがき

近代における日中両国の経済関係を考える上で,「在華紡」(第一次世界大戦以降の時期を中心に,日本資本によって上海,青島,天津,漢口などに設立された現地紡績工場の総称)の存在は,避けて通ることのできない研究課題である.

それは,世界史上においても稀にしかない大規模な資本輸出であり,20世紀の前半期,とりわけ1920年代から第二次世界大戦終結までの時期にかけて,中国紡績業界さらにはアジアの綿工業界全体にも連鎖的に大きな影響を及ぼし,綿花流通から生産過程さらには製品市場にまでいたる幅広い範囲で変革,再編の動きをもたらして,中国及びアジア近代の工業史,経済史に極めて深い刻印を残した.

またそれは同時に,雇用された中国人労働者との労務管理などをめぐる緊張関係,「民族紡」(中国資本の紡績工場)との限られた市場において競い合う対抗関係,さらに北京政府から南京政府へ交代していった中国政府との各局面における折衝など,さまざまなチャネルを通じて,日中両国間の政治,社会全般にも深くかかわる問題群を残すことになった.

これまでのところ在華紡の研究は,日本近代史,あるいは経済史,経営史などの専門家が中心になって遂行されてきた関係から,おもに日本側の企業資料や同業団体資料あるいは外交文書などをフルに活用して,個別企業の経営の内部にまで立ち入った精緻な研究成果が数多く生みだされてきた.

しかし,在華紡という日本資本の巨大な企業集団が短期間のうちに大挙して中国に進出したことが,中国側の紡績業界,ひいては社会全体にいかなるインパクトを与え,いかなるリアクションを招き,さらにいかなる変動をもたらしたか,といった一連の問題については,研究の蓄積は必ずしも十分ではない.とりわけ,中国近代史の側面からみた在華紡の歴史的位相,さらには日本を中心とする東アジアの近代史における在華紡の位置といった観点からの研究は,ほとんど空白状態であったといっても過言ではない.

以上のような在華紡に関する従来の研究の経緯をふまえ，本書では，中国近代史，アジア経済史を専攻する５名が，近代中国との関係を重視する観点から，改めて日中関係史の重要な一環として在華紡の問題を掘り下げ，日本の敗戦以降をも視野にいれながら，在華紡と中国社会の関係をさまざまな視角をとおして闡明《せんめい》にする６編の論考を用意した．

これらの論考は，20世紀前半における日中両国経済関係の焦点ともいうべき在華紡の問題を歴史学的に分析しようとするものではあるが，それは同時に，1980年代以降，再度本格化した日本企業の対中国資本進出のプロトタイプという歴史的位相の関係から，必然的に現代の問題に通じる課題を究明する側面も併せもつことになる．中国が改革開放路線に転換した後，日本企業の対中国進出は欧米に比べやや出遅れの感があったが，そこには意識すると否とにかかわらず，半世紀の時を隔ててよみがえった在華紡の記憶が介在していた．本書に収めた論考は，近年における自動車産業を中核とする日本企業の対中国資本進出がかかえる問題の深層を歴史的なパースペクティブから照射することをも可能にしうるものと確信する．

なお本書は，2001年から2003年まで３年にわたって，財団法人日中友好会館日中平和友好交流計画歴史研究支援事業による助成をいただいて進められた共同研究の成果の一部であると同時に，同事業の出版助成を受けて刊行されるものである．わたくしどもの歴史研究に，いわば揺籃から墓場まで懇切な援助をいただいた財団に対して，執筆者一同を代表して改めて深甚の謝意を表したい．

2005年５月

森　時彦　記

第1章

日本綿業における在華紡の歴史的意義

5・30事件から日中戦争直前まで

籠谷直人

日華紡織本社（曹家渡工場）．右の建物が本社．
安達和『国際情勢と我が繊維産業の陣容』上巻，1935年より

はじめに

本章の課題は，戦前期の在中国日本紡績企業（以下，在華紡と略す）の存在を，日本の国内の綿業の経済的利害に即し，試論として検討することにある．これまでの在華紡の研究は，日本「帝国主義」史研究の文脈のなかで検討が加えられてきた．日本帝国主義史研究は，日本の資本が中国大陸に進出する国内的経済基盤をいかにして用意したのか，そしていかにして豊富な中国の資源を利用し，かつ中国人資本の企業群を圧倒したのか，という対外的搾取と競争の問題に関心を有してきた．その経済的担い手のなかにおいて，満鉄，財閥系企業とともに，在華紡が位置づけられた．1930年代において，満洲を省く中国関内への日本の直接事業投資額は約8億円であり，そのうち在華紡は3億円を占めた(1)．

これまでの在華紡研究において前提となっていた認識の一つは，在華紡投資が，日本国内の親会社に有益な「果実」(2) をもたらす存在であったというものである．分工場，子会社，同系会社という形態をとりつつも，在華紡と親会社は，資本蓄積という目的の前では一体的であり，さらに日本国内の上位紡績企業が主導権を握る日本綿業界の総体も，在華紡を通した大陸進出を歓迎するものと認識されていた．しかし，戦前の末期において在華紡を観察した樋口弘が，在華紡は「長らく苦難時代を通り，内部蓄積が貧弱であり，収益時代に入った，この当時（1930年代末　―以下，カッコ内は筆者の注記）には成るべく社内で積み立てる行方」(3) にあったと評されたように，親会社にとって在華紡の存在意義は多様であったようである．

在華紡研究をめぐる第二の認識は，第一のものとも関連するが，在華紡の経営に対する親会社からの影響力行使が強く，換言すれば，帝国主義史分析としては，日本国内から中国大陸への一方向的な影響力の行使が分析の対象であったことである(4)．しかし，日本国内の本社の資本に強く依存する在華紡にあっても，出先である中国内の経営的環境に対応して，経営方針の決定においては，本社の意図とは異なる選択を下した可能性があろう．在華紡の各拠点は，まず上海を中心に，そして後には青島，天津といった華北に拡張したが，中国国内にナショナリズムの高揚がみられるようになるにつれて，それらの拠点は日本国内の経済的政治的環境とは大きく異なった．当然，在華紡そのものは，大阪に集中した本社とは異なる経営的課題を有したと考えられる．親会社の経営方針の決定力からして，在華紡の主体性には限界があったことは容易に考えられる．しかし，中国内部の現地の経営的環境に即した在華紡の主体的な方針決定の側面があったと考えるならば，日本国内から在華紡への一方向的な影響力の行使という側面だけではなく，むしろ在華紡の自己主張が日本国内の本社のあり方を規定するような方向性もあったと考えられる．また在華紡の存在と拡張そのものが，日本国内の綿業界の総体に秩序変化を与えたという関係もありえよう．筆者は，日本国内から中国大陸への一方向的な影響力行使ではなく，双方向的な関係変化について検討を加えたいと考えているが，本稿ではその試論的検討として，在華紡の存在と拡張が日本国内の綿業資本に与えた歴史的意義を，いくつかの論点に即して指摘したい(5)．

検討の対象とする時期については，収集しえた資料の情報から限定せざるをえない．それゆえ，日本の代表的な上位企業八社（大日本紡績，東洋紡績，鐘淵紡績，豊田紡織，大阪合同紡績，富士瓦斯紡績，日清紡績，福島紡績）が，在華紡としてほぼ出揃う時代であり，かつ中国国内でナショナリズムが高揚する1920年代後半とそれ以降に焦点を絞りたい．1910年代の日貨排斥運動では在華紡の製品は，いまだボイコットの対象外であったが，20年代になると状況は大きく変化した．25年から28年までの中国では，５・30事件にみられる民族運動の高揚や，二回の山東出兵（27年５月と28年４月）をめぐる対日本抗議ボイコットなどによって，日本資本としての在華紡は深刻な打撃をうけた．高揚する中国ナショナリズムの対極に存在するように認識されるなかで，在華紡は「在華日本紡績同業会」（25年６月結成し，10月に改称）(6) を結成し，多くの記録文書が日本国内の本社・本部に送付されはじめ，集積された可能性が高かった．日本国内とは大きく異なる経営的環境のなかでの在華紡の対応を議論し，その存在意義について指摘したい．

1　内外綿，生産綿糸の高番手化
――５・30事件後の先発在華紡の再編(1)

1920年代半ばから日中戦争勃発（37年７月）までの在華紡の設備の拡大を

図表Ⅰ－1　在華紡の設備の変化

会社名	着手年	開業年	1924年末					1930年末					1937年6月末					紡機の増減		織機の増減	
			地名	工場数	錘数a	織機数b	b/a	地名	工場数	錘数a	織機数b	b/a	地名	工場数	錘数a	織機数b	b/a	24/30	30/37	24/30	30/37
上海紡織		1902	上海	3	99	1,869	18	上海	4	158	2,298	14	上海	5	206	3,181	15	**59**	**48**	429	883
													青島	1	54	1,440	26		**54**		**1,440**
内外綿	1909	1911	上海	11	265	1,600	6	上海	9	276	1,600	5	上海	9	280	3,801	13	11	4	0	**2,201**
			青島	3	63			青島	3	90			青島	3	90			27	0		
								金州	2	63			金州	3	92	1,152	12	**63**	29		1,152
日華紡織		1918	上海	3	133			上海	4	244	500	2	上海	4	257	736	3	**111**	13	500	236
豊田紡織	19～20	1920	上海	1	60	400	6	上海	1	70	1,378	19	上海	2	102	1,388	13	10	32	978	10
													青島	1	35	540	15		35		540
大日本紡績	1919	1921	上海	1	58			上海	1	76			上海	1	116	1,368	11	18	40		1,368
（大康）			青島	1	58			青島	1	58	759	13	青島	1	131	3,000	22	0	**73**	759	**2,241**
東華紡績	1920	1921	上海	3	45			上海	2	40			上海	2	43			▲5	3		
上海製造絹糸	1919	1922	上海	1	42			上海	2	89	2,270	25	上海	2	99	2,916	29	47	10	**2,270**	646
（公大）								青島	1	89	2,110	23	青島	1	128	4,120	32	**89**	39	**2,110**	**2,010**
													天津	2	94	998	11		**94**		998
同興紡織	1918	1923	上海	2	69	952	13	上海	2	74	1,126	15	上海	2	98	1,412	14	5	24	174	286
													青島	1	30	1,152	38		30		1,152
東洋紡績	1921	1923	上海	1	45			上海	1	78			上海	1	156	2,996	19	33	**78**		**2,996**
（裕豊紡績）													天津	1	19	740	38		19		740
日清紡績（隆興）	1919	1923	青島	1	20			青島	1	42			青島	1	42	539	12	22	0		539
富士瓦斯紡績	1920	1924	青島	1	31			青島	1	31			青島	1	31	480	15	0	0		480
満州紡績	1924	1924	遼陽	1	31	504	16	遼陽	1	31	504	16	遼陽	1	78	1,045	13	0	**47**	0	541
長崎紡織（宝来）	1922	1924	青島	1	19			青島	1	32			青島	1	45			13	13		
満州福紡	1923	1925	周水子	1	17			周水子	1	19			周水子	1	29			2	10		
泰安紡績	1924	1925						漢口	1	24	300	12	漢口	1	24	300	12	24	0	300	0
その他とも合計				35	1,062	5,325	5		39	1,592	12,845	8		48	2,290	33,304	14	530	698	7,520	20,459
上海				26	870	4,821	5		26	1,109	9,172	8		28	1,360	17,798	13	239	251	4,351	8,626
青島				7	143				8	344	2,869	8		11	591	11,271	19	201	247	2,869	8,402
天津														3	114	1,738	15		114		1,738
その他				2	49	504	10		5	139	804	5		6	225	2,497	11	90	86	300	1,693

典拠：高村直助『近代日本綿業と中国』pp. 118-19. 紡機（a）は，1000錘. 織機（b）は台. ▲はマイナス. b/aは小数点を切りすてた. 太数字は設備増加の過半を占める地域.

概観した図表Ｉ－１に示したように，在華紡は，上海，青島，天津の三地域に主要な生産拠点を有した．30年末を基点に，その前半と後半に分けるならば，在華紡の紡機は両期とも50万錘以上の拡大を実現した．そして織機に関しては後半に顕著な増加を示し，紡機千錘当たりの織機数（図表Ｉ－１のb/a）も５台から14台に増加した．在華紡が綿糸生産だけではなく，織機の設置を通した兼営織布化を選択したことを示していた．

操業の開始時期からみると，1910年代までに開業する先発の在華紡と，20年代になって本格的に進出する在華紡の二種類にわかれる．前者には，商社系の上海紡織，内外綿と，「寄り合い」(7) 系と評された日華紡織があった．後者の紡績資本による本格的な中国大陸投資は，中国における関税自主権の回復を通した輸入関税率の引き上げと，日本国内における深夜業禁止（29年から適用）を背景にしていた．当初，鐘淵紡績の武藤山治などは紡績工場の中国への移転は，日本国内の労働市場の縮小を含意するとして在華紡投資には慎重な姿勢を示した．日本国内の三大紡績企業であった，東洋紡績（裕豊紡績），鐘淵紡績（上海製造絹糸），大日本紡績（大康紗廠）が，必ずしも早い大陸進出を示したとは言えなかった．なかでも東洋紡績の進出は三社のなかで最も遅かったのである．

紡績資本による本格的な大陸投資が，中国の関税自主権の回復を背景にしていたとすれば，在華紡の拡張と中国のナショナリズムの台頭は，その当初から表裏の関係にあった．第一次大戦直後までは，在華紡の製品そのものは日貨排斥運動の対象ではなかったが，在華紡が日本帝国主義の一翼を担うものと認識されたのは，紡績資本が大陸に進出を拡張するこの1920年代からであった．そして，在華紡が深刻な挑戦をうけたのは，労働運動が共産党の指導のもとで高揚した25年の５・30事件であった．

まず，同年２月に，上海の内外綿においてストライキが引き起こされ，日華紡織，大康紗廠，豊田，同興紡織，裕豊に波及した．休業は六社となり，スト参加者は４万人と報告された．もっとも，このストライキは総商会の斡旋で収束したが，このストを契機に，工会（労働組合）組織が強化されることになった．そして，５月１日には広州で共産党の影響下にある組合のメンバーが労働大会を開催し，農民大衆と連携する闘争方針を打ち出した．５月に再び内外綿でサボタージュがはじまるや，在華紡側は，次の声明を出した．組合の結成を認めない，ストには工場閉鎖で対抗する，工部局（共同租界の行政機関）に交渉する，との声明であった．内外綿では15日に，工場閉鎖をめぐって衝突が生じ，インド人巡捕・日本人職員の発砲で負傷者をだした．そして，このときの逮捕者の公判がでる30日に学生らの2000名集会が開かれ，重ねて負傷者をだす事件に発展した．この混乱は3ヵ月余り続いた．

もっとも，こうした紛争による影響は各社によって異なっていた．上海にあった鐘淵紡績（上海絹糸製造）の第一工場（公大第一廠）などは，工場の入り口は共同租界で，工場と社宅は中国人街に存在していたが，工場長の倉知四郎の「鉄腕」によって，工会のメンバーは少なかったと報告されている(8)．そして，大康紗廠，裕豊紡績，東華紡績などは，地理的関係から，争議の影響は少なく，上海東部に位置した同興紡織の第二工場も安全であった．また上海共同租界の西部にあって，日本人居留地域とは離れていた豊田紡織廠は，陸戦隊が上陸していたので，安全であったという．争議に直面した在華紡にあって，最も深刻な影響を受けたのは，内外綿と日華紡織であった．

内外綿が，こうした衝突の場になった背景には，中国人労働者の多くが工会のメンバーであったこと，内外綿の第三工場が上海の学校街に近接していたこと，そして労働条件が過酷であったことなどがあげられる．内外綿は，本来，綿関係品商社としては三井物産と日本綿花とならぶ三大商社の地位を占めていたが，1910年代前半には在華紡としての生産企業に転身した．上海への進出は，川邨利兵衛の提案であった(9)．秋馬商店（棉花問屋）の番頭であった川邨は，1885年に寧波において「日本製足踏棉繰器」による繰綿工場の経営経験を有し，大陸進出に意欲的であった．09年の上海工場進出には「社内にあった異論を説服」(10) する強引さを有した．当初，上海において精紡2万錘規模で創業し，第一次大戦期の好況を通して，資本金を1600万円に増資し，工場を上海，青島，金州，西ノ宮に増設した．24年において上海に26万錘を有する，最大規模の在華紡企業であった（図表I－1）．川邨利兵衛は，武居綾蔵に大阪本社の頭取席を譲り(11)，上海には娘婿の川邨兼三を常務取締役として常置させた．しかし，兼三は，「人事に関心なし」と評されたように，労務管理面でも中国人労働者を「酷使」するという問題を抱えた．そのことが5・30事件における工場被害の大きさにつながった．川邨兼三は，大阪本社の武居綾蔵と対立したこともあって，事件の後に退陣した．創業から主導権を握った「川邨一族」は，この事件を契機に会社から退場した．

川邨兼三にかわって工場管理にあたったのが技師長の大西喜一であり，経理面では青島にいた佐々木國蔵が上海に移って統括にあたった．佐々木は，タタ商会に勤務した経験を有する取引専門の出身者であったが，「人事は公平」と評された[12]．そして，佐々木に代わって，取引面には山口幸三郎が責任者となり，再編が試みられた．そして，大阪本社では，岡田源太郎が統括役を果した[13]．大西が工場長に就任した背景には武居の判断があった．それまで，内外綿は「鐘紡式に事務出身の人を工場長にする」傾向があったため，本来技術に関心が強かった武居によって「外部から多数技術者を入社」させたのであった[14]．

まず内外綿では，5・30事件で引き上げられた賃金水準を引き下げ，労働者数を整理することに努めた．そして「上海は大西と佐々木の協力で，回復」したと評されたように，合理化が進められた．とくに，大西と佐々木は，太糸中心の生産体制を改めて，細糸の生産や兼営織布に進出した．それゆえ，1930年代には「中番と四十番手が多い」[15] 生産体制に変化した[16]．内外綿の生産平均番手は，25年の20番手台から31年には41番手台へと飛躍的に高度化しており，上海の在華紡のなかでは，その他の同興紡織と上海絹糸製造とともに高番手化を果たした[17]．そして，こうした製品の転換によって，4000人以上の労働者を整理することが可能であった．また製品の販売市場としてもインドや東南アジアを開拓した[18]．

2　日華紡織，紡機のハイ・ドラフト化
――5・30事件後の先発在華紡の再編(2)

内外綿と同様に，先発在華紡にあって，日華紡織も5・30事件から深刻な影響を受けた．日華紡織における再編は，内外綿のように，生産綿糸の高番手化を図ることにおいて顕著ではなかったが，特筆すべきは，紡機のハイ・ドラフト化による人員整理であった．

日華紡織は，1924年には13万錘を有する企業で，内外綿につぐ設備規模第二位の在華紡であった（図表I－1）．同社は，18年7月に，資本金1000万円（20万株，払い込み400万円）で開業した．出資者は，富士瓦斯紡績社長の和田豊治，日本綿花，伊藤忠合名，河崎助太郎などで，横浜正金銀行が創業時に100万円を融資した．同社の設立以前に和田は，持田巽，大橋新太郎，森村市左衛門と，大阪の喜多又蔵とによって，「支那織維工業組合」を起こし，

体性が優先された．上海紡織の「黄金期」の事例は，在華紡と親会社の関係が既存の研究が前提としていたほどに緊密なものではなかったものと考えたい．

4　有力紡績企業系の在華紡の意義
――上海製造絹糸と裕豊紡績を事例に

1）親会社にとっての「果実」

商社系や「寄り合い」系に加えて，有力八社の日本紡績資本が中国での操業を開始したことから，1920年以降の在華紡の生産設備規模は増加した．大日本紡績の分工場の大康紗廠（1921年に青島，22年に上海開業），東洋紡績の分工場の裕豊紡績（23年），鐘淵紡績の子会社の上海製造絹糸（22年），大阪合同紡績の同系会社の同興紡織（23年），などであった．ここでは入手した資料の制約から，上海製造絹糸と裕豊紡績にふれたい．

先述したように，鐘淵紡績の武藤山治は，本来，日本企業の中国進出には消極的であった[37]．しかし，和田豊治らの日華紡織の高い配当の実現をみて，進出を決定した．子会社の上海製造絹糸の上海第一工場（公大第一廠）は，「元来が十万錘を見当」[38] に建設が計画された．在華紡の平均工場は4万錘と言われていたので，上海製造絹糸の規模の大きさが推察できる．実際に，公大第一廠と，その後に建設された青島工場は「東洋一の設備」といわれたように，巨大な固定資金を投じた．

青島工場は「24万坪の周囲には延々と，万里の長城の如く，高価な垣塀」で囲まれた．工場建設と管理には，事前に中国視察を行った藤正純[39]と，そして丸山幸蔵があたったが，巨大な設備をめぐって，二人は非合理的である[40]との噂が流れたという．しかし，武藤は当初から「五十万錘設置の理想」であったようである．上海製造絹糸の一錘は，160円という巨大な固定資本金を要したのである．

他方で，鐘淵紡績は上海製造絹糸からの配当収入に強い期待を有した．これは先述の東洋棉花系の上海紡織とは異なる特徴であったが，既存の研究史が追及してきた在華紡像であろう．大康紗廠も同様といわれたが，上海製造絹糸の配当は「本社の流動資金に回収」されたのである．本社は，在華紡の収益を基礎にした配当の送金に強く期待した．実際に，上海製造絹糸は「親会社の各種資産運用の中で，平均以上の（中略）成績をあげた」[41] のである．

在華紡からの配当は，日本円で支払われるが，当然それは対上海為替相場の変動に強く影響された．在華紡のなかでは，上海紡織とともに上海製造絹糸が「銀建主義」を採っていた．それゆえ，配当の送金は銀高になれば円滑になるが，逆の環境下においては不利となる不安定さが問題であった．先述したように，上海紡織は収益を内部に蓄積しえたが，「在華紡の利益は本社の危急の場合に支出」されることが強く期待された上海製造絹糸の場合は，為替相場の変動を注視しなければならなかった．それゆえ，経営面においては，むしろ工場の減価償却が副次的に位置づけられる傾向にあった．

上海製造絹糸の経営体質のなかで，工場の償却が副次的な位置を占めるようになることは，次の点からも生じていた．つまり，棉花，綿糸相場の変動を注視する傾向が強かった点である．そして，相場の予想や操作においては，倉知四郎の果たした役割が大きかった．倉知四郎は，1931年春に，中国の鉄道が軍用に徴用されたことを聞くや，棉花不足を予想して棉花を買い占めた．実際に棉花価格が高騰するに至り，上海製造絹糸は低廉な棉花（鄭州棉（山東棉））在庫を擁することに成功し，巨額な利益をえた．第一工場長と青島工場長を経験した長澤薫も[42]，倉知と同様に，原棉手当てと綿糸販売の「天才」と評されたように，鐘淵紡績本社にとっては，為替や原料，製品の相場変動に注視しながら収益をあげることを期待した．

しかし，相場の変動を注視する経営姿勢は，巨大な設備を有する上海製造絹糸には工場管理面で有利とはならなかった．為替や原料，製品の相場変動を注視するような「取引を主として，工場経営を従」とする傾向は，生産コスト引き下げへの注視よりも，取引を重視したのであり，とくに倉知においては，「取引で儲けるから，無理に首を切る必要なし」といった生産現場認識が生まれた．つまり，上海製造絹糸には「倉知が従業員を多く使用して，生産したほうがいい」という基本姿勢があった．上海製造絹糸の一万錘当たりの労働者は，480人といわれた．そして，一万錘当たりに要した日本人労働者は図表Ⅰ－2のとおりであり，上海製造絹糸は多くの人材をかかえた[43]．それゆえ，上海製造絹糸の紡機のハイ・ドラフト化はいちじるしく遅れた．

2）人事的再編の場としての在華紡

親会社にとっての「果実」的存在の在華紡像は，上海製造絹糸によく当て

図表Ⅰ－2　在華紡の日本人労働者数（紡機1万錘当たり）

上海製造絹糸	10.3人
豊田紡織	8.2人
内外綿	7.5人
同興紡織	7.5人
長崎紡織	7.5人
富士瓦斯紡績	7.3人
日華紡織	6.4人
裕豊紡績	5.6人
上海紡織	6.5人
東華紡績	5.2人
日清紗廠	4.8人
大康紗廠	4.5人

はまったが，東洋紡績の分工場として操業した裕豊紡績の場合は，本社との関係がやや異なっていた．むしろ先述の上海紡織に似ていた．裕豊紡績は1929年5月に本社から切り離されて，独立した在華紡企業となった．同年12月に三重紡績出身の木村知四郎が上海に赴いた時，工場は山東友三郎が管理を担当していた．山東は，本社の種田健蔵との折り合いが悪く[44]，上海への出向は一面で「左遷」を含意した．そして，営業面を担当した木村も，「内地では余り評判のよくない人達」[45] の一人であった．木村は，先述した上海製造絹糸の倉知四郎による棉花買占めに狼狽して，1931年6月に辞任し，その後は引退した[46]．木村に続いて，三橋楠平が事務長として就任するが，三橋も四貫島工場の「憎まれ者」であった．つまり，在華紡の裕豊紡績は，親会社の東洋紡績にとって，日本国内での人事的再編の場として位置づけられたのであった．東洋紡績は1914年に三重紡績が大阪紡績を吸収する形で合併した紡績企業であったが，有力企業二社の合併は，両社の個性を融合させるまでに多くの時間を要した[47]．結局，旧両企業に直接関わらないような，被吸収企業の一つであった大阪金巾製織の阿部房次郎が社長に就任することで，双方の個性の衝突が緩和されたといわれている．しかし，両社の個性の衝突と融合には，在華紡といった別の人事的「空間」が活用されなければならなかったのである．

本社内の秩序を維持する上で問題視された人材を在華紡に移動させる事例は，三重紡績出身の菱田逸次の場合にも当てはまった．菱田は，名古屋支店在勤時代に中京地域の大株主と接触したり，伊藤伝七に接近したことが，阿部房次郎，庄司乙吉の不信感をかった．本社の上層部には，菱田が「勝手な裁量」[48] を発揮するとの認識が定着していた．在華日本紡績同業会の総務理事に就任した（1926年9月）船津辰一郎は，大阪合同紡績の谷口房蔵，飯尾一二，東洋紡績の庄司乙吉の推薦を強く受けており，年俸400円を得た．しかし，菱田は，船津の給与が高すぎるとして排斥運動に乗り出したほどであった．

しかし，本社が人事的再編の場として在華紡を位置づけたことは，かえって在華紡の主体性を増すことにつながった．本来，東洋紡績の本社の庄司乙吉は，在華紡進出に積極的ではなく，三大紡績のなかでもその進出は遅かった．それゆえ，進出に躊躇する本社にたいして，菱田は「支那で権利が主張できないようになれば，日本でも同様の状態になる」[49] と主張し，庄司は進出を決定したという．そして，1929から31年の黄金期において，裕豊紡績は，上海製造絹糸とは異なり，収益を工場の償却にあてることができた．黄金期は，円高銀安であり，在華紡からの本社への送金は不利でもあった．そして，菱田の裁量が大きくはたらき，中国内部での収益の運用が認められたのである．それゆえ東洋紡績の国内工場がいまだ新紡機を導入していないのに，裕豊紡績ではハイ・ドラフトを採用し，第四工場に2万6000錘を設置した．裕豊紡績は，設備の合理化とともに，内部留保につとめ，大阪の「本社の投資額以上を預金することにした」のであった．これらは菱田を代表とする裕豊紡績の主体性を背景にしていた．裕豊紡績にたいして「本社は一切干渉なし」であり，「菱田は社長と同格」であった[50]．裕豊紡績が積極的な設備拡張をなしえたのも，そうした主体性を背景にしていた（図表I—1）．上海製造絹糸の場合はその配当が本社利益への貢献に，「重要」であったのと異なり，裕豊紡績の本社への貢献はむしろ「低位」であったことは，その主体性を示していた[51]．

しかし，菱田の主体性は，裕豊紡績の合理化に貢献したが，時には在華紡経営において問題を生じさせた．第一の問題は，菱田と軍との関係の悪化をまねいたことである．1932年の上海事変の際，本社は，慰問品を上海へ送付したが，これを引き受けた菱田は「軍にもやらず」，勝手に処分したことが，軍からの反感をかった．それゆえ，36年からの華北分離工作が進むなかで，東洋紡績の華新紡織の買収計画が，鐘淵紡績と軍との共謀で不可能になったことは，この時から生じた菱田にたいする軍の不信感が背景であった[52]．

そして，第二の問題は，大阪合同紡績の在華紡であった同興紡織との合併問題が棚上げになったことである．日本国内では，1931年３月に，東洋紡績が大阪合同紡績を吸収した．当然，在華紡においても，裕豊紡績と大阪合同紡績の同系会社である同興紡織との合併が当然視された．しかし，菱田は，「上海在任中，（中略）人々から嫌われて」[53] おり，「同興紡の人達は菱田氏を紳士扱ひして居らぬ」[54] ゆえに裕豊紡績と同興紡織の合併は見送られた．

他方，同興紡織は，本社と東洋紡績との合併を念頭に，裕豊紡績との合同を見越していたために，自らの設備拡張を控えた．そのために，「工場は旧態依然」であり，黄金期にあっても拡張しなかった．それゆえ，上海事変後に，中糸，細糸生産へときりかえ，あわせて原糸の大半を兼営織布化した．その際に，無理な払い込みをせずに，三菱銀行からの借入金に依存した．設備を一錘60円に切り下げ，当初計画された発電所の建設も，電力の契約が出来たために，不要となり，合理化に努力した．そして，「同興紡織の四二番手と織布は良い物」[55] と評されるまでになった．

5　満洲事変後の在華紡と日本綿業界

1）拠点の拡散化と在華紡の主体性

1931年９月の満洲事変の勃発によって中国内における排日運動が高まった．翌10月には多くの中国人労働組合が抗日救国会を組織した．つづく上海事変によって，上海の在華紡は，32年１月28日から４月25日まで操業を停止した[56]．こうした排日運動に対応するなかで，在華紡は紡機のハイ・ドラフト化，綿糸の高番手化，自動織機の導入などをすすめた．在華紡は民族紡との競争において優位な中・細糸や加工製品生産へと比重を移した．上海の在華紡の生産平均番手は27年の21.7番手から31年27.1番手，35年30.4番手へと高番手化した[57]．また市場においても排日運動の比較的におだやかな華北・満洲，そして東南アジアへと製品販路を拡張させた．

排日運動は，1933年５月の塘沽停戦協定の成立後に収束するが，33年末からはアメリカが銀買い上げ政策を採ったために31年から下落した銀価格は高騰し，中国から大量の銀が流出した．中国国内市場は35年11月の幣制改革まで萎縮した．しかし，対上海為替相場が100円につき70両へと円安にふれると，「日華紡織，同興，東華紡績，内外綿の如き，資本金が金本位である各社は，（中略）株主配当には好都合」[58] な状況うまれた．日華紡織などは，31年８月に2314万両であった社債が，円安傾向によって900万両に減額する局面をもみせた．

上海で高揚したナショナリズムは，1930年代の在華紡の拡張を華北で促すことになった．30年代の在華紡の紡機設備拡張は，上海における上海紡織と裕豊紡績の拡張とともに，大康紗廠の青島での拡張と，上海製造絹糸の天津での拡張が顕著であった（図表Ⅰ－１）．青島は，1914年11月に，日本軍がドイツ権益のあった山東半島を攻撃して占領して軍政署が軍政を敷いてから，内外綿らが進出した．17年から民政署が置かれ，工場誘致が図られた．土地の安価な貸与，機械輸入の免税，などが進められた．青島は，満洲事変や上海事変の余波が少ない土地柄であり，「上海事変解決を契機として，勃然として（中略）紡績工場の青島進出」[59] が起こった．近傍に棉花産地と織布産地を控え，石炭も豊富であり，しかも天津と異なり，民族紡績が少なかった[60]．

青島で多くの紡機を有したのは内外綿（９万錘）であった．青島最大規模の設備を有する内外綿が，「綿糸を販売すると，青島の糸価を下げる」[61] 傾向があり，綿糸市場の広がりには限界があった．民族紡績の展開も少なかったように，青島では綿糸市場の広がりが十分ではなかったうえに，先発の内外綿の綿糸販売の動きは糸価の変動を規定した．それゆえ，「青島では織機を持たないと経営が難しい」[62] と言われたように，生産された綿糸を市場に出すのではなく，企業内部で兼営織布化することが経営戦略上で重要であった．大康紗廠の倉田敬三が，「青島に工場のない上海紡や日華紡は気の毒」[63] であるとのべたのは，紡織工場の設立のことであった．実際に青島で織機を増やしたのは，上海紡織，大康紗廠，上海製造絹糸，同興紡織であった．生産綿糸が全て兼営織布化されるには，千錘当たり約40台が必要といわれていたので，青島の上海紡織（26台），大康紗廠（22台），上海製造絹糸（32台），同興紡織（38台）と，上海の上海製造絹糸（29台），天津の裕豊紡績（38台）ではかなり兼営織布化が進んだ（図表Ⅰ—１）．1932年上期から37年上期の平均利益率においても，上海紡織37％，上海製造絹糸28％，内外綿25％，裕豊紡績18％，同興紡織14％，日華紡織マイナス2.％であった．[64]

上海製造絹糸（1930年の青島で，８万9552錘，2110台）では，原料と販売に「妙味」を示した長澤薫の手腕が有効であった．青島では月40万円の利益を上げるほど「実によくもうけていた」[65]．大康紗廠（同じく，５万8000錘，759

台）は，織機を豊田自動織機に入れ替え，月15万円の利益を上げた．これは，青島での「半期の利益は上海を上回る」と評された．青島に織機を持たなかった富士紗廠と日清紗廠も，1930年代には織機を設置した．兼営織布化が，青島での拡張における重要な経営戦略であった(66)．

1933年5月の塘沽停戦協定によって排日運動が下火になるや，在華紡の操業率は33年夏には80％へと急速に回復した(67)．すでに，32年末には，公大，大康，内外綿は「殆んど全運転」という状況であった．そして「上海事変以後は軍の威力とでも云はうか全く会社幹部の思うようになって，操業は全然内地と同様になった」(68) と言われた．

在華紡の操業再開をうけて，問題になったのが，1933年の「日印会商」をめぐる日本国内の紡績企業の親会社との関係であった．日印会商は，32年に為替の切り下げを背景にした日本綿製品の対アジア輸出拡大が引き起こした，インド市場を舞台とする，日本とインド，そしてイギリス綿業との利害調整を目的とした，通商摩擦調整の日本政府とインド政庁との国際会議であった．政府間交渉は，33年9月からインドで開催されたが，事前にインド政庁が綿製品の輸入関税を75％に引き上げたために，日本側の民間代表であった大日本紡績連合会（以下，紡連と略す）は，インド棉花の不買運動に乗り出した．ボイコット運動は，日本政府が関与したものではなかったが，政府間交渉において日本側の交渉力を高めるものとして，その実効が強く期待された．しかし，インド棉花を原料とする中小規模の紡績企業の利害から，このボイコット運動には限界が画された．インド棉花の市場への出回り期（10―11月）にはボイコットをめぐる紡連内の結束が揺らぎだした．そしてボイコットの実効の困難は，在華紡の姿勢からも生じた．在華紡の代表はインド棉花不買運動への参加は「已むを得ざる処置と思う」と表現していたが，政府間交渉のオブザーバーとして，また在華紡での勤務経験を有した倉田敬三（大日本紡績）はすでに8月の段階で「何日迄モ是レト同様ノ態度ヲ持続スルモノト期待シ難シ」(69) という状況を紡連本部（大阪）に報告せざるをえなかった．10年以上におよぶ在華紡経営に関わった倉田にあっても(70)，説得は難しかった．満洲事変後の操業の再開を目指していた在華紡にとっては，操業率を引き下げるような原料不足の事態を，日本国内の紡連の意向に即して，受け入れることはできなかったのである．満洲事変からの回復期にあった在華紡にとっては，中国内部の経済的環境に即した経営方針決定が優先されたのであ粗紡を浦東工場に移転したことで，浦東工場は「蘇生」したといわれた．

日華紡織は工場の買収だけではなく，自工場の建設にも着手した．1919年末から操業する曹家渡工場であった．5万錘規模の工場であり，日華紡織のなかでは「本社工場」と呼ばれた．しかし，日華紡織は，こうした自工場の建設よりも，むしろ浦東工場のように，中国人企業家の建設した紡績工場の買収に積極的であった．喜和工場（1924年末）と華豊工場（1927年）であった[22]．前者は，450万円で借款買収されたもので，11万8000錘の同工場は，日華紡織の大半を占める規模であった．そして，3万1000錘の後者も，135万円で借款買収された．20年代の後半にあって，日華紡織は設備拡張の顕著な企業であったことは，こうした工場の買収に依存していた（図表I―1）．同社は30年には内外綿に次ぐ大企業であったが，紡機の約半分は元民族紡績のもので，約二割がイギリス系企業のものであった．それゆえ，「日華紡は支那人式経営をやっていた」[23] と言われた．

日華紡績は，これら二工場の買収に当たって横浜正金銀行から約400万円を借り入れたが，二工場の流動資金約530万円をも借入金で調達した．横浜正金銀行をはじめとする銀行団の融資姿勢にも問題があったが，当時の「財界世話役」[24] としての和田豊治であればこそ可能な資金調達であった．しかし，「資本金1100万円（880万円払い込み）の会社が1600万円の負債」を背負うと評されたように，日華紡織は大きな金利負担を背負った．

また和田豊治と喜多又蔵という強い個性の「寄り合い」系の企業であった同社は，両者の人格の変動によっても，大きな影響を受けた．まずは，和田の他界（1924年3月）であり，喜多の日本綿花における蹉跌であった[25]．これらの変動によって，20年代末の日華紡績の信用は大きく低下した．上海市場では，裕豊紡績の菱田が，「日華紡績，東華紡績が相場を焦るから相場の芽を摘む」と批判したように，市価の攪乱要因であった．

喜多又蔵の死後，日華紡織の社長には田邊輝雄が就任し，再編に着手した．この再編は，設備の増加ではなく，むしろ設備の入れ替え，紡機のハイ・ドラフト化によるものであった．5・30事件以来，日華紡織は，工場の保全に力を注がないと言われた技師長の大島亮治が辞職した後に[26]，東洋紡績から新たに技師長を招いたが，実効を有することはなかった．それゆえ，紡機のハイ・ドラフト化は緊急課題であった．なかでもこの再編には，営業部長の（元大日本紡績の商務担当）越智喜三郎と技師長の比志島彦三が尽力した．

1920年代後半からの紡機のハイ・ドラフト化には，カサブランカ式と今村式シンプレックスの二つが有名であった．紡績工程は，＜混棉・打棉・梳紡・練條・粗紡（始紡，間紡，練紡）・精紡・撚糸・綛場・仕上＞からなっていたが，カサブランカ式は，始紡，間紡，練紡の粗紡三過程のうち，練紡（ロービング）過程を省略したものであった．練紡の省略によって，本来，1インチローラーであった精紡（リング）を0.7ローラーに改造できたために，精紡のドラフトが1/16インチ短縮でき，あわせて繊維の短いインド棉花との混棉に有利であることが判明した．そして練紡を省略したことで，練紡工程で棉花の腰を折ることがなくなったために，従来にまして強力な綿糸を紡績できるようになった．また，練紡の空いたところに紡機を増設することも可能となった．

今村式シンプレックスは，このカサブランカ式にさらに改良を加えたものであった．大日本紡績の技師であった今村奇男の発明になるところから，この名前がつけられた．今村は，始紡，間紡，練紡の粗紡三過程を一つにすることに重点をおいた．つまり，始紡過程の三本のローラーを四本に改造し，最後のローラーで完全にドラフトすれば，間紡過程の代用となることを発見した．ローラーの三本目から四本目に繊維が移るときに，繊維が拡がるので，繊維を集中させるセルロイドのコレクターを設置したことが有効であった．つまり，四本のローラーの始紡過程が，完全に粗紡工程の役割を果たしたのである．ハイ・ドラフトでは練紡を除去することで建設費の四分の一を省いた．そして，40番手の綿糸紡績であれば，元来，1錘当たり140人を要したものが，今村式シンプレックスでは75人という人員削減に有効であったという．

日華紡織は，曹家渡工場と喜和工場の17万錘を，今村式シンプレックス（二紡式のハイ・ドラフト化）に入れ替えた．導入にあたっては，大日本紡績（商務課長）にいた営業部長越智喜三郎を通して，今村との連絡を取り付け，大日本紡績から技術者を招いた．改造後のスピンドルは1万1000回になった．華豊工場もハイ・ドラフト化し，精紡5000錘の増設を果たした．そして，先述したように，曹家渡工場と喜和工場の余った粗紡を浦東工場に移した．

今村がシンプレックスを発明したときに，日本国内の紡績企業は，この発明をすぐに受け入れる態勢にはなかった．むしろ新興の呉羽紡績や，東海紡績，愛知織物，富山紡績（井波工場），天満織物（笹津工場）などの中小規模の企業がこの新しい技術の導入を試みるにとどまった．それゆえ，新しい技術の伝播には，在華紡のなかでも「日華，上海紡織，内外綿が今村を訪問」したことが決定的に重要であった．日華紡織の比志島と上海紡織の権野建三は，「無条件で今村奇男の指導を」求めた．上海紡織の第五工場は，日華紡織と同様に，大日本紡績の技術者を招いてハイ・ドラフト化を進めた．それゆえ，「今村氏への信用」は，「海を越えて上海の在華紡の各社から挙がった」(27) といわれたように，日本国内のハイ・ドラフト化は，国内の上位企業の試みではなく，日本国内の中小企業や大陸の在華紡などの，むしろ周辺の経験を通して定着したのである．その意味で，合理化を急ぐ日華紡織などの在華紡は，新しい技術の有効性を判定する巨大な「実験場」としての役割を果たしたといえる．戦前期の日本綿業が在華紡を有した歴史的意義は，新しい技術の拡散にあった．

今村式シンプレックスを開発した大日本紡績であったが，本社の分工場であった大康紗廠(28)におけるハイ・ドラフト化は，日華紡織などより，やや遅れた．それは，日本国内の工場の合理化が優先されたためであり，大康紗廠の「上海と青島は旧態依然」という状態であった．大康紗廠では，満洲事変後にハイ・ドラフト化に着手した．

3　「黄金期」（1929～31年）における分岐
——5・30事件後の先発在華紡の再編(3)

1929年から1931年までは，日本の円高誘導政策と銀価格の低落によって，在華紡にとっては，「黄金期」と呼ばれる市場的環境が現れた(29)．29年からの浜口雄幸民政党内閣は，日本の世界的な金本位制への復帰を政策課題の一つとしており，日本の円通貨を金本位制離脱時の価値に戻すために，一旦下落した自国通貨を円高に誘導して，金本位制への復帰をめざした．また中国では，宋子文が銀暴落を利用して公債を発行し，インフレ景気が生じた．日本円の対上海為替相場は，100円に付き120両から150両へ，そして178両(240元）へと円高にふれた．それゆえ，在華紡にとっては上海で取引するよりも，日本に輸出した方が有益な市場的環境が生まれた．あわせて日本国内本社にとっても，在華紡として，さらなる対中国投資が有効となったために，在華紡の拡張期がここに登場する．

円高誘導によって，日本製品の競争力が後退するなかで，先述したように，すでに製品と市場の転換を試みた内外綿は，この好機に乗ずることになった．さらに生産品種の多様化のなかでの加工部門への進出にあたっては，浜口内閣期の井上デフレのもとで発生した，鐘淵紡績淀川工場争議によって解雇された技術者を再雇用したことが有効であった(30)．もっとも，この好機にあっても内外綿は，配当を12％に抑えながら，利益金の社内留保に努めた．内外綿における5・30事件の経験が，この慎重な経営姿勢を用意させたのである．加工製品は「成るべく注文によって操業すること，流動資金はより少なく，銀行預金を常に七・八百万円保有」(31) する方針であった．そして，1920年代の初頭に，一錘150円であった内外綿は，20年代末には42円へと償却に努めたのである．

他方で，日華紡織は，半期100万円の利益，配当5％を実現させるようになるが，同社に融資した銀行団が半期50万円の返済をせまるようになったために，設備の拡張は困難であった．買収に過大な資金を要したことが，高い金利負担となり，また運転資金不足にもつながった．1930年代前半においても，「不自然に株価が低い」のは，喜多又蔵のかかえた負債問題もその背景であった．喜多の死後（1932年1月），遺族は持ち株の5000株を売却した．そして，ある金融機関には喜多又蔵の所有株であった「1万2000株が，担保として保有」されていることが流布されており，もし日華紡織の株価がわずかでも上昇すれば，その金融機関による株式の売却が直ちになされる見込みがあった．それゆえ，日華紡織の株価の変動を未然に防ぐためにも，日華紡織の株価は低位に据え置かれざるをえなかったのである．

在華紡のなかで，換算一錘当たり固定資産は，原価償却を積極的に進めた内外綿，上海紡織，裕豊紡績が際立って低く，固定資産に対する自己資本比率でも内外綿と同興紡織は100％を上回っていた．借入金に依存した上海製造絹糸，裕豊紡績，上海紡織でも，親会社の支援から安定した経営を維持した．それだけに「寄り合い」的な日華紡織は，ハイ・ドラフト化を推進したが，経営の困難を極めた．中国ナショナリズムが高揚する不安定な経営環境にあった，1925年から28年の平均利益率は，内外綿23％，上海紡織10％，上海製造絹糸13％，同興紡織12％，日華紡織2％であり，「黄金期」の1929年から31年のそれは，内外綿59％，上海紡織27％，上海製造絹糸25％，裕豊紡績（29年に東洋紡績から独立）18％，同興紡織13％，日華紡織10％，という内容であった[32]．

そこで，黄金期に拡張を果たした先発在華紡として，東洋棉花が親会社である上海紡織にふれておきたい．上海紡織会社は，1908年12月に，上海紡績と三泰紡績が合併して設立された．前者は当初民族紡績として，そして後に欧米資本（総支配人フィーロン＝ダニエル商会）の協隆紡績として改組された工場を三井物産の一部出資（1902年）によって在華紡になったものである．そして三井物産の棉花部が，20年４月に東洋棉花として独立した後に，三井物産上海支店は22年まで上海紡織の代理店を「従前通り引き受け」[33] ていたが，24年に東洋棉花から権野建三が赴任することで，東洋棉花の傘下に入った．

上海紡織は，1920年代後半から30年代にかけて，継続的に設備拡張を実施した（図表Ⅰ—１）．権野建三は，すでに1928年に新工場の建設を計画したが，融資を依頼した横浜正金銀行と三井物産から拒否され，東洋棉花からの借り入れで，第四工場（精紡４万5000錘，撚糸2000錘）を建設した．第四工場は，上海の地価が高いために，二階建てであった．しかし工場が完成したときに，金解禁が実施され，銀安円高の好機を得た．同社が，上海製造絹糸とともに，「銀建主義」であったことが好機を具体化させた．つまり銀建ての収益を金建てにすると，銀安円高の環境では目減りを起こすゆえに，銀建てによる内部留保が，上海紡織に有利に働いたからである．そして，工場の収益によって，東洋棉花からの借り入れを返済し，第五工場の建築もこの利益金から資金を調達した．

東洋棉花上海支店が上海紡織の代理店となり，上海紡織において権野建三の経営裁量が広く認められたことが重要であった．そして特徴的なことは，東洋棉花では，代理店の上海紡織にたいする「経営権を金融の面に止めて営業関係を上紡の自営とし，原棉は広く内外の商社から直接厳選買付とする一方，製品販売の主力を中国一円に拡大する」ように再編した点である．上海紡織の主体性が大いに発揮される環境がつくられたのであり，「利益金処理の如きは之を悉く本国へ送還するを目的とせず，事業を拡張して」[34] いくことが優先された[35]．上海紡織は「銀建で，利益をそのまま保留した」[36] のであった．

在華紡の存在が日本国内の本社にとっての「果実」として位置づけられていたことは事実であるが，上海紡織と東洋棉花大阪本社との関係においては，在華紡の収益を在華紡そのものへの再投資にまわす傾向があり，在華紡の主り，インド棉花不買「決議の裏を潜る」[71] ことは必至であった．

在華紡が中国内部の経済的環境に自らを適応しようとした事例は，中国政府の財政問題にもかかわった．南京の国民政府は，1931年２月から釐金税全廃の代わりに，綿糸布に課す「統税」を新たに導入した．この間接税は，工場が商人に販売するときに商人から徴収して，紡績工場側がまとめて納税するものであった．在華紡は治外法権の関係上，南京国民政府との双方の「任意」によって，納税を認められた．在華紡は商品の引渡しの際に「買い手から受け取り，それをまとめて納付」しており[72]，「日本政府としては何等これに関知しない」ものであった．しかし，この在華紡の納税額は，国民政府にとっては「大きな財源の一つ」であり，「中国側を牽制する」効果を有したのである[73]．実際に36年（ただし３月と12月は不明）に，在華紡は495万円，民族紡は447万円を納税した[74]．そうであるとすれば，満洲事変後の在華紡の運転再開は，国民政府の財政問題に深く関係するようになっており，在華紡はますます中国の経済システムの内部に浸透していったのである[75]．

2）華北経済進出と綿工連

1933年５月に，塘沽停戦協定によって冀東地区から中国軍が撤退したのちに，冀東地区には日本製品の密輸入が始まった．華北への経済的進出は33年以降に満鉄，関東軍，天津軍によって立案され，35年に具体化した．そして35年末に設立された興中公司を中心に経済進出が実施された[76]．35年11月には，冀東防共自治委員会（12月に政府）が成立し，正規の関税の四分の一という低率課税を「特殊貿易」として追認し，密貿易を促進させた．すでに，満洲市場を喪失した天津の民族紡績はこの密輸入圧力を強くうけた．そして，天津軍は35年７月から既存の紡績工場の買収，ないし委任経営という方針を提示した．「青島なら有事の際にはすぐ海軍が救援に行けるが，天津では間に合わないという治安についての不安」[77] があったため，それまでの天津進出は抑制されていた．しかし天津は民族紡績の中心地（36年には約23万錘）であり，華北分離工作のなかで，日本の勢力下におくことが現地軍にとって重要な課題となった．それゆえ，35年の半ばから既存紡績工場の買収，委任経営の方針が打ち出された．

買収には，まず，宝成第三廠（２万9028錘，2520台）が対象となった．東洋拓殖が伊藤忠商事の傍系の大福公司と共同で，1936年７月に買収され，37年に天津紡績に改組された．そして，上海製造絹糸の倉知四郎は，軍との関係が密接であったところから同紡績の買収に乗り出した．上海製造絹糸の第一工場は，入り口が共同租界であり，その東が飛行場に選定されていたために，幕僚がよく駐在した．上海事変では植田謙吉第九師団長が宿泊した．津田信吾は，当初，天津において紡績工場の新設を計画していたが，陸軍の梅津美治郎（天津軍）から，工場の新設は民族紡績との競争を喚起し，「対日感情を悪化」させるとの忠告をえて，民族紡績の買収に乗り出した．そして裕元紡織（6万錘，998台）を250万元で買収し，上海製造絹糸の公大第六廠とし，36年9月から操業した．そして華新紡織（約3万錘）については，先述したように，当初，東洋紡績が買収を進めようとしたが，鐘淵紡績が軍部に手を回して，120万元で買収した（公大第七廠）．そして買収資金は工場経営の収益で回収した(78)．他方で，天津華新の買収に失敗した東洋紡績は，36年11月に唐山華新紡織の経営権を握り，利益をえた．

そして在華紡による工場の新設も進められた．裕豊紡績が川越茂総領事の後援をうけて土地を入手し，天津工場を新設して，1937年6月に操業を開始した．工場を新設する企業には，このほかに，上海製造絹糸，上海紡織，大康紗廠，福島紡績といった既存の在華紡に加え，呉羽紡績，岸和田紡績，倉敷紡績，和歌山紡織といった新規参入グループも現れた．日本の紡績資本による天津での紡機は，図表Ⅰ－3のように「44万5000錘，織機6700台」(79)に

図表Ⅰ－3　天津における在華紡の紡織機数

	紡機（錘）	織機（台）
現在（1936年10月）:	114,000	1,300
計画中:		
東洋紡績	50,000	1,000
祐大（丸紅）	23,000	650
公大　鐘淵紡績	30,000	1,000
同上	20,000	1,000
上海紡織	40,000	750
福島紡績	50,000	1,000
その他とも合計	445,000	6,700
来年中に運転するもの:		
福島紡績	50,000	1,000
上海紡織	50,000	1,000
東洋紡績	50,000	1,000

なるとみこまれた.

しかし，こうした在華紡の華北進出に対して日本国内の綿業界からは強い抗議が出されるようになった. 在華紡は日本国内の上位紡績企業が親会社であったが，中小企業規模の織布専業者らで構成される日本綿織物工業組合連合会（以下，綿工連と略す）は，華北への上位紡績企業の「進出が単に紡績業のみならず，織布業に，染色加工業に拡大進展する」ゆえに，「生地綿布は勿論，加工綿布に至るまで北支那製品と内地製品との販売競争の激甚化」することを強く懸念した. 内地製品の競争劣位の要因としては，まず中国には「何等工場法の適用がない」ために華北は「24時間ぶっ通し作業が出来る」こと（内地は17時間労働），中国には健康保険法や退職積立金などの「社会政策的法規がない」こと，中国の「輸入関税は甚だしく高率」であること，そして賃金の格差，をあげていた. 上位紡績企業による華北進出は「我中小機業家の製品販路を梗塞するのみならず，我染色加工業者をも自滅に誘う」危険性を感じ取っていたのである.(80)

綿工連の理事長であった三輪常次郎（服部商店，名古屋）(81) は，1936年 9 月25日から10月20日まで，朝鮮半島，奉天，山海関，北平，天津，済南，青島，大連，旅順，ハルピン，新京をまわり，華北の紡績工場群を訪れた. 綿工連としての華北進出の可能性を模索するためであった. 奉天の総領事館では「南支問題はなかなかうるさいらしい」が，「北支は大丈夫」との情報を確認したが（9 月28日），三輪は華北進出に慎重な姿勢を形成した. 天津を訪問した際に「密輸入大手. 密輸は実況. 上品の密輸入方法が冀東政府」の「根幹」であることを確認した（10月 1 日）. しかし，「北支各地が冀東通りの（低率の）税金になれば事業（紡績の進出のこと）は割合に起きず，日本より弗々輸出も出来る」と，低関税率が継続すれば日本からの対華北輸出の可能性は高いと感じとった.

しかし，その一方で三輪は，華北の関税率が，「南京の通りの税なれば支那へ紡績事業が移る. 北支へ紡績の進出は抑えることは出来ぬ」とも考えた. そうであるとすれば，三輪は「日本の操短を解除すべきである」と日本国内の綿糸生産制限（紡連の決議によるカルテル）の中止をも痛感した. そして，「天津へ紡績の進出を防ぐ方法は電力料如何にある」とのべた. なぜならば華北工作の担い手であった「興中公司にて天津電業公司を造り，電力を統制し，自家発電を許さぬからである」（10月 8 日）と理解したからである. 結局，電力供給の統制は，紡績企業の経営にとって大きな制約になると判断し，「もう古紡績工場は買うまい」，華北に進出するのであれば「自家発電の権利だけと思う」として，華北経済進出には慎重な姿勢を固めた（同前）．そのうえで，華北での在華紡の拡大は，紡織一貫から染色業にいたるまでの垂直統合化によって，日本国内への競争圧力を加えるような，「吾等機業家の存在を無視」(82) するものと批判的姿勢を示した．上位紡績企業の華北進出は，日本国内の綿業界の秩序に，すなわち紡績業と専業織布業との間に大きな亀裂を持ち込んだのである．

まとめにかえて

従来の帝国主義史研究は，在華紡を親会社の「果実」的存在として描いてきた．確かに上海製造絹糸では，その配当が鐘淵紡績の本社の収益向上として強く期待された．本社の意向が在華紡の経営を規定したことは確かであろう．しかしながら，在華紡の親会社への貢献には多様な側面があったというのが本章の主張である．

1925年の5・30事件以降の在華紡は，高揚する中国のナショナリズムに対応するために，民族紡績との競争の少ない高番手生産と兼営織布化をすすめ，加工部門にも進出した．日本国内とは大きく異なる経営的環境の中で，在華紡にとって合理化は重要な課題であり，そこに国内に先んじての紡機のハイ・ドラフト化が実施された背景があった．大日本紡績の今井奇男の発明になる今村式シンプレックスは，人員整理に有効でもあり，在華紡での好評をえた．そしてその有効性を確認した日本国内の紡績工場においても浸透するようになる．中国ナショナリズムに直面した在華紡は，日本国内の紡績工業にとっても，新しい技術の有効性を判定する巨大な「実験場」としての意義を有した．戦前期の日本紡績業が在華紡を有した歴史的意義の第一がここにあった．

在華紡の歴史的意義の第二は，東洋紡績にとくに現れた．東洋紡績の在華紡の裕豊紡績においては，在華紡は人事的再編の「場」と位置づけられていた．三重紡績が大阪紡績を吸収して成立した東洋紡績は，人材の登用をめぐって両社内の派脈の調整を必要とした．それゆえ，有能であっても新しい社内において秩序錯乱の可能性を有する人材は調整の対象となり，まさに在華紡はそうした人材を吸収する場として位置づけられたのである[83]．しかし，ひとたび，有能な人材が裕豊紡績に派遣されれば，在華紡は本社に対して強い主体性を主張するようになった．それゆえ，裕豊紡績の収益は，必ずしも配当を通した本社の収益に貢献するものではなかったのである．

中国のナショナリズムの一層の高揚をむかえた満洲事変後において，在華紡は，それまでの上海における拠点の集中性を改め，青島，天津などの比較的治安の安定した華北方面に工場を移すようになった．そして，拠点の上海からの多様化を背景に，在華紡の日本国内の親会社への主体性は一層たかまった．1933年の国際綿業通商摩擦問題を討議した日本とインドとの政府間交渉（日印会商）にあって，民間団体の紡連は，日本側の交渉力を高めるためにインド棉花不買運動にのりだした．しかし，満洲事変後の操業回復を急ぐ在華紡は，インド棉花の利用に依存しており，親会社の不買運動に明確に参加することはなく，むしろ操業率を高める方向で，インド棉花を購入して，不買運動の実効性に制約を加えた．30年代において在華紡と親会社の利害の乖離が生じたことが，第三の意義であった．

そして第四の意義は，在華紡の華北への拡張が，日本国内の綿業界の秩序維持に大きな変化をもたらしたことであった．なかでも上位紡績企業が織布業に参画するなかで競合関係を強めた綿工連からの反発であった．華北での在華紡は，紡織一貫と染色工程をも抱えもつ垂直統合を企図しており，日本国内の中小規模の織布業者と染色業者から構成される綿工連にとっては，「大紡績会社の北支進出が殊に顕著となり，将来内地中小染業の受ける脅威の甚大なる」[84] ものであった．それゆえ，上位企業が主導権を握る紡連と綿工連の対立は激しくなった．両団体の亀裂は，華北進出に積極的な津田信吾（鐘淵紡績）と綿工連理事長の三輪常次郎（服部商店）の衝突につながった．

すでに三輪は北京を訪問したときに，次の感想を執務記録に書きとどめた[85]．

「日本は支那民衆より感激を受けることは本日までやっておらぬ．西洋人は60年も前より多大に経費を捨て，学校を経営し，生徒が失業すれば本国へ洋行させ勉強させて，母校の教師となし，あと西洋人は１人か２人より先生はない．専門学校以上（中略）大学が200校以上ある．教師は全部欧米（留学）派ばかりなり．学会の連合会あり．これも欧米教育を受けたものばかりなり．これまでするに60年かかる．

日本（の中国人）留学生は団結しておらぬ．日本の学校は日本に行けば出来て出来ぬでも卒業させる．日本はインチキであると，日本（留学の）卒業生は民衆が承知しない．経済提携では百年待ってもダメだ．本を読む者は全部欧米派ばかりだ．普通手段，穏やかではダメだ．百年後になる．（中略）日本人と一緒になりたいと言うは，おとなしい商人に限る．政治家はとても日本とは融和しない．支那にも愛国心ある．非国民ではない．根本的に親日はない．（中略）国権に関することは全部中央，南京に（ある）」

在華紡の華北進出は，日本国内の綿業界の秩序に大きな変化をもたらした．戦前期の日本綿業が在華紡を有した歴史的意義は，日本から中国大陸に向かう影響力の一方向性だけではなく，むしろ日本綿業界の秩序編成にも変化を加える影響力の双方向性を含んでいたのである．

追記）在華紡としては，日清紗廠（青島），富士瓦斯（青島），長崎（青島），泰安（漢口），そして満洲に存在した満洲紡織，満洲福紡に言及する必要があるが（図表Ｉ－１），資料の不足から，本章ではふれることができなかった．しかし，満洲福紡に関しては福島紡績の後継となる敷島紡績に経営資料が残されている．資料整理をまって，後日研究成果を公表したい．

註

1）樋口弘『日本の在支紡績業投資』東亜研究所（第一調査委員会第一分科会）刊行年月不明（1945年５月京都大学人文科学研究所に受け入れ）p.31.

2）高村直助『近代日本綿業と中国』東京大学出版会，1982年６月，p.224.

3）樋口前掲，p.31.

4）西川博史『日本帝国主義と綿業』ミネルヴァ書房，1978年，第４章.

5）以上の二つの在華紡研究の特徴に加えて，久保亨氏は「青島における中国紡―在華紡間の競争と協調」（『社会経済史学』56巻５号，1991年）において，在華紡の存在が競争を伴いつつも，民族紡績の成長の契機を提供するような協調の側面に注目している．在華紡の拡大が中国紡績業の雁行的発展を促す側面であろう．この点は，在華紡研究の第三の流れといえるが，本章では民族紡績業のあり方に検討を加えることが出来なかった．

6）在華日本紡績同業会編『船津辰一郎』立川団三，1958年11月.

7）高村前掲，p.123.

8）安達春洋稿『紡績界の展望』1932年11月（大阪市立大学学情センター蔵）．5・30事件については，横光利一『上海』1956年1月，岩波文庫版も参照．

9）大谷登編『川邨利兵衛翁小伝』1926年4月，p.28.

10）元木光之編『内外綿五十年史』1937年9月，p.48.

11）武居巧編『武居遺文小集』1935年12月，p.135.

12）三橋楠平編『東山煙雨　木村知四郎君追懐録』1934年4月，p.141.

13）ちなみに，佐々木國蔵が上海に移動した青島では，山口幸三郎が支配人となった．しかし，青島工場長であった勝田俊治工場長と山口との対立が激しくなり，結局，勝田が上海詰めになった．

14）武居編前掲，pp.233，245-46.

15）以上，安達春洋述「紡績界の横顔」1931年6月（原田繊維文庫4-254，早稲田大学蔵）p.17.

16）桑原哲也「在華紡の組織能力」『経営学論集』龍谷大学経営学会，第44巻第1号，2004年6月．同，阿部武司「在華紡の経営――内外綿会社，1911―1945年」『アジア情報学のフロンティア』全国文献・情報センター人文社会科学学術情報セミナー第10号，東京大学法学部付属外国法文献センターほか，2000年11月，pp.95-110.

17）森時彦『中国近代綿業史の研究』京都大学学術出版会，2001年4月，p.454.

18）内外綿株式会社『取締役会議事録』1938年12月.

19）以下，喜多貞吉編『和田豊治伝』1926年3月，p.370.

20）安達和『国際情勢と我が繊維界の陣容』上巻，1935年10月，p.637.

21）小風秀雄ほか編『実業の系譜　和田豊治日記』日本経済評論社，1993年8月，p.14.

22）高村前掲，p.138.

23）東洋紡績社史資料29「西村利義氏談」1950年6月15日.

24）松浦正孝『財界の政治経済史』東京大学出版会，2002年10月，pp.57-59.

25）以上，大岡破挫魔編『喜多又蔵君伝』日本綿花株式会社，1933年1月，pp.359-70．日綿実業株式会社社史編纂委員会編『日綿70年史』1962年11月，p.58.

26）大島亮治『一紡績技師の西遊雑記』紡織雑誌社，1931年1月.

27）以下，安達春洋述「内外綿を語る」1932年3月，p.132（原田繊維文庫4-148，早稲田大学蔵）.

28）ニチボー株式会社『ニチボー七十五年史』1966年2月，第7章.

29）久保亨「近代中国綿業の地帯構造と経営類型」『土地制度史学』113号，1986年，p.26．のちに，同『戦間期中国の綿業と企業経営』汲古書院，2005年5月，第5章におさめられる．民族紡績の「発展」の側面を指摘する本書の成果を，本章では十分にとり入れることが出来なかった．後日の課題にしたい．

30）安達前掲「内外綿を語る」p.10.

31）以下，安達和前掲，p.516.

32）高村前掲，pp.161-63.
33）東洋棉花40年史資料，野田洋一述「上海紡の沿革」p.19（資料番号298-2）.
34）東洋棉花40年史資料，「舟橋氏との会談」の添付資料である「上紡株式売買に関する契約書」1922年4月1日付，p.19（資料番号300）.
35）山村睦夫「1930年代における東洋棉花上海支店と在華紡」（『土地制度史学』174号，2002年1月）p.16.
36）安達和前掲，p.642.
37）武藤山治『武藤山治全集』第1巻，新樹社，1963年10月，p.554.
38）安達春洋述「鐘紡よ！お前は何所へ行く？」1930年6月，p.7（原田織維文庫4-105，早稲田大学蔵）.
39）桑原哲也『企業国際化の史的分析——戦前期日本紡績企業の中国投資』森山書店，1990年6月，p.154.
40）同前，p.8.
41）高村前掲，pp.158，224.
42）安達和前掲，pp.590，656．本来，鐘淵紡績は「慶応出身にあらざれば工場長に推薦することの出来ない」（同，p.588）慣行があったが，三井物産に勤務した経験から神戸高等商業学校卒業の長澤は，その取引関係の手腕を買われた．1919年の米価暴騰期に台湾米を買い占めて巨利をえたことが武藤山治に評価された.
43）以上，安達春洋稿『紡績界の展望』1932年11月，p.17（大阪市立大学学術情報センター蔵）.
44）東洋紡績社史資料5「山東友三郎翁の思い出話」1949年8月31日.
45）安達前掲『紡績界の展望』p.25.
46）三橋楠平編『東山煙雨　木村知四郎君追懐録』1934年4月，p.3.
47）谷口豊三郎氏談，1984年4月23日．豊三郎氏は谷口房蔵氏のご子息．三重紡績が大阪紡績を吸収した形で東洋紡績が設立されたが，在華紡の裕豊紡績は一面で三重紡績系統の人材が多く移動しているところがある．裕豊紡績は中京方面の人材を登用する人事再編の場であった.
48）安達前掲『紡績界の展望』p.98.
49）以下，東洋紡績社史資料18「菱田逸次氏談」1948年11月18日.
50）安達和前掲，p.648.
51）高村前掲，p.224.
52）東洋紡績社史資料7「三橋楠平氏縦横談」1949年3月31日.
53）安達春洋述「鐘紡か？東洋紡か？」1930年11月，p.25（原田織維文庫4-110，早稲田大学蔵）.
54）安達前掲『紡績界の展望』p.99.
55）東洋紡績社史資料18「菱田逸次氏談」1948年11月18日.
56）前掲『船津辰一郎』p.183.
57）森前掲，p.454.
58）安達前掲『紡績界の展望』p.175．久保前掲「青島における中国紡—在華紡間の競争と強調」p.9.

59) 西川田津編『西川秋次の思い出』1964年9月，p.357.

60) 佐々木藤一「青島紡績業に就きて」(神戸高等商業学校『大正十三年夏期海外旅行調査報告』1925年).

61) 安達和前掲，p.514.

62) 谷口豊三郎氏談，1984年4月23日.

63) 同前.

64) 高村前掲，p.212.

65) 石黒英一『大河　津田信吾』ダイヤモンド社，1960年7月，p.178.

66) 在華紡の各社が，兼営織布化を通して青島に進出したが，注意したいのは進出の早かった内外綿が，兼営織布化に乗り出さなかった点である．これは青島における在華紡各社の協調によるものであった．在華紡は本社の指示というのではなく，出先の市場的環境を前提に，横断的な協調態勢を作り出しながら経営を持続したのであった．軍部をはじめとする政府との密接な関係を通した上海製造絹糸とは異なり，出先の状況を背景に資本間の協調を通した市場秩序の形成を模索した在華紡の存在に注目したい（在華日本紡績同業会編『十一年上海会議録』1936年1月—12月，大阪大学経済学部蔵).

67) 久保前掲，「近代中国綿業の地帯構造と経営類型」，p.27.

68) 東洋紡績社史資料34「谷山敬之氏」1952年1月17日.

69) 倉田敬三発「上海ニ於ケル当業者懇談会ニテ得タル印象」1933年8月31日，大日本紡績連合会『印度班事務日誌及送別会』(資料番号1－2，大阪大学経済学部蔵).

70) 大日本紡績株式会社編『小寺源吾伝』1960年6月，pp.157-61，250-51.

71) 日本経済連盟会編『我国貿易統制ニ関スル関係当業者ノ意見並ニ参考資料』1936年11月，p.109.

72) 岡部利良『在支紡績業の発展とその基礎』東洋経済新報社，1937年6月，pp.59-61.

73) 以上は，前掲『船津辰一郎』p.182.

74) 前掲『十一年上海会議録』.

75) 富澤芳亜「綿糸統税の導入をめぐる日中紡織資本」広島史学研究会『史学研究』193号，1991年7月，p.32.

76) 中村隆英『戦時日本の華北経済支配』山川出版社，1983年8月，第1章.

77) 石黒前掲，p.174.

78) 同前，p.180.

79) 綿工連『執務文書』1936年10月2日付（日本綿織物工業組合連合会蔵).

80) 舞田寿三郎（綿工連副理事長，東三河）述『紡績の北支進展と本邦中小染織工業』日本綿織物工業組合連合会，1936年11月（同連合会蔵).

81) 綿工連前掲『執務文書』1936年10月3日付.

82) 舞田述前掲，p.2.

83) 同様の問題は，尼崎紡績が攝津紡績を吸収した大日本紡績と，その在華紡の大康紗廠との関係にもあてはまると考えるが，資料不足のために検討できなかった．後日を期したい．

84）綿工連前掲『執務文書』1936年10月20日付．

85）同前，10月１日付．

第2章

在華紡と労働運動

江田憲治

在華紡が労働者向けに建てた社宅の一部
『内外綿株式会社五十年史』より

はじめに

1925年2月9日，内外綿第5工場（公共租界西蘇州路）からストライキ発生と労働者の機械破壊の通報があったのは，同日の午後3時55分のことである．工部局警察の警官が駆けつけたところ，約1500人の労働者が工場敷地内の広場に集まり，隣接する第7・8・12工場へ同調を呼びかけていた．日本人職員による制止や警官の説得の結果，彼らは工場を退出したが，大多数は蘇州河の対岸に移動，そこでデモをしストの意思を表明した[1]．またこの日の正午頃，「正体不明の人物」が以下のような要求条件をかかげるビラを工場内でまいていた．

⑴労働者を今後殴打しないこと
⑵賃金を1割上げること
⑶解雇された労働者を復職させること
⑷賃金は2週間毎に支給すること
⑸ストライキ期間中の賃金を支給すること
⑹理由なく労働者を解雇しないこと

争議はたちまち内外綿の他工場，および日華・大康・豊田・同興・裕豊の諸工場に波及した．――経営側のみならず，上海の市民社会に大きな衝撃を与えた在華紡2月ストライキである．そして，2月ストとこれに連動した5・30ゼネスト以降の労働運動は，これ以前1918年から24年にかけて散発的に起こっていたストライキとは異なり，多くの場合中国共産党により組織化された，あるいはその影響下にある労働者が在華紡の経営支配に挑戦する争議を，1936年の反日大ストに至るまで連続させることになる．またこの上海在華紡の労働運動は，中国労働運動史上でほとんど唯一の，1都市の1産業労働者が，長期にわたって闘争を持続させた事例でもあった．

しかし，在華紡労働運動についての従来の研究では，その一部に注目したものか，あるいは概説的な記述にとどまり[2]，起伏を繰り返しながら1925年2月から1936年11月まで持続した運動史を総括しようとする試みはまだなされていない．このことは，在華紡労働運動史全体の事実の解明と全般的評価が不充分であることを示している．すなわち，労働者はその長期にわたる運動によって，どのような成果を得たのか（あるいは得ることができなかったのか），より具体的に言えば，従来の研究が問題にしてきた在華紡の低賃金・長時間労働などの劣悪な労働条件，日本人職員による苛酷な労務管理，さらには「包身制」とよばれる前近代的な労働請負制度を，どの程度まで克服し得たのか（あるいは克服できなかったのか）が，なお解明されざる課題として残っているのである．

本稿は，中国で近年刊行された資料集や外務省記録に見られる上海総領事館報告，および現地の新聞記事などに依拠しながら，在華紡労働運動史をその勃興期から後退期に至るまでの時期を以下の四つに区分し，労働者の闘争過程をあとづけ，その「成果」と限界を明らかにしようとする試みである．

第１期　勃興期　1925年２月～８月
第２期　高揚期　1925年９月～1927年４月
第３期　防戦期　1927年８月～1930年９月
第４期　後退期　1931年12月～1936年11月

1　勃興期
――２月ストと５・30運動（1925年２月～８月）

1）２月ストの勃発

騒動の翌日の２月10日，内外綿第５工場に出勤した労働者は，しかし，仕事に就こうとはしなかった．サボタージュが始まったのである．工場側は全員を退場させたが，彼らのうち200余名は突然別の行動に出た．白地に「内外綿廠全体罷工」と書いた旗を掲げ，棒や竹竿などを持って麦根《マーカム》路の第９工場，労勃生《ロビンソン》路の第13・14工場に突入，ストをよびかけ，工場の機械や電話・ドア窓などを破壊，日本人監督を殴打して負傷させたのである．警官が到着して破壊活動は制止され，指導者とおぼしき12名と１名の青年が逮捕されたが，この日第５工場は夜業を停止，第９工場も電灯修理が間に合わず，夜業中止に追い込まれた．内外綿10工場のうち，この日操業できたのは，応急修理で一部操業した第13・14工場と第3・4・15工場のあわせて5工場であった[(3)].

2月11日には，状況はいっそう「悪化」した．この日内外綿が操業できたのは第15工場と第3・4工場のごく一部だけであり，他の7工場は全面操業停止に陥った．第13・14工場の出勤は在籍3000名中60名に止まり，第9工場には「〔工場に〕敵意を持つが秩序だった人々が集結して労働者の就業を阻み，夕方には蘇州河の北岸に一群のルンペンかスト労働者とおぼしき人々が集まり，スト破りの労働者に罵声をあびせた」[(4)]．また同日付の『民国日報』には以下の要求を掲げる「内外綿紗廠工会全体工人」のスト宣言が掲載された[(5)].

(1)以後殴打しないこと
(2)各人の現在の賃金を1割上げ，理由なく控除しないこと
(3)第8工場で解雇された工友を復職させること，拘留された工友を即時釈放すること
(4)以後2週間に1度賃金を支給し，遅延しないこと
(5)従来の貯蓄金を全額工友に返還し，貯蓄賞金も賃金とし，定期的に支給すること
(6)以後理由なく労働者を解雇しないこと
(7)ストライキ期間中の賃金は，工場が全額支給すること

こうして1911年の上海操業開始（第3工場）以来，内外綿最初の大規模な工場間ストライキが始まった．それは，やがて他社の工場に波及して上海在華紡における連合ストライキとなるのだが，ではこのストライキの原因・背景はどのようなものだったか．

この点について，前述の「内外綿紗廠工会全体工人」宣言は，内外綿第8工場の大量解雇（「百余名」）が発端であったとしているが，『民国日報』2月6日の記事は，この解雇事件を概略次のように報じている．――2月2日午後，内外綿は第8工場粗紡部の甲班〔昼勤〕労働者約50名を，女工に変更することを理由に解雇した．この結果，乙班〔夜勤〕の労働者も2月3日晩，工場に入らなかった．2月4日，甲班の労働者が賃金の清算を求め，乙班は平常通り入場しようとしたが，ともに工場側に拒否され，4名の労働者が逮

捕された[6]．さらに2月12日の同紙は，内外綿は工場で育成してきた「養成工」（大半が女子）を「分に安んじない」男工と交替させる計画だったと報じ，『申報』2月17日もこれに追随，さらに中共機関誌『嚮導』が，養成工は「平素から奴隷教育を受けている」と糾弾したから，「養成工導入説」は大きな反響を生んだ[7]．ただし，内外綿の制度上，「養成工」とは本採用前，1ヵ月から3ヵ月の見習い期間の労働者のことであり，長年にわたる教育や寄宿生活を送らせるものではなかった[8]．したがって，「養成工」との交替をめざして計画的解雇が行われたことは想定しがたい．

一方，内外綿側の発表にかかる「上海内外綿罷工事情」[9]は，第8工場労働者の「不良の者」が「出来高を誤魔化し『ハンク・メーター』の賃金を詐取」しようとしたので「一応注意を与へたるに，彼等は却て日本人に向つて暴行を加へる等甚だ好ましからざる行動」があり，やむなく5名を解雇した，とする．解雇者数を過少に述べることは措くとしても，「賃金詐取」を「一応注意」ですませたという記述には説得力がない．これに対して2月22日，労働者の代表が記者会見で行った説明は，以下のようなものであった．――2月2日，内外綿第8工場の夜勤班の女工（12歳）が朝5時頃疲労のため，居眠りをしていたところを日本人監督に発見され，彼女は怒鳴られ腿を蹴られ傷を負った．見かねた姉（17，8歳）が苦情を述べると，こんどは平手打ちをくわされた．このため男工も女工もみな憤り，当局がこんなことを許すなら仕事をやめてもいい，と申し立てると，日本人監督は，粗紡部50余名を全員解雇して賃金も支給しなかった．これを聞いた昼勤班の労働者も同情してストに入った[10]．

「出来高の誤魔化し」にせよ「居眠り」にせよ，労働者の側に何らかの規則違反があったことは考えられる．しかし問題は，規則違反に対する現場監督の規制が，このとき労働者の大きな反発をかったことにある．「内外綿紗廠工会全体工人」の宣言が「われわれの目標は『日本人の虐待反対』の八大字だ」と述べ，上海総領事矢田七太郎さえ，「支那人職工ニ対スル監督ノ苛酷ナルコト」を指摘，同じく外務省への報告が「内外綿第八工場に於て粗紡部男工ノハンクメーターを誤魔化し居れるを発見し之に鉄拳制裁を加へ」[11]と述べているのは，内外綿の言う「一応注意」が，実際には何であったのかを示している．日本人の暴力的な労務管理こそが，労働者の反乱の引き金を引いたのであった．

しかし，ストの直接原因をこのように考えることができるとしても，内外綿の１工場の１部門のストが，ここまでに急速に広がったことには別の説明，すなわち２月10日に散布されたビラにその名を見せ，租界警察もその存在を探知していた「滬西工友倶楽部」の役割が指摘されねばならない[12]．

滬西工友倶楽部とは，1924年夏，小沙渡に設立された労働者学校（工人日夜校）をもとに組織された，中国共産党指導下の地域的労働者組織である（責任者は孫良恵）[13]．当時中共は，外国資本の下の産業労働者を組織し，将来の反帝国主義闘争の展開に備える方針を立て[14]，このために平民学校や補習学校の運営から上海の下層労働者の組織化を開始（上海大学や南方大学などの社会主義青年団員らが授業をした），24年12月の時点で平民学校６校，補習学校２校，学生総数は840名を数えていた（４分の１が女性）[15]．

２月13日，すなわち内外綿が全工場休業を決定した翌日，滬西工友倶楽部は旗をもった労働者のデモ隊を繰り出し，10名１組のピケット隊を多数編成する組織力を発揮した．ピケット隊は，蘇州河以北の居住地から出勤しようとする労働者をチェックし，彼らが工場に入るのを阻止，あるいは家に帰るよう「強制」し，また労働者が携帯する労働証明書を破ったと言われる．この日の午後２時には，閘北大豊紗廠付近の三徳里１号で滬西工友倶楽部の会合が開かれ，内外綿各工場のスト労働者約600名が参加した．李成（李立三）が主導し，孫良恵や全国学連の劉清揚らも出席したこの会議は，ストライキ労働者が工場ごとに代表１人を出し，ストライキの統制に当たることを決定したのである[16]．

この13日には，さらに内外綿の西隣に位置する日華紡織曹家渡工場（労勃生路98号）の夜勤労働者1500名が，同夜12時の食事後一斉にサボタージュにはいり，工場側も操業を停止して全員を帰宅させた．翌14日，今度は上海東部，楊樹浦に位置する大康紗廠（大日本紡績，楊樹浦騰越路２号）の労働者が午前６時の始業時，大半が出勤しなかった[17]．この工場の労働者も大多数が租界外に住んでおり，出勤拒否のかたちでストにはいったのである．この２工場のストライキについて，租界警察や日本総領事館は「同情スト」との観測をしている．

さらに15日，租界外ながら工部局建設道路に面する（したがって工部局の警察権の及ぶ）豊田紡織（極司非而路《ジェスフィールド》200号）で，夜業開始後１時間半がすぎた７時半（当時工場内には夜勤班の女工1450名，男工450名が就労），一部の男工がサボタージュを開始し，外部の群衆からの喊声でガラス窓や電灯を破壊した．さらに侵入してきた群衆の一部と粗紡機など主要機械を打ち壊し，落綿に放火した．この騒ぎは8時30分，職員と警官が全員を工場から退出させることでようやくおさまったが，この間自動車でかけつけた日本人職員のうち1名が拳銃で撃たれ，数名が殴打され蘇州河へ投げ込まれる事件が起こっていた[18]（被害者のうち1名は，余病を併発して3月1日死亡[19]）．

同じ2月15日に小規模な破壊行為が起こり，出勤する労働者の数が減り始めていた同興紗廠（租界内戈登《ゴードン》路181号）でも，16日の夜業で「労働者がみな敵対する態度をとった」ため夜業を停止していた．そして2月17日午前11時，出勤労働者が400名にまで落ち込んだため，操業を停止した．工部局警察はこの原因に，やはり内外綿の労働者への同調を指摘している[20]．そして18日朝6時，上海東部の裕豊紗廠（東洋紡績，東楊樹浦路96号）も，出勤したばかりの労働者の半分800名がストライキに入り，宣言を発した[21]．同工場は翌日には操業を停止したから，これでストライキの規模は，6社22工場，労働者は3万1100名におよんだことになる[22]．

2）ストの要求と労働者状況

では，このように急速にストライキが拡大した在華紡の労働状況は，どのようなものであったのだろうか．この点を，各社の労働者がそれぞれ別個に提起した要求条項（図表Ⅱ－1参照）と，スト後に在華紡の労働状況を調査した外務省社会局吉阪俊蔵の報告（8月25日付）[23]とから検討したい．後者の吉阪報告は，当時の在華紡の工程を混綿・打綿・練条・粗紡・精紡・綛・包装・選綿などに分かれるとし，粗紡部門で男女工が併用される以外，主に女工が用いられていた，と述べている．

これらの部門の労働時間は，午前・午後6時から午後・午前6時の12時間2交代制をとり，休息時間は午前0時と12時からの30分であったから実質労働時間は11時間30分[24]，30分休憩の際にも機械の運転は止まらなかった．また毎週日曜日の午前6時から午後6時まで機械が止まり，この12時間をはさんで夜勤・昼勤工の交代が行われた．ある週の夜勤工は（残業がなければ）日曜の午前6時から24時間休息して翌月曜の午前6時から昼勤工として出勤，逆に昼勤工は土曜の午後6時から24時間休息して日曜の午後6時から今度は夜勤工として出勤した．もっとも2月ストでは，裕豊紗廠の労働者が食事時間の機械停止を求めたほかは，労働時間や休息についてあまり問題にはしていない[25].

しかし，在華紡の労働者は第一に，苛酷な労務管理に関しては全ての会社に要求を掲げた．すなわち，労働者殴打と「理由なき解雇」の禁止である．前掲吉阪報告も，「制裁中最モ蛮的《ママ》」なる殴打」の横行を認めており，これが「理由なき解雇」＝会社側の恣意的な解雇とともに，内外綿ストの引き金を引いたことは前述したとおりである．大康紗廠と豊田紡織への要求に見られる「過度の罰金禁止」についても，吉阪報告は，「在支工場ニハ何レモ罰金制度ヲ有スルカ如シ早引遅刻ニ依ル控除率多キニ過グトノ非難」がある，と指摘している．罰金制度がもっとも軽かった公大紗廠（鐘紡）の規則でさえ，1回の罰則行為に最大3日分の賃金が控除されたのであるから，在華紡の罰則規定がいかにきびしいものであったかが理解される．

このほか「便所で木札を用いないこと」（豊田），「工場は切に衛生に注意すること（便器には蓋をし，引用水は煮沸することなど）」（大康），「病気ないし事故で休暇を申請する時，賃金は全額支給すること」（豊田），「病気もしくは事故で休暇を申請するさいには，賃金を当日の中に清算して支給すること」（日華）などの要求があるが，その多くは2月スト以後の運動でも主張されているから，当時の労働現場の実状を反映するものであったと考えられる．とくに，豊田紡織の労働者が声をあげた（そして会社側はこれを「何等不便に感すべきものに非る」と強弁した[26]）用便に木札を必要とする制度について，吉阪報告は，

> 支那ニ於テハ曾テ椅子ヲ供給シタルモ数年来之ヲ廃シ為メニ労働者ハ休息ノ為屡々便所ヲ利用スルニ至リ遂ニ便所ニ監視者ヲ置キ或ハ便所札の制度を設ケタリト聴ク又便所ノ入り口ハ概ネ作業場ノ中ニ在リテ作業場外ニ脱出スルコトヲ防ク

と，その事実を確認した上で，「内地」ではこうした事例はない，としている．

図表Ⅱ－1　2月スト要求条件

内外綿会社
⑴　以後殴打しないこと
⑵　各人の現在の賃金を1割上げ，理由なく控除しないこと
⑶　第8工場で解雇された工友を復職させること，拘留された工友を即時釈放すること
⑷　以後2週間に1回賃金を支給し，遅延しないこと
⑸　従来の貯蓄金を全額工友に返還し，貯蓄賞金も賃金とし，定期的に支給すること
⑹　以後理由なく労働者を解雇しないこと
⑺　ストライキ期間中の賃金は，工場が全額支給すること
日華紡織
⑴　毎日の賃金を1割上げること，理由なく控除しないこと
⑵　賞工は旧例どおり1週間毎に1工とし，変改しないこと
⑶　賃金は旧例どおり2週間に1回支給し，遅延しないこと
⑷　殴らないこと，また理由無く罰金を科さないこと
⑸　病気や事故で休暇を申請する際には，賃金を当日中に清算して支給し，保留しないこと
⑹　スト中の賃金は全額支給すること
⑺　理由なく労働者を解雇しないこと
⑻　内外綿の全工友の要求条件達成を支援すること
大康紗廠（大日本紡績）
⑴　労働者を削減しないこと，また理由をつけて労働者を解雇しないこと
⑵　以後，工場内で殴打しないこと
⑶　過度に罰金を科さない
⑷　現在の賃金を1割上げること
⑸　中野を解雇し，二度と採用しないこと
⑹　労働者で自ら退社しようとするものは，賃金を没収しないこと
⑺　工場は切に衛生に注意すること（便器には蓋をし，引用水は煮沸することなど）
豊田紡織
⑴　以後，殴打したり罰金を科したりしないこと
⑵　賃金は現在額を1割上げ，大洋で計算して支給し，理由なく控除しないこと
⑶　拘留されている工友を釈放し，死傷した工友を撫恤すること
⑷　以後賃金は必ず2週間に1回支給し，遅延しないこと
⑸　賞工は毎月4賞〔4日分の賃金〕とし，理由をつけて控除しないこと
⑹　病気ないし事故で休暇を申請する時，賃金は全額支給し，保留しないこと
⑺　便所で木札を用いないこと
⑻　ストライキ中の賃金は全額支給すること
⑼　内外綿，日華，同興，〔東亜〕麻袋の労働者の目的達成を支援すること
同興紡織
⑴　殴打したり罵ったりしないこと，理由なく罰金を科さないこと
⑵　賃金を1割上げ，また理由なくこれを控除しないこと
⑶　理由なく労働者を解雇しないこと
⑷　賞工は1週間毎に1日分とし，減額しないこと
⑸　工賊大石と藤田を解雇し，二度と採用しないこと

(6) 女工に悪ふざけをしたり，笑いものにしたり怒鳴ったりしないこと
(7) ストライキ中の賃金は全額支給し，控除しないこと
(8) 内外綿，日華，豊田，大康，〔東亜〕麻袋の全工友が勝利するまで支援すること

裕豊紗廠（東洋紡績）

(1) 殴打しないこと
(2) 労働者で退社を希望するものの賃金を没収しないこと
(3) 理由なく労働者を解雇しないこと
(4) 賞銭を旧例にもどし，以後賞銭は賃金の中に繰り込み，別立て支給をしないこと
(5) 食事時間は30分機械をとめること
(6) 日本人伊藤（一廠甲班揺紗部），塚田（電気部甲班），寺家（二廠甲班粗紗間），樋口（乙班細紗部間）の解雇
(7) 毎年賃金を１度上げ，４角以下の者は２割上げ，４角以上の者は１割上げること
(8) ストライキ期間中の賃金は全額支給すること

典拠：『五卅運動史料』１，pp.307-10，315-16，318，
『民国日報』２月11日，同18日，宇高寧『支那労働問題』p.647.

第二に，労働者の要求として目立つのは，賃金やその支給方法に関わる経済的な要求である．賃金について吉阪報告は，一般労働者の賃金が日本の紡績工の41.6％から52％にしかならず，しかも日本と異なり食費は自弁であることを指摘し，在華紡の低賃金を指摘している．同じく在華紡の低賃金を批判する立場をとった日字紙『中外商業新聞』２月20日の記事[27]は，梳綿部門の男工の平均日給を0.5元，粗紡・精紡の女工のそれを0.45元としているが，これによれば夫婦共働きで１月の収入は約21元（出勤率を85％と仮定），一方1925年当時の紡績工５人家族の生活費は20元を超えたと見られるから，彼らはぎりぎりの生活を送っていたと想像される[28]．したがって，各工場の労働者はそれぞれの要求条件に必ず「賃上げ１割」を掲げ，ほかにも以下のような関連の要求を掲げた．

賞工（銭）の旧例どおりの支給	（内外，日華，豊田，同興，裕豊）
２週間に１回賃金を支給し遅延しないこと	（内外，日華，豊田）
賃金を大洋で計算して支給すること	（豊田）

これらのうち，「２週間に１回賃金を支給し遅延しないこと」とは，従来２週間に１度の賃金支給であったはずのものが，このころ在華紡では１ヵ月に１度が普通となり（内外綿では３週間に１度），しかも賃金計算の締切から支給まで２週間を要することもあったからである[29]．また，「賞工（銭）の

旧例どおりの支給」とは，労働者の出勤を奨励するための「賞工」(皆勤手当，1ヵ月皆勤者に従来は賃金4日分を支給）が理由をつけて控除・減額されたことを背景としている[30]．内外綿ではさらにこれを貯蓄の名目で保留し20ヵ月後に支給する「強制貯金」が実施され，労働者の賃金は事実上，満期になるまで5％から10％控除される仕組みになっていた[31]．

このほか，豊田紡織の労働者が要求した「賃金を大洋で計算して支給すること」は，内外綿でも2月スト直前に労働者から要求が出されたものであり[32]（5・30運動の中でも要求される），1元以下の端数が小洋で支給されていたものを，3割高の大洋建てで計算するよう求めたものであった．

なお，この時期の労働現場の重要な要素として，工頭（中国人）による労働者管理制度が挙げられる．従来の研究によれば，この時期の在華紡の労務管理体制は，(1)工頭制（工場がナンバーワンともよばれる工頭と契約を結んで労働者の募集を行わせ，配下の労働と生活の管理を委ねるとともに，工頭は賃金を中間搾取する）を改変し，資本にとってより合理的な(2)直轄制（工場が労働者を直接雇用し，日本人監督の下に「見回り」「班長」などの中国人役付職工を置いて生産のみを管理させる）へ移行をとげていたとされる[33]．だが，少なくとも25年2月の時点の裕豊紗廠では，工頭（ここでは「包飯頭」とよばれている）が労働者の食・住を管理している[34]（したがって工頭制が維持されている）し，後述する26年から36年のストの事例の中でも，工頭制の存続を推定もしくは確認できる事例が見られる（内外綿，日華紡織）．また，30年代後半の内外綿でも労働者を監督するだけで紡績労働には従事しない工頭が，なお労働者募集の権能を有していたとの調査報告がある[35]から，この時期以降も，工頭制と直轄制のせめぎ合いは続いていたと考えるべきである．ただし，2月ストはこの労働者の中間搾取を含む工頭制を問題にはしていない．

3）2月ストから5・30運動へ

しかし，以上のような労働者の要求を，在華紡は一顧だにしなかった．内外綿は2月13日の会社幹部緊急会議で「職工側の要求は常軌を逸したる過度のもの」として断固拒否する姿勢を見せたし[36]，在華日本紡績同業会や上海日本商業会議所の対応も強硬であった[37]．

一方，2月10日頃から，上海の新聞はスト運動を大きく報道し，ストライキは前述の「養成工」問題や，高圧電流鉄条網で労働者を閉じこめているといった「風聞」もあり，日本人経営者による労働者虐待問題として社会の関心をよんだ．2月11日，全国学連は，日本人が「わが国の人民を虐げていることは断じて認めるわけにはいかない」との通告を発し[38]，2月15日には滬西工友倶楽部の要請を受けた上海国民会議促成会や上海・全国学連，反帝国主義大同盟，中国青年社，海員工会，金銀工人互助会，上海店員連合会，中華電気工業連合会，楊樹浦工人進徳会などの政治団体・学生組織・労働組合40数団体が参加した「上海東洋紗廠罷工後援会」が成立，全国に支援を要請するとともに，労働者の要求受諾を内外綿に求め，募金活動を行うことに決した[39]．だが，2月17日から3日間の街頭募金で得られたのは大洋78元，小洋803角と2500枚の銅元にとどまり，2月23日から滬西工友倶楽部が内外綿などの労働者に支給した「食費」も，2日間で1347元であった[40]．全ストライキ人員3万1100名の平均賃金を1日約0.4元としても1万440元になるから，上海市民と工会の側からの支援には限界があった．

実際にスト労働者の生活を支えたのは，皮肉にも会社側が支給した応急賃金であった．工部局警察の「警務日報」によれば，内外綿は2月13日から「仕事を要求する」労働者に対し，氏名登録のうえ賃金の3割に当たる応急賃金の支給を開始，大康・豊田・裕豊もこれにならった．内外綿の場合でおよそ6割から7割の労働者がこの賃金を受け取った[41]．また，19日から内外綿は，スト突入で未払いとなった賃金の支給を始め（21日までに約6000名が受領），20日には豊田と日華が未払い賃金と手当を支給した．「応急」にせよ「未払い分」にせよ，在華紡の賃金支給は，資本側の一定の譲歩であるとともに，労働者を懐柔する役割を果たし，新聞もストライキの解決が近いものと観測した[42]．共産党側（共産主義青年団）の文書も，生活に困窮した労働者が上海出身の女工を中心に復業を望み，「最後の一週間になると，工会は労働者とかなり対立するようになった」と述べている[43]．

こうした時期に，上海各路商界総連合会，華商紗廠連合会，五馬路商界連合会，滬西四路商界連合会などが始めた調停活動が本格化した．2月22日，内外綿の岡田源太郎は五馬路商界連合会の調停代表に，①労働者の殴打は工頭の勝手な行いであり，今後は極力これを禁止する，②賃金の支払いを3週間に1度にしたのは，日勤・夜勤を交互に勤務する労働者が日勤時に賃金を持って帰れるようにしたためだ，などと回答[44]，また同じく諸団体から調停を受けた労働者側も，23日，①労働者を殴打しないこと，②理由をつけて労働者を解雇しないこと，③貯蓄奨励金の返還，④逮捕された労働者の釈放，を「極端に達成を希望する」としながら，スト中の賃金の支給や賃上げについては，調停者の公正な判断に委ねる，としたのである[45]．

内外綿会社側は，2月25日，社長の武居綾蔵が，従来の調停者にもまして重きをなすものとして登場した上海総商会の副会長方椒伯・王一亭らと会談，このとき最終的に，①殴打禁止要求には，「会社は日本人に支那人職工に対し常に同情的な態度を以て親切に取扱ひ殴打などは社則を以て厳禁しあり将来も従来同様の方針なり」，②賃上げ要求には，他の工場に比べて賃金は多額であり「増給の必要を認めず」，③賃金の2週間毎の支給については「既に会社は実行中なり」，④解雇者の復職要求には，「十分の理由あるを以て彼らを復職せしむる能わず」，⑤スト中の賃金支給には，「同意する能わず」，⑥奨励金貯蓄制については，「何等賃金と関係なく職工の福利増進の為めに行ふものにして会社任意の給与なり」，⑦理由なき解雇については，「理由なく解雇するが如きことは決して非ざるを以て安堵すべし」，⑧逮捕者の釈放は，「会社の権限外」と回答した．総商会側はこれらの日本側（内外綿）の主張を容れ，結局以下の4条件で交渉を妥結させた[46]．

一，会社は従前通り一律に優遇す．若し虐待等のことあらば工場長に稟告すべし．工場長は之れを公平に解決す．
二，工人にして工場に復帰し，悔悟して作業する者は従前の如く取扱ふべし．
三，貯蓄賞は会社の規則に依り五年に達すれば支払ふべし．中途退社の者は取調の上，在社中成績佳良の者には支給す．
四，賃金は社則に依り，毎二週間毎に支払ふべし（但し締切後）

なお，この復業協定は内外綿に限られたが，事実上全在華紡のストの帰趨を決した．この25日，大康紗廠は操業を開始，26日には裕豊と同興がこれに続いた[47]．内外綿，日華紗廠も26日，復業した．また豊田紡織は，2月25日付と26日付で労働者の代表たちが署名する誓約書（「不逞の徒」の駆逐と暴動などを起こさないこと）をとった上で，3月2日朝6時から復業した[48]．

では，在華紡最初の連合ストライキ——1925年の2月ストライキは，全き失敗に終わったのか．確かに，ストが掲げた目標とその結果（復業協定）に注目すれば，このストライキは成功したとは言えない[49]．が，滬西工友倶楽部は，2月ストの闘争の経過から見て，在華紡労働者の3割から4割の支持を獲得し，在華紡各社の労働者を「内外綿紗廠工会」「日華紗廠工会」「豊田紗廠工会」などの傘下労働組合として組織し得た．さらに倶楽部は，スト後も解雇者の復職を繰り返し働きかけ，彼らへの補償金支給を実現したし[50]，4月23日には内外綿との間で，賞金の半額を強制貯蓄させる制度を廃止し，賃金を一律に1元増やすことで合意した．2月復業協定の際，内外綿はこの制度の維持を言明していたから，これも大きな成果であった．

しかし，在華紡とりわけ内外綿では，この後も労働現場の緊張が続いた．3月3日に内外綿第3工場の精紡部と粗紡部で，内外綿の他工場と同様の賃金待遇や糸継工の負担軽減の要求が行われて操業が一時ストップし，4月の末には第7工場や第5東西，第8工場でも賃金の「遅配」に抗議して短時間のストや騒動が起こった[51]．2月復業協定は賃金を「毎二週間毎に」支給すると規定したが，賃金を「締切後」に支給する制度に変わりはなく，2週間の労働直後に支払われなかったからである．このため，滬西工友倶楽部は内外綿に対し，4月30日，①協定通り賃金を2週間毎に支払うこと，②賃金を全て大洋勘定で支払うこと，③5月1日は半日休業し賃金を控除しないことを要求，ついで5日には同じく内外綿第3工場に，①全工場の賃金制度の統一，②紛糾が生じた際も，警官や探偵の介入なしに解決すること，③スト期間中の賃金支給，④工友倶楽部の成員が各工場で会費を徴収することを認めること，同第8工場には，①1～4等工の賃金制の廃止と2等工の賃金（日給52銭）への統一，②撚糸工賃を5角から7角に賃上げ，③解雇労働者の復職，③養成工賃金の一般工と同様の賃金支給，という要求条件を突き付けた（なお，翌6日には日華紡に①賃金支払日の繰り上げ（内外綿と同日），②皆勤手当を従前の2週間毎に2日分とすること（現行は月に3日分），③日曜休業，という要求条件を提示）[52]．

これらは，2月ストライキの復業協定では獲得できなかった要求条件を再提示するとともに，労働者の賃金等級制度の廃止など大幅な待遇改善を要求するものであったから，それゆえにこそ在華紡側が応じることはなかった．逆に5月7日，紡績同業会は，「(一) 昨今主として主義者に指揮せられつゝある労働組合は多数の職工を強制的に加入せしめ機会ある毎に争議を惹起せり此理由に依り日本人紡績同業会は如斯労働組合を承認する能はず」「(二)

若し此決議の結果労働組合が職工を使族して罷業せしむる事あれば同業会は最後迄強硬なる態度を以て断然たる処置に出で、工場を閉鎖すべし」とし，従来多少とも交渉相手としてきた滬西工友倶楽部の存在を否定し，ロックアウトを含む強硬方針を決議したのである[53].

この強硬方針が内外綿における中国人労働者射殺事件，さらには5・30事件への要因となった．5月7日以降，内外綿はしばしば労働者の解雇を行い（第3・4工場，第15工場，第12工場），15日には前日に始まった第12工場（撚糸）のストライキに業を煮やし，同工場とこれに原糸の供給をあおぐ第7工場（織布）の操業を16日の夜業まで停止し，工場を閉鎖することを決定した（同日午後2時，労働者向けに通告を掲示）．ところが，同日午後6時，出勤してきた両工場の労働者のうち約70名は，突然の工場閉鎖に抗議し，工場側の警戒線（日本人職員15名・工部局警官3名）を突破して構内に突入した．そのうち男工40名は機械部品の倉庫に入って棍棒や鉄棒を取り出し，取って返して日本人職員・警官と衝突，警官は小銃で空中に威嚇射撃を行ったが，日本人職員は拳銃を労働者に向け発砲，7名の労働者を倒した．重傷者は3名，その中の1人，顧正紅は17日に絶命した[54].

日本人職員が拳銃を所持していたのは，2月の豊田紡織襲撃事件の「記憶」が生々しかったからであろうし，発砲も「多勢に無勢であることへの恐怖」[55]からだったことも確かであろう．しかし，争議が頻発する中での殺傷行為は，闘争の火に油を注ぐことになった．5月15日，内外綿の第5東西・7・8・12工場の労働者は一斉にストに入り，16日には内外綿はなんと5907名もの労働者を一斉解雇した[56]．これに対し，労働運動を支持する上海の学生たちが抗議運動を開始，この運動の中から敢行された5月30日のデモに南京路のイギリス警官が発砲，死者13名・数十名の負傷者を出す惨事となった（5・30事件）.

この事件の結果，上海では学生・商人（資本家）とともに，さまざまな職種の労働者が抗議ストライキ——ゼネストに立ち上がった．なかでも，在華紡の労働者は，6月1日から5日にかけて上海西部の小沙渡地区を中心に，内外綿（第3・4・9・13・14・15工場），日華（第1・2・3・4工場），同興（第1・2工場），上海（第1・2・3工場），東華，裕豊（第1・2工場），ついでいわば第2波として6月11日から15日にかけて大康第1工場（11日），日華喜和，大康第2工場（12日），豊田第1・2工場（13日），公大（15日）がストライキに入った．約16万9400名にのぼったゼネスト参加者のうち，在華紡労働者は６万4800名を数えた[57]．また５・30事件を契機に中国共産党が創設した上海総工会は，ゼネストに立ち上がった労働者の組織化に成功し，７月末の総組合員数は21万8859名，このうち紡績労働者は11万5209名，内外綿や日華をはじめとする在華紡の組合員数はそのほぼ半数の５万8320名と称された．在華紡のストライキは，海員スト・埠頭苦力ストとともに，上海５・30運動でゼネストが運動の主力を担う体制を構築し，その圧力は資本家層にボイコット運動を強制し，またスト資金拠出のための済安会を組織させることになった．募金と会社側の応急賃金に頼った２月ストとは異なり，５・30ストでは済安会から１人当たり５日毎に１元の支援金を支給され，労働者はゼネスト体制を維持することができたのである[58]．

そして，総工会が６月23日，在華紡労働者の要求として掲げたのが，①工会の労働者代表権承認，②死傷者への賠償，③犯人処罰，④賃金増額20％，⑤賃金・賞与金の全額大洋建て支給，⑥以後ロックアウトの手段に訴えないことを声明すること，⑦日本人は以後工場内に武器を携帯しないこと，⑧スト中の賃金全額支給，⑨今回のストで労働者を解雇しないこと，第一次スト〔２月スト〕後の解雇者の復業，であったが，もちろんこの時点で在華紡側は，労働者の要求を一顧だにしなかった．総工会は７月には，このうち賃上げとスト中の賃金支給を半額に改めるなど一部の要求条件を緩和し，８月10日の総工会代表会議も，ほぼ同様の「最低復業条件」を決議した．しかしこの間，７月下旬から８月上旬にかけて，上海に駐屯する奉天軍が運動への弾圧姿勢を強め，済安会が「資金不足」を理由に支援金の拠出を停止，運動指導部を構成していた工商学連合会（上海総工会・上海各路商界総連合会・上海学連・全国学連の代表で組織）が機能停止状態に陥るなど，ゼネスト体制に亀裂が生じていたことも確かであった．このため，８月11日，総工会委員長李立三らは，外交部特別代表兼交渉員と日本在上海総領事の間で進められていた復業協定を事実上承認することに踏み切った．14日，正式に調印された同協定の内容は，以下の通りである[59]．

⑴工場は治安維持確定後，中国政府が公布する工会条例によって組織された組合が労働者代表権をもつことを承認する．

⑵スト中の賃金は支給しないが，善良な労働者が長期の失職で受けた困

苦に対して各工場は憐惜を表明し，相当の援助を与える．

(3)各労働者の賃金はその技術の進歩に従って当然増額する以外に，労働者の生活状況を斟酌し，中国紡績と協議して〔賃上げを〕実施する．

(4)賃金は従来大洋で計算し，端数だけを習慣上小洋で支給していたが，以後は端数を次期に繰り入れ，一律に大洋で支給し，勤務記録に記入された賞与も大洋を支給する．

(5)工場の日本人は，平時工場に入る際当然武器を携帯しない．

(6)工場は理由なく労働者を解雇しない．労働者優遇に留意する．各工場で発電機を備えるものは総て先行復業し，その他は，工部局の送電再開後に復業する．

第2項の復業援助資金は，日本側から10万元，政府・総商会から10万元の支給が約束されていた．しかし賃上げも団結権も明示されないこの復業協定案に対しては，日華紗廠工会など下部組織が反発したため，総工会は在華紡の労組代表会議を開いて説得につとめるとともに，上海総商会と折衝し，①工会条例は1週間以内に公布される見込み，②賃上げを向こう3ヵ月は政府が負担し，以後は日本側に実施させる，これを総商会が保障し，このため中国系紡績の賃上げも約束する，③総商会負担の復業援助金を26万元に増額する，との回答を得た．8月23日，ついに上海総工会は在華紡労働者に25日からの復業を指令した．

5・30ゼネストの中で，最も長期のもので102日間（内外綿第5・7・8・12工場），最も短期のものでも72日間（公大紗廠）のストライキをたたかった在華紡労働者の闘争はこうして一段落した．そして，本章が述べてきた在華紡労働運動の第1期，すなわち2月ストライキと5・30ストという二つの連合ストライキを核とする時期は，①大衆的な労働組合運動の組織化が始まり，②過酷な労務管理や低劣な労働条件の問題性を上海市民社会に認識させ，③さらに学生団体や商人団体を労働運動にコミットさせた，という点で，運動の勃興期としての意義を有したことを指摘できる．そして同時に，在華紡の労働者たちが，5・30運動の展開を切りひらき，運動主力を担ったことは，その後の国民革命期における労働者階級の闘争（香港・広州ストライキ〔省港罷工〕や武漢工潮，租界回収）の先駆となるものであった．

しかし本来，2月以来，苛酷な労務管理や低劣な労働条件の改善を要求して始まった彼らの運動が，5・30ストという大規模ストライキののちに具体的には何を獲得したのか，はこのときまだ明らかではなかった．8月復業協定は，前述のように曖昧な労働条件改善の約束にすぎなかったし，2月スト以来の多くの要求が積み残しになっていたからである．では復業協定はどのように履行され，次なる時期にあって労働者はどのような運動を展開するのか．

2 高揚期
——運動の再建から三大ゼネスト参加へ(1925年9月～27年4月)

1）ポスト5・30期のスト運動

1925年8月下旬，工場に出勤しはじめた在華紡の労働者は，調印されたばかりの復業協定がどう実現されるか，そのことに注視したに違いない．しかし協定の履行は，決して順調ではなかった．在華紡と前後して海員・苦力ストも解除された結果，上海総工会がリードしてきた5・30運動におけるゼネスト体制は崩壊し，総工会が行使できる圧力も大幅に減退，協定の第1項に規定された「工会の労働者代表権承認」も，前提となる工会条例の公布が実現を見なかったことから画餅と化したからである（上海総工会も9月18日，奉天軍により封鎖される）．労働者はゼネスト復業後，ほぼ1ヵ月のちには，再び運動を——今度は「経済闘争」として，そして自発的な闘争として[60]開始することになる（図表II－7参照）．なかでも，工会幹部の解雇や揺紗・粗紡部門の出来高賃金の賃下げに反対して起こされた日華紡織浦東工場のストライキ（9月23日～10月27日）は，賃上げ1割や復業手当2元の支給，スト突入の際負傷した労働者への医療費支給など，ほぼ要求条件を達成する大きな成果を挙げた[61]．

そしてこれらの主として復業協定履行を求める闘争は，12月にほぼ一段落するが，この時期には，在華紡の側が復業協定で表明した「労働者優遇」の内実が明らかになっていた．損失労働日500万日を越える空前の大ストライキの結果，資本の論理からしても，対策は必要不可欠であったはずである．たとえば，内外綿は1925年11月，「内外綿会社上海支店中国工人規則（内規）」[62] を作成し，採用・労働時間・賃金・扶助・賞罰などを詳細に規定したが，これによれば，労働時間は実質30分減って11時間となり，休日（陽暦元日，陰暦元旦・二日，10月10日，陰暦12月末日）労働には割増賃金が支給され，業務で負傷した者への無償治療（療養期間中の月給または平均日給の賃金全額支給），連続40日間の産休（月給または平均日給の半額支給）が認められることになった．

さらに労働者にとって最大の関心事である賃金については，8月復業協定に定められた大洋建て支給が維持され，また賃金に加算して支給される「賞与」が二本立てとなった．すなわち，半月間の皆勤者に賃金2日分を支給する「半月賞」（皆勤手当）が従来通り支給される以外に，「貯蓄賞」が改めて支給されることになったのである．これは半月の賃金が6元以上の者に1.05元を，5元～6元未満の者に0.9元など，要するに一定額が支給されるだけ勤務すれば賃金の25％から17％が加算される仕組みの奨励金であった[63]．実際に上海駐在商務書記官横竹平太郎によれば，内外綿の1日当たりの平均賃金は，0.464元から0.536元にまで上昇している[64]．

このほかの在華紡について見ても，大康紗廠でも内外綿と同様の賃金支給額にあわせた増額が行われ，ほかの会社も大洋建て支払いや皆勤手当の支給は維持している（賃金増額については不明）．社宅も増やされ，不充分なものであるが退職手当や傷病手当など福利規定も設けられた．もっとも在華紡が，工頭層の子弟の工場学校進学を容易にし，工頭2000余名を宴席に招くなどして懐柔を図る一方で，一般労働者には大量の解雇を行い（内外綿51名，豊田30名，喜和29名，公大30名など合計181名），大康紗廠などでは労働者の指紋を取り，工会に加入しない旨の誓約書を提出させる分断的労務管理政策を実施した[65]ことも指摘されねばならない．会社側の譲歩に労働者が意を強くしたこと，そして同時にこうした労務政策への反発から1926年に入ると，労働者は内外綿を中心に以下のような要求を掲げるストライキを頻発させることになった．

①工場現場に椅子を設置（内外綿第9工場，2月24-25日，3月3-4日）
②新規雇用には労働者全体の同意を必要とすること（日華，2月26日-3月5日）
③賃金歩引き制の廃止・受け持ち織機削減（上海紡績，織布部門，2月27日-3月7日）
④ハンクメーターの改善・調整（内外綿第3工場，3月7-9日）
⑤「挨車頭」（受持機械交替の際の労働者待機制）廃止（日華浦東工場，3月

16日）
⑥就業中の間食による停職１週間の処分への反対（内外綿第３工場，４月10日）
⑦養成工の採用反対（内外綿第14工場，５月28日）
⑧６カ月以内の休暇許可（内外第４工場，５月28日-６月４日）
⑨新規雇用労働者の写真提出制度の廃止（同前）
⑩５・30事件記念の２日間休業（内外綿第11工場，５月30-31日）
⑪喫煙程度での就業規則違反による解雇反対（内外綿第15工場，５月７-10日）

これらは，労働現場での労働条件改善（①，③，④，⑤），雇用関係（②，⑦），労務管理への反発（③，⑥，⑨，⑪），その他（⑧，⑩）に分けられ，⑦⑧⑩などは後の上海総工会の在華紡績同業会への17条件に組み入れられることになるのだが，これらもほとんどが上海総工会あるいはその下部組合の統率下に発動された闘争と言うよりも，現場における労働者の自発的な闘争だと考えられる．

しかも６月になると，内外綿の諸工場（第13工場，第９工場，第５西工場，第４工場）を中心に労働者と監督（工頭）の対立や労働者同士の抗争を原因とするストライキまで起こるようになり，労働現場はいっそう流動化した．なかでも内外綿はストの原因となった解雇者を復職させたり，あるいは解雇手当を支給するなどの譲歩を見せたから，ストの多くは短期間であり，労働者側に有利な結果に終わったものも多い．なお，上海全体の労働運動は，共産党の指導下に上海総工会や上海学連などが各路商界総連合会と結んで行った５・30事件１周年記念運動や当時の米価高（後述）を背景に急速に高揚し，中共機関誌『嚮導』に掲載された趙世炎の論文(66)によれば，６月だけで大小35回のストライキ（参加者６万9000名）を数えたが，この時期の在華紡争議は，これらとは一線を画している．

２）三つの大規模スト　在華紡の労働政策の転換

しかし，６月下旬に発生した内外綿第４工場とこれに連動した第３工場の争議は，これまでとは異なる様相を見せた．すなわち第４工場では，６月23日の労働者間の衝突から，24日朝精紡部で怠業が始まり，機械破壊や放火騒ぎにまで発展（警官の出動で14名逮捕），労働者は工場外に出されて操業は停止した[67]．また第3工場の労働者は，上記の騒動で逮捕された同僚1名の釈放を要求して24日から翌日にかけ2時間のストを打ち，ついで26日午前3時にも集会を開き，代表が工場側と交渉した．このとき機械が止まった2時間分の賃金が半額差し引かれたことに労働者が不満を示し（労働者は7割の支給を要求），さらに第4工場の仕事の代行を女工が拒否すると，工場側は警官をよんで彼女らを工場から追い出し，第4工場と同様操業停止を声明したのである[68]．このとき内外綿は，以下の諸条件を労働者側に提示し[69]，これらの「条件ヲ甘受」しなければ操業を再開しないと通告した．

一，会社ハ左記各項ノ一ニ該当スルモノハ其ノ軽重ヲ考査シテ随時解雇其ノ他相当ノ懲罰ニ附シ或ハ告訴スルコトアルヘシ
　（イ）罷業又ハ怠業ノ首謀者或ハ煽動者ト認メラレルモノ
　（ロ）ハンクヲ盗ミ又ハ任意歯車ヲ取替ヘタルモノ
　（ハ）凡テ会社ノ物品ヲ窃取シタルモノ
　（ニ）監督者ノ命ヲ用イス又ハ之ニ暴行ヲ加エタルモノ
　（ホ）機械又ハ器具ヲ破壊シタルモノ
　（ヘ）工場内ニ於テ武器又ハ凶器ヲ作製シ或ハ之ヲ携帯シタルモノ
二，会社ハ今後モ懲戒処分ノ結果解雇サレテルモノニハ解雇手当ヲ支給セサルモノトス
三，会社ハ将来各部ヘ男女工何レヲ採用スルモ会社ノ自由ニシテ他人ノ干渉ヲ受クルコトナシ
四，請暇ハ最長壱ケ月ヲ超ユルヲ得サルモノトス
五，会社ニ於テ解雇処分ヲ受ケタルモノ或ハ告訴ノ結果有罪ト決定セルモノハ如何ナル事情アリトモ決シテ再ヒ採用セス
六，各工人ハ写真牌ヲ携帯スヘシ
七，今後モ罷工中ノ工銀其他之レニ附随スル諸給与金ハ一切支給セス

このような強硬方針の背景には，労働者の抵抗に手を焼いた内外綿が，「従来ノ如キ軟弱ナル対不良職工ノ態度ヲ以テシテハ将来トモ決シテ良好ナル状態ヲ招来シ得サルヘキ」と判断し，当時の綿糸安から操業停止は大きな不利益とはならなかったことが指摘できる．そしてここで内外綿は，第一に，

2月スト運動以来の多くのストライキが主張した，会社の解雇権の制約（多くの場合，それは「理由なく労働者を解雇しないこと」として表明されたから，ここでは解雇事由が列挙されている）や事実上のスト権承認となるスト中の賃金支給，を否定した．また第二に，26年6月中旬以前のストライキ群が提起した，会社の人事権への介入（工頭による労働者紹介慣行の維持や新規採用への労働者側の合意要求，養成工採用反対）や最大6ヵ月休暇の承認，写真付き身分証の廃止についての要求を認めなかった．しかも，6月のストライキの中で，ケース・バイ・ケースながら認めてきた解雇処分の取消や解雇手当の支給を今後行わない，としたのである．

したがって，労働者側も，以下のように全面的な待遇改善の要求を積み上げ，工場側と対立した[70]．

①理由なく労働者を解雇しないこと，
②第3工場・第4工場とも解雇者を出さないこと
③賃金の1割増額
④私病公傷を問わず欠勤中は平均日給を支給すること
⑤休暇を6ヵ月まで認めること
⑥今回逮捕された労働者の家族に扶助料を支給すること
⑦今後の解雇者には帰郷旅費を支給すること
⑧工会の労働者代表権を承認すること
⑨工会が1時間以内なら時と場所を問わず（工場内で）会合を開くことを認めること

労働者側は，会社側が雇った「包探」とよばれる私設探偵との間で交渉を重ねたが，交渉は進展しなかった．ロックアウトから3週間を経過した7月15日には，労働者側は，要求条件を4条件（①以後理由なく労働者を解雇しないこと，②操業停止中の賃金支給，③警官に労働者の殴打や不当な逮捕を行わせないこと，④逮捕労働者の保釈，家族の救済）にしぼり，また上海総工会は，スト資金調達のため募金活動をしたほか，17日には内外綿の第5東西・7・8・12・15の各工場の労働者に1時間のサボタージュを行わせ，第3・4工場を支援した[71]．が，会社側を動かすことはできなかった．18日，労働者の代表は操業再開と引き換えに，会社側条件の全面受諾を申し入れるに至り，24日，両工場は操業を再開した．この際会社は，両工場労働者17名の解雇，復業後10日以内に7日間出勤した者に5元を貸与，2週間以内に復業しない者は解雇，社宅家賃滞納分の賃金からの棒引きなどを内容とする「声明書」への署名を労働者代表に強いた．なお「声明書」には，上記のほか「復工入場ニ際シ工場門前其他工場付近ニ於テ爆竹ヲ放ツコトヲ厳禁ス」「復工条件其他ニ対シ事実ト相違セル記事ヲ新聞紙上ヘ発表スルコトヲ厳禁ス」があったが，これらは労働者（上海総工会）側のプロパガンダを防ぐための項目だったと考えられる[72]．闘争は労働者の側の完敗に終わった．

この内外綿第3・4工場のストライキ（ロックアウト）ののち，在華紡の労働運動の流れはあきらかに逆転した．これ以後在華紡（主に内外綿と日華）は，ストに対して長期ロックアウトという対抗手段をとり，5・30運動以来，労働者のストや労働者間の抗争によって流動化していた工場現場の統制強化を図るからである．

たとえば7月24日，すなわち内外綿第3・4工場のロックアウトが終わった日，浦東の日華紡織第1・第2工場でストライキが始まった．新聞などは彼らの要求を，7月半ばに高圧電流に触れて事故死した労働者への弔慰金増額や，折からの米価高騰のための米代補助[73]（1日0.1元）として報道したが，ストの本質的な原因は，日華紡織が22名の工頭を解雇し，「生産の整頓」を図ったことにあった．会社は彼らを淘汰することで，労働現場の直接掌握（前記「直轄制」の導入）をねらったのである．

危機感を抱いた工頭たちは7月23日，小沙渡の労働者集会に参加，工場の解雇政策に労働者側（日華工会）と一致した行動をとることを約し，翌日からのストに加わった．ストは会社が工場をロックアウトしたこともあって長期化，疲弊した労働者側は8月28日，会社側の米代補助1日0.03元・一時金支給（復業時1元，5日後熟練工2元・非熟練工1元を貸与）の条件で多数が復業した．ところが，工頭たちは総工会とともに再び労働者を煽動，復業後わずか4日で（したがって1元の支給だけで）第2次ストにもちこんだ．この第2次ストも3週間をこえる長期のものとなり，最終的に労働者の要求を上海各路商界総連合会の潘冬林が担保することで調停の成立を見，日華工会は要求条件を達成したとして9月26日，復業命令を発した[74]．ただし，潘冬林が担保した「以後労働者を解雇しないこと」や「逮捕労働者の釈放」などは実際には空手形であり，米代補助も工場側が元から主張していた支給額にとどまった（実質的な改善部分は，復業後の貸与金が一律３元となったこと，解雇者に15元が支給されることになったことに限られる）．なお，２ヵ月を越えるストライキを，労働者がスト資金もなしに戦いぬいたことの背景には，工頭たちが配下労働者の生活を支えたことが考えられる．

また，この間の７月27日，労働者が午後の猛暑を理由に20分間の休息を要求し，会社側がこれを拒否したことから始まった内外綿第９工場の争議は，ロックアウトが３週間近く続いたすえ，８月14日には無条件復業となった．８月20日，陳阿堂事件（日本人水兵による殺害事件）の解決と待遇改善・賃金増額２割など経済的要求を組み合わせ[75]，中国共産党（上海総工会・紗廠総工会）が組織した[76]在華紡の連合ストライキは，小沙渡の内外綿第５東西・７・８・12工場に続き，第13・14・15工場および同興第１・２工場がストに入った．しかし，これらは小沙渡地区に限定され，曹家渡の豊田・喜和，また引翔港の東華・裕豊などの労働者を動かすことはできなかった．総工会は，スト運動を社会問題化させて各界から支援を獲得することをねらい，ストライキ宣言を公表し，各団体への支援要請の運動を推進した．また学生団体と演説隊を組織し，８月末には南京路で２日間にわたって街頭演説を行い，演芸場や街路でビラをまいたが，結局のところ，５・30運動の時のような大きな反日（反帝）運動の反響を得ることはできなかった．

しかも，総工会が要求条件の筆頭に政治的要求としての陳阿堂事件の解決を掲げたことは会社側からの「労働争議ではない」との反論を可能にした．また総工会がストの組織化を工場の「領袖」（工頭）に請け負わせたことも，このストの場合マイナス要因となった．ここでは工頭たちは，５・30運動の事例を踏まえ，上海総工会に配下労働者の数を水増しして救済金を要求し（つまりこうした救済金は工頭を通して労働者に支給される仕組みであったことになる），総工会はそのための資金を準備できなかったため，ストライキの継続は困難となったのである[77]．ポスト５・30期としては，参加人数からして最大の工場間ストライキ（またこの時期としては唯一，工場の経営の枠を越えることをめざした連合ストライキ）は，９月16日，ほぼ１ヵ月弱で失敗に終わり，265名もの解雇者を出した．

このように見てくれば，６月下旬以降，在華紡の労働運動――以前に比べていっそう大規模となり長期にわたった――は，工場側のロックアウト・解雇政策・労務管理の転換から失敗し，あるいは労働者側としてのスト資金の準備の不十分さ，工頭層への依存，そして工会アクティブの不活動のために挫折したのである．上海全体の運動を見ても，7月には54回（7万人）とピークに達したスト運動は，8月には23回（3万7000人），9月には21回（3万7000人）と後退を見せ，8月に2223名を数えた共産党員（このうち半数以上が労働者であった）は，9月には1395名となって一気に800名を減らした．これは，在華紡のストライキの失敗により，労働者党員が数多く解雇され，郷里に帰ったり党組織を離れたためだと考えられている(78)．

3）ふたたび政治闘争へ

しかし，労働運動が後退する状況とは逆に，7月に始まった国民革命軍の北伐は順調に進展しており，このことに注目した共産党は9月，新たな反転攻勢の手段を見出した．ストライキを中心とする労働者の運動から，蜂起を中心とする労働者の運動へと舵をきり，武装蜂起で上海の政権を奪取することである．

1926年10月に計画された第1次蜂起は，労働者の武装糾察隊2000名で上海に駐屯する孫伝芳軍を駆逐し，「上海市民政府」の樹立をめざすものであった．だが，蜂起の前提条件であった浙江省長夏超の孫伝芳に対する寝返り，その上海進軍が失敗に終わったにもかかわらず，23日の共産党上海地区委は蜂起を指令，準備が不足していた（準備段階では糾察隊には20丁のピストルしかなかった）上に情報が漏洩したため，一部の警察署を占領しただけでこの蜂起は失敗に終わった．

これらが労働者大衆の動員を避けた軍事的な冒険にとどまったとすれば，翌年2月の第2次蜂起では，蜂起の前段階としてのゼネストの実現が優先された．2月19日，上海総工会はゼネストを指令，当日のうちに参加労働者は15万人に達し，在華紡でも大康，公大，上海，同興，裕豊，日華，東華，内外綿でストライキが始まった．日本総領事館の報告によれば，当時工場内に「不良分子」すなわち共産党員かそのシンパがいたのは，同興紗廠や日華紡織と内外綿の一部に限られたから，これらのストライキの多くは外部からの煽動によって実現されたと考えられる（図表II－2参照）．ゼネストは20日には27.5万人，21日には35万人に達したが，22日午後に始まった蜂起は散発的な衝突に終始し，翌日には中共上海区委が中止を決定，24日，上海総工会も労働者に復業命令を発した．

図表Ⅱ－2　上海第2次蜂起時の在華紡ストライキ（1927年2月19-24日）

	従業員数	罷工状況							完全復工	罷工直接損害高	工場内不良分子	損失労働日
			19日	20日	21日	22日	23日	24日				
大康紗廠 （楊樹浦騰越路）	4,032名	昼業 夜業			2,005 1,560	1,990 520	315		2月23日	＄7,500	調査中	6,363
公大第1紗廠 （平涼路200号）	罷工セズ 〔2,000〕										未調	
公大第2紗廠 （楊樹浦路40号）	3,000	昼業 夜業	1,100 1,100	全 休	1,200 950	900 380	860 300		2月24日	＄8,000		13,500
上海紡織第1工場 （楊樹浦路68号）	2,021	昼業 夜業	 771	 906	1,115 906	1,115			2月22日		未調	8,084
同　第2工場 （楊樹浦路90号）	1,383	昼業 夜業		 315	986 397	986			2月22日	合計 ＄8,714	同	2,766
同　第3工場 （同上）	4,098	昼業 夜業		 1,179	2,627 1,429	2,357			2月22日		同	8,196
同興紡織第1工場 （戈登路181号）	1,700	昼業 夜業	970 730	 730	970 730	970 730	970 630	90	2月24日	—	8	7,650
同　第2工場 （楊樹浦路72号）	2,750	昼業 夜業	 200	 1,250	1,500 1,250	1,500 1,250	430 100		2月24日	＄4,772	8	11,000
裕豊紗廠第1工場 （楊樹浦洞庭路）	1,255	昼業 夜業	休日 212	218 全休	全 休	2,791 53			2月23日		ナシ	5,020
同　第2工場 （同上）	1,198	昼業 夜業	休日 205	206 全休	全 休	274 51			2月23日	合計 ＄2,327.5	同	4,193
日華紡織浦東工場 （浦東陸家嘴）	3,736	昼業 夜業	2,062 1,329	休日 1,329	2,062 1,329	1,382 1,094			2月23日		50	13,076
同　曹家渡工場 （労勃生路）	3,541	昼業 夜業	1,971 1,571	休日 1,571	1,971 1,571	1,971 1,571	709 321		2月24日	合計 20,019	8	15,934.5
同　喜和工場 （労勃生路74・80号）	5,719	昼業 夜業	1,311 1,766	休日 2,159	2,241 2,159	3,559 2,160			2月23日		21	20,016.5
豊田紡織 （極司非而路200号）	〔3,450〕 罷工セズ											
東華紡績 （華徳路87号）	2,046	昼業 夜業	 115	休日 290	522 489	312 臨休	臨時 休業		2月24日	＄5,000	ナシ	8,184
内外綿　第3工場 （西蘇州路）	1,398	昼業 夜業	578 511	全 休	605 504	605 504			2月23日			4,893
同　第4工場 （宜昌路）	1,753	昼業 夜業	965 788	全 休	636 807	636 807			2月23日		50	6,135.5
同　第5E工場 （西蘇州路）	1,826	昼業 夜業	835 718	全 休	835 718	835 718	835 718		2月24日	合計		8,217
同　第5W工場 （同上）	1,545	昼業 夜業	825 720	全 休	843 720	834 720	834 720		2月23日 〔?〕	15,000		6,952.5
同　第7工場 （同上）	1,581	昼業 夜業	881 700	全 休	867 714	867 714	 714		2月24日			7,905
同　第8工場 （同上）	857	昼業 夜業	475 382	全 休	478 379	478 379	478 379		2月24日			3,856.5

同　第９Ｓ工場	841	昼業	412	全	417	417	417		２月24日			3,784.5
（同上）		夜業	315	休	310	310	310					
同　第９Ｗ工場	1,421	昼業	738	全	745	745	745		２月24日			6,394.5
（麦根路）		夜業	683	休	676	676	676					
同　第12工場	603	昼業	417	全	379	379			２月23日			2,110.5
（西蘇州路）		夜業	186	休	224	224						
同　第13工場		昼業		全	636	636	636		２月23日			4,060
（羅別生路）	1,160	夜業	475	休	511	511						
同　第14工場	1,179	昼業		全	705	705	705		２月23日			4,126.5
（同上）		夜業	537	休	474	474						
同　第15工場	1,407	昼業	811	全	812	812			２月23日			4,924.5
（戈登路）		夜業	696	休	595	595						

典拠：「上海総同盟罷工状況一覧表」（矢田七太郎「上海総同盟罷工ニ関スル件」昭和２年３月11日（外務省記録『中国ニ於ケル労働争議関係雑纂（罷業，怠業ヲ含ム）上海ノ部』第１巻）
・損失労働日は，在籍人数にスト開始から復業までの日数をかけて計算して追記．

だが，上海総工会の復業命令が「鋭気を養い，さらなる奮闘を準備しよう」と述べていたように，中共はゼネスト・武装蜂起計画を改めて推進した．糾察隊を拡大し武器を拡充した上，北伐東路軍が上海に接近した３月21日朝，上海総工会はゼネスト命令を発し，在華紡労働者も別の事件からストに入っていた内外綿第９工場と日華曹家渡工場を除き，次々にゼネストに呼応した．そしてこの１週間前，上海総工会は，在華日本紡績同業会に以下のような全面的攻勢とも言うべき要求条件を出していた[79]．

一，工会ハ全体工人ヲ代表スルノ権アルヲ承認シ且ツ会社ヨリ創設費モ給与シ会所トシテ家屋ヲ貸与シマタ毎月ノ手当洋壱百元ヲ支給スルコト

二，工銀十元以内ノ者ニハ十分ノ三，二十元以内ノ者ニハ十分ノ二，三十元以内及ビ以外ノ者ニハ十分ノ一ヲ増加スルコト

三，毎月四日分ノ賞与ハ一日欠勤セル者ニハ控除セズ，二日欠勤セルモノニハ一日分ヲ控除シ今後ハ賞与ノ四日分ヲ工銀ニ加算スルコト

四，日曜及紀念日例ヘバ二七，三一八，五一，五四，五九，五卅等ハ各〻一日休業シ陰暦節句例ヘバ端午，仲秋等ハ各一日休業シ除夜元旦共ニ五日間休業シ陽暦元旦ハ一日休業ス　以上ノ各休業日ハ工銀ヲ支給シマタ日曜日（交代日）ト振替ルヲ得ズ　日曜日ノ作業ハ均シク倍加工銀ヲ支給シ又陰暦十二月ハ全月倍加工銀ヲ支給スルコト

五，工人ノ請暇ハ六ヶ月以内ヲ以テ終レルモノハ依然旧職ニ復帰シ得ル

コト

六，五卅ヨリ現在マデニ失業セル工人ヲ復職セシムルコト

七，故ナク工人ヲ雇シ又ハ工人〔ニ〕濫罰スルコトヲ得ズ　若シ廠規ヲ犯シ又ハハンクヲ偸ミ綿条等ヲ盗ミタルモノハ工会ニ通知シ同意ヲ得テ其ノ罪科ヲ宣布シ之ヲ懲罰スルコト

八，平等ナル新工場規則ヲ改訂シ待遇ヲ改善スルコト

九，工人ノ疾病ハ会社ヨリ医薬費を酌給し且疾病期間の工銀は全額支給スルコト

若シ仮病ヲ用フルモノアラバ工会ノ責任ヲ〔以テ？〕査明シ之レヲ処罰ス

十，粗紡部ノ粗糸運搬方及ヒ間紡機工人ニハ概ネ男工ヲ使用スルコト

十一，綛部，再検査ノ賞罰ハ公表スルコト

十二，今後ハ養成工及ヒ臨時工ヲ採用スルヲ得ズ　但シ現存スルモノハ常傭工ニ改メ工人ヲ採用スルニハ工会ノ紹介ニヨルコト

十三，毎日ノ作業ハ十時間ヲ以テ限度トシ昼食ハ一時間停転スルコト湯茶ハ必ラズ鍋炉ヲ用ヒテ煮沸シ蒸気水ヲ以テ飲料水ニ充テ衛生ヲ妨害スルコトヲ得ズ

十四，工人学校，倶楽部及医院等ヲ設クルコト

十五，幼年工ノ工銀ヲ逓加シ作業ハ過激ナルコトヲ得ズ　ソノ体力ニ適合セシムベシ

十六，女工ノ分娩期ニハ六十日間休業セシメ又嫁婚期ニハ一週間休業セシメ共ニ工銀ヲ全額支給スルコト

十七，木管並ノ作業ハ幼年工ヲ使用シ女工ニ兼務セシメザルコト

団体交渉権，賃金面の改善（賃上げ，奨励金制度の拡充），会社の人事権の制約（故なく工人を解雇しないこと，養成工の雇用禁止），クロースド・ショップ制，労働者に対する懲罰権の制約，作業内容の指定，福祉関係充実（学校，倶楽部及び医院），衛生環境の改善などその要求は，全面的かつ急進的であった．もちろん，これらの要求条件を受け取った在華紡が受諾するはずもなかったし（在華日本紡績同業会は，委員長谷口房蔵の名で幣原外相宛に請願書を提出して，支援を要請した），その実現には，上海に共産党と労働者を主体とする政権が確立されることが前提であったろう．

1927年3月21日，上海総工会の武装糾察隊による3回目の武装蜂起は2日間にわたる市街戦のすえ成功，23日に開かれた上海臨時市民代表会議は，共産党主導の臨時市政府を樹立した．この市民代表会議のメンバーの半分以上は労働者によって占められ，臨時市政府の委員19名のうち共産党員・共青団員は10名，うち3名（汪寿華・李泊之・王景雲）が総工会執行委員であったから，この市民代表会議（ソヴィエト）政権を生み出したのは，文字通り上海総工会であった．22日に公然活動を開始した総工会は，27日には全上海工人代表大会を開催して新執行委員会・常務委員会を選出，産業別の16組合と，臨時政府が設けた8個の行政区画・区代表会議に沿った8地区の組合連合という陣容を整えた．総工会の勢力は，傘下組合502・組合員82万2182人という上海地区の労働組合としては空前の規模に達し，武装糾察隊も拡充が計画された（半年で1万2000人まで増強予定）．政治的に革命上海の中心となった労働者は，また賃上げや待遇改善など経済闘争にも取り組み，総工会はこれを「この20日間に上海の労働者がかち得た経済条件は，それ以前の如何なる労働争議の成果よりも大きい」と自画自賛している[80]．

しかし，労働者の政権は短命であった．この時期反共に転じていた国民革命軍総司令蔣介石はクーデタを強行（4・12クーデタ），総工会とこれを基盤としていた臨時市政府を，ペテンと暗殺と軍隊の実力行使により崩壊させた．二六軍は，糾察隊を武装解除したうえに，組合事務所を封鎖・破壊，活動家を逮捕，さらにデモ隊に発砲した．総工会はゼネストをよびかけ，在華紡の大半の工場もストライキに入ったが（図表Ⅱ－3参照），事態を挽回することはできなかった．15日には復業命令が発せられた．在華紡団体に危機感を与え，政治闘争の中で三次にわたり，ほとんどの工場の操業をとめた在華紡の労働運動の高揚は終わった．

図表Ⅱ－3　4・12クーデタ後の在華紡ストライキ（1927年4月13―18日）

	滬西（上海西部）	滬東（上海東部）	損　失 労働日
4月13日 （罷工第1日）	内外綿・日華紡・豊田紡罷工	上海紡織第1工場のみ罷工．公大・同興・裕豊・大康・上海紡第2・3工場は操業	34,038
4月14日	日華・豊田紡織は前日同様運	上海紡績工場のみ罷工	36,965

（罷工第２日）	転中止．内外綿は第３・４工場のみ就業し工人の約８割が出勤したが，午前８時工会の代表が労働者に対し操業を詰問，再び休止．	この日から大康・東華操業中止 同興・公大・裕豊・上海紡第２・３工場は操業を継続	
４月15日 （罷工３日目） （総工会復工命令）	内外綿は第９工場（罷工命令前より休業）以外全部復工． 日華紡は曹家渡第３・４工場（罷工命令前より休業）以外全部復工	上海紡織は第１工場以外，第２・３工場操業． 同興紡は職工出勤過少のため操業を中止． 公大は第１・２工場操業，東華・日本紡・裕豊紡は休業．	22,834
４月16日 （復工命令後第２日目）	内外第９工場・日華第３・４工場・豊田紡以外復工（日華・内外綿の両工場は従前よりの関係，豊田紡織は昨日来職工側が工場の再開を要求するも，会社側はこの機会に会社の規則遵守，工会の命令を聞かないなど数条件を提示）	全工場復業．	7,832
４月17日	日曜日		
４月18日	豊田紡織，会社側の警告を職工側が承認したたため午後６時の夜業より復工		

出典：矢田七太郎「第三次上海総同盟罷工情況ニ関スル件」昭和２年４月21日（外務省記録『中国ニ於ケル労働争議関係雑纂（罷業，怠業ヲ含ム）上海ノ部』第１巻）により作成．
・損失労働日は，図表Ⅲ－２の在籍労働者数にもとづき全工場の操業停止を想定して追記．

3　防戦期
――在華紡資本の攻勢への対抗（1927年８月～30年９月）

1）国共両党の労働運動政策と労働者の防戦

4・12クーデタ後に樹立された蒋介石の南京国民政府は，共産党とその労働運動に――とりわけ上海を中心に大弾圧を加えたが（1927年４月下旬の時点で組織労働者28万を有していた上海総工会の勢力は，1928年後半には６万人弱にまで減少する[81]），同時に政権の安定や経済発展のために，労働運動を体制内に取り込もうとした．政権発足と同時に発表された「上海労資調節条例」（27年４月18日，国民革命軍総司令命令）は，労働者の団結権やスト権を承認し，賃金の物価スライド制，休日規定や疾病保障，出産有給休暇6週間，職場環境の改善，失業者救済など，幅広く労働者の権利を規定したし[82]，軍の力をバックに成立した上海工界組織統一委員会も，労働組合の組織化と紛争調停につとめたことは確かである．

しかし，1927年8月に「上海特別市労資調節暫行条例」が公布される前後から，南京国民政府の労働政策は，その性質を労働者の「保護」から「統制」へと転換させることになった．同条例によれば，常設された労資調節委員会が，労働争議の際に臨時仲裁会を組織し（仲裁期間中はスト・ロックアウトを禁止），その採決は強制執行することができた[83]．さらに，翌28年6月9日に公布された「労資争議処理法」も，当事者の要請以外にも行政判断で組織される調解委員会が調停を行い，調停が不調な場合は，仲裁委員会が強制的な仲裁を行うことを規定し，一般業種では調停・仲裁中のストを禁止するとともに，陸海軍直営の軍需産業や水道・電灯・郵便・鉄道など公共関係ではストそのものを禁止した[84]．また，28年後半から次々に成立する労働関係法規[85]も，「上海特別市職工服務暫行規則」が，雇主による労働者処罰規定（解雇を含む）を列挙し，「工会法」が労働組合の成立に厳しい要件を定めたように，行政と資本の側からの労働運動の統制が図られたのであった[86]（もちろん，在華紡の大部分が租界に位置した以上，こうした国民政府の労働政策が関与できない場合が多かったが，後述するように，日華紡織など関与できる場合であっても，政府の対応は運動を統制し沈静化させる調停に傾斜した）．

では，こうした国民政府の政策に，中国共産党はどのような運動を対置しようとしたか．たとえば，1927年8月，国共合作の崩壊後，武装暴動路線へと舵を切った八七緊急会議の「最近の職工運動についての決議案」[87]は，蒋介石ら国民党権力者が支配する労働組合を，走狗がでっち上げた「看板を偽るエセ組合」と断じ，共産党が指導する元来の「本当の組合」の公然化，結社・集会・言論・ストの自由をめざす政治闘争の展開，その前提としての経済闘争を主張，当面の要求として，8時間労働制（手工業・店員では10時間制），国家と資本家による失業者救済，出産有給休暇8週間，同一労働同一賃金，賃上げおよび物価スライド制，労働保険・労働者住宅の衛生設備，賃金の現金での支給，を掲げた．

が，この全般的で急進的な方針に対し，同年8月末乃至9月初の中共江蘇省委員会（上海市委員会を兼任）の文書と考えられる「上海労働運動の当面の戦術」は，(1)工統会に反対してその勢力を消滅させ，総工会を回復し，労働者の中での従来の指導的立場を獲得する，ことを当面の戦術のトップに掲げながら，以下では次のように規定した[88].

(2)当面は上海総工会は非公然のままとし，可能な範囲で各工場労働組合を公然化する.

(3)工場委員会を組織することで無党派大衆を吸収する.

(4)経済闘争を拡大し，(a)総工会が非公然化される前の諸条件の回復，(b)失業労働者の再就職，(c)理由なき労働者の解雇を許さない，の3スローガンを中心とし，同時に〔かつての〕上海総工会の22カ条を印刷発行して労働者闘争の情緒を高揚させるが，目下の社会的経済的状況，それぞれの産業環境により，闘争を展開する．紡績工場そのほかの大規模産業の労働者もこの点に注意しなければならない.

すなわち，江蘇省委の「当面の戦術」は，党中央の八七会議決議と異なり，政治闘争の課題を提起しなかったし，反帝国主義運動の継続，軍閥打倒，反動勢力の粛清，人民の集会・結社・言論・出版・ストの自由のほか労働者の待遇改善を急進的かつ広範囲に求めた上海総工会の「22カ条」(27年3月15日公表)[89] は労働者の「情緒を高揚させる」ものであって，現実的な闘争方針とは認めず，4・12以前の労働条件の維持と失業救済，解雇反対に重点をおいたのであった．このことは，4・12クーデタと上海総工会の非合法化ののち，資本側が反転攻勢に出て，3月ゼネストの時期に総工会傘下の労働組合に認めた諸権利を取り消し，あるいは労働条件を改悪し，抵抗する労働者を解雇することが一般的な状況としてあったことを意味していよう．在華紡も，その例外ではなかった.

実際に，1927年の後半に在華紡で起こった大規模ストライキ（ここでは1週間以上続き，1工場以上の操業をとめたものをこのようによぶことにする）8例を見ても，政治的な要求でストに入ったものはほとんどない[90]．たとえば，1927年8月22日に始まった内外綿第5東西工場のストライキは，7月16日に65名，8月14日に67名もの労働者が解雇されたことがきっかけとなった．解雇の原因は，ストライキの煽動とも，「労働関係者の暗殺」とも言われるが，これらを名目に会社側が総工会の工会員を一掃しようとしたことこそがその主たる原因であったと考えられる．8月22日午後9時，第5東工場打綿部の夜勤工510名に始まったストは，同26日には昼勤工に波及し，さらに第5西工場の昼・夜勤工も参加し，最終的に2816名の労働者が加わる全工場規模のストライキとなり，労働者は8月25日には代表を出して，最近解雇された労働者の復職，工会の労働者代表権承認，理由なく解雇しないこと・解雇は工会の承認を得ることなどの要求条件を掲げた（この他の条件は，賃上げ，倶楽部の恒久的設立，賃金全額支給の産休40日間，退職者への慰労金支給）．ただしストは工場がロックアウトの方針を示すなどしたため9月26日，無条件で復業した(91)．

この内外綿第5工場の例を含め，内外綿第7・8工場（8月22～30日），第9工場（8月22～27日，8月27～9月22日），同興第1工場（9月5日～29日）の5ストライキは，全て労働者の解雇を契機とした．このため多くのストで「理由なく労働者を解雇しないこと」の要求が掲げられたし，さらに内外綿第5工場と第9工場のストでは，「解雇への工会同意権」が主張されたのである．

また28年以後30年までの大規模ストライキ合計9例を見ても，28年の内外綿第9工場（12月？日～29年1月4日），29年の内外綿第7工場（1月30日～2月7日），日華第8工場（2月16日～3月5日），内外綿第9工場（12月8日～翌30年1月4日），30年の同興第1工場（1月20～27日）と過半数の5例が，労働者の解雇に端を発する．さらに解雇以外にも，在華紡ではこの時期に労働時間延長（内外綿）や皆勤手当の減額（日華）が実施され，罰則としての出勤停止（内外綿），罰金制度（日華，同興第1）が労働者を統制する手段として用いられるようになっていた．解雇や労働条件の改悪という在華紡資本の攻勢に対する抵抗が，4・12以後の在華紡労働者の運動の主要な課題となったのである．

2）日華紡織における労働者の要求

ただし，解雇や労働条件悪化が原因であったとしても，ストライキに際し，前述の内外綿第5工場の労働者は，「倶楽部」の設立や有給の産休，慰労金支給など広く待遇改善を求めたし，28年の内外綿第9工場や同興第1工場，同第2工場のストでも同様であった（図表II－8参照）．1929年から30年にかけても，大幅な要求条件を掲げ，また2ヵ月を越えるような長期の闘争も行われたし，従来のストライキとは異なって，国民党系工会（および調停委員会）が前面に出た事例も見られる．以下に述べる日華紡織の三つのストライキはそのような事例である．

その第一のストは1929年11月８日，浦東工場で始まった．11月８日の昼食後，織布工場350名がストを開始，夜には第１工場精紡部（300人）がデモを行い，ストに突入したのである[92]．ついで翌日朝，第２工場に対し，スト労働者が働きかけを行い，600名が作業を停止した．このストの波及の結果，会社は11日午前１時半になって工場のロックアウトを宣言した（関係労働者約3400名）．この労働者の闘争の背景には，10月21日，国民政府が工会法を公布したことがあった．「およそ同一産業および同一職業の男女工人は，知識技能を増進し，生産を発展させ，労働条件の維持改善を目的とし」，16歳以上100名の産業労働者（職業労働者は50名）を有する場合，「工会を組織できる」（第１条）と規定し，さらに「工会の主管監督機関は，所在地の省・市・県政府である」（第４条）とするこの法令を踏まえ，国民党上海特別市党部は，日系企業の工会組織運動を開始，その働きかけを受けて労働者たちは「上海特別市党部浦東日華紡織職工会」を組織したのである．労働者たちが提起した要求条件は図表Ⅱ－４に見るように在華紡の労働運動史上で最大限といってよい以下の27項目にわたった．

図表Ⅱ－４　日華浦東工場スト（1929年11—12月）の要求条件

(1)　工会の工人代表権の承認
(2)　工会で活動している執行委員には休暇を与え給料を支給すること
(3)　工場が工人を採用する場合は工会の紹介を得て会員を雇用すること
(4)　工人解雇の場合は事前に工会に通知し，工会の同意がなければ解雇しないこと
(5)　工会に毎月経常費洋500元を支給すること
(6)　工会に工人義務学校の創立費として1000元，毎月経常費として500元を補助し，管理を工人に委ねること
(7)　１年に１回増給し，日給・月給・請負者に各３割，粗紡・精紡・仕上げ・荷造りなどは同じく賃率を上げること
(8)　工場が臨時工を雇用した場合は，賃金を大洋勘定とし，替工札を廃止すること
(9)　賃金勘定以外に，１割増加してこれを工人貯蓄金とすること
(10)　女工出産の場合は２ヵ月の有給休暇を与えること
(11)　昼夜業を問わず，勤務時間は10時間とし，童工は８時間とすること
(12)　米代補助として毎日１人当たり大洋２分４厘を支給すること
(13)　臨時工の試用期間は半ヵ月に２日公休を与えること．「病気ニ無欠勤の場合ハ」５元の賞与金を支給すること（月給者は工人と同様にする）
(14)　工人が半ヵ月欠勤しても皆勤賞与金は支給すること

(15) 国民政府規定の記念日には皆休業とし，給料を支給すること
(16) 苛酷な罰金を科さないこと，最高５分とすること
(17) 工場内に腰掛を増設すること
(18) １ヵ月以内に工人食堂を増設し，全工人の食事の用に供すること
(19) 工友を抑圧してむやみに罰金を科す担任者岡崎・田島を即日解雇すること
(20) これまでの協定遵守
(21) 工場が雇用している「日本医者ハ病理ニ詳ワシクナク名目丈デアルカラ経験ニ富ンダ西洋医生ニ更迭シテ貰フコト.」
(22) 工人社宅に電灯を装置すること
(23) 全工場の便所の衛生的なものへの建て替え
(24) 社宅内に風呂場を２カ所設置すること
(25) 公傷で障害者となった場合，1000元を救恤費として支給，死去は2000元とし，怪我人は工場が治療し，給料を支給すること
(26) 病気の場合は休暇をあたえ医薬費を斟量補助
(27) 多年勤続者の老年又は病気で退職する場合最低50元の撫卹金を贈与

これらは，労働者代表権や解雇同意権，工会員からの労働者採用など組合の権利に関するもの（(1)，(2)，(3)，(4)，(5)，(6)），賃金増額や当時急激に米価が上昇した[93]ことを原因とする米代補助支給，皆勤賞金の基準緩和など賃金関係（(7)，(8)，(9)，(12)，(14)），10時間労働制など労働時間関係（(11)，(13)，(15)），過酷な罰金の禁止や椅子の支給など労務管理関係（(16)，(17)，(19)），産休や医療費補助など福利厚生関係（(10)，(18)，(21)，(22)，(23)，(24)，(25)，(26)，(27)）などに分類できるが，こうした多方面の要求をなしえたのは，国民党の合法工会として組織されたばかりの「日華紡織職工会」が，その成果を挙げようとしたからであろうし，また同工会の内部共産党系（旧総工会）の活動家が存在し（後述），彼らが上海総工会全盛期の27年３月の対在華日本紡績同業会17条件を踏襲したためだとも考えられる.

ストの勃発後10日を経過した11月18日，労働者と国民党上海市党部の代表は会社を訪問して交渉を行ったが，これだけ大幅な要求を日華紡織が受け入れるはずもなかった. 回答は全面的な拒否，無条件の復業であった. 一方，労働者側も一枚岩ではなく，復業を希望する者も多かったから，国民党上海市党部（民衆訓練委員会）は，復業した上での交渉を労働者側に勧告する立場に転換した. それでもストが長期化したのは労働者の多くが上海出身者であることから「比較的持久力」があり，「旧総工会系の分子」が労働者の中の強硬派として調停に反対したからだ，と総領事館は観測している. しかし，それも，11月下旬までのことであった. 11月25日，日華紡織職工会の事務所

で行われた幹部会議は，他の労働団体へ支援を求めることを決めたが，これも「実現不可能」に終わり，ストは収束に向かうことになった．12月3日午前6時，操業は一斉に回復した．解決条件は，以下のとおりである．

一，日給工ニ対シ二仙乃至三仙ノ日給増額ヲナスコト，但シ会社ハ客年末一律ニ増額ヲナシ会社内規ニ基キ昇給期到来ノ意味ニ於テ増給ス
二，職工ニ対シ一律ニ仮定日給二仙ヲ増給ス
三，会社ハ復工後故無ク工人ノ解雇ヲ為サザルコト
四，優遇ノ意味ニ於テ総罷工前日即十一月八日ノ出勤者及復工後三日以内ニ出勤シタルモノニ対シ手当トシテ一日分ノ日給ヲ支給スルコト
五，工人側ガ会社側ノ走狗ト認メ排斥スル職工（会社ノ密偵関係者四名）ニ対シテハ会社ノ認ムル処ニ依リ故無ク解雇セザルコト

なお，日本の上海総領事館は，このストの背景に「労働『ブローカー』連」が，「罷工政策を以て日本側資本家より多額金員を引出さんとする野心を抱き」，「不良職工又は失業工人を使族煽動」したと指摘しているが，要求条件を見る限りこうした説は成り立たない．ただし，この時期，「労働『ブローカー』」＝労働者の採用とその生産・生活過程を支配する存在であった「工頭」が，この時期にも在華紡で勢力を有していたことが想定されるし，そのことは，次に述べる第二の日華紡織スト事例に照らしても明らかである．

すなわち，翌1930年3月に起こった同社の喜和工場のストライキ[94]では，上海工会連合会（1929年7月，公然活動を行うため，上海総工会を事実上継承して成立[95]）が，同工場の労働者に力をもっていた二人の工頭，蔡頌魯・魏国瑛に働きかけ，3月6日からサボタージュを開始させた．翌日には，ほとんどストライキ状態となり，「全体工人」の名義で，(1)米代補助として毎月1元支給，(2)賞与金として毎日4分支給，(3)理由なく解雇しないこと，(4)女工の生理休暇5日（有給），(5)産休2ヵ月（有給），(6)工人の生命保証，の要求条件が提出された．

総領事館の報告によれば，会社側は「大体ニ於テ該要求ヲ承認」したが，「理由なく解雇しない」の条項にもかかわらず，第6工場と第7工場の打綿や梳綿，精紡部門で労働者の解雇が実施されたため，闘争が再燃した．労働者を代表して交渉に当たっていた蔡頌魯・魏国瑛は，合意内容の公表を拒否，

15日には，第2次条件16カ条が提示された（図表Ⅱ―5参照）．

この第2次要求条件は，第9条と第12条が「工頭制」の存続を前提としており（第9条に見える「先生」とは，工頭の配下労働者管理を補佐する書記役のことである），それ以外は一般労働者の要求項目であるが，後者では労働者側が切実に賃金の増額を要求していることが見て取れる．たとえば，第2条では，会社側が第1次要求の際に支給を認めていた米代補助を日給に繰り込むことで実質的な賃金増額を図り，第10条の長日工（常日工，直接紡績業務に関与しない「加油」「掃地」などの労働者）の日曜労働も同様であった．在華紡では，平日および土曜の午後6時から日曜午前6時までは操業し，日曜の午前6時から午後6時（昼勤）は休業であったところへ，長日工の日曜就労が望まれたのであってみれば，労働強化を承知の上での就労機会増大＝賃金増額，が主張されたのである．

この事態に上海特別市政府や党機関も動き出し，3月19日，市政府社会局・公安局・市党部各1名，会社側2名，労働者の代表2名で労資調停委員会を開催した．この結果，21日には解決条件の協定がなり，労働者は翌22日の午後6時から復業した．労働者の第2次要求条件と解決条件を対照させると以下のようになる．

図表Ⅱ－5　日華喜和工場スト（1930年3月）の第2次要求条件と解決条件

第2次要求条件	解決条件
①昇級規定を発表すること	①工人の昇級は会社の規定により実行する
②米代補助1元を日給に繰り込み支給すること	②米代補助は1月1元を支給する（但し欠勤した場合，夜勤は1日5銭，昼勤は6銭控除）
③退社慰労金支給の規定を発表すること	③会社が理由なく解雇した場合は勤続1年につき15日分の賃金を支給する
④労働者を減員しないこと．また理由なく解雇しないこと	④今回減員分は元の通り復業させる
④’女工は全員交替させないこと（申3/23）	
⑤各科の等級制度の廃止（荷造工を含む）	⑤荷造の請負工の賃金は，等級制度を廃止し，点数制度とする
⑥退社時には未払い賃金を支給すること	⑥退社時の未払い工賃は没収しない．但し他社への移転，窃盗者を除く
⑦過剰公休者には半日分を支給すること	⑦過剰公休日を出さないようにする
⑧養成工採用の場合は社宅居住者を優先すること	⑧養成工〔「生手工人」（申報）〕を採用する場合は社宅居住者を優先する
⑨工頭・先生〔書記役〕の休憩室を設置すること	⑨上級職員及頭目の休憩室を設く

⑩長日工を日曜日に出勤させ従業させること	⑩長日工の日曜作業は2週間毎に全員出勤させ従業させる
⑪新年運転開始時に3日分の賞与を支給すること	⑪新年運転開始の初日に賃金の外1日分を賞与として支給，以後3日は茶銀を支給
⑫各科工頭は月給者待遇とし通牒を廃止すること	⑫上級職員・工頭は黒帳簿〔黒簿子〕を用いることに改める
⑬荷造労働者の皆勤賞与は各自の平均賃金額を支給すること	
⑭水道を断水させないこと．なお工部局の水道水を少量給水すること	⑭社宅水道は断水しないよう供給する
⑮社宅電灯は早く消灯しないこと	⑮社宅電灯は夏季のみ終夜灯とする
⑯工場に備える湯は電熱機ではなく蒸気を用いること	⑯食堂に備える湯茶は熱湯を用いる

典拠：上海総領事重光葵「日華紡績喜和工場同盟罷工ニ関スル件」1930年3月27日
（外務省記録『中国ニ於ケル労働争議関係雑纂（罷業，怠業ヲ含ム）上海ノ部』第3巻）

解雇された打綿や精紡部門の労働者が復帰し，長日工の日曜就労，養成工（見習工）採用の社宅居住者優先，上級職員や工頭の休憩室設置，荷造工での等級制の廃止などの要求はそのまま実現したが，米代補助の賃金への繰り込みは成功せず，生活・衛生面を含め，労働者の要求は部分的に実現されるにとどまった．

さらに第三の事例は，前述の「浦東日華紡織職工会」中で，共産党系活動家の煽動から7月19日，3700名の規模で始まった[96]．これは，(1)米代補助の一律月3元（1日0.1元）への増額を求め，さらに(2)賃金の支払い延期をしないこと，(3)日曜の夜業停止，という限定された経済要求を掲げるものであったが，会社側はこのような条件に対しても，これまでと同様工場をロックアウトする強硬方針をとったため，ストは長期化した．上海の他工会（国民政府公認のもの）が日華労働者の支援声明を出す[97]なか，上海市政府が調停委員会を開いて事態の収拾に乗り出したのは，9月12日になってからのことである．しかしこの調停委員会（上海社会局・公安局・市党部の代表および労働者側2名，工場側2名が出席）でも，工場側は(1)の米代補助支給を拒否，(2)賃金支給は延期していない，(3)季節が秋涼となっているから日曜の夜業の実施は労働者側も同意している，として要求条件を全面拒否，さらに委員会の場で労働者側が要求した国民政府制定の記念日の休業，会社側の走狗となった労働者の解雇，スト煽動の廉で解雇された労働者の復職，スト中の賃金支給のいずれにも拒否回答を出し，さらには「日華浦東工場は従来から労働者を優待している」と言いつのり，両者が反論を繰り返して「調停」は成功しなかった．

こののち，9月14日の労働者の大会は，(1)スト中の賃金2週間分の支給，(2)毎月の皆勤手当を2日分から4日分に増額すること，(3)スト中の米代補助2ヵ月分として小洋16角を支給すること，(4)解雇労働者7名の復業，(5)会社側の走狗たる労働者4名の解雇を「最低限度の条件」として掲げた(98)が，こうした労働者側の譲歩を踏まえ，9月17日，再度開かれた調停委員会では以下のような合意に達した．――(1)米代補助の代わりに9月と10月に夏季手当として各人に小洋8角支給，(2)2週間連続昼勤の皆勤者には手当2日分の賃金，夜勤・昼勤交代の皆勤者には4日分を支給（従来の夜勤食事手当大洋2分は廃止），(3)解雇者の復業については社会局の調査後確定，(4)工会が解雇を要求する4名についても社会局の調査後確定，(5)ストライキ中の賃金は4日分支給（操業再開後10日までに復業しない者には支給しない）(99)．

解雇問題は先送りされて実質的に成果はなく，米代補助（名目は夏季手当）もスト中の賃金も不充分なものに終わったが，少なくとも成果を得ることができた労働者は9月22日から復業した．このうち皆勤手当に関する要求は，夜勤と昼勤を1週間交代で2週間続ける労働者に月に4日分の賃金支給になるから，26年当時の慣行が回復されたことになる．なお，このストライキが第3期のストライキとしてはもっとも長期の63日間にわたったことの背景には，工頭たちが配下労働者の生活（とくに食事）を支援したことが考えられる．

このように見て来るならば，この第3期――1927年4月以降，1930年9月に至るまでの時期の在華紡労働運動は，これまでの時期と同様，共産党系が主として解雇反対や労働条件改悪に対する「防戦」と言うべき闘争を担ったと見ることができる．29年から30年にかけての日華紡織の三つのストライキ――第3期としては例外的に労働者側のイニシアチブによってストが開始された事例――で部分的な成果を得られたことを除けば，その多くは成功しなかった．しかも，この時期のストライキは第2期に比べて激減し（23回），30年9月から31年12月までは空白期を生じてしまうが，こうした状況の原因として，この時期，共産党指導下の労働者が大幅な減少を見ていたことを指摘できるであろう．

1930年1月，中華全国総工会はプロフィンテルンに対し，上海の共産党系組織労働者を3000名，紡績労働者を600名と報告しているが[100]，28年後半の6万人から大幅に後退したこの数字でさえも実態を大きく誇張していた．29年10月の時点で上海工会連合会は「全上海で確実なのは1000人（工連が直接かれらの会議を招集できるもの）」と見ており，在華紡に限れば，工会連合会党団が掌握する「工会幹部」（活動分子？）は，同興紗廠に40名，内外綿第5工場に3名，同第7工場に2名いるにすぎなかった．工会連合会は，当時の米価高から29年10月21日，「米代補助を要求するために全上海の労苦工友に告げる書」を発表して米代補助獲得闘争から運動の拡大を図り，また前述の日華浦東工場ストに際しては，同年11月14日，「日華紗廠の工人のストライキ堅持をよびかけるために同廠工友に告げる書」を発表したが，労働者の自発的な闘争からゼネスト実現をめざす彼らの方針も，ほとんど成果を見ることができなかった[101]．さらにコミンテルンの労働運動の勢力回復についての誤った情勢判断から，29年末以降，中国共産党中央の労働運動論は「赤色工会」の独立発展を強調するなど急進化し，30年の「赤い五月」運動や8・1反帝行動のデモ，数々の「飛行集会」に労働者を動員して大きな犠牲をもたらした[102]．

しかし，それでもなお在華紡の労働運動は終わった訳ではなかったことにわれわれは注目すべきであろう．それが再開されるのは，31年の満州事変の後のことになる．

4 後退期
——反日闘争への傾斜と最後の高揚（1931年12月～36年11月）

1）上海事変期のストライキと復業闘争

この時期のストライキは，第3期に続いて工場の解雇や待遇改悪に抵抗するものとして始まった．たとえば，工場側による労働強化や賃下げに抵抗した日華浦東第2工場織布部の争議（31年12月）では，大量の処分者を出したすえ工場が閉鎖され，女工たちは「痛苦を忍んで」27日から復業するが，「もし日本人が復業を拒絶すれば，労働者全員で死を誓って日本資本家と抗争する」ことなどを決議した[103]．

また32年1月には，在華紡（紡績同業会）が不景気を理由に，これまで何度も争議の焦点となってきた皆勤手当の支給を廃止し，日華・喜和と同興紗廠では労働者を多数解雇，賃金をカットした[104]ことから争議が勃発した．滬西曹家渡の日華工場では1月9日，2000余名規模のサボタージュが発生[105]，12日には同興紗廠第1・2工場と喜和第1・2・3工場の労働者がストに入った．同興と喜和の労働者は罷工委員会を組織，同興紗廠の委員会は13日，①従来通りの皆勤手当支給，②スト中の賃金支給，③労働者を理由なく解雇しないこと，④警察や包探を工場に駐在させないことなど8項目の要求条件を提示[106]，喜和の委員会も17日，①理由のない労働者解雇反対，②解雇労働者の復職，③賃金カット反対，④皆勤手当廃止反対，⑤資本家のロックアウト反対，⑥スト中の賃金支給，⑦年末の賃金倍額支給，⑧工会組織権の承認，⑨罷工委員会の承認など14項目の要求を掲げた[107]．しかし，紡績同業会は「いかなる調停もすべて受け付けない．10日以内に工場に入って就労しない労働者は，賃金を清算し解雇する」とする強硬方針を持し[108]，同興紗廠の場合は労働者のスト宣言の前に会社側が先に工場をロックアウトしていた．また，公大の第3工場（絹糸）と上海絹糸の労働者を除けば，国民党系の他の在華紡の労働者はストに呼応しなかった（国民党系の上海第2・3紗廠工会が皆勤手当廃止反対を[109]，滬西各紗廠工人連合会が，同興・喜和などのストへの「極力支援」を決議したにとどまる[110]）．スト工場の罷工委員会は1月25日，上海日廠罷工委員会を結成し，「労働者の利益が守られ，条件が円満解決して双方が同意しないかぎり，復業しない」ことを声明したが[111]，こうした行動も，在華紡への大きな圧力行使となることはなかった．まもなく上海事変が勃発，スト工場を含む在華紡のほとんどが操業停止に陥ったからである．

事変開始後，中国共産党は「総同盟罷工」をよびかけ，滬西地区の在華紡労働者を中心とする上海工人代表大会（2月18日）では日貨ボイコットや対日本軍非協力を決議，「上海各業工人反日救国連合会」の組織を表明したが[112]，スト運動としての効果は戦事による操業停止のため，大きな力を持ち得なくなったことは否定できない．

十九路軍が撤退（3月1日）して上海事変が終息したのちの3月11日，「滬西罷工委員会」は操業再開の際の条件として，①停業期間中の賃金全額支給，②労働者の生命安全の保障，③皆勤手当の維持，④充分な理由なく労働者を解雇しないこと，⑤復業前に少なくとも半月分の賃金を支給すること，という要求を決定，同月末には，以下のような要求条件を公表した[113]．

①毎月4日分の皆勤手当の維持，工場復帰に際し全労働者に慰労金を支給
②スト中の賃金支給，日曜休日（有給），日曜労働の際は賃金倍額支給
③賃金20元以下に6元，20元以上には4元を増額
④労働者を解雇しないこと，以前に解雇した者の復職
⑤生理休暇3日，結婚休暇40日，出産休暇3ヵ月（すべて有給）
⑥8時間労働，食事休息1時間
⑦工場内からの軍隊の撤退
⑧反日ストの逮捕者の釈放
⑨労働組合の承認〔罷工委員会の労働者代表権の承認〕

しかし，すでに3月20日，内外綿は「労働者が復業しなければ，別に雇用する」ことを発表しており(114)，争議の本質は復業を目前にしての条件闘争となっていたのであるから，これらの要求はあまりに非現実的であり，運動に成果をもたらすことはできなかった．4月11日には紡績同業会も復業を通告し，同日から内外綿の労働者が無条件での復業に応じ始めた(115)．

一方，これらの滬西地区の運動に対し，浦東では，日華紡織の労働者が工場側の工頭を通じた操業再開通知に抵抗，ここでは国民党指導下の第5区綿紡業産業工会日華分事務所(116)を通して集会を開き，①日本兵の撤兵，②停業中の損失の賠償，③従来の月手当〔皆勤手当〕回復，④大量解雇された織布部労働者の復職，の要求を決議した．これに対し，工場側は日本領事に依頼，領事の警告を受けた市政府は，警察に工場を保護させ，工会日華分事務所の活動は禁止された(117)．4月28日には全在華紡が操業を再開，内外綿でも第1工場から第9工場までの7割以上，その他の工場の4割以上の労働者が復業した(118)．ストから復業闘争に至った32年における在華紡労働者の反日闘争はここに終わった．

2）最後の高揚――在華紡反日大ストライキ

そして，上海の在華紡の運動が再び見られるようになるのは，1935年の12・9運動や救国会運動の台頭に見られる反日救国運動の高揚が始まってからの，1936年のことであった．すなわち，この年の2月には楊樹浦の裕豊紗廠や公大第1，第2工場，大康紗廠付近で，「上海日本紗廠工人救国罷工委

員会」の名義による「反日伝単」の配布が行われた．また大康紗廠から解雇された労働者梅世鈞の死亡を，日本人監督による殴打が原因だと非難するキャンペーンが起こり，抗議デモや追悼集会が組織され，『大衆生活』などの雑誌が批判の論陣を張った(119)．3月にも，裕豊紗廠で賃金の額をめぐって争議が起こったが，日本の総領事館は，これを「婦女救国会其他共産党ノ煽動」の結果と見ている．そして同年11月，在華紡史上，最後の連合ストライキが勃発する．

このストライキは，紡績同業会によれば，11月8日，楊樹浦の上海紡，同興，東華という従来の在華紡労働運動では比較的ストが少なかった工場で次のように始まった．――上海紡第3・5工場で女工たちが木管を投擲するなどの騒擾を起こして賃上げの声をあげた．同興紡織の労働者は午後6時の入場と同時に食堂に集まり，等級の引き上げ・引き下げられた者の旧等級への復帰・現行5等級制の2階級への改訂，の要求を叫んだ（11時半工場側は労働者に退場を命じ，工場を閉鎖）．東華紡績でも第2工場の綛場工人の約110名がサボタージュをして賃上げを叫び，綛場からリングに駆け込んでリング工人も巻き込まれるが，騒擾は女工に限られた．さらに，9日には，上海紡の第2・4工場は労働者の「動揺」から工場を閉鎖，第4工場では労働者の「申出」に応じ，賃上げ5％を声明したが，効果がなかった．同日のうちに第1・2・3・4・5工場がストに入った．また，同興紡織でも，同日朝から労働者は入場したものの，怠業を開始したため工場を閉鎖，東華は，朝の出勤時から出勤を阻止する者がいたため入場者は30％余りにとどまり，午後3時には全工場の操業が停止するにいたった．8日に発見されたビラには，「内外綿　上海　喜和　裕豊　同興　東華　日華　公大　豊田　大康　各紡績代表」の名義で，以下の要求が掲げられていた(120)．

一，賃金二割値上ヲ要求ス
二，食事後一時間ノ休ヲ要求ス
三，一人ノ工人ト雖モ解雇スルヲ許サズ
四，一人ノ工人ト雖モ処罰スルヲ許サズ
五，日曜ノ長時間就業ニ反対ス

このうち「日曜ノ長時間就業」反対とは，土曜午後6時から日曜朝6時までの夜業が，割増賃金もないまま数時間にわたって延長されていた事態への抗議であった．ただし，労働者側は翌9日午後には，賃上げ要求を1割に改め，第2項目の休息時間に関しては，食事休息1時間のほかに30分休息を増やすことを求め（9時と3時に各15分），第5項目でも労働時間を延長する場合には月に2日分の賃金を割り増すことに改めた(121)．ここには，1932年のストライキのような原則的にすぎる要求は見られず，むしろ，条件をしぼることで，運動の成果を勝ち取ろうとした労働者側のねらいを指摘できる．日本側は，この運動の背後に，章乃器・沈鈞儒らの救国会運動の存在を観測したが，中国の研究によれば，このストライキは，中華全国総工会白区執行局紗廠工作委員会が，劉少奇らの影響下に，経済闘争と政治闘争，組合活動と救国運動を結合させ，日本資本家への打撃の方針を決定したことから，10月には闘争綱領が決定されるなど具体的な準備が始まったものである(122)．ストの急速な拡大と，各工場の要求条件の一定の共通性を見ても，共産党の働きかけによる，在華紡における反日ストライキであったことは確かであろう．

翌10日になると，ストライキは上海第6工場と大康紡績に拡大（後者では上海紡の労働者が大康紗廠構内にまぎれこんで操業を阻止した），公大第2工場でも12日の夜業中の午前4時，綿糸巻取機が破壊され，工頭の説得も効果なく全員を退去させた(123)．

これらのストライキの勃発に対し，在華紡側＝在華紡績同業会上海本部は，上海紡と同興紗廠が「不取敢賃金五分値上ヲ発表」したことを受けて，これ以上の賃上げは行わないこととし，さらなる賃上げを要求された場合は，「同業会ノ決議ナリシトテ停工ヲ宣言シ，飽迄同業会ノ結束ヲ固メ初志ノ貫徹ヲ計ル」，値上げには精勤賞などの名目を用いないこと，スト中の賃金は支給しないこと，官庁との連絡を密にすること，原因（「必ズ背後ニ抗日，共産，反蔣系ノ魔手アリト推断シ得ル」）の探査などを決議した(124)が，さらに各工場別にもスト解除への強硬な方針に出た．たとえば公大第2工場では，12日の夜業に際して宿舎に住む女工の織布部278名，紡織部195名，紡織男工43名を監視付きで入場就業させ，大康紗廠も同日の夜業では，労働者宿舎からトラックで労働者を入場させ（織布部560名，紡織部門883名，全労働者の約3分の1に相当），警察と海軍陸戦隊の監視下に操業させたことが報じられている(125)．

また在華紡から働きかけを受けた国民政府側も，党と市政府側が要員を派遣し，上海紡や同興・東華・公大の労働者を説得，この結果，これらの工場では13日から復業が始まり，15日には公大・東華・大康の全員と同興第2工場の半数が復業し，上海紡でも第2・3工場の精紡・揺紗部各300余名，第4・5工場の精紡部600余名を除く，ほとんどの労働者が復業した(126)．12日の夜業時，精紡部女工殴打事件から，賃上げなど4条件を提示して全員がストに入っていた滬西の内外綿第6工場（800余名）も，14日，工場長による各部工頭への説得（決定通りの賃上げ，女工殴打事件の調査）の結果，16日朝6時から復業した（労働者8名を解雇）(127)．ここでストライキは終息するかに見えた．

ところが，11月17日，滬西地区の豊田紡織第1工場の襲撃事件が事態を一変させ，運動は，第2段階——滬西地区での連合ストライキに発展した．夜勤工の入場の際，共産党の活動家が逮捕されたために，予定を繰り上げて実行されたともいわれる(128)このストで，第1工場の労働者は，すでに出勤を終えていた第2工場に突入，電灯の他，工場内の機械を破壊し（精紡部3万6000錘の3分の2がこわされた），操業を不能とした．豊田工場には海軍陸戦隊が派遣されていたが，労働者の数が多すぎたため手出しができなかった．労働者は増派された警官や万国商団ロシア隊（約80名）と対峙し，この間逮捕された労働者10余名の釈放を勝ち取った後，工場から退出したが，時刻は午後11時半になっていた(129)．

さらに17日から19日にかけて内外綿では第2工場織布部（昼勤・夜勤520余名），同第13工場（夜勤工），第5工場精紡部（約900名），第1・2工場織布部・精紡部（昼勤1600余名，のち夜勤女工も加わる）の女工もこの動きに加わった．19日，第5・6・7工場は昼勤の3分の1がスト，夜勤は織布の少数以外ストという状況に陥った(130)．21日には第1工場は全員がスト，第2工場は織布部門200余名だけが就業，第5・6・7工場の就労は4割に満たず，これまで動きのなかった第8工場の全員がスト，第9工場でも3割から4割の労働者が出勤していなかった(131)．

同じ滬西地区の喜和第1・2・3工場3400余名も，19日晩，ストの隊列に加わった．彼らは市政府社会局の調停や各班各部工頭の説得の結果，翌日の夜業からいったん復業したが，工場側は食事中の機械停止の要求を拒否し，包飯頭6名をストの主導者として解雇したため，これに抗議してストを再開した(132)．23日，日華第3・4工場では，機械部品損傷を工場側が労働者の機械停止（関車）と思いこんで，租界警察をよび労働者を退場させたことからスト状態となった．ここに滬西地区の在華紡はすべてがストライキに入ったことになる[133]．

改めて要求を見ると，19日，中山路平民新村で開かれた内外綿の各廠代表大会（300余名）は，①賃上げ2割，②理由なく労働者を解雇しないこと，③解雇された労働者の復職，④日曜労働の廃止〔不做礼拝工〕，⑤旧来の皆勤手当の恢復，を決議しており[134]，喜和の労働者は，①賃上げ，②食事時30分機械停止，③普段は12時まで延長している日曜日の操業を朝6時までとすること，④半月の皆勤者に1日分の賃金支給，⑤任意に労働時間を延長しないこと，⑥新規労働者は工房〔工場社宅〕から雇用すること，⑦米代補助毎月5角，⑧労働者の解雇，「焼飯作」（包工頭）の駆逐をしないこと，⑨人事課長池田の解雇，であった[135]．

同興の労働者が突入のさい，等級制度の改善を主張したことと合わせ，先のビラに見られる要求と共通しながら，それぞれの労働現場の具体的な要求が反映されていることが注目される．しかし，これらの要求条件について在華紡側との折衝に当たったのは，労働者でもなければ，国民党や市政府でもなかった．在華紡は，このとき，1927年の4・12クーデタ以来上海で隠然たる勢力を持ち，これまでにストライキの調停に成功してきた杜月笙[136]に事態の打開を依頼，19日には彼と接触[137]，翌日，労働者側（具体的には不明）と交渉を持った杜月笙は，労働者側が「提出セル妥協条件」を同業会に示した．それは，

(一)逮捕工人ノ釈放
(二)工賃二割五分ノ値上ゲ
(三)日曜（交代日）ノ操業時間ヲ十二時間トスル事
(四)皆勤賞ノ復活
(五)妄リニ故ナクシテ解雇セザルコト
(六)不法ニ圧迫セザルコト

であり，これらの「条件ヲ承認セラルルナラバ来ル廿三日（月曜日）ヨリ一斉就業ス」であった．これを当初の労働者側の要求（11月8日発見のビラ）や内外綿，喜和紗廠における要求と比べれば，賃上げ率の上昇，食事時間の操業停止の取り下げなど相違はあるものの，労働者側は基本的な要求を堅持し

ていたことが理解される．しかし，杜月笙は賃上げについて，「〔在華紡が〕五％ノ値上ヲ実行セルコトナレバ其ノ上ノ値上ハ及バズ」としながら，「工賃三十銭ノモノアル由ナレバ其ノ分幾分色ヲツケテヤッテ貰ヒタシ」として在華紡側に理解を示してもいた．

これに対する同業会の回答は次のようなものであった．

(一)両当局警察ニ於テ適法ニ処置セラレツツアル事ナレバ当方トシテハ更ニ関与スルコトハ差控ヘタシ
(二)値増ハ既ニ東西〔滬東・滬西〕共実施セル今日更ニ値上ハ必要ヲ認メヌガ三十仙ノ日給者ニ対シ可然増率ハ取計フベシ
(三)交代日ノ残業早出ハ紡績ノ仕事上存其ノ必要ヲ生ズルモノナレバ現在ニ於テモ増賃銭並ニ場合ニ依テハ食事ヲモ特ニ給シ且ツ工人ノ承諾ヲ得テ実行シ居リ且亦其ノ必要ハ紡績工程ノ一部ニシテ決シテ全工人ニ及ボスモノニ非ズ，仍テ将来工人側ニ於テ是非共希望アルナラバ差当リ二時間ノ残業又ハ早出即十四時間ノ仕事ニ止ムル事ニスベシ
(四)皆勤賞ハ多年ノ実験ノ結果決シテ奨励金トナラズ之ガ廃止ニ多大ノ苦心ヲ要シタル次第ニシテ一ツニ工人ノ保健上甚ダ宜シカラズ且ツ一度欠勤シタルモノハ却テ励ミヲ失ヒ続イテ欠勤スルガ如キ招来スル悪制度デアリ絶対ニ之ガ復旧ハ承認シ難シ，奨励法トシテハ昇給ニヨリ其ノ目的ヲ達シ居リ働ノアル優良工ハ常時優遇シテ居ル
(五)(六)ハ云フマデモナキ条件ニテ現ニ実施シテ居ル

事実上の無回答に等しい在華紡績同業会の方針を前に，滬西の在華紡労働者は杜月笙が約束した23日には復業しなかったし，前述のように日華の労働者もストに加わった．在華紡績同業会の『会議録』も，「豊田，内外，日華ノ外部阻止乃至示威的行動」があったことを認めている(138)．翌24日，喜和第１・２・３工場の昼勤工1400余名が午前６時から復業し，夜勤工もこれに続いたが，内外綿では第１・２工場の２割，第５・６・７・８・９工場の３割から４割にとどまっていた(139)．このような状況下，内外綿・日華（第３・４）・喜和・同興・豊田・上海・東華・大康・裕豊・公大の労働者代表四十数名は，杜月笙を訪問して賃上げ１割や皆勤手当復活，休息時間１時間など，

統一要求を5条にしぼって提起した[140]が，しかし，こうした請願行動そのものが，スト運動の限界を示すものでもあった．翌日午前，同業会と会談した杜月笙は，大幅に譲歩した要求条件を同業会に提起した．すなわち，「逮捕工友の保釈」，「理由なく工友を解雇しないこと」を除けば，賃上げ要求はすでに在華紡側が容認済みの5分となり，皆勤手当も（在華紡の主張に沿った）「月末奨励制に改めること」を「要求」するものであった．休息時間についての要求は取り下げられ，代わりに日曜労働についての「日曜日は12時間労働とし，繁忙期に12時間を超えて労働する者は，賃金を時間分だけ増額し夜食（粥）を支給すること．労働しないものは認めること」という妥協的な要求が加えられていたにすぎない．

これを受けて，11月26日，紡績同業会は以下のような復業協定を公表した[141]．

①賃金を5％値上げする（平時から低すぎる者は斟酌して賃上げする）．

②毎月の賞工制度は，さまざまな弊害から廃止されて数年になるものであるから，復活させることは決してできない．現行の奨励制度は，成績優秀な労働者に各工場がその程度を見て昇級・賃上げを行い奨励に資しているものである．

③日曜日は12時間労働とし，繁忙期に12時間を超えて労働する場合は，賃金を時間分だけ増額し，かつ夜食の粥を支給すること．労働しないことも認める．

同日，豊田第1・2工場（5500余）のうち甲班男女工2200余名が午前6時に全員復業し，日華第3・4工場も，午後6時から復業した．内外綿第1・2工場では昼勤と夜勤で3分の1が復業，第5・6・7・8・9工場では復業者が3分の2を超えた[142]．喜和工場はすでに24日に復業していたから，これで滬東につづいて滬西地区のストライキも終結を見た．

なお，浦東地区では，一連のストライキに参加しなかった日華第1・2工場の労働者が，この26日，日本人監督の織布女工殴辱事件を契機にストライキを始めたが，党部・社会局・公安局の要員が，労働者側の要求を持って工場長柴崎武師と協議し，この結果労働者代表林阿生と柴崎が，①賃金1割値上げ（10月26日付），②食事時間30分は機械停止，③日曜午前6時以後の操業延長の場合は，賃金増額（9時まで），④労働者の食事部屋設置，⑤1ヵ月皆勤には手当2日分支給などを内容とする協定に調印，労働者側は各部各班の甲乙等級以上の工人を集め協定調印の経過を報告（党・政代表列席），29日夜業から復業を決定した．しかし，このうち皆勤手当については，「日本紡績同業会に請示し，他工場と一致対応する」ことになっていたから，実現しなかったと想定される[143]．

そして，このストライキののち，在華紡の労働者が大規模なストライキや闘争を起こすことは，もはやなかった．

したがって，1931年12月から1936年11月まで在華紡労働運動史の第4期が，運動の「後退期」であったことは明らかである．この6年間でストライキは8回にすぎず（36年11月の連合ストライキを1回と数えた場合），1年当たりわずか1.3回にすぎないし，さらに32年4月から33年9月まで1年6ヵ月，33年9月から36年2月までの2年6ヵ月にわたってストライキが起こらなかったことは，この時期の基本的な性質を如実に示している（図表Ⅱ－9参照）．この回数の激減と空白期のような大幅な後退をもたらした原因には，労働者組織の核であった共産党組織や指導下の上海工会連合会が度重なる弾圧でいっそう弱体化していたこと（党中央も上海から33年1月，ソヴィエト区に移転），また上海事変後の海軍陸戦隊配備など監視体制が飛躍的に強化されたことが挙げられるであろうが，空白期をはさむ時期をあえて一時期として捉えたのは，1931年9月の満州事変から日中戦争の前年までに当たるこの時期のストライキに，単なる資本と労働の対抗関係とは異なる，「反日運動」的性格を指摘できるからである．

在華紡の労働運動は，「反日」運動の一環として最後の高揚ののち，勃興期から後退期まで10余年の闘争の幕を閉じた．

おわりに

以上，四つの時期に分けて述べてきた在華紡労働運動史を，あらためて概観すれば次のようになろう．

すなわち，在華紡の労働運動は，6社22工場およそ3万人の労働者が過酷な労務管理に抗議の声をあげたことからはじまった2月ストライキ（損失労働日40万8900日）から「勃興期」（1925年２月～８月）を迎えた．ストの復業協定は内外綿に限られ，それすら不充分なものに終わったが，大規模で長期にわたったストライキの結果，労働運動は上海市民社会におけるプレゼンスを獲得し，中国共産党系滬西工友倶楽部の指導下に工会の組織化が進展するからである．さらに闘争は３月以降も継続され，内外綿労働者射殺事件（顧正紅事件）と５・30事件を契機に，５・30運動では空前絶後の規模を持つゼネストが続いた．５・30ゼネストは中国共産党指導下の労働組合連合・上海総工会を誕生させると同時に，その壮大な規模から反帝国主義運動の主力を担ったが，その基幹ストの一つが在華紡ゼネストであった（損失労働日534万1150日，５月15日からの内外綿ストを含む）．しかし在華紡の運動が民族運動＝政治運動の主力となったことは，本来の労働者の基本的要求達成には直結しなかった．ゼネスト体制の動揺の結果，在華紡労働者は妥協的で曖昧な復業協定を結ばざるを得ず，労働条件の改善はこの時期には成功しなかった．

賃上げや労働時間の短縮，社宅の建設などで労働条件の改善が一定程度進むのは，第２期の「高揚期」（1925年９月～1927年４月）においてである．とくにこの時期の前半（26年６月まで），労働者はいくつかのスト事例で解雇処分の撤回や解雇手当の獲得に成功している（これらは従来の争議ではほとんど見られない）．さらに労働者は後半の時期にも，26年８月に小沙渡地区の連合ストライキに立ち上がり，中国共産党と総工会の武装蜂起路線の下で27年２月と３月のゼネストに参加，このとき総工会は在華紡績同業会に対し全面的で急進的な労働条件改善の要求（17条件）を突き付けた．そして在華紡労働者は，蔣介石の４・12クーデターに対しても大規模なゼネストを戦った．さらに第２期の闘争のストライキの原因に注目すれば，３回のゼネスト（合計損失労働日51万9012日）をのぞく63回（総損失労働日103万4196日）のストで労働者の解雇を契機とする（解雇反対と賃上げを同時に主張するものを含む）ものは７回（損失労働日21万9838日），回数で11.1％，損失労働日で21.3％にとどまる．このことは，ゼネスト以外の闘争でも，多くが労働者側からの攻勢によって起こされたことを示していよう．

これに対し，第３期（1927年８月～1930年９月）では事態は一変した．この時期のストライキは激減して23回（損失労働日85万6248.5日），このうち解雇（ないし解雇と賃上げ）を契機とするストライキは15例（損失労働日70万2682.5日），回数で65.2％，労働日で82.1％を占めており，そのほとんどが要求条件を達成できなかった．ストの対象工場は内外綿・日華・同興の3企業のものにほぼ限られ，その回数も27年後半は10回を数えて，前年同期をやや上回るが（大規模ストライキは8回），この後は28年に4回（同2回），29年7回（同4回），30年3回（同3回）とほぼ逓減し，30年9月から31年12月までは空白期を呈した．この時期の闘争の性質は，「防戦期」に転じていたのである．ただし，この時期にあっても共産党は多くの闘争を指導し，影響を与えた．29年から30年にかけての日華紡織における三つのストライキでも，共産党系活動家は，工会の承認や労働者解雇への同意権，あるいは第2期と同様の大幅な要求条件を掲げつづけた．

そして第4期（1931年12月～36年11月）では，解雇および解雇と賃下げ反対を原因とするストの比率は第3期に比べてやや低くなるものの（回数で50%，損失総労働日で46.9%），ストライキの回数はわずかに8回，損失労働日も41万5650日であって，「後退期」となった．しかしこの時期，32年1月には在華紡の皆勤手当廃止政策の実施により，日華喜和工場と同興紗廠で連合ストライキが起こり，労働運動が上海事変前後の「反日運動」に連動したこと，また36年11月の上海紡・同興・東華・大康・豊田・内外綿・日華の7社の20数工場の連合ストライキを，日本資本への打撃をめざして中国共産党が発動したことを考えれば，この時期は同時に「反日運動」の時期でもあった．

最後に，上海における在華紡労働運動の「成果」と限界を，中国共産党の役割と関連させて指摘しておきたい．

第一に，すでに述べてきたことからも明らかなように，在華紡の労働運動にあって主体的な役割を果たしたのは，中国共産党とその工会組織であった（国民党系工会の組織的関与は数例にとどまる）．在華紡労働運動史の中で，経営の枠を越えた連合ストライキは，第1期の1925年に2例（2月スト，5・30ゼネスト），26年に1例（8月の内外綿・同興の小沙渡地区スト），27年に3例（2月の第2次蜂起に際しての第1次ゼネスト，3月の第3次蜂起に呼応した第2次ゼネスト，4・12クーデターに抗議した第3次ゼネスト，および32年と36年に各1例（32年1月の喜和・同興などの連合スト，11月の反日大スト）を数えるだけであるが，これらの全てが共産党が関与しあるいはその指導下に発動されていること，また第3期の比較的大規模な工場ストライキをやはり中国共産党系（総工会や上海工会連合会）の活動家が指導していることは，この事実を物語っている．

共産党指導下の運動は，少なくとも2月ストライキ以後，労働者の殴打が横行していた在華紡の労働慣行を改善させ（ストライキを誘発するほどの殴打事件は，2月スト以後，数えるほどしかない），また5・30運動後の一時期，賃金や労働時間などの一定の待遇改善を勝ち取ることに成功したが，その基本的で原則的な要求であった工会の承認や会社側の解雇権の制約（「理由なく労働者を解雇しないこと」「解雇の際には工会の承認を得ること」）は一度も成果を見ることができなかった．第2期の27年3月の総工会17条件（1927年3月）に代表される，急進的かつ多様な要求条件も同様である．また運動の防戦期に工会への経常費や工人義務学校の創立費の支出を要求した事例（日華浦東工場スト，1929年11～12月）や在華紡が労働者解雇を宣言している時に8時間労働制や3割近い賃上げ，産休3ヵ月などを求めた例（上海事変後の復業闘争，1932年3月）のように，中国共産党系の運動にはしばしば硬直性が見られた．1936年の反日大ストはこうした方針を是正したが，しかしこの闘争は在華紡労働者のストライキとしては最後のものとなったのである．したがって中国共産党系在華紡労働運動の意義は，労働者の待遇改善というよりも，むしろ5・30運動への道を切り拓き，上海蜂起に際してのゼネストに参加，そして反日運動の一環としての反日大ストに立ち上がったような，政治闘争あるいは民族運動の高揚への寄与に求められる，と言うことができる．

第二に，中国共産党指導下の運動は，労働請負人にして在華紡の職制でもあった工頭が，底辺の労働者を中間搾取する「工頭制」，さらには「包身制」の問題を解決することができなかった．第1節で触れたように，本章が扱っていた時期の在華紡の労務管理体制の中には，(1)工頭（ナンバーワン）が会社と雇用契約を結んで労働者の募集を行い，配下を管理して賃金を中間搾取する「工頭制」と，(2)会社が労働者を直接雇用し，日本人監督の下に「見回り」「班長」などの中国人役付職工を置き，生産を管理させる「直轄制」とが並存し，会社が後者を推進しようとする中で両者のせめぎ合いが続いていたと考えられる．さらに，20年代の末から，「工頭制」とは別に，生産過程の外にいる請負人が，農村から労働者（ほとんどの場合幼年の女子）を30元から40元の額の契約金で募集してこれを工場に周旋し，契約期間中は彼女たちの自由を剥奪して衣食住を管理，生活費に要する以外のすべての賃金を搾取する「包身制」が発達した．同制度下の女工たち（包身工）は，日中戦争前の時期でも，女工の3割から5割を占めていたと推定されている[144]．

そして，中国共産党の労働運動は，こうした制度を打破することはできなかった．それどころか，彼らの運動は本章が分析した1925年から36年にいたるまで，しばしば中間搾取をこととする工頭（包工頭）たちと協力関係を結び，ストの動員やその維持を依存した．1925年の2月ストの裕豊紗廠のスト突入は数名の「包飯頭」のよびかけによるものだったし，26年7月から9月にかけての日華紡織の闘争は，工会と工頭が手を組んで継続したものであった．スト資金もなしに2ヵ月をこえて闘争が持続したのは，包工頭が労働者の生活（食事）を支えたからだと考えられる．また，26年8月に上海総工会が発動した内外綿諸工場を中心とする小紗渡地区連合ストライキも，実態としてはストの組織化を包工頭に委ねている．29年11月の日華浦東工場のストライキにも「労働ブローカー」＝包工頭が関与したし，中国共産党系の上海工会連合会が2人の工頭と手を組んで起こした30年3月の日華喜和工場ストは，工頭制の維持を前提とする「工頭と先生の休息室の設置」を要求条件に掲げた．そして，36年11月の反日大ストにおける同工場のストも，「焼飯作」の解雇がそのきっかけであった．

もちろん，中国共産党や上海総工会が「工頭制」の問題を全く無視したわけではないし(145)，総工会の17条件が掲げた工会による労働者採用同意権が実現すれば，それは工頭制（そして包身制も）の克服を意味したであろう．しかし，それは運動の実態として追求されたものでは，決してなかった．

ならば，中国共産党指導下の在華紡労働運動の限界は，賃上げや待遇改善などに成功せず，経営側の手当廃止や労働条件改悪を阻止できなかっただけではなかった．運動は，工頭に依存することで，中間搾取者でもある彼らへの批判を構築できなかった．さらに，「包身制」の下に置かれたもっとも最下層の労働者（女工）たちを，そのくびきから解放する視点と手段を持たなかった事実こそが指摘されねばならない．従来の研究が述べるような在華紡の「直轄制」は，実際にはその確立に失敗した，あるいはその実現を大幅に遅らせたのであり，同時にコインの裏側では，中国共産党指導下の在華紡労働運動は，もっとも鮮明に限界を露呈したのである．

註

1）「警務日報」2月10日．租界警察の日誌である「警務日報」の2月ストライキ関連の部分は，上海市檔案館編『五卅運動』第2輯，上海人民出版社，1991年10月，pp.2-33に収録されている．

2）高綱博文「日本紡績資本の中国進出と『在華紡』における労働争議――5.4～

5.30時期をつうじて」歴史学研究会編『世界史における地域と民衆（続）』青木書店，1980年11月，同「上海『在華紡』争議と五・三〇運動――顧正紅事件をめぐって」『中華民国前期中国社会と東アジア世界の変動』1998年３月，上海紡織工人運動史編写組『上海紡織工人運動史』中共党史出版社，1991年６月.

3）「上海内外綿罷工事情」『大日本紡績連合会月報』395号，大正14年８月10日，「日商紗廠罷工続紀」『申報』２月12日，「警務日報」２月11日.

4）「警務日報」２月12日.

5）「小沙渡内外綿廠罷工潮拡大」『民国日報』２月11日.

6）「紗廠開除工人糾葛」『民国日報』２月６日.

7）「小沙渡内外綿廠罷工三誌」『民国日報』２月12日，「日商紗廠罷工潮之昨訊・工人罷工之現状」『申報』２月17日，双林「上海小沙渡日本紗廠之大罷工」『嚮導』102期，1925年２月14日．なお，この「養成工導入説」は，のちに鄧中夏『中国職工運動簡史』（1930年６月序）でも踏襲され（『鄧中夏文集』人民出版社，1983年８月，p.533），その後の歴史記述に大きな影響を与えた.

8）青島総領事堀内謙介「支那各地罷業ノ原因ニ関スル件」（大正14年10月30日）は，青島の内外綿工場（銀月紗廠）について，「職工ハ最初養成工トシテ採用シ仕事ニ馴レタル後本職工ニ採用ス而シテ其ノ養成期間ハ連〔練〕篠一ケ月粗紡三ケ月精績三ケ月綛部一月半位ニシテ此ノ期間中賃金ハ全部日給トシ練篠，粗紡二十四仙，精紡，綛部十八仙」と述べている（外務省記録『在支内外人経営工場ニ於ケル労働者待遇関係雑件』）.

9）『大日本紡績連合会月報』385号，1925年８月10日.

10）『申報』２月23日「日紗廠罷工尚在調整中・工人代表邀報界談話」に見える豊田紡績工会の代表劉貫之の新聞記者に対する説明.

11）上海総領事矢田七太郎「内外綿株式会社等邦人経営紡績工場同盟罷業ニ関シ発端ノ原因並ビニ其ノ後ノ経過報告ノ件」『日本外交文書』大正14年第２冊上，p.3，「支那ニ於ケル共産党ノ活動　付日本人工場ニ労働争議ノ頻出スル理由」大正14年（注(8)所引外務省記録）.

12）「警務日報」２月11日.

13）『鄧中夏文集』人民出版社，1983年８月，P.534.

14）「工会運動問題決議案」（1924年５月）中央檔案館編『中共中央文件選集』1,中共中央党校出版社，1989年８月,p.230.

15）社会主義青年団の上海地方委員会農工部の報告（「団上海地委農工部工作報告――関於1924年11月・12月的工作活動情況」1924年12月，中央檔案館『上海革命歴史文件匯編』甲８ pp.89-89）によれば，これらの学校を基礎に以下のような地区別労働者組織が組織された.

楊樹浦工人進徳会　（会員数1100余名，25歳以下の青年会員600-700名）
浦東工人協会　（会員数不明）
滬南工人倶楽部　（会員数不明，25歳以下の会員100余名）
滬西工友倶楽部　（会員数800余名，25歳以下の会員500余名）

ただし，滬西工友倶楽部の800余名という会員数が誇張されている可能性はある（鄧中夏『中国職工運動簡史』は，スト開始時の滬西工友倶楽部の人数を「70-80人」と述べている（『鄧中夏文集』P.538）.

16)「警務日報」2月14日.

17) 前掲矢田七太郎「内外綿株式会社等邦人経営紡績工場同盟罷業ニ関シ発端ノ原因並ビニ其ノ後ノ経過報告ノ件」,「警務日報」2月14日．なお，この日華紡織のスト開始について，上海日本商業会議所『邦人紡績罷業事件と五卅事件及各地の動揺』(1925年9月，以下『動揺』と略称）は，第3・4工場のそれぞれ20名から30名が工場に「雪崩れ込み」,「運転中の機械を片っ端より停止」させるなどの騒ぎを起こしたとする（同書 pp.23-24）が，矢田総領事の報告には，工場側が操業を停止してから男子労働者の一部が投石して事務所の窓をわったことしか記述していない．また「警務日報」にも騒動の記載はない.

18) 前掲矢田報告,「警務日報」2月16日.

19)『動揺』p.73.

20)「警務日報」2月17, 18日，上海社会科学院史研究所編『五卅運動史料』1（上海人民出版社,1981年11月）pp.316-17.

21)「警務日報」2月18日,『五卅運動史料』1，pp.317-18．なお共青団上海地委は，裕豊紗廠では労働者を募集しその生活を管理した請負人（包飯頭）が労働者住宅に住む2000名に対し,「義気を抱け」と呼びかけ，無料での食事の提供を約束したために，労働者が一斉にストに入ったと報告している（「共青団上海地委関於小沙渡楊樹浦日商紗廠工人総同盟罷工経過情形的報告」1925年3月26日，前掲『五卅運動』第1輯，p.5).

22)「驚務日報」2月19日はスト労働者（総計）を3万800名とするが，内外綿の労働者数を1万5300名（同2月13日）とすると，3万1100名となる.

23) 社会局書記官吉阪俊蔵「支那労働事情視察報告」1925年8月25日（外務省記録『在支内外人経営工場ニ於ケル労働者待遇関係雑件』).

24) 鐘紡（公大紗廠）だけは0時・12時の30分休息のほか，3時に20分の休息，混雑を避けるため6時10分前に工場を退出させていたから，実質11時間労働であった.

25) 当時民族紡は休日は10日に一度であったから，相対的には在華紡の労働時間は優位にあったことが，その原因として指摘できるであろう.

26)『動揺』p.278.

27)「上海の紡績罷業」『中外商業新聞』大正14年2月20日（外務省記録『中国ニ於ケル労働争議関係雑纂（罷業，怠業ヲ含ム）上海ノ部』第1巻，以下同記録は『労働争議関係雑纂　上海ノ部』と略称).

28) 宇高寧『支那労働問題』(国際文化協会，1925年8月，pp.33-36）は，社宅に住む紡績工5人家族の生計費を1月18.2元とする1925年5月の「調査」結果を掲げるが，ここでの衣服・家賃と雑費の合計は3元である．ところが内外綿社長武居綾蔵が低廉とする同社の社宅家賃でも月額2元ないし4元であるから（『動揺』p.237），この数字は低すぎると考えられる.

29) 前掲吉阪俊蔵「支那労働事情視察報告」，および『申報』2月23日.

30) 労働者側のビラによれば，日華では１日分，豊田では２日分に減らされている（『五卅運動史料』１，P.307，宇高前掲書，p.646）.

31) 前掲吉阪俊蔵「支那労働事情視察報告」. 内外綿の積立金制度は，１ヵ月の収入が４－６元の精勤者0.4元，非精勤者0.2元，収入６－８元の精勤者0.6元，非精勤者0.3元，収入８－10元の精勤者0.8元，非精勤者0.4元，収入10元以上の精勤者１元，非精勤者0.5元というものであり，吉阪は「内地工場ニテハ，工場法施行令第二十四条ノ規定ニ依リ，違約金又ハ損害賠償ノ予定ヲ為スハ禁止スル所ナリ．強制貯金制度ハ之ヲ認ムルモ当該官庁ノ認可ヲ受クルコトヲ要シ，必ス相当ノ利子ヲ付セシメ払戻ヲ保証シ且管理方法ニ付テモ厳重ナル監督ヲ行フ」（句読点引用者）として，これが利子をつけない強制貯蓄制度であることを批判している.

なお内外綿側は，「貯蓄金は特別の奨励金であって奨励金の半額を貯蓄させて10元になれば支給するもので，労働者の家庭の事情や操業停止時には全額を支給している」と強弁した（『動揺』p.22）が，強制貯金制度であることは否定できない.

32)『動揺』p.236.

33) 伊藤武雄「上海日本紡績職工の罷工に就て」『北京満鉄月報』８号，岡部利良『旧中国の紡績労働研究』九州大学出版会，1992年11月，pp.262-64，前掲高綱論文.

34) 注(21)参照.

35) 朱邦興・胡林閣・徐声編『上海産業与上海職工』上海人民出版社，1984年６月復刊，p.33. 原書の刊行は，1939年. 1938年，中共中央の指示にもとづき同江蘇省委職工運動委員会が紡績をはじめとする上海の22産業の経営や労働者状況を調査し，本書にまとめたもの. 筆者名はいずれも偽名である.

36)『動揺』p.22.

37) 在華日本紡績同業会は，18日対応策を検討，警察に保護を要求し（『申報』２月20日），上海日本商業会議所の２月19日の役員会も「普通の労働争議と趣を異にし風潮を煽動する不逞分子の背後には之を幇助操縦する共産党員の暗中飛躍ある事事実なるが如く」として，中国側に厳重抗議と「煽動者」「暴行者」の処罰を要請することに決した（『動揺』p.34）.

38)『五卅運動史料』１，p.406.

39)『五卅運動史料』１，pp.406-11.

40)『申報』２月21，25日.

41)「警務日報」によれば，２月13日，内外綿各工場8518名の日勤工中3376名，夜勤工6853名中3111名が「デモ」をして仕事を要求したため，工場側は賃金の３割を支給した. また翌日にも内外綿に同様に労働者約8000名が「デモ」をかけ，工場側は彼らの姓名を控えて賃金３割を支給した. 大康紗廠も同様の措置をとり，3500名の夜勤工のうち700名がこの待遇をうけた. 16日には内外綿の日勤工の64％・夜勤工の72％に応急賃金が支給され，18日には内外の日勤の72％，夜勤の77％，豊田紡織の40％，裕豊紗廠の25％の労働者が応急賃金を受け取った(「警務日報」2月14-15,17,19日).裕豊紗廠の受領者が少ないのは,前述のように労働者が「包飯頭」の支援を得ていたからだと思われる.

42)「警務日報」2月21日,「日紗廠罷工之昨訊」『申報』2月22日.

43) 前掲共青団上海地委報告(『五卅運動』第1輯,p.5).引用部分のあとに,以下の文章が続いている.

> 多くの労働者はもともと貯蓄がなく,衣食住をまったく半月毎の賃金に頼って生活してきた,3週間もストライキをすれば,貯蓄のない者はたちまち飢えてしまう.3週間もストが続いたことは,資本家の予想外であり労働者にそんな能力があるとは思っていなかった.最初の数日は,資本家は工場を閉鎖して操業をやめるとデマをとばしていたが,後になると労働者の復業を勧誘した.資本家が復業を勧誘すれば,労働者は経済的な困窮から,一部の義気をもたず,物事がわかっていない労働者が——当地出身の女工が多い——復業しようとした.当時組合は,毎日組合に行けば金が出ると宣伝し,また罷工後援会の誠実さを説き労働者の戦闘力を高めようとした.……

44) このほかの回答は以下の通りである.③警察が逮捕した労働者については治安問題であり,工場側が関与することはできない,④解雇された50名については再雇用しがたい,⑤貯蓄金は特別の奨励金であって奨励金の半額を貯蓄させて10元になれば支給するもので,労働者の家庭の事情や操業停止時には全額を支給している,⑥賃上げ2割については検討する,⑦ストライキ中の賃金支給については検討する(「日紗廠罷工尚在調解中・五馬路商聯会切実調停」『申報』2月23日).

45)「日紗廠工潮仍未解決・罷工工人已推代表向各界接洽」『申報』2月24日.

46)『動揺』pp.70-71(引用に際し,句読点を補った).

47)「警務日報」2月26日.同興紗廠は,内外綿などと異なり「応急賃金」を支給しなかったが,復業1日目には賃金を2倍,以後9日間5割増しとすることで補いを付けた.

48)「株式会社豊田紡織廠騒擾事件之真相　附　五卅事件影響事情」1925年7月(外務省記録『大正十四年支那暴動事件一件　五三十事件』),「警務日報」3月2日.

49) 当事者の主張を見ても,『動揺』は,「結果において何等譲歩することなくして調停を見たり」と記述し,前掲共青団上海地委報告も「今回のストは労働者側に犠牲が多く,得るところは少なかった」としている(『五卅運動』第1輯,p.6).

50) たとえば倶楽部は,内外綿が解雇した第3工場の16名の労働者の復職を要求し,結果的に各人への補償金8元支給を獲得した(「警務日報」3月30日).

51)『動揺』pp.101-02,「警務日報」5月1日.

52)『動揺』pp.113-16,120,「警務日報」5月6日.

53)『動揺』pp.121-22.

54) 上海総領事矢田七太郎「内外綿工場ノ中国従業員ト印度人巡査，邦人従業員トノ衝突ニツキ報告ノ件」『日本外交文書』大正14年第2冊上，p.47，「警務日報」5月16日．なお，『動揺』は内外綿第7工場におしかけた人数を900名以上とするが，矢田報告および前掲「上海内外綿罷工事情」はともに70名としているので，これに従う．なお，この顧正紅事件については前掲高綱論文が詳細な検討を加えている．

55)「警務日報」5月16日．

56)「警務日報」5月18日．

57) 上海総工会の6月13日付調査（『動揺』pp.355-64）によればゼネスト参加者は15万6000名，このうち在華紡は内外綿1万8400，日華第3・4工場6000，小沙渡同興2100，上海9300，楊樹浦同興2600，東華3000，浦東日華第1・2工場4000，裕豊第1・2工場4000，大康紗廠2000，合計5万1400名であった．ただし，この統計には12日以降にストに入った大康第2工場約1800名，豊田3600名（「警務日報」2月19日に見える在籍数），喜和6800名（『五卅運動史料』1，p.208），公大4500名（同p.209）が含まれず，また「警務日報」が1万5300とする内外綿，3600とする大康の労働者数をやや多く見積もっている．これらを勘案して計算するとゼネスト参加者は約16万9400名，在華紡は6万4800名となる．

58) 組合員数については（問題のあるものを含め），内外綿紗廠工会1万7289，日華紗廠工会4526，裕豊紗廠工会2900，公大紗廠工会2651，大康紗廠工会4054，同興第二紗廠工会3060，東華紗廠工会2752，上海紗廠工会7854，同興紗廠工会3319，喜和紗廠工会1600，浦東日華紗廠工会4415，日華第三紗廠工会3900名（『動揺』pp.456-58）とされている．なお，5・30ゼネストについては，江田憲治「五・三〇運動と労働運動」『東洋史研究』40巻2号，1981年9月，を参照．

59)「警務日報」8月16日．

60) 総工会封鎖を目前にした9月12日，中共上海区委員会は，「退守政策を取り，既存の勢力と陣地を確保し，……時機を待って行動する」ことを決め，総工会も封鎖時，「ストをするな」をよびかけていたから，ストの発動は，共産党や総工会の指令によるものではない（「中共上海区委関於討論総工会党団・組織，宣伝及遭封閉後応付弁等問題的会議録」前掲『五卅運動』第1輯，p.82，前掲江田論文）．

61)「日華紗廠工人罷工後之衝突」『民国日報』9月26日，「日華紗廠今日開工」同10月28日．

62) 上海駐在商務書記官横竹平太郎「上海ニ於ケル最近ノ職工待遇ノ件」昭和3年6月18日（外務省記録『各国ニ於ケル労働並労働運動関係雑件　中国ノ部』）．

63) このほか半月の賃金4元～5元未満で0.8元，3元～4元未満で0.6元，2元～3元未満の者に0.5元，が支給されることになっていた．なお，「貯蓄賞」は2月ストの時に問題となった強制貯蓄制度であったが，前述のように25年4月の時点で滬西工友倶楽部の折衝の結果，廃止されて賃金に繰り込まれ（一律1

元），今回，改めて奨励金の一つとして制定されたものである．
64）「上海ニ於ケル紡績職工賃金表（内外綿会社）」，前掲横竹報告所収．このほか10月２日の中秋節後に労働者１人当たり0.1元が支給されることになったと報道されている（「日紗廠工潮尚難解決」『民国日報』1925年10月１日）．ただし，施英（趙世炎）「七論上海的罷工風潮」（『嚮導』172，1926年９月14日）が引用する上海紗廠総工会の調査報告によれば，当時の粗紡部の平均賃金（１日当たり）は１等工0.58元・２等工0.4875元・３等工0.292元，精紡部の平均が0.368元，横竹があげる内外綿の粗紡部平均0.641元，精紡0.572元と大きな隔たりを見せている（このほか，紗廠総工会は労働強化を指摘）が，1926年の在華紡のストライキは必ずしも賃金面の要求を前面に出していないことも確かである．
65）「上海総工会関於工会被封後工作概況的報告」『五卅運動』第１輯，pp.214-15.
66）施英（趙世炎）「三論上海的罷工潮」『嚮導』161期，1926年７月５日．
67）「上海工委宋林関於最近五月来上海職工運動報告」（中央檔案館他編『上海革命歴史文件彙集』甲３，1986年４月，p.529）によれば，争議の発端は６月23日，内外綿第４工場の精紡部門で２名の女工が椅子を争ったことであった．これに対し「内外綿第四廠昨又罷工」『申報』６月25日は，労働者の大多数が江蘇省北部の出身である第４工場で，安徽省出身の女工が副管車に任命され，これに不満をもった昼勤工872名が６月24日朝８時半からストライキを始めた，とする自社記事と，24日９時頃第４工場精紡部の女工頭目の楊小毛と男工某が衝突した，とする中国新聞社の報道を掲載している．また，矢田七太郎「支那労働争議報告ニ関スル件」昭和２年２月２日（前掲外務省記録『労働争議関係雑纂　上海ノ部』第１巻）は，労働者間の争いで女工が殴打されたことを原因にあげている．労働者間の衝突が23日に起こり，24日に怠業から騒擾が引き起こされ工場が操業停止を宣言したことは，『申報』６月25日の記事が引用する工場側の「通告」による．
68）「内外綿第三廠又起工潮」『申報』６月29日．なお，前掲矢田七太郎報告は，労働者の集会で上海総工会の代表が演説したことを述べている．
69）矢田七太郎「内外綿会社第三第四工場再開事情報告ノ件」大正15年７月27日（外務省記録『外国ニ於ケル同盟罷業雑纂　支那ノ部』）．
70）前掲宋林報告（『上海革命歴史文件彙集』甲３，p.530）．
71）このサボタージュが上海総工会の指令で行われたことは，前掲宋林報告（『上海革命歴史文件彙集』甲３，p.531）．『申報』７月20日は，労働者が集会を開こうとしたところ，工場側が同意しないため１時間ストに入ったと報道している（「関於工潮之彙誌・内外綿五廠工潮解決」）．
72）矢田七太郎「内外綿会社第三第四工場再開事情報告ノ件」大正15年７月27日（外務省記録『外国ニ於ケル同盟罷業雑纂　支那ノ部』）．なお，前掲宋林報告（『上海革命歴史文件彙集』甲３，p.531）では，復業協定は，①理由なく労働者を解雇しないこと，②以後警官を雇用して工場に入れ労働者を殴打させたり逮捕を行わせたりしないこと，③復業後各人は証明書にもとづき工場から５元借り，５回に分けて返済する（復業後は工場の従来からの規則を守る），であったとするが，ここでは矢田に従う．

73）米を外からの移入にたよる上海では，しばしば外的な条件から米価が高騰し，労働者の生活を直撃した．上海の米価基準を示す「中等粳米」の卸売価格で見ると，1925年1月から3月にかけて1石9.26から9.09元であった米価はその後急速に上昇し，1926年6月には16.29元，9月には17.85元となり，その後1927年9月までほぼ15元から17元の高値を維持した．同年10月には12.37元，12月には10.34元となり，28年から29年6月までは10元から12元の水準を保った（中国科学院上海経済研究所・上海社会科学院経済研究所編『上海解放前後物価資料滙編　1923年—1957年』上海人民出版社，1958年10月，p.120）．上海の資本家層は，こうした米価高に対し賃上げをするのではなく，「米貼」とよばれる米代補助金を支給することで対応しようとしたから，ここでも在華紡に対し米代補助の支給が要求されている．なお，米代補助の支給・増額を求めるストライキは，このあと1927年9月（日華第1・2工場），29年11月（日華第1・2工場），1930年1月（同興第1工場），1930年3月（日華喜和工場）でも起こっている．

74）前掲宋林報告（『上海革命歴史文件彙集』甲3，pp.483-84，531-35）．

75）具体的には，①陳阿堂事件の解決（殺害犯の中国法廷への引渡，遺族を弔慰し，今後同様の事件が起こらないことを保証し，日本領事が中国側に謝罪することなど），②労働者の待遇改善，武装警官やゴロツキによる殴打や過度な罰金，労働者の人格蔑視の禁止（足形や指紋採取など），③賃金増額2割，④逮捕労働者の釈放，解雇者の復職，以後任意に労働者を解雇しないこと，⑤操業停止中の労働者の損失賠償，第3・4・9工場の操業停止中の損失の賠償，今回のストライキ中の賃金支給（前掲宋林報告，『上海革命歴史文件彙集』甲3，pp.484-85）．

76）中共上海地区委は8月20日，主席団会議を開き，内外綿ストを指導する特別委員会（書記何松林〔宋林〕）を組織し，上海総工会内の紗廠総工会が，内外綿第5東西，第7，第8，第12工場に「第1次ゼネスト命令を発した（沈以行他編『上海工人運動史』上，遼寧人民出版社，1991年8月，p.293）．

77）前掲宋林報告（『上海革命歴史文件彙集』甲3，pp.484-87），および上海駐在商務書記官横竹平太郎「上海ニ於ケル最近ノ罷業風潮ノ件」昭和2年2月22日（外務省記録『中国ニ於ケル労働争議関係雑纂（罷業，怠業ヲ含ム）』第1巻）収録の「小沙渡日本人工場罷工ノ経過ト教訓」．当時の共産党幹部の通称や上海区委員会の暗号名（樞蔚）の正確な使用から中共の文書の翻訳と考えられる後者には，「今回我等ハ余リ領袖ノ号召ニ頼リ過ギテ真ノ群衆ノ声ヲ知ラズ換言スレバ組織アル群衆ノ基礎ガナカッタノデアル……五卅ノ時ノ良イ時ノ経験ガ働カズニ悪イ習慣ノミガ跋扈シタ　誤魔化シ及救済金ノ要求コレデアル，幾多ノ領袖ハ罷工ヲ以テ彼等ノ誤魔化シノ機至ルトナシタ，是レ今回ノ失敗ノ重大原因デアル」などの記載が見られる．

78）前掲『上海工人運動史』上，pp.289，297-98．

79）矢田七太郎「参月十四日邦人経営ノ各紡績ニ対シ総工会ノ提出セル要求条項ニ

関スル件」昭和２年３月15日，在華日本紡績同業会委員長谷口房蔵請願書（幣原外相宛，昭和２年３月22日）（『労働争議関係雑纂　上海ノ部』第１巻）．

80）三上諦聴他訳『第四次全国労働代表大会に提出せる上海総工会の報告書』関西大学東西学術研究所，1962年３月，pp.17-18，36-38．

81）中共上海市委組織部他編『中国共産党上海市組織史資料（1920.8―1987.10）』上海人民出版社，1991年10月，p.138．また，1927年４月から12月までに殺害された上海の共産党員と労働者は，約2000人にのぼったとされる（『布爾塞克』８）．

82）上海労資調節条例の全文は以下の通りである（「上海労資調節条例昨日公布」『申報』４月19日）．

(一)工会が労働者自身の利益を代表する集団である事を承認する．ただし地方政府及び国民党部に届け出せねばならない．
(二)生活必需品の物価指数に照して，一般最低賃金を規定する．
(三)毎年，少なくとも生活物価指数の上昇率にもとづき賃金を増額し，また生活物価の高騰を抑える処置をとる．
(四)本党の政綱に規定する時間にもとづき，新旧工業の状況を斟酌し，各種工業の最長労働時間を規定する．
(五)工頭が壟断する包工制を廃止する．ただし工場は管理員をおくことができる．
(六)工場規則や雇用契約を改善し，政府が設立する労資問題委員会が保管し認可する．
(七)日曜と休日は休息日とし，賃金は全額支給する．休息日としない場合，賃金は倍額とする．
(八)雇主はストライキを理由に労働者を解雇してはならない．
(九)罰として労働者を殴打してはならないし，むやみに罰金を課してはならない．
(十)労働保険及び労働者保障法を実行する．その条例は政府が制定する．
(十一)労働による死傷の弔慰金を規定する．
(十二)労働者が労働により身体に損傷をうけた場合，工場主は治療の責任を負い，半額以上の賃金を支給する．
(十三)男女労働者は同一労働同一賃金とする．女工と幼年工の待遇を改善する．女工の出産前後６週間は休暇をあたえ，賃金は全額支給する．幼年工には過重な労働をさせてはならない．
(十四)ドアや窓，天窓，手洗いを増設するなど，工場の設備を改善する．
(十五)政府及び工界と商界は方法を講じて失業者を救済する．

83）永野賀成『一九二七年度上海を中心とする支那の労働運動』満鉄社長室人事課，昭和３年８月21日，pp.65-67，上海市政府社会局『近十五年来上海之罷工停業』1933年，p.4．

84)『申報』1928年４月27日，同28日，邢必信他編『第二次中国労働年鑑』下，社会調査所，1932年10月，pp.57-62.

85)「工会組織暫行条例」1928年７月９日採択，「上海特別市職工待遇暫行規則」28年12月８日公布，「人民団体組織方案」29年６月17日採択，「工会法」29年10月21日公布，「上海市労資争議要項処理標準」29年12月18日訓令（邢必信他編『第二次中国労働年鑑』下，社会調査所，1932年10月，pp.239-41，226-29，39，41-46，253-54).

86) なお，国民党による上海労働運動統一の試みは，以下のような経過を辿った．すなわち前述の，27年４月に成立し中小組合を糾合した「上海工界組織統一委員会」（約650組合）は，同年８月の蒋介石の下野の結果勢力を後退させ，これに対抗するかたちで国民党左派系の上海市党部が後押しする大組合主体の「上海工人総会」（約30組合）が27年11月に成立する．この二大組織の対立状況を克服すべく，28年５月，国民党中央は両者を解散させて新たに「上海工会整理委員会」を成立させたが，この組織も長続きせず，同年10月には解散された．29年７月になって市党部は「上海市総工会籌備委員会」を設立する（241組合）が，29年10月に国民政府が公布した「工会法」に「市総工会」の規定がなかったため法的根拠を失い，30年７月，この組織も活動を停止した．この上海市総工会が再発足するのは翌31年12月，「工会法」の改正で法的地位を獲得するのは34年１月のことになる（前掲『上海工人運動史』pp.396-97，404-07，471-72，582-84).

87)「最近職工運動議決案」『中共中央文件選集』第３冊，中共中央党校出版社，1989年８月，pp.298-300.

88)「昭和二年九月七日（第九十二号）情報」収録の「上海工人運動目前ノ策略」（外務省記録『労働争議関係雑纂　上海ノ部』第１巻)．原文書は「策略」とするが，当時の共産党の用語で「策略」とは「戦術」のことなので，このように表記した．内容から中共上海市委員会（江蘇省委）の文書を翻訳したものと考えられる．

なお，翌年の中共第６回全国大会の「職工運動決議案」（1928年７月９日）では，次のような戦術が主張されている．

> 組織問題における基本的な戦術任務は，無産階級の日常的な経済・政治闘争を指導して，反動工会に反対し，革命工会を組織し，宣伝と煽動の方法により広範な労働者大衆の階級意識を高めることである．……白色テロや地下という環境では，どのようなストも，中華全国総工会や上海総工会などの名義で要求を提起する必要はない．もしそんなことをすれば，一部の遅れた労働者を驚かせて去らせるし，反動勢力に挑発とさらなる抑圧の口実を与える．……
>
> 中国で現在労働者大衆に普及し，彼らが最も理解できる要求は，
>
> １，反革命政変以前の労資条件（団体契約)，賃金や労働時間についての規定の恢復

2，労働者の勝手な解雇反対
3，強制仲裁反対
4，包工制反対
5，労働者自身の工会恢復，工会の自由権獲得

である．これらの要求（とりわけ反革命政変以前に締結された団体契約の恢復）を提起すれば，実際の闘争の中でかつての革命の記憶にもとづいて労働者と中華全国総工会の連携を強めることができ，こうした経済闘争をかつての革命の旗の下ですすめることができるようになる．……大衆を有している反動工会には加入し，大衆を獲得せねばならない．労働者大衆を有している多くの反動組合，改良組合，行会組合，たとえば広州の機器工会，広東総工会や上海のいくつかの組合（英美煙公司工会，商務印書館工会，南洋職工同志会など）の中で，われわれは活動すべきである．

89）前掲永野賀成『一九二七年度上海を中心とする支那の労働運動』，pp.31-33．直接労働者に関する条項としては，(7)労働者の武装自衛，(8)工会の労働者代表権，(9)賃金増額・最低賃金制の制定，(10)物価の抑制・労働者の生活保障，(11) 8時間労働制の実現，(12)包工制の廃止，(13)工場規則および雇用契約の改正，(14)働保護法の制定・社会保険の実施，(15)日曜祭日の有給休暇・就業の際の賃金倍額支給，(16)失業者の復職・ストに際してのロックアウト禁止，(17)労働者への罵倒殴打・罰金の禁止，(18)勝手な解雇の禁止・解雇への工会同意，(19)作業中の死傷者に対する弔慰金の規定，(20)労働者の疾病に対する工場主の治療・賃金半額以上の支給，(21)男女工の同一賃金・幼年工の待遇改善と年齢制限・女工の有給の産休6週間・幼年工の過重な作業の禁止，(22)工場の設備改善（労働者の子弟の免費入学・労働者の免費補習教育，労働者の消費組合・宿舎・食堂の設立，その他労働者の負担軽減の建設事業），を掲げた．

90）唯一，11月にロシア革命記念日の休日を要求した内外綿第5東西工場のストに政治的色彩を認められるだけである．

91）矢田七太郎「上海ニ於ケル労働争議ニ関スル報告ノ件」昭和2年10月6日（外務省記録『労働争議関係雑纂　上海ノ部』第1巻），前掲『一九二七年度上海を中心とする支那の労働運動』pp.141-42，前掲『近十五年来上海之罷工停業』p.57．

92）上海総領事重光葵「邦人経営ノ日華紡績工場の罷工ニ関スル件」昭和4年11月14日，同「邦人経営ノ日華紡績工場罷工状況ニ関スル件（続報）」11月21日，同「邦人経営日華紡績工場罷工状況ニ関スル件（続報）」12月3日（外務省記録『労働争議関係雑纂　上海ノ部』第2巻）．

93）前述のように（注(73)），1928年から29年6月までは1石ほぼ10元から12元の水準を保った米価（中等粳米の卸売価格）は，同年7月から高騰しはじめ（9月15.13元，10月16.28元，11月15.10元），30年3月には17.38元，4月から9月まで18～20元と日中戦争前としては最高値を示した（『上海解放前後物価資料滙編　1923年―1957年』p.120）．

94) 上海総領事重光葵「日華紡績喜和工場同盟罷工ニ関スル件」昭和5年3月27日(外務省記録『労働争議関係雑纂　上海ノ部』第3巻).
95) 前掲『中国共産党上海市組織史資料』pp.138-39. なお，同書によれば，上海総工会は1929年5月の時点で，郵電・印刷・店員・手工業・海員・埠頭・製糸・煙草・木業・鉄工所・紡績・電業の12業種に108の基層組合，赤色工会員7万人（共産党員2000名）を有していたとされる. これらが上海工会連合会成立時点での共産党系組織労働者の勢力であったはずであるが，こうした数字には明らかな誇張がある（後述).
96) 上海総領事重光葵「上海日華紡績浦東工場ノ罷業解決ニ関スル件」昭和5年9月19日（外務省記録『労働争議関係雑纂　上海ノ部』第3巻).
97)「七工会援助日華紗廠工友宣言」『申報』1930年9月9日，「援助日華紗廠工友」同9月13日.
98)「日華工潮中労方条件」『申報』1930年9月15日.
99) 前掲重光報告の挙げる復業条件（図表Ⅱ—8参照）とは異なるが，皆勤手当の支給などについてはこちらの方が正確に述べていると考えられる.
100) なお，6月15日付の全国総工会報告では，上海の赤色工会員は2102名とされた（劉明逵・唐玉良主編『中国工人運動史』第4巻，広東人民出版社，1998年2月，pp.143-44).
101)「工聯党団会議」(29年10月14日),「各区及党団書記聯席会議」(10月25日),「工聯党団会議」(12月18日)，上海市檔案館編『上海工会連合会』檔案出版社，1989年8月，pp.182, 203, 290.
102) 前掲『中国工人運動史』第4巻，pp.136-56.
103) 在上海総領事村井倉松「当地日華紡織会社工場織布部閉鎖ニ関スル件」昭和7年1月5日（外務省記録『労働争議関係雑纂　上海ノ部』第3巻). なお，ストそのものは翌年1月の上海事変で自然消滅した.
104) 日華紡織は前年の12月30日，労働者200余名を解雇，賃金を2割カットし，皆勤手当と米手当を廃止（「工会消息・喜和日華工聯会」『申報』1月11日)，また同興紗廠も12月末ないし1月初めに労働者の解雇や賃金カットを行った（「同興廠工人被殴」『申報』1月14日).
105)「日商両廠取消月賞糾紛・日華紗廠」『申報』1932年1月10日
106)『上海工人運動史』上，p.565.
107)「喜和紗廠工人議決提出要求解決条件」『申報』1932年1月18日.
108)「日紗廠応付月賞工潮」『申報』1932年1月17日.
109)「工会消息・上海第二三紗廠工会」『申報』1932年1月11日.
110) 1月13日，滬西各紗廠工人連合会は，①皆勤手当復活，②目的を達成できなければ，日系工場から一斉に退社することなどを決議したが（「日商紗廠月賞風潮市府処理法・工人大会」『申報』1月14日)，翌日の会議で提起された「一致罷工」案には，同興などの闘争を「極力援助する」との議決しか行わなかった（「日紗廠工潮後・聯合開会」『申報』1月15日).
111)「上海日廠罷工聯合会」『申報』1932年1月26日.

112）上海総領事館附武官「陸同文電報」支第680号，昭和７年２月23日（外務省記録『労働争議関係雑纂　上海ノ部』第３巻），『上海工人運動史』上，pp.566-67.

113）上海総領事村井倉松「滬西邦人工場工人ノ復業問題ニ対スル共産党ノ策動ニ関スル件」昭和７年４月12日（外務省記録『労働争議関係雑纂　上海ノ部』第３巻）．なお，『上海工人運動史』は租界警察の記録にもとづき，滬西罷工委員会は，３月11日，①停業期間中の賃金全額支給，②労働者の生命安全の保障，③皆勤手当の維持，④充分な理由なく労働者を解雇しないこと，⑤復業前に少なくとも半月分の賃金を支給すること，という要求を決定したのち，４月18日になって⑥工場に駐屯する日本軍の撤退，⑦逮捕労働者の釈放，⑧罷工委員会の労働者代表権の承認，⑨女工を虐待しないこと，⑩８時間労働制，の５条件を加えて10条件の要求とした，としているが（上巻，p.569），前記村井報告によれば３月末までに「公表」されているはずの要求条件の内容が，４月18日になって改めて追加されたとするのは不自然であるから（プロパガンダと現実の要求行動との差による可能性を留保しつつ），ここでは村井報告に従っておく．

114）『申報』1932年３月24日．

115）『上海工人運動史』上，p.569.

116）前述のように，1929年11月に「工会法」が施行されたことを背景に，国民党上海市党部は，日系工場の工会組織化を開始するが，同法は各区域内で同一種類の工会を一つしか認めない規定であったため，1931年２月に上海市党部（民衆運動訓練委員会）は上海を南市・第１特別区（フランス租界）・第２特別区（共同租界蘇州河以南）・第３特別区（共同租界蘇州河以北）・閘北・浦東・法華郷・引翔郷・江湾・呉淞の10区に分かち，それぞれの地区の産業工会・職業工会を一つに再編成し，旧来の工会は「分事務所」とした．（村井倉松「上海ニ於ケル工会改組実施ニ関スル件」昭和６年２月20日，外務省記録『労働争議関係雑纂　上海ノ部』第３巻）．したがって前述の「浦東日華紡織職工会」（29年11月）は，ここに見える「第５区綿紡業産業工会日華分事務所」に改組されていた．

117）『申報』1932年４月20日．

118）『上海工人運動史』上，p.569.

119）なお中国の研究では，梅世鈞が２月３日の出勤の際，「十九路軍の兵士であったときの写真を労働証明書にはさんでいたのが日本人監督に見つかり，このため日本人にひどく殴打され翌日死亡した」（『上海工人運動史』上，p.633.『上海紡織工人運動史』p.221にも同様の記述がある）としているが，石射猪太郎「日華紡織会社工人ノ罷工ニ関スル件」昭和11年２月26日，外務省記録『労働争議関係雑纂　上海ノ部』第４巻）によれば，梅世鈞は36年１月22日，大康紗廠で日本人臨時工に暴行したため解雇され，23日第１区法院から懲役２ヵ月（病歴から執行猶予２年）の判決を受けているから，２月３日の殴打事件はそもそもありえないことになる．また，『上海工人運動史』や『上海紡織工人運動史』によれば，2月7日以降，大康紗廠や日華紡織，上海紡などで「梅世鈞事件」に抗議するスト・サボタージュが起こったとしているが，日本側の資料によるかぎり，争議が起こったのは日華喜和工場と浦東工場に限られ，それも日本人職員の異動にともなう人員整理を恐れた労働者の一部の煽動によるものである．

120)「第一回臨時会報告」「第一回臨時会ニ於ケル罷工情況交換ニ付テ（八日及九日状況）在華日本紡績同業会上海本部『会議録』昭和11年11月9日，「日商七家紗廠全体工人聯合罷工」『申報』1936年11月10日．

121)「日商七家紗廠全体工人聯合罷工・談判無効」『申報』1936年11月10日．

122) 軍令部第六課「上海青島紡績会社罷業事件」，若杉総領事11月20日電（臼井勝美編『日中戦争』(五)，現代史資料⒀，みすず書房，1966年7月，p.9，38)，『上海工人運動史』p.638．なお，上海総領事館は，上海市政府に対し，章・沈ら7名の逮捕を要求し，これを実現させている（臼井編前掲書，p.38）

123)「日紗廠工潮拡大　大康等廠加入罷工」『申報』1936年11月11日，「各工工人堅決罷工　上海同興開工未成」同13日．

124) 前掲「第一回臨時会報告」．

125)「各工工人堅決罷工　上海同興開工未成・大康公大夜工復工」『申報』1936年11月13日．

126)「滬西区日商工潮不致蔓延・滬東各廠巡視」『申報』1936年11月15日，「内外六廠工人復工・滬東各廠復工情形」『申報』11月17日．

127)「日商紗廠工人忍痛復工・内外綿六廠罷工」『申報』11月14日，「滬西区日商工潮不致蔓延・六廠昨晩復工」同15日，「内外六廠工人復工」同17日なお，若杉総領事11月16日電によれば，内外綿第6工場のスト原因は女工2名の解雇であった（前掲『日中戦争』(五)，p.36)．

128)『上海工人運動史』上，p.641．

129)「豊田等廠昨又聯合罷工」『申報』1936年11月18日，若杉総領事11月18日電，『日中戦争』(五) p.37．

130)「内外二廠発生工潮」『申報』11月18日，「日商内外綿五六七廠工人昨日響応罷工」同11月19日，「豊田等廠工潮未解決　上海等廠再度罷工・内外綿各廠風潮拡大」同11月20日．

131)「滬西日紗廠工潮解決有望　豊田工人明晨復工・各廠情形一班」『申報』11月22日．

132)「滬西日紗廠工潮解決有望　豊田工人明晨復工・喜和昨晨復工」『申報』11月22日，「開除包飯工頭六名　喜和各廠昨又罷工」同23日．

133)「日紗廠工廠相継解決・日華両廠工作停頓」『申報』11月25日．なお同じ11月23日の『申報』の記事（「開除包飯工頭六名　喜和各廠昨又罷工・滬東全部平復」）は，滬東地区のすべての在華紡（上海・公大・裕豊・同興・大康・東華）が通常通り操業していることを報じている．

134)「豊田等廠工潮未解決　上海等廠再度罷工・工人会議提出条件」『申報』11月20日．

135)「開除包飯工頭六名　喜和各廠昨又罷工・提出条件九項」『申報』11月23日.

136) 杜月笙は，1931年のフランス租界工部局中国人従業員2500名のストに際し，フランス租界華人納税会長として調停に乗り出し，自分の邸宅でフランス総領事，上海特別市社会局代表，罷業団代表の会合を開いてストライキを妥結させている（村井倉松「上海仏租界工部局中国従業員ノ罷業終結ニ関スル件」昭和6年7月17日，外務省記録『労働争議関係雑纂　上海ノ部』第3巻）.

137)「第四回臨時会報告」『会議録』昭和11年11月20日.

138)「第卅一回例会報告」『会議録』昭和11年11月25日.

139)「日紗廠工廠相継解決・喜和三廠全体復工・内外工潮党政調処」『申報』11月25日.

140)「日紗廠工廠相継解決　滬東滬西工人代表向杜氏呼籲」『申報』11月25日．残る2条件は，理由無く労働者を解雇しないこと（今回のストライキで解雇された労働者を復職させること），および労働者を打罵しないこと・逮捕者の釈放を交渉すること.

141) なお，5％増給は10月26日に遡って実施し，交代日居残りは1時間につき賃金1割増し，2時間にわたる場合は別に粥を支給するかさらに5％増給（「第八回臨時会報告」『会議録』昭和11年11月27日，「第八回臨時会報告中一部字句訂正ノ件」同12月4日.

142)「滬西日紗廠工潮解決後　浦東日華又起罷工・豊田両廠全体復工・滬西日華昨晩開工・内外綿各廠工人集議」『申報』11月27日.

143)『申報』前掲記事，および「浦東日華紗廠工潮解決　全体工人昨晩復工」同11月28日.

144) 岡部利良「支那紡績労働請負制度の様式——本制度の内容をなす具体的諸関係」，「支那の労働請負制度の発達（二）——その存立の基礎並びに普及の程度について」『東亜経済論叢』1巻2，4号，昭和16年．なお，包身制の成立時期について，エミリー・ホーニック（Emily Honig）は，1928年以前の新聞・雑誌報道，および労働者状況に関する調査や報告に「包身工」について述べたものが見られないことから，20年代末に成立したと推測，それが青幇の勢力拡大時期と一致していることを指摘している（韓起瀾著，呉竟成編訳「解放前上海的包身工制度」『史林』1987年1期）．また，1936年に短編小説「包身工」を著した夏衍も，包身工のことを知ったのは，滬東の塘山路業広里の労働者居住区に住んでいた1929年末のことであったと述べているから（夏衍『包身工』人民文学出版社，1978年11月，p.33），この制度が1920年代末から発達したことは，ほぼ確実であろう．なお，包身工の悲惨な境遇については，小野和子「旧中国における『女工哀史』」『東方学報』京都，第50冊，1978年2月，を参照されたい.

145) 総工会の22ヵ条（1927年3月15日）や中共第6回全国大会の「職工運動決議案」（1928年7月9日）には，「包工制反対」の条項が見られる（註(88)(89)参照）.

図表II－6　上海在華紡労働争議・第1期（1925年2月－8月）

時　期	工場名	参加人員	原　因・経緯	要　求	結果	損失労働日
1925年						
2月9－25日	内外綿第5工場	3,300名	苛酷な労務管理への反発，スト煽動，他工場ストへの同調	①殴打の禁止　②賃上げ1割，理由なく控除しない　③第8工場の解雇者復業・逮捕者即時釈放　④2週間毎に賃金支給　⑤貯蓄金の全額返還，貯蓄賞金を賃金とし，定期的に支給　⑥理由なく解雇しないこと　⑦スト中の賃金支給	総商会の調停で協定妥結 ①会社は従前通り労働者を一律にする．②工場に復帰し，悔悟して作業する者は従前通り就業させる　③貯蓄賞は規則により5年後に支給　④賃金は社則通り2週間ごとに支給する（但し締切後）	236,800
2月10－25日	同第7・8・9・12工場	5,200名				
2月11－25日	同第13・14工場	2,300名				
2月12－25日	同第3・4・15工場	4,500名				
2月13－25日	日華第1・2工場	3,300名	苛酷な労務管理，内外綿ストに同調	①賃上げ1割　②賞工は1週間に1日分賃金　③賃金の毎2週間の支給　④殴打禁止，理由無く罰金を科さない　⑤休暇申請時の賃金当日清算など	無条件復業	42,900
2月14－24日	大康紗廠	3,600名	苛酷な労務管理，内外綿ストに同調	①労働者を削減せず，理由をつけ解雇しないこと　②殴打の禁止，③過度の罰金禁止　④賃上げ1割　⑤中野の解雇　⑥退社時の賃金没収禁止　⑦工場衛生の整備	無条件復業	43,200
2月15－26日	豊田紡織	3,600名	苛酷な労務管理，外部からの工場乱入・ストライキ煽動	①殴打や罰金禁止　②賃上げ1割　③逮捕者釈放，死傷者撫恤　④賃金の2週間毎の支給　⑤賞工は毎月賃金4日分　⑥休暇申請時の賃金全額清算　⑦便所木札の禁止など	25・26日，労働者から請願書を取り，3月2日朝から操業再開	39,600
2月16－25日	同興紡織第1工場	2,000名	苛酷な労務管理，内外綿ストに同調	①殴打や罵倒，理由のない罰金禁止　②賃上げ1割　③理由なく解雇しない　④賞工は1週間に賃金1日分　⑤大石と藤田の解雇　⑥女工への悪ふざけ禁止など	無条件復業	20,000

2月18-25日	裕豊紗廠第1・2工場	3,300名	苛酷な労務管理，内外綿ストに同調（出勤が400名まで落ち込んで操業停止）	①殴打禁止　②退社時の賃金没収禁止　③理由なく解雇しない　④賞銭の賃金への繰り込み　⑤食事時間は30分機械停止　⑥伊藤らの解雇　⑦毎年賃上げ1回など	無条件復業	26,400
3月3日（7-11）	内外綿第3工場	精紡（男工109名・女工26名）＋粗紡部		①糸継工に木管を並べさせないこと　②内外他工場同様の賃金割増	不明	23＋α
4月30日（13-15）	内外綿第7工場	—	賃金の遅配に抗議（第5東西・8・12でも）	給料の支払い	工場側，一両日で支払い準備ができると説明	—
5月1日（10:30-13:30）	内外綿第12工場	610名	給料の遅配に抗議		工場側が以後は毎月5日と20日に固定して支払うことを約束	76
5月4日（8:45-12:50）	同興紡織	約3,000名	解雇された労働者2名の復職要求		会社側は2名の復職承認	500
5月4日	内外綿第8工場	約1500名〔780名〕	工場側が1日当たり5角分の賃金を4角6分にしたため午前6時スト開始〔第8工場粗紡部女工40名が突然賃上げを要求，午後精紡部100余名も呼応，全工場操業停止〕	賃金の元の額の支給	会社，賃金の原額支給承認．精紡女工120名以外，11時45分復業．精紡女工は5日朝復業．〔同夜12時無条件復業〕	225
5月5日（2:20-3:20）	日華第4工場	約400名（男200・女200）	賃金支給の「遅れ」	①内外綿と同日の賃金支給　②皆勤手当の2週間毎の2日分支給（1年前に1月で3日に減額）　③日曜休業	工場側が7日に支給することを表明し，労働者は復業．煽動者と目された「記時員」解雇．	17
5月6日	内外綿第8工場	約300名	早朝労働者交代時から就労を拒否，午前11時頃，精紡部全体が停業，精紡工の煽動で粗紡部も参加，午後2時工場は労働者全員を退去	賃金の元の標準どおりの支給を要求．	7日朝に労働者2名が解雇されたため，7日も混乱続く	300
5月7日	内外第3・4工場	1,300名（大多数が女工）	1女工が煽動分子として解雇されたため，午後1時からスト開始		5月8日，警察は労働者を第3・4工場から排除．10日午後6時，無条件で復業．	3900
5月9日	内外綿第9工場	2,270名	午前7時頃より怠業開始，警官の出動で10時半に退去させる．工友倶楽	①貯蓄金小洋10角を大洋1元換算　②怠業中の賃金支給　③商会が仲		662

			部，要求条件を提示	裁した協定に従い，理由なく労働者を解雇しないこと		
5月13日	内外綿第15工場	約700名	同日朝工場が2名の粗紡部の労働者を解雇したことに抗議して午前9時スト		数名の私立探偵が説得して復業（ストは15分で終息）	7
5月14日	内外綿第12工場	603名（男307・女296）	精紡部の労働者2名〔2名解雇・警察引致5名〕が解雇されたため，午後1時スト開始		第5工場にも波及	603
5月15日－8月25日	内外綿第5東西・7・8・12工場	6,200名	顧正紅事件に抗議	①工会の労働者代表権承認 ②死傷者への賠償 ③犯人処罰 ④賃金増額20% ⑤賃金·賞与金の全額大洋建て支給 ⑥以後ロックアウトの手段に訴えないことを声明すること ⑦日本人は以後工場内に武器を携帯しないこと ⑧スト中の賃金全額支給 ⑨今回のストで労働者を解雇しないこと，第一次スト〔2月スト〕後の解雇者を復業させること	①工会条例によって組織された工会の労働者代表権を承認 ②労働者に相当の援助を与える ③労働者の生活状況を斟酌し，中国紡績と協議して賃上げする ④従来大洋で計算し，端数だけ小洋で支給していた賃金を，以後は端数を次期に繰り入れ，一律に大洋で支給する（賞与も同様） ⑤工場の日本人は，平時工場に入る際武器を携帯しない ⑥工場は理由なく労働者を解雇しない．労働者優遇に留意する．	632,400
6月1・2・3・4・5日－8月25日	内外綿第3・4・9（1日），内外綿13・14・15，日華第3・4，同興第1・2，上海第1，東華紗廠（2日），上海第2・3，裕豊第2工場（3日），日華第1・2工場（4日），裕豊第1工場（5日）	40,100名	5・30事件に抗議			3,350,550
6月11・12・13・15日－8月25日	大康第1（11日），日華喜和，大康第2（12日），豊田第1・2工場（13日），公大（15日）	18,500名	5・30事件に抗議（他工場の労働者の煽動）			1,358,200

典拠：上海公共租界工部局「警務日報」（上海市檔案館編『五卅運動』第2輯所収），『申報』，上海日本商業会議所『邦人紡績罷業事件と五卅事件及各地の動揺』pp.113-24，355-58，415-20，806-13，「青島・上海ニ於ケル在華紡罷業関係」（『日本外交文書』大正14年第2冊上）．

図表Ⅱ－7　上海在華紡労働争議・第2期（1925年9月-1927年4月）

時　期	工場名	参加人員	原　因	要　求	結果	損失労働日
1925年						
9月10日	日華紡織喜和工場	—	警察による工会委員長の逮捕	工会委員長の釈放働きかけ	不明	—
9月23日-10月27日	日華紡織	4,000名	工会幹部の解雇と出来高賃金の値下げ	①解雇者の復業　②賃上げ　③労働者を侮辱しないこと　④罰金の禁止（のち通訳李国士らの懲罰・解雇，医療費の補償，スト中の賃金支給）（『民国日報』9/26，10/26）	①賃上げ1割　②スト突入時の衝突で負傷した労働者へ医療費支給　③復業手当2元　④日本人監督金沢・通訳李国士・中国人工頭朱福生の解雇，⑤解雇の事前協議	140,000
11月3-5日	上海紡織第1工場	500名	工場側が8月の復業協定を不履行	協定の履行，賃上げ	賃上げ1割	1,500
11月7日	同興紡織	—		賃上げ	賃上げ1割	—
11月16日	日華紡織	1,950名		逮捕労働者の釈放働きかけ	釈放達成	1,950
11月17日	日華紡織第3・4工場	1,800名	工場側，労働者を解雇	解雇労働者の復職	不明	—
12月7日	上海紡織織布工場	500名	工場側の抑圧	工場側の抑圧に反対	円満解決	
12月11日	内外綿第14工場	—	賃上げの協定不履行	賃上げを要求	円満解決	—
12月12日	同興紡織	—	組合ビラの散布，労働者の逮捕		不明	—
12月22日	大康紗廠	19名	労働者の解雇と殴打に反対		説得による復業，首謀者の逮捕	19
1926年						
1月4日	内外綿第3工場	—	1労働者への綿条窃取の廉での懲罰	—	不明	—
1月5-6日	内外綿第5東工場	1450名〔日・夜〕（男工850・女工600）	前年工部局日本人警官に抵抗加害した労働者1名の逮捕	逮捕者の釈放	無条件復業（逮捕労働者解雇）	1,450
1月6日	内外綿第5西工場	700名〔日〕（男工400・女工300）	第5東工場のストに同情	同上	同上	700
1月7日	日華喜和工場	350名（男20・女330）	1監督（女性）の排斥計画〔会社側が解雇を画策〕	前記監督の解雇	会社側調査を約束	350
1月31日	内外綿第1・2工場	2000名	第1工場の1労働者の退社を排斥と		誤解をとき復業	2,000

			誤解した他労働者がスト，第2工場も同調			
1月31日	日華喜和工場	400名	加油工の解雇	解雇者の復職	解雇者復職認められず復業（警察の調停）	400
2月24-25日	内外綿第9工場	900	賃上げ1割・工場現場の椅子を要求	同左	工場側協議を約束	1,800
2月25日	同興紡織	79名	工場側が「就労不良」女工3名を解雇	解雇者の復職	要求容れられず復業	79
2月27日 －3月7日	上海紡織工場	899名（男工167・女工732）246名4日，200名7日，300名8日，50名9日間，95名11日間スト継続	織布女工の不平（スト発生時，男工は機械部品を棍棒にして窓ガラスや器具を破壊）	①屑糸出来高への工賃歩引き制度廃止 ②日本人工務監督の解雇 ③受け持ち織機削減（3→2台）	3月7日，騒擾事件の関与者48名が解雇，その他は復業	5,279
2月26日 －3月5日〔3日〕	日華第3・4工場	2900名（男工700・女工1800）	①会社側の新労働者2名の直接採用 ②労働者頭より申し出の労働者の採用拒絶	①新労働者解雇 ②労働者頭による労働者採用（後には新規採用には労働者全体の同意を得ること，を要求）	首謀者9名の解雇（「幾分ノ涙金」供与）	23,200
3月3-4日〔2-3日〕	内外綿第9工場	1075名（男工425・女工600）	右参照	①就業中の労働者に椅子を与えること ②賃金増額	無条件復業（「善良労働者ノ希望ニ依リ首魁ト目サレタル労働者4名」の解雇	2,150
3月5日	内外綿第7工場	148名	右参照	女工の門通過を認めなかった門衛2名の解雇	門衛2名の停職	148
3月6-7日	内外綿第3工場	65名（男）	65名の労働者，ハンクメーターの改善を要求〔新機械の使用に反対？〕	①ハンクメーターの歯車改定 ②スト期間中の賃金全額支給	ハンクメーターの改設，賃金の全額支給	130
3月8-9日	内外第3工場	23名（女工）（→480名の操業停止）	全部のハンクメーターの調整要求	ハンクメーターの調整	ハンクメーターの改善，3月8日の賃金全額支払い	46
3月13-16日	内外第4工場	885名	孫文逝去記念日の休業を要求するため3月11日，Speeding Room の運転を30分停止した1名の労働者の解雇	解雇労働者の復業	無条件復業	3,540

3月16日 (2.5時間)	日華浦東工場	精紡部少年約10名，女工約100名	上海における生活費の高騰	①「挨車頭」（受持機械交替の際の労働者待機制）をやめること ②賃金増額	無条件復業	11
3月27日〔26-27日〕	上海紡織第3工場	960名 (男工140・女工420)	日本人監督による女工の殴打	①日本人監督の即時解雇 ②一律に労働者を殴打しないこと	無条件復業〔一部受諾？〕	960
3月27日	日華紡織	4000名	右参照	3・18追悼会のため操業停止	追悼会後復業	4,000
4月12-16日	内外綿第3工場	1,740名 (男工850・女工890)	女工5名が就業中に間食をとり，4月10日，1週間の従業停止を命ぜられる	女工の即時復業	女工は4月17日より復業許可（無条件復業）	8,700
5月7-10日	内外綿第15工場	1,200名 (男工200・女工1000)	工場規定外の場所で喫煙したCarding Roomの1工人を解雇	解雇労働者の復職	無条件復業	4,800
5月17日 (約1時間)	日華喜和工場	1500名 (男工200・女工1200)	労働者の他の係への移転	工頭の罷免	〔工頭の辞任〕	63
5月28日 (約6時間)	内外綿第14工場	620名 (男工150・女工470)	工場側による養成工の雇用	養成工採用の取消	無条件復業	155
5月28日 -6月4日〔3日〕	内外第4工場	1,518名 (男工738・女工780)	1女工の6ヵ月間休暇願いを工場側が拒否	①6ヵ月以内の休暇の許可 ②新規雇用労働者の写真提出制度の廃止	無条件復業	12,144
5月30-31日	内外綿第11工場	—	右参照	5・30記念日に2日休業	不明	—
6月4-10日〔3-9日〕	内外綿第13工場	1200名〔日・夜〕(男工300・女工900)	監督者に反抗して木管を投げつけた労働者の解雇〔工場側の女工侮辱〕	解雇労働者の即時復職〔女工侮辱反対〕	8名の解雇労働者の復職許可	8,400
6月5-10日〔5-9日〕	内外綿第9工場	2,950名 (男工730・女工1420)〔3000名〕	監督者の命に従わない少年工の解雇から6月5日怠業．租界警察署長の調停で解雇取消，当日賃金4分支給で合意，操業を開始したが，労働者は会社側に内通したとする中国人「見回り」を殴打，機械を破壊し，ストに入る	①解雇少年の復職 ②スト中に解雇された5名の労働者の復職	会社側は，①②ともに要求承認	17,700
6月9-10日	内外綿各工場	3,000名	第13，第9工場支援	解雇労働者復職	解雇労働者の復職	6,000

6月12-16日〔15日〕	内外綿第3工場	1,100名〔500名？〕(男570・女530)	「不良」労働者4名〔前回スト時の労働者代表〕の解雇	解雇労働者の復職	4名に解雇手当の支給	5,500
6月15-17日	日華紡織喜和	木工，鉄工，機械工など150名(男)	生活費高騰	賃金値上げ1割	会社方針通り漸次一般に賃上げ．今回は特に賃上げせず	450
6月19-21日〔18-19日〕	内外第5西工場	1,260名(男500・女760)	江北幇の労働者が山東幇の工頭を排斥	なし	無条件復業	3,780
6月18日 9-16時〔6月19日〕	日華紡織	精紡女工約100名〔2,000名〕	女工の女性工頭2名への反感を工会が煽動(運転は停止せず)	女性工頭の解雇，殴打しないこと，段取りを公平にすること	無条件復業〔女性工頭に虐待の証拠がある場合は停職〕	29
6月21日 14-16時	内外綿第5西工場	700名(男440名・女260名)	6月21日，材料不足で操業停止したReeling Roomの労働者150名の賃金控除	1日分の賃金支払い	無条件復業	58
6月19-20日(実質3時間)	内外綿第4工場	730名(男340・女390)	山東出身工頭と江北出身労働者の対立	工頭の解雇	工場側は調査を約束	243
6月21-22日	日華紡織	—	1監工が童工を厳責	監工の解雇	工場は考慮を約束	—
6月23日	内外綿第4工場	700名	賃上げを要求		無条件復業	700
6月23-？日(25日-？(宋))	内外綿第5東西・7・8・12工場	3,600	第5工場の包探劉国棟の警察による拘留	工場による劉国棟の保釈	釈放実現〔宋林〕	—
6月24日-7月24日	内外綿第4工場	1,740名(男850・女890)〔1,650名〕	労働者に殴打された1女工が復讐するとの風聞で労働者は怠業，これが暴行に転じ，消防ホースや機械の部分品を武器に警察の入場を阻止，操業不能〔江北幇労働者が安徽幇の頭目に反対，頭目は労働者の機械破壊や放火に訴え，労働者間の闘争となり操業停止〕	なし	無条件復業．復業後10日間に7日就労した者に5元貸与	52,200
6月24-25日(実質2時間)	内外綿第3工場	550名(男300・女250)	6月24日発生の第4工場暴動に参加した1職工の逮捕	逮捕労働者の即時釈放	無条件	46
6月26〔28〕日-7月24日	内外第3工場	1,020名(男570・女450)	総工会代表が機械を停止させ，労働者を食堂に集め演説をしたため，こ	600名の労働者が差し引かれた賃金の工賃支払いを要求	無条件復業．復業後10日間に7日就労した者に5元貸与	28,560

			の間の賃金を差し引き〔第4工場ストの支援〕			
7月11日	日華	—	日本人の殴打に反対		説得により復業	—
7月19日	内外第5東西工場	1,500名	第2（3？）・4工場スト支援と組合再開		1日で復業	1,500
7月20日	日華喜和工場	—	女工2名の解雇と労働者の工頭排斥		不明	—
7月24日-8月28日	日華第1・2工場	4,000	労働者が電流鉄条網に触れて死亡，日華紡織の工頭層の解雇	①被害者の弔意金増額と責任者の処罰　②労働を阻害する危険物の撤去　③労働での死傷への支給規定の制定　④米代補助支給1日1角　⑤待遇改善	工頭22名解雇．工場側の①米代補助1日3分，②復業後3日以内1元支給，③復業5日後熟練者2元，不熟練者1元貸与，④操業後1週間以内に復業しない者は解雇，で復業	144,000
7月27日-8月14日	内外綿第9工場	1,760名	暑さのため労働者が機械を停止し，午後の20分休息を要求．工場はロックアウト，26名を解雇〔宋林報告〕	①解雇者復職，任意に解雇や工場閉鎖を行わない　②閉鎖中の賃金支給　③工場内気温が華氏95度以上の際20分以上休息（賃金全額支給）④工場内衛生・防疫施設の設置　⑤5・30復業協定履行，賃上げ1割	無条件復業	33,440
8月20日-9月16日	内外綿第5・7・8・12・13・14・15工場同興第1・2工場	10,222名〔17,479名〕	陳阿堂事件と待遇問題	①陳阿堂事件の解決　②待遇改善（武装警官などによる殴打・過度の罰金・指紋押捺などの禁止）③逮捕者の釈放，解雇者の復職，以後任意に解雇しないこと④停業中の賃金支給，今回のスト中の賃金支給（『嚮導』169）	無条件復業（復業3日後に労働者に4元貸与，0.9元賃上げ）	286,216
9月1-27日	日華第1・2工場	3,700名〔4,325名〕	前回のストライキ復業後，工頭と総工会の再煽動	要求条件を提出	米代補助の増額と復業後に3元貸与	99,900
12月4-15日	日華・公大	3,200名	賃金2割切り下げるとの風聞・日本人による殴打事件	12カ条の要求条件提出	工場側は要求条件のうち3条件のみ承認	38,400

1927年						
2月19-23日	内外綿・日華・上海・大康・東華・裕豊・公大・同興	52,050名（延べ人数）	第2次上海蜂起に呼応		蜂起の失敗にともない復業	187,343
3月11日	内外綿第5東西工場	1,000名（男210・女760・童30）	「軍閥打倒・スト擁護」の標語が工場側によってはがされる	標語の貼り直しを要求	工場側は許可	1000
3月14日	同興紡織第1工場	900名（男190・女680・童30）	賃上げ・工会への部屋を要求		工場側は要求を承認	900
3月14日	内外綿第8工場	200名（男40・女150・童10）	工場側が労働者の標語をはがす	標語の貼り直しを要求	当日に工場側は要求を承認	200
3月15日－4月18日	内外綿第9工場	2,000名（男420・女1520・童60）	内外綿工頭曾福根の殺害事件	犯人の逮捕	工場側，事件の究明と家族の弔慰金支給を承諾（3元の給料前借りで18日から復業〔矢田総領事第619号電4月18日〕）	2,000
3月15日－4月2日	日華紡織	3,000名（男630・女2280・童90）	30余名の証明書（簿子）を持たない労働者30余名が工場に入ろうとして制止する守衛を殴打．工場側は工場を閉鎖	簿子を管理する監工の解雇・交替	ストは失敗・復業	57,000
3月21-24日	内外綿・日華・上海・大康・東華・裕豊・公大・豊田	57,500	第3次上海蜂起に呼応		24日，上海総工会復業命令	230,000
4月3-18日	同興第1工場	1,852名（男300・女1452・童100）	工場側が工会の要求を容れず停業	同興第1工場工会が全ての女工解雇・男工への変更を要求	ストは失敗，工場が開業	30,400
4月13-16日	内外綿・日華・豊田・上海（第1工場）・大康・東華・裕豊	34,038（13日） 36,965（14日） 22,834（15日） 7,832（16日）	4・12クーデタに抗議	①労働者の武装回復 ②工会を破壊した責任者の懲罰 ③死者の家族の救済など （『嚮導』194）	15日，上海総工会復業命令	101,669

典拠：矢田七太郎上海総領事「支那労働争議報告ニ関スル件」昭和2年2月1日（外務省記録『中国ニ於ケル労働争議関係雑纂（罷業，怠業ヲ含ム）上海ノ部』第1巻），上海市政府社会局『近十五年来上海之罷工停業』，「上海工委宋林関於最近五月来上海職工運動報告」（『上海革命歴史文件彙集』甲3）．

図表Ⅱ－8　上海在華紡労働争議・第3期（1927年8月-1930年9月）

時　期	工場名	参加人員	原　因	要　求	結果	損失労働日
1927年						
8月22日-9月26日〔9月1日〕	内外綿第5東西工場	2,816名（男1,741・女1,075）〔2,400名〕〔男1,600・女800〕	7月16日と8月14日，スト煽動の嫌疑で労働者132名〔120名？〕を解雇→8月22日午後9時第5東工場打綿部夜業班510名がストを開始，同26日昼間工，第5西工場の昼夜業班も参加（日本総領事館報告は旧総工会・所属工会の勢力回復のねらいを指摘）	①解雇者の復職　②工会の労働者代表権承認　③倶楽部の恒久的設立　④産休40日間（有給）　⑤慰労金支給　⑥賃上げ（10元以下3割，20元以下2割，20元以上1割）　⑦理由なく解雇しないこと，解雇は工会の承認を得ること	無条件復業 工会員（「何れも不良分子」）を全員解雇	91,326
8月22-27日	内外綿第9工場	2,000名（男800・女1,200）	工場側が労働者7名を解雇		解雇労働者に12日の賃金支給	12,000
8月22-30日	内外綿第7・8工場	2,120名（男720・女1,400）	第9工場に同情スト		自動復業	19,080
8月27日-9月22日	内外綿第9工場	2,190名（男899・女1,291）	第5工場への同情（日本総領事館報告は「旧総工会及共産党側ノ暗中援助」を指摘）	①工会の労働者代表権承認　②工人倶楽部の設立　③解雇工人の復職　④理由なく解雇しないこと，解雇は工会の承認を得，慰労金と賃金半月分を支給すること　⑤賃金の1割増加　⑥担当作業を変更しないこと，口実を設けて工人を解雇しないこと	無条件復業	59,130
9月5-29日	同興第1工場	延べ人数男10,311　女23,669〔2,170名（男570・女1600）〕	労働者の解雇，旧総工会・共産党側の煽動	①解雇者の復職，スト中の賃金支給　②コック兪永堂復職とスト中の賃金支給　③増給（～10元・4割，～20元・3割，～30元・2割，～40元・1割）　④例年規定の夏季賞与金の支給　⑤工人倶楽部の費用毎月100元支給　⑥産休40日，賃金全額支給　⑦以後工人		〔54,250〕

				を打罵したり理由なく解雇しないこと ⑧作業中の負傷は工場負担で診療，負傷休業中の賃金支給 ⑨月給者に毎月賞与金4日分支給，職員・コック・ボーイ・小使も工場労働者と同待遇 ⑩在勤年による退職慰労金の支給 ⑪大平，村山，前田の解雇		
9月9日（実質6時間）〔9-10日〕	同興第2工場	2,800名（男650・女2,150）〔990名 男200・女760・童30)〕	第1工場への同情，総工会・共産党側の煽動	①日給6角以上1割，6角以下2割増給 ②職工倶楽部（娯楽施設）の承認，開設費200元・毎月経常費100元の支給 ③産休40日，賃金全額支給 ④監督者加藤の辞職 ⑤解雇者の復職，以後理由なく解雇しないこと ⑥第1工場の要求即時承認	無条件復業	700
9月7-26日	内外綿第5東西工場	2,500名（男1,600・童900）		①工会承認 ②賃上げ ③理由なく労働者を解雇しないこと	①日本紗廠連合会が工会を承認すれば内外綿も承認 ②営業がよくなれば賃上げする ③労働者は理由なく解雇しない	50,000
11月7-14日	内外綿第5東西工場	2,800名（男600・女2100・童100）	労働者の要求（右）を工場側が拒否	労働者がロシア革命記念日に1日休業を要求	自動復業	14,000
11月15-21日〔14-24日〕	東華〔第1・2工場〕	2,046名〔3,000名，男630・女2280・童90〕	11月7日の永安紗廠ストから，旧総工会の労働者が出勤阻止を強行	増給・待遇改善	無条件復業	14,322〔33,000〕
11月23-25日	日華第3工場	37名（男）	「包紮工人」が「二秤重工人」の「包紮工人」への昇格を要求		労働者数名の解雇・無条件復業	111
1928年						
2月9日-18日	日華第3工場	男工30名	会社が3名の労働者（「怠惰ナル工人」）解雇→他の労働者30名が復職要求→会社側拒否	解雇労働者の復職	会社側の強硬姿勢と衛戍司令部の復業命令の結果，2月18日，工統会の斡旋で3名は解雇，他は無条件復業	300

7月11-21日〔11-15,18-22,24-31日〕	内外綿第9工場	2,035名（男651・女1384）	7月10日，11時間制の導入後，午後8時半，粗紡部から罷業開始，他の部も同時に参加．11日朝に至り，第9工場総罷業．	①半時間の作業延長に対する割り増しを5分から1割に ②解雇工人の復職	会社側は「不良工人」60余名を解雇，強硬態度を堅持．8月1日無条件復業．工整会の仲介効果なし〔45分延長の際は1時間分の賃金支給〕．	36,630
7月31日	日華浦東工場	330（男30・女300）	工場側の「替工」の解雇	解雇に反対（午前10時から約10（?）分停業）	「替工」の引き続き雇用	5.5（?）
12月？日-29年1月4日	内外綿第9工場	1,800名	「不良工人数名」の解雇→工会統一委員会当時の右派工会の代表翁光輝，および共産系の分子の策動〔12月下旬，26日頃から要求提示か〕	①解雇者復職，理由なく労働者を解雇しないこと ②賃上げ1割，年末賞与1月分 ③「三日間ノ臨時休業ノ工人札ヲ支給」 ④30分間の延長で1時間分，45分延長で2時間分の工賃支給 ⑤腰掛けを与えること ⑥罰停工を許さず ⑦工人を圧迫する日本兵及び巡警を撤退せしめ，工会組織の自由承認	無条件復業	18,000〔以上〕
1929年						
1月30-31日（実質1日）	内外綿第7工場織布部	1,155名（男180・女975）	織布部の労働者が新規雇用の労働者の高い賃金率を知り，賃上げを要求		要求承認	1,155
1月30（?）-2月7日	内外綿第7工場	1,079名（男169・女910）	前記ストの結果，労働者37名の解雇	スト労働者全員の復業	解雇労働者（37名）1人当たり手当25元支給．新規雇用の労働者には不加給．他は無条件復業	9,711
1月31日-2月6日	喜和第1・2荷造部	54名（男工）	賃下げ	賃下げに反対	現状維持	378
2月3-8日	内外綿第4工場	1,400名	第7工場に同調してスト	賃上げ・労働時間短縮		8,400
2月16日-3月5日	日華第8〔?〕工場	1,600名	賃上げを要求した労働者と工頭11名解雇	解雇に反対	解雇11名のうち7名に復業を許可，4名解雇（退職金30元），スト中賃金は各自に1元支給	28,800

11月8日 -12月2日	日華紡織第1・2工場	男604・女2,663・童311	11月8日　昼食後織布工場（350名）罷工開始→同日夜12時食事後，第1工場精紡部（300人）示威罷工→9日朝作業中の浦東第2工場に対し罷工職工が強迫的に作業を停止させる（600名）→11日午前1時半，会社はロックアウトを宣言	①工会の労働者代表権承認　②工会執行委員専従に給与支給　③労働者採用には工会の紹介で工会員を雇用　④解雇は工会に事前通知し，同意なく解雇しない　⑤工会に毎月経常費洋500元支給　⑥工人義務学校の創立費1000元・経常費月額500元補助　⑦1年1回増給．日給・月給・請負者は3割，粗紡・精紡・仕上げ・荷造りなども同率賃上げ　⑧臨時工雇用には，賃金を大洋勘定とし「替工札」廃止　⑨賃金の1割分を増額して工人貯蓄金とする　⑩産休（有給）2ヵ月　⑪10時間労働，童工は8時間　⑫米代補助毎日1人大洋2銭4厘　⑬臨時工の試用期間は半月に2日公休，など27ヵ条	①日給工には2～3銭日給増額，但し会社は昨年末一律に増額をしており，会社内規に基づき昇給期到来の意味で増給する　②職工に対し一律に仮定日給2銭を増給　③会社は復業後理由なく労働者を解雇しない　④優遇の意味でスト前日（11月8日）の出勤者および復業後3日以内に出勤した者に1日分の日給を支給　⑤労働者側が会社側の走狗として排斥する労働者（会社の密偵関係者4名）は，理由なく解雇しない	89,450
12月8日 -30年1月4日	内外綿第9工場	1,800名	労働者（「不良工人」）解雇による煽動とこれへの同情罷業	①解雇工人の復職，以後故なく工人を解雇しないこと　②賃上げ1割，年末賞与1カ月分の支給　③3日間の臨時休業　④工人札の支給	会社側の強硬なる態度により無条件復工	57,600
1930年						
1月20-27日	同興第1工場	1,800名（男工400・女工1,400）	同興紗廠第1工場，「不良」男工4名（共産党系？）解雇→解雇職工による出勤妨害→1月20日午後の交代時，出勤できない女工多数（「三釜の操業不能」），会社側は無期休業を宣言	①停業中の工賃を差し引かないこと　②賃金1割増給　③米代補助1日3銭支給　④今回の運動関係者を解雇しないこと　⑤賞与への罰則廃止	米代支給は保留，「解雇したる十九名に対する工人解雇手当（勤続1ヶ月に就き日給一日分の割合にて最高壱百五弗二十八仙）を支給	14,400
3月15-22日	日華喜和工場	5,300余	3月6日から怠業はじまる．7日にはほとんど罷業状態となり，第1次	〈第1次要求条件〉①米代補助毎月1人1元支給　②賞与金毎日1	①工人の昇級は会社の規定により実行　②米代補助は1月1元支給．	42,400

			要求条件提示さる．3月15日第2次要求条件を提示，工場側労働者を退去させる．上海工会連合会の「工人を牛耳り居る蔡・魏」（工頭）を通した煽動	人4分支給　③理由なく解雇しないこと　④生理休暇5日，賃金支給　⑤産休2ヵ月，賃金支給　⑥労働者の生命保証　〈第2次要求条件〉①昇級規定の公表　②米代補助1元の日給への加算支給　③退社慰労金支給規定の公表　④労働者を減らさず，理由なく解雇しないこと（ほか12条）	但し欠勤の場合夜工は宛5銭，長日工は6銭控除　③会社が理由なく労働者を解雇する場合は勤続1年につき15日分を支給　④今回減員は従来通り復業（第6・7工場打綿加油梳綿の掃除，精紡のバンド方及篠運搬）（ほか11条件）	
7月19日 －9月17日	日華浦東工場	3,700名 （男600・女2,100・童1,000）	工場の左右両派の軋轢，左派工会員の罷工煽動	〈第一次要求〉 ①米代補助を一律月3元増給　②賃金の支払い延期をしないこと　③日曜の夜業停止 〈第2次要求〉 ①スト中の賃金2週間分支給　②毎月の皆勤手当2日分を4日分に　③スト中の米代補助2ヵ月分小洋16角支給　④解雇労働者7名の復業　⑤会社側の走狗労働者4名の解雇（申報9/15）	①米代補助10銭支給　②解雇労働者7名の復業の件は社会局が調査して方法を講じる　③「会社の走狗」4名解雇の件は社会局が調査して方法を講じる　④スト中の賃金支給・夏期手当要求の件は，皆勤賞として日給4日分を支給　⑤皆勤賞は，従来の夜業手当2銭の支給を取り消し，皆勤の夜勤工に日給4日分，同昼勤工に2日分を支給（以上「外務省記録」．『申報』9/18の復業協定とは異動あり）	225,700

典拠：外務省記録『中国ニ於ケル労働争議関係雑纂（罷業，怠業ヲ含ム）上海ノ部』第1－3巻，『近十五年来上海之罷工停業』，『申報』．

図表Ⅱ－9　上海在華紡労働争議・第4期（1931年12月－36年11月）

時　期	工場名	参加人員	原　因	要　求	結果	損失労働日
1931年						
12月24日 –32年1月28日	日華浦東第2工場	350名（女工） 〔女工260余・男工30余〕	織布部門の女工の一部，工場側の担当織機台数の増加・賃下げに反発して操業を妨害・怠業．当局は工場を閉鎖	従来どおりの担当織機台数・賃金を要求	警察引致4名・解雇11名・出勤停止30名．上海事変のため自然消滅	12,600

1932年						
1月12-28日	喜和第1・2・3工場　同興第1・2工場　公大第3工場　上海絹糸	8,000名（男1,700・女6,000・童300）	工場側が毎月の皆勤手当を廃止，労働者を大量解雇（同興・喜和）	皆勤手当廃止に反対	上海事変により自然消滅	136,000
4月11-24日	日華第1・2工場	3,300名	上海事変後，工場が工頭を通じ操業再開を通知したところ，労働者はこれに抵抗，第5区綿紡業産業工会日華分事務所を通して大会を招集し，右の要求を決議．工場側は日本領事に依頼，領事の警告を受けた市政府は，警察に工場を保護させ，工会日華分事務所の活動を停止	①日本兵の撤兵　②停業中の損失の賠償　③従来の月手当回復　④大量解雇された織布部労働者の復職	4月25日復業	46,200
1933年						
9月12日	同興紡織	120名	工場側が減給を決定	賃下げに反対	賃下げ取消	120
1936年						
2月11-13日	日華喜和工場	3,000名〔男400・女2,600・申報2/12〕	人事主任国分龍三の退職→労働者側に人員整理の危惧発生．2月11日午前5時45分の交代時，機械を止め社宅に退去	①国分龍三の復職（外）②「老工人」を解雇しないこと（申）	2月13日，領事警察･租界警察･公安局の派遣下，会社は「主謀者」19名を解雇（社会局の要請で6名減）	12,000
2月13-16日	日華浦東工場	600名	織機部主任松本義助の退職反対（山田義正の就任反対）・人員整理に反対→2月13日午前6時，織機部昼勤工約300名怠業開始，夜勤工も同調	松本の復職を要求	2月14日，工場は公安局浦東分局の無条件復業の斡旋を拒否，「主謀者」18名を解雇	2,400
3月10-12日	裕豊工場	800名	賃金の不満から10日，夜勤工400名がスト，11日に昼勤工も同調（「婦女救国会其他共産党ノ煽動」）		工部局警察の取締，女工23名，男工2名を検挙，12日，合計140名を解雇．他は無条件復業	2,400
11月 8･9･10･12日 -15日	上海紡第1-6工場（第3・5工場は8日，第6工場は10日から），同興第	上海第1-5・7,000名，第6・800名，同興第2・3,000名，東華1,600名，大康	中華全国総工会白区執行局紗廠工作委員会の活動〔「抗日救国会共産系不逞支那人ノ存在」〕	①賃上げ2割　②食事時間に機械停止1時間　③1人の労働者も解雇を許さない　④1人の労働者にも虐待殴打を許さない　⑤日曜の	11月9日，工賃5分値上を発表	76,400

	2工場（8日）東華（9日），大康(10日)，公大（12日）	4,200名，公大第2・2,000名		余分な労働に反対		
11月12-15日	内外綿第6工場	800余名	12日の夜業時，精紡部の女工が日本人監督に殴打されたため全員でスト	賃上げなど4条件を提示	中野工場長，各班頭目と協議，調査の約束で復業．解雇8名	3,200
11月 17・18-26日	豊田第1・2工場，内外綿第1工場・第2工場(17日)，内外綿第5・6・7工場（18日）	豊田4,500，内外第1・1,500名，第2工場（織布）520余名，第5工場800-900名，第6工場400名，第7工場320名	17日，豊田第1工場で夜勤工入場際の騒擾が勃発，第2工場に波及．同日，内外綿第1工場夜勤工がスト開始．第2工場織布部の労働者も賃上げを求めスト．18日，内外綿の第5工場精紡800-900名，内外第6工場400名，第7工場320名がスト開始．	値上げ（内外綿第2工場織布部）	①賃上げ5％（平時から低すぎる者は斟酌）　②毎月の賞工制度は廃止，成績優秀者に対する昇級・賃上げの奨励制度により奨励　③日曜日は12時間労働とし，繁忙期に12時間を超えて労働する者は，賃金を時間分だけ増額し，かつ夜食の粥を支給すること．労働しないものは認めること（紡績同業会26日付発表）． なお賃上げ5％は10月26日付，交代日居残りは1時間につき工賃金1割増，2時間にわたる場合は別に粥を支給するか賃金5％増給．	79,330
11月19-24日	喜和第1・2・3工場	3,400余名	上記ストライキの波及	①賃上げ　②食事時30分機械停止　③日曜日の操業は朝6時まで．普段は12時まで延長している　④半月の皆勤者に1日分の賃金支給　⑤任意に労働時間を延長しないこと　⑥新規労働者は工房から雇用すること　⑦米代補助毎月5角　⑧労働者の解雇・焼飯作の駆逐をしないこと　⑨人事課長池田の解雇		20,400
11月23-26日	日華第3・4工場	3,000名	午後3時半，機械部品損傷を工場側が労働者の機械停止（関車）と思いこんで，租界警察をよび労働者を退場させる．			18,000
11月26-27日	日華第1・2工場	3,300余名	工場側が解決条件に沿った改善を行わないため，不満が醸成されているところに，日本人監督による織布女	①食事時間1時間機械停止　②織布工場では機械4台に1個の椅子を配置　③毎月皆勤者には2日分	①賃金1割値上げ（10月26日付）　②食事時間30分，機械停止　③日曜午前6時以後の操業延長の場	

			工段辱事件が起こり，夜勤工が憤激してストを開始.	の賞工を支給　④巻取機75車以上を担当する者は賃金を２割増　⑤日給労働者は１日２角賃上げ　⑥賃金は毎月15日支給　⑦労働者の退社時に無理に引き留めないこと　⑧土曜日の夜業で翌日午前６時以降も作業をする場合は別途賃金増額　⑨理由なく労働者を解雇しないこと　⑩工会の労働者代表権承認　⑪日本人領班治郎丸の解雇	合は賃金増額（９時まで）　④労働者の食事部屋設置　⑤１カ月皆勤には手当２日分支給．この条項は日本紡績同業会に請示し，他工場と一致対応　⑥賃金は毎月２回定期的に支給　⑦労働者の退社時，無理に引き留めない　⑧理由なく労働者を解雇したり打罵しない　⑨労働者は26日に一斉復業

典拠：外務省記録『中国ニ於ケル労働争議関係雑纂（罷業，怠業ヲ含ム）上海ノ部』第３，４巻，『申報』，臼井勝美編『日中戰争』（五），pp.3-43.

第3章

1927年9月上海在華紡の生産シフト

森　時彦

内外綿42番手「水月」の梱包風景
『内外綿株式会社五十年史』より

はじめに

筆者はかつて，19世紀末のインド機械製綿糸の中国農村市場席捲から1930年代の農村恐慌期に至る中国近代綿業の展開を整理した結果として，1920年代は中国紡績業の発展過程におけるターニングポイントであったとの結論をえた．しかもこの中国紡績業をめぐる大きな潮目の変化は，第一次世界大戦中から以降における東アジア的規模の経済連鎖，とりわけ中国と日本との経済的連関作用に深くかかわっていることも，概ね明らかになった．

本章では，その焦点と言ってもよい存在であった在華紡の動向に着目しながら，1920年代後半における中国紡績業の転換のプロセスについて，おもに当時の紡績業における発展度のバロメーターとされていた高番手化の問題に的を絞って，短いタイムスパンのミクロな分析を重ねていく．それは，中国紡績業の高番手化における転換の一瞬を微細に捉えることによって，逆にその転換の通時的にもつ大きな意味をより明確にできるのではないか，またその瞬間が在華紡と中国社会との双方向的な作用と反作用の関係をもっとも集中的かつ鮮明に表現しているのではないかとの見通しのもとに進められる試みである．

1 「1923年恐慌」と中国紡績業界の分化

最初に，1920年代後半の中国紡績業が高番手化の段階にいたった経緯を，これまでの研究結果（拙著『中国近代綿業史の研究』京都大学学術出版会，2001年4月）によりながら，ファンダメンタルズの面から簡単に振り返っておくことにしたい．

周知のように，中国紡績業は1890年の誕生（上海機器織布局一部操業開始）以来，おもに農村の在来織布業向け太糸（10—20番手）を生産することに特化して発展してきた．しかし第一次世界大戦の勃発をさかいに，イギリスからの綿工業製品，とくに薄地機械製綿布（shirtingなど）の輸入が途絶したことで，中国国内でその代替品生産が隆盛に向かった．代替品生産の原料となる40番手前後の細糸は最初，日本からの輸入によっていたが，1920年代後半以降おもに上海の在華紡が，日本国内の紡績工場に代わって供給するようになった．

第一次世界大戦期以降に中国へ進出した在華紡は本来，20番手以下の太糸の生産を日本国内から中国現地にシフトする目的で設立されたものであった．日本国内の巨大紡績資本は，第一次世界大戦後期から以降の時期にかけて，莫大な超過利潤に潤ったが，その一方で賃金コストの二倍にのぼる上昇，中国関税の実質５分への引き上げ，さらに深夜業禁止の近い将来における実施など，いくつかの要因が重なって，20番手以下の太糸の分野では，中国に対する輸出競争力を失いつつあった．その打開策として実施されたのが，20番手以下の太糸の生産拠点を中国の沿海都市に大挙シフトすることであった．

しかしこの時期，中国民族工業の「黄金時期」と称される空前の好況を謳歌していた中国紡績業界は，やがて民族紡（中国資本の紡績工場）の族生と在華紡の雪崩を打った進出によって，太糸の過剰生産に起因する「1923年恐慌」に直面することになった．「黄金時期」の原動力であった「紗貴花賤」（綿糸高原綿安）の状況は，生産力のあまりにも急激な拡大の必然的な結果として，製品綿糸の供給過剰と原料綿花の需要過剰による「花貴紗賤」（原綿高綿糸安）の様相に一変した．

そもそも，第一次世界大戦前には年間140万担に過ぎなかった中国紡績業の太糸生産力は，民族紡と在華紡の乱立で，1922年には一挙に500万担に迫るまでに急伸していた．当時，中国農村在来織布業の太糸需要は，年間400万担が上限であったとの推計に基づくと，たとえインド，日本などから輸入されていた太糸を中国市場から完全に駆逐したとしても，中国紡績業はなお100万担近くの過剰生産力を抱えていた計算になる．

このような原因に由来する「1923年恐慌」に臨んで，在華紡各社はまず，割高の中国綿花を避けて，中国綿花と同じ旧大陸綿の系統に属し，しかも相対的に割安になったインド綿花を大量に手当てして，「花貴」状況への対応に着手した．しかし「紗賤」状況については，それが中国紡績業の太糸生産力が唯一の顧客である中国農村在来織布業の太糸消化力を大幅に超過してしまった結果引き起こされた事態である以上，過剰な太糸の生産力を削減する以外に有効な対応策はなかった．

以上のように構造不況ともいうべき様相を呈していた中国の太糸市場を前

にして，在華紡のなかには，農村在来織布業という在来セクター向けの太糸（10―20番手）から，輸入薄地機械製綿布の代替品を生産する近代セクター向けの細糸（40番手前後）への生産シフトによって，新しい市場の開拓をめざす企業も出てきた．在来セクター向けの太糸生産に特化して単線的に発展してきた中国紡績業は，ここに至って近代セクター向けの細糸生産に乗り出そうとする企業と従来の太糸生産にとどまる企業とに，二分される段階を迎えることになった．

2　1920年代後半の市場環境

1920年代前半，中国紡績業界をとりまく市場環境は，「1923年恐慌」をボトムとして低迷した．それは前節で述べたように，第一次世界大戦後期から以降にかけての中国民族工業の「黄金時期」に対する反動不況という側面とともに，農村在来織布業向けの太糸生産に特化して発展してきた中国紡績業がかかえる構造不況といった様相をつよく呈していた．

そのため，1920年代後半に入っても，太糸の採算状況（盈虧状況）はさして好転しなかった．当時の中国紡績業の主力であった16番手太糸について見ると，標準品の一つであった「地球」（溥益紗廠製品）の採算状況は，図表Ⅲ－1に示されているように，5・30運動を頂点とする民族主義的な労働運動が展開された1925年前半には，1梱当たり最大で16規元両を超す損失を出していた．1925年も後半になると，5・30運動以降の減産で在庫調整が進んだ結果，太糸も一時的に需給が好転して，9月には12.5規元両の利益を出すまでに改善した．

しかしその後は，アメリカ綿花の豊作にともなう世界的な綿製品価格の下落が，中国紡績業界を直撃した．図表Ⅲ－2のように「地球」の現物相場は，1梱当たり1925年7月の180.25規元両から26年12月の127.25規元両まで，1年半にわたってほぼ一本調子に暴落し，その下落率は29.4％に達した．この間，通州綿花の市価も1担当たり25年7月の43規元両から26年12月の32規元両まで下落したが，その下落率は25.6％に止まった．その結果図表Ⅲ－1のように，「地球」1梱当たりの採算割れは，1925年9―11月の例外を挟みながらも，25年7月の2.4規元両から26年12月の16.35規元両へと大きく拡大し

図表Ⅲ－1　上海溥益紗廠16番手綿糸「地球」採算状況（1梱当たり規元両）

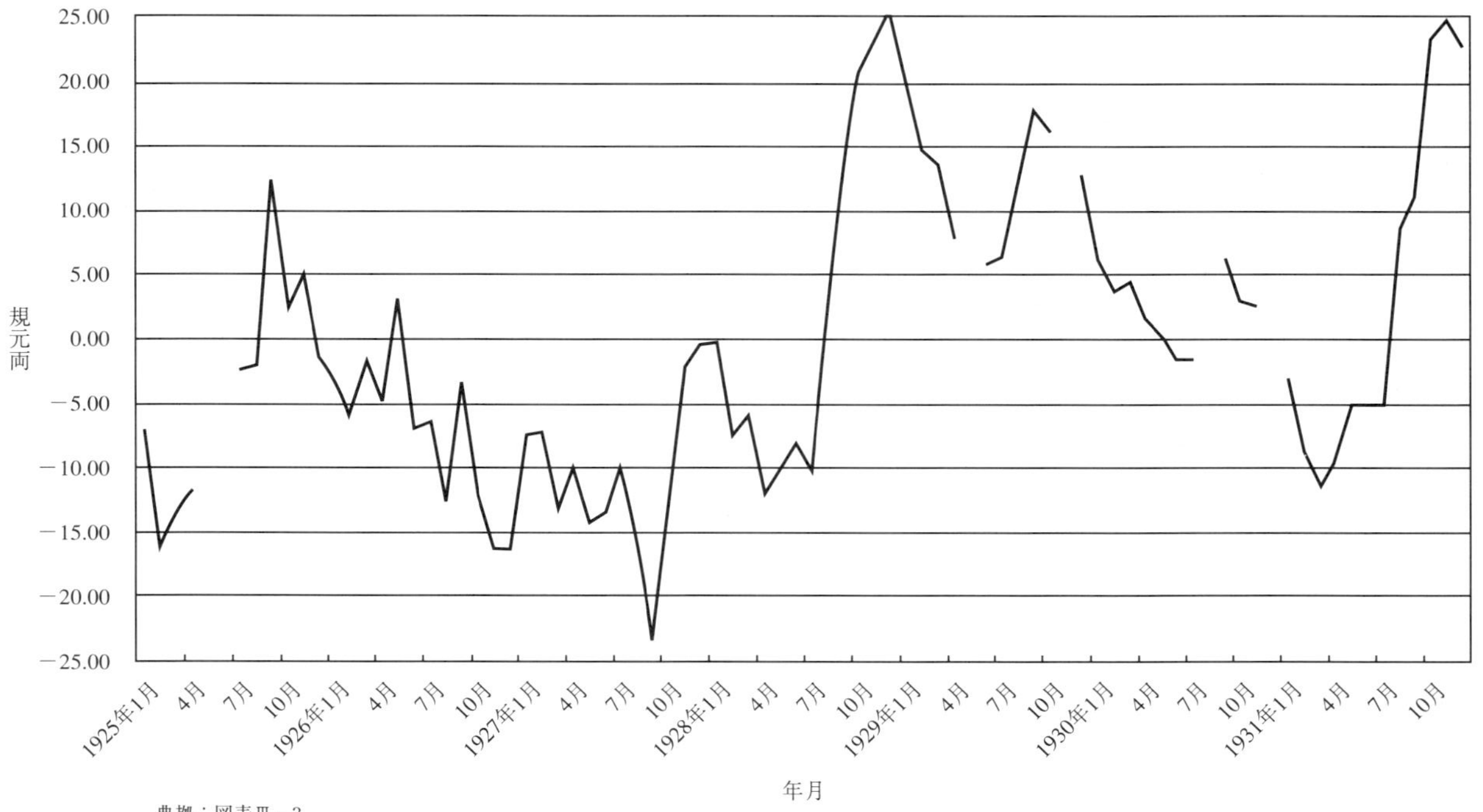

典拠：図表Ⅲ－3

図表Ⅲ－2　上海16番手綿糸薄益「地球」と内外綿「水月」の現物相場（1梱当たり規元両）

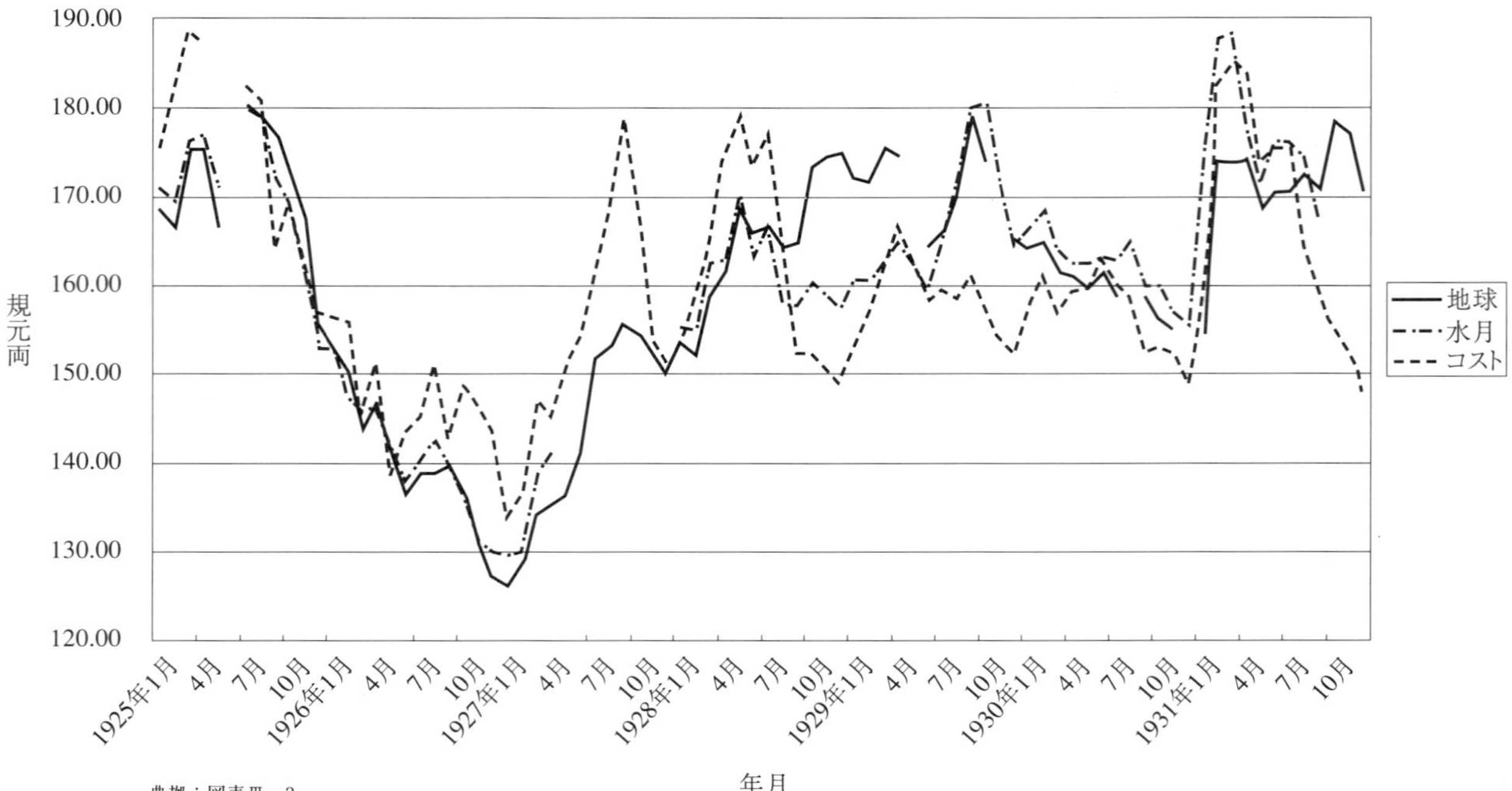

典拠：図表Ⅲ－3

てしまった.

このため，1926年も末に近づくと上海では以下の記述のように，採算の悪化した16番手綿糸に見切りをつけ，20番手綿糸に生産シフトする動きも一部で見られ，16番手綿糸の在庫調整がはじまった.

> 上海毎日新聞の報道では，原綿が安価で綿糸需要が杜絶している折も折，さらにアメリカ綿花大豊作の報があり，当市における綿糸価格の下落は，実に近年来稀にみるもので，状況は混沌としており，回復のチャンスはないように見える．しかしながら，これまで工場では，16番手がどうしてもコスト割れを避けられないというので，多くが20番手に生産シフトした．したがって16番手綿糸の供給は漸次減少しているわけで，実需は久しく不振であるとはいえ，製品滞貨の苦痛を感じないばかりか，在庫不足の様相すらある[(1)].

さらに1927年に入ると，今度は逆にアメリカ綿花の不作予想にともなう世界的な綿製品価格の高騰が，中国市場にも相場の反転をもたらした．図表Ⅲ－2のように「地球」の現物相場は，年初の126.25規元両を底に一転上昇に転じ，9月の155.75規元両まで，一気に23.4％上昇した．しかし通州綿花の市価は，それをはるかに超えるペースで急騰し，年初の29.2規元両から9月の42規元両まで，実に43.8％も上昇した．その当然の結果として，「地球」1梱当たりの採算割れは図表Ⅲ－1のように，年初の7.41規元両から9月23.35規元両へと3倍以上に急拡大した．ほかでもなく1927年9月は，1920年代後半において太糸の採算が最悪に陥ったまさにその月であった.

それ以降は，1928年の4―7月に，通州綿花の高騰による採算の悪化が見られるのを除けば，総じて16番手太糸の採算は改善傾向にあった．とくに1928年10―12月の3ヵ月間は，通州綿花の市価が34規元両の辺りまで低下したのに対し，「地球」の現物相場の方は175規元両近くまで高騰して，典型的な「紗貴花賤」状態を呈した結果，1梱当たりの利益は10月21.03規元両，11月23.80規元両，12月25.60規元両と3ヵ月連続で20規元両を大幅に超えることになった．その後，1930年6月に小幅ながら再び採算割れに陥るまで，16番手太糸の採算状況は比較的良好であった.

以上見てきたように，1920年代後半の16番手太糸をとりまく市場環境は，

1927年9月のボトムを境に，前半は相対的に厳しく，後半はやや緩やかな状況であった．1927年9月を境とするこのように対照的な状況は，「1923年恐慌」以後の中国紡績業界をとりまくファンダメンタルズに根本的な好転をもたらすほどではないにしても，農村在来織布業向け太糸の需給関係にこの時点で大きな変化が起こったことを示唆しているように思われる．この問題の詳細については，次節以下で検討してみたい．

3　1927年の中国市場

1927年は，前節で見たように，年初を底に9月まで16番手太糸の現物相場が一貫して上昇していたにもかかわらず，通州綿花の市価がそれをはるかに上回るかたちで急騰したため，採算の悪化が進み，ついに9月には1梱当たりの採算割れが23.35規元両にまで拡大して，1920年代後半におけるボトムを記録した年であった．アメリカ綿花の不作予想にともなう世界的な綿製品価格の高騰に追随して，中国におけるもっとも代表的な綿製品である16番手太糸も23%余り高騰したのであるが，その原料になる通州綿花が44%近くも暴騰してしまった結果，製品価格が持ち直せば持ち直すほど，採算割れが却って大きくなるという現象に見舞われたのである．

このように一見奇妙にみえる現象を前にして，1927年5月華商紗廠聯合会は宣言を発して，採算割れの原因をおもに「花貴」に求め，その要因を4点にわたって分析した．

> 紡績工場は綿花購入と綿糸販売を主な業務としている．しかし綿花が高くて綿糸が安ければ，営業は当然損失を被る．綿花はなぜ高いのか．第一に，国産が不足し，供給が需要に追いつかないからである．第二に，交通が滞って，内地の綿花はまったく出荷できないからである．第三に，税金が過重で，外国人は三聯単の恩恵を享受している（外国人は三聯単を用いて内地で土産物を買い付ければ，運送途中はほぼ税金を免除される）のに，中国資本工場はそうでないからである．第四に，〔中国資本工場は〕外国産綿花を直接購入することができず，多くの場合外国人経由になるからである．綿糸はなぜ安いのか．内戦が絶えず，人民の生計が困窮して，

購買力が弱く，販路が滞っているにもかかわらず，苛酷な課税がどんどん掛けられているからにほかならない．もっとも痛苦を感じるのは，綿花価格が世界相場に左右されるのに，綿糸相場はもっぱら国内の売れ行き次第ということにある[2]．

民族紡の場合には，中国国内の政情不安と経済不振，さらに外国資本とりわけ日本資本の圧力が加わって，「花貴」の負担はいっそう増幅されたのである．しかしこの宣言が出された直後，日本は日本資本の優位性を自ら損なう行動に出た．1927年6月1日，在留日本人保護を名目に二千名の日本軍が青島に上陸した．いわゆる「第一次山東出兵」である．この軍事行動は，ただちに中国民衆の抗議運動をよびおこし，日貨ボイコット運動（排斥日貨運動）が巻き起こった．図表Ⅲ－3に表れているように，在華紡最大手の内外綿のブランドであった16番手「水月」は，日貨ボイコット運動の盛り上がりとともにターゲットとなり，1927年7—12月の半年間，相場すら立たない状態に追い込まれた．

4・12クーデタの前後からすでに，「一般に時局切迫し紡績は工場閉鎖をするを以って得策とする」[3] といわれていた上海所在の在華紡は，日貨ボイコット運動の影響をうけて，製品綿糸の売れ行きはさらに悪化した．上記の内外綿は，「弊社は幸いに過半輸出向けに販路を有せし為他社と比較して影響は稍尠かりし」[4] という状態であったが，それでも1日当たりの平均出庫量は，ボイコット開始以前の1ヵ月間が370俵であったのに対し，ボイコット以後の23日間では197俵と，ほぼ半減してしまったという．

まして中国市場への依存度が高い他の在華紡は，滞貨の増大と相場の低迷に直面していた．7月14日発の上海特電は，「上海市場における日貨排斥運動はその後ますます深刻となり今や在華日本人紡績品すら売りつけ困難となり相場は下がる一方なので各紡績会社は製品消化難の結果いよいよ自由操短を決行せねばならぬ窮境に陥ったようである」[5] と伝えた．

さらに7月末になると，民族紡と英国紡の綿糸在庫量がともに前年同月比で減少したのに反し，ひとり在華紡の綿糸在庫量だけが激増したとする対照的な調査結果が，山東出兵に反対する日貨ボイコット運動の影響を鮮明に反映した．

図表Ⅲ－3　上海16番手綿糸現物相場　　単位＝規元両（綿糸1梱，綿花1担）

	地球	水月	コスト	通州綿花		地球－コスト	水月－コスト
1925年1月	168.50	170.94	175.55	41.00	1925年1月	-7.05	-4.61
1925年2月	166.50	169.45	182.65	43.00	1925年2月	-16.15	-13.20
1925年3月	175.38	176.20	188.86	44.75	1925年3月	-13.48	-12.66
1925年4月	175.50	177.11	187.27	44.30	1925年4月	-11.77	-10.16
1925年5月	166.70	171.19			1925年5月		
1925年6月					1925年6月		
1925年7月	180.25	180.00	182.65	43.00	1925年7月	-2.40	-2.65
1925年8月	178.75	179.00	180.88	42.50	1925年8月	-2.13	-1.88
1925年9月	176.50	171.94	164.01	37.75	1925年9月	12.49	7.93
1925年10月	171.75	168.56	169.52	39.30	1925年10月	2.24	-0.95
1925年11月	167.12	163.52	162.24	37.25	1925年11月	4.88	1.28
1925年12月	155.50	152.96	156.91	35.75	1925年12月	-1.41	-3.95
1926年1月	153.00	152.93	156.38	35.60	1926年1月	-3.38	-3.45
1926年2月	150.00	147.46	156.03	35.50	1926年2月	-6.02	-8.56
1926年3月	143.75	145.87	145.38	32.50	1926年3月	-1.63	0.50
1926年4月	146.75	146.53	151.59	34.25	1926年4月	-4.84	-5.06
1926年5月	141.75	141.83	138.28	30.50	1926年5月	3.48	3.56
1926年6月	136.50	137.81	143.60	32.00	1926年6月	-7.10	-5.79
1926年7月	139.00	140.55	145.38	32.50	1926年7月	-6.38	-4.82
1926年8月	139.00	142.60	151.59	34.25	1926年8月	-12.59	-8.99
1926年9月	139.75	139.97	142.89	31.80	1926年9月	-3.14	-2.92
1926年10月	136.75	136.26	148.93	33.50	1926年10月	-12.18	-12.67
1926年11月	130.75	131.45	147.15	33.00	1926年11月	-16.40	-15.70
1926年12月	127.25	129.98	143.60	32.00	1926年12月	-16.35	-13.62
1927年1月	126.25	129.67	133.66	29.20	1927年1月	-7.41	-3.99
1927年2月	129.25	130.08	136.50	30.00	1927年2月	-7.25	-6.42
1927年3月	134.00	139.08	147.15	33.00	1927年3月	-13.15	-8.07
1927年4月	135.37	141.19	145.38	32.50	1927年4月	-10.01	-4.19
1927年5月	136.50		150.70	34.00	1927年5月	-14.20	
1927年6月	140.88	138.25	154.25	35.00	1927年6月	-13.37	-16.00
1927年7月	151.38		161.35	37.00	1927年7月	-9.97	
1927年8月	153.00		168.45	39.00	1927年8月	-15.45	
1927年9月	155.75		179.10	42.00	1927年9月	-23.35	
1927年10月	154.50		168.45	39.00	1927年10月	-13.95	
1927年11月	152.13		154.25	35.00	1927年11月	-2.12	
1927年12月	150.13		150.70	34.00	1927年12月	-0.57	
1928年1月	153.25	155.50	153.54	34.80	1928年1月	-0.29	1.96
1928年2月	152.00	155.00	159.58	36.50	1928年2月	-7.57	-4.57
1928年3月	159.00	162.50	164.90	38.00	1928年3月	-5.90	-2.40
1928年4月	161.50	162.75	173.78	40.50	1928年4月	-12.28	-11.03
1928年5月	168.75	170.25	179.10	42.00	1928年5月	-10.35	-8.85
1928年6月	165.75	163.00	173.78	40.50	1928年6月	-8.03	-10.78
1928年7月	167.00	166.50	177.33	41.50	1928年7月	-10.33	-10.83
1928年8月	164.25	158.00	161.35	37.00	1928年8月	2.90	-3.35
1928年9月	164.88	157.75	152.48	34.50	1928年9月	12.41	5.28
1928年10月	173.50	160.25	152.48	34.50	1928年10月	21.03	7.78
1928年11月	174.50	159.00	150.70	34.00	1928年11月	23.80	8.30
1928年12月	174.88	157.50	149.28	33.60	1928年12月	25.60	8.22
1929年1月	172.00	160.75	153.36	34.75	1929年1月	18.64	7.39
1929年2月	171.50	160.50	156.91	35.75	1929年2月	14.59	3.59

1929年3月	175.75	162.50	162.24	37.25	1929年3月	13.51	0.26
1929年4月	174.50	165.00	166.68	38.50	1929年4月	7.83	-1.67
1929年5月		162.50	163.13	37.50	1929年5月		-0.63
1929年6月	164.50	159.50	158.69	36.25	1929年6月	5.81	0.81
1929年7月	166.00	164.75	159.58	36.50	1929年7月	6.43	5.18
1929年8月	170.50	171.25	158.69	36.25	1929年8月	11.81	12.56
1929年9月	179.25	180.00	161.35	37.00	1929年9月	17.90	18.65
1929年10月	174.00	180.50	157.80	36.00	1929年10月	16.20	22.70
1929年11月		171.00	154.25	35.00	1929年11月		16.75
1929年12月	165.25	164.55	152.48	34.50	1929年12月	12.78	12.08
1930年1月	164.00	166.50	157.80	36.00	1930年1月	6.20	8.70
1930年2月	165.00	168.50	161.35	37.00	1930年2月	3.65	7.15
1930年3月	161.38	164.00	156.91	35.75	1930年3月	4.47	7.09
1930年4月	161.00	162.50	159.58	36.50	1930年4月	1.43	2.93
1930年5月	159.75	162.50	159.58	36.50	1930年5月	0.18	2.93
1930年6月	161.50	163.25	163.13	37.50	1930年6月	-1.63	0.13
1930年7月	158.88	162.75	160.46	36.75	1930年7月	-1.58	2.29
1930年8月		165.00	158.69	36.25	1930年8月		6.31
1930年9月	158.75	160.00	152.48	34.50	1930年9月	6.28	7.53
1930年10月	156.25	160.00	153.36	34.75	1930年10月	2.89	6.64
1930年11月	155.00	157.00	152.48	34.50	1930年11月	2.53	4.53
1930年12月		155.50	148.93	33.50	1930年12月		6.57
1931年1月	154.75	172.75	157.80	36.00	1931年1月	-3.05	14.95
1931年2月	174.00	188.00	182.65	43.00	1931年2月	-8.65	5.35
1931年3月	173.75	188.50	185.31	43.75	1931年3月	-11.56	3.19
1931年4月	174.00	177.00	183.54	43.25	1931年4月	-9.54	-6.54
1931年5月	168.75	171.50	173.78	40.50	1931年5月	-5.03	-2.28
1931年6月	170.50	176.00	175.55	41.00	1931年6月	-5.05	0.45
1931年7月	170.50	176.00	175.55	41.00	1931年7月	-5.05	0.45
1931年8月	172.50	174.25	164.01	37.75	1931年8月	8.49	10.24
1931年9月	170.63	167.50	159.58	36.50	1931年9月	11.06	7.93
1931年10月	178.50		155.14	35.25	1931年10月	23.36	
1931年11月	177.25		152.48	34.50	1931年11月	24.78	
1931年12月	170.75		148.04	33.25	1931年12月	22.71	

典拠：綿糸は，『紗？』商品調査叢刊第三編 pp.150－56，綿花は『中国棉紡統計史料』pp.124－25．
備考：コストは，綿花価格×3.55＋30で計算した．「華商紗廠宣言」『紡織時報』406号のデータによる．

上海毎日新聞の報道では，某所の調査によると，7月末における当市の綿糸の在庫は，大よそのところ在華紡の綿糸が26,853梱である．……しかも7月分の在華紡の在庫は以前に比べ多いのに，民族紡と英国紡は逆に減少しているのは，ボイコット運動の影響である(6)．

滞貨の山を前にして，在華紡のなかには中国市場からインド市場への輸出にシフトする動きも出てきた．すでに1926年後半における16番手太糸の採算悪化の局面で，20番手綿糸へ生産シフトする動きがあったことは，前節で述べた通りであるが，日貨ボイコット運動の影響が深刻化した1927年9月の頃になると，この20番手綿糸を今度は日本国内産の製品に対抗してインドへ輸出するケースも多くなった．例えば内外綿の20番手「水月」は，同格とみなされる日本国内の雑牌20番手に比べ，20円前後も割安となったので，販路の途絶した中国市場に見切りをつけて，インド市場に販路を求めて進出した(7)．しかし中国市場における太糸の採算悪化は，このような輸出ドライブによる打開策のほかに，より根本的な方策の実施を在華紡に迫っていた．

4　1927年9月の生産シフト

1927年年初から継続していた太糸の採算悪化は，既述のように9月にピークを迎えたのであるが，在華紡の場合はこれに山東出兵反対の日貨ボイコット運動が加わって，まさしく相乗的に悪化していた．

このような事態に対処するためには，採算の極度に悪化した太糸に見切りをつけて，比較的採算が安定している分野に生産シフトするのが，現実的かつ抜本的な方法であった．在華紡の最大手である内外綿をはじめ，上海在華紡の多くは，太糸採算悪化のピークとなった9月から，16，20番手太糸の生産を中止して，採算が比較的良好な32番手以上の細糸に生産を集中することを計画し，そのための準備を進めていた．『大阪朝日新聞』は，その状況を次のように伝えている．

> 紡績会社が原棉高，製品安（花貴紗賤）に藻掻いていることは周知の事実であるが，特に上海邦人紡績は戦乱継続に伴う支那実需の減退で，二十手一梱二三十円方採算不引合に苦悩しているものが多い．この結果各紡績会社は，これが切り抜け策として，前月来着々二十手，太番を中糸細番手に転換すべく計画し，内外綿の如きは一時二十手，十六手の紡出を中止し，三十二手以上の紡出に全力を注ぐこととなったようである．‥‥従来太番本位の上海邦人紡績は，今や実際上において中糸，細番本位に急転換をなし来ったようである(8)．

20番手太糸で1梱当たり20—30円の採算割れといった状態では，20番手以下の太糸の生産継続は不可能であった．32番手以上の細糸への生産シフトは，採りうる唯一の選択肢と考えられたのである．8月1ヵ月をかけて原綿手当て，機械の調整など各方面の準備作業を完了させた後，9月1日を期して20番手以下の太糸から32番手以上の細糸への転換が一斉に実行に移されたようである．

1927年9月の生産シフトは，以上のような経緯をへて，ついに実行されたのであるが，その進展ぶりは事前の予想を超えるものであった．上海在華紡生産綿糸の番手別構成を示す図表Ⅲ－4を見れば，その一端を窺うことができる．最右欄の9月中間推定と真中の欄の9月事前予想を比べてみると，16，20番手太糸の生産高は事前予想に比してそれぞれ減産が1400梱，1450梱も積み増しになり，10番手太糸に至ってはほぼ半減した．20番手以下の太糸では事前予想を上回る減産が実現したのに対し，32番手以上の細糸では，32番手こそ事前予想を1000梱下回ったものの，それ以外の40番手，42番手，42番手双子はいずれも事前予想を上回り，特に40番手では事前予想を1640梱も上回った．その必然的な結果として，事前予想では24.1番手とされていた平均番手が，中間推定では25.8番手に跳ね上がったのである．

この結果，図表Ⅲ－5のように1927年8月には21.7番手にすぎなかった上海在華紡の生産綿糸平均番手は，9月を境に一挙に25.8番手まで4.1番手も急上昇したのである．華商紗廠聯合会の機関誌『紡織時報』は，この高番手糸

図表Ⅲ－4　1927年9月上海在華紡生産綿糸平均番手の事前予想と中間推定

目標・実際	1927年8月実際生産		1927年9月目標値		1927年9月中間推定	
番手	梱	番手×梱	梱	番手×梱	梱	番手×梱
10	1,100	11,000	1,000	10,000	550	5,500
16	11,050	176,800	5,400	86,400	4,000	64,000
20	18,348	366,960	16,100	322,000	14,650	293,000
32	2,910	93,120	1,800	57,600	800	25,600
40	1,030	41,200	2,800	112,000	4,440	177,600
42	150	6,300			150	6,300
42双子	2,698	113,316	3,700	155,400	3,856	161,952
total	37,286	808,696	30,800	743,400	28,446	733,952
平均番手	21.7		24.1		25.8	

典拠：1927年8月実績，9月中間推定は，「上海日廠均注全力改紡細紗 ――鑑於粗紗採算之不利」『紡織時報』441号，民国16年9月15日．
1927年9月事前予想は，「上海邦人紡の綿糸生産傾向変わる ――細番本位に急転換」『大阪朝日新聞』昭和2年9月1日．

図表Ⅲ－5　1927年上海在華紡生産綿糸平均番手

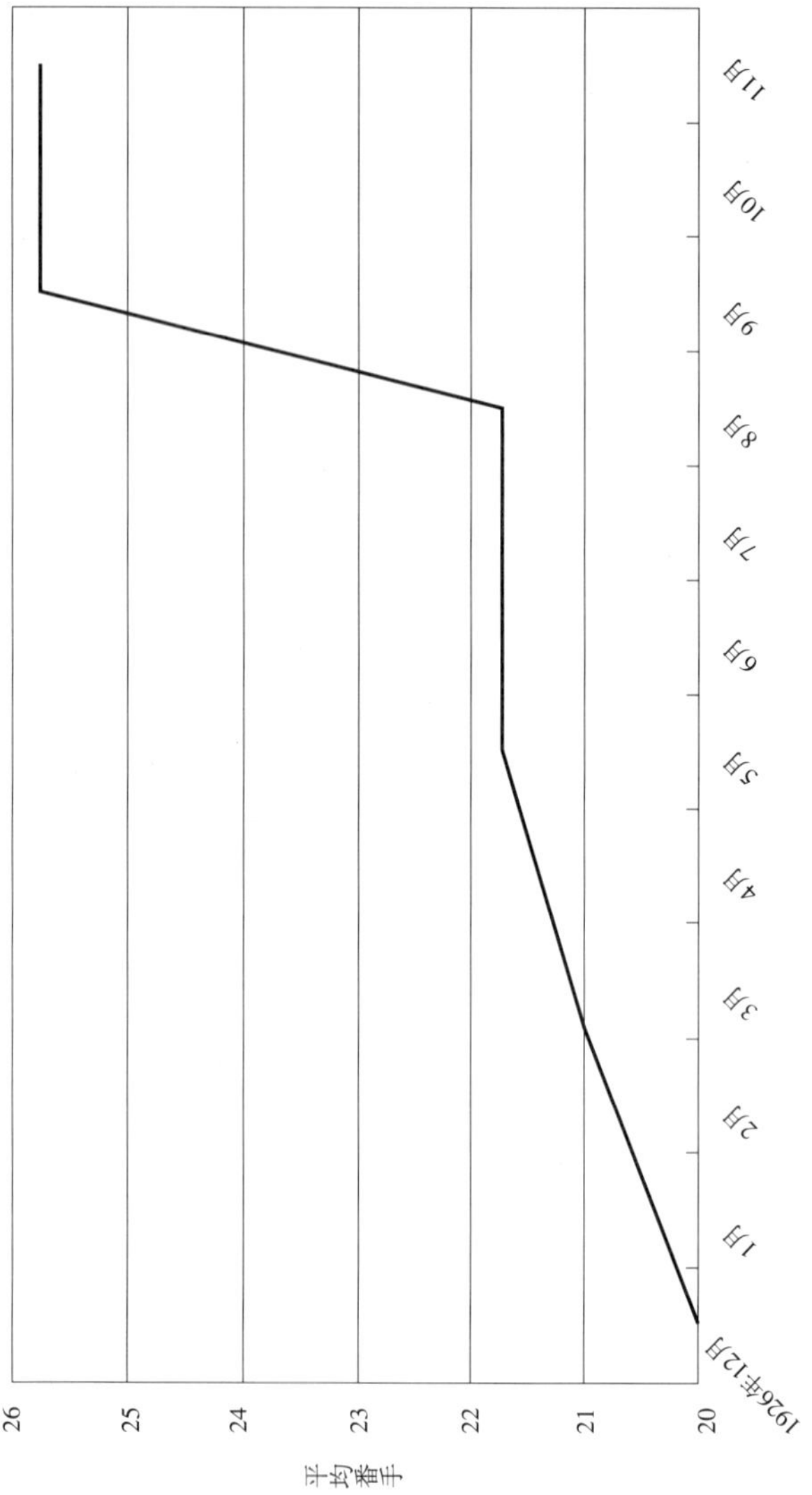

典拠：図表Ⅲ－6

への生産シフトが中国市場における16番手太糸の需給関係に大きな影響をもたらす点に注目しつつ，次のように報道した．

> 某処の調査によると，最近当市の在華紡が生産する綿糸の内容から，在華紡各社が久しく採算悪化に陥っているため，一致して紡出番手をシフトし，採算悪化によって蒙った損失を軽減しようとしている苦心の跡を伺うことができる．……なかでも原綿の高騰により各工場が自主操短を実行したことも，重要な原因の一つである．しかしもっとも顕著な事実は，生産極大の内外綿が完全に32番手以上の細糸にシフトし，その他各工場もこぞって細糸へのシフトに全力を傾注しているが故に，今後在華紡による16番手綿糸の供給は漸次減少するであろうということで，紡績業界の現況から推測すると，頗る注目するに足る新しい現象と考えられる(9)．

もちろん図表Ⅲ－4の9月中間推定は，あくまでも9月中旬の段階における生産実績をもとに割り出された推計値にすぎない．しかし，それが実態とさほど懸け離れてはいないであろうということは，図表Ⅲ－6における1927年11月の実績と比較してみれば，容易に了解できる．9月と11月と比べて，番手別構成の個々の数値にさほど出入りがないこと，また平均番手もわずか0.1番手の差にすぎなかったこと，この二点から判断すると，20番手以下の太糸を減産し，32番手以上の細糸を増産するという9月の路線転換は，ほぼそのままのかたちで11月に継続されたものと考えられる．しかもこの路線転換は，次の新聞報道にあるように，翌1928年も内外綿を中心とする多くの在華紡で維持されたようである．

> 太糸を主とした在華邦人紡績が昨年来中糸〔細糸〕紡出に転換したことが，内地紡績にとって非常な脅威であったが，これらの邦人紡績の中あるものは最近太番手の採算有利から再び太糸へ逆転するものあるが，過半は中糸紡出を固持し，なかんずく内外綿紡績のごときは水月四十番手，四十二番手の販路開拓に努力し，北支方面においては内地製品以上の好評を得ており，遠からず同方面への中糸輸出を困難ならしむるものがあろう(10)．

図表Ⅲ－6　上海在華紡生産綿糸番手構成と平均番手

年月	1926年11月		1926年12月		1927年5月		1927年8月		1927年9月		1927年11月	
番手	梱	番手×梱	梱	番手×梱	梱	番手×梱	梱	番手×梱	梱	番手×梱	梱	番手×梱
8	200	1,600									200	1,600
10	1,450	14,500	1,950	19,500	1,050	10,500	1,100	11,000	550	5,500	300	3,000
16	18,000	288,000	17,300	276,800	13,000	208,000	11,050	176,800	4,000	64,000	4,000	64,000
20	18,700	374,000	19,320	386,400	16,200	324,000	18,348	366,960	14,650	293,000	15,000	300,000
32			1,160	37,120	2,300	73,600	2,910	93,120	800	25,600		
40	250	10,000	100	4,000	1,300	52,000	1,030	41,200	4,440	177,600	4,800	192,000
42							150	6,300	150	6,300	500	21,000
42	3,150	132,300	3,250	136,500	3,250	136,500	2,698	113,316	3,856	161,952	3,600	151,200
total	41,550	818,800	43,080	860,320	37,100	804,600	37,286	808,696	28,446	733,952	28,200	731,200
平均番手	19.7		20.0		21.7		21.7		25.8		25.9	

典拠：1926年12月，1927年8,9月は，「上海日廠均注全力改紡細紗 ──鑑於粗紗採算之不利」『紡織時報』441号，民国16年9月15日．
1927年5月は，「特殊権利下之在華日商紡績勢力」『紡織時報』424号，民国16年7月18日．
1926年11月，1927年11月は，「日廠方面之棉紗成本計算 ──中支紗目下尚能獲利廿支粗紗如混棉得宜亦不致折本」『紡織時報』458号，民国16年11月14日．

かつて1920年前後には，日本国内の紡績工場は付加価値の高い細糸，在華紡は付加価値の低い太糸という棲み分けをするために，在華紡の対中国進出が加速したのだが，1920年代も終わりに近づいた1927年9月になって，在華紡が細糸への生産シフトを一挙に実行した結果，両者の関係は棲み分けから競合へ転化したのである．

図表Ⅲ－7が如実に物語っているように，上海在華紡の高番手化は，1920年代前半から徐々に進んでいたのではあるが，1920年代後半になってやや加速し，そして既述のように1927年9月の1ヵ月に一挙に4.1番手の急上昇を遂げて，25番手の大台を一気に抜けたのである．この高番手化は，その後も再び徐々にではあるが進んでいき，1935年には30番手の大台を超えた．

こうして1927年9月に，上海在華紡が太糸から細糸への生産シフトを一気に実行したことは，先の『紡織時報』の報道にも述べられていたように，中国市場における太糸の需給関係にも大幅な改善をもたらした．まず上海在華紡について見れば，図表Ⅲ－8のように太糸の在庫高では，16番手が8月に4400梱余り，20番手が9月に6700梱と相当の在庫を積み上げていたのが，太糸の減産が浸透した11月にはいずれも3分の1あるいは7分の1近くに激減した．逆に32番手以上の細糸では，増産が予想以上に進んだ結果，11月の在庫高はそれぞれ8月に比べて，3─8倍に積み上がった．その結果，在庫綿

図表Ⅲ－7　1920－40年上海在華紡生産綿糸平均番手

社名＼年	1920	1924	1925	1927	1931	1932	1934	1935	1936	1940
内外	17.5	19.4	20.3	29.7	42.2	41.0	44.6	45.1	45.2	32.2
同興		42.0	42.0	42.0	42.0	42.0	42.3	42.0	42.0	27.4
公大		21.2	22.1	25.7	32.0	34.0	36.7	34.4	33.6	25.8
上海	15.8	16.0	15.6	16.0	22.8	23.1	28.2	30.8	34.6	28.0
日華	16.0	16.7	17.2	19.9	26.0	25.7	29.9	30.0	32.7	30.8
裕豊		17.3	17.9	18.5	22.4	25.7	27.6	30.0	34.0	24.6
大康		19.9	19.6	20.4	23.0	27.7	25.3	28.2	32.9	27.4
豊田		16.7	16.5	17.0	21.9	20.8	21.1	21.4	22.8	21.8
東華		17.6	17.4	17.6	20.0	20.0	19.3	19.5	19.8	19.6
総平均		18.7	19.0	21.7	27.1	28.9	29.4	30.4	32.8	27.7

典拠：拙著『中国近代綿業史の研究』京都大学学術出版会，2001年，p.454.

図表Ⅲ－8　1927年上海在華紡各月末綿糸番手別在庫高

月	8		9		10		11	
番手	梱	番手×梱	梱	番手×梱	梱	番手×梱	梱	番手×梱
6								
8	1,000	8,000	702	5,616				
10	350	3,500	450	4,500	1,041	10,410	527	15,270
12							150	1,800
14							387	5,418
16	4,474	71,584	2,047	32,752	1,555	24,880	1,485	23,760
20	399	7,980	6,700	134,000	5,377	107,540	1,000	20,000
32	480	15,360	410	13,120	850	27,200	4,116	131,712
40	408	16,320	1,050	42,000	3,288	131,520		
42	670	28,140	720	30,240	1,650	69,300	2,163	90,846
total	7,781	150,884	12,079	262,228	13,761	370,850	9,828	278,806
平均番手	19.4		21.7		26.9		28.4	

典拠：『紡織時報』442，450，458，471号.

糸の平均番手は，8月の19.4番手が月を追うごとに鰻のぼりとなり，11月には28.4番手と1.5倍近くに跳ね上がった.

一方，上海の民族紡と英国紡の在庫高では，図表Ⅲ－9のように上海在華紡の減産で供給が減少した16，20番手の太糸では，16番手が8月の3万9千

図表Ⅲ－9　1927年上海民族紡・英国紡各月末綿糸番手別在庫高

月	8		9		10		11	
番手	梱	番手×梱	梱	番手×梱	梱	番手×梱	梱	番手×梱
6	950	5,700	950	5,700			1,050	6,300
8	920	7,360	800	6,400			1,050	8,400
10	8,100	81,000	8,970	89,700	17,530	175,300	19,400	194,000
12	3,810	45,720	5,750	69,000	7,050	84,600	7,200	86,400
14	800	11,200	700	9,800	650	9,100	650	9,100
16	39,100	625,600	33,825	541,200	36,200	579,200	29,115	465,840
20	8,300	166,000	10,950	219,000	11,600	232,000	5,300	106,000
32	1,675	53,600	1,420	45,440	2,275	72,800	1,400	44,800
40								
42	1,530	64,260	1,295	54,390			1,275	53,550
total	64,235	1,054,740	63,710	1,034,930	75,305	1,153,000	65,390	968,090
平均番手	16.4		16.2		15.3		14.8	

典拠：『紡織時報』442，450，458，471号.
備考：10月の10番手は10番手以下，32番手は32番手以上の合計.

梱余りから11月の2万9千梱余りへと約1万梱，20番手が10月の1万1600梱から5300梱へと半分以下に減少した．これに対して，8月以前から上海在華紡とほとんど競合していなかった10，12番手の太糸では，9月以降も在庫調整がまったく進まず，反対に10，11月はそれぞれ2倍前後に急増した．

当時，農村在来織布業向けの主力製品であった16，20番手の太糸分野から，1927年9月を期に上海在華紡が足早に撤退して，需給関係が急回復したことで，既述のようにこの分野において年初来続いてきた採算割れの悪化傾向には歯止めがかかることになった．図表Ⅲ－1に立ち戻って見ると，1927年9月に23.35規元両のボトムを記録した16番手「地球」の採算割れは，以後急速に回復に向かい，1928年前半の反落はあるものの，1928年8月にはプラスに転じ，同年12月には25.6規元両と，1920年代後半における最高の利潤を謳歌することになった．

かくして1927年9月における上海在華紡の細糸への生産シフトを境に，民族紡と英国紡の多くは主力を20番手以下の太糸に留め，在華紡の多くは主力を32番手以上の細糸に移すという棲み分け関係が定着したのである．

むすび

先に引用した「在華邦人紡績の注目すべき製品転換」という見出しの1928年5月3日『大阪毎日新聞』の記事は，1927年9月における生産シフトの原因を二点に求め，「中糸〔細糸〕紡出は採算方面の原因によったとはいえ，一面文化向上の途にある支那の需要が精巧品に進みつつあるのに対応せんとするもの」と述べている．「採算方面の原因」とは，本章の文脈で解釈すれば，中国市場において1927年年初来製品綿糸の価格がやや持ち直しつつあったにもかかわらず，原料綿花の価格がそれを上回るペースで高騰した結果，9月に最悪の採算割れに陥ったこと，しかも上海在華紡の場合，6月以降の山東出兵反対の日貨ボイコット運動によって，相場すら立たない状態に置かれていたことを指しているものと考えられる．また「需要が精巧品に進みつつある」とは，第一次世界大戦以降，農村在来織布業という在来セクターの製品に対する需要が停滞的であったのとは対照的に，輸入薄地機械製綿布の代替品を生産する近代セクターの製品に対する需要が拡大しつつあった事実を簡便ながら表現しているものと言える．

1927年9月における上海在華紡の生産シフトは，第一次世界大戦以降の中国市場で，徐々に進行してきた近代セクターの成長という長期的な要因に，1927年年初来の16番手太糸の採算悪化と日貨ボイコット運動の影響という短期的な要因が相乗的に作用して，急転直下の進展をみせたのである．1920年代後半における上海在華紡の高番手化は，誕生以来農村在来織布業向けの太糸に特化して単線的に発展してきた中国紡績業が，在来セクター向けの太糸にとどまる企業と近代セクター向けの細糸に進出する企業とに複線化する起点となった出来事である．しかもそれは，第一次世界大戦以降，停滞的な在来セクターとは対照的に沿海都市部を中心に近代セクターが成長しはじめた中国経済のファンダメンタルズに規定されながらも，1927年の太糸市況と政治状況という目前の動きに敏速に反応して，一瞬にして完了したのである．

（付記）本文中に引用した『大阪朝日新聞』などの日本語の新聞はいずれも，神戸大学附属図書館のホームページ（http://www.lib.kobe-u.ac.jp）で公開されているデータベース『新聞記事文庫』所収の資料を利用させていただいた．特に付記して謝意を表する．

註

1）「日本新聞の綿糸価格高騰観測説」『紡織時報』359号，1926年11月８日．

（原文）

上海每日新聞載，當原棉低廉棉紗需要杜絕之際，美國棉花復有大豐收之報，本埠紗價之跌落實爲近年來所僅見，形勢混沌似無挽回之機會。然前此廠方因十六支不克保其成本，多改紡廿支，故十六支紗之供給漸減，實需雖久不振，不特不感製品積滯之苦，且有存貨不足之慨。（《日報之紗價看漲減》《紡織時報》第359號，民國15年11月8日）

2）「民族紡宣言」『紡織時報』406号，1927年５月12日．

（原文）

紗廠以買棉賣紗爲主要營業，然棉貴而紗賤，營業自然虧損。棉何由貴。國產不足，供不敷求一也。交通阻滯，內地之棉，不能完全輸出二也。捐稅重疊，外人有享用三聯單之利益（外人以三聯單在內地採辦土貨，沿途概免稅厘）而華商則否三也。不能直接購用外棉，多假手於外人四也。紗何由賤。內戰不已，人民生計已窮，購買力薄弱，銷路阻滯，苛稅繁興而已。其最感痛苦者，則棉價隨世界市情爲左右，而紗市則一視國內銷行滯暢以爲斷。（《華商紗廠宣言》《紡織時報》第406號，民國16年5月12日）

3）「在支紡績は『工場閉鎖が得策』」『大阪朝日新聞』1927年４月３日．

4）上海日本商業会議所『山東出兵と排日貨運動』昭和２年８月30日，p.193．

5）「日貨排斥深刻化と上海邦人紡績の窮状」『大阪朝日新聞』1927年７月15日．

6）「７月末当市綿糸在庫調査　在華紡ボイコット影響増加」『紡織時報』434号，1927年８月22日．

（原文）

上海每日新聞載，據某所調查，七月底本埠棉紗存底，約計有日廠棉紗二萬六千八百五十三包，…而七月份日廠存底比前尤多，華英廠反而見減，則抵制運動之影響也。（《七月底本埠棉紗存底調查　日廠受抵制增多》《紡織時報》第434號，民國16年8月22日）

7）「在支紡績製品の印度行き激増反響」『大阪時事新報』1927年９月10日．

8）「上海邦人紡の綿糸生産傾向変る――細番本位に急転換」『大阪朝日新聞』1927年９月１日．

9）「上海在華紡挙って細糸へのシフトに全力傾注――大糸採算悪化に鑑みて」『紡織時報』441号，1927年９月15日．

（原文）

據某處調查，由最近本埠日本紗廠所出綿紗內容，可以窺見日本各廠因久陷於採算不利，共起改變紡出支數，以圖減輕依採算不利所蒙損失之苦心陳跡。…內中因原棉昂貴各廠實行自由減工固亦爲重要原因之一。但其最顯著之事實，厥爲生產極大之內外棉全部改紡卅二支以上之細支紗與其他各廠均注全力於改紡細紗之故，今後日廠十六支綿紗之供給當漸減少，自綿紗界之現況推之，當爲頗足注目之新現像云。（《上海日廠均注全力改紡細紗－鑑於粗紗採算之不利》《紡織時報》第441號，民國16年9月15日）
10)「在華邦人紡績の注目すべき製品転換」『大阪毎日新聞』1928年5月3日.

第4章

中国近代の財政問題と在華紡

岩井茂樹

在華紡の工場ライン（ガス焼機）
『内外綿株式会社五十年史』より

はじめに

一般に，政府が産業政策を実行するにさいし，財政の果たす役割は重要である．特定の国内産業を保護し，産業構造の変革を実現するうえで，税の対象と賦課率を操作することは有力な手段となる．また，産業育成のための諸策や社会基盤の整備については，財政資金の投入が不可欠である．近代の世界経済システムのなかに，程度はさまざまであれ従属的に組みこまれた諸国が国民国家を形成する過程のなかで，財政の充実と関税自主権の回復はつねに重要な課題であった．北伐をへて成立した南京国民政府は，三年に近い交渉のすえ，1931年1月より関税自主権を回復した(1)．しかし，国民政府の財政は，中央—地方の利害対立やそれに根ざす分散化，基盤の脆弱性という構造上の問題をかかえていた．これらの問題は，北京政府時代，さらに遡れば清朝時代から引き継いだものであり，その克服は容易でなかった(2)．中国では中央政府の財政を国家財政と言う．「反帝国主義」の旗幟のもと，国民革命は中国の統一と自立という目標実現の可能性を拓いた．国民政府が国家財政の基盤を強化できるか否かは，地方との財政上の利害調整と，権益維持をめざす帝国主義列強の抵抗排除という二つ問題の解決にかかっていた．結局，中国の国家財政基盤強化の努力は，軍事力による在華権益の拡大に走った日本との全面的な戦争の勃発によって頓挫することになるが，1928年から1937年の十年たらずの政策実践は，中国近代の財政がかかえていた課題を顕わにした．

関税引き上げおよび在華外国企業への課税による税収増大策も，歴史的な財政問題の制約を受けざるを得なかった．その制約がどのようなものであったか理解することは，南京国民政府の財政政策を適切に評価することに寄与する．本章は，このような観点から関税引き上げおよび在華外国企業への課税が実現するまでの過程を，中国の綿紡織業を対象として考察する．中国の近代的な綿紡織業には，中国人が経営する企業と，外国からの直接投資によって設立され，外国人が経営にあたる企業とがあった．外資系企業には，英国企業として登記されていたものもあるが，中華民国期には，日本の代表的企業が出資して上海などで経営したものの比重が高まった．中国側の行政権の及ばない租界内に設立された企業が，不平等条約がもたらす種々の特権にあずかったことは言うまでもない．しかし，中国政府が国内産業育成を目的として，中国資本の企業にたいして優遇措置を認めることになれば，外国資本の企業も中国人経営の企業と共通の経済環境のもとに置かれることになる．また，製品の移出税などを負担し，労働者の就業先を提供する点において，外国籍の企業も中国政府にとっての経済的な資源であった．

日本政府は在華紡が日本の対中国直接投資の中心を占めたことからその保護に注意を払った．とりわけ，1932年の上海事変に前後して日本の侵略に反発する排日運動がたかまると，国内の税制の改革に着手した国民政府と在華紡の交渉における日本政府の関与が強まった．このような局面においては，日系の在華紡は，日本の利権の足場として現れたわけである．つまり，中国における近代工業の一部門たる綿紡織業と財政のかかわりを論じるさいには，経営主体の国籍によって色分けをする必要はないが，後述する統税の問題などのように，日本政府が既得利権の保護のために，在華紡に指示をしたり，交渉に介入するような問題では，在華紡の特殊性がつよく全面に出ることになる．本稿が，在華紡を標題に掲げながら，終始一貫して在華紡のみを論じるものではないのは，このような理由による．

1 中国の工業化の財政環境

中国では，近代的な工業生産方式の導入は軍需部門からはじまり，ついで航運，石炭採掘，電信などの分野で企業設立の動きがひろがった[3]．はやくも1878年には，李鴻章の配下にあった鄭観応が上海機器織布局を設立したものの，その操業開始は1890年まで遅れた[4]．これについで，いくつかの紡績企業が設置されたが，官営であった湖北織布局が漢口に立地したのを除き，初期の工場は上海に集中した．外国からの輸入綿糸が関税を課せられたのにたいし，国内産の機械製綿糸は免税の扱いを受けた．この税制上の措置は国内の産業振興を目論んだものであり，実際に免税措置がとられた上海周辺では，輸入綿糸の市場獲得を阻んだといわれている[5]．しかし，いったん上海から他港に移出されると，国産綿糸は海関における移出税に加えて，釐金など地方的な税捐を課せられたため，輸入綿糸にたいする優勢は減殺された．

日清戦争の敗北をへて，1895年の下関条約は日本人が開港場に工場を設置することを認め，清朝から最恵国待遇を獲得していた諸外国もこの権利に均霑した．また，1890年代後半には中国の民間資本の綿業への参入も促され，その結果，19世紀末までに上海，無錫，蘇州，南通など長江下流域および寧波，杭州，蕭山など浙江省東部に集中するかたちで，内外資本による16工場が操業することとなった．これら機械製綿糸の生産力は100万担に達したが，その販売市場は江南地方に限られていた．その理由の一つは，同地方以外に移出されると，輸入綿糸にたいする価格面での優勢を享受できないことにあった[(6)]．1908年には，輸入された機器を備えた国内の工場で製造された製品——つまり輸入代替の国産品——を他地域に移出する場合，従価5％の税以外は一切免除するとの規定を清朝政府が公布した[(7)]．綿製品について言えば，輸入品は従量5％の関税と2.5％の附加税（子口半税）を通関の時点で課せられた．従価と従量の違いがあるので一概に税率のみによって比較することはできないが，規定の通りに地方における釐金などの免税が保証されれば，輸入品にたいして税負担の面で同等，あるいはわずかに有利な位置を占めるようになったわけである[(8)]．高村直助氏が明らかにしたように，原料である棉花には，近傍で調達する場合1担当たり0.3両（海関両，以下同じ）の釐金がコストに上乗せされ，他の開港場から運搬する場合には0.35両の移出税と0.175両の移入税，計0.525両が海関で徴収された．一方，日本国内の紡績工場が中国産棉花を使用すると，日本では1896年に棉花輸入税が廃止されており，中国から輸出するさいの0.35両の税負担しかかからなかった[(9)]．

ここで，近代中国の海関税率について，基本的な事実を確認しておこう．というのは，正税がおおむね5％であったことは共通の理解であろうが，それを従量税とするか，従価税とするか，論者の説明が一様でないからである．

南京条約第10条にもとづき，1843年に英国とのあいだで合意された税則表（Tariff of Duties on the Foreign Trade with China）は，輸出入商品ごとに数量当たりの税額を表示している．つまり従量税であるが，その額はおおむね価格の5％を目安として決定された．1858年の天津条約に附属する税則表は，税額の調整をおこなった．少数の品目については，“5％ ad valorem”と従価による課税が定められた．綿製品については，すべて従量税方式であった．また，商品ごとの基準価格を10年ごとに改定することとなった．1902年の通商条約は，第8条第2項で輸入貨物の税率を“effective 5％”（切実値百抽五）とするほか，釐金および子口半税その他の課税を撤廃することの代償として2.5％の附加税の徴収を認めた．附属の税則表では品目の分類が細分化されたが，大多数の品目の税額表示は従量方式である[10]．

大部分の品目が通関のさいにインボイス上の価額ではなく，税則表の数量当たりの税額によって課税されていたという形式を重視するならば，従量税であったというのが適切である．税則表そのものが価格の５％を税額算定の率としていたことを重視すれば，「従価５％であった」という表現も誤りではない．しかし，税則表改訂によって基準価格は，天津条約以降，10年ごとに見直しされることになっていたが，実効税率は５％に及ばないのが現実であった．1902年の通商条約が，“effective 5％”という表現をしたのは，このことを意識して税額改定を認めたわけである．海関税の実効税率がどれほどであったのか，多岐にわたる品目ごとに計算することは困難であるが，平均的には3.5％ほどであったという概算を朱偰が示している[11]．

清朝時代，工場の敷地は公租賦課の対象となったものの，工場の設備や建物に課税する固定資産税は導入されなかった．また，租界については，形式のうえでは区域全体が中国側から外国に貸与されたことになっており，中国人の地主に地代を支払うほか，土地公課に相当する額を清朝の地方官府に納入した[12]．上海の共同租界では，事実上の租界管理当局である工部局が，地捐と房捐を徴収した[13]．ただし，企業の利益や株式の配当金などに課税する所得税の制度はなかった[14]．こうした企業税制は，1937年の抗日戦争開始直前まで変更されなかった[15]．現代社会においても，企業の経済活動にかかわる税負担の大小が立地選択（周知のように登記だけをタックスヘイブンに移すという行動もおこる）や海外への移転の要因となっている．20世紀前半の中国の近代産業の経営は，製品の販売過程における税を除き，公課負担の面においては，清朝政府および中華民国政府の緩やかな課税制度の恩恵に浴することとなった．日本の企業が投資して中国国内に生産拠点を設けるには，原料および製品販売市場への近接や賃金の低廉という一般的な要因が働いたわけであるが，設備および在庫の保有，さらには利益にたいして，これらを課税対象とする税制が中国になかったことも，中国を魅力的な企業活動の場としていた一つの要因であろう．

不平等条約のもと，中国の海関が輸入品に課す正規の関税は，さきほど述べたように実質５％に満たない低率であった．子口半税を加えられても，中国国内における釐金や移入税などがすべて免除された．後発であることによる技術の低さや効率の悪さなどをかかえて[16]，かならずしも低コストを実現できなかった中国資本の紡織企業にとって，関税障壁の低さは，価格競争力の点できわめて不利であった．

1908年，清朝は国内企業の機械製製品にたいして，輸入品と同等あるいはやや軽い税負担を課すという優遇措置を採用して，関税障壁の低さを補おうとした．この措置によって減免されるのが，省の財政を支える釐金であった点にも注意を払うべきであろう．釐金収入の減少に直面する各省にたいして，何らかの補償措置がとられた形跡はない．義和団事件とその後の賠償金支払いは，清朝の財政に大きな負荷を与えた．そのなかで顕著となっていたのは，地方における正税外の税捐増大と，財政の分散化，中央と地方の利害対立などの構造変化である．しかも，清朝はこうした財政的苦境のなかで，「光緒新政」とよばれる一連の改革を実行しようとしていた．地方には警察機構の整備や学校教育の拡充などを求めたが，その財政的な手当てはほとんどなされなかった．実質的には地方ごとの自力調達が唯一の方法であり，そのために地方では田賦の附加や各種税捐を増大せざるを得なかった[17]．1908年の輸入代替製品を優遇する措置も，「新政」の産業政策であったのだが，開港場の企業を優遇すれば，地方で新政を推進すべき当局の収入が減少するという二律背反に陥らざるをえない．列強国から低率の関税を押しつけられている以上，国内の課税負担を減免して競争力を高めるのがほとんど唯一の選択肢であった．しかし，そのような手段をとれば，収入を失う地方の当局が別の種類の税捐の徴収を拡大し，財政の分散化がますます進むという結果をまねくことになる．こうした財政構造のもとでは，輸入関税の引き上げに代替し，かつ財政の健全化をもたらすような妙薬はなかった．

2　輸入代替産業育成策と在華紡

1910年代から20年代前半にかけて，北京の中華民国政府は図表Ⅳ－1のように関税改定交渉を数度にわたりおこなった．しかし，はかばかしい成果を得ることはできなかった．

図表Ⅳ－1　北京政府時代の関税交渉

1912年	5%を基準とする従量税率を，実質5%に相当する額に改訂することを要求． →伊，仏，露，日が自らに有利な要求を提起し暗礁にのりあげる．
1917年	中国は協約国側について参戦，列強も関税交渉を拒否できず．2.5%の増税を提起． →合意を得られず．
1919年	パリ講和会議の席上，北京政府は要望条件のなかに関税自主権を含める． →列強が拒否
1921年	ワシントン会議で代表顧維鈞が関税自主権の回復を要求． →列強が拒否
1922年	中国関税税則についての9カ国条約で関税特別会議の召集が定められる．
1925年	北京で関税特別会議開催，釐金廃止などの問題で紛糾，決着にいたらず．

注：これらの交渉の経緯と意義については，S.F. Wright, *op.cit.*, 副島圓照「帝国主義の中国財政支配――一九一〇年代の関税問題」（野沢豊・田中正俊編『講座中国近現代史』第4巻，東京大学出版会，1978年）および戴一峰『近代中国海関与中国財政』（厦門大学出版社，1993年）を参照．

1927年，国民政府は北伐の途上で国民革命軍支配区域内での関税自主，釐金撤廃などを一方的に宣言した．これは，列強の反対により実現しなかったが，翌年，国民政府は対外宣言を公表し，列強にたいし，旧政府時代に締結された条約の改訂を求めた．米国はいちはやくこれを支持して中米関税条約を締結，英，仏をはじめとする西欧・北欧諸国がこれにつづいた．もっともつよく抵抗したのは日本であった．日本にたいして協定関税制度が適用されている限り，中国の関税自主権を承認する他の列強との関税条約は効力を失った．列強はいずれも最恵国待遇を条約上の権利として獲得していたからである．1930年，日本が関税条約を締結したことによって，南京国民政府は関税自主権を回復した[18]．

国民政府の財政収支の赤字は，1929年で約1億元，1931年には2億1700万元に達していた[19]．国内の銀行を引き受け手とする公債の大量発行によって，この赤字を凌いでいた国民政府にとって，税収増大の実現は焦眉の急であった．図表Ⅳ－3が示すように，国民政府の税収（ここでは中央政府の財政についてのみ論じる）に占める関税の比率は大きく，税率の引き上げが収支平衡を改善するもっとも確実な手段であったことは言うまでもない．税則の改訂は1931年以降，毎年おこなわれた．戴一峰氏が指摘するように，税則の改訂内容がしばしば日本をはじめとする列強の掣肘を受けたことは確かである．しかも，釐金など国内の通過税を全廃するという条件を課せられていた．当時，廃止の対象となる通過税の年間総額は約7000万元と見積もられた[20]．

1929年の関税収入は1億7900万元であり，その4割に匹敵する税収を放棄するということである[21]．しかし，釐金をはじめとする通過税のほとんどは省以下の地方政府の収入となっており，中央政府の財政にとってほとんど打撃をあたえなかった．通過税廃止によって財政収入の減少に見舞われる地方政府にたいし，中央政府は，これまで徴収実績のない「営業税」の徴収を認めるという措置を講じただけであった．釐金収入などを失った省以下の地方では，税源の喪失を補償するためにさまざまな名目の「苛捐雑税」を徴収するようになった[22]．

関税自主権の回復は，二つの効果をもたらした．第一に，関税収入が着実に増大して，国民政府の財政の基盤となったことである（図表Ⅳ－2～4参照）．第二に，いくつかの分野において，国内産業を保護する関税障壁の採用を可能にしたことである．分野ごとの関税政策とその成果については，久保亨氏が詳細な検討を加えている[23]．ここでは，当時，輸入綿製品のほとんどを占めた各種綿布について，厳中平氏が平均実効税率と輸入量の相関を示す統計を作成しているので，それを掲出しておこう（図表Ⅳ－5）．

厳中平氏が「中国の輸入商品のうち最大の比重を占めた綿布の輸入量は，わずか6,7年の間に90パーセントの減少を見た．絶対数量にすると，6億6千万ヤード以上である」[24]と概括するように，関税の改訂が国内産業保護のための有力な手段となり，それは着実な成果をあげたわけである．このように綿布輸入が減少にむかうのと時を同じくして，各種綿布の価格は安定し，中間財である綿糸の価格は下落するという現象がおこった．原綿の価格も低迷したが，綿糸の価格はそれをはるかに超えて低落した[25]．関税自主権の回復は関税障壁を設けることによって，産業構造や投資の方向を変化させうる手段を国民政府に与えたと言えよう．すでに1920年代後半，国外からの輸入綿糸はほぼ国内生産による代替が完了していたが[26]，その趨勢が最終製品たる綿布および加工品にまでおよぶ条件が形成されつつあったわけである．

在華紡は，日本の対中国投資のなかで最大の比重を占めた．それは，中国の国内産業の一翼をになっており，中国資本による綿紡織企業と同じく，国民政府が設定した関税障壁の内側にあった．日本国内の紡織産業が対中国輸出の縮小に見舞われるなかで，関税障壁の内側にありながら，同時に租界区域という「中国の中の外国」に立地することによって条約上の特権を享受できる在華紡の優越性は，いっそう際だつことになった．満洲事変，上海事変

図表Ⅳ－2　海関税収の内訳（1900～1932）

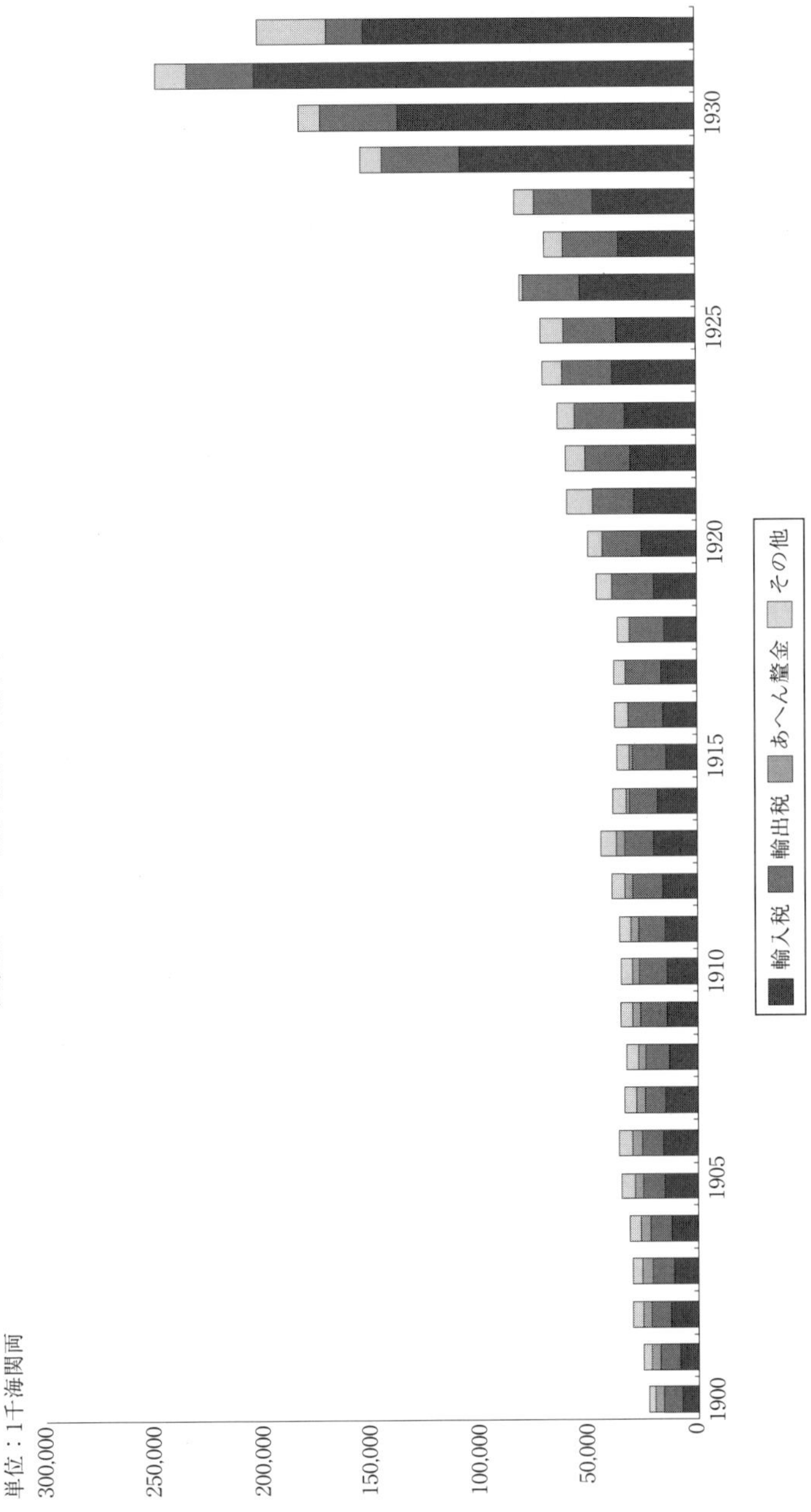

図表IV－3　税収中の関税・塩税・統税（1927～1936）

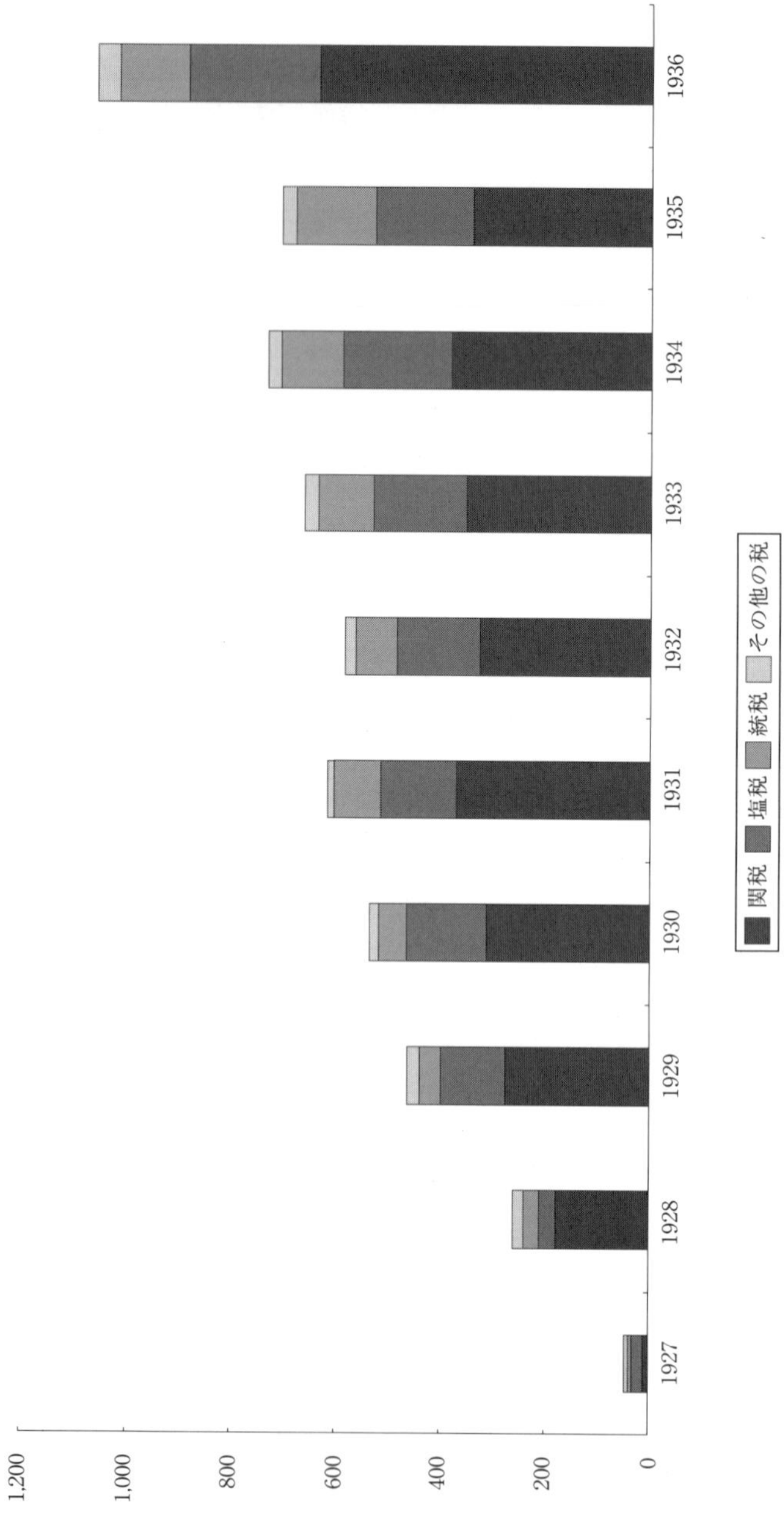

図表Ⅳ－4　主要な歳入項目の実際収入（1932～1936）

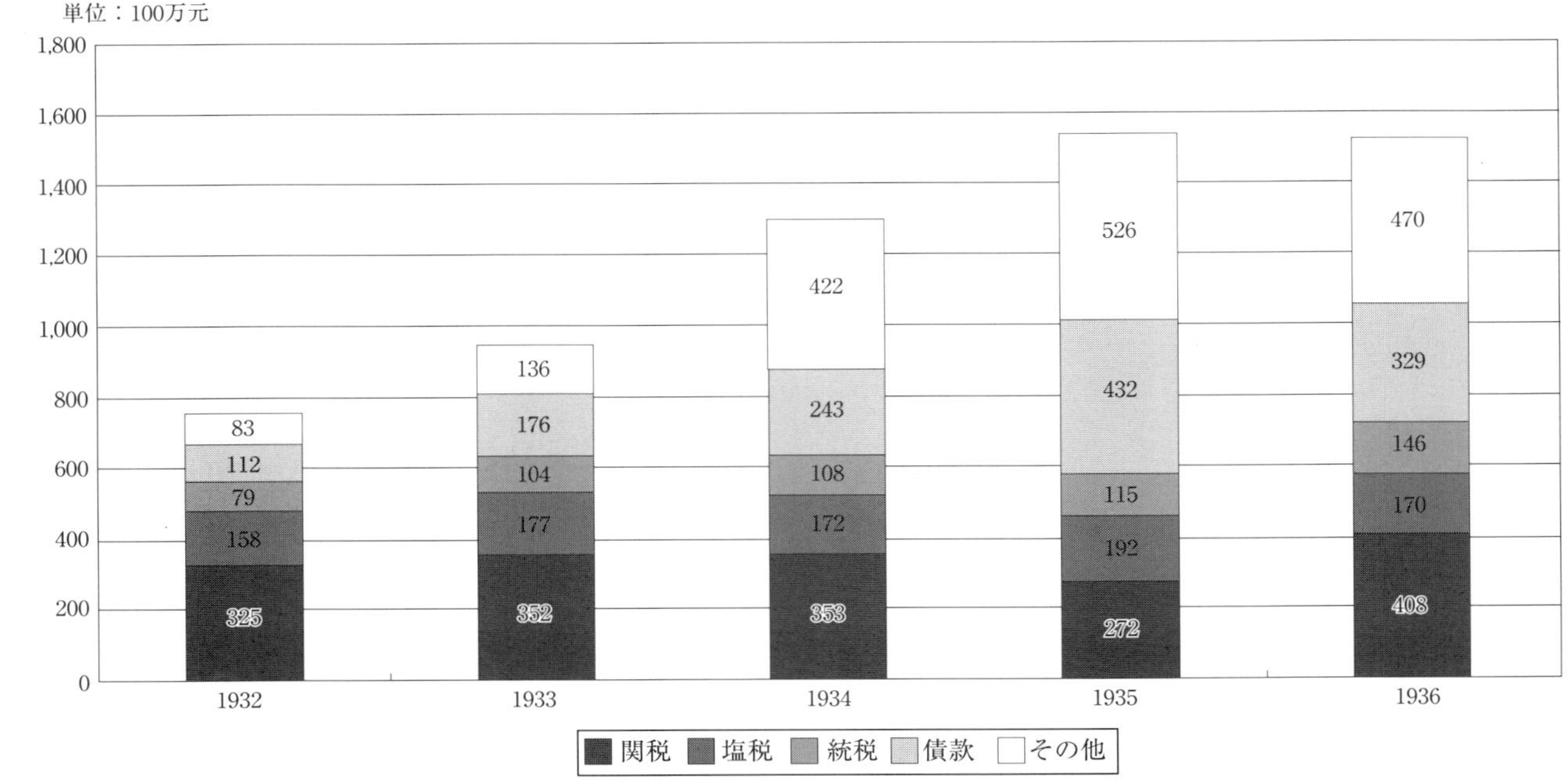

典拠：図表Ⅳ－2～4，賈士毅『民国財政史三編』pp.19－23，
久保亨「国民政府の財政と関税収入，一九二八－一九三七年」増淵龍夫先生退官記念論集刊行会編『中国史における社会と民衆』汲古書院，1983年。

図表IV－5　輸入綿布の関税率と輸入量

	無染色布		漂白布と染色布		プリント布		その他		総輸入量
年	税率	輸入量	税率	輸入量	税率	輸入量	税率	輸入量	
1930	7.30	100.0	8.42	100.0	8.86	100.0	8.79	100.0	100.0
1931	15.68	108.9	16.63	80.0	16.92	95.0	12.69	172.1	91.5
1932	16.93	107.0	19.13	87.8	21.18	85.6	21.93	122.3	91.5
1933	28.68	20.6	38.39	43.0	41.93	71.4	41.45	72.0	47.9
1934	28.54	17.2	36.14	20.5	48.29	32.6	32.08	33.0	23.3
1935	26.77	22.0	37.04	19.6	38.57	28.3	26.85	23.7	22.0
1936	25.19	36.4	31.36	7.6	32.58	3.3	26.02	13.7	10.5

典拠：厳中平『中国棉紡織史稿――1289―1937』科学出版社，1955年，p.219．指標化に用いられた価額の統計は，同書，pp.367-68に掲出されている．
備考：税率は金額ベースの実効税率，輸入量は1930年を100とした指数．

の勃発によって日中関係が緊張するなかで，日本政府は中国における有望な資産としての在華紡の経済活動とその権利を，以前にまして重視するようになった(27)．

3　統税と在華紡

では，この時期に「経済建設」の旗幟をかかげて一連の産業政策および財政政策を推進していた国民政府にとって，在華紡の存在はどのような意味をもっていたのであろうか．関税率の引き上げは，短期的には税収を増大させることが可能であるが，その結果として輸入量が減少すれば税収も減少することになる．その場合，国内で生産をおこなう企業が市場占有率を上昇させるはずである．生産の規模を拡大したその分野からの税収を増大させれば，関税収入の減少を相殺できる．国民政府は，「統税」という国内生産の商品にたいする課税制度を利用することによって，この目的を果たすことができた．

1927年，紙巻きタバコを対象として創設された統税は，翌年には小麦粉，そして1931年からは，綿糸，マッチ，セメントを課税対象に加え，いわゆる五種統税となった(28)．釐金が，流通業者および販売業者から徴収されたのにたいし，統税は工場から商品が出荷される時点で課税をおこなう．釐金は，流通と販売がおこなわれるどの地方でも可能であり，現実にもほとんどが地方政府の収入となっていた．これにたいし，統税は工場に担当官吏を派遣して徴税事務にあたらせるという方法を採用した．上海をはじめとする，工場の集中する大都市を支配下に収める国民政府にとって，釐金を廃止して統税に移行することは，財政の中央化を推進するための重要な施策であった．

綿製品のうち，統税の対象となったのは機械製綿糸に限られたが，綿糸は中間生産物であるから，その税負担は綿布などの商品を生産する企業や消費者に転嫁することが可能であった．また，織布業が小規模零細な経営までふくめると全国各地に展開していたのに比べると，大規模生産の優位を発揮しやすい機械製綿糸は，限られた大規模工場で生産されていた．徴税の効率からしても，また，確実に中央政府が徴収できるという点からも，最終的な商品である綿布に課税するよりも，綿糸にたいして課税するほうが優れていたわけである．

機械製綿糸を対象とする統税は，生産企業が商人にかわって納付するという形式を取り，実質的な納税者は紡績企業であった．そこには，民族紡と通称される中国資本の企業のほか，日本資本による在華紡が含まれた．条約上の特権に保護された諸外国の企業に統税を負担させることができなければ，国民政府の統税政策は民族資本の企業にのみ打撃をあたえることになる．一方，在華権益を維持しようとする列強，なかでも日本政府は日本資本の紡績企業にたいする統税賦課を，条約違反であるとしてつよく抵抗した．

日本の綿業資本は第一次大戦後から中国への投資を本格化した．1930年の段階で，中国国内の機械製綿糸生産の比率は，中国資本の民族紡が60.3%，イギリス企業として登記されている企業が3.9%，日本資本の在華紡が35.8%となっていた．綿布生産においては，民族紡45.1%，在華紡44.7%と，日本資本の企業の生産比率はさらに高かった(29)．さきにも述べたように国民政府が関税自主権回復による関税障壁を設ける政策を実行したことは，日本の国策としての大陸進出ともあいまって，日本綿業資本の対中国投資をさらに積極的なものとした(30)．統税は国産の商品に課す税であるうえに，商人にかわって生産企業が納付するという建て前であったから，純然たる国内税であった．しかし，外国資本の企業が中国国内で生産する製品については，下関条約などの条約によって，輸入品と同様に扱うことと，中国側の一方的な課税を制限することが認められているとする日本政府は，綿糸統税をこれに抵触する違法な課税であるとした[31].

綿糸を対象とする統税の導入については，1929年に財政部長宋子文から在華紡績同業会にたいして申し入れがあった．国民革命が深化するなかで対中国利権の確保につとめていた日本の外務省も課税問題には多大の関心をよせた．当初，輸入綿製品についても，従来の関税のほかに一律５％の統税を課すとの提案が，国民政府財政部から示されていたからである．当時，関税自主権回復に反対していた日本政府は，輸入品にたいする実質増税の回避をもっとも重視した．富澤芳亜氏が詳細に論じているように[32]，三者の利害と政策がからむ交渉は複雑な展開を示したが，ここで注目すべきことは，在華紡の利益を代表する在華紡績同業会が，輸入品にたいする実質増税を拒否する本国の外務省の姿勢が貫かれるならば，みずからが競争上不利な立場に追いこまれることを主張したことであろう．協定関税制度のもとで，輸入綿製品が低い関税率を享受し，かつ統税も課せられないことになると，競合する製品を中国国内で生産する在華紡は，価格競争力を失いかねない．日本からのものも含めて輸入綿製品が，在華紡と民族紡をふくむ中国の企業の製品が負担するのと同等の課税をされることが，在華紡の一致した利害関心であった．結局，日本外務省は，綿糸の対中国輸出が減少しつつあることなどに留意して，綿糸のみについて統税賦課の承認をあたえる方針を示した．

この統税と関税についての交渉の過程から，中国国内における日本の対外投資として最大のものであった在華紡が，親会社とは異なった立脚点から固有の利害を主張し，それが日中の政府間交渉のなかで政策決定の要因の一つになったことを看取できよう．当時，国民政府に関税自主権を認めることは，日本の抵抗にもかかわらず，避けられない趨勢にあった．近い将来において，国民政府が保護関税政策を発動することが見込まれる以上，対中製品輸出によって利益をあげるという国内綿業各社の戦略は，大幅な修正を迫られる．輸入品・国産品を問わない綿糸統税の課税を日本政府が実質的に承認するにいたったのは，国際的な潮流に棹さしながら，中国の市場確保のための政策手段を，輸出重視から中国大陸への投資を重視する方向へ切り替えつつあったことを示すであろう．日本資本の在華企業が中国国内で中国資本の企業と同等の取り扱いを保証されるべきこと，また，労働争議などの問題にさいして同等の保護が得られることなどが，在華日本企業および本国政府の関心事となった．

おわりに

さきにも触れたように，1930年の段階で在華紡の綿糸生産量は，中国国内で35.8％のシェアを占めていた．1936年にはこれが39.1％にまで上昇する．綿布生産においては，民族紡37.0％，在華紡57.4％であるから，その優勢はさらに際だっていた．反日運動の激化という不利な環境にもかかわらず，日本はその資本力や経営競争力の優位を活かして，中国への投資を拡大させた．これは，中国の関税自主権の回復と並行した釐金の廃止，綿糸統税の創設など国民政府の財政制度における革新に適応するものであった．

一方，国民政府の側では，企業や個人にたいする所得税，利子・配当にたいする課税など，直接税収を増大させる試みは，その技術的な困難もあいまって，大幅に遅れた．過去の王朝時代には土地税たる田賦が国家財政の根幹をなしていたが，袁世凱の帝政復活失敗後の軍閥割拠の形勢のなかで，田賦は実質的に省級の政府の財政収入となり，市や県が田賦附加税を財源とするという歳入構成が固定化した．国民政府が開催した1928年の第１回全国財政会議は，田賦を地方税とするという現状の追認をおこなった．こうして，中央政府は関税・塩税・統税など物品税という間接税収に依存するとともに，それらを担保として国内の銀行から内債を調達して歳入欠陥を補うという財政運営を強いられることになった．

このような財政構造のなかで，綿糸生産量の３分の１を超えるシェアをもった在華紡に，綿糸統税の納付にかんして，中国側にたいする協力的態度をとらせるようにすることは，当然に重視された．一方，在華紡にしても，租界制度や日本の軍事的圧力に保護されているとはいえ，中国人の労働力に依存して操業している以上，中国側の官民と協調することが必要であった．

国民政府は，日本人所有企業にたいする中国側の課税権を認めない日本政府の反対に顧慮して，形式上は財政部が在華紡績同業会と契約を結ぶことで綿糸統税の納付をおこなうようにしたのであるが(33)，これなどは，中国財政当局と在華紡のあいだの相互依存関係を示す事例であろう．また，1936年に賃上げや労働条件の改善を求めて労働組合との争議が発生したさいに，杜月笙や銭永銘など国民政府要人に通じた人物が，在華紡績同業会の依頼を受けて争議解決の斡旋に動くなどのこともおこった[34]．このように，在華紡が親会社たる日本の国内企業とは異なった立場から固有の利害を表明し，また，中国国内で経営している現地の官民との協調関係を模索していった背景には，国民革命の進展という政治状況がもたらした国民政府の財政制度上の革新が大きく作用していたのである．

註

1）関税自主権にかんする久保亨氏の研究は，1928年以降の交渉の過程を詳細に分析するとともに，関税の改訂が産業の各分野におよぼした影響を探るために計量的な分析をおこなっている．その作業を通じて，国民政府の政策の評価を試みると同時に，中国の国民経済形成史のなかに関税問題を位置づけようとする視点を鮮明に打ちだした点に久保氏の研究の優れた点がある．久保亨『戦間期中国〈自立への模索〉』東京大学出版会，1999年）．S.F. Wright, *China's Struggle for Tariff Autonomy, 1843–1938*, Shanghai, 1938 は関税自主権回復についての外交史的な研究として，まず参照さるべき業績である．

2）わたしは，『中国近世財政史の研究』（京都大学学術出版会，2004年）のなかで，財政権の集中と分散という観点から，明清時代から近代にいたる中国財政の構造を論じた．

3）牟安世『洋務運動』（上海人民出版社，1956年）は，政治史的な接近方法をとる初期の研究を代表する．経済の近代化を主たる関心の対象とする研究としては，張国輝『洋務運動与中国近代企業』（中国社会科学出版社，1979年），夏東元『晩清洋務運動研究』（四川人民出版社，1985年），姜鐸『姜鐸文存——近代中国洋務運動与資本主義論叢』（吉林人民出版社，1996年）など．A. Feuerwerker, *China's early industrialization : Sheng Hsuan-huai (1844–1916) and mandarin enterprise*, Harvard University Press, 1958は，盛宣懐について書かれた最初の著書である．邦語文献としては，波多野善大『中国近代工業史の研究』（東洋史研究会，1961年），池田誠ほか『中国工業化の歴史』（法律文化社，1982年），鈴木智夫『洋務運動の研究——一九世紀後半の中国における工業化と外交の革新についての考察』（汲古書院，1992年）．

4）上海機器織布局の設立と操業開始の遅れについては，鈴木前掲書が詳しく論じている．また，夏東元『鄭観応伝』（華東師範大学出版社，1981年），易惠莉『鄭観応評伝』（南京大学出版社，2001年）．

5）外国製品は，通関がおこなわれた条約港において国内流通業者にひき渡される場合，子口半税を負担しなかった．つまり，５％標準の関税正税のみが課せられた．一方，免税となった国産機械製綿糸は，他地域に移出されれば釐金などを課せられた．厳中平『中国棉紡織史稿——1289—1937』科学出版社，1955年，p.108．森時彦『中国近代綿業史の研究』京都大学学術出版会，2001年．

6）1905年以降，江南地方以外で国産機械製綿糸が輸入綿糸に対抗できるようになったのは，銀と銅銭の交換レートが銭安にふれたことを要因とすることについては，森前掲書に詳しい．

7）倉橋正直「清末，商部の実業新興について」『歴史学研究』432号，1976年．

8）この税負担の比較は，生産地あるいは輸入地から他の条約港へ移出されて販売される場合についてのものである．

9）高村直助『近代日本綿業と中国』東京大学出版会，1982年，p.42．

10）China Imperial Maritime Customs ed., *Treaties, Conventions, etc., between China and Foreign States*, (Shanghai, 1908)，pp.157-89, 243-73, 356, 377-450.

11）朱偰『中国租税問題』商務印書館，1936年，p.270．

12）租界の成立事情や外交交渉によって，地代や公課の支払い方法はさまざまであった．詳しくは，費成康『中国租界史』上海社会科学出版社，1991年，pp.98-107.

13）同前注，pp.186-89．高村直助前掲書，p.190によると，在華紡については，日本居留民団の負担金があったが，「在華紡の租税負担は日本国内に比べきわめて軽微であった」という．民族紡は，種々の地方的な賦課を受ける可能性があった．しかし，治外法権の特権を享受した在華紡には，その可能性もなかった．

14）もっとも産業振興を目的として，このような税制を意図的に採用したわけではない．個人にせよ，企業にせよ，その所得にたいして直接に課税することは，技術的な困難に加えて，その妥当性についての理解を社会に浸透させることの困難をかかえている．税制が所得の再配分という機能を発揮して市場や社会を安定させ，ひいては相対的に高い所得を得ている個人と企業にとっても利点があることを負担者に理解させ，かつ国家の財政が公共性の原則にしたがって公正に運用されているという信頼を獲得することが，直接税――とくに累進的な――の制度の基盤となる．つまり，所得と租税についての社会的な合意形成と，所得の把握という二重の課題を解決しなければ，個人と企業の所得にたいして直接に課税する税制は実現されない．じっさいに，あらゆる種類の税のうち，もっとも遅れて普及したのが，直接税としての個人および企業所得税の制度である．

15）1936年7月に公布された所得税法と細則にもとづいて，翌年1月から営利事業所得，給与所得，利子および配当所得を対象とする所得税の徴収が開始された．北京経済学院財政教研室編『中国近代税制概述』北京経済学院出版社，1988年，pp.128-35．

16）他にも「官利」という株式にたいする固定利息の支払い慣行，買辦にたいするマージンの支払い，「包工」制などによって直接の労務管理がおこなえないことなど，中国資本の紡織企業がさまざまな弱点をかかえていたことはよく知られている．厳中平前掲書，pp.143-48, 207-11．高橋前掲書，pp.173-84．富澤芳亜「銀行団接管期の大生第一紡織公司――近代中国における金融資本の紡織企業代理経営をめぐって」『史学研究』204号，1994年．

17）前掲拙著『中国近世財政史の研究』，pp.500-04参照.

18）関税自主権回復については，久保前掲『戦間期中国〈自立への模索〉』が近年利用可能となった資料を用いて，多角的かつ緻密な分析を加えている.

19）戴一峰『近代中国海関与中国財政』厦門大学出版社，1993年，p.78.

20）鳳岡及門弟子『梁燕孫先生年譜』台湾商務印書館影印，1978年，p.978.

21）李鋭「論我国中央與地方政府財政関係之調整」方顕廷編『中国経済研究』商務印書館，1938年，pp.901-04.

22）賈士毅『民国財政史三編』商務印書館，1962年，pp.960-64.『全国各省市減軽田賦附加税廃除苛捐雑税報告書』は，「苛捐雑税」が「商を病ましめ，民を擾がし」「沢を竭くして漁どるの勢ありて，農村破産し，国本動揺するを致す」ところの主役となったという（緒言 p.1).

23）久保前掲『戦間期中国〈自立への模索〉』，p.160以下.

24）厳中平前掲『中国棉紡織史稿——1289—1937』，p.220.

25）厳中平の統計によると，棉花は1931年を基準とすると15％ほど下落して下げ止まったが，綿糸価格の下落は30％を超えた.

26）森前掲『中国近代綿業史の研究』，pp.10-12.

27）在華紡にとっても日本の外交当局との連繫を密にする必要が生じた．長年，中国で外交官をつとめた船津辰一郎を在華日本紡績同業会の専務理事として迎えた——しかも高給で——ことはその一端である．在華日本紡績同業会編『船津辰一郎』ゆまに書房復刊，2002年.

28）以上5種の商品のほか，葉巻および洋酒・ビールにたいする課税も統税として徴収されるよう改められた．北京経済学院財政教研室編前掲書，pp.106-12.

29）高村前掲書，p.169.

30）1936年，在華紡のシェアは，綿糸において39.1％，綿布において57.4％にまで高まる．高村前掲書，p.169.

31）富澤芳亜「綿紗統税の導入をめぐる日中紡織資本」『史学研究』193号，1991年，pp.48-49．国民政府は日清通商条約および追加通商条約は1926年で満期となり，その改定交渉が妥結しなかったことにもとづき，これらの特権をさだめた条約は失効したとの立場を採った.

32）以下の統税をめぐる交渉過程については，富澤前掲「綿紗統税の導入をめぐる日中紡織資本」に依拠している.

33）さきに説明したように，日本政府は1903年に締結した日清追加通商条約によって，日本人所有の企業にたいする中国政府の課税権は否定されているという立場であった．したがって，在華紡績同業会が国民政府財政部とのあいだで契約を結び，それを根拠として納税することを強く主張した．一方，国民政府側は法令上の権利として課税することを主張した．1930年4月～6月の交渉によって，在華紡績同業会と財政部が契約を結ぶが，その契約を中国側の条令に準じるものとするという玉虫色の妥協案によって決着した．富澤前掲論文 pp.40-43.

34）在華日本紡績同業会上海本部『十一年上海会議録』．なお，この資料の存在は籠谷直人氏の教示によって知った.

第5章

在華紡の進出と高陽織布業

森　時彦

高陽の足踏み織機（鉄輪機）による織布風景
呉知『郷村織布工業的一個研究』より

はじめに

在華紡というかたちの中国現地への資本輸出は，第一次世界大戦期から以降にかけて中国紡績業が「黄金時期」とも表現されるような急激な発展をとげた事態，とりわけ在来織布業向けの10—20番手太糸分野において日本製綿糸に対する中国製綿糸の競争力が，コスト，関税などさまざまな面で飛躍的に高まりつつあった東アジア市場の環境変化に対処するために，日本の巨大紡績資本が選択した臨機応変の戦略転換であった．この戦略は，中国紡績業界の急速な発展と東アジア市場の急激な変化に対応するためというディフェンシブな動機に根ざすものではあるが，中国に進出した在華紡の存在がやがて中国綿紡織業界全体の変化を引き起こし，さらにその変化が逆に在華紡のあり方を規定していくという相互作用の連鎖をも生み出した．

河北省高陽県の農村家内織布業は，中華民国時期における華北農村手工業の典型的な一事例としてさまざまな角度からの注目を集め，南開大学経済研究所の精緻な実地調査に基づく研究をはじめとして，中国国内外において多数の興味深い検討が積み重ねられてきた．高陽織布業の実態については，これらの豊富な先行研究の成果が，原料，技術，労働，生産，商品，流通，需要など，さまざまな側面の細部にわたって，すでに多くの事実を解明している．

そこで本章では，高陽織布業そのものに即した実態分析についてはおもにこれらの先行研究に依拠することとして，もっぱら日本紡績業の対中国進出，とりわけ1920年代以降における在華紡の大規模な展開が，高陽織布業の動向といかなる相互関係にあったかという点に的をしぼり，日本紡績業なかんずく在華紡が中国における「近代的な」農村織布業の生成，発展あるいはその後退，衰退にいかに関与したのか，という問題にアプローチするための端緒を探ることにしたい．

1　中国近代における綿紡織業の展開過程

中国近代における綿紡織業の展開過程は，二つの段階に分けることができる．第一の段階は，アメリカ合衆国の南北戦争にともなう綿花飢饉を契機に，アジアで最初に近代的紡績業が勃興したインドから大量の機械製綿糸（中国では「洋紗」あるいは「機紗」と称する）が輸入されるようになった結果，中国農村の在来織布業で生産されていた手織りの厚手土布（「旧土布」と呼ぶ）が，原料綿糸を従来の土糸（手紡糸，中国では「土紗」と称する）からインド製の機械製綿糸に転換していく過程である．初歩的な推計では，中国農村在来織布業の600万担と見込まれる原料綿糸のうち，19世紀末までにほぼ3分の2が機械製綿糸に転換された計算になる．そこで，インドの機械製綿糸が中国農村市場へ本格的に流入しはじめた1880年代から19世紀末までを「在来織布業再編期」と措定する．

第二の段階は，「近代織布業成長期」とも称すべき段階である．中国農村在来織布業は原料綿糸を機械製綿糸に転換した後も，おもに土糸とほぼ同じ太さの10番手前後から20番手前後までの機械製太糸（中国では「粗紗」と称する）を用い，旧式織機を生産用具として旧土布と同じような手織りの厚手土布（「新土布」と呼ぶ）の生産を継続していた．この生産形態を中国織布業の「在来セクター」と呼ぶことにする．このセクターでは，19世紀末までに原料綿糸が3分の2まで機械製綿糸に転換したが，その後在来織布業における機械製綿糸への転換は土糸の強固な抵抗に直面して頓挫し，機械製綿糸の消費量は20世紀最初の20年間ずっと400万担前後で停滞し続ける．

その一方で20世紀も10年代になると，同じ農村織布業でも足踏み織機（中国では「鉄輪機」と称する）のような，なお手動ではあるもののやや近代化された織機を生産用具にし，40番手前後の細糸（中国では「細紗」と称する）を原料綿糸に使用して，金巾（shirtings，中国では「市布」あるいは「細布」と呼ぶこともある）など輸入薄地機械製綿布の代替品となる改良土布の生産に転換する農村も現れてくる．さらに沿海地方の都市部を中心に，力織機を設置した近代的な織布工場や兼営織布にのりだす紡績工場などが徐々に登場してくる．これらの生産形態を「近代セクター」と呼んで「在来セクター」と区別するとともに，機械製綿糸の消費パターンとして「在来セクター」は20番手以下の太糸，「近代セクター」は20番手超過の細糸をおもに消費するという仮定条件を設定することができる．

「近代セクター」の萌芽は，すでに19世紀末から20世紀初頭への世紀の変わり目頃からみられるが，その形成は第一次世界大戦にともなうイギリス製薄地機械製綿布の輸入量激減を契機に顕著となり，さらに本格的な成長を始めるのは「1923年恐慌」以降である．したがって第二の段階は，1920年代から30年代にかけての時期ということになる．あえて細かく時期区分を試みるとすれば，1880—1900年を「在来セクター再編期」，1900—1920年を「近代セクター萌芽期」あるいは「在来セクター停滞期」，そして1920—1937年を「近代セクター成長期」と三つの時期に分けてみることも可能である．

「在来セクター」向けの10—20番手太糸の供給は，最初インドからの輸入綿糸がほぼ独占していたが，1890年代に入ると上海を中心とする中国製綿糸，さらには日本からの輸入綿糸が追撃を開始し，20世紀初頭には三つ巴の様相を呈するようになる．さらに第一次世界大戦期から以降にかけて中国製綿糸が一歩抜きんでようとする情勢になると，日本巨大紡績資本は，日本からの輸出は付加価値の高い細糸に転換し，付加価値の低い太糸は在華紡というかたちで中国現地に生産シフトする戦略で，このような情勢に対処した．

こうして「近代セクター」向けの40番手前後の高番手糸は，第一次世界大戦期から「1923年恐慌」まではおもに日本からの輸入綿糸がまかなうことになった．日本からの輸入綿糸の平均番手は，1916年には19.3番手であったが，第一次世界大戦期中から以後にかけて急上昇し，1919年には26番手にまで跳ね上がった．翌1920年はルピー切り上げの影響で輸入の激減したインドの10，12番手極太糸の不足分を輸入日本綿糸が埋めた関係で，日本からの輸入綿糸の平均番手はいったん21.5番手まで急低下するが，その後はふたたび上昇を続け，1924年には29.5番手のピークを記録する(1)．

このように最初は日本綿糸が独占していた近代セクターの細糸市場には，やがて「1923年恐慌」という太糸の生産過剰による構造不況への対応策として，一部の在華紡が飽和状態になった農村在来織布業の太糸市場に代わる新たな市場として参入してくる．1923年に操業を開始した上海在華紡の同興は，当初から42番手双子の生産に特化して，太糸市場にはまったく関与しなかった．もっともこれは例外で，内外綿など多くの在華紡は，「1923年恐慌」への対応として太糸から細糸への転換を模索したが，高番手化が一挙に進むのは，第３章で詳述したように1927年しかもその９月１ヵ月のことであった．

「1923年恐慌」を分水嶺として，中国における近代セクター向けの細糸供給は日本国内の紡績工場から徐々に在華紡にシフトしはじめ，1927年９月を境に一気に傾斜を深めたのである．商品輸出から資本輸出への転換をともないながらの供給であったとはいえ，日本紡績業の供給する高番手糸が一貫して，中国における近代セクター織布業の勃興と双方向の深い関係を有していたのである．

2　第一次世界大戦と高陽近代織布業の勃興

第一次世界大戦期における高陽近代織布業の勃興は，中国綿紡織業が「在来セクター再編期」から「近代セクター成長期」へと転換していくモメントの先駆けであったといえる．1916年のある資料は，その変貌の様相を「最近欧州戦争後一般綿布の需要激増によりて日本綿布は非常に高値を示せる為め高陽地方に於ては採算上大なる利益を得る事となり最近の発達更に顕著なるものありて高陽の町は全く改造せらるるに至れりと聞く」[2] と伝えている．

第一次世界大戦の勃発で，イギリス産の金巾（shirtings）など薄地機械製綿布の輸入が戦前の５分の１以下に激減した中国市場では，大戦の進行とともに輸入綿布と国産綿布の価格差は大きく開いていった．例えば北京では，100尺当たりの綿布価格は，1914年には輸入布7.7元に対して，国産布6.2元で1.5元の差にすぎなかったものが，1920年には輸入布12元に対して，国産布7.8元で，その差は4.2元にまで拡大した[3]．日本からの輸入綿布も，価格高騰のためイギリス綿布にそっくり取って代わることはできなかった．中国国内における輸入綿布の代替品生産をになう近代織布業は，絶好のビジネスチャンスに恵まれたわけである．

このチャンスを的確にとらえたのが，直隷省（後に河北省）高陽県の農村に根付きつつあった近代織布業である．その間の事情を1918年５月の調査は，「欧州戦乱突発以来外国綿布の価格昇騰は益々高陽布の需要を増大し茲三四年間の進歩発達の程度著しきものと云うべし」[4] と述べている．また「其製織する織布は外国品の模造を主とし，極めて精巧なるものを製織す．高陽布として広く知らるる所なり」[5] あるいは「今日に於ては全然輸入品の代用品として製産するに至り，其の発達の急速なる寧ろ寒心に堪へざるものあり」[6] などとも報告されているように，高陽近代織布業の勃興はもっぱら，第一次世界大戦で流入が途絶して価格が高騰した金巾など輸入薄地機械製綿布の代替品生産を梃子とするものであった．

もちろん高陽における近代織布業の萌芽は，清末の北洋実業新政に端を発しているが，その基礎のうえで急速な発達がはじまったのは，やはり第一次世界大戦の勃発が契機であった．

> 今日粗布〔sheetings〕を織るも明日は金巾〔shirtings〕に変し，明後日は細綾〔jeans〕に変ずる如く，時勢に応じて製品を変化することの迅速なる驚くべきものあり．されば四五年前〔大戦前〕の状況と，今日の状況とは全く雲泥の差あり[7]．

このように，大戦勃発後における高陽近代織布業の急速な発展は，目を瞠らせるものがあった．

しかもその技術力，コスト競争力には，日本から参観に訪れた織物業者に危機感すら抱かせるものがあった．1918年の春から夏にかけて中国における綿紡織業の事業視察を行った絹川太一は，「名古屋の某同業者も視察せるが其巧妙には大に舌を捲けり．特に柄物に対しては今や名古屋は既に圧倒せられたりと称せり．縞物も亦工費我三分の一なるに看て到底及ぶ所に非ずとなす」[8] と述べている．

高陽における精巧な輸入代替品への生産シフトは，必然的に原料綿糸の高番手化をともなった．

> 当局の奨励と相待ちて織機の改良織布技術の進歩となり粗布天竺〔T-cloths〕等比較的容易にして粗末なるものより次第に発達し金巾愛国布等に移るに至り其消費綿糸の如きも十手十六手二十手等より進んで三十二手四十二手に入り更に六十手，八十手等のシルケットを混用してきわめて精巧なるものを織出するに至れり[9]．

輸入薄地機械製綿布に代替する高級品への転換が，原料綿糸の高番手化をもたらした様相を的確に捉えた叙述である．

1915年３月，伊藤忠合名会社上海支店の石黒昌明は，高陽における綿糸消費の状況を調査した結果として，その番手別構成を20番手が１万4000梱，32番手が3000梱，42番手双子と16番手が合計で3000梱と推定した(10)．図表Ｖ－１のように，42番手双子と16番手を同量と仮定すれば，高陽消費綿糸の平均番手は23.2番手となる．

図表Ｖ－１
1915年高陽消費綿糸番手別構成

番手	梱	梱×番手
16	1,500	24,000
20	14,000	280,000
32	3,000	96,000
42	1,500	63,000
合計	20,000	463,000
平均番手	23.2	

典拠：『大日本紡績聯合会月報』272号（1915年４月25日）．

この年，天津に輸入された日本綿糸の平均番手は，石田秀二の提供するデータによれば図表Ｖ－２Ａのように，おそらく二十一カ条要求反対の日貨ボイコット運動で太糸輸入が減少した影響で，その前年より上昇したものと思われるが，すでに近代セクターの領域である23.6番手に達していた(11)．高陽消費綿糸の23.2番手という平均番手は，ほぼこれに匹敵する高番手であった．拙稿で明らかにしたように，1917年の上海における流通綿糸の平均番手が14.8番手であった(12)ことを参照すれば，この時点ですでに高陽は，輸入日本綿糸の細糸を原料綿糸に採用することで，在来織布業のセクターから近代織布業のセクターへ大きく足を踏み入れていたものと見なすことができる．

さらに1917年において天津に輸移入された各国綿糸の番手別構成は，図表Ｖ－２Ｂのようにインド綿糸が10，12番手に，中国綿糸が16，20番手に特化しているのに対し，32番手以上の細糸は日本綿糸が一手に引き受けていた．その結果，平均番手もインド綿糸の11.3番手，中国綿糸の18.2番手，日本綿糸の24.3番手と，完全な三層構造になっていた．このような構造から判断すると，高陽に勃興した近代セクターの需要する32番手以上の細糸は，最初の

図表V－２A　1915－17年天津輸入日本綿糸番手別構成

番手＼年	1915年		1916年		1917年	
	梱	梱×番手	梱	梱×番手	梱	梱×番手
10	9,536	95,360	4,981	49,810	6,100	61,000
12						
16	47,147	754,352	44,267	708,272	30,149	482,384
20	23,337	466,740	17,369	347,380	13,345	266,900
20二子			292	5,840	194	3,880
20三子	7,523	150,460	4,498	89,960	4,855	97,100
32	8,613	275,616	7,911	253,152	3,831	122,592
32二子	1,046	33,472	618	19,776	402	12,864
32三子	1,789	57,248	1,130	36,160	1,284	41,088
42二子	24,283	1,019,886	22,565	947,730	18,160	762,720
42三子	85	3,570	316	13,272	434	18,228
70二子	1,252	87,640	1,384	96,880	929	65,030
合計	124,611	2,944,344	105,331	2,568,232	79,683	1,933,786
平均番手	23.6		24.4		24.3	

典拠：石田秀二『天津棉糸布事情』1918年５月調，p.24.
備考：原資料では60番手と80番手を合記しているので，70番手として計算した.

図表V－２B　1917年天津輸移入各国綿糸番手別構成

番手＼国別	日本綿糸		インド綿糸		中国綿糸	
	梱	梱×番手	梱	梱×番手	梱	梱×番手
10	6,100	61,000	28,850	288,500	6,200	62,000
12			3,650	43,800		
16	30,149	482,384			15,600	249,600
20	13,345	266,900			37,400	748,000
20二子	194	3,880				
20三子	4,855	97,100	4,000	80,000	1,900	38,000
32	3,831	122,592			1,200	38,400
32二子	402	12,864				
32三子	1,284	41,088				
42二子	18,160	762,720				
42三子	434	18,228				
70二子	929	65,030				
合計	79,683	1,933,786	36,500	412,300	62,300	1,136,000
平均番手	24.3		11.3		18.2	

典拠：同上 pp.26－27.
備考：60番手と80番手は合記されているので，70番手で計算した.

うちはほとんど天津経由の輸入日本綿糸が供給したものと考えられる．

その天津から高陽に入荷する綿糸は，1915年の段階ではまだ，16，20，32，42番手の4種だけであった．当時の主力であった20番手では，日本綿糸の日鳥（和歌山紡績製品）が8割を占めていたものの，上海在華紡の水月（内外綿製品）などもわずかながら参入していた．近代セクター需要の細糸では，32番手が双喜（堺紡績製品），キリン（東洋紡績製品），双鹿（大阪合同紡績製品），金蝠（尼崎紡績製品），42番手が菊（小津武林起業製品），藍魚（鐘淵紡績製品）と日本綿糸が独占していた(13)．近代セクターの商品生産に転換した高陽では，原料綿糸に対する眼も厳しくなり，各ブランドの栄枯盛衰はめまぐるしいものがあった．

この8年後，1923年の調査によると，なお主力であった20番手では，かつて量目過多（1梱＝300斤の規定より20斤ほど多目に梱包すること）で人気のあった日鳥は4割に後退し，近代セクター向けの細糸でも，やはりおまけの日本手拭を同梱することで人気を博した双喜などが姿を消したのに代って，32番手で軍艦（富士瓦斯製品）7割，舟美人（福島紡績製品）2割，その他1割，42番手で軍艦（富士瓦斯製品）6割，鶴鹿（大日本紡績製品）3割，その他1割と，新しいブランドが市場を席巻した(14)．このようにブランドは入れ代わりが激しかったものの，1923年までは近代セクターの細糸市場における日本綿糸の独占状態に変わりはなかった．

一方，在来セクター向けの16番手太糸では，この調査でも「当地〔天津〕紡績業発達の結果十六手以下の太糸に於ては優に当地需要を満して尚ほ余りあり，生産過剰の趨勢を示せり」(15)と伝えている．「1923年恐慌」が全国的な規模で証明した在来セクター向け太糸の過剰生産という構造不況の様相は，高陽織布業がその原料の供給を仰ぐ天津市場でも明白になっていたのである．

第一次世界大戦の勃発にともなう輸入薄地機械製綿布の途絶に即応して，高陽織布業がいち早く輸入綿布の代替品生産という近代セクターに転換しえたのは，すでに触れたように清末の北洋実業新政時期において，近代織布業に必要な生産用具（足踏み織機）と生産技術がすでに導入されていたことによるが，この事情は天津の後背地である直隷省等の各地にも共通するものであった．そのような傾向の一端を明確に表しているのが，1920年代に近代セクターの成長が顕著となる沿海4都市に輸入された日本綿糸の平均番手を比較した図表V－3の傾向である．太線の天津輸入日本綿糸の平均番手は，第

図表V－3　中国各港輸入日本綿糸平均番手

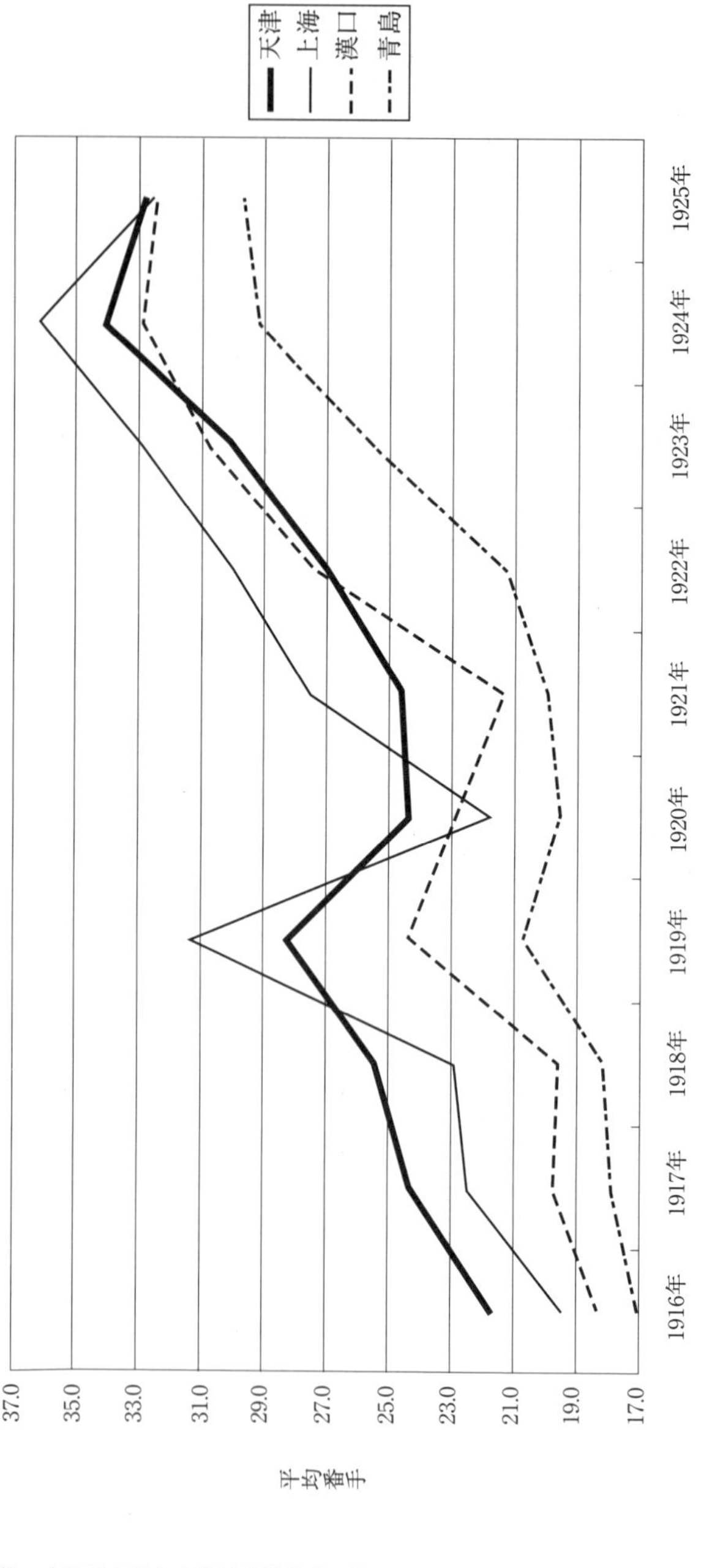

典拠：拙著『中国近代綿業史の研究』p.323

一次世界大戦中期の1916年から末期の1918年まで3年の間，先進地の上海(細線)をもおさえて首位にあった．平均番手が最高にあるということは，近代セクターに必要な細糸の割合が高いことを反映しているのであり，他地域に比してそれだけ近代セクターの発展が先行していたことを意味している．

以上のように，第一次世界大戦期に他地域に先駆けて近代セクターの発展した天津地区のなかでも，高陽織布業はとくに突出した存在として注目されていた．農村在来織布業向けの10—20番手太糸に特化していた中国市場が，太糸市場の飽和による停滞状況と輸入綿糸の代替品生産にともなう細糸市場の創生というファンダメンタルズの変化に対応して，在来セクターと近代セクターが並行する重層構造に転化していく過程で，高陽織布業の生産シフトはその基礎条件となる市場環境を創出する役割をはたした．高陽の近代織布業は，「近代セクター萌芽期」の先端に位置していたのである．

3 「近代セクター成長期」の高陽織布業

輸入日本綿糸の平均番手を指標とすると，1918年まで近代セクター萌芽の最先端にあった天津地区は，図表V－3のように5・4運動の日貨ボイコットが起こった1919年には首位の座を上海に譲り渡すことになった．日貨ボイコットの影響で20番手以下の太糸輸入が激減するとともに，やはり輸入の減少した日本綿布の代替品を生産する近代織布業が，この時期とくに上海地区で成長したことに因るのであろう．翌1920年には，ルピーの切り上げで輸入の激減したインド綿糸の10，12番手極太糸を輸入日本綿糸が代替した関係で，日本綿糸平均番手は全体的に低下し，とくに上海経由の輸入日本綿糸の平均番手が急低下したため，天津地区はいったん首位の座を奪回するものの，その後はこれら4都市の後背地域における近代織布業の成長に合わせて，全体の平均番手が急上昇していくなかで，天津の地位は相対的に低下する．

「1923年恐慌」という太糸市場の構造不況以降，沿海都市部を中心に近代織布業が成長していく趨勢のなかで，第一次世界大戦期に他地域に先駆けて近代セクターの萌芽をみた天津地区ではあったが，1920年代の本格的な「近代セクター成長期」に入ると，他地域における近代セクターの成長が天津地区のそれを上回るペースで進んだ結果，天津地区の先進性はやや希薄化する．

さらに天津地区において突出していた高陽も，1920年代に入るともはや孤高の存在ではなくなる．呉知氏の時期区分によれば，第一次世界大戦期の輸入代替品生産で活況を極めた第一次隆盛期〔初次興盛時期〕は，1915年から始まって1920年で終わり，1921年から25年までは過渡期と定義される(16)．紡績工場の兼営織布による機械製綿布の流通と濰県織布業などの追い上げに挟撃された結果，高陽近代織布業はターニングポイントに差し掛かっていたのである．

図表V－4は，近代セクター成長への転換点となった「1923年恐慌」の年に，青島を経由する機械製綿糸が，山東省を中心とする各地において，どのような番手別構成で販売されていたかを示している．これによると近代織布業の需要する32番手以上の細糸は，高陽以外にも山東省の済南，濰県，昌邑，周村，江蘇省の徐州などでもややまとまった量が販売されていた．とくに昌邑は，平均番手も23.5番手に達し，21.4番手の高陽をむしろ上回っていた．高陽の場合おもに天津経由で原料綿糸を調達していたので，青島経由綿糸の平均番手だけで比較するのは，いささか周到さを欠くが，少なくとも高陽以外にも平均番手が近代セクターの領域である20番手超過に大きく踏み入れる地域が山東省にも出現していたことは確かである．

図表V－4　1923年青島綿糸の山東等各地での番手別販売高　単位＝梱

地方＼番手	10番手	16番手	20番手	32番手	42番手	合計	平均番手
済南	2,250	25,900	11,350	3,950	365	43,815	18.4
濰県	450	9,500	15,600	1,750	302	27,602	19.5
昌邑	450	750	6,550	3,750	152	11,652	23.5
周村	150	5,250	1,050	160	102	6,712	17.3
博山	250	2,550	850		5	3,655	16.6
青州		4,000	150		5	4,155	16.2
即墨	10	9,050	1,800	5	7	10,872	16.7
手護	50	3,300	1,250		7	4,607	17.1
高密		12,275	2,450		5	14,730	16.7
掖県	50	775	550		50	1,425	18.2
膠州	25	2,600				2,625	15.9
徐州	4,000	3,000		100	75	7,175	13.1
高陽		2,000	2,600	950	200	5,750	21.4

典拠：佐々木藤一「青島紡績業に就きて」神戸高等商業学校『大正十三年夏期海外旅行調査報告』p.269.

こうして第一次世界大戦期から「1923年恐慌」の時期にかけて，おもに日本から輸入される32番手以上の細糸を原料綿糸にして，沿海地区に近代織布業へと転換する地域が徐々に形成されてきたわけであるが，「1923年恐慌」以降になると，高番手糸の供給は日本綿糸から上海在華紡に移行しはじめる．第3章で述べたように，上海在華紡生産綿糸の平均番手は，1927年それも9月の1ヵ月で一挙に4.1番手上昇して，25.8番手に達した．この平均番手は，輸入日本綿糸でいうと，1922年の24.6番手と1923年の26.7番手のほぼ中間に当たる数値である．

青島における流通状況を見ても，図表V－5のように1926年までは青島で生産，販売される綿糸（唯一の民族紡である華新以外はすべて青島在華紡の製品）の平均番手が18番手前後，上海から移入される綿糸（多くは上海在華紡の製品）の平均番手が16—17番手で推移していたのに対し，日本から輸入される綿糸の平均番手だけは，1924年27.7番手，25年28.4番手，26年32番手と年を追うごとに尻上がりに上昇し、近代セクターの細糸需要を一手に賄っていた感がある．

ところが，1927年になるとその状況がにわかに一変して，上海綿糸の平均番手は一挙に11.9番手上昇して28.5番手に跳ね上がり，さらに翌28年には29.9番手にまで上昇した．1927年を境として，それまで日本綿糸が担っていた近代セクター向け細糸の供給を，上海在華紡の綿糸が全面的に肩代わりすることになったのである．

さらに1930年代に入ると，上海民族紡のなかからも申新，永安など有力企業が在華紡を追撃して，生産綿糸の高番手化を進めるケースが出てくる．一方同じ在華紡でも，青島では図表V－6のように，生産綿糸の平均番手は1920年代を通してずっと17—18番手で推移し，1930年代に入っても前半期は緩やかな上昇にとどまっていた．「1923年恐慌」以降形成された中国紡績業界の重層構造は，在華紡と民族紡，上海とその他の都市など，さまざま格差をともなって複雑な様相を呈しながら構成されていたのである(17)．

こうした状況下の「近代セクター成長期」において高陽近代織布業は，ジャガード紋織機（中国では「提花機」と呼ぶ）を生産用具とし，人絹糸（中国では「人造糸」，俗に「蔴糸」とも呼ぶ）を原料綿糸とする「明華葛」の生産で再び活況を呈した第二次隆盛期（1926—29年）を経過して，1930年以降はすでに衰退期に入っていた．この時期の高陽では，第二次隆盛期の余韻で

図表Ⅴ－5　1924－28年青島番手別綿糸供給高

1924年

(左)単位＝梱 (右)梱×番手

番手＼種別	青島糸		上海糸		日本糸		合計	
10	8,190.0	81,900.0					8,190.0	81,900.0
16	109,610.0	1,753,760.0	4,555.0	72,880.0	979.5	15,672.0	115,144.5	1,842,312.0
20	63,100.0	1,262,000.0	280.0	5,600.0	3,404.0	68,080.0	66,784.0	1,335,680.0
32	5,700.0	182,400.0	325.0	10,400.0	8,915.0	285,280.0	14,940.0	478,080.0
合計	186,600.0	3,280,060.0	5,160.0	88,880.0	13,298.5	369,032.0	205,058.5	3,737,972.0
平均番手	17.6		17.2		27.7		18.2	

1925年

番手＼種別	青島糸		上海糸		日本糸		合計	
10	6,447.0	64,470.0					6,447.0	64,470.0
16	94,142.5	1,506,280.0	6,840.0	109,440.0	327.5	5,240.0	101,310.0	1,620,960.0
20	62,691.5	1,253,830.0	55.0	1,100.0	3,276.0	65,520.0	66,022.5	1,320,450.0
32	8,710.0	278,720.0	45.0	1,440.0	8,872.0	283,904.0	17,627.0	564,064.0
合計	171,991.0	3,103,300.0	6,940.0	111,980.0	12,475.5	354,664.0	191,406.5	3,569,944.0
平均番手	18.0		16.1		28.4		18.7	

1926年

番手＼種別	青島糸		上海糸		日本糸		合計	
10	8,863.0	88,630.0					8,863.0	88,630.0
16	114,630.0	1,834,080.0	3,185.0	50,960.0			117,815.0	1,885,040.0
20	69,702.0	1,394,040.0	185.0	3,700.0	6.0	120.0	69,893.0	1,397,860.0
32	12,910.0	413,120.0	79.0	2,528.0	3,364.0	107,648.0	16,353.0	523,296.0
合計	206,105.0	3,729,870.0	3,449.0	57,188.0	3,370.0	107,768.0	212,924.0	3,894,826.0
平均番手	18.1		16.6		32.0		18.3	

1927年

番手＼種別	青島糸		上海糸		日本糸		合計	
10	10,534.0	105,340.0					10,534.0	105,340.0
16	104,517.0	1,672,272.0	390.0	6,240.0			104,907.0	1,678,512.0
20	65,910.5	1,318,210.0			1.0	20.0	65,911.5	1,318,230.0
32	12,561.0	401,952.0	1,397.0	44,704.0	525.0	16,800.0	14,483.0	463,456.0
合計	193,522.5	3,497,774.0	1,787.0	50,944.0	526.0	16,820.0	195,835.5	3,565,538.0
平均番手	18.1		28.5		32.0		18.2	

1928年

番手＼種別	青島糸		上海糸		日本糸		合計	
10	6,440.0	64,400.0					6,440.0	64,400.0
16	101,625.0	1,626,000.0	760.0	12,160.0			102,385.0	1,638,160.0
20	67,499.5	1,349,990.0	405.0	8,100.0	50.0	1,000.0	67,954.5	1,359,090.0
32	14,112.0	451,584.0	6,790.0	217,280.0	110.0	3,520.0	21,012.0	672,384.0
合計	189,676.5	3,491,974.0	7,955.0	237,540.0	160.0	4,520.0	197,791.5	3,734,034.0
平均番手	18.4		29.9		28.3		18.9	

典拠：満鉄天津事務所調査課『山東紡績業の概況』1936年3月，p.27.

備考：原資料の番手不明分は除外した.

図表V－6　1923－40年青島在華紡生産綿糸平均番手　単位＝番手

社名＼年	1923	1924	1925	1929	1934	1935	1936	1940
富　士	16.0	15.8	15.6	16.1	20.8	20.2	18.5	23.2
公　大	17.1	17.7	22.5	32.0	33.7	33.8	35.1	25.8
隆　興	20.0	17.8	19.0	19.7	21.5	22.2	24.0	25.5
内　外	17.4	17.3	17.1	17.3	21.7	21.2	22.6	25.0
長　崎	20.0	23.0	23.0	17.7	21.1	22.6	23.7	22.1
大　康	15.3	15.6	17.0	17.1	18.4	20.1	22.9	27.1
上　海							32.0	31.9
豊　田							20.7	25.6
同　興								26.5
総平均	17.0	17.2	17.9	18.4	22.1	21.9	23.7	25.9

典拠：1923，24年は『大正十三年夏期海外旅行調査報告』（神戸高等商業学校），25年は『大正十四年夏期海外旅行調査報告』（同前），29年は『昭和四年夏期海外旅行調査報告』（神戸商業大学），34－35年は東洋紡績株式会社資料室蔵『在華紡生産高報告』1934－1936年，40年は同前蔵『在華紡統計綴（生産）』1940年．

備考：1923年は11月，24年は7月，25年は4月，各1カ月分，29，40年は上半年分，36年は1－11月分，34，35年は全年分．

「明華葛」の原料綿糸となる人絹糸がなお多用される一方，綿糸も図表V－7のような番手別構成で消費され，その平均番手は1915年に比べて5.4番手高い28.6番手であった．

では，このような番手別構成の高陽消費綿糸は，どのような生産元から，どのような構成で供給されていたのであろうか．図表V－8は，1932年と33年の両年において高陽で消費された綿糸の平均番手を在華紡と民族紡とに分けて比較したものである．1932年には2.6番手であった両者の平均番手の差は，翌33年には1.7番手に縮小している．1930年代に入って高陽の市場において，高番手化の面で一部の民族紡が在華紡を追い上げている様が窺える．一方図表V－9A，Bは，同じ時期の高陽消費綿糸の平均番手を生産地によって比較したものである．上海と天津が1932年に26—27番手の間で0.7番手の僅差，1933年には28.3番手で並び，ほぼ同じレベルであるのに対して，青島だけはやや突出して31番手台に達していた．このデータは，1930年代前半期においても上海在華紡に比べて高番手化が遅れていた青島在華紡が，高陽市場については高番手糸を重点的に供給していたことを示唆している．

その反対に，図表V－10を見ると，1932年における上海在華紡各社の上海生産分と高陽販売分の平均番手を比較することができる．生産は9月1ヵ月

図表Ⅴ－7　1932年高陽消費綿糸番手別構成

番　　手	梱	梱×番手
16	1,107.96	17,727.36
20	11,171.13	223,422.60
32	21,910.64	701,140.48
42	2,193.66	92,133.72
60	163.13	9,787.80
合　　計	36,546.52	1,044,211.96
平均番手	28.6	

典拠：呉知『郷村織布工業的一個研究』p.117.

図表Ⅴ－8　高陽における消費綿糸の資本番手別構成

資本別＼番手	在華紡				民族紡			
	1932年		1933年		1932年		1933年	
	梱	番手×梱	梱	番手×梱	梱	番手×梱	梱	番手×梱
10							12	120
14			10	140				
16	18	288			254.5	4,072	522	8,352
20	6,323	126,460	2,932	58,640	878	17,560	3,295	65,900
26							10	260
32	6,833	218,656	5,383	172,256	852	27,264	8,137.5	260,400
40			53	2,120				
42	906	38,052	1,307	54,894			23	966
60	5	300						
合計	14,085	383,756	9,685	288,050	1,985	48,896	12,000	335,998
平均番手	27.2		29.7		24.6		28.0	

典拠：同上 pp.204-06.

のみのデータ，販売は3—11月9ヵ月のデータと，ややちぐはぐではあるが，あえて比較すれば，裕豊と大康の二社だけ高陽販売分の方が上海生産分よりもそれぞれ6.3番手，3.7番手高いのを除くと，内外綿，日華，上海，公大などの主要企業は，上海生産分の方がそれぞれ7番手，5.1番手，2.8番手，2.7番手高く，豊田と東華は変わらずという状況である．総平均番手から比較してみても，上海生産分の方が高陽販売分よりもちょうど4番手高いという結果になる．

図表V－9A　1932年高陽における消費綿糸の生産地番手別構成

生産地／番手	上海		天津		青島		その他	
	梱	番手×梱	梱	番手×梱	梱	番手×梱	梱	番手×梱
10								
14								
16	65.5	1048.0	207.0	3312.0				
20	6305.0	126100.0	664.0	13280.0	172.0	3440.0	60.0	1200.0
26								
32	4222.5	135120.0	1311.0	41952.0	2116.5	67728.0	35.0	1120.0
40								
42	904.0	37968.0	2.0	84.0				
60	5.0	300.0						
合計	11502.0	300536.0	2184.0	58628.0	2288.5	71168.0	95.0	2320.0
平均番手	26.1		26.8		31.1		24.4	

典拠：呉知前掲『郷村織布工業的一個研究』p.200.
備考：その他は，済南，唐山，鄭州，常熟.

図表V－9B　1933年高陽における消費綿糸の生産地番手別構成

生産地／番手	上海		天津		青島		その他	
	梱	番手×梱	梱	番手×梱	梱	番手×梱	梱	番手×梱
10			12.0	120.0				
14	10.0	140.0						
16			96.0	1536.0			426.0	
20	2867.0	57340.0	3121.0	62420.0	165.0	3300.0	74.0	1480.0
26			10.0					
32	1583.0	50656.0	7281.5	233008.0	2606.0	83392.0	2050.0	65600.0
40	53.0	2120.0						
42	1294.0	54348.0	34.0	1428.0	2.0	84.0		
60								
合計	5807.0	164604.0	10554.5	298512.0	2773.0	86776.0	2550.0	67080.0
平均番手	28.3		28.3		31.3		26.3	

典拠：同上 p.200.
備考：その他は，楡次，衛輝，済南，唐山.

図表Ｖ－10　1932年上海在華紡の生産綿糸と高陽販売綿糸の平均番手比較　単位＝番手

会社＼地区	上海生産	高陽販売
大　康	27.7	31.4
同　興	42.0	
公　大	34.0	31.3
内　外	41.0	34.0
日　華	25.7	20.6
上　海	23.1	20.3
東　華	20.0	20.0
豊　田	20.8	20.8
裕　豊	25.7	32.0
総平均	28.9	24.9

典拠：生産は拙著『中国近代綿業史の研究』p.327，販売は呉知『郷村織布工業的一個研究』南開大学経済研究所専刊，商務印書館，民国24年序，pp.204-06.
備考：生産は９月１ヵ月，販売は３－11月.

また1930年代に入って，在華紡を追撃して高番手化へと経営の舵をきった有力民族紡の永安と申新についても，同じような比較を試みると，図表Ｖ－11A，Ｂのようになる．この二社の場合，上海生産分の平均番手についてはいまのところデータが得られないので，湖南市場での販売綿糸平均番手との比較をしたい．周知のように湖南は，四川とともに，清末のインド綿糸流入以来どちらかといえば新土布生産に特化した太糸市場の代表格であった．その湖南市場と比べた場合，永安の方は1933年に32番手に集中して高陽市場に参入した関係で，10番手をはるかに超える相当の格差があるが，申新の方は1932年には高陽分の方がむしろ3.4番手も低く，1933年には逆転したものの，その差は3.9番手にとどまっていた．

以上のデータからは，本格的な「近代セクター成長期」の1930年代に入ると，高番手化の先頭にあった上海在華紡各社あるいは上海民族紡の有力企業にとって，高陽市場は近代セクター向け細糸の供給という面では，すでにトップクラスの先端市場ではなく，二番手あるいは三番手集団に位置づけられていたと判断することも可能である．消費綿糸の平均番手という指標によれば，1930年代の高陽織布業はもはや近代セクターの突出した存在ではなく，上海など先進地区に立地する近代織布業の後塵を拝する位置におかれていた

図表Ｖ－11Ａ　永安紗廠綿糸の湖南，高陽での番手別販売高

地区 / 番手	1932年湖南		1932年高陽		1933年湖南		1933年高陽	
	梱	梱×番手	梱	梱×番手	梱	梱×番手	梱	梱×番手
6								
8	58.0	464.0			369.0	2,952.0		
10	2,471.0	24,710.0			2,356.0	23,560.0		
16	1,856.0	29,696.0			4,262.0	68,192.0		
20	4,401.0	88,020.0			7,338.0	146,760.0		
32	1,380.0	44,160.0			2,169.0	69,408.0	290.0	9,280.0
32二子	64.5	2,064.0			143.8	4,601.6		
40	2.0	80.0			19.8	792.0		
42	97.0	4,074.0			176.8	7,426.7		
60	14.5	870.0			29.9	1,794.0		
計	10,344.0	194,138.0			16,864.3	325,486.3	290.0	9,280.0
平均番手	18.8				19.3		32.0	

典拠：湖南は孟学思編『湖南之棉花及棉紗』下編 p.47，高陽は呉知『郷村織布工業的一個研究』pp.204－06.

図表Ｖ－11Ｂ　申新紗廠綿糸の湖南，高陽での番手別販売高

地区 / 番手	1932年湖南		1932年高陽		1933年湖南		1933年高陽	
	梱	梱×番手	梱	梱×番手	梱	梱×番手	梱	梱×番手
6	120	720			100			
8	480	3,840			280	2,240		
10	360	3,600			250	2,500		
16	700	11,200	38	600	350	5,600		
20	4,500	90,000	124	2,480	4,600	92,000	55	1,100
32	2,600	83,200			2,500	80,000	75	2,400
32二子								
40								
42	220	9,240			180	7,560		
60								
計	8,980	201,800	162	3,080	8,260	189,900	130	3,500
平均番手	22.5		19.1		23.0		26.9	

典拠：同上.

のである．

4　在華紡の兼営織布と高陽織布業

1920年代後半から1930年代前半にかけて上海在華紡の存在は，高陽の近代織布業にとって，改良土布生産に必須の原料である高番手綿糸を提供してくれる川上の供給元という立場から，兼営織布部門で改良土布の対抗品ともいうべき金巾（shirtings）を生産して，高陽産の改良土布と同じ土俵ではげしく競い合う存在に転化していった．既述のように，「1923年恐慌」以降，在華紡は付加価値の高い製品への転換策として，紡績部門では高番手綿糸の生産にシフトしたが，綿糸はしょせん半製品である関係から，より付加価値の高い完成品ともいえる機械製綿布を生産する兼営織布部門にも多くの経営資源を傾けていた．

図表Ｖ－12は，上海在華紡各社が1925年の１年間に兼営織布部門で生産した綿布の種別数量である（元のデータは単位表示が「俵」であるが，備考に示した基準で「反」に換算した．なお原資料には，sheetingsは１反＝11―16ポンド，shirtingsは１反＝３―8.5ポンドと注記されている）．これによると，1925年段階では，上海在華紡でも兼営織布の主力は，粗布（sheetings）であり，１年間の生産高は212万反で，全生産高の70％以上を占めていた．一方，より高級で付加価値の高い金巾は，40番手前後の高番手綿糸生産専門工場として設立された

図表Ｖ－12　1925年上海在華紡綿布種別生産高　　単位＝反，％

種別＼社名	大康		同興		公大		内外		日華		上海		東華		豊田		裕豊		合計	
shirtings			320,000	77			144,000	12			120,000	17							584,000	20
do.(namihaba)																			0	0
sheetings							960,000	82	300,000	100	460,000	66			400,000	100			2,120,000	71
jeans			96,000	23			72,000	6			120,000	17							288,000	10
drills																			0	0
sateens																			0	0
serges																			0	0
twills																			0	0
total			416,000	100			1,176,000	100	300,000	100	700,000	100			400,000	100			2,992,000	100

典拠：昭和５年版『支那工業総覧』pp.71－72.
備考：１俵＝shirtings（市布・細布）40反，sheetings（粗布）20反，jeans（細綾）40反.

同興で，年産32万反とやや纏まって生産されているのが目立つ程度である．上海在華紡は，まず粗布の生産から兼営織布に乗り出したわけである．

金巾が近代セクターで生産される改良土布の対抗品であるとすれば，粗布はどちらかといえば在来セクターで生産されていた新土布の対抗品と見なすことができる（1920年代前半に中国市場に供給されていた金巾は経糸に28—36番手の単糸，緯糸に22—30番手の単糸を用いたものが多く，粗布は経糸に14番手の単糸，緯糸に15番手の単糸あるいは経緯ともに15番手の単糸を用いたものが普通であったという[18]）．また井村薫雄によれば，「支那に於ける粗布の織造は，民国12年来，非常な増加を示した」[19] ということで，「1923年恐慌」に対応する兼営織布への生産シフトは，まず新土布の対抗品である粗布から出発したのである．

その後1920年代後半になると，紡績部門における高番手化が1927年９月に一挙に進んだことはすでに繰り返し述べた事柄であるが，その一方で兼営織布部門では，より付加価値の高い薄地機械製綿布へのシフトが続いていた．図表Ｖ－13は，1931年９月１ヵ月の上海在華紡における種別の機械製綿布生産高である．比較に便利なように，最右欄に12倍した数値を示した．９月１ヵ月分の数値を単純に12倍しただけでは，１年分の数値にならないことは当然であるが，便宜的にあえて試算した．それによると，1925年には212万反で71％を占めていた粗布は，単純換算で145万反と３分の２に減少し，比率も22％に低下した．それに代わって主役に踊り出たのは金巾で，1925年の58万4000反から345万反へと６倍近くに激増し，比率も20％から52％に跳ね上がり，半分を超えた．

さらに翌1932年になると図表Ｖ－14のように，本格化しはじめた農村恐慌

図表Ｖ－13　1931年９月上海在華紡綿布種別生産高　　単位＝反，％

種別＼社名	大康		同興		公大		内外		日華		上海		東華		豊田		裕豊		合計		合計×12
shirtings			45,720	63	72,200	50	57,120	46	18,466	100	86,580	52			53,200	56			287,566	52	3,450,792
do. (nami-haba)					13,300	9									17,250	18			30,550	6	366,600
sheetings					39,600	27					56,540	34			24,900	26			121,040	22	1,452,480
jeans			26,910	37							23,770	14							23,770	4	285,240
色丁							66,571	54											66,571	12	798,852
sateens																			0	0	
serges																			0	0	
twills					20,600	14													20,600	4	247,200
合計			72,630	100	145,700	100	123,691	100	18,466	100	166,890	100			95,350	100			550,097	100	6.601,164

典拠：「上海日紗廠紗布生産統計」『紡織時報』952号，民国22年１月１日．

図表V－14　1932年9月上海在華紡綿布種別生産高　単位＝反，%

種別＼社名	大康		同興		公大		内外		日華		上海		東華		豊田		裕豊		合計		合計×12
shirtings			26,680	44	111,240	97	73,960	40	16,192	100	56,940	48			69,808	85	5,200	100	333,340	60	4,000,080
do. (nami-haba)							8,820	5							12,305	15			21,125	4	253,500
sheetings											47,740	41							47,740	9	572,880
jeans			33,920	56			2,070	1			13,000	11							15,070	3	180,840
色丁							61,000	33											61,000	11	732,000
sateens																			0	0	
serges																			0	0	
twills					3,560	3	40,360	22											43,920	8	527,040
合計			60,600	100	114,800	100	186,210	100	16,192	100	117,680	100			82,113	100	5,200	100	522,195	100	6,266,340

典拠：「上海日紗廠紗布生産統計」『紡織時報』952号，民国22年1月1日.

の影響で太糸分野の紡績部門が不況に喘いでいるのを尻目に，織布部門，とくに金巾など高級綿布の分野は順調に生産が伸びていた．金巾の生産高は単純換算で，55万反ほど増加して400万反を超え，比率もちょうど60%にまで上昇した．これに対して粗布の方は単純換算で，90万反近く激減して57万反となり，比率も10%を切ってしまった．

その2年後，農村恐慌がピークに達した1934年には図表V－15のように，兼営織布の総生産高が1932年の626万反から1050万反と68%近く激増したので，金巾は比率こそ1932年の60%から52%にやや低下したものの，生産高は542万反を超える水準に達した．そして翌1935年には図表V－16のように，金巾の生産高はさらに54万反増加して596万反を超えて600万反に迫り，比率も53%と若干高くなった．一方粗布の方は，1934年の生産高が54万8000反で比率は5%，1935年は43万反で4%と年々低下の一途をたどった．

さらに紡績部門の高番手化では上海在華紡に遅れをとっていた青島在華紡も，兼営織布部門における高付加価値化では，第1章に既述のように1920年代後半から1930年代前半にかけて上海以上に急速な伸展をみせた．図表V－17のように，青島在華紡の兼営織布部門は，1924年に粗布100%で出発したが，1925年からは付加価値の高い金巾にも進出し，1928年には金巾の生産高は早くも100万反に迫り，比率も4分の3を占めるに至った．一方粗布の生産高は，1928年には10万5千反に急減し，比率も1割を切った．

1930年代前半に入ると，青島在華紡の兼営織布における高付加価値化は一段と弾みがつき，金巾の生産高は農村恐慌がピークを迎えた1934年には296万反，1935年には418万反と鰻上りの増加をみせ，比率も9割に迫った．粗布の方は両年とも1万反台で比率は1%にも達しなかった．この結果，1935年には在華紡の兼営織布部門は，上海と青島を合計すると1000万反を超す金巾を生産したことになる．

以上のように，在華紡の兼営織布は，1920年代後半から付加価値の低い粗布類から付加価値の高い金巾類にシフトしはじめ，1930年代前半に入り，農

図表V－15　1934年上海在華紡綿布種別生産高

単位＝反，％

社名 / 種別	大康		同興		公大		内外		日華		上海		東華		豊田		裕豊		合計	
shirtings	643,670	71			990,010	64	730,735	20	373,975	100	1,317,065	60			805,105		559,456	88	5,420,016	52
do.(namihaba)					40,500	3	96,318	3							225,185				362,003	3
sheetings											534,710	24			13,825				548,535	5
jeans	260,090	29			299,260	19	440,311	12			329,815	15			84,329		73,605	12	1,487,410	14
drills											9,300	0							9,300	0
sateens					44,140	3	824,095	22											868,235	8
serges							1,466,871	39											1,466,871	14
twills					179,590	12	176,008	5											355,598	3
合計	903,760	100			1,553,500	100	3,734,338	100	373,975	100	2,190,890	100			1,128,444		633,061	100	10,517,968	100

典拠：東洋紡績株式会社資料室蔵『在華紡生産高報告』昭和9年．

図表V－16　1935年上海在華紡綿布種別生産高

単位＝反，％

社名 / 種別	大康		同興		公大		内外		日華		上海		東華		豊田		裕豊		合計	
shirtings	194,104	55	602,500	63	947,110	64	893,282	22	423,365	90	1,439,911	66			746,371	63	715,208	94	5,961,851	53
do.(namihaba)					13,150	1	78,592	2							244,682	21			336,424	3
sheetings											375,660	17			54,781	5			430,441	4
jeans	152,330	43	353,680	37	356,910	24	537,909	14	48,754	10	324,200	15			144,940	12	46,055	6	1,964,778	17
drills											27,333	1							27,333	0
sateens	9,120	3			19,440	1	980,300	25									2,650	0	1,011,510	9
serges							1,487,193	37											1,487,193	13
twills	200	0			135,260	9													135,460	1
total	355,754	100	956,180	100	1,471,870	100	3,977,276	100	472,119	100	2,167,104	100			1,190,774	100	763,913	100	11,354,990	100

典拠：東洋紡績株式会社資料室蔵『在華紡生産高報告』昭和10年．

図表Ⅴ－17　1924－1935年青島在華紡綿布種別生産高　単位＝piece

種別＼年	shirtings	%	sheetings	%	jeans	%	serges	%	total	%
1924			240,000	100					240,000	100
1925	161,000	27	359,400	61	68,720	12			589,120	100
1926	343,000	47	305,900	42	77,040	11			725,940	100
1927	494,080	52	348,080	37	102,440	11			944,600	100
1928	926,200	74	105,000	8	225,720	18			1,256,920	100
1929										
1930										
1931										
1932										
1933										
1934	2,957,801	83	16,200	0	600,578	17	8,600	0	3,582,639	100
1935	4,182,645	87	14,943	0	603,885	13			4,801,473	100

資料：1924-28年は，吉岡篤三「青島に於ける邦人紡績業」―神戸商業大学商業研究所『昭和四年夏期海外旅行調査報告』156，1934-36年は，東洋紡績株式会社蔵『在華紡生産高報告』昭和９-11年.

村恐慌のあおりもあって農民を顧客とする新土布の代替品ともいうべき粗布類の生産が急減した反面，中国の都市部あるいは東南アジアからインドにかけての諸外国を市場とする金巾類の生産が急増した結果，40番手前後の高番手綿糸を原料綿糸とする高級綿布の生産が飛躍的に伸び，全体に占める比率も上昇した．1935年における1000万反を超す金巾の生産高は単純計算で，兼営織布へのシフトの起点となった1923年の時点で１年間に中国へ輸入された生金巾の総量の４倍近くに相当する．1920年代前半までは，外国とくに日本からの輸入品で賄われていた金巾類の高級機械製綿布の中国市場は，1930年代前半になると在華紡の兼営織布が完全に取って代わってなお余りある状態になったのである．

この事態は，第一次世界大戦期から以降にかけておもにイギリスからの金巾類の輸入激減を契機に，その代替品として急速に生産が増加した改良土布にとっても，きわめて強力なライバルが国内に出現したことを意味した．そして，その改良土布生産の最先端に立っていた高陽近代織布業にとって在華紡は，最初は改良土布生産に不可欠の原料である40番手前後の高番手綿糸を川上から供給してくれるパートナーの存在であったが，1920年代後半以降その兼営織布部門で生産する金巾類が高級綿布市場という川下で改良土布と激しく競い合うライバルの存在に転化していったのである．

むすび

20世紀前半期の高陽織布業は，一部の小規模な織布工場を除いては，一貫して農村の家内手工業という生産形態をとっていた．生産形態から見るかぎり，結局のところ機械制工場生産の段階にまでは至らなかった高陽織布業は，在来セクターの周縁あるいは近代セクターの入り口に位置する存在にすぎないかもしれない．しかし，第一次世界大戦から「1923年恐慌」にかけての時期をターニングポイントとして，「在来セクター再編期」あるいは「近代セクター萌芽期」から「近代セクター成長期」へと転換した中国近代綿紡織業の展開というマクロの観点から見直すと，高陽織布業の占める位置は決して小さくない．

第一次世界大戦期にいち早く輸入綿布の代替品生産にのりだした高陽織布業は，従来の農村在来織布業が使用した10—20番手太糸ではなく，32番手以上の細糸という次元を異にする新しい分野の商品を大量に消費するようになった．このような細糸市場の創出を通じて高陽織布業は，1890年の誕生以来農村在来織布業向けの太糸生産に特化して発展してきた中国紡績業界が，「1923年恐慌」という太糸市場の構造不況を契機に，近代セクター向けの細糸生産に移行する多くの在華紡と在来セクター向けの太糸生産に残留する多くの民族紡が並行する重層構造に転換していく過程で，その転換を可能にする市場条件を準備したのである．それは同時に，10—20番手太糸の生産拠点を中国現地にシフトするという動機から出発した在華紡が，中国市場の急激な変動に対応して40番手前後の細糸に生産シフトする戦略の転換をも可能にしたのである．第一次世界大戦期に日本から輸入された高番手糸が，高陽をはじめ中国各地における近代セクターの萌芽を可能にしたわけであるが，1920年代半ばになるとその市場構造の変化が在華紡の役割をも変質させたのである．

さらに「1923年恐慌」を起点とする在華紡の高付加価値製品への生産シフトの流れは，1930年代半ばになると兼営織布部門における金巾の生産を1000

万反を超えるまでに急増させ，改良土布の市場を侵食することになった．こうして，中国に進出した在華紡は，高陽織布業の発展に支えられた高番手綿糸という新たな市場をえて「1923年恐慌」を乗り越えることができたのであるが，たえざる高付加価値製品への生産シフトの要請は，最終的には高陽織布業の市場をも奪う結果をもたらしたのである．

註

1）拙著『中国近代綿業史の研究』京都大学学術出版会，2001年，pp.322-23参照．
2）「直隷省の織布業」『大日本紡績聯合会月報』291号，1916年11月25日．
3）孟天培・甘博著，李景漢訳「二十五年来北京之物価工資及生活程度」『社会科学季刊』4巻1・2号，1925年10月―1926年3月．
4）石田秀二『天津棉糸布事情』非売品，p.18．
5）前掲「直隷省の織布業」．
6）「支那直隷省の綿紡織業」『大日本紡績聯合会月報』306号，1918年2月25日．
7）前掲「直隷省の織布業」．
8）絹川太一『平和と支那綿業』丸山舎書籍部，1919年4月，pp.168-69．
9）前掲「直隷省の織布業」．
10）「直隷省高陽地方における綿糸及綿布」『大日本紡績聯合会月報』272号，1915年4月25日．
11）天津輸入日本綿糸の平均番手については，前掲『中国近代綿業史の研究』p.323でも1916年は深沢甲子男『紡績業と綿絲相場』，1917年以降は第29―46次『綿絲紡績事情参考書』によって算出した．1917年は一致するが，1916年は石田のデータでは24.4番手に対し，深沢のデータでは21.7番手となる．前後の年との整合性から見れば，石田のデータの方が適当なように思われる．
12）拙稿「中国綿業近代化の動態構造」『中国近代化の動態構造』京都大学人文科学研究所，2004年，p.230参照．
13）前掲「直隷省高陽地方における綿糸及綿布」．
14）木具正雄「天津に於ける綿糸布事情」神戸高等商業学校『大正十二年夏期海外旅行調査報告』1924年1月，p.34．
15）前掲「天津に於ける綿糸布事情」p.34．
16）『郷村織布工業的一個研究』南開大学経済研究所専刊，商務印書館，1935年7月序，pp.30-31．
17）青島においては，唯一の民族紡である華新が，在華紡に先駆けて高番手化を進めていたという興味ある事実が，久保亨氏によって明らかにされている（「青島における中国紡――在華紡間の競争と協調」『社会経済史学』56巻5号，1991年）．
18）井村薫雄『紡績の経営と製品』上海出版協会，1926年1月，pp.142-44．
19）前掲『紡績の経営と製品』p.149．

第6章

在華紡の遺産

——戦後における中国紡織機器製造公司の設立と西川秋次

富澤芳亜

西川秋次（撮影日時などは不明）
『西川秋次の思い出』1964年より

はじめに

1945年8月15日に日本が敗戦を迎えると，上海の在華紡の各工場は操業を停止し，翌日から閉鎖された(1)．その一方で国民政府は日本資産接収のために「修復区重要工鉱事業処理弁法」，「経済部令修復区工商機構暫維現状」，「修復区公司企業処理弁法」などの法令を8月31日に発し，これらの法令に基づいて，経済部特派員弁公処紡織組より上海に陸紹雲をはじめとする紡織技術者を派遣し，9月20日より在華紡各工場の接収を開始した(2)．これらの技術者たちは上海日本紗廠復興委員会を組織し，その指導下で在華紡の各工場は10月12日より順次操業を再開した(3)．その後，上海の旧在華紡の各工場は，1946年1月2日に成立した国営中国紡織建設公司（以下，中紡公司と略称する）総公司のもとに統括され，中紡公司がその経営を引き継ぐことになった(4)．

上述した旧在華紡工場の操業再開や中紡公司下における操業に，重要な役割を果たしたのが「留用」（以前の職に留められて雇用されるの意味であり，徴用とは意味が異なる．以下，括弧を外す）された旧在華紡の日本人紡織技術者たちだった．上海の中紡公司各工場には，1946年5月11日時点において，少なくとも127名の留用日本人技術者が在籍していたことが確認できる(5)．

本稿では，このような留用日本人技術者の事例研究として，西川秋次ら豊田関連企業の技術者たちの中国紡織機器製造公司（以下，中機公司と略称する）設立時における活動を取り上げる．西川は1919年以来，上海豊田紡織廠において取締役として実際の会社経営にあたる一方で，1935年からは豊田自動機械販売会社（以下，豊田自販と略称する．1940年に豊田機械製造廠へと拡大改組）の取締役社長としても，豊田自動織機製作所（以下，豊田自織と略称する）製紡織機器の対中販売に尽力し，日中戦争中には，日本軍管理下の中国人資本紡織工場である上海の申新紗廠，緯通紗廠，嘉豊紗廠，済南の成通紗廠の経営を委任された人物だった(6)．

散見した限り従来の研究では，敗戦による在華紡の崩壊という圧倒的な事実により，戦後における日本人技術者の留用は指摘されていたが，その実態は明らかにされてこなかったように思われる(7)．しかし近年，中国において朱婷が，上海市檔案館所蔵の中紡公司，中機公司関係の一次文書を利用し，国民政府による日本人技術者の留用政策と，中機公司における西川秋次ら留用日本人技術者の活動の重要性を論じており，注目に値する[8]．朱婷は1946年から49年までの中機公司の設立過程と経営・発展状態を分析し，国民政府の留用政策については中国人技術者養成への配慮不足という限定付きながらも肯定的に評価し，西川ら日本人技術者の活動については「自身の努力により中国の戦後経済建設に貢献をした点は疑うべくもない」と非常に高く評価している[9]．

筆者も基本的には，朱婷の評価に同意するものだが，西川らの中機公司における活動をもって，戦後の留用技術者の一般的事例とすることに対しては躊躇を感ずる．後述するように西川の場合は，留用されたというよりも自ら中国に残留したのであり，結論を先走って言うならば，筆者は西川秋次の事例には特殊な部分もあったと考えている．しかしその特殊さゆえに，朱婷がすでに明らかにしたように，戦後中国の紡織機器供給に大きな役割を果たし得たと考えるのである．

当時の中国における紡織技術雑誌『紡織周刊』は，日本本土での工業復興開始後も西川が中機公司に残留し，技術者として熱心に指導し続けていることに対し，「誰が，日本人がまだ中国の紡織機器製造に協力していることを信じられようか，西川はどんな心理をしているのか，これは心理学者の検討に値する研究課題である」と評していた[10]．本稿が明らかにするのは，西川秋次に中国残留を決意させた要因と，残留を可能とした要因であり，また西川が中国残留により何を残そうとしたのかである．

1　西川秋次の中国残留

1）残留決定までの経緯

1945年11月28日，堀内干城日本政府駐華代表（前駐華公使）は彭学沛[11]行政院院長臨時駐上海弁事処主任を訪ね，西川秋次ら豊田関連会社の技術者が，上海に残留して豊田式紡織機を製造し，中国における紡織機器自給への協力を求めている旨を口頭で伝えた．堀内は彭学沛に対して，以下の三点を挙げて，西川らの意見の採用を促した．第一に，豊田自織製の自動織機の優秀さは万人周知のことであり，精紡機も独特のハイ・ドラフト装置[12]の採用により世界最高の能率を持つばかりでなく，短繊維の中国綿花に適応した設計であること．第二に，設備面では豊田機械製造廠と華中豊田自動車工業[13]（以下，華中自工と略称する）の設備を拡充すれば大量生産も可能であること．人材面でも西川は紡織業経営の豊富な経験を持つのみではなく，紡織機械製造でも優秀な専門家であり，それら全ての経験をもって中国の紡織機器製造に尽力する決意であり，その部下たちも西川と共に残留する決意であること．第三に，中国は旧在華紡の迅速な操業再開による衣料自給を急務の課題としているが，中国の紡織機器製造能力の不充分さから各紡織工場の需要に対応できておらず，西川らを留用し機器製造工場の操業再開と経営に充てれば，当面の急務に対応可能であることだった[14]．

彭学沛は宋子文行院院長にこの件を上申し，11月28日から29日まで，宋と彭との間でこの件についての協議が電報によってなされた．宋は，豊田の専門家による特許権を含めた紡織機器製造方法の教授という西川らの提案を歓迎し，これを原則として承認し，詳細な実施方法を協議することを指令するとともに，日本人技術者を密かに留用する件についても，堀内と協議の上で処理することを命じた[15]．こうして西川らの留用は，大筋において決定したのだった．

2）西川秋次と豊田佐吉との関係

敗戦直後の混乱の中で，西川秋次は中国への残留を日本の豊田本社に諮ることなく，ほぼ独断で決定したようである．西川の中国残留が決定してから，ほぼ8ヵ月の経った1946年7月15日付けの豊田利三郎（豊田佐吉の女婿）豊田自織社長から西川に宛てた手紙の中に「貴方現地御残留の御意図も具体的に敬承致候」とあり，豊田利三郎はこの時点まで西川の中国残留の意図を具体的に把握していなかったことが分かる．また中機公司から豊田自織への紡織機製造機械の提供要請に対しても「藪から棒的のお話有之候処．未だ何等関知致し居らざる次第にて其旨申述置候」と驚きを隠していない[16]．敗戦直後の混乱の最中にあったとはいえ，なぜ西川の独断ともいえる中国残留が可能となったのか，その鍵は西川と創業者豊田佐吉との特別な関係にあったと考えられる．

西川秋次は，1879年に愛知県の機屋の次男として生まれた．西川の兄と豊田佐吉夫人とは遠縁の間柄で，豊田佐吉から東京高等工業学校（以下，東京高工と略称する）への進学を勧められ，西川は師範学校卒業後に豊田佐吉の援助を受けて東京高工紡織科に進学し，1909年に卒業して名古屋へと戻った．折しも翌1910年は，豊田佐吉が経営方針をめぐる対立により豊田式織機株式会社を辞職した年であり，その後，豊田佐吉は5月から西川を秘書として帯同して視察のために渡米した．半年後の10月に豊田佐吉は渡英したが，西川はそのままアメリカに残留し，紡織事業や，紡織機製造状況，技術者の養成，指導，経営，労務管理，厚生施設の研究にあたり，帰国後には，豊田佐吉が自動織機開発資金捻出のために設立した豊田紡織株式会社の機器調達や設計に奔走したのだった(17)．

豊田佐吉は豊田紡織の経営が軌道にのると，1919年に西川を帯同して上海へと渡り，1920年に上海豊田紡織廠を設立し，実業による「日中親善友好」という終生の理想の実践を開始した．西川はこの間，工部局に日参し建設工事，電気，ガス，水道の許可申請の交渉にあたり，設立後には常務取締役に就任して経営の一切の責任をまかされることになった．豊田佐吉は体調を崩して1927年に帰国するまで，上海で過ごすが，この間も苦楽を共にした西川との親密さはより深まったようである(18)．

以上に述べたように，豊田佐吉にとり西川秋次の存在は余人に代え難い存在だったのであり，西川にとっての豊田佐吉の存在も同様だった．後に西川自身も中機公司の公宴で「中国に残って豊田翁の遺志を継承して中国に尽くせたことは，誠に幸せなこと」と述べていた(19)．このような創業者豊田佐吉との特別な関係は，豊田内部における西川の位置にも密接な関係を持ったと考えられ，それが独断ともいえる中国残留を可能とした要因だったと考えられる．

3）日中戦争前における西川秋次と中国人紡織業者との関係

西川は上海豊田紡織廠設立以後，中国人紡織業者との関係も深めたようであり，その中でも1921年以降に知己となった裕大華紡織の経営者の一人である石鳳翔 とは親密な関係だった．後に石は「余，上海ニ赴ケバ，（西川）氏ハ必ラズ強イテ余ヲ工場ニ誘イテ参観セシメ，機械ノ構造・運用，作業ノ行程・方法等ニツキ，微ニ入リ細ヲ穿ツテ逐一説明ヲ加エラル」と記している．当時の中国紡織業界では，競争の熾烈さから他工場の模倣を恐れて技術を厳重な秘密とすることが一般的であり，ここから両者の親密さを知ることができる[20]．このような中国人紡織業者との関係は，先述の1935年6月の上海における豊田自販の設立によりさらに広がったと考えられる．豊田自販は，豊田自織製品の対中販売のために設立された企業であり，在華紡のみならず中国資本紡織企業からも，1935年の統益紗廠からの紡錘1万3000錘を皮切りに多数の受注を受け，日中戦争前には豊田自織の創業以来，経験したことのない大量の受注残をかかえる状況になっていた[21]．日中戦争の勃発によりその半数近くが解約されることになったが，西川はこの販売活動を通して中国銀行の張公権，嘉豊紡織廠の顧吉生，慶豊紡織廠の唐星海らとの親交を深めたようである[22]．日中戦争前の中国人紡織業者との関係や紡織機器販売の経験も，戦後に西川が中国残留を決意する要因の一つになったと考えられる．

また中国側も，前述のような西川の活動を「西川秋次は20余年来，中国の金融界及び実業界の多数の要人と深い交誼を結んできた」と評価し，戦時中においても「様々な形で不断の努力を継続した」と評価をした上で，西川の経歴から彼が中国における紡織機器自給事業の創設に大きな関心と期待を持つことを，よく理解しているとしていた[23]．このような中国側の理解は，旧在華紡の経営者の中で特例として西川の留用がなされた要因の一つだったと考えられる．

4）在華紡の「技術」の戦後中国への継承

以上にあげた要因のほかに，西川秋次に中国残留を決意させた大きな要因は，在華紡により形成された「技術」を中国に残すことだったのであり，これを裏付ける文章が上海市檔案館に残されている[24]．この文章には，「昭和20年11月」の日付と西川の印が入っており，西川が堀内干城とともに最初に彭学沛と会見する前後に書かれたものと思われる（以下の原文中の句読点には，筆者により補われたものも含まれている）．

まず西川は，日中戦争前の国民政府の国家建設全般を高く評価し，その中でも在華紡の経営者兼技術者らしく，国民政府による原綿改良の成功と紡織製品の自給化を高く評価した．しかし西川は，上記のような成果には在華紡の功績もあったことを「中国や南洋から優良なる英国品を追ふたのも日本人の紡績であり，其中級品の輸入を防圧したのも日本人紡績の功と云っても差支えない」として強調し，原綿改良についても，中国側の主体的な努力を認めつつ，「日本人紡績及棉花商の犠牲と努力」を付言していた．

そして西川は紡織工場の経営技術についても，在華紡が中国資本企業に与えた影響の大きさを強調し，在華紡が中国で培った「技術」を以下のように総括する．

> 技術は知ることでも羅列することでもない．又単に機械を据付けて運転するとか経営上の機構形式を整えるとか云ふことでもない．真の最も貴重なる技術は中国独特の技術を工夫建設することにある．（中略）
> 今中国紡績技術の現在に於ける程度を観察し之に忌憚なき意見を述ぶれば，「夫は未だ模倣の域を脱せず，換言すれば中国独特の技術を建設するまでには，今後余程の歳月を要する」．幸にして是までは日本人紡績が一個の標識を常に示して呉れた．其示されたものは少なくとも中国に適する一個の独特の工夫による技術であった．即ち夫れは日本の技術でもアメリカの技術でもなかった．即ち自惚の様であるが中国人経営の紡績は日本人紡績がやるあとを見てやって居ればよかった．或は少なくとも日本人紡績がやるあとを見て少許の工夫をなせば日本人紡績と共に或程度の進歩をなすことが可能であった．然るに今日本人は皆引揚げようとして居る．其工場は過渡時代にある．そして経営の技術的整調《ママ》が混乱して居る．此の混乱は非常に危険であるから急速に落着かせなければならない．若しこの侭にして放任して置けば折角築き上げた基礎が崩れる，一度崩れたものを回復することは新しく基礎を作ることよりも六ケ敷い．（中略）
> 日本人紡績が過去に於て残したものの中最も貴重なものは夫等の古い職員及工人である．但し夫は単に技術を習得したるがために貴重ではなく，職工としての凡ゆる面に於て必要なる訓練をせられて居る者であるからである．此等の職員や工人も若し数ヵ月間適当なる指導者を失えば復た元の習性に逆行して了ふであろう．（中略）
> 吾々が一生を期し全精神を打込んで研究工夫した紡績技術，而も是まで世界的に貴重であった技術が上海を引揚げると同時に最早，利用の途がなくなり死蔵せられて了ふと云ふ淋しさの方が遙におおきい．
> 吾々の念願はせめて吾々が当地に近く引揚げるまでの間に吾々の技術と経験とを最もよく条件が備はって居る中国に残し，其手によって綿業中

国を建設せられる日を期待し以て自らを慰さめんとするものである.

長々と引用して恐縮だが，ここから西川の中国残留の大きな要因の一つが，在華紡の経営者・技術者としての矜持にあり，在華紡が四半世紀以上にわたり上海で培った「技術」の全てを，引揚げまでの短期間に中国に残すことへの強い欲求だったことを，確認することができる.

5）国民政府の留用政策との関係

旧在華紡関係者の引揚げは，華北では1945年10月末から，華中では12月初めから開始され，1946年上期末までに約3500名の関係者が帰国した(25).

このような引揚げの一方で，旧在華紡の日本人技術者の留用については，在華紡の接収開始直後にすでに決定していた. 1945年10月5日に開催された上海日本紗廠復興準備会議の第1回会議において，「以前からの優良な制度を維持するために，極力，日本人技術者を維持すること」として，操業再開に向けて日本人技術者の積極的な利用を決定し，各工場ごとに紡績機械の運転に2人から4人，機械保守に4人，事務方面にも若干名の日本人の留用が必要としていた(26). また中国側は，多くの在華日本人居留民が敗戦後にも中国残留を希望していると見ていたようである. 例えば，軍事委員会が1945年12月19日に行政院に宛てた代電には，日本人居留民の多くが，日本の最近の生活の困難と食糧の欠乏のために帰国よりも，中国への帰化による資産の保持を希望していると記されている(27).

旧在華紡はこのような中国側の日本人技術者留用の動きを受け，「日本人社員ハ一日モ早ク引揚ゲルコトヲ希望シテイル」ことを前提として，中国側に，従来の組織と命令系統の持続，留守宅への送金の承認，子弟の教育と医療設備への配慮，在留期間の1年間の限定などを申し入れたが，中国側の承認は得られなかったようである(28).

当初，日本人技術者の留用は，各紡織工場の任意により行われたようだった. しかし経済部紡織事業管理委員会が1946年1月26日に中紡公司に発した指令により，各工場は中紡公司の許可無くして，任意に日本人技術者留用はできないとされ，留用を必要とする場合には中紡公司への報告が義務づけられた(29). またこれとほぼ同時期に開催されたと思われる中紡公司第5次接収人員連席会議において，留用日本人の中で経理，董事，工場長の職位経験者は全て解職することが決議され，各工場に対してその遵守を求めていた[30]．
2月21日には，紡織事業管理委員会は中紡公司に対して，日本人技術者を留用する際の三原則を伝達した．これは中国戦区米軍司令官ウェデマイヤー（Wedemeyer, Albert Coady）の建議によるもので，①工業及び公共事業において日本人技術者の雇用の必要がある際には，人員を慎重に選択した上で暫時の雇用をなし得る，②雇用された日本人は中国人職員の指揮監督下に入る，③一部の技術業務において日本人技術者の管理を必要とする際には，中国人職員を派遣し適切な監視をなした後にその管理任務を引き継ぐ，という内容だった[31]．こうして留用にあたっての一応の原則が，ようやく整備されたのだった．

日本人技術者の留用にあたっては，可能な限りの留用を主張する中国側と，原則的には総引揚げを主張するアメリカ側との間に綱引きがあったと思われる．駐華アメリカ大使館は1946年7月6日に外交部に対し，日本人技術者の留用の原則を，本人の志願による若干の専門家で，これに代替すべき中国人技術者育成までの過渡的な措置に限定することを主張し，しかもこれらの「留用者は過去の記録により，中国の平和と安全に危害を加えていないことが証明」され，さらに「所有者や管理者の地位になく，中国に財産・利権もなく，これらの利権も代表していないこと，また極端な軍国主義企業の社員でなかったこと」も証明されるべきであるとしていた[32]．

戦争終結直後の日本人技術者の留用に対しては，当然のことながら労働団体を中心とした反発もあった．上海市第四区棉紡業産業工会準備会は，1946年1月31日に社会部南京・上海区特派員弁公処に宛てた代電において，敵である日本人が工場に留まり任用されることを拒絶するとし，以下の二つをその理由としてあげた．まず，諸物価の高騰している現状では，中国人技術者・労働者の待遇改善を図るべきであり，接収以来3ヵ月間で何らの成果もあげていない留用日本人技術者を，特別な高給で待遇すべきではないこと，次に中国人は戦時中に日本の行った工業発展の破壊などを忘れておらず，日本人は戦争終結後にも中国政府の寛容な待遇を利用し，地下工作などに従事して最近の政治的騒擾にも関与していることをあげた．そして，中紡公司は留用日本人の持つ「技術を手本とするというが，本会の一般労働者は敵である日本人の陰謀を熟知している」として，留用日本人技術者への敵視と警戒感を露わにしていた[33]．

上述した中米双方の意図や労働団体の不満を容れつつ，日本人技術者留用の原則をより体系化したのが，1947年1月30日に行政院から紡織事業管理委員会へと通知された国防部による以下の9項目の決議だった．そのおもな内容は①徴用基準：日本国籍技術者を徴用する場合には，留用への志願を原則とする，②待遇：徴用日本国籍技術者の待遇は，わが国の同等職務の待遇・給与にならうことを原則とする，③職務：徴用の日本国籍人員は技術業務を担当できるのみであり，経理・工場長などの行政職に用いてはならない，④身分：徴用の日本国籍人員は，対外的には志願により「留華」するものとし，対内的には徴用とする，その名義は徴用機関が自ら決定するが，敵視してはならない，というものだった[34]．ここで確認すべきは，国防部は日本人技術者の留用を事実上の「徴用」ととらえており，対米関係への配慮から対外的には志願による留用としていた点である．

それでは留用された側である日本人技術者の状況を，図表Ⅵ－1の旧東亜製麻廠と旧日華第三・四廠の例から検討し，留用の実態を検討したい．本来であればより多くの事例を提示すべきだが，筆者が現在までに見ることができたのが，この2工場の事例である．

まず注目すべきは日華の工場長だった松本忠治の欄であり，彼は先述した解職すべき職位＝工場長に就いていたために，1946年5月の時点ですでに帰国していた．日華の場合，紡（績）部主任や織（布）部主任などの管理職も早々に帰国していることが確認できる．ここから西川秋次のように，戦時中に軍管理工場の委託経営まで行っていた旧在華紡経営者の戦後の残留が，特殊な事例だったことを理解できる．

次に「留用を希望するか」の欄を注目していただきたいが，上述したように，基本的に留用は本人の希望を前提としていた．旧東亜製麻廠と旧日華第三・四廠における留用への希望は，その原因は不明だが大きく異なっている．旧東亜製麻廠の場合は9人中1人を除いて全員が帰国を希望していたが，留用を希望していなかった8人中4人が少なくとも47年3月まで工場に在籍していたことが確認できる．一方，旧日華第三・四廠の場合は，1946年5月まで残留していた日本人技術者8人中7人までもが留用を希望し，短期の留用を希望していたものも帰国できたのは，1949年4月になってからだった．一方，図表Ⅵ－2にあげた中機公司の留用技術者の中でも，向井正二のように中国側から残留を要請されながら帰国した例も確認できる[35]．ここから見え

図表Ⅵ－1　日本人技術者の留用の希望（1946年5月）

名前	年齢	最終学歴	専門技術	職歴	現職	留用を希望するか	47年の在籍状況*
中紡上海第一製麻廠（旧東亜製麻廠）							
飯田二三男	62	東京高等工業学校紡織科	麻織維紡織	工業教育講師3年 染織試験所技師5年 日本製麻株式会社技師4年 東亜製麻廠長24年	設計研究課長	老年のため，適当な時期の帰国・休養を希望．	在籍
高山昇三	47	善隣書院	麻織維原料	小倉殖産公司技術指導員21年 日華麻業公司技術部長5年	和麻試験技師	中国産麻研究のために留華を希望．	在籍
古屋一郎	47	東京高等工業学校紡織科	麻織維紡織	東亜製麻廠工務科長18年	保全技師	父母老年，家族状況から長期の留華を希望せず．	在籍
佐藤二郎	35	米沢工業学校	煉麻・梳麻技術	絹織物工場主5年 東亜製麻廠工務技術員13年	煉麻技術員	病弱のため転地が必要．長期の留華を希望せず．	46年7月23日に病気のため，辞職・帰国
高橋誠一郎	35	東京高輪中学	粗紡技術	東亜製麻廠織布系，準備系，粗紡系12年	粗紡技術員	父母が帰国を待望．長期の留華を希望せず．	46年10月24日に辞職・帰国
行方清三	45	米沢工業学校	精紡，準備織布工程	京都鈴木工場4年 東亜製麻廠織布，精紡，準備18年	精紡準備技術員	機会があれば帰国を希望．	46年10月24日に辞職・帰国
永田岩一	41	京城高等商業学校	梳麻技術	東亜製麻廠工務系事務系18年	梳麻技術員	家族の健康問題と子女の教育問題により長期の留華を希望せず．	46年10月24日に辞職・帰国
島田開一郎	53	東京電気学校	織布技術，染整技術	東亜製麻廠織布系整理系23年	織布整理技術員	長期の留華を希望せず．	在籍
高橋貞良	51	大阪府立西野田職工学校機械科	機械修理技術	日本紡織機械製作会社11年 長崎紡織ボイラー修理10年 東亜製麻廠ボイラー修理11年	機動修繕技術員	子女の教育問題未解決のため，早期の帰国を希望．	46年10月24日に辞職・帰国
中紡上海第六廠（旧日華第三・四廠）							
出光正三	51	旅順工科学大学電気工学科	電気原動設備設計，運転，調査	南満州鉄道株式会社1年 中日実業有限公司6年 日華紡織公司原動課長22年	原動技師	中国への親愛と紡織業復興への協力のため，長期の留華を希望．	在籍
松本忠治	45	大阪高等工業学校機械科		日華紡織公司工場長	廠務顧問		帰国
大谷喜一	40	大阪高等商業学校		日華紡織公司計標課長	設計顧問（コスト）		不在
飛田源太郎	55	大阪市立工商業専修学校紡織科高等部	設計，調査	東洋紡績工務係15年 日華紡織廠紡績部工務主任16年	設計調査技術員	技術協力のため長期の留華を希望	在籍
鴨井貞一	46	私立鐘淵紡績株式会社職工学校		日華紡織廠紡部主任	運転顧問（前紡）		帰国
樫崎資郎	36	米沢高等工業学校紡織科		日華紡織廠織部主任	運転顧問（織部）		帰国
宮田喜寿	43	高等小学校	精紡技術	鐘ヶ淵紡績7年 日華紡織廠精紡科18年	精紡技術員	中紡公司への協力のため，長期の留華を希望．	在籍
板東嘉太郎	46	鐘淵紡織工業学校	粗紡技術	鐘ヶ淵紡績粗紡7年 足利紡績粗紡5年 日華紡織廠粗紡20年	粗紡保全技術員	家庭の事情により，短期の留華を希望．	在籍，1949年4月13日に辞職・帰国
芦田三男	41	岡山県新野高等小学校		日華紡織廠精紡保全			不在
藤井義郎	48	鐘淵職工学校	精紡，撚糸保全技術	鐘ヶ淵紡績精紡保全9年 上海公大紗廠精紡保全8年 日華紡織精紡保全15年	精紡・揺紗保全技術員	機械状態を最上に戻すまで，長期の留華を希望．	在籍
笠井法人	44	山口中学校中退	織布工程保全全般	鐘ヶ淵紡績9年 公大紗廠6年 日華紡織13年	保全顧問（布機）	技術協力のため長期の留華を希望．	在籍

片島要治	44	岡山県鹿忍公民学校卒業	紡績準備工程保全	鐘ヶ淵紡績紡績準備工程保全13年，日華紡織廠紡績準備工程保全13年	清鋼保全技術員	機械状態を最上に戻すまで，長期の留華を希望.	在籍
保坂良三	34	米沢高等工業学校紡織科		日華紡織廠織部主席主任	運転顧問(織部)		帰国
高橋喜作	28	都立八王子工業機械科	織布技術	鐘ヶ淵紡績織布7年 日華紡織曹家渡工場3年	織布技術員	長期の留華により，中紡公司への協力を希望.	在籍

典拠：上檔Q192-6-120「上海第六紡織廠人事中紡公司転発行政院，経済部有関留用日籍技術人員和其辞職回国辦法及慰金等規定」pp.5-6，9，29-36，74-75，103，Q192-1-790「本公司関于日籍技術人員辞職回国和留用問題的通知及名単」pp.13，45-48，67，74-81，87より作成.

註：*第一製麻廠は3月の，第六廠は7月の調査.

る中国側の留用への姿勢は，帰国希望を持つ留用技術者の引揚げを承認しながらも，必要不可欠と思われる人材については，本人の意志にかかわらず留用を継続し続けようとすることもあったのであり，どの程度の強制力を持ったのかは不明だが，留用には徴用という側面もあったことを理解できる．また西川の事例は，旧在華紡の経営者の留用という面では特殊な事例だったが，中国残留を志願した日本人技術者という面から見れば，西川のほかにも多くの旧在華紡の技術者が自らの意志で中国に残留したことが確認でき，それほど特殊な事例とはいえないことも理解できるのである．

2 中国紡織機器公司の設立と日本人技術者

先述した1945年11月28日の堀内干城による彭学沛訪問以降，中国紡織機器公司設立への動きが具体化していく．

12月5日に西川秋次は彭学沛の招きにより，伊沢庄太郎，鈴木金作，堀内干城らとともに，行政院院長臨時駐上海弁事処を訪れ，豊田自織の紡織機の歴史と英米の紡織機器との違い，そして豊田自織製品の中国における使用実績とを詳細に説明し，紡織機器の自給化計画が中国紡織工業発展のために重要であることを力説した．これに対して彭学沛は具体的な計画を書面にして提出することと，今後の協力を要請した(36)．

図表VI-2に見られる中機公司に残留した技術者の中でも鈴木金作は，1937年に豊田喜一郎と協力してRU型スーパーハイ・ドラフト精紡機を開発した技術者の一人であり，1942年2月から豊田機械製造廠に取締役技術部長として赴任していた．日本国内で第一線の紡織機械技術者として活動して

図表VI－2　中機公司における留用日本人技術者名簿

部署	姓名	*	年齢	最終学歴	職歴 **	勤続年数	最近の職階 **	専門技術
総務	西川秋次	○	65	東京高等工業	豊田紡など	43	豊田各社社長及び取締役	工場経営
紡織機設計	鈴木金作	○	43	浜松高等工業	豊田自織，豊田機械	20	豊田機械取締役技術部長	紡織機設計
	松村玉三郎		48	愛知工業学校	豊田紡，華中自工	25	華中自工取締役工務部長	
	中川幸三		41	愛知工業学校	豊田自動，豊田機械	21	豊田機械　工場長	
工作機設計	向井正二	△	34	名古屋高工	豊田自工，華中自工	10	華中自工　技術課長	工作機設計
鋳造工場	佐二木真作	○	52	高等小学校	豊田自工，華中自工	34	華中自工　鋳造課長	鋳造
機械工場	金子政男	○	35	高等小学校	豊田自織，豊田機械	22	豊田機械　工作部員	機械工作
組立工場	松本銀蔵	○	54	高等小学校	豊田自織，豊田紡	36	豊田紡　織機保全主任	織機組立
	岡田清一	○	49	高等小学校	豊田自織，華中自工	32	華中自工　工作主任	紡織機組立
	石河実太郎		42	高等小学校		25	織機保全	織機組立
	鎌田清則		40	高等小学校		23	混打棉保全	混打棉機組立
	後藤宜儀		43	高等小学校		24	前紡保全	前紡組立
据付保全及び研究工場指導	須藤三郎	○	51	米沢高等工業		28	取締役技術部長	技術管理
	伊沢庄太郎	○	52	川崎尚工学校		31	取締役企画部長	工場管理企画
	中原忠雄		44	福井高等工業		20	紡績部工場長	紡績工場管理
	高見沢忠雄		43	長野工業学校		23	織布部工場長	織布工場管理
	稲葉勝三	○	40	愛知工業		21	原棉製品課長	原綿製品調査
	市原数義		36	名古屋高工	豊田紡	15	原動課長	電気
	服部京一	○	35	愛知工業学校		15	紡績部主任	紡績工場管理
	井田金一	○	34	米沢高等工業		13	織布部主任	織布工場管理
	稲葉賢三	○	37	愛知工業技工		17	紡績保全主任	紡績保全据付
	林松次郎	●	42	高等小学校		24	紡績調査主任	紡績調査
	梶田鉾	●	40	愛知工業学校		22	紡績前紡担任	紡績前紡保全
	山本幸夫		30	愛知工業学校		10	紡績運転担任	紡績工場運転
	小川貞三	●	36	名古屋高工		15	建築営繕主任心得	建築設計
	守屋寿男	●	44	高等小学校		23	織布準備担任	織布準備管理
？	三好静一郎	○	？	？	豊田紡	？	豊田紡常務取締役	？
	神野勲	○			？			
	小林源太郎	○						
	片岡宗太郎	○						

典拠：上檔Q192-23-170「日本在滬紡織技術人員対中国方面的有関請求事項及中国紡織建設公司興東華等四廠労方談判筆録」p.1『西川秋次の思い出』pp.168，365，372より作成．

註：*○は鈴木金作の回想による残留者．●は中紡第五廠での在籍を確認できる者（上檔Q192-8-84，p.5）．△は残留せずに帰国した者．

**豊田紡は豊田紡織株式会社，豊田自織は豊田自動織機製作所，豊田機械は豊田機械製造廠，華中自工は華中豊田自動車工業会社，豊田自工は豊田自動車工業会社．

いた彼の残留は，中機公司の紡織機器製造において大きな意味をもったと考えられる(37)．

12月30日には，彭学沛は束雲章中紡公司総経理，楊錫仁董事，張滋闓経済部特派員を招集し，西川秋次，伊沢庄太郎，鈴木金作らとともに紡織機器製造についての協議を行った．この協議で西川は，中国における紡織機器自給化のためには，以下の三つの段階を踏む必要性を述べた．中国の現状からすれば，織布機と精紡機の修理・改造が重要であり，最初の段階として既存精紡機のハイ・ドラフト機への改造により技術力を蓄積し，次の段階として自動織機を製造し，最後の段階としてハイ・ドラフト精紡機を製造するというものだった(38)．このように，西川が豊田における紡織機器製造の経験と中国紡織業の現状とに照らし合わせて，まずは既存精紡機のハイ・ドラフト機への改造，次に自動織布機の製造，最後に精紡機の製造という段階を踏み，次第に技術を蓄積することにより，最終的に紡織機器全体の自給化に至ろうとしていた点は重要であろう．また西川が後に宋子文にも語っているように，中国における紡織機器自給化事業が短期間のうちに完成するとは考えていなかった．長期間の自給化の過程で，日中間の講和条約も締結され，日本との人事交流もできるようになり，中国において製造困難な精巧な部品については豊田自織からの輸入を考えていたようである(39)．西川からすれば，戦後中国における紡織機器自給化事業は，豊田にとっての新たなビジネスチャンスだったのである．

翌1946年1月12日には，紡織機器自給化計画を具体化させるために，中紡公司の技術部門の責任者だった李升伯中紡公司副総経理兼工務処長，陸紹雲第七廠廠長兼総工程師，張方佐工務処副処長兼総工程師，許学昌，朱洪憲，黄樸奇らと，西川秋次，伊沢庄太郎，鈴木金作との協議が行われ，段階的に紡織機器製造を行う件について中国側からも賛意が示された．また1月14日にも中国側から趙砥士（病欠した李升伯の代理），許学昌，張操，朱洪憲，黄樸奇，日本側から西川秋次，鈴木金作，向井正二，松村玉三郎，中川幸三，佐二木真作，岡田清一，金子政男，友永藤三郎，豊崎和平らが出席し，技術協力についての討論がなされた(40)．

上海市檔案館所蔵文書の中に，1946年1月13日付けの西川の印の押された「紡績の復工及拡張」と題された文書があり，技術関係に大半が割かれたその内容から推察すると，上述した12，14両日の会議時における西川の談話と思われる[41]．日中戦争前の中国紡織業界にあって李升伯，陸紹雲，張方佐らは，紡織企業の経営改革に積極的に取り組んできた技術者たちであり[42]，その彼らを前にして行われたと思われる西川の談話には興味深い点が含まれており，以下にその内容を簡単に紹介する．

西川は「忌憚なく云えば…中国には経営者も其生産技術者も殆どないと云っても差支はない位である」と中国紡織業界における経営者，技術者の現状を否定的に評価し，「生産技術は中国の現状を総合した企画に基く独特のものでなければならない」との持論を述べた．そして中国において資金不足や低い労働効率，治安の悪さや交通の閉塞などの諸問題はあるが，これらを勘案し「効果の最高を期する如く計画実行することは紡績の技術である」とし，中国の紡織業者にはこれらの問題を「克服するだけの技能と研究及努力が必要である」とした．

そして西川は，紡織工場における必要な生産技術を①基礎訓練，②標準技術または標準動作，③総合技術または独特の運用技術及びその発見の三点であるとし，①の基礎訓練の欠如は②の標準技術などの実行に困難をもたらし，③の欠如は「徒に羅列模倣の技術に絡る」とする．そして「中国にては①，③に努力を払い研究するものが殆ど見あたらない」と中国紡織業界における管理技術の問題点を指摘する．さらに経営上の問題として「事業を中心に計画運営するもの」よりも自己中心の経営に常に終始するものが多く，「甚だしきに至っては自己一族の事業に過ぎない様に考えて居るものさえも多い点である，此弊は職員にまで及んでいる」とした．そしてこのような経営面での問題を解決するためには，「見識あり有力な専門技術者」に経営を担当させねばならないとする．そのような「専門技術者」として日本人技術者を利用すべきであり，日本人技術者を配置すべき「部署は最高経営部から工場の末端に至るまでの間に於ける企画及純技術訓練の全般」であるとする．次に純粋技術方面では，旧在華紡には多数の優秀な中国人労働者が存在しているため，「日本人技術者は少数の権威者を残し他は短期間内に引き揚げても差支えない」とし，企画や訓練に優秀な能力を持つ日本人高級技術者を長期間残留させる必要があると説いていた．

このような西川の言説から明らかになることは，西川が在華紡により培われた経営・管理面での技術を戦後中国に継承することに強いこだわりをもっていたことである．しかし先述したように国民政府の留用政策の基本は，旧在華紡の経営・管理部門の人員を早急に帰国させるというものだったのであり，西川のこのようなこだわりが実現されるべき方途はなく，日本の技術による中国での紡織機器の自給化という範囲に限定されるしかなかった．またそれだからこそ，西川の残留が例外的に許可されたとも言い得るであろう．

1月31日には宋子文，彭学沛と西川，伊沢庄太郎，鈴木金作との間で，紡織機器製造について2時間にわたる協議が行われた．まず宋子文は，中国経済の基礎たる繊維工業発展のためには，中国の綿花と中国の労働者に適合した紡織機器の自給化が必要であり，その実現のために豊田の全面的な協力が不可欠であること述べた．これに対して西川は，自動織機発明に至るまでの豊田佐吉の苦難の歴史に触れ，紡織機器自給化事業とは，長期の時間と，莫大な資金と，無数の工作機械と，多数の人材の育成とを必要とするコストに見合わない事業であり，事業開始にあたっては極力「金儲け（賺銭）」の観念を排すべきことを述べた．また具体的に自給化事業を進めるにあたって，豊田自織の保有する特許問題の解決，工作機械の日本本土からの搬入，豊田自織からの専門家の派遣を含む人事交流などについて，宋子文がGHQと協議して実現することを求めた．宋子文はこれらの西川の提案について理解を示し，特に豊田との全面的な協力関係を実現するために，自らがマッカーサーとの交渉にあたって解決することを約束した(43)．

2月18日には中機公司準備委員会が正式に召集され，国民政府は彭学沛，束雲章を政府代表委員に指名し，民営紗廠からは申新紡織公司の栄鴻元，栄爾仁，永安紡織公司の郭棣活，中紡紗廠の王啓宇，慶豊紗廠の唐星海，常州大成紗廠の劉靖基の6人が委員に推薦され，政府代表との合同で準備委員会が組織された．翌日の行政院734次会議において，宋子文は「擬由政府協助設置紡織機器製造公司（政府の援助による紡織機器製造会社設置草案）」を提案し，半官半民の紡織機器製造公司を2月中に創設することが決定された．2月22日の準備委員会第2次会議での資本金募集などの具体案の討論を経て，2月25日に中国紡織機器製造特種股份公司が，彭学沛を董事長，黄伯樵を総経理，許学昌を副総経理として正式に成立した．中機公司は工場施設として，国民政府により接収された華中自工，日本機械製作所第五廠，遠東鋼絲布廠の3工場を使用し，華中自工を本工場，日本機械製作所を分工場，遠東鋼絲布廠をワイヤー，リング，トラベラーなどの製造工場としていた(44)．

こうして矢継ぎ早な措置を経て中機公司は成立したものの，営業開始は成立から8ヵ月を経た10月までずれ込んだ．また当初，中機公司は月産精紡機2万錘，自動織機200台の生産目標を掲げたが，後述するように生産実績はこの数字に遠く及ばなかった．これには宋や西川の意気込みと日本本土の豊田自織との状況との間に，大きな隔たりがあったためと思われる．先述したように，敗戦直後の混乱の中では，上海の西川と豊田利三郎豊田自織社長との間の連絡はままならない状況だった．またようやく連絡が取れた後も，前述した豊田利三郎が1946年8月5日に西川に宛てた手紙に「『重要部分を内地に仰ぎ，非重要部品を貴地にて製作致す』御趣旨の範囲内ならば豊田の体面を損せずして御話を願ふ事を得るものと愚考致申候も，内地より纏まりたる紡織機の製造機械を貴地に移送するとか又，技術者を内地より派遣致すとかの点に至りては現下の内地事情よりして不可能（比較的遠き将来は別として）の事と被考存候に付，此点十分御含置被下度候」とあり，中国の紡織自給化事業への豊田自織の全面的な協力は事実上不可能だった．またこれに続けて「重要部品を内地に仰ぐ問題にしても，豊田自動織機会社も既に連合軍司令部より紡織機製作の割当指令を受け設備能力を傾注して日夜操業に逐はれ居候．実情に於て，到底，特に貴地向として製作の実現を齎らす事は急々な運びと相成申間敷やと愚考甚大の無念致居候次第に有之候」とあり，この時点においては豊田自織による重要部品の対中供給すらままならない状況だったのである[45]．

こうして西川はこの時点において，国民政府接収下の旧在華紡などの施設と，上海に残留した日本人技術者により紡織機器製造を目指すことになった．図表Ⅵ－3は中機公司の留用日本人技術者配置図であり，技術関係の重要な部分には日本人技術者が配置されていたことをうかがえる．しかし図表Ⅵ－2と照らし合わせてみると，紡織機設計の専門家である松村，中川の名前が見られず，鈴木金作の回想による残留者にも両者の名前はないことから，日本へ引き揚げたものと考えられ，また工作機設計の専門家である向井については帰国を確認できる．日本からの技術者招聘が不可能となり，戦後の混乱の中で帰国を余儀なくされる残留技術者もあり，図表Ⅵ－3に見られるように，西川とともに中機公司に残留した日本人技術者は，1人で複数の係を兼任せねばならなかった．こうした悪条件のもとで，中機公司における紡織機器の設計・製造が困難を極めたであろうことは想像するに難くない．

こうした状況下にあっても日本人技術者は，積極的に紡織機器の製造に取

図表VI－3　中機公司の留用日本人職員配置図

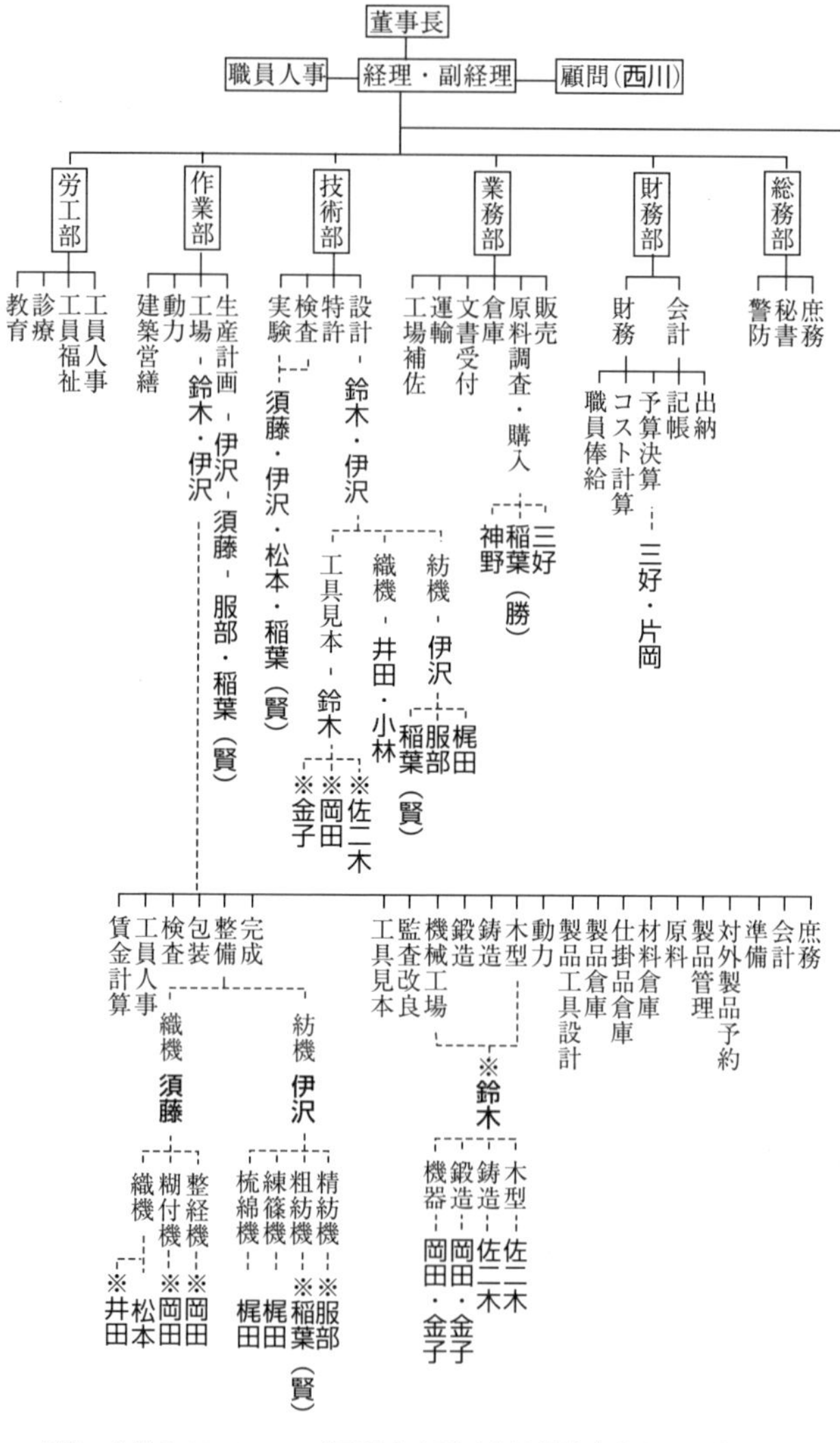

典拠：上檔Q192－23－11「西川秋次関于論述紡績事業和経営等問題的文献」より作成.
原註：※は係兼任

り組んだ．精紡機の製造は，中機公司の設備と人材では「絶対に成功の見込みなし」として1948年末には断念された(46)．しかし既存精紡機のハイ・ドラフト機への改造は順調に進展し，1947年の 4 万4584錘を皮切りに，1949年までに合計24万6296錘の改造を終えていた(47)．中機公司において，「中国標準式大牽伸装置」(C.S. High Draft System Roller Parts) として，ハイ・ドラフト精紡機への改造に用いられた技術は，大日本紡績の今村奇男の指導のもとで豊田自織の開発したエコー（栄光式）エプロンドラフト装置を改良したJα 式ハイ・ドラフト精紡機であり，残留した日本人技術者が入手し得る最新式の技術だったと思われる(48)．戦後の上海において，旧在華紡の設備を引き継いだ中紡公司が88万976錘，民営紡織工場が116万2204錘の精紡機を保有していた(49)．この中で中紡公司保有分についてはハイ・ドラフト機に改造されていたと思われるが，民営工場のものは未改造のものが多かったと思われる．中機公司によりハイ・ドラフト機に改造された精紡機数は，民営工場保有の精紡機数の約21％にあたり，中機公司が戦後中国紡織業に果たした役割は小さいものではない．また自動織機の製作も紆余曲折を経ながら続けられ，豊田佐吉により開発され戦前の豊田自織の主力製品だった豊田 G 型自動織機を，「中国標準式自動織機」(C.S. Automatic Loom) として1948年 3 月から量産に入り，1949年までに1050台を生産していた(50)．

むすび

最後に本稿で確認できたことを簡単にまとめておきたい．

西川秋次に中国残留を決意させた要因は，第一に豊田佐吉の実業による「日中親善」という遺志を戦後にも実践すること，第二に戦後中国の紡織機器自給事業を豊田にとっての新たなビジネスチャンスととらえたこと，第三に在華紡の「技術」を中国に残すことの三つであった．この中で西川にとって重要だったと思われるものは，第三の在華紡の「技術」を残すことだったのであり，その「技術」とは，在華紡が四半世紀以上にわたって培ってきた経営管理技術だった．

次に西川の中国残留を可能とした要因をあげるが，そのいずれもが西川秋次という人物でなければ考えられないものばかりである．まず豊田という企業の歴史からみれば，創業者である豊田佐吉との特別な関係をあげることができ，次に中国側の事情からみれば，1920年代から続く中国実業界と西川との密接な信頼関係と，豊田という紡織機器製造企業の責任者としての西川という点を挙げることができる．その中で，戦後に西川の中国残留を許可した国民政府にとって最も重要だった点は，紡織機器製造企業の責任者としての西川という点だった．国民政府は，戦後中国における紡織機器自給化事業に西川をはじめとした豊田の技術者の協力を必要としたが，それは紡織機器の製造という純粋技術方面に限定されるべきものであり，経営管理技術を含むものではなかった．これは国民政府の留用政策全体にも反映されており，経営管理技術を体現した旧在華紡の経営者や工場長は，早期に日本への引揚げを余儀なくされていた．

こうして西川が中国に継承したかったもの（在華紡の経営管理を含む「技術」全般）と，国民政府が求めたもの（紡織機器製造という純粋技術）の間にはある程度の乖離が生じたが，日本の敗戦という現実の中で，西川は中国における紡織機器自給化事業への協力へと向かい，困難な条件下で出来うる限りの成果をあげたと考えられる．西川秋次は，国共内戦における国民政府の敗色濃厚となった1949年３月３日に，上海を離れて日本へと帰国していた(51)．しかし西川らが残した技術は，中華人民共和国期にも引き継がれたと考えられる．中機公司の各工場は，中華人民共和国成立後に中国紡織機械廠，上海第一紡織機械廠，上海第二紡織機械廠と改称し，中国紡織機械廠と上海第一紡織機械廠では，豊田Ｇ型自動織機やこれから派生した自動織機の生産が行われ，これらの企業は2004年現在も中機公司と同じ場所で営業を続けているのである(52)．

本稿では中機公司の実際の経営過程における日本人技術者の活動や，中国人技術者への技術の移転の過程などについて触れることが出来なかった．これらについては，稿を改めて再び論じたいと考えている．

註

1）高村直助『近代日本綿業と中国』東京大学出版会，1982年，p.311，『西川秋次の思い出』1964年，p.60．

2）蔣乃鏞『中国紡織染業概論（民国）35年増訂本』中華書局，1946年，pp.155-60．高村前掲書，p.311．

3）「上海日本紗廠復興準備会議各次会議録」［上海市檔案館（以下，上檔と略称する）Q192-６-18「中国紡織建設公司上海第六紡織廠関于上海日本紗廠復工準備会議記録及各廠紡錠紗支支配表」].

４）中紡公司については，従来の国家による紡織企業の独占という視点を排し，当時の中国の政治，経済状況や企業史の視点から中紡公司を再評価した川井伸一による一連の優れた研究がある．川井伸一「戦後中国紡織業の形成と国民政府」『国際関係論研究』第６号，1987年，「大戦後の中国綿紡織業と中紡公司」『愛知大学国際問題研究所紀要』第97号，1992年，「中紡公司と国民政府の統制」姫田光義編著『戦後中国国民政府史の研究』中央大学出版部，2001年.

５）「中国紡織建設公司上海留用日籍技術人員姓名一覧表35.5.11摘)」[上檔Q192-８-84「上海第八紡織廠人事教育」p.5].

６）豊田紡織株式会社『豊田紡織45年史：豊田紡77年のあゆみ』1996年，pp.25-27, 58, 59，前掲『西川秋次の思い出』pp.398-401．配生によれば，敗戦時に西川の就いていた役職は，(上海）豊田紡織株式会社取締役社長，華中豊田自動車工業株式会社取締役副社長，株式会社豊田機械製造廠取締役社長，済南成通紗廠副董事長，名古屋豊田産業株式会社取締役，豊田自動機械製作所監査役，豊田理化研究所監事，興亜護謨株式会社取締役となっている（配生「西川秋次献技経過」『紡織周刊』第８巻第26期，1947年).

７）高村前掲書，pp.312-13.

８）朱婷「抗戦勝利後国民政府的“留用政策”與“中機公司”」『(上海社会科学院）学術季刊』1998年第４期，「中国紡織機器公司歴史再考察」『史林』1999年第４期，「論“中紡”公司人事制度中的人才培養機制」，張忠民，陸興龍主編『企業発展中的制度変遷』上海社会科学院出版社，2003年.

９）朱婷前掲「抗戦勝利後国民政府的“留用政策”與“中機公司”」，なお「中国紡織機器公司歴史再考察」は，中機公司の資本構成などの分析に重点をおいた内容となっている.

10）配生前掲「西川秋次献技経過」.

11）彭学沛（1896-1948）は京都帝大卒で，戦後には国民党中央政治委員，中央党部宣伝部長などを歴任していた（徐友春主編『民国人物大辞典』河北人民出版社，1991年，p.1094).

12）ハイ・ドラフト装置とは，紡績の精紡機における新技術で，これまでローラーの間で６倍から12倍に粗紡糸を引き伸ばして糸にしていたものを，この装置の使用により20倍から30倍に引き伸ばすようにしたものであり，これにより前工程の粗紡機の台数を半減することができ，大幅に綿糸の生産コストを圧縮できた（豊田自動織機社史編纂委員会『四十年史』1967年，p.156)．中国紡織業においても，1930年代初頭からハイ・ドラフト精紡機の導入が課題となっていた.

13）豊田製自動車の修理と「部品の現地自活」のために1942年２月に上海に設立され，西川は取締役副社長に就任していた（前掲『西川秋次の思い出』p.53).

14）上檔Q192-23-１「本公司（中国紡織機器製造公司）自発起至成立之史料」pp.1-７．前掲『西川秋次の思い出』では，西川は敗戦と同時に，堀内干城を経て宋子文に長文の建白書を提出したとなっているが（pp.61，62），上檔所蔵史料からは確認できなかった．しかし堀内干城による彭学沛訪問の前日の11月27日に，宋子文が中紡公司の「暫定的国営化」を行政院第722回会議に唐突に提案していたこと，中紡公司の国営化の要因の一つに紡織機器自給化の可能性を挙げていたこと（前掲，川井伸一「戦後中国紡織業の形成と国民政府」）などを考えれば，西川の建白書が宋子文のもとに届いていたことは間違いなかろう．

15) 朱婷前掲「抗戦勝利後国民政府的“留用政策”與“中機公司”」．

16) 上檔Q192-23-173「本公司日籍工作人員之間的来往信函」．

17) 前掲『西川秋次の思い出』pp.4-30，古市勉「温故知新(1)」『紡織界』1959年10月号．

18) 前掲『西川秋次の思い出』pp.31-45，前掲『豊田紡織45年史 』pp.25-27．

19) 朱婷前掲「抗戦勝利後国民政府的“留用政策”與“中機公司”」．

20) 石志学（鳳翔）「西川先生陰徳善行万古不易」前掲『西川秋次の思い出』pp.176-78．裕大華紡織は，武漢，石家荘，西安などに工場を展開していた企業で，石鳳翔は京都高等工業を卒業後に，裕大華にて総工程師，廠長，経理などを歴任していた．

21) 豊田自動織機製作所『四十年史』1967年，pp.166-67．「日豊田廠在滬推銷紡織機」『紡織時報』1195号，1935年6月24日，「統益購豊田紡機万三千錠」『紡織時報』1207号，1935年8月5日．

22) 豊田利三郎氏宛書状(1)前掲『西川秋次の思い出』pp.66-69，神原富保「西川さんの思い出」同 pp.102-04．

23) 前掲，上檔Q192-23-1，p.8．

24) 上檔Q192-23-11「西川秋次関于論述紡織事業和経営等問題的文献」pp.20-38．

25) 高村前掲書，p.312．

26)「上海日本紗廠復興準備会議第1回会議録」前掲［上檔Q192-6-18］．

27)「中紡総公司発日華三四廠宛　建業字第361号，1946年1月31日」［上檔Q192-6-120「上海第六紡織廠人事中紡公司転発行政院，経済部有関留用日籍技術人員和其辞職回国辦法及慰金等規定」pp.2-3］．なお留用政策の経緯について，同様の檔案が含まれる上檔のファイルとして，Q192-8-84（旧日華八廠関係），Q192-1-790（旧東亜製麻廠関係）の二つがある．

28)「接収の状況（作成日時不明）」［日本紡績協会旧蔵史料Ⅱ-1-36-255「終戦に伴う各種陳情書，具申書，意見書等」］．

29) 前掲「中紡総公司発日華三四廠宛　建業字第361号，1946年1月31日」．

30) 31)「中紡総公司発東亜製麻廠宛，1946年2月22日」［上檔Q192-1-790「中国紡織建設公司官于日籍技術人員辞職回国和留用問題的通知及名単」pp.17-18］．

32)「中紡総公司発第一製麻廠宛，1946年9月11日」［前掲，上檔Q192-1-790，pp.25-27］．

33)「中紡総公司発第一製麻廠宛，1946年2月22日」［前掲，上檔Q192-1-790，pp.19-23］．

34)「中国紡織建設公司発上海第一製麻廠宛，1947年3月6日収」［前掲，上檔Q

192-1-790, pp.25-28]. その他の五原則は以下のような内容となっていた. ⑤送金問題：徴用日本国籍人員の日本への送金方法については，財政部にてこれを立案する，⑥通信問題：徴用日本国籍人員と日本の通信方法については，交通部にてこれを立案する，⑦徴用人数の精査：各徴用機関は，徴用人数について技師，技工，眷属などに分けて確実な調査を行い，国防部へと通知すること，⑧将来の徴用日本人の主管機関：まず国防部第二庁が徴用人数の確実な統計作成の後に，行政院へ引き継ぐとともに関係機関へ通知する，⑨将来の送還作業の主管機関：国防部第二庁が処理し，情勢の経過観察と送還待ち人数の統計作成の後に，行政院へ引き継ぐ.

35) 向井正二「西川さん」前掲『西川秋次の思い出』p.372.

36) 前掲，上檔Q192-23-1，pp.8-9，朱婷前掲「抗戦勝利後国民政府的“留用政策”與“中機公司”」.

37) 豊田自織前掲書，p.596，鈴木金作「上海に居た頃の思い出」前掲『西川秋次の思い出』pp.166-71.

38) 前掲，上檔Q192-23-1，pp.8-9.

39) 三好静一郎「西川様を偲びて」前掲『西川秋次の思い出』p.367.

40) 前掲，上檔Q192-23-1，pp.11-12.

41) 西川秋次「紡績の復工及拡張」[前掲，上檔Q192-23-11，pp.14-19].

42) 李升伯については富澤芳亜「銀行団接管期の大生第一紡織公司」『史学研究』204号，1994年，陸紹雲については富澤芳亜「劉国鈞と常州大成紡織染股份有限公司」曽田三郎編『中国近代化の指導者たち』東方書店，1997年を参照のこと.

43) 前掲，上檔Q192-23-1，pp.14-23.

44) 朱婷前掲「抗戦勝利後国民政府的“留用政策”與“中機公司”」.

45) 前掲，上檔Q192-23-173.

46)「概要の報告と御願」1948年11月25日［前掲，上檔Q192-23-11，pp.39-48].

47) 朱婷前掲「抗戦勝利後国民政府的“留用政策”與“中機公司”」.

48)「介紹純国産之『中国標準式自動織機』」[上檔Q192-23-242「本公司製造関于中国標準式自動織機報送『機械世界』月刊的稿刊」1948年9月]，豊田自織前掲書，pp.157, 158.

49) 商業月報社『紡織工業』上海市商会商業月報社，1947年，p.M1.

50) 豊田自織前掲書，p.514，朱婷前掲「抗戦勝利後国民政府的“留用政策”與“中機公司”」.

51) 前掲『西川秋次の思い出』p.82.

52)《上海紡織工業志》編纂委員会編『上海紡織工業志』上海社会科学院出版社，1998年，pp.249-55，薛順生，娄承浩『老上海工業旧址遺跡』同済大学出版社，2004年，pp.34-35.

図表VI－4　在華紡各工場の工場名の変遷（在華紡期～中華人民共和国建国期）

	日中戦争前・戦中	戦後国民政府時期	中華人民共和国建国後	
上海	内外綿第1・2廠	中紡[1]第1紡織廠	上海第1棉紡織廠	
	内外綿第3・4廠	中紡第11紡織廠	上海第11棉紡織廠	
	内外綿第5廠	中紡第2紡織廠	上海第2棉紡織廠	1952年に合併し，上海第2棉紡織廠
	内外綿第6・7廠	中紡第3紡織廠	上海第3棉紡織廠	
	内外綿第9廠	中紡第4紡織廠	上海第4棉紡織廠	
	豊田第1・2廠	中紡第5紡織廠	上海第5棉紡織廠	
	日華第3・4廠	中紡第6紡織廠	上海第6棉紡織廠	
	日華第5[2]・6・7廠	中紡第7紡織廠	上海第7棉紡織廠	
	日華第8廠	中紡第8紡織廠	上海第8棉紡織廠	
	同興第1廠	中紡第9紡織廠		
	同興第2廠	中紡第10紡織廠	上海第10棉紡織廠	1958年に9,10廠が合併し，上海第9棉紡織廠
	大康第1・2廠	中紡第12紡織廠	上海第12棉紡織廠	
	上海紡織第3廠	中紡第14紡織廠	上海第9棉紡織廠	
	上海紡織第4廠	中紡第15紡織廠	上海第15棉紡織廠	
	上海紡織第5廠	中紡第16紡織廠	上海第16棉紡織廠	
	裕豊紗廠	中紡第17紡織廠	上海第17棉紡織廠	
	明豊紗廠	中紡第18紡織廠		
	公大第1廠	中紡第19紡織廠	上海第19棉紡織廠	
青島	大康	中紡青島第1紡織廠	青島第1棉紡織廠	
	内外綿	中紡青島第2紡織廠	青島第2棉紡織廠	
	隆興紗廠（日清紡）	中紡青島第3紡織廠	青島第3棉紡織廠	
	豊田	中紡青島第4紡織廠	青島第4棉紡織廠	
	上海紡織	中紡青島第5紡織廠	青島第5棉紡織廠	
	公大第5廠	中紡青島第6紡織廠	青島第6棉紡織廠	
	富士	中紡青島第8紡織廠		
	同興紗廠	中紡青島第9紡織廠	青島第8棉紡織廠	
天津	裕豊紗廠	中紡天津第1紡織廠	天津第1棉紡織廠	
	公大第6廠	中紡天津第2紡織廠	天津第2棉紡織廠	
	公大第7廠	中紡天津第7紡織廠	天津印染廠[3]	
	天津紗廠	中紡天津第3紡織廠	天津第3棉紡織廠	
	上海紡織	中紡天津第4紡織廠	天津第4棉紡織廠	
	双喜紗廠（敷島紡）	中紡天津第5紡織廠	天津第5棉紡織廠	
	大康紗廠	中紡天津第6紡織廠	天津第6棉紡織廠	

典拠：紡建要覧編輯委員会『紡建要覧』1948年，pp. 5－7，「中国紡織建設公司所属各紡織廠概況」（上海市商会商業月報社編『紡織工業』1947年）pp.L 3-22，上海紡織工人運動史編写組『上海紡織工人運動史』中共党史出版社，1991年，pp.653-56，青島市志弁公室編『青島市志　紡織工業志』新華出版社，1999年，pp.212-18，《中国近代紡織史》編輯委員会『中国近代紡織史』（上巻）中国紡織出版社，1997年，p.298，『中国近代紡織史』（下巻），p.270，p.280より作成.

註：(1)中国紡織建設公司の略称.

(2)日華第5廠は広穎縫製工場に改組され，6・7廠が中紡第7廠へ改組.

(3)平津戦役の戦災により紡織設備は1949年に第2，第4両廠へ移設.

索　引

事項索引

[さ行]

[た行]

人名・地名索引

執筆者紹介（五十音順）

岩井茂樹（いわい　しげき）… 第４章

現職　京都大学人文科学研究所教授

1955年福岡県戸畑市（現北九州市）生まれ．1980年京都大学大学院文学研究科修士課程修了．1980～82年文部省「アジア諸国等派遣留学生」として南開大学，北京大学に留学．1983年京都大学文学部助手．京都産業大学経済学部講師，同助教授，京都大学人文科学研究所助教授を経て2002年より現職．

主要編著書　『中国近世財政史の研究』（京都大学学術出版会，2004年），『中国近世社会の秩序形成』（編著，京都大学人文科学研究所，2004年），『データによる中国近代史』（共著，有斐閣，1996年），張継和『最後の宦官――小徳張』（訳注／解説，朝日新聞社，1991年）．

江田憲治（えだ　けんじ）… 第２章

現職　京都大学大学院人間・環境学研究科教授

1955年三重県生まれ．1985年京都大学大学院文学研究科博士後期課程（東洋史学）単位取得退学．同年京都大学人文科学研究所助手．京都産業大学外国語学部講師，同助教授，同教授，日本大学文理学部教授を経て，2004より現職．

主要編著書　『満鉄労働史の研究』（共編著，日本経済評論社，2002年），『戦争と疫病――七三一部隊がもたらしたもの』（共著，本の友社，1997年），『五四時期の上海労働運動』（同朋舎出版，1992年）．

籠谷直人（かごたに　なおと）… 第１章

現職　京都大学人文科学研究所助教授

1959年京都市生まれ．1986年一橋大学大学院経済学研究科博士課程中退．1987年一橋大学経済学部助手．名古屋市立大学経済学部助教授を経て，1995年より現職．

主要編著書　『1930年代のアジア国際秩序』（共編，溪水社，2001年），『アジア国際通商秩序と近代日本』（名古屋大学出版会，2000年）．

富澤芳亜（とみざわ　よしあ）… 第６章

現職　島根大学教育学部助教授

1965年新潟市生まれ．1996年広島大学大学院文学研究科博士課程後期（東洋史学）単位取得退学．同年島根大学教育学部講師を経て，2000年より現職．

主要編著書　『近代中国と日本――提携と敵対の半世紀』（共著，御茶の水書房，2001年），「一九三七年の綿紗統税の引き上げと日中紡織資本」（『東洋学報』82-１，2000年）．

森　時彦（もり　ときひこ）… 編者／第３章・第５章

現職　京都大学人文科学研究所教授

1947年奈良市生まれ．1974年京都大学大学院博士課程（東洋史）中退．同年京都大学人文科学研究所助手．愛知大学法経学部助教授，京都大学人文科学研究所助教授を経て，1995年より現職．

主要編著書　『中国近代化の動態構造』（編著，京都大学人文科学研究所，2004年），『中国近代綿業史の研究』（京都大学学術出版会，2001年），『中国近代の都市と農村』（編著，京都大学人文科学研究所，2001年），「梁啓超の経済思想」（『共同研究　梁啓超』みすず書房，1999年）．

在華紡《ざいかぼう》と中国社会《ちゅうごくしゃかい》

2005（平成17）年11月5日　初版第一刷発行

編　者　森《もり》　時《とき》　彦《ひこ》

発行者　本　山　美　彦

発行所　京都大学学術出版会

京都市左京区吉田河原町15-9
京大会館内（606-8305）
電　話　075-761-6182
FAX　075-761-6190
振　替　01000-8-64677
http://www.kyoto-up.gr.jp/

印刷・製本　亜細亜印刷株式会社

ISBN4-87698-662-2
Printed in Japan

©Tokihiko MORI et al.
定価はカバーに表示してあります